Naturschutzbiologie

Richard B. Primack

Naturschutzbiologie

Aus dem Englischen übersetzt von
Ina Raschke und Andreas Held

Deutsche Übersetzung herausgegeben von
Diethart Matthies und Michael Reich

Spektrum Akademischer Verlag   Heidelberg · Berlin · Oxford

Originaltitel: Essentials of Conservation Biology.
Aus dem Englischen übersetzt von Ina Raschke und Andreas Held
Deutsche Übersetzung herausgegeben von
Diethart Matthies und Michael Reich
Amerikanische Originalausgabe bei Sinauer Associates, Inc., Sunderland, Massachusetts, USA

Die Deutsche Bibliothek – CIP-Einheitsaufnahme

Primack, Richard B.:
Naturschutzbiologie / Richard B. Primack. Aus dem Engl. übers. von Ina Raschke und Andreas Held. Dt. Übers. hrsg. von Diethart Matthies und Michael Reich. – Heidelberg; Berlin; Oxford: Spektrum, Akad. Verl., 1995
Einheitssacht.: Essentials of conservation biology <dt.>
ISBN 3-86025-281-X.

Lektorat: Frank Wigger/Regine Zimmerschied, Marion Handgrätinger (Ass.)
Redaktion: Ute Döring
Produktion: Elke Littmann
Umschlaggestaltung: Kurt Bitsch, Birkenau
Satz: Mitterweger Werksatz GmbH, Plankstadt
Druck und Verarbeitung: Franz Spiegel Buch GmbH, Ulm

Das Titelbild zeigt eine Herde von Böhm-Steppenzebras, *Equus quagga boehmi* (Photo: © Art Wolfe/Tony Stone Associates).

Spektrum Akademischer Verlag Heidelberg · Berlin · Oxford

EIN VERLAG DER SPEKTRUM FACHVERLAGE GMBH

Meiner Frau Margaret, meinen Eltern
Shirley und Saul und meinen Kindern
Daniel und William gewidmet,
die mir Zeit und Liebe schenkten.

Inhaltsverzeichnis

Vorwort zur deutschen Ausgabe

Zu den größten globalen Problemen zählt die rapide Abnahme der Biodiversität, das heißt der Verlust von Genen, das Aussterben von Arten und die Zerstörung ganzer Ökosysteme. Dieser Verlust an biologischer Vielfalt ist inzwischen auch auf politischer Ebene als Herausforderung erkannt worden; der bisherige Höhepunkt der politischen Aktivitäten war die Verabschiedung der Biodiversitäts-Konvention von Rio de Janeiro.

Seit etwa 15 Jahren hat sich, vor allem in den USA, die **Naturschutzbiologie** als eigenständige Fachdisziplin entwickelt. Ihr Ziel ist die Erarbeitung der wissenschaftlichen Grundlagen für die Erhaltung der biologischen Vielfalt. Der Biodiversitätsverlust stellt zunächst ein biologisches Phänomen dar; da die Bedrohung der Biodiversität aber eine Folge menschlicher Aktivitäten ist, muß die Naturschutzbiologie notwendigerweise multidisziplinär sein und zahlreiche nichtbiologische Ansätze aufgreifen.

Richard Primacks *Essentials of Conservation Biology* (1993) ist das erste Lehrbuch der Naturschutzbiologie. Der klare Aufbau, die anschauliche Art der Darstellung und die Breite der behandelten Themen haben die amerikanische Originalausgabe zu einem großen Erfolg werden lassen. Es ist deshalb sehr begrüßenswert, daß dank der Initiative von Spektrum Akademischer Verlag bereits zwei Jahre nach Erscheinen der Originalausgabe auch eine deutschsprachige Übersetzung dieses Buches vorliegt.

Richard Primack ist Pflanzenökologe und hat sich seit langem mit der Genetik und der Ökologie seltener Arten auseinandergesetzt. Seine langjährigen Forschungen in den Tropen (vor allem auf Borneo) haben ihn unmittelbar mit den Schwierigkeiten der Erhaltung tropischer Biodiversität konfrontiert. Sein Buch bietet einen Überblick über das gesamte Spektrum der mit der Bewahrung der biologischen Vielfalt verbundenen Probleme sowie der Ansätze zu ihrer Lösung. Neben den unmittelbaren ökologischen und evolutionären Prozessen beim Aussterben von Arten werden beispielsweise auch philosophische Fragen im Zusammenhang mit dem Schutz von Arten, die ökonomischen Rahmenbedingungen einer nachhaltigen Nutzung der Biodiversität, das Management von Schutzgebieten, die Naturschutzgesetzgebung und maßgebliche internationale Verträge behandelt. Zahlreiche Fallbeispiele vertiefen und veranschaulichen ausgewählte Themen.

Das Buch schließt eine wichtige Lücke in der wissenschaftlichen Literatur zum Thema Naturschutz und Biodiversität. Andere deutschsprachige Bücher zum Thema sind stark regional orientiert und konzentrieren sich auf die mitteleuropäische Situation. Sie stehen zudem in einer anderen wissenschaftlichen und geschichtlichen Tradition. Die Wurzeln der Naturschutzbiologie liegen im Studium der genetischen und ökologischen Prozesse in kleinen Populationen. Populationsgenetik und -ökologie sind jedoch zwei Wissenschaftsbereiche, die in Mitteleuropa traditionell nur eine untergeordnete Rolle gespielt haben und erst in den letzten Jahren stärkere Beachtung finden.

Manche Ansätze und Überlegungen in Primacks Buch werden daher Kennern der mitteleuropäischen Naturschutzdiskussion ungewohnt sein und vielleicht sogar Widerspruch herausfordern. Auch stammen die meisten der angeführten Beispiele aus Amerika oder den Tropen. Wir haben jedoch bei der Bearbeitung der deutschsprachigen Ausgabe bewußt darauf verzichtet, die von Primack gewählten Beispiele durch europäische zu ersetzen. Auch der spezifische amerikanische Ansatz wurde beibehalten. Um spezielle mitteleuropäische Belange zu berücksichtigen und den Nutzen des Buches für die deutschsprachige Leserschaft noch zu erhöhen, haben wir fünf kurze Ergänzungen zu den Kapiteln 1, 5, 13, 16 und 19 eingefügt.

Das Buch gibt einen hervorragenden Überblick über die internationale Forschung auf einem aktuellen Gebiet und könnte der mitteleuropäischen Forschung und Praxis wichtige Impulse vermitteln. Hinweise auf weiterführende Literatur am Schluß jeden Kapitels und ein Literaturverzeichnis mit mehr als 1000 Titeln gewährleisten eine umfassende Einführung in die internationale Literatur. *Naturschutzbiologie* richtet sich vor allem an Studenten, die sich mit Naturschutzfragen beschäftigen wollen. Es setzt aber nur geringe Grundkenntnisse der Ökologie voraus und ist so anschaulich geschrieben, daß es für einen weiten Interessentenkreis gut verständlich ist. Wir wünschen diesem Buch deshalb auch in den Schulen sowie im behördlichen und ehrenamtlichen Naturschutz eine weite Verbreitung.

Diethart Matthies und Michael Reich
Zürich und Marburg, August 1995

Vorwort des Autors zur amerikanischen Originalausgabe

Mit der Naturschutzbiologie ist im Laufe der letzten zehn Jahre eine neue, fachübergreifende Wissenschaftsdisziplin entstanden, deren Gegenstand der besorgniserregende weltweite Rückgang der biologischen Vielfalt ist. Diese Bedrohung der Biodiversität steht zunehmend im Blickpunkt wissenschaftlichen, staatlichen und öffentlichen Interesses. Die Naturschutzbiologie vereinigt in sich Theorie, Grundlagenforschung, angewandte Forschung und Öffentlichkeitsarbeit und entwickelt sich mit großer Geschwindigkeit. Wie rapide das Interesse an diesem neuen Fachgebiet zunimmt, beweisen die schnell wachsende Mitgliederzahl der Society for Conservation Biology (Gesellschaft für Naturschutzbiologie), das starke Engagement und die hohe Motivation, die in vielen Mitteilungsblättern und Zeitschriften zum Ausdruck kommen, sowie die große Anzahl neuer Sammelbände und Speziallehrbücher zu diesem Thema, die fast im Wochenrhythmus erscheinen.

Viele Studenten haben mit Begeisterung Einführungskurse in die Naturschutzbiologie belegt, doch gab es bisher kein geeignetes Lehrbuch, das die moderne Naturschutzbiologie in ihrer gesamten Bandbreite behandelt hätte: Allein ihr biologischer Kern umfaßt Populationsbiologie, Ökologie von Lebensgemeinschaften, Evolutionsbiologie, Genetik, Taxonomie, Paläontologie, Tierhaltung in Zoos, Wildbiologie, Agrar- und Forstwissenschaft; das Fachgebiet enthält aber auch Elemente aus Geschichte, Philosophie, Wirtschaftswissenschaften, Anthropologie und Politik. Bisher war es schwierig, Lehrmaterial für ein so breit gefächertes Fachgebiet bereitzustellen.

Meine Absicht war es, ein aktuelles Lehrbuch über die Grundlagen der Naturschutzbiologie zu verfassen, das sich an Studenten ebenso wie an andere interessierte Personen richtet. Um es zu verstehen, ist kein spezielles Fachwissen erforderlich, wenngleich gewisse Grundkenntnisse der Biologie und Ökologie von Vorteil sind. Studenten mit soliden Kenntnissen der Ökologie und Evolutionsbiologie werden in den Kapiteln 2 und 3 viel Bekanntes finden. Die Hinweise auf weiterführende Literatur am Ende der Kapitel sowie die Literaturzitate innerhalb des Textes sollen es interessierten Studenten und Wissenschaftlern erlauben, sich mit speziellen Themen eingehender zu befassen, als es dieses einführende Buch ermöglicht.

Es war eine Herausforderung an den Verfasser, in diesem Buch den aktuellen Stand der Naturschutzbiologie wiederzugeben, da sich das Gebiet sehr schnell verändert und erweitert. Ich würde mich freuen, wenn mir Leser aktuelle Informationen und relevante Fallbeispiele zukommen ließen, die ich in der nächsten Auflage verwenden könnte.

Danksagung

Meinen besonderen Dank spreche ich Kamaljit Bawa und Bob Tamarin für ihre kontinuierliche Unterstützung aus. Der Universität Boston möchte ich für die ausgezeichneten Arbeitsbedingungen danken, die dieses Buch erst möglich machten. Elizabeth Platt war die am stärksten an diesem Projekt beteiligte Forschungsassistentin; sie wirkte vor allem beim Verfassen der Exkurse mit und lieferte wertvolle Kritik an den ersten Entwürfen für das Buch. Ernesto Hayn half beim Zusammenstellen der Bibliographie. Andy Sinauer, Carol Wigg, Norma Roche, Kathaleen Emerson und die übrigen Mitarbeiter von Sinauer Associates leisteten hervorragende Arbeit, als sie aus dem Manuskript ein Buch machten.

April Algaier, Kamaljit Bawa, Phil Cafaro, Brian Drayton, Les Kaufman, Mark Primack und David Woodruff haben das Manuskript komplett durchgesehen. Michael Bean, Eric Dinerstein, Nicholas Gotelli, Gary Hartshorn, Sam McNaughton, Eric Menges, Christine Padoch, Mary Pearl, Alan Randall, Jamie Ressor, Holmes Rolston III., Sahotra Sarkar, Christine Schonewald-Cox und Bob Tamarin haben ein oder mehrere Kapitel durchgesehen. Die Exkurse mit ihren Fallbeispielen zu bestimmten Themen sind für das Buch von entscheidender Bedeutung, und viele Personen haben mit wertvollen Hinweisen dazu beigetragen, sie auf den neuesten Stand zu bringen: Michael Balick, Vadim Birstein, Jay Blakeney, Russell Burke, Tom Cade, Kevin Chu, Tim Clark, James Dietz, James Estes, D. A. Etnier, Donald Falk, Richard Forman, Robert Goodland, J. Frederick Grassle, Samuel Gruber, Francis Howarth, David Janos, Paul Kerlinger, Lloyd Kiff, Devra Kleiman, Scott Kraus, Lloyd Loope, Thomas Michael Power, George Schaller, Scott Swengel, Phil Tabas, John Terborgh, Tom Thorne, Dagmar Werner, David Wilcove und Garrison Wilkes.

Richard B. Primack

Teil I

Gegenstand und Anliegen der Naturschutzbiologie

1

Was ist Naturschutzbiologie?

Das öffentliche Interesse am Schutz der Tier- und Pflanzenwelt unseres Planeten hat im Laufe der letzten 20 Jahre zugenommen. Wissenschaftlern wie Laien ist bewußt geworden, daß zur Zeit ein Artensterben nie dagewesenen Ausmaßes stattfindet. Überall auf der Welt werden natürliche Lebensgemeinschaften, die Millionen Jahre gebraucht haben, um sich zu entwikkeln, durch den Einfluß des Menschen zerstört. Das massenhafte Artensterben der heutigen Zeit läßt sich mit den Episoden des Aussterbens Zehntausender von Arten in der geologischen Vergangenheit vergleichen, die jeweils auf eine schwere Katastrophe unbekannter Art, vielleicht den Zusammenstoß der Erde mit einem Asteroiden, folgten. Wenn nichts geschieht, um diese Entwicklung aufzuhalten, wird es in freier Wildbahn bald keine Elefanten, Tiger und Grizzlybären – um nur einige der eindrucksvollsten und symbolträchtigsten Wildtiere zu nennen – mehr geben. Tausende, vielleicht sogar Millionen von Arten der weniger auffälligen Pflanzen und wirbellosen Tiere werden mit ihnen aussterben, wenn ihre Lebensräume und Bestände nicht geschützt werden, und ihr Verlust könnte sogar noch schwerwiegendere Folgen für die Erde und ihre menschlichen Bewohner haben als das Verschwinden der auffälligeren Großsäuger.

Der Hauptgrund für das gegenwärtige Artensterben ist die direkte oder indirekte Zerstörung natürlicher Lebensräume durch den Menschen, etwa durch den Kahlschlag von alten Waldbeständen in den gemäßigten Breiten und von Regenwäldern in den Tropen, durch die Überweidung von Grasland, die Trockenlegung von Feuchtgebieten oder die Verschmutzung der Binnengewässer und Meere. Eine zweite wichtige Ursache des Artensterbens ist die Übernutzung von Tier- und Pflanzenbeständen, um nationale und internationale Märkte zu beliefern, vor allem wenn sie mit Hilfe moderner Technik erfolgt. Selbst wenn einzelne Gebiete zum Nationalpark oder Naturschutzgebiet erklärt werden, ist extreme Wachsamkeit erforderlich, um das Erlöschen der dort noch lebenden Arten zu verhindern: Viele dieser Bestände sind bereits so stark geschrumpft, daß sie extrem vom Aussterben bedroht sind. Auch kann die Umwelt in diesen Überresten natürlicher Lebensräume bereits so stark verändert sein, daß die Voraussetzungen für den Fortbestand bestimmter Arten nicht mehr gegeben sind. Lebensgemeinschaften auf Inseln wie zum Beispiel die ursprüngliche Flora und Fauna Hawaiis oder Madagaskars hat der Mensch durch seine Aktivitäten, vor allem durch die Einführung von Rindern, Schweinen und Ziegen, besonders stark geschädigt.

Die weit entwickelte Technik der westlichen Länder hat es ermöglicht, unsere Umwelt in einem nie dagewesenen Ausmaß zu verändern. Einige dieser Veränderungen waren beabsichtigt, etwa als Folge des Baus von Staudämmen oder der Erschließung von Ackerland. Andere, wie die Luftverschmutzung oder die Überweidung von Grasland, sind zufällige Nebenwirkungen unserer Aktivitäten. Die unkontrollierte Einleitung von Industrie- und Haushaltsabwässern in Flüsse und Seen hat überall auf der Welt Binnen- und Küstengewässer verschmutzt und zum Aussterben zahlreicher Arten geführt. Die Verschmutzung hat ein solches Maß erreicht, daß ganze Nebenmeere wie das Mittelmeer oder der Persische Golf in Gefahr sind, biologisch völlig zu veröden. Einige Binnengewässer, beispielsweise der Aralsee, sind bereits vollständig zerstört, und mit ihnen viele endemische Fischarten. Die Luftverschmutzung durch Industrie und Kraftfahrzeuge hat Regenwasser in eine saure Lösung verwandelt, die Pflanzen schwächt und absterben läßt, worunter wiederum die auf diese Pflanzen angewiesenen Tiere leiden. Wie die Wissenschaft vor einiger Zeit erkannt hat, ist das Ausmaß der Luftverschmutzung inzwischen groß genug, um das Weltklima zu verändern und die Fähigkeit der Atmosphäre zu beeinträchtigen, die schädliche ultraviolette Strahlung herauszufiltern. Die Auswirkungen dieser Entwicklungen auf natürliche Lebensgemeinschaften sind ebenso gravierend wie verhängnisvoll; sie sind der Hintergrund für die wachsende Bedeutung der Naturschutzbiologie.

Sorge um die biologische Vielfalt

Die Besorgnis über das derzeitige massenhafte Artensterben beruht auf vier Tatsachen (Soulé 1985; Wilson 1985, 1989). Erstens ist die biologische Vielfalt stärker gefährdet als jemals zuvor. Seit es Leben auf der Erde gibt, waren noch nie so viele Arten innerhalb so kurzer Zeit vom Aussterben bedroht. Zweitens führen die Ansprüche einer schnell wachsenden Weltbevölkerung sowie der technische Fortschritt dazu, daß die Bedrohung der

Biodiversität weiter zunimmt. Verschärft wird diese unheilvolle Situation durch die ungleiche Verteilung des Wohlstands und die extreme Armut in vielen tropischen Ländern mit großem Artenreichtum. Drittens hat man festgestellt, daß viele der Faktoren, die – wie saurer Regen, Holzeinschlag oder Überjagung – die biologische Vielfalt bedrohen, synergistisch wirken, das heißt, die negative Wirkung der einzelnen Faktoren addiert sich oder sie multipliziert sich sogar (Myers 1987). Schließlich wird den Menschen klar, daß Umstände, die sich auf die biologische Vielfalt nachteilig auswirken, fast mit Sicherheit auch für den Menschen schädlich sind, da der Mensch in vielerlei Hinsicht auf die Natur angewiesen ist, der er beispielsweise Rohstoffe, Nahrung, Heilmittel und Wasser entnimmt.

Manche Menschen entmutigt das lawinenartig hereinbrechende Artensterben, doch kann man die Notwendigkeit, etwas zu unternehmen, um der Zerstörung Einhalt zu gebieten, auch als Herausforderung ansehen. In den kommenden Jahrzehnten wird sich entscheiden, wie viele Arten überleben werden. Von den derzeitigen massiven Bemühungen, neue Naturschutzgebiete und Nationalparks* einzurichten, wird es abhängen, welche Arten der Welt für die Zukunft erhalten bleiben. Vielleicht wird man sich später der letzten Jahre des 20. Jahrhunderts als einer Zeit erinnern, in der relativ wenige, aber engagierte Menschen zahlreiche Arten retteten.

Die **Naturschutzbiologie** ist eine neue, multidisziplinäre Wissenschaft, die als Reaktion auf die Bedrohung der biologischen Vielfalt entstanden ist. Sie hat zwei Anliegen: erstens die Erforschung des menschlichen Einflusses auf die biologische Vielfalt und zweitens die Entwicklung praktischer Ansätze, die das Aussterben von Arten verhindern (Soulé 1985, 1986; Wilson 1992). In vielen Fällen bedeutet dies, Kompromisse zwischen Naturschutz und menschlichen Bedürfnissen zu finden. Die Naturschutzbiologie entwickelte sich, weil keine der traditionellen angewandten Wissenschaften umfassend genug war, um die wichtigsten Faktoren, durch die die biologische Vielfalt bedroht ist, anzugehen. Agrar- und Forstwissenschaften, Wildbiologie und Fischereibiologie haben sich hauptsächlich damit beschäftigt, Methoden zu entwickeln, um eine begrenzte Anzahl wirtschaftlich oder für Freizeitaktivitäten interessante Arten zu erhalten. Sie haben sich im allgemeinen nicht mit dem Schutz aller Arten befaßt, die in Lebensgemeinschaften anzutreffen sind, oder haben ihn als zweitrangig angesehen. Insbesondere haben diese Disziplinen in der Vergangenheit seltenen Arten, deren unmittelbarer ökonomischer Wert gering ist, die aber für die Naturschutzbiologie von erheblichem Interesse sind, im allgemeinen wenig Aufmerksamkeit gewidmet. Die Naturschutzbiologie ergänzt die angewandten Wissenschaften und liefert einen allgemeineren theoretischen Ansatz zum Schutz der biologischen Viel-

* In offiziellen Texten setzt sich zunehmend die Pluralform „Nationalparke“ durch.

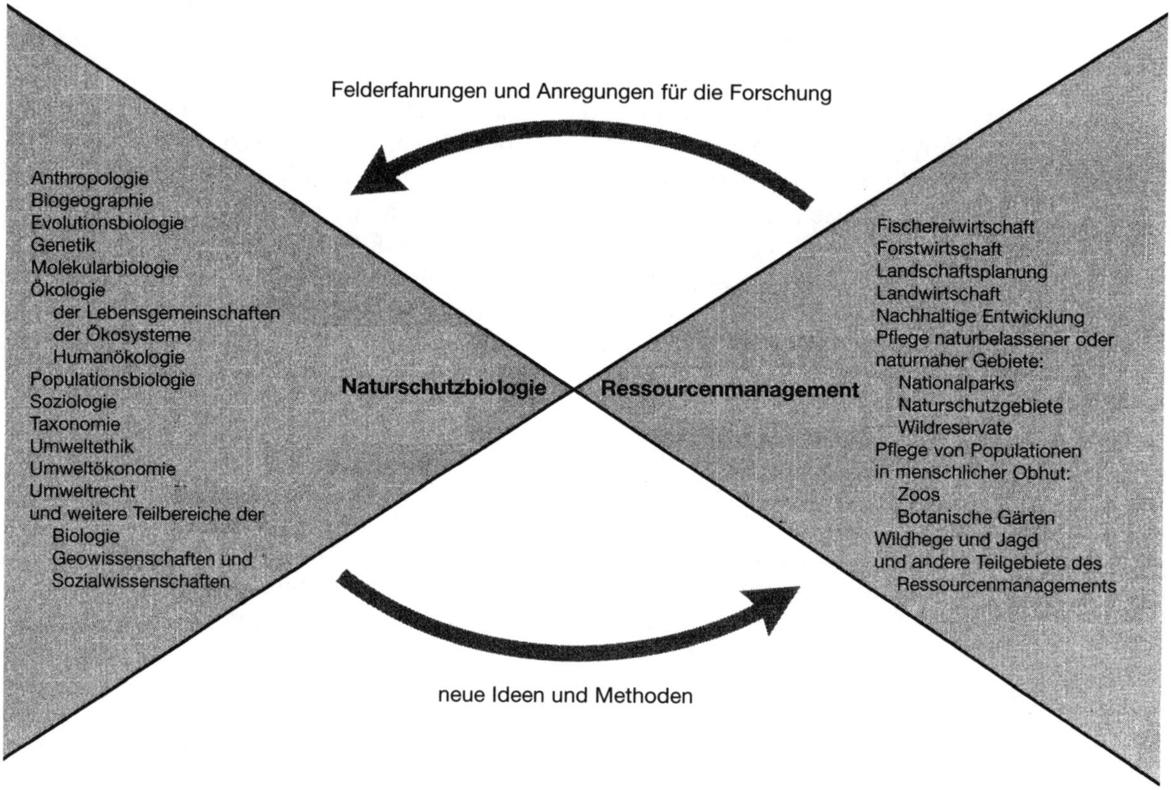

1.1 Die Naturschutzbiologie ist eine neu entwickelte Synthese aus vielen Bereichen der Wissenschaft (links), die Grundprinzipien und neuartige methodische Ansätze für die verschiedenen Zweige des Ressourcenmanagements (rechts) liefern. Die dort gesammelten praktischen Erfahrungen wiederum beeinflussen die Richtung der Grundlagenforschung. (Nach Temple 1991.)

falt (Abbildung 1.1); im Gegensatz zu jenen ist sie vordringlich an der langfristigen Bewahrung ganzer Lebensgemeinschaften und weniger an wirtschaftlichen Faktoren interessiert.

Populationsbiologie, Taxonomie und Ökologie sind für die Naturschutzbiologie zentrale Wissenschaften, und viele Naturschutzbiologen entstammen ihren Reihen. In diesen Fachgebieten konzentriert man sich traditionell auf das Verständnis der Lebewesen in ihrer natürlichen Umwelt; die Aktivitäten des Menschen spielen in ihren Forschungsansätzen in der Regel keine Rolle. Die in diesen Disziplinen tätigen Wissenschaftler ziehen es oft vor, in abgelegenen, noch unberührten Gegenden zu arbeiten, wo ihre Ergebnisse nicht durch menschliche Aktivitäten beeinflußt oder gar geprägt werden. Allerdings, und dies haben viele Forscher inzwischen erkannt, ist der Einfluß des Menschen heutzutage so allgegenwärtig, daß es nicht nur fast unmöglich ist, ihn zu ignorieren: Es würde auch bedeuten, eine der dominierenden Komponenten heutiger Lebensgemeinschaften außer Betracht zu lassen (Primack 1992).

Viele führende Köpfe der Naturschutzbiologie kommen auch aus Zoologischen oder Botanischen Gärten, wo sie Erfahrung in der Haltung und Vermehrung von Tieren und Pflanzen unter menschlicher Obhut gesammelt haben. Diese Zoologen und Botaniker habe das Aussterben von Arten und die Zerstörung von Lebensräumen selbst beobachtet und wissen, wie akut die Biodiversität bedroht ist.

Die moderne Naturschutzbiologie bildet nicht nur ein Bindeglied zwischen biologischer Grundlagenforschung und praktischem Naturschutz, sondern zieht außerdem Ideen und Wissen aus zahlreichen anderen Fachgebieten heran. Das Umweltrecht beispielsweise stellt die juristische Basis für den Schutz gefährdeter Arten und wichtiger Lebensräume dar. Die Umweltethik liefert Begründungen für die Erhaltung von Arten. Anthropologie, Soziologie und Geographie liefern Hinweise darauf, was die Menschen in verschiedenen Regionen der Erde tun können, um die Lebewesen in ihrer näheren Umgebung zu schützen. Umweltökonomen erstellen Analysen des wirtschaftlichen Wertes biologischer Vielfalt, die bei der Durchsetzung von Naturschutzanliegen oft hilfreich sind. Ökosystem- und Klimaforscher überwachen die biologischen und physikalischen Eigenschaften der Umwelt und entwickeln Modelle, mit denen sich zukünftige Umweltveränderungen voraussagen lassen.

Ein entscheidender Unterschied zwischen der Naturschutzbiologie und den traditionellen Wissenschaftsdisziplinen besteht darin, daß die Naturschutzbiologie versucht, auf konkrete Fragen Antworten zu finden, die sich in realen Freilandsituationen anwenden lassen. Diese Fragen kreisen um die Ermittlung der besten Strategien zum Schutz seltener Arten, die Planung von Naturschutzgebieten, die Aufnahme von Zuchtprogrammen, um die genetische Variabilität kleiner Populationen zu erhalten, und die Versöhnung von Belangen des Naturschutzes mit den Bedürfnissen der menschlichen Bevölkerung. Die Naturschutzbiologie wird sich daran messen lassen müssen, ob mit Hilfe ihrer Methoden Arten und Lebensgemeinschaften erhalten werden können. Wenn Arten, die gegenwärtig vom Aussterben bedroht sind, in der Natur überleben und sich fortentwickeln, hat die Naturschutzbiologie Erfolg gehabt; wenn es mit ihren Methoden nicht gelingt, solche bedrohten Arten zu erhalten, kann sie zu Recht als Fehlschlag bezeichnet werden.

Die Naturschutzbiologie sollte als Krisendisziplin verstanden werden. Täglich werden unter großem Zeitdruck Entscheidungen über Naturschutzfragen gefällt. Naturschutzbiologen und Wissenschaftler aus verwandten Fachgebieten bringen die notwendigen Voraussetzungen mit, um Regierungen, Unternehmen und der Öffentlichkeit die Ratschläge zu erteilen, die diese benötigen, um über wichtige Fragen zu entscheiden. Allerdings müssen Entscheidungen über die Gestaltung von Schutzgebieten, über Artenhilfsprogramme und ähnliche Dinge aus Zeitgründen oft ohne die gründlichen Untersuchungen getroffen werden, die Wissenschaftler normalerweise verlangen. Naturschutzbiologen müssen bereit sein, eine Meinung zu äußern, die auf den jeweils verfügbaren Informationen, anerkannten Theorien, vergleichbaren Beispielen und begründeten Urteilen beruht. Wenn Wissenschaftler nicht willens sind, solche Ratschläge zu erteilen, wird die Entscheidung, zu handeln oder untätig zu bleiben, von Leuten gefällt werden, die weniger gut über die Ansprüche von Lebensgemeinschaften und gefährdeten Arten Bescheid wissen.

Die Ursprünge der Naturschutzbiologie

Die Ursprünge der Naturschutzbiologie finden sich in religiösen und philosophischen Anschauungen über die Beziehung zwischen menschlicher Gesellschaft und Natur (Hargrove 1986a, b; Zaidi 1986, 1989). Viele Weltreligionen gehen davon aus, daß zwischen dem Menschen und den Tieren und Pflanzen seiner Umgebung sowohl physische als auch spirituelle Verbindungen bestehen. Im chinesischen Taoismus wie im japanischen Schintoismus werden Gebiete mit unberührter Natur geschätzt und bewahrt, weil sie die Möglichkeit zu intensivem spirituellem Erleben bieten (Waley 1934; Needham 1962; Davies 1987; Dwiveddi und Tiwari 1987; Badiner 1990). Mit anderen Worten, man glaubt an eine direkte Verbindung zwischen Natur und spiritueller Welt (Abbildung 1.2). Diese Verbindung wird unterbrochen, wenn die Natur durch menschliches Handeln verändert und zerstört wird. In Indien halten strikte Anhänger des Dschainismus und des Hinduismus das Töten von Tieren jeglicher Art für unrecht (Gadgil und Guha 1992). In den religiösen Überlieferungen vieler Gesellschaften finden sich Beschreibungen von Dürren, Feuer, Erdbeben und anderen Naturkatastrophen, die eintreten, wenn Menschen dem göttlichen Willen zuwiderhandeln.

Die biologische Vielfalt ist für traditionelle Gesellschaften, in denen die Menschen eng mit Land und Wasser verbunden sind, oft von unmittelbarer Bedeutung. Bei den Indianerstämmen im Nordwesten der USA mußten die Jäger sich Reinigungsritualen unterziehen, bevor sie als würdig angesehen wurden, Jagd auf Tiere zu machen (Pascua 1991). Jäger-und-Sammler-Völker, wie die Penan auf Borneo, geben Tausenden von Bäumen, Tieren und Orten ihrer Umgebung individuelle Namen, um eine kulturell geprägte Landschaft zu schaffen, die für das Wohlergehen des Stammes

1.2 Ein Torii. Diese charakteristischen Torbögen werden vor den japanischen Schinto-Schreinen errichtet. Der Schintoismus lehrt Respekt vor der unberührten Natur und betont die Existenz einer direkten Verbindung zwischen der Natur und der spirituellen Welt. (Photo: Lara Hartley/Terraphotographics.)

unerläßlich ist (Brosius 1990). Dieses Verhältnis zur Natur wurde auf dem Vierten World Wilderness Congress im Jahre 1987 von dem Gesandten des Volkes der Kuna aus Panama anschaulich beschrieben (Gregg 1991):

> »In der Kultur der Kuna ist das Land unsere Mutter, und alle Lebewesen, von denen wir leben, sind ihre Brüder, so daß wir für das Land sorgen und in Harmonie mit ihm leben müssen, weil die Auslöschung eines Wesens auch das Ende eines anderen bedeutet ...«

In einer bemerkenswerten Synthese der Ökologie und Geschichte des indischen Subkontinents argumentieren Gadgil und Guha (1992), daß die Glaubenssysteme, Religionen und Mythen von Jäger-und-Sammler- sowie von Ackerbaugesellschaften häufig den Schutz der Natur und die kluge Nutzung ihrer Ressourcen betonen, weil diese Gruppen im Laufe der Zeit gelernt haben, mit den Beschränkungen zu leben, die begrenzte Ressourcen ihnen auferlegen. Dagegen heben die Glaubenssysteme von Hirtenkulturen ebenso wie die von schnell wachsenden Agrar- und Industriegesellschaften die schnelle Ausbeutung und Zerstörung natürlicher Ressourcen als eine Methode hervor, das Wachstum zu maximieren und die Herrschaft über andere Gruppen zu erlangen. Wenn die Ressourcen an einem Ort erschöpft sind, ziehen diese Gruppen weiter. Die in vielen alten Religionen anzutreffenden Rituale, bei denen Holz verbrannt wird und Tiere geopfert werden, sehen Gadgil und Guha als den Versuch an, sich über die Natur zu erheben und sie zu unterwerfen. In den modernen Industriestaaten herrscht eine extreme Kultur des exzessiven und verschwenderischen Konsums, in der Ballungszentren Ressourcen verbrauchen, die aus einem immer weiteren Umkreis herangeschafft werden müssen.

Die religiöse Verantwortung des Menschen, andere Arten vor dem Aussterben zu retten, wird durch die biblische Geschichte der Arche Noah gut illustriert (Hargrove 1989; Kay 1988). Gott strafte die Menschen für ihre Verderbtheit, indem er eine große Flut sandte, und verschonte nur Noah und seine Familie. Er beauftragte ihn, eine Arche zu bauen und sie mit einem Paar jeder Tierart zu füllen, »damit auf der ganzen Erde Nachwuchs am Leben bleibe«. Als die Flut zurückgegangen war, ließ Noah die Tiere frei, um die Erde wieder zu bevölkern. Diese Geschichte kann man als ein Zeugnis frühen Wissens um die Bedeutung der biologischen Vielfalt sowie als ein erstes Artenschutzprogramm ansehen. Der Prophet Mohammed, Stifter des Islam, setzte dieses Thema der Verantwortlichkeit des Menschen fort: »Die Welt ist grün und schön, und Gott hat euch zu ihren Verwaltern eingesetzt. Er kann sehen, wie gut ihr eure Aufgabe erfüllt.«

Europäische Ursprünge

In der Bibel der westlichen, jüdisch-christlichen Tradition ist die Wildnis oft als ein Ort dargestellt, an den man sich allein oder als Gruppe begeben kann, um in der Einsamkeit nach geistiger Reinheit zu streben – nicht weil die Wildnis Trost spendet, sondern weil sie rauh und unversöhnlich ist. Beispiele liefern Moses, Elias, Johannes der Täufer und die Israeliten. Im Neuen Testament geht Jesus in die Wildnis, um zu prüfen, ob er den Versuchungen des Teufels widerstehen kann. Im mittelalterlichen Europa sah man die Wildnis als nutzloses Land an und glaubte vielfach, sie sei von bösen Geistern oder Ungeheuern bewohnt, während man die Kulturlandschaft als nützlich und schön empfand (Nash 1982).

Im europäischen Gedankengut herrschte lange Zeit die Ansicht vor, daß Gott die Natur zum Nutzen des Menschen geschaffen hat und jede Art der Nutzung gerechtfertigt ist, solange Menschen daraus einen Vorteil ziehen. Ein dominierender Grundsatz der westlichen Philosophie war die Auffassung, die Natur solle so schnell wie möglich zu Geld und Gut gemacht und zum Nutzen der Menschen gebraucht werden (Locke 1690). Diese anthropozentrische Sichtweise führte seit dem 16. Jahrhundert zur Ausbeutung und Schädigung der reichlich vorhandenen Ressourcen in den Regionen, die von den Europäern erobert wurden. Der Wohlstand und die Vorteile, die aus dieser Politik erwuchsen, kamen größtenteils den Bürgern der Kolonialmächte zugute, während die Bedürfnisse der nichteuropäischen Eingeborenen weitgehend übersehen wurden. Die langfristigen Auswirkungen dieser Philosophie auf die natürlichen Ressourcen wurden nicht bedacht; die unerforschten Gebiete in Nord- und Südamerika, Asien, Afrika und Australien schienen so riesig und reich zu sein, daß die Kolonialmächte nicht auf den Gedanken kamen, die natürlichen Ressourcen könnten jemals erschöpft werden.

Ein wichtiges Element der Naturschutzbewegung entwickelte sich dennoch in Europa, ausgehend von den Erfahrungen jener staatlich angestellten Wissenschaftler, die – oft von romantischem Idealismus durchdrungen – im 19. Jahrhundert in die Kolonien entsandt wurden, um an deren Entwicklung mitzuwirken. Diese Wissenschaftler waren dazu ausgebildet, in den Kolonialgebieten detaillierte biologische, naturkundliche, geographische und anthropologische Beobachtungen anzustellen. Viele von ihnen erwarteten, die Eingeborenen in wundervoller Harmonie mit der Natur lebend vorzufinden; statt dessen stießen sie auf verwüstete Wälder, geschädigte Flüsse und menschliche Armut. In Kolonien überall auf der Welt erkannten einzelne Wissenschaftler, daß der Wald geschützt werden mußte, um die Bodenerosion zu verhindern, die Versorgung mit Holz zu sichern und Hungersnöten vorzubeugen. Einige Kolonialbeamte vertraten auch die Ansicht, bestimmte Wälder sollten erhalten bleiben, weil sie gewährleisteten, daß die angrenzenden Agrargebiete regelmäßig mit Regen versorgt wurden – eine frühe Vorwegnahme der heutigen Besorgnis über den Klimawandel. Solche Argumente führten unmittelbar zum Erlaß von Naturschutzverordnungen. Auf Mauritius, einer Insel im Indischen Ozean, ordnete die französische Kolonialverwaltung im Jahre 1769 an, auf 25 Prozent des Grundbesitzes den Wald zu erhalten, um der Bodenerosion vorzubeugen, in geschädigten Gebieten Bäume zu pflanzen und am Rande von Gewässern einen 200 Meter breiten Waldstreifen zu schützen. Ende des 18. Jahrhunderts erlassene Gesetze regelten, wieviel Schadstoffe Indigo- und Zuckermühlen in Gewässer einleiten durften, um die Verschmutzung des Wassers zu verhindern und die Versorgung mit Fisch zu sichern. Auf der Karibikinsel Tobago sorgten britische Beamte dafür, daß auf 20 Prozent der Landfläche »der für Regen notwendige Wald« erhalten blieb.

Diese Erfahrungen und Experimente auf kleinen Tropeninseln hatten beträchtlichen Einfluß auf einige britische Wissenschaftler, die in Indien arbeiteten. Sie veröffentlichten im Jahre 1852 einen Bericht, in dem sie darauf drangen, überall auf dem Subkontinent Waldschutzgebiete einzurichten, um Umweltproblemen und wirtschaftlichen Verlusten vorzubeugen (Grove 1992). Vor allem sahen die Forscher einen Zusammenhang zwischen der Waldzerstörung und dem Rückgang der Niederschlagsmenge sowie der verfügbaren Wassermenge, wodurch es bei der örtlichen Bevölkerung zu einer Hungersnot gekommen war. Der Bericht wurde von der Leitung der britischen Ostindischen Kompanie entgegengenommen, und diese erkannte, daß Naturschutz wirtschaftlich durchaus sinnvoll war. Mitte des 19. Jahrhunderts bauten die Regierungen der indischen Staaten ein ausgedehntes System aus Waldschutzgebieten auf, die von angestellten Förstern geschützt und gepflegt wurden. Dieses System wurde in vielen anderen Kolonien übernommen, etwa in Südostasien, Australien und Afrika, und auch die nordamerikanische Forstwirtschaft wurde davon beeinflußt. Ironischerweise hatten die Eingeborenen in vielen dieser Gebiete vor der Kolonialzeit gut funktionierende Systeme zur Pflege der natürlichen Ressourcen entwickelt, die von den Kolonialregierungen beiseitegefegt worden waren (Poffenberger 1990; Gadgil und Guha 1992).

Viele Themen, die Gegenstand der heutigen Naturschutzbiologie sind, finden sich schon seit mindestens hundert Jahren in europäischen wissenschaftlichen Schriften (Grove 1992). Daß Arten ausgerottet werden können, zeigte das Aussterben des Auerochsen oder Ur (*Bos primigenius*), des europäischen Wildrindes, im Jahre 1627 sowie die Ausrottung der auf Mauritius endemischen Dronte in den siebziger Jahren des 17. Jahrhunderts (Szafer 1968). Um dem Rückgang und dem möglichen Aussterben des Auerochsen entgegenzuwirken, richtete Polen im Jahre 1564 ein Naturschutzgebiet ein, in dem die Jagd verboten war – einer der ersten gezielten Versuche in Europa, eine Art zu erhalten. Zwar gelang es nicht, den Ur (die Stammform des Hausrindes) zu retten, aber in dem Schutzgebiet (Bialowieza-Urwald) überlebte die letzte noch verbliebene Population des Wisent.

Ende des 19. Jahrhunderts begann die Sorge um die Wildtierbestände in Europa um sich zu greifen (Ratcliffe 1984; Moore 1987; Green 1989). Die Ausdehnung der landwirtschaftlich genutzten Fläche führte, gemeinsam mit dem verstärkten Gebrauch von Gewehren für die Jagd, zu einem merklichen Rückgang im Bestand vieler Tiere. In Großbritannien starben um diese Zeit viele kulturell und ökologisch bedeutsame Arten in freier Wildbahn aus: Weißstorch, Kranich, Großtrappe, Fischadler, Seeadler, Wildschwein und Wolf. Andere Arten, etwa der Mäusebussard (Abbildung 1.3), gingen rapide zurück. Diese dramatischen Veränderungen waren der Auslöser für die Entstehung der britischen Naturschutzbewegung und führten zur Gründung der Commons, Open Spaces, and Footpaths Preservation Society im Jahre 1865, des National Trust im Jahre 1895 und der Royal Society for the Preservation of Birds im Jahre 1899. Wegen der intensiven

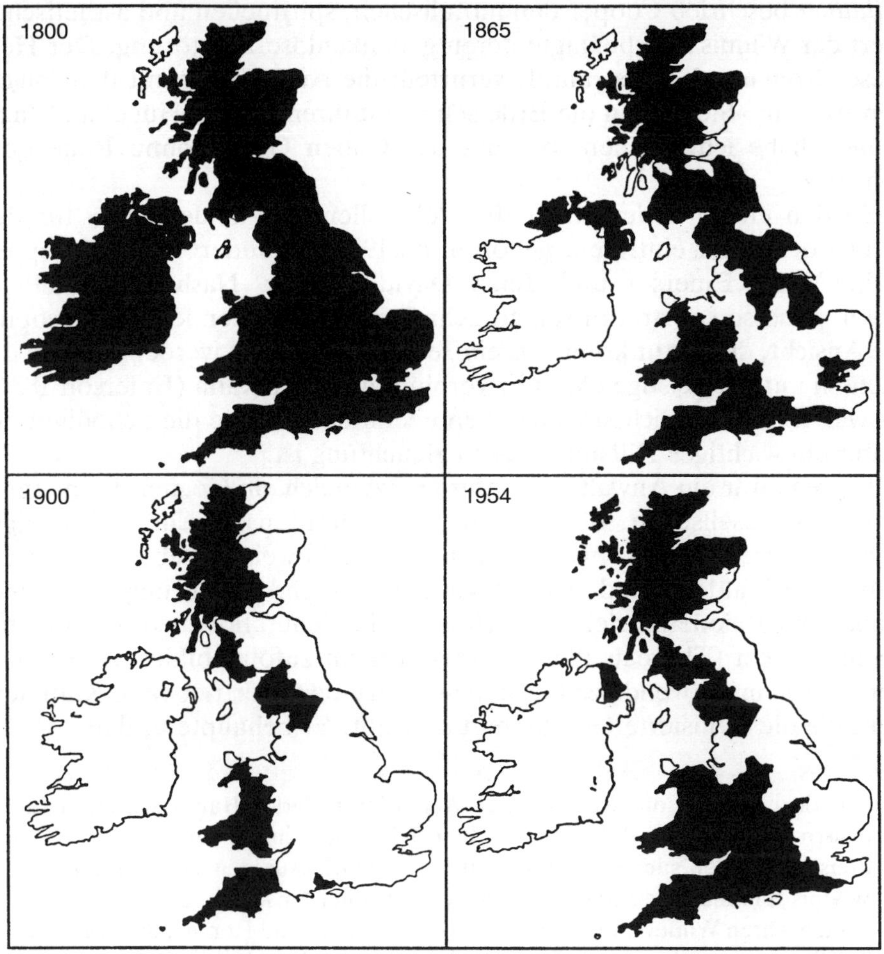

1.3 Veränderungen der Brutverbreitung des Mäusebussards auf den britischen Inseln seit dem Jahre 1800. Schutzmaßnahmen haben zu einer Erholung der Populationen gegenüber dem niedrigen Bestand im Jahre 1900 geführt. (Aus Moore 1987.)

Nutzung der britischen Landschaft konzentrieren sich die Naturschutzmaßnahmen in Großbritannien auf den Schutz und die Pflege relativ kleiner Restflächen. Selbst heute nehmen Naturschutzgebiete weniger als ein Prozent der gesamten Landfläche Großbritanniens ein.

Nordamerikanische Ursprünge

Viele Anliegen der nordamerikanischen Naturschutzbewegung finden sich bereits in den Anfang des 19. Jahrhunderts entstandenen Romanen von James Fenimore Cooper. In Werken wie *Die Pioniere*, *Die Prärie* oder *Der*

Wildtöter beschrieb Cooper den moralischen, spirituellen und ästhetischen Wert der Wildnis und beklagte deren gedankenlose Zerstörung. Der Held dieser Romane, Lederstrumpf, verurteilt die Ausbeutung mit den folgenden Worten: »Sie quälen die Erde selbst mit ihren Äxten. Hügel und Jagdgründe habe ich gesehen, beraubt der Gaben Gottes ohne Reue oder Scham!«

Zu den ersten bedeutenden Intellektuellen, die in den USA für den Schutz der Natur eintraten, gehörten im 19. Jahrhundert die Philosophen Ralph Waldo Emerson und Henry David Thoreau (Nash 1982; Callicott 1990). Emerson vertrat in seinen Schriften zur Transzendentalphilosophie die Ansicht, die Natur könne als ein Tempel angesehen werden, in dem der Mensch mit der geistigen Welt in Verbindung treten kann (Emerson 1836). Er war von den östlichen Religionen beeinflußt, für die die Schönheit der Natur ein wichtiges Hilfsmittel der Erleuchtung ist.

Thoreau war ein Anwalt der Natur und zugleich ein Gegner der materialistischen Gesellschaft, der glaubte, daß der Mensch sehr viel weniger Besitz benötigt, als er anstrebt. Um dies zu beweisen, lebte er in einer Hütte bei Walden Pond, wo er seine Ideen und Erfahrungen in einer Abhandlung niederschrieb, die seither viele Generationen von Studenten beeinflußt hat (Thoreau 1863). Seiner Ansicht zufolge bildet das Erleben der Natur ein notwendiges Gegengewicht zu der übertriebenen Kultiviertheit, die die zivilisierte Gesellschaft anstrebt. Er behauptete, daß

> »[in der] Wildnis die Rettung der Welt [liegt]. Jeder Baum schickt seine Fasern aus, nach der Wildnis zu suchen. Die Städte importieren sie zu jedem Preis. Menschen suchen sie mit Pflug und Schiff. Aus den Wäldern und der Wildnis stammen die Elixiere und Pulver, die die Menschheit stärken. Unsere Ahnen waren Wilde. Die Geschichte von Romulus und Remus, die von einer Wölfin gesäugt wurden, ist keine bedeutungslose Fabel. Die Gründer jedes Staates, der Ansehen erlangt hat, haben Nahrung und Kraft aus ähnlichen natürlichen Quellen bezogen.« (Thoreau, zitiert in Homan 1991)

John Muir, der berühmte amerikanische Anwalt der Wildnis, knüpfte in seinen Feldzügen zur Rettung noch unberührter Gebiete an den Transzendentalismus von Emerson und Thoreau an. Seiner Ansicht nach, die auch als ***Preservationist Ethic*** („Naturschutzethik") bekannt ist, sind reizvolle Landschaftsbestandteile wie Haine, Berggipfel und Wasserfälle von großem Wert, weil sie religiöse und spirituelle Erfahrungen begünstigen und die Seele erfrischen (Muir 1901, 1916). Muir glaubte, der ästhetische und spirituelle Wert der Natur sei dem finanziellen Gewinn aus deren kommerzieller Ausbeutung ebenbürtig und übertreffe oft den Wert der dabei gewonnenen Rohstoffe (Callicott 1990). Die *Preservationist Ethic* ist als undemokratisch oder gar aristokratisch kritisiert worden, da sie die

Bedürfnisse von Philosophen, Dichtern, Künstlern und geistig Suchenden hervorhebt, die die Schönheit der Natur benötigen, um sich über die Massen zu erheben, die Arbeit und Rohstoffe aus der Natur zum Überleben brauchen (Nations 1988; Guha 1989).

Muir trat nicht nur für den Schutz der Natur zugunsten der spirituellen Bedürfnisse des Menschen ein, sondern er war in Amerika auch einer der ersten, die der Natur als solcher ausdrücklich einen eigenen, von ihrem Nutzen für die Menschheit unabhängigen Wert zusprachen. Dabei stützte er sich auf die Bibel: Da die Lebewesen und die Natur von Gott geschaffen sind, bedeute ihre Zerstörung die Vernichtung von Gottes Werk. Seiner Ansicht zufolge war der Mensch im göttlichen Plan allen anderen Arten gleichgestellt:

> »Warum sollte der Mensch sich für mehr als einen kleinen Teil der großen Einheit der Schöpfung halten? Und welche unter den Kreaturen, die zu erschaffen Gott sich die Mühe gemacht hat, ist nicht notwendig für die Vollständigkeit dieser Einheit – des Kosmos? Das Universum wäre unvollständig ohne das kleinste unter den mikroskopisch kleinen Geschöpfen, die jenseits der Wahrnehmung durch unsere überheblichen Augen und Gedanken leben.« (Muir 1916)

Muir war außerdem der Ansicht, daß natürliche Lebensgemeinschaften aus Arten bestehen, die sich gemeinsam entwickeln und voneinander abhängig sind. Diese ökologisch-evolutionäre Perspektive war die Vorläuferin später aufgestellter Theorien von Ökologen wie Cowles, Forbes und Clements (McIntosh 1985) ebenso wie der des bedeutendsten amerikanischen Naturschützers Aldo Leopold. Manche Wissenschaftler haben Lebensgemeinschaften sogar als Superorganismen beschrieben, in denen jede Art eine lebenswichtige Aufgabe hat. Die jüngste Fortentwicklung dieser Vorstellung ist die Gaia-Hypothese, der zufolge die biologischen, physikalischen und chemischen Komponenten der Erde gemeinsam und in Wechselwirkung miteinander die Eigenschaften des Klimas und der Atmosphäre steuern (Lovelock 1988).

Eine alternative Sicht der Natur, die sogenannte ***Resource Conservation Ethic*** („Ressourcenschutzethik"), wurde von Gifford Pinchot, dem ersten Leiter des U.S. Forest Service, entwickelt (Nash 1982; Callicott 1992). Pinchot war der Ansicht, man könne die Güter, die die Natur bietet, als „natürliche Ressourcen" für die Menschheit ansehen (Pinchot 1947). Im Sinne dieser Ethik werden Naturgüter dann richtig genutzt, wenn dabei »der größtmögliche Vorteil für die größtmögliche Zahl [von Menschen] über den längsten möglichen Zeitraum« erzielt wird. Der wichtigste Grundsatz dieser Philosophie ist, daß die Ressourcen gerecht zwischen den heutigen und den zukünftigen Nutzern und Verbrauchern verteilt werden

1.4 Drei wichtige Persönlichkeiten der amerikanischen Naturschutzgeschichte (von links nach rechts): John Muir (1838–1914); Gifford Pinchot (1865–1946); Aldo Leopold (1886–1946).

sollten. In diesem Prinzip erkennen wir den Ursprung der modernen Doktrin der nachhaltigen Entwicklung sowie der Versuche der Umweltökonomen, den Naturgütern einen Geldwert zuzumessen (Costanza 1991). Die Weltkommission für Umwelt und Entwicklung (World Commission on Environment and Development (WCED) 1987) definierte **nachhaltige Entwicklung** (*sustainable development*, im Deutschen auch als dauerhafte, zukunftsfähige oder dauerhaft-umweltgerechte Entwicklung bezeichnet) als »Entwicklung, die den heutigen Bedürfnissen Rechnung trägt, ohne die Erfüllung der Bedürfnisse zukünftiger Generationen zu gefährden«. Vom Standpunkt der Naturschutzbiologie betrachtet, ist eine Entwicklung als nachhaltig oder zukunftsfähig zu bezeichnen, die gegenwärtige und zukünftige Bedürfnisse des Menschen bestmöglich erfüllt, ohne die Umwelt und die biologische Vielfalt zu schädigen (Lubchenko et al. 1991).

Der zweite Grundsatz der *Resource Conservation Ethic* ist, daß Naturgüter effizient genutzt werden sollten, das heißt, sie sollten der bestmöglichen

Verwendung zugeführt und nicht verschwendet werden. Das Effizienzprinzip schließt die Möglichkeit ein, eine Rangordnung verschiedener Nutzungsmöglichkeiten aufzustellen und Ressourcen vielleicht auch mehrfach zu verwenden. Auch die Freude an einer schönen Landschaft könnte eine Art der Nutzung sein und in bestimmten Situationen Vorrang vor materiellen Nutzungsformen haben.

Zwar bestehen gewisse Übereinstimmungen zwischen dieser Ethik und Wirtschaftsanalysen, in denen versucht wird, die „beste" oder profitabelste Art der Landnutzung zu bestimmen, doch zählen in diesen Analysen einzig die Kräfte des Marktes, und die Kosten der Umweltschädigung werden häufig heruntergespielt oder sogar ganz außer acht gelassen, außerdem wird der zukünftige Wert der Naturgüter nicht berücksichtigt. Aus diesem Grunde vertrat Pinchot die Ansicht, die Zerstörung der natürlichen Ressourcen könne langfristig nur verhindert werden, wenn ihr Verbrauch staatlich geregelt und überwacht würde. Wegen ihrer demokratischen Sicht der Gesellschaft und der Bedeutung, die sie deren Bedürfnissen beimaß, gewann die *Resource Conservation Ethic* im Nordamerika des 20. Jahrhunderts die Oberhand (Norton 1991). Behörden, die die natürlichen Ressourcen für verschiedenartige Nutzungen verwalten, wie das Bureau of Land Management und der U.S. Forest Service, sind das Vermächtnis dieser Denkweise, während Gruppen wie die Wilderness Society und der Sierra Club sich dem generellen Schutz der Natur im Sinne der *Preservationist Ethic* verpflichtet fühlen.

Die *Resource Conservation Ethic* war auch die Philosophie, der Aldo Leopold in seinen ersten Jahren als Förster im Staatsdienst anhing. Mit der Zeit kam er jedoch zu der Überzeugung, diese Sichtweise werde den tatsächlichen Verhältnissen nicht gerecht, da sie das Land als bloße Ansammlung einzelner Güter darstellte, die sich auf verschiedene Weise nutzen lassen. Leopold begann die Natur als eine Gesamtheit anzusehen, die als ein System voneinander abhängiger Prozesse organisiert ist:

> »Die Ökologie ist ein neues Feld, in dem alle Wissenschaften aufeinandertreffen ... Das Aufkommen der Ökologie hat den ökonomisch denkenden Biologen in ein Dilemma gebracht: Mit der einen Hand erläutert er die gesammelten Erkenntnisse seiner Suche nach Nützlichkeit oder Nutzlosigkeit bei dieser oder jener Spezies, mit der anderen enthüllt er eine Lebewelt, die so komplex, so sehr durch ein Geflecht aus Kooperation und Konkurrenz geprägt ist, daß niemand sagen kann, wo Nützlichkeit beginnt oder endet.« (Leopold 1939a)

Leopold kam letztlich zu dem Schluß, daß die wichtigste Aufgabe der Landbewirtschaftung die Erhaltung der natürlichen Ökosysteme und ökologischen Prozesse ist. Die Erhaltung dieser Prozesse wird für den Menschen langfristig wertvoller sein als die Bewirtschaftung natürlicher Landschaften mit dem Ziel, nur einzelne Naturgüter zu gewinnen. Aufgrund dessen setzten Leopold und viele andere sich erfolgreich für die Unterschutzstellung bestimmter Teile der in staatlichem Besitz befindlichen Wälder ein (Nash 1982). Außerdem sah Leopold – anders als die Verfechter der *Resource Conservation Ethic* – den Menschen als Teil der ökologischen Gemeinschaft an und nicht als ein Wesen, das außerhalb der Natur steht und diese ausbeutet. Trotz seines Sinneswandels hing er weiterhin der Vorstellung an, der Mensch solle das Land pflegen und bewirtschaften, und dabei sowohl Übernutzung als auch Tatenlosigkeit bei der Erhaltung vermeiden. Leopolds Synthese erhielt den Namen ***Evolutionary-Ecological Land Ethic*** („Evolutionär-ökologische Landnutzungsethik", Callicott 1989, 1990). In seinen Schriften wie im Alltag – er bewirtschaftete eine Farm – befürwortete Leopold eine Art der Landnutzung, die mit biologischer Vielfalt vereinbar war oder sie sogar steigerte (Leopold 1939b, 1949). Seiner Ansicht nach konnte die Bewirtschaftung von Waldstücken, Feldern und Teichen in vielen Fällen eine Landschaft schaffen, die komplexer und artenreicher war als die unberührte Natur. Leopolds Vision eines ergänzenden Miteinanders von Natur und menschlichen Aktivitäten steht in Übereinstimmung mit der modernen Forschung, die der Ansicht ist, daß Menschen seit Tausenden von Jahren ein Bestandteil der meisten Ökosysteme – selbst der tropischen Regenwälder – gewesen sind (Gomez-Pompa und Kaus 1988; Dufour 1990). Die Einbeziehung der menschlichen Aktivitäten in die Naturschutzphilosophie ist auch praktisch sinnvoll, weil ein vollständiger Ausschluß menschlicher Einflüsse auf Naturschutzgebiete schon immer sehr schwierig war und wegen des Wachstums der Weltbevölkerung, der Luftverschmutzung und des globalen Klimawandels allmählich unmöglich wird.

Parallel zur Entwicklung dieser Philosophien entstanden viele nordamerikanische Naturschutzorganisationen, etwa die Wilderness Society, die Audubon Society, Ducks Unlimited und der Sierra Club, wurde ein System von nationalen und regionalen Schutzgebieten aufgebaut und wurden viele Umweltschutzgesetze verabschiedet (Nash 1982; Norton 1991). Auch heute noch findet man Elemente dieser verschiedenen Sichtweisen der Natur in der Literatur, bei Naturschutzorganisationen und in der Politik der US-Regierung (Norton 1991). Viele Ministerien, die mit der Landbewirtschaftung befaßt sind, hängen weiterhin der *Resource Conservation Ethic* an; etablierte ebenso wie neue Naturschutzorganisationen folgen eher der *Preservationist Ethic*, und viele akademische Naturschutzbiologen vertreten entweder die *Evolutionary-Ecological Land Ethic* oder die *Preservationist Ethic*. Meinungsverschiedenheiten über politische und praktische Fragen zwischen Naturschutzorganisationen und zwischen einzelnen Naturschützern spiegeln noch heute diese philosophischen Differenzen wider (Nash

1982). Selbst innerhalb einzelner Organisationen kann es erbitterte Auseinandersetzungen geben. Der fortgesetzte Dialog über Elemente der Naturschutzphilosophie und -ethik ist hilfreich, um zu entscheiden, wie man die langfristige Notwendigkeit, die biologische Vielfalt zu erhalten, und den kurzfristigen Ressourcenbedarf der modernen Gesellschaft gegeneinander abwägen soll. Immerhin hat Norton (1991) die Gemeinschaft der Natur- und Umweltschützer auf die Notwendigkeit hingewiesen, zusammenzuarbeiten, um soviel Natur wie möglich zu erhalten.

In der amerikanischen Naturschutzbewegung gab es eine Reihe von vorausschauenden Autoren, die vor der aufkommenden Zerstörung der biologischen Vielfalt und der Umwelt gewarnt haben. Diese Autoren sind in der Öffentlichkeit auf offene Ohren gestoßen und haben Millionen von Menschen den Anstoß gegeben, sich Initiativen zum Schutz von Vögeln und anderen Wildtieren anzuschließen und sich für den Schutz von Gebirgen, Meeresküsten, Feuchtgebieten und anderen Lebensräumen und gegen die Umweltverschmutzung einzusetzen. Zu den ersten dieser Autoren gehörte G. P. Marsh (1864) mit *Man and Nature; or, Physical Geography as Modified by Human Action*; ihm folgte Fairfield Osborn mit *Our Plundered Planet* (1948; in deutscher Übersetzung 1950 unter dem Titel *Unsere ausgeplünderte Erde* erschienen). Vier in jüngerer Zeit erschienene einflußreiche Bücher über die Umweltzerstörung sind Rachel Carsons *Silent Spring* (1962; deutsch: *Der stumme Frühling*, 1963), *The Population Bomb* von Paul R. und Anne H. Ehrlich (1968), *The Closing Circle* von Barry Commoner (1971; deutsch: *Wachstumswahn und Umweltkrise*, 1973) und *The Arrogance of Humanism* von David Ehrenfeld (1975). In jüngster Zeit erschienen *Earth in the Balance: Ecology and the Human Spirit* des US-Vizepräsidenten Al Gore (1992; deutsch: *Wege zum Gleichgewicht*, 4. Aufl. 1992) und *The Diversity of Life* von E. O. Wilson (1992; deutsch: *Der Wert der Vielfalt,* 1995).

Der gegenwärtige Stand der Naturschutzbiologie in Nordamerika

Anfang der siebziger Jahre hatte die Wissenschaft die Bedrohung der biologischen Vielfalt erkannt, aber um das Problem anzugehen, fehlte es an einem zentralen Forum oder einer entsprechenden Organisation. Die Personen, die in wachsender Zahl über Naturschutzthemen nachdachten und forschten, mußten miteinander kommunizieren, um neue Ideen und Ansätze zu entwickeln. Damit sie ihre gemeinsamen Interessen diskutieren

Blickpunkt Deutschland: Naturschutz und Naturschutzbiologie

Auch in Deutschland wurde die Naturschutzbewegung lange Zeit von Privatpersonen, Verbänden und Organisationen getragen. Ihre Wurzeln reichen bis ins ausgehende 18. Jahrhundert zurück. Ernst Rudorff formulierte 1880 und in den Folgejahren systematische Ansätze eines umfassenden Naturschutzkonzepts (Erz 1990; Knaut 1994); 1875 wurde der Deutsche Verein zum Schutze der Vogelwelt gegründet, 1899 der Bund für Vogelschutz und 1900 der Verein zum Schutze der Alpenpflanzen und -tiere. Häufig waren es jedoch vor allem romantische und ästhetische Aspekte, die im Vordergrund standen, und verschiedene Heimatschutzvereine engagierten sich für den Schutz einzelner, meist kleinflächiger Gebiete (Schoenichen 1942). Auch die ersten Gesetze (Reichsgesetz zum Vogelschutz 1888, Bestimmungen für Schutzgebiete im Preußischen Feld- und Forstpolizeigesetz 1920) hatten den Schutz und die Pflege von Naturdenkmälern sowie den Schutz attraktiver Arten zum Ziel. 1935 wurde das Reichsnaturschutzgesetz erlassen, 1954 das Naturschutzgesetz für die DDR und 1976 das Bundesnaturschutzgesetz (*Natur und Landschaft* 3/1990).

In den letzten drei Jahrzehnten vollzog sich in den meisten Naturschutzverbänden ein Wandel, weg von sektoralen Schutzzielen (zum Beispiel Vögel, Orchideen, Naturschutzgebiete), hin zu einem ökologisch orientierten ganzheitlichen Natur- und Umweltschutz. Auch heute noch spielt der ehrenamtliche Naturschutz bei uns eine zentrale Rolle. Zwar wurde der Naturschutz bereits 1906 durch die Gründung der Staatlichen Stelle für Naturdenkmalpflege in Preußen institutionalisiert, ein systematischer Ausbau mit Naturschutzbehörden auf allen Verwaltungsebenen erfolgte jedoch erst seit den siebziger Jahren. Die personelle Ausstattung des behördlichen Naturschutzes ist aber auch heute noch unbefriedigend, insbesondere vor dem Hintergrund immer umfangreicherer Aufgaben. Während zunächst die Ausweisung von Schutzgebieten und der Vollzug der Artenschutzbestimmungen im Vordergrund standen, kamen später die Bereiche der Fachplanungen und Fachkartierungen hinzu. Heute stellt die Beurteilung von Eingriffen in Natur- und Landschaft den umfangreichsten Arbeitsbereich dar. Biologen fanden nur sehr langsam Eingang in die Naturschutzverwaltung. Einer der Gründe dafür war sicherlich das Fehlen anwendungsorientierter Aspekte in der Biologieausbildung. Mit der Ökologie, insbesondere der angewandten Ökologie, gab es in der Biologie zwar eine Vertiefungsrichtung, die eine zentrale, wissenschaftliche Basis des Naturschutzes darstellt, die darauf aufbauenden handlungs- beziehungsweise umsetzungsorientierten Aspekte des Naturschutzes fehlten jedoch ganz. Da ein entsprechender eigenständiger Ausbildungsgang nicht existierte, wurde der behördliche Naturschutz vor allem von Absolventen der Studiengänge Landespflege/Landschaftsplanung, Forstwirtschaft, Landwirtschaft, Gartenbau und Geographie wahrgenommen. Diese Studiengänge vermitteln jedoch in der Regel keine vertieften biologischen Grundlagen, zum Beispiel der Populationsökologie, der Populationsgenetik, der Evolution, der Ethologie und der Physiologie, und keine breite Kenntnis der heimischen Flora und insbesondere der Fauna. Selbst in der Biologie haben einige dieser Disziplinen heute einen schweren Stand gegenüber sogenannten modernen Arbeitsrichtungen wie Mikrobiologie, Molekulargenetik oder Biochemie. Durch die Aufnahme des Fachgebiets Naturschutz in Studien- und Prüfungsordnungen der Biologie bemühen sich einige Universitäten, einerseits die traditionellen Fachgebiete zu stärken und andererseits durch zusätzliche, praxisorientierte Studieninhalte ein neues Qualifikationsprofil aufzubauen: das der Naturschutzbiologin beziehungsweise des Naturschutzbiologen. So wurde im April 1990 an der Universität Marburg die erste Professur für Naturschutz in der Biologie besetzt und ein Hauptfach „Naturschutz" eingerichtet (Plachter 1991a). Es folgte die Universität Hamburg (ebenfalls 1990), ohne jedoch eine eigene Professur einzurichten, und seit 1992 gibt es an der Universität Greifswald ein Hauptfach „Landschaftsökologie und Naturschutz". (Im Nebenfach kann man eine entsprechende Vertiefung an mehreren weiteren deutschen Hochschulen belegen.) Trotz dieser positiven Entwicklungen bestehen aber heute in Deutschland sowohl in der Naturschutzforschung als auch in der Naturschutzlehre noch erhebliche Defizite, nicht nur innerhalb der Biologie, sondern auch innerhalb der anderen betroffenen Fachgebiete (Beirat für Naturschutz und Landschaftspflege beim BMU 1995; Henle und Kaule 1993; Schmid und Matthies 1994).

In **Österreich** bietet inzwischen die Universität Wien im Rahmen des Biologiestudiums im Studienzweig Ökologie ein Ergänzungsfach Naturschutz an. In der **Schweiz** hat die Eidgenössische Technische Hochschule (ETH) Zürich mit dem Studiengang Umweltnaturwissenschaften einen ganz neuen Weg beschritten. In diesem von Anfang an interdisziplinär angelegten Studiengang kann Natur- und Landschaftsschutz in der Fachvertiefung Biologie gewählt werden (Gigon et al. 1993; Plachter 1993); seit 1994 gibt es dort eine entsprechende Professur. Explizit vertreten ist die Fachrichtung Naturschutz darüber hinaus an der Universität Basel (Nebenfach Natur-, Landschafts-, Umweltschutz, NLU, für Biologie und Geographiestudenten) sowie an der Universität Zürich (Institut für Umweltwissenschaften).

konnten, organisierte der Biologe Michael E. Soulé im Jahre 1978 die First International Conference on Conservation Biology (Erste internationale Konferenz über Naturschutzbiologie). Naturschützer, Zoodirektoren und Wissenschaftler trafen sich im Wild Animal Park von San Diego (Jacobson

1990; Gibbons 1992). Dort schlug Soulé einen neuen interdisziplinären Ansatz vor, um Pflanzen und Tiere vor einem durch den Menschen verursachten massenhaften Artensterben zu retten. Im Anschluß an die Konferenz begann er, gemeinsam mit Kollegen wie Paul Ehrlich von der Stanford University und Jared Diamond von der University of California in Los Angeles, die Naturschutzbiologie zu entwickeln: eine Disziplin, in der sich die praktischen Erfahrungen der Wildbiologie, der Forstwirtschaft und der Fischereibiologie mit den Theorien der Populationsbiologie und der Biogeographie vereinen sollten, um neue Ansätze und Methoden für den Artenschutz zu entwickeln.

Im Jahre 1985 gründeten diese Wissenschaftler die Society for Conservation Biology (Gesellschaft für Naturschutzbiologie), die inzwischen eine der am schnellsten wachsenden biologischen Gesellschaften in den USA ist. Ihr gehören bereits 3600 Fachleute an; damit nähert sie sich der 6500 Mitglieder starken Ecological Society of America, die vor über 70 Jahren gegründet wurde. Daneben gibt es andere Indikatoren für den wachsenden Erfolg der Naturschutzbiologie. Erstens hat die U.S. National Science Foundation ein spezielles Programm zur Unterstützung der Forschung im Bereich der Naturschutzbiologie und der Restaurationsökologie eingerichtet und fördert die Naturschutzforschung außerdem durch ihre regulären Programme. Zweitens haben einige große Stiftungen die Naturschutzbiologie als besonders förderungswürdig eingestuft. So gab die MacArthur Foundation im Jahre 1992 etwa 17 Millionen Dollar für den Erhalt der biologischen Vielfalt aus – erheblich mehr als in früheren Jahren. Die Global Environment Facility, die kürzlich von den Vereinten Nationen und der Weltbank gegründet wurde, darf jährlich mehrere hundert Millionen Dollar für denselben Zweck aufwenden. Drittens haben innerhalb von nur drei Jahren mindestens 16 US-Universitäten Graduiertenstudiengänge in Naturschutzbiologie eingerichtet (Jacobson 1990). Die treibenden Kräfte dieser Entwicklung sind das Interesse der Studenten, das sich wandelnde Forschungsinteresse der Professoren sowie der Wunsch von Stiftungen, neue Studiengänge zu fördern. Im Jahre 1992 gab der Pew Charitable Trust 15,5 Millionen Dollar für die Erforschung der biologischen Vielfalt und für Graduiertenkurse in „Naturschutz und nachhaltiger Entwicklung“ aus. Und schließlich entstand die Zeitschrift *Conservation Biology*, ein neuartiges, allgemeinverständliches Wissenschaftsjournal, das das Interesse an diesem Gebiet weiter gefördert hat.

Diese objektiven Kriterien – ein schnell wachsender Fachverband, gut besuchte Graduiertenkurse und eine vielgelesene Zeitschrift – weisen die Naturschutzbiologie unzweifelhaft als ein wichtiges und populäres neues Fachgebiet aus. Doch letztlich muß diese Disziplin daran gemessen werden, ob sie in der Lage ist, die biologische Vielfalt zu erhalten. Wenn Naturschutzbiologen einmal selbstbewußt auf Arten verweisen können, die aufgrund von Ansätzen erhalten wurden, welche in der Naturschutzbiologie selbst entwickelt und nicht einfach aus ihren Ursprungsdisziplinen wie Wildbiologie, Forstwissenschaft, Fischereibiologie und Ökologie übernommen worden sind, dann werden auch Naturschutzpraktiker die Naturschutzbiologie als Erfolg ansehen.

Ethische Prinzipien der Naturschutzbiologie

Der Naturschutzbiologie liegen bestimmte Annahmen zugrunde, über die sich die Angehörigen dieser Disziplin weitgehend einig sind (Soulé 1985). Diese Annahmen lassen sich nicht beweisen oder widerlegen, und nicht jeder Naturschutzbiologe muß sie ausnahmslos akzeptieren. Dennoch handelt es sich dabei um eine Reihe ethischer und ideologischer Aussagen, die die Basis dieses Fachgebiets bilden und eine Leitlinie für Forschung und praktische Anwendungen darstellen. Solange eine oder zwei dieser Aussagen akzeptiert werden, besteht eine logische Grundlage für Naturschutzbemühungen.

1. *Die Vielfalt der Organismen ist etwas Positives.* Menschen erfreuen sich im allgemeinen an biologischer Vielfalt. Daß Jahr für Jahr mehrere hundert Millionen Menschen Zoos, Nationalparks, Botanische Gärten und Aquarien besuchen, zeigt das Interesse der Öffentlichkeit an der biologischen Vielfalt. Auch die genetische Variabilität innerhalb von Arten spricht uns an, wie Hunde- und Katzenausstellungen, Landwirtschaftsausstellungen, Gartenschauen und zahllose Züchtervereine zeigen. Gartenbesitzer sind stolz auf die Vielzahl verschiedener Pflanzen in ihrem Garten, und Hobbyornithologen wetteifern darum, wer im Laufe eines Tages oder auch seines Lebens die meisten Vogelarten beobachtet hat. Einige Wissenschaftler haben sogar die Vermutung ausgesprochen, der Mensch verfüge über eine genetische Prädisposition, biologische Vielfalt zu mögen, die sie *Biophilie* (englisch *biophilia*; Orians 1980; Wilson 1984) nannten. In den frühesten Stadien menschlicher Kultur, den Jäger-und-Sammler-Gesellschaften, in denen der Mensch mehrere hunderttausend Jahre lebte, bevor er den Ackerbau erfand, war Artenvielfalt für ihn von Vorteil. Eine große biologische Vielfalt lieferte ein breites Angebot an Nahrung und anderen Naturgütern und bildete einen Puffer gegen Umweltkatastrophen und Hungersnöte.
2. *Das vorzeitige Aussterben von Arten und von Populationen ist etwas Negatives.* Das Erlöschen von Arten und Populationen aufgrund natürlicher Prozesse ist ein neutrales Ereignis. Während der Jahrmillionen der

Erdgeschichte wurde das natürliche Aussterben bestimmter Arten in der Regel durch die Evolution neuer Arten ausgeglichen. In ähnlicher Weise wird innerhalb einer Art der Verlust einer lokalen Population meist durch den Aufbau einer neuen Population an einem anderen Ort wettgemacht. Die Aussterberate hat sich jedoch infolge menschlicher Aktivitäten vertausendfacht. Praktisch alle Arten, die während der vergangenen hundert Jahre ausgestorben sind, darunter mehrere hundert Wirbeltierarten und vermutlich Tausende von Wirbellosen, gehen auf das Konto des Menschen.

3. *Ökologische Komplexität ist etwas Positives.* Viele der interessantesten Begleiterscheinungen biologischer Vielfalt treten nur in naturbelassener Umwelt auf. Beispielsweise gibt es komplexe, durch Koevolution entstandene ökologische Beziehungen zwischen tropischen Blütenpflanzen, Kolibris, die aus deren Blüten Nektar saugen, und Milben, die die Schnäbel der Kolibris als „Transportmittel" für die Reise von einer Blüte zu nächsten nutzen (Colwell 1973, 1986). Hielte man diese Organismen voneinander getrennt in Zoos und Botanischen Gärten, so würde man solche Beziehungen niemals vermuten. Während die Artenvielfalt unter Umständen in solchen Einrichtungen erhalten werden könnte, würde die ökologische Komplexität, die in natürlichen Lebensgemeinschaften vorhanden ist, dort weitgehend verloren gehen.
4. *Evolution ist etwas Positives.* Evolutionäre Anpassung ist der Prozeß, durch den letztlich neue Arten entstehen und die biologische Diversität zunimmt. Deshalb ist es gut, Populationen zu ermöglichen, sich weiterhin in freier Natur zu entwickeln. Menschliche Eingriffe, die die Fähigkeit einer Population zur Evolution einschränken oder gar zerstören, etwa durch starke Verkleinerung des Bestands, sind schlecht. Es ist wichtig, Arten, die in freier Wildbahn nicht mehr überleben können, in menschlicher Obhut zu erhalten, aber solche Arten haben nicht mehr die Möglichkeit zur natürlichen Evolution, und wieder ausgewilderte Exemplare sind dann unter Umständen nicht mehr in der Lage, sich in Freiheit zu behaupten.
5. *Biologische Vielfalt hat einen Eigenwert.* Jede Art hat einen eigenen Wert, der von ihrem materiellen Wert für die menschliche Gesellschaft unabhängig ist. Diesen Wert besitzt sie unter anderem aufgrund ihrer Evolutionsgeschichte sowie ihrer einzigartigen ökologischen Rolle, aber auch aufgrund ihrer bloßen Existenz. Diese biologische Bewertung steht im Gegensatz zum ökonomischen Standpunkt, der jeder Art entsprechend ihrem aktuellen oder potentiellen Nutzen einen Geldwert zuerkennt.

Zusammenfassung

1. Zur Zeit sterben infolge menschlicher Aktivitäten Tausende von Arten aus. Die Naturschutzbiologie ist eine neue, umfassende Wissenschaftsdisziplin, deren Ziel die Bewältigung dieser beispiellosen Krise ist. Naturschutzbiologen kombinieren Grundlagenforschung und angewandte Forschung, um die Ausrottung von Arten, den Verlust an genetischer Variabilität und die Zerstörung natürlicher Lebensgemeinschaften zu verhindern.
2. Die Naturschutzbiologie setzt religiöse und philosophische Traditionen fort. Im 18. und 19. Jahrhundert nahmen europäische Wissenschaftler die Zerstörung der Wälder und die Gewässerverschmutzung in den Kolonien zum Anlaß, einige der ersten Umweltgesetze vorzuschlagen. Der Rückgang und das Aussterben von Arten in Europa führten zur Einrichtung der ersten Naturschutzgebiete und weckten das Interesse der Öffentlichkeit an Naturschutzfragen. In den USA traten Ralph Waldo Emerson, Henry David Thoreau und John Muir für den Schutz der Wildnis ein und vertraten die Ansicht, jeder Art wohne ein naturgegebener Wert inne. Gifford Pinchot schlug vor, für einen Ausgleich zwischen den konkurrierenden Ansprüchen heutiger und zukünftiger Gesellschaften an die natürlichen Ressourcen zu sorgen, und Aldo Leopold forderte, das Land zu pflegen und zu bewirtschaften, um ökologische Prozesse zu erhalten und nicht bloß, um menschliche Bedürfnisse zu befriedigen.
3. Grundlage der Naturschutzbiologie sind bestimmte Annahmen, die von den meisten Naturschutzbiologen akzeptiert werden: Die Artenvielfalt ist etwas Gutes; die Ausrottung von Arten durch menschliche Aktivitäten ist etwas Schlechtes; die komplexe Interaktion verschiedener Arten in natürlichen Lebensgemeinschaften ist etwas Gutes; die Evolution neuer Arten ist etwas Gutes; biologische Vielfalt hat einen Eigenwert an sich.

Weiterführende Literatur

Callicott, J. B. 1990. Wither Conservation Ethics? *Conservation Biology* 4: 15–20. [Eine Zusammenfassung wichtiger Naturschutzthemen.]

Fiedler, P. L. und Jain, S. K. (Hrsg.) 1992. *Conservation Biology: The Theory and Practice of Nature Conservation, Preservation and Management.* Chapman and Hall, New York. [Eine aktuelle Darstellung ausgewählter Themen.]

Henle, K. und Kaule, G. (Hrsg.) 1991. *Arten- und Biotopschutzforschung für Deutschland.* Forschungszentrum Jülich. [Übersicht über die Naturschutzforschung in Deutschland, den Stand des Wissens und bestehende Forschungsdefizite.]*

Knaut, A. 1994. *Zurück zur Natur. Die Wurzeln der Ökologiebewegung.* Kilda Verlag, Greven. [Umfassende Aufbereitung der Anfänge der deutschen Naturschutzgeschichte in der zweiten Hälfte des 19. Jahrhunders.]*

Nash, R. 1982. *Wilderness and the American Mind.* Yale University Press, New Haven. [Ein hervorragender Überblick über die Geschichte und wichtige Persönlichkeiten der Umwelt- und Naturschutzbewegung in den USA.]

Norton, B. 1991. *Toward Unity among Environmentalists.* Oxford University Press, New York. [Ein Überblick über die moderne Umweltschutzbewegung und Strategien, um ihre Ziele zu erreichen.]

Soulé, M. E. 1985. What is conservation biology? *BioScience* 35: 727–734. [Ein Klassiker der Naturschutzbiologie.]

Soulé, M. E. (Hrsg.) 1986. *Conservation Biology: The Science of Scarcity and Diversity.* Sinauer Associates, Sunderland, MA. [Eine Sammlung von Aufsätzen mit Schwerpunkt auf empfindlichen Lebensräumen und der Genetik seltener Arten.]

Soulé, M. E. und Wilcox, B. A. (Hrsg.) 1980. *Conservation Biology: An Evolutionary-Ecological Perspective.* Sinauer Associates, Sunderland, MA. [Das erste detaillierte Buch über Naturschutzbiologie; mit Originalveröffentlichungen führender Autoren.]

Wilson, E. O. 1992. *The Diversity of Life.* Belknap Press of Harvard University Press, Cambridge, MA. [Deutsch: 1995. *Der Wert der Vielfalt.* Piper, München; eine für die breite Öffentlichkeit verfaßte ausgezeichnete Beschreibung der biologischen Vielfalt.]

Wilson, E. O. und Peter, F. M. (Hrsg.) 1988. *Biodiversity.* National Academy Press, Washington, D.C. [Deutsch: 1992. *Ende der biologischen Vielfalt?* Spektrum Akademischer Verlag, Heidelberg; kurze Beiträge führender Autoren.]

* Die (hier und in den folgenden Kapiteln) mit einem Stern gekennzeichneten Titel sind für die deutsche Ausgabe zusätzlich aufgenommen worden.

2

Was ist biologische Vielfalt?

Obwohl die Bewahrung der biologischen Vielfalt oder Biodiversität ein zentrales Anliegen der Naturschutzbiologie ist, gibt es verschiedene Auffassungen darüber, was „Biodiversität" eigentlich bedeutet. Das U.S. Office of Technology Assessment (1987) definiert sie als »die Mannigfaltigkeit und Variabilität der Lebewesen und der ökologischen Strukturen, in die sie eingebunden sind«. Diese Definition erlaubt die Unterscheidung von drei Ebenen der Diversität. Grundlegend ist die Vielfalt im Artenspektrum der Erde, das einfache Formen wie Bakterien, Viren und Protisten ebenso umfaßt wie die vielzelligen Pflanzen, Tiere und Pilze. Eine weitere Komponente der biologischen Vielfalt ist die genetische Diversität innerhalb einer Art, sowohl zwischen geographisch voneinander isolierten Populationen als auch zwischen den Individuen einer Population. Zur biologischen Diversität gehört aber auch die Vielfalt der biologischen Gemeinschaften, in denen Arten leben, der Ökosysteme, in denen Gemeinschaften bestehen, und der Wechselbeziehungen zwischen diesen Ebenen (Abbildung 2.1).

Alle Ebenen der biologischen Vielfalt sind für den Fortbestand der Arten und der natürlichen Lebensgemeinschaften notwendig und für das Wohlergehen der Menschheit wichtig. Jede Art braucht **genetische Diversität**, um sich erfolgreich fortzupflanzen, Krankheiten zu widerstehen und sich an Veränderungen ihrer Lebensbedingungen anpassen zu können. Die genetische Diversität von Nutzpflanzen und Haustieren ist vor allem für Zuchtprogramme wichtig, die notwendig sind, um die modernen Kulturformen und Haustierrassen zu erhalten. Die **Artenvielfalt** oder **Artendiversität** repräsentiert das Spektrum der evolutionären und ökologischen Anpassungen von Arten an bestimmte Lebensräume. Sie bietet der Menschheit direkte und indirekte Ressourcen. Ein artenreicher tropischer Regenwald beispielsweise liefert eine große Vielfalt pflanzlicher und tierischer Pro-

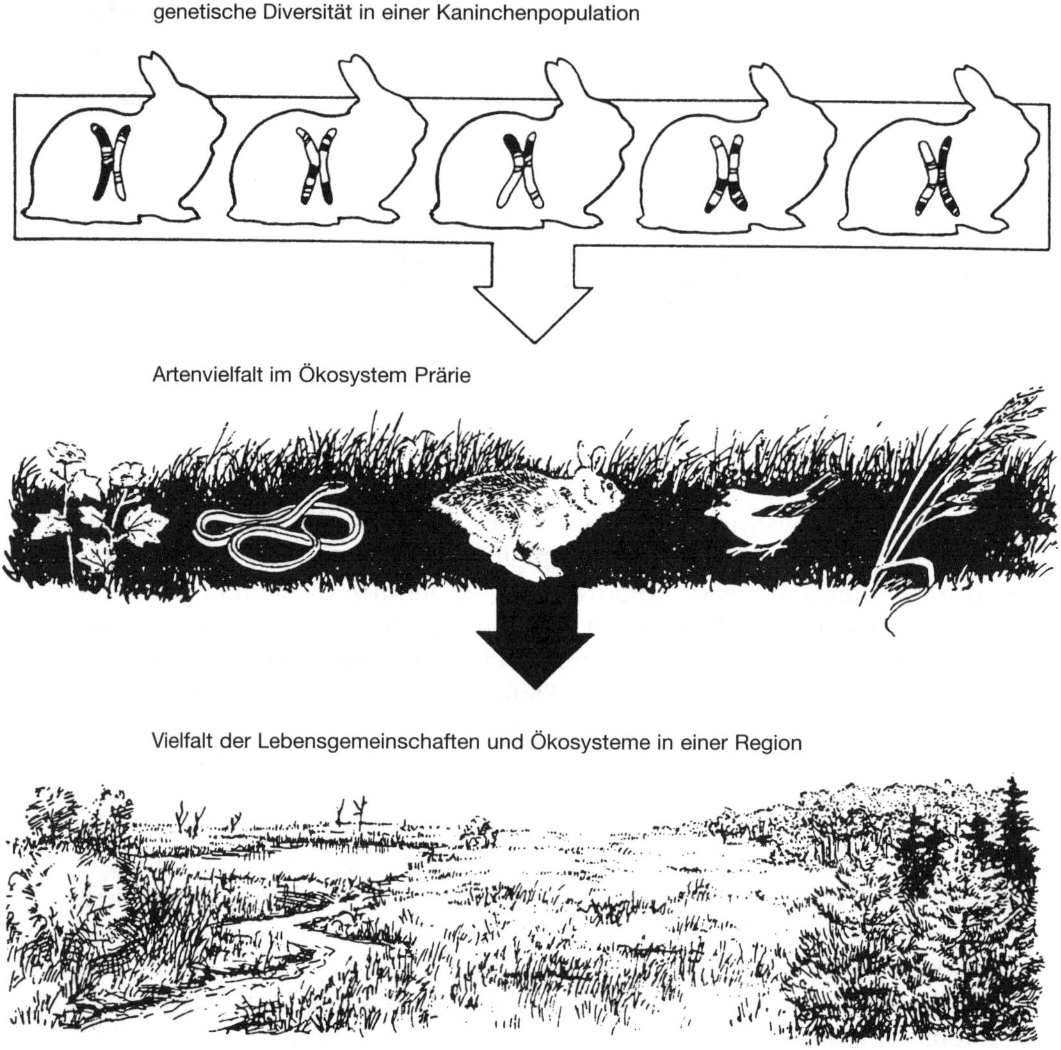

2.1 Zur biologischen Vielfalt gehören genetische Diversität (die genetische Variabilität innerhalb einer Art), Artenvielfalt (das Spektrum der Arten in einem Ökosystem) und die Diversität auf der Ebene der Gemeinschaften und Ökosysteme (die Vielfalt der Biotoptypen und Ökosystemprozesse in einer Region). (Aus Temple 1991; Zeichnung von T. Sayre.)

dukte, die als Nahrung, Baumaterial und Heilmittel Verwendung finden können. Die **Diversität auf der Ebene der Gemeinschaften** repräsentiert die kollektive Reaktion von Arten auf verschiedene Umweltbedingungen. Lebensgemeinschaften, wie man sie in Wüsten, Grasländern, Feuchtgebieten und Wäldern findet, sorgen langfristig für das Funktionieren der Ökosysteme, die dem Menschen nützliche Dienste leisten, indem sie ihn beispielsweise vor Überschwemmungen und Bodenerosion schützen oder Luft und Wasser filtern (Woodwell 1990; Odum 1993).

Zur biologischen Vielfalt trägt das gesamte Artenspektrum der Erde bei. Es gibt zwei gebräuchliche Möglichkeiten, eine **Art** zu definieren:

1. als eine Gruppe von Individuen, die sich in morphologischer, physiologischer oder biochemischer Hinsicht von anderen Gruppen unterscheidet (morphologische Definition der Art, Morphospezies),
2. als eine Gruppe potentiell kreuzbarer Individuen, die sich mit Individuen anderer Gruppen nicht fortpflanzen (biologische Definition der Art, Biospezies).

Taxonomen – das sind Biologen, die auf die Bestimmung von Organismen und die Klassifizierung von Arten spezialisiert sind (Exkurs 1) – verwenden in der Regel die morphologische Artdefinition, Evolutionsbiologen die biologische, da diese auf meßbarer genetischer Verwandtschaft basiert und nicht auf mehr oder weniger subjektiv klassifizierten äußerlichen Eigenschaften. In der Praxis ist die biologische Artdefinition allerdings schwer anwendbar, da sie das – nur selten verfügbare – Wissen voraussetzt, welche Individuen sich tatsächlich kreuzen können.

Exkurs 1: Die Benennung und Klassifikation der Arten

Für die Bezeichnung der Arten haben sich die Biologen weltweit auf einheitliche Namen geeinigt, die auch als wissenschaftliche Namen bezeichnet werden. Diese sind oft, jedoch nicht immer, von lateinischen oder griechischen Wörtern abgeleitet. Durch ihren Gebrauch werden die Mißverständnisse vermieden, die bei Verwendung der umgangssprachlichen Bezeichnungen (Trivialnamen) entstehen können. Beispielsweise werden in Deutschland ganz verschiedene Pflanzenarten landläufig als Butterblume bezeichnet. Würde ein Biologe über seine Untersuchungen an „Butterblumen“ berichten, wüßten andere Wissenschaftler nicht, mit welcher Art er sich beschäftigt hat – es sei denn, er würde außerdem den wissenschaftlichen Namen angeben. Umgekehrt gibt es für ein und dieselbe Art schon in der Umgangssprache eines Landes oft mehrere, häufig regional unterschiedliche Namen. So heißt die Art *Myocastor coypus* auf deutsch Biberratte, Sumpfbiber und Nutria. Bei den Vögeln stehen zum Beispiel Stieglitz und Distelfink (*Carduelis carduelis*) gleichberechtigt nebeneinander. Nur der lateinische Name ist über alle Länder- und Sprachgrenzen hinweg einheitlich.

Wissenschaftliche Artnamen bestehen im wesentlichen aus zwei Wörtern. Dieses System, die sogenannte **binäre Nomenklatur**, wurde im 18. Jahrhundert von dem schwedischen Naturforscher Carl von Lin-

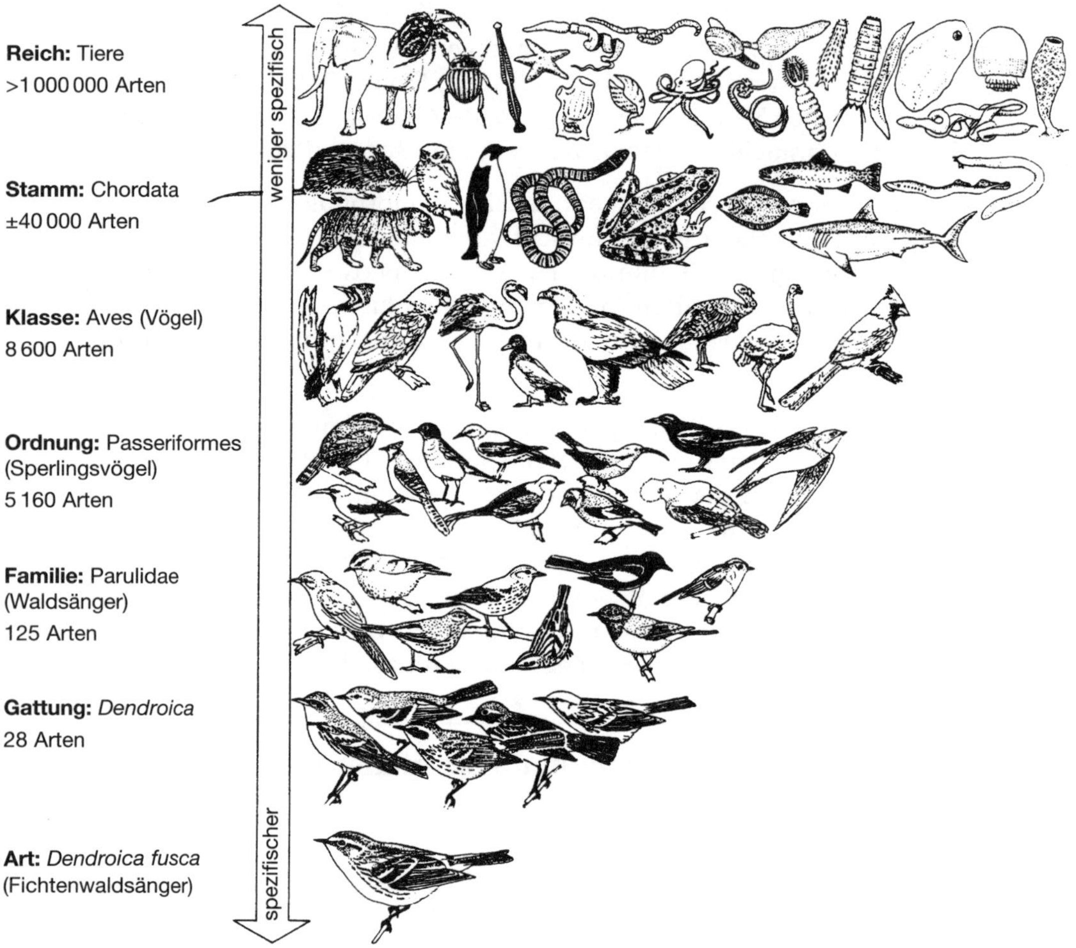

Der Fichtenwaldsänger (*Dendroica fusca*) ist mit um so mehr anderen Tierarten verwandt, je weiter man im taxonomischen Ordnungssystem aufsteigt.

né entwickelt. Im wissenschaftlichen Namen der Kohlmeise, *Parus major*, ist *Parus* der Gattungsname, *major* bezeichnet als sogenanntes Epitheton die Art. Entsprechend steht beim nordamerikanischen Fichtenwaldsänger *Dendroica* für die Gattung, *fusca* kennzeichnet die Art. In gewisser Weise gleicht der Gattungsname dem Nachnamen eines Menschen, den dieser mit vielen anderen teilen kann, das Epitheton dem Vornamen, den ebenfalls viele verschiedene Menschen tragen können, der aber in Kombination mit dem Nachnamen eine bestimmte Person bezeichnet. Der Name *Parus major* steht für eine ganz bestimmte Meisenart; daneben gibt es in Europa acht verschiedene Meisenarten, die der Kohlmeise ähnlich genug sind, um von den meisten Ornithologen ebenfalls zur Gattung Parus gezählt zu werden.

es für wissenschaftliche Namen eine Standardschreibweise. Man schreibt sie entweder kursiv oder unterstrichen, der Gattungsname wird stets groß, das Epitheton immer klein geschrieben. Gelegentlich ist dem Artnamen ein Personenname oder dessen Abkürzung angefügt, nämlich der des Autors, der die betreffende Art als erster unter diesem wissenschaftlichen Namen beschrieben hat. So heißt der Mensch wissenschaftlich *Homo sapiens* LINNÉ oder *Homo sapiens* L. Geht es um verschiedene Arten einer Gattung oder ist nicht sicher, um welche Art innerhalb einer bestimmten Gattung es sich handelt, werden manchmal die Abkürzungen spp. beziehungsweise sp. oder spec. (für *species*) verwendet, beispielsweise *Parus* spp. Wenn eine Art keine nahen Verwandten hat, kann sie auch allein eine Gattung bilden. In ähnlicher Weise kann eine Gattung, die mit keiner anderen Gattung verwandt ist, eine eigene Familie (die nächsthöhere taxonomische Kategorie) darstellen.

Die **Taxonomie** ist die Wissenschaft, die sich mit der Klassifizierung der Lebewesen befaßt. Ziel der modernen Taxonomie ist die Schaffung eines Ordnungssystems, das die Evolution bestimmter Gruppen von Arten aus gemeinsamen Vorfahren widerspiegelt. Die nahe verwandte **Systematik** ordnet die Mannigfaltigkeit der Lebewesen. Zwei Arten stehen einander systematisch um so näher, je später ihr letzter gemeinsamer Vorfahre gelebt hat und je mehr sie einander gleichen. Durch die Zusammenfassung ähnlicher Arten in taxonomischen Einheiten wird die Einordnung unbekannter Arten erleichtert.

In der modernen Systematik werden ähnliche *Arten* zu einer *Gattung* zusammengefaßt, ähnliche Gattungen zu einer *Familie*, Familien zu *Ordnungen*, Ordnungen zu *Klassen*, ähnliche Klassen zu einem *Stamm* (im Tierreich) oder einer *Abteilung* (in den übrigen Organismenreichen) und ähnliche Stämme beziehungsweise Abteilungen zu *Organismenreichen*.

Die meisten Biologen unterscheiden heutzutage fünf Organismenreiche: Pflanzen, Tiere, Pilze, Monera (Einzeller ohne Zellkern und Mitochondrien, zum Beispiel die Bakterien) und Protisten (komplizierter gebaute Einzeller mit Zellkern und Mitochondrien; für diese Gruppe einschließlich ihrer offensichtlichen direkten Nachfahren mit vielzelligem Aufbau ist auch der Name „Protoctisten" geläufig).

Probleme bei der Unterscheidung und Bestimmung von Arten kommen häufiger vor, als vielen Menschen bewußt ist (Rojas 1992; Standley 1992). Die Unterschiede zwischen Arten sind nicht immer so eindeutig, wie man aufgrund der beiden Definitionen glauben könnte. Eine Art kann beispielsweise in verschiedenen Varietäten mit sichtbaren morphologischen Unterschieden vorkommen, wobei die Varietäten einander aber biologisch noch ähnlich genug sind, um eine Art zu bilden (Abbildung 2.2). So gehören alle Hunderassen, ob Deutscher Schäferhund, Collie, Dackel oder

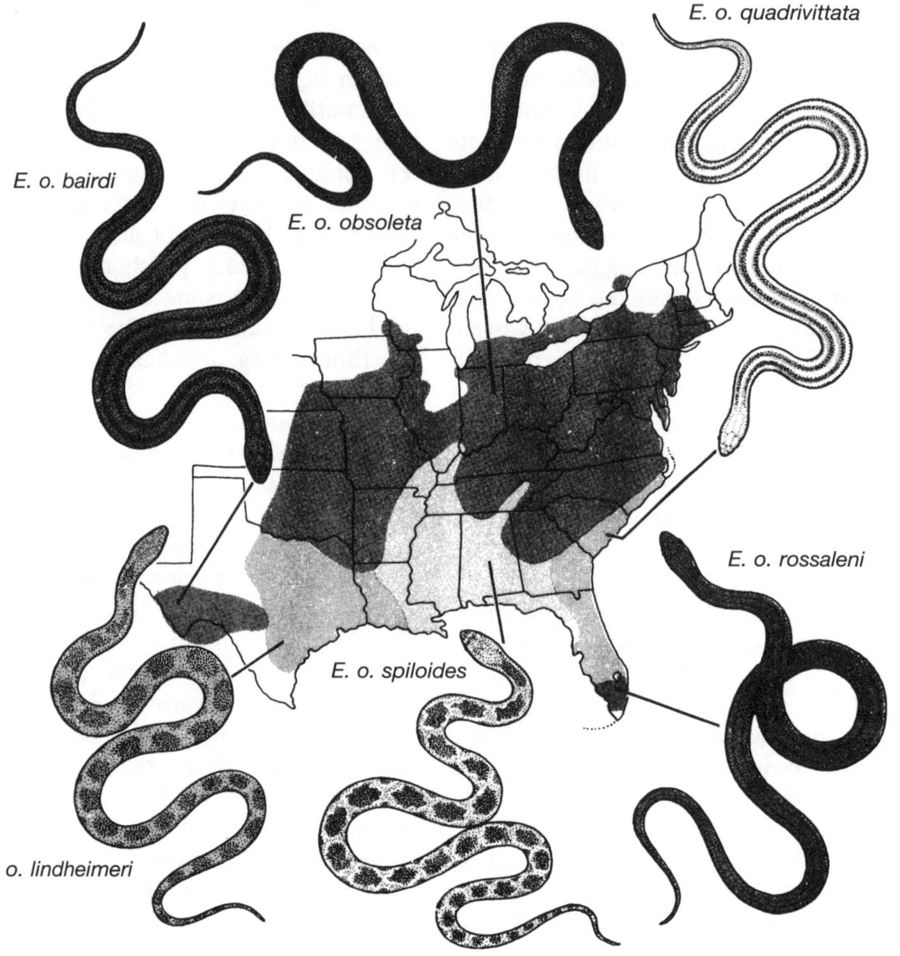

2.2 Die Erdnatter (*Elaphe obsoleta*) ist eine Art mit vielen Unterarten oder geographischen Rassen, die sich in Farbe und Zeichnung unterscheiden. Wo ihre Verbreitungsgebiete sich überschneiden, kreuzen sich die Unterarten miteinander. (Nach Conant 1958.)

Beagle, zur selben Art und lassen sich ohne weiteres kreuzen, obwohl sie sehr unterschiedlich aussehen. Andererseits gibt es sogenannte Zwillingsarten, die nahe miteinander verwandt sind und sich in ihren morphologischen oder physiologischen Eigenschaften sehr ähneln, aber sich nicht kreuzen und als verschiedene Arten angesehen werden müssen. In der Praxis fällt es Biologen oft schwer, die Variabilität innerhalb einer Art von der Variabilität zwischen nahe verwandten Arten zu unterscheiden. Erschwerend kommt hinzu, daß es gelegentlich Bastardierungen zwischen als getrennt geltenden Arten geben kann. Die dabei entstehenden intermediären Individuen verwischen die Grenzen zwischen den Arten. Besonders häufig ist die Bastardierung bei Pflanzen gestörter Habitate. Schließlich sind für viele Organismengruppen die taxonomischen Untersuchungen, die zur Unterscheidung von Arten und zur Bestimmung einzelner Exemplare notwendig sind, noch gar nicht durchgeführt worden. Die Schwierigkeit, Arten eindeutig voneinander zu unterscheiden, ob infolge ähnlicher Eigenschaften oder infolge von Unsicherheit über den korrekten wissenschaftlichen Artnamen, behindert oft Bemühungen um den Artenschutz (Standley 1992).

Die Entstehung neuer Arten

Die biochemische Ähnlichkeit aller Lebewesen deutet darauf hin, daß das Leben auf der Erde wahrscheinlich nur einmal entstanden ist, und zwar vor etwa 3,5 Milliarden Jahren. Aus einer ursprünglichen Art haben sich die Millionen von Spezies entwickelt, die die Erde heute bevölkern. Der Prozeß der **Artbildung** (Speziation) läuft auch heute noch ab und wird sich höchstwahrscheinlich weiterhin fortsetzen.

Der Prozeß, durch den sich aus einer ursprünglichen Art neue, verschiedene Arten entwickeln, wurde erstmals vor über 100 Jahren beschrieben, und zwar von Charles Darwin und Alfred Russell Wallace. Diese Theorie über den Ursprung neuer Arten ist unter Wissenschaftlern heute weithin akzeptiert. In seinem „Klassiker" *Über den Ursprung der Arten*, dessen englische Originalausgabe 1859 erschien, lieferte Darwin zahlreiche überzeugende Beweise für seine Theorie. Fossile Zeugnisse und die moderne Molekularbiologie haben seither eine Fülle neuer Informationen bereitgestellt, die Darwins Theorie unterstützen.

Die Evolutionstheorie ist so einfach wie elegant. Man denke sich eine Population einer bestimmten Art, beispielsweise von Schneehasen in Kanada. Die Mitglieder dieser Population werden in der Regel mehr Nachkommen produzieren, als in ihrem Lebensraum überleben können. Die meisten Jungtiere werden vor Erreichen der Geschlechtsreife sterben. Jedes Paar wird zahlreiche Würfe mit jeweils sechs oder mehr Jungen produzieren, aber in einer stabilen Population werden durchschnittlich nur zwei Junge pro Paar überleben. Zwischen den Mitgliedern der Population gibt es Unterschiede hinsichtlich bestimmter Eigenschaften, und einige dieser Eigenschaften sind erblich – sie werden über die Gene von den Eltern an die Kinder weitergegeben. Diese genetischen Unterschiede sind die Folge spontaner Veränderungen in den Chromosomen und der Rekombination der Chromosomen bei der geschlechtlichen Fortpflanzung. Einige Individuen der Schneehasenpopulation haben aufgrund genetischer Unterschiede ein dichteres Fell als andere. Solche Unterschiede in genetischen

Eigenschaften verleihen manchen Individuen größere Überlebenschancen, lassen sie besser gedeihen und sich vermehren – ein Prinzip, das oft als „Überleben des Bestangepaßten" (*survival of the fittest*) bezeichnet wird. Unsere hypothetischen Schneehasen mit dem dicken Pelz haben bessere Chancen, kalte Winter zu überleben, als Schneehasen mit einem dünneren Fell. Individuen, die aufgrund einer bestimmten genetischen Eigenschaft überlebensfähiger sind, werden mit größerer Wahrscheinlichkeit Nachkommen produzieren als andere; im Laufe der Zeit wird sich die genetische Zusammensetzung der Population verändern. Nach einer Reihe kalter Winter werden mehr Schneehasen mit dickem Fell überlebt und entsprechenden Nachwuchs gezeugt haben, während mehr Hasen mit dünnem Fell gestorben sein werden. Der Anteil der Individuen mit dichterem Fell ist gegenüber früheren Generationen gestiegen.

Im Zuge des Evolutionsprozesses machen Populationen fortlaufend genetische Anpassungen an Veränderungen ihrer Umwelt durch. Dabei kann es sich um Veränderungen sowohl biotischer (Nahrungsquellen, Konkurrenten, Beutetiere) als auch abiotischer Faktoren (Klima, Verfügbarkeit von Wasser, Eigenschaften des Bodens) handeln. Wenn sich eine Population genetisch so stark verändert hat, daß sie sich nicht mehr mit der Art kreuzen kann, aus der sie hervorgegangen ist, kann sie als neue Art angesehen werden. Dieser Prozeß, durch den eine Art allmählich in eine andere übergeht, wird als **phyletische Evolution** bezeichnet.

Damit sich zwei oder mehr Arten aus einem gemeinsamen Vorfahren entwickeln können, muß es in der Regel eine geographische Barriere geben, die den Austausch von Individuen zwischen den verschiedenen Populationen einer Art verhindert. Für landlebende Organismen können Flüsse, Bergketten oder Meere, die die Art nicht ohne weiteres überwinden kann, solche Barrieren sein. Besonders schnell verläuft die Artbildung auf Inseln. Auf Inselgruppen wie den Galapagos- oder den Hawaii-Inseln gibt es viele Beispiele von Insekten- oder Pflanzengruppen, die ursprünglich verschiedene Populationen einer einzigen neuangekommenen Art waren. Diese voneinander isolierten Populationen haben sich genetisch an die speziellen Umweltbedingungen einzelner unbewohnter Inseln, Berge und abgeschnittener Täler angepaßt und sich ausreichend von der Ursprungsart fortentwickelt, um nun als eigenständige Arten zu gelten. Dieser Prozeß lokaler Anpassung und daraus folgender Artbildung ist als **adaptive Radiation** bekannt. Eines der am besten bekannten Beispiele für adaptive Radiation ist das der auf Hawaii lebenden Kleidervögel, einer Familie spezialisierter Vogelarten, die offensichtlich von einem einzigen Paar abstammt, das vor mehreren zehntausend Jahren zufällig die Hawaii-Inseln erreichte (Abbildung 2.3; Scott et al. 1988).

Die Entstehung neuer Arten ist normalerweise ein langsamer Prozeß, der Hunderte, wenn nicht Tausende von Generationen erfordert. Die Evo-

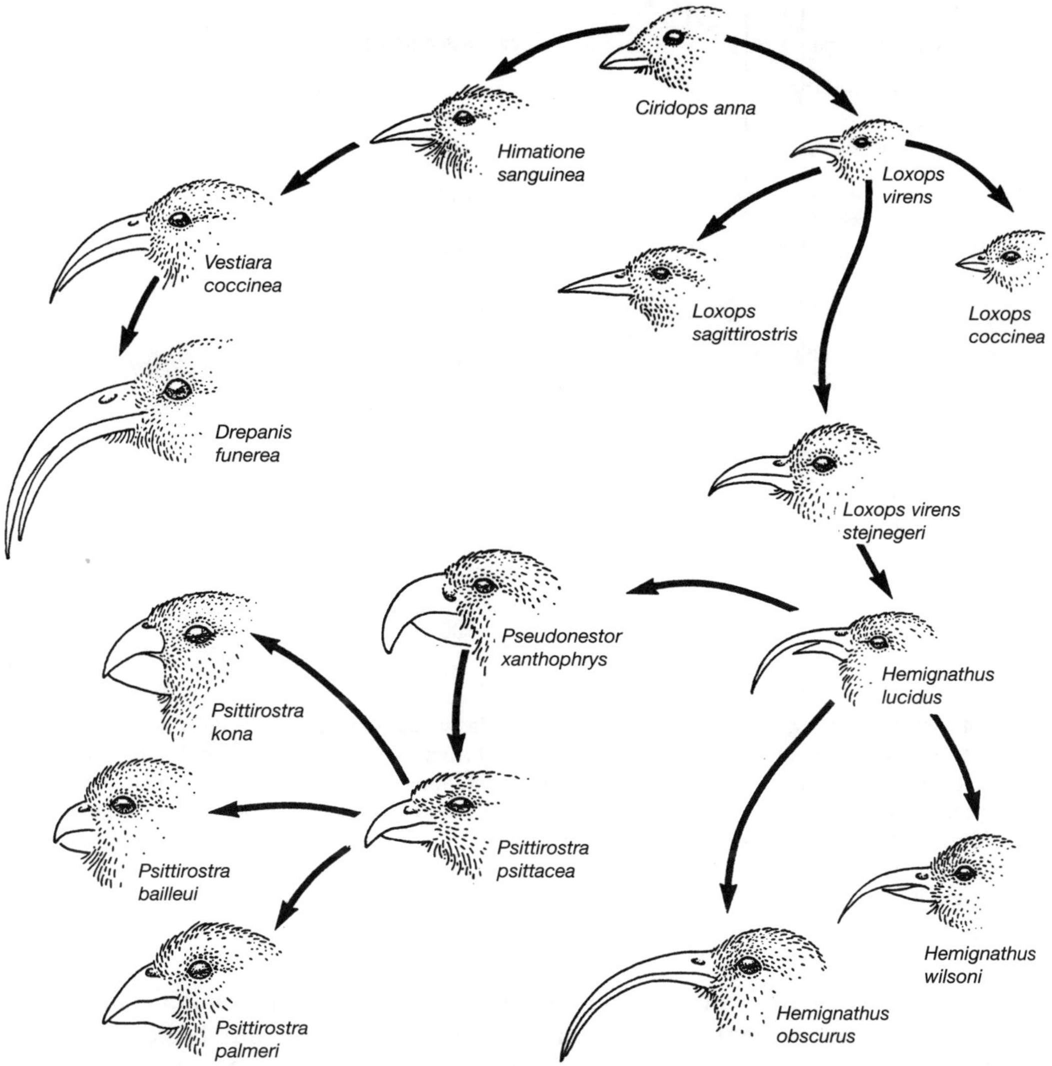

2.3 Eines der spektakulärsten Beispiele für adaptive Radiation liefert die Familie der Kleidervögel. Man nimmt an, daß diese auf den Hawaii-Inseln endemische Familie von einem einzigen Vogelpaar abstammt, das zufällig auf die Inseln gelangte. Form und Größe des Schnabels passen zur Nahrung der jeweiligen Art: Lange Schnäbel eignen sich zur Aufnahme von Nektar, kurze dicke zum Knacken von Samen und kurze schmale zum Fressen von Insekten. (Aus Futuyma 1986.)

lution neuer Gattungen und Familien verläuft sogar noch langsamer: über Hunderttausende oder sogar Millionen von Jahren. Es gibt aber auch Mechanismen, durch die neue Arten in nur einer Generation entstehen

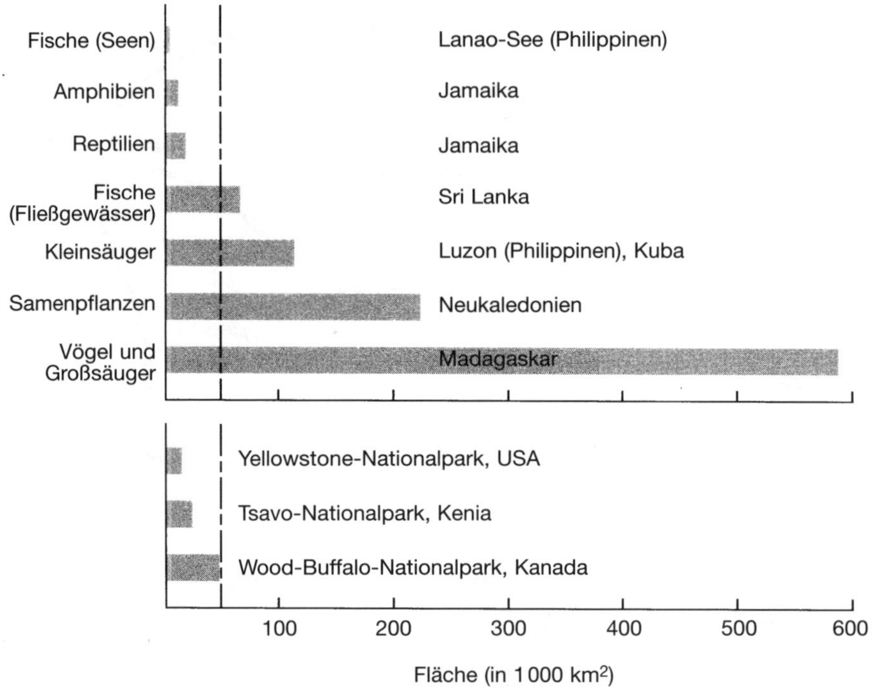

2.4 Bestimmte Organismengruppen brauchen offensichtlich ein Mindestareal, damit es zur Artbildung kommen kann. So sind die kleinsten Inseln (Kuba und Luzon), auf denen aus einer Kleinsäugerart erwiesenermaßen zwei entstanden sind, 100 000 Quadratkilometer groß. Selbst die größten Nationalparks sind wahrscheinlich zu klein, um die Evolution neuer Arten von Samenpflanzen, Vögeln oder Säugetieren zu erlauben, obwohl sie für die kontinuierliche Evolution von Fischen, Amphibien und Reptilien vielleicht groß genug sind. (Nach Soulé 1980.)

können. Vor allem bei Pflanzen können in der Meiose Unregelmäßigkeiten in der Chromosomenpaarung oder -verteilung auftreten, durch die Nachkommen mit zusätzlichen Chromosomensätzen entstehen. Solche Individuen werden als **polyploid** bezeichnet. Sie können sich morphologisch und physiologisch von ihren Eltern unterscheiden, und wenn sie gut an ihre Umwelt angepaßt sind, können sie eine neue Art bilden.

Zwar entstehen dauernd neue Spezies, doch ist die Geschwindigkeit, mit der Arten aussterben, gegenwärtig tausendmal höher als die Geschwindigkeit der Artbildung. Tatsächlich ist die Situation noch dramatischer, als diese traurige Zahl andeutet. Zum einen nimmt die Geschwindigkeit der Artbildung möglicherweise ab, weil ein großer Teil der Erdoberfläche vom Menschen genutzt wird und dort keine sich fortentwickelnden Lebensgemeinschaften mehr existieren können. Die einzelnen Arten bestehen heutzutage aus weniger Populationen und haben daher weniger Möglichkeiten zur Evolution. Viele der bestehenden Schutzgebiete und Nationalparks sind möglicherweise zu klein, als daß es dort zur Artbildung kommen könnte (Abbildung 2.4). Zum anderen sind viele der vom Aussterben bedrohten Arten die letzten Vertreter ihrer Gattung oder Familie; Beispiele dafür sind der Quastenflosser des Indischen Ozeans und der afrikanische Gepard. Die Ausrottung dieser taxonomisch gesehen einzigartigen Spezies, die alte Entwicklungslinien repräsentieren, wird durch die Entstehung neuer Arten nicht ausgeglichen.

Genetische Diversität

Auf jeder Ebene der biologischen Vielfalt – der genetischen Diversität, der Artenvielfalt und der Mannigfaltigkeit der Gemeinschaften – untersuchen Biologen die Mechanismen, die Diversität beeinflussen oder erhalten. Die genetische Diversität innerhalb einer Art hängt oft vom Fortpflanzungsverhalten der Individuen innerhalb von Populationen ab. Eine **Population** ist eine Gruppe von Individuen, die sich untereinander kreuzen; eine Art kann aus einer oder mehreren Populationen bestehen. Eine Population kann einige wenige Individuen umfassen oder auch viele Millionen; entscheidend ist, daß die Individuen Nachkommen produzieren. Ein einzelnes Individuum einer Art mit sexueller Fortpflanzung stellt ebensowenig eine Population dar wie eine Gruppe von Individuen, die sich nicht vermehren kann. Eine Gruppe von zehn Strandammern beispielsweise ist keine Population, falls es sich ausschließlich um Männchen handelt.

Zwischen den Individuen einer Population bestehen oft genetische Unterschiede. Diese genetische Variabilität ist darauf zurückzuführen, daß einzelne **Gene** – die Untereinheiten der Chromosomen, von denen jedes ein bestimmtes Protein codiert – der Individuen sich geringfügig voneinander unterscheiden (Tamarin 1993). Diese unterschiedlichen Ausprägungen eines Gens werden als **Allele** bezeichnet, und die Unterschiede können durch **Mutationen** entstanden sein – durch Veränderungen in der Desoxyribonucleinsäure (DNA), aus der die Chromosomen bestehen. Die verschiedenen Allele eines Gens können in Struktur und Funktion verschiedene Formen eines Proteins produzieren, die wiederum die Entwicklung und Physiologie des Organismus unterschiedlich beeinflussen.

Die genetische Variabilität ist bei Arten mit sexueller Fortpflanzung besonders hoch, weil jedes Individuum durch die **Rekombination** der Gene seiner Eltern eine einzigartige Gen- und Chromosomenkombination erhält. Bei der meiotischen Zellteilung werden während des Crossing-over Gene zwischen Chromosomen ausgetauscht, das Genom wird umgeordnet,

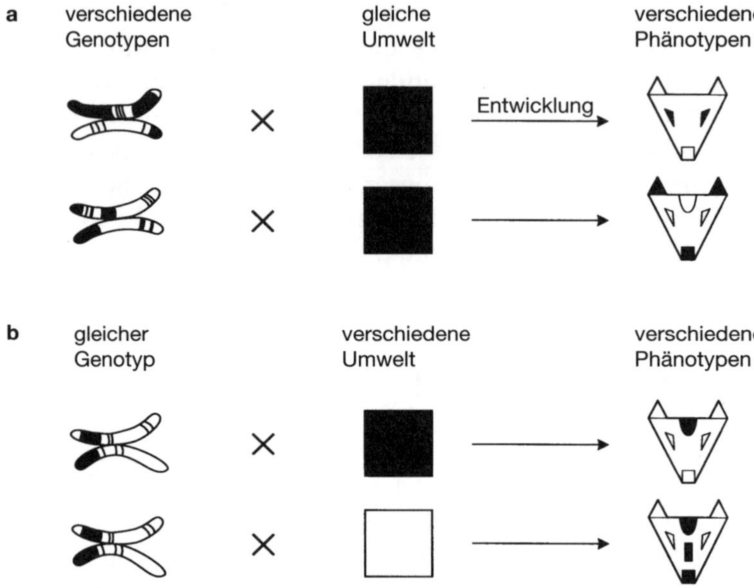

2.5 Die physischen, physiologischen und biochemischen Eigenschaften eines Individuums – sein Phänotyp – werden durch seinen Genotyp und seine Umwelt (zum Beispiel die Temperatur oder das Nahrungsangebot) bestimmt. (Nach Alcock 1993.)

und es entstehen neue Genkombinationen, wenn die Keimzellen der Eltern sich zu einem genetisch einzigartigen Nachkommen vereinigen. Zwar liefern Mutationen das Ausgangsmaterial für die genetische Variabilität, aber die Fähigkeit von Arten mit sexueller Fortpflanzung, Allele nach dem Zufallsprinzip neu zu kombinieren, erhöht das Potential für genetische Variabilität enorm.

Die Gesamtheit der Gene beziehungsweise Allele einer Population wird als **Genpool** der Population bezeichnet, die konkrete Allelkombination eines Individuums als dessen **Genotyp**. Als **Phänotyp** des Individuums bezeichnet man seine morphologischen, physiologischen, anatomischen und biochemischen Eigenschaften, die sich aus der Ausprägung seines Genotyps in einer bestimmten Umwelt ergeben (Abbildung 2.5). Manche Merkmale des Menschen, etwa das Körpergewicht oder die Zahngesundheit, sind in bemerkenswertem Maße von Umwelteinflüssen abhängig, andere, zum Beispiel Augenfarbe, Blutgruppe und bestimmte Enzymformen, werden hauptsächlich vom individuellen Genotyp bestimmt.

Gelegentlich unterscheiden sich genetisch verschiedene Organismen auch in Merkmalen, die ihre Überlebens- oder Fortpflanzungsfähigkeit beeinflussen, beispielsweise in ihrer Kältetoleranz, ihrer Widerstandsfähigkeit gegen Krankheiten oder der Geschwindigkeit, mit der sie bei Gefahr flüchten können. Wenn bestimmte Individuen aufgrund ihrer genetischen Ausstattung überlebensfähiger sind und mehr Nachkommen hinterlassen als andere, verändern sich die **Genhäufigkeiten** oder **Genfrequenzen** in der Population. Dieses Phänomen bezeichnet man als **Selektion** oder **natürliche Auslese**.

Das Ausmaß der genetischen Variabilität einer Population hängt sowohl von der Zahl der Gene ab, die mehr als ein Allel haben, als auch von der Anzahl der Allele dieser sogenannten **polymorphen Gene**. Aufgrund der Existenz polymorpher Gene können Individuen **heterozygot** sein, das heißt, zwei verschiedene Allele eines Gens von ihren Eltern erhalten haben. An zahlreichen Pflanzen- und Tierpopulationen wurde nachgewiesen, daß heterozygote Individuen überlebenstüchtiger sind als homozygote: Sie wachsen besser, leben länger und vermehren sich in der Regel erfolgreicher (Allendorf und Leary 1986; Ledig 1986). Diese Tatsache scheint auf folgenden Mechanismen zu beruhen: Erstens ermöglicht der Besitz zweier verschiedener Formen etwa eines Enzyms dem Individuum größere Flexibilität im Umgang mit den Herausforderungen des Lebens, und zweitens werden nicht funktionsfähige oder schädliche Allele, die von einem Elternteil stammen, durch die funktionsfähigen Allele des anderen Elternteils maskiert. Dieses Phänomen erhöhter Überlebens- und Reproduktionsfähigkeit („Fitneß") bei hochgradig heterozygoten Individuen, das auch als **Heterosis** (*hybrid vigor*) bezeichnet wird, ist bei vielen Haustieren bekannt (Falconer 1981).

Die genetische Variabilität innerhalb einer Population läßt sich also messen als

1. die Anzahl (und der Prozentsatz) der Gene in der Population, die polymorph sind (mehr als ein Allel haben),
2. die Anzahl der Allele jedes polymorphen Gens,
3. die Anzahl (und der Prozentsatz) der Gene pro Individuum, die polymorph sind.

Die genetische Variabilität innerhalb von Populationen kann sich auf die Diversität der gesamten Art auswirken. Eine Art besteht aus einer oder mehreren Populationen, und obwohl die meisten Paarungen innerhalb von Populationen erfolgen, wandern Individuen gelegentlich von einer Population zu einer anderen, wodurch die Übertragung neuer Allele und genetischer Kombinationen zwischen Populationen möglich ist. Diesen genetischen Austausch bezeichnet man als **Genfluß** (*gene flow*). Die Bedeutung der genetischen Variation für die Naturschutzbiologie wird ausführlich in den Kapiteln 11 und 12 diskutiert.

Genetische Variabilität findet sich auch bei Nutzpflanzen und Haustieren. In traditionellen Gesellschaften haben die Menschen neue Formen,

2.6 Taubenzüchter haben ungewöhnliche Formen der Haustaube gezüchtet und erhalten, die allesamt von der Felsentaube abstammen. (Zeichnungen aus Charles Darwins *The Variation of Animals and Plants under Domestication*, 1866.)

die ihren Bedürfnissen gut entsprachen, stets zu erhalten versucht. Durch Generationen dieses Prozesses der **Zuchtwahl** oder künstlichen Selektion durch den Menschen entstanden Zuchtvarietäten, die produktiv und gut an die lokalen Lebensbedingungen – Boden, Klima, Schädlinge – angepaßt waren. Dieser Prozeß setzt sich in der modernen Landwirtschaft mit wissenschaftlichen Züchtungsprogrammen fort, die die genetische Variabilität entsprechend menschlichen Bedürfnissen manipulieren. Tausende von

Varietäten weitverbreiteter Feldfrüchte, wie Reis, Kartoffeln und Mais, sind in die Züchtungsprogramme der modernen Landwirtschaft aufgenommen worden. Bei den Tieren veranschaulicht die enorme Zahl der Hunde-, Katzen-, Kaninchen-, Hühner-, Rinder- und Schweinerassen das Potential der Zuchtwahl zur Änderung von Genpools. Abbildung 2.6 zeigt ein Beispiel für die Resultate der Zuchtwahl. Auch in speziellen Sammlungen von Arten, die in der Forschung verwendet werden, wird genetische Variabilität bewahrt, etwa bei der Taufliege *Drosophila*, die in der Genforschung eingesetzt wird, bei winzigen *Arabidopsis*-Pflanzen für die Pflanzenforschung und bei Mäusen für die physiologische und medizinische Forschung.

Lebensgemeinschaften und Ökosysteme

Eine **Lebensgemeinschaft** ist durch die Arten charakterisiert, die einen bestimmten Lebensraum besiedeln, und durch die Wechselbeziehungen zwischen diesen Arten. Zusammen mit der dazugehörigen physikalischen Umwelt bildet sie ein **Ökosystem**. In Ökosystemen verdunstet Wasser aus den Lebensgemeinschaften und von der Erdoberfläche, um als Regen oder Schnee wieder herabzufallen und die terrestrischen und aquatischen Reservoire aufzufüllen. Aus Muttergestein und sich zersetzender organischer Substanz entsteht Boden. Photosynthesetreibende Pflanzen absorbieren Lichtenergie, und diese Energie wird sowohl während des Lebens von Pflanzen und Tieren als auch nach ihrem Tod bei der Zersetzung als Wärme wieder an die Atmosphäre abgegeben. Pflanzen nehmen bei der Photosynthese Kohlendioxid auf und setzen Sauerstoff frei, während Tiere, Pilze, Mikroorganismen und die Pflanzen selbst bei der Atmung Sauerstoff aufnehmen und Kohlendioxid abgeben. Mineralische Nährstoffe wie Stickstoff und Phosphor befinden sich in einem Kreislauf zwischen den lebenden und den unbelebten Bestandteilen des Ökosystems.

Die physikalische Umwelt beeinflußt die Struktur und die Eigenschaften von Lebensgemeinschaften, aber Lebensgemeinschaften können auch die physikalischen Eigenschaften ihres Ökosystems verändern. In einem Landökosystem können beispielsweise Windgeschwindigkeit, Feuchtigkeit und Temperatur von den dort lebenden Pflanzen und Tieren beeinflußt sein. In aquatischen Ökosystemen haben Charakteristika wie Wasserturbulenz und -trübung, Wasserchemie und Tiefe des Gewässers Einfluß auf die Eigenschaften der Lebensgemeinschaften, aber umgekehrt können Lebensgemeinschaften wie Tangwälder und Korallenriffe auch ihre physikalische Umwelt verändern.

Jede Art in einer Lebensgemeinschaft nutzt einen einzigartigen Satz von Ressourcen, der ihre **ökologische Nische** darstellt. Die ökologische Nische einer Pflanzenart kann beispielsweise aus der Bodenart, auf der sie vorkommt, der Sonneneinstrahlung und Bodenfeuchte, die sie benötigt, ihrem Bestäubungssystem und ihrem Mechanismus der Samenausbreitung bestehen. Zur ökologischen Nische eines Tieres könnten der Biotoptyp, in dem es lebt, die Nahrungsquellen, die es im Laufe des Jahres nutzt, und die Tatsache gehören, daß es eine Höhle zum Überwintern braucht. Die ökologische Nische einer Art ist jenes System von Umweltbedingungen, in dem sie vorkommen und der Konkurrenz durch andere Arten widerstehen kann.

Die ökologische Nische einer Art schließt oft das Sukzessionsstadium ein, in dem diese Art gedeiht; unter **Sukzession** versteht man jenen Prozeß der allmählichen Veränderungen in der Artenzusammensetzung, der Gemeinschaftsstruktur sowie den physikalischen und chemischen Eigenschaften des Ökosystems, der nach Störungen von Lebensgemeinschaften, ob natürlich oder durch den Menschen verursacht, abläuft. Viele Arten finden sich oft nur in bestimmten Sukzessionsstadien. Sonnenliebende Schmetterlinge und einjährige Pflanzen beispielsweise findet man meist in den frühen Stadien der Sukzession, in den Monaten, die unmittelbar auf die Zerstörung eines alten Waldes durch einen Orkan oder durch Kahlschlag folgen. In diesem Stadium ist der Boden intensiver Sonneneinstrahlung ausgesetzt, die Temperaturen sind tagsüber hoch, und es ist relativ trocken. Im Laufe der Jahre und Jahrzehnte wächst der Wald allmählich nach. In diesen späten Sukzessionsstadien mit alten Einzelbäumen und urwaldartigen Beständen finden sich andere Arten, darunter schattentolerante Krautpflanzen und Vögel, die in abgestorbenen Bäumen nisten. Ähnliche Muster einer spezifischen Abfolge von Organismen im Laufe der Sukzession finden sich in den Lebensgemeinschaften anderer Ökosysteme, gleich ob es sich um Grasland, Seeufer oder Sanddünen an der Meeresküste handelt.

Die Zusammensetzung von Lebensgemeinschaften wird häufig stark von Konkurrenz und Räuber-Beute-Beziehungen beeinflußt (Price 1992; Ricklefs 1992; Terborgh 1992). Räuber reduzieren die Populationen ihrer Beutetiere oft erheblich und können manche Arten in bestimmten Lebensräumen ausrotten. Sie können die Artenvielfalt einer Lebensgemeinschaft indirekt steigern, indem sie die Populationsdichten anderer Arten so niedrig halten, daß diese nicht miteinander um Ressourcen konkurrieren. Ein gutes Beispiel dafür ist das marine Ökosystem der Gezeitenzone, in dem ein großer Seestern (*Pisaster*) sich von 15 Molluskenarten ernährt, die auf den Felsen leben (Paine 1966). Solange der räuberische Seestern anwesend ist, konkurrieren die verschiedenen Weichtierarten nicht um Raum auf den Felsen, weil sie zu schnell aufgefressen werden, um hohe Populationsdich-

Exkurs 2: Tangwälder und Seeotter – Wechselbeziehungen in einem Meeresökosystem

Während die Auswirkungen menschlicher Aktivitäten auf die tropischen und gemäßigten Wälder der Erde in den vergangenen Jahren die intensive Beachtung der Medien gefunden haben, ist einer dritten Art Wald in den Publikumsblättern sehr wenig Aufmerksamkeit zuteil geworden. Die in der Presse kaum beachteten unterseeischen Tangwälder (englisch *kelp*) befinden sich möglicherweise im Anfangsstadium einer ebenso alarmierenden Schädigung wie die Wälder auf dem Festland. Tangwälder sind Gemeinschaften, die sich dort entwikkeln, wo bestimmte, bis zu 50 Meter Länge erreichende Braunalgenarten wachsen, etwa *Durvillaea antarctica* oder der Riesentang *Macrocystis pyrifera*. Diese Wälder, die in den Küstengewässern der Weltmeere wachsen, bieten einer Vielzahl von Fischen, Schalentieren und anderen Wirbellosen Nahrung und Schutz (Estes et al. 1989). Wie die Wälder an Land verhindern die Tanggemeinschaften Bodenerosion: Sie vermindern die Wucht der Wellen und schützen die Küste vor Abtragung (Lindstrom 1989).

Während der vergangenen Jahre hat die Zerstörung der Tangwälder in vielen Regionen der Erde zugenommen – nicht ohne Folgen für kommerziell genutzte Fische und Schalentiere. Zu den weltweit beobachteten Veränderungen in den Braunalgengemeinschaften haben verschiedene Faktoren beigetragen. Einer

Riesentangwälder sind Kinderstube und Lebensraum einer vielfältigen Lebensgemeinschaft vor der Pazifikküste Nordamerikas. (Photo: P. Cotter.)

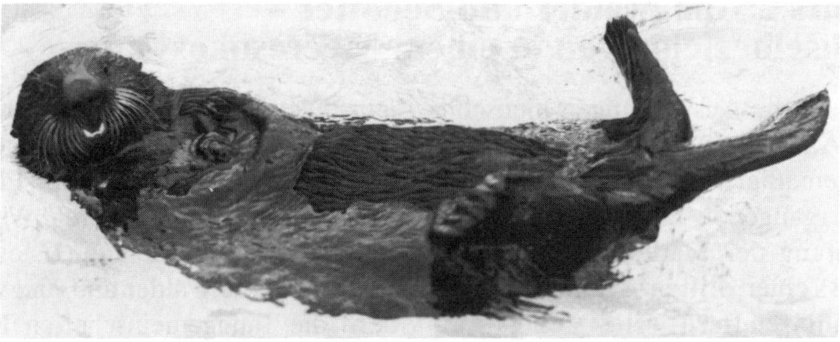

Seeotter sind für die Tanggemeinschaft lebensnotwendig. Sie fressen Wirbellose, die sich von Tang ernähren, beispielsweise Seeigel. Werden die Wirbellosenpopulationen nicht von Ottern unter Kontrolle gehalten, so gehen die Tangwälder infolge von Überweidung zurück. (Photo: © NYZS/The Wildlife Conservation Society.)

davon ist die gestiegene Nachfrage nach Braunalgen durch den Verbraucher und die Nahrungsmittelindustrie. Die Folge ist die Anwendung industrieller Erntemethoden, die eine Erholung der Tangwälder nur in begrenztem Maße zuläßt (Lindstrom 1989). Ein ebenso wichtiger, aber vielleicht nicht so offensichtlicher Faktor ist die lokale Ausrottung von Fleischfressern – vor allem des Seeotters –, die die Populationsgröße tangfressender Tierarten begrenzen (Estes et al. 1989).

Der Seeotter, im Pazifik einst weit verbreitet, wurde von Pelztierjägern nahezu ausgerottet. Jahrzehntelang kam er fast nur noch vor entlegenen nordpazifischen Inseln vor. Mittlerweile ist er in den USA geschützt und hat begonnen, Teile seines früheren Verbreitungsgebiets erneut zu besiedeln (Booth 1988; Estes et al. 1989). Seeotter fressen unter anderem verschiedene Seeigelarten. Wenn diese nicht durch natürliche Feinde kurzgehalten werden, beweiden sie den Tangwald sehr stark und tragen dadurch zu seinem Rückgang bei. Sorgen dagegen Seeotter dafür, daß die Seeigel sich nicht zu stark vermehren, so gedeiht der Tangwald gut, wodurch indirekt das Populationswachstum vieler kommerziell genutzter Fische und Schalentiere begünstigt wird. Die Häufigkeit mancher Fischarten wird durch das Vorhandensein von Tangwald um das Zehn- bis Hundertfache gesteigert (Estes et al. 1989). Wo Otter zurückgekehrt oder wiedereingebürgert worden sind, ist es in den Tanggemeinschaften zu auffälligen Veränderungen gekommen: Auf bis dahin entwaldeten Flächen dominieren nach ein ein bis zwei Jahren wieder die großen Braunalgen.

Ironischerweise sind viele Fischer auf Seeotter schlecht zu sprechen – und haben sie manchmal sogar getötet –, weil die Otter auch Abalonen und andere kommerziell genutzte Schalentiere fressen. Seeotter sind für die Schalentierindustrie lebensnotwendig; ohne sie fallen die Tangwälder, in denen die Schalentiere und viele andere Meerestiere leben, den Seeigeln zum Opfer.

ten erreichen zu können. Unter diesen Umständen können alle 15 Arten koexistieren. Wird der Seestern aber entfernt, so vermehren sich die Mollusken und beginnen, miteinander um Platz auf den Felsen zu konkurrieren. In Abwesenheit von Räubern reduziert die Konkurrenz zwischen den Arten die Artenzahl; schließlich bleiben nur noch ein paar der ursprünglich 15 Arten übrig, und einige Felsen sind ausschließlich von einer einzigen Art besetzt. Auch in Pflanzengemeinschaften ist die Artenvielfalt oft höher, wenn intensive Beweidung Konkurrenz zwischen den Pflanzenarten verhindert (Harper 1977).

Die Individuenzahl einer bestimmten Art, für die die Ressourcen eines Ökosystems ausreichen, wird als **Aufnahmefähigkeit** des Lebensraumes oder **Umweltkapazität** (*carrying capacity*) bezeichnet. Populationen sind oft deutlich kleiner als die Umweltkapazität, wenn sie durch Räuberpopulationen kurzgehalten werden. Verschwindet der Räuber, so kann die Population bis zu dem Punkt anwachsen, an dem die Aufnahmefähigkeit des Lebensraumes erreicht ist. Sie kann sogar darüber hinaus weiter wachsen, bis schließlich das Ökosystem geschädigt wird (Exkurs 2) und die Population zusammenbricht.

Die Populationsgröße einer Art kann auch durch andere Arten begrenzt werden, die mit ihr um bestimmte Ressourcen konkurrieren; beispielsweise können zwei Reiherarten dieselben Fische jagen. Eine Population kann schrumpfen, wenn eine konkurrierende Art häufig wird, oder wachsen, wenn der Konkurrent seltener wird oder aus der Lebensgemeinschaft verschwindet.

Die Zusammensetzung von Lebensgemeinschaften wird außerdem durch **mutualistische Beziehungen** beeinflußt, in denen zwei Arten voneinander profitieren. Wenn sie gemeinsam vorkommen, erreichen solche Arten höhere Populationsdichten, als wenn nur eine von ihnen in der Gemeinschaft vertreten ist. Bekannte Beispiele für Mutualismus sind früchtefressende Vögel und Pflanzen mit fleischigen Früchten, nektarsammelnde Insekten und Pflanzen, die von ihnen bestäubt werden, die Algen- und Pilzarten, die gemeinsam Flechten bilden, sowie Korallen und die Algen, die in ihrem Inneren leben (Howe 1984; Bawa 1990). Ein weiteres Beispiel sind Pflanzen, die spezielle Kammern bilden, in denen Ameisen leben. Die Ameisen schützen die Pflanzen, und die Abfälle der Ameisen liefern den Pflanzen Nährstoffe; die Ameisen wiederum haben eine sichere Unterkunft (Abbildung 2.7). Eine Extremform des Mutualismus sind die **symbiotischen Beziehungen**, in denen zwei Arten stets gemeinsam vorkommen und offensichtlich ohne einander nicht existieren können. Bringen beispielsweise ungewöhnlich hohe Wassertemperaturen in tropischen Regionen bestimmte, in Korallen lebende Algen zum Absterben, so können die Korallen in der Folgezeit geschwächt werden und schließlich ebenfalls absterben.

a b

2.7 Eine mutualistische Beziehung. a) Dieser Epiphyt (eine Pflanze, die auf einer anderen Pflanze wächst) auf Borneo produziert an seiner Basis eine Knolle, die, wie in b sichtbar, Hohlräume enthält. Die Hohlräume beherbergen Ameisenkolonien, die einige Kammern als Bruthöhlen, andere als „Deponien" für Abfälle und tote Ameisen nutzen. Aus diesen Deponien bezieht die Pflanze die Nährstoffe, die sie für ihr Wachstum benötigt, während die Ameisen ein sicheres Nest erhalten. Aus der in a gezeigten Beziehung zwischen Epiphyt und Baum zieht der Epiphyt Nutzen, während sie dem Baum, auf dem die Pflanze wächst, weder nützt noch schadet. (Photos: R. Primack.)

Trophiestufen

Die einzelnen Arten einer Lebensgemeinschaft lassen sich ihrer Ernährungsweise nach unterschiedlichen **Trophiestufen** oder -ebenen zuordnen. Diese geben an, auf welche Weise die Organismen ihrer Umwelt Energie entnehmen (Abbildung 2.8).

- **Photosynthesetreibende Arten** (auch **Primärproduzenten** genannt) erhalten ihre Energie direkt von der Sonne. An Land erbringen die höheren Pflanzen (Samenpflanzen und Farne) den größten Teil der Gesamtphotosyntheseleistung, während in aquatischen Ökosystemen die ein- und mehrzelligen Algen sowie die Cyanobakterien (Blaualgen) von größter Bedeutung sind. Sie alle nutzen die Sonnenenergie, um die organischen Moleküle aufzubauen, die sie zum Leben und Wachsen

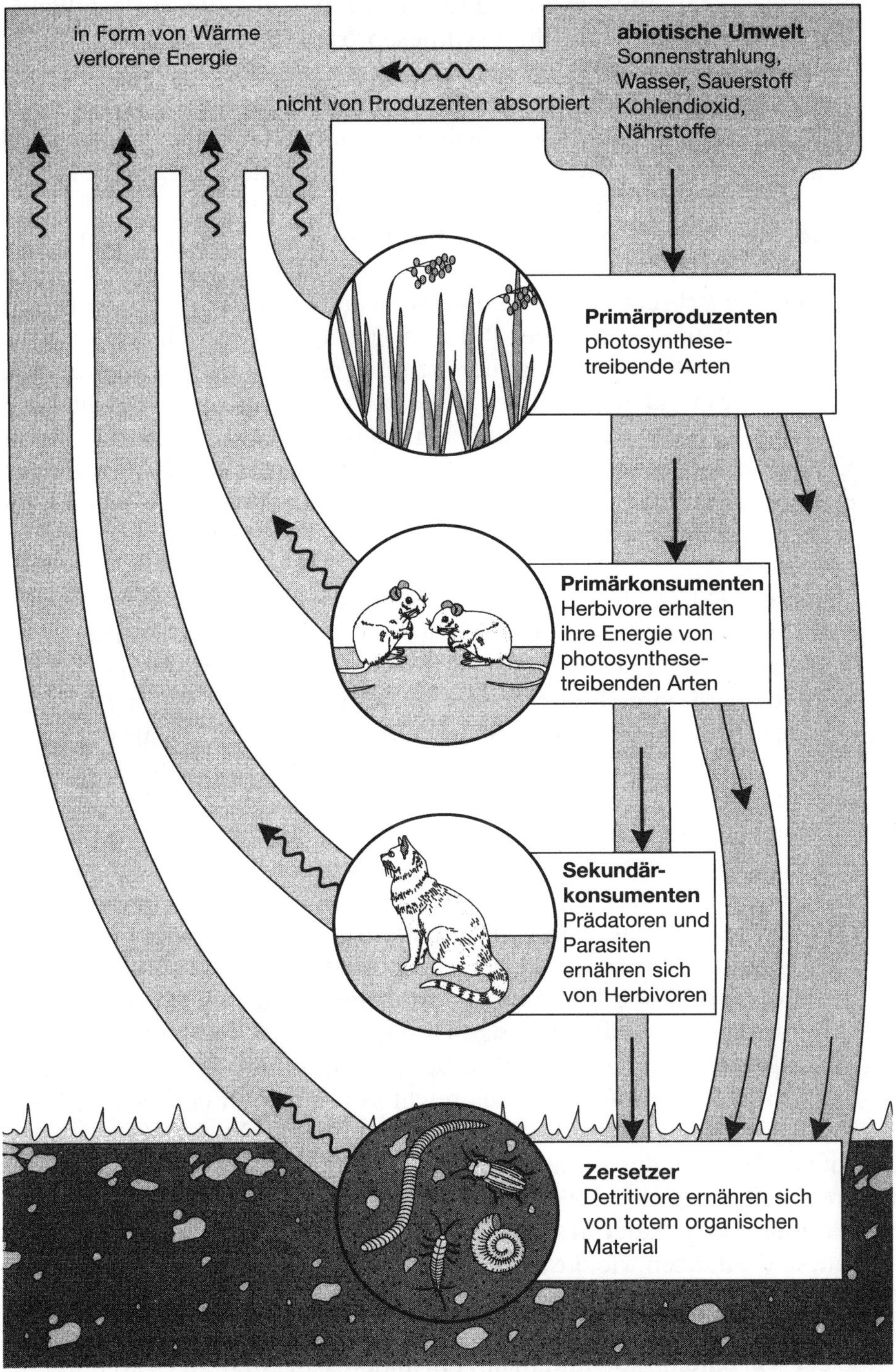

2.8 Modell eines Ökosystems mit Trophiestufen und vereinfachten Energieflüssen.

benötigen. Nur ein winziger Prozentsatz der auf die Erde fallenden Lichtenergie wird vom Photosyntheseprozeß eingefangen; der größte Teil wird ins All reflektiert oder von Luft, Boden und Wasser absorbiert und als Wärme wieder abgestrahlt. Und auch den größten Teil der Energie, die auf einer Trophiestufe aufgenommen wird, verbrauchen die Organismen in den Stoffwechselprozessen, die sie am Leben erhalten, und geben ihn als Wärme wieder an die Umgebung ab.

- **Herbivore** (Pflanzenfresser, auch **Primärkonsumenten** genannt) fressen photosynthesetreibende Arten. An Land fressen beispielsweise Gazellen und Heuschrecken Gras, im Wasser verzehren Krebstiere und Fische Algen. Weil ein Großteil der Pflanzensubstanz, etwa Cellulose und Lignin, für viele Tiere unverdaulich ist oder einfach nicht gefressen wird, gelangt nur ein kleiner Teil der von den Primärproduzenten eingefangenen und in Biomasse (siehe unten) umgesetzten Energie weiter auf die Ebene der Herbivoren. Dort wiederum geht ein erheblicher Prozentsatz der aufgenommenen Energie in die lebenserhaltenden Stoffwechselprozesse der betreffenden Tiere ein (und damit den nächsthöheren Ebenen verloren).
- **Carnivore** (Fleischfresser, auch als **Sekundärkonsumenten** oder **Prädatoren** bezeichnet) fressen andere Tiere. Primärcarnivore (Fleischfresser 1. Ordnung; etwa Füchse) fressen Herbivore (wie Kaninchen), während Sekundärcarnivore (Fleischfresser 2. Ordnung; zum Beispiel Barsche) andere Carnivore fressen (beispielsweise Frösche). Weil Carnivore nicht alle potentiellen Beutetiere fangen und weil viele Körperteile der Beute unverdaulich sind, wird wieder nur ein kleiner Prozentsatz der in Biomasse umgesetzten Energie von der Trophiestufe der Herbivoren an die der Carnivoren weitergegeben. Carnivore sind in der Regel Räuber, doch manche fressen außerdem Aas, und andere, die man **Omnivore** (Allesfresser) nennt, nehmen außerdem größere Mengen an pflanzlicher Nahrung auf. In der Regel sind Prädatoren größer und stärker als ihre Beutearten und kommen in geringerer Dichte vor als diese.

Parasiten bilden eine wichtige Untergruppe der Prädatoren. Sie sind in der Regel klein und töten ihre Beute nicht unmittelbar. Ihre Wirkung auf den befallenen Organismus reicht von einer unmerklichen Schwächung bis hin zu völliger Entkräftung, mitunter stirbt der Wirt auch nach einiger Zeit. Zu den Parasiten gehören sehr unterschiedliche Arten, wie krankheitserregende Bakterien und Einzeller, im Darm schmarotzende Würmer, Pilze, Käferlarven, die die innere Schicht von Baumrinde fressen, und Pflanzen wie die Mistel und die Kleeseide, die andere Pflanzen befallen. Parasiten spielen bei der Regulierung der Bestandsdichte ihrer Wirte oft eine wichtige Rolle. Bei hoher Wirtsdichte können sie sich leicht von einem Individuum auf ein anderes ausbreiten; es kommt lokal zu einer hochgradigen Durchseuchung, und in der Folge nimmt die

Dichte der Wirtsart ab. Bei niedriger Wirtsdichte können Parasiten nicht so schnell übergreifen, und entsprechend gering ist ihr Effekt auf die Wirtspopulation.

- **Detritivore** (auch **Zersetzer** oder **Destruenten** genannt) sind Arten, die sich von abgestorbener tierischer und pflanzlicher Substanz und von Exkrementen ernähren und dabei komplexe Körpergewebe sowie organische Moleküle abbauen. Sie führen Mineralien wie Stickstoff und Phosphor wieder der Umwelt zu, wo diese von Pflanzen und Algen erneut aufgenommen werden können. Die wichtigsten Zersetzer sind Pilze und Bakterien, aber ein breites Spektrum anderer Organismen spielt ebenfalls eine Rolle beim Abbau organischer Substanz. Geier und andere Aasfresser beispielsweise zerreißen und fressen tote Tiere, Mistkäfer graben Kot ein und fressen ihn, und Würmer zersetzen Blätter und anderes organisches Material.

Grundzüge der Organisation von Gemeinschaften

Da innerhalb von Lebensgemeinschaften jede Trophiestufe weniger Energie an die nächste Stufe weitergibt, als sie aufgenommen hat, nehmen **Biomasse** (das Gesamtgewicht aller Lebewesen) und Individuenzahl in der Regel von Stufe zu Stufe ab. Innerhalb eines Ökosystems ist die Biomasse der Primärproduzenten am größten. Und es gilt allgemein, daß es in jeder Lebensgemeinschaft mehr herbivore Individuen gibt als primärcarnivore und mehr primärcarnivore als sekundärcarnivore (Price 1992). In einer Waldgemeinschaft beispielsweise ist die Individuenzahl und Biomasse der Insekten stets größer als die der insektenfressenden Vögel, welche ihrerseits die Greifvögel (die sich von anderen Vögeln ernähren) an Zahl und Biomasse übertreffen.

Zwar lassen sich Arten in diese allgemeinen Trophiestufen einordnen, aber ihre tatsächlichen Nahrungsansprüche innerhalb einer Trophiestufe können sehr stark eingegrenzt sein (Freeland und Boulton 1992). So kann sich beispielsweise eine bestimmte Blattlausart nur von einer einzigen Pflanzenart ernähren und ein bestimmter Marienkäfer von nur einer Blattlausspezies. Man spricht in diesem Zusammenhang von **Nahrungsketten** (*food chains*). Verbreiteter ist jedoch in vielen Lebensgemeinschaften die Situation, daß eine Art sich von mehreren Organismen der nächstniedrigeren Trophiestufe ernährt, mit verschiedenen Arten ihrer eigenen Stufe um Nahrung konkurriert und selbst von mehreren Arten der nächsthöheren Ebene gejagt wird. Daher beschreibt man die Organisation von Lebensgemeinschaften besser als **Nahrungsnetz** (*food web*), in dem die Arten durch komplexe Nahrungsbeziehungen miteinander verknüpft sind (Abbildung

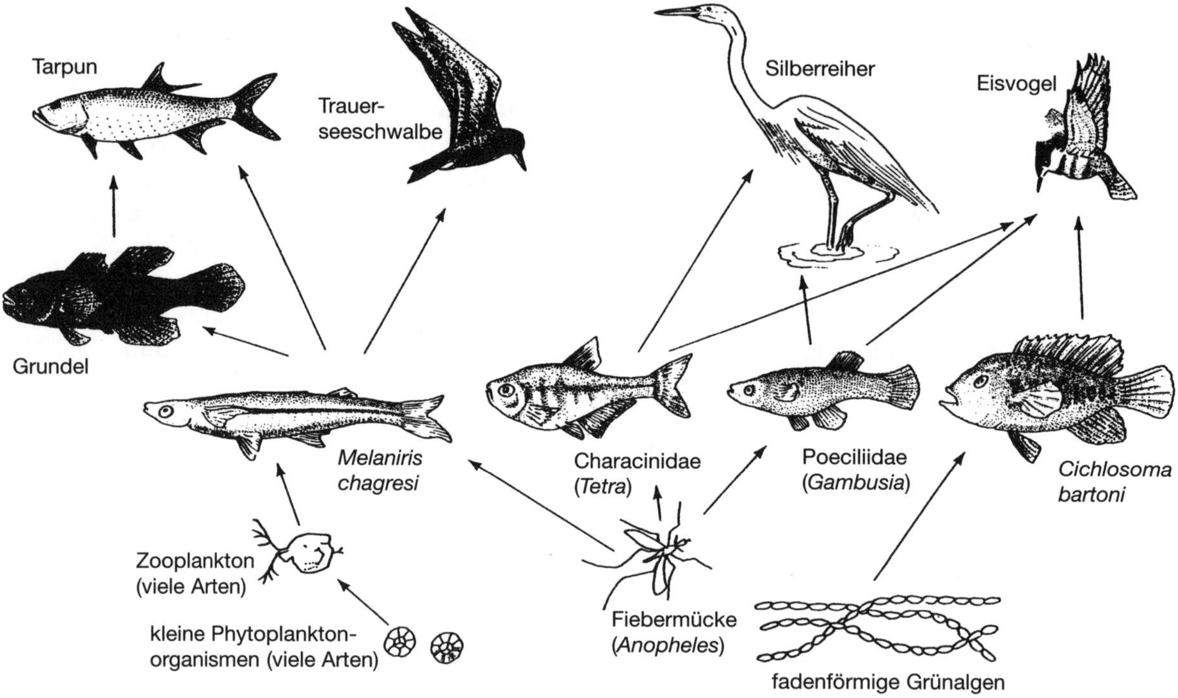

2.9 Diagramm eines realen Nahrungsnetzes im Gatun-See in Panama. Grünalgen und andere Phytoplanktonorganismen bilden als Primärproduzenten die Basis des Netzes. Das Zooplankton besteht aus winzigen, oft mikroskopisch kleinen Tieren; sie betreiben keine Photosynthese, sondern sind Primärkonsumenten, dienen aber in aquatischen Ökosystemen neben Insekten und Algen als wichtige Nahrungsquelle für Fische. (Mit freundlicher Genehmigung von G. H. Orians.)

2.9). Tierarten, die derselben Trophiestufe angehören und ungefähr die gleichen Ressourcen ihrer Umwelt nutzen, gehören einer sogenannten **Gilde** konkurrierender Arten an.

Spezifische ökologische Ansprüche sind ein wichtiger Grund für die Unfähigkeit vieler Arten, innerhalb einer Lebensgemeinschaft an Zahl zuzunehmen. So ist der Speisezettel der meisten herbivoren Insekten auf nur wenige Pflanzenarten beschränkt, und viele Insekten können nur bestimmte Pflanzenteile fressen (Ehrlich und Raven 1964). Dies liegt zum Teil daran, daß ihre Mundwerkzeuge und ihre Körperform ihnen nur bestimmte Arten der Nahrungsaufnahme erlauben; vor allem aber ist ihr Verdauungstrakt oft nur in erstaunlich begrenztem Maße in der Lage, der Nahrung Nährstoffe zu entziehen und die giftigen Abwehrsubstanzen zu tolerieren, die viele Pflanzen produzieren. Selbst in einem Wald voller üppig wachsender grüner Pflanzen ist es daher möglich, daß manche Insektenarten nicht fähig sind, ihre Entwicklung zu vollenden und sich zu vermehren, weil sie ihre spezifischen Nahrungsbedürfnisse nicht befriedigen können.

Um zu überleben, braucht jede Art eine Vielzahl von Ressourcen, beispielsweise Nahrung, Wasser, Mineralstoffe und einen sicheren Zufluchtsort; die ständige Verfügbarkeit dieser Ressourcen ist unerläßlich, wenn die Art in einer bestimmten Umgebung dauerhaft existieren soll. Ein geringes Angebot jeder einzelnen notwendigen Ressource kann die Populationsgröße begrenzen; diejenige Ressource, deren Angebot im Verhältnis zum Bedarf am geringsten ist, kann die für die Populationsgröße **limitierende Ressource** (der **limitierende Faktor**) sein. In jeder Lebensgemeinschaft gibt es Zeiten, zu denen eine oder mehrere Ressourcen knapp werden und empfindliche Arten aus der Gemeinschaft verschwinden. Für die Lebewesen des Regenwaldes beispielweise ist Wasser normalerweise nicht die limitierende Ressource, aber selbst im feuchtesten Regenwald gibt es gelegentlich Perioden der Trockenheit, die Wochen und sogar Monate andauern können. Zu solchen Zeiten können Tier- und Pflanzenarten, die auf konstante Wasserversorgung angewiesen sind, aus der Lebensgemeinschaft eliminiert werden. Ein anderes Beispiel sind auf Insektennahrung spezialisierte Vogelarten, die über Tage oder gar Wochen hinweg keine Nahrung für sich oder ihre Jungen finden können, wenn ungewöhnlich kaltes, trokkenes oder windiges Wetter die Insekten vom Fliegen abhält. In dieser Situation sind die Insekten die limitierende Ressource für die Vogelpopulation.

Schlüsselarten

Innerhalb von Lebensgemeinschaften können bestimmte Arten eine entscheidende Rolle für das Überleben vieler anderer Arten der Gemeinschaft spielen. Man bezeichnet sie deshalb als **Schlüsselarten** (*keystone species*; Paine 1966; Terborgh 1986; Howe 1984). Der Schutz von Schlüsselarten sollte im praktischen Naturschutz hohe Priorität haben, denn wenn eine solche Art aus einem Schutzgebiet verschwindet, können zahlreiche andere Spezies ebenfalls verlorengehen (Exkurs 3). Weil viele tropische Insektenarten in ihren Nahrungsansprüchen offensichtlich hochspezialisiert und auf eine einzige oder wenige verwandte Pflanzenarten angewiesen sind, hat Raven (1976) die Vermutung geäußert, die Ausrottung jeder tropischen Pflanzenart könne zu einer Welle des Aussterbens führen, in der zwischen zehn und 30 Insektenarten verschwinden. Wie sich inzwischen gezeigt hat, ist die Zahl der Insektenarten größer, als man früher annahm (siehe Kapitel 3), und so mag das Aussterben einer einzigen Pflanzenart sogar den Verlust Hunderter Insektenarten nach sich ziehen.

Exkurs 3: Flughunde – der Rückgang von Schlüsselarten kann zu massivem Artensterben führen

Das Aussterben einer einzelnen Art kann ganz unterschiedliche Auswirkungen auf ein Ökosystem haben. In manchen Fällen können Organismen, denen die ausgestorbene Spezies bislang Nahrung oder Schutz bot, sich anpassen, indem sie sich auf eine andere Art umstellen. Gelegentlich aber hat der Verlust einer Spezies einen dramatischen Effekt auf andere Arten und kann sogar zu deren Aussterben führen. Der starke Rückgang und die Ausrottung vieler Arten der Flughunde (Pteropodidae) in den Tropen der Alten Welt stellen ein Beispiel für einen derartigen, möglicherweise katastrophalen Effekt dar, bei dem der Verlust einer Schlüsselart das Aussterben weiterer Arten nach sich zieht (Cox et al. 1991). Die Beziehung zwischen diesen Fledertieren und vielen wichtigen Pflanzenarten auf den Inseln des Pazifischen und des Indischen Ozeans ist so eng, daß manche Biologen befürchten, der Verlust der Flughunde könne ein ökologisches Desaster verursachen, das für die menschli-

Flughunde – Fledertiere der Familie Pteropodidae wie diese Riesenflughunde – übernehmen die Bestäubung und Samenausbreitung vieler Pflanzen in den tropischen Wäldern der Alten Welt und sind daher für diese Gemeinschaften äußerst wichtig. Viele Flughundarten sind vom Aussterben bedroht. (Photo: © NYZS/The Wildlife Conservation Society.)

chen Gesellschaften in dieser Region schwerwiegende Folgen hätte (Cox et al. 1991; Fujita und Tuttle 1991).

Flughunde sind in den Tropen der Alten Welt weit verbreitet. Die Familie Pteropodidae besteht aus etwa 200 Arten, ungefähr ein Viertel davon gehört zur Gattung *Pteropus* (den Eigentlichen Flughunden oder Flugfüchsen). Die Angehörigen dieser Gattung kommen hauptsächlich auf den Inseln des Südpazifik vor, wo sie für Hunderte tropischer Pflanzenarten die wichtigsten, oft sogar die einzigen Bestäuber und Ausbreiter von Samen darstellen. Ihre Bedeutung für die Erhaltung der Pflanzenvielfalt auf vielen pazifischen Inseln kann gar nicht hoch genug eingeschätzt werden. Eine Untersuchung auf Samoa ergab, daß 80 bis 100 Prozent der während der Trockenzeit dort auf dem Boden landenden Samen von Flughunden fallengelassen (Cox et al. 1991) wurden. Viele Pflanzenarten sind für die Bestäubung und die Ausbreitung ihrer Samen ausschließlich auf Fledertiere angewiesen; manche besitzen durch Koevolution mit den Flughunden entstandene Eigenschaften – beispielsweise sich nachts öffnende Blüten –, die andere potentielle Bestäuber daran hindern würden, die Rolle der Fledertiere zu übernehmen (Fujita und Tuttle 1991). Die Ausrottung der Flughunde könnte daher für diese Arten verheerend sein. Auf Guam, wo die beiden heimischen *Pteropus*-Arten ausgestorben beziehungsweise praktisch ausgestorben sind, haben Forscher Hinweise darauf gefunden, daß manche Pflanzenarten keine Früchte bilden, daß andere weniger Früchte produzieren als normalerweise und daß die meisten Früchte in der Nähe der Elternpflanzen liegenblieben, wo die jungen Pflanzen möglicherweise keine Überlebenschance haben (Cox et al. 1991).

Viele der Pflanzen, die in der Region von Flughunden bestäubt und verbreitet werden, sind sowohl auf lokalen als auch auf internationalen Märkten von beträchtlichem ökonomischem Wert (Fujita und Tuttle 1991). Mindestens 186 von Flughunden abhängige Pflanzenarten bilden Produkte, die vom Menschen genutzt werden; darunter sind wichtige Holzlieferanten wie Ebenholz (*Diospyrus melanoxylon*) und Mahagoni (*Calophyllum inophyllum*), medizinisch genutzte Arten sowie Pflanzen, die Fasern und Farbstoffe liefern. Auch früchtetragende Arten wie Durian und Wilde Banane werden von Fledertieren bestäubt. Die Flughunde sind außerdem von entscheidender Bedeutung für die Regeneration großer Kahlschläge, da andere Tiere sich nicht auf die Lichtungen wagen. Möglicherweise werden 90 bis 98 Prozent der ersten Samen von Holzpflanzen, die eine Lichtung erreichen, von darüber hinwegfliegenden Fledertieren fallengelassen (Thomas 1982). Was das für die Regeneration des Waldes bedeutet, ist offensichtlich.

Das größte Problem der Flughunde ist ihre Verwundbarkeit durch menschliche Jäger. Man jagt sie, um sie zu essen, als Sport oder weil sie bei Obstbauern als Schädlinge gelten. Weil Flughunde in großen, auffälligen Gruppen von bis zu einer Million Tieren vorkommen und leicht zu ihren Schlafplätzen verfolgt werden können, fällt es Jägern leicht, Tausende von ihnen auf einmal zur Strecke zu bringen. Überdies fällt die beste Jagdsaison für Flughunde mit deren Wurfzeit zusammen; viele der zu dieser Zeit gefangenen oder getöteten Tiere sind trächtig oder haben neugeborenen Nachwuchs. Die hohe Weibchen- und Jungensterblichkeit durch Bejagung hat zusammen mit einer niedrigen Geburtenrate und Lebensraumverlusten durch Waldzerstörung zu einem erheblichen Rückgang vieler Flughundarten geführt.

Die Unterschutzstellung von Flughunden ist vor allem deshalb schwierig, weil für die meisten Arten grundlegende Daten über Bestände und Ökologie fehlen (Fujita und Tuttle 1991). Trotz kürzlich durchgeführter Aktionen von internationalen Naturschutzorganisationen zum Schutz von Flughunden stehen nur wenige Arten als gefährdet oder bedroht auf den CITES-Listen (Convention on International Trade in Endangered Species, Washingtoner Artenschutzübereinkommen), und der gesetzliche Schutz der Flughunde ist im größten Teil ihres Verbreitungsgebiets minimal (Fujita und Tuttle 1991; Cox et al. 1991; Mickleburgh 1992). Immerhin sind erste Schritte zum Schutz dieser Tiere erfolgt: Der Handel mit allen Arten der Gattung *Pteropus* und mit fünf Spezies der Gattung *Acerodon* wurde durch das Washingtoner Artenschutzübereinkommen eingeschränkt, und sieben der empfindlichsten Arten wurden ganz vom internationalen Handel ausgeschlossen (Fujita und Tuttle 1991). Während diese Aktivitäten für die Rettung vieler Arten zu spät kommen, hofft man, daß die Einsicht in die Bedeutung dieser Schlüsselarten, wie spät sie auch kommt, die Ausrottung weiterer Flughundarten und vieler von ihnen abhängiger Pflanzen verhindern wird.

Eine intensiv erforschte und geschützte Art ist der Rodrigues-Flughund, der auf der zu den Maskarenen gehörenden Insel Rodrigues endemisch ist (Cheke und Dahl 1981). Seine Population schrumpfte von etwa tausend Tieren im Jahre 1955 auf weniger als hundert im Jahre 1974; Ursache war die Zerstörung seines Waldlebensraums durch Landwirtschaft und Brennholzsammeln. Der Rückgang der Waldfläche reduzierte das Nahrungsangebot für die Flughunde und machte sie anfälliger für Unterernährung und für Verletzungen durch die Zyklone, die die Insel regelmäßig heimsuchen. Seit 1974 ist die Art sowohl durch lokale Gesetze als auch durch den CITES-Vertrag geschützt. Ihr Lebensraum ist unter Schutz gestellt worden, und die Waldfläche der Insel wird durch ein Aufforstungsprogramm vergrößert. Infolge dieser Maßnahmen ist die Flughundpopulation schnell gewachsen und scheint stabil zu sein. Daneben wurden elf erfolgreiche Zuchtkolonien eingerichtet, aus denen in menschlicher Obhut nachgezüchtete Exemplare ausgewildert werden sollen (Carroll 1984). Dieses Programm aus gesetzlichem Artenschutz, Schutz und Wiederherstellung des Lebensraumes und Zucht in Gefangenschaft wird zukünftigen Bemühungen zum Schutz von Flughunden hoffentlich als Modell dienen.

Zu den am leichtesten als solche erkennbaren Schlüsselarten gehören die Spitzencarnivoren (*top predators*), weil sie oft eine wichtige Rolle bei der zahlenmäßigen Begrenzung der Herbivorenpopulationen spielen (Redford 1992). Der Verlust weniger Individuen einer räuberischen Art, also eines winzigen Anteils der Gesamtbiomasse einer Lebensgemeinschaft, kann bereits zu dramatischen Veränderungen der Vegetation und einem erheblichen Rückgang der biologischen Vielfalt führen. Beispiele sind der in Exkurs 2 beschriebene Fall des Seeotters und die Folgen der Bejagung des Wolfes. Wo der Wolf durch den Menschen ausgerottet worden ist, haben die Schalenwildbestände explosionsartig zugenommen. Die betroffenen Lebensräume wurden überweidet, und viele Pflanzenarten verschwanden. Darunter litt nicht nur das Wild selbst, sondern es wurden auch andere Herbivore einschließlich der Insektengemeinschaft, die von den Pflanzen lebte, geschädigt. Darüber hinaus führte der Verlust der Pflanzendecke zur Bodenerosion und trug damit zum Verschwinden bodenbewohnender Arten bei. Kurz gesagt, die Eliminierung einer Schlüsselart – in diesem Fall des Wolfes, der die Schalenwildpopulationen kurz hielt – kann das Aussterben weiterer Arten auslösen, und zu einem geschädigten Ökosystem mit deutlich gesunkener biologischer Vielfalt auf allen Trophiestufen führen.

Die Bedeutung von Weidegängern für die Zusammensetzung von Lebensgemeinschaften illustriert auch der Fall eines Diademseeigels der Gattung *Diadema* (Kaufman 1986). Dieser Seeigel war in Korallenriffen überall im Westatlantik verbreitet und beweidete dort große, fleischige Algen, die nicht besonders häufig waren. Im Jahre 1981 kam es nach einem El-Niño-Ereignis mit ungewöhnlich warmem Wetter zu einem Massensterben von *Diadema*, das offenbar durch eine Virusepidemie hervorgerufen wurde. Daraufhin vermehrten sich die fleischigen Algen dramatisch, überwucherten und schädigten die Korallenriffe.

Die Bedeutung einer Schlüsselart kann von hochspezialisierten Beziehungen zwischen ihr und anderen Arten abhängen. In vielen tropischen Wäldern scheinen Feigen (*Ficus* spp.), eine artenreiche Gattung der Maulbeergewächse, Schlüsselarten für das Funktionieren von Wirbeltiergemeinschaften zu sein (Lambert 1991). Feigenblüten (die in Wirklichkeit einen Blütenstand aus vielen kleinen Einzelblüten bilden) werden von kleinen, hochspezialisierten Feigengallwespen bestäubt, die in der Feige ihre Eier ablegen und deren Larven sich anschließend in den heranreifenden Früchten entwickeln. Reife Feigen produzieren laufend Früchte, und immer neue Generationen von Gallwespen wachsen heran. Als Folge dieser kontinuierlichen Fruchtproduktion sind *Ficus*-Arten während des ganzen Jahres – selbst in Trockenzeiten – eine verläßliche Nahrungsquelle für Primaten, Vögel und andere fruchtfressende Wirbeltiere (Terborgh 1986). Feigenfrüchte haben weder einen so hohen Energiegehalt wie viele von Tieren bevorzugte fettreiche Früchte, noch sind sie so proteinhaltig wie eine aus

Insekten bestehende Kost, aber in Trockenzeiten dienen sie als „eiserne Reserve", die es Wirbeltieren ermöglicht zu überleben, bis die von ihnen bevorzugte Nahrung wieder zur Verfügung steht. Selbst wenn Feigen in einem Wald selten sind und die Früchte vielleicht nur einen kleinen Teil der Vertebratennahrung ausmachen, ist ihr Vorhandensein für das dauerhafte „Funktionieren" vieler Arten in der Wirbeltiergemeinschaft notwendig. In diesem Fall ist die Feige eine Schlüsselart, weil so viele andere Arten in ihrer Ernährung auf sie angewiesen sind. Doch das Wohlergehen der *Ficus*-Population beruht auf einer intakten Gallwespenpopulation; die Beziehung zwischen den Bäumen und den Wespen bildet das Fundament für das Wohlergehen der ganzen Lebensgemeinschaft.

Viele Schlüsselarten spielen eine weniger auffällige Rolle, die dennoch von entscheidender Bedeutung für die Aufrechterhaltung der biologischen Vielfalt ist (Wilson 1987). So können unscheinbare Zersetzer (Detritivore) wichtig für das Funktionieren von Lebensgemeinschaften sein. Dungkäfer beispielsweise kommen in tropischen Wäldern in geringer Dichte vor und machen nur einen Bruchteil der Gesamtbiomasse aus (Klein 1989). Dennoch sind sie für die Lebensgemeinschaft äußerst wichtig, weil sie Exkremente und Aas als Nahrung für ihre Larven eingraben. Dieses vergrabene Material zersetzt sich schnell, und die darin enthaltenen Nährstoffe werden für das Pflanzenwachstum verfügbar. Mit dem Kot fruchtfressender Tiere werden Samen vergraben, wodurch unter Umständen die Samenkeimung und die Ansiedlung neuer Pflanzen erleichtert wird. Indem die Käfer den Kot vergraben und später auffressen, vernichten sie außerdem die darin enthaltenen Parasiten und tragen so dazu bei, die Wirbeltierpopulationen gesund zu erhalten.

Die Identifizierung von Schlüsselarten hat verschiedene wichtige Konsequenzen für die Naturschutzbiologie. Erstens kann, wie wir gesehen haben, das Verschwinden einer Schlüsselart aus einer Lebensgemeinschaft den Verlust vieler anderer Arten nach sich ziehen. Zweitens muß man, um eine besonders interessante Spezies, etwa eine Affenart, zu schützen, unter Umständen die Schlüsselarten schützen, von denen diese direkt oder indirekt abhängig ist, zum Beispiel Feigen oder Dungkäfer. Drittens könnte man versuchen, die Schlüsselarten einer Gemeinschaft – falls es gelingt, sie zu identifizieren – sorgfältig zu schützen oder sogar zu fördern, wenn ein Gebiet durch menschliche Aktivitäten beeinträchtigt wird. Beispielsweise sollten beim selektiven Holzeinschlag Feigen und andere wichtige Fruchtbäume verschont werden, während der Bestand häufiger Baumarten, die keine Schlüsselarten sind, möglicherweise ohne einen größeren Verlust an biologischer Vielfalt reduziert werden könnte.

Schlüsselressourcen

Naturschutzgebiete werden meist anhand ihrer Größe (in Hektar) verglichen und bewertet, weil größere Schutzgebiete in der Regel mehr Arten beherbergen als kleinere. Allerdings kann die Fläche als solche weniger wichtig sein als das vorhandene Spektrum an Lebensräumen und Ressourcen. Bestimmte Lebensräume können entscheidende limitierende Ressourcen – „Schlüsselressourcen" – enthalten, die nur einen kleinen Teil des Lebensraumes einnehmen, aber für viele Arten der Lebensgemeinschaft äußerst wichtig sind. Einige Beispiele:

- *Salzlecken* und *Mineralteiche* liefern den Wildtieren lebensnotwendige Mineralien, vor allem in küstenfernen Regionen mit hoher Niederschlagsmenge. Die Verteilung von Salzlecken kann die Häufigkeit und Verteilung der Wirbeltiere eines Gebiets bestimmen.
- *Kolke* und *Austiefungen* in Flüssen und Quellen können in Trockenzeiten mit niedrigem Wasserspiegel der einzige Zufluchtsort für Fische und andere Wasserbewohner und über weite Entfernungen die einzigen Trinkwasserquellen für landlebende Tiere sein.
- Ein *Höhengradient* kann eine wichtige Eigenschaft tropischer Schutzgebiete sein. Viele frucht- und nektarfressende Wirbeltiere und Insekten benötigen ständig Nahrung; und eine Möglichkeit, sie sich zu verschaffen, ist die Wanderung zwischen verschiedenen Lebensgemeinschaften auf der Suche nach neuen Nahrungsquellen. Ein steiler Höhengradient ist in der Regel von einer Abfolge verschiedener Pflanzengemeinschaften begleitet, deshalb ist bei der Suche nach neuen Nahrungsressourcen das Auf- und Abwandern an einer Bergflanke ein verbreitetes und wirkungsvolles Verhalten.
- *Mangroven* sind Holzpflanzengemeinschaften, die in vielen tropischen und subtropischen Regionen das schmale Band der Gezeitenzone besiedeln. Sie sind selbst komplexe Gemeinschaften und spielen außerdem eine wichtige Rolle als Kinderstuben für die Jugendstadien vieler Meeresorganismen sowie während der Flut als Nahrungsgründe für viele Fische und Krebstiere der Küstenregion.

Auch wenn Schlüsselressourcen nur einen kleinen Teil eines Schutzgebiets einnehmen, können sie von entscheidender Bedeutung für den Bestand vieler Tierpopulationen sein. Der Verlust einer Schlüsselressource könnte das baldige Verschwinden zahlreicher Tierarten bedeuten. Durch die Entfernung abgestorbener Bäume und umgestürzter Baumstämme aus einem Wald können zum Beispiel Nist- und Überwinterungsmöglichkeiten für viele Vögel und andere Wirbeltiere verloren gehen. Der Verlust von

Wirbeltieren kann das Aussterben von Pflanzenarten nach sich ziehen, die für die Bestäubung und Ausbreitung von Samen auf diese Tiere angewiesen sind.

Die Messung biologischer Diversität

Neben der von Naturschutzbiologen allgemein akzeptierten Definition von biologischer Vielfalt gibt es in der ökologischen Literatur viele andere Definitionen, die man entwickelt hat, um die Gesamtdiversität verschiedener Lebensgemeinschaften vergleichen zu können (McMinn, o.J.). Diese Konzepte wurden dazu benutzt, die Theorie zu überprüfen, daß eine Lebensgemeinschaft um so stabiler ist, je höher ihre Diversität ist (MacArthur 1955; McNaughton 1989; Pimm 1991). Diese Forschungen haben allerdings letztlich zu dem Schluß geführt, daß es keine einfache Beziehung zwischen Diversität und Stabilität gibt. Die Indizes für biologische Diversität, die im Zuge dieser Forschungen entwickelt wurden, sind vor allem nützlich, um bestimmte Artengruppen innerhalb verschiedener Gemeinschaften zu vergleichen. Kimmins (1987) formuliert dies so: »Den Begriff Diversität kann man auf alle Organismen einer Lebensgemeinschaft beziehen, er wird aber häufiger auf nur einen Typ oder eine Gruppe von Organismen bezogen. So können wir von der Diversität der Gefäßpflanzen, der Vögel, der Säugetiere oder der Bodenfauna sprechen.«

Auf der einfachsten Ebene kann Diversität als die Artenzahl einer Gemeinschaft definiert werden, eine Größe, die als **Artenreichtum** bekannt ist. Die meisten Definitionen enthalten allerdings zusätzlich ein Maß dafür, wie gleichmäßig die Gesamtindividuenzahl einer Gemeinschaft auf die verschiedenen Arten verteilt ist. Verteilen sich beispielsweise die 60 Vögel einer Gemeinschaft auf zehn Arten, so entsprächen sechs Individuen pro Art einer gleichmäßigen Häufigkeits- oder Abundanzverteilung, fünf Arten mit je zwei Individuen und eine mit 50 Exemplaren einer ungleichmäßigen Häufigkeitsverteilung. Im ersten Fall würde keine Art als dominant angesehen, im zweiten dagegen würde die Gemeinschaft von der Art mit 50 Individuen dominiert.

Pielou schrieb 1969, Diversität sei »eine statistische Größe, in der Artenzahl und Häufigkeitsverteilung zusammengefaßt sind«. Man hat viele Methoden zur Berechnung von Diversität vorgeschlagen, bei denen diese beiden Arten von Information kombiniert werden (Peet 1974). Die verschiedenen Methoden erbringen in der Regel ähnliche Ergebnisse, doch werden einige stärker vom Stichprobenumfang oder der Häufigkeit sehr seltener Arten beeinflußt als andere. Auch ist es problematisch, Lebensgemeinschaften zu beurteilen, in denen die Individuen sehr unterschiedlich groß sind, beispielsweise manche Pflanzengemeinschaften. Sollen in einer Gemeinschaft aus wenigen großen Buchen und vielen kleinen Buschwindröschen die Buschwindröschen als dominant angesehen werden, weil sie zahlreicher sind, oder die Buchen, weil sie den größten Teil der Biomasse der Gemeinschaft bilden? Auf diese und viele andere Fragen zu mathematischen Diversitätsindizes gibt es keine einfachen Antworten. Daher sind diese Indizes hauptsächlich für ökologische Vergleiche nützlich, weniger für die angewandte Naturschutzbiologie. Wie das Committee of Scientists (1979) schloß, wollte der US-Kongreß den Begriff *diversity* »auf die biologische Vielfalt bezogen sehen und nicht auf einen der quantitativen Ausdrücke, die sich heute in der biologischen Literatur finden«. Diese Auffassung wiederholt sich in einer späteren Konferenz über biologische Vielfalt und Biotopmanagement: »Diversitätsindizes müssen als analytisches Werkzeug genutzt werden und nicht zur Definition von Diversität« (Cooley und Cooley 1984). In ihrer gegenwärtigen Form beinhalten Diversitätsindizes nur einen Teil des umfassenden Konzepts „biologische Vielfalt".

Mathematische Diversitätsindizes sind auch entwickelt worden, um Artendiversität auf verschiedenen geographischen Skalen zu bezeichnen. Die Anzahl der Arten in einer Lebensgemeinschaft wird üblicherweise als **Alphadiversität** bezeichnet. Die Alphadiversität kommt dem alltagssprachlichen Begriff Artenreichtum am nächsten und läßt sich zum Vergleich der Artenzahl in verschiedenen Ökosystemtypen heranziehen. Der Ausdruck **Betadiversität** bezeichnet das Ausmaß, in dem sich die Artenzusammensetzung entlang eines Umweltgradienten ändert. Zum Beispiel ist die Betadiversität hoch, wenn sich die Artenzusammensetzung der Moosgemeinschaften an einem Berghang mit zunehmender Höhe verändert, und sie ist gering, wenn die gleichen Arten die ganze Bergflanke besiedeln. **Gammadiversität** bezieht sich auf größere geographische Regionen; sie ist definiert als »die Rate, mit der man an verschiedenen Orten desselben Biotoptyps auf Arten trifft, die andere geographisch ersetzen. Die Gammadiversität ist also ein Maß für die Rate, mit der sich die Artenzusammensetzung ähnlicher Lebensräume mit zunehmender Entfernung von einander, oder bei Betrachtung eines zunehmend größeren Gebietes, ändert« (Cody 1986). In der Praxis werden diese Indizies oft stark miteinander korreliert sein. Die Pflanzengemeinschaften des Amazonas beispielsweise weisen auf der Alpha-, Beta- und Gammaskala eine hohe Diversität auf (Gentry 1986).

Zusammenfassung

1. Die biologische Vielfalt oder Biodiversität der Erde beruht zunächst auf der Mannigfaltigkeit aller lebenden Arten. Auch die genetische Variabilität zwischen den Individuen einer Art trägt zur biologischen Vielfalt bei. Auf einer höheren Ebene gehört zur Biodiversität die Vielfalt der Lebensgemeinschaften, in denen Arten zusammenleben, sowie ihrer Wechselbeziehungen mit der physikalischen und chemischen Umwelt.
2. Genetische Variabilität innerhalb einer Art entsteht durch die Mutation von Genen und deren Rekombination bei der geschlechtlichen Fortpflanzung. Diese genetische Variabilität ermöglicht den Arten, sich durch den Prozeß der natürlichen Auslese an wandelnde Lebensbedingungen anzupassen. In manchen Fällen führt dieser Prozeß zur Entstehung neuer Arten. Die genetische Variabilität innerhalb einer Art erlaubt dem Menschen die Züchtung von Nutzpflanzen und Haustieren, die seinen Bedürfnissen entsprechen.
3. Die verschiedenen Arten einer Lebensgemeinschaft stehen beispielsweise durch Konkurrenz, Räuber-Beute-Beziehungen und Mutualismus in Wechselbeziehungen zueinander. Entsprechend ihrer Art der Energieaufnahme verteilen sie sich auf verschiedene Trophiestufen. Viele Arten stehen in spezifischen Nahrungsbeziehungen zu anderen Arten; diese Beziehungen können als Nahrungsketten und Nahrungsnetze dargestellt werden.
4. Bestimmte Schlüsselarten scheinen entscheidend für die Fähigkeit anderer Arten zu sein, in einer Gemeinschaft auf Dauer vorzukommen. Diese Schlüsselarten sind oft Spitzencarnivore, können aber auch unauffällige Arten sein. Der Verlust einer Schlüsselart kann in einer Lebensgemeinschaft eine Welle des Aussterbens anderer Arten nach sich ziehen. Bestimmte Schlüsselressourcen, beispielsweise Wasserlöcher und Salzlecken, können, auch wenn sie nur einen kleinen Teil eines Lebensraumes einnehmen, für das Vorkommen vieler Arten in einem Gebiet ausschlaggebend sein.
5. Verschiedene mathematische Diversitätsindizes sind entwickelt worden, um Muster der Artenverteilung auf lokaler und regionaler Ebene untersuchen und vergleichen zu können. Solche mathematischen Indizes sind hauptsächlich für die Untersuchung bestimmter Artengruppen nützlich; auf die volle Bandbreite der Arten und Interaktionen in der Natur lassen sie sich weniger gut anwenden.

Weiterführende Literatur

Begon, M., Harper, J. L. und Townsend, C. 1990. *Ecology,* 2. Aufl. Blackwell Scientific Publications, Oxford. [Deutsch: 1991. *Ökologie. Individuen – Populationen – Lebensgemeinschaften.* Birkhäuser, Basel; eine gute Einführung in die Grundlagen der Ökologie.]

Darwin, C. 1859. *On the Origin of Species.* John Murray, London. [Deutsch: 1992. *Über die Entstehung der Arten durch natürliche Zuchtwahl oder die Erhaltung der begünstigten Rassen im Kampf ums Dasein.* Nachdruck der 9. unveränderten Aufl. Stuttgart 1990. Wissenschaftliche Buchgesellschaft, Darmstadt; der klassische Entwurf einer Theorie über den Ursprung neuer Arten, die die moderne Biologie geprägt hat.]

Fujita, M. S. und Tuttle, M. D. 1991. Flying foxes (Chiroptera: Pteropodidae): Threatened animals of key ecological and economic importance. *Conservation Biology* 5(4): 455–463. [Eine Fallstudie über Schlüsselarten.]

Futuyma, D. 1986. *Evolutionary Biology,* 2. Aufl. Sinauer Associates, Sunderland, MA. [Deutsch: 1990. *Evolutionsbiologie.* Birkhäuser, Basel; ein anspruchsvolles Lehrbuch mit umfangreichem Material zu Evolution und Artbildung.]

Office of Technology Assessment of the U.S. Congress (OTA) 1987. *Technologies to Maintain Biological Diversity.* OTA-F-330. U.S. Government Printing Office, Washington, D.C. [Eine klare Definition des Begriffs biologische Diversität.]

Pimm, S. 1992. *The Balance of Nature.* University of Chicago Press, Chicago. [Ein Fachbuch über die Prinzipien der Organisation von Gemeinschaften und ihre Anwendung.]

Ricklefs, R. E. 1993. *The Economy of Nature,* 3. Aufl. W. H. Freeman, New York. [Ein gutes Lehrbuch über die grundlegenden Prinzipien der Ökologie.]

Standley, L. A. 1992. Taxonomic issues in rare species protection. *Rhodora* 94: 218–242. [Taxonomische Probleme können den gesetzlichen Schutz seltener Arten erschweren.]

Tamarin, R. H. 1993. *Principles of Genetics,* 4. Aufl. Wm. C. Brown, Dubuque, IA. [Ein gutes Lehrbuch über die Prinzipien der Populations- und Molekulargenetik.]

Terborgh, J. 1986. Keystone plant resources in the tropical forest. In: M. E. Soulé (Hrsg.), *Conservation Biology: The Science of Scarcity and Diversity,* S. 330–344. Sinauer Associates, Sunderland, MA. [Eine klare Darstellung der Bedeutung von Schlüsselarten.]

3

Wo findet man biologische Vielfalt?

Den größten Artenreichtum weisen offenbar tropische Regenwälder, Korallenriffe, große tropische Seen und vielleicht auch die Tiefsee auf (Fischer 1960; Connell und Orias 1964; Pianka 1966; Grassle 1991). Auch trockene tropische Lebensräume, wie Buschland, Grasland und Wüste (Mares 1966), sowie Hartlaubwälder mit mediterranem Klima, etwa in Südafrika, Südkalifornien und Südwestaustralien, zeichnen sich durch eine hohe Artenvielfalt aus. Im tropischen Regenwald ist diese Diversität hauptsächlich auf die große Vielzahl der Arten einer einzigen Tierklasse – der Insekten – zurückzuführen; in Korallenriffen und in der Tiefsee verteilt sie sich über ein sehr viel breiteres Spektrum an Stämmen und Klassen (Grassle et al. 1991). Die Artenvielfalt in der Tiefsee könnte eine Folge des hohen Alters und der großen Stabilität dieses Lebensraumes (Grassle und Maciolek 1992) sowie der Spezialisierung auf verschiedene Sedimenttypen (Etter und Grassle 1992) sein. Die große Vielfalt der Fische und anderer Arten in großen tropischen Seen ist das Ergebnis einer raschen adaptiven Radiation in einer Reihe isolierter, produktiver Biotope (Kaufmann 1992). In marinen Systemen sind 28 der 33 heute existierenden Tierstämme vertreten; 13 dieser Stämme kommen ausschließlich im Meer vor (Grassle et al. 1991). Dagegen gibt es nur einen Stamm, dessen Vertreter auf das Festland beschränkt sind, und keinen, der nur im Süßwasser vorkommt. Vier Stämme findet man ausschließlich in symbiotischer Gemeinschaft mit anderen Arten.

Die bestehenden Kenntnisse über die geographische Verteilung des Artenreichtums sind vor allem den Bemühungen von Taxonomen zu verdanken, die seit langem systematisch Organismen aus allen Regionen der Erde sammeln. Für viele Organismengruppen kennt man diese Verteilung nur in groben Umrissen, weil die bisherigen Bestandsaufnahmen nicht ausreichen. So waren 80 Prozent der Käferarten, die man bei einer Untersu-

Tabelle 3.1: Zahl der Säugetierarten in ausgewählten Ländern der Tropen und der gemäßigten Breiten

tropisches Land	Zahl der Arten	Arten pro 10 000 km^2 [a]	Land der gemäßigten Breiten	Zahl der Arten	Arten pro 10 000 km^2 [a]
Angola	275	76	Ägypten	105	31
Brasilien	394	66	Argentinien	255	57
Costa Rica	203	131	Australien	299	41
Kenia	308	105	Frankreich	113	39
Kolumbien	358	102	Großbritannien	77	33
Mexiko	439	108	Kanada	163	26
Nigeria	274	82	Japan	186	71
Peru	359	99	Marokko	108	39
Venezuela	395	92	Südafrika	279	79
Zaire	409	96	USA	367	60
Durchschnitt		96	Durchschnitt		48

Quelle: Nach Reid und Miller 1989, Daten aus WRI/IIED 1988.

[a] Um von der Landesfläche unabhängige Daten zu erhalten und einen Vergleich des Artenreichtums zu ermöglichen, wurde die Zahl der Arten auf 10 000 km^2 (das entspricht etwa der Fläche von Jamaika) mit Hilfe von Arten-Areal-Formeln geschätzt (siehe Kapitel 4).

chung in Panama fand, der Wissenschaft nicht bekannt, obwohl Panama zu den am besten erforschten tropischen Regionen gehört (Erwin 1983; May 1992).

In fast allen Organismengruppen nimmt die Artenvielfalt zu den Tropen hin zu. So gibt es in Venezuela 305 Säugetierarten, in Frankreich nur 113, obwohl die beiden Länder etwa gleich groß sind (WRI/IIED 1988; Tabelle 3.1). Besonders kraß ist der Unterschied bei Bäumen und anderen Samenpflanzen. Auf einem Hektar im peruanischen Amazonasgebiet oder im malaysischen Tiefland können über 300 verschiedene Baumarten (Holzgewächse, die in Brusthöhe einen Stammdurchmesser von mehr als zehn Zentimetern erreichen) wachsen; in einem entsprechenden Waldstück in den gemäßigten Regionen Europas oder der USA findet man dagegen wahrscheinlich höchstens 30 Baumarten. Sandlaufkäfer, eine besonders weit verbreitete und gut untersuchte Insektengruppe, sind in den tropi-

3.1 Die Verteilung des Artenreichtums bei Sandlaufkäfern. Die Linien verbinden Gebiete mit ähnlicher Artenzahl. a) In Australien ist die Artenzahl der Sandlaufkäfer im feuchten, tropischen Norden am höchsten und im trockenen Inneren des Kontinents am geringsten. b) In Nordamerika findet sich eine hohe Artenzahl in verschiedenen Regionen im Süden der USA, die durch warmes Klima, offene Landschaft und topographische Vielfalt charakterisiert sind. (Aus Pearson und Cassola 1992.) ▶

a

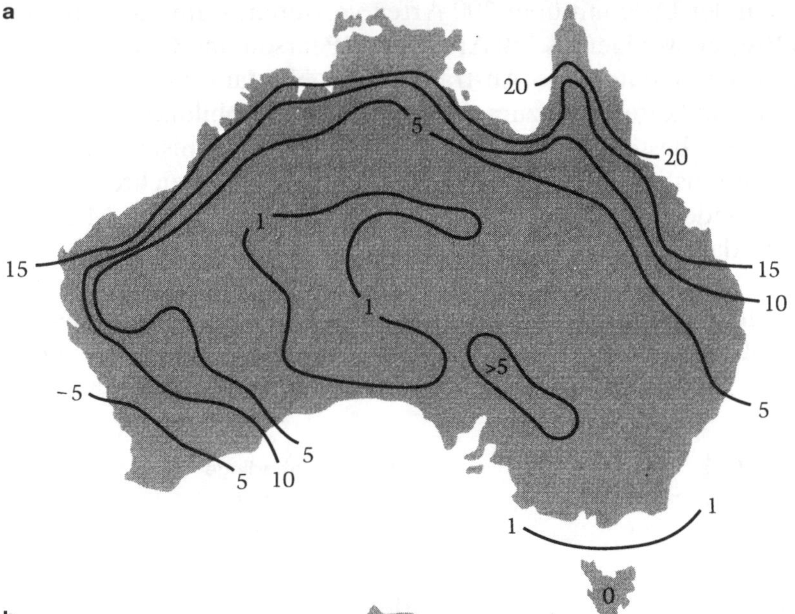
20
5
20
1
15
15
1
10
>5
5
-5
5
5 10
1
1
0

b

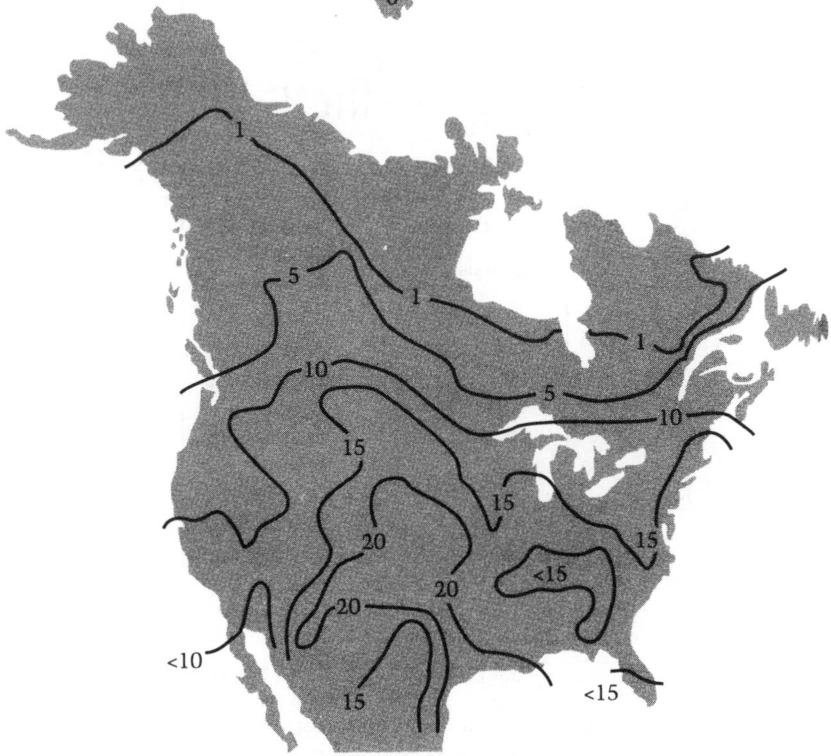
1
5
1
1
10
5
10
15
15
20
15
<15
20
20
<10
15
<15

schen Regionen der Erde mit über 300 Arten vertreten, während es in den gemäßigten Breiten weniger als 150 Arten gibt (Pearson und Cassola 1992). Innerhalb von Kontinenten wie Australien oder Nordamerika nimmt die Anzahl der Sandlaufkäferarten zum Äquator hin zu (Abbildung 3.1).

Im allgemeinen besteht zwischen verschiedenen Organismengruppen eine grobe Übereinstimmung in der Verteilung des Artenreichtums. Um bei diesem besonders gut dokumentierten Beispiel zu bleiben: Man hat nachgewiesen, daß sowohl in Nordamerika als auch in Australien der Artenreichtum bei den Sandlaufkäfern geographisch ähnlich verteilt ist wie bei Schmetterlingen und Vögeln (Abbildung 3.2; Pearson und Cassola 1992). Ihre größte Mannigfaltigkeit kann jede Organismengruppe dennoch

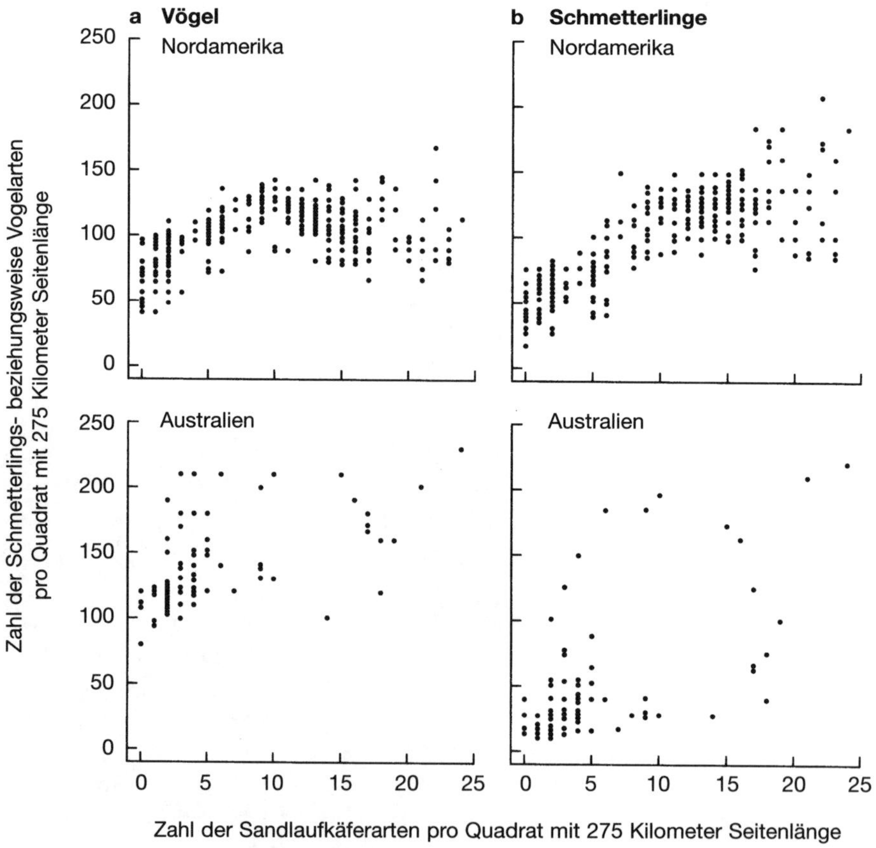

3.2 In Nordamerika wie in Australien ist die Artenvielfalt bei Schmetterlingen und Vögeln stark mit der Artenvielfalt der Sandlaufkäfer korreliert. Jeder Punkt des Diagramms repräsentiert ein Quadrat mit 275 Kilometer Seitenlänge. In Quadraten mit vielen Käferarten kamen im allgemeinen auch, wie in a gezeigt, viele Vogelarten und, wie in b erkennbar, viele Schmetterlingsarten vor. (Aus Pearson und Cassola 1992.)

in einem anderen Teil der Welt erreichen; dabei spielen zum Beispiel historische Umstände oder die Gunst der Lebensbedingungen in den verschiedenen Regionen eine Rolle. Innerhalb von Afrika beispielsweise ist die Artenvielfalt bei den Schmetterlingen in Westafrika nördlich des Äquators am höchsten, bei den Pflanzen im äquatorialen Westafrika, bei Vögeln, Primaten und anderen Säugetieren dagegen in Zentral- und Ostafrika (IUCN/UNEP 1986b). Bevor man sichere Aussagen über die Korrelation zwischen den Verteilungsmustern verschiedener Organismengruppen treffen kann, ist weitere Forschungsarbeit erforderlich (Currie 1991).

Die geographische Verteilung des Artenreichtums bei marinen Organismen entspricht dem Bild bei den landbewohnenden Arten: Die Vielfalt nimmt zu den Tropen hin zu. Das Große Barriereriff vor Australien beispielsweise weist an seinem nördlichen Ende, nahe den Tropen, 50 Gattungen riffbildender Korallen auf, an seinem südlichen, am weitesten von den Tropen entfernten Ende nur zehn (Stehli und Wells 1971). In der Arktis sind die Manteltiere (*Tunicata*) nur mit 103 Arten vertreten, in tropischen Gewässern gibt es über 600 (Fischer 1960). Auch bei planktischen Organismen, etwa bei den Foraminiferen, und bei Tiefseebewohnern nimmt die Artenvielfalt zu den Tropen hin zu (Buzas und Calver 1991).

Die Verteilung der Artenvielfalt hängt auch von lokalen Unterschieden in Topographie, Klima und anderen Umweltfaktoren ab. In terrestrischen Lebensgemeinschaften ist die Artenvielfalt in der Regel um so niedriger, je größer die Höhenlage des Gebietes ist und je geringer Sonneneinstrahlung und Niederschläge sind. Die gegenüber Südamerika oder Asien niedrige Artenvielfalt in Afrika könnte eine Folge der geringeren Regenmenge und der kleineren Waldfläche sein. Selbst innerhalb des tropischen Afrika gibt es in regenarmen Regionen wie der Sahelzone weniger Arten als in weiter südlich gelegenen bewaldeten Gebieten mit höheren Niederschlägen. Allerdings ist die Vielfalt und der Reichtum an Antilopen und anderen Huftieren in den ausgedehnten Savannen Ost- und Zentralafrikas größer als in jedem anderen Kontinent. Möglicherweise findet sich die höchste Artenzahl bei Säugern weder in besonders trockenen noch in besonders feuchten Lebensräumen, sondern in Regionen mit mittlerer Niederschlagsmenge (Western 1989; Mares 1992).

Auch in Gegenden mit komplexer topographischer Beschaffenheit, die genetische Isolation, lokale Anpassungen und Artbildung ermöglicht, kann die Artenvielfalt erhöht sein (Ray 1991; Pagel et al. 1991). Aus einer seßhaften Art beispielsweise, die eine Reihe isolierter Berggipfel besiedelt, könnten sich allmählich mehrere verschiedene Arten entwickeln, die an ihre jeweilige Bergumwelt angepaßt sind. Einen ähnlichen Prozeß könnte eine Fischart durchmachen, die ein großes Flußsystem besiedelt, wenn aus diesem mehrere getrennte Systeme entstehen. In geologisch komplexen Gebieten bildet sich eine Vielzahl verschiedener Bodentypen, zwischen

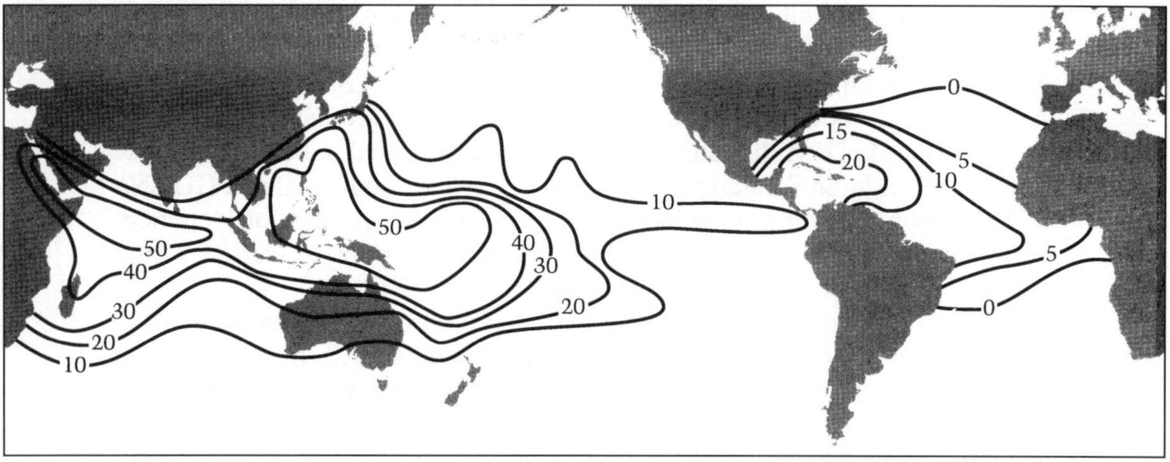

3.3 Die globale Verteilung der Gattungen riffbildender Korallen. Erkennbar sind starke Konzentrationen im Westteil des Pazifik und des Indischen Ozeans sowie ein weniger stark ausgeprägter Schwerpunkt im Karibischen Meer. Die Zahlen geben die Anzahl der Gattungen an; die Linien verbinden Regionen mit ähnlicher Gattungszahl. (Nach Stehli und Wells 1971.)

denen scharfe Grenzen verlaufen. Daran angepaßt entsteht ein breites Spektrum verschiedener Lebensgemeinschaften und Arten. Unter den Gemeinschaften der gemäßigten Breiten finden sich solche mit großer Pflanzenvielfalt in Südwestaustralien, Südafrika und anderen Gebieten mit mediterranem Klima, also mit milden, feuchten Wintern und warmen, trockenen Sommern (Myers 1991a). Diese Regionen weisen besonders artenreiche Strauch- und Krautgemeinschaften auf, weil sie einerseits ein beträchtliches geologisches Alter haben und andererseits sehr verschiedene Standortbedingungen bieten.

Historische Faktoren beeinflussen die Verteilung des Artenreichtums ebenfalls; in geologisch älteren Regionen ist die Artenzahl größer als in jüngeren. So ist die Zahl der Korallenarten im Indischen und im Pazifischen Ozean um ein Vielfaches höher als im erdgeschichtlich jüngeren Atlantik (Abbildung 3.3). In vielen Regionen des Indopazifik gibt es über 50 Korallengattungen, im Karibischen Meer und dem angrenzenden Atlantik dagegen nur etwa 20 (Stehli und Wells 1971; Goldman und Talbot 1976). In geologisch älteren Gebieten war der Zeitraum länger, in dem einerseits aus anderen Teilen der Erde kommende Arten einwandern und andererseits aus vorhandenen Arten durch Anpassung an lokale Bedingungen neue Spezies entstehen konnten.

Warum gibt es in den Tropen so viele Arten?

Daß tropische Ökosysteme die höchste Artenvielfalt aufweisen, ist vielfach belegt. Zur Erklärung dieses Phänomens gibt es zahlreiche Theorien (Fischer 1960; Connell und Orias 1964; Pianka 1966); im folgenden eine Auswahl der plausibelsten:

1. In geologischen Zeiträumen betrachtet, war das Klima der Tropen stabiler als das der gemäßigten Zonen. An die lokalen Gegebenheiten angepaßte Arten konnten in den Tropen in ihrem angestammten Lebensraum bleiben, während sie in den gemäßigten Regionen ihr Verbreitungsgebiet immer wieder von Norden nach Süden und zurück verlagern mußten, den zahlreichen Episoden der Vereisung folgend. Dies überlebten nur diejenigen Arten, die wandern und gegen die Konkurrenz in ihren neuen Lebensgemeinschaften bestehen konnten.
2. Weil die Lebensgemeinschaften der Tropen älter sind als die der gemäßigten Breiten, hatten sie mehr Zeit für die Evolution. Neue Arten entwickeln sich in Anpassung an die jeweiligen Lebensbedingungen. Durch einen längeren Zeitraum der Evolution war in den Tropen ein größeres Ausmaß an Spezialisierung und lokaler Anpassung möglich. Viele tropische Arten sind in ihren Habitatansprüchen und ihrem Fortpflanzungsverhalten besonders spezialisiert.
3. Die Wärme und hohe Feuchtigkeit vieler tropischer Regionen bieten zahlreichen Arten, die in gemäßigten Breiten nicht überleben könnten, günstige Bedingungen. Die Bewohner der gemäßigten Regionen benötigen physiologische Mechanismen, die ihnen ermöglichen, Kälte und Frost zu ertragen. Manche von ihnen überdauern den Winter auch in einem Ruhezustand (Dormanz, Winterschlaf) oder weichen ihm durch Wanderung aus. Die Unfähigkeit vieler Pflanzen- und Tiergruppen, außerhalb der Tropen zu existieren, deutet darauf hin, daß es schwierig ist, diese Anpassungen zu entwickeln.
4. Möglicherweise besteht in den Tropen ein höherer Druck durch Schädlinge, Parasiten und Krankheitserreger, da es dort keine Winterkälte gibt, die deren Bestände reduziert. Die stets vorhandenen Populationen dieser Organismen hindern die einzelnen Arten oder Gruppen daran, Gemeinschaften zu dominieren, und so können zahlreiche Arten mit geringer Individuendichte koexistieren. In vieler Hinsicht ist die Biologie der Tropen eine Biologie der seltenen Arten. In den gemäßigten Breiten ist dagegen der Druck durch Krankheiten und Schädlinge wegen der winterlichen Kälte möglicherweise geringer, so daß einzelne konkurrenzstarke Arten die Gemeinschaft dominieren und viele schwächere Arten daraus ausschließen können.

5. Bei tropischen Pflanzen scheint Fremdbestäubung (im Gegensatz zur Selbstbestäubung) häufiger zu sein als bei Pflanzen der gemäßigten Breiten (Bawa 1992). Eine höhere Fremdbestäubungsrate könnte die genetische Variabilität (siehe Kapitel 11), die lokale Anpassung und die Artbildung fördern.
6. Tropische Gebiete empfangen im Jahresverlauf mehr Sonnenenergie als gemäßigte Regionen. Infolgedessen ist die Produktivität vieler tropischer Lebensgemeinschaften, gemessen in Tonnen produzierter Biomasse pro Hektar und Jahr, höher als die von Gemeinschaften der gemäßigten Breiten. Entsprechend umfangreicher ist die Grundlage an Ressourcen, von der wiederum mehr Arten leben können. Allerdings besteht lediglich ein lockerer Zusammenhang zwischen Produktivität und Artenvielfalt; manche hochdiversen Gemeinschaften kommen in Habitaten mittlerer Produktivität vor.

Tropische Regenwälder

Die tropischen Regenwälder, die zu den artenreichsten Ökosystemen der Erde gehören, werden durch menschliche Aktivitäten mit großer

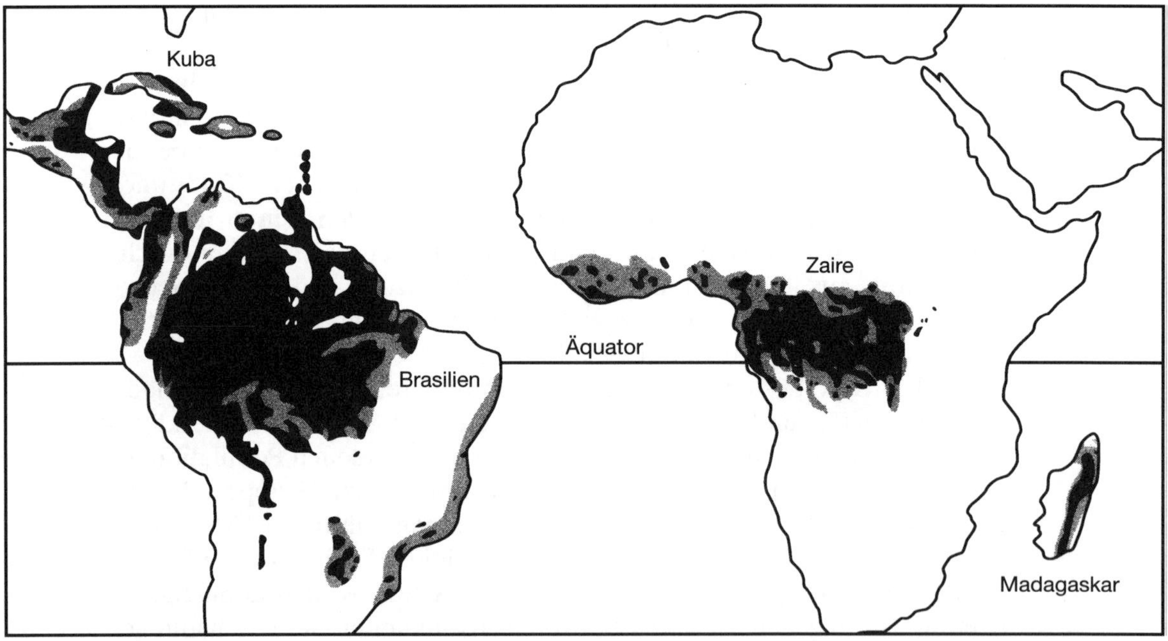

3.4 Tropische Regenwälder findet man vor allem in den feuchten, äquatornahen Regionen von Südamerika, Afrika und Asien. Einst bedeckten tropische Wälder die gesamte grau dargestellte Fläche, doch in jüngerer Zeit sind sie infolge menschlicher Aktivitäten stark zurück-

Geschwindigkeit zerstört (Abbildung 3.4 und Kapitel 6). Obwohl sie nur sieben Prozent der Landfläche bedecken, lebt in ihnen die Hälfte aller existierenden Arten (Whitmore 1990; Conservation International 1990). Dieser Schätzwert stützt sich zum Teil auf die nur begrenzten Bestandsaufnahmen von Insekten und anderen Arthropoden, also Gruppen, von denen man annimmt, daß sie den Großteil aller Arten enthalten (siehe Abbildung 3.7). Schätzungen der Anzahl noch nicht beschriebener Insektenarten in tropischen Wäldern reichen von fünf bis 30 Millionen (May 1992). Sollten es tatsächlich 30 Millionen sein, so würden die Insekten der tropischen Wälder über 90 Prozent aller Arten der Erde ausmachen.

Über andere Gruppen, etwa Pflanzen und Vögel, liegen wesentlich genauere Informationen vor. Samenpflanzen und Farne sind im tropischen Amerika mit etwa 86000 Arten vertreten, im tropischen Afrika und auf Madagaskar mit 38000 Arten und im tropischen Asien einschließlich Neuguinea und den australischen Tropen mit 45000 Arten (Gentry 1982; Brenan 1978; Reed und Miller 1989). Zusammengenommen sind dies etwa zwei Drittel der auf 250000 geschätzten Gesamtzahl an Pflanzenarten auf der Erde. Über 100000 Pflanzenarten findet man in tropischen Wäldern (Myers 1980).

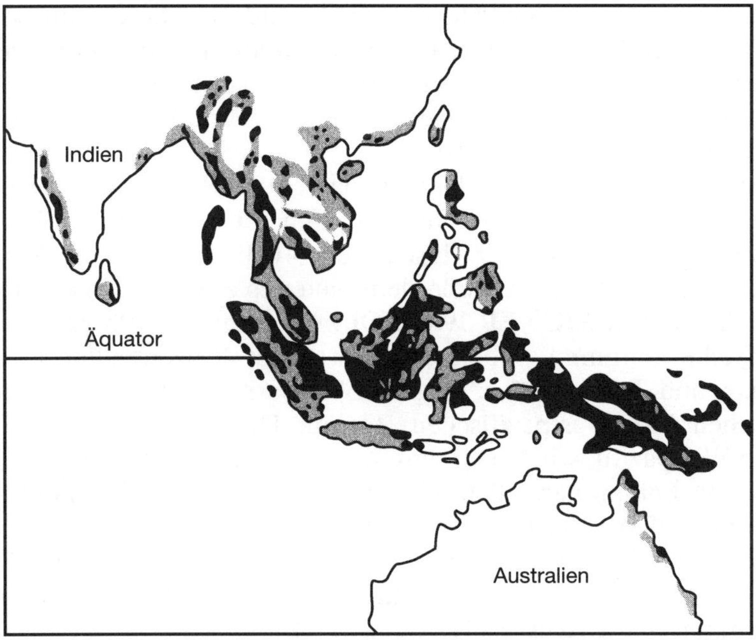

gegangen. Die heute von Regenwald bedeckte Fläche ist in der Abbildung schwarz dargestellt. (Nach Repetto 1990; die Karten basieren auf Daten der Smithsonian Institution.)

Etwa 30 Prozent aller Vogelarten – 1300 Arten in den Tropen Amerikas, 400 im tropischen Afrika und 900 im tropischen Asien – sind von Tropenwäldern abhängig (A. Diamond 1985). Dieser Schätzwert ist vermutlich noch zu niedrig, weil Arten, die nur zum Teil auf tropische Wälder angewiesen sind, etwa Zugvögel, darin nicht enthalten sind. Auch spiegelt er nicht die hohe Konzentration tropenwaldbewohnender Vögel in begrenzten Lebensräumen – etwa auf Inseln – wider, die möglicherweise besonders empfindlich gegen Habitatverluste sind. Auf bewaldeten Inseln wie Neuguinea sind 78 Prozent der Vögel (ohne Meeresvögel) zum Überleben auf den Wald angewiesen (Beehler 1985).

Korallenriffe

Kolonien aus winzigen Korallenpolypen (Abbildung 3.5) bauen die großen Korallenriffe auf – Ökosysteme, die im Hinblick auf Artenreichtum und Komplexität das marine Äquivalent der tropischen Regenwälder darstellen (Wells 1989; Jackson 1991). Eine Erklärung für diesen Reichtum ist die hohe Primärproduktivität von Korallenriffen, die 2500 Gramm Biomasse pro Quadratmeter und Jahr betragen kann; der Vergleichswert im offenen Meer liegt bei 125 Gramm. Wegen der Klarheit des Wassers in den Riffökosystemen reicht das Sonnenlicht tief hinab, und die Photosyntheserate ist hoch (Whittaker 1975). Andere mögliche Faktoren sind eine ausgeprägte Spezialisierung der verschiedenen Korallenarten auf unterschiedliche ökologische Nischen und Anpassungen an verschiedene Störungsgrade (Jackson 1991; Ray 1991; Huston 1985).

Das größte Korallenriff der Erde ist das Große Barriereriff vor der Ostküste Australiens, das 349000 Quadratkilometer einnimmt. In ihm leben über 300 Korallenarten, 1500 Fischarten, 4000 verschiedene Mollusken und fünf Schildkrötenarten, außerdem bietet es etwa 252 Vogelarten Nistmöglichkeiten (IUCN/UNEP 1988). Obwohl es nur 0,1 Prozent der Meeresoberfläche einnimmt, leben dort etwa acht Prozent aller Fischarten (Goldman und Talbot 1976). Das Große Barriereriff ist selbst Teil der artenreichen Indo-Westpazifischen Region. Die besondere Artenvielfalt des Indo-Westpazifik wird auch durch die Tatsache illustriert, daß man im Bereich der Philippinen 2000 Fischarten findet, um die Hawaii-Inseln dagegen nur 448 und im Bereich der Bahamas etwa 500. Verglichen damit ist die Zahl der Meeresfische in den gemäßigten Breiten gering: Vor der mittelatlantischen Küste Nordamerikas gibt es nur 250 Fischarten, im Mittelmeer unter 400 (Briggs 1974).

Ein erwähnenswerter Unterschied zwischen regenwaldbewohnenden und riffbewohnenden Arten ist die Tatsache, daß viele Regenwaldbewohner in ihrem Lebensraum endemisch sind (das heißt nirgendwo sonst vor-

3.5 Korallenriffe sind aus den Skeletten von Milliarden winziger Einzelpolypen aufgebaut. Die komplexe Korallenlandschaft bildet einen Lebensraum für viele andere Meereslebewesen. (Photo: Les Kaufman, New England Aquarium.)

kommen) oder ein sehr begrenztes Verbreitungsgebiet haben, während Arten mit kleinem Areal unter den Riffbewohnern sehr selten sind (Vernon 1986). Viele Arten, die Korallenriffe besiedeln, verbreiten sich durch ihre Jugendstadien über weite Entfernungen und haben daher große Areale.

Das gilt beispielsweise für die meisten indopazifischen Korallenarten. Nur im Bereich isolierter Inseln wie der Hawaii-Inseln findet man oft zahlreiche endemische Arten; 20 Prozent der Korallenarten, die in den Gewässern um Hawaii vorkommen, sind dort endemisch (Hourigan und Reese 1987). Da riffbewohnende Organismen größere Verbreitungsgebiete haben als Regenwaldbewohner, sind sie weniger durch Ausrottung infolge Zerstörung eines einzelnen Lebensraumes bedroht. Dies könnte allerdings auch ein taxonomischer Irrtum sein, da die Fauna und Flora der Korallenriffe weniger gut erforscht ist als die des Festlandes. Vielleicht findet man bei weitergehenden Untersuchungen viele auf eine Region beschränkte Arten, und die Möglichkeit, daß solche Arten bei der Zerstörung tropischer Riffe durch menschliche Aktivitäten verschwinden, bietet Anlaß zur Sorge.

Wie viele Arten gibt es auf der Erde?

Eine Strategie zum Schutz der biologischen Vielfalt muß auf solidem Wissen über die Zahl und Verteilung der heute auf der Erde lebenden Arten basieren. Bestimmte Organismengruppen sind relativ gut erforscht, beispielsweise Vögel, Säugetiere und die Samenpflanzen der gemäßigten Regionen, doch selbst in diesen Gruppen werden Jahr für Jahr einige neue Arten entdeckt. Manchmal enthüllen neuere, oft mit molekularbiologischen Methoden durchgeführte Untersuchungen, daß mehrere geographisch voneinander getrennte Populationen, die man bis dahin für Angehörige ein und derselben Art hielt, in Wahrheit zwei oder mehr Arten angehören. So fand man zum Beispiel heraus, daß es sich bei der Brückenechse, einem einzigartigen Reptil Neuseelands, in Wahrheit um zwei verschiedene Arten handelt (Daugherty et al. 1990). In weniger gut erforschten Gruppen, etwa bei Insekten, Spinnen, Milben, Fadenwürmern und Pilzen, nimmt die Zahl der beschriebenen Arten jährlich um ein bis zwei Prozent zu (May 1992). Hier gibt es noch eine enorme Zahl an Spezies zu entdecken, vor allem in den Tropen, aber auch in den gemäßigten Breiten. Gegenwärtig sind insgesamt etwa 1,5 Millionen Arten beschrieben. Mit Sicherheit sind mindestens doppelt so viele – hauptsächlich tropische – Organismen taxonomisch noch nicht erfaßt; die Gesamtzahl der Arten weltweit beträgt also schätzungsweise fünf Millionen (Gaston 1991; May 1992).

Ständig werden neue Arten entdeckt. Zwei der bemerkenswertesten Entdeckungen dieses Jahrhunderts betreffen „lebende Fossilien“: Arten, die durch fossile Zeugnisse bekannt sind, aber als ausgestorben gelten, bis man lebende Exemplare findet. Im Jahre 1938 verblüffte der Bericht über einen seltsamen Fisch, der im Indischen Ozean gefangen worden war, die Ichthyologen in aller Welt. Dieser Fisch, dem man den Namen *Latimeria chalumnae* gab, gehörte zu einer als Quastenflosser bekannten Gruppe von Meeresfischen, die einst in den Ozeanen weit verbreitet war, von der man aber annahm, sie sei vor 65 Millionen Jahren ausgestorben (Thomas 1991). Quastenflosser sind für Evolutionsbiologen besonders interessant, weil sie als mögliche Vorfahren der ersten landlebenden Wirbeltiere gelten (Fricke 1988; Gorr et al. 1991). 14 Jahre der Suche im Indischen Ozean waren erforderlich, bevor Biologen ein weiteres Exemplar vor der Insel Grande Comore zwischen Madagaskar und der afrikanischen Küste fanden. Weitere Untersuchungen haben gezeigt, daß es eine einzige Population mit etwa 200 Individuen gibt, die vor Grande Comore in ungefähr 200 Meter Tiefe in Unterwasserhöhlen lebt (Fricke und Hissman 1990). In den letzten Jahren hat die Regierung der Komoren ein Programm zum Schutz des Quastenflossers in Kraft gesetzt, das unter anderem den Fang und Verkauf dieser Fische verbietet.

Ebenso bemerkenswert ist die Entdeckung eines anderen lebenden Fossils, des Urwelt-Mammutbaums (*Metasequoia glyptostroboides*, Abbildung 3.6). Im Jahre 1945 entdeckten chinesische Botaniker im Nordosten der Provinz Szechuan mehrere Exemplare eines unbekannten Nadelbaums (Merrill 1948). Eine darauffolgende Expedition und botanische Untersuchungen ergaben, daß die Art zu einer Gattung gehört, die während des Mesozoikums auf der Nordhalbkugel weit verbreitet war, von der man jedoch geglaubt hatte, sie sei seit mehreren zehn Millionen Jahren ausgestorben. Diese einzigartigen Bäume stehen nun unter lokalem und staatlichem Schutz und wurden wegen ihrer zarten Nadeln und ihres schönen Verzweigungsmusters vielerorts in den gemäßigten Breiten angepflanzt.

In beiden Fällen hatte man die neuentdeckten Arten lange Zeit übersehen, weil ihre letzten verbliebenen Lebensräume in entlegenen Regionen lagen. Beide Arten erlangten schnell die Aufmerksamkeit der Biologen, weil sie auffällig sind – sie sind mit bloßem Auge leicht zu erkennen und unterscheiden sich eindeutig von anderen Arten. Die Chance, unauffällige Organismen, zu denen die meisten Insekten und Mikroorganismen gehö-

3.6 Der Urwelt-Mammutbaum (*Metasequoia glyptostroboides*) kommt in der Natur nur noch an einem einzigen Wuchsort in einer abgelegenen Region Chinas vor, wo er im Jahre 1945 von Wissenschaftlern entdeckt wurde. Heute wird diese Art, die man wegen ihres ungewöhnlichen Verzweigungsmusters, ihres dicken Stammes und ihrer zarten Nadeln schätzt, überall in den gemäßigten Breiten angepflanzt. (Photo: Peter Del Tredici, Arnold Arboretum.)

ren, zufällig außerhalb ihres natürlichen Lebensraumes zu entdecken, ist wesentlich geringer als beim Quastenflosser; selbst in ihrem angestammten Lebensraum fallen solche Lebewesen nicht so unmittelbar ins Auge wie der Urwelt-Mammutbaum. Viele unauffällige Arten, die in abgelegenen Lebensräumen vorkommen, werden so lange nicht gefunden und katalogisiert werden, wie Biologen sich nicht gezielt auf die Suche nach ihnen begeben. Aufgrund der Tatsache, daß die Mehrzahl aller existierenden Arten unauffällig ist, wird es noch eine Weile dauern, bis die biologische Diversität in ihrem gesamten Ausmaß erfaßt ist.

Die Organismengruppe mit der größten Vielfalt scheinen die Insekten zu sein; mit ungefähr 750000 beschriebenen Arten machen sie etwa die Hälfte aller bekannten Spezies aus (Abbildung 3.7). Wenn man in der Lage wäre, die Zahl der Insektenarten genau zu schätzen, wäre es vielleicht möglich, die Gesamtzahl der Arten auf der Erde zu bestimmen. Da die meisten Insektenarten in tropischen Regenwäldern leben, hat man in jüngerer Zeit versucht, im tropischen Amerika komplette Insektengemeinschaften zu sammeln, indem man ganze Bäume mit Insektiziden eingenebelt hat (Erwin 1983). Bei diesen Untersuchungen fand man im Kronendach eine extrem vielfältige und größtenteils noch nicht beschriebene Insektenfauna (Wilson 1991). Aufsammlungen an verschiedenen Stellen im Amazonasgebiet deuten außerdem darauf hin, daß diese Insektengemeinschaften oft sehr lokal verbreitet sind. Auf der Grundlage dieser Daten hat Erwin (1982) versucht, die Gesamtzahl der Insektenarten weltweit zu schätzen.

Dabei ging er folgendermaßen vor: In Panama fanden sich im Kronendach einer einzigen Baumart (*Luehea seemannii*) 1200 Käferarten, darunter etwa 800 herbivore. Erwin nahm an, daß 20 Prozent (also 160) dieser herbivoren Käferarten auf *Luehea seemannii* als Nahrungsquelle spezialisiert sind. Da Käfer 40 Prozent aller Insektenarten stellen, könnte es für jede Baumart insgesamt 400 Insektenarten geben, die auf die Ernährung im Kronendach dieses Baumes spezialisiert sind. Erwin schätzte, daß die Kronendachbewohner nur etwa zwei Drittel der Insekten einer Baumart stellen und ein weiteres Drittel sich von den Wurzeln, der Rinde und andern Pflanzenteilen ernährt. Damit würden zu jeder Baumart 600 auf sie spezialisierte Insektenarten gehören. Da es ungefähr 50000 Arten tropischer Bäume gibt, erhält man so 30 Millionen als Gesamtzahl der Insektenarten.

Jeder Schritt dieser Berechnung ist so spekulativ, daß viele Fachleute den Schätzwert von 30 Millionen nicht anerkennen und statt dessen wie bisher von fünf Millionen ausgehen (Gaston 1991). Vor allem die Zahl der Insektenarten, die auf jeweils eine Pflanzenart spezialisiert sind, könnte um den Faktor zehn zu hoch sein, woraus sich ein Schätzwert von nur drei Millionen ergäbe. Auf jeden Fall ist Erwins Arbeit insofern von großer Bedeutung, als sie die Aufmerksamkeit auf die große Zahl noch nicht beschriebe-

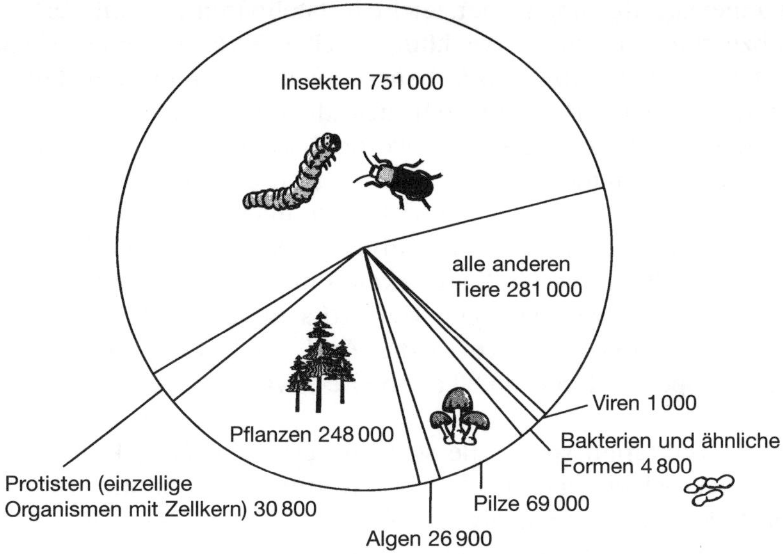

3.7 Insgesamt 1 413 000 Arten wurden bisher wissenschaftlich identifiziert und beschrieben, darunter in der Mehrzahl Insekten und Pflanzen. Zahlreiche Insekten, Bakterien und Pilze sind noch nicht beschrieben, und die Gesamtzahl aller existierenden Arten könnte fünf Millionen oder mehr betragen. (Daten aus Wilson 1992.)

ner Arten lenkt, einen neuen Ansatz zur Schätzung von Insektenzahlen liefert und die Beziehungen zwischen Pflanzen- und Tierarten hervorhebt (Erwin 1991; May 1992).

Ein anderer Ansatz zur Abschätzung der Artenvielfalt beruht auf Regeln, anhand derer man ausrechnen kann, wie viele Arten an bestimmten biologischen Beziehungen beteiligt sind (May 1988b, 1992). Beispielsweise gibt es in Europa etwa sechsmal so viele Pilzarten wie Pflanzenarten. Da man weltweit etwa 250 000 Blütenpflanzen kennt, könnte es insgesamt sechsmal so viele, also 1,5 Millionen Pilzarten geben. Da bisher nur 69 000 Pilzarten beschrieben sind, warten möglicherweise noch weit über eine Million darauf, entdeckt zu werden, die meisten davon in den Tropen (Hawksworth 1991).

Ein dritter Ansatz wäre die Annahme, daß bei Pflanzen und Insekten – die zusammen die Mehrzahl aller bekannten Arten ausmachen – auf jede Art mindestens jeweils ein auf sie spezialisierter Vertreter der Bakterien, der Protisten, der Nematoden und der Viren kommt. In diesem Fall müßte man die Schätzwerte für die Artenzahl mit fünf multiplizieren und erhielte auf der Basis des traditionellen Schätzwertes eine Artenzahl von 25 Millionen, auf der Basis von Erwins Wert 150 Millionen. Vielleicht ist es auch möglich, die Zahl der seltenen, schwer aufzufindenden Arten in einer

Lebensgemeinschaft anhand der leicht feststellbaren Anzahl verbreiteter Arten abzuschätzen. Die Entwicklung solcher Ansätze könnte Ökologen die Schätzung der Artenzahl in Lebensgemeinschaften ermöglichen.

Den unauffälligen Arten ist bisher nicht die ihnen gebührende Aufmerksamkeit der Taxonomen zuteil geworden. Bodenlebende Milben und Fadenwürmer (Nematoden) beispielsweise sind klein und schwer zu erforschen. Bei sorgfältiger Untersuchung könnte man in diesen Gruppen vielleicht mehrere hunderttausend Arten finden. Nachdem man die Rolle der Nematoden als Pflanzenschädlinge erkannt hat, haben die Wissenschaftler ihre Bemühungen, diese winzigen Tiere zu sammeln und zu beschreiben, enorm verstärkt. Infolgedessen ist die Zahl der bekannten Arten dieser einen Tiergruppe seit 1860 von 80 auf heute etwa 15000 angewachsen (May 1992).

Auch die Bakterien sind äußerst wenig erforscht (Hawksworth 1992). Aufgrund der Schwierigkeiten bei der Kultur und Identifizierung unterscheiden Mikrobiologen nur etwa 4000 Arten. Neuere norwegische Untersuchungen bakterieller DNA deuten dagegen darauf hin, daß es schon in einem einzigen Gramm Erde mehr als 4000 Arten geben könnte und daß die Zahl der Bakterienarten in Meeressedimenten ähnlich groß ist (Giovannoni et al. 1990; Ward et al. 1990). Unter fehlenden Bestandsaufnahmen leiden bisher vor allem unsere Kenntnisse über die Artenzahl im marinen Bereich (Grassle 1991). Die Ozeane scheinen einen enormen biologischen Reichtum zu bergen, mit zahllosen Arten und sogar ganzen Gemeinschaften, die noch unbekannt sind. Erst 1983 wurde ein völlig neuer Tierstamm, die Loricifera, anhand von Exemplaren aus der Tiefsee beschrieben (Kristensen 1983).

Neuentdeckte Lebensgemeinschaften

Auch heute noch werden neue Lebensgemeinschaften entdeckt – oft an Orten, die extrem abgelegen und schwer zugänglich sind. Häufig bestehen diese Gemeinschaften aus unscheinbaren Arten, wie Bakterien, Protisten und kleinen Wirbellosen, die der Aufmerksamkeit früherer Taxonomen entgangen sind. Ihre Lebensräume weisen mitunter ungewöhnliche physikalisch-chemische Eigenschaften auf und waren bisher nicht erforscht. Mit Hilfe ausgefeilter Erkundungstechniken, vor allem in der Tiefsee (Grassle 1991) und im Kronendach von Wäldern (Wilson 1991), werden solche Gemeinschaften entdeckt und untersucht, oft begleitet von großem öffentlichem Interesse. Im folgenden einige in den letzten Jahrzehnten entdeckte Lebensgemeinschaften:

3.8 Um sich Zugang zu der artenreichen Welt im Kronendach des Regenwaldes zu verschaffen, setzen Biologen Methoden aus der Bergsteigerei sowie verschiedenartige Beobachtungsplattformen ein. (Photo: Nalini Nadkarni.)

- An das Leben in den Kronen tropischer Bäume (Abbildung 3.8) sind artenreiche Tiergemeinschaften – vor allem von Insekten – angepaßt, die selten, wenn überhaupt jemals den Boden aufsuchen (Erwin 1983; Wilson 1991).
- Auf Hawaii hat man in röhrenförmigen Hohlräumen, die durch Lavaströme entstanden sind, eine artenreiche Gemeinschaft aus endemischen Wanzen, Grillen und Schnaken entdeckt (Howarth 1973).
- Taucher fanden in bis dahin unzugänglichen Höhlen auf den Bahamas urtümliche Krebstierarten (Yager 1981).
- In Calciumcarbonatkieseln im Persischen Golf entdeckte man eine Vielzahl von Cyanobakterienarten (Abbildung 3.9), von denen bis dahin nur eine wissenschaftlich beschrieben war (Al-Thukair und Golubic 1991).

- Den Tiefseeboden, der aufgrund technischer Schwierigkeiten beim Transport von Menschen und Material unter hohem Wasserdruck noch fast völlig unerforscht ist, besiedelt eine einzigartige Bakterien- und Tiergemeinschaft, die im Bereich von Hydrothermalschloten gedeihen (Exkurs 4). Vor einiger Zeit hat man mit der Katalogisierung der Arten in diesen Gemeinschaften begonnen, aber bisher konnten die Wissenschaftler erst einen kleinen Teil des Meeresbodens erforschen.
- Ein Bohrprojekt in Schweden lieferte kürzlich Hinweise auf primitive anaerobe Bakterien, sogenannte Archaebakterien, die fünf Kilometer unterhalb der Erdoberfläche in Gesteinsspalten leben (Gold 1992). Falls ihre Existenz sich nachweisen läßt, wäre es denkbar, daß im Erdinneren große, noch nicht beschriebene Bakteriengemeinschaften leben, die ihre Energie aus Schwefelwasserstoff, Methan und anderen energiereichen Gasen beziehen.

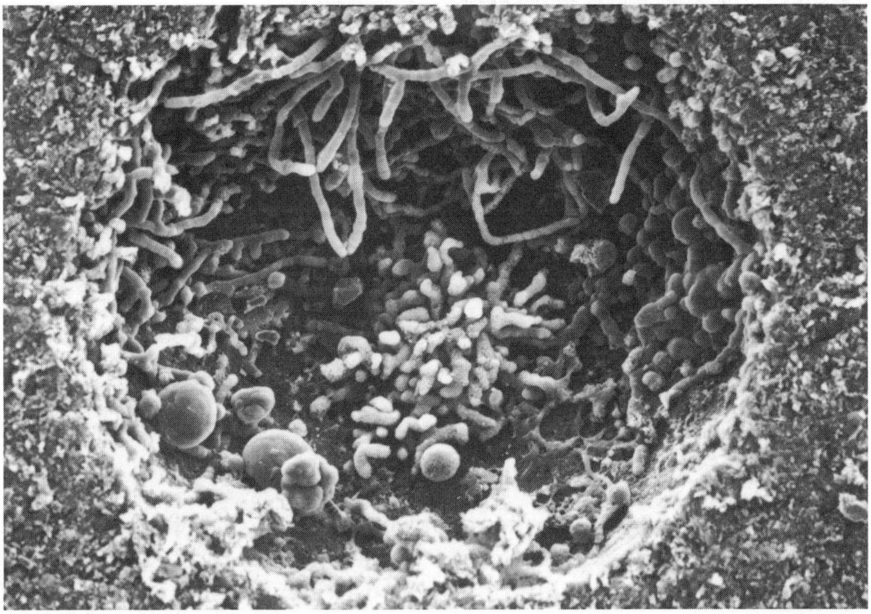

3.9 Bei einer neueren Untersuchung im Persischen Golf fand man eine bis dahin unbekannte Lebensgemeinschaft aus Cyanobakterien (Blaualgen), die im Inneren von Calciumcarbonatkieseln, sogenannten Ooiden, lebt. Jede der drei Cyanobakterienarten in dem abgebildeten Hohlraum sieht anders aus. (Aus El-Thukair und Golubic 1991, mit freundlicher Genehmigung der Autoren.)

Exkurs 4: Schutz einer unbekannten Welt – Hydrothermalschlote

Biologen ist bewußt, daß viele Arten noch nicht ausreichend erforscht und beschrieben sind – eine Tatsache, die Schutzanstrengungen häufig behindert. In den vergangenen Jahren erkannte man, daß es außerdem an entlegenen Orten der Erde ganze Lebensgemeinschaften gibt, die noch nicht entdeckt sind. Erst vor kurzem wurden mit Hilfe moderner Technik, die die Erforschung großer Tiefen ermöglicht, Lebensgemeinschaften entdeckt, die die Hydrothermalschlote der Tiefsee besiedeln – ein Beispiel für die Existenz von Arten, Gattungen und sogar Familien, über die die Wissenschaft nichts weiß. Solche Organismen stellen Naturschützer vor ein ernsthaftes Problem: Was kann man tun, um Arten und Gemeinschaften zu schützen, die noch nicht entdeckt sind?

Hydrothermalschlote sind temporäre Öffnungen der Erdkruste in der Tiefsee. Die Wärme und die Mineralien, die ihnen entströmen, lassen an den tiefsten Stellen der Meere eine Fülle von Arten gedeihen (Jannasch und Motti 1985; Grassle 1985; Gage und Tyler 1991; Lutz 1991). Gemeinschaften aus größeren Tieren wie Muscheln, Krabben, Fischen und Vestimentiferen (wurmförmigen Röhrenbewohnern, die zu den systematisch noch nicht sicher eingeordneten Pogonophoren gehören) beziehen ihre Energie von chemosynthetisch aktiven Mikroorganismen, den Primärproduzenten des Ökosystems der Hydrothermalschlote (Fisher 1990). Die einzelnen Schlote sind nicht sehr langlebig; sie werden höchstens einige Jahrzehnte, mitunter nur ein paar Jahre alt. Dagegen haben sich die auf

Ein Teil der Lebensgemeinschaft eines Hydrothermalschlotes. Große Vestimentiferen (*Riftia pachyptila*) dominieren im Ökosystem. Auch Krabben und Muscheln sind hier zuhause. Die Energie und die Nährstoffe, von denen diese Gemeinschaft lebt, liefern Schwefelwasserstoff und Mineralien aus den Vulkanschloten. (Photo: V. Tunnicliffe).

sie angewiesenen Lebensgemeinschaften vermutlich über mindestens 200 Millionen Jahre entwickelt. Wie bei vielen terrestrischen Gemeinschaften wird ihre Zusammensetzung von ihrer Umgebung beeinflußt. Die Verteilung der Arten in einer Hydrothermalgemeinschaft hängt von den Eigenschaften des Schlotes ab, unter anderem von Temperatur und chemischer Zusammensetzung der hydrothermalen Lösung, die ihm entströmt, sowie von dem Druck, mit dem diese austritt (Grassle 1985). Vor der Entwicklung tiefseetauglicher Tauchboote in den siebziger Jahren, durch die es möglich wurde, in über 2000 Meter Tiefe zu fotografieren und Organismen zu sammeln, wußten die Biologen nichts von der Existenz der Schlotgemeinschaften. Seit 1979, dem Jahr, in dem man mit dem Tauchboot *Alvin* die Schlote im Bereich der pazifischen Galapagos-Spreizungsachse erforschte, wurden ungefähr 16 neue Tierfamilien – ohne die Mikroorganismen – beschrieben (Grassle 1985; Tunnicliffe 1992). Bei der weiteren Erforschung der Tiefseeschlote wird man sicherlich noch mehr Familien mit vielen neuen Gattungen und Arten entdecken.

Auch wenn Wissenschaftler sich jahrzehntelang mit den Lebewesen der Hydrothermalschlote befassen, werden sie wegen der außergewöhnlichen Natur des Untersuchungsortes möglicherweise nur sehr wenig über die Dynamik dieser Gemeinschaften erfahren: Die Schlote sind kurzlebig und nur mit Hilfe teurer Spezialausrüstung erreichbar. Trotz dieser erschwerenden Umstände müssen Biologen sich darauf einstellen, daß es in Zukunft einmal erforderlich werden könnte, diese Arten zu schützen. Industrieschadstoffe beispielsweise haben bereits Arten geschädigt, die in weniger tiefen Meeresregionen leben. Theoretisch ist es möglich, daß sie bei höheren Konzentrationen auch Tiefseegemeinschaften Schaden zufügen. Wie würden Naturschutzbiologen auf eine solche Situation reagieren?

Zwar ist dieses Problem bisher rein hypothetisch, doch verdeutlicht es einen frustrierenden Aspekt der Naturschutzbiologie: Über zu viele Arten und Ökosysteme weiß man zu wenig, um gezielte Maßnahmen ergreifen zu können, die das Aussterben weiterer Arten verhindern. Die Liste der bekannten Organismen wird ständig um neue Arten, Gattungen und Familien erweitert, aber sehr viele andere verschwinden, bevor sie überhaupt entdeckt sind. Wie verfährt die Naturschutzbiologie mit Arten und vielleicht ganzen Gemeinschaften, die noch nicht bekannt, aber dennoch schutzbedürftig sind? Wie die Erfahrung lehrt, schaden Artenschutzprogramme, die in Unkenntnis des Verhaltens und der biologischen Ansprüche der betreffenden Arten entwickelt werden, manchmal mehr, als sie nützen. Sollten wir trotz ungenügender Kenntnisse Schutzprogramme entwerfen und das Beste hoffen? Oder setzen wir unsere Untersuchungen fort, in der Hoffnung, daß die verlorene Zeit den Arten nicht zum Verhängnis wird? Eine Verminderung der Umweltverschmutzung hat bekanntlich generell positive Auswirkungen auf Lebensgemeinschaften, und so sind Programme zur Bekämpfung der Umweltverschmutzung vielleicht die beste Strategie, um auch solche Gemeinschaften zu schützen, über die wir nur lückenhafte Kenntnisse besitzen.

Es mangelt an Taxonomen

Ein Problem, vor dem die Wissenschaft bei der Beschreibung und Katalogisierung der biologischen Vielfalt steht, ist der Mangel an geübten Taxonomen, die fähig wären, diese Aufgabe zu übernehmen (Raven und Wilson 1992). Zur Zeit gibt es weltweit nur etwa 1500 Taxonomen, die für die Arbeit mit tropischen Arten kompetent sind, und viele von ihnen leben in Ländern der gemäßigten Breiten (NAS 1980). Leider nimmt ihre Zahl nicht zu, sondern ab. An den Universitäten besteht die Tendenz, die Stellen ausscheidender Taxonomen zu streichen oder mit Biologen anderer Fachrichtungen neu zu besetzen. Viele Naturkundemuseen stellen aufgrund finanzieller Schwierigkeiten oder gewandelter Prioritäten ebenfalls keine neuen Taxonomen ein. Unter den Taxonomen der jüngeren Generation sind viele durch mathematische Theorien und die neuen molekularbiologischen Ansätze in der Taxonomie voreingenommen und nicht daran interessiert, die wichtige Tradition des Katalogisierens der biologischen Schätze der Welt fortzuführen. Um die biologische Vielfalt der Erde zu beschreiben, bevor sie verloren ist, müßte die Zahl der im Freiland tätigen Taxonomen mindestens auf das Fünffache aufgestockt werden. Eine mögliche Lösung für Museen und Projekte weltweit wäre, talentierte Menschen vor Ort in die Grundlagen des Sammelns und Katalogisierens von Organismen einzuweisen, um den Universitäts- und Museumstaxonomen mehr Material zu liefern und zu belegen, welche Arten wo vorkommen.

Zusammenfassung

1. Am größten ist die biologische Vielfalt in den tropischen Regionen der Erde; sie konzentriert sich vor allem auf die tropischen Regenwälder, auf Korallenriffe, tropische Seen und die Tiefsee. Auf dem Festland findet man den größten Artenreichtum in der Regel in niedriger Höhenlage und in Gegenden mit hohem Niederschlag. Auch geologisch alte und topographisch komplexe Regionen sind häufig besonders artenreich.
2. Die tropischen Regenwälder bedecken nur sieben Prozent der gesamten Landfläche, beherbergen aber vermutlich die Mehrzahl aller Arten der Erde. Die meisten dieser Arten sind Insekten, die bisher noch nicht wissenschaftlich beschrieben sind. Die Lebensgemeinschaften der Korallenriffe sind ebenfalls artenreich, und viele ihrer Arten haben große Ver-

breitungsgebiete. Auch die Tiefsee scheint ein Lebensraum mit großem Artenreichtum zu sein, ist aber noch nicht ausreichend erforscht.

3. Bisher sind etwa 1,5 Millionen Arten beschrieben; für mindestens doppelt so viele steht eine Beschreibung noch aus, woraus sich ein konservativer Schätzwert von fünf Millionen Arten weltweit ergibt. Die Mehrzahl der nicht beschriebenen Arten lebt in den Tropen.
4. Während bestimmte auffällige Gruppen, wie Samenpflanzen, Säugetiere und Vögel, der Wissenschaft recht gut bekannt sind, wurden Gruppen wie die Insekten, Bakterien und Pilze noch nicht gründlich erforscht. Kürzlich fand man bei Versuchen, alle Insekten aus den Kronen tropischer Bäume zu sammeln, hauptsächlich unbekannte Arten. Dies legt die Vermutung nahe, daß es wesentlich mehr Arten gibt, als man bisher annahm.
5. Auch heute noch werden neue Lebensgemeinschaften entdeckt, vor allem in der Tiefsee und im Kronendach von Wäldern. So stieß man erst kürzlich auf spektakuläre Lebensgemeinschaften, die in der Tiefsee Hydrothermalschlote besiedeln. Es besteht dringender Bedarf für mehr Taxonomen, um die biologische Vielfalt der Erde zu studieren, zu klassifizieren und schützen zu helfen, bevor sie verschwunden ist.

Weiterführende Literatur

Caufield, C. 1985. *In the Rainforest.* Alfred A. Knopf, New York. [Deutsch: 1987. *Der Regenwald. Ein schwindendes Paradies.* Krüger, Frankfurt; eine leicht verständliche Darstellung der Naturschutzaufgaben im Regenwald.]

Currie, D. J. 1991. Energy and large-scale patterns of animal- and plant-species richness. *American Naturalist* 137: 27–49. [Eine detaillierte Untersuchung der Faktoren, die den Artenreichtum in Nordamerika beeinflussen.]

Gage, J. D. und Tyler, P. A. 1991. *Deep-Sea Biology: A Natural History of Organisms at the Deep-Sea Floor.* Cambridge University Press, Cambridge. [Eine umfassende Darstellung des Lebens am Tiefseeboden.]

Grassle, J. F. 1991. Deep-sea benthic diversity. *BioScience* 41: 464–469. [Über die Probleme bei der Erforschung der Tiefsee sowie über neuere Entdeckungen in diesem Lebensraum.]

Groombridge, B. (Hrsg.) 1992. *Global Biodiversity. Status of the Earth's Living Resources*. Chapman and Hall, London. [Umfassendes, weltweites Kompendium zu Artenzahlen, endemischen Arten, Artensterben, Verlust von Lebensräumen, Bestand an Schutzgebieten etc.]*

Bibby, C. J. et al. 1992. *Putting biodiversity on the map: priority areas for global conservation*. International Council for Bird Preservation (ICBP). Cambridge, UK. [Globale Zusammenstellung der „hot spots“ mit besonders vielen endemischen Arten, insbesondere der Vogelwelt.]*

Jackson, J. 1991. Adaptation and diversity of reef corals. *BioScience* 41: 475–482. [Ein Überblick über die Biologie der Korallen.]

May, R. M. 1992. How many species inhabit the Earth? *Scientific American* 267 (Oktober): 42–48. [Deutsch: 1992. Wie viele Arten von Lebewesen gibt es? *Spektrum der Wissenschaft*, Dezember: 72–79; ein Überblick über die Argumente für die verschiedenen Schätzungen der Gesamtartenzahl auf der Erde.]

Pearson, D. L. und Cassola, F. 1992. World-wide species richness patterns of tiger beetles (Coleoptera: Cicindelidae): Indicator taxon for biodiversity and conservation. *Conservation Biology* 6: 376–391. [Eine hervorragende Fallstudie über die Muster der geographischen Verteilung von Arten; mit Methoden zum Auffinden von Gebieten mit hoher Artenzahl.]

Raven, P. und Wilson, E. O. 1992. A fifty-year plan for biodiversity surveys. *Science* 258: 1099–1100. [Ein Plädoyer für eine umfassende Untersuchung der biologischen Vielfalt auf der Erde.]

Ray, G. C., Grassle, J. F. et al. 1991 Marine biological diversity. *BioScience* 41: 453–465. [Ein Überblick über die Artenvielfalt im Meer; in derselben Ausgabe finden sich viele weitere Artikel zu verwandten Themen.]

Whitmore, T. C. 1990. *An Introduction to Tropical Rain Forests*. Clarendon Press, Oxford. [Deutsch: 1993. *Tropische Regenwälder.* Spektrum Akademischer Verlag, Heidelberg; eine hervorragende Einführung zum Thema Regenwald, verfaßt von einer Autorität auf diesem Gebiet.]

Wilson, E. O. 1991. Rain forest canopy: The high frontier. *National Geographic* 180 (Dezember): 78–107. [Eine kompetente und lebendige Darstellung der Artenvielfalt im Kronendach des Regenwaldes.]

Teil II

Die Gefährdung der biologischen Vielfalt

Verlust biologischer Vielfalt

Wir leben an einem Punkt der Erdgeschichte, an dem die biologische Vielfalt des Planeten rasch zerstört wird. Momentan existieren mehr Arten, als es in jeder anderen geologischen Periode gegeben hat, doch infolge menschlicher Aktivitäten ist auch die Aussterberate höher als jemals zuvor. Die biologische Diversität nimmt auf allen Ebenen ab: Ökosysteme und Lebensgemeinschaften werden geschädigt und zerstört, Arten werden ausgerottet. Dabei sind die Tropen ebenso betroffen wie die gemäßigten Breiten, terrestrische ebenso wie aquatische Lebensräume (Williams und Nowak 1986). Einzigartige Populationen und Unterarten noch existierender Spezies werden ausgelöscht. Selbst bei den verbliebenen Arten nimmt die genetische Variabilität ab, da die Individuenzahlen der Populationen sinken und die einzelnen Populationen zunehmend voneinander isoliert werden. Ursachen dieser Verluste an biologischer Vielfalt ist das breite Spektrum menschlicher Aktivitäten, die natürliche Lebensräume verändern und zerstören, um menschlichen Bedürfnissen zu genügen. Gegenwärtig werden etwa 40 Prozent der gesamten Nettoprimärproduktion des Festlandes auf die eine oder andere Weise vom Menschen genutzt oder verschwendet, das entspricht etwa 25 Prozent der Nettoprimärproduktion der Erde (Vitousek et al. 1986). Selbst bei Nutzpflanzen und Haustieren geht genetische Variabilität verloren, da die Bauern sich von der traditionellen Landwirtschaft abwenden. In den USA sind etwa 97 Prozent der ehemals kultivierten Gemüsesorten ausgestorben (Cherfas 1993). In den Tropen stellen Bauern von lokalen Varietäten auf Hochertragssorten für den kommerziellen Anbau um (Bedigian 1991; Altieri und Anderson 1992). Dieser Verlust an Variabilität bei den Kulturpflanzen und seine Folgen für die Landwirtschaft weltweit werden in Kapitel 17 eingehender behandelt.

Am schwersten wiegt beim Verlust der biologischen Vielfalt das Aussterben von Arten. Lebensgemeinschaften können geschädigt und in ihrem

Lebensraum eingeschränkt werden, aber solange alle dazugehörigen Arten überleben, haben sie das Potential, sich wieder zu erholen. Die genetische Variabilität einer Art nimmt ab, wenn die Individuenzahl sinkt, aber durch Mutation, Selektion und Rekombination kann sie auch wieder zunehmen. Wenn dagegen eine Art ausgelöscht ist, ist es höchst unwahrscheinlich, daß die einzigartige genetische Information ihrer DNA und die spezielle Kombination der Eigenschaften dieser Art jemals wieder entsteht. Sobald eine Art ausgestorben ist, sind ihre Chancen, sich weiterzuentwickeln, verloren, die Lebensgemeinschaften, denen sie angehörte, verarmt, und ihr potentieller Wert für den Menschen wird sich niemals erweisen.

Die genaue Bedeutung des Wortes *ausgestorben* hängt vom Kontext ab (Estes et al. 1989). Eine Art gilt als ausgestorben, wenn es auf der ganzen Welt kein Exemplar mehr gibt: „Die Dronte ist ausgestorben." Leben dagegen noch Exemplare in Gefangenschaft oder unter anderen vom Menschen kontrollierten Bedingungen, so sagt man, die Art ist *in der Natur ausgestorben*: „Die Franklinia (Abbildung 4.1) ist in der Natur ausgestorben, aber in menschlicher Obhut gedeiht sie gut." In beiden Fällen gilt die betreffende Art aber als *weltweit ausgestorben*. *Regional ausgestorben* ist eine Art, wenn sie in einer bestimmten Region nicht mehr vorkommt.

4.1 Die Franklinia (*Franklinia alatamaha*) gedeiht zwar noch in menschlicher Obhut, beispielsweise in Forstbotanischen Gärten, sie ist aber in der Natur ausgestorben. (Photo: John A. Lynch, New England Wild Flower Society.)

„Der Wolf war früher in ganz Nordamerika verbreitet; heute ist er in Massachusetts ausgestorben.“ Manche Naturschutzbiologen bezeichnen eine Art als *ökologisch ausgestorben*, wenn es von ihr nur noch so wenige Exemplare gibt, daß ihr Effekt auf die anderen Arten in ihrer Lebensgemeinschaft vernachlässigbar ist: „In freier Wildbahn gibt es nur noch so wenige Tiger, daß sie auf die Beutepopulationen keinen nennenswerten Einfluß mehr haben.“

Die Geschwindigkeit des Artensterbens in der Vergangenheit

Die Artenvielfalt auf der Erde hat seit dem Ursprung des Lebens allmählich zugenommen. Diese Zunahme verlief nicht stetig, sondern Perioden schneller Artbildung wechselten mit Zeiten geringer Veränderung und Episoden massenhaften Artensterbens ab (Sepkoski und Raup 1986; Raup 1988; Wilson 1989). Dieses Muster zeigt sich in fossilen Zeugnissen und wird von Wissenschaftlern untersucht, die sich dafür interessieren, wie viele Arten und Familien in den einzelnen geologischen Perioden existierten.

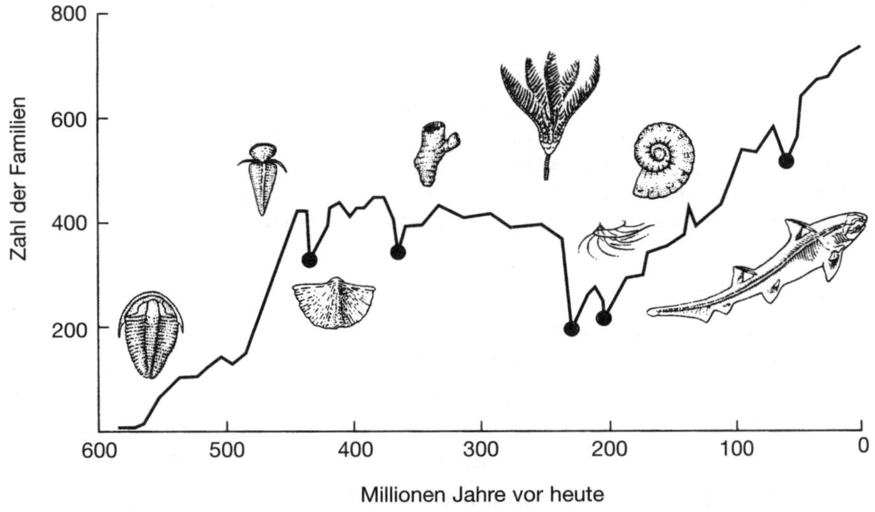

4.2 Die Familien der Meeresorganismen haben im Laufe der Erdgeschichte allmählich an Zahl zugenommen. Die fünf in Abbildung 4.3 beschriebenen Episoden massenhaften Artensterbens sind hier deutlich erkennbar. (Nach Wilson 1989.)

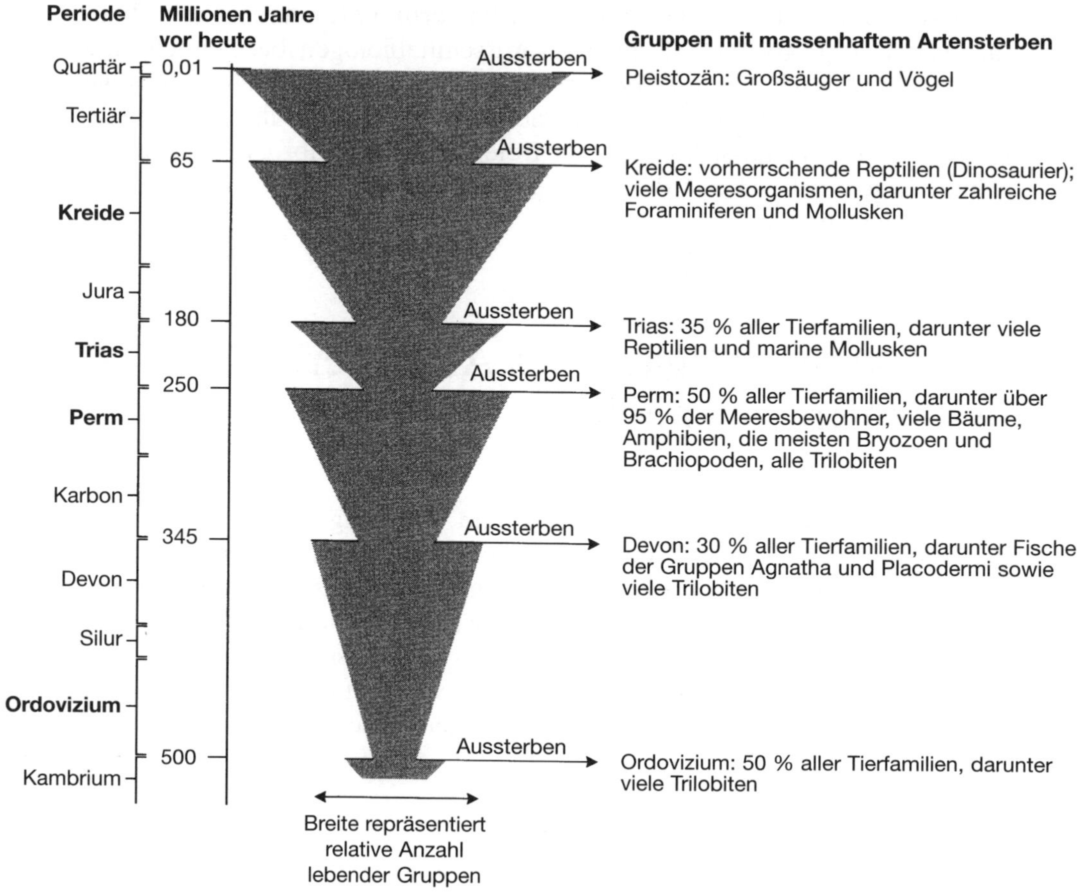

4.3 Im Laufe der Erdgeschichte hat die Gesamtzahl der Familien und Arten zwar zugenommen, aber es gab fünf Episoden massenhaften natürlichen Artensterbens, während derer ein hoher Prozentsatz der Familien ausstarb. Am dramatischsten war der Einbruch vor etwa 250 Millionen Jahren, am Ende des Perm. In einer sechsten Episode des Artensterbens, im Pleistozän, spielen unter anderem die Folgen der Jagd und der Zerstörung natürlicher Lebensräume durch die sich ausbreitende menschliche Bevölkerung eine Rolle.

Die am besten untersuchte Fossiliengruppe sind die Meerestiere, da viele von ihnen harte Körperteile besitzen, die in Gesteinen, welche sich aus Meeressedimenten bilden, erhalten bleiben. Daher läßt sich die Evolutionsgeschichte der einzelnen Gruppen leicht zurückverfolgen. Die ersten Meerestiere lebten vor etwa 600 Millionen Jahren, im Paläozoikum. Wie fossile Zeugnisse zeigen, entstanden während der darauffolgenden 150 Millionen Jahre in schneller und stetiger Folge neue Familien (Abbildung 4.2). Während der folgenden 200 Millionen Jahre lag die Zahl der Familien relativ konstant bei etwa 400. Im Laufe der letzten 250 Millionen Jahre, während des Mesozoikums und Neozoikums, wuchs sie stetig an, bis auf den heutigen Wert von über 700. Die fossilen Zeugnisse der Meerestiere belegen die geringe Geschwindigkeit, mit der die Evolution voranschreitet: Etwa einmal in einer Million Jahre entsteht eine neue Familie.

In den fossilen Zeugnissen zeigen sich neun Episoden mit hoher Aussterberate (Wilson 1989). Fünf dieser Episoden – während des Ordoviziums, des Devon, des Perm, der Trias und der Kreide – kann man als Beispiele für natürliche Massensterben bezeichnen (Abbildung 4.3). Am bekanntesten ist vermutlich das Artensterben am Ende der Kreide vor 65 Millionen Jahren. Damals starben die Dinosaurier aus, und die Säugetiere wurden in terrestrischen Lebensgemeinschaften zur dominierenden Gruppe. Das größte Artensterben ereignete sich am Ende des Perm vor 250 Millionen Jahren, als schätzungsweise 77 bis 96 Prozent aller marinen Tierarten ausstarben (Raup 1979). Wahrscheinlich verursachte eine massive Störung, beispielsweise eine Reihe von Vulkanausbrüchen oder der Einschlag eines Asteroiden, eine Veränderung des Erdklimas, die so gravierend war, daß viele Arten sie nicht ertragen konnten. Die Evolution brauchte etwa 50 Millionen Jahre, bis die Zahl der Familien wieder den Stand vor dem Massensterben im Perm erreicht hatte.

Ausrottung durch den Menschen

Die globale Artenvielfalt hat in der gegenwärtigen geologischen Periode ihren bisherigen Höchststand erreicht. Arten, Gattungen und Familien, die in der Vergangenheit verschwunden sind, wurden durch neue ersetzt. Die am höchsten entwickelten Organismengruppen – Insekten, Wirbeltiere und Samenpflanzen – erreichten ihr Diversitätsmaximum vor etwa 30000 Jahren. Seither hat der Mensch jedoch einen erheblichen negativen Einfluß auf die Organismenwelt gehabt.

Als erste auffällige Auswirkung menschlicher Aktivitäten auf den Artenbestand kann man das Aussterben von Großsäugern in Australien sowie in Nord- und Südamerika ansehen, nachdem diese Kontinente von Menschen besiedelt worden waren. Schon bald nach der Ankunft des Menschen starben 74 bis 86 Prozent der Megafauna (Säugetiere mit mehr als 50 Kilogramm Gewicht) aus (Abbildung 4.4). Dabei dürfte die Ausrottung durch Horden menschlicher Jäger entscheidend gewesen sein (Martin 1973, 1986; Martin und Klein 1984), doch auch indirekt anthropogene Ursachen könnten eine Rolle gespielt haben: Auf allen Kontinenten gibt es reichlich Belege für Biotopveränderungen und -zerstörungen durch prähistorische Menschen, die zum Rückgang und zum Aussterben von Arten geführt

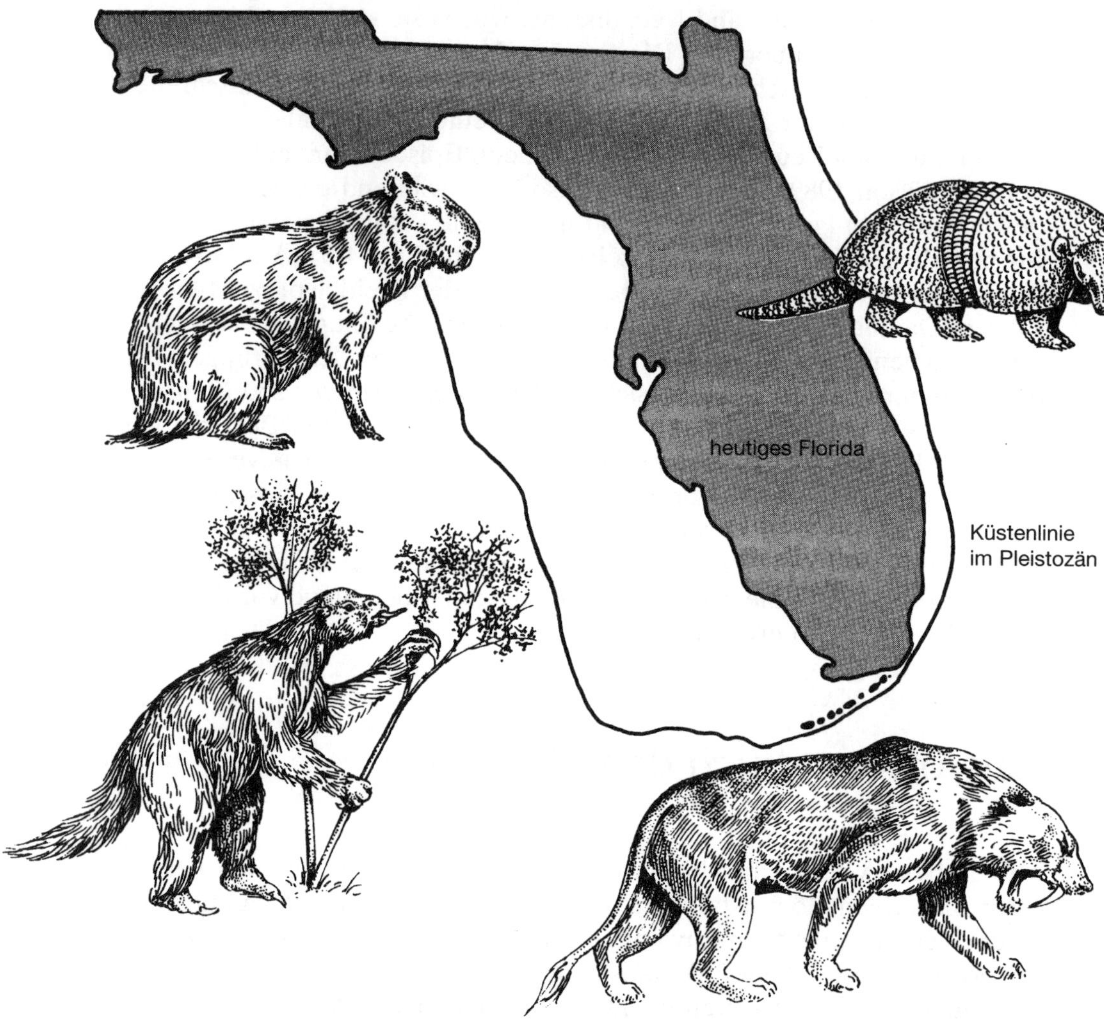

4.4 Bis zum Ende des Pleistozän (vor 14 000 bis 17 000 Jahren) gab es in Florida viele Großsäugerarten. Damals war die Landfläche von Florida größer als heute; die heutige Küstenlinie entstand, als die Gletscher abschmolzen und ein Teil des Landes überflutet wurde. Der Artenschwund läßt sich jedoch nicht vollständig durch die Überflutung erklären, da die verbliebene Landfläche immer noch groß ist. (Aus Eisenberg und Harris 1989.)

haben. So werden in Afrika seit 50 000 Jahren Savannen abgebrannt, vermutlich um das Pflanzenwachstum zugunsten weidender Wildtiere zu fördern und dadurch bessere Jagdbedingungen zu schaffen (Murphy und Lugo 1986). Über Tausende von Jahren hat der Mensch die Gesamtfläche der natürlichen Grasländer und Wälder in Nordamerika, Mittelamerika, Europa und Asien stetig verkleinert, um Acker- und Weideland zu gewinnen.

Welchen Einfluß hatten menschliche Aktivitäten auf die Geschwindigkeit des Artensterbens? Am besten bekannt sind die Aussterberaten von Vögeln und Säugetieren, da diese Arten relativ groß, gut erforscht und auffällig sind. Für die Aussterberaten von anderen Tiergruppen und von Pflanzen, die zusammen mehr als 99 Prozent aller Arten ausmachen, gibt es zur Zeit nur grobe Schätzwerte. Doch selbst die Werte für Vögel und Säugetiere sind ungenau, da man einige Arten, die als ausgestorben galten, wiederentdeckt hat und manche Arten, die man für noch existent hält, vielleicht schon ausgestorben sind. Nach Ansicht einiger Wissenschaftler ist die Zahl der ausgestorbenen Arten vielleicht höher als allgemein angenommen, da es viele abgelegene Gebiete gibt, die schon seit geraumer Zeit nicht mehr von Forschern aufgesucht wurden, um den Bestand an seltenen Arten zu kontrollieren (Whitten et al. 1987; Diamond 1988b).

Von 83 Säuger- und 113 Vogelarten weiß man, daß sie zwischen dem Jahr 1600 und heute ausgestorben sind (Tabelle 4.1), das sind 2,1 Prozent aller Säugetier- und 1,3 Prozent aller Vogelarten (Nisson 1983; IUCN 1988; Reid und Miller 1989). Diese Zahlen mögen auf den ersten Blick nicht alarmierend wirken, doch die Tendenz ist steigend: Die Mehrzahl der Arten starb während der letzten 150 Jahre aus (Abbildung 4.5). Zwischen den Jahren 1600 und 1700 lag die Aussterberate für Vögel und Säugetiere bei etwa einer Art pro Jahrzehnt, zwischen 1850 und 1950 hatte sie eine Art *pro Jahr* erreicht. Dieser Anstieg in der Geschwindigkeit des Artensterbens ist ein Indikator dafür, wie stark die biologische Vielfalt bedroht ist. Viele Arten, die noch nicht eigentlich ausgestorben sind, wurden durch menschliche Aktivitäten dezimiert und bestehen nur noch aus wenigen Individuen. Diese Arten kann man als „ökologisch ausgestorben“ ansehen, weil sie in ihren Lebensgemeinschaften keine Rolle mehr spielen. Etwa zwei Prozent aller Vogelarten und fünf Prozent der Säugerarten sind vom Aussterben bedroht, falls die Umstände, die ihre Existenz gefährden, fortbestehen (WRI/IIED 1987, 1988).

Wie hoch ist die Aussterberate unter natürlichen Bedingungen, ohne den Einfluß des Menschen? Dies läßt sich anhand der fossilen Zeugnisse abschätzen, die den Ursprung und die Ausrottung von Arten im Laufe der Zeit dokumentieren. Demzufolge existieren Arten ungefähr ein bis zehn Millionen Jahre lang, bevor sie aussterben oder neue Spezies aus ihnen hervorgehen (Raup 1978). Vorausgesetzt, es gibt gegenwärtig insgesamt etwa zehn Millionen Arten, so müßten pro Jahr eine bis zehn Arten infolge natürlicher Ursachen aussterben. Diese Schätzwerte sind aus Untersuchungen an weit verbreiteten Meerestieren abgeleitet und liegen möglicherweise niedriger als die natürlichen Aussterberaten für Arten mit kleinem Verbreitungsgebiet, die empfindlicher gegen Beeinträchtigungen ihres Lebensraumes sind. Sie scheinen aber auf landlebende Säuger und Vögel anwendbar zu sein (Raup und Stanley 1978), und man könnte sie als natür-

Tabelle 4.1: Dokumentiertes Artensterben seit dem Jahre 1600 (vermutlich sind zahlreiche weitere Arten von der Wissenschaft unbemerkt ausgestorben)

Taxon	Festland[a]	Inseln[a]	Meer	gesamt	ungefähre Artenzahl des Taxons	davon seit 1600 ausgestorben (%)
Säugetiere	30	51	4	83	4 000	2,1
Vögel	21	92	0	113	9 000	1,3
Reptilien	1	20	0	21	6 300	0,3
Amphibien	2	0	0	2	4 200	0,05[b]
Fische[c]	22	1	0	23	19 100	0,1
Wirbellose[c]	49	48	1	98	1 000 000+	0,01
Samenpflanzen[d]	245	139	0	384	250 000	0,2

Quelle: Nach Reid und Miller 1989, Daten aus verschiedenen Quellen.

[a] Als Festland gelten hier Landmassen mit mindestens einer Million km² (entsprechend der Fläche von Grönland), kleinere Landmassen werden als Inseln angesehen.

[b] Siehe jedoch Exkurs 9 in Kapitel 6.

[c] Zahlen gelten vor allem für Nordamerika und Hawaii.

[d] Zahlen für Samenpflanzen enthalten ausgestorbene Arten, Unterarten und Varietäten.

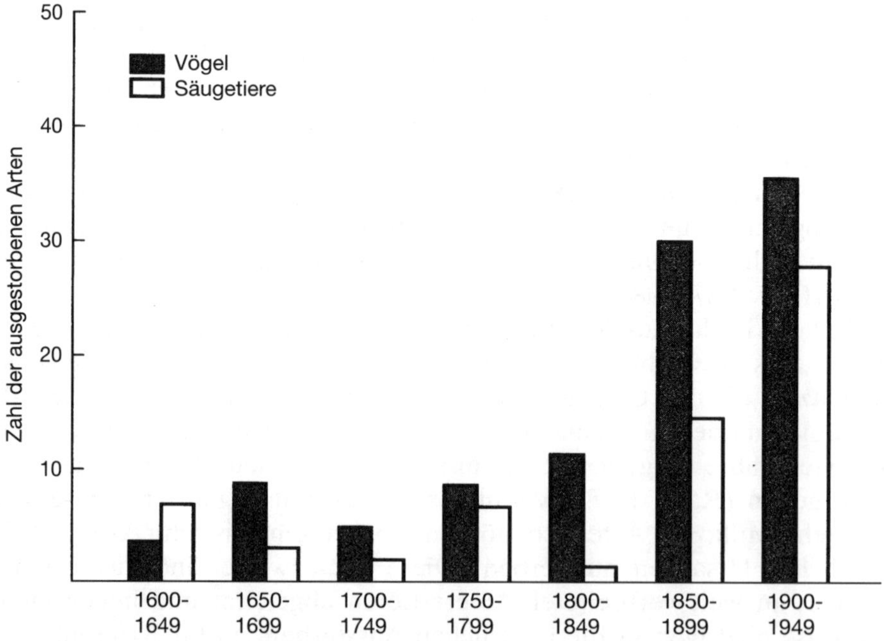

4.5 Die Aussterberaten für Vögel und Säugetiere haben im Laufe der Zeit stetig zugenommen, wobei der stärkste Anstieg innerhalb der letzten 150 Jahre zu verzeichnen war. (Daten aus Nilsson 1983; IUCN 1988.)

liches „Hintergrundaussterben" bezeichnen. Die derzeit beobachtete Aussterberate bei Vögeln und Säugern – ein Prozent pro Jahrhundert oder 0,01 Prozent pro Jahr – ist um den Faktor 100 bis 1000 größer, als man auf der Basis des Hintergrundwertes voraussagen würde. Anders ausgedrückt: Zwischen 1850 und 1950 starben etwa 100 Vogel- und Säugetierarten aus, aufgrund der natürlichen Aussterberate wäre aber höchstens der Verlust einer Art zu erwarten gewesen. Die übrigen 99 Fälle müssen also den Auswirkungen menschlicher Aktivitäten zugeschrieben werden.

Manche Gruppen sind stärker vom Aussterben bedroht als andere, weil sie aus verschiedenen Gründen besonders empfindlich sind. Zu diesen Gründen gehört auch eine starke Ausbeutung durch den Menschen. So sind 17 der insgesamt 22 Krokodil- und Alligatorenarten nicht nur deshalb vom Aussterben bedroht, weil ihr Lebensraum vernichtet wird, sondern auch, weil sie wegen ihres Fleisches und ihrer Häute zu stark bejagt werden. Überall auf der Erde werden Großkatzen (Familie Felidae) gejagt – als Sport, wegen ihres Fells oder weil sie gelegentlich Haustiere und Menschen angreifen. Frauenschuh-Orchideen haben sehr spezielle Ansprüche an ihren Lebensraum und werden außerdem von Pflanzensammlern zu stark dezimiert. In diesen und einigen anderen Gruppen ist die Mehrzahl der Arten vom Aussterben bedroht.

In vergangenen geologischen Perioden wurde das Aussterben von Arten meist durch die Evolution neuer Spezies ausgeglichen oder sogar mehr als wettgemacht. Dagegen übersteigt die gegenwärtige Aussterberate die bekannte Evolutionsrate bei weitem. Selbst Gruppen, die sich zur Zeit schnell entwickeln – wie die Taufliegen, die sich an spezielle lokale Umweltbedingungen anpassen, oder wie die polyploiden Pflanzen, die nach der Verdoppelung ihrer Chromosomen schnell neue Eigenschaften erwerben –, haben in der Regel keine neuen Gattungen oder Familien hervorgebracht. Solche einzigartigen evolutionären Ereignisse erfordern viele Generationen und Zehntausende, wenn nicht Millionen von Jahren.

Aussterberaten auf Inseln

Die höchsten Aussterberaten in historischer Zeit sind auf Inseln aufgetreten (IUCN 1988; Reid und Miller 1989). Von den Vogelarten, die in den letzten 350 Jahren ausgestorben sind, lebten die meisten auf Inseln (King 1985); und mindestens 90 Prozent der auf Meeresinseln endemischen Pflanzenarten sind ausgestorben oder vom Aussterben bedroht (Dans et al. 1986). Arten, die auf Inseln vorkommen, sterben besonders leicht aus, weil viele von ihnen auf diesen Inseln endemisch sind. Eine Art ist in einem

Gebiet **endemisch**, wenn sie nur dort natürlich vorkommt. Arten können in einem sehr großen Gebiet endemisch sein; der Virginische Ahorn beispielsweise ist in Nordamerika endemisch – er kommt nirgendwo sonst natürlich vor. In der Regel wendet man diesen Begriff aber auf Spezies an, die auf ein sehr kleines Areal, beispielsweise eine einzige Insel, beschränkt sind. Werden die Lebensgemeinschaften auf einer solchen Insel zerstört beziehungsweise geschädigt oder wird eine solche Population intensiv bejagt oder genutzt, so wird die Art aussterben. Auf dem Festland lebende Arten dagegen bestehen oft aus vielen Populationen in einem großen Verbreitungsgebiet, so daß der Verlust einer Population für die Art keine Katastrophe bedeutet.

Bei inselbewohnenden Arten sind Evolution und Artbildung in der Regel unter geringem Druck durch konkurrierende Arten, Räuber und Krankheitserreger verlaufen, während diese Faktoren auf dem Festland machtvolle Instrumente der Selektion sind. Wenn räuberische oder konkurrenzstarke Arten vom Festland auf Inseln eingeschleppt werden, dezimieren sie die heimischen Arten, die keine Abwehrmechanismen gegen sie entwickelt haben (siehe Kapitel 7).

Die am besten erforschte Inselgruppe ist der hawaiische Archipel (Olson 1989; Olson und James 1982). Vor der Ankunft der Polynesier im Jahre 400 gab es dort 98 endemische Vogelarten. Die Polynesier brachten die Kleine Pazifikratte (*Rattus exulans*), den Haushund und das Hausschwein mit und begannen mit der Rodung des Waldes, um Ackerland zu gewinnen. Als Folge von Störungen und gestiegenem Räuberdruck waren etwa 50 Vogelarten ausgestorben, als die Europäer im Jahre 1778 auf Hawaii ankamen. Mit den Europäern kamen Katzen, neue Rattenarten, der Indische Mungo, Ziegen, Rinder und die Schleiereule, ungewollt wurden auch Vogelkrankheiten eingeschleppt. Noch mehr Land wurde für den Ackerbau und die Anlage menschlicher Siedlungen gerodet. Während der vergangenen 200 Jahre sind weitere 17 Vogelarten ausgestorben. Insgesamt verschwanden während der letzten 1600 Jahre etwa 70 Prozent der ursprünglichen Vogelwelt. Viele der überlebenden Arten sind selten geworden und dem Aussterben nahe; letztendlich könnte die Störung durch den Menschen und die Einführung nicht heimischer ("exotischer") Arten zum Aussterben aller endemischen Vogelarten auf der Inselgruppe führen.

Auch die auf Inseln heimischen Pflanzenarten sind vom Aussterben bedroht, vor allem durch die Zerstörung ihrer Lebensräume (Tabelle 4.2). 91 Prozent der auf den Hawaii-Inseln natürlich vorkommenden Pflanzen sind endemisch! Etwa zehn Prozent dieser endemischen Arten sind ausgestorben und weitere 40 Prozent vom Aussterben bedroht (Davis et al. 1986). Auf Madagaskar sind 80 Prozent der Pflanzenarten endemisch und vom Aussterben bedroht (Jenkins 1987; IUCN 1988). Bis heute sind etwa 80 Prozent der Fläche von Madagaskar durch menschliche Aktivitäten ver-

Tabelle 4.2: Zahl und Status der Pflanzenarten auf verschiedenen Inseln und Inselgruppen

Insel/ Inselgruppe	heimische Arten	endemische Arten[a]			
				bedroht	
		absolut	Anteil %	absolut	Anteil %
Ascension	25	11	44	9	82
Azoren	600	55	9	23	42
Galapagos	543	229	42	135	59
Hawaii	970	883	91	±353	40
Juan Fernandez	147	118	80	93	79
Madeira	760	131	17	86	66
Neukaledonien	3 250	2 474	76	146	6
Neuseeland	2 000	±1 620	81	±132	8
Norfolk	174	48	28	45	94
Rodrigues	145	40	28	36	90

Quelle: Nach Reid und Miller 1989; Daten aus Davis et al. 1986 und Gentry 1986.

[a] Arten, die nur auf diesen Insel(gruppe)n vorkommen. Beispielsweise gibt es von den 25 Pflanzenarten der Insel Ascension elf nirgendwo sonst; diese endemischen Arten machen 44 % der Flora von Ascension aus.

ändert oder zerstört worden, wodurch möglicherweise fast die Hälfte der endemischen Arten aussterben wird. Um sein reiches Naturerbe zu schützen, beginnt Madagaskar Nationalparks einzurichten, aber bisher stehen erst 1,5 Prozent der Insel unter Schutz (siehe Exkurs 5 in Kapitel 6).

Ähnlich sind die Verhältnisse auf anderen Inseln. Der Besiedlung Neuseelands durch die Polynesier im Jahre 1000 folgten Jagd und Waldzerstörung, Hund und Ratte wurden eingeschleppt. Schon vor der Ankunft der Europäer waren alle dreizehn Arten der riesigen, flugunfähigen Moas und 16 weitere endemische Vogelarten ausgestorben (Olson 1989).

Europäer haben Inseln, die sie besiedelten, in der Regel noch stärker als andere Völker geschädigt, weil sie größere Flächen rodeten und zahlreiche typische europäische Arten einführten. So wurden zwischen 1840 und 1880 mehr als 60 Wirbeltierarten, vor allem Weidetiere wie Schafe, absichtlich nach Australien gebracht, wo sie heimische Arten verdrängten und viele Lebensgemeinschaften veränderten (K. Myers 1986). Die ersten Europäer, die im 16. Jahrhundert die Maskarenen (Mauritius, Réunion und Rodrigues) besuchten, ließen dort Affen und Schweine frei (Nilsson 1983). Diese Tiere führten, gemeinsam mit der späteren holländischen Kolonisierung, zum Aussterben der Dronte sowie 19 anderer Vogelarten und von acht Reptilienarten. Die Auswirkungen eingeführter Räuber auf inselbewohnende Arten lassen sich besonders kraß am Beispiel des Stephenschlüpfers (*Traversia lyalli*) darstellen, eines flugunfähigen Vogels, der auf Stephen Island, einer winzigen Insel vor Neuseeland, endemisch war. Sämtliche Individuen wurden von einer einzigen Katze getötet, die dem Leuchtturmwärter gehörte (Diamond 1984) – ein einziger eingeführter Räuber kann eine ganze Art ausrotten.

Wie leicht inselbewohnende Arten aussterben, wird auch erkennbar, wenn man vergleicht, wie viele Arten seit dem Jahr 1600 auf dem Festland, auf Inseln und in den Meeren ausgestorben sind (siehe Tabelle 4.1). Von den 724 Tier- und Pflanzenarten, die unseres Wissens seither ausgestorben sind, lebten 351 (etwa die Hälfte) auf Inseln, obwohl Inseln nur einen kleinen Teil der Erdoberfläche einnehmen. Dagegen nimmt man an, daß in den ausgedehnten Meeren der Erde nur fünf Arten verschwunden sind: vier Meeressäuger und eine Napfschnecke. Dieser Schätzwert ist zwar höchstwahrscheinlich zu niedrig angesetzt, weil die Lebewesen des Meeres nicht so gut erforscht sind wie des Festlandes, aber vielleicht spiegelt er auch eine größere Widerstandsfähigkeit der Meeresorganismen gegen Störungen wider. Die Bedeutung dieser Verluste mag allerdings größer sein, als die Zahlen vermuten lassen, weil viele Meeressäuger Spitzencarnivore sind, die in marinen Lebensgemeinschaften eine entscheidende Rolle spielen. Auch verteilen sich die marinen Arten auf eine größere Anzahl von Stämmen beziehungsweise Abteilungen als die landlebenden Spezies, so daß die Ausrottung weniger Arten unter Umständen einen schweren Verlust für die biologische Vielfalt der Erde darstellen kann.

Die Mehrzahl der ausgestorbenen Säugetiere, Vögel und Reptilien waren Inselbewohner, während die meisten ausgestorbenen Fische und höheren Pflanzen auf den Kontinenten lebten. In einer neueren Untersuchung der reichhaltigen Süßwasserfischfauna der Malaiischen Halbinsel waren die meisten der aus früheren Bestandsaufnahmen bekannten 266 Arten nicht mehr aufzufinden (Mohsin und Ambak 1983). In Nordamerika sind mehr als ein Drittel der Süßwasserfischarten vom Aussterben bedroht (Moyle und Leidy 1992).

Inselbiogeographie und heutige Aussterberaten

Aus Untersuchungen von Inselgemeinschaften hat man allgemeine Regeln für die Verteilung biologischer Vielfalt abgeleitet, die im **Inselbiogeographiemodell** von MacArthur und Wilson (1967) zusammengefaßt sind. Die zentrale Regel dieses Modells ist die **Arten-Areal-Beziehung**, die besagt, daß es auf großen Inseln mehr Arten gibt als auf kleinen (Abbildung 4.6). Diese Regel erscheint intuitiv sinnvoll, da große Inseln normalerweise eine größere Vielfalt an Lebensräumen und Lebensgemeinschaften aufweisen als kleine. Auch besteht auf größeren Inseln eher die Möglichkeit zur geographischen Isolation, und die einzelnen Arten können dort aus mehr Populationen bestehen. Damit ist die Wahrscheinlichkeit der Artbildung höher

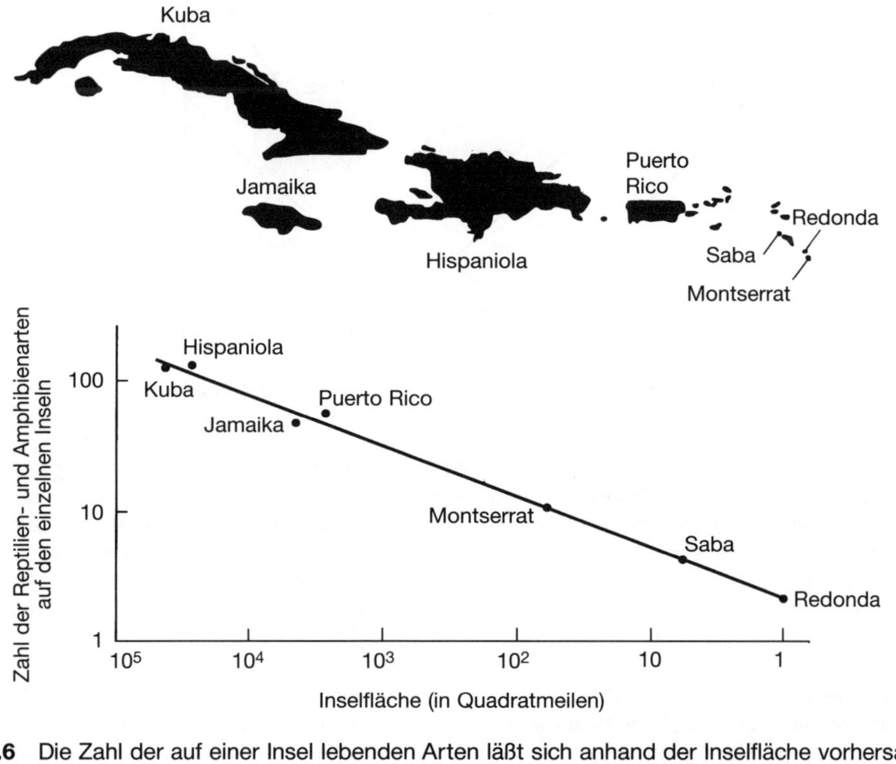

4.6 Die Zahl der auf einer Insel lebenden Arten läßt sich anhand der Inselfläche vorhersagen. Die Abbildung zeigt die Zahl der Reptilien- und Amphibienarten auf sieben der Westindischen Inseln. Auf großen Inseln wie Kuba oder Hispaniola gibt es wesentlich mehr Arten als auf den winzigen Eilanden Saba und Redonda. (Aus Wilson 1989.)

und die der lokalen Ausrottung sowohl neu entstandenener als auch neu angekommener Arten geringer. Exakt läßt sich die Arten-Areal-Beziehung mit der empirischen Formel

$$S = CA^Z$$

beschreiben, wobei S die Artenzahl einer Insel ist, A deren Fläche; C und Z sind Konstanten. Der Exponent Z bestimmt die Steigung der Kurve. Die Werte für C und Z sind abhängig vom Inseltyp (tropisch oder gemäßigt, trocken oder feucht und so weiter) und der betreffenden Tiergruppe (zum Beispiel Vögel oder Fische) (Simberloff 1986a). Z beträgt in der Regel um 0,25; sein Wert variiert zwischen 0,15 und 0,35 (Connor und McCoy 1979). Der Wert für C ist bei Gruppen mit hoher Artenzahl, etwa Insekten, groß, bei Gruppen mit geringer Artenzahl, beispielsweise Vögeln, klein.

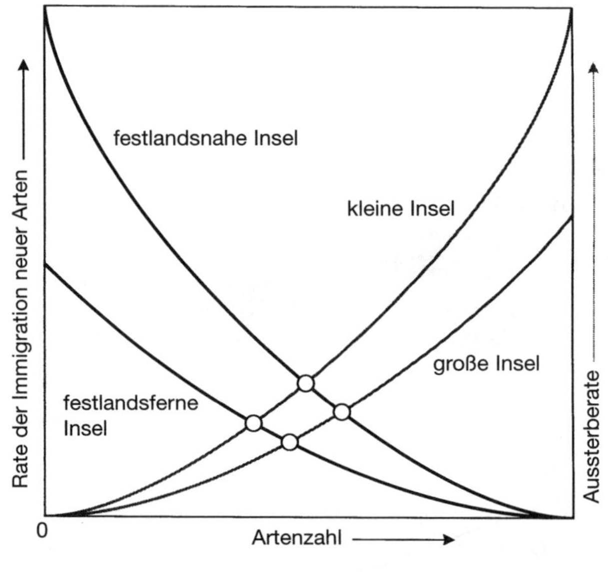

4.7 Das Inselbiogeographiemodell beschreibt die Beziehung zwischen Besiedlungs- und Aussterberate auf Inseln. Die Einwanderungsrate (schwarze Kurven) ist auf bis dahin unbelebten Inseln zunächst hoch, weil Arten mit effektiven Ausbreitungsmechanismen die verfügbaren Habitate schnell erobern; mit dem Anstieg der Artenzahl und zunehmender Besetzung der Lebensräume sinkt sie. Die Aussterberate (graue Kurven) *steigt* mit der Zahl der Arten auf der Insel: Je mehr Arten dort leben, desto größer ist die Wahrscheinlichkeit für jede Art, daß sie während eines betrachteten Zeitraumes ausstirbt. Die Besiedlungsrate wird auf festlandsnahen Inseln am höchsten sein, da Organismen kurze Distanzen leichter überwinden als weite. Die höchste Aussterberate findet man auf kleinen Inseln, wo die Populationen klein sind und die Vielfalt der Lebensräume gering ist. Die Zahl der auf einer Insel lebenden Arten erreicht einen Gleichgewichtszustand, wenn Besiedlungs- und Aussterberate gleich groß sind (an den mit Kreisen markierten Kreuzungspunkten der Kurven). Am höchsten ist die Artenzahl im Gleichgewichtszustand auf großen, festlandsnahen Inseln, am geringsten auf kleinen, weit vom Festland entfernten Inseln. (Nach MacArthur und Wilson 1967.)

Im einfachsten Falle wäre $C = 1$ und $Z = 0{,}25$, beispielsweise für Greifvögel auf einem hypothetischen Archipel:

$$S = (1)A^{0{,}25}$$

Für eine Insel von zehn Quadratkilometern Fläche prognostiziert die Formel dann zwei Greifvogelarten, für solche von 100, 1000 beziehungsweise 10000 Quadratkilometern drei, sechs beziehungsweise zehn Arten. Wichtig ist, daß dieser Formel zufolge eine Vergrößerung der Inselfläche auf das Zehnfache nicht zur Verzehnfachung der Artenzahl führt, sondern etwa zu einer Verdoppelung.

Das Inselbiogeographiemodell ist empirisch so oft bestätigt worden, daß es heute von den meisten Biologen akzeptiert wird. Doch eine Erklärung für diese Beziehung steht noch aus. Wie von MacArthur und Wilson dargelegt, entspricht die Artenzahl auf einer Insel dem dynamischen Gleichgewicht zwischen der Ankunft (und der Evolution) neuer Arten und der Aussterberate vorhandener Arten (Abbildung 4.7). Auf einer zunächst unbelebten Insel wird die Artenzahl so lange zunehmen, wie mehr Arten dort ankommen als aussterben, doch schließlich werden sich Aussterben und Immigration die Waage halten. Die Aussterberate wird auf großen Inseln niedriger sein als auf kleinen, weil auf ihnen die Vielfalt der Lebensräume, die Zahl und der Bestand der Populationen größer sind. Die Immigrationsrate wird auf Inseln, die nahe beim Festland liegen und von dort aus relativ leicht zu erreichen sind, höher sein als auf entlegenen Inseln. Dem Modell zufolge müssen auf großen, festlandsnahen Inseln mehr Arten jeder Organismengruppe, etwa Vögel oder Bäume, anzutreffen sein als auf kleinen, weit vom nächsten Kontinent entfernten Inseln.

Mit Hilfe von Arten-Areal-Beziehungen hat man die Anzahl und den Prozentsatz der Arten vorausgesagt, die aussterben würden, wenn bestimmte Biotope zerstört würden (Simberloff 1986a). Dabei geht man davon aus, daß die Artenzahl auf einer Insel, auf der die Fläche der natürlichen Lebensräume verringert wird, auf einen Wert sinkt, der der Artenzahl auf einer entsprechend kleineren (intakten) Insel entspricht (Abbildung 4.8). Dieses Modell hat man auf Nationalparks und Naturschutzgebiete übertragen, die von geschädigten Lebensräumen umgeben sind (siehe Kapitel 14); solche Schutzgebiete kann man als **Insellebensräume** (auch **Inselbiotope** oder **Biotopinseln**) in einem unwirtlichen „Meer“ aus ungeeigneten Lebensräumen auffassen. Den Modellen zufolge werden bei der Zerstörung von 50 Prozent einer Insel (oder eines Inselbiotops) etwa zehn Prozent der dort vorkommenden Arten verschwinden. Sind diese Arten dort endemisch, so werden sie aussterben. Werden 90 Prozent des Biotops zerstört, so verschwinden 50 Prozent der Arten, bei 99prozentiger Zerstörung des Lebensraumes etwa 75 Prozent.

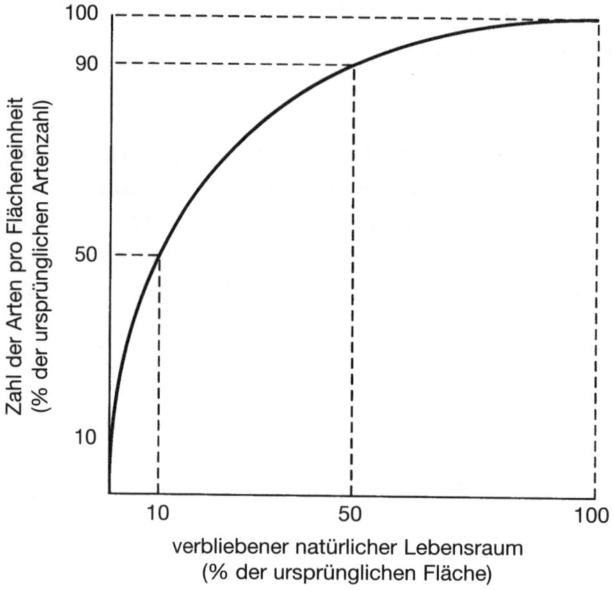

4.8 Die Zahl der Arten in einem Gebiet steigt mit dessen Fläche asymptotisch bis auf einen Maximalwert. Wird die Fläche des Lebensraumes um 50 Prozent reduziert, so können beispielsweise zehn Prozent der endemischen Arten aussterben; bei einer Schrumpfung um 90 Prozent kann der Artenschwund 50 Prozent betragen. Die Form der Kurve variiert je nach Region und Organismengruppe, aber der im nebenstehenden Beispiel erkennbare Zusammenhang zwischen der Zerstörung natürlicher Lebensräume und der Artenzahl auf der verbliebenen Fläche ist allgemein gültig.

Das Konzept der Insellebensräume hat man vor allem auf tropische Regenwälder angewandt. Da die Insekten und Pflanzen dieser Wälder den größten Teil aller weltweit vorkommenden Arten ausmachen, liefern Schätzungen der gegenwärtigen und zukünftigen Aussterberaten in Regenwäldern Näherungswerte für die globalen Aussterberaten. Bei der gegenwärtigen Geschwindigkeit der Entwaldung werden zwischen den Jahren 1986 und 2000 schätzungsweise 15 Prozent der neotropischen Pflanzenarten und zwölf Prozent der Vogelarten des Amazonasgebiets aussterben (Simberloff 1986a). Wird der Regenwald bis auf die Bestände in Nationalparks und anderen Schutzgebieten völlig vernichtet, so werden etwa zwei Drittel aller Pflanzen- und Vogelarten ausgerottet.

In der Vergangenheit ist die Waldzerstörung in den Tropen der Alten Welt – Afrika, Madagaskar, Asien und der Pazifikregion – schneller vorangeschritten als in der Neuen Welt und hat zum Aussterben von zehn bis 25 Prozent der dort vorkommenden Arten geführt. Aufgrund schnellen Bevölkerungswachstums, zunehmender wirtschaftlicher Entwicklung und des enormen Umfangs der dortigen Holzindustrie wird der Regenwaldverlust in Asien und der Pazifikregion im Zeitraum 1990 bis 2020 voraussichtlich noch zunehmen. Zwischen sieben und 17 Prozent aller dort vorkommenden Arten werden während dieser Zeit möglicherweise aussterben (Reid und Miller 1989).

Ausgehend von der konservativen Annahme, daß jährlich nur ein Prozent der weltweiten Regenwaldfläche zerstört würde, schätzte Wilson

(1989) den globalen Artenrückgang auf 0,2 bis 0,3 Prozent pro Jahr. Wenn man von insgesamt zehn Millionen Spezies ausgeht, entspricht das 20000 bis 30000 ausgestorbenen Arten pro Jahr oder – anschaulicher – 68 pro Tag beziehungsweise drei pro Stunde. Mit Hilfe anderer Berechnungsmethoden erhält man für die Aussterberaten in tropischen Regenwäldern zwischen zwei und elf Prozent pro Jahrzehnt (Reid und Miller 1989). Die Unterschiede ergeben sich aus verschiedenen Annahmen für die Geschwindigkeit der Waldzerstörung und unterschiedlichen Werten für die Konstanten der Arten-Areal-Kurven. Ganz gleich, welche dieser Zahlen am genauesten zutrifft, alle Schätzungen sagen aus, daß Hunderttausende von Arten dazu verdammt sind, innerhalb der nächsten 50 Jahre auszusterben. Solche Aussterberaten sind seit dem Massensterben in der Kreidezeit vor 65 Millionen Jahren beispiellos.

Die Berechnung der Schätzwerte für Aussterberaten setzt einige Annahmen und Verallgemeinerungen voraus. Erstens basieren alle diese Berechnungen auf typischen Werten für die Arten-Areal-Kurven. Gruppen mit großem Verbreitungsgebiet, wie Meerestiere und Bäume der gemäßigten Breiten, haben in der Regel niedrigere Aussterberaten als Gruppen mit kleinem Verbreitungsgebiet, wie inselbewohnende Vögel und Süßwasserfische. Zweitens setzen die Modelle voraus, daß in Gebieten, in denen der Wald gerodet wurde, alle endemischen Arten ausgelöscht werden. Es ist möglich, daß viele Arten in isolierten Waldresten überleben können und den Sekundärwald, der sich auf brachliegendem Land entwickelt, wiederbesiedeln. Manche Spezies des Primärwaldes mögen auch in der Lage sein, sich an Plantagen und Wirtschaftswald anzupassen. Diese Anpassung an Wirtschaftswälder könnte vor allem in den asiatischen Wäldern eine Rolle spielen, in denen selektiver Holzeinschlag in großem Maßstab erfolgt. Drittens gehen die Arten-Areal-Modelle davon aus, daß Biotopflächen nach dem Zufallsprinzip zerstört werden. Tatsächlich sind besonders artenreiche Gebiete oft Gegenstand von Naturschutzbemühungen und erhalten Nationalparkstatus, wie beispielsweise der Meerespark Hol Chan in Belize (siehe Exkurs 17 in Kapitel 9). Infolgedessen wird möglicherweise ein größerer Anteil der Arten geschützt, als in den Arten-Areal-Modellen angenommen wird. Und viertens könnte das Ausmaß der Fragmentierung von Lebensräumen die Aussterberaten beeinflussen. Wenn die verbliebenen Biotope in sehr kleine Stücke zerteilt sind oder von Straßen durchschnitten werden, können Arten mit großem Aktionsraum oder Arten, die große Populationen benötigen, möglicherweise nicht überleben. Außerdem könnte die Fragmentierung des Waldes die Jagd, die Rodung zur Gewinnung von Agrarland und die Einführung gebietsfremder Spezies fördern und so zu einem weiteren Artenverlust führen.

Eine entscheidende Frage in der Naturschutzbiologie lautet: „Wie lange wird es dauern, bis die Art X nach einer Verkleinerung oder Zerstückelung ihres Lebensraumes ausgestorben ist?“ Wenn eine Population bis unter eine bestimmte kritische Individuenzahl schrumpft, ist es sehr wahrscheinlich, daß sie ausstirbt (siehe Kapitel 11). Bei manchen Arten mögen einzelne Individuen ein paar Jahre oder Jahrzehnte überleben und sich sogar fortpflanzen, aber letztlich sind sie zum Aussterben verurteilt. Vor allem bei Holzpflanzen können einzelne Exemplare jahrhundertelang überleben. Arten, die infolge der Zerstörung ihres Lebensraumes zum Aussterben verdammt sind, werden gelegentlich als „lebende Leichen“ bezeichnet: Selbst wenn die Art nicht wirklich ausgestorben ist, weil noch einige Individuen leben, ist die Population nicht länger fortpflanzungsfähig, und die Zukunft der Art endet mit dem Leben der letzten Exemplare (Janzen 1986; Gentry 1986). Wie Erfahrungen mit Waldresten und Naturschutzgebieten zeigen, kann die Artenvielfalt der Wirbeltiere in solchen Gebieten nach Zerstörung der umgebenden Landschaft vorübergehend ansteigen, weil die Tiere im verbliebenen Wald Zuflucht suchen (Bierregard et al. 1992). In den darauffolgenden Wochen, Monaten und Jahren nimmt die Artenzahl jedoch ab, da eine Spezies nach der anderen regional ausstirbt und sich keine neuen Arten einfinden.

Regionales Aussterben

Gegenstand dieses Kapitels war vor allem das globale Aussterben von Arten. Daneben gibt es viele Arten, deren Verbreitungsgebiet ständig schrumpft. Viele früher weitverbreitete Arten kommen heute nur noch in kleinen Teilen ihres ehemaligen Lebensraumes vor. Vom Amerikanischen Totengräber (*Necrophorus americanus*) beispielsweise, einem früher überall im mittleren und östlichen Nordamerika verbreiteten Käfer, existieren heute nur noch drei voneinander isolierte Populationen. Durch solches regionales Aussterben verarmen Lebensgemeinschaften. In Middlesex Fells, einem Schutzgebiet in der Region Boston, gab es im Jahre 1894 insgesamt 338 heimische Pflanzenarten; 98 Jahre später fand man nur noch 227 Arten (Drayton 1993). 14 der verschwundenen Pflanzenarten waren im Jahre 1894 als „häufig“ erfaßt worden. Ein solches Ausmaß des regionalen Aussterbens ist ein biologisches Warnzeichen für Umweltschäden. Es muß etwas geschehen, um sowohl das regionale Verschwinden von Arten zu verhindern als auch das globale Aussterben von Arten, von denen man weiß, daß ihr Verbreitungsgebiet erheblich abgenommen hat.

Zusammenfassung

1. In der gegenwärtigen geologischen Periode gibt es mehr Arten als jemals zuvor. Die derzeitige Aussterberate ist jedoch so hoch, daß sie sich mit den fünf Episoden natürlichen Massensterbens vergleichen läßt, die sich anhand von Fossilienfunden nachweisen lassen.
2. Menschliche Aktivitäten haben das Aussterben vieler Arten verursacht. Seit dem Jahre 1600 sind 2,1 Prozent aller Säugetierarten und 1,3 Prozent aller Vogelarten ausgestorben. Die Geschwindigkeit des Artensterbens nimmt zu, und viele der noch lebenden Arten sind ernsthaft bedroht. Die derzeit beobachtete Aussterberate bei Vögeln und Säugern ist hundert- bis tausendmal höher, als unter natürlichen Umständen zu erwarten wäre.
3. Inselbewohnende Arten sind besonders gefährdet, weil sie nur kleine Areale besiedeln und sich oft nicht gegen den Menschen und die gebietsfremden Arten und Krankheiten, die er mitbringt, verteidigen können. Unter den aquatischen Organismen zeigen sich Süßwasserbewohner empfindlicher als marine Arten.
4. Es gibt ein Inselbiogeographiemodell, mit dessen Hilfe sich vorhersagen läßt, wie viele Arten im Gleichgewichtszustand auf Inseln verschiedener Fläche und verschiedener Entfernung vom Festland anzutreffen sind. Anhand dieses Modells hat man Prognosen darüber erstellt, wie viele Arten aussterben werden, wenn der Mensch weiterhin mit der gegenwärtigen Geschwindigkeit natürliche Lebensräume zerstört. Die besten verfügbaren Daten deuten darauf hin, daß im Laufe der kommenden zehn Jahre etwa 2,5 Prozent aller Arten aussterben werden, das entspricht 25 000 Arten pro Jahr.
5. Vereinzelte Exemplare langlebiger Arten, die in schwer beeinträchtigten und fragmentierten Lebensräumen noch anzutreffen sind, müssen als „lebende Leichen“ gelten. Auch wenn sie noch viele Jahre leben, wird die Art schließlich aussterben, weil Nachkommen ausbleiben. Lebensgemeinschaften verarmen allmählich durch das regionale Aussterben von Arten.

Weiterführende Literatur

Adams, D. und Carwardine, M. 1990. *Last Chance to See*. Harmony Books, New York. [Deutsch: 1992. *Die letzten ihrer Art*. Heyne, München; ein leicht verständlicher, aber trauriger Bericht über das drohende Aussterben vieler bekannter Arten.]

Janzen, D. H. 1986. The eternal external threat. In: M. E. Soulé (Hrsg.), *Conservation Biology: The Science of Scarcity and Diversity*, S. 286–320. Sinauer Associates, Sunderland, MA. [Ein hervorragender Aufsatz über die Ursachen des Artensterbens in den Tropen; mit anschaulichen Beispielen.]

Kaufman, L. und Mallory, K. (Hrsg.) 1986. *The Last Extinction*. MIT Press (in Zusammenarbeit mit dem New England Aquarium), Cambridge, MA. [Aufsätze über die Bedrohung verschiedener Organismengruppen mit Schwerpunkt auf dem marinen Bereich.]

MacArthur, R. H. und Wilson, E. O. 1967. *The Theory of Island Biogeography*. Princeton University Press, Princeton, NJ. [Diese klassische Darstellung des Inselbiogeographiemodells hat die moderne Naturschutzbiologie entscheidend beeinflußt.]

Myers, N. 1979. *The Sinking Ark: A New Look at the Problem of Disappearing Species*. Pergamon Press, New York. [Ein wichtiges Buch, das schon früh vor der Bedrohung der biologischen Vielfalt warnte.]

Olson, S. L. 1989. Extinction on islands: Man as a catastrophe. In: M. Pearl und D. Western (Hrsg.) *Conservation Biology for the Twenty-First Century*, S. 50–53. Oxford University Press, New York. [Der Einfluß des Menschen auf Inseln.]

Plachter, H. 1991b. *Naturschutz*. Gustav Fischer, Stuttgart. [Kompakte Zusammenstellung unter anderem von Gefährdungsursachen, Entwicklungstrends und Schutzstrategien.]*

Sepkoski, J. und Raup, D. M. 1986. Periodicity in marine extinction events. In: D. K. Elliot (Hrsg.) *Dynamics of Extinction*, S. 3–36. Wiley, New York. [Mit Hilfe fossiler Zeugnisse berechnete Aussterberaten der Vergangenheit.]

Simberloff, D. 1986. Are we on the verge of a mass extinction in tropical rain forests? In: D. K. Elliot (Hrsg.) *Dynamics of Extinction*, S. 165–180. Wiley, New York. [Ein Beispiel für die Anwendung des Inselbiogeographiemodells zur Berechnung von Aussterberaten.]

Wilson, E. O. (Hrsg.) 1992. *Ende der biologischen Vielfalt? Der Verlust an Arten, Genen und Lebensräumen und die Chancen für eine Umkehr.* Spektrum Akademischer Verlag, Heidelberg. [Breit angelegtes Kompendium zum Thema „Biodiversität" mit Beiträgen führender Autoren.]*

Wilson, E. O. 1989. Threats to biodiversity. *Scientific American* 261 (September): 108–116. [Deutsch: 1989. Bedrohung des Artenreichtums. *Spektrum der Wissenschaft*, November: 88–95; der Anstieg der Aussterberaten infolge menschlicher Aktivitäten.]

World Conservation Monitoring Centre 1992. *Global Biodiversity 1992: Status of Earth's Living Resources*. Chapman and Hall, London. [Der gegenwärtige Status von Arten und Lebensgemeinschaften.]

5

Seltenheit und Aussterbewahrscheinlichkeit

Die Bewahrung seltener Arten ist ein wichtiges Ziel des Naturschutzes. Seltene Arten gelten als besonders empfindlich, verbreitete als weniger gefährdet. Allerdings wird das Wort selten in der biologischen Literatur in sehr unterschiedlicher Bedeutung mit jeweils unterschiedlichen Folgerungen für den Naturschutz gebraucht (Rabinowitz et al. 1986).

Man kann eine Art als selten bezeichnen, wenn sie nur ein kleines Verbreitungsgebiet hat. So kommt die Venusfliegenfalle (*Dionaea muscipula*) nur in den Savannen der Küstenebene von North und South Carolina im Osten Nordamerikas vor. Im Gegensatz dazu findet man zum Beispiel den Virginischen Ahorn (*Acer rubrum*) an unterschiedlichen Standorten überall im nordamerikanischen Osten. Viele Arten mit kleinem Areal leben auf Inseln, die weit vom Festland entfernt sind, wie zum Beispiel die Hawaii-Inseln. Auch in isolierten Lebensräumen, etwa auf den Gipfeln einzeln gelegener hoher Berge oder in Seen, die von Festland umgeben sind, findet man geographisch seltene Arten. Innerhalb ihres Areals kann eine solche seltene Art aber lokal häufig sein (Abbildung 5.1). Andere Arten sind nur in einem Teil ihres Verbreitungsgebiets selten. Die Lorbeermagnolie (*Magnolia virginiana*) beispielsweise ist im Südosten der USA relativ häufig, während es in Neuengland nur eine einzige Population mit etwa 100 Individuen gibt, nämlich in einem Sumpf bei Magnolia, Massachusetts (Primack et al. 1986). Manche Arten hatten seit jeher ein kleines Areal, andere waren früher weit verbreitet, und ihr Verbreitungsgebiet ist erst infolge menschlicher Aktivitäten, etwa durch Zerstörung ihrer Lebensräume, geschrumpft.

Auch Arten, die nur in einem oder wenigen speziellen Lebensräumen vorkommen, kann man als selten bezeichnen. Das Marschgras *Spartina patens* etwa findet man ausschließlich in Salzwiesen, doch ist es an solchen Standorten recht häufig. (Im Gegensatz dazu stehen verbreitete Arten, die

5.1 Ein Beispiel für eine seltene Pflanze. *Sabatia kennedyana* aus der Familie der Enziangewächse gedeiht ausschließlich am Rand küstennaher Teiche an vereinzelten Orten im Osten der USA. An einigen dieser Teiche bildet sie große Bestände. (Photo: Mark Primack.)

denen Lebensräumen vorkommen, etwa der Löwenzahn, der beispielsweise Wiesen, Straßenränder, Flußufer und Zierrasen besiedelt.)

Schließlich gelten Arten als selten, die man stets nur in kleinen Populationen antrifft. Eine als „häufig" bezeichnete Art sollte zumindest einige große Populationen haben.

Diese drei Komponenten der Seltenheit kann man auf das gesamte Areal von Arten ebenso anwenden wie auf ihr Vorkommen in einem bestimmten Gebiet. In einer Studie zur Verbreitung von Pflanzen auf den Britischen Inseln, einer der biologisch am besten erforschten Regionen der Erde, benutzten Rabinowitz et al. (1986) die drei Komponenten der Seltenheit, um die Arten acht Kategorien zuzuordnen (Tabelle 5.1). Ihrem System zufolge zählen Pflanzen mit großem Verbreitungsgebiet, geringer Biotopbindung (Standortbindung, *habitat specificity*) und großen Populationen, wie zum Beispiel der Weiße Gänsefuß (*Chenopodium album*), zu den häufigen Arten im klassischen Sinne. Spezies mit kleinem Areal, enger Biotopbindung und stets kleinen Populationen, wie die Faltenlilie (*Lloydia serotina*), wären dagegen im klassischen Sinne seltene Arten. Daneben gibt es aber auch Arten mit gemischten Charakteristika, wie die Schottische Primel (*Primula scotica*), die ein kleines Verbreitungsgebiet, aber eine geringe Biotopbindung aufweist und mitunter große Bestände bildet, oder die

Tabelle 5.1: Kategorien der Seltenheit für 160 Pflanzenarten der Britischen Inseln auf der Basis von geographischer Verbreitung, Biotopbindung *(habitat specificity)* und Größe der einzelnen Population[a]

Größe der Populationen	Verbreitungsgebiet groß	klein
	geringe Biotopbindung	
große Populationen vorhanden	58 spp.	6 spp.
nur kleine Populationen	2 spp.	0 spp.
	ausgeprägte Biotopbindung	
große Populationen vorhanden	71 spp.	14 spp.
nur kleine Populationen	6 spp.	3 spp.

Quelle: Nach Rabinowitz 1981 und Rabinowitz et al. 1986.

[a] Auf der Basis der drei Kriterien sind 58 Arten häufig. Drei Spezies sind allen Kriterien zufolge selten, und die übrigen 99 Arten weisen einzelne Charakteristika von Seltenheit auf.

Zierliche Borstenhirse (*Setaria geniculata*) mit großem Areal und geringer Biotopbindung, aber stets kleinen Populationen.

Das erstaunlichste Ergebnis dieser Untersuchungen war, daß 149 von 160 untersuchten Pflanzenarten in Großbritannien in ihrem Verbreitungsgebiet zumindest einige große Populationen aufweisen. Dies scheint der Beobachtung zu widersprechen, daß es an den meisten Orten nur wenige häufige, aber viele seltene Arten gibt. Doch diese Tatsachen stehen durchaus miteinander in Einklang: Zwar gibt es von den meisten Arten irgendwo in ihrem Verbreitungsgebiet große Populationen, aber jede Art ist an der Mehrzahl ihrer Standorte selten.

Die meisten (71 von 102) seltenen Pflanzenarten der Britischen Inseln haben ein großes Verbreitungsgebiet, sind Standortspezialisten und bilden zumindest an einzelnen Orten große Populationen. Die mit 14 Vertretern zweitgrößte Gruppe der seltenen Arten besteht aus Standortspezialisten mit kleinem Areal und zumindest einzelnen großen Populationen. In den übrigen Kategorien von Tabelle 5.1 finden sich – abgesehen von der Gruppe der häufigen Arten mit 58 Vertretern – jeweils nur wenige Arten; Spezies mit kleinem Areal, geringer Biotopbindung und stets kleinen Populationen fehlen ganz.

Dieses Klassifikationssystem verdeutlicht die notwendigen Prioritäten für den Naturschutz. Arten mit kleinem Verbreitungsgebiet und speziellen Lebensraumansprüchen, die nur in kleinen Populationen vorkommen, sind auf den Schutz ihres Lebensraumes und unter Umständen auf ein Biotopmanagement angewiesen, um ihre wenigen, empfindlichen Populationen zu erhalten. In gewissem Umfang gilt das gleiche für Arten mit größeren Populationen. Für Arten mit kleinem Areal, aber geringer Biotopbindung dagegen könnten Versuche, sie in neuen, geeignet scheinenden Lebensräumen anzusiedeln, eine erwägenswerte Strategie sein, da diese Arten vielleicht nur nicht in der Lage waren, die Grenzen ihres engen Verbreitungsgebietes zu überwinden. Spezies mit großem Verbreitungsgebiet sind weniger gefährdet auszusterben und seltener auf Rettungsmaßnahmen angewiesen, da sie meist aus mehr Populationen bestehen und mehr Gelegenheit haben, potentiell geeignete Flächen zu besiedeln.

Endemische Arten

Eine Art, die nur in einem einzigen Gebiet vorkommt, bezeichnet man als in diesem Gebiet **endemisch** (siehe auch Kapitel 4). In jüngerer Zeit durch den Menschen absichtlich oder zufällig herbeigeführte Veränderungen des Verbreitungsgebiets einer Art werden dabei außer acht gelassen. Der Große Panda beispielsweise gilt als endemisch in China, auch wenn er heute in Zoos überall auf der Welt lebt; der Spitzwegerich ist in Europa endemisch, wurde aber über die ganze Welt verbreitet und ist zu einem verbreiteten Unkraut geworden. Manche Arten sind in einem sehr großen Gebiet endemisch, wie die Spätblühende Traubenkirsche (*Prunus sero-*

Tabelle 5.2: Gesamtzahl der Pflanzenarten und der Anteil endemischer Arten in einigen Festlandsregionen der gemäßigten Breiten und der Tropen

Region	Fläche (km^2)	Pflanzenarten insgesamt	Anzahl der endemischen Arten	Anteil der endemischen Arten (%)
Südafrika	2 573 000	18 550	±14 800	80
Kapregion	90 000	8 578	5 850	68
Südwestaustralien	320 000	3 600	± 2 450	68
Europa	10 000 000	10 500	± 3 500	33
Kalifornien	411 000	5 046	± 1 517	30
Panama	75 000	6 800	± 1 034	15
nordöstliches Nordamerika	3 238 000	4 425	599	14
Texas	751 000	4 196	379	9
North/South Carolina	217 000	2 995	23	1
Britische Inseln	308 000	1 443	17	1

Quelle: Nach Gentry 1986. Daten aus verschiedenen Quellen.

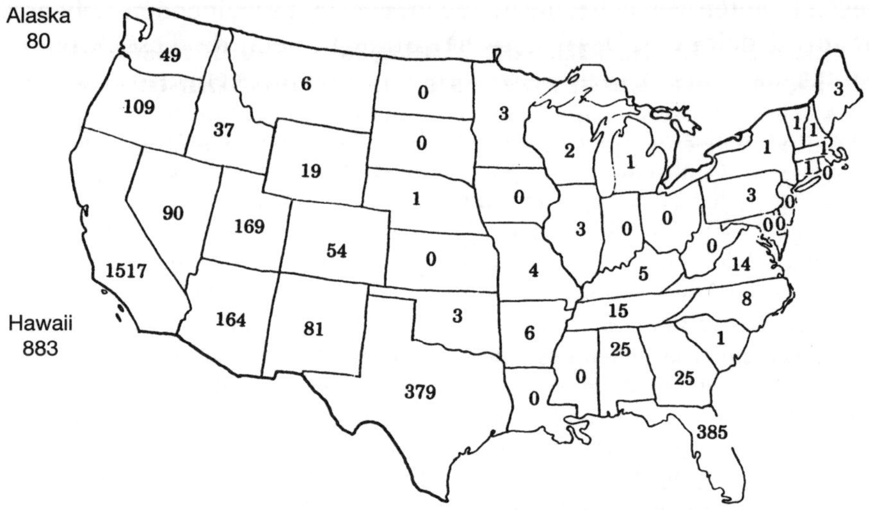

5.2 Die Anzahl endemischer Pflanzenarten in den einzelnen Bundesstaaten der USA. Es gibt beispielsweise 379 Arten, die innerhalb der USA ausschließlich in Texas vorkommen. Kalifornien, das eine große Fläche und eine Vielzahl verschiedener Lebensräume – darunter Wüsten, Gebirge, Meeresküsten und alte Waldbestände – besitzt, beherbergt mehr endemische Arten als jeder andere Bundesstaat. Auf den weit vom Festland entfernten Hawaii-Inseln gibt es trotz deren geringer Fläche zahlreiche endemische Spezies. (Aus Gentry 1986.)

tina), die man in Nord-, Mittel- und Südamerika findet, andere in einem kleinen, beispielsweise auf einer einzigen Insel. Der Komodowaran zum Beispiel lebt nur auf einigen kleinen Inseln des Indonesischen Archipels; ein noch extremeres Beispiel ist das Haleakala-Silberschwert, eine Pflanze, die nur in einem einzigen Vulkankrater auf der Insel Maui vorkommt. In isolierten geographischen Einheiten, etwa auf abgelegenen Inseln, in alten Seen und auf den Gipfeln einzelnstehender Berge, ist der Prozentsatz endemischer Arten oft sehr viel höher als in nicht isolierten Gebieten gleicher Fläche (vergleiche Tabelle 5.2).

Ein besonders bekanntes Beispiel ist Madagaskar. Vor allem die tropischen Feuchtwälder dort sind extrem reich an endemischen Arten. 93 Prozent der 28 Primatenarten, 99 Prozent der 144 Froscharten und über 80 Prozent aller Pflanzen sind auf der Insel endemisch (Exkurs 5).

Vergleicht man die einzelnen Bundesstaaten der USA (Abbildung 5.2), so ist es nicht verwunderlich, daß es auf Hawaii besonders viele endemische Pflanzenarten gibt; die große Zahl endemischer Arten in Kalifornien, Texas und Florida ist darauf zurückzuführen, daß diese Staaten groß sind, nie von Gletschern bedeckt waren (so daß mehr Zeit für die Artbildung zur Verfügung stand), eine erhebliche Vielfalt an Lebensräumen enthalten und bessere Klimabedingungen bieten als viele andere Bundesstaaten.

Exkurs 5: Der Schutz von Madagaskars endemischen Wäldern – ein Rettungsversuch in letzter Minute

Die Insel Madagaskar, im Indischen Ozean vor der afrikanischen Ostküste gelegen, hat eine lange und einzigartige Geschichte. Mindestens 50 Millionen Jahre lang haben sich Flora und Fauna dieses Miniaturkontinents isoliert von den Arten des afrikanischen und asiatischen Festlandes entwickelt. Schätzungsweise 85 Prozent aller auf Madagaskar lebenden Pflanzen- und Tierarten sind dort endemisch (Cohn 1985, Fowler et al. 1989). Viele Gattungen und sogar einige Familien der Gefäßpflanzen kommen nirgendwo sonst vor (Koechlin et al. 1974). Darüber hinaus trägt die ungleichmäßige topographische Beschaffenheit der Insel dazu bei, daß Regionen mit Unterschieden im Lokalklima, etwa in der Verteilung der Regenfälle oder im Wechsel der Jahreszeiten, abrupt abwechseln. Dadurch sind die Zonen, in denen bestimmte Vegetationstypen auftreten können, eingegrenzt, so daß einige auf Madagaskar endemische Arten nur in einem kleinen Teil der Insel vorkommen. Zur einzigartigen Tierwelt der madagassischen Wälder gehören mindestens 28 Lemurenarten, die als älteste noch lebende Vertreter der Primaten gelten (IUCN 1990).

Seit der Ankunft des Menschen vor etwa 1500 Jahren wurde ein Großteil der natürlichen Vegetation Madagaskars zerstört (Rauh 1990). Fast 90 Prozent der ursprünglichen Walddecke sind verschwunden, und nur ein Viertel des verbliebenen Wal-

In jedem der zahllosen verschiedenen Habitate auf Madagaskar gibt es bedrohte endemische Pflanzenarten. Vor allem in den ariden Gebieten hat sich eine einzigartige Gefäßpflanzenflora entwickelt. Beispiele sind die strauchförmige *Didiera* (links) und der sukkulente Baum *Pachypodium lamerei* (rechts). (Mit freundlicher Genehmigung von Dr. W. Rauh.)

des ist Primärwald (Cohn 1985; Fowler et al. 1989). Der größte Teil der Wälder ist dem Bedarf an Agrarland für die Ernährung der heimischen Bevölkerung zum Opfer gefallen, und der Druck auf die verbliebenen Bestände hält an. Die Bevölkerungszahl, 1980 noch auf neun Millionen geschätzt, wird um die Jahrtausendwende zwölf Millionen überschreiten. Die meisten Menschen leben von der Landwirtschaft, die sie mit Hilfe der Brandrodung betreiben. So gewinnen sie Brennholz und Weidefläche für Zeburinder. Durch diese Aktivitäten wird der verbliebene Wald zunehmend geschädigt, und bereits schwer bedrängte Pflanzen- und Tierarten werden der Ausrottung noch nähergebracht. Darüber hinaus steht dem Überleben vieler endemischer Pflanzenarten die Konkurrenz durch eingeführte Arten entgegen, die es den heimischen Spezies oft unmöglich macht, geschädigte Gebiete wiederzubesiedeln.

Angesichts dieser Tatsachen ist die Prognose für Madagaskars endemische Arten verzweifelt schlecht (Tattersall 1993). Zwar hat die madagassische Regierung einige Versuche unternommen, die Natur zu schützen, doch werden die örtlichen Behörden durch Mangel an Geld, Personal, Ausbildung und Problembewußtsein in der Bevölkerung behindert. Ein Beispiel ist das Ankarana-Reservat, das 1956 eingerichtet wurde, um einen regengrünen Tropenwald mit einer sehr hohen Dichte einzigartiger Spezies zu schützen (Hawkins et al. 1990). Dennoch dringen Bauern, Holzfäller und Viehhirten in die Wälder des Reservats vor, von dessen Existenz die meisten überhaupt nichts wissen. Das Schutzgebiet hat keine erkennbaren Grenzen, es gibt keine Patrouillen, die seine Grenzen überwachen, und es wird wenig unternommen, um die Bevölkerung für das Problem zu sensibilisieren und für den Naturschutz zu gewinnen. Daß ein Großteil der biologischen Vielfalt im Ankarana-Reservat erhalten geblieben ist, ist nicht so sehr der Unterschutzstellung zu verdanken, sondern eher einem geophysikalischen Zufall: Das Gebiet umfaßt zerklüftetes Terrain mit vielen isolierten Primärwaldstücken, die in Schluchten und Dolinen des Kalksteinmassivs versteckt sind. Viele von ihnen sind nur durch eine lange Reihe von Höhlen zu erreichen, andere auf dem Landwege gar nicht zugänglich (Fowler et al. 1989; Hawkins et al 1990).

Das Fingertier (*Daubentonia madagascariensis*) gehört zu den vom Aussterben bedrohten Lemuren. Es gibt Bemühungen, es sowohl im Freiland zu schützen als auch in Gefangenschaft zu züchten. Alle 28 Lemurenarten – eine Primatenordnung, die nur auf Madagaskar vorkommt – sind vom Aussterben in freier Wildbahn bedroht. (Photo: © David Haring, Primatenforschungszentrum der Duke University.)

Diese Schluchten wurden vor kurzem von britischen und madagassischen Forschern untersucht. In jeder von ihnen gibt es Populationen seltener endemischer Pflanzen und Tiere; viele waren zuvor von keinem Menschen be treten worden und sind relativ sicher vor den Faktoren, die andere Regionen von Madagaskar bedrohen. Diese Gebiete sind allerdings sehr klein und reichen nicht aus, um überlebensfähige Populationen vieler Arten darin zu erhalten. Die größten Schluchten des Reservats sind für Menschen zugänglich, und ihre Zerstörung durch landwirtschaftliche Aktivitäten hat bereits begonnen.

Trotz allem ist Naturschutz auf der Insel kein hoffnungsloses Unterfangen. Durch intensive Bemühungen der Internationalen Union für Naturschutz (IUCN), des World Wide Fund for Nature (WWF) und anderer internationaler Naturschutzorganisationen haben Forschung, Bildung und die Aktivitäten zur Beschaffung von Geldmitteln sowohl in Madagaskar als auch international zugenommen (Fowler 1989). Erste Priorität haben eine bessere Überwachung der bestehenden sowie die Einrichtung neuer Schutzgebiete. Ein weiterer Schwerpunkt liegt im Erhalt der Populationen bedrohter Arten, bis die Sicherheit ihrer verbliebenen Habitate gewährleistet ist. In Zuchtprogrammen, die vom Primatenzentrum der Duke University gefördert wurden, hat man in Gefangenschaft Populationen von vielen der 28 Lemurenarten herangezogen, die, sobald zuverlässige, langfristige Maßnahmen zur Wiederherstellung und zum Schutz ihrer Lebensräume realisiert sind, als Ausgangsmaterial für Wiedereinbürgerungs- oder Freilassungsprogramme dienen werden (Cohn 1985). Zusätzliche Vorschläge zur nachhaltigen Entwicklung, vor allem im Hinblick auf den Ökotourismus, werden derzeit untersucht; das spektakuläre Höhlensystem des Ankarana-Reservats beispielsweise hat ein hohes ökonomisches Potential als Touristenattraktion. Die Situation auf Madagaskar ist alarmierend, aber noch ist der Insel genug von ihrer faszinierenden natürlichen Vielfalt geblieben, um Anlaß zur Hoffnung zu bieten.

Die „Gefährdungsdisposition“ von Arten

Wenn Lebensräume durch menschliche Aktivitäten geschädigt werden, geht die Populationsgröße vieler Arten zurück, und einige Spezies sterben aus. Wie Ökologen beobachtet haben, ist die Wahrscheinlichkeit des Aussterbens nicht für alle Arten gleich groß; vielmehr gibt es Arten, die aufgrund bestimmter Eigenschaften besonders gefährdet sind (Ehrenfeld 1970; Terborgh 1974; Pimm et al. 1988). Aufgabe des Naturschutzes ist es, diese Arten sorgfältig zu beobachten und zu pflegen.

5.3 Einige der im Südwesten der USA vorkommenden Spezies der Wüstenfische (*Cyprinodon*) sind durch die Schädigung und das Verschwinden ihres ungewöhnlichen Lebensraumes – salzhaltiger Tümpel in der Wüste – hochgradig gefährdet. (Photo: Ken Kelly, San Diego Zoo.)

Arten mit sehr kleinem Verbreitungsgebiet. Solche Arten kommen teilweise nur an einem oder wenigen Orten in einem eng begrenzten Gebiet vor, und wenn dieses Gebiet in seiner ganzen Ausdehnung von menschlichen Aktivitäten betroffen wird, können sie aussterben. Ein gutes Beispiel sind auf Ozeaninseln lebende Vögel; in dieser Gruppe sind schon viele Arten ausgestorben. Das gleiche gilt für Fische, die nur in einem einzigen See oder Fließgewässersystem vorkommen. Die Wüstenfische (Gattung *Cyprinodon*) im Südwesten der USA, von denen einige Arten nur in einem einzigen Tümpel vorkommen, sind extrem gefährdet (Abbildung 5.3).

Manche Arten sind auf einen ungewöhnlichen Biotoptyp beschränkt, der nur sehr vereinzelt anzutreffen ist. Beispiele für solche Lebensräume sind anstehender Serpentin in Kalifornien, anstehender Granit im Südosten und einzelnstehende hohe Berge im Nordosten der USA. Hodgson (1986) bemerkte zur Flora der Region Sheffield in Nordengland: »Die meisten Unterschiede zwischen häufigen und seltenen Arten in der Region Sheffield lassen sich mit der Verfügbarkeit geeigneter Lebensräume erklären: Häufige Arten leben in häufigen, seltene Arten in weniger häufigen Lebensräumen.« Solche Beispiele illustrieren die Bedeutung des Biotopschutzes für den Schutz von Arten mit kleinem Areal.

Arten mit nur einer oder wenigen Populationen. Jede Population einer Art kann durch zufällig einwirkende Faktoren zugrundegehen, etwa durch ein Erdbeben, einen Brand, eine Epidemie oder durch menschliche Aktivitäten. Arten mit vielen Populationen sind weniger gefährdet als Spezies, die aus nur einer oder wenigen Populationen bestehen.

Arten mit kleinen Populationen. Kleine Populationen sind stärker vom Aussterben bedroht als große, weil sie empfindlicher auf demographische und Umweltschwankungen reagieren und weil Verluste an genetischer Variabilität für sie gefährlicher sind (siehe Kapitel 11). Arten, die typischerweise kleine Populationen aufweisen, wie große Räuber oder extreme Spezialisten, sterben eher aus als Arten, in denen es auch große Populationen gibt. Auch Spezies, deren Individuenzahl aufgrund von Zerstörung oder Fragmentierung ihres Lebensraumes zurückgeht, sterben in der Folgezeit oft aus.

Die Populationsgröße scheint einer der besten Vorhersageparameter für die Aussterberate isolierter Populationen zu sein (MacArthur und Wilson 1967; Richter-Dyn und Goel 1972; Pimm et al. 1988). Ein hervorragendes Beispiel dafür liefert der Botanische Garten von Bogor auf Java, ein Waldstück und Arboretum, das seit 50 Jahren isoliert ist (Diamond et al. 1987). Dort haben nur 25 Prozent aller Vogelarten, deren Populationen während des Zeitraums 1932 bis 1952 klein waren, bis in die achtziger Jahre überlebt, während sämtliche ursprünglich häufigen Arten noch vorhanden sind. Darüber hinaus spiegelt die Vogelgemeinschaft des Botanischen Gartens mittlerweile die Vogelgemeinschaft der umgebenden, geschädigten ländlichen Region wider. Dies zeigt, daß die Kolonisation ein wichtiger Faktor für die Artenzusammensetzung isolierter Lebensraumfragmente ist. Ähnliche Ergebnisse erhielt man bei Untersuchungen isolierter Waldreste in Brasilien. Ob eine waldbewohnende Art nach mehreren Jahren der Isolation noch anzutreffen war, hing von ihrer ursprünglichen Häufigkeit und der Größe des Waldrestes ab (Willis 1979; Bierregaard et al. 1992). In größeren Waldstücken gab es mehr waldbewohnende Arten als in kleinen, und Arten mit ursprünglich großen Populationen hatten wesentlich häufiger überlebt als solche mit kleinen Ausgangspopulationen.

Arten mit geringer Populationsdichte. Bei Arten mit geringer Populationsdichte – wenigen Individuen pro Flächeneinheit – bleiben häufig nur kleine Populationen zurück, wenn ihr Lebensraum durch menschliche Aktivitäten fragmentiert wird. Ist die Art nicht in der Lage, in solchen Lebensraumfragmenten zu überleben, so wird sie allmählich aussterben.

Arten, die einen großen Aktionsraum benötigen. Arten, deren Individuen oder soziale Gruppen ein großes Streifgebiet für die Nahrungssuche brauchen, sind zum Aussterben verurteilt, wenn ein Teil dieses Gebiets vom Menschen geschädigt oder abgetrennt wird.

Große Arten. Große Tiere haben in der Regel große Aktionsräume, benötigen mehr Nahrung und werden vom Menschen leichter aufgespürt als kleine. Vor allem Spitzencarnivore werden oft bejagt, entweder als Freizeitbeschäftigung oder weil sie Nahrungskonkurrenten des Menschen sind beziehungsweise manchmal sein Vieh anfallen. Innerhalb einer Gilde ist die größte Art – der größte Carnivore, der größte Lemur oder der größte Wal – oft am meisten gefährdet. Ein Beispiel ist Sri Lanka, wo die größten Carnivoren – Leoparden und Adler – und die größten Herbivoren – Elefanten und Schalenwild – am stärksten vom Aussterben bedroht sind (Erdelon 1988). Dieser Tendenz wirkt bis zu einem gewissen Grad die Tatsache entgegen, daß große Arten meist länger leben als kleine. Auch scheint bei den waldbewohnenden Säugern der neotropischen Region die Körpergröße positiv mit der Größe des Verbreitungsgebiets und negativ mit der lokalen Dichte korreliert zu sein (Arita et al. 1990).

Arten mit langsamem Populationswachstum. Bestimmte Arten (oft als *K*-Strategen bezeichnet), die in stabilen Biotopen leben, beginnen erst spät mit der Fortpflanzung und bringen nur wenige, große Nachkommen hervor. Solche Arten sterben leichter aus als (oft als *r*-Strategen bezeichnete) Spezies, die früh zahlreiche Nachkommen produzieren und häufig instabile, veränderliche Lebensräume besiedeln. *K*-Strategen sind nach Zerstörung ihres Lebensraumes oft nicht in der Lage, schnell genug eine neue Population aufzubauen, um dem Aussterben zu entgehen.

Arten ohne effektiven Ausbreitungsmechanismus. Weil Lebensräume sich ständig ändern, geht jede Population irgendwann zugrunde. Die Geschwindigkeit dieses regionalen Aussterbens nimmt jedoch infolge menschlicher Aktivitäten zu. Die einzige langfristig erfolgreiche Strategie ist die Besiedlung neuer Lebensräume, wenn die alten zerstört werden oder keine geeigneten Lebensbedingungen mehr bieten. Arten, die nicht in der Lage sind, die vom Menschen geschaffenen Straßen, Agrarflächen und geschädigten Lebensräume zu überwinden, sind zum Aussterben verurteilt, sobald ihr Lebensraum durch Umweltverschmutzung, eingeführte Arten oder die globalen Klimaveränderungen beeinträchtigt wird. Vor allem unter den Tierarten, die in isolierten Waldresten leben, sind viele unfähig, Weideland zu überqueren und andere Waldgebiete zu besiedeln (Lovejoy et al. 1986).

Die Bedeutung einer effektiven Ausbreitung für den Fortbestand von Arten illustrieren zwei Untersuchungen in Australien. Die erste, eine detaillierte Analyse der westaustralischen Wirbeltierfauna, ergab, daß in moderner Zeit fast ausschließlich nicht flugfähige Säugetiere ausgestorben sind, während alle oder fast alle Vögel und Fledertiere überlebten (Burbridge und McKenzie 1989). Unter den Vögeln war die Tendenz auszusterben bei den flugunfähigen und schlecht fliegenden Arten am größten. In der zweiten Studie, in der 16 nicht flugfähige Säugetierarten in den Regenwäldern von Queensland untersucht wurden, stellte sich heraus, daß die

Überlebensfähigkeit einer Art vor allem davon abhängt, ob sie in der Lage ist, die Sekundärvegetation, in die die Regenwaldreste eingebettet sind, zu nutzen, sich von ihr zu ernähren und sie zu durchqueren (Laurance 1991a). Zunächst hatte es den Anschein, als seien große, langlebige Arten mit geringer Nachkommenzahl stärker gefährdet, doch dieser Effekt verschwand, wenn man die Häufigkeit der einzelnen Arten in der Sekundärvegetation in die Berechnungen einbezog. Diese Untersuchung verdeutlicht, wie wichtig der Erhalt der Sekundärvegetation für das Überleben von Primärwaldarten ist.

Wandernde Arten. Arten, die saisonale Wanderungen durchführen, sind auf zwei oder mehr Habitattypen angewiesen. Ist einer davon geschädigt, so kann die Art möglicherweise nicht überleben. Auch wenn Barrieren wie Straßen, Zäune oder Dämme die Ausbreitung verhindern, ist es manchen Arten nicht mehr möglich, ihren Lebenszyklus zu vollenden. So ist das Risiko auszusterben für Zugvögel, die zwei weit voneinander entfernte Habitate benötigen, größer als für Standvögel (Pimm et al. 1988). Viele Tiere wandern auf der Suche nach Nahrung von einem Lebensraum zum anderen, oft entlang von Höhen- und Feuchtegradienten. Beispiele dafür sind Wildschweinrotten, Huftierherden, fruchtfressende Wirbeltiere und nektarsaugende Vögel. Wenn diese Tiere ihre Wanderungen nicht durchführen können und in einem einzigen Lebensraum ausharren müssen, sterben sie unter Umständen oder sind nicht in der Lage, ausreichende Nahrungsreserven anzulegen, um sich fortpflanzen zu können.

Arten mit geringer genetischer Variabilität. Die genetische Variabilität innerhalb einer Population kann es einer Art ermöglichen, sich an wechselnde Umweltbedingungen anzupassen (siehe Kapitel 11). Arten ohne oder mit geringer genetischer Variabilität sterben eher aus, wenn in ihrem Lebensraum eine neue Krankheit, ein neuer Räuber oder eine andere Veränderung auftritt. So nimmt man an, daß die geringe Krankheitsresistenz des Geparden unter anderem auf einen Mangel an genetischer Variabilität zurückzuführen ist (O'Brien und Everman 1988).

Arten mit speziellen Lebensraumansprüchen. Wenn ein Lebensraum durch den Menschen verändert wird, ist er für spezialisierte Arten möglicherweise nicht mehr geeignet. Pflanzen in Feuchtgebieten beispielsweise, die bestimmte regelmäßige Veränderungen des Wasserstandes benötigen, können schnell aussterben, wenn der Mensch in den Wasserhaushalt eingreift. Bodenarthropoden und Krautpflanzen können zugrundegehen, wenn eingeführtes Vieh natürliches Grasland intensiv beweidet und dabei den Boden verdichtet. Arten mit speziellen Lebensraumansprüchen haben oft kleine Populationen und sind daher empfindlich. Spezialisierte Arten können aussterben, wenn andere Spezies, von denen sie abhängig sind, verschwinden (Gilbert 1980). So gibt es Milbenarten, die sich ausschließlich von den Federn einer einzigen Vogelart ernähren. Mit dem Vogel stirbt auch die Milbe aus.

Arten, die charakteristischerweise in stabilen Lebensräumen vorkommen. Viele Arten findet man in Lebensräumen, in denen es nur minimale Störungen gibt, etwa in alten Beständen äquatorialer Regenwälder oder im Inneren der artenreichen Laubwälder der gemäßigten Breiten. Lichthungrige Pflanzenarten, die von Störungen profitieren, sind dort eher selten und auf Lücken, die durch das Umfallen von Bäumen entstanden sind, auf Erdrutschzonen, Schluchten und Felsen beschränkt. Wenn diese Wälder abgeholzt, beweidet, verbrannt oder sonstwie durch den Menschen verändert werden, sind viele ihrer Bewohner nicht in der Lage, das veränderte Standortklima (mehr Licht, weniger Feuchtigkeit, größere Temperaturschwankungen) und das Eindringen nicht heimischer Arten zu ertragen. Spezies, die diese Bedingungen tolerieren, gewinnen in dem veränderten Lebensraum die Oberhand über die ursprünglichen Arten.

Arten, die ständig oder zeitweilig in Gruppen leben. Arten, deren Individuen sich an bestimmten Orten sammeln, sind besonders gefährdet, regional auszusterben. Viele Fledertiere beispielsweise gehen zwar in einem großen Gebiet auf Nahrungssuche, finden sich aber zum Schlafen in bestimmten Höhlen zusammen. Jäger, die tagsüber in diese Höhlen eindringen, können in kürzester Zeit alle Individuen einer Population einsammeln (vergleiche Exkurs 3 in Kapitel 2). Bisonherden, Wandertauben- und Fischschwärme sind Beispiele für Tieraggregationen, die der Mensch bis auf das letzte Individuum ausgebeutet hat. Zeitweilige Ansammlungen bilden beispielsweise Lachse oder Alsen auf der Laichwanderung. Mit quer durch den Fluß gespannten Netzen kann man buchstäblich jeden einzelnen Fisch fangen und so eine Population in wenigen Tagen auslöschen. Allzu gründliches Sammeln wilder Früchte für den kommerziellen Markt kann einen Mangel an Keimlingen zur Folge haben. Meeresschildkröten sind zwar in der Lage, große Entfernungen schwimmend zu überwinden, aber wenn die wenigen kleinen Strandabschnitte, an denen sie ihre Eier ablegen, von Eiersammlern und Jägern heimgesucht werden, ist unter Umständen eine ganze Art vom Aussterben bedroht. Viele sozial lebende Tierarten können möglicherweise nicht unterhalb einer bestimmten Populationsgröße existieren, weil sie dann nicht mehr in der Lage sind, sich Nahrung zu beschaffen, sich zu paaren oder sich zu verteidigen. Für solche Spezies dürfte die Zerstörung ihres Lebensraumes gefährlicher sein als für solitär und weit verstreut lebende Arten.

Arten, die vom Menschen bejagt oder gesammelt werden. Bei Übernutzung kann die Individuenzahl einer Art rapide abnehmen. Wenn Jagd und Sammeltätigkeit nicht entweder gesetzlich oder durch Bräuche geregelt sind, besteht die Möglichkeit, daß die Art ausgerottet wird.

Kombination mehrerer Charakteristika

Auf den vorigen Seiten wurden Charakteristika beschrieben, welche die Wahrscheinlichkeit erhöhen, daß eine Art ausstirbt. Diese Eigenschaften sind nicht voneinander unabhängig, sondern treten häufig kombiniert auf. So ist bei Arten mit speziellen Nahrungsansprüchen in der Regel die Populationsdichte gering – beides Charakteristika aussterbeanfälliger Spezies. Oft weisen die empfindlichen Arten verschiedener Organismengruppen aufgrund von Besonderheiten in der Biologie dieser Gruppen unterschiedliche Charakteristika auf; zwischen Schmetterlingen, Quallen und Kakteen bestehen Unterschiede, die sich auch auf die Aussterbeanfälligkeit auswirken. Durch Identifizierung der Charakteristika von aussterbeanfälligen Arten können Naturschutzbiologen voraussagen, welche Arten empfindlich sind und ein Populationsmanagement benötigen.

Ehrenfeld (1970) nahm an, daß die allerempfindlichsten Arten sämtliche Charakteristika vereinen müßten; dabei dachte er beispielsweise an

> »einen großen Räuber mit speziellen Habitatansprüchen, langer Tragzeit und kleinen Würfen. Er wird wegen eines seiner Körperbestandteile und/oder als Freizeitbeschäftigung bejagt, ist aber nicht Gegenstand eines effektiven Wildtiermanagements. Er hat ein begrenztes Verbreitungsgebiet, überquert aber Staatsgrenzen. Er meidet den Menschen, vermehrt sich in Gruppen und ist in seinem Verhalten wenig flexibel. Zwar gibt es wahrscheinlich kein solches Tier, aber dieses Modell kommt mit einer oder zwei Ausnahmen der Beschreibung eines Eisbären sehr nahe.«

Der rechtliche Status seltener Arten

Um den Zustand seltener Arten für Naturschutzzwecke zu charakterisieren, hat die Internationale Union für Naturschutz (IUCN) fünf Gefährdungskategorien aufgestellt (IUCN 1984, 1988). Diese haben sich national und international insofern bewährt, als sie die Aufmerksamkeit auf besonders schutzbedürftige Spezies lenken und vom Aussterben bedrohte Arten als solche ausweisen, so daß sie durch internationale Übereinkommen wie

Tabelle 5.3 Prozentsatz an Arten, die weltweit vom Aussterben bedroht sind[a], in einigen Ländern der gemäßigten Breiten

Land	Säugetiere		Vögel		Reptilien		Amphibien		Pflanzen	
	Zahl der Arten	Anteil der bedrohten Arten (%)[a]	Zahl der Arten	Anteil der bedrohten Arten (%)[a]	Zahl der Arten	Anteil der bedrohten Arten (%)[a]	Zahl der Arten	Anteil der bedrohten Arten (%)[a]	Zahl der Arten	Anteil der bedrohten Arten (%)[a]
Argentinien	255	10,2	927	1,9	204	3,4	124	0,8	9000	1,7
Japan	186	4,8	632	3,0	85	2,4	58	1,7	4022	9,8
Kanada	163	4,9	434	1,6	32	3,1	k.A.	k.A.	3220	0,3
Südafrika	279	7,2	k.A.	k.A.	k.A.	k.A.	k.A.	k.A.	23000	5,0
USA[b]	367	10,3	1090	6,1	368	4,6	222	6,3	20000	8,5

Quelle: Daten aus WRI/IIED 1987, 1988.
[a] Hier alle Arten der IUCN-Kategorien „gefährdet", „empfindlich" und „selten".
[b] Einschließlich der pazifischen und karibischen Inseln.
k.A.: keine Angaben.

das Washingtoner Artenschutzabkommen (CITES, für *Convention on International Trade in Endangered Species*) geschützt werden können:

1. *Ausgestorben.* Arten (und andere Taxa, etwa Unterarten oder Varietäten), die in der Natur allem Anschein nach nicht mehr vorkommen. Versuche, sie in ihrem früheren Areal oder an anderen möglichen Orten aufzuspüren, sind fehlgeschlagen.
2. *Gefährdet.* Arten, die vom Aussterben bedroht sind. Dazu gehören Arten, deren Individuenzahl so weit zurückgegangen ist, daß ihr Überleben bei Fortsetzung der gegenwärtigen Trends unwahrscheinlich ist.
3. *Empfindlich.* Arten, die in naher Zukunft gefährdet sein könnten, weil ihre Populationen in ihrem gesamten Verbreitungsgebiet schrumpfen. Der Fortbestand dieser Arten ist nicht sicher.
4. *Selten.* Arten mit kleiner Individuenzahl, oft aufgrund eines begrenzten Verbreitungsgebiets oder geringer Populationsdichte. Solche Spezies müssen nicht unmittelbar gefährdet sein, aber wegen ihrer geringen Individuenzahl können sie leicht zu bedrohten Arten werden.
5. *Ungenügend erforscht.* Arten, die vermutlich einer der Gefährdungskategorien angehören, aber zu wenig erforscht sind, als daß man sie einer bestimmten Kategorie zuordnen könnte.

Anhand der IUCN-Kategorien hat das WCMC (World Conservation Monitoring Centre) in seiner Serie von *Red Data Books* (nach deren Vorbild einzelne Staaten sogenannte Rote Listen erstellten) für etwa 60000 Pflanzen- und 2000 Tierarten die Faktoren abgeschätzt und beschrieben, durch die diese Arten gefährdet sind (Tabelle 5.3). Die große Mehrheit der aufgeführten Arten sind Pflanzen; dies spiegelt den gegenwärtigen Trend wider, Listen von Pflanzen in gefährdeten Lebensräumen anzulegen. Die Listen enthalten aber auch zahlreiche Fischarten (343), Amphibien (50), Reptilien (170), Wirbellose (1355), Vögel (1037) und Säuger (497). Das System der IUCN wurde auf verschiedene Regionen angewandt, um die jeweiligen Prioritäten für den Naturschutz herauszustellen. Ein Beispiel ist Malaysia (Kiew 1991):

- Von den 2830 Baumarten der Malaiischen Halbinsel gelten 511 als gefährdet.
- Viele der in Malaysia heimischen krautigen Pflanzen sind an einzelnen Orten endemisch, etwa auf Berggipfeln, an Bachläufen, an Wasserfällen oder auf Kalksteinfelsen. Diese Arten sind vom Aussterben bedroht, wenn ihr Lebensraum zerstört wird.
- 200 der 2500 Orchideenarten im malaysischen Teil Borneos sind bedroht.
- Alle sieben Arten der riesenblütigen *Rafflesia* sind gefährdet.

- Auf der Malaiischen Halbinsel sind 47 Prozent der artenreichen Palmenflora bedroht.
- Der Rückgang der Regenwälder wird in Malaysia zum Aussterben von schätzungsweise 600 Schmetterlingsarten führen.
- Alle fünf in Malaysia vorkommenden Meeresschildkrötenarten gelten als gefährdet; Ursachen sind Habitatverluste, das Sammeln der Eier, Bejagung, Meeresverschmutzung, unkontrollierter Tourismus und Fischernetze, in denen sich die Schildkröten verfangen. In der Provinz Sarawak gehen die Populationen der Suppenschildkröte (*Chelonia mydas*) seit 40 Jahren zurück; heute steht die Art am Rande des Aussterbens.
- 35 in Malaysia vorkommende Vogelarten gelten als bedroht, und die Populationen vieler anderer Arten sind aufgrund der Zerstörung ihres Lebensraumes zurückgegangen.
- Auf der Malaiischen Halbinsel sind 38 der 121 Kleinsäugerarten vom Aussterben bedroht.
- Über 80 Prozent der Primatenarten im malaysischen Teil Borneos sind mehr oder weniger gefährdet; Ursache ist eine Kombination von Bejagung und Zerstörung ihrer Lebensräume.

Um die Aufmerksamkeit verstärkt auf diejenigen Arten zu lenken, die am dringendsten auf Schutzmaßnahmen angewiesen sind, hat die IUCN begonnen, Listen der „am stärksten gefährdeten" Pflanzen und Tiere der Erde zu veröffentlichen (Cahn und Cahn 1985). Diese Listen enthalten Arten von einzigartiger Schutzbedürftigkeit. Unter den Tieren finden sich hier der Kagu (*Rhynochetos jubatus*), ein seltener flugunfähiger Vogel und das Symboltier von Neukaledonien, der Kouprey (*Bos sauveli*), ein primitives Wildrind aus Südostasien, das durch Bejagung nahezu ausgerottet ist, und das Orinoko-Krokodil, das durch den illegalen Handel mit Häuten dezimiert wurde. Die Liste der Pflanzen enthält die riesenblütige *Rafflesia*, die im Regenwald von Sumatra gedeiht und einen Blütendurchmesser von etwa einem Meter hat, sowie das Usambaraveilchen, die beliebteste Zimmerpflanze der Welt, von der es in der Natur aber anscheinend nur noch wenige Exemplare in Bergwaldfragmenten Zentraltansanias gibt.

Die IUCN-Kategorien und die Red Data Books des WCMC sind ein hervorragender erster Schritt zum Schutz gefährdeter Arten; allerdings ist die Anwendung des Kategoriensystems mit gewissen Schwierigkeiten verbunden (Fitter und Fitter 1987). Zunächst muß jede aufgeführte Art untersucht werden, um ihre Bestandsgröße und deren Entwicklung festzustellen. Solche Erhebungen können schwierig, teuer und zeitaufwendig sein. Zweitens muß jede Art in ihrem gesamten Verbreitungsgebiet untersucht werden, wobei logistische Schwierigkeiten auftreten können. Drittens sind die IUCN-Kategorien für die meisten tropischen Insektenarten ungeeig-

Blickpunkt Deutschland: Rote Listen gefährdeter Arten

Nachdem die International Union for the Conservation of Nature and Natural Resources (IUCN) 1966 begonnen hatte, in sogenannten „Red Data Books" oder „Red Lists" die weltweit in ihrem Bestand bedrohten oder bereits ausgestorbenen Tier- und Pflanzenarten zusammenzustellen, veröffentlichte 1971 die Deutsche Sektion des Internationalen Rates für Vogelschutz die erste Liste gefährdeter Vogelarten für die Bundesrepublik Deutschland (DSIRV 1971); 1976 folgten entsprechende Aufstellungen für die übrigen Wirbeltiere (Blab und Nowak 1976), und 1977 erschien dann die erste umfassende *Rote Liste der gefährdeten Tiere und Pflanzen in der Bundesrepublik Deutschland* (Blab et al. 1977), die inzwischen durch weitere Auflagen erweitert und fortgeschrieben wurde (Blab et al. 1984; Nowak et al. 1994). Die verwendeten Gefährdungskriterien entsprechen nicht ganz den bisher von der IUCN benutzten. (Letztere stehen im übrigen unmittelbar vor einer Neudefinition; siehe hier zu Mace und Lande 1991.) Neben ausgestorbenen beziehungsweise verschollenen Arten (Kategorie 0) unterscheiden diese Roten Listen in der Regel noch vom Aussterben bedrohte (Kategorie 1), stark gefährdete (Kategorie 2), gefährdete (Kategorie 3) und potentiell gefährdete Arten (früher Kategorie 4, jetzt Kategorie P). Die Kategorien der IUCN lauten weltweit ausgestorben (*extinct*), gefährdet (*endangered*), empfindlich (*vulnerable*), selten (*rare*) und ungenügend erforscht (*indeterminate*)(siehe etwa IUCN 1988; Plachter 1991b).Versuche zum Angleich nationaler an internationale Kriterien gibt es zwar (Schnittler et al. 1994), sie konnten sich bislang aber nicht durchsetzen.

Auch für das Gebiet der DDR erschien bereits 1978 eine Liste der gefährdeten Farn- und Blütenpflanzen (Rauschert 1978), und inzwischen gibt es eigene Rote Listen für Bundesländer, Bezirke, zahlreiche Landkreise und sogar einige Städte. Neben Aufstellungen für die unterschiedlichsten Pflanzen- und Tiergruppen liegt inzwischen sogar eine Rote Liste der gefährdeten Biotoptypen der Bundesrepublik Deutschland vor (Riecken et al. 1994).

Ähnliche Entwicklungen lassen sich in vielen europäischen Ländern beobachten. In **Österreich** erschien schon 1980 eine Rote Liste für die Farn- und Blütenpflanzen der Steiermark (Zimmermann und Kniely 1980); 1986 folgte dann eine entsprechende Aufstellung für ganz Österreich (Niklfeld et al. 1986). Auch für die Tierwelt Österreichs liegt seit 1983 eine Rote Liste vor (Gepp 1983). In der **Schweiz** wurde – ähnlich wie in Deutschland – zunächst eine Liste der Vögel (Bruderer und Thönen 1977) veröffentlicht; es folgten die Amphibien und Reptilien (Hotz und Broggi 1982) sowie die Gefäßpflanzen (Landolt et al. 1982). Weitere Gruppen wie die Libellen, die Tagfalter oder die Moose sind inzwischen ebenfalls bearbeitet. Darüber hinaus liegt seit 1992 der *Atlas schutzwürdiger Vegetationstypen der Schweiz* vor (Hegg et al. 1992).

Wohl in keinem Land ist eine solche Fülle landesweiter und regionaler Roter Listen für die unterschiedlichsten Artengruppen verfügbar und ihre Anwendung in der Naturschutzpraxis so weit verbreitet wie in Deutschland (Blab und Nowak 1989). Neben der „Biotopkartierung", das heißt der Kartierung von für den Naturschutz wertvoller Flächen, wurden die Arten der Roten Liste schnell zum zweiten zentralen Instrument der Naturschutzpraxis. Sie spielen heute bei der Ausweisung von Schutzgebieten, der Beurteilung von Eingriffen und der Erarbeitung von Artenhilfsmaßnahmen oder Arten- und Biotopschutzprogrammen eine wesentliche Rolle.

Natürlich werden Rote Listen auch häufig kritisiert (zum Beispiel Lohmann 1995), weil für die meisten der dort aufgeführten Arten keine soliden wissenschaftlichen Untersuchungen zur Bestandssituation und zu längerfristigen Bestandstrends vorliegen. Ein weiterer oft genannter Kritikpunkt ist die Orientierung der Roten Listen an politischen Grenzen (Bund, Länder). Letzterem kann entgegengehalten werden, daß sich auch der Naturschutzvollzug an diesen Grenzen orientieren muß; zudem sollte die Bundesrepublik Deutschland nicht etwa aus ihrer Verantwortung für den Erhalt der heimischen Pflanzen- und Tierwelt (§ 1 Bundesnaturschutzgesetz) entlassen werden, nur weil viele der gefährdeten Arten in Süd- oder Osteuropa noch vergleichsweise häufiger anzutreffen sind. Daß bei dem heute bei uns zu beobachtenden rasanten Rückgang vieler Pflanzen- und Tierarten die Zeit nur reicht, um bei einzelnen Arten exemplarische wissenschaftliche Studien durchzuführen, ist offensichtlich. Bei der Erstellung der Roten Listen hat man deshalb bewußt einen anderen Weg gewählt. In der Anfangsphase wurden bei vielen Artengruppen (insbesondere den Wirbellosen) die Roten Listen von einzelnen Fachleuten für größere Gebiete erstellt. Entsprechend wiesen diese häufig regionale Defizite oder Fehleinschätzungen auf. Heute werden Rote Listen in der Regel von ganzen Arbeitsgruppen erarbeitet. So waren zum Beispiel an der Roten Liste der Heuschrecken in Bayern 31 Fachleute beteiligt (Kriegbaum 1992), die ihre oft langjährigen Erfahrungen zu Verbreitung, Bestandsentwicklung und Gefährdung der heimischen Heuschreckenfauna einbrachten. In einem speziellen Arbeitskreistreffen wurden alle relevanten Arten diskutiert. Die Einstufungen auf der Roten Liste stellen damit den Konsens einer breiten Mehrheit dieser Fachleute dar – ein nicht nur in der Naturschutzpraxis übliches und sinnvolles Vorgehen (Plachter 1992). Viel eher mag die gelegentlich zu beobachtende Fixierung ausschließlich auf Rote-Liste-Arten kritisierbar sein. Rote Listen sind eines von mehreren wertbestimmenden Kriterien (Plachter 1994; Reich und Weid 1992), und allein auf sie eine Bewertung oder Planung aufzubauen, ist nicht sinnvoll und kann zu gefährlichen Fehlbeurteilungen führen.

net, da diese taxonomisch und biologisch wenig erforscht sind; gleichwohl sind sie durch das Abholzen der Regenwälder vom Aussterben bedroht. Viertens werden in den Listen oft Arten als bedroht geführt, selbst wenn sie seit vielen Jahren nicht mehr gesichtet worden sind, vermutlich weil man davon ausgeht, daß man sie bei gründlicher Suche wieder finden würde. Beispielsweise ergaben Untersuchungen auf der indonesischen Insel Sulawesi, daß mehrere endemische Fisch- und Pflanzenarten seit Jahrzehnten nicht mehr gesichtet worden waren; ihr Status war unbekannt und in den Roten Listen nicht verzeichnet (Whitten et al. 1987). In solchen Fällen sollten Arten, die man seit Jahren nicht mehr gesehen hat und deren Lebensräume durch den Menschen schwer geschädigt wurden, vielleicht als ausgestorben oder stark gefährdet geführt werden, bis durch Freilanduntersuchungen der tatsächliche Grad ihrer Gefährdung festgestellt worden ist (Diamond 1987). Mit anderen Worten, man könnte die Beweislast umkehren: Eine Art sollte nicht mehr so lange als sicher gelten, bis nachgewiesen ist, daß sie bedroht ist, sondern so lange als bedroht, bis man weiß, daß sie sicher und geschützt ist.

Das schwerwiegendste Problem mit dem IUCN-System besteht darin, daß die Kriterien, nach denen Arten in die verschiedenen Kategorien eingestuft werden, subjektiv sind. Da viele Einzelpersonen und Organisationen mit der Einstufung von Arten in die Gefährdungskategorien befaßt sind, besteht die Gefahr willkürlicher Zuordnungen. In Anbetracht der rechtlichen Auswirkungen, die diese Zuordnungen oft haben, und deren finanzieller Folgen für Grundbesitzer, Unternehmen und Regierungen müssen die einzelnen Kategorien eindeutig definiert werden, um Auseinandersetzungen über ihre Bedeutung zu vermeiden. Zu diesem Zweck haben Mace und Lande (1991) ein dreistufiges Klassifikationssystem vorgeschlagen, dessen Grundlage die Wahrscheinlichkeit des Aussterbens ist:

1. Für Arten, deren Zustand *kritisch* ist, liegt die Wahrscheinlichkeit, innerhalb der nächsten fünf Jahre beziehungsweise zwei Generationen (wenn dies einen längeren Zeitraum als fünf Jahre bedeutet) auszusterben, bei 50 Prozent oder darüber.
2. Für *gefährdete* Arten liegt die Wahrscheinlichkeit, innerhalb der nächsten 20 Jahre beziehungsweise zehn Generationen auszusterben, bei 20 bis 50 Prozent.
3. Für *empfindliche* Arten liegt die Wahrscheinlichkeit, innerhalb der nächsten 100 Jahre auzusterben, bei zehn bis 20 Prozent.

Die Kriterien, nach denen Arten in diese Kategorien eingestuft werden, basieren auf den neuentwickelten Methoden der Gefährdungsgradanalyse von Populationen (*population viability analysis*, siehe Kapitel 12), entscheidend sind dabei vor allem Populationstrends und der Zustand, in dem der

Lebensraum einer Art sich befindet. Beispielsweise gilt der Zustand einer Art als kritisch, wenn sie zwei der folgenden Merkmale aufweist: insgesamt weniger als 50 fortpflanzungsfähige Individuen; weniger als zwei Populationen mit mehr als 25 fortpflanzungsfähigen Individuen; über 20 Prozent Bestandsrückgang innerhalb von zwei Jahren oder mehr als 50 Prozent innerhalb einer Generation; alle fünf bis zehn Jahre treten katastrophale Einbrüche auf, bei denen mindestens die Hälfte des Bestands zugrundegeht. Auch beobachtete oder voraussichtliche Lebensraumverluste, Zerstörung des ökologischen Gleichgewichts oder kommerzielle Nutzung sind Gründe, den Zustand einer Art als kritisch einzustufen. Der Vorteil dieses Systems besteht darin, daß es eine Standardmethode darstellt, mit deren Hilfe sich Einstufungen anhand anerkannter quantitativer Kriterien überprüfen und bewerten lassen.

Zusammenfassung

1. Eine Art kann als selten bezeichnet werden, wenn auf sie eine der folgenden Eigenschaften zutrifft: Ihr Verbreitungsgebiet ist klein; sie kommt nur in einem oder wenigen speziellen Biotoptypen vor; sie besteht ausschließlich aus kleinen Populationen. In isolierten Lebensräumen, etwa auf Inseln, in Seen oder auf Berggipfeln, kann es viele endemische Arten geben – Arten, die nirgendwo sonst vorkommen.
2. Arten, die besonders zum Aussterben neigen, weisen mindestens eine der folgenden Eigenschaften auf: ein sehr kleines Verbreitungsgebiet, nur eine oder wenige Populationen und/oder Populationen mit kleiner Individuenzahl. Zusätzliche Risikofaktoren sind geringe Populationsdichte, großer Aktionsraum, großes Körpermaß, langsames Populationswachstum, Fehlen effektiver Ausbreitungsmechanismen, die Notwendigkeit, zwischen verschiedenen Habitaten hin und her zu wandern, geringe genetische Variabilität, spezielle Lebensraumansprüche, Abhängigkeit von einer stabilen Umwelt, Bildung großer Ansammlungen. Sehr empfindliche Arten können mehrere dieser Merkmale aufweisen.
3. Die Internationale Union für Naturschutz (IUCN) hat fünf Gefährdungskategorien aufgestellt: ausgestorben, gefährdet, empfindlich, selten und unzureichend erforscht. Dieses Klassifikationssystem findet inzwischen breite Anwendung bei der Beurteilung des Status von Arten und der Festsetzung von Schutzprioritäten. Einige Wissenschaftler empfehlen allerdings die Verwendung eines stärker quantitativen Drei-Kategorien-Systems, in das die Arten nach der statistischen Wahrscheinlichkeit, innerhalb eines festgelegten Zeitraumes auszusterben, eingeordnet werden.

Weiterführende Literatur

Blab, J. und Nowak, E. (Hrsg.) 1989. *Zehn Jahre Rote Liste gefährdeter Tierarten in der Bundesrepublik Deutschland*. Schriftenreihe für Landschaftspflege und Naturschutz, Heft 29. [Verschiedene Einzelbeiträge zum Stand der Roten Listen sowie zu Möglichkeiten und Grenzen der Anwendung.]*

Blab, J., Nowak, E., Trautmann, W. und Sukopp, H. (Hrsg.) *Rote Liste der gefährdeten Tiere und Pflanzen in der Bundesrepublik Deutschland*. Kilda Verlag, Greven. 4. Aufl. [Derzeit noch gültige Fassung für Pflanzen und wirbellose Tiere.]*

Diamond, J. M. 1987. Extant unless proven extinct? Or, extinct unless proven extant? *Conservation Biology* 1: 77–81. [Es ist wichtig festzustellen, welchen Status die seltenen Arten in Gebieten aufweisen, die von Biologen nicht regelmäßig aufgesucht werden.]

Fitter, R. und Fitter, M. 1987. *The Road to Extinction*. IUCN, Gland, Schweiz. [Eine Kritik am System der IUCN-Kategorien.]

IUCN (International Union for the Conservation of Nature) 1988. *Red List of Threatened Animals*. IUCN, Gland, Schweiz. [Die maßgebliche Informationsquelle über den Schutzstatus seltener Tierarten.]

Laurance, W. F. 1991. Ecological correlates of extinction proneness in Australian tropical rain forest mammals. *Conservation Biology* 5: 79–89. [Exzellente Fallstudie mit statistischer Analyse.]

Mace, G. M. und Lande, R. 1991. Assessing extinction threats: Towards a reevaluation of IUCN threatened species categories. *Conservation Biology* 5: 148–157. [Vorschlag einer im Vergleich zum IUCN-System objektiveren und stärker quantitativen Methode zur Einschätzung der Gefährdung von Arten.]

Nowak, E., Blab, J. und Bless, R. 1994. *Rote Liste der gefährdeten Wirbeltiere in Deutschland*. Schriftenreihe für Landschaftspflege und Naturschutz, Heft 42. [Neueste Fassung für die Wirbeltiere, mit kommentierten Artenlisten.]*

Pimm, S. L., Jones, H. L. und Diamond, J. 1988. On the risk of extinction. *American Naturalist* 132: 757–785. [Eine gute Zusammenfassung der Faktoren, die Arten zum Aussterben neigen lassen.]

Rabinowitz, D., Cairnes, S. und Dillon, T. 1986. Seven forms of rarity and their frequency in the flora of the British Isles. In: M. E. Soulé (Hrsg.) *Conservation Biology: The Science of Scarcity and Diversity*, S. 182–204. Sinauer Associates, Sunderland, MA. [Eine einflußreiche Veröffentlichung über Formen der Seltenheit und ihre Bedeutung für den Naturschutz.]

Terborgh, J. 1974. Preservation of natural diversity: The problem of extinction-prone species. *BioScience* 24: 715–722. [Warum bestimmte Arten besonders zum Aussterben neigen.]

6

Zerstörung, Fragmentierung und Schädigung von Lebensräumen

Jede Art ist ebenso wie die Lebensgemeinschaft, der sie angehört, an ihre lokalen Umweltbedingungen angepaßt. In der Regel kommen Arten und Lebensgemeinschaften so lange an einem Ort vor, wie diese Umweltbedingungen sich nicht ändern. Das Verbreitungsgebiet einer Art kann sich infolge zufälliger Ausbreitungsereignisse ausdehnen, es kann durch verstärkte Konkurrenz anderer Arten oder zunehmenden Räuberdruck schrumpfen oder sich als Reaktion auf Veränderungen der Landschaft oder des Klimas verschieben. In der Vergangenheit sind solche Arealveränderungen sehr allmählich erfolgt. Selbst die gravierenden Klimaveränderungen der Eiszeiten mit wiederholten Episoden der Vereisung nahmen jeweils viele tausend Jahre in Anspruch, so daß die Lebewesen ihre Verbreitungsgebiete den sich verschiebenden Klimazonen anpassen konnten (Gates 1993).

Der Mensch hat diesen langsamen Gang von Veränderungen in Lebensgemeinschaften mit seinen Aktivitäten empfindlich gestört. Durch massive Eingriffe hat er die Natur in großem Maßstab verändert, geschädigt und zerstört und dadurch viele Arten und sogar ganze Lebensgemeinschaften ausgerottet. Selbst wenn eine Art nicht unmittelbar durch menschliche Aktivitäten ausgelöscht wird, kann ihr Bestand infolge solcher Aktivitäten so stark abnehmen, daß sie nicht überlebensfähig ist und schließlich ausstirbt.

Menschliche Aktivitäten bedrohen die biologische Vielfalt vor allem durch Zerstörung, Fragmentierung und Schädigung (darunter fällt auch die Verschmutzung) von Lebensräumen sowie durch die Einführung gebietsfremder Arten, die Verbreitung von Krankheiten und die Übernutzung vieler Arten (die letztgenannten Aspekte sind das Thema von Kapitel 7).

Menschliche Bevölkerung und Ressourcenverbrauch

Alle sechs Faktoren, die die biologische Vielfalt bedrohen, sind auf den stetig zunehmenden Verbrauch natürlicher Ressourcen durch die wachsende menschliche Bevölkerung zurückzuführen. Bis vor wenigen hundert Jahren nahm die Weltbevölkerung relativ langsam zu, da die Geburtenrate die Sterberate nur geringfügig überstieg. Die Zerstörung natürlicher Lebensgemeinschaften war während der letzten 150 Jahre am stärksten; in dieser Zeit wuchs die Weltbevölkerung von einer Milliarde im Jahre 1850 über zwei Milliarden im Jahre 1930 auf 5,3 Milliarden in Jahre 1990. Im Jahre 2000 wird sie wahrscheinlich 6,5 Milliarden erreicht haben (Abbildung 6.1). Ursache für den Anstieg sind nach wie vor hohe Geburtenraten bei gleichzeitiger Abnahme der Sterberaten infolge medizinischer Fortschritte (vor allem der Eindämmung von Krankheiten) sowie der Existenz zuverlässigerer Nahrungsquellen (Keyfitz 1989). Zwar hat sich das Bevölkerungswachstum in den Industrieländern verlangsamt, aber in vielen Regionen des tropischen Afrika, Lateinamerika und Asien, die gleichzeitig die Gebiete mit der größten biologischen Vielfalt sind, ist es immer noch hoch.

Der Mensch nutzt Naturgüter wie Brennholz, Wild und Wildpflanzen, und er wandelt große Flächen natürlicher Lebensräume in Agrar- und Siedlungsgebiete um. Aufgrund dessen ist das Bevölkerungswachstum als solches für den Verlust an biologischer Vielfalt mitverantwortlich. Einige Naturschutzbiologen vertreten vehement die These, der Schlüssel zum Schutz der biologischen Vielfalt liege in der Kontrolle der menschlichen Bevölkerungszahl. Das Bevölkerungswachstum ist jedoch nicht die einzige Ursache von Artensterben und Zerstörung natürlicher Lebensräume. Bei genauerer Betrachtung zeigt sich, daß sowohl in Entwicklungs- als auch in Industrieländern Artensterben und Zerstörung von Ökosystemen nicht immer von einzelnen Menschen verursacht werden, die ihre Grundbedürfnisse befriedigen, sondern daß auch die ineffiziente und ungleichmäßig verteilte Nutzung natürlicher Ressourcen durch den Menschen eine Hauptursache des Rückgangs an biologischer Vielfalt ist.

Die Landbevölkerung mancher Regionen zerstört Lebensgemeinschaften und jagt bedrohte Arten bis zu deren Ausrottung, weil sie arm ist und kein eigenes Land besitzt (Browder 1988; Downing et al. 1992). In vielen Ländern ist der Wohlstand sehr ungleichmäßig verteilt; der größte Teil der Güter (Geld, gutes Agrarland, Wälder und ähnliches) befindet sich im Besitz einer kleinen Bevölkerungsgruppe. Nicht selten werden Bauern in Entwicklungsländern durch Großgrundbesitzer und Unternehmen von ihrem Besitz vertrieben, oft mit Unterstützung von Regierung, Polizei und

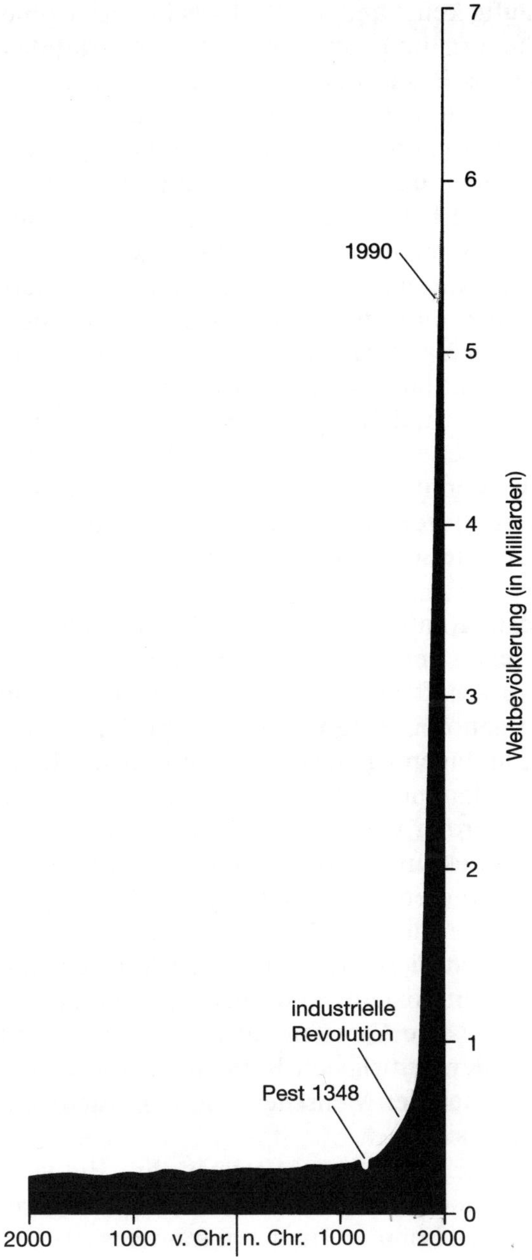

6.1 Die menschliche Bevölkerung ist seit dem 17. Jahrhundert enorm gewachsen. Wenn die gegenwärtige Wachstumsrate anhält, wird sich die Erdbevölkerung in weniger als 40 Jahren verdoppelt haben.

Armee. Diesen Bauern bliebt häufig keine andere Wahl, als in abgelegene, unerschlossene Gebiete abzuwandern und sich dort mit **Wanderfeldbau** durchzuschlagen. Bei dieser auch als Brandrodungshackbau bezeichneten Form der Subsistenzwirtschaft wird die natürliche Vegetation abgebrannt, und die gerodeten Flächen werden zwei oder drei Jahre bestellt. Dann hat die Bodenfruchtbarkeit so weit abgenommen, daß sich keine ausreichenden Erträge mehr erzielen lassen. Die Felder werden aufgegeben, und auf einem weiteren Stück Land wird die natürliche Vegetation gerodet. Oft wird der Wanderfeldbau in solchen Gebieten betrieben, weil die Bauern nicht bereit sind, Zeit und Geld, die nötig sind, um dauerhaftere Formen der Landwirtschaft zu entwickeln, in Land zu investieren, das ihnen nicht gehört und auf dem sie vielleicht nicht lange bleiben können. Auch politische Instabilität, gesetzlose Zustände und Kriege vertreiben Bauern von ihrem Land in entlegene, unerschlossene Gebiete, wo sie sich sicherer fühlen. Statt als „Wanderfeldbauern" könnte man diese Menschen zutreffender als „zugewanderte Feldbauern" bezeichnen, um sie von den alteingesessenen Bauern zu unterscheiden, die schon lange in Regenwaldgebieten leben.

In vielen Fällen ist die Zerstörung natürlicher Lebensräume auch eine Folge der umfangreichen industriellen und kommerziellen Aktivitäten, die mit einer weltumspannenden Wirtschaft verbunden sind. Zu diesen auf Profit ausgerichteten Aktivitäten gehören Bergbau, Viehzucht, kommerzieller Fischfang, Waldwirtschaft, Plantagenwirtschaft, der Betrieb von Industrieanlagen und der Bau von Staudämmen (Dasmann et al. 1973; Anderson 1992). Viele dieser Projekte werden von der jeweiligen Landesregierung und den internationalen Entwicklungsbanken gutgeheißen, und der Bevölkerung wird erklärt, das Projekt diene der Schaffung von Arbeitsplätzen, der Produktion von Konsumgütern und der Steigerung des Steueraufkommens (siehe Kapitel 21). Doch ist diese Ausbeutung natürlicher Ressourcen oft weder effektiv noch kosteneffizient, weil solche kommerziellen Aktivitäten hauptsächlich auf kurzfristige Gewinne abzielen – häufig auf Kosten des langfristigen Bestands der natürlichen Ressourcen sowie zum Nachteil der Umwelt und letztlich auch der Menschen und Unternehmen, die von diesen Ressourcen abhängig sind.

Die Regierungen von Entwicklungsländern rechtfertigen ihre Entwicklungsprojekte oft mit der Notwendigkeit, die Staatseinkünfte zu steigern, um ihre Auslandsschulden bezahlen zu können. Es ist ein trauriges Paradoxon des internationalen Bankensystems, daß die armen Menschen in den Entwicklungsländern immer tiefer in die Armut getrieben werden, um die Banken der reicheren Länder zu bezahlen, und daß die biologischen Reichtümer der Tropen erschöpft werden, um Staatsschulden zu bezahlen, und nicht genutzt, um die Bedürfnisse der einheimischen Bevölkerung zu befriedigen (Gillis 1991). Ironischerweise haben die Entwicklungsländer diese Schulden oft hauptsächlich für große Entwicklungsprojekte gemacht, die eigentlich den nationalen Wohlstand steigern sollten; wo solche Projekte fehlschlugen, blieb dem Land nicht nur die Armut, sondern es behielt auch noch Schulden zurück. Länder, die in diesem Kreislauf gefangen sind, bitten nun um Schuldenerlaß und Entwicklungshilfegelder, um soziale Unruhen abzuwenden, Epidemien zu verhindern, die biologische Vielfalt zu erhalten und andere Folgeprobleme ihrer wachsenden Armut anzugehen.

Hat sich in einer Gesellschaft oder einem Staat erst einmal eine Mentalität zugunsten der kurzfristigen Ausbeutung von Ressourcen etabliert, so ist sie schwer im Zaum zu halten. Natürliche Lebensgemeinschaften können oft nahe bei Gebieten mit hoher Bevölkerungsdichte bestehen, solange die menschlichen Aktivitäten in Naturschutzgebieten durch Bräuche oder Gesetze geregelt sind (Gomez-Pompa und Kaus 1988, 1992). In Zeiten des Krieges, politischer Unruhen oder sozialer Instabilität können solche Regeln jedoch verletzt werden. In solchen Fällen entbrennt oft ein Kampf um die Ausbeutung und den Verkauf von Ressourcen, die seit Generationen nachhaltig genutzt worden sind. Je mehr Menschen auf begrenztem Raum zusammenleben, desto genauer müssen ihre Aktivitäten geregelt sein und um so gravierender sind die möglichen Schäden bei einem Zusammenbruch der behördlichen Autorität (Homer-Dixon et al. 1993). Ein eindrucksvolles Beispiel ist der Raubbau an den chinesischen Wäldern während der Kulturrevolution; strenge, im Laufe von Jahrhunderten entstandene Bestimmungen gegen das Fällen von Bäumen wurden nicht mehr durchgesetzt, und die Bauern rodeten die Wälder mit enormer Geschwindigkeit, um sich Vorräte an Brenn-, Bau- und Möbelholz anzulegen (Primack 1988).

Mitverantwortlich für die Zerstörung der biologischen Vielfalt in artenreichen tropischen Regionen sind die globalen Unterschiede im Ressourcenverbrauch. Die Bevölkerung der Industrieländer (und die reiche Minderheit in den Entwicklungsländern) hat einen überproportional großen Anteil am Gesamtverbrauch an Energie, Mineralien, Holz und Nahrungsmitteln (Abbildung 6.2). Der durchschnittliche Energieverbrauch eines US-Amerikaners lag im Jahre 1987 bei 280 Gigajoule, der eines Japaners bei 110 Gigajoule; ein Bewohner von Bangladesch verbrauchte während des gleichen Jahres durchschnittlich nur ein Gigajoule (WRI/IUCN/UNEP 1992). Dieser exzessive Ressourcenverbauch in den Industrieländern ist langfristig nicht aufrechtzuerhalten, und wenn die wachsende Mittelklasse in den Entwicklungsländern entsprechende Gewohnheiten entwickelt, werden massive Umweltschäden die Folge sein. Die gegenwärtige ungleiche Ressourcenverteilung in der Welt führt zu der Armut, der hohen Sterblichkeit und den Umweltschäden, die man aus vielen Entwicklungsländern kennt, und ist gleichzeitig für die zunehmende Umweltverschmutzung und

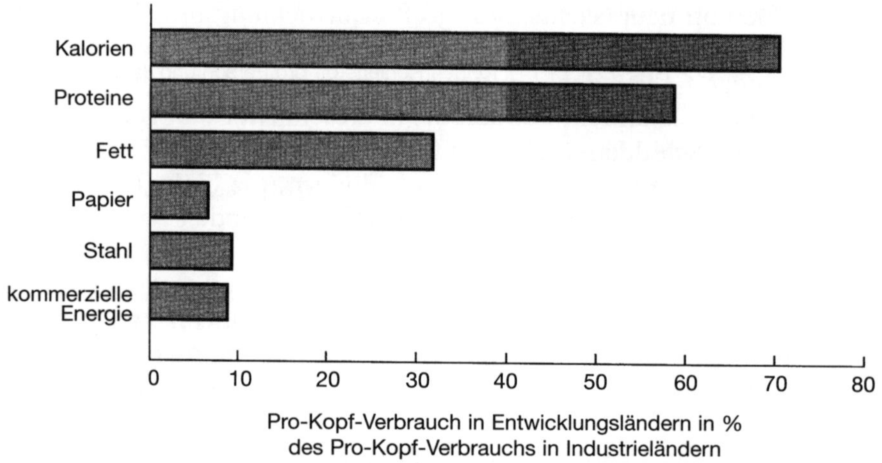

6.2 Ressourcenverbrauch eines Durchschnittseinwohners der Entwicklungsländer (die 75 Prozent der Weltbevölkerung stellen), dargestellt als Prozentsatz des durchschnittlichen Pro-Kopf-Verbrauchs in den Industrieländern (mit 25 Prozent der Weltbevölkerung). Der Pro-Kopf-Verbrauch an Papier, Stahl und Energie beispielsweise beträgt in den Entwicklungsländern weniger als ein Zehntel des Verbrauchs in den Industrieländern. (Aus Ruckelshaus 1989, nach Daten der Weltkommission für Umwelt und Entwicklung.)

Schädigung natürlicher Lebensräume in den industrialisierten Ländern verantwortlich (Abbildung 6.3). Die wohlhabenden Bewohner der Industrieländer müssen sich ihres exzessiven Ressourcenverbrauchs bewußt werden und ihren Lebensstandard überdenken, wenn sie den Entwicklungsländern Maßnahmen vorschlagen und finanzielle Hilfe anbieten, um das Bevölkerungswachstum dort zu bremsen und die biologische Vielfalt zu erhalten (Abbildung 6.4; Mies 1990; Parikh und Parikh 1991).

Zerstörung von Lebensräumen

> »Den Rückgang der Organismenvielfalt verursacht der Mensch in erster Linie nicht direkt durch Ausbeutung oder böswilliges Handeln, sondern durch die Zerstörung natürlicher Lebensräume, die zwangsläufig aus dem Wachstum der menschlichen Bevölkerung und ihrer Aktivitäten folgt.« (Ehrlich 1988)

Die biologische Vielfalt ist vor allem durch den Verlust an natürlichem Lebensraum bedroht, und das wichtigste Mittel zu ihrer Bewahrung ist der Biotopschutz. Für die Mehrzahl der am Rande des Aussterbens stehenden Wirbeltierarten ist das Schrumpfen ihres Lebensraumes die größte Bedro-

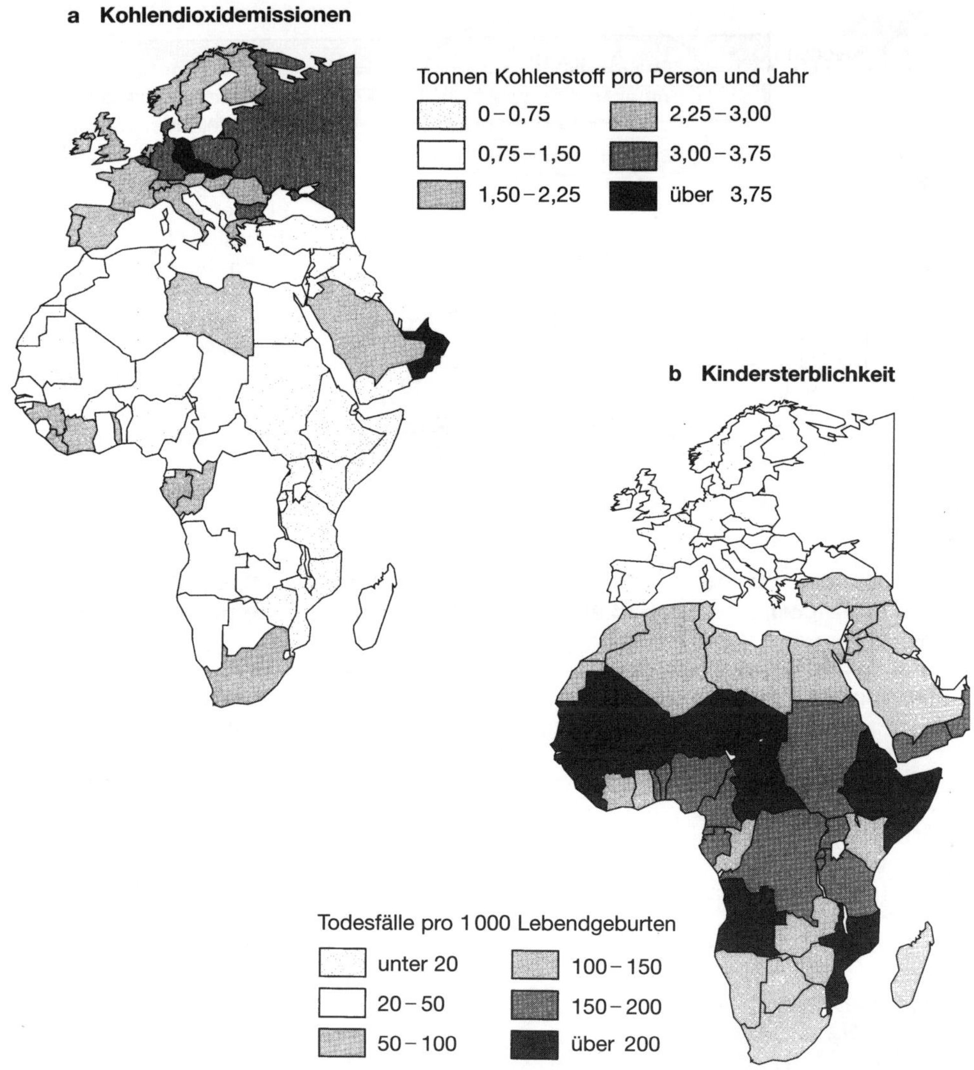

6.3 Der Unterschied zwischen Industrie- und Entwicklungsländern zeigt sich beispielsweise im Schadstoffausstoß als Folge des Ressourcenverbrauchs oder in der Sterblichkeit beziehungsweise dem Gesundheitszustand der Bevölkerung. Hier besteht eine deutliche Zweiteilung zwischen Nord- und Südhalbkugel, wie diese Karten von Europa, Afrika und Nahem Osten illustrieren. Entsprechende Karten von Nord- und Südamerika zeigen das gleiche Bild. a) Die Kohlendioxidemissionen, hier dargestellt als emittierte Tonnen Kohlenstoff pro Einwohner und Jahr, sind ein Maß für den Ressourcenverbauch und dessen Auswirkungen auf die Umwelt. Zum Zeitpunkt der Datenerhebung waren die USA und die Deutsche Demokratische Republik die Spitzenreiter; am geringsten waren die Kohlenstoffemissionen in Burundi und Bhutan. b) Die Kindersterblichkeit steht im Zusammenhang mit Armut, politischer Instabilität und fehlender medizinischer Versorgung. Sie ist in armen Ländern sehr viel höher als in reichen. (Karten verändert nach Ruckelshaus 1989.)

6.4 Die wohlhabenden Industrieländer werfen den ärmeren Entwicklungsländern oft vor, ihnen fehle es an einer vernünftigen Umweltpolitik, scheinen aber nicht einsehen zu wollen, daß ihr eigener exzessiver Ressourcenverbrauch ganz wesentlich zur Umweltproblematik beiträgt. (Cartoon von Scott Willis, © *San Jose Mercury News*.)

Tabelle 6.1: Für das Aussterben und die Bedrohung von Arten verantwortliche Faktoren (angegeben sind die prozentualen Anteile der einzelnen Faktoren[a])

Tiergruppe	Verlust des Lebensraumes	Übernutzung[b]	eingeführte Arten	Prädatoren	andere Ursachen	Ursache unbekannt
ausgestorbene Arten						
Säugetiere	19	23	20	1	1	36
Vögel	20	11	22	0	2	37
Reptilien	5	32	42	0	0	21
Fische	35	4	30	0	4	48
bedrohte Arten[c]						
Säugetiere	68	54	6	8	12	–
Vögel	58	30	28	1	1	–
Reptilien	53	63	17	3	6	–
Amphibien	77	29	14	–	3	–
Fische	78	12	28	–	2	–

Quelle: Aus Reid und Miller 1989, basierend auf Daten aus verschieden Quellen.
[a] Die Zahlen geben den Prozentsatz der Arten an, für die der jeweilige Faktor eine Rolle spielt. Da bei einigen Arten mehr als ein Faktor beteiligt ist, kann die Summe mancher Zeilen 100 Prozent überschreiten.
[b] Übernutzung umfaßt kommerzielle Jagd, Sportjägerei und Jagd für Eigenbedarf sowie Lebendfang von Tieren (egal für welchen Zweck).
[c] Diese umfassen alle Arten und Unterarten in den IUCN-Kategorien „gefährdet", „empfindlich" und „selten".

6.5 Der Verlust natürlicher Lebensräume ist eine der Hauptursachen des Artensterbens. Das Bild zeigt Rio de Janeiro: Ein kleiner Waldrest wird von Hochhausneubauten und expandierenden Barackensiedlungen bedrängt. (Photo: Paul Almasy.)

hung (Tabelle 6.1; Prescott-Allen und Prescott-Allen 1978), und für Wirbellose, Pflanzen und Pilze gilt sicherlich das gleiche. In vielen Ländern der Erde, vor allem in Inselstaaten und Ländern mit hoher Bevölkerungsdichte, ist der größte Teil der ursprünglichen Lebensräume zerstört (Abbildung 6.5). In 49 von 61 tropischen Ländern der Alten Welt sind mehr als 50 Prozent des Lebensraumes für Wildtiere vernichtet (Tabelle 6.2; IUCN/UNEP 1986b,c); im tropischen Asien sind es insgesamt sogar 65 Prozent, mit besonders hohen Verlusten in Hongkong (97 Prozent), Bangladesch (94 Prozent), Sri Lanka (83 Prozent), Vietnam (80 Prozent) und Indien (80 Prozent). Den vielleicht einzigen Lichtblick in Asien bieten Malaysia und Indonesien, zwei Länder mit großem Artenreichtum, in denen noch etwa die Hälfte der natürlichen Lebensräume erhalten ist und die dabei sind,

Tabelle 6.2: Verlust natürlicher Lebensräume in einigen tropischen Ländern der Alten Welt

	natürlicher Lebensraum		
Land	ursprüngliche Fläche (in 1000 ha)	verbliebene Fläche (in 1 000 ha)	Verlust (%)
Afrika			
Angola	124 670	76 085	39
Burkina Faso	27 380	5 476	80
Burundi	2 570	359	86
Gambia	1 130	124	89
Ghana	23 000	4 600	80
Kenia	56 950	29 614	48
Madagaskar	59 521	14 880	75
Ruanda	2 510	326	87
Sambia	75 260	53 435	29
Senegal	19 620	3 532	82
Sierra Leone	7 170	1 076	85
Simbabwe	39 020	17 169	56
Südafrika	123 650	53 170	57
Tschad	72 080	17 299	76
Zaire	233 590	105 116	55
Asien			
Bangladesch	14 278	857	94
Birma (Myanmar)	77 482	22 598	71
Brunei	576	438	24
Hongkong	107	3	97
Indien	301 701	61 509	80
Indonesien	144 643	74 686	49
Malaysia/Singapur	35 625	21 019	41
Philippinen	30 821	6 472	79
Sri Lanka	6 470	1 100	83
Thailand	50 727	13 004	74
Vietnam	33 212	6 642	80

Quelle: IUCN/UNEP 1986 a, b.

ausgedehnte Nationalparks und andere Schutzgebiete einzurichten. Auch Afrika südlich der Sahara hat insgesamt bereits etwa 65 Prozent des Lebensraumes für Wildtiere eingebüßt; besonders ernst ist die Lage in Gambia (89 Prozent), Ruanda (87 Prozent), Burundi (86 Prozent), Sierra Leone (85 Prozent), Senegal (82 Prozent), Mauretanien (81 Prozent),

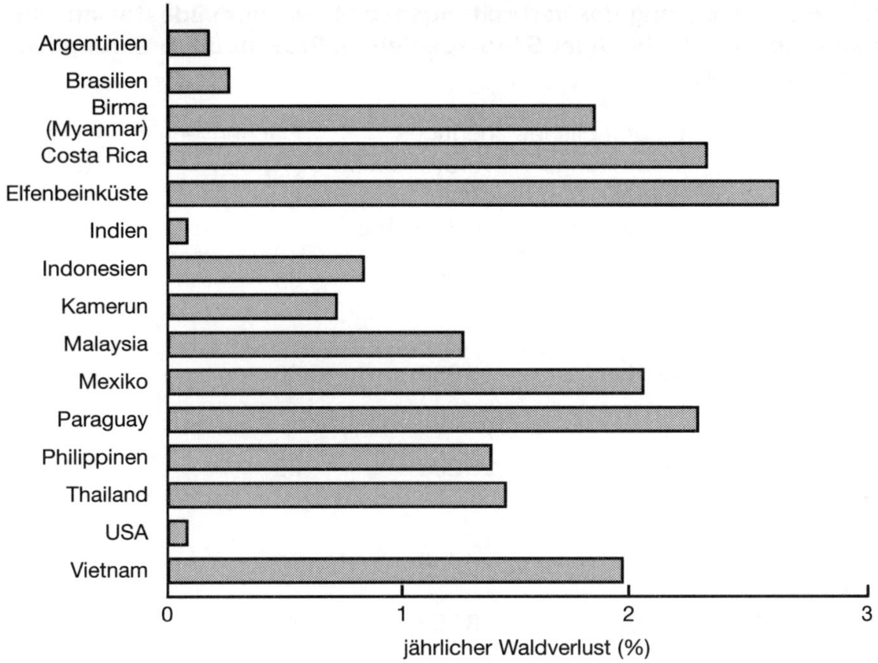

6.6 Durch das Abholzen der Wälder gehen der Erde Jahr für Jahr riesige Flächen natürlicher Lebensräume verloren. Diese Schätzwerte für die jährliche Verlustrate (prozentualer Waldverlust pro Jahr) basieren auf Daten, die 1980 und 1990 von der Ernährungs- und Landwirtschaftsorganisation der Vereinten Nationen (FAO) gesammelt wurden. (Nach WRI 1992 sowie Groom und Schumaker 1993).

Ghana (80 Prozent) und Burkina Faso (80 Prozent). Mit etwa 50 Prozent Verlust bestehen in den biologisch reichen Ländern Zaire und Kenia günstigere Verhältnisse. Im Mittelmeerraum, der vom Menschen seit Tausenden von Jahren intensiv genutzt wird, sind nur noch zehn Prozent der ursprünglichen Walddecke erhalten.

Ein Vergleich der Lebensraumzerstörung über politische Grenzen hinweg verdeutlicht, wie unterschiedlich verschiedene Länder ihre natürlichen Ressourcen nutzen. Abbildung 6.6 beispielsweise zeigt die Geschwindigkeit der Waldzerstörung in einigen Staaten. Entscheidend für die Erhaltung einer Art ist allerdings die *Gesamtfläche* des ihr verbliebenen ursprünglichen Lebensraumes (IUCN/UNEP 1986d). Deshalb sagt die Tatsache, daß es in Kenia mehr für Nashörner geeigneten Lebensraum gibt als in Ruanda, für die Art wenig aus; sie deutet höchstens darauf hin, welche Population die größten Chancen hat, in freier Wildbahn zu überleben, wenn vielleicht auch nur für begrenzte Zeit. Für viele Wildtierarten ist der größte Teil ihrer früheren Habitate zerstört worden, und nur ein sehr kleiner Teil der verbliebenen Habitate ist geschützt. Tabelle 6.3 zeigt

Tabelle 6.3: Rückgang des Verbreitungsgebiets einiger südostasiatischer Primaten und Fläche heutiger Schutzgebiete in Prozent der ursprünglichen Verbreitungsgebiete

Art	ursprüngliches Verbreitungsgebiet (in 1000 ha)	heutiges Verbreitungsgebiet (in 1000 ha)	Flächenverlust (%)	geschützte Fläche (%)
Orang-Utan (*Pongo pygmaeus*)	55 300	20 700	63	2,1
Siamang (*Hylobates syndactilus*)	46 511	16 980	63	6,8
Grauer Gibbon (*Hylobates (lar) muelleri*)	39 500	25 300	36	5,1
Biloh (*Hylobates klossi*)	650	450	31	22,9
Indochina-Gibbon (*Hylobates concolor*)	34 933	8 753	75	3,1
Javaneraffe (*Macaca fascicularis*)	38 318	12 332	68	3,4
Nasenaffe (*Nasalis larvatus*)	2 969	1 775	40	4,1
Kleideraffe (*Pygathrix nemaeus*)	29 600	7 227	76	3,1
Brillenlangur (*Presbytis obscura*)	4 327	161	96	1,6
Tonkinlangur (*Presbytis francoisi*)	9 740	1 411	86	1,2

Quelle: IUCN 1986[a].

die entsprechenden Zahlen für einige asiatische Primaten. Mehr als 95 Prozent des ursprünglichen Lebensraumes von Brillenlangur (*Presbytis obscura*) und Silbergibbon (*Hylobates* (*lar*) *moloch*) sind zerstört, weniger als zwei Prozent geschützt. Der Orang-Utan, der auf Sumatra und Borneo heimisch ist, hat 63 Prozent seines Verbreitungsgebiets eingebüßt und ist nur in zwei Prozent geschützt.

Bedrohte Regenwälder

Die Zerstörung der tropischen Regenwälder ist zu einem Synonym für das Artensterben geworden (siehe Kapitel 3). Tropische Feuchtwälder bedekken sieben Prozent der gesamten Landfläche, beherbergen aber schätzungsweise 50 Prozent aller Arten (Myers 1986). Diese immergrünen oder teilweise immergrünen Wälder kommen in frostfreien Regionen unterhalb von 1800 Meter Höhe vor und empfangen in den meisten Jahren mindestens 100 Millimeter Niederschlag pro Monat. Charakteristisch für sie sind großer Artenreichtum sowie eine Komplexität der Wechselbeziehungen zwischen Arten und ein Ausmaß der Spezialisierung, wie man sie in keiner anderen Lebensgemeinschaft findet.

Schätzungen zufolge, die auf der derzeitigen Verteilung von Niederschlägen und Temperatur basieren, bedeckten tropische Regenwälder früher 16 Millionen Quadratkilometer (Myers 1984, 1986, 1991b; Sayer und Whitmore 1991). Wie eine Kombination aus Geländeuntersuchungen, Luftaufnahmen und Satellitendaten ergab, waren im Jahre 1982 nur noch 9,5 Millionen Quadratkilometer übriggeblieben, das entspricht etwa der Fläche der USA. Bei einer erneuten Bestandsaufnahme im Jahre 1985 zeigte sich, daß in der Zwischenzeit nahezu eine weitere Million Quadratkilometer verschwunden war (siehe Abbildung 3.4). Gegenwärtig gehen pro Jahr etwa 180000 Quadratkilometer Regenwald – entsprechend der Gesamtfläche von Österreich und Ungarn – verloren; davon werden 80000 Quadratkilometer völlig zerstört und 100000 Quadratkilometer so weit beeinträchtigt, daß die Artenzusammensetzung und die ökologischen Prozesse in der Lebensgemeinschaft sich gravierend verändern. Tropische Regenwälder sind Ökosysteme, die leicht geschädigt werden, weil ihre Bodenkrume oft dünn und nährstoffarm ist und durch schwere Regenfälle rasch erodiert wird.

Global betrachtet ist kleinbäuerlicher Feldbau die wichtigste Ursache der Regenwaldzerstörung (Abbildung 6.7a und b; Myers 1986, 1991b). Ein Teil der so genutzten Flächen wird dauerhaft in Acker- und Weideland umgewandelt, aber auf einem Großteil entwickelt sich im Gefolge des Wanderfeldbaus Sekundärwald. Weitere 45000 Quadratkilometer werden jährlich durch kommerziellen Holzeinschlag – Kahlschlag und selektiven Einschlag – zerstört. Durch die Gewinnung von Brennholz, hauptsächlich für die lokale Bevölkerung, werden pro Jahr 25000 Quadratkilometer geschädigt; die restlichen 20000 Quadratkilometer werden für Rinderfarmen gerodet (Abbildung 6.7c). Der Anteil der einzelnen Aktivitäten an der Waldzerstörung variiert je nach Region: Im tropischen Asien spielt der Holzeinschlag eine größere Rolle, im tropischen Amerika die Viehzucht und im tropischen Afrika die Brennholzgewinnung. Bei einer Fortsetzung der gegenwärtigen Verlustrate würde es im Jahre 2040 außer in den relativ kleinen Schutzgebieten praktisch keinen Regenwald mehr geben. Tatsächlich ist die Lage noch ernster, als diese Hochrechnung andeutet, da die Weltbevölkerung immer noch wächst und die Armut zunimmt, wodurch der Druck auf die dahinschwindenden Reste des Regenwaldes steigt.

Eine verbreitete Ursache der Regenwaldzerstörung ist die Nachfrage der Industrieländer nach billigen Agrarprodukten wie Gummi, Palmöl, Kakao und Rindfleisch. Während der achtziger Jahre gehörte Costa Rica aufgrund der Umwandlung von Regenwald in Weideland zu den Ländern mit der höchsten Waldvernichtungsrate (Downing et al. 1992). Ein Großteil des dort produzierten Rindfleisches wurde in die USA und andere Industrieländer exportiert, wo man daraus billige Hamburger herstellte. Die negative Publicity als Folge der Aufdeckung dieser „Hamburger-Connection", gefolgt von Verbraucherboykotts, veranlaßte große Restaurantketten in den USA, kein Rindfleisch mehr von tropischen Rinderfarmen zu beziehen. Obwohl der Boykott die Entwaldung Costa Ricas nicht beendete, war er wichtig, weil er ein Bewußtsein für die internationalen Zusammenhänge schuf, die bei der Waldzerstörung eine Rolle spielen.

Eine andere gut dokumentierte Verbindung besteht zwischen den thailändischen Wäldern und der niederländischen Viehwirtschaft. Die Niederlande importieren große Mengen Maniok, Palmkernkuchen und andere tropische Produkte als Viehfutter. Um diesen Markt zu bedienen, vergrößerten die thailändischen Bauern ihre Anbauflächen für Maniok und andere Futterpflanzen von 100000 Hektar im Jahre 1965 auf eine Million Hektar Mitte der achtziger Jahre. Die Waldzerstörung im Nordosten Thailands ist zu 25 Prozent die Folge von Rodungen durch eine halbe Million maniokanbauender Familien. Was oberflächlich betrachtet als unbedeutender niederländischer Import für einen unbedeutenden Wirtschaftszweig erscheint, hat in Wirklichkeit erhebliche Folgen für die Umwelt (Netherlands National Committee for the IUCN 1988).

Eine vorrangige Aufgabe der Naturschutzbiologie ist es, durch Bereitstellung von entsprechenden Informationen und Programmen sowie durch Förderung des Problembewußtseins in der Öffentlichkeit dazu beizutragen, daß noch möglichst viel Regenwald vorhanden ist, wenn der gegenwärtige Kreislauf der Zerstörung einmal endet. Am Beispiel einiger Regio-

6.7 Zerstörung des Regenwaldes zugunsten der Landwirtschaft. a) Brandrodungskultur in Nordwestamazonien. Die eingeborenen Völker wenden diese Methode seit Jahrhunderten an, um im Wald Gärten – etwa für den vorübergehenden Anbau von Cassava (Maniok) – anzulegen; wenn aber sehr viele Menschen ihren Lebensunterhalt durch Brandrodungskultur bestreiten müssen, wird der Regenwald großräumig zerstört. (Photo: Paul Patmore.) b) Reisfelder verdrängen den Regenwald in Südwestindien. (Photo: R. Primack.) c) Ebenfalls in Amazonien wird Wald abgebrannt, um Weideland zu gewinnen. Riesige Waldflächen werden auf diese Weise zerstört. (Photo: Woods Hole Research Center.) ▶

a

b

c

nen läßt sich aufzeigen, wie schnell und gravierend die Zerstörung von Regenwald verlaufen kann.

Rondonia. Diese im Amazonasbecken gelegene brasilianische Provinz war noch im Jahre 1975 fast vollständig von Primärwald bedeckt, nur 1200 von insgesamt 243000 Quadratkilometern waren gerodet (Myers 1986; Fearnside 1987, 1990). In den siebziger Jahren baute die brasilianische Regierung einen Teil der Transamazonica durch Rondonia und errichtete ein Netz von Seitenstraßen, die in den Wald hineinführen (Abbildung 6.8a). Außerdem ermöglichte sie Konzernen durch großzügige Steuersubventionen die Einrichtung von Rinderfarmen und ermutigte arme, landlose Menschen aus den Küstenprovinzen zur Umsiedlung nach Rondonia, indem sie ihnen dort kostenloses Land anbot. Diese Anreize waren notwendig, weil die Böden der Amazonasregion nährstoffarm sind und Weiden und Äcker auf gerodetem Waldboden meist wenig Ertrag bringen. Während des staatlich geförderten Ansturms auf das Land wurden bis zum Jahre 1982 etwa 10000 Quadratkilometer Wald gerodet, bis zum Jahre 1985 weitere 6000 Quadratkilometer (Abbildung 6.8b). Ende der achtziger Jahre wuchs die Bevölkerung von Rondonia jährlich um 15,8 Prozent, und die Entwaldung nahm um 37 Prozent pro Jahr zu. Diese Raten sind, verglichen mit den meisten anderen Teilen der Welt, ob arm oder reich, außerordentlich hoch. Internationale Proteste gegen die Schädigung der Umwelt veranlaßten die Regierung, die Subventionierung der Viehwirtschaft einzustellen. Daraufhin hat das Tempo der Rodungen in Rondonia erheblich abgenommen. Doch der Umwelt wurde bereits beträchtlicher Schaden zugefügt.

Madagaskar. Die Feuchtwälder Madagaskars mit ihrem reichen Naturerbe an endemischen Arten (siehe Exkurs 5 in Kapitel 5) bedeckten ursprünglich 62000 Quadratkilometer. Durch Wanderfeldbau, Weidewirtschaft und Brände wurden sie auf 26000 Quadratkilometer reduziert. Gegenwärtig beträgt die Geschwindigkeit der Entwaldung etwa 3000 Quadratkilometer pro Jahr; das bedeutet, daß es auf der Insel im Jahre 2000 möglicherweise keine Feuchtwälder mehr geben wird, außer auf den 1,5 Prozent geschützter Flächen (Myers 1986).

Brasilianische Atlantikküste. Auch der atlantische Küstenregenwald in Nordbrasilien ist ein Lebensraum mit zahlreichen endemischen Arten. Die Hälfte aller dort vorkommenden Baumarten ist endemisch, und es gibt eine Reihe seltener und gefährdeter Tierarten, darunter so bekannte wie das Goldgelbe Löwenäffchen. Dieser Wald zog sich einst in einem langen, ununterbrochenen Streifen an der südamerikanischen Küste entlang und bedeckte eine Million Quadratkilometer. Die brasilianische Atlantikküste wurde fast vollständig für den Zuckerrohr-, Kaffee- und Kakaoanbau gero-

a

b

6.8 a) Satellitenaufnahme einer neuen Fernstraße durch den Amazonasregenwald in Rondonia; das abgebildete Gebiet ist 24500 Quadratkilometer groß. Zu beachten sind die Seitenstraßen, die das Vordringen in den Wald ermöglichen. b) Der Straßenbau in Rondonia in Kombination mit hohen staatlichen Steuersubventionen führte in den achtziger Jahren zu einem enormen Ansturm auf das Land; die Folge war die Rodung von 16000 Quadratkilometern Wald innerhalb weniger Jahre. (Photo: Woods Hole Research Center.)

det; weniger als fünf Prozent oder 50000 Quadratkilometer des Urwaldes sind noch erhalten (Myers 1986). Dieser verbliebene Wald stellt jedoch keinen zusammenhängenden Bestand dar – der immer noch recht groß wäre –, sondern besteht aus zahlreichen Teilstücken, die für den dauerhaften Fortbestand von Populationen vieler Arten mit großem Aktionsraum möglicherweise zu klein sind. Das größte dieser Waldstücke hat eine Fläche von nur 7000 Quadratkilometern und ist stellenweise stark geschädigt.

Die ecuadorianische Küstenregion. Bis 1960 gab es in Ecuador einen üppigen Küstenwald mit vielen endemischen Arten, der nur minimal durch menschliche Aktivitäten beeinträchtigt war. Dann wurden Straßen gebaut und Waldflächen gerodet, um Siedlungen und Ölpalmenplantagen anzulegen. Eines der wenigen verbliebenen Waldfragmente ist das 1,7 Quadratkilometer große Forschungsreservat Rio Palenque. In diesem winzigen Schutzgebiet hat man 1025 Pflanzenarten gefunden; von 25 Prozent dieser Arten gibt es keine weiteren bekannten Vorkommen (Gentry 1986). Über 100 Pflanzenarten wurden dort neu entdeckt. Von vielen fand man nur ein einziges Exemplar; sie sind zum sicheren Aussterben verurteilt.

Ein weiteres deprimierendes Beispiel ist Centinella, ein isolierter Höhenrücken acht Kilometer östlich von Rio Palenque, der früher von Nebelwald bedeckt war. Trotz der geringen Ausdehnung des Rückens (circa 20 Kilometer Länge und ein Kilometer Breite) waren dort möglicherweise 90 Angiospermenarten endemisch. Mit der Zerstörung der Wälder wurde diese lokale Ansammlung einzigartiger Spezies ausgelöscht.

Andere bedrohte Lebensräume

Neben dem Regenwald gibt es noch weitere Ökosystemtypen, die gleichermaßen von Zerstörung bedroht sind.

Tropische Trockenwälder. Gebiete, in denen tropischer Trockenwald gedeiht, sind für Ackerbau und Viehzucht besser geeignet als Regenwaldregionen. Wegen der mäßigen Niederschläge – 250 bis 2000 Millimeter pro Jahr – kann der Boden die Nährstoffe festhalten, so daß sie für Pflanzen verfügbar sind. Aufgrund dieser günstigeren Bedingungen für die Landwirtschaft ist die Bevölkerungsdichte in den Trockenwaldregionen Mittelamerikas fünfmal so hoch wie in den benachbarten Regenwaldgebieten (Murphy und Lugo 1986). Infolgedessen sind an der Pazifikküste Mittelamerikas weniger als zwei Prozent des ursprünglichen regengrünen Trokkenwaldes erhalten (Janzen 1988a).

Feuchtgebiete und Binnengewässer. Feuchtgebiete, Seen und Fließgewässer sind wichtige Lebensräume für Fische, wasserlebende Wirbellose und Vögel; außerdem bilden sie eine Ressource für den Hochwasserschutz, die Trinkwassergewinnung und die Stromproduktion (Williams 1990; Mitchell 1992; Moyle und Leidy 1992). Zwar sind viele Süßwasserbewohner weit verbreitet, aber bestimmte Binnengewässer sind für ihren hohen Anteil endemischer Arten bekannt. Isolierte Gewässer mit speziellen Lebensbedingungen, wie die Salzteiche im Südwesten der USA und in Mexiko, die Heimat der Blauen Wüstenfische der Gattung *Cyprinodon* (Abbildung 5.3), beherbergen viele endemische Arten. Ein anderes Beispiel ist der Viktoriasee mit seinem ungewöhnlichen Reichtum an endemischen Fischarten, von denen allerdings 250 durch Wasserverschmutzung und eingeführte Fischspezies bedroht sind (siehe Exkurs 8 weiter unten).

Binnengewässer und Feuchtgebiete werden oft für Zwecke der Landgewinnung verfüllt oder trockengelegt sowie durch Kanalisierung, Staudämme oder Chemikalieneintrag verändert (Carrier 1991). In jedem Fall wird die ursprüngliche Lebensgemeinschaft vernichtet. Im Laufe der letzten 200 Jahre wurden über die Hälfte der aquatischen Lebensräume in den USA zerstört, was zur Folge hatte, daß 40 bis 50 Prozent der Süßwasserschnecken im Südwesten der USA ausgestorben oder vom Aussterben bedroht sind (Maltby 1988). In anderen Regionen der industrialisierten Welt, etwa Europa und Japan, war die Zerstörung der Feuchtgebiete ähnlich gravierend.

In den Entwicklungsländern sind Feuchtgebiete und Binnengewässer seit einigen Jahrzehnten vor allem durch große, staatlich organisierte und oft von internationalen Hilfsorganisationen finanzierte Entwicklungsprojekte bedroht, etwa durch den Bau von Staudämmen, Entwässerungs- oder Bewässerungsprojekte (Maltby 1988).

Mangroven. Eine der wichtigsten aquatischen Lebensgemeinschaften in tropischen Regionen ist der Mangrovenwald. Man findet ihn in der Gezeitenzone flacher Küstenbereiche mit Salz- oder Brackwasser, in der Regel auf schlammigem Grund, ähnlich wie die Quellerwatten und Schlickgrasrasen der gemäßigten Breiten. Mangroven spielen eine extrem wichtige Rolle für den Schutz der Küsten vor Erosion und Sturmschäden sowie als Kinderstuben und Nahrungsgründe für Garnelen und Fische; außerdem liefern sie Holz für die Industrie, die Herstellung von Pfählen und Holzkohle. Zwei Drittel der in Australien kommerziell genutzten Meerestiere sind auf die eine oder andere Weise auf das Ökosystem Mangrove angewiesen (WRI/IIED 1986). In Afrika und anderen tropischen Regionen werden Mangroven trotz ihres hohen ökonomischen Wertes häufig zerstört, um Reis anzubauen, der ebenfalls an feuchten Standorten gedeiht. Außerdem rodet man sie für die Garnelenzucht, vor allem in Südostasien, wo schon 15 Prozent der Mangrovengebiete der Aquakultur zum Opfer gefallen sind

a b c

6.9 Die Grasländer der gemäßigten Breiten sind von großem Wert für den Erhalt der biologischen Vielfalt wie auch für landwirtschaftliche Zwecke. a) Natürliches Grasland im National Bison Range im US-Bundesstaat Montana; auf diesem staatlich geschützten Land leben zahlreiche einheimische Arten. b) Rinder auf natürlichem Grasland. c) Überweidetes Grasland nimmt ein wüstenartiges Aussehen an; einheimische Arten werden eliminiert. (Photos: Mit freundlicher Genehmigung des U.S. Fish and Wildlife Service und U.S. Forest Service.)

(ESCAP 1985). In vielen dicht besiedelten Regionen sind Mangroven durch zu intensives Sammeln von Brenn- und Bauholz bereits stark geschädigt. In Teilen Südostasiens ist ein großer Teil der Mangroven verschwunden, auf den Philippinen beispielsweise mehr als die Hälfte im Laufe der letzten hundert Jahre, in Thailand über 30 Prozent während der kurzen Zeitspanne von 1961 bis 1979 (FAO 1982, 1985a).

Grasland. Die Steppen der gemäßigten Breiten sind ein weiterer Ökosystemtyp, der durch menschliche Aktivitäten fast vollständig zerstört ist. Es ist relativ einfach, große Steppengebiete in Agrarland umzuwandeln (Abbildung 6.9). Im Osten von Illinois und im Nordwesten von Indiana beispielsweise gab es einst fünf Millionen Hektar Langgrasprärie auf Schwarzerde, doch im Jahre 1985 waren nur noch etwa acht Hektar dieses Lebensraumes unberührt; der Rest war in Agrarland umgewandelt worden (Saunders et al. 1987b). Diese verbliebenen acht Hektar setzen sich wiederum aus vielen kleinen Teilstücken zusammen, die weit verstreut sind.

6.10 Bodenerosion auf kultiviertem und beweidetem Land in Äthiopien. Mit der Erosion des Bodens und dem Verlust seines Wasserhaltevermögens hat die Vegetation begonnen abzusterben – der Prozeß der Desertifikation schreitet voran. (Photo: Mit freundlicher Genehmigung des WRI/IIED.)

Desertifikation

In vielen Regionen mit saisonaler Trockenheit kommt es infolge einer Schädigung der Lebensgemeinschaften durch menschliche Aktivitäten zur Ausbreitung der Wüste, ein Prozeß, den man als **Desertifikation** bezeichnet (Le Houérou und Gillet 1986; Breman 1992). Betroffen sind in den Tropen Gras- und Buschland sowie regengrüne Wälder, in den gemäßigten Breiten Gebiete mit Hartlaubvegetation, wie man sie im Mittelmeerraum, im Südwesten Australiens, in Südafrika, Chile und Südkalifornien findet. Solche Flächen können zwar in manchen Jahren für die landwirtschaftliche Nutzung geeignet sein, aber regelmäßige Bestellung, vor allem in trockenen und windreichen Jahren, führt zu Bodenerosion und zur Abnahme der Wasserkapazität des Bodens (Abbildung 6.10). Teilweise kommt es auch zur Überweidung durch Rinder, Schafe, Ziegen und andere Haustiere, und

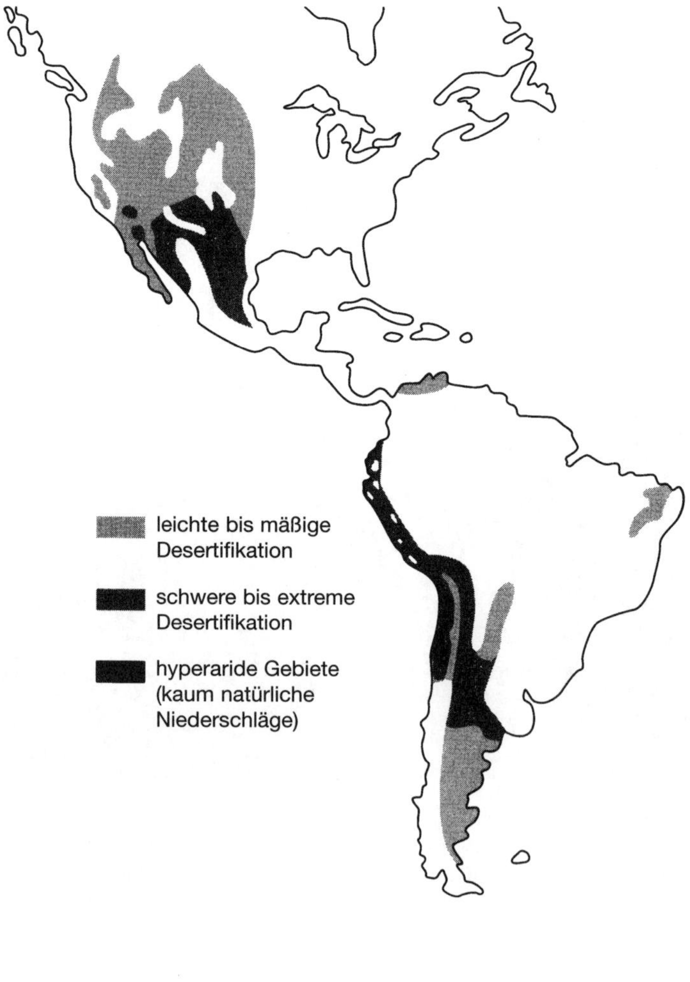

Holzpflanzen werden zur Brennholzgewinnung geschlagen. Die Folgen sind eine zunehmende Schädigung der natürlichen Lebensgemeinschaft und ein Verlust an Bodenkrume, bis die Region schließlich das Erscheinungsbild einer Wüste annimmt (Schlesinger et al. 1990). In den Trockengebieten der Welt sind durch diesen Prozeß bereits neun Millionen Quadratkilometer zur Wüste geworden, ein Drittel davon in Afrika (Abbildung 6.11; Dregne 1983). Am ausgeprägtesten ist der Prozeß der Desertifikation in der afrikanischen Sahelzone; dort sind die meisten einheimischen Großsäuger vom Aussterben bedroht. Das Ausmaß der Probleme für den Menschen illustriert die Tatsache, daß im Sahel schätzungsweise zweieinhalbmal so viele Menschen leben, wie das Land auf Dauer ernähren kann. Ein Fortschreiten der Desertifikation erscheint fast unvermeidlich, außer in den begrenzten Gebieten, in denen eine Intensivierung der Landwirtschaft möglich ist (Breman 1992).

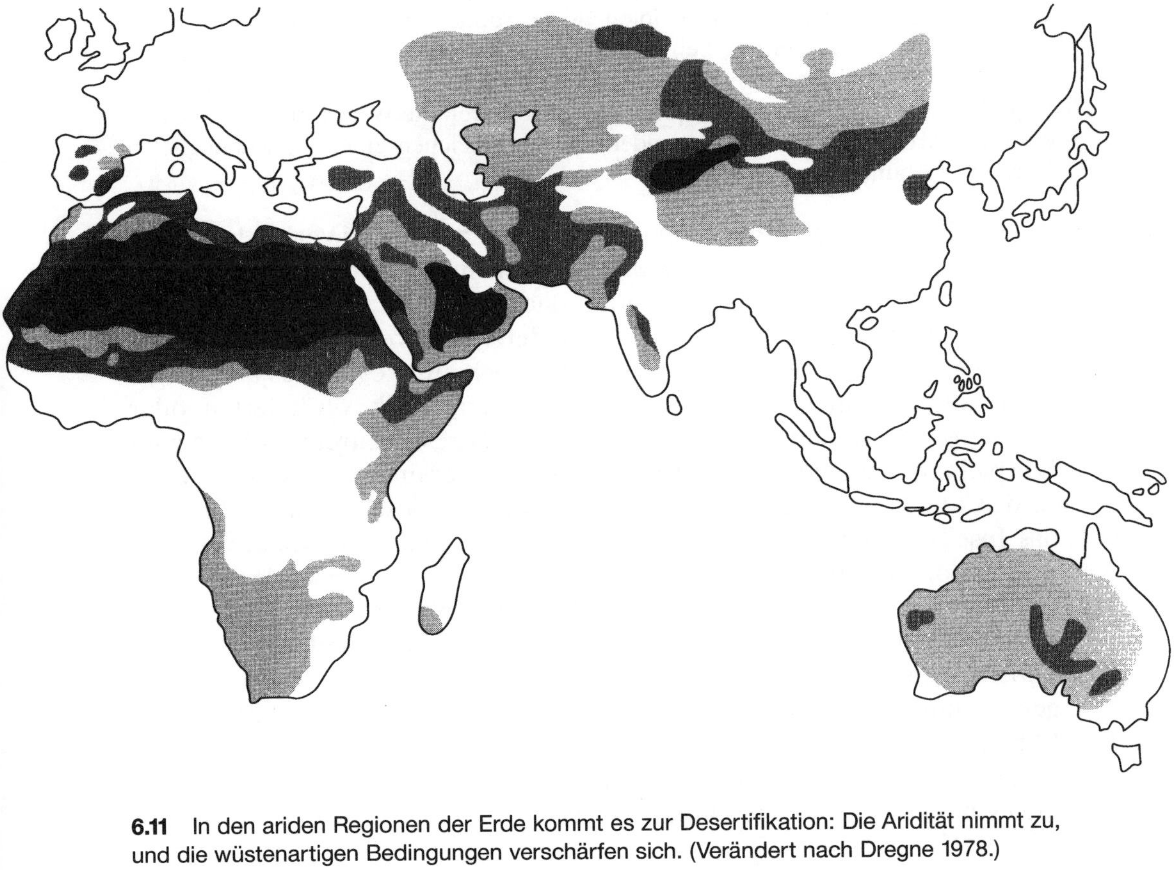

6.11 In den ariden Regionen der Erde kommt es zur Desertifikation: Die Aridität nimmt zu, und die wüstenartigen Bedingungen verschärfen sich. (Verändert nach Dregne 1978.)

Fragmentierung von Lebensräumen

Viele früher ausgedehnte Lebensräume sind durch die Anlage von Straßen, Feldern und Städten sowie durch viele andere menschliche Aktivitäten zerstückelt worden. Vor über 30 Jahren beschrieb der Pflanzenökologe J. T. Curtis (1956) die Auswirkungen dieser Fragmentierung auf Wälder der gemäßigten Breiten:

> »Statt einer im wesentlichen geschlossenen Walddecke ... bietet die Landschaft nun den Anblick einer Savanne: einzeln stehende Bäume, kleine Baumgruppen und Haine, die verstreut in einem vom Menschen geschaffenen Grasland aus Getreide und Weidegras liegen. In den verbliebenen Waldstücken könnte sich eine Reihe möglicherweise bedeutsamer Veränderungen einstellen. Der Austausch von Organismen zwischen den einzelnen Waldbeständen wird durch deren geringe Größe und verstärkte Isolation behindert. In jedem einzelnen Bestand kann es im Laufe der Jahre durch zufällige Ereignisse zum Aussterben einer oder mehrerer Arten kommen. Unter natürlichen Bedingungen würde eine solche lokale Katastrophe schnell durch die Zuwanderung von Individuen aus benachbarten Gebieten wettgemacht. In den isolierten Waldstücken dagegen sind die Möglichkeiten einer Einwanderung gering oder fehlen ganz. Aufgrund dessen verlieren die Waldreste allmählich einige Arten, und die verbleibenden Spezies erreichen eine ungewöhnliche relative Abundanz.«

Als **Fragmentierung** (Zerstückelung, Zerschneidung oder Verinselung) von Lebensräumen (*habitat fragmentation*) bezeichnet man den Prozeß, duch den große, zusammenhängende Biotopflächen sowohl verkleinert als auch in zwei oder mehr Fragmente zerteilt werden (Wilcove et al. 1986; Lovejoy et al. 1986). Dabei bleibt oft ein Flickenteppich aus Resten des ursprünglichen Lebensraumes und dazwischenliegenden, stark veränderten oder geschädigten Flächen zurück (Abbildung 6.12). Ein Extremfall wäre zum Beispiel ein Waldgebiet, das größtenteils in Ackerland umgewandelt wird, so daß nur kleine Waldreste zurückbleiben. Auf diese Situation läßt sich das Inselbiogeographiemodell (Kapitel 4) anwenden: Die Waldreste sind Inselbiotope in einem unwirtlichen Agrarmeer. Die Fragmentierung geht fast immer mit einer starken Flächenreduktion einher, doch gibt es auch Fälle, in denen der Flächenverlust nur gering ist, nämlich wenn der Lebensraum durch Straßen, Eisenbahntrassen, Kanäle, Überlandleitungen, Zäune, Feuerschneisen und andere Barrieren zerschnitten wird (Abbildung 6.13).

Zwischen Lebensraumfragmenten und den ursprünglichen Lebensräumen gibt es zwei wichtige Unterschiede:

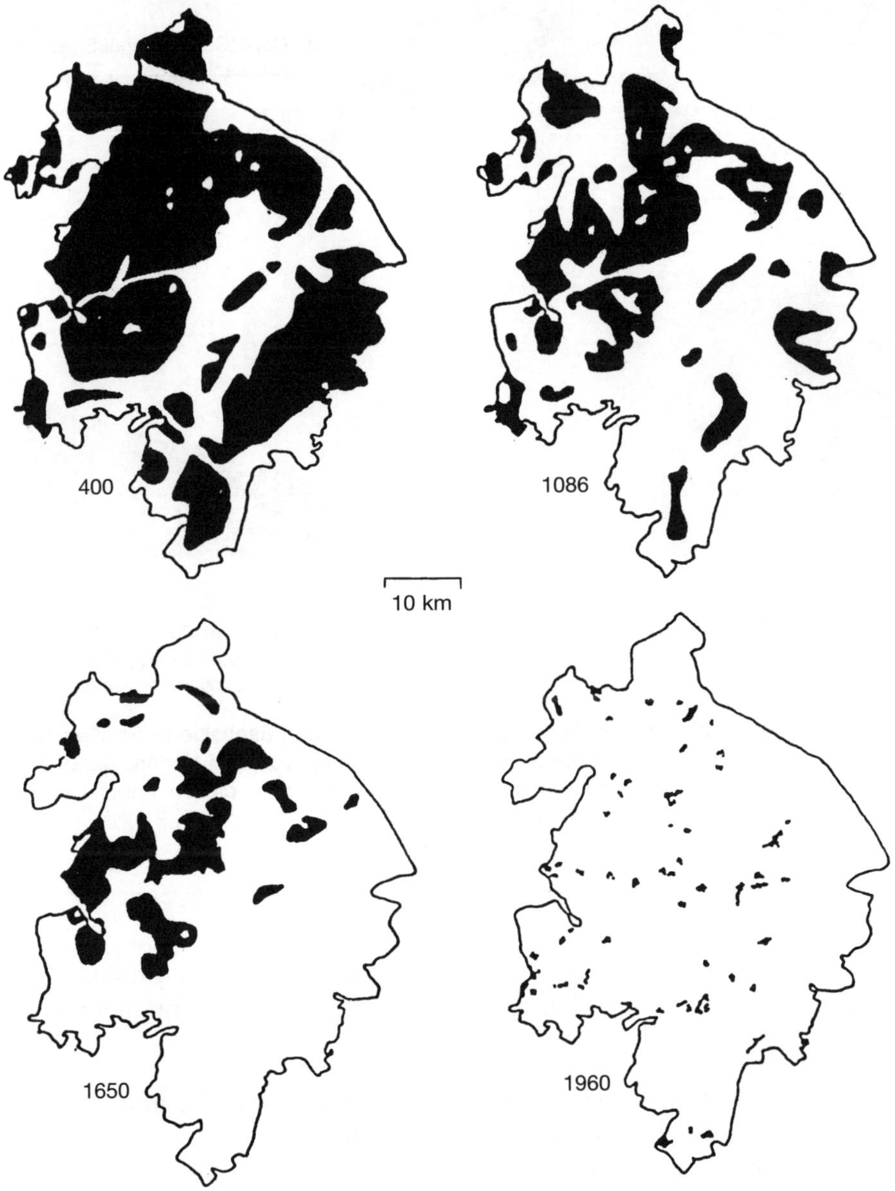

6.12 Die Waldgebiete (schwarz) im englischen Warwickshire sind im Laufe der Jahrhunderte (von 400 nach Christus bis 1960) fragmentiert worden und haben erheblich an Fläche verloren. (Aus Wilcove et al. 1986.)

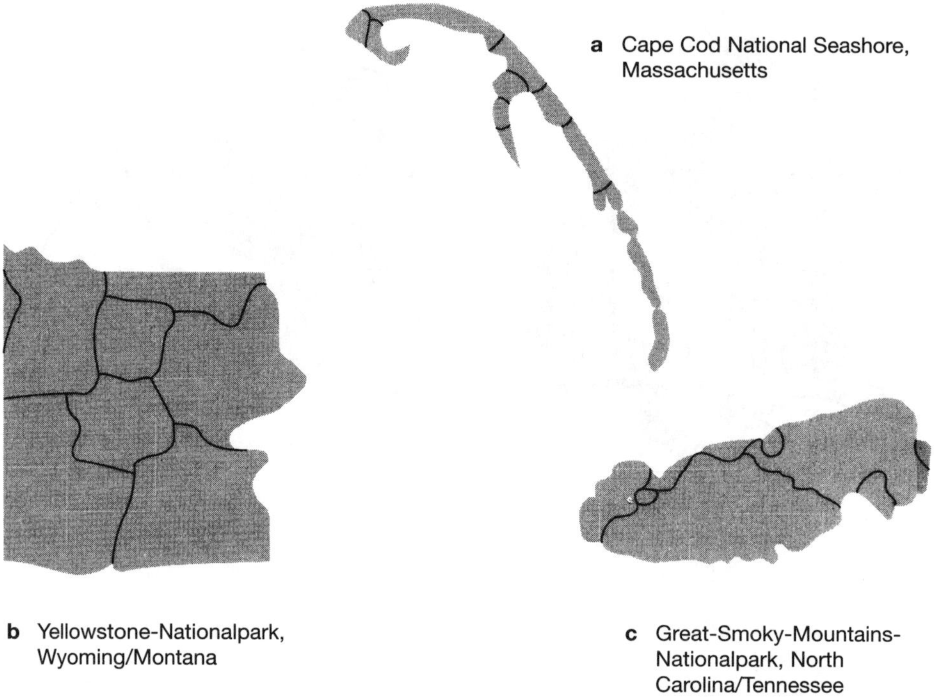

6.13 Selbst Nationalparks werden fragmentiert, wenn darin asphaltierte Straßen für die Besucher gebaut werden. Die Abbildung zeigt die Umrisse von drei Nationalparks in den USA (in verschiedenen Maßstäben) und die Asphaltstraßen in diesen Parks (schwarze Linien). (Nach Schonewald-Cox und Buechner 1992).

1. Bei den Fragmenten ist die Randlänge relativ zur Fläche größer.
2. Der Abstand zwischen Zentrum und Rand ist bei den Fragmenten kleiner.

Ein einfaches Beispiel soll diese Eigenschaften sowie die unter Umständen daraus resultierenden Probleme illustrieren.

Man denke sich ein quadratisches Naturschutzgebiet mit einem Kilometer Seitenlänge, also einem Quadratkilometer beziehungsweise 100 Hektar Fläche (Abbildung 6.14). Der Umfang (die Randlänge) dieses Gebiets beträgt 4000 Meter, der kleinste Abstand zwischen Mittelpunkt und Rand 500 Meter. Wenn Hauskatzen von allen Seiten des Schutzgebiets jeweils 100 Meter weit in den Wald eindringen und die Vögel an der erfolgreichen Aufzucht ihrer Jungen hindern, bleiben den Vögeln nur 64 Hektar im Inneren des Gebiets zum Brüten. Die für die Jungenaufzucht ungeeignete Randfläche des Lebensraumes nimmt 36 Hektar ein.

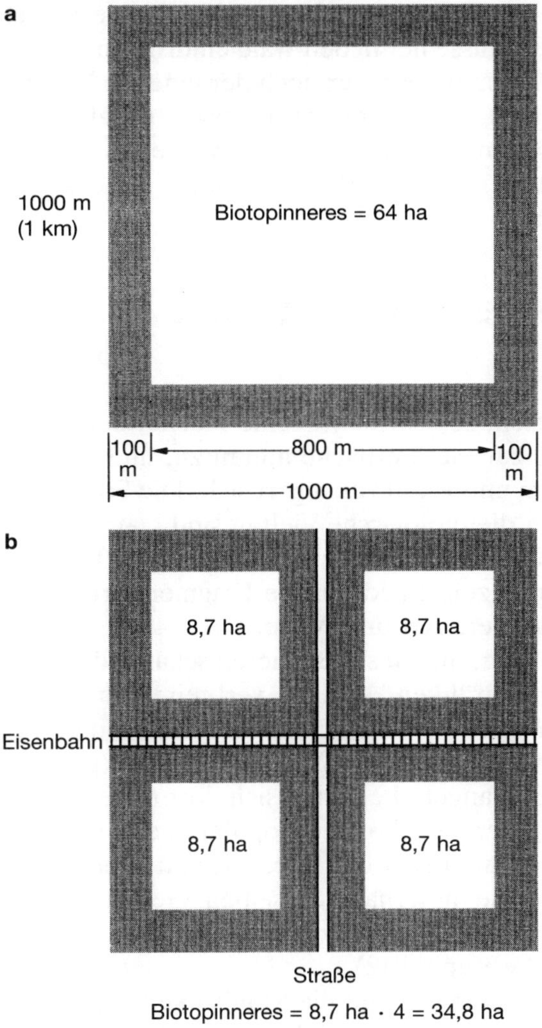

6.14 Ein hypothetisches Beispiel zeigt, wie gravierend Biotope durch Fragmentierung und Randeffekte in ihrer Fläche reduziert werden. a) Ein Schutzgebiet von einem Quadratkilometer Größe. Unter der Annahme, daß Randeffekte 100 Meter weit in das Gebiet hineinreichen, bleiben noch etwa 64 Hektar, auf denen Vögel nisten können. b) Die Straße und die Eisenbahntrasse, die das Schutzgebiet zerschneiden, verbrauchen selbst zwar wenig Fläche, verursachen aber eine so starke Ausdehnung der Randeffekte, daß nahezu die Hälfte des Nistareals verlorengeht.

Nun denke man sich das Schutzgebiet durch eine zehn Meter breite Straße in Nord-Süd-Richtung und eine ebenso breite Eisenbahntrasse in Ost-West-Richtung zerschnitten. Der Flächenverlust beträgt zwei Hektar (2 × 1000 m × 10 m). Da das Schutzgebiet nur zwei Prozent seiner Fläche einbüßt, seien die Auswirkungen, so argumentieren die Stadtplaner, vernachlässigbar gering. Doch nun besteht das Gebiet aus vier Fragmenten mit einer Fläche von jeweils 495 Meter × 495 Meter. Die kürzeste Entfernung zwischen Mittelpunkt und Rand beträgt in jedem dieser Bruchstücke nur noch 247 Meter, weniger als die Hälfte der ursprünglichen Distanz.

Katzen können nicht mehr nur vom Rand des Schutzgebiets, sondern auch von der Straße und der Eisenbahntrasse her in den Wald eindringen, und so bleibt den Vögeln zur Aufzucht ihrer Jungen nur noch der innerste Bereich der einzelnen Fragmente: 8,7 Hektar pro Fragment, insgesamt also 34,8 Hektar. Obwohl die Fläche des Schutzgebiets durch die Verkehrswege nur um zwei Prozent verringert wurde, ist der für Vögel geeignete Lebensraum auf etwa die Hälfte geschrumpft.

Fragmentierung von Lebensräumen und Mobilität von Organismen

Wird ein Lebensraum zerschnitten, so schrumpft seine Fläche, der Anteil des Randbereichs im Verhältnis zur Gesamtfläche nimmt zu, und die Entfernung zwischen Biotopinnerem und Rand verringert sich. Die Folgen des Verlustes von Lebensräumen für die biologische Vielfalt sind klar: Die verlorene Fläche mag der einzige Lebensraum einer bestimmten Art gewesen sein. Doch wie das obige Beispiel zeigt, bedroht die Fragmentierung von Lebensräumen Arten oft auf subtilere Art und Weise.

Erstens kann die Fragmentierung, indem sie Barrieren schafft, die Möglichkeiten von Organismen einschränken, sich zu verbreiten und neue Lebensräume zu besiedeln. In ihrer natürlichen Umgebung breiten sich Samen, Sporen und Tiere passiv und aktiv aus. Wenn sie an einen geeigneten, noch nicht besiedelten Ort gelangen, beginnen sich dort neue Populationen zu entwickeln. Im Laufe der Zeit können Populationen entstehen und wieder zugrunde gehen, wodurch sich das Areal der Art verschiebt. Eine Reihe von Populationen, die innerhalb desselben Gebiets diesen Ablauf von Aussterben und Neubesiedlung vollziehen, wird manchmal als **Metapopulation** bezeichnet (siehe Kapitel 12).

Wenn ein Lebensraum fragmentiert ist, sind die Möglichkeiten zur Ausbreitung und Besiedelung oft reduziert. Viele waldbewohnende Vögel, Säugetiere und Insekten überqueren nicht einmal kurze Strecken offenen Geländes (Lovejoy et al. 1986; Bierregaard et al. 1992). Wenn sie sich hinauswagen, können sie auf Falken, Eulen, Fliegenschnäpper, Katzen oder andere Carnivore treffen, die ihnen am Waldrand auflauern. Für viele Wirbellose stellt ein 100 Meter breiter Acker eine unüberwindbare Barriere dar. Wenn die Fragmentierung von Lebensräumen die Ausbreitung von Säugern beeinträchtigt, leiden darunter auch Pflanzen mit fleischigen Früchten oder klebrigen Samen, die für ihre eigene Verbreitung auf die Tiere angewiesen sind. Aufgrund dessen werden isolierte Biotopfragmente von vielen Arten, die eigentlich in ihnen leben könnten, nicht besiedelt. Arten, die in einem Biotoprest infolge natürlicher Prozesse (etwa aufgrund von Sukzession oder Prozessen innerhalb von Metapopulationen) ausster-

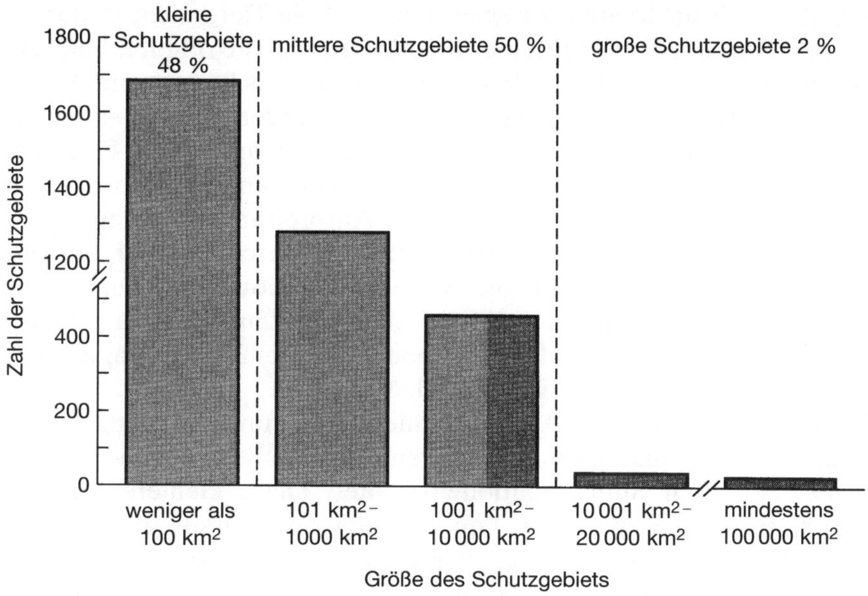

6.15 Fast die Hälfte aller weltweit existierenden Nationalparks und anderen Schutzgebiete sind weniger als 100 Quadratkilometer groß, 98 Prozent sind kleiner als 10 000 Quadratkilometer. (Daten aus IUCN 1982, aktualisiert bis 1986).

ben, können wegen der Ausbreitungsbarrieren nicht durch neue Spezies ersetzt werden, und so nimmt die Artenzahl in solchen Fragmenten im Laufe der Zeit ab. Die meisten Nationalparks und Naturschutzgebiete sind zu klein und zu isoliert, um vielen Arten dauerhaft Lebensraum zu bieten (Abbildung 6.15).

Eine zweite negative Folge der Fragmentierung von Lebensräumen besteht darin, daß sie Tiere bei der Nahrungssuche behindert. Viele Tierarten müssen sich – einzeln oder in Gruppen – frei in der Landschaft bewegen können, um weit verstreute Nahrungsquellen aufzusuchen. Eine bestimmte Nahrung wird vielleicht nur während weniger Wochen des Jahres oder sogar nur einmal im Laufe mehrerer Jahre benötigt, aber wenn ein Lebensraum fragmentiert wird, ist es Arten, die nun auf ein Biotopfragment beschränkt sind, unter Umständen nicht mehr möglich, ihren normalen Aktionsraum auf der Suche nach dieser knappen Ressource zu durchstreifen. Beispielsweise bleiben Orang-Utans, Gibbons und andere Primaten normalerweise im Wald und suchen sich dort in einem großen Gebiet ihre Nahrung. In Zeiten, in denen Früchte knapp sind, kann es für sie lebenswichtig sein, die wenigen, verstreut stehenden Bäume zu finden, die reichlich Früchte tragen. Lichtungen und Straßen, die das Kronendach des Waldes unterbrechen, hindern diese Primaten unter Umständen daran, nahegelegene Fruchtbäume zu erreichen, weil die Tiere nicht in der Lage sind oder nicht wagen, die Bäume zu verlassen und die offenen Flächen zu überqueren. Große Weidetiere wie Gnus oder Bisons können durch Zäune an ihren natürlichen Wanderungen gehindert werden, so daß sie gezwungen sind, einen ungeeigneten Lebensraum zu überweiden; die Folgen sind letztlich das Verhungern der Tiere und die Schädigung des Lebensraumes. Bei verstreut lebenden Tierarten können Ausbreitungsbarrieren das Auffinden von Geschlechtspartnern erschweren, wodurch das Fortpflanzungspotential gesenkt wird. Auch die Samenproduktion von Pflanzen kann beeinträchtigt werden, wenn die Tiere, die sie bestäuben, etwa Schmetterlinge oder Bienen, Schwierigkeiten haben, von einem Biotopfragment zum anderen zu gelangen (Bierregaard et al. 1992).

Die Fragmentierung von Lebensräumen kann zum Rückgang und zum Erlöschen von Populationen führen, wenn sie eine bestehende Population in zwei oder mehr Subpopulationen spaltet. Diese kleineren, auf eine geringere Fläche beschränkten Populationen sind stärker durch Inzucht, genetische Drift und andere in kleinen Populationen auftretende Probleme gefährdet (siehe Kapitel 11). Während das ursprüngliche, große Gebiet einer großen Population Lebensraum bot, ist es möglich, daß keines der Fragmente groß genug ist, um eine der Subpopulationen längere Zeit überleben zu lassen.

Randeffekte

Durch die Fragmentierung von Biotopen nimmt, wie oben gezeigt, die Fläche des Randbereichs relativ zur Fläche des Biotopinneren enorm zu. Die Lebensbedingungen in beiden Bereichen unterscheiden sich in vielerlei Hinsicht. Zu den wichtigeren unter den sogenannten **Randeffekten** (*edge effects*) gehören ein hinsichtlich Lichteinfall, Temperatur und Wind verändertes Mikroklima sowie das vermehrte Auftreten von Bränden (Lovejoy et al. 1986; Kapos 1989; Bierregaard et al. 1992). Jeder dieser Effekte kann sich erheblich auf die Vitalität und das Spektrum der Arten in einem Biotopfragment auswirken.

Lichteinfall und Temperatur. Vor allem in Wäldern und anderen Gemeinschaften mit dichter Vegetation wird das Sonnenlicht durch viele Lagen von Blättern absorbiert und reflektiert. In intakten Wäldern erreicht stellenweise weniger als ein Prozent der einfallenden Lichtenergie den Erdboden. Das Kronendach bildet einen Puffer für das Mikroklima am Waldboden, der es tagsüber relativ kühl, feucht und schattig hält, die Luftbewegung reduziert und während der Nacht die Wärme in der bodennahen Luftschicht festhält. Wenn der Wald gerodet wird, geht dieser Puffer verloren;

6.16 An solchen scharfen Übergängen zwischen Wald und gerodeter Fläche wie hier in Brasilien entwickelt sich ein völlig anderes Mikroklima als im Inneren des Regenwaldes. (Photo: R. Bierregaard.)

der Boden ist dem Sonnenlicht unmittelbar ausgesetzt und erwärmt sich während des Tages sehr viel stärker. Ohne das Kronendach, das Wärme und Feuchtigkeit festhält, wird es außerdem nachts am Boden sehr viel kälter, und Boden- und Luftfeuchtigkeit nehmen generell ab. Diese Effekte sind am Rand eines Biotopfragments am stärksten und nehmen zum Innern hin ab. Im Amazonasgebiet reichen solche mikroklimatischen Effekte bis zu 40 Meter in das Innere von Waldfragmenten hinein (Kapos 1989). Da Tiere und Pflanzen oft an ganz bestimmte Temperatur-, Feuchte- und Lichtbedingungen angepaßt sind, verlieren Waldfragmente infolge dieser Veränderungen viele Arten. Schattentolerante Krautpflanzen der gemäßigten Wälder, für späte Sukzessionsstadien typische Bäume der Tropenwälder sowie Tiere, die eine feuchte Umgebung benötigen, etwa Amphibien, werden durch die Fragmentierung von Lebensräumen oft schnell eliminiert, wodurch sich das Artenspektrum der Gemeinschaft ändert.

Der Randbereich ist in der Regel der am stärksten veränderte Teil eines Biotopfragments (Abbildung 6.16). Wenn die Sonne tief steht, kann es dort während des Tages sehr heiß werden, und nachts kann die Temperatur stark sinken, weil es an Vegetation fehlt, die die Wärme festhalten könnte. Allerdings bildet sich infolge der solcherart veränderten Bedingungen am Waldrand oft ein dichtes Gestrüpp aus rankenden Pflanzen und schnell wachsenden Pionierarten. Dieser Bewuchs kann eine Barriere bilden, die das Innere des Biotopfragments bis zu einem gewissen Grad gegen Störungen abschirmt. Insofern spielt der Randbereich eine wichtige Rolle für den Erhalt des Artenspektrums in einem Waldfragment, doch im Zuge dieser Barrierenbildung wird die Artenzusammensetzung des Waldrandes selbst dramatisch verändert, und die von Arten des Waldesinneren besiedelte Fläche nimmt nochmals ab (Lovejoy et al. 1986). Im Laufe der Zeit kann der Waldrand von Tier- und Pflanzenarten besiedelt werden, die im Inneren des Waldes nicht vorkommen.

Wind. Auch veränderte Windverhältnisse können in fragmentierten Waldbiotopen deutliche Auswirkungen zeigen. In einem intakten Wald wird die Windgeschwindigkeit durch die Baumkronen erheblich reduziert; aus einem kräftig über die Bäume hinwegwehenden Wind wird im Inneren des Waldes eine sanfte Brise. Wenn ein Lebensraum fragmentiert wird, kann der Wind in ihn eindringen. Die stärkste Wirkung wird er auf den Waldrand haben, der seiner ungebrochenen Kraft ausgesetzt ist, doch auch ein beträchtliches Stück waldeinwärts können die Auswirkungen der Luftbewegung noch spürbar sein, vor allem in ebenem Gelände. Durch die gesteigerte Windstärke und Luftturbulenz wird die Vegetation unmittelbar geschädigt, besonders am Waldrand. Bäume, die im Waldesinneren herangewachsen sind, verlieren durch den Wind Blätter und Zweige oder werden sogar entwurzelt (Bierregaard et al. 1992; Laurance 1991b). Stärkerer Wind trocknet außerdem den Boden stärker aus, senkt die Luftfeuchtigkeit und erhöht den Wasserverlust an der Blattoberfläche. Dem daraus folgenden Dürrestreß können viele Pflanzenarten des Waldesinneren zum Opfer fallen. Am Waldrand können Bäume absterben und durch andere Arten ersetzt werden, die besser an die neuen Lebensbedingungen angepaßt sind. Am deutlichsten sind solche Effekte bis etwa 200 Meter waldeinwärts, doch hat man im australischen Regenwald noch in 500 Meter Entfernung vom Waldrand vermehrte Schäden festgestellt.

Brände. Stärkere Winde, geringere Feuchtigkeit und höhere Temperaturen steigern die Wahrscheinlichkeit von Bränden. Feuer kann von Feldern, die (wie bei der Zuckerrohrernte) regelmäßig abgebrannt werden, ebenso auf nahegelegene Biotopfragmente übergreifen wie bei den unregelmäßigen Aktivitäten brandrodender Bauern (Gomez-Pompa und Kaus 1992). Besonders leicht geraten Waldfragmente in Brand, wenn sich an ihrem Rand das Holz abgestorbener oder durch den Wind gefällter Bäume angesammelt hat. Im indonesischen Teil Borneos verbrannten während einer ungewöhnlichen Trockenperiode in den Jahren 1982 und 1983 mehrere Millionen Hektar tropischer Feuchtwald; mit schuld am Ausmaß dieser Umweltkatastrophe waren die Fragmentierung des Waldes durch Landwirtschaft und selektiven Holzeinschlag, die Ansammlung von Reisig nach selektivem Holzeinschlag sowie anthropogene Feuer (Leighton und Wirawan 1986).

Räuberdruck und Konkurrenz durch eingeführte und heimische Arten. Arten aus anderen Lebensräumen, ob fremdländischer oder heimischer Herkunft, können leichter in Biotopfragmente eindringen als in die ursprünglichen Biotope. Der Waldrand stellt einen gestörten Lebensraum dar, in dem sich viele fremde Pflanzen- und Tierarten ansiedeln, vermehren und dann auch ins Innere des Waldfragments vordringen können (Janzen 1983). Die Samen von Pflanzenarten mit Windausbreitung beispielsweise können weit in das Innere des Fragments hineingeweht werden, wo sie sowohl natürliche Freiflächen als auch die Lücken besiedeln, die infolge der erhöhten Baumsterblichkeit entstehen. Lichtliebende Schmetterlingsarten können aus baumlosem Gelände bis zu 300 Meter weit in den Wald hineinwandern (Lovejoy et al. 1986).

Omnivore Tiere wie Waschbären, Skunks und Blauhäher können sich am Waldrand, wo ihnen Nahrung sowohl aus natürlichen als auch vom Menschen beeinträchtigten Lebensräumen zur Verfügung steht, vermehren (Yahner 1988). Diese Allesfresser plündern oft die Nester von Waldvögeln und können viele Vogelarten bis mehrere hundert Meter vom Waldrand entfernt an der Jungenaufzucht hindern (Exkurs 6). Brutschmarotzende Kuhstärlinge, die auf Feldern und am Waldrand leben, nutzen diesen als Ausgangspunkt für die Eroberung des Waldesinneren, wo sie ihre Eier in die Nester waldbewohnender Singvögel legen. In ähnlicher Weise können Prädatoren Insekten- und Amphibienpopulationen im Randbereich von Biotopfragmenten dezimieren, der vor der Fragmentierung für sie unzugänglich war. Schalenwild und andere Herbivore können dort Populationen aufbauen, die die Vegetation überweiden und bestimmte Pflanzenarten noch mehrere Kilometer waldeinwärts eliminieren (Alverson et al. 1988).

Eine weitere Folge der Fragmentierung von Lebensräumen ist eine geringere räumliche Entfernung zwischen Wildtier- und Haustierpopulationen. Haustierkrankheiten können leichter auf Wildtiere übergreifen, die wenig Widerstandskraft gegen sie besitzen. Die Auswirkungen von Krankheiten und von eingeführten Arten im allgemeinen werden im nächsten Kapitel genauer untersucht.

Exkurs 6: Der Rückgang der Singvögel in Nordamerika

Zur Erklärung des seit einiger Zeit beobachteten Rückgangs der Singvogelbestände in Nordamerika ist eine ganze Reihe von Theorien aufgestellt worden (Terborgh 1989, 1992a; Hagan 1992). Einige Forscher, denen auffiel, daß viele der Arten, die in kleineren, isolierten Waldresten fehl-

Singvogelbeobachtungen im Rock Creek Park, District of Columbia, USA

	Zahl der beobachteten Paare im Durchschnitt der Jahre		
Art	1940–1949	1980–1989	Änderung (%)
Zugvögel			
Rotaugenvireo (*Vireo olivaceus*)	41,5	5,8	–86,0
Pieperwaldsänger (*Seiurus aurocapillus*)	38,8	3,3	–91,5
Buchentyrann (*Empidonax virescens*)	21,5	0,1	–99,5
Walddrossel (*Hylocichla mustelina*)	16,3	3,9	–76,1
Gelbkehlvireo (*Vireo flavifrons*)	6,0	0,0	–100,0
Kapuzenwaldsänger (*Wilsonia citrina*)	5,0	0,0	–100,0
Scharlachtangare (*Piranga olivacea*)	7,3	3,5	– 52,1
Kletterwaldsänger (*Mniotilta varia*)	3,0	0,0	–100,0
Waldtyrann (*Contopus virens*)	5,5	2,8	–49,1
Standvögel			
Carolinameise (*Parus carolinensis*)	5,0	4,3	–14,0
Indianermeise (*Parus bicolor*)	5,0	4,5	–10,0
Dunenspecht (*Picoides pubescens*)	3,5	3,0	–14,3
Carolinakleiber (*Sitta carolinensis*)	3,5	3,1	–11,4

Quelle: Terborgh 1992a; Daten der National Audubon Society.

Einer der ersten neotropischen Zugvögel, der infolge der Waldzerstörung in den Tropen ausstarb, war der Gelbstirn-Waldsänger (*Vermivora bachmanii*), der zuletzt im Jahre 1960 beobachtet wurde. Die kubanischen Wälder, in denen diese Art überwinterte, wurden fast vollständig gerodet, um Zuckerrohrfelder anzulegen. Auf diesem Audubon-Druck ist der Waldsänger auf einer blühenden Franklinia dargestellt, einer Baumart, die heute in der Natur ausgestorben ist.

ten, in größeren Waldgebieten immer noch zu finden waren, stellten die Hypothese auf, daß die Fragmentierung der Wälder auf noch unbekannte Weise für den Populationsrückgang vieler Arten verantwortlich ist. Andere, die bemerkten, daß diejenigen Arten am stärksten betroffen waren, die im Winter in tropische Gebiete zogen (die sogenannten neotropischen Zugvögel), vermuteten, die Singvogelbestände litten unter der

Zerstörung der tropischen Wälder. Beobachtungen an einzelnen Arten lieferten jedoch weder für die eine noch für die andere Hypothese Belege. Was die erste Vermutung betrifft, so zeigte sich, daß die für das Überleben einer Art erforderliche Waldfläche je nach Standort ganz erheblich variierte, so daß sich Ergebnisse von Untersuchungen aus einem Teil der USA nicht auf Populationen in anderen Teilen des Landes übertragen ließen. Bezüglich der zweiten Hypothese fanden die Wissenschaftler heraus, daß zwar viele neotropische Vogelarten von Bestandsrückgängen betroffen sind, aber nicht alle diese Arten in Regionen überwintern, in denen der Wald zerstört wird. Im Gegenteil, die Bestände einiger Arten, die in den am stärksten von Waldvernichtung betroffenen Gebieten Südamerikas überwintern, sind noch stabil (Terborgh 1992a). Überdies erklärt diese Hypothese nicht, warum auch nichtziehende Vogelarten – etwas weniger ausgeprägt zwar – von erheblichen Verlusten betroffen sind. Wenn die nächstliegende Erklärung für den Rückgang der Singvögel, die Zerstörung ihrer Lebensräume, nicht der entscheidende Faktor ist, was ist es dann?

Die Antwort scheint in der Art und Weise zu liegen, wie die Wissenschaftler Wälder und Waldreste beurteilten: Wenn ein Wald weder von einem Netto-Flächenverlust noch von nennenswerten menschlichen Aktivitäten betroffen war, wurde er als stabiler, für die Singvögel geeigneter Lebensraum eingestuft. Als viele dieser scheinbar geeigneten Wälder konstant als Brutgebiete gemieden wurden, begannen sich einige Forscher zu fragen, ob in den scheinbar stabilen Waldstücken vielleicht ein anderer, auf den ersten Blick nicht erkennbarer Faktor eine Rolle spielte. Wie Untersuchungen Anfang der achtziger Jahre ergaben, war dies tatsächlich der Fall: In Gebieten, in denen der Singvogelbestand zurückging, vor allem in fragmentierten Waldstücken, waren die Verluste durch brutparasitische Kuhstärlinge und Nesträuber wie Waschbären und Opossums sehr hoch (Wilcove 1985; Terborgh 1992a; Line 1993). Diese Arten werden von Gebieten angezogen, die vom Menschen besiedelt oder geschädigt sind: Die Kuhstärlinge bevorzugen offenes Agrarland, Opossums und Waschbären sind in Vorstädten verbreitet, wo Mülldeponien und das Fehlen von Räubern ideale Lebensbedingungen für Aasfresser schaffen.

Sowohl Brutparasiten als auch Nesträuber hatten auf die untersuchten Singvogelpopulationen gravierenden Einfluß. Eine Studie in einem großen Waldgebiet bei Shelbyville im Bundesstaat Illinois ergab, daß 80 Prozent der beobachteten Brutpaare ihre Eier an Nesträuber verloren. Und von den übrigen Paaren zogen über zwei Drittel statt ihrer eigenen Jungen Kuhstärlinge auf (Terborgh 1992a)! Mit anderen Worten: Weniger als sieben Prozent der Singvögel in diesem Wald pflanzten sich erfolgreich fort. In Anbetracht dieser Zahlen ist der Rückgang der Singvögel kaum verwunderlich.

Zudem erklären diese Beobachtungen teilweise, warum die Verluste bei den neotropischen Zugvögeln höher sind als bei Standvögeln. Zugvögel werden durch Nesträuber und

Brutparasiten leichter geschädigt, weil ihre Brutsaison durch den für den Zug erforderlichen Zeitraum verkürzt ist. Viele Zugvögel produzieren zudem kleinere Gelege als Standvögel. Infolgedessen sind sie von einem Ausbleiben des Bruterfolgs stärker betroffen. Die Zerstörung ihrer tropischen Lebensräume in Kombination mit ausbleibendem Bruterfolg verschärft die ohnehin bestehenden Probleme der Zugvögel; aus diesem Grund sind sie von einem wesentlich stärkereren Rückgang betroffen als die nicht ziehenden Singvogelarten.

Vier Studien über die Fragmentierung natürlicher Lebensräume

Die Vögel des östlichen Nordamerika. Der Osten Nordamerikas zeichnet sich durch eine hohe Bevölkerungsdichte, großen Wohlstand und relativ starkes Interesse am Naturschutz aus. Infolgedessen sind die Auswirkungen der Fragmentierung von Wäldern auf Vogelpopulationen in dieser Region gut untersucht. Die Fragmentierung ihrer Lebensräume hat zum Verschwinden verschiedener Vogelarten geführt; am schnellsten verlief dieser Vorgang in kleinen Waldstücken und bei den neotropischen Zugvogelarten, die typische Bewohner des Waldinneren sind (Exkurs 6). Eine Studie ergab, daß 15 Arten des Waldinneren, größtenteils neotropische Zugvögel, aus Waldresten verschwanden, die kleiner als 0,7 Quadratkilometer waren (Whitcomb et al. 1981). Bei Fragmenten, die relativ nahe an größeren Waldgebieten liegen, so daß Vögel zwischen beiden hin und her fliegen können, reicht einigen Arten eine Fläche von 0,14 Quadratkilometern zum Brüten.

In einer umfangreichen Studie wurden Vogelpopulationen in 270 Waldstücken in der Küstenebene von Maryland untersucht (Lynch und Wigham 1984). Neotropische Zugvögel, wie die Walddrossel, der Waldtyrann, der Kentuckywaldsänger und der Rotaugenvireo, waren am häufigsten in großen Waldfragmenten mit reifer Vegetation und großer Pflanzenvielfalt anzutreffen, die nicht allzu weit von anderen großen Waldresten entfernt waren (Abbildung 6.17). Die Populationsdichte der Standvögel, etwa des Dunenspechts, der Carolinameise oder des Roten Kardinals, wurde durch diese Standortbedingungen weniger oder überhaupt nicht beeinflußt. Da jede Art für die Jungenaufzucht spezifische Anforderungen an ihren Lebensraum stellt, reagiert auch jede anders auf die Fragmentierung von Wäldern.

Dungkäfer und Aaskäfer in Zentralamazonien. Dungkäfer sind Schlüsselarten der Waldökosysteme, weil sie – als Nahrung für ihre Larven –

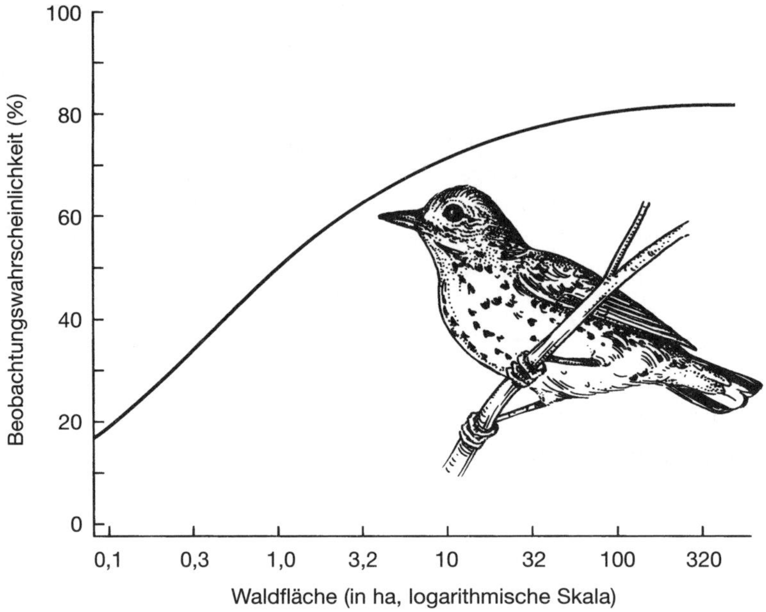

6.17 Die Wahrscheinlichkeit, in einem reifen Wald im US-Bundesstaat Maryland eine Walddrossel (*Hylocichla mustelina*) zu beobachten, beträgt in einem Waldfragment von 0,1 Hektar Fläche nur etwa 20 Prozent, in einem mehr als 100 Hektar großen Waldstück dagegen ungefähr 80 Prozent. (Aus Robbins et al. 1993.)

Exkremente und Aas vergraben. Wie in Kapitel 2 erläutert, bewirkt das Eingraben, daß die in dem organischen Material enthaltenen Nährstoffe schneller wieder im Ökosystem verfügbar sind. Die in Kot und Aas lebenden Wirbeltierparasiten werden abgetötet, wodurch die Erkrankungsrate in der Wirbeltiergemeinschaft gering gehalten wird, und die im Kot fruchtfressender Tiere enthaltenen Samen werden vergraben, so daß die Keimung gefördert und die Etablierung von Jungpflanzen erleichtert wird.

Um die Auswirkungen der Waldfragmentierung auf Dungkäfer zu erforschen, wurden im Rahmen des „Minimum Critical Size of Ecosystems Project" (eines Forschungsprojekts über die minimale kritische Größe von Ökosystemen, auch „Biological Dynamics of Forest Fragments Project") zwei bis sechs Jahre zuvor fragmentierte Waldreste im brasilianischen Amazonasgebiet untersucht (Abbildung 6.18; Klein 1989). Die Forscher fingen Käfer in ein beziehungsweise zehn Hektar großen Waldfragmenten sowie in unberührten Waldgebieten und auf kahlgeschlagenen Flächen. Es zeigte sich, daß es in den kleinen Fragmenten weniger Dungkäferarten gab, die Populationsdichte der einzelnen Arten geringer war und die Käfer kleiner waren als in großen Waldstücken. Infolge der geringeren Käfer-

6.18 In einer innovativen Studie im brasilianischen Amazonasgebiet werden die Auswirkungen der Waldfragmentierung auf Pflanzen- und Tiergemeinschaften experimentell untersucht. Bei der Umwandlung des Untersuchungsgebiets in kommerzielles Weideland wurden Waldstücke definierter Größe erhalten. Das Waldquadrat unten links auf dem Photo ist zehn Hektar groß (Kantenlänge 316 Meter) und an drei Seiten von einem 100 Meter breiten Streifen Weideland umgeben. Die Fläche des kleinen Waldquadrats in der Mitte beträgt einen Hektar. Ein großes umgebendes Waldgebiet nahm die Vögel auf, die durch die Rodung ihren Lebensraum verloren hatten. (Photo: R. Bierregaard.)

dichte wurden außerdem Exkremente in den kleinen Waldstücken langsamer zersetzt.

Für die geringere Dichte der Käferpopulationen in den kleinen Waldfragmenten gibt es mehrere mögliche Ursachen. Erstens ist die Populationsdichte der Primaten, Vögel und anderen Wirbeltiere, von deren Kot und Aas die Käfer leben, in diesen Lebensräumen geringer. Zweitens herrschen in kleinen Waldstücken andere Lebensbedingungen als in großen Waldregionen: Das Mikroklima ist wärmer und trockener und damit unter Umständen für die Entwicklung der Käferlarven ungeeignet. Drittens ist die Populationsdichte vieler Käferarten ohnehin gering, so daß diese Arten in isolierten Waldresten einfach aufgrund zufälliger Populationsschwankungen aussterben können. Wenn solche Waldfragmente von Kahlschlägen umgeben sind, ist eine Wiederbesiedlung, die von nahegelegenen Waldflächen ausgehen könnte, unter Umständen unmöglich.

Dieselbe Untersuchung zeigte nicht nur, daß Dungkäfer durch die Waldfragmentierung in Mitleidenschaft gezogen werden, sondern deutet auch darauf hin, daß eine Reduzierung der Käferbestände weitreichende Auswirkungen auf die Wechselbeziehungen innerhalb der Lebensgemeinschaft und die Prozesse im Ökosystem haben kann.

Fragmentierung des Lebensraumes der Moschusschildkröte *Sternotherus depressus*. Die Existenz zahlreicher voneinander unabhängiger Flußsysteme im Südosten der USA hat zur Evolution einer artenreichen endemischen Süßwasserfauna geführt. Durch menschliche Eingriffe wie Kanalisierung, Bau von Staudämmen, Chemieunfälle, Verschlammung durch Baggergut und Tagebau sowie die Einleitung von Abwässern sind große Teile dieser Flußsysteme für die heimische Fauna unbewohnbar geworden (Moyle und Leidy 1992). Die zu den Moschusschildkröten gehörende Art *Sternotherus depressus* ist im Südosten der USA endemisch, wo man sie nur noch in Flußbetten im Einzugsgebiet des Warrior River in Zentralalabama findet (Dodd 1990). Dieser Art gilt besondere Sorge, seit sie in den USA gesetzlich geschützt ist. Eine großangelegte Untersuchung ergab, daß sie nur noch in sieben Prozent ihres früheren Verbreitungsgebiets vorkommt. Die Spezies besteht heute aus einer Anzahl voneinander isolierter Populationen; zwischen ihnen liegen Flächen, die infolge menschlicher Aktivitäten und räumlicher Barrieren für die Schildkröten undurchquerbar geworden sind. Viele der verbliebenen Populationen scheinen bedroht zu sein: durch Krankheiten, ausbleibenden Fortpflanzungserfolg (wie sich im Fehlen von Jungtieren zeigt), die Entfernung von Baumstämmen aus Flüssen, auf denen die Schildkröten sonnenbaden, sowie durch das Einsammeln der Tiere selbst. Diese Kombination aus der Bedrohung isolierter Populationen und fehlenden Möglichkeiten zur Ausbreitung und Wiederbesiedlung läßt befürchten, daß *Sternotherus depressus* vor dem Aussterben steht.

Greifvögel auf Java. Die Bevölkerungsdichte von Java gehört zu den höchsten der Welt: Etwa 150 Millionen Einwohner leben auf einer Fläche von 132000 Quadratkilometer. Ursprünglich war die Insel weitgehend von tropischem Regenwald bedeckt, heute sind weniger als zehn Prozent der Walddecke erhalten. Auf dem größten Teil des Landes wird intensive Landwirtschaft betrieben; für den Schutz der verbliebenen biologischen Vielfalt stehen nur einige wenige Waldschutzgebiete zur Verfügung. Ende der achtziger Jahre untersuchte man die Auswirkungen der Waldfragmentierung auf zehn waldbewohnende Greifvogelarten, darunter den gefährdeten Bartelsadler (*Spizaetus bartelsi*) (Thiollay und Meyburg 1988). Wie sich herausstellte, nutzten die Greife die Schutzgebiete zum Nisten und schlugen ihre Beute außerhalb in ganz unterschiedlichen Lebensräumen, so daß die Populationsdichte in den Schutzgebieten oft relativ hoch war. Die Zahl der Greifvogelarten nahm mit der Größe des Schutzgebiets zu. Viele Arten, darunter auch der Bartelsadler, sind vermutlich nicht in der Lage, in Waldfragmenten, die weniger als 20 bis 100 Quadratkilometer groß sind, dauerhafte Bestände zu bilden. Um Populationen aller waldbewohnenden Greife Javas zu erhalten, sind Schutzgebiete von mindestens 300 Quadratkilometer Fläche erforderlich. Die Studie machte außerdem darauf aufmerksam, daß kein einziges Nistareal einer außerhalb von Wäldern lebenden Greifvogelart, etwa des Fischadlers, des Brahminenweih

(*Haliastur indus intermedius*) und des Weißbauch-Seeadlers (*Haliaeetus leucogaster*), in einem Schutzgebiet liegt. Infolge der Zerstörung ihrer Lebensräume, der Bejagung und des Gebrauchs von Pestiziden sind die Bestände dieser Arten zur Zeit sehr niedrig, und sie werden möglicherweise bald ganz von Java verschwinden.

Schädigung natürlicher Lebensräume und Umweltverschmutzung

Selbst wenn ein Lebensraum nicht von offenkundiger Zerstörung oder Fragmentierung betroffen ist, können die darin lebenden Organismengemeinschaften und Arten durch menschliche Aktivitäten schwer beeinträchtigt werden. Äußere Faktoren, die Gemeinschaften schädigen und Arten der Ausrottung nahebringen, können ohne Einfluß auf die in der Gemeinschaft dominierenden Pflanzen bleiben, so daß der Schaden nicht sofort erkennbar ist. In den laubabwerfenden Wäldern der gemäßigten Breiten beispielsweise könnten häufige unkontrollierte Bodenfeuer einen Lebensraum schädigen; diese Brände würden die alten Bäume vielleicht nicht zum Absterben bringen, aber die artenreiche Krautschicht und die Insektenfauna des Waldbodens würden allmählich ausgelöscht. Während gelegentlich auftretende natürliche Brände in isolierten Prärieresten zum Erhalt der natürlichen Lebensbedingungen beitragen, reduzieren in kurzen Abständen vom Menschen gelegte Grasbrände die Artenvielfalt. Zwar bleibt das Gebiet Grasland, aber eines, in dem nur feuertolerante Arten überleben. Reger Bootsverkehr und zu viele Taucher schädigen Riffgemeinschaften, weil empfindliche Arten durch Schwimmflossen, Bootsrümpfe und Anker zerstört werden. Die komplexeste Form der Umweltschädigung ist die Umweltverschmutzung, vor allem durch Pestizide, Industriechemikalien und -abfälle, Industrie- und Autoabgase sowie Sedimentablagerungen von erodierten Berghängen. Zu den gefährlichsten Formen der Umweltverschmutzung gehört weiterhin der Eintrag von Pestiziden, aber auch die generellen Folgen der Verschmutzung für Wasser- und Luftqualität, ja sogar für das globale Klima, bieten Anlaß zu großer Sorge. In manchen Fällen, etwa während des Golfkrieges, als große Mengen Erdöl in den Persischen Golf liefen und 500 Ölquellen brannten, verläuft die Verschmutzung der Umwelt unübersehbar und hochdramatisch (Canby 1991).

Pestizide

Ins Bewußtsein der Weltöffentlichkeit gelangte die Gefährlichkeit von Pestiziden im Jahre 1962 durch Rachel Carsons einflußreiches Buch *Silent Spring* (in deutscher Übersetzung 1963 unter dem Titel *Der stumme Frühling* erschienen). Im Mittelpunkt dieses Buches stand die These, daß DDT und andere Organochlorpestizide, die als Insektizide in der Landwirtschaft angewendet sowie zum Abtöten von Moskitolarven auf Gewässer gesprüht werden, über die Nahrungskette weitergegeben werden und Wildtierpopulationen schädigen. Vor allem Vögel, die in großen Mengen Insekten, Fische oder andere häufig Pestiziden ausgesetzte Tiere fraßen, reicherten diese Substanzen in ihrem Körpergewebe an. Stark belastete Individuen legten häufig Eier mit ungewöhnlich dünner Schale, die beim Brüten zerbrach. Da sie weniger Nachkommen aufzogen, nahmen die Populationen dieser Vogelarten, darunter vor allem Falken und Adler, weltweit dramatisch ab (Exkurs 7). In Seen und im Mündungsbereich von Flüssen reicherten sich DDT und andere Pestizide in Raubfischen und Meeressäugern, beispielsweise Delphinen, an. Nachdem das Problem erkannt war, wurden DDT und andere in der Umwelt beständige Pestizide in vielen Industrieländern verboten, in der Bundesrepublik Deutschland beispielsweise im Jahre 1972 (im Forst erst 1978). Daraufhin erholten sich viele Vogelpopulationen. Doch die fortgesetzte Anwendung dieser Art von Chemikalien in anderen Ländern bietet immer noch Anlaß zur Sorge.

Exkurs 7: Pestizide und Greifvögel – wie die Veränderung menschlicher Gewohnheiten gefährdeten Arten helfen kann

Greifvögel wie Weißkopf-Seeadler, Fischadler und Wanderfalke gelten überall auf der Welt als Symbole für Kraft, Anmut und Würde. Als die Populationen dieser und anderer Greife in den fünfziger und sechziger Jahren zu schrumpfen begannen, wurden aus Sorge um ihre Bestände Untersuchungen veranlaßt, die die Ursachen des Rückgangs aufdecken sollten. Zwar hatten einige Arten auch durch Schädigung ihrer Habitate und Bejagung gelitten, aber der wichtigste Faktor war mangelnder Bruterfolg als Folge von Pestizidbelastung (Newton 1979). Die Hauptschuldigen waren DDT (Dichlordiphenyltrichlorethan), seine Abbauprodukte DDE und DDD, Dieldrin und verwandte Verbindungen. Diese Pestizide verursachen eine Abnahme der Eischalendicke, hemmen die Embryonalentwicklung, verändern das Verhalten der ausgewachsenen Vögel und können sogar deren Sterblichkeit erhöhen.

Männlicher Wanderfalke bei der Fütterung seiner Jungen in der Zuchtstation der Cornell University. (Mit freundlicher Genehmigung von T. J. Cade, The Peregrine Fund.)

Greifvögel sind durch diese Verbindungen besonders gefährdet, weil sie an der Spitze der Nahrungskette stehen. In einem Prozeß, den man als **Biomagnifikation** bezeichnet, werden Substanzen, die von Organismen nicht ausgeschieden werden können, in der Nahrungskette zunehmend angereichert. Pestizide werden von Insekten und anderen Wirbellosen aufgenommen und in ihrem Gewebe in relativ niedriger Konzentration gespeichert. Wenn Fische, Vögel oder Kleinsäuger sich von solchen Wirbellosen ernähren, reichern sich die Pestizide in ihrem Gewebe an, und wenn Greifvögel wiederum diese Wirbeltiere fressen, werden die Giftstoffe weiter angereichert, wobei sie hochgradig toxische Konzentrationen erreichen können. Beträgt beispielsweise der DDT-Gehalt im Wasser eines Sees 0,000003 ppm (Teile pro Million Teile) und im Zooplankton dieses Sees 0,04 ppm, so kann die Gewebekonzentration bei den Elritzen, die das Plankton fressen, bis zu 0,5 ppm betragen, bei den großen Fischen, die Elritzen fressen, 2,0 ppm und bei den Fischadlern, die große Fische fressen, 25 ppm. Vögel wie der Fischadler und der Weißkopf-Seeadler sind besonders anfällig, weil sie sich überwiegend von Fischen ernähren und Fische im Wasser gelöste Giftstoffe aufnehmen, die aus der Landwirtschaft im Einzugsgebiet von Seen und Flüssen stammen. Der Wanderfalke frißt zwar selbst nicht viel Fisch, aber er schlägt Küstenvögel und Singvögel, die Fische, andere Wassertiere und Insekten fressen (Johnsgard 1990; Cade und Bird 1990). Seine bevorzugte Beute konzentriert die Giftstoffe also unter Umständen weiter auf, so daß der Wanderfalke stärker gefährdet ist als Vögel, die selbst Fisch fressen.

Bei den genannten Arten fand

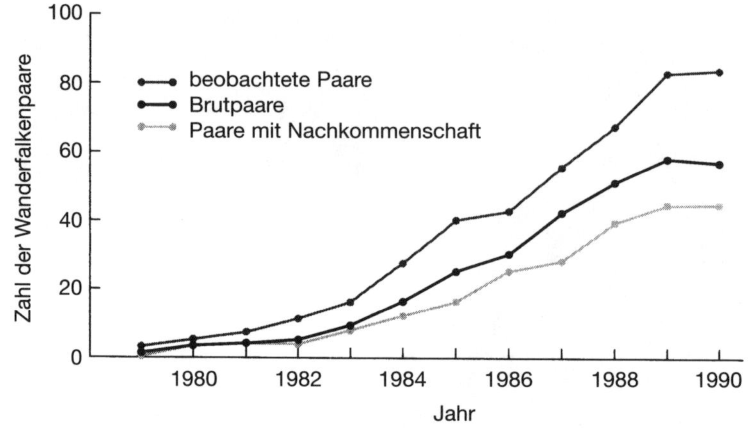

Die Wiedereinbürgerung des Wanderfalken im Osten der USA war ein langsamer Prozeß, der etwa drei Millionen Dollar gekostet hat und an dem rund 300 Personen mitgewirkt haben. (Mit freundlicher Genehmigung von T. J. Cade, The Peregrine Fund.)

man eine deutliche Beziehung zwischen der Belastung durch DDT oder andere Pestizide und dem Ausbleiben des Bruterfolgs. Vor allem wurde ein Zusammenhang zwischen der weltweiten Abnahme der Eischalendicke bei Greifvögeln und dem Rückgang beziehungsweise der Ausrottung von Greifvogelpopulationen gefunden (Johnsgard 1990). Einen noch eindrucksvolleren Beweis für die Schädigung der Greifvögel durch DDT lieferte die Geschwindigkeit, mit der viele Populationen sich erholten, nachdem DDT und andere Organochlorpestizide verboten worden waren. Die Bestände des Wanderfalken sind in vielen Teilen der Erde erstaunlich schnell wieder gewachsen (Cade et al. 1988; Rowell 1991). Zu diesem Zuwachs kam es teils mit, teils ohne menschliche Hilfe; in Großbritannien nahm die natürliche Population unerwartet zu, während in anderen Ländern Auswilderungsprogramme durchgeführt wurden. In Gefangenschaft gezüchtete Wanderfalken, die im Osten Nordamerikas freigelassen wurden, haben sich dort gut etabliert. Die Tatsache, daß viele der ersten Bruten dieser Vögel in Städten aufgezogen wurden, ist ein Indikator für die Anpassungsfähigkeit der Art (Johnsgard 1990; Cade und Bird 1990); der Wanderfalke hat sich offenbar daran gewöhnt, in New York, Boston und anderen Küstenstädten auf Hochhäusern zu nisten und Tauben zu schlagen. Fischadler und Weißkopf-Seeadler haben sich ebenfalls erholt, letzterer allerdings weniger gut, weil er zuvor stärker dezimiert war, seine Fortpflanzungsrate geringer ist und er immer noch illegal gejagt wird (Brown und Amadon 1989; Porteous 1992). Weißkopf-Seeadler fressen oft an Kadavern abgeschossener Vögel oder Säuger, und Bleivergiftungen durch aufgenommenes Schrot sind eine konstante Bedrohung für die Erholung der Art.

Das Beispiel der Greifvögel zeigt, wie stark wildlebende Tierarten durch Umweltverschmutzung geschädigt werden können. Obwohl sich die Bestände allmählich von den durch DDT und andere Pestizide verursachten Schäden erholen, lehrt uns ihr Rückgang eine Lektion, die für zukünftige Entscheidungen über den Einsatz von Chemikalien wichtig ist. Weil Greifvögel extrem empfindlich auf Pestizide und andere Schadstoffe reagieren, ist die Reaktion ihrer Populationen auf Umweltchemikalien ein guter Indikator für die relative Gesundheit ihres Lebensraumes. Solche Indikatoren könnten sich als wertvoll für das Wohlergehen der menschlichen Bevölkerung erweisen. Beispielsweise werden einige der Fischarten, die von Weißkopf-Seeadler und Fischadler gefressen werden, etwa Lachse, auch vom Menschen verzehrt; wenn diese Fische so stark mit Chemikalien belastet sind, daß sie für die Greifvögel giftig sind, schädigen sie mit einiger Wahrscheinlichkeit auch menschliche Verbraucher. Zwar ist DDT heute in vielen Industrieländern verboten, aber in Entwicklungsländern wird es häufig noch verwendet. Die möglichen Auswirkungen dieser Substanz auf menschliche Populationen sind noch unbekannt, aber aufgrund der Erfahrungen mit Greifvögeln werden die Wissenschaftler aufmerksam auf eventuelle Effekte achten.

Wasserverschmutzung

Die Verschmutzung von Gewässern hat schwerwiegende Folgen für den Menschen: Sie kann wichtige Nahrungsquellen vernichten, und Trinkwasser kann mit Chemikalien belastet werden, die unmittelbar oder langfristig Gesundheitsschäden hervorrufen. Darüber hinaus fügt die Wasserverschmutzung aquatischen Lebensgemeinschaften oft erhebliche Schäden zu (Moyle und Leidy 1992). Flüsse, Seen und Meere werden als Vorfluter für Industrie- und Haushaltsabwässer genutzt (Abbildung 6.19). Pestizide, Erdölprodukte, Schwermetalle (wie Quecksilber, Blei und Zink), Detergentien und Industrieabwässer können wasserlebende Organismen abtöten. Selbst wenn diese Substanzen nicht direkt tödlich wirken, machen sie den aquatischen Lebensraum unter Umständen so unwirtlich, daß die Organismen nicht in der Lage sind zu überleben. Und im Gegensatz zu einer Mülldeponie an Land, die vor allem lokale Effekte hat, können sich giftige Abwässer in aquatischen Lebensräumen weiträumig verteilen und durch Strömungen transportiert werden. Selbst in sehr geringen Mengen vorhandene toxische Substanzen können von Wasserorganismen so weit angereichert werden, daß sie tödlich wirken. Viele aquatische Lebensräume sind von Natur aus arm an lebensnotwendigen Nährstoffen wie

6.19 Abwässer aus der Zellstoffherstellung ergießen sich aus Rohren in den Exploits River in Neufundland. Industrieabwässer gehören zu den wichtigsten Quellen der Wasserverschmutzung. (Photo: J. N. A. Lott, McMaster U./Biological Photo Service.)

Stickstoff und Phosphor, und die Wasserlebewesen haben sich an diesen Zustand angepaßt, indem sie die Fähigkeit entwickelt haben, große Wassermengen umzusetzen und die darin enthaltenen Mineralien anzureichern. Wenn diese Arten verschmutztes Wasser umsetzen, reichern sie gleichzeitig die Schadstoffe an und vergiften sich schließlich selbst. Außerdem nehmen Arten, die sich von Wasserorganismen ernähren, die toxischen Substanzen in konzentrierter Form auf.

Selbst essentielle Nährstoffe, die Pflanzen und Tiere zum Leben benötigen, können in hohen Konzentrationen zu Schadstoffen werden. Mit kommunalen Abwässern, von Agrarflächen abgeschwemmtem Dünger, Detergentien und Industrieabwässern gelangen oft große Mengen an Stickstoff und Phosphor in die Gewässer und setzen dort einen Prozeß in Gang, den man als **Eutrophierung** bezeichnet. Während kleine Mengen dieser Nährstoffe das Wachstum von Pflanzen und Tieren anregen können, sind die durch menschliche Aktivitäten freigesetzten Mengen oft schädlich (siehe Exkurs 8). Hohe Nährstoffkonzentrationen verursachen oft eine Massenvermehrung des Phytoplanktons in den oberen Wasserschichten. Diese „Algenblüten“ können so dicht werden, daß sie andere Planktonarten verdrängen und den am Gewässergrund wachsenden Pflanzen das Licht nehmen. Dann beginnt die biologische Vielfalt des Systems abzunehmen. Wenn eine Algenmatte eine gewisse Dicke erreicht, sinken ihre unteren Schichten auf den Grund und sterben ab. Die Bakterien und Pilze, die sie

Exkurs 8: Der Schutz endemischer Fischarten im Viktoriasee

In der Regel stirbt eine Art nicht allein aus; in geschädigten Ökosystemen verschwinden mit einer Spezies sehr häufig viele andere Arten ihrer Lebensgemeinschaft. Bei ökologischen Veränderungen, die zunächst nur eine Art betreffen, kann ein Dominoeffekt entstehen, der zur katastrophalen Veränderung des gesamten Ökosystems führt. Das läßt sich am Beispiel des verheerenden ökologischen Wandels zeigen, zu dem es in den letzten Jahren im ostafrikanischen Viktoriasee gekommen ist. Der See, der zwischen Kenia, Tansania und Uganda liegt, ist eines der größten Süßwasserökosysteme der Welt. Bis Anfang der achtziger Jahre hatte er auch eine außergewöhnlich mannigfaltige Fischfauna mit über 350 endemischen Arten (Kaufman 1992). Heute dagegen beherbergt der See nur eine einheimische und zwei eingeführte Fischarten in größerer Zahl, alle anderen Arten sind gefährdet oder bereits ausgestorben.

Der rapide Verlust endemischer Arten wurde mit dem plötzlichen Populationswachstum einer eingeführten Fischart in Verbindung gebracht. Es handelt sich um den Nilbarsch (*Lates nilotica*), der im Jahre 1960 im Viktoriasee ausgesetzt wurde (Ogutu-Ohwayo 1990; Witte et al. 1992). Geht man allein von dieser Information aus, so könnte man zu dem Schluß gelangen, daß der Nilbarsch die einheimischen Fische entweder gefressen oder verdrängt haben muß und damit für die Verluste verantwortlich ist. Diese Schlußfolgerung ist allerdings nur teilweise korrekt; der Nilbarsch hat zwar zum Rückgang der endemischen Fischarten beigetragen, aber daneben haben komplizierte ökologische Prozesse eine Rolle gespielt.

In den ersten 20 Jahren nach seiner Einbürgerung hatte der Nilbarsch offenbar keinen nennenswerten Einfluß auf die Fischbestände des Viktoriasees. Im Jahre 1978 betrug sein Anteil am jährlichen Fischereiertrag des Sees weniger als zwei Prozent, im Jahre 1986 war dieser Anteil allerdings auf fast 80 Prozent gestiegen (Kaufman 1992). Die endemischen Arten waren praktisch aus dem See veschwunden, und der Bestand des Nilbarsches hatte explosionsartig zugenommen. Zwar war dieser Barsch ein wichtiger Konsument von vielen der kleineren einheimischen Fischarten, aber sein Siegeszug war nicht einfach nur der Amoklauf einer eingeführten Art.

Ein Hinweis darauf, daß andere Faktoren zum Verlust der heimischen Fischfauna beitrugen, waren Veränderungen im Auftreten von Algenblüten in den flacheren Bereichen des Sees. Schon immer hatte es im Viktoriasee in gewissen Abständen Algenblüten gegeben, aber Anfang der achtziger Jahre, also gleichzeitig mit der starken Zunahme der Nilbarsche, wurden sie deutlich häufiger (Ochumba und Kibara 1989). Vermehrte Algenblüten gehen oft mit einer Abnahme des Sauerstoffgehalts in den tieferen Schichten großer Wasserkörper einher, wodurch die Lebensbedingungen für Fische ungünstiger werden. Bis 1978 war die Sau-

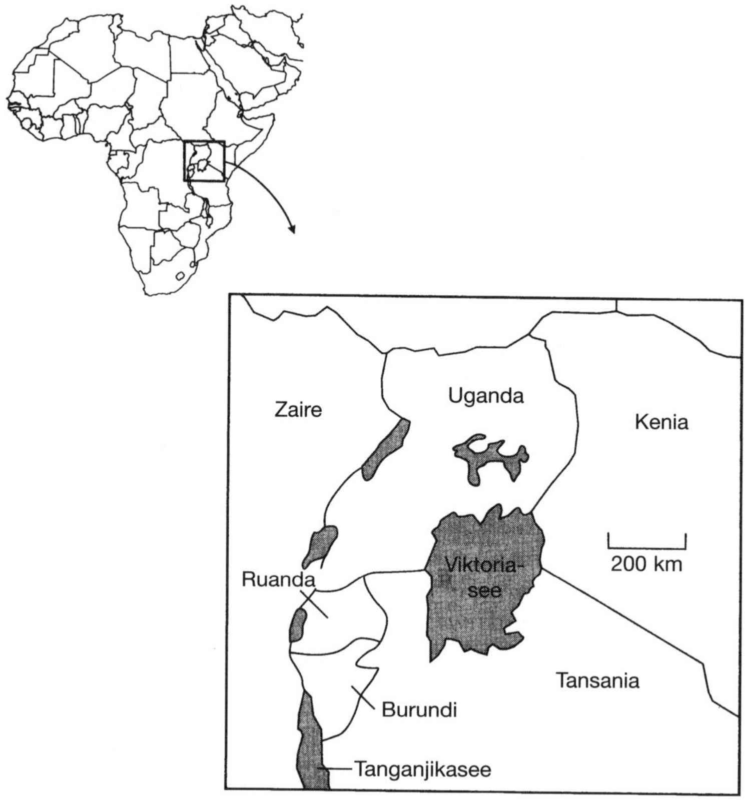

Im Viktoriasee, einem der größten Süßwasserökosysteme der Erde, hat die Artenvielfalt katastrophal abgenommen.

erstoffkonzentration in allen Schichten des Viktoriasees relativ hoch, und wegen dieser aeroben Bedingungen konnten selbst an den tiefsten Stellen des Sees, der teilweise mehr als 60 Meter tief ist, Fische leben. Untersuchungen im Jahre 1987 ergaben, daß der Sauerstoffgehalt unterhalb von 25 Metern stark gesunken war und daß sich in den tiefen Schichten des Sees allmählich anoxische Bedingungen – das heißt ein Zustand völliger Sauerstofffreiheit – entwickelten (Ochumba und Kibara 1989; Kaufman 1992). Dadurch wurde der verfügbare Lebensraum innerhalb des Sees erheblich reduziert. Fischarten, die zuvor in den tieferen Schichten des Viktoriasees lebten, mögen infolgedessen ausgestorben sein, entweder weil sie sich nicht an die Lebensbedingungen in geringerer Wassertiefe anpassen konnten, oder weil sie Flachwasserräubern, zu denen auch der Nilbarsch gehört, nicht entkommen konnten. Damit ist das Rätsel allerdings nicht gelöst: Algenblüten hatte es auch früher schon gegeben, und zwar ohne diesen verheerenden Effekt auf die heimische Fauna. Warum kam es diesmal zu massivem Artensterben?

Vermutlich war die Ursache eine Kombination verschiedener Faktoren. Die hohe Bestandsdichte der heimischen Arten in den sechziger und siebziger Jahren hing wahrscheinlich mit einem starken Nährstoffeintrag aus der Landwirtschaft und menschlichen Siedlungen zusammen. Die Mehrzahl der endemischen Fischarten waren Buntbarsche der Gattung *Haplochromis*, und diese ernährten sich von Algen sowie anderen Pflanzen und Tieren, die sich wegen des Nährstoffeintrags vermehrten. Überfischung und der Räuberdruck durch den Nilbarsch sorgten jedoch über zwei Jahrzehnte hinweg für einen Rückgang der heimischen Fische. Als die Buntbarsche weniger wurden, bewirkte der Überschuß an Nährstoffen und der Mangel an Primärkonsumenten eine Zunahme der Algenblüten, wodurch der Prozeß der Eutrophierung in Gang gesetzt wurde (Ochumba und Kibara 1989; Kaufman 1992). Der Sauerstoffmangel in den tieferen Schichten des Sees ließ die verbliebenen heimischen Fische in flachere Bereiche ausweichen, wo sie leichter abgefischt werden konnten und einer wachsenden Zahl von Nilbarschen als Nahrung dienten. Mit der Zunahme der Nilbarsche kam eine abwärts gerichtete Spirale in Gang: Der Rückgang der Buntbarsche führte zu vermehrten Algenblüten, durch diese sank der Sauerstoffgehalt der tieferen Wasserschichten, wodurch wiederum die Zahl der Buntbarsche abnahm.

Die Wiederherstellung des ehemals artenreichen Ökosystems Viktoriasee ist eine der größten Herausforderungen für Naturschutzbiologen. Die gefährdeten Buntbarsche in Gefangenschaft zu züchten und freizulassen, ist keine wirksame Maßnahme, solange es keine Methode gibt, um die natürlichen Prozesse in dem geschädigten Ökosystem wiederherzustellen. Bisher ist noch nie versucht worden, einen eutrophierten tropischen See dieser Größe zu sanieren. Wenn es gelingen sollte, die ursprünglichen Sauerstoffverhältnisse im See wiederherzustellen, müssen sodann die Hauptursachen des Problems in Angriff genommen werden: der starke anthropogene Nährstoffeintrag, die Überfischung und die Gegenwart des Nilbarsches.

zersetzen, vermehren sich und verbrauchen dabei den im Wasser gelösten Sauerstoff. In der Folge sterben viele der noch verbliebenen Tiere aufgrund von Sauerstoffmangel. Das Ergebnis ist eine erheblich verarmte Lebensgemeinschaft, bestehend aus Organismen, die verschmutztes Wasser mit geringem Sauerstoffgehalt tolerieren.

Auch Sedimente, die von gerodeten oder landwirtschaftlich genutzten Berghängen in Gewässer geschwemmt werden, können aquatische Ökosysteme schädigen. Das Sediment überzieht Blätter und andere grüne Pflanzenteile mit einer Schlammschicht, die den Lichteinfall reduziert und so die Photosyntheserate senkt. Eine stärkere Wassertrübung schränkt für manche Tiere die Sicht ein und kann die Wassertiefe, in der Photosynthese noch möglich ist, herabsetzen. Besonders schädlich sind erhöhte Sedimentfrachten für Korallengemeinschaften, die oft in kristallklarem Wasser leben. Korallenpolypen besitzen empfindliche Tentakel, mit denen sie dem klaren Wasser Nahrungspartikel entnehmen. Wenn das Wasser voller Schlammpartikel ist, setzen sich die Tentakel zu, und der Polyp kann keine Nahrung aufnehmen. Viele Korallenarten enthalten symbiotische Algen, die ihnen Kohlenhydrate liefern. In trübem Wasser sind die Algen unter Umständen nicht in der Lage, Photosynthese zu treiben, und die Korallen können diese Energiequelle nicht nutzen.

Luftverschmutzung

Durch seine Aktivitäten belastet und verändert der Mensch die Lufthülle der Erde. Früher glaubte man, die Atmosphäre sei so ausgedehnt, daß an die Luft abgegebene Stoffe sich weiträumig verteilen und nur minimale Effekte haben würden. Doch heute werden Ökosysteme durch verschiedene Formen der Luftverschmutzung geschädigt:

- *Saurer Regen.* Industriebetriebe wie zum Beispiel Metallhütten, Kraftwerke mit Kohle- oder Ölfeuerung, privater Hausbrand und Kraftfahrzeuge emittieren große Mengen an Stickstoff- und Schwefeloxiden, die sich mit dem Wasserdampf in der Luft zu Salpetersäure und Schwefelsäure verbinden. Diese Säuren lösen sich in den Wolken und senken den pH-Wert (der angibt, wie sauer eine Flüssigkeit ist) des Regenwassers (Abbildung 6.20). Saurer Regen wiederum senkt den pH-Wert im Bodenwasser und in stehenden Gewässern wie Seen oder Teichen. Eine saure Umgebung ist für viele Pflanzen- und Tierarten schädlich. Nimmt der pH-Wert eines Gewässers durch sauren Regen ab, so laichen viele Fische nicht mehr oder sterben sogar (Abbildung 6.21). Die Versauerung hemmt außerdem die mikrobielle Zersetzung, verlangsamt damit die Freisetzung von Mineralien und senkt so die Produktivität des Öko-

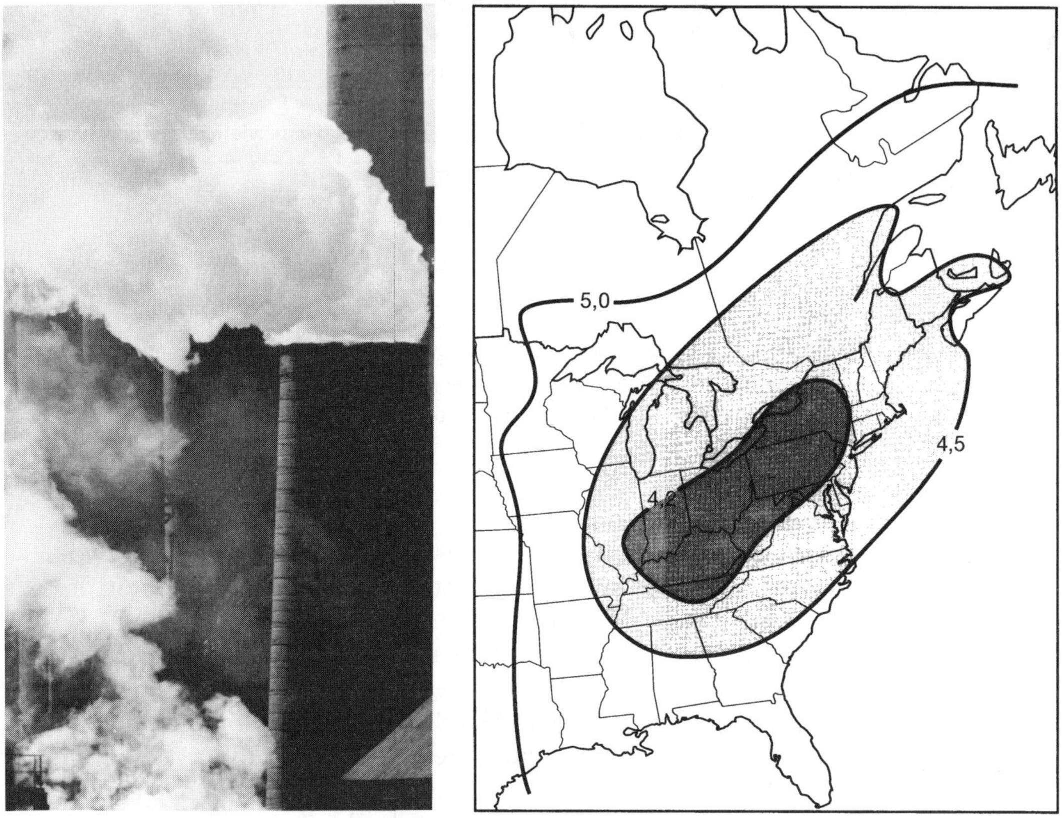

a b

6.20 a) Luftschadstoffe, die bei der Verbrennung fossiler Energieträger durch Industrieanlagen, Kraftwerke, Hausbrand und Kraftfahrzeuge emittiert werden, sind die Hauptursache für sauren Regen. Schwefeldioxid und Stickoxide aus diesen Emissionen werden in der Atmosphäre in Säuren umgewandelt, die mit Regen oder Schnee niedergehen, oft viele Kilometer von der Schadstoffquelle entfernt. (Photo: Lara Hartley/Terraphotographics.) b) Innerhalb von Nordamerika findet man die stärksten Auswirkungen von saurem Regen im Osten der USA und Kanadas, weil die vorherrschenden Winde Luftschadstoffe aus den Hauptindustriegebieten ostwärts verfrachten. Die Zahlen geben den pH-Wert des Niederschlags an; je niedriger der pH-Wert, desto saurer ist die betreffende Lösung. Der pH-Wert von normalem Regen liegt bei 5,0 oder darüber.

systems. In den Industrieländern haben viele Seen einen großen Teil ihrer Tiergemeinschaften durch sauren Regen eingebüßt (Exkurs 9; France und Collins 1993).

- *Ozon.* Bei der Verfeuerung fossiler Brennstoffe in Autos, Kraftwerken und Industriebetrieben entstehen als Nebenprodukte Kohlenwasserstoffe und Stickoxide. Unter dem Einfluß des Sonnenlichtes reagieren diese Verbindungen mit der Atmosphäre zu Ozon und anderen Gasen; es entsteht **photochemischer Smog**. Während Ozon in den oberen

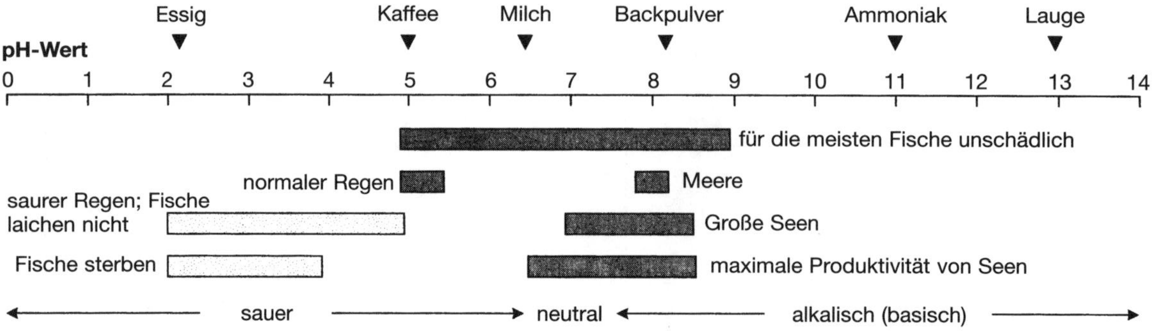

6.21 Die pH-Skala mit Bereichen, in denen die Versauerung von Gewässern für Fische kritisch wird. Untersuchungen deuten darauf hin, daß aus stark versauerten Seen tatsächlich die Fische verschwinden. (Nach Cox 1993, auf der Grundlage von Daten des U.S. Fish and Wildlife Service.)

Schichten der Atmosphäre wichtig ist, weil es die schädliche ultraviolette Strahlung herausfiltert, schädigen hohe Konzentrationen in Bodennähe zum Beispiel pflanzliches Gewebe.

- *Toxische Metalle.* Durch verbleites Benzin, Bergbau und Metallverhüttung sowie andere industrielle Aktivitäten gelangen große Mengen an Blei, Zink und anderen toxischen Metallen in die Atmophäre. Diese Verbindungen sind für Pflanzen und Tiere unmittelbar giftig. Die durch toxische Metalle hervorgerufenen Schäden sind vor allem in der Umgebung großer Metallhütten offensichtlich, wo alles Leben in mehreren Kilometern Umkreis ausgelöscht sein kann.

Wegen des hohen ökonomischen Wertes von Wäldern – die der Holzgewinnung, der Wasserversorgung sowie der Erholung dienen – hat man die Auswirkungen der Luftverschmutzung auf Waldgemeinschaften intensiv untersucht. Es besteht weitgehend Einigkeit darüber, daß saurer Regen viele Baumarten schädigt und schwächt und ihre Widerstandskraft gegen Insektenbefall, Pilze und Krankheiten senkt (Abbildung 6.22). Das großflächige Absterben von Waldbäumen in weiten Teilen Europas und Nordamerikas wird dem Einfluß von saurem Regen und anderen Arten der Luftverschmutzung zugeschrieben (Bormann 1982; Barrie und Hales 1984; Hinrichsen 1987; MacKenzie und El-Ashry 1988; Likens 1991). Das Absterben der Bäume zieht das regionale Aussterben vieler anderer waldbewohnender Arten nach sich. Selbst wenn eine Lebensgemeinschaft durch die Luftverschmutzung nicht zerstört wird, kann sich das Artenspektrum ändern, weil die empfindlicheren Arten verschwinden. Flechten – aus Pilzen und Algen zusammengesetzte symbiotische Organismen, die in einigen der unwirtlichsten natürlichen Lebensräume existieren können – reagieren

Exkurs 9: Lurche auf dem Rückzug

Die Erkenntnis, daß die Amphibienpopulationen weltweit in Not sind, kam den Herpetologen nur langsam. Biologen, die sich mit Fröschen, Kröten, Salamandern und anderen Lurchen beschäftigen, hatten zwar seit fast einem Jahrzehnt bei verschiedenen Arten einen deutlichen Populationsrückgang beobachtet, aber zunächst schien es sich dabei um ein nur lokal auftretendes Phänomen zu handeln. Doch auf dem ersten Weltkongreß der Herpetologen, der im Jahre 1989 im englischen Canterbury stattfand, addierten sich die Einzelbeobachtungen zu einem bedenklichen Gesamtbild: Wissenschaftler aus der ganzen Welt hatten den Eindruck, die Amphibienpopulationen gingen zurück (Phillips 1990; Wyman 1990). Ein 1990 eilig organisierter Workshop, der diese Vermutung untersuchen sollte, ergab tatsächlich Hinweise auf Populationseinbrüche bei Amphibien auf breiter Front. Arten, die vor nicht einmal zwei Jahrzehnten noch häufig waren, waren selten geworden, manche standen kurz vor dem Aussterben. Zwar hatten viele Wissenschaftler nur Einzelbeobachtungen als Beleg für ernstzunehmende Bestandsrückgänge, und die Erklärungen für das Phänomen waren spekulativ (Phillips 1990), aber aus den USA, Mittelamerika, dem Amazonasbekken, den Anden, Europa und Australien wurde Ähnliches berichtet: Lebensraumzerstörung und Umweltverschmutzung, vor allem Versauerung, trugen zum rapiden Rückgang vieler Arten bei.

Amphibien reagieren auf eine Reihe globaler Umweltprobleme besonders empfindlich; dazu gehören Temperaturveränderungen, die Zunahme der ultravioletten Strahlung, die Fragmentierung ihrer Lebensräume, Umweltverschmutzung durch Chemikalien sowie saurer Regen (Wyman 1990). Die beiden letztgenannten Faktoren sind besonders gefährlich, weil die dünne Haut der Lurche wenig Schutz gegen schädliche Substanzen bietet und weil Eier und Kaulquappen schon bei leichter Abnahme des pH-Wertes in ihrem Laichgewässer absterben können. Bei dem Workshop wurde die Versauerung der Gewässer als wahrscheinlicher Mitverursacher des globalen Rückgangs der Amphibien ausgemacht, doch in Anbetracht der zwischen den untersuchten Lebensräumen bestehenden Unterschiede und des Mangels an direkten Beweisen konnten die Teilnehmer keine definitiven Schlüsse ziehen, solange keine direkten Beobachtungen vorlagen. Einige wenige Herpetologen akzeptierten diese anfänglichen Spekulationen allerdings nicht. Sie waren der Meinung, der Rückgang der Lurche könne mit natürlichen Vorgängen zu tun haben, etwa den klimatischen Bedingungen während eines El-Niño-Ereignisses, oder vermuteten, der Rückgang sei lediglich Ausdruck der für kleine Amphibienpopulationen typischen extremen Populationsschwankungen (Pechmann et al. 1991).

Eine besonders gründliche Untersuchung einer seltener werdenden Amphibienart lieferte Ergebnisse, die die Versauerungshypothese stützten. Bei einem Forschungsprojekt über die Kreuzkröte (*Bufo calamita*) in England interessierte man sich speziell für den Einfluß von Versauerung und Umweltverschmutzung (Beebee et al. 1990). Die Forscher machten sich auf ihrer Suche nach Zusammenhängen zwischen Umweltverschmutzung und Populationsrückgang den Umstand zunutze, daß es sowohl über die Bestände der Kreuzkröte als auch über die Landnutzung in deren Lebensraum reichlich Material gab; außerdem versuchten sie, die ökologischen Verhältnisse in der Vergangenheit mit Hilfe von Sedimentbohrkernen zu rekonstruieren. Die Untersuchung ergab, daß Teiche, in denen es früher bedeutende Populationen der Kreuzkröte gegeben hatte, im Laufe der Zeit immer saurer geworden waren, was die Kröten davon abhielt, sie weiterhin als Laichgewässer zu nutzen. Mit der Versauerung ging eine Zunahme an Schwermetallen und Rußpartikeln einher; dies deutete mit hoher Wahrscheinlichkeit auf einen Einfluß der Industrie hin. Selbst eine geringe Abnahme des pH-Wertes führt bei der Kreuzkröte zu einem erheblichen Anstieg der Sterblichkeit von Eiern und Kaulquappen; für einen der Teiche rekonstruierte man einen Rückgang des pH-Wertes von etwa 6,0 auf 4,0 bis 4,5.

Die spezifischen Faktoren, die zum Rückgang der Kreuzkröte beitrugen, spielen sicher nicht bei allen Amphibien eine Rolle, aber viele Lurche werden durch ähnliche Bedingungen geschädigt. Versauerung und Verschmutzung von Gewässern sind weltweite Probleme, gegen die diese Tiergruppe besonders empfindlich ist. Diese Faktoren können auch Effekte haben, die nicht ohne weiteres erkennbar sind, beispielsweise eine chemisch bedingte Fragmentierung von Lebensräumen. Selbst wenn ein Feuchtgebiet relativ intakt erscheint, können lokal variierende pH-Werte in Wasser und Sediment einen Fragmentierungseffekt bewirken, indem sie die Lurche daran hindern, sich in bestimmten Teilen des Gebiets fortzupflanzen und von einem Gewässer zum anderen zu wandern (Wyman 1990).

Biologen weisen darauf hin, daß die negativen Auswirkungen von Versauerung und Umweltverschmutzung auf Amphibien durch deren relativ hohe Stellung in der Nahrungskette und ihre extrem empfindliche Reaktion auf Umweltfaktoren verstärkt werden (Phillips 1990); aufgrund dessen gehören Lurche zu den ersten Arten, an denen sich die Folgen von Umweltverschmutzung zeigen. Der Zustand von Amphibienbeständen kann als Maßstab für die Gesundheit eines Ökosystems dienen. Geht eine Art wie die Kreuzkröte zurück, so sollte man dies als Warnsignal für eine ernsthafte Beeinträchtigung ihres Lebensraumes verstehen. Die Schädigung von Lebensräumen ist nicht irreversibel – bei der Untersuchung an der Kreuzkröte zeigte sich, daß die Entfernung von saurem Sediment den Säuregrad in Teilen eines Teiches drastisch reduzierte (Beebee et al. 1990) –, aber das Ökosystem wird weniger geschädigt, wenn man das Problem frühzeitig bekämpft.

6.22 Überall auf der Welt sterben Wälder – ein Phänomen, das man zum Teil auf die Auswirkungen von saurem Regen in Kombination mit Insektenbefall und Krankheiten zurückführt. Diese abgestorbenen Bäume wurden im Jahre 1988 auf dem Mount Mitchell im US-Bundesstaat North Carolina aufgenommen. (Photo: Jim MacKenzie, WRI.)

auf Luftverschmutzung besonders empfindlich. Da jede Flechtenart eine andere Toleranzgrenze hat, kann man die Zusammensetzung einer Flechtengemeinschaft als biologischen Indikator für das Ausmaß der Luftverschmutzung nutzen.

Weltweit nimmt die Luftverschmutzung ständig zu. Eine besonders starke Zunahme ist in vielen asiatischen Ländern zu erwarten, in denen die Bevölkerungsdichte hoch ist (und steigt) und die Industrialisierung voranschreitet. Die massive Nutzung stark schwefelhaltiger Kohle in China und der schnelle Anstieg der Kraftfahrzeugzulassungszahlen in Südostasien sind Beispiele für Faktoren, die die biologische Vielfalt der Region potentiell bedrohen. Hoffnung auf eine zukünftige Eindämmung der Luftverschmutzung besteht nur, wenn es gelingt, Kraftfahrzeuge mit drastisch reduzierten Schadstoffemissionen zu bauen, öffentliche Verkehrsmittel verstärkt auszubauen, wirksamere Reinigungsmethoden für Industrieabgase zu entwickeln und den Gesamtenergieverbrauch durch Einsparung und bessere Energieausnutzung zu senken.

Globaler Klimawandel

Kohlendioxid, Methan und andere in der Atmosphäre enthaltene Spurengase sind für Sonnenlicht durchlässig, so daß die Lichtenergie die Atmosphäre passieren und die Erdoberfläche erwärmen kann. Die als Wärme von der Erde zurückgestrahlte Energie dagegen wird von diesen Gasen und Wasserdampf (in Form der Wolken) zurückgehalten, wodurch die Wärmeabstrahlung in den Weltraum verlangsamt wird. Man bezeichnet diese Gase als **Treibhausgase**, weil sie ähnlich wie das Glas eines Treibhauses wirken, das Sonnenlicht durchläßt, aber die in Wärme umgewandelte Lichtenergie im Treibhaus gefangenhält (Abbildung 6.23). Ein anderer Vergleich wäre der mit einer Bettdecke, die die Erdoberfläche wärmt. Je höher die Konzentration der Treibhausgase, desto mehr Wärme halten sie fest und desto höher ist die Oberflächentemperatur der Erde.

Erst der Treibhauseffekt macht Leben auf der Erde möglich – ohne ihn würde die Temperatur der Erdoberfläche dramatisch sinken. Heutzutage besteht jedoch das Problem, daß die Konzentration der Treibhausgase infolge menschlicher Aktivitäten so stark zunimmt, daß das Klima davon beeinflußt werden und es zu einer globalen Erwärmung kommen könnte. Während der vergangen 100 Jahre hat der Gehalt an Kohlendioxid (CO_2) und anderen Spurengasen in der Atmosphäre stetig zugenommen, vor allem als Folge der Nutzung fossiler Brennstoffe wie Kohle, Erdöl und Erdgas (Graedel und Crutzen 1989). Auch die Brandrodung zur Gewinnung von Agrarland und die Verbrennung von Holz zum Heizen und Kochen steigern den Kohlendioxidgehalt der Atmosphäre. Dieser ist während der vergangenen 100 Jahre von 290 ppm (Teilen pro Million Teile) auf 350 ppm gestiegen und wird im Jahre 2030 voraussichtlich 400 bis 550 ppm erreichen (Abbildung 6.24). Selbst wenn umfangreiche Sofortmaßnahmen zur Senkung der Kohlendioxidproduktion eingeleitet würden, wäre der unmittelbare Effekt gering, da die Lebensdauer eines CO_2-Moleküls in der Atmosphäre durchschnittlich 100 Jahre beträgt, bevor es durch Pflanzen und natürliche geochemische Prozesse daraus entfernt wird. Doch solange die

6.23 Der Treibhauseffekt entsteht durch Gase, die Wärme an der Erdoberfläche festhalten ▶ und damit ähnlich wie das Dach eines Treibhauses wirken. (Aus Gates 1993.)

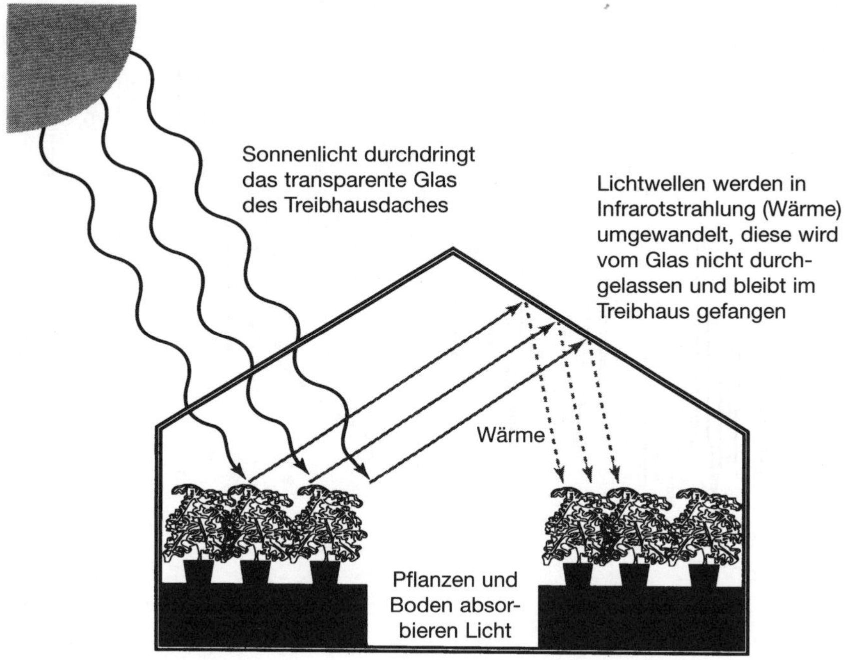
Sonnenlicht durchdringt das transparente Glas des Treibhausdaches
Lichtwellen werden in Infrarotstrahlung (Wärme) umgewandelt, diese wird vom Glas nicht durchgelassen und bleibt im Treibhaus gefangen
Wärme
Pflanzen und Boden absorbieren Licht

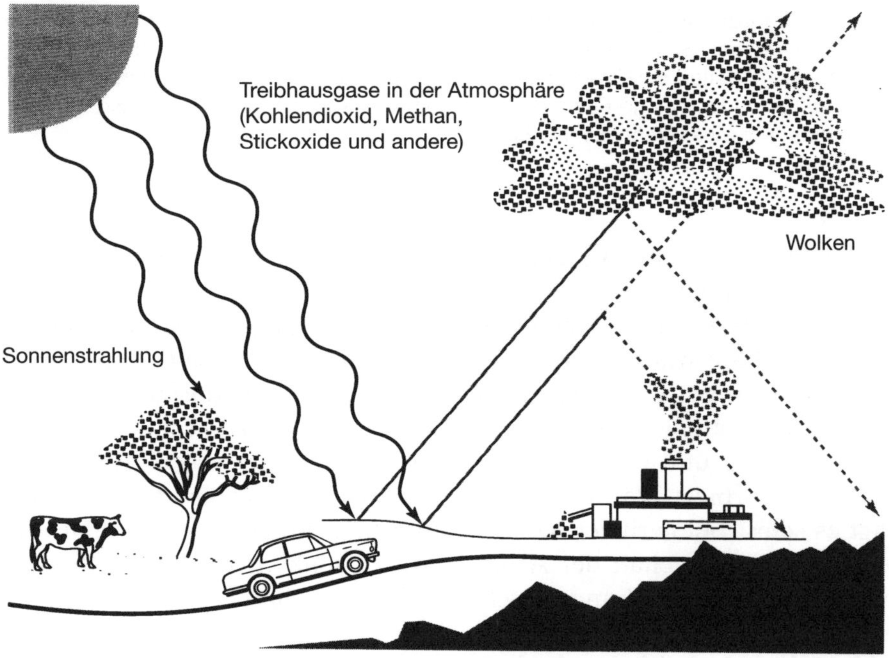
Treibhausgase in der Atmosphäre (Kohlendioxid, Methan, Stickoxide und andere)
Wolken
Sonnenstrahlung

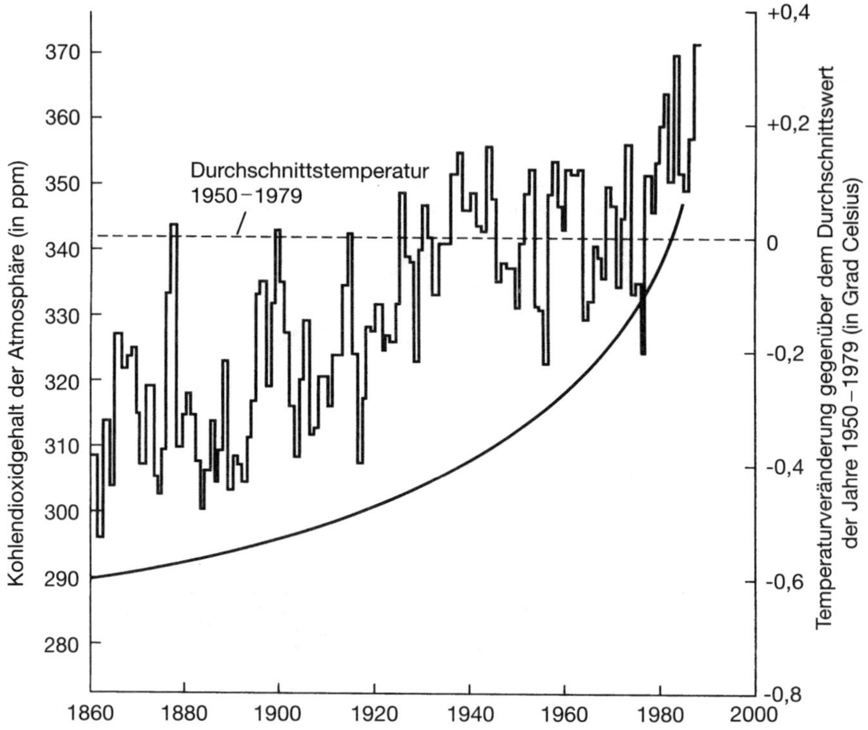

6.24 Während der vergangenen 130 Jahre hat die Kohlendioxidkonzentration (schwarze Linie) in der unteren Schicht der Atmosphäre stetig zugenommen. Es existieren Belege für einen globalen Anstieg der Oberflächentemperatur der Erde. Ob der beobachtete Temperaturanstieg (graue Linie) eine Folge der erhöhten Konzentration von Treibhausgasen ist, ist noch umstritten. (Aus Schneider 1989.)

Kohlendioxidemissionen nicht reduziert werden, wird der atmosphärische CO_2-Gehalt zunehmen.

Ein anderes wichtiges Treibhausgas ist Methan, dessen Konzentration in der Atmosphäre während der vergangenen 100 Jahre von 0,9 ppm auf 1,7 ppm gestiegen ist. Ursachen für diesen Anstieg sind Reisanbau, Viehproduktion, mikrobielle Prozesse in Mülldeponien, das Abbrennen von tropischen Wäldern und Grasland sowie die Gewinnung fossiler Brennstoffe. Methan absorbiert Wärme sehr viel effektiver als Kohlendioxid, deshalb trägt es selbst bei geringer Konzentration wesentlich zum Treibhauseffekt bei. Den Methangehalt der Atmosphäre zu senken, wird möglicherweise schwierig sein, da die Landwirtschaft bei der Produktion dieses Gases eine wichtige Rolle spielt.

Viele Wissenschaftler sind der Ansicht, daß die Zunahme der Treibhausgase das Weltklima bereits beeinflußt hat und daß dieser Effekt sich in

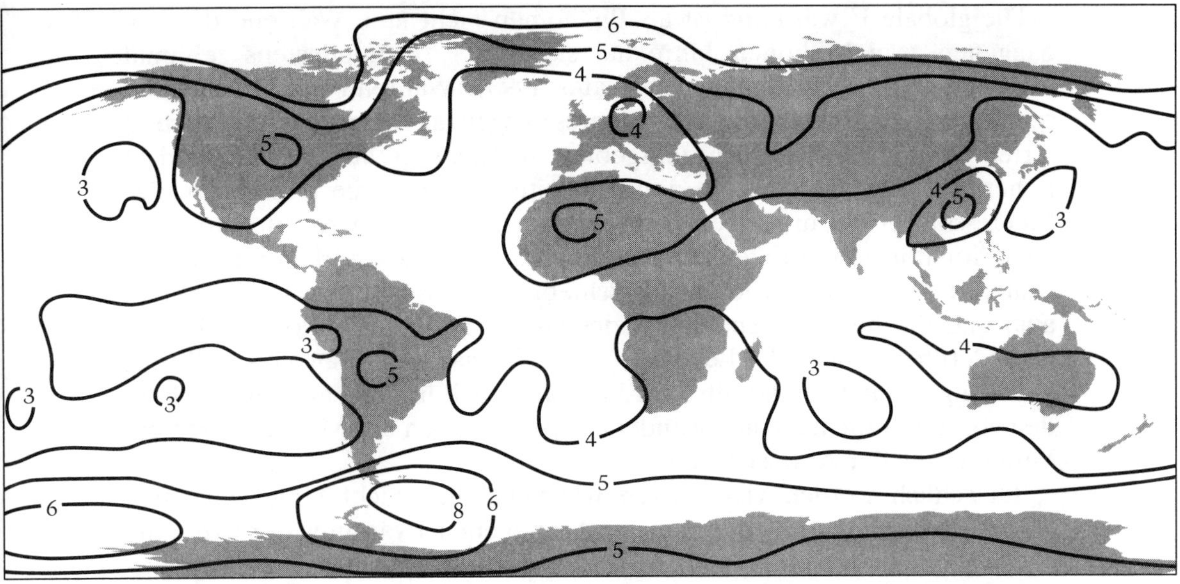

6.25 Computermodelle der Klimaentwicklung prognostizieren im Falle einer Erhöhung der Konzentration von Treibhausgasen einen Anstieg der Oberflächentemperatur. Die obige Abbildung wurde mit einem am Goddard Institute for Space Studies (GISS) entwickelten Modell erstellt und zeigt eine Prognose für den Temperaturanstieg in Grad Celsius bis zum Ende des nächsten Jahrhunderts. Viele Fachleute halten einen weltweiten Anstieg der Durchschnittstemperaturen um drei Grad Celsius bis zum Jahr 2100 für denkbar. Alle Modelle stimmen darin überein, daß die Erwärmung in den hohen Breiten und den Polarregionen am stärksten sein wird. (GISS-Modell nach Hansen 1985.)

Zukunft noch verstärken wird (Peters und Lovejoy 1992; Gates 1993). Die verfügbaren Daten deuten darauf hin, daß die Durchschnittstemperaturen auf der Erde während der vergangenen 100 Jahre um 0,5 Grad Celsius gestiegen sind (Jones und Wigley 1990). Vorhersagen über die künftige Klimaentwicklung sind selbst unter Einbeziehung sämtlicher verfügbaren Wetterdaten und mit Hilfe von Supercomputern extrem schwierig. Unter Meteorologen besteht jedoch zunehmend Einvernehmen darüber, daß sich die Durchschnittstemperatur auf der Erde infolge der steigenden Konzentrationen von Kohlendioxid und anderen Gasen im Laufe des kommenden Jahrhunderts um zwei bis sechs Grad Celsius erhöhen wird (Abbildung 6.25). Sollte der Kohlendioxidgehalt der Luft weiter steigen, so könnte der Anstieg sogar noch höher ausfallen. Die computererzeugten Klimamodelle liefern nur ungefähre Prognosen, weil noch unklar ist, welche Rolle die Kohlendioxidabsorption der Meere spielt und wie Pflanzengemeinschaften auf ein vermehrtes Kohlendioxidangebot und höhere Temperaturen reagieren werden.

Die globale Erwärmung ist als Phänomen nicht neu. Während der vergangenen zwei Millionen Jahre hat sich die Erde mindestens zehnmal erwärmt und wieder abgekühlt (Gates 1993). Während der Warmzeiten schmolzen die Polkappen, der Meeresspiegel lag höher als heute, und Arten dehnten ihre Verbreitungsgebiete in Richtung auf die Pole und in höhere Gebirgslagen aus. In den Kaltzeiten wuchsen die Polkappen, der Meeresspiegel fiel unter den heutigen Wert, und Arten zogen sich näher zum Äquator und in tiefere Lagen zurück. Zweifellos starben viele Arten während dieser wiederholten Verschiebungen ihrer Verbreitungsgebiete aus, und die heute lebenden Spezies sind Überlebende globaler Klimaveränderungen. Wenn das Leben sich in der Vergangenheit an globale Klimaänderungen anpassen konnte, wird es dann auch in der Lage sein, sich an den voraussichtlichen Klimawandel anzupassen, den der Mensch durch die Veränderung der Atmosphäre verursacht?

Tatsächlich werden viele Arten wahrscheinlich nicht fähig sein, sich *schnell genug* umzustellen, um die anthropogene Erwärmung der Erde, die sehr viel schneller erfolgen wird als die früheren, natürlichen Klimaverschiebungen, zu überleben. Während die Einzelheiten des globalen Klimawandels noch intensiv erforscht werden, sind die Folgen eines Temperaturanstiegs klar, und ihre Auswirkungen auf die Natur werden gravierend sein.

Veränderungen in den gemäßigten Breiten. In den nördlichen und südlichen gemäßigten Breiten werden sich die Klimazonen in Richtung auf die Pole verschieben. Die Lebewesen des laubabwerfenden Waldes im Osten Nordamerikas werden im Laufe des kommenden Jahrhunderts 500 bis 1000 Kilometer nordwärts wandern müssen, um den zu erwartenden Temperaturanstieg von zwei bis sechs Grad Celsius auszugleichen, also fünf bis zehn Kilometer pro Jahr (Abbildung 6.26; Davis 1990; Davis und Zabinski 1992). Nach der letzten pleistozänen Vereisung und dem darauffolgenden Temperaturanstieg wanderten die nach Süden ausgewichenen Baumarten in Nordamerika mit einer Geschwindigkeit von zehn bis 40 Kilometern pro Jahrhundert zurück, das entspricht 100 bis 400 Metern pro Jahr. Angesichts dieser natürlichen Ausbreitungsgeschwindigkeit werden viele Arten wahr-

6.26 Wenn sich die prognostizierten Temperatur- und Niederschlagsänderungen tatsächlich einstellen sollten, werden sich die Vegetationszonen verschieben. Wegen ihrer geringen Ausbreitungsgeschwindigkeit könnte es für Bäume äußerst schwierig werden, schnell genug einen neuen geeigneten Lebensraum zu erreichen. a) Die gegenwärtige Verteilung der wichtigsten Waldtypen in Nordamerika. b) Die voraussichtliche Verteilung dieser Waldtypen in einem Klima, das durch eine Verdoppelung der gegenwärtigen Konzentration von Treibhausgasen – die innerhalb der nächsten 70 bis 100 Jahre eintreten könnte – entstehen würde. Besonders starke Auswirkungen werden auf die borealen Wälder (nördliche immergrüne Nadelwälder) erwartet. (Aus Gates 1993, nach Solomon 1984.) ▶

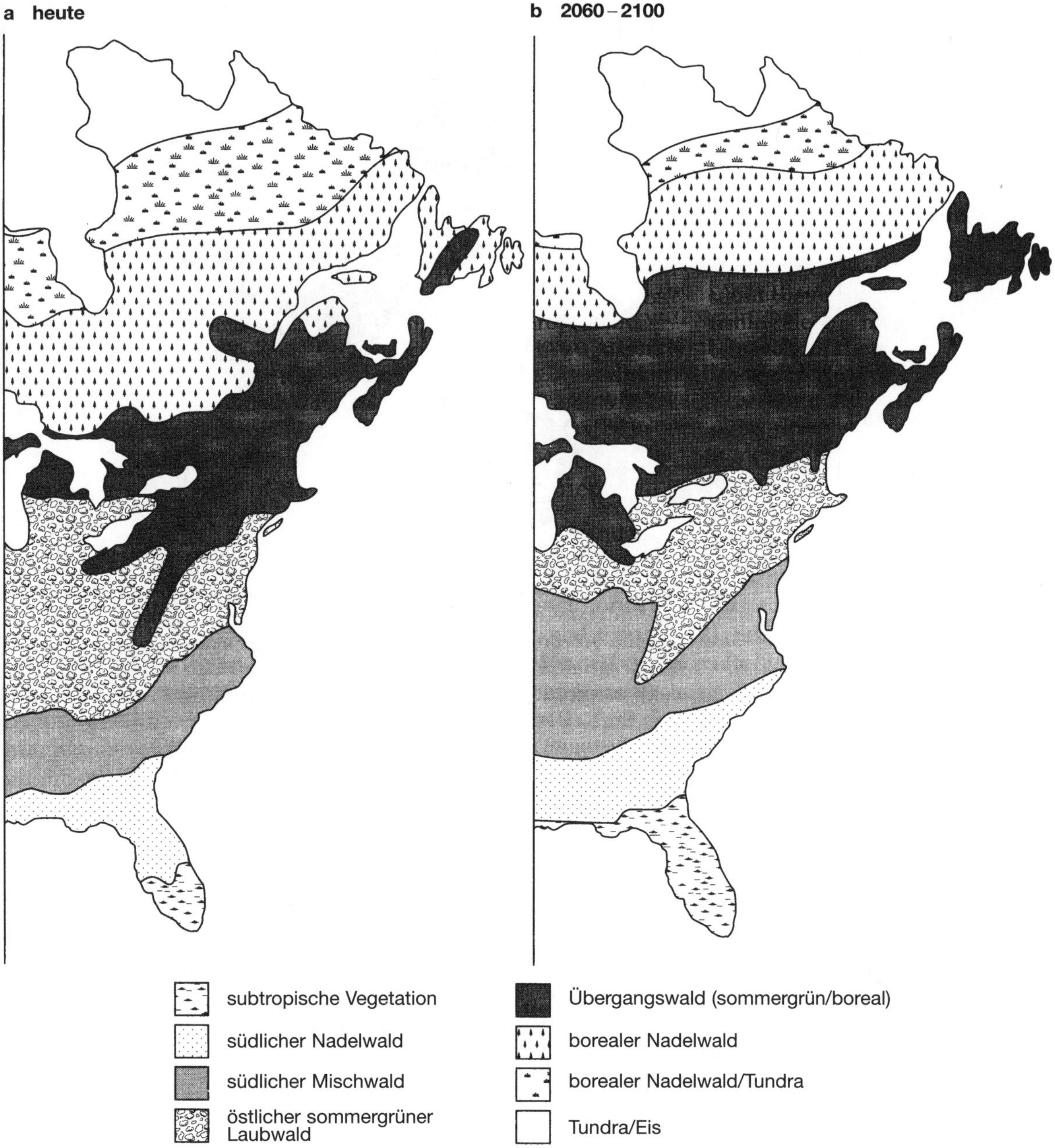
a heute
b 2060–2100
subtropische Vegetation
südlicher Nadelwald
südlicher Mischwald
östlicher sommergrüner Laubwald
Übergangswald (sommergrün/boreal)
borealer Nadelwald
borealer Nadelwald/Tundra
Tundra/Eis

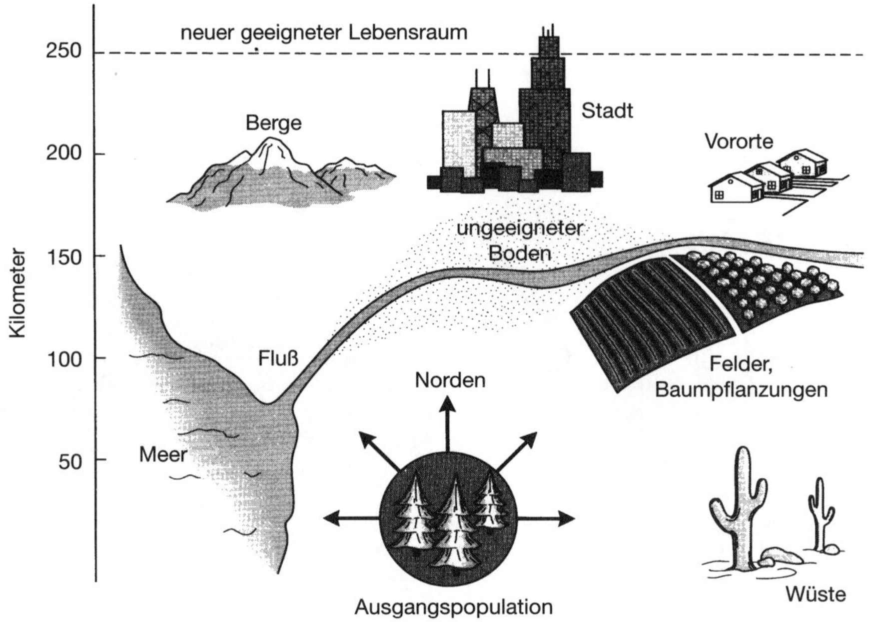

6.27 Wenn sich die Erde so stark erwärmt, wie einige Klimamodelle vorhersagen, werden sich die Baumarten der nördlichen gemäßigten Breiten 250 Kilometer nordwärts ausbreiten müssen, um klimatisch geeignete Standorte zu finden. Dabei werden sie nicht nur auf natürliche Hindernisse wie Berge, Meere, Flüsse und für sie ungeeignetes Gelände treffen, sondern auch auf Barrieren, die der Mensch geschaffen hat, etwa Felder, Siedlungsgebiete und Straßen. (Nach Peters 1988.)

scheinlich nicht in der Lage sein, schnell genug nordwärts zu wandern, um mit dem Klimawandel Schritt zu halten. Darüber hinaus könnte die durch menschliche Aktivitäten verursachte Biotopfragmentierung die Wanderung vieler Arten in Regionen, die geeigneten Lebensraum bieten, weiter verlangsamen oder sogar verhindern (Abbildung 6.27; Peters und Darling 1985; Peters 1988; Graham et al. 1990). Zweifellos werden viele Arten mit begrenztem Verbreitungsgebiet und/oder wenig effektiven Ausbreitungsmechanismen aussterben, und weit verbreitete, leicht in neue Lebensräume vordringende Arten werden in den neu entstehenden Lebensgemeinschaften im Vorteil sein.

Veränderungen in den Tropen. Der globale Klimawandel wird sich in den Tropen voraussichtlich weniger stark auf Temperatur und Niederschlagsmenge auswirken als in den gemäßigten Breiten. Doch selbst geringfügige Veränderungen in Menge und Zeitpunkt der Regenfälle könnten erhebliche Auswirkungen auf das Artenspektrum, den Zeitpunkt der Samenbildung bei Pflanzen und die Feueranfälligkeit haben. Für Zugvögel hätten derartige Veränderungen womöglich dramatische Folgen. Es gibt auch Prognosen, denen zufolge Orkane in den Tropen an Intensität und Häufigkeit zunehmen werden, was für die Waldstruktur gravierende Konsequenzen hätte.

Anstieg des Meeresspiegels. Bei einem globalen Temperaturanstieg werden die Gebirgsgletscher und das grönländische Inlandeis zusammenschmelzen. Durch das dabei im Laufe der nächsten 50 bis 100 Jahre freiwerdende Wasser könnte der Meeresspiegel um 0,2 bis 1,5 Meter steigen. Die küstennahen Feuchtgebiete mit ihren Lebensgemeinschaften würden dann überschwemmt. Der Anstieg könnte so rasch erfolgen, daß viele Arten nicht in der Lage wären, schnell genug zu wandern, um sich an die veränderten Verhältnisse anzupassen. Vor allem wo Siedlungen, Straßen und Deiche in unmittelbarer Nähe von Feuchtgebieten liegen, wird den Organismen dieser Gemeinschaften der Weg abgeschnitten sein. Der Anstieg des Meeresspiegels wird möglicherweise 25 bis 80 Prozent der küstennahen Feuchtgebiete der USA zerstören (Smith und Tirpak 1988). Tiefliegende Länder wie Bangladesch könnten innerhalb von 100 Jahren weitgehend überschwemmt werden.

Auch etliche Lebewesen der Korallenriffe würden durch einen Anstieg des Meeresspiegels geschädigt. Korallen wachsen oft in einer ganz bestimmten Wassertiefe, in der sie eine optimale Kombination aus Lichtverhältnissen und Wasserbewegung vorfinden. Ein Anstieg des Meeresspiegels mit der erwarteten Geschwindigkeit von einem Meter pro Jahrhundert entspräche einem jährlichen Anstieg von zehn Millimetern. Nur die raschwüchsigsten Korallenarten sind überhaupt in der Lage, mit diesem Tempo zu wachsen (Grigg und Epp 1989). Viele Korallenriffe werden nicht schnell genug wachsen können, um mit dem steigenden Wasser Schritt zu halten, und schließlich absterben. Selbst in den überlebenden Riffen werden die langsamer wachsenden Arten bald verschwunden sein. Zu noch gravierenderen Schäden an Korallenriffen könnte es kommen, wenn gleichzeitig die Meerestemperaturen steigen (Brown und Ogden 1993). Im Pazifik führten ungewöhnlich hohe Wassertemperaturen in den Jahren 1982 und 1983 zum Absterben der in vielen Korallen lebenden symbiotischen Algen; die so „ausgebleichten" Korallen wurden schwer geschädigt: Schätzungsweise 70 bis 95 Prozent der bis in 18 Meter Tiefe lebenden Korallen starben ab (IUCN/UNEP 1988; Shinn 1989).

Veränderungen bei Pflanzenpopulationen. Pflanzen benötigen für ihr Wachstum Kohlendioxid, und manchmal ist die Konzentration dieses Gases zu niedrig, um maximales Wachstum zu ermöglichen (Bazzaz und Fajer 1992). Manche Pflanzenarten werden in der Lage sein, steigende

Kohlendioxidkonzentrationen zu nutzen, werden schneller wachsen und andere, weniger anpassungsfähige Arten verdrängen. Mit der Häufigkeit bestimmter Pflanzen dürfte sich auch die Häufigkeit der Insektenarten ändern, die sich von ihnen ernähren. Unvorhersehbare Populationsschwankungen bei Pflanzen und Insekten könnten zum Aussterben vieler seltener Arten führen.

Der globale Klimawandel hat das Potential, Lebensgemeinschaften radikal umzustrukturieren und die Verbreitungsgebiete vieler Arten zu verändern. Die Geschwindigkeit dieses Wandels könnte die natürliche Ausbreitungsfähigkeit von Arten überfordern. Wegen der weitreichenden Auswirkungen des globalen Klimawandels wird man Lebensgemeinschaften, Ökosysteme und das Klima in Zukunft sorgfältig überwachen müssen.

Zusammenfassung

1. Die massive Beeinträchtigung natürlicher Lebensräume durch den Menschen führt zum Aussterben von Arten und sogar zum Verlust ganzer Lebensgemeinschaften. Diese Beeinträchtigungen werden in Zukunft noch zunehmen, weil die Weltbevölkerung weiter wächst – bis zum Jahr 2000 voraussichtlich auf 6,4 Milliarden – und ein Großteil dieses Wachstums auf die artenreichen tropischen Länder entfällt. Ohne eine Verlangsamung des Bevölkerungswachstums läßt sich die biologische Vielfalt nicht erhalten. Auch durch industrielle Prozesse, Holzeinschlag und Landwirtschaft wird die Umwelt oft unnötig stark geschädigt, um kurzfristig Profit zu erzielen. Die ungleiche Verteilung von Reichtum und natürlichen Ressourcen, sowohl zwischen den verschiedenen Staaten als auch innerhalb der einzelnen Länder, ist zu einem großen Teil für die Armut verantwortlich, die auch Ursache der Zerstörung natürlicher Lebensräume ist.
2. Die biologische Vielfalt ist vor allem durch den Verlust natürlicher Lebensräume bedroht, und das wichtigste Mittel zu ihrer Erhaltung ist der Biotopschutz. In 49 von 61 tropischen Ländern der Alten Welt ist der Lebensraum für Wildtiere zu über 50 Prozent zerstört worden. Viele Arten haben fast ihren gesamten Lebensraum verloren und sind nur in einem winzigen Teil ihres ursprünglichen Verbreitungsgebietes geschützt.
3. Der tropische Regenwald wird mit großer Geschwindigkeit zerstört. Von ursprünglich 16 Millionen Quadratkilometern waren im Jahre 1985 nur noch 8,5 Millionen übrig geblieben. Im Jahre 2040 wird es außerhalb der relativ kleinen Schutzgebiete und Nationalparks kaum noch

naturbelassenen Regenwald geben. Andere bedrohte Lebensräume sind der tropische Trockenwald, Feuchtgebiete in allen Klimazonen sowie die Grasländer der gemäßigten Breiten. Gebiete mit saisonaler Trokkenheit werden oft durch Überweidung, ungeeignete Formen der Landwirtschaft sowie durch Abbrennen geschädigt, die Folge sind Bodenerosion und Desertifikation.

4. Als Fragmentierung von Lebensräumen bezeichnet man den Prozeß, durch den eine große zusammenhängende Biotopfläche sowohl verkleinert als auch in zwei oder mehr Teilstücke zerschnitten wird. Zwischen diesen Fragmenten liegen oft veränderte oder geschädigte Lebensräume, die sie voneinander isolieren. Die Fragmentierung von Lebensräumen kann zum schnellen Verlust der verbliebenen Arten führen, da sie Barrieren schafft, die einer normalen Ausbreitung, Besiedlung neuer Lebensräume und Nahrungssuche entgegenstehen. Manche Fragmente bieten unter Umständen nicht das gesamte Spektrum an Nahrung und anderen Ressourcen, das bestimmte Arten zum Erhalt ihrer Populationen benötigen. In fragmentierten Lebensräumen können sich die abiotischen Lebensbedingungen ändern, und Arten aus anderen Lebensräumen können vermehrt eindringen, worunter die ursprünglichen Arten leiden. Insbesondere den Rückgang zahlreicher Singvogelarten in Nordamerika hat man mit der Fragmentierung ihrer Lebensräume in Verbindung gebracht.
5. Aus Lebensgemeinschaften, die durch Umweltverschmutzung belastet sind, verschwinden viele Arten, selbst wenn die Struktur der Lebensräume scheinbar intakt bleibt. Insektizide reichern sich im Körper von Greifvögeln an, was zum Rückgang der Populationen führt. Die Wasserverschmutzung durch Erdölprodukte, kommunale Abwässer und Industrieabwässer kann Arten unmittelbar oder allmählich eliminieren. Erhöhte Sedimentfrachten als Folge von Bodenerosion und gesteigerter Nährstoffeintrag durch Abwässer sind besonders schädlich für manche aquatischen Lebensgemeinschaften. Saurer Regen, hohe Ozonkonzentrationen in Bodennähe und toxische Metalle in der Atmosphäre stellen für Lebensgemeinschaften schädliche Aspekte der Luftverschmutzung dar. Beispielsweise trägt der saure Regen zum weltweit beobachteten Rückgang der Amphibienpopulationen bei.
6. Im Laufe des kommenden Jahrhunderts wird es wahrscheinlich zu einem globalen Klimawandel kommen. Ursache sind die großen Mengen an Kohlendioxid, die durch die Nutzung fossiler Brennstoffe in die Atmosphäre gelangen. Wenn die Prognosen über die Geschwindigkeit des Temperaturanstiegs zutreffen, werden wahrscheinlich viele Arten aussterben, weil sie ihre Verbreitungsgebiete nicht schnell genug verschieben können. Falls die Polkappen abschmelzen sollten, werden viele küstennahe Lebensgemeinschaften im Meer untergehen.

Weiterführende Literatur

Bierregaard, J. O., Lovejoy, T. E., Kapos, V., Dos Santos, A. A. und Hutchings, R. W. 1992. The biological dynamics of tropical rainforest fragments. *BioScience* 42: 859–866. [Eine Zusammenfassung der ausgedehnten Langzeituntersuchung der Regenwaldfragmentierung in Brasilien.]

Carson, R. 1962. *Silent Spring*. Nachdruck 1982 durch Penguin, Harmondsworth, England. [Deutsch: 1963. *Der stumme Frühling*. Biederstein, München; dieses Buch, das die schädlichen Auswirkungen von Pestiziden auf Vögel beschreibt, erregte bei seiner Veröffentlichung starke Aufmerksamkeit.]

Ehrlich, P. R. und Ehrlich, A. H. 1981. *Extinction: The Causes and Consequences of the Disappearance of Species*. Random House, New York. [Deutsch: 1983. *Der lautlose Tod. Das Aussterben der Pflanzen und Tiere*. Krüger, Frankfurt; dieses Werk trug maßgeblich zur verstärkten Beachtung des Artenschwundes bei.]

Gates, D. M. 1993. *Climate Change and its Biological Consequences*. Sinauer Associates, Sunderland, MA. [Eine leicht verständliche und gründliche Beschreibung vergangener und voraussichtlicher Klimaänderungen und ihrer Folgen.]

Harris, L. D. 1984. *The Fragmented Forest: Island Biogeographic Theory and the Preservation of Biotic Diversity*. University of Chicago Press, Chicago. [Warum die Fragmentierung von Lebensräumen zum Verlust von Arten führt.]

Homer-Dixon, T., Boutwell, H. H., Rathjens, G. W. 1993. Environmental change and violent conflict. *Scientific American*, Februar: 38–47. [Deutsch: 1993. Umwelt-Konflikte. In: *Spektrum der Wissenschaft*, April: 36–44; eine Darstellung der Beziehungen zwischen Bevölkerungswachstum, bewaffneten Konflikten und Umweltschädigung.]

LeHouérou, H. N. und Gillet, H. 1986. Desertization in African arid lands. In: M. E. Soulé (Hrsg.) *Conservation Biology: The Science of Scarcity and Diversity*, S. 444–462. Sinauer Associates, Sunderland, MA. [Die Auswirkungen des Vordringens der Wüste auf die Lebewesen Afrikas.]

MacKenzie, J. und El-Ashry, M. T. 1988. *Ill Winds: Airborne Pollution's Toll on Trees and Crops*. World Resources Institute, Washington, D.C. [Die Auswirkungen der Luftverschmutzung auf natürliche und vom Menschen geprägte Ökosysteme.]

Marsh, G. P. 1864. *Man and Nature; or, Physical Geography as Modified by Human Action*. Nachdruck 1965 (D. Lowenthal, Hrsg.) durch Harvard University Press, Cambridge, MA. [Ein früher Versuch einer Beschreibung des menschlichen Einflusses auf die Natur.]

Osborn, F. 1948. *Our Plundered Planet*. Little, Brown, Boston. [Deutsch: 1950. *Unsere ausgeplünderte Erde*. Pan-Verlag, Zürich; ein Werk, das schon früh auf die Zerstörung natürlicher Lebensräume aufmerksam machte.]

Peters, R. L. und Lovejoy, T. E. (Hrsg.) 1992. *Global Warming and Biological Diversity*. Yale University Press, New Haven, CT. [Möglicherweise wird es den Lebewesen schwer fallen, mit der globalen Erwärmung Schritt zu halten.]

Riecken, U.; Ries, U. und Ssymank, A. 1994. *Rote Liste der gefährdeten Biotoptypen der Bundesrepublik Deutschland*. Schriftenreihe für Landschaftspflege und Naturschutz, Heft 41. [Zusammenstellung der Biotoptypen mit kurzer Typisierung und Angabe des Gefährdungsgrades (bundesweit und regional) sowie der wichtigsten Gefährdungsursachen.]*

Terborgh, J. 1992. Why American songbirds are vanishing. *Scientific American*, Mai: 98–104. [Verschiedene Theorien werden im Lichte der jüngsten Erkenntnisse untersucht.]

7

Eingeführte Arten, Krankheiten und Übernutzung

Die Zerstörung, Fragmentierung und Schädigung natürlicher Lebensräume sind der biologischen Vielfalt offensichtlich abträglich. Doch selbst in einer nach außen hin intakt erscheinenden Lebensgemeinschaft kann sich ein erheblicher Artenschwund vollziehen, der durch die Auswirkungen menschlicher Aktivitäten verursacht wird. Eine wichtige Rolle spielen dabei die Einführung gebietsfremder (exotischer) Arten, die Verbreitung von Krankheiten und die übermäßige Ausbeutung bestimmter Arten.

Eingeführte Arten

Das Verbreitungsgebiet vieler Arten ist dadurch begrenzt, daß sie nicht in der Lage sind, größere natürliche Barrieren zu überwinden. Die nordamerikanischen Säugetiere können nicht nach Hawaii gelangen, weil sie den Pazifik nicht überqueren können, zwischen den Meeresfischen der Karibik und dem Pazifischen Ozean liegt als unüberwindliches Hindernis Mittelamerika, und die Süßwasserfische eines afrikanischen Sees haben keine Möglichkeit, nahegelegene, nicht durch Flüsse mit ihrem Heimatgewässer verbundene andere Seen zu erreichen. Meere, Wüsten, Berge und Flüsse setzen der Wanderung von Organismen Grenzen. Infolge geographischer Isolation hat die Evolution in den großen Regionen der Erde jeweils unterschiedliche Wege eingeschlagen. So unterscheidet sich die Organismenwelt von Australien und Neuguinea verblüffend von der der angrenzenden Region Südostasien. Auf Inseln, die die am stärksten isolierten Lebensräume sind, haben sich besonders viele einzigartige Formen und Gemeinschaften entwickelt.

In diese Verhältnisse greift der Mensch seit langem gravierend ein, indem er Lebewesen über große Entfernungen transportiert. In vorindustrieller Zeit brachten Menschen ihre Nutzpflanzen und Haustiere mit, wenn sie neue Gebiete besiedelten. Europäische Seefahrer ließen auf unbewohnten Inseln Ziegen und Schweine frei, die ihnen bei späteren Besuchen als Nahrung dienen sollten. In der Neuzeit hat der Mensch zahlreiche Arten in neue Lebensräume eingebürgert oder eingeschleppt (Mooney and Drake 1986; Simberloff 1986b; Drake et al. 1989). Dies geschah beziehungsweise geschieht vor allem durch

- *die europäische Kolonisierung*. In Neuseeland, Australien, Südafrika und anderswo haben Siedler Hunderte von europäischen Vogel- und Säugetierarten freigelassen, damit die Gegend vertrauter wirkte und ihnen jagdbares Wild zur Verfügung stand.
- *Gartenbau und Landwirtschaft*. Zahlreiche Pflanzenarten wurden als Zier- und Nutzpflanzen eingeführt, darunter auch Weidegräser.*
- *versehentlichen Transport*. Zahlreiche Arten sind durch den Menschen unbeabsichtigt in neue Regionen eingeschleppt worden. Arten werden oft ohne Absicht transportiert; typische Beispiele sind Unkrautsamen, die mit Saatgut geerntet und an neuen Standorten eingesät werden, Ratten und Insekten, die im Laderaum von Schiffen oder Flugzeugen reisen, sowie Krankheitserreger und Parasiten, die mit ihren Wirten transportiert werden. Schiffe bringen in ihrem Ballast häufig nicht heimische Arten mit. Mit Ballastsand oder -kies, die in Hafengebieten verklappt werden, kommen Pflanzensamen und Bodenarthropoden, mit Ballastwasser Algen, Wirbellose und kleine Fische. Ein Schiff, das Reis zwischen Trinidad und Manila transportierte, hatte mindestens 41 exotische Tierarten – hauptsächlich Insekten – als blinde Passagiere an Bord (Myers 1934). Diese Zahl ist nicht ungewöhnlich: In jüngerer Zeit fand man bei einer Untersuchung des Ballastwassers verschiedener Schiffe im Hafen von Oregon über 200 Phytoplankton- und Zooplanktonarten (Carlton 1989).

Das Ausmaß dieser vom Menschen vermittelten Wanderung von Arten ist in der Erdgeschichte beispiellos; Elton (1958) sprach von »einer der großen historischen Umwälzungen in der Flora und Fauna der Welt«. In vielen Regionen der Erde sind fremdländische Arten stark vertreten. Auf den Hawaii-Inseln hat man etwa 4600 nicht von dort stammende Pflanzenarten

* In Mitteleuropa werden Pflanzenarten die nach der „Entdeckung" Amerikas (1492) eingeführt wurden, **Neophyten** genannt. Ursprünglich nicht heimische Spezies, die bereits vor 1492 vom Menschen eingeschleppt wurden und fest eingebürgert sind, zum Beispiel viele Ackerwildkräuter, bezeichnet man als **Archaeophyten.** (Bei eingeführten Tieren spricht man auch von **Neozoen**.)

gezählt – ungefähr dreimal so viele wie einheimische (St. John 1973). Auf den Galapagosinseln gibt es etwa gleich viele eingeführte und einheimische Pflanzenarten. Viele nordamerikanische Feuchtgebiete werden völlig von ausdauernden nicht heimischen Pflanzen dominiert: Der Blutweiderich (*Lythrum salicaria*) dominiert in den Marschen des östlichen Nordamerika, und das Japanische Geißblatt (*Lonicera japonica*) bildet in den Auen im Südosten der USA dichte Knäuel. Mehr als die Hälfte der Süßwasserfischarten in Massachusetts ist dort nicht heimisch, und diese fremden Arten machen den größten Teil der Fischbiomasse aus (Hartell 1992). Insektenarten, die – wie Honigbienen und Hummeln – absichtlich eingeführt oder – wie Feuerameisen und Afrikanische Honigbienen – versehentlich eingeschleppt wurden, können riesige Populationen aufbauen. Der Einfluß dieser Neubürger auf die einheimische Insektenfauna ist zweifellos groß, wenn auch weitgehend unbekannt.

Die meisten fremden Arten werden an den Orten, an die sie verschleppt werden, nicht heimisch, weil diese ihren Ansprüchen nicht gerecht werden. Doch ein gewisser Anteil siedelt sich an, und viele von diesen Arten breiten sich auf Kosten der einheimischen Arten aus, beispielsweise indem sie mit diesen um limitierende Ressourcen konkurrieren. Eingeschleppte Tierarten können einheimische Arten auch dadurch, daß sie sie töten oder fressen, zum Aussterben bringen, oder sie können den Lebensraum so verändern, daß viele der ursprünglichen Bewohner dort nicht mehr existieren können.

Eingeführte Arten auf Inseln

Die stärksten Auswirkungen haben eingeführte Arten in der Regel auf Inseln und in Festlandsregionen, die durch menschliche Eingriffe verändert sind (Coblentz 1990). Die Isolation von Inselbiotopen fördert die Entwicklung einzigartiger Ansammlungen endemischer Arten (Exkurs 10, siehe auch Kapitel 2), sie macht diese Spezies aber auch besonders anfällig für die Dezimierung durch von außerhalb kommende Organismen (Gagné 1988). Nur eine begrenzte Zahl von Arten ist in der Lage, ausgedehnte Wasserflächen ohne menschliche Hilfe zu überwinden. Pflanzen, Vögel und Wirbellose gehören zu den auf Meeresinseln am stärksten vertretenen Organismengruppen, Säugetiere findet man dagegen relativ wenige (Howarth et al. 1988). Daher gibt es in Insellebensgemeinschaften wenige große Prädatoren und Pflanzenfresser (Schofield 1989), und die Vertreter der höchsten Trophiestufe, etwa räuberische Säuger, können ganz fehlen. Da sie im Laufe ihrer Evolution keinem Selektionsdruck durch Großsäuger ausgesetzt waren, verfügen zahlreiche endemische Inselarten nicht über entsprechende Abwehr- und Verteidigungsmechanismen. Viele endemische

Exkurs 10: Eingeführte Spezies und Artensterben auf Inseln

Die größten Probleme verursachen eingeführte Arten auf Inseln und Inselgruppen; Spezies, die sich in Isolation vom Festland entwickelt haben, sind besonders empfindlich gegen Krankheiten und Räuber, die von Siedlern oder Inselbesuchern eingeführt werden. Wie anfällig die endemische Flora und Fauna von Inseln und Archipelen ist, illustrieren die Hawaii- und die Galapagos-Inseln, auf denen in jüngerer Zeit zahlreiche Arten ausgestorben oder zumindest zurückgegangen sind.

Die beiden Archipele weisen viele Gemeinsamkeiten auf. Beide sind vulkanischen Ursprungs und liegen weit vom Festland entfernt. Allerdings sind die Hawaii-Inseln etwa 63 Millionen Jahre älter als der Galapagos-Archipel (Loope et al. 1988; Schofield 1989), sie sind feuchter und topographisch abwechslungsreicher. Obwohl sie etwa fünfmal so weit vom Festland entfernt sind wie die Galapagos-Inseln, verfügen sie aufgrund ihres Alters, ihres Klimas und ihrer topographischen Vielgestaltigkeit

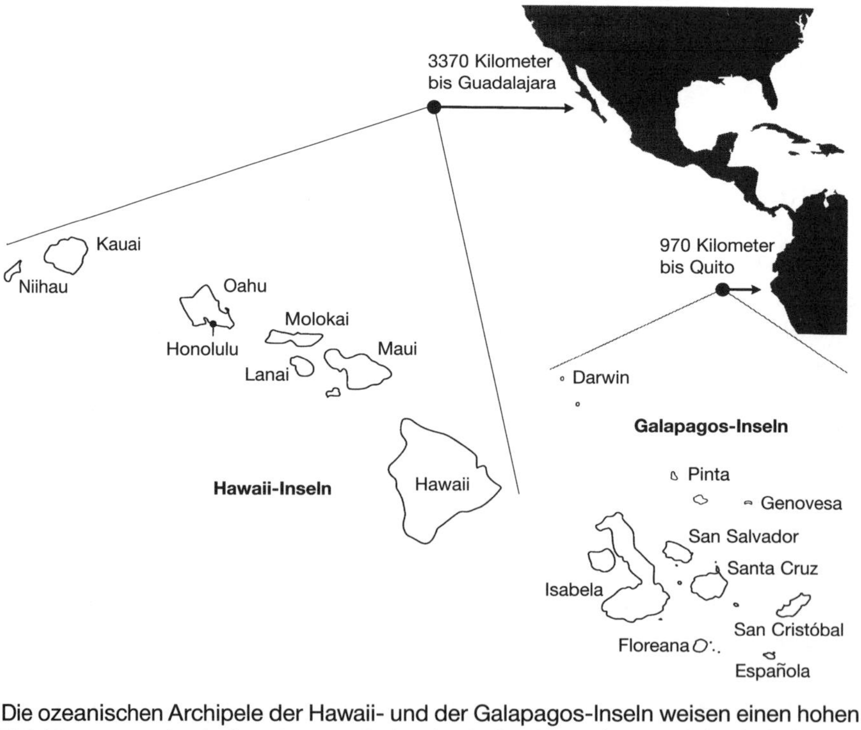

Die ozeanischen Archipele der Hawaii- und der Galapagos-Inseln weisen einen hohen Reichtum an endemischen Arten auf, der durch den Menschen stark bedroht ist.

über eine größere biologische Vielfalt als jene. Jedoch findet man auf beiden Inselgruppen – wie häufig in Inselökosystemen – einen hohen Anteil endemischer Arten. Durch adaptive Radiation können sich aus relativ wenigen Arten, die einen neuen Lebensraum besiedeln, zahlreiche neue Spezies entwickeln (siehe Kapitel 2). Ein bekanntes Beispiel für dieses Prinzip sind die Finken, die Darwin auf den Galapagos-Inseln beobachtete und zur Untermauerung seiner Theorie über den Ursprung der Arten anführte. Ein Extremfall dieser Art schneller Evolution ereignete sich auf Hawaii: Dort gingen aus einer oder zwei zugewanderten Tau-

Vogelarten und -unterarten der Hawaii-Inseln, die seit dem Jahre 1800 ausgestorben sind

deutscher Name	wissenschaftlicher Name	ausgestorben im Jahre
Laysansumpfhuhn	*Porzanula palmeri*	1944
	Pennula millsi	1964
Hawaiisumpfhuhn	*Pennula sandwichensis*	1893
Hawaiidrossel	*Phaeornis obscurus lanaiensis*	1931
	Phaeornis obscurus oahensis	1825
Laysanrohrsänger	*Acrocephalus familiaris familiaris*	1923
Kioea	*Chaetoptila angustipluma*	1859
Krausschwanzmoho	*Moho apicalis*	1837
Ohrbüschelmoho	*Moho bishopi*	1915
Prachtmoho	*Moho nobilis*	1934
Apapane	*Himatione sanguinea freethi*	1923
Gelbbürzelmamo	*Drepanis pacifica*	1898
Rußmamo	*Drepanis funerea*	1907
Akialoa	*Hemignathus obscurus lanaiensis*	1894
	Hemignathus obscurus ellisianus	1837
	Hemignathus obscurus obscurus	1895
Nukupuu	*Hemignathus lucidus lucidus*	1860
Akepa	*Loxops coccinea rufa*	1893
Grünrücken-kleidervogel	*Viridonia sagittirostris*	1900
Alauwahio	*Paroreomyza maculata montana*	1937
Kohala-Kleidervogel	*Ciridops anna*	1892
Orangebrust-Koagimpel	*Psittirostra palmeri*	1896
Goldkopf-Koagimpel	*Psittirostra flaviceps*	1891
Konagimpel	*Psittirostra kona*	1894

Quelle: Aus Williams und Nowak 1986.

fliegenarten über 800 verschiedene Spezies hervor (Howarth et al. 1988; Howarth 1990). Inselökosysteme sind für Evolutionsbiologen nicht nur wegen ihrer ungewöhnlichen biologischen Vielfalt interessant, sondern vor allem auch, weil sie aufschlußreiche Laboratorien der Evolution darstellen (Scott et al. 1988).

Doch dieselben Faktoren, die Inselökosysteme so einzigartig werden lassen, verursachen auch deren besondere Empfindlichkeit gegenüber fremden Arten. Auf den Hawaii- und den Galapagos-Inseln haben eingeführte Arten dramatische Auswirkungen auf die endemische Flora und Fauna gehabt. Die Besiedelung von Hawaii durch die Polynesier vor etwa 1000 Jahren war von einer ersten Welle der Einschleppungen begleitet (Gagné 1988). Schweine und Kleine Pazifikratten (*Rattus exulans*) sind die auffälligsten unter den damals eingeführten Arten, doch auch Wirbellose, wie zum Beispiel Regenwürmer, und Pflanzen mögen die Polynesier begleitet haben. Man nimmt an, daß in der Folgezeit dieser ersten Einwanderungswelle zahlreiche Arten ausstarben. Bisher haben die Paläontologen mindestens 44 Vogelarten identifiziert, die nach der Ankunft der Polynesier verschwanden; über Pflanzen und Wirbellose liegen noch keine ausreichenden Untersuchungen vor (Scott et al. 1988). Seit der Ankunft der Europäer im Jahre 1778 haben die einheimischen Arten unter vielen anderen fremden Lebewesen gelitten. Zu den nach Hawaii eingeführten Tieren, die während der vergangenen 200 Jahre den Rückgang und das Aussterben einheimischer Vogel-, Insekten- und Pflanzenarten verursacht haben, gehören beispielsweise Hausratten (*Rattus rattus*), verwilderte Hunde, Katzen, Schafe, Pferde, Rinder, Ziegen, Mungos und schätzungsweise 3200 Arthropodenarten (Howarth et al. 1988; Loope et al. 1988; Howarth 1990). Darüber hinaus konnten auf den Inseln zahlreiche eingeschleppte Pflanzenarten heimisch werden und haben dabei häufig endemische Pflanzen verdrängt. Heute gibt es auf Hawaii mehr eingebürgerte als endemische Pflanzenarten. Die Einführung nicht heimischer Arten und die Zerstörung natürlicher Lebensräume haben Hawaii zu der zweifelhaften Ehre verholfen, den gesamten Rest der USA hinsichtlich der Zahl ausgestorbener Arten zu übertreffen (Gagné 1988).

Auch auf den Galapagos-Inseln haben fremde Arten ihren Einfluß ausgeübt. Die Unwirtlichkeit dieser trockenen, felsigen Inseln hat der Besiedelung durch den Menschen Grenzen gesetzt, und so sind die endemischen Arten weniger stark geschädigt worden als auf Hawaii. Dennoch sind viele einheimische Spezies, vor allem Pflanzen, durch eingeführte Arten gefährdet. Ziegen, Rinder und Schweine tragen die Hauptschuld am Rückgang vieler Pflanzenarten (Schofield 1989); Schweine fressen außerdem die Eier von Leguanen und Schildkröten, darunter die der bedrohten Suppenschildkröte (die die Inseln zur Eiablage aufsucht). Verwilderte Kulturpflanzen, wie die Guave (*Psidium guajava*), der Chinarindenbaum *Cinchona succirubra* und verschiedene *Citrus*-Arten, verdrängen viele einheimische Spezies (Schofield 1989).

Auf beiden Archipelen haben Naturschutzbiologen versucht, einige der auffälligsten und schädlichsten Arten zu eliminieren. Die Jagd auf verwilderte Ziegen, Schweine und andere Huftiere wird gefördert, Haustiere werden sicher eingepfercht, eingeführte krautige Pflanzen und Bäume abgebrannt oder gefällt. Diese Maßnahmen nützen gegen größere Arten, sind jedoch gegen Wirbellose und viele krautige Pflanzenarten recht wirkungslos. Manchmal werden fremde Arten absichtlich eingeführt, um andere Neubürger unter Kontrolle zu bringen; beispielsweise brachte man Mungos nach Hawaii, um die eingeführten Nager zu bekämpfen (Gagné 1988). Doch diese Strategie kann nach hinten losgehen: So hatten die Mungos nur minimalen Einfluß auf die Nagetierpopulationen, vernichteten aber den Restbestand der flugunfähigen Sumpfhühner (Gagné 1988). Bemühungen zum Schutz der endemischen Tier- und Pflanzenwelt beider Inselgruppen hatten nur begrenzten Erfolg, doch zumindest wurde das Problem erkannt, und die Regierungen und Naturschutzorganisationen haben begonnen, die verbliebenen Arten zu schützen.

Tiere haben keine Scheu vor Räubern, und manche Vögel haben die Fähigkeit zu fliegen verloren und nisten am Erdboden. Inselpflanzen besitzen oft weder schlecht schmeckendes, zähes Gewebe, das Pflanzenfresser abschreckt, noch sind sie in der Lage, nach einer Schädigung schnell wieder auszutreiben.

Entsteht durch eingeführte Arten ein neuer Selektionsdruck, so gehen endemische Arten, die bis dahin gut gediehen sind, oft schnell zugrunde. Tierische Neubürger auf Inseln haben endemische Tierarten in vielen Fällen erfolgreich angegriffen, gefressen oder verdrängt und einheimische Pflanzenarten bis auf das letzte Exemplar aufgefressen. Eingeführte Pflanzen mit zähen, schlecht schmeckenden Blättern können mit den fremden Pflanzenfressern besser koexistieren als die einheimischen Arten und übernehmen mit deren Dahinschwinden die Vorherrschaft in der Vegetation. Auch besitzen Inselarten oft keine Abwehrmechanismen gegen Krankheiten vom Festland; viele eingeführte Arten bringen Krankheitserreger oder Parasiten mit, die für sie selbst relativ harmlos sind, für die Inselarten aber verheerend sein können (Gagné 1988; Loope et al. 1988).

Eine einzige auf eine Insel eingeschleppte Art kann das regionale Aussterben zahlreicher einheimischer Arten verursachen. Ein Gleichgewichtsmodell, in dem die Ankunft *einer* fremdländischen Spezies den Verlust *einer* heimischen Art nach sich zieht, vereinfacht die Realität zu stark. Die folgenden Beispiele belegen dies.

7.1 Die Braune Nachtbaumnatter (*Boiga irregularis*) ist vom Menschen auf vielen pazifischen Inseln eingeführt worden, wo sie die Bestände der endemischen Vogelarten dezimiert. (Photo: Gordon Rodda, U.S. Fish and Wildlife Service.)

- *Santa Catalina*. Von dieser vor Kalifornien gelegenen Insel sind 48 Pflanzenarten verschwunden; Ursache ist hauptsächlich die Beweidung durch Ziegen und andere eingeführte Säugetiere (Thorne 1967).
- *Die Braune Nachtbaumnatter.* Diese Art (Abbildung 7.1) wurde vom Menschen auf eine Reihe von Pazifikinseln eingeführt, wo sie die Populationen der endemischen Vögel dezimiert. Allein auf Guam hat sie zehn endemische Vogelarten zum Aussterben gebracht (Savidge 1987).
- *Süßwasserfische*. Unter den Süßwasserfischen Madagaskars gibt es besonders viele endemische Formen; 14 der 23 dort vorkommenden Gattungen findet man nirgendwo sonst. Bei jüngeren Untersuchungen der Süßwasserlebensräume wurden nur fünf der bekannten einheimischen Arten wiedergefunden (Reinthal und Stiassny 1991). In allen Biotopen dominierten eingeführte Fische. Besonders beunruhigend ist die Tatsache, daß in den Gewässern des Zentralplateaus ausschließlich eingeführte Arten gefunden wurden. Die Kombination aus Schädigung ihrer Lebensräume und Einführung fremdländischer Fischarten scheint zum Aussterben der auf Madagaskar heimischen Fischfauna zu führen.

Eingeführte Arten in Binnengewässern

In Seegemeinschaften und isolierten Flußsystemen können eingeführte Arten gravierende Veränderungen verursachen. Binnengewässer ähneln insofern Meeresinseln, als sie isolierte, großräumig von unbesiedelbarem Terrain umgebene Lebensräume sind. Das Einsetzen von kommerziell genutzten und dem Angelsport dienenden Fischarten in Seen, in denen sie natürlicherweise nicht vorkommen, hat lange Tradition. Oft sind diese fremdländischen Arten größer und aggressiver als die heimischen Fische und verursachen schließlich deren Aussterben. Ein verwandter Fall ist das Einsetzen von *Mysis relicta* in den Flathead-See, wo dieser Kleinkrebs den Sportfischen als Nahrung dienen sollte (Abbildung 7.2). Statt dessen dezimierte *Mysis* die übrigen Wirbellosenarten, von denen die Fische sich ernährten, was einen jähen Populationsrückgang bei Lachs und Weißkopf-Seeadler zur Folge hatte (Spencer et al. 1991).

Auch in den Seen des Ostafrikanischen Grabensystems, die einst einige der artenreichsten aquatischen Lebensgemeinschaften der Erde beherbergten, sind durch eingeführte Arten Schäden entstanden. Nachdem man den Nilbarsch in den Viktoriasee eingesetzt hatte, um dort eine Fischereiindustrie aufzubauen, und der See erste Anzeichen einer Eutrophierung zeigte, starben offensichtlich mehrere hundert endemische Buntbarsch-Arten aus (Hughes 1986; Kaufman 1992; Exkurs 8 in Kapitel 6). Es gibt Vorschläge der für den kommerziellen Fischfang zuständigen Behörden, den Nilbarsch auch in andere Seen des Grabenssystems einzuführen.

Über 120 Fischarten sind bisher durch den Menschen in Meeresökosysteme, Ästuare und Binnengewässer gelangt, in denen sie bis dahin nicht vorkamen. Teilweise handelte es sich dabei um Versuche, die örtlichen Fischereierträge zu steigern, doch größtenteils waren die Verschleppungen unbeabsichtigte Folgen des Baus von Kanälen und des Ballastwassertransports in Schiffen (Baltz 1991). In der Folge kam es häufig zum Verschwinden oder zu einem starken Rückgang der einheimischen Fischarten, weil diese von den Fremdländern verdrängt oder gefressen wurden.

Aggressive wasserlebende Neubürger gibt es nicht nur unter den Fischen, sondern auch unter den Pflanzen und Wirbellosen. In Nordamerika zählt die Ankunft der Zebramuschel (*Dreissena polymorpha*) in den Großen Seen im Jahre 1988 zu den besorgniserregendsten Einwanderungen der letzten Zeit. Diese kleine, ursprünglich aus dem Kaspischen Meer stammende Muschel (die in Europa inzwischen weit verbreitet ist) reiste vermutlich im Ballasttank eines europäischen Tankers. Innerhalb von zwei Jahren hatte die Zebramuschel in Teilen des Eriesees eine Dichte von 700 000 Individuen pro Quadratmeter erreicht und verdrängte die einheimischen Muschelarten (Stolzenburg 1992). Man fand ein Exemplar einer

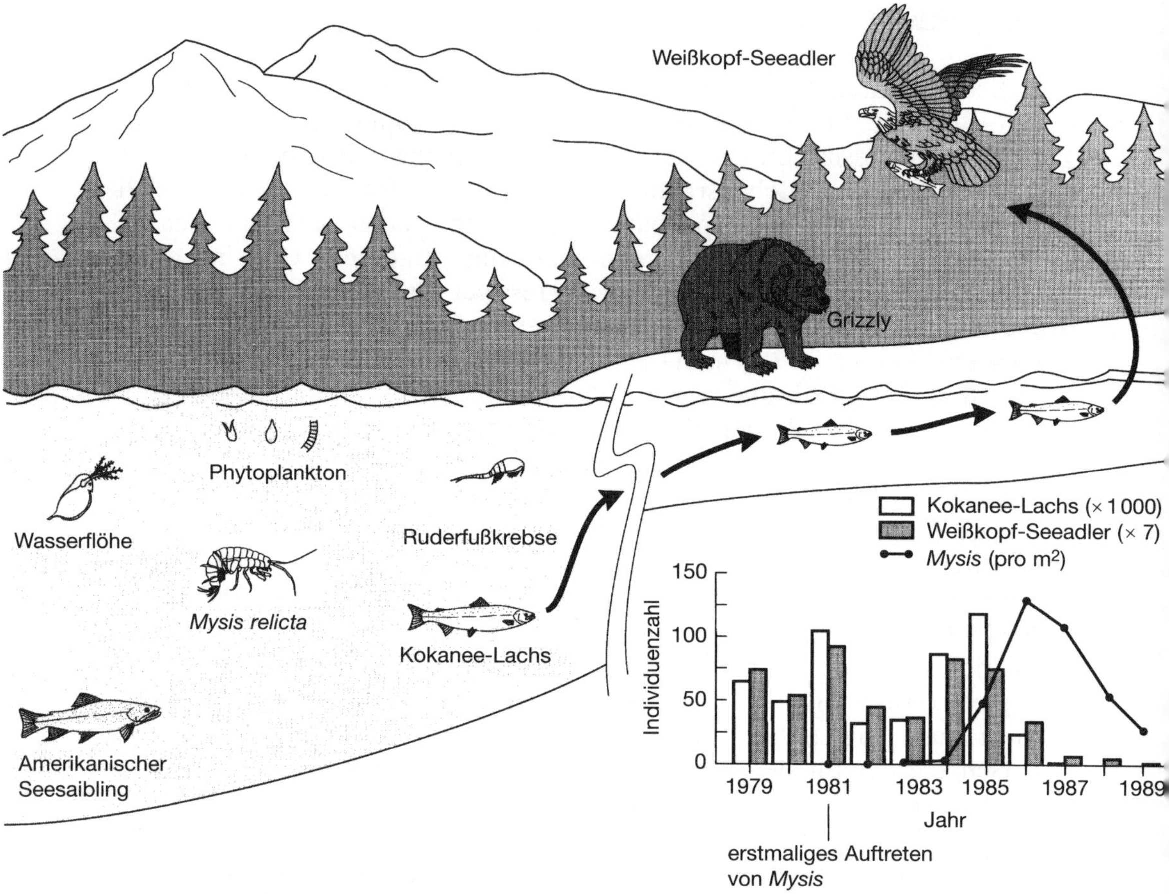

7.2 Im Flathead-See im US-Bundesstaat Montana und seinen Zuflüssen wurde das Nahrungsnetz durch die Einführung des Kleinkrebses *Mysis relicta* gestört. Zur natürlichen Nahrungskette gehörten Grizzly, Weißkopf-Seeadler und Amerikanischer Seesaibling (*Salvelina namaycush*), die den sogenannten Kokanee-Lachs, die in Binnenseen lebende Form des Sockeye- oder Blaurückenlachses (*Oncorhynchus nerka*), fraßen; der Lachs fraß Zooplankton (Wasserflöhe und Ruderfußkrebse), und das Zooplankton ernährte sich von Phytoplankton (Algen). Der Kleinkrebs, der als Nahrung für den Lachs eingeführt wurde, fraß so viel Zooplankton, daß den Fischen *weniger* Nahrung zur Verfügung stand als vorher. Der Bestand des Kokanee-Lachses ging drastisch zurück und mit ihm der des Weißkopf-Seeadlers, der von den Lachsen lebte. (Nach Spencer et al. 1991.)

heimischen Art, das von 10000 winzigen Zebramuscheln in mehreren Schichten bedeckt war. In den Flüssen Detroit, Cumberland und Tennessee gibt es ebenfalls bereits Zebramuscheln; diese eingeschleppte Art, die sich Richtung Süden ausbreitet, hat das Potential, in der Fischerei, an Dämmen und Schiffen enormen wirtschaftlichen Schaden zu verursachen sowie die artenreichen endemischen Süßwassergemeinschaften, auf die sie trifft, verheerend zu ändern.

Eingeführte Krankheiten

Krankheitserreger bilden eine weitere wichtige Kategorie von Organismen, die in fremden Lebensräumen Schaden anrichten. Eingeschleppte Mikroorganismen können Epidemien verursachen, weil die heimischen Pflanzen und Tiere kaum Widerstandskraft gegen sie besitzen. Beispielsweise sind in China die meisten Kastanien gegen das Kastaniensterben resistent, und nur schwache Bäume fallen dieser Pilzerkrankung zum Opfer. Als jedoch Anfang dieses Jahrhunderts infizierte chinesische Kastanienbäume nach New York gebracht wurden, griff das Kastaniensterben auf die amerikanischen Kastanien über, die gegen diese Krankheit nicht resistent waren. Innerhalb weniger Jahrzehnte hatte der Erreger den Millionen Exemplare umfassenden Kastanienbestand der USA fast völlig vernichtet. Die Liste der durch eingeschleppte Krankheiten geschädigten Arten ist umfangreich und vielfältig und enthält beispielsweise den Flußkrebs in Europa und den Schwarzfußiltis in Nordamerika (siehe Exkurs 11).

Exkurs 11: Von Krisen verfolgt – der Schwarzfußiltis

Gelegentlich kommt es vor, daß selbst die engagiertesten Naturschützer eine bedrohte Art nicht vor dem Aussterben retten können. Im Fall des Schwarzfußiltis (*Mustela nigripes*) dagegen ist nach anfänglichen Schwierigkeiten und Kontroversen inzwischen ein eindrucksvolles Comeback mit intensiver menschlicher Hilfe zu verzeichnen. Wegen ihrer extrem starken Krankheitsanfälligkeit stand diese Art mehrere Male am Rande des Aussterbens. Darüber hinaus schufen Konflikte zwischen Lokal- und Bundesbehörden sowie privaten Organisationen, die sich alle die „Rettung" des Schwarzfußiltis zum Ziel gesetzt hatten, eine emotionsgeladene Atmosphäre, die die Planung entsprechender Maßnahmen erschwerte. Daß die Art immer noch existiert und sich offenbar erholt, ist dem Engagement und der Ausdauer von Wildbiologen zu verdanken, die sich um die Überwindung der Krise bemühten.

In der ersten Hälfte dieses Jahrhunderts ging das nordamerikanische Verbreitungsgebiet des Schwarzfußiltisses dramatisch zurück. Ursache war vermutlich die landwirtschaftliche Erschließung seines Lebensraumes, der Prärie, sowie ein von der Regierung unterstütztes Programm zur Ausrottung des Präriehundes, der wichtigsten Beute des Iltisses (Thorne und Williams 1988; Seal et al. 1989). In jüngerer Zeit mögen Krankheiten zum weiteren Niedergang des bereits fragmentierten Bestands beigetragen haben. Ende der siebziger Jahre glaubte man zum ersten Mal, der Schwarzfußiltis sei ausgestorben, als die einzige bekannte freilebende Population – ein kleiner Bestand in Süddakota – erlosch (Williams 1986; Clark 1987).

Biologen des U.S. Fish and Wildlife Service versuchten Mitte der siebziger Jahre, ein Zuchtprogramm mit gefangenen Tieren aus der Population in Süddakota aufzubauen (Clark 1987, 1989). Das Experiment lieferte zwar wertvolle Grundlagen für spätere Versuche, schlug aber fehl. Vier von den ersten sechs gefangenen Schwarzfußiltissen starben fast sofort an Staupe, nachdem man sie mit Lebendimpfstoff, auf den die Tiere hochempfindlich reagierten, gegen diese Krankheit geimpft hatte (Williams 1986; Thorne und Williams 1988). Der Impfstoff war zuvor an Frettchen getestet worden und hatte sich dabei als sicher und wirksam erwiesen. Die Population wurde mit weiteren eingefangenen Exemplaren aufgestockt, doch die Gruppe war offensichtlich zu klein, um einen überlebensfähigen Genpool zu bilden und eine Paarbildung zu ermöglichen. Einige Tiere starben an Tumoren oder Diabetes, deren Auftreten möglicherweise eine Inzuchtfolge war, andere erlagen Infektionskrankheiten, die vielleicht durch Menschen auf sie übertragen wurden (Williams 1986; Cohn 1991a). Ein einziges Weibchen brachte einen Wurf Junge zur Welt, doch keiner der zehn Welpen lebte länger als ein paar Tage. Mit dem Erlöschen sowohl der gefangenen als auch der freilebenden Population im Jahre 1979 galt die Art als ausgestorben.

Im Herbst 1981 wurde jedoch eine Population in Meeteetse im Bundesstaat Wyoming entdeckt. Die Jagd- und Fischereibehörde von Wyoming, die im selben Jahr vom U.S. Fish and Wildlife Service beauftragt wurde, die Erholung der Art zu überwachen, trat zunächst nicht für den erneuten Versuch einer Zucht in Gefangenschaft ein, da die freilebende Population nicht gefährdet erschien, für ein solches Programm weder Gelder noch Sachmittel bereitstanden und der vorangegangene Versuch fehlgeschlagen war (Thorne und Williams 1988). Ferner gab es Meinungsverschiedenheiten zwischen den Behörden und einer privaten Beratungsfirma über administrative Fragen sowie über die geeignete Vorgehensweise, was entsprechende Initiativen hemmte. Kritiker warfen dem Staat vor, er wolle die Kontrolle über die Tiere behalten und weigere sich aus diesem Grund, Exemplare an Zuchteinrichtungen außerhalb von Wyoming abzugeben (Williams 1986; Cohn 1991a). Was auch immer der Grund war, die Verzögerung kam die Iltisse teuer zu stehen. Eine erneute

Zählung im Jahre 1985 ergab, daß die Population, der 1984 noch 129 Tiere angehört hatten, um 50 Prozent zurückgegangen und so unmittelbar vom Aussterben bedroht war. Man beschloß, einige Tiere einzufangen, um sie zu züchten (Williams 1986; Clark 1987). Die ersten sechs Exemplare wurden im Oktober 1985 gefangen; sie starben alle, weil zwei von ihnen sich in freier Wildbahn mit Staupe infiziert hatten. Auf diese Weise entdeckte man, daß eine Staupeinfektion die Ursache für den rapiden Niedergang der Population in Meeteetse war.

Ein junger Schwarzfußiltis aus der Zuchtstation in Sybille im US-Bundesstaat Wyoming. (Photo: LuRay Parker, Jagd- und Fischereibehörde Wyoming.)

Daraufhin kamen die Biologen überein, daß nun drastische Maßnahmen erforderlich waren, wenn man den Schwarzfußiltis noch retten wollte. Alle verbliebenen Tiere sollten Zuchtzentrum der Jagd- und Fischereibehörde in Sybille (Wyoming) gebracht werden. Sechs zusätzliche Exemplare, die im Oktober und November 1985 eingefangen wurden, erwiesen sich als gesund, doch bald stieß man auf ein neues Hindernis. Der Zuchtpopulation gehörten zunächst nur zwei Männchen an, die beide relativ jung waren. Sie hatten sich noch nie zuvor gepaart und zeigten während der ersten Paarungssaison kein Interesse an den Weibchen (Thorne und Williams 1988; Cohn 1991a). Im Sommer 1986 unternahm die Jagd- und Fischereibehörde von Wyoming eine erneute Anstrengung, die restlichen Iltisse einzufangen. Durch Versuch und Irrtum sowie den schwierigen Fang des letzten bekannten freilebenden Schwarzfußiltis im Jahre 1987, eines ausgewachsenen Männchens, gelang es den Biologen in Sibylle, die Männchen zur Paarung zu bringen. Nach Erweiterung um die zuletzt gefangenen Tiere bestand die Zuchtpopulation aus 18 Individuen (Clark 1987; Thorne und Oakleaf 1991).

Die Lehren, die man aus den vorangegangenen Fehlschlägen zog, ergänzt durch Ratschläge zur Zucht, Ernährung und Haltung der Iltisse von einer IUCN-Spezialistengruppe für die Zucht von Wildtieren in Gefangenschaft (Clark 1989), führten schließlich zum Erfolg. In der Zuchtpopulation kam es zu einer regelrechten Bevölkerungsexplosion: Von 1987 bis 1991 stieg die Zahl der Individuen auf 311. Um einer Auslöschung der Population durch Infektionskrankheiten vorzubeugen, wurden die Schwarzfußiltisse seit 1988 auf mehrere Zuchtstationen verteilt; für den Umgang mit ihnen gelten außerordentlich strenge Hygienevorschriften (Thorne und Williams 1988;

Käfige innerhalb von Gehegen erlauben den Schwarzfußiltissen, das Gebiet kennenzulernen, in dem sie später freigelassen werden. Die Tierpflegerin trägt einen Mundschutz, damit die Iltisse möglichst wenig menschlichen Krankheitserregern ausgesetzt werden. (Photo: LuRay Parker, Jagd- und Fischereibehörde Wyoming.)

Luoma 1992). Im Jahre 1991 war die Population groß genug, um die Auswilderung von 49 Individuen zu erlauben, und weitere 90 Tiere wurden 1992 freigelassen, als die Zuchtpopulation auf 347 Individuen angewachsen war (Thorne, persönliche Mitteilung). Zunächst wurden die Tiere zehn Tage lang in Käfigen an den Standort in Wyoming gewöhnt, bevor sie ihren neuen Lebensraum durch einen Tunnel betreten durften. Das Programm scheint Erfolg zu haben, die Überlebensrate hoch zu sein. Noch im Jahre 1992 brachten freigelassene Weibchen zwei Würfe zur Welt.

Dieser glückliche Ausgang, so sehr er auch durch immer wieder auftretende Probleme gefährdet war, wäre ohne menschliche Eingriffe nicht möglich gewesen. Auch heute noch könnte das Überleben der in Gefangenschaft gezüchteten Population in Frage gestellt werden, wenn daraus kein ausreichend großer, genetisch variabler Bestand hervorgeht (Thorne und Williams 1988). Der Schwarzfußiltis ist der Ausrottung infolge einer Kombination aus Populationsrückgang, extremer Krankheitsanfälligkeit und Streitigkeiten zwischen Behörden und Naturschutzgruppen nur um Haaresbreite entgangen.

Ursachen für den Erfolg eingeführter Arten

Warum fällt es eingeführten Arten so leicht, in neue Lebensräume einzudringen und die dort heimischen Arten zu verdrängen? Ein Grund ist das Fehlen natürlicher Feinde, die ihr Populationswachstum beschränken würden. Opuntien beispielsweise, die als Zierpflanzen aus Südamerika nach Australien eingeführt wurden, breiteten sich dort über Zehntausende Hektar Weideland aus. In ihrem natürlichen Lebensraum waren die Kakteen unter anderem von *Cactoblastis cactorum*, einem Kleinschmetterling aus der Familie der Zünsler, unter Kontrolle gehalten worden. Nachdem man diesen Schmetterling nach Australien gebracht hatte, um die Opuntien zu bekämpfen, ging deren Bestand allmählich zurück; heute findet man sie nur noch vereinzelt in kleinen Ansammlungen. Auch der aus Europa stammende Schwammspinner (*Lymantria dispar*) mag seinen enormen Erfolg in Nordamerika, wo er riesige Laubwaldbestände schädigt, zum Teil dem Fehlen seiner natürlichen Feinde verdanken.

Darüber hinaus sind fremde Arten unter Umständen besser als die heimischen Spezies in der Lage, sich Störungen der Umweltbedingungen zunutze zu machen. Durch den Einfluß des Menschen können ungewöhnliche Lebensbedingungen entstehen – beispielsweise Nährstoffschübe, ein vermehrtes Auftreten von Bränden oder erhöhter Lichteinfall –, an die sich exotische Arten manchmal schneller anpassen als einheimische. Die höchste Konzentration von Neubürgern findet man oft in Lebensräumen, die besonders stark durch menschliche Aktivitäten verändert sind. Im westlichen Nordamerika beispielsweise konnten sich infolge der verstärkten Beweidung durch Vieh und einer anthropogenen Zunahme der Häufigkeit von Bränden fremdländische einjährige Gräser in Regionen ausbreiten, in denen vorher mehrjährige einheimische Gräser dominierten. In Südostasien führt die fortschreitende Schädigung der Wälder in den betroffenen Lebensräumen zum kontinuierlichen Rückgang der Zahl einheimischer Arten (Abbildung 7.3).

Eingeschleppte Arten gelten als größte Bedrohung der Organismenwelt in den Nationalparks der USA. Während die Schädigung, Fragmentierung und Verschmutzung natürlicher Lebensräume sich, solange die ursprünglichen Arten noch vorhanden sind, zumindest theoretisch im Laufe einiger Jahre oder Jahrzehnte korrigieren und rückgängig machen lassen, ist es unter Umständen unmöglich, eingeführte Arten aus einer Lebensgemeinschaft, in der sie sich etabliert haben, wieder zu entfernen (Coblentz 1990). Solche Arten können sich so stark vermehrt, so weit verbreitet und so gründlich in die Lebensgemeinschaft integriert haben, daß es außerordentlich schwierig und teuer wäre, sie zu eliminieren. Der Versuch, nicht heimische Arten aus Schutzgebieten zu entfernen, kann bei vielen Säugetieren,

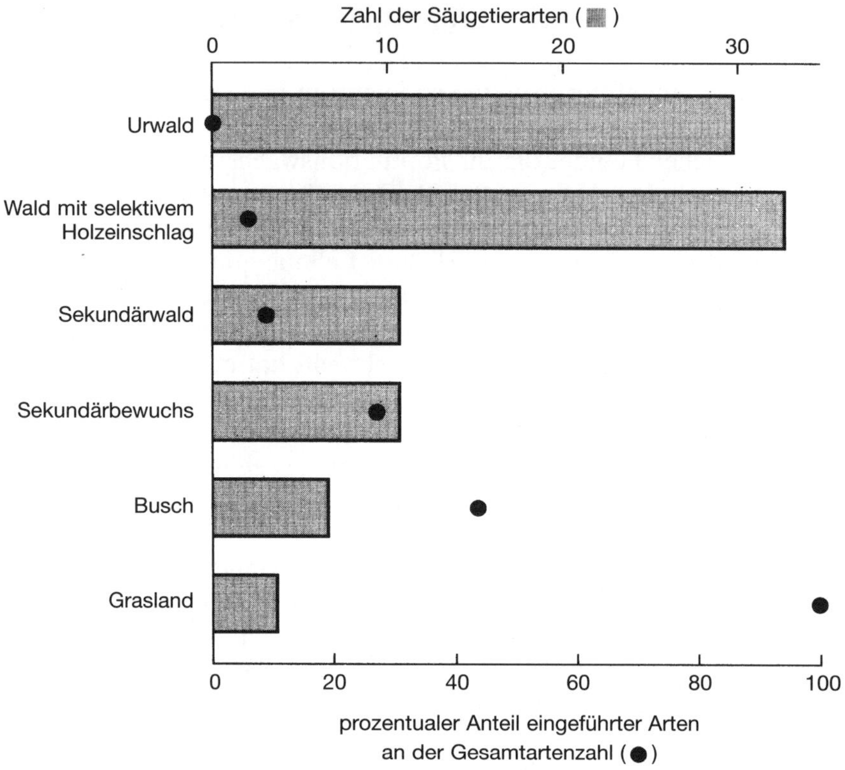

7.3 Die fortschreitende Schädigung der südostasiatischen Wälder durch Holzeinschlag und Landwirtschaft reduziert nicht nur die Artenzahl der nicht flugfähigen einheimischen Säugetiere, sondern steigert auch den prozentualen Anteil eingeführter Arten. Im letzten Endes entstehenden Grasland gibt es nur noch eingeführte Ratten. (Aus Harrison 1968.)

etwa verwilderten Ziegen oder Pferden, dadurch erschwert werden, daß Tierschützer versuchen, Maßnahmen, die den Tod der Tiere bedeuten würden, zu verhindern (Soulé 1990).

Eine weitere Kategorie bilden Spezies, die ihr Verbreitungsgebiet innerhalb eines Kontinents ausgedehnt haben, weil der Mensch die Umwelt so verändert hat, daß sie diesen Arten geeigneten Lebensraum bietet (Soulé 1990). In Nordamerika konnten Kojote, Rotfuchs und Möwen infolge der Fragmentierung der Wälder, der Ausbreitung der Vorstädte und der leichten Zugänglichkeit von Hausmüll ihre Populationen vergrößern und ihre Areale ausdehnen. Die Vermehrung dieser aggressiven Arten erfolgt auf Kosten anderer einheimischer Spezies, die konkurrenzschwächer sind und dem Räuberdruck weniger gut widerstehen. Manche Forscher sehen einen direkten Zusammenhang zwischen der mit Eingriffen des Menschen verbundenen Zunahme dieser Kulturfolger und dem zahlenmäßigen Rückgang vieler neotropischer Zugvögel, die in den nordamerikanischen Wäldern nisten (siehe Exkurs 6 in Kapitel 6).

Eine besondere Klasse von Neubürgern bilden verschleppte Arten, die in ihrem neuen Lebensraum nahe Verwandte besitzen. Wenn solche Organismen sich mit den heimischen Arten und Unterarten kreuzen, können einzigartige Genotypen aus Populationen verschwinden, und taxonomische Grenzen können verschwimmen (Cade 1983). Dies scheint das Schicksal von Pazifischen Lachsen (*Oncorhynchus*) zu sein, wenn sie auf kommerziell genutzte Verwandte treffen. In Nordamerika hat die Art *Oncorhynchus apache* infolge der Zerstörung ihres Lebensraumes und der Konkurrenz eingeführter Arten Teile ihres Verbreitungsgebiets eingebüßt. Darüber hinaus ist es zu umfangreicher Bastardierung mit *O. mykiss* gekommen, einer Art, die als Sportfisch eingeführt wurde (Dowling und Childs 1992).

Eingeführte Arten und die menschliche Gesundheit

Die Ausbreitung nicht heimischer Arten hat direkte Auswirkungen auf die menschliche Gesundheit. Die eingeführten „Mörderbienen“ (eine Kreuzung der europäischen Honigbiene mit der afrikanischen Unterart *(Apis mellifica scutellata*) und Feuerameisen (*Solenopsis geminata*), die sich in der Neuen Welt ausbreiten, verdrängen nicht nur die einheimischen Insekten aus ihren ökologischen Nischen, sondern können auch Menschen ernsthaft Schaden zufügen (Soulé 1990). Die Zunahme des weltweiten Transports von Menschen, Haustieren, Wildtieren und Material hat das Potential für die Verbreitung von Krankheitserregern drastisch gesteigert. Solche Organismen sind bereits dabei, sich auszubreiten: In Nordamerika macht der vermehrte Befall von Bibern und Wapitis mit dem Darmparasiten *Giardia lamblia* es selbst in abgelegenen Gegenden erforderlich, Wasser vor dem Trinken aufzubereiten. In letzter Zeit hat die dramatische Ausbreitung der Lyme-Borreliose und des Felsengebirgsfiebers, die beide durch Zecken übertragen werden, in Teilen der US-Bevölkerung Panik hervorgerufen. Dennoch sind diese Beispiele unbedeutend, verglichen mit den Problemen, die durch die anthropogenen Veränderungen der Umwelt noch entstehen könnten. Wenn der prognostizierte Anstieg der Durchschnittstemperaturen Wirklichkeit werden sollte, wären Stechmücken wie *Aedes albopictus* und *A. aegypti*, die Dengue-Fieber, Gelbfieber, Pferdeenzephalitis, Filariose und Dengue-hämorrhagisches Fieber übertragen können, sowie die ebenfalls krankheitsübertragenden Sandfliegen (Sandmücken) der Gattung *Phlebotomus* in der Lage, ihr Verbreitungsgebiet auszudehnen. Es besteht die ernstzunehmende Gefahr, daß die gemäßigten Breiten mit der Ausbreitung stechender und krankheitsübertragender Arten zu einem für Menschen gefährlicheren Lebensraum werden. Und wenn aufgrund dessen bei Vogelbeobachtern, Jägern, Wanderern und der Allgemeinbevölkerung die Freude am Naturerlebnis der Angst weicht, gehen möglicherweise laute Stimmen zugunsten des Naturschutzes verloren.

Vermehrte Ausbreitung von Krankheiten

In Pflanzen- wie in Tierpopulationen, ob freilebend oder in menschlicher Obhut, sind Infektionen durch Krankheitserreger verbreitet (Scott 1988; May 1988a; Thorne und Williams 1988). Zu den Krankheitserregern gehören Mikroparasiten, wie Bakterien, Pilze und Protozoen, und Makroparasiten, wie Würmer und Arthropoden. Der Parasitenbefall schädigt den Wirt, so daß dieser geschwächt wird, was sich in einer geringeren Überlebens- und Fortpflanzungswahrscheinlichkeit manifestiert. In vielen Fällen sind solche Infektionen durch äußerliche Untersuchung des Wirtes nicht festzustellen, während man in anderen Fällen sichtbare und meßbare Symptome findet.

Die Ausbreitung von Krankheiten innerhalb einer Population wird durch die Kombination bestimmter Bedingungen erleichtert. Förderlich ist unter anderem eine hohe Kontaktrate zwischen Wirt (etwa einem Dickhornschaf) und Parasit (beispielsweise einem im Verdauungstrakt schmarotzenden Wurm). Im allgemeinen nimmt die Belastung durch Parasiten, gemessen als Anteil der infizierten Individuen und Zahl der Parasiten pro Wirt, mit der Populationsdichte zu (Anderson 1982; Anderson und May 1980). Darüber hinaus kann auch eine hohe Dichte der infektiösen Stadien eines Parasiten im Lebensraum der Wirtspopulation die Erkrankungshäufigkeit steigern. Diese Parasiten können aus der Wirtspopulation selbst stammen, aber auch von anderen Arten, die vom selben Parasiten befallen werden.

In manchen Fällen steigert der Mensch durch seine Aktivitäten unabsichtlich die Dichte krankheitserregender Organismen (Cohen 1991b). Beispielsweise wunderten sich texanische Biologen über den Anstieg der winterlichen Todesrate bei Kanadakranichen, vor allem über den Tod von über 5000 Individuen im Winter 1984/85. Nachforschungen ergaben, daß die Vögel nicht abgeerntete, verrottende Erdnüsse fraßen, auf denen ein toxischer Pilz gedieh. Es konnte also ein direkter Zusammenhang zwischen dem vermehrten Anbau von Erdnüssen und der gestiegenen Mortalität bei den Kranichen hergestellt werden. Um die Ausbreitung des Pilzes zu stoppen und die Kraniche zu retten, pflügen die Farmer nun die liegengebliebenen Erdnüsse vor dem Winter unter.

Ein anderer Faktor, der die Ausbreitung von Krankheiten beeinflußt, ist die Anfälligkeit der Wirte. Ein Parasit kann sich nur dann in einem Wirtsorganismus einnisten, wenn dieser nicht in der Lage ist, die Infektion abzuwehren. Die Anfälligkeit eines Individuums wird teilweise durch dessen Genotyp bestimmt, der ihm ein mehr oder weniger abwehrstarkes Immunsystem verleiht. Auch die Konstitution des Wirtes spielt eine Rolle: Gutgenährte Individuen sind widerstandsfähiger gegen Infektionen (Isliker und Schurch 1981), während sehr alte, junge oder trächtige Individuen anfälliger sein können. Auch Streß hat sich als Faktor erwiesen, der die Krankheitsanfälligkeit von Tieren erhöht (Vessey 1964).

Die Individuen einer Population unterscheiden sich in ihrer Anfälligkeit für bestimmte Krankheiten. Naturschutzbiologen können hier vor ein Dilemma gestellt sein: Sollte man alle Individuen einer Art vor einer potentiellen Krankheit schützen, um den Bestandsumfang und die genetische Variabilität zu erhalten, oder sollte man der natürlichen Auslese ihren Lauf lassen, so daß diejenigen Individuen, die aufgrund ihrer genetischen Ausstattung am anfälligsten für die Krankheit sind, sterben? Wenn nur einige Individuen eingehen und der Bestand danach immer noch groß ist, hat die Population wahrscheinlich keinen Schaden erlitten und ist vielleicht sogar gestärkt, nachdem sie die Krankheit überstanden hat. Wenn aber viele Individuen sterben und nur ein kleiner Bestand übrig bleibt, gehen der Population viele potentiell wertvolle Allele verloren, und es kann zur sogenannten Inzuchtdepression (siehe Kapitel 11) kommen. Eine Vorhersage, wie virulent eine Krankheit in einer isolierten Population einer seltenen Art sein wird, kann allerdings für Biologen schwierig sein, vor allem wenn die Umweltbedingungen und die Population vom Menschen beeinflußt sind.

Diese Grundprinzipien der Epidemiologie haben leicht ersichtliche praktische Konsequenzen für die Zucht und das Management seltener Arten. Erstens sind sowohl in Gefangenschaft als auch frei lebende Populationen seltener Tierarten einem erhöhten direkten Druck durch Parasiten und Krankheiten ausgesetzt. In isoliert liegenden Schutzgebieten können sich ungewöhnlich hohe Populationsdichten entwickeln, bei denen auch die Übertragungsrate von Krankheiten hoch sein kann. Unter natürlichen Bedingungen sinkt die Infektionsrate in der Regel, wenn Tiere wandern und ihre Exkremente, Speichel, abgestoßene Häute und andere organische Abfallprodukte zurücklassen. In unnatürlich beschränkten Lebensräumen dagegen, wie sie Biotopfragmente, Zoos und sogar Schutzgebiete darstellen, bleiben die Tiere in Kontakt mit diesen potentiellen Infektionsquellen, und die Übertragung von Krankheiten nimmt zu. In Zoos sind Tiere oft in kleinen Gehegen zusammengepfercht. Dort kann sich ein Parasit, der ein Exemplar infiziert hat, schnell über den gesamten Bestand ausbreiten.

Zweitens können andere Effekte der Zerstörung ihrer Lebensräume die Krankheitsanfälligkeit von Tieren indirekt steigern. Wenn eine Wirtspopulation infolge Lebensraumzerstörung auf kleinerer Fläche zusammengedrängt wird, nimmt die Qualität des Lebensraumes oft ab, und das Nahrungsangebot verschlechtert sich. In der Folge sind die Tiere schlechter ernährt, schwächer und anfälliger für Krankheiten. Eine hohe Bevölkerungsdichte kann auch sozialen Streß zur Folge haben, wodurch die körperliche Widerstandsfähigkeit abnimmt. Territoriale Tiere wie der Puma beispielsweise verteidigen ihr Revier – manchmal unter Einsatz ihres Lebens – gegen eindringende Artgenossen (Hornocker 1992); mit dem fortschreitenden Verlust geeigneter Lebensräume nimmt die Häufigkeit von Kämpfen und Verletzungen bei solchen Arten zu, wodurch die Widerstandsfähigkeit gegen Krankheiten sinkt.

Drittens können Tiere in Schutzgebieten oder Zoos unter Umständen mit Arten in Kontakt kommen, denen sie in der Natur selten oder nie begegnen würden, so daß Infektionen von einer Art auf die andere übergreifen können. Verbreitete, gegen einen Parasiten relativ resistente Spezies stellen manchmal Reservoire für diesen Parasiten dar, der dann Populationen anfälliger Arten infizieren kann. Wo Lebensräume zerstückelt werden und menschliche Aktivitäten in die Landschaft vordringen, ist überdies eine Krankheitsübertragung von Haustieren auf Wildtiere möglich. Selbst der Mensch kann bestimmte Tierarten anstecken.

Die folgenden Beispiele belegen die obigen Aussagen:

- *Krankheiten können der wichtigste Einzelfaktor sein, der bestimmte seltene Arten bedroht.* Die letzte bekannte freilebende Population des Schwarzfußiltisses wurde durch das Staupevirus ausgelöscht (Thorne und Williams 1988). Eines der wichtigsten Ziele bei der Pflege von Schwarzfußiltissen in menschlicher Obhut ist der Schutz vor Staupe (siehe Exkurs 11).
- *Krankheiten können von einer Art auf eine andere übergreifen.* Die Rosentaube (*Columba mayeri*, Abbildung 7.4), die in freier Wildbahn vom Aussterben bedroht ist, wird im Rio-Grande-Zoo gezüchtet (Snyder et al. 1985; Vindevogel et al. 1985). Da diese Art ihre Eier oft im Stich läßt, verwendete man Haustauben als Pflegemütter. Leider starben die jungen Rosentauben nach etwa einer Woche an einer Infektion durch das Herpesvirus. Untersuchungen ergaben, daß die scheinbar gesunden Haustauben Träger dieses Virus waren und es an ihre dafür hochanfälligen Pflegekinder weitergaben.
- *Krankheitserreger, die bei einer Art keine erkennbaren Symptome hervorrufen, können bei verwandten Arten zum Tode führen.* Scheinbar gesunde Gnus und vielleicht auch Schafe sind Träger des Virus *Cannochaetus* sp., das bei Wiederkäuern das bösartige Katarrhalfieber hervorruft (Thorne und Williams 1988). In Zoos kann das Virus von Gnus auf gefährdete, dafür hochanfällige Wiederkäuerarten übertragen werden. Todesfälle durch Katarrhalfieber hat es bereits beim Davidshirsch (*Ela-*

7.4 Die Jungen der gefährdeten Rosentaube sind hochanfällig für Viren, deren Träger scheinbar gesunde Haustauben sind. (© Photo: NYZS/The Wildlife Conservation Society.)

phurus davidianis), der nur noch in Gefangenschaft existiert, beim Gaur (*Bos gaurus*) und bei der Weißen Oryx (*Oryx leucoryx*) gegeben.

- *Werden Tiere in hoher Dichte in menschlicher Obhut gehalten, so kann die Ausbreitung von Krankheiten eskalieren*, weil Infektionen sehr schnell von einer Art auf die andere übergreifen können. Einer Infektion durch das Herpesvirus in der Kranichkolonie der International Crane Federation fielen Kraniche verschiedener seltener Arten zum Opfer. Der Ausbruch der Krankheit hing offensichtlich mit der hohen Individuendichte in der Kolonie zusammen (Docherty und Romaine 1983).
- *Krankheiten, die in andere Erdteile verschleppt werden, haben dort besonders negative Auswirkungen auf endemische Arten.* Ein Faktor, der beim Rückgang und bei der Ausrottung vieler endemischer Vogelarten der Hawaii-Inseln eine wichtige Rolle gespielt hat, ist die Einführung der Stechmücke *Culex quinquefasciatus* und des Malariaerregers *Plasmodium relictum capistranode*. Dieser Einzeller gelangte mit infizierten gebietsfremden Vögeln nach Hawaii. Verteilung und Verhalten der auf Hawaii lebenden Vögel sind möglicherweise immer noch von ihrer Malariaanfälligkeit beeinflußt (Van Riper et al. 1986).
- *Menschen können Tiere in ihrer Obhut mit Krankheiten anstecken.* Tuberkulose, Masern und Grippe beispielweise sind vom Menschen auf Orang-Utans, Schlankaffen und Marder übertragen worden (Thorne und Williams 1988).
- *Mit eingeschleppten Krankheiten infizierte Tiere können unter Umständen nicht mehr in die Freiheit entlassen werden.* In Gefangenschaft

lebende Weiße Oryx, die mit der Viehkrankheit Blauzunge infiziert waren, und an Tuberkulose erkrankte Orang-Utans konnten nicht wie geplant freigelassen werden, da man eine Ansteckung wildlebender Tiere befürchtete.

Der Ausbruch von Krankheiten ist oft das Endergebnis des Zusammentreffens verschiedener ungünstiger Faktoren. Forrester (1971) beschrieb die Bedingungen, die zum Ausbruch der Lungenwurmkrankheit bei Dickhornschafen führten, folgendermaßen: »schlechte Lebensbedingungen mit der Folge von Übervölkerung und Unterernährung, rauhe Witterung, multipler Parasitenbefall, Anstieg der Übertragungsrate von Lungenwürmern der Familie Protostrongylidae infolge günstiger Bedingungen für das Überleben der Zwischenwirte und der Lungenwurmlarven sowie ein sekundärer Bakterienbefall«.

Übernutzung

Seit jeher hat der Mensch seiner unmittelbaren Umgebung Nahrung und andere lebensnotwendige Ressourcen entnommen. Solange die menschlichen Populationen klein waren und sich einfacher Jagd- und Sammelmethoden bedienten, konnten sie die Tiere und Pflanzen ihrer Umgebung in der Regel nutzen, ohne dabei Arten auszurotten. Doch mit dem Wachstum der menschlichen Bevölkerung ist die Ausbeutung der Umwelt eskaliert. Darüber hinaus hat die Effizienz der verwendeten Methoden drastisch zugenommen (Yost und Kellog 1983; Redford 1992). Heute wird in tropischen Regenwäldern und Savannen nicht mehr mit Blasrohren, Speeren oder Pfeil und Bogen gejagt, sondern mit Gewehren. Die Eskimojäger in Alaska benutzen anstelle von Hundeschlitten und Speeren Schneemobile und Gewehre. Mit starken Motoren ausgerüstete Fangschiffe machen Jagd auf die Fischschwärme der Weltmeere, und selbst kleine Küstenfischer haben Boote mit Außenbordmotoren, mit denen sie schneller und in einem größeren Gebiet als früher fischen können. 37 Prozent aller gefährdeten, empfindlichen und seltenen Wirbeltierarten sind aufgrund von Übernutzung bedroht (Prescott-Allen und Prescott-Allen 1978).

In traditionellen Gesellschaften gab es oft Kontrollmechanismen, die die Übernutzung der natürlichen Ressourcen verhinderten. Die Nutzungsrechte an bestimmten Territorien wurden streng kontrolliert, es gab Gebiete, in denen die Jagd verboten war, oft war es nicht erlaubt, Weibchen, Jungtiere oder zu kleine Exemplare zu töten, es durfte nur zu bestimmten Jahres- und Tageszeiten gejagt oder gesammelt werden, und bestimmte effiziente Ausbeutungsmethoden waren verboten. Diese Beschränkungen, die es traditionellen Gesellschaften erlaubten, die gemeinsamen Ressourcen langfristig und nachhaltig zu nutzen, sind fast identisch mit den strengen Regeln, denen der Fischfang heute in vielen Industrienationen unterliegt (FAO 1988; McGoodwin 1990). Zu den am höchsten entwickelten Beschränkungen gehörten die der traditionellen Handwerker-Gesellschaften Mikronesiens und Polynesiens (Johannes 1978). In diesen Gesellschaften waren die Ressourcen, die Riffe und Lagunen boten, klar umrissen und die Möglichkeit sowie die Folgen der Übernutzung leicht ersichtlich. Doch selbst in traditionellen Gesellschaften hat intensive Ausbeutung zum Rückgang und zum Aussterben bestimmter heimischer Arten geführt (Redford 1992). Beispielsweise war das zeremonielle Gewand der hawaiianischen Könige aus den Federn des Gelbbürzelmamos (*Drepanis* sp.) gefertigt; für ein einziges Gewand waren die Federn von 70000 Exemplaren dieser heute ausgestorbenen Art erforderlich.

Anders als in den traditionellen Gesellschaften werden die Ressourcen in großen Teilen der Welt heute so schnell wie möglich ausgebeutet. Wenn es einen Markt für ein Naturgut gibt, wird die Bevölkerung der jeweiligen Region ihre Umwelt danach absuchen und es verkaufen. Vor allem, wenn die Menschen arm sind und Hunger leiden, werden sie alle verfügbaren Methoden anwenden, um es sich zu beschaffen. In den ländlichen Regionen der Erde haben die Traditionen, die früher die Entnahme von Naturprodukten regelten, generell an Einfluß verloren, und in vielen Gebieten, die stark von Einwanderung betroffen waren oder in denen es Kriege und Unruhen gegeben hat, gibt es vielleicht überhaupt keine derartigen Kontrollmechanismen mehr (Homer-Dixon et al. 1993). In Ländern, in denen bürgerkriegsähnliche Zustände herrschen, wie Liberia, Somalia, Mosambik, Kambodscha, Peru, dem ehemaligen Jugoslawien und Afghanistan, sind Schußwaffen bei der Landbevölkerung verbreitet, und es gibt keine geregelte Nahrungsmittelversorgung mehr. In solchen Situationen stehen die natürlichen Ressourcen jedem zur Verfügung, der in der Lage ist, sie auszubeuten. Der beste Jäger kann die meisten Tiere töten, das meiste Fleisch verkaufen und sich und seine Familie am besten mit Lebensmitteln versorgen. Manchmal werden Tiere auch für Schießübungen mißbraucht oder einfach aus Groll gegen die Regierung getötet.

Zur Übernutzung kommt es oft plötzlich, wenn sich für eine zuvor ungenutzte oder nur lokal ausgebeutete Art ein kommerzieller Markt entwikkelt. Die prägnantesten Beispiele dafür liefert der internationale Pelzhandel. Arten wie Chinchilla (*Chinchilla* spp.), Vikunja (*Vicugna vicugna*), Riesenotter (*Pteronura brasiliensis*), viele Katzen- und einige Affenarten sind durch Pelztierjäger stark dezimiert worden. Die übermäßige Ausbeutung von Schmetterlingen durch Insektensammler, von Orchideen, Kakteen und andern Pflanzen durch Pflanzenliebhaber, von marinen Mollusken durch Schalensammler und von tropischen Fischen durch Hobbyaquarianer sind weitere Beispiele für die Inanspruchnahme ganzer Lebensgemeinschaften zur Befriedigung einer enormen internationalen Nachfrage. Der legale und illegale Handel mit Wildtieren ist für den Rückgang vieler weiterer Arten verantwortlich (Poten 1991).

Der Ablauf der Übernutzung gleicht sich in vielen Fällen in beunruhigender Weise. Eine Ressource wird ausgemacht, es entwickelt sich ein kommerzieller Markt dafür, die Lokalbevölkerung beginnt, diese Ressource der Umwelt zu entnehmen und zu verkaufen, dies geschieht so gründlich, daß die ausgebeutete Art selten wird oder sogar ausstirbt, und der Handel findet eine andere Art, die er ausbeuten kann. Der kommerzielle Fischfang entspricht diesem Muster: Eine Art nach der anderen wird so lange befischt, bis es sich nicht mehr lohnt. Ähnlich ist es oft in der kommerziellen Forstwirtschaft: In aufeinanderfolgenden Zyklen werden einem Wald nach und nach verschiedene Baumarten bei abnehmender Nachfrage entnommen, bis kaum noch Nutzholzstämme übrig sind. Der auf kurzfristigen Gewinn ausgerichtete Holzeinschlag in Westindien hat dafür gesorgt, daß es in der Karibik praktisch kein Mahagoni (*Swietenia mahagoni*) mehr gibt, und die ausgedehnten Zedernwälder des Libanons, die einst 500000 Hektar bedeckten, sind bis auf einige isolierte Restbestände vernichtet worden (Chaney und Basbous 1978; Oldfield 1984). Im indonesischen Teil Borneos war Eisenholz wegen seiner Härte stets sehr geschätzt. Doch die traditionelle nachhaltige Nutzungsweise weicht einer von der Regierung gebilligten industriellen Nutzung, durch die der gesamte Bestand mit großer Geschwindigkeit abgeholzt wird (Peluso 1992).

In Wildbiologie, Fischerei- und Forstwirtschaft gibt es umfangreiche Literatur über den **maximalen Dauerertrag** (*maximum sustainable yield*) von Ressourcen (Getz und Haight 1989). Dabei handelt es sich um den höchstmöglichen Ertrag, der Jahr für Jahr geerntet und von der Population selbst wieder ersetzt werden kann. Berechnen läßt er sich mit Hilfe der Wachstumsrate der Population und der Umweltkapazität (der maximal tragbaren Individuenzahl im Lebensraum der Population); in der Regel wird der maximale Dauerertrag dann erzielt, wenn die Populationsgröße bei der Hälfte der Umweltkapazität liegt. In stark kontrollierten Situationen und wenn sich die Ressource quantifizieren läßt, ist eine solche nachhaltige Nutzung realisierbar. Doch im Normalfall ist es oft nicht möglich, einer Art den theoretischen maximalen Dauerertrag abzugewinnen, und entsprechende Versuche führen zu einem abrupten Populationsrückgang. Um lokalen Geschäftsinteressen zu genügen, wird die Erntemenge oft zu hoch angesetzt, was zur Schädigung der Ressourcenbasis führt. Durch illegale, nicht offiziell registrierte Ausbeutung kann die Ressource weiter dezimiert werden, und ein beträchtlicher Anteil des verbliebenen Bestands kann bei der Entnahme selbst geschädigt werden. Eine zusätzliche Schwiemenge relativ konstant gehalten wird, obwohl die Ressourcenbasis fluktuiert. So kann eine unveränderte Fangquote in einem Jahr, in dem der Bestand einer Fischart infolge ungewöhnlicher Witterung geschrumpft ist, die Art schwer schädigen oder sogar auslöschen.

Die kommerzielle Ausbeutung natürlicher Ressourcen folgt häufig auf eine gesteigerte Abhängigkeit von Technik, Verkehr und und neuen Märkten (Hart 1978; Wilkie et al. 1992; Ludwig et al. 1993). Die Ausbeutung von Wildtieren verläuft gewöhnlich nach dem folgenden Schema:

- Das Wachstum von Städten, Fabriken, Holzfällercamps oder Bergwerken schafft einen Markt für Fleisch und andere Naturprodukte.
- Jäger und Fischer, die bis dahin hauptsächlich ihren eigenen Bedarf befriedigten, beginnen diesen Markt zu beliefern.
- Die Jäger und Fischer verwenden ihre Einnahmen zum Kauf von Gewehren und Außenbordmotoren, um effektiver arbeiten zu können.
- Straßen und Motorschiffe erlauben Zwischenhändlern die Überwindung größerer Entfernungen, um die Ausbeute zu vermarkten. Besonders Holzfällerstraßen ermöglichen den Zugang zu entlegeneren Gebieten. Oft werden dabei neue marktfähige Arten entdeckt und ausgebeutet.
- Lagerhäuser und Kühlanlagen ermöglichen die Speicherung der Ausbeute an entfernten Sammelstellen, von wo aus sie dann verschifft wird.
- In der Umgebung der Märkte werden die Ressourcen erschöpft, und Jäger und Fischer müssen größere Entfernungen zurücklegen und weniger gefragte Arten nutzen, um die Märkte beliefern zu können.
- Internationale Einkäufer und Flugzeuge schaffen einen Weltmarkt für Wildtiere und beschleunigen auf diese Weise die Übernutzung natürlicher Ressourcen.

Für dieses Szenario lassen sich beliebig viele Beispiele anführen: traditionelle Jäger in abgelegenen Regionen Borneos, die die wachsenden Städte mit Wildschweinfleisch versorgen (Caldecott 1988), malaysische Fischer, die mit Motorbooten eßbare Quallen für den lukrativen japanischen Markt einsammeln, oder die Erschöpfung der Großwildbestände in immer größerem Umkreis von afrikanischen Bergwerksstädten.

Im Nordatlantik wurde eine Art nach der anderen so lange befischt, bis es sich nicht mehr lohnte. Zur Zeit konzentriert sich die Aufmerksamkeit auf den Gewöhnlichen Thunfisch, dessen Bestand im Laufe der vergangenen zehn Jahre um 90 Prozent zurückgegangen ist. Trotz rückläufiger Fangergebnisse behaupten Vertreter der Fischereiindustrie, es gehe der Art gut. Ähnlich traurig ist die Situation für andere große Fischarten, die man wegen ihres Fleisches und als Sportfische schätzt, etwa Schwertfische und Marline. Zu den dramatischsten Fällen von Übernutzung in jüngerer Zeit gehört das Überfischen von Haien. Während der letzten zehn Jahre wurden im Nordatlantik jährlich etwa 60 Prozent mehr Haie gefangen, als die Populationen nachliefern können; die Fischereiindustrie bediente damit einen wachsenden internationalen Markt. Die Nachfrage nach Haifischfleisch und Haifischflossen boomt zu einem Zeitpunkt, zu dem die Bestände vieler kommerziell genutzter Fischarten weitgehend erschöpft sind, so daß der Fang von Haien für die Fischer eine einträgliche Alternative ist. Infolge dessen schrumpfen die Populationen vieler Haiarten dramatisch (Exkurs 12). Ein vergleichbarer Fall ist für Kleinwale (Delphine und Tümmler) im Südostpazifik belegt. Ähnlich wie die Erschöpfung der kommerziell genutzten Fischarten im Nordatlantik zur vermehrten Ausbeutung der Haie geführt hat, fangen peruanische Fischer nach Erschöpfung der Fischbestände im Südostpazifik zunehmend Delphine und Tümmler für den lokalen Markt. Während diese Kleinwale den Fischern früher zufällig ins Netz gingen, wird inzwischen immer häufiger gezielt auf sie Jagd gemacht (Van Waerbeck und Reyes 1990).

Für viele übernutzte Arten bleibt nur die Hoffnung, daß ihre Ausbeutung sich nicht mehr lohnt, wenn sie selten geworden sind, und ihre Bestände sich dann erholen können (Abbildung 7.5). Leider sind die Popula-

Exkurs 12: Haie – die unbeliebtesten Tiere der Welt in Bedrängnis

Unter den vielen Pflanzen und Tieren, die der Mensch durch Ausbeutung bedroht, gehört der Hai zu den unbeliebtesten. Das gängige Bild dieser Tiere basiert hauptsächlich auf Zeitungsmeldungen, die von Angriffen auf Menschen berichten – diese kommen übrigens sehr viel seltener vor, als man glauben könnte (Manire und Gruber 1990) –, und auf schaurigen Mediendarstellungen, in denen Haie, wie in dem Kinofilm *Der weiße Hai*, als grausame, wahllos tötende Bestien porträtiert werden. Für die meisten Menschen besteht ein Hai aus wenig mehr als einer dreieckigen Rückenflosse, Appetit und einem Maul voller sehr scharfer Zähne. Das Äußere von Haien ist wenig dazu angetan, ihren furchterregenden Ruf zu zerstreuen. Für Naturschützer, die sich um die weltweit schnell dahinschwindenden Haipopulationen sorgen, ist der schlechte Ruf der Haie unter PR-Gesichtspunkten ein Alptraum.

Die in den Augen der Öffentlichkeit einzige positive Eigenschaft dieser Tiere ist deren Fortbestand nicht eben zuträglich: Haifischfleisch ist ein beliebtes Gericht in Chinarestaurants. Im vergangenen Jahrzehnt ist der Fang von Haien zu einem lohnenden Geschäft geworden (Waters 1992). Weil Haifischflossensuppe in Asien als Delikatesse gilt, besteht nach verschiedenen Haiarten eine starke Nachfrage; für ein Kilo Haifischflossen lassen sich bis zu 44 Dollar erzielen (Manire und Gruber

Haifang in Florida. Die Haie werden auf Vergnügungsfahrten von Touristen gefangen, zum Photographieren ausgestellt und dann weggeworfen. (© Photo: Page Chichester.)

1990; Waters 1992). Die abstoßende und verschwenderische Praxis, gefangenen Haien die Flossen abzuschneiden und sie dann zum Sterben ins Meer zurückzuwerfen, hat in der Öffentlichkeit eine gewisse Sympathie für diese Tiere geweckt und Rufe nach dem Verbot dieser Vorgehensweise laut werden lassen. Ein ernsteres Problem stellt jedoch der kommerzielle Fischfang mit Treibnetzen dar. Mehr als die Hälfte der schätzungsweise 200 Millionen Haie, die jährlich getötet werden, enden als Beifang in diesen Netzen und werden in der Regel einfach zurück ins Meer geworfen.

Naturschützer sind aus verschiedenen Gründen über die hohe Sterberate bei Haien besorgt. Haie wachsen langsam heran, haben lange Fortpflanzungszyklen und produzieren nur wenige Nachkommen auf einmal (Manire und Gruber 1990; Waters 1992). Fische wie der Lachs, die ebenfalls übernutzt worden sind, können sich schnell erholen, weil sie jedes Jahr zahlreiche Nachkommen hervorbringen; Haie sind dazu nicht in der Lage. Ein zweites Problem besteht darin, daß die Ausbeutung von Haien, ob kommerziell oder privat, weitgehend ungeregelt ist. Einige Länder, vor allem Australien und Südafrika, haben Gesetze erlassen, die den Rückgang der Haie bremsen sollen, während andere, die großen Anteil am kommerziellen Haifang haben, entweder keinen Handlungsbedarf sehen oder Gesetzesvorhaben auf die lange Bank schieben. Vor einiger Zeit von der US-Regierung festgesetzte Fangquoten für Haie der Küstenregion und des offenen Meeres sind ein Schritt in die richtige Richtung, doch sind diese Quoten unter Umständen noch zu hoch, als daß sie empfindlichen Arten eine vollständige Erholung ermöglichen könnten. Schließlich werden die Haipopulationen zu einer Zeit dezimiert, in der nur eine Handvoll Arten etwas eingehender erforscht sind. Obwohl es über 350 Haiarten gibt, werden die Haie in Vorschlägen zur Bestandspflege als Gesamtheit behandelt, weil das gezielte Management einzelner Arten aus Mangel an spezifischen Kenntnissen nicht möglich ist. Bei Arten, über die Untersuchungsergebnisse vorliegen, wie etwa beim Zitronenhai (*Negaprion brevirostris*), beobachtete man eine jähe Abnahme der Zahl juveniler Individuen während der vergangenen fünf Jahre.

Der Rückgang der Haipopulationen bietet schon für sich gesehen Anlaß zur Sorge, könnte jedoch außerdem zur Entstehung eines umfassenderen Problems führen. Haie gehören zu den wichtigsten Prädatoren in Meeresökosystemen; sie fressen eine Vielzahl verschiedener Organismen und sind in Meeren und Seen in aller Welt verbreitet (Manire und Gruber 1990). In der terrestrischen Ökologie kennt man die positiven Effekte von Prädatoren auf Beutepopulationen sowie die Probleme, die entstehen, wenn die Räuber aus einem Ökosystem entfernt werden. Der Rückgang der Haie könnte auf die Meeresökosysteme erhebliche, vielleicht sogar katastrophale Auswirkungen haben. Ironischerweise haben die Haie ihre Aufgabe mehr als 400 Millionen Jahre lang erfüllt, womit sie zu den ältesten Organismengruppen der Erde gehören; dennoch hängt ihre Zukunft von einem Wandel menschlicher Einstellungen im Laufe von vielleicht zwei Jahrzehnten ab. Die Aufgabe der Naturschützer steht fest: Sie müssen die Regierungen der Welt dazu bringen, in Haien mehr zu sehen als schreckliche Bestien und aktiv zu werden, damit eine Tiergruppe geschützt wird, die für die Gesundheit der Weltmeere unverzichtbar ist.

tionen mancher Spezies, etwa der Nashörner und bestimmter Katzenarten, schon so stark dezimiert, daß sie vielleicht nicht mehr in der Lage sein werden, sich zu erholen. Manchmal fördert Seltenheit sogar die Nachfrage: Je seltener Nashörner werden, desto höhere Preise lassen sich auf dem Schwarzmarkt für ihre Hörner erzielen.

Zu den am stärksten mit Emotionen befrachteten Debatten über die Ausbeutung freilebender Arten gehört die Auseinandersetzung über den industriellen Walfang (Nagasaki 1990). Nachdem man erkannt hatte, daß der Bestand vieler Walarten durch die Bejagung gefährlich abgenommen hatte, verbot die Internationale Walfangkommission im Jahre 1986 den kommerziellen Walfang; der Fang einer bestimmten Anzahl Individuen zu Forschungszwecken blieb jedoch erlaubt. Trotz des Verbots bleiben die Bestände bestimmter Arten, etwa von Blauwal und Nordkaper, weit unter der einstigen Individuenzahl (Best 1988; Kraus 1990), während andere Arten sich zu erholen scheinen (Exkurs 13).

7.5 In Industrieländern können sich umfangreiche Märkte für Produkte entwickeln, die der Natur entnommen werden, was oft zur Übernutzung von Naturgütern führt. Hier liegt ein Aufkäufer von Waschbärfellen auf seinem Lagerbestand. Während der Waschbär zur Zeit nicht bedroht ist, sind viele andere Pelztierarten durch ähnlich übermäßige Fallenstellerei gefährdet. (Photo: Mit freundlicher Genehmigung von In Defense of Animals.)

Exkurs 13: Bedrohte Wale – ein Comeback?

Wale sind besonders interessante Säugetiere. Sie gehören zu den größten und vielleicht auch den intelligentesten Tieren der Erde, und sie besitzen komplizierte Sozialstrukturen und Kommunikationssysteme. Die Entdeckung der komplizierten, einzigartigen Gesänge der Wale fesselte die Öffentlichkeit, in der die Walforschung sowie gesetzliche Maßnahmen zum Schutz dieser Meeressäuger daraufhin breite Unterstützung fanden.

Die Erforschung des komplexen Verhaltens der Wale steht erst am Anfang, da viele Walarten aus einer Reihe von Gründen schwer zu untersuchen sind. Erstens sind sie im offenen Meer nicht leicht zu verfolgen. Die Verwendung von Sendern, wie sie für die Ortung landlebender Tiere üblich ist, ist im Wasser schwierig. Zweitens haben Wale oft einen sehr großen Aktionsraum; im Laufe eines Jahres können sie aus tropischen in polnahe Gewässer wandern. Schließlich sind viele Walarten so selten geworden, daß der Versuch, sie im offenen Meer aufzuspüren, der Suche nach der Stecknadel im Heuhaufen gleicht. Durch starke Überjagung, die erst im vergangenen Jahrzehnt eingestellt wurde, sind unter anderem die Populationen von Blauwal,

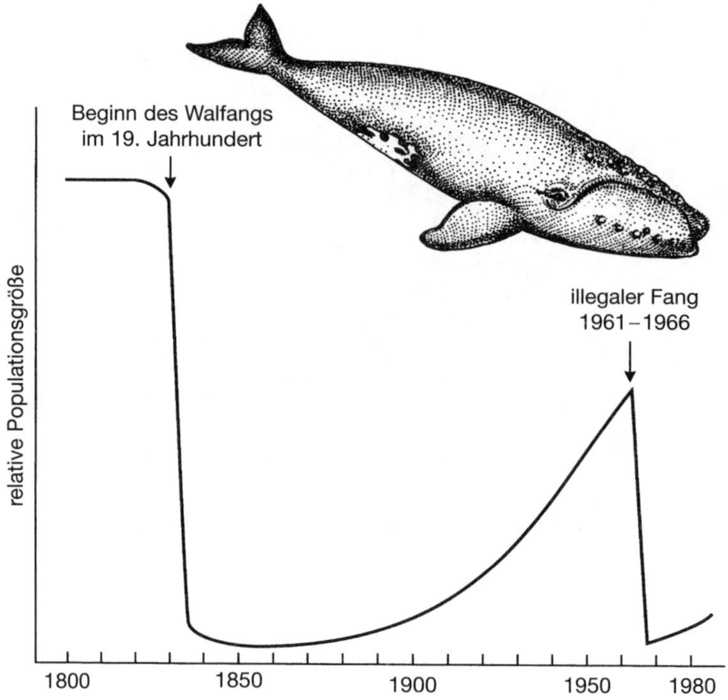

In der Mitte des 19. Jahrhunderts und in den sechziger Jahren dieses Jahrhunderts wurde der Bestand des Nordkapers um die Insel Tristan da Cunha im Südatlantik durch Walfänger stark dezimiert. (Aus Best 1988.)

Grönlandwal, Buckelwal und Nordkaper dezimiert worden. Zusammengenommen existieren von diesen Arten wahrscheinlich nur noch weniger als 35 000 Exemplare (Darling 1988).

Die Wale werden in zwei Gruppen unterteilt: Bartenwale, zu denen die meisten großen Arten gehören, etwa Buckelwal, Grauwal und Nordkaper, sowie Zahnwale, darunter so häufige Arten wie Grindwal, Tümmler und Delphine sowie der wohlbekannte Schwertwal, auch Orca oder „Mörderwal“ genannt (Darling 1988). Bartenwale ernähren sich von Schwärmen kleiner Fische oder winziger Krebschen, während Zahnwale meist größere Fische fressen. Wegen ihrer Größe droht Walen wenig Gefahr durch Prädatoren. Neben dem Menschen ist der Schwertwal der einzige Räuber, der größere Wale angreift; kleinere Arten, etwa Tümmler, werden manchmal von Haien oder Schwertwalen getötet.

Die größte Bedrohung für alle Walarten ging jedoch fast vier Jahrhunderte lang vom Menschen aus (Klinowska 1991). Vor allem im 19. Jahrhundert, als Fischbein (Horn aus den Barten der Bartenwale) und Öl aus dem Speck der Wale wichtige internationale Handelsgüter wurden, war die exzessive Jagd der Hauptgrund

Die Bestände einiger Walarten

Art	Bestand vor Beginn des Walfangs[a]	derzeitiger Bestand	Hauptnahrung
Bartenwale			
Blauwal	>200 000	5 000–10 000	Plankton
Buckelwal	>125 000	12 000	Plankton, Fische
Finnwal	>500 000	120 000	Plankton, Fische
Grauwal	24 000	21 000	Krebstiere
Grönlandwal	65 000	8 000	Plankton
Nordkaper	50 000	3 000	Plankton
Seiwal	>250 000	>50 000	Plankton, Fische, Tintenfische
Zwergwal	>350 000	350 000	Plankton, Fische
Zahnwale			
Belugawal	>100 000	>50 000	Fische, Krebstiere
Narwal	unbekannt	30 000	Fische, Tintenfische, Krebstiere
Pottwal	>2 000 000	>1 000 000	Fische, Tintenfische

Quelle: Nach *National Geographic,* Dezember 1988.
[a] Diese Zahlen sind in hohem Maße spekulativ.

für den Niedergang der Walpopulationen (Best 1988). Mehrere der bevorzugt gejagten Arten, vor allem Nordkaper (vom 16. bis zum 18. Jahrhundert), Grönlandwal (im 18. und 19. Jahrhundert) und Blauwal (Anfang des 20. Jahrhunderts) wurden an den Rand des Aussterbens gebracht (Best 1988; Kraus, persönliche Mitteilung). Der Nordkaper (der englisch *right whale* heißt, weil er den Walfängern als die „richtige" Art galt) war nie eine besonders häufige Art: Ursprünglich, bevor er durch Überjagung auf die gegenwärtige Populationsstärke von etwa 3000 Exemplaren dezimiert wurde, gab es etwa 50000 Individuen. Die Jagd auf diese Art wurde im Jahre 1935 verboten, als der Bestand bereits stark zurückgegangen war, doch das Verbot wurde oft mißachtet (Best 1988).

Durch die intensive Ausbeutung entstand bei den meisten Walarten ein Ungleichgewicht zwischen Geburten- und Sterberate; Nordkaper beispielsweise gebären nur alle drei bis vier Jahre ein Junges, und so konnten sie die ausgewachsenen Exemplare, die dem Walfang zum Opfer fielen, nicht ersetzen. Trotz des Rückgangs vieler Arten wurde die Jagd fortgesetzt; zwischen 1940 und 1986 töteten kommerzielle Walfänger schätzungsweise eine halbe Million Tiere.

Seit ihrer Gründung im Jahre 1946 regelt die Internationale Walfangkommission (IWC) die Jagd auf Wale, um die Ausrottung von Walarten zu verhindern. In manchen Regionen, in denen die Populationen besonders stark unter der Bejagung gelitten hatten, bestanden bereits Fangverbote. Im Jahre 1986 beschloß die IWC gegen den Protest von Nationen wie Japan, Norwegen, der Sowjetunion und Island ein weltweites Moratorium des kommerziellen Walfanges (Donovan 1986; Darling 1988). Einige dieser Staaten machen immer noch Jagd auf den Zwergwal, eine noch verbreitete Art – angeblich zu Forschungszwecken. Sie nutzen damit ein Schlupfloch in der Übereinkunft der IWC (Darling 1988; Harwood 1990; Nagasaki 1990). Solche Versuche, den Walfang fortzusetzen, haben internationale Konflikte verursacht; beispielsweise ist den Japanern der Fischfang in US-amerikanischen Gewässern verboten, unter anderem aufgrund der japanischen Haltung zum Walfang. Immerhin sind die jährlichen Fangzahlen seit 1980 drastisch zurückgegangen, und gefährdete Arten werden überhaupt nicht mehr von Walfängern verfolgt. Die Geschwindigkeit, mit der sich die Bestände seither erholt haben, variiert je nach Art. Der Nordkaper hat sich, obwohl er seit 1936 geschützt ist, in Nordatlantik und Nordpazifik nicht erholt; Ursache sind verschiedene Faktoren, die ein Anwachsen der Population verhindern, darunter illegale Bejagung, Umweltverschmutzung und unter Umständen auch Inzucht (Best 1988). Dagegen hat sich die Zahl der Buckelwale in bestimmten Gebieten seit Anfang der sechziger Jahre mehr als verdoppelt; für die Gewässer vor der ostaustralischen Küste hat man die jährliche Zunahme in den Jahren 1981 bis 1989 auf fast zehn Prozent geschätzt (Paterson und Paterson 1989). Der Grauwal, der bereits auf unter 1000 Individuen zurückgegangen war, hat heute wieder seinen einstigen Bestand von etwa 20000 Tieren erreicht. Der südliche Zwergwal scheint mit schätzungsweise 350000 Individuen relativ häufig zu sein.

Die direkte Bejagung ist nicht die einzige Ursache der erhöhten Sterblichkeit bei Walen. Nordkaper werden häufig durch Kollisionen mit Schiffen getötet, und das gleiche mag für andere, weniger gut untersuchte Arten gelten (Kraus 1990). Darüber hinaus ersticken Jahr für Jahr Tausende von Delphinen und eine unbekannte Anzahl Wale, weil sie sich in Treibnetzen und anderen Fangvorrichtungen der Hochseefischerei, mit denen auf Thunfisch, Kabeljau und andere Fische Jagd gemacht wird, verfangen haben. Ein Spezialistenteam des Center for Coastal Studies in Provincetown, das auf Hinweise auf gestrandete oder sonstwie in Not geratene Wale reagiert, befreit vor der Küste von Massachusetts regelmäßig große Wale, vor allem Buckelwale, aus solchen Netzen, ganz ähnlich wie ein Rettungswagen Unfallopfern zu Hilfe kommt.

Die Populationen vieler kleinerer Walarten, etwa von Delphinen und Tümmlern, sind infolge der Treibnetzfischerei, der zunehmenden direkten Bejagung und der Umweltverschmutzung in Buchten und Flüssen erheblich geschrumpft (Van Waerbeck und Reyes 1990; Norris 1992). In landumschlossenen, flachen Gewässern stört die Lärmbelastung durch Schiffe, Bergbau und militärische Operationen diese Wale möglicherweise bei der Kommunikation und beim Beutefang. Delphine in den tropischen Gewässern des östlichen Pazifik sind besonders durch den Fischfang gefährdet, weil Gruppen von ihnen oft mit Thunfischschulen wandern; nach Schätzungen sterben jährlich 100 000 Delphine in Schlagnetzen (Darling 1988). Beim Nordkaper sind solche anthropogenen Faktoren anscheinend für annähernd ein Drittel der Todesfälle verantwortlich (Kraus 1990), bei anderen Walarten mögen sie eine ähnlich bedeutende Rolle spielen. Versuche, die Treibnetzfischerei einzuschränken oder zu verbieten, waren nur teilweise erfolgreich und haben die Konflikte zwischen Naturschützern und den am Schutz der Wale interessierten Ländern einerseits und den Fischereinationen andererseits verschärft. Unter anderem hat man versucht, eine international gültige Kennzeichnung für Thunfisch, der mit „delphinfreundlichen" Methoden gefangen wurde, einzuführen. Nur fortgesetzte innovative Schutzbemühungen können die Ausrottung vieler empfindlicher Arten verhindern.

In den kommenden Jahren wird der Konflikt zwischen Walen und Menschen um marine Ressourcen immer stärker werden. Finnwal, Buckelwal, Zwergwal und Pottwal fressen die gleichen Fisch- und Tintenfischarten, die die Fangflotten im Nordatlantik intensiv ausbeuten. In Japan töten Fischer systematisch Delphine, die sie als Konkurrenten um Fische ansehen. Je effektiver die Methoden werden, mit denen der Mensch die Ressourcen des Meeres ausbeutet, und je stärker marine Ökosysteme geschädigt und zerstört werden, desto schwieriger wird es, die Ausrottung von Walen und anderen Meereslebewesen sowie die Störung des ökologischen Gleichgewichts in den Meeren zu verhindern.

Schlußfolgerung

Oft erliegen Arten einer Kombination verschiedener, gleichzeitig oder nacheinander auftretender Faktoren, wie das Beispiel der Großen Flußperlmuschel (*Margaritifera auricularia*) illustriert. Diese Art war einst von Westeuropa bis Marokko verbreitet, heute kommt sie nur noch in einem einzigen Fluß und den dazugehörigen Kanälen in Katalonien vor (Altaba 1990). Die Hauptursache für den Rückgang der Art ist übermäßiges Sammeln; seit dem Neolithikum haben Menschen die Schale und die Perlen dieser Muscheln zu dekorativen Zwecken verwendet. In Mitteleuropa wurde die Große Flußperlmuschel so schon im 15. und 16. Jahrhundert ausgerottet; in jüngerer Zeit trugen zusätzlich die Wasserverschmutzung und Zerstörung von Süßwasserbiotopen zur Schrumpfung ihres Verbreitungsgebiets bei. Außerdem leidet die Muschel unter dem Rückgang anderer Arten, da ihre Larven sich an bestimmten Fischarten festsetzen müssen, um ihre Entwicklung zu vollenden. Ohne strenge Schutzmaßnahmen mit dem Ziel, übermäßiges Sammeln zu verhindern, die Wasserqualität zu kontrollieren, Fischbestände zu erhalten und Lebensräume zu schützen, wird diese wichtige Art bald ausgestorben sein.

Die biologische Vielfalt ist aus verschiedenen Richtungen bedroht, doch ihnen allen liegt die gleiche Ursache zugrunde: die Zunahme zerstörerischer menschlicher Aktivitäten. Oft ist es leicht, die Schuld bei einer Gruppe armer Bauern oder einem bestimmten Industriezweig zu suchen. Doch die wirkliche Herausforderung besteht darin, die nationalen und internationalen Zusammenhänge zu verstehen, die der Zerstörung Vorschub leisten, und praktikable Alternativen zu finden. Wichtig ist vor allem, die Weltbevölkerung zu stabilisieren, Möglichkeiten zu finden, wie die Landbevölkerung in Entwicklungsländern ihren Lebensunterhalt verdienen kann, ohne die Umwelt zu zerstören, Anreize und Strafen einzuführen, die die Industrie dazu bringen, der Umwelt einen Wert beizumessen, den internationalen Handel mit Produkten, bei deren Gewinnung die Umwelt geschädigt wird, einzuschränken sowie bei der Bevölkerung der Industrieländer die Bereitschaft zu fördern, den eigenen Ressourcenverbrauch zu senken und angemessene Preise für Produkte zu zahlen, die mit nachhaltigen, nicht umweltzerstörenden Methoden erzeugt werden.

Zusammenfassung

1. Teils absichtlich, teils versehentlich hat der Mensch Tausende von Arten in Regionen verbracht, in denen sie von Natur aus nicht vorkommen. Auf manchen Inseln gibt es heutzutage mehr fremde als einheimische Pflanzenarten. Einige dieser Neubürger vermehren sich stark und verdrängen heimische Pflanzen. Die Flora und Fauna von Inseln wird durch nicht heimische Arten besonders leicht geschädigt; eingeführte Pflanzenfresser überweiden die Pflanzenwelt, eingeführte Prädatoren fressen Tiere, denen Abwehrmechanismen fehlen. Gebietsfremde Fische und andere Arten, die eingeführt werden, um den kommerziellen Fischfang oder den Angelsport zu fördern, verändern überall auf der Welt und oft in dramatischem Ausmaß aquatische Lebensgemeinschaften.
2. Infolge menschlicher Aktivitäten kann die Krankheitsrate bei Wildtieren ansteigen. Infektionen und Parasitenbefall nehmen oft zu, wenn

Tiere sich nicht mehr in einem großen Gebiet verteilen können, sondern ihr Lebensraum auf ein Naturschutzgebiet beschränkt ist. Darüber hinaus erhöht Streß die Infektionsanfälligkeit. Bei Tieren, die in menschlicher Obhut gehalten werden, ist eine erhöhte Krankheitsrate besonders häufig, zudem werden gelegentlich Krankheiten von einer Art auf eine andere übertragen.

3. Viele Arten, darunter etwa ein Drittel aller gefährdeten Wirbeltierspezies, sind durch Übernutzung bedroht. Bei der Ausbeutung von Arten bis hin zu ihrer Ausrottung wirken die zunehmende Armut in ländlichen Gebieten, immer effektivere Fang- und Erntemethoden sowie die Globalisierung der Wirtschaft zusammen. In traditionellen Gesellschaften gab es Bräuche, die die Übernutzung natürlicher Ressourcen verhinderten, doch diese Bräuche gehen verloren. Selbst wenn eine übernutzte Art nicht völlig ausgelöscht wird, kann ihr Bestand so stark zurückgehen, daß sie nicht mehr in der Lage ist, sich zu erholen.

Weiterführende Literatur

Baltz, D. M. 1990. Introduced fishes in marine systems and inland seas. *Biological Conservation* 56: 151–177. [Globaler Überblick über eingeführte Fischarten und ihre Auswirkungen auf die einheimischen Fische.]

Coblenz, B. E. 1990. Exotic organisms: A dilemma for conservation biology. *Conservation Biology* 4: 261–265. [Die Eliminierung eingeführter Arten ist mit einer Reihe schwieriger Probleme verbunden.]

Darling, J. D. 1988. Working with whales. *National Geographic* 174(6): 886–908. [Eine ausgezeichnete, leicht verständliche Darstellung der Aufgaben und Probleme, die sich beim Schutz von Walpopulationen stellen.]

Drake, J. A. et al. (Hrsg.) 1989. *Biological Invasions: A Global Perspective*. John Wiley and Sons, Chichester. [Die Auswirkungen von biologischen Invasionen in einer Vielzahl von Ökosystemen.]

Getz, W. M. und Haight, R. G. 1989. *Population Harvesting: Demographic Models of Fish, Forest, and Animal Resources*. Princeton University Press, Princeton, NJ. [Die Theorie hinter der Berechnung von nachhaltigen Erntemengen.]

Loope, L. L., Hamann, O. und Stone, C. P. 1988. Comparative conservation biology of ocean archipelagos: Hawai and the Galápagos. *BioScience* 38: 272–282. [Dieser Artikel liefert gemeinsam mit anderen im gleichen Band einen hervorragenden Überblick über die beiden Archipele.]

Ludwig, D., Hilborn, R. und Walters, C. 1993. Uncertainty, resource exploitation, and conservation: Lessons from history. *Science* 260: 17, 36.

[Ein exzellenter Kurzbeitrag, der erklärt, warum die kommerzielle Nutzung von Naturgütern so häufig ihre Ressourcenbasis zerstört.]

McGoodwin, J. R. 1990. *Crises in the World's Fisheries: People, Problems and Politics*. Stanford University Press, Stanford, CA. [Beschreibt die Faktoren, die zur Übernutzung immer neuer Arten führen.]

Mooney, H. A. und Drake, J. A. (Hrsg.) 1986. *Ecology of Biological Invasions of North America and Hawaii*. Ecological Studies, Bd. 58. Springer-Verlag, New York. [Eine umfangreiche Sammlung von Fachaufsätzen.]

Safina, C. 1993. Bluefin tuna in the West Atlantic: Negligent management and the making of an endangered species. *Conservation Biology* 7: 229–234. [Die Schwierigkeiten einer internationalen Einigung über die effektive Bewirtschaftung des Thunfischs.]

Scott, M. E. 1988. The impact of infection and disease on animal populations: Implications for conservation biology. *Conservation Biology* 2: 40–56. [Ein ausgezeichneter Übersichtsartikel.]

Soulé, M. E. 1990. The onslaught of alien species and other challenges in the coming decades. *Conservation Biology* 4: 233–239. [Eingeführte Arten bedrohen nicht nur einheimische Spezies, sondern auch die menschliche Gesundheit.]

Thorne, E. T. und Williams, E. S. 1988. Disease and endangered species: The black-footed ferret as a recent example. *Conservation Biology* 2: 66–74. [Diese Art entwickelt sich zu einem klassischen Objekt des Naturschutzes.]

Teil III

Der Wert der biologischen Vielfalt

8

Der unmittelbare ökonomische Wert der Vielfalt

Bei Entscheidungen über den Schutz von Arten, Lebensgemeinschaften und genetischer Variabilität kommt es oft zu Streitigkeiten über Geld: Was wird es kosten? Und wieviel ist es wert? In den Wirtschaftswissenschaften gibt es eine Methode, mit deren Hilfe sich jeder Sache ein Wert zumessen läßt, selbst der biologischen Vielfalt. Als wirtschaftlicher Wert einer Sache wird am häufigsten derjenige Betrag angesehen, den Menschen für diese Sache zu zahlen bereit wären. Diese Art der Wertzumessung ist nur ein möglicher Weg; statt dessen lassen sich beispielsweise auch ästhetische, wissenschaftliche oder pädagogische Gesichtspunkte heranziehen. Zur Zeit jedoch gehört die ökonomische Bewertung zu den wichtigsten Methoden, mit deren Hilfe Regierungen und Manager wichtige Entscheidungen fällen. Ein großes Problem der Wirtschaftswissenschaften besteht darin, daß sie für natürliche Ressourcen bisher in der Regel keinen Wert festgesetzt haben; aus diesem Grunde wurden die Kosten der Umweltzerstörung ignoriert, die Erschöpfung natürlicher Ressourcen nicht beachtet und der zukünftige Wert solcher Ressourcen in ökonmischen Berechnungen nicht berücksichtigt.

Um dieser kurzsichtigen Betrachtungsweise entgegenzuwirken, hat sich ein wichtiger neuer Forschungszweig entwickelt, der Teilbereiche der Wirtschafts-, Umwelt-, Politik-, Rechts- und Verwaltungswissenschaften in sich vereint und Bewertungen der biologischen Vielfalt in ökonomische Analysen einbezieht (McNeely 1988; Costanza 1991). Diese neue Disziplin wird als **Umweltökonomie** (*environmental economics*, *ecological economics*) bezeichnet. Naturschutzbiologen bedienen sich zunehmend ihrer Methoden und ihres Vokabulars, da Regierungsbeamte, Banker und Manager sich leichter von der Notwendigkeit, die biologische Vielfalt zu schützen, überzeugen lassen, wenn es dafür eine wirtschaftliche Rechtfertigung gibt (Schumacher 1973). Regierungen müssen die verfügbaren Mittel so effektiv wie möglich einsetzen, und ein wohlüberlegtes wirtschaftliches Argument für ein Naturschutzziel wird biologische, ethische und emotionale Argumente häufig wirkungsvoll unterstützen.

Die Umweltökonomie stärkt seit einiger Zeit der Naturschutzbewegung den Rücken, indem sie Arten, Lebensgemeinschaften und Ökosystemen einen Geldwert zumißt (McNeely et al. 1990; McNeely 1988; Peterson und Randall 1984; Brown und Goldstein 1984; Costanza 1991; Gillis 1991). Bei diesen ersten Versuchen wurde in vielen Fällen stark vereinfacht, da es schwierig ist, den ökonomischen Nutzen von Variablen wie der Verbesserung des Klimas und der potentiellen zukünftigen Nutzung bisher ungenutzter Arten zu bestimmen (Green und Tunstall 1991; Daly und Cobb 1989). Die versteckten Kosten der Umweltschädigung durch gewinnbringende Aktivitäten wie Holzeinschlag, Landwirtschaft und Fischfang machen es schwer, den tatsächlichen Wert natürlicher Ressourcen zu ermitteln (Repetto 1992). Auch befinden sich Methoden zur Analyse der Kosten und des Nutzens, welche die Störung natürlicher Lebensgemeinschaften durch wirtschaftliche Aktivitäten langfristig mit sich bringt, noch in der Entwicklungsphase. So könnte man in der Wirtschaftlichkeitsuntersuchung zu einem großen Kahlschlagprojekt überprüfen, was es kosten würde, die dabei zerstörten natürlichen Ressourcen (etwa Wildbret, wildwachsende Heil- und Nahrungspflanzen) durch gleichwertige, vom Menschen (in diesem Fall landwirtschaftlich) produzierte Güter zu ersetzen, statt dessen könnte man aber auch die Kosten ermitteln, die bei der Wiederherstellung der zerstörten Lebensgemeinschaft oder Ressource anfallen würden. Diese beiden Ansätze würden wahrscheinlich zu sehr unterschiedlichen Ergebnissen führen. Trotz dieser Schwierigkeiten setzen Umweltökonomen ihre Versuche fort, den wirtschaftlichen Nutzen der biologischen Vielfalt einzuschätzen.

Zahlreiche Naturschützer vertreten die Ansicht, jeder Versuch, der biologischen Vielfalt einen rein monetären Wert zuzumessen, sei verfehlt und potentiell schädlich, da vieles in der Natur einzigartig sei und somit keinen Preis habe (Ehrenfeld 1988). Die Vertreter dieses Standpunkts weisen ganz richtig darauf hin, daß es unmöglich ist, festzulegen, was das Erlebnis wert ist, einen Elefanten in freier Wildbahn zu beobachten oder eine reizvolle Landschaft zu betrachten. Ebensowenig kann man einen realistischen ökonomischen Wert der Menschenleben bestimmen, die durch medizinisch wirksame Inhaltsstoffe wildlebender Arten gerettet worden sind – und in Zukunft noch gerettet werden. Dennoch können ökonomische Modelle in der Debatte über den Schutz der biologischen Vielfalt einen wichtigen Beitrag leisten. Beispielsweise schätzte das US-Innenministerium den Wert des Erdöls, das man im Arctic National Wildlife Refuge fördern könnte, auf 79,4 Milliarden Dollar, erstellte aber keine vergleichbare Berechnung des biologischen Wertes und Freizeitwertes der Eisbären, Karibus, Vögel,

Wölfe und anderen Wildtiere in diesem Naturschutzgebiet, das man als „Amerikanische Serengeti“ ansehen könnte (Nash 1991). Generell ist es für Naturschützer vorteilhaft, sich an der Entwicklung ökonomischer Modelle zu beteiligen, um diese zu verbessern und ihre Grenzen einschätzen zu lernen. Zudem liefert die Schätzung des Geldwertes der biologischen Vielfalt auf lokaler Ebene oft erstaunlich klare Belege für deren wirtschaftliche Bedeutung und damit Argumente für den Schutz natürlicher Lebensgemeinschaften.

Volkswirtschaftliche Bewertung natürlicher Ressourcen

In jüngerer Zeit hat es Versuche gegeben, den Verlust natürlicher Ressourcen in Berechnungen des Bruttosozialprodukts und anderer Kenngrößen für die Produktivität eines Staates einzubeziehen (Gillis 1991; Repetto 1992). Das Problem bei der Nutzung des Bruttosozialprodukts als Maß für das Wohlergehen eines Staates besteht darin, daß es sich in Wirklichkeit um ein Maß der wirtschaftlichen Gesamtaktivität in diesem Land handelt, nicht nur der nützlichen Aktivitäten. Daher steigern nicht-nachhaltige Unternehmungen (etwa die Überfischung von Küstengewässern oder zerstörerischer Tagebau) und unproduktive Aktivitäten (wie die unnötige Beheizung oder Klimatisierung leerstehender Wohngebäude) das Bruttosozialprodukt, obwohl sie für das langfristige Wohlergehen des Landes irrelevant oder sogar nachteilig sind. Mit der Schädigung der Umwelt kann beträchtlicher wirtschaftlicher Schaden verbunden sein, der die durch Landwirtschaft und Industrie erzielten scheinbaren Gewinne nicht selten aufwiegt (Repetto 1990a, 1992). In Costa Rica beispielsweise übertraf der Wert der in den achtziger Jahren zerstörten Wälder die Einkünfte aus Erzeugnissen des Waldes bei weitem, so daß die Forstwirtschaft dem Land reale Verluste einbrachte. Die Kosten der Waldzerstörung übertrafen sogar die Zinsen, die Costa Rica für seine Auslandsschulden zahlen mußte. Die durch Bodenerosion verursachten Kosten senkten den Produktionswert der Landwirtschaft um 17 Prozent. Wenn ein Staat bei der Berechnung des Bruttosozialprodukts Umweltkosten und den Verlust natürlicher Ressourcen außer acht läßt, kann es den Anschein haben, als erziele er eindrucksvolle wirtschaftliche Gewinne, während er in Wirklichkeit am Rande des ökonomischen Zusammenbruchs steht. Länder, in denen der Fischfang nicht reglementiert ist, liefern ein klassisches Beispiel für die Notwendigkeit, die Bestände von Naturgütern zu überwachen: Große Fangmengen und hohe Gewinnspannen können die Fischereiindustrie zu höheren Investitionen und stärkerer Ausbeutung der Bestände verleiten; auf diese Weise werden zunächst eindrucksvolle Erfolge erzielt, doch dann verschwindet eine Wirtschaftsfischart nach der anderen, und schließlich bricht die gesamte Fischereiwirtschaft zusammen (McGoodwin 1990). Die versteckten Kosten, die mit vordergründigen Gewinnen verknüpft sein können, lassen sich eindrucksvoll am Beispiel der *Exxon Valdez* aufzeigen, die im Jahre 1989 vor Alaska verunglückte. Dieser Tankerunfall verursachte Kosten in Höhe von mehreren Milliarden Dollar für die Beseitigung des Öls, schädigte die Umwelt und bedeutete die Verschwendung von etwa 40000 Tonnen Erdöl, dennoch wurde er als Nettogewinn verbucht, weil die Ausgaben für die Ölbekämpfung das Bruttosozialprodukt der USA steigerten und Arbeitsplätze für Reinigungsmannschaften aus den gesamten USA schafften. Ohne Einbeziehung der versteckten Kosten für die Umwelt und der langfristigen Schädigung natürlicher Ressourcen kann ein Unglück wie die Havarie der *Exxon Valdez* leicht als wirtschaftlich positiv fehlgedeutet werden.

Ein Versuch, die Erschöpfung natürlicher Ressourcen, die Umweltverschmutzung und die Einkommensverteilung in ein Maß für die Produktivität eines Staates einzubeziehen, war die Entwicklung des ISEW (*Index of Sustainable Economic Welfare*), des „Indikators für nachhaltigen Wohlstand" (Daly und Cobb 1989). Dieser Indikator berücksichtigt Faktoren wie den Verlust landwirtschaftlicher Flächen, die Trockenlegung von Feuchtgebieten, die Auswirkungen von saurem Regen und die Folgen der Umweltverschmutzung für die menschliche Gesundheit. Gemessen an der Entwicklung des ISEW hat die Wirtschaft der USA im Zeitraum 1956 bis 1986 keine Fortschritte gemacht, obwohl das Bruttosozialprodukt enorm gestiegen ist. Zwar bilden Maße wie der ISEW erst das Anfangsstadium einer Entwicklung, aber sie machen darauf aufmerksam, daß viele heutige Volkswirtschaften ihr scheinbares Wachstum nur durch nicht-nachhaltige Nutzung natürlicher Ressourcen erreichen. Wenn diese Ressourcen zur Neige gehen, werden die Volkswirtschaften, die von ihnen abhängig sind, möglicherweise schwere Störungen erleiden.

Bevor Regierungen, internationale Banken und Unternehmen Großprojekte genehmigen, lassen sie immer häufiger die Auswirkungen dieser Projekte auf die Umwelt untersuchen. Diese Untersuchungen haben oft die Form von **Umweltverträglichkeitsprüfungen** (*environmental impact assessments*), die sich mit den unmittelbaren und zukünftigen Folgen der Projekte für die Umwelt befassen. Der Umweltbegriff bezieht sich dabei häufig nicht nur auf die direkt betroffenen Naturgüter, sondern auch auf Luft- und Wasserqualität, gefährdete Arten und das Leben der einheimischen Bevölkerung. In ihrer umfassendsten Form ist eine solche Untersuchung eine Kosten-Nutzen-Analyse, die die durch ein Projekt erzielten Gewinne gegen die Kosten und die verlorenen Werte abwägt (Randall 1987). Theoretisch sollte ein Projekt durchgeführt werden, wenn die Analyse es als gewinnbringend einstuft, und aufgegeben werden, wenn es sich als nicht profitabel erweist. In der Praxis sind Kosten-Nutzen-Analysen äußerst schwer durchzuführen, weil die Bewertung von Nutzen und Kosten schwierig sein und sich im Laufe der Zeit verändern kann. Wenn beispielsweise eine Zellstofffabrik in einem Waldgebiet gebaut wird, ist es schwierig, die Entwicklung des Papierpreises und des Lohnniveaus, den zukünftigen Bedarf an sauberem Wasser, den Wert anderer Lebewesen des genutzten Waldes und das Ausmaß der Schädigung nahegelegener Gewässer abzuschätzen. In der Vergangenheit wurden die natürlichen Ressourcen, die durch Großprojekte genutzt oder geschädigt wurden, in Umweltverträglichkeitsprüfungen entweder ignoriert oder stark unterbewertet (Norton 1986a, b).

Ökonomische Bewertung der biologischen Vielfalt

In der Umweltökonomie hat man sich intensiv bemüht, Methoden zu finden, mit deren Hilfe sich die Komponenten biologischer Vielfalt ökonomisch bewerten lassen. Eine Reihe von Ansätzen zur Bewertung von genetischer Variabilität, Arten, Lebensgemeinschaften und Ökosystemen wurden entwickelt. Dabei unterscheidet man zwischen dem Marktwert eines Naturguts, dem Wert, den die Ressource in ihrer natürlichen Umgebung darstellt, und ihrem zukünftigen Wert. Beispielsweise ließe sich der Wert des südostasiatischen Gaurs an der Fleischmenge messen, die sein derzeitiger Bestand liefern könnte, an der Bedeutung dieses Wildrindes für den Naturtourismus oder an der Rolle, die es in Zukunft in der Rinderzucht spielen könnte. Bisher gibt es kein allgemein akzeptiertes System zur Bewertung biologischer Diversität, sondern eine Reihe verschiedener Vorschläge (Bishop 1987; Myers 1983; Oldfield 1984). Zu den brauchbarsten gehört der, den McNeely (1988) und McNeely et al. (1990) verwenden. In dieser Terminologie wird zwischen **unmittelbarem** und **mittelbarem Wert** (*direct value* und *indirect value*) unterschieden: Einen unmittelbaren Wert besitzen Naturgüter, die vom Menschen ausgebeutet werden, ein mittelbarer Wert für den Menschen wird den positiven Wirkungen der biologischen Vielfalt beigemessen, die ohne Ausbeutung oder Zerstörung von Ressourcen gegeben sind.

Beim unmittelbaren Wert läßt sich weiter unterscheiden zwischen dem **Verbrauchswert** (*consumptive use value*) natürlicher Ressourcen, die den Bedarf der örtlichen Bevölkerung decken, und dem **Ertragswert** (*productive use value*) von Naturprodukten, die vermarktet werden.

Einen mittelbaren Wert besitzen Komponenten der biologischen Vielfalt, die dem Menschen wirtschaftliche Vorteile verschaffen, aber zu diesem Zweck nicht verbraucht werden müssen (siehe Kapitel 9). Beispielsweise sorgen Lebensgemeinschaften und Arten für sauberes Wasser, schützen den Boden, regulieren das Klima, bieten Optionen für die Zukunft der menschlichen Gesellschaft und lassen sich zu Erholungs-, Bildungs- und Forschungszwecken nutzen. Ein mittelbarer Wert ist auch der **Existenzwert** – die Summe, die Menschen bereit sind zu zahlen, damit eine Art erhalten bleibt.

Unmittelbarer Wert

Einen unmittelbaren Wert – in anderen Ansätzen auch als **Nutzwert** (*use value*) oder **Warenwert** (*commodity value*) bezeichnet – besitzen solche Naturgüter, die unmittelbar ausgebeutet und genutzt werden. Dieser Wert läßt sich oft leicht ermitteln, indem man die Aktivitäten repräsentativer Bevölkerungsgruppen beobachtet, die Sammelstellen für Naturprodukte überwacht und Import- und Exportstatistiken analysiert.

Verbrauchswert

Ein unmittelbarer Wert ist der Verbrauchswert von Naturgütern wie Brennholz und Wildbret, die an Ort und Stelle verbraucht und nicht auf Märkten gehandelt werden. Menschen, die eng mit der Natur verbunden leben, entnehmen dieser oft einen beachtlichen Teil ihres Lebensunterhalts. Diese Naturgüter gehen in aller Regel nicht in das Bruttosozialprodukt ein, da sie weder gekauft noch verkauft werden (Repetto et al. 1989). Dennoch spielen sie für den Lebensstandard ihrer Nutzer eine wichtige Rolle; stehen sie nicht mehr zur Verfügung, etwa infolge von Schädigung der Umwelt, Übernutzung oder Einrichtung von Schutzgebieten, wird der Lebensstandard dieser Menschen sinken, bis sie möglicherweise nicht mehr überleben können.

Untersuchungen in Entwicklungsländern zeigen, wie intensiv traditionelle Gesellschaften ihre Umwelt nutzen, der sie Brennholz, Gemüse, Früchte, Fleisch, Heilmittel, Fasern und Baumaterial entnehmen (Lewis und Elvin-Lewis 1977; Myers 1979; Simpson und Connor-Ogorzaly 1986). Wie eine Studie im Amazonasgebiet ergab, liefert etwa die Hälfte der Baumarten im Regenwald den dort lebenden Indianern außer Brennholz ganz bestimmte Produkte (Prance et al. 1987). Heute noch dominieren in der medizinischen Versorgung von ungefähr 80 Prozent der Weltbevölkerung traditionelle Heilmittel aus Pflanzen und Tieren (Farnsworth 1988). In China werden über 5000 Arten für medizinische Zwecke genutzt (Abbildung 8.1a), im Amazonasbecken 2000 Arten (Schultes und Raffauf 1990; WRI/IUCN/UNEP 1992).

Ihren zum Überleben notwendigen Proteinbedarf deckt die Bevölkerung ländlicher Gebiete unter anderem durch das Fleisch von Wildtieren (Abbildung 8.1b). In vielen Regionen Afrikas liefern freilebende Tiere den Menschen einen Großteil ihrer durchschnittlichen Eiweißration: in Botswana etwa 40 Prozent, in Nigeria ungefähr 20 und in Zaire 75 Prozent (Sale 1981; Myers 1988b). In Nigeria werden jährlich über 100000 Tonnen Riesenhamsterratten (*Cricetomys*) gegessen, in Botswana mehr als 3000 Tonnen Springhasen. Zu den tierischen Proteinlieferanten zählen nicht nur Vögel, Säugetiere und Fische, sondern auch Insekten und deren Larven sowie Schnecken. In manchen Gebieten Afrikas liefern Insekten den größten Teil des Nahrungseiweißes sowie lebenswichtige Vitamine. In Küstenregionen und in der Nähe von Binnengewässern sind Fische eine wichtige Proteinquelle. Weltweit werden jährlich 100 Millionen Tonnen Fisch angelandet, darunter nur ein kleiner Teil aus Aquakultur (FAO 1988). Ein Großteil dieser Fänge wird an Ort und Stelle verbraucht.

Dem Fleisch freilebender Tiere läßt sich ein Verbrauchswert zumessen, indem man abschätzt, wieviel der Kauf einer entsprechenden Menge Fleisch von Haustieren kosten würde, wenn freilebende Tiere nicht mehr zur Verfügung stünden. Ein Beispiel für diesen Ansatz lieferte eine umfangreiche Untersuchung, in der versucht wurde, die Zahl der Wildschweine zu schätzen, die im ostmalaysischen Bundesstaat Sarawak von eingeborenen Jägern erlegt wurden. Zu diesem Zweck wurden unter anderem die in ländlichen Gebieten verbrauchten Schrotpatronen gezählt und Jäger befragt. Dieser bahnbrechenden und etwas umstrittenen Studie zufolge lag der Verbrauchswert des Wildschweinfleisches bei 40 Millionen Dollar pro Jahr (Caldecott 1988).

Auch für Brennholz, das zum Heizen und Kochen benutzt und in Wäldern und Buschland gesammelt wird, läßt sich ein Verbrauchswert ermitteln (Abbildung 8.2). In Ländern wie Nepal, Tansania und Malawi liefern Brennholz und Dung den größten Teil der Primärenergie (Pearce 1987). Der Wert dieser Materialien entspricht der Summe, die erforderlich wäre, um Kerosin oder andere Brennstoffe zu kaufen, wenn es nicht die Möglichkeit gäbe, der Natur Brennmaterial zu entnehmen. In vielen Regionen der Welt hat die ländliche Bevölkerung alles verfügbare Brennholz aufge-

a

8.1 a) In der chinesischen Medizin wird eine Vielzahl von Naturprodukten verwendet. (Photo: Catherine Pringle/Biological Photo Service.) b) Für das Volk der Tukanoan, das im Amazonasbecken lebt, sind Flußfische die wichtigste Proteinquelle. (© Photo: Paul Patmore.)

b

8.2 Zu den wichtigsten an Ort und Stelle genutzten Naturgütern gehört Brennholz, vor allem in Afrika und Südasien. Das Photo zeigt eine Frau aus Obervolta beim Brennholzsammeln. (Photo der Weltbank: Yosef Hadar, © IBRD.)

braucht, besitzt aber kein Geld, um Brennstoffe zu kaufen. In dieser Situation, die man als „Energiekrise der Armen“ bezeichnet hat, sind die Menschen gezwungen, weite Strecken zurückzulegen, um Brennholz zu finden, wodurch sich die Waldzerstörung über immer größere Gebiete ausdehnt.

In vielen Regionen der Welt haben die Menschen Systeme entwickelt, die es ihnen ermöglichten, erneuerbare Ressourcen der Natur zu nutzen, ohne sie zu übernutzen. Bestimmte früchtetragende Bäume durften nicht gefällt werden, in der Fortpflanzungszeit war die Jagd verboten, Jagdterritorien waren in Familienbesitz und durften von anderen Familien nicht betreten werden. Diese Systeme waren auf Dorf- oder Stammesebene organisiert und wurden mit Hilfe strenger sozialer Kontrollen durchgesetzt. In den traditionellen Sherpadörfern in Nepal beispielsweise gab es einen Brauch namens *shingo nava*, durch den einzelne Männer zu Hütern des Waldes ernannt wurden. Diese Männer bestimmten, wieviel Brennholz gesammelt und welche Bäume gefällt werden durften, und schützten auf diese Weise die gemeinsame Ressource. Wer gegen die Regeln verstieß, mußte eine Strafe zahlen, die zum Nutzen des Dorfes verwendet wurde (Furer-Haimendorf 1964).

Mit der Entwicklung einer Geldwirtschaft und unter dem Einfluß fremder Kulturen sind diese Systeme jedoch vielerorts zusammengebrochen. Um sich Geld zu beschaffen, verkaufen die Menschen Naturgüter auf städtischen Märkten. Wenn die sozialen Kontrollen der Dorfgemeinschaft wegfallen, beginnen Dorfbewohner und Fremde, die Natur auf zerstörerische und nicht-nachhaltige Weise auszubeuten – eine Entwicklung, die als *tragedy of the commons* („Tragödie der Gemeingüter") bezeichnet worden ist (Hardin 1968, 1985). Beutet eine Einzelperson die kollektiven Ressourcen in nicht-nachhaltiger Weise aus, so profitiert sie allein davon, während die Kosten dieser Art der Nutzung das ganze Dorf treffen. Wenn die Ressourcen dahinschwinden, können viele Dorfbewohner ihren Eigenbedarf nicht mehr decken und müssen in den Städten hohe Preise für Güter zahlen, die ihre Umwelt ihnen früher kostenlos lieferte.

Die Abhängigkeit von lokalen Naturgütern ist nicht auf Entwicklungsländer beschränkt: Auch im Norden der USA und in Kanada gibt es Regionen, in denen Hunderttausende von Menschen auf Brennholz und Wildbret angewiesen sind. Viele von ihnen könnten in diesen abgelegenen Gegenden nicht überleben, wenn sie Brennstoff und Fleisch kaufen müßten.

Ertragswert

Der Ertragswert ist ein unmittelbarer Wert von Naturprodukten, die auf Märkten verkauft werden, sei es auf nationalen oder auf internationalen. Als Wert eines solchen Produkts gilt in der Regel die Differenz zwischen dem Preis, den es am ersten Verkaufsort erzielt, und den bis dahin angefallenen Kosten, nicht jedoch der Ladenpreis, zu dem es später angeboten wird. Aufgrund dessen kann ein scheinbar geringwertiges Naturprodukt die Ausgangsbasis für ein hochwertiges Endprodukt sein. Die Rinde des Amerikanischen Faulbaums beispielsweise, die im Westen der USA gesammelt wird, ist der Hauptbestandteil bestimmter Abführmittel; während der Einkaufspreis der Rinde etwa eine Million Dollar jährlich beträgt, beläuft sich der Einzelhandelspreis der daraus hergestellten Medikamente auf 75 Millionen Dollar (Prescott-Allen und Prescott-Allen 1986). Das Spektrum der kommerziell genutzten Naturerzeugnisse ist enorm; die wichtigsten sind Brennholz, Bauholz, Fisch und Schalentiere, Heilpflanzen, Wildgemüse und -früchte, Fleisch und Häute, Fasern, Rattan, Honig, Bienenwachs, Farbstoffe, Seetang, Viehfutter, ätherische Öle, Elfenbein, Kautschuk und Harze (Myers 1983, 1984). Eine besondere Kategorie bilden Spezies, die in regelmäßigen Abständen für die naturwissenschaftliche und medizinische Forschung sowie für die Weiterzüchtung von Kulturarten gesammelt werden.

Mit einem Umsatz von über 75 Milliarden Dollar pro Jahr gehört Holz zur Zeit zu den wichtigsten Naturprodukten (Reid und Miller 1989). Viele Tropenländer exportieren große Mengen an Holz und Holzprodukten, um sich Devisen sowie Kapital zum Ausbau ihrer Industrie zu beschaffen und ihre Auslandsschulden bezahlen zu können. In Ländern wie Indonesien und Malaysia gehören Holzprodukte zu den wichtigsten Exportartikeln und bringen mehrere Milliarden Dollar pro Jahr ein (Abbildung 8.3a). Auch andere Erzeugnisse des Waldes, etwa Wildbret, Früchte, Kautschuk und Harze, Rattan und medizinisch wirksame Pflanzen, haben einen hohen Ertragswert (Abbildung 8.3b). Neben Holz exportiert Indonesien beispielsweise andere dem Wald entnommene Naturprodukte für etwa 200 Millionen Dollar pro Jahr (Gillis 1986). Diese Produkte, die manchmal fälschlich als Nebenerzeugnisse des Waldes bezeichnet werden, sind also von großer wirtschaftlicher Bedeutung. In Indien gehen sogar 63 Prozent der Deviseneinnahmen aus dem Export von Walderzeugnissen auf solche Waldnebenerzeugnisse zurück (Gupta und Guleria 1982).

Obwohl viele Länder den Holzexport als Schlüssel zur wirtschaftlichen Entwicklung ansehen, sind andere Produkte des Waldes unter Umständen langfristig einträglicher. In einer Studie im Amazonasregenwald wurde versucht, den Ertragswert tropischer Regenwälder bei unterschiedlicher Nutzungsweise zu ermitteln (Peters et al. 1989). Ein artenreicher Wald im peruanischen Amazonasgebiet, 30 Kilometer von Iquitos entfernt, bringt im Laufe eines Jahres den größten Gewinn, wenn man alle Bäume fällt und verkauft, doch danach kann man ihm jahrzehntelang kein Holz mehr entnehmen. Langfristig am einträglichsten ist das Sammeln von Früchten, Latex (dem Milchsaft der Kautschukbäume) und ähnlichen Produkten, die Jahr für Jahr vermarktet werden können. Wenn ein Stück Land für die Viehzucht genutzt wird, bringt es um mehr als die Hälfte weniger ein, als wenn dort Erzeugnisse des Regenwaldes gesammelt werden. Auch der Nettonutzen des selektiven Holzeinschlags ist dieser Analyse zufolge erstaunlich gering, und zwar aufgrund der Schäden, die dabei an Kautschuk- und Fruchtbäumen entstehen.

Bei dieser Bewertungsmethode geht man davon aus, daß es für die betreffenden Produkte stabile Märkte gibt. Zugegebenermaßen wird aber das Ernten von Früchten immer weniger einträglich, je weiter man sich von großen Städten entfernt, da die Transportkosten und der Anteil verdorbener Ware zunehmen; außerdem können die Preise dieser Erzeugnisse sinken, wenn das Angebot steigt (Tremaine 1993; Salafsky et al. 1993). Addiert man jedoch den Wert von Wildbret und Heilpflanzen, so kann

a

b

8.3 a) Die Holzindustrie ist ein wichtiger Wirtschaftszweig vieler tropischer Länder. Das Photo zeigt gefällte Araukarien – eine Art mit sehr kleinem Verbreitungsgebiet – in Chile. (Photo: Alejandro Frid/Biological Photo Service.) b) Auch andere Naturerzeugnisse als Holz spielen in der lokalen und nationalen Wirtschaft oft eine wichtige Rolle. Viele Landbewohner bessern ihr Einkommen auf, indem sie Produkte des Waldes sammeln und auf örtlichen Märkten verkaufen. Hier verkauft eine Familie der Land Dayak in Sarawak (Malaysia) wilden Honig und wilde Früchte. (Photo: R. Primack.)

diese Art der Bewahrung und Nutzung des Regenwaldes unter Umständen gewinnbringender sein als intensive Holznutzung, Umwandlung in Plantagen oder Einrichtung von Rinderfarmen (Grigg 1989; Noonan und Zagata 1982). Auch die vorsichtige Entnahme einzelner Stämme, bei der die umgebende Lebensgemeinschaft und der Boden möglichst wenig geschädigt werden, ist, kombiniert mit dem Sammeln anderer Produkte des Waldes, eine lohnende Form der Bewirtschaftung, die es rechtfertigt, den Wald zu erhalten (Poore et al. 1989, 1991).

Die mit der nachhaltigen Nutzung von Wäldern und anderen Lebensgemeinschaften verbundene Bewahrung der Artenvielfalt steigert noch den Wert nichtzerstörerischer Aktivitäten. Viele Organismen haben einen hohen Ertragswert als Ausgangsmaterial für die Industrie und für die genetische Verbesserung von Kulturarten (National Academy of Science 1972; Prescott-Allen 1986; Prescott-Allen und Prescott-Allen 1986). Diese Art der Nutzung unterscheidet sich von den traditionellen Formen der Ertragsnutzung, bei denen das Naturprodukt ständig gesammelt wird. Wildformen der Kulturpflanzen oder verwandte Arten können beispielsweise Gene besitzen, die Widerstandskraft gegen Schädlinge verleihen oder für starkes Wachstum sorgen. Ein solches Gen muß der Natur nur einmal entnommen werden, dann kann es in den Zuchtstamm der Kulturpflanze aufgenommen und in Genbanken gespeichert werden. Die fortgesetzte genetische Verbesserung von Kulturpflanzen ist nicht nur erforderlich, um die Erträge zu steigern, sondern dient auch der Abwehr pestizidresistenter Insekten und besonders virulenter Pilz-, Viren- und Bakterienstämme (Hoyt 1988; Frankel und Soulé 1981). Katastrophale Ernteausfälle sind oft die direkte Folge geringer genetischer Variabilität: Sowohl die Kartoffelfäule 1846 in Irland als auch die Weizenmißernte 1922 in der Sowjetunion und der Zitruskrebs im Jahre 1984 in Florida hingen mit der geringen genetischen Variabilität der betroffenen Kulturarten zusammen (Pluncknett et al. 1987). Zur Bekämpfung dieses Problems werden ständig empfindliche Kulturvarietäten durch neue, widerstandsfähigere Formen ersetzt. Für Widerstandskraft sorgen oft Gene von wilden Verwandten der Kulturpflanzen oder von lokalen Sorten, die von traditionell wirtschaftenden Bauern angebaut werden.

Die Entwicklung neuer Varietäten kann erhebliche wirtschaftliche Vorteile bringen; in den USA beispielsweise steigerten genetische Verbesserungen von Feldfrüchten den Wert der Ernte im Zeitraum 1930 bis 1980 um durchschnittlich eine Milliarde Dollar pro Jahr (OTA 1987). Die Übertragung von Genen für höheren Zuckergehalt und Großfrüchtigkeit aus einer einzigen Sammlung wilder Tomaten in Peru auf Zuchttomaten brachte dem Wirtschaftszweig einen Umsatzzuwachs von 80 Millionen Dollar (Iltis 1988). Die Entdeckung einer wilden mehrjährigen Verwandten von Mais im mexikanischen Bundesstaat Jalisco ist für die moderne Landwirtschaft vielleicht mehrere Milliarden Dollar wert, weil sie möglicherweise die Entwicklung einer ertragreichen mehrjährigen Maissorte erlaubt, die das jährliche Pflügen überflüssig macht (Iltis 1988; Norton 1988).

Eine besondere Kategorie von Organismen, die der Natur entnommen und dann intensiv genutzt werden, bilden Arten, die der biologischen Schädlingsbekämpfung dienen (Julien 1987). Viele Pflanzen und Tiere werden absichtlich oder versehentlich in Regionen verschleppt, die weit von ihrem natürlichen Verbreitungsgebiet entfernt liegen. Mitunter vermehren sich solche Arten explosionsartig und werden zu gefährlichen Schädlingen oder lästigen Unkräutern. Sie können einheimische Arten an den Rand des Aussterbens bringen und Ökosysteme schädigen (siehe Kapitel 7). Manchmal gelingt es, solche eingeführten Arten zu bekämpfen, indem man in ihrem ursprünglichen Lebensraum nach einer anderen Art sucht, die ihren Bestand kontrolliert, sie an den neuen Ort bringt und dort freisetzt. Ein klassisches Beispiel ist der Fall der Opuntie *Opuntia inermis*, die als Hekkenpflanze von Südamerika nach Australien eingeführt wurde. Sie geriet dort außer Kontrolle und eroberte Millionen Hektar Weideland. Im natürlichen Lebensraum dieser Kakteenart ernähren sich die Raupen des Kleinschmetterlings *Cactoblastis cactorum* von ihr. Der Schmetterling wurde nach Australien eingeführt, wo er die Opuntie so erfolgreich dezimierte, daß sie heute relativ selten ist. Naturbelassene Lebensräume können also wertvolle Reservoire für Arten sein, die sich zur biologischen Schädlingsbekämpfung einsetzen lassen.

Wildpflanzen und -tiere, die für die Menschen in ihrem Lebensraum wirtschaftlich wertvoll sind, können in Plantagen und auf Farmen gezüchtet werden, einige werden auch in Labors kultiviert. Die wildlebenden Populationen dieser Arten liefern dabei die ersten Zuchtstämme sowie das Ausgangsmaterial für genetische Verbesserungen. Bei einigen medizinisch genutzten Arten ist es billiger, den in ihnen enthaltenen Wirkstoff (sobald seine chemische Struktur aufgeklärt ist) synthetisch herzustellen, als die Art zu kultivieren. In solchen Fällen liefert der Wildstamm den Grundbauplan für die Syntheseversuche. Durch leichte Veränderungen der chemischen Struktur natürlicher Wirkstoffe lassen sich Substanzen mit verbesserten Eigenschaften herstellen; klassische Beispiele dafür sind die Acetylsalicylsäure, ein synthetischer Abkömmling des ursprünglich aus Weidenarten (*Salix*) gewonnenen Salicins und einer der wertvollsten und am meisten genutzten Arzneistoffe (Aspirin), sowie die Schmerzmittel Novocain und Procain, synthetische Derivate des Kokains, das aus der Kokapflanze extrahiert wird.

25 Prozent der in den USA verordneten Medikamente enthalten Wirkstoffe, die aus Pflanzen gewonnen werden, und viele der wichtigsten Antibiotika, etwa Penicillin und Tetracyclin, stammen von Pilzen und anderen Mikroorganismen (Farnsworth 1988; Eisner 1991). Erst kürzlich hat sich

der aus einem Pilz gewonnene Wirkstoff Cyclosporin als entscheidend für den Erfolg von Herz- und Nierentransplantationen erwiesen. Cyclosporin unterdrückt die Immunreaktion des Körpers und verhindert so die Abstoßung des fremden Gewebes. Viele andere wichtige neue Arzneistoffe stammen ursprünglich von Tieren; vor allem giftige Arten, darunter Schlangen, Arthropoden und Meerestiere, haben zahlreiche Verbindungen mit wertvollen medizinischen Eigenschaften geliefert (Wachtel 1991). Die 20 in den USA meistverwendeten Arzneimittel basieren sämtlich auf Substanzen, die ursprünglich aus Naturprodukten extrahiert wurden; der Umsatz aus dem Verkauf dieser Medikamente beträgt insgesamt sechs Milliarden Dollar pro Jahr. Ein hervorragendes Beispiel für eine solche Art ist das Madagaskar-Immergrün (*Catharanthus roseus*). Mit zwei hochwirksamen Substanzen aus dieser Pflanze lassen sich die Hodgkin-Krankheit (Lymphogranulomatose), Leukämie und leukämieähnliche Erkrankungen erfolgreich behandeln (Eisner 1991); beispielsweise konnte die Überlebensrate an Leukämie erkrankter Kinder mit ihrer Hilfe von zehn auf 90 Prozent gesteigert werden. Wie viele wertvolle Pflanzen wie diese wird man in den kommenden Jahren noch entdecken – und wie viele werden aussterben, bevor man sie entdeckt hat?

In den natürlichen Lebensgemeinschaften der Erde wird intensiv nach Pflanzen, Tieren und Pilzen gefahndet, die sich gegen schwer therapierbare Krankheiten des Menschen einsetzen lassen, etwa gegen Krebs oder Aids (Exkurs 14; siehe auch Kapitel 9). Durchgeführt wird diese Suche von staatlichen Forschungsinstituten und Pharmaunternehmen. Das U.S. National Cancer Institute beispielsweise nahm im Jahre 1987 ein Programm mit einem Etat von acht Millionen Dollar auf, in dem Extrakte aus vielen tausend wilden Arten auf ihre Wirksamkeit gegen Krebs und Aids getestet werden (Booth 1987). Um die Suche nach neuen Medikamenten zu erleichtern und von neuen Produkten zu profitieren, richtete die Regierung von Costa Rica das Staatliche Institut für Biodiversität (INBio) ein, dessen Aufgabe es ist, Naturprodukte zu sammeln und Pharmaunternehmen mit Proben zu beliefern (Abbildung 8.4). Die Firma Merck hat sich vertraglich verpflichtet, INBio für das Recht, solche Proben systematisch zu untersuchen, eine Million Dollar zu zahlen und das Institut am Gewinn aus daraus resultierenden Produkten zu beteiligen.

Viele der großen Ökosysteme der Erde besitzen einen enormen Ertragswert. Wälder liefern Holz und andere Naturprodukte. Die ausgedehnten Grasländer bieten Schafen, Rindern und anderen Weidetieren Futter. Küstenregionen, das offene Meer und große Seen produzieren riesige Mengen an Seetang, Schalentieren und Fischen, die der Mensch nutzt. In einer innovativen Studie untersuchten Prescott-Allen und Prescott-Allen (1986) den Ertragswert, den alle wildlebenden Arten für die Wirtschaft der USA haben. Sie kamen zu dem Ergebnis, daß 4,5 Prozent des Bruttosozialprodukts der USA auf die eine oder andere Weise von wildlebenden Arten

8.4 Taxonomen bei INBio sortieren und klassifizieren den Artenreichtum Costa Ricas. In den hier abgebildeten Räumen werden viele Pflanzen- und Insektenarten katalogisiert. (Photo: Steve Winter.)

Exkurs 14: Traditionelle Heilmittel und der Schutz der Regenwälder

Ein gelegentlich für den Schutz der Regenwälder angeführtes Argument ist der potentielle ökonomische Wert ihrer vielfältigen Pflanzen- und Tierwelt, vor allem für die pharmazeutische Industrie (Eisner 1991). Darum ging es auch in dem Film *Medicine Man – Die letzten Tage von Eden*, der 1993 in die deutschen Kinos kam. Zwar wird in diesem Zusammenhang ganz richtig darauf hingewiesen, daß viele Lebewesen der Regenwälder bisher nicht einmal wissenschaftlich beschrieben sind, geschweige denn auf nützliche chemische Eigenschaften hin untersucht, doch die Tatsache, daß viele Organismen, vor allem Pflanzen, seit Jahrhunderten von traditionellen Heilern, Schamanen und Kräuterkundigen genutzt werden, wird dabei in der Regel übersehen. Anthropologen und Ethnobotaniker, die sich zunehmend für traditionelle Heilmethoden interessieren, stellen fest, daß die Heiler in nichtindustriellen Gesellschaften umfangreiche Kenntnisse über die medizinischen Eigenschaften von Pflanzen besitzen und daß dieses Wissen für die westliche Medizin wertvoll sein könnte (Schultes und Rauffauf 1990; Goleman 1991). In Mittelamerika beispielsweise werden die Knollen mehrerer nichteßbarer Yamsarten (*Dioscorea composita, D. spieuliflora, D. floribunda*) im Wald geerntet und von traditionellen Heilern zur Behandlung von Harnwegserkran-

Ethnobotaniker arbeiten mit Einheimischen zusammen, um Heilpflanzen und Informationen über deren Gebrauch zu sammeln. Hier wird ein Eingeborener in Surinam befragt. (Mit freundlicher Genehmigung von Mark Plotkin und Conservation International.)

kungen eingesetzt; *Dioscorea* ist für ihren Steroidgehalt bekannt und wurde früher von großen Pharmaunternehmen für die Herstellung einer frühen Form der Antibabypille und anderer Medikamente verwendet.

Dieses Wissen hat einige Naturschützer veranlaßt, von der Abschätzung des *potentiellen* ökonomischen Wertes der Regenwälder dazu überzugehen, den *tatsächlichen* monetären Wert des Waldes zu ermitteln, und zwar auf der Basis der lokalen Verwendung verschiedener Pflanzenarten (Balick und Mendelsohn 1992). Ethnobotaniker führten eine Bestandsaufnahme der Pflanzenarten in bestimmten Waldstücken in Belize durch und ermittelten die Menge an pflanzlichem Rohmaterial, das von traditionellen Heilern genutzt werden kann. Sie berechneten, wieviel die Heiler dafür an einheimische Pflanzensammler zahlen würden, und stellten fest, daß ein Hektar Wald einem Farmer höhere Einnahmen liefern könnte als ein gleich großes Feld, selbst unter Berücksichtigung der Kosten für Arbeitskräfte (Balick und Mendelsohn 1992). Zwar variiert der Wert einzelner Waldflächen je nach den vorhandenen Pflanzenarten, doch selbst das am wenigsten einträgliche Waldstück versprach mehr Gewinn, als durch seine landwirtschaftliche Nutzung zu erzielen wäre. Diese Berechnungen sind für Naturschützer ermutigend, weil sie konkrete Belege dafür liefern, daß die nachhaltige Nutzung von Regenwaldarten wirtschaftlich sein kann. Für Naturschützer besteht die offensichtliche Bedeutung dieser Art der Landnutzung darin, daß das Sammeln von Pflanzen anders als Landwirtschaft oder Viehzucht den Tropenwald relativ wenig schädigt, dem Landbesitzer aber dennoch ein annehmbares Einkommen verschafft. Wie viele Menschen aber tatsächlich ihren Lebensunterhalt durch das Sammeln von medizinisch nutzbaren Pflanzen verdienen können, muß sich erst noch erweisen; möglicherweise handelt es sich um eine Erwerbsquelle, die nur wenige darauf spezialisierte Personen ernähren kann. Auch könnte eine verstärkte Sammelaktivität den Preis so stark drücken, daß mit dieser Tätigkeit nicht mehr genug Geld zu verdienen wäre. Aus diesen und anderen Gründen wurden die optimistischen wirtschaftlichen Berechnungen dieser

Untersuchung bereits äußerst kritisch hinterfragt (Tremaine 1993).

Unter rein ökonomischen Gesichtspunkten gewinnt der Wert des Tropenwaldes globale Bedeutung, wenn die traditionelle Medizin in die Betrachtung mit einbezogen wird. So leisten in dem untersuchten Gebiet in Belize traditionelle Heilkundige einen erheblichen Beitrag zur medizinischen Versorgung (Balick und Mendelsohn 1992). Milliarden Menschen in den Entwicklungsländern nutzen für die primäre Gesundheitsfürsorge Pflanzen, obwohl die traditionellen Heiler allmählich verschwinden (Goleman 1991). Ein großer Teil der Landbevölkerung kann sich westliche Ärzte und Medikamente einfach nicht leisten; für diese Menschen sind traditionelle Präparate die einzige vernünftige Lösung. Viele andere ziehen die altbewährten Heilmittel kommerziell gehandelten Produkten selbst dann vor, wenn diese billig sind. Der Schutz der Regenwälder mag daher eine Möglichkeit darstellen, einer schweren medizinischen Krise in den tropischen Ländern vorzubeugen – einer Krise, die die Industrieländer mit Sicherheit wirtschaftlich treffen würde, weil die betroffenen Nationen vermutlich auf verstärkte medizinische und humanitäre Hilfe angewiesen wären, um mit dem Problem fertig zu werden.

Allerdings reichen die bisherigen Forschungsergebnisse nicht aus. Beispielsweise weiß man noch nicht, wie stark ein Waldstück von Pflanzensammlern genutzt werden kann, ohne daß die beernteten Arten oder der Wald als Ganzes Schaden nehmen (Balick und Mendelsohn 1992). In lange besiedelten Regionen wie Indien sind die medizinisch verwendeten Pflanzen der Regenwälder allmählich übernutzt worden. Diese Frage könnte in Zukunft große Bedeutung erlangen, falls sich der Wert bestimmter Arten in medizinischen Laboratorien erweisen sollte. Wenn beispielsweise im Regenwald von Belize eine Pflanze entdeckt würde, aus der man ein Medikament oder einen Impfstoff gegen AIDS herstellen könnte, dann würde die internationale Nachfrage nach dieser Pflanze womöglich weit über die Menge hinausschießen, die sich bei nachhaltiger Nutzung gewinnen ließe. In einem solchen Fall müßte die Art vielleicht in Kultur genommen oder der wirksame Bestandteil synthetisch hergestellt werden. Zum gegenwärtigen Zeitpunkt dienen die pharmazeutisch wirksamen Pflanzen der Regenwälder hauptsächlich der Versorgung der Lokalbevölkerung. Bevor die hypothetische Entdeckung im Labor gemacht wird, müssen Naturschutzmaßnahmen sicher greifen. Andernfalls könnten die Folgen für den Wald und die Menschen, die auf ihn angewiesen sind, verheerend sein.

abhängen, das entspricht einem Betrag von durchschnittlich etwa 87 Milliarden Dollar pro Jahr. In Entwicklungsländern, wo es weniger Industrie gibt und ein größerer Teil der Bevölkerung auf dem Land lebt, dürfte der Prozentsatz sehr viel höher liegen.

Zusammenfassung

1. In den Wirtschaftswissenschaften besteht die Tendenz, die Kosten der Umweltschädigung und der Erschöpfung natürlicher Ressourcen zu ignorieren. Die noch relativ junge Umweltökonomie entwickelt Methoden zur Bewertung biologischer Vielfalt und liefert im Zuge dieses Prozesses Argumente für deren Schutz. Obwohl die biologische Vielfalt nach Ansicht mancher Naturschutzbiologen unbezahlbar ist und man ihr keinen ökonomischen Wert zumessen sollte, werden wirtschaftliche Argumente für ihren Erhalt in der Diskussion über die Nutzung natürlicher Ressourcen zunehmend an Bedeutung gewinnen.
2. Bei vielen Ländern, deren Bruttosozialprodukt Jahr für Jahr steigt, würde man vielleicht eine wirtschaftliche Stagnation oder sogar einen Rückgang feststellen, wenn die Erschöpfung natürlicher Ressourcen und die Schädigung der Umwelt in die Berechnungen einbezogen würden. Große Entwicklungsprojekte werden zunehmend Umweltverträglichkeitsprüfungen und Kosten-Nutzen-Analysen unterzogen, bevor sie genehmigt werden.
3. Man hat eine Reihe von Methoden entwickelt, um der biologischen Vielfalt einen wirtschaftlichen Wert zuzumessen. Einer dieser Ansätze unterscheidet zwischen dem unmittelbaren Wert, den Naturprodukte besitzen, die vom Menschen verbraucht werden, und dem mittelbaren Wert, den nützliche Wirkungen der biologischen Vielfalt für den Menschen haben, ohne daß er dafür ein Naturgut ausbeuten oder zerstören muß.
4. Beim unmittelbaren Wert läßt sich weiter zwischen Verbrauchswert und Ertragswert unterscheiden. Einen Verbrauchswert besitzen Naturprodukte, die lokal verbraucht werden, etwa Brennholz, Heilpflanzen und Baumaterial. Ihr Wert läßt sich bestimmen, indem man untersucht, wieviel für sie bezahlt werden müßte, wenn man sie nicht der Natur entnehmen könnte. Wenn diese Naturprodukte infolge von Übernutzung nicht mehr zur Verfügung stehen, sinkt der Lebensstandard der Menschen, die auf sie angewiesen sind. Der Natur entnommene Produkte, beispielsweise Holz, Fische und Schalentiere, die auf Märkten gehandelt werden, besitzen einen Ertragswert. Einen hohen Ertragswert haben wildlebende Arten als potentielle Ausgangsbasis für neue Nutzarten sowie als Lieferanten genetischen Materials für die Verbesserung von Kulturpflanzen. Darüber hinaus sind sie eine wichtige Quelle für neue Arzneistoffe.

Weiterführende Literatur

Bishop, R. C. 1987. Economic values defined. In: D. J. Decker und G. R. Goff (Hrsg.) *Valuing Wildlife: Economic and Social Perspectives*, S. 24–33. Westview Press, Boulder, CO. [Ein klares System für die Bewertung wildlebender Arten.]

Costanza, R. (Hrsg.) 1991. *Environmental Economics: The Science and Management of Sustainability*. Columbia University Press, New York. [Führende Wirtschaftwissenschaftler stellen sich der Notwendigkeit, den Faktor Umwelt in ihre Analysen einzubeziehen.]

Daly, H. E. und Cobb jr., J. B. 1989. *For the Common Good: Redirecting the Economy toward Community, the Environment, and a Sustainable Future*. Beacon Press, Boston. [Eine Darstellung neuer Methoden zur Bewertung wirtschaftlichen Wohlstands.]

Gore, A. 1992. *Earth in the Balance: Ecology and the Human Spirit*. Houghton Mifflin, Boston. [Deutsch: 1992. *Wege zum Gleichgewicht*. S. Fischer, Frankfurt/Main; eine leicht verständliche Darlegung der Notwendigkeit, zu einem besseren Gleichgewicht zwischen Entwicklung und Umwelt zu gelangen.]

Hampicke, U. 1991. *Naturschutz-Ökonomie*. Eugen Ulmer, Stuttgart.*

McNeely, J. A. 1988. *Economics and Biological Diversity: Developing and Using Economic Incentives to Conserve Biological Resources*. IUCN, Gland, Schweiz. [Anhand von Fallstudien wird gezeigt, daß es wirtschaftlich sinnvoll ist, die biologische Vielfalt zu bewahren.]

Myers, N. 1983. *A Wealth of Wild Species*. Westview Press, Boulder, CO. [Ein Überblick über die Arten, die vom Menschen genutzt werden oder das Potential dazu besitzen.]

Oldfield, M. L. 1984. *The Value of Conserving Genetic Resources*. Sinauer Associates, Sunderland, MA. [Argumente für die Bewahrung der genetischen Variabilität von Nutzpflanzen und Haustieren.]

Panayotou, T. und Ashton, P. S. 1992. *Not by Timber Alone: Economics and Ecology for Sustaining Tropical Forests*. Island Press, Washington, DC. [Argumente für den Erhalt der Tropenwälder.]

Peters, C. M., Gentry, A. H. und Mendelsohn, R. 1989. Valuation of a tropical forest in Peruvian Amazonia. *Nature* 339: 655–656. [Dieser Aufsatz lenkte die Aufmerksamkeit auf das große ökonomische Potential bewirtschafteter Regenwälder.]

Prescott-Allen, C. und Prescott-Allen, R. 1986. *The First Resource: Wild Species in the North American Economy.* Yale University Press, New Haven, CT. [Eine innovative Untersuchung der wirtschaftlichen Bedeutung wildlebender Arten in einer modernen Volkswirtschaft.]

Reid, W. V. und Miller, K. R. 1989. *Keeping Options Alive: The Scientific Basis for Conserving Biodiversity.* World Resources Institute, Washington, D.C. [Ein ausgezeichneter Überblick über die Naturschutzbiologie, mit der Umweltökonomie als einem wichtigen Schwerpunkt.]

Schumacher, E. F. 1973. *Small is Beautiful: Economics as if People Mattered.* Harper and Row, New York. [Deutsch: 1993. *Small is beautiful. Die Rückkehr zum menschlichen Maß.* Müller, Karlsruhe; ein früher, einflußreicher Versuch der Entwicklung alternativer ökonomischer Analysen.]

Wicke, L. 1991. *Umweltökonomie.* 3. Aufl. Vahlen, München.*

9

Mittelbarer ökonomischer Wert

Ein mittelbarer Wert läßt sich Aspekten der biologischen Vielfalt – etwa Umweltprozessen und ökologischen „Dienstleistungen" – zuschreiben, die dem Menschen wirtschaftliche Vorteile bringen, ohne daß sie ausgebeutet oder zerstört werden. Weil diese Vorteile keine Güter oder Dienstleistungen im üblichen Sinne sind, gehen sie in der Regel nicht in volkswirtschaftliche Kenngrößen wie das Bruttosozialprodukt ein (Repetto 1992). Dennoch können sie für die dauerhafte Verfügbarkeit wirtschaftlich wichtiger Naturprodukte von größter Bedeutung sein. Bergwälder beispielsweise beugen der Bodenerosion und Überschwemmungen vor und schützen so menschliche Siedlungen und Agrarflächen im nahegelegenen Tiefland. An der Meeresküste sind die Ästuare Bereiche mit hoher pflanzlicher Produktivität. Hier nehmen die Nahrungsketten, die zu kommerziell genutzten Fischen und Schalentieren führen, ihren Anfang, und hier finden sich auch die Kinderstuben vieler Meeresfische. Seit dem Ende des Zweiten Weltkrieges sind diese wichtigen Ökosysteme durch Industrie- und Haushaltsabwässer sowie durch Bautätigkeit entlang der Küsten schwer geschädigt worden. Nach Schätzung des U.S. National Marine Fisheries Service haben die Schäden in Ästuaren die USA jährlich über 200 Millionen Dollar gekostet. Diese Summe setzt sich aus der Minderung des Ertragswertes im kommerziellen Fischfang und dem entgangenen Verbrauchswert von Sportfischen zusammen (McNeely et al. 1990).

Bei der Überlegung, wie der Wert der mittelbaren Nutzung von Ökosystemen zu bewerten sein mag, könnte die folgende Zusammenfassung der Auswirkungen von Waldvernichtung einen Denkanstoß liefern:

»Wir müssen Ersatz für Produkte aus Holz finden, Maßnahmen gegen die Bodenerosion ergreifen, Stauseen vergrößern, die Luftreinhaltetechnik verbessern, Hochwasserschutzanlagen errichten, Kläranlagen ausbauen, verstärkt Klimaanlagen einsetzen und Erholungsanlagen einrichten. Dies bedeutet eine enorme steuerliche Belastung, einen Aderlaß für die natürlichen Ressourcen und einen verstärkten Druck auf die verbliebenen Lebensräume.« (F. H. Bormann 1976)

Der Bestandswert

Natürliche Lebensgemeinschaften leisten dem Menschen zahlreiche Dienste, ohne daß dabei Naturgüter verbraucht werden. Der **Bestandswert** (*nonconsumptive use value*) dieser Dienste ist manchmal relativ leicht zu berechnen, etwa im Fall der Insekten, die Nutzpflanzen bestäuben. Etwa 100 der in den USA angebauten Pflanzenarten sind auf die Bestäubung durch Insekten angewiesen (USDA 1977). Der Wert der wilden blütenbesuchenden Insekten ließe sich ermitteln, indem man errechnet, um welche Summe der Ertrag durch die Aktivität dieser Insekten steigt oder wieviel es den Landwirt kosten würde, Bienenstöcke von einem Imker zu mieten.

Den Wert anderer Leistungen von Ökosystemen zu bestimmen, kann sehr schwierig sein, vor allem auf globaler Ebene. Erst seit kurzem denken Wirtschaftswissenschaftler darüber nach, was die Kohlendioxidabsorption durch Pflanzengemeinschaften wert ist, die die voraussichtliche globale Erwärmung bremst. Es gibt intensive Bemühungen, den Wert dieser Ressourcen zu bestimmen (Oldfield 1984; Peterson und Randall 1984; Sinden und Worrell 1979; Green und Tunstall 1991; Costanza 1991). Darüber hinaus versuchen Biologen herauszufinden, wie viele Arten eine Lebensgemeinschaft einbüßen kann, ohne daß sich ihre Struktur verändert und die Funktion des Ökosystems beeinträchtigt wird. Im folgenden ist ein Teil der Faktoren aufgeführt, die dafür sprechen, die biologische Vielfalt wegen ihres Nutzens für den Menschen zu erhalten, die aber in der Regel weder in Umweltverträglichkeitsprüfungen eine Rolle spielen noch im Bruttosozialprodukt in Erscheinung treten.

Produktivität von Ökosystemen

Durch die Photosynthesetätigkeit der Pflanzen wird Sonnenenergie in lebendem Gewebe gespeichert. Der Mensch entnimmt der Natur einen Teil dieser Energie in Form von Brennholz, Futterpflanzen und Pflanzen, die er selbst ißt. Außerdem steht die pflanzliche Substanz am Anfang der unzähligen Nahrungsketten, die zu den vom Menschen genutzten Wildtieren führen. Die Überweidung natürlicher Vegetation durch Haustiere, übermäßiger Holzeinschlag oder häufige Brände zerstören die Fähigkeit des betroffenen Ökosystems, die Sonnenenergie zu nutzen, und führen so zu einem Rückgang der pflanzlichen Produktivität, wodurch auch die dazugehörige Tiergemeinschaft und der Mensch geschädigt werden (Likens et al. 1977).

Schutz der Wasservorräte

Natürliche Lebensgemeinschaften sind von großer Bedeutung für den Schutz des Grund- und Oberflächenwassers; außerdem bilden sie einen Puffer gegen extreme Überschwemmungen und Dürre (Ehrlich und Mooney 1983; Likens 1991). Lebende und abgefallene Blätter bremsen den Aufprall des Regens und schützen dadurch den Boden. Pflanzenwurzeln und Bodenlebewesen durchdringen und belüften den Boden und erhöhen so seine Aufnahmekapazität für Wasser; dadurch werden die nach schweren Regenfällen auftretenden Überschwemmungen gemildert, und das Wasser kann allmählich – über Tage und Wochen nach dem Ende der Regenfälle – ablaufen.

Diese Funktionen bleiben nur teilweise erhalten, wenn natürliche Ökosysteme in Ackerland oder Plantagen umgewandelt werden. In Westmalaysia beispielsweise ist der Wasserabfluß pro Hektar nach schweren Regenfällen in Waldgebieten nur halb so hoch wie in nahegelegenen Kautschuk- und Ölpalmenplantagen, und während trockener Perioden gibt der Wald doppelt so viel Wasser ab wie die Plantagen (Daniel und Kulasingham 1974). In jüngerer Zeit sind in Bangladesch, Indien, Thailand und auf den Philippinen katastrophale Überschwemmungen aufgetreten, die in der Bevölkerung Forderungen nach Einstellung des Holzeinschlags in den Wassereinzugsgebieten der betroffenen Flüsse haben laut werden lassen, da man einen Zusammenhang zwischen den extremen Hochwasserständen und vorangegangenem massivem Kahlschlag vermutet. In Indien war die Schädigung der Landwirtschaft durch Überschwemmungen der Auslöser für umfangreiche staatliche und private Aufforstungsprogramme im Himalaya. In den Industrienationen ist der Schutz von Feuchtgebieten inzwischen eine der wichtigsten Maßnahmen gegen die Überschwemmung vom Menschen genutzter Flächen. Schätzungen zufolge ist das Marschland in der Umgebung von Boston allein aufgrund seiner Bedeutung für die Minderung von Flutschäden 72000 Dollar pro Hektar wert (Hair 1988).

Allmählich setzt sich die Erkenntnis durch, daß bei der Anlage von Stauseen und der Erschließung von Ackerland die oberhalb gelegenen natürlichen Lebensgemeinschaften geschützt werden müssen, um eine konstante

Versorgung mit sauberem Wasser zu gewährleisten. Die indonesische Regierung beispielsweise nahm bei der Weltbank einen Kredit über 1,2 Millionen Dollar auf, um den Dumoga-Bone-Nationalpark auf Sulawesi einzurichten und so das Wassereinzugsgebiet eines umfangreichen landwirtschaftlichen Projekts im angrenzenden Tiefland zu schützen (Hufschmidt und Srivardhana 1986; McNeely 1987). Der Schutz der jeweiligen Wassereinzugsgebiete von Entwicklungsprojekten kann für die Bewahrung natürlicher Lebensgemeinschaften eine wichtige Rolle spielen und berücksichtigt den Bestandswert naturbelassener Flächen.

In den ländlichen Regionen der Entwicklungsländer siedeln die Menschen oft in der Nähe natürlicher Wasserquellen, um über Wasser zum Trinken, Waschen und zur Bewässerung ihrer Felder zu verfügen. Wenn der Wasserkreislauf durch Waldzerstörung, Bodenerosion und Staudammprojekte gestört wird und die Wasserqualität durch Schadstoffeinträge sinkt, fällt es diesen Menschen immer schwerer, ihren Wasserbedarf aus natürlichen Quellen zu decken. Die Kosten, die durch Abkochen von Wasser, den Kauf von Wasser in Flaschen oder die Anlage beziehungsweise Installation neuer Brunnen, Zisternen, Rohrleitungen und Pumpen entstehen, bieten einen Anhaltspunkt für den Verbrauchswert von Oberflächenwasser. Zusätzliche Kosten verursachen die Zunahme der Erkrankungen durch im Wasser enthaltene Keime sowie der damit verbundene Arbeitsausfall.

Der Schutz des Bodens

Natürliche Lebensgemeinschaften schützen und erhalten den Boden, der wiederum von entscheidender Bedeutung für die Produktivität der Gemeinschaften ist. Für die Land- und Forstwirtschaft hat Boden geeigneter Struktur und Zusammensetzung einen enormen Wert. Die Bildung von Boden aus Muttergestein kann Hunderte oder sogar Tausende von Jahren in Anspruch nehmen. Pflanzenwurzeln und Pilzhyphen binden die Bodenpartikel aneinander und wirken so der Erosion entgegen. Wenn die Vegetation durch Holzeinschlag, Landwirtschaft und andere menschliche Aktivitäten geschädigt wird, nimmt die Geschwindigkeit der Bodenerosion und sogar die Häufigkeit von Erdrutschen schnell zu, und der Wert des Landes für den Menschen sinkt (Likens et al. 1977; Ehrlich und Mooney 1983). Eine Schädigung des Bodens kann der Erholung der Pflanzenwelt nach menschlichen Eingriffen Grenzen setzen und das betroffene Gebiet für die Landwirtschaft unbrauchbar machen. Darüber hinaus können die im ablaufenden Wasser suspendierten Bodenpartikel Süßwasserorganismen, riffbewohnende Arten und die Lebewesen der Ästuare zum Absterben bringen. Verschlammtes Wasser ist auch für den Menschen ungenießbar, und so leidet die Gesundheit der Anwohner von Flüssen. Eine durch

Bodenerosion vermehrte Sedimentfracht kann zur vorzeitigen Verlandung von Stauseen führen – wodurch deren Stromproduktion vermindert wird – sowie Sandbänke und Inseln entstehen lassen, die die Schiffahrt in Flüssen und Häfen behindern.

Die Regulation des Klimas

Ein wichtige Funktion von Pflanzengemeinschaften ist die Milderung des Klimas auf lokaler, regionaler und vielleicht sogar globaler Ebene. Bäume spenden Schatten und verdunsten Wasser, wodurch sie die Temperatur in ihrer Umgebung senken. Infolge dieses Effekts muß der Mensch bei heißem Wetter weniger Ventilatoren und Klimaanlagen einsetzen, er fühlt sich wohler und arbeitet effizienter. Außerdem brechen Bäume den Wind und reduzieren bei niedrigen Temperaturen den Wärmeverlust von Gebäuden.

Das regionale Klima wird durch die Transpiration der Pflanzen beeinflußt: Durch sie gelangt Regenwasser zurück in die Atmosphäre, aus der es dann wieder abregnen kann. In Regionen wie dem Amazonasbecken und Westafrika könnte der Regenwaldverlust zu einer Abnahme der durchschnittlichen Jahresniederschlagsmenge führen (Fearnside 1990). Auf das globale Klima wirken die Pflanzen durch ihre Beteiligung am Kohlenstoffkreislauf; ein Rückgang der Vegetationsdecke vermindert die Kohlendioxidaufnahme durch Pflanzen und trägt dadurch zum Anstieg der Kohlendioxidkonzentration in der Atmosphäre bei, der für die globale Erwärmung verantwortlich ist. Außerdem liefern die Pflanzen den Sauerstoff, den alle Lebewesen einschließlich des Menschen zum Atmen benötigen.

Schadstoffbeseitigung

Natürliche Lebensgemeinschaften sind in der Lage, Schadstoffe wie Schwermetalle, Pestizide und Abwässer, mit denen der Mensch die Umwelt belastet, abzubauen beziehungsweise festzulegen (Odum 1989; Greeson et al. 1979). Dabei spielen vor allem Pilze und Bakterien eine Rolle. Wenn Ökosysteme geschädigt werden, müssen teure technische Anlagen diese Funktionen übernehmen.

Ein hervorragendes Beispiel für diese Funktion von Ökosystemen liefert die New York Bay, der 5200 Quadratkilometer große Mündungstrichter des Hudson. Sie dient als Abfallentsorgungssystem für 20 Millionen Menschen: Der Klärschlamm der New Yorker Kläranlagen, Baggergut, Säureabfälle und Bauschutt werden in der Bucht verklappt, Abwässer werden in sie eingeleitet und Schadstoffe aus der Landwirtschaft eingeschwemmt (Young et al. 1985). Diese Dienstleistung vollbringt die New York Bay kostenlos. Bis vor kurzem war sie aufgrund einer ausgeprägten bakteriellen Aktivität und starken Durchmischung des Wassers in der Lage, den enormen Eintrag an organischem Material, Schwermetallen und Pestiziden abzubauen beziehungsweise aufzunehmen. Doch inzwischen zeigen sich Anzeichen einer Überlastung des Systems, wie Fischsterben und die Verschmutzung von Stränden. Verstärkt wird die Belastung durch die kontinuierliche Trockenlegung und bauliche Erschließung von Ästuaren und Marschen, die an dem Abbau- und Assimilationsprozeß beteiligt sind. Wenn die Bucht von New York durch diese Kombination aus übermäßiger Schadstoffbelastung und Baulanderschließung überfordert und geschädigt wird, wird man alternative Entsorgungsmöglichkeiten finden müssen, die viele Milliarden Dollar kosten werden.

Wechselbeziehungen zwischen Arten

Viele Arten, die der Mensch wegen ihres Verbrauchswertes nutzt, sind auf andere Arten angewiesen, um dauerhaft existieren zu können. Daher kann der Rückgang einer Art, deren unmittelbarer Wert für den Menschen gering ist, zu einem entsprechenden Rückgang einer wirtschaftlich bedeutenden Art führen. Wild und Speisefische beispielsweise benötigen Pflanzen und Wirbellose als Nahrung. Gehen deren Bestände zurück, so nimmt auch der Ertrag der wirtschaftlich genutzten Arten ab. Ähnlich verhält es sich mit Pflanzen, die Insekten als Bestäuber benötigen. Außerdem profitieren Kulturpflanzen von Vögeln und räuberischen Insekten, etwa Gottesanbeterinnen, die sich von Pflanzenschädlingen ernähren. Viele nützliche Wildpflanzenarten sind auf Fruchtfresser wie Fledertiere und Vögel angewiesen, die ihre Samen verbreiten (Fujita und Tuttle 1991).

Eine der wirtschaftlich bedeutendsten Beziehungen innerhalb von Lebensgemeinschaften besteht zwischen vielen Baumarten sowie Kulturpflanzen und den Bodenorganismen, die ihnen Nährstoffe liefern. Pilze und Bakterien zersetzen abgestorbenes tierisches und pflanzliches Gewebe, das ihnen als Energiequelle dient. Dabei geben sie Mineralstoffe, etwa Stickstoff, an den Boden ab, die dort wieder für die Pflanzen verfügbar sind. Mykorrhizapilze steigern die Absorptionsfähigkeit von Pflanzenwurzeln für Wasser und Mineralstoffe stark, und bestimmte symbiotische Bakterien wandeln molekularen Stickstoff, den Pflanzen nicht nutzen können, in Ammonium, eine für Pflanzen verwertbare Form um. Im Gegenzug liefern die Pflanzen ihren Symbionten Photosyntheseprodukte, die deren Wachstum fördern. Das schlechte Wachstum und die massiven Schäden bei vielen Baumarten in Nordamerika und Europa sind möglicherweise unter anderem auf die Schädigung der Mykorrhizapilze durch sauren Regen und Luftverschmutzung zurückzuführen (Exkurs 15).

Exkurs 15: Der Rückgang der Waldpilze – ein Warnsignal

Mit Ausnahme der Speisepilze werden Pilze vom Menschen wenig geschätzt. Sie lassen Holz verrotten, Lebensmittel verschimmeln, Textilien stockfleckig werden, rufen bei Menschen, Tieren und Pflanzen zahlreiche Krankheiten hervor und finden sich überall, wo es feucht ist und unangenehm riecht. Doch ohne Pilze könnten die Wälder der Tropen wie der gemäßigten Breiten womöglich nicht dauerhaft existieren. Viele Pilze stehen mit Waldbäumen in einer symbiotischen Beziehung, die für die Gesundheit der Bäume unerläßlich ist; deshalb erregt der Rückgang vieler Pilzarten in den vergangenen Jahrzehnten bei Biologen große Besorgnis.

Am umfangreichsten ist das Beweismaterial für einen Rückgang verschiedener Pilzarten in Europa, wo die Aufzeichnungen über Pilzfunde bis ins Jahr 1912 zurückreichen. Wissenschaftler, die diese Daten mit Langzeituntersuchungen verschiedener Pilzarten kombinieren, haben eine deutliche Abnahme sowohl der Artenzahl als auch des Bestands einzelner Arten festgestellt. Bei einer Langzeitstudie über 20 Jahre in den Niederlanden fand man einen erheblichen Rückgang der durchschnittlichen Artenzahl auf den 1000 Quadratmeter großen Untersuchungsflächen; während des Untersuchungszeitraumes verschwanden ungefähr 65 Prozent der ursprünglich gefunde-

Die Symbiose mit Pilzen fördert Wachstum und Gesundheit der meisten Baumarten erheblich. Die kümmerlichen Kiefernsämlinge links haben keine Mykorrhizapilze, während die Wurzeln der Sämlinge rechts von einem gut entwickelten Pilzgeflecht überzogen sind.

nen Arten (Cherfas 1991). Darüber hinaus nahm nicht nur der Bestand vieler Arten ab, sondern auch die Größe der einzelnen Pilze. Aufzeichnungen aus Deutschland über die jährlich gesammelte Menge an Pfifferlingen und Steinpilzen zeigen einen Rückgang der durchschnittlichen Erntemenge und Größe der Pilze seit 1950. Diese Entwicklung ist nicht auf die eßbaren Arten beschränkt, deshalb kommt Übernutzung nicht als wesentliche Ursache in Frage. Man vermutet, daß die Pilzbestände in Nordamerika von ähnlichen Veränderungen betroffen sind, doch da es darüber keine den europäischen Aufzeichnungen vergleichbaren Daten gibt, handelt es sich bei Aussagen über den Rückgang oder das Aussterben der nordamerikanischen Pilzarten um bloße Mutmaßungen.

Die Ausrottung von Pilzen könnte für die Wälder weltweit katastrophale Folgen haben. Viele Pilze leben mit den Wurzeln bestimmter Bäume in enger, als Mykorrhiza bezeichneter Symbiose. Experimente mit tropischen Bäumen haben gezeigt, daß manche Arten überhaupt nicht in der Lage sind, ohne Mykorrhizapilze zu wachsen, während viele andere mit symbiotischen Pilzen schneller wachsen und generell gesünder sind als ohne (Janos 1980; Medina und Huber 1992). Mykorrhizapilze steigern die Widerstandskraft der Pflanzen gegen Tierfraß und extreme Temperaturen sowie offensichtlich ihre Fähigkeit, dem Boden Nährstoffe zu entnehmen, was in den nährstoffarmen Böden der Tropen lebenswichtig ist. Ein massenhaftes Artensterben der Pilze könnte daher schwere Verluste unter den Bäumen sowohl der tropischen als auch der gemäßigten Breiten einleiten.

Diese Daten werfen für Naturschutzbiologen eine Reihe von Fragen auf. Erstens: Wie verbreitet ist dieses Problem? Der bisher einzige relativ vollständige und einen größeren Zeitraum abdeckende Datensatz betrifft die Waldpilze der gemäßigten Breiten Europas; über die Verhältnisse in anderen Erdteilen ist so gut wie nichts bekannt. Zweitens: Was verursacht den Rückgang der Pilze? Erste Untersuchungen weisen auf die Luftverschmutzung hin, vor allem auf den erhöhten Stickstoff- und Schwefelgehalt des Regens oder der Böden (Cherfas 1991). Die genaueren Zusammenhänge sind unklar; die Biologen sind sich nicht sicher, ob die Luftverschmutzung die Pilze direkt schädigt oder indirekt über die Schädigung der Bäume auf sie wirkt, indem sie die Mykorrhiza hemmt. In beiden Fällen sind genauere Informationen notwendig, bevor man eine dritte Frage stellen kann: Wie läßt sich der Trend umkehren?

Erholung und Naturtourismus

Der Mensch nutzt die Natur auf vielerlei Weise zu seiner Erholung (Abbildung 9.1). Zu den wichtigsten Freizeitaktivitäten gehört das „nichtverbrauchende“ Naturerlebnis, etwa beim Wandern oder bei der Beobachtung von Vögeln (Rolston 1989a, b; Duffus und Dearden 1990). Der monetäre Wert dieser Aktivitäten, der auch als **Erlebniswert** (*amenity value*) bezeichnet wird, kann beträchtlich sein. So nutzen 84 Prozent der Kanadier die Natur auf die eine oder andere Weise zu Erholungsaktivitäten, die einen Jahresumsatz von schätzungsweise 800 Millionen Dollar einbringen (Fillon et al. 1985). In den USA gehen jährlich fast 100 Millionen Erwachsene und eine vergleichbare Anzahl Kinder nichtzerstörerischen Freizeitaktivitäten in der Natur nach und geben dabei vier Milliarden Dollar für Eintritt, Reise, Unterkunft, Verpflegung und Ausrüstung aus (Shaw und Mangun 1984a, b). Der Wert dieser der Erholung dienenden Aktivitäten mag sogar noch größer sein, als diese Zahlen andeuten, da viele Parkbesucher bereit wären, noch höhere Eintrittspreise zu zahlen (Hvengaard et al. 1989).

An Orten, die für den Naturschutz von nationaler oder internationaler Bedeutung sind oder sich durch außergewöhnliche Naturschönheit auszeichnen, stellt der Umsatz der Tourismusindustrie den anderer Wirtschaftszweige oft weit in den Schatten. Der Wert der biologischen Vielfalt erscheint besonders hoch, wenn man bei seiner Berechnung die von den Besuchern vor Ort für Verpflegung, Unterkunft, Ausrüstung und andere Waren und Dienstleistungen ausgegebenen Summen mit einbe-

verbrauchende Nutzung
kommerzielle Jagd • Jagdsport • Jagd für Eigenbedarf • kommerzieller Fischfang • Sportfischerei • Fischen für Eigenbedarf • Fallenstellerei (Pelztierjagd) • Jagd für den Handel mit Tieren und tierischen Produkten • unbeabsichtigte Tötung durch andere Aktivitäten (Umweltverschmutzung, Beifänge, Straßenverkehr • gezielte Vernichtung von Tieren, von denen tatsächliche oder scheinbare Gefahren ausgehen.

geringfügig verbrauchende Nutzung
Zoos und Tierparks • Aquarien • Forschung

nicht-verbrauchende Nutzung
Vogelbeobachtung • Walbeobachtung • Photosafaris • Wandern • kommerzielles Filmen und Photographieren • Beobachtung von Wildtieren in Parks, Reservaten und Erholungsgebieten

9.1 Die Natur wird sowohl von traditionellen als auch von modernen Gesellschaften auf vielerlei Weise verbrauchend und nichtverbrauchend genutzt. Das Spektrum der Nutzungsarten und der Wert der freilebenden Arten nehmen ständig zu. (Nach Duffus und Dearden 1990.)

zieht. Im Gebiet des Yellowstone-Nationalparks beispielsweise galten Bergbau, Forst- und Landwirtschaft lange Zeit als Schlüssel zum wirtschaftlichen Wohlergehen (Power 1991). Bei gründlicher Analyse der lokalen Wirtschaft zeigt sich jedoch, daß der größte Teil des Einkommens und die Mehrzahl der Arbeitsplätze in der Region heutzutage vom Freizeitangebot und von der Naturschönheit abhängig sind, die neue Gewerbebetriebe, Besucher und Ruheständler anlocken (Exkurs 16).

Exkurs 16: Industrie, Ökologie und Naturtourismus im Yellowstone-Nationalpark

Der Yellowstone-Nationalpark ist das älteste und berühmteste Naturschutzgebiet der USA. Im Herzen der US-Amerikaner nimmt er einen so wichtigen Platz ein, daß Maßnahmen des Bundes, durch die er landschaftlich verändert wird, von der Öffentlichkeit oft sehr kritisch verfolgt werden. Den dramatischen Waldbränden des Jahres 1988 etwa folgte ein Sturm der öffentlichen Entrüstung. Dennoch werden behördliche Entscheidungen, die die Gewinnung von Holz, Erdöl und anderen natürlichen Ressourcen innerhalb des Parks und in nahegelegenen

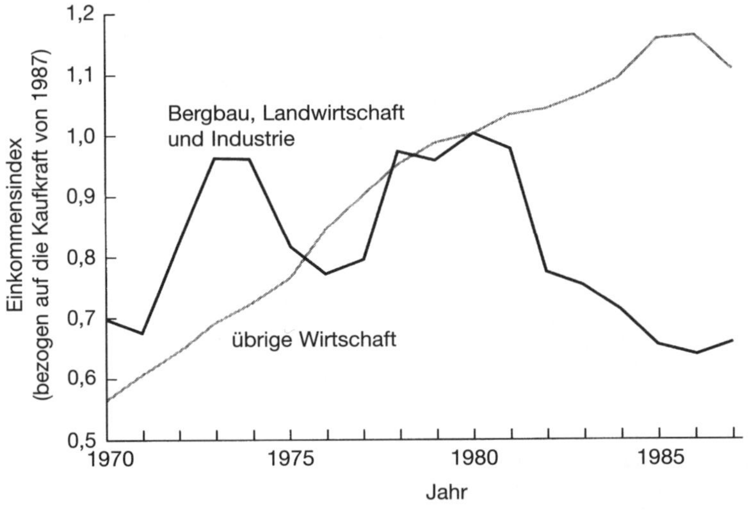

In der Yellowstone-Region haben die Einnahmen aus Bergbau, Landwirtschaft und Industrie während der vergangenen 20 Jahre geschwankt, während die Einkünfte aus den übrigen Wirtschaftszweigen – darunter Freizeitindustrie, Tourismus, Dienstleistungen und Pensionärsgemeinden – stetig gewachsen ist. Die wirtschaftliche Abhängigkeit der Region von der rohstoffgewinnenden Industrie hat kontinuierlich nachgelassen. Die beiden Kurven sind auf den Wert 1 im Jahre 1980 normiert, als die rohstoffgewinnende Industrie etwa 20 Prozent des Gesamteinkommens der Region lieferte. (Aus Power 1991.)

Teilen der Bundesstaaten Wyoming, Montana und Idaho zulassen, nicht in Frage gestellt; die Unternehmen, die davon profitieren, behaupten, diese Aktivitäten seien für das wirtschaftliche Wohlergehen der umliegenden Gemeinden notwendig. Wie neuere Untersuchungen zeigen, verliert dieses Argument zunehmend an Gültigkeit; die ökonomische Gesundheit der Gemeinden in der Umgebung des Nationalparks hängt mittlerweile in erster Linie vom Fremdenverkehr sowie von den neuen Unternehmen und Pensionären ab, die sich in dem Gebiet ansiedeln, weil es eine hohe Lebensqualität verheißt (Power 1991). Während Bergbau und Holzgewinnung vor zwei Jahrzehnten für die Wirtschaft der Region eine wichtige Rolle spielten, können sie dem Wohlstand der Bevölkerung heutzutage abträglich sein, weil sie das schädigen, was zur wichtigsten Ressource dieser Gemeinden geworden ist: Landschaft und Tiere des Yellowstone-Nationalparks.

Derjenige Wirtschaftszweig, der in der Region zur Zeit vor allem für wirtschaftlichen Auftrieb sorgt – der Naturtourismus –, ist außerdem der für das Ökosystem am wenigsten schädliche. Der Ökotourismus ist nicht ohne Schattenseiten: Lärm und Umweltverschmutzung durch Millionen von Touristen, die den Park Jahr für Jahr besuchen, die Störung von Tieren und Änderungen in deren Verhalten, wenn sie konstant der Anwesenheit von Menschen ausgesetzt sind, sowie anthropogene Bodenerosion und Brände. Letztere sind vielleicht die sichtbarste und erschreckendste negative Folge des Ökotourismus, aber die Schäden, die durch von Menschen verursachte Brände angerichtet werden, sind verglichen mit den Verwüstungen durch Holzeinschlag und Bergbau gering. Der Naturtourismus ist aus einem einfachen Grund sehr viel weniger schädlich als diese Industriezweige: Er kann zwar Lebensräume verschmutzen und verändern, aber er zerstört sie nicht aktiv.

Selbst die verheerenden Feuer, die im Park Schäden von monumentalen Ausmaßen anzurichten scheinen, sind in Wirklichkeit Teil der natürlichen Vorgänge im Ökosystem Yellowstone (Jeffery 1989). Die Brände im Jahre 1988 konnten trotz größter Bemühungen von 10000 Feuerwehrleuten, darunter schließlich auch Soldaten der US-Armee, fast zwei Monate lang nicht unter Kontrolle gebracht werden. Im nachhinein wiesen Ökologen darauf hin, daß solche Feuer im Ökosystem eine wichtige Rolle spielen. Indem sie alte Wälder lichten und Totholz entfernen, schaffen sie Flächen, auf denen lichthungrige Gräser und Krautpflanzen Fuß fassen können. Diese Pflanzen ziehen zahlreiche Insekten und Säugetiere an, die in reifen Wäldern nicht vorkommen. Außerdem beschleunigen Brände die Zersetzung toter Bäume und Krautpflanzen; die nährstoffreiche Asche fördert die schnelle Wiederbesiedlung der abgebrannten Flächen. Feuer steigert die biologische Vielfalt des Parks und vermehrt gleichzeitig die verfügbare Nahrung für Hirsche und Bisons. In den Monaten nach den Bränden von 1988 stieg außerdem die Besucherzahl (Jeffery 1989), und das Videoband des Park Service über die Feuersbrunst ist in den Souvenirläden von Yellowstone ein Verkaufsschlager.

Im Gegensatz dazu fördern Holzeinschlag und Bergbau die Regeneration der Natur nicht und haben viele negative Folgen. Der häufig praktizierte Kahlschlag bewaldeter Hänge kann massive Flächenerosion auslösen, vor allem wenn nicht unmittelbar darauf Maßnahmen ergriffen werden, um die gerodete Vegetation zu ersetzen. Durch die in Flüsse gespülten Schlammassen können Fische und andere Wasserorganismen getötet werden, und der Verlust des Bodens und seiner Nährstoffe verzögert die Wiederbesiedlung der erodierten Flächen. Durch den Bergbau gelangen häufig schädliche chemische Substanzen in die Umwelt, darunter Cyanid. Diese Praktiken sind aus mehreren Gründen letztlich nicht wirtschaftlich. Erstens reduzieren sie das Potential für den zukünftigen Holzeinschlag, indem sie Boden und Wasser schädigen – Ressourcen, die für das Nachwachsen des Waldes erforderlich sind. Zweitens senken sie das Potential der Region für den Tourismus sowie für die Ansiedlung von Ruheständlern und neuen Gewerbebetrieben, indem sie die landschaftliche Schönheit beeinträchtigen. Und drittens verursachen sie versteckte Kosten, indem sie die Wasserqualität senken, so daß die Bewohner der Region höhere Preise für sauberes Trinkwasser zahlen müssen.

Der Natur- oder Ökotourismus ist in vielen Entwicklungsländern ein rasant wachsender Industriezweig; weltweit werden in ihm etwa zwölf Milliarden Dollar pro Jahr eingenommen (Exkurs 17). Naturtouristen besuchen ein Land und geben Geld ausschließlich oder teilweise dafür aus, seine biologische Vielfalt kennenzulernen und bestimmte populäre Arten zu beobachten (Lindberg 1991; Ceballos-Lascurain 1993). Durch die Forderung hoher Gebühren von Besuchern, die wegen der Berggorillas kommen, hat Ruanda eine Tourismusindustrie aufgebaut, die bis zu den vor einiger Zeit aufgetretenen politischen Unruhen der drittgrößte Devisenbringer des Landes war (Vedder 1989). Der Naturtourismus ist in ostafrikanischen Länder wie Kenia und Tansania seit langem eine Schlüsselindustrie (Western und Henry 1979) und gewinnt in vielen süd- und mittelamerikanischen und asiatischen Ländern zunehmend an Bedeutung. Anfang der siebziger Jahre wurden die Einnahmen aus dem Tourismus, die ein einziger Löwe im kenianischen Amboseli-Nationalpark einbrachte, auf 27000 Dollar pro Jahr geschätzt; einer Elefantenherde sprach man einen Wert von jährlich 610000 Dollar zu (Western und Henry 1979). Heutzutage liegen diese Zahlen mit Sicherheit sehr viel höher. Schätzungen zufolge bringt der Naturtourismus einigen afrikanischen Ländern zehnmal mehr ein als die Jagd oder die Plantagenwirtschaft. Mit solchen Zahlen läßt sich der Erhalt der biologischen Vielfalt unmittelbar rechtfertigen. Allerdings birgt dieser

Exkurs 17: Naturschutz und Ökotourismus vor der Küste von Belize

Im Mai 1991 fand in Belize City der Erste Weltkongreß über Tourismus und Umwelt statt. Die Entscheidung, die Konferenz auszurichten, spiegelte die wachsende Entschlossenheit der Regierung von Belize wider, die natürlichen Ressourcen des Landes zu schützen. Belize gehört zwar zu den kleinsten und bevölkerungsärmsten Staaten Mittelamerikas, hat aber den meisten seiner Nachbarn etwas voraus: Der größte Teil des Landes ist nur minimal durch menschliche Aktivitäten geschädigt. Belize hat daher die einzigartige Gelegenheit, bei der Planung seiner wirtschaftlichen Entwicklung den Schutz eines Großteils seiner natürlichen Ressourcen im Auge zu behalten. Der Ökotourismus ist als Mittel gepriesen worden, Wirtschaftswachstum zu fördern, ohne unersetzliche Ökosysteme zu zerstören; doch selbst dieser scheinbar unschädliche Wirtschaftszweig bringt, wie Belize und andere Staaten Mittelamerikas in letzter Zeit festgestellt haben, Nachteile für den Naturschutz mit sich.

Wie sein nördlicher Nachbar Mexiko hat Belize einige küstennahe Inseln in der Karibik vorzuweisen, die perfekt den Bedürfnissen meer- und sonnenhungriger Touristen entsprechen. Während Cancun und Cozumel bekannte Reiseziele sind, waren das 250 Kilometer lange Barriereriff und die dazugehörigen kleinen Inseln (Cays) vor der Küste von Belize bis vor nicht allzu langer Zeit noch ein Geheimtip für Taucher. Doch im Laufe des vergangenen Jahrzehnts hat sich auf mehreren der Inseln ein lebhafter Touristenverkehr etabliert. Ambergris Cay, eine der größeren Inseln vor der Nordküste, bietet einen Flughafen, zahlreiche Hotels, Geschenkboutiquen, Restaurants, einen Reitklub und viele Tauch- und Schnorcheltouren zu den äußeren Bereichen des Riffs und seinen Inseln. Der wachsende Besucherstrom hat Belize wirtschaftlich genützt, doch gibt es erste Anzeichen für negative Auswirkungen des Tourismus auf das Riffökosystem (Valdez 1992). Das vor der Südspitze von Ambergris Cay gelegene Unterwasserschutzgebiet Hol Chan beispielsweise ist ein beliebter Ort zum Tauchen und Schnorcheln. Seit seiner Einrichtung Ende der achtziger Jahre bietet das 18 Hektar große Schutzgebiet der Riffauna einen günstigen Lebensraum; einheimische Tauchlehrer und Fischer berichten übereinstimmend, daß es dort mehr Fische gibt als irgendwo sonst in der Umgebung und daß die Fische deutlich größer sind als anderswo. Doch der starke Besucherstrom nach Hol Chan hat das Potential, diesen Teil des Riffs zu schädigen. An jedem beliebigen Morgen kann man dort 30 bis 50 Taucher und Schnorchler antreffen. Trotz ständiger Ermahnungen seitens der Fremdenführer geschieht es häufig, daß Besucher die empfindlichen Korallen berühren oder sich darauf stellen, wodurch diese Organismen irreparable Schäden erleiden können. Die Fische im Schutzgebiet sind praktisch zahm; sie haben gelernt, daß sie von den Touristen Brotreste und Kekse bekommen können. Scheue Tiere wie Rochen oder Kraken finden selbst nach Einbruch der Dunkelheit keine Ruhe: Nächtliche Tauchgänge sind in Hol Chan eine beliebte Aktivität, und es ist nicht ungewöhnlich, nach Sonnenuntergang zehn bis 20 Taucherlampen in der Tiefe umherwandern zu sehen.

Die Beliebtheit von Hol Chan beruht zum Teil darauf, daß es leicht zugänglich ist; in Belize gibt es zwar eine Reihe weiterer sehenswerter Unterwasserschutzgebiete, aber die meisten sind relativ weit vom Festland entfernt, bieten wenig touristische Infrastruktur, und viele sind nur für erfahrene Taucher geeignet. Eine Möglichkeit, den Druck auf Hol Chan zu reduzieren, ist die Verteilung der Touristenströme durch Einrichtung weiterer Schutzgebiete, die für den Durchschnittstouristen geeignet sind. Zur Zeit (1992) bestehen unterschiedlich weit fortgeschrittene Pläne für Unterwasserschutzgebiete unter anderem bei bei Glover's Reef, South Water Cay und Sapodilla Cay (Phillips 1992; Valdez 1992). Doch außer den Riffen haben auch andere Küstenökosysteme durch den wachsenden Tourismus gelitten. Die Popularität von Hol Chan und anderen Standorten in der Nähe von Ambergris hat die Erschließung der nahegelegenen Inseln gefördert; Waldzerstörung und Erosion, die mit dem Aufbau touristischer Infrastruktur einhergingen, haben die Mangroven der näheren Umgebung, die die Kinderstube vieler Fischarten sind, geschädigt oder zerstört. Zukünftige Erschließungspläne werden dieses Problem vermutlich berücksichtigen; am Standort South Water Cay, der kürzlich von Coral Cay Conservation, einer von Briten gegründeten Naturschutzorganisation, begutachtet wurde, wird ein bis zu 300 Kilometer langer Abschnitt im zentralen Bereich des Barriereriffs von den Planungen ausgenommen. Neben den Meeres- und Riffbiotopen, die die touristische Hauptattraktion sind, schließt der Plan auch Mangroven- und Sandcays ein.

Dennoch hat die Regierung von Belize Mühe, die Bedrohung durch die zu schnelle Erschließung des Riffökosystems unter Kontrolle zu behalten. Ein Zwischenfall, über den der staatliche Radiosender im August 1992 berichtete, illustriert das Problem: Ein geschäftstüchtiger ausländischer Grundbesitzer, der darauf aus war, sich ein Stück vom Fremdenverkehrskuchen zu sichern, sprengte mit Hilfe von Dynamit mehrere Löcher in das Riff, um eine Durchfahrt für Boote zu schaffen, damit seine Gäste die vorgelagerten Inseln leichter erreichen konnten. Zwar handelt es sich hier um ein extremes Beispiel mutwilliger und ille galer Zerstörung, aber es weist warnend darauf hin, daß selbst ein scheinbar harmloser Wirtschaftszweig wie der Ökotourismus für die Umwelt unvorhersehbare, katastrophale Folgen haben kann, wenn man ihn nicht sorgfältig überwacht. Zweifellos ist der Ökotourismus ein lohnendes Geschäft, das Entwicklungsländern wie Belize Einnahmen verschaffen kann, ohne schwere Umweltschäden anzurichten, doch wie bei jedem anderen Industriezweig sind auch hier entsprechende Schutzmaßnahmen erforderlich.

9.2 Die für Naturtouristen geschaffenen Einrichtungen lassen manchmal ein tropisches Phantasiereich entstehen, das die Probleme der Dritten Welt verschleiert und ignoriert. (Cartoon aus dem *EG-Magazin*.)

Industriezweig die Gefahr in sich, daß dem Touristen eine heile Phantasiewelt vorgespiegelt wird, statt ihm die schwerwiegenden sozialen Probleme und die Belastung der Umwelt vor Augen zu führen, durch die die biologische Vielfalt bedroht ist (Abbildung 9.2).

Auch die Jagd und das Sportfischen sind wichtige Freizeitaktivitäten, in denen Hunderte Millionen Dollar umgesetzt werden, und zwar vor allem in ländlichen Regionen. Im Jahre 1977 hatte die britische National Federation of Anglers (der nationale Angelsportverband) 446000 Mitglieder. Anhand der auf Jagd- und Angeltouren ausgegebenen Beträge läßt sich errechnen, welchen wirtschaftlichen Wert diese Aktivitäten haben. Ihren Anhängern sind sie jedoch oft noch sehr viel mehr wert, da diese häufig bereit wären, erforderlichenfalls noch größere Summen dafür auszugeben (Hammak und Brown 1974). Freizeitjagd und Sportfischerei hätten auch in dem Abschnitt über den Verbrauchswert aufgeführt werden können, doch dürfte der Wert des so gewonnenen Fleisches gemessen am erforderlichen Zeit- und Geldaufwand so gering sein, daß man diese Aktivitäten statt dessen mit gutem Grund in die Kategorie nichtverbrauchende Erholung einordnen kann. Für diese Sichtweise spricht auch die unter Sportfischern zunehmende Praxis, gefangene Fische wieder freizulassen.

9.3 Die meisten Menschen empfinden das Zusammentreffen mit anderen Arten als lehrreiches und erhebendes Erlebnis. Hier begrüßen Menschen einen Zwergwal, der aus dem Kiemennetz eines Fischtrawlers gerettet wird, in das er sich verstrickt hat. Der auf dem Photo erkennbare Schwimmer war an dem Netz befestigt worden, um den Wal an der Oberfläche zu halten, damit er atmen konnte. Später gelang es den Rettern, den Wal zu befreien. Solche Zusammentreffen – bei denen die Distanz zwischen Tier und Mensch allerdings meist größer ist, wie etwa beim normalen „whale watching" oder bei Photosafaris in Afrika – können für den Menschen sehr bereichernd sein. (Photo: Scott Kraus, New England Aquarium.)

Pädagogischer und wissenschaftlicher Wert

Naturthemen sind der Gegenstand vieler Bücher, Fernsehsendungen und Filme. Entsprechendes Material findet zunehmend Eingang in die Lehrpläne der Schulen (Hair und Pomerantz 1987). Auch auf dem Bildungssektor schafft die nichtverbrauchende Nutzung der biologischen Vielfalt also enorme Werte. Eine weitere Form der nichtverbrauchenden Nutzung sind die ökologischen Beobachtungen, die zahlreiche Wissenschaftler und hochmotivierte Laien durchführen (Abbildung 9.3). Diese Forschungstätigkeit hat zwar auch einen wirtschaftlichen Nutzen für die Regionen, in denen die Beobachtungsstationen liegen, aber ihr eigentlicher Wert liegt in der Vermehrung des menschlichen Wissens, der Förderung des Verständnisses für die Umwelt und der Bereicherung des persönlichen Erfahrungsschatzes.

Bioindikation: Hinweise auf Umweltbelastungen

Arten, die besonders empfindlich auf Schadstoffe reagieren, können als biologische „Frühwarnsysteme" dienen, um Belastungen der Umwelt anzuzeigen (Hellawell 1986). Manche Spezies können sogar teure Meßgeräte ersetzen. Zu den bekanntesten Indikatororganismen gehören die auf Bäumen und Gesteinen wachsenden Flechten, die im Regen und in der Luft enthaltene Schadstoffe sehr stark absorbieren (Hawksworth 1990). Manche Flechten akkumulieren Schadstoffe in so hohem Maße, daß sie daran zugrunde gehen können. Aufgrund dessen lassen sich kontaminierte Bereiche in der Umgebung von Luftschadstoffquellen, etwa Metallhütten, anhand der Verteilung und Häufigkeit der Flechten identifizieren. Auch Mollusken und andere filtrierende Wasserorganismen haben sich als gute Monitorarten erwiesen, da sie große Wassermengen umsetzen und dabei Giftstoffe wie Schwermetalle, polychlorierte Biphenyle (PCB) und Pestizide in ihren Geweben anreichern. Im 1977 gestarteten California Mussel Watch Program werden Gewebeproben verschiedener Muschelarten (*Mytilus* sp. und *Corbicula fluminea*) auf Giftstoffe untersucht. Anhand der Daten von mittlerweile 135 Probestellen in Küsten- und Binnengewässern lassen sich Gebiete mit starker Wasserverschmutzung erkennen (Stevens 1988).

Der Optionswert

Als den **Optionswert** einer Art bezeichnet man deren Potential, irgendwann in der Zukunft für den Menschen von Nutzen zu sein. So wie sich die Bedürfnisse der Gesellschaft wandeln, müssen sich auch die Methoden ändern, diese Bedürfnisse zu befriedigen (Myers 1984). Oft liegt die Lösung in einer bis dahin ungenutzten Tier- oder Pflanzenart. Gesundheitsbehörden und pharmazeutische Firmen unternehmen große Anstrengungen, Arten zu sammeln und auf Wirkstoffe hin zu untersuchen, mit denen sich Krebs, Aids und andere menschliche Krankheiten bekämpfen lassen (Farnsworth 1988; Plotkin 1988). Die Entdeckung einer gegen Krebs hochwirksamen Substanz in der Pazifischen Eibe (Exkurs 18) ist nur der jüngste Erfolg dieser Suche. Ein anderes Beispiel ist der Ginkgo (*Ginkgo biloba*), ein Baum, der in der Natur nur noch an wenigen isolierten Standorten in China vorkommt (Abbildung 9.4a). Im Laufe der vergangenen 20 Jahre ist um den Anbau (Abbildung 9.4b) und die pharmazeutische Verwertung des Ginkgo ein Wirtschaftszweig mit einem Umsatz von 500 Millionen Dollar pro Jahr entstanden. Aus Ginkgoblättern werden Medikamente herge-

a

9.4 a) Im chinesischen Schutzgebiet Tian Mu Shan findet man einen der (zwei) letzten Ginkgobestände in freier Natur. Die Pharmaindustrie produziert aus Ginkgoblättern Medikamente im Wert von mehreren hundert Millionen Dollar pro Jahr. b) Diese Blätter stammen heutzutage aus kommerziellen Ginkgokulturen. Die Stämme bilden jedes Jahr neue Triebe und Zweige, die geerntet werden. (Photos: Peter Del Tredici, Arnold Arboretum.)

b

Exkurs 18: Die Pazifische Eibe – erst wertlos, dann unbezahlbar

Der Fall der Pazifischen Eibe (*Taxus brevifolia*) ist ein bemerkenswertes Beispiel dafür, wie sich der Raubbau an einem Ökosystem rächen kann, indem er den Fortbestand einer Art bedroht, die für den Menschen hohen potentiellen Wert besitzt. Zwar ist dieser Baum im Nordwesten Nordamerikas zur Zeit noch verbreitet, aber die Nadelwälder, in denen er gedeiht, sind durch großflächigen Holzeinschlag bedroht. Diese Wälder mit ihrem alten Baumbestand sind für Holzfirmen außerordentlich wertvoll (Simberloff 1987). Noch vor kurzem hielten die meisten dieser Unternehmen die Pazifische Eibe für relativ wertlos, verglichen mit vielen anderen Arten, etwa der Douglasie. Es war gängige Praxis, bei der Entnahme der geschätzteren Arten sämtliche Pazifischen Eiben zu fällen und liegenzulassen.

Die Entdeckung, daß ein kompliziert aufgebautes Molekül namens Taxol, das in Nadeln und Rinde der Pazifischen Eibe vorkommt, gegen viele Krebsarten wirksam ist (Daly 1992; Joyce 1993), veränderte die Einschätzung dieser Art abrupt. Jahr für Jahr erkranken viele Millionen Menschen an Krebs, einer der wichtigsten Todesursachen weltweit; die Aussicht auf ein Heilmittel, das aus der Pazifischen Eibe gewonnen wird, ist daher für Millionen von Ärzten und Patienten von Bedeutung. Vor allem für die Behandlung fortgeschrittener Fälle von Brust- und Eierstockkrebs, die zu den häufigsten Todesursachen bei Frauen gehören, hat sich Taxol als wesentlich wirksamer als die üblichen Medikamente erwiesen. Weil die Pazifische Eibe nicht bedroht ist, ist sie durch den U.S. Endangered Species Act nicht geschützt. Doch ihr medizinischer Wert ist so hoch, daß die US-Forstbehörde Vorschriften erlassen hat, die das „Wildern" von Eibenrinde auf staatseigenem Boden untersagen.

Doch die Versuche der US-Regierung, die Nutzung der Pazifischen Eibe einzuschränken, werden vielleicht nicht ausreichen, um diese Art zu schützen. Ironischerweise wird die Bedeutung des Baumes für die Krebstherapie den Niedergang der Art womöglich beschleunigen. Mit der steigenden Nachfrage nach Taxol hat das legale wie das illegale Ernten der Rinde ganz erheblich zugenommen. Das Abschälen größerer Rindenstücke läßt die Bäume in der Regel absterben; will man eine Eibe über Jahre hinweg nutzen, so darf man nur sehr wenig Rinde auf einmal entfernen und muß die Wunde vor der nächsten Ernte verheilen lassen. Die Extraktion von Taxol aus Eibenrinde ist kein ergiebiger Prozeß; die Bäume enthalten nur eine kleine Menge dieser Verbindung, so daß zur Behandlung eines Patienten die Rinde von drei bis zwölf Eiben erforderlich ist (Daly 1992; Joyce 1993). Trotz staatlicher Beschränkungen könnte die Nachfrage nach Taxol bald zu einer Übernutzung der Pazifischen Eibe führen, die die Regenerationsfähigkeit der Population übersteigt. Im Jahre 1992 wurden Hunderttausende dieser Bäume entrindet, um den unstillbaren Bedarf an Taxol zu befriedigen. Wissenschaftler, die mit einem weiteren Anstieg der Nachfrage rechnen, sind intensiv bemüht, das Molekül zu synthetisieren und in anderen Eibenarten alternative Quellen für Taxol zu finden, und Forstwirtschaftsbetriebe sind dabei, Eibenplantagen anzulegen. Wenn diese Bemühungen Erfolg haben, wird der Druck auf wild wachsende Eiben nachlassen.

Das Beispiel der Pazifischen Eibe belegt, was viele Naturschutzbiologen schon lange behaupten: daß es wichtig ist, freilebende Arten zu schützen, weil sie der Menschheit noch wichtige Dienste erweisen könnten. Die Millionen von Pazifischen Eiben, die in der Vergangenheit verschwendet wurden, hätten Forschern, Ärzten und Tausenden von Krebspatienten zur Verfügung gestanden, wenn man angefangen hätte, den Wald nachhaltig zu bewirtschaften, bevor die alten Waldbestände an der nordamerikanischen Pazifikküste geplündert waren. Wir können die Vergangenheit nicht ändern, aber wir können aus ihr lernen: Die wenigen alten Waldbestände, die noch vorhanden sind, bergen vielleicht den Schlüssel zur Heilung anderer Krankheiten und sollten so intakt wie möglich erhalten werden. Die heute anfallenden Gewinne aus ihrem Kahlschlag sind vernachlässigbar klein angesichts der Kosten, die die Behandlung von Krebs, Herzerkrankungen, Aids und anderen Krankheiten, die zahlreiche Menschen befallen, in Zukunft noch verursachen wird.

stellt, die in Europa und Asien verbreitet zur Behandlung von Durchblutungsstörungen und Schlaganfall eingesetzt werden (Del Tredici 1991; Del Tredici et al. 1992). Die Suche nach Arten, die für den Menschen wertvoll sind, beschränkt sich nicht auf das Pflanzenreich. Entomologen fahnden nach Insekten, die sich zur biologischen Schädlingsbekämpfung einsetzen lassen, Mikrobiologen suchen nach Bakterien, die für biotechnologische Prozesse brauchbar sind, und Wildbiologen untersuchen Wildtiere daraufhin, ob sie tierisches Protein effizienter und auf weniger umweltschädliche Weise liefern könnten als die existierenden Haustierarten.

Die aufstrebende biotechnologische Industrie findet immer neue Möglichkeiten, Organismen zu nutzen: zur Verminderung der Umweltverschmutzung, zur Entwicklung neuer Produktionsverfahren und zur Bekämpfung von Krankheiten, die sich bisher nicht behandeln ließen oder deren Erreger gegen die vorhandenen Medikamente resistent geworden sind. Es gibt Fälle, in denen man bei neuentdeckten oder altbekannten Arten exakt die Eigenschaften gefunden hat, die nötig sind, um gegen ein bestimmtes Problem anzugehen. Neue molekularbiologische Techniken erlauben es, einzigartige, nützliche Gene einer Art auf andere Arten zu übertragen. Falls die biologische Vielfalt in Zukunft abnimmt, werden Wissenschaftler weniger Möglichkeiten haben, Arten ausfindig zu machen, die sich zum Wohle der Menschheit nutzen lassen.

Zu den vielversprechendsten Organismen, die zur Zeit in den Forschungslabors der Industrie untersucht werden, gehören die Bakterienarten, die extreme Lebensräume, beispielsweise die Hydrothermalschlote der Tiefsee, besiedeln (siehe Exkurs 4 in Kapitel 3). Bakterien, die unter ungewöhnlichen chemisch-physikalischen Umweltbedingungen gedeihen, lassen sich oft für spezielle industrielle Anwendungen von beträchtlichem wirtschaftlichem Wert nutzen. Eines der wichtigsten Verfahren in der milliardenträchtigen Biotechnik-Industrie, die Polymerasekettenreaktion, mit deren Hilfe sich DNA-Segmente vervielfältigen lassen, ist von einem Enzym abhängig, das ursprünglich von einem endemischen Bakterium aus heißen Quellen im Yellowstone-Nationalpark stammt. Eine aufregende Entwicklung im Zuge der Suche nach nützlichen Bakterien stellt das 43-Millionen-Dollar-Projekt DEEPSTAR (Deep-Sea Environment Exploration Program: Suboceanic Terrane Animalcule Retrieval) in Japan dar (Myers und Anderson 1992). Teil des Projektplans ist der Bau von Tauchbooten, die es erlauben, bis in 6500 Meter Meerestiefe nach neuen Bakterien zu suchen, sowie von Labors, in denen Bakterien bei einem Druck von bis zu 1000 Atmosphären kultiviert werden können. Der Leiter des Projekts, Koki Horikoshi, hat bereits langjährige Erfahrung in der Suche nach ungewöhnlichen Bakterienarten. In seinem vorigen Projekt „Superbugs“ untersuchte er Bakterien aus stark alkalischen Lebensräumen und isolierte ein Enzym, das Zellulose spalten kann. Wie sich herausstellte, lassen sich damit Verschmutzungen aus Baumwollkleidung entfernen. Inzwischen ist dieses Enzym Bestandteil der führenden japanischen Waschmittelmarke („Attack“).

Eine Möglichkeit, den Optionswert freilebender Arten zu schätzen, wäre die Untersuchung des Effekts der erst seit kurzem vom Menschen genutzten Arten auf die Weltwirtschaft. Zur Erläuterung ein hypothetisches Beispiel: Angenommen, die neu entdeckten Verwendungsmöglichkeiten von 100 zuvor ungenutzten Pflanzenarten haben der Wirtschaft im Laufe der vergangenen 20 Jahre 100 Milliarden Dollar eingebracht, etwa durch Steigerung der landwirtschaftlichen Produktion, Begründung neuer Industriezweige und Verbesserung von Medikamenten, und angenommen es gibt 250000 bisher nicht genutzte Pflanzenarten, dann könnte man grob gerechnet sagen, daß jede ungenutzte Pflanzenart der Weltwirtschaft im Laufe der kommenden 20 Jahre durchschnittlich 400000 Dollar einbringen könnte. Die Entwicklung solcher Berechnungen befindet sich zur Zeit noch im Anfangsstadium. Der Einfachheit halber geht man davon aus, daß sich der durchschnittliche Wert einer Art bestimmen läßt. Vielleicht gibt es aber nur eine Art, die einen enormen potentiellen Wert besitzt, weil man mit ihr Krankheiten heilen, neue Industriezweige begründen oder den Verlust einer wichtigen Kulturpflanze verhindern könnte. Wenn diese Art ausstürbe, ohne entdeckt worden zu sein, würde dies einen kolossalen Verlust für die Weltwirtschaft bedeuten, selbst wenn die Mehrzahl der existierenden Arten erhalten bliebe. Diese Überlegung liefert ein schlagkräftiges Argument für die Bewahrung aller Arten. Um mit den Worten von Aldo Leopold (1953) zu sprechen: »Wenn die Organismenwelt im Laufe der Äonen etwas aufgebaut hat, das uns zwar gefällt, das wir aber nicht verstehen, wer außer einem Toren würde dann scheinbar nutzlose Teile wegwerfen? Jedes Rädchen und jede Schraube aufzuheben, ist die wichtigste Vorsichtsmaßnahme des klugen Bastlers.« Anders ausgedrückt ließe sich die Mannigfaltigkeit der Arten mit einem Handbuch über den effektiven Betrieb der Erde vergleichen. Der Verlust einer Art ist wie das Herausreißen einer Seite. Würden wir jemals die Informationen von dieser Seite des Erd-Handbuchs benötigen, um uns selbst und die übrigen Lebewesen der Erde zu retten, so hätten wir Pech gehabt.

Der Existenzwert

Überall auf der Welt gibt es Menschen, die sich für Wildtiere und Pflanzen interessieren und um deren Schutz bemüht sind (Walsh et al. 1984; Randall 1986). Diese Fürsorge kann mit dem Wunsch verbunden sein, eines Tages eine besondere Art in ihrem natürlichen Lebensraum zu beobachten, sie kann aber auch auf einer gewissen Identifikation beruhen. Bestimmte „charismatische“ Tierarten, etwa Pandas, Löwen, Elefanten und zahlreiche Vögel, wecken häufig starke Gefühle. Die Wertschätzung dieser Emotionen äußert sich bei vielen Menschen darin, daß sie Organisationen, die sich für den Artenschutz einsetzen, beitreten und ihnen Jahr für Jahr Millionen Dollar an Mitgliedsbeiträgen und Spenden zukommen lassen. Die Sorge der Bürger kommt auch darin zum Ausdruck, daß diese ihre Regierungen veranlassen, Geld für den Naturschutz auszugeben und Land für den Biotopschutz zu kaufen. So hat die US-Regierung bereits über 20 Millionen Dollar für den Schutz einer einzigen seltenen Art, des Kalifornischen Kondors, ausgegeben. Die Einwohner des Bundesstaates Wisconsin wären Umfragen zufolge bereit, für den Schutz des Weißkopf-Seeadlers (Abbildung 9.5), des in Wisconsin vom Aussterben bedrohten Wappenvogels der USA, etwa 26 Millionen Dollar aufzubringen (Boyle und Bishop 1987).

Ein solcher **Existenzwert** – also der Betrag, den Menschen zu zahlen bereit sind, um Arten vor dem Aussterben zu retten – läßt sich auch für Lebensgemeinschaften oder Ökosysteme, etwa tropische Regenwälder oder Korallenriffe, und besonders reizvolle Landschaften bestimmen. Immer mehr Einzelpersonen und Organisationen stellen Geld zur Verfü-

9.5 Der Weißkopf-Seeadler, der Wappenvogel der USA. Viele US-Bürger wären nach eigenen Angaben bereit, für den Fortbestand dieser Art Geld aufzuwenden. (Photo: Jessie Cohen, national Zoological Park.)

gung, um den Fortbestand solcher Lebensräume zu sichern. Ein Beispiel ist der besonders spektakuläre Grand Canyon, der seit einigen Jahren unter dem Schwefeldioxidausstoß eines nahegelegenen Kraftwerks leidet. In einer Umfrage erklärten sich US-Bürger bereit, pro Haushalt und Jahr zwischen 1,30 Dollar und 2,50 Dollar für die Ausrüstung des Kraftwerks mit verbesserter Luftreinhaltetechnik zu zahlen, insgesamt über 100 Millionen Dollar pro Jahr (Nash 1991). In einer Langzeitstudie nahm die Zahl der US-Amerikaner, die der Aussage „Der Umweltschutz muß verbessert werden, ganz gleich was es kostet" zustimmten, im Verlauf der Jahre stetig zu (Abbildung 9.6, Ruckelshaus 1989). Die Summen, die, vor allem in den Industrieländern, für den Erhalt der biologischen Vielfalt ausgegeben werden, liegen in der Größenordnung von mehreren hundert Millionen Dollar pro Jahr. So hoch ist der Existenzwert von Arten und Lebensgemeinschaften.

Kollektivgüter und Umweltökonomie

Viele natürliche Ressourcen, wie saubere Luft, sauberes Wasser, guter Boden, seltene Arten und sogar landschaftliche Schönheit gelten als **Kollektivgüter** oder **öffentliche Güter** (*common property resources*), die der Allgemeinheit gehören. Diesen Ressourcen wird oft kein monetärer Wert

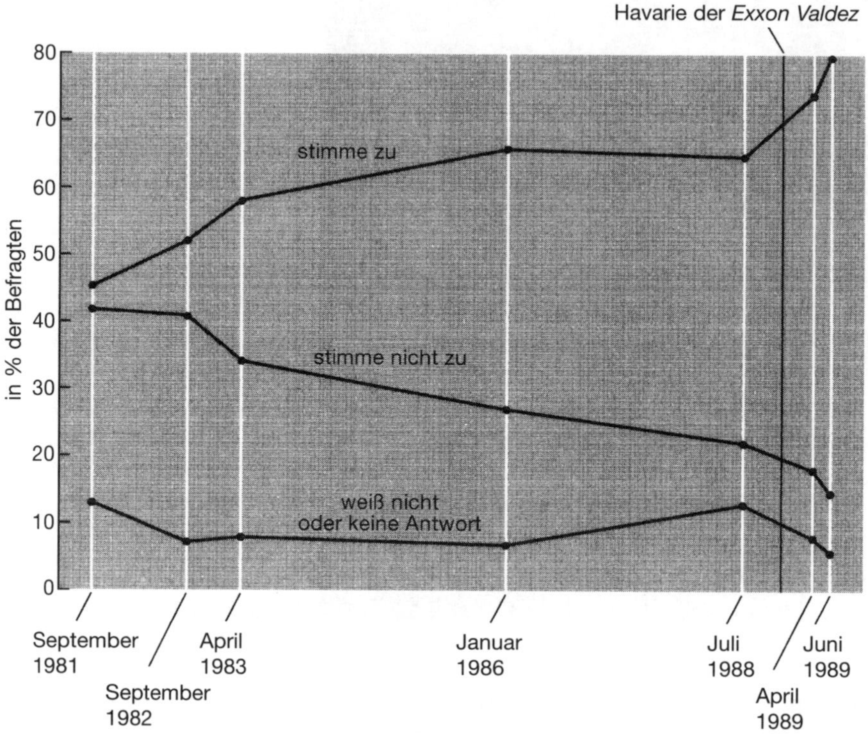

9.6 Überall auf der Welt sind immer mehr Menschen nicht gewillt, die Schädigung der Umwelt hinzunehmen. In den USA verfolgen Meinungsumfragen der Times und der CBS seit 1981 die Haltung der Öffentlichkeit. Die befragten Personen sollen sich zu folgender Aussage äußern: „Der Schutz der Umwelt ist so wichtig, daß die entsprechenden Auflagen und Standards nicht hoch genug sein können, und er muß ständig verbessert werden, ganz gleich was es kostet." Die letzten Umfragen, deren Ergebnisse in der Grafik dargestellt sind, wurden kurz nach der Havarie des Öltankers *Exxon Valdez* durchgeführt, in deren Folge die Küste von Alaska mit 40000 Tonnen Öl verseucht wurde. (Aus Ruckelshaus 1989.)

zuerkannt. Einzelpersonen, Industriebetriebe und Regierungen nutzen diese Naturgüter und schädigen sie sogar, ohne oder fast ohne dafür zu zahlen (Hardin 1968, 1985). Beispielsweise werden in vielen Ländern mit fossilen Energieträgern befeuerte Kraftwerke betrieben, die große Mengen an Luftschadstoffen emittieren. Diese Schadstoffe sorgen in Richtung der vorherrschenden Winde für sauren Regen, schädigen terrestrische und aquatische Ökosysteme und können sogar das Aussterben von Arten verursachen (Likens 1991; Odum 1993). Für die Nutzung der Atmospäre – eines Kollektivgutes – als Abfallentsorgungssystem zahlen die Kraftwerke in der Regel nichts. Ein anderes Beispiel ist die Einleitung von Haushalts- und Industrieabwässern in Gewässer. Auch hier werden die Auswirkungen auf die Umwelt oft weder bedacht, noch wird dafür bezahlt. Andere Nutzer dieser Ressourcen werden nicht gefragt und auch nicht entschädigt, wenn sie das

Kollektivgut infolge der Verschmutzung nicht mehr nutzen können. In den zur Zeit in der Umweltökonomie entwickelten, umfassenderen Buchhaltungsverfahren wird die Nutzung öffentlicher Güter nicht mehr zu den externen, sondern zu den internen Betriebskosten gerechnet. Wenn Einzelpersonen und Organisationen für ihre Handlungen zahlen müssen, werden sie wahrscheinlich aufhören, die Umwelt zu schädigen, oder sehr viel vorsichtiger werden (Pearce et al. 1989).

Schlußbemerkungen: Der wirtschaftliche Wert der biologischen Vielfalt

In den Kapiteln 8 und 9 wurde versucht, zu beschreiben, auf welche Weise Umweltaspekte in neuen, umfassenderen Wirtschaftsmodellen berücksichtigt werden. Diese Modelle stellen zwar eine positive Entwicklung dar, man kann ihnen aber auch vorwerfen, daß sie nur geringfügige Korrekturen am gegenwärtigen Weltwirtschaftsystem vorsehen, dieses aber grundsätzlich akzeptieren. Manche Umweltphilosophen sind der Ansicht, das heutige System, das durch Umweltverschmutzung, Schädigung natürlicher Lebensräume und ein Artensterben nie dagewesenen Ausmaßes charakterisiert ist, bedürfe grundlegenderer Änderungen. Besonders bedrückend ist der übermäßige Ressourcenverbrauch durch eine konsumorientierte Minderheit der Erdbevölkerung, während die Mehrheit in Armut lebt. Angesichts eines Weltwirtschaftssystems, in dem Jahr für Jahr Millionen Kinder an Krankheiten, Unterernährung, durch Verbrechen und Kriege sterben und Tausende von Arten infolge der Zerstörung ihrer Lebensräume aussterben, stellt sich die Frage, ob geringfügige Korrekturen ausreichen oder umfassendere, strukturelle Veränderungen nötig sind. Ein alternativer Ansatz zum Schutz der biologischen Vielfalt und zur Verbesserung der menschlichen Lebensbedingungen wäre eine drastische Senkung des Ressourcenverbrauchs in den Industrieländern, der Stopp des Bevölkerungswachstums, die Reduzierung der Notwendigkeit, Naturgüter auszubeuten, und eine erhebliche Steigerung des Wertes, der der Natur und der biologischen Vielfalt zugemessen wird. Zu den Vorschlägen, wie dies zu erreichen wäre, gehören höhere Steuern auf fossile Energieträger, Strafen für ineffizienten Energieverbrauch und Umweltverschmutzung sowie obligatorische Recyclingprogramme. Den Ländern der Dritten Welt könnten ihre Auslandsschulden ganz oder teilweise erlassen werden, und Investitionen könnten auf Aktivitäten umgelenkt werden, die der größtmöglichen

Zahl in Armut lebender Menschen möglichst große Vorteile bringen. Schließlich könnte man Geldstrafen für die Schädigung der biologischen Vielfalt einführen und sie so hoch ansetzen, daß die Industrie sorgsamer mit der Natur umgehen würde.

Zusammenfassung

1. Ein mittelbarer Wert läßt sich Komponenten und Begleiterscheinungen der biologischen Vielfalt zusprechen, die dem Menschen wirtschaftliche Vorteile bringen, dabei aber weder ausgebeutet noch geschädigt werden. Der Bestandswert von Ökosystemen beruht auf deren Produktivität, die der Ausgangspunkt aller Nahrungsketten ist, auf dem Schutz von Boden und Wasser, den Wechselbeziehungen zwischen freilebenden Arten und Kulturpflanzen sowie auf der Regulation des Klimas.
2. Die biologische Vielfalt ist die Grundlage einer wachsenden Freizeit- und Naturtourismusindustrie. Eine erstaunlich große Anzahl von Menschen gibt bei solchen Aktivitäten überraschend viel Geld aus. Für viele Länder, vor allem der Dritten Welt, ist der Naturtourismus eine der wichtigsten Devisenquellen. Selbst in Industrieländern gewinnt die Freizeitindustrie in der Umgebung von Naturschutzgebieten wirtschaftlich immer mehr an Bedeutung. In Lehrplänen und Massenmedien spielen Naturschutzthemen eine wichtige Rolle; das in diesem Zusammenhang erstellte Material hat einen beträchtlichen Wert.
3. Die biologische Vielfalt besitzt außerdem einen Optionswert, da sie der Menschheit in Zukunft von Nutzen sein kann, indem sie beispielsweise neue Arzneistoffe, Kulturpflanzen oder Möglichkeiten zur biologischen Schädlingsbekämpfung liefert. Die biotechnische Industrie entwickelt innovative Techniken zur Nutzung neuentdeckter Naturprodukte und biochemischer Prozesse.
4. Viele Menschen sind zu finanziellen Opfern in Form von Steuern und freiwilligen Beiträgen bereit, um den Fortbestand bestimmter Arten, Lebensgemeinschaften und Landschaften zu sichern; die Summe dieser Beträge stellt den Existenzwert der biologischen Vielfalt dar.
5. Die ökonomische Bewertung der biologischen Vielfalt liefert eine Möglichkeit, den verstärkten Schutz von Arten und Lebensgemeinschaften zu rechtfertigen. Gleichzeitig bedeutet sie allerdings die grundsätzliche Anerkennung des gegenwärtigen Wirtschaftssystems. Angesichts einer Welt, in der die Ressourcen ungleich verteilt sind und jedes Jahr Tausende von Arten aussterben, müssen wir uns vielleicht fragen: Brauchen wir geringfügige Korrekturen des gegenwärtigen Wirtschaftssystems oder grundlegende, strukturelle Veränderungen?

Weiterführende Literatur

Duffus, D. A. und Dearden, P. 1990. Non-consumptive wildlife-oriented recreation: A conceptual framework. *Biological Conservation* 53: 213–231. [Sehr breit angelegte Überlegungen zur Nutzung von Wildtieren, mit Schwerpunkt auf dem Bestandswert.]

Ehrlich, P. R. und Mooney, H. A. 1983. Extinction, substitution and ecosystem services. *BioScience* 33: 248–254. [Hervorragender kurzer Überblick über den Wert der Ökosystemfunktionen.]

Green, C. H. und Tunstall, S. M. 1991. Is the economic evaluation of environmental resources possible? *Journal of Environmental Management* 33: 123–141. [Eine Kritik einiger zur Zeit angewandter Methoden.]

Hampick, U. 1991. *Naturschutz-Ökonomie.* Verlag Eugen Ulmer, Stuttgart.*

McNeely, J. A., Miller, K. R., Reid, W. V. et al. 1990. *Conserving the World's Biological Diversity.* IUCN, WRI, CI, WWF-US, Weltbank, Gland, Schweiz. [Hervorragender Überblick über den Wert der biologischen Vielfalt und die Strategien zu ihrem Erhalt.]

Myers, F. W. und Anderson, A. 1992. Microbes from 20000 feet under the sea. *Science* 255: 28–29. [Eine spannende Schilderung der Suche nach nützlichen Bakterien in der Tiefsee.]

Plotkin, M. J. 1988. The outlook for new agricultural and industrial products from the tropics. In: E. O. Wilson und F. M. Peter (Hrsg.), *Biodiversity,* S. 106–116. National Academy Press, Washington DC. [Deutsch: 1992. Tropische Länder als Quelle neuer Produkte von Industrie und Landwirtschaft – ein Ausblick. In: *Ende der biologischen Vielfalt?* Spektrum Akademischer Verlag, Heidelberg; die Wissenschaft sucht intensiv nach wertvollen neuen Arten.]

Power, T. M. 1991. Ecosystem preservation and the economy in the Greater Yellowstone area. *Conservation Biology* 5: 395–404. [Der Schutz des Ökosystems und dessen Erholungswert spielen für die Region Yellowstone eine erstaunlich wichtige Rolle.]

Orians, G. H., Brown, G. M., Kunin, W. E. und Sweirzbinski, J. E. (Hrsg.) 1990. *The Preservation and Valuation of Biological Resources.* University of Washington Press, Seattle. [Eine Sammlung von Aufsätzen führender Wissenschaftler.]

Repetto, R. 1992. Accounting for environmental assets. *Scientific American,* Juni. [Deutsch: 1992. Die Bewertung natürlicher Ressourcen. In: Spektrum der Wissenschaft, August: 36–42; ein leicht verständlicher Artikel über die negativen Auswirkungen der Umweltschädigung auf die Volkswirtschaft.]

Whelan, T. (Hrsg.) 1991. *Nature Tourism: Managing for the Environment*. Island Press, Washington, D.C. [Fallbeispiele für die erfolgreiche Entwicklung des Naturtourismus sowie ein Überblick über in diesem Zusammenhang wichtige Fragen.]

World Resources Institute 1993. *Biodiversity Prospecting: Using Genetic Resources for Sustainable Development*. WRI, Washington, D.C. [Über den Entwurf erfolgreicher Programme zur Nutzung der biologischen Vielfalt, mit Erörterung politischer und juristischer Fragen.]

10

Der ethische Wert der biologischen Vielfalt

Für die Bewahrung der biologischen Vielfalt sprechen nicht nur die häufig angeführten ökonomischen Gründe, sondern auch gewichtige ethische Argumente (IUCN 1980; Naess 1989; Rolston 1988a, 1989a, b). Diese Argumente wurzeln in den Wertesystemen der meisten Religionen, Philosophien und Kulturen und sind daher allgemein verständlich. Sie appellieren an die Achtung vor dem Leben, die Wertschätzung der Natur als solcher und die Vorstellung von der göttlichen Schöpfung. In den USA werden die Rechte der Arten durch den Endangered Species Act (Gesetz über gefährdete Arten) geschützt, demzufolge »der Kongreß wünscht, daß gefährdeten Arten höchste Priorität eingeräumt wird«. Die Grundlage dieser Unterschutzstellung war der »ästhetische, ökologische, pädagogische, historische, freizeitbezogene und wissenschaftliche Wert« der Arten. Der ökonomische Wert wurde in diese offizielle Erklärung nicht aufgenommen.

Ethische Argumente für die Bewahrung der biologischen Vielfalt appellieren an die edleren Instinkte des Menschen und stützen sich auf weithin anerkannte Wahrheiten. Viele Menschen werden solche Argumente akzeptieren, weil sie ihrem Glauben oder ihren Überzeugungen entsprechen (Hargrove 1986a, 1989). Dagegen befinden sich die ökonomisch begründeten Argumente noch in der Entwicklungsphase; möglicherweise werden sich einige von ihnen als ungeeignet, falsch oder nicht überzeugend erweisen (Warford 1987; Norton 1988). Ehrenfeld (1988) erklärte dazu:

> »Wenn wir fortfahren in diesem Kreuzzug, den Wert von Dingen zu ermitteln, deren Wert doch offensichtlich sein sollte, wird uns mit Sicherheit nichts als unsere Habgier bleiben, sobald sich der aufgewirbelte Staub gelegt hat. Ich möchte klarstellen, daß ich damit nicht nur die Bemühungen meine, der biologischen Vielfalt einen Marktpreis anzumessen, sondern auch den Versuch, den Preis durch nebulöse Begriffe wie Überlebenswert zu ersetzen. …

> Ökonomische Wertmaßstäbe sind veränderlich und in der praktischen Anwendung äußerst flexibel. Das ist das Gegenteil des Wertesystems, das wir brauchen, um die biologische Vielfalt über Jahrzehnte und Jahrhunderte hinweg zu bewahren.«

Ökonomische Argumente allein können zwar eine Basis für die Wertschätzung von Arten liefern, sie lassen sich aber auch benutzen (und mißbrauchen), um zu beschließen, daß wir eine bestimmte Spezies nicht retten sollten oder daß wir diese und nicht jene Art erhalten sollten. Einer Art mit geringer Körpergröße, kleinen Populationen, begrenztem Verbreitungsgebiet und unattraktivem Äußerem, die für den Menschen keinen unmittelbaren Nutzen hat und zu keiner anderen wirtschaftlich bedeutenden Art in Beziehung steht, wird man einen geringen ökonomischen Wert zuerkennen. Solche Eigenschaften dürften für einen Großteil aller Arten charakteristisch sein, vor allem für Insekten, andere Wirbellose, Pilze, niedere Pflanzen, Bakterien und Protisten. Teure Bemühungen, solche Arten zu bewahren, lassen sich unter Umständen nicht kurzfristig ökonomisch rechtfertigen.

Ethische Schlüsselargumente

Eine Reihe von ethischen Argumenten läßt sich für den Schutz aller Arten ohne Ansehen ihres ökonomischen Wertes anführen. Die folgenden Aussagen, deren Grundlage der Wert der Arten als solcher ist, sind für die Naturschutzbiologie wichtig, weil sie die Argumentationsbasis für den Schutz von seltenen Arten und Arten ohne ersichtlichen ökonomischen Wert liefern.

Jede Art hat das Recht zu existieren. Jede Art stellt eine einzigartige biologische Lösung des Überlebensproblems dar. Aufgrund dessen muß ihr Fortbestand sichergestellt werden, ungeachtet ihrer Häufigkeit oder ihrer Bedeutung für den Menschen. Dies gilt für alle Arten, gleich ob sie groß oder klein, primitiv oder hochentwickelt, urtümlich oder erst in jüngerer Zeit entstanden, wirtschaftlich wichtig oder von geringem unmittelbarem Wert sind. Jede Art ist Teil der Organismengemeinschaft und hat das gleiche Recht zu existieren wie der Mensch. Jede Spezies ist um ihretwillen wertvoll, sie besitzt einen **Eigenwert** (*intrinsic value*), der nicht von menschlichen Bedürfnissen abhängt (Naess 1985; Norton 1988). Der Mensch hat nicht nur kein Recht, irgendeine Art zu vernichten, sondern sogar die Pflicht, etwas gegen die Ausrottung von Arten zu unternehmen (Tabelle 10.1). Er wird als Teil einer umfassenden Lebensgemeinschaft angesehen, deren Arten ohne Ausnahme zu achten sind.

10.1 US-Behörden maßen dem Fortbestand der gefährdeten Pflanzenart *Dudleyia traskiae* (die zu den Crassulazeen oder Dickblattgewächsen gehört) einen höheren Wert zu als dem Leben der Kaninchen auf deren Heimatinsel. Die Kaninchen, die sich von den Blättern der Pflanze ernährten, wurden getötet, um die Ausrottung dieser empfindlichen Art zu verhindern. (Photo: Mit freundlicher Genehmigung des Center for Plant Conservation, St. Louis.)

Der Austausch eines Schildes an einem Wanderweg in den Rocky Mountains ist beispielhaft für diese umfassendere Wertschätzung des Lebens (Rolston 1987). Jahrelang stand dort ein Schild mit der Aufschrift: „Bitte pflücken Sie keine Blumen, damit auch andere sich daran erfreuen können.“ Inzwischen wurde es durch ein Schild ersetzt, auf dem steht: „Lassen Sie die Blumen leben!“ Dahinter verbirgt sich möglicherweise die Erkenntnis, daß Pflanzen ein Recht auf ihr Leben haben und man es ihnen nicht nur lassen sollte, damit Menschen sich an ihnen erfreuen können.

Vielen Autoren, vor allem solchen, die der Tierschutzbewegung nahestehen, fällt es schwer, Arten (und nicht Einzelindividuen) Rechte zuzuerkennen. So schrieb Singer (1979): »Arten als solche sind keine mit Bewußtsein ausgestatteten Einheiten und haben damit keine Interessen, die über die Interessen der ihnen angehörenden Individuen hinausgehen.« Rolston (1985b) hielt dagegen, aus biologischen wie aus ethischen Gründen seien nicht Individuen, sondern Arten das angemessene Objekt für Schutzbemühungen. Alle Individuen sterben letztendlich, aber die Arten bestehen fort, entwickeln sich und bringen manchmal neue Arten hervor. Individuen sind gewissermaßen nur zeitweilige Vertreter ihrer Art. Sie müssen besonders vor menschlichen Aktivitäten geschützt werden, wenn ihr Verlust den Fortbestand der Art gefährdet. Ein Beispiel für den Vorrang der Artenrechte ist der Fall der Crassulazee *Dudleya traskiae* auf der kalifornischen Insel Santa Barbara (Abbildung 10.1). Um einige Exemplare dieser gefährdeten Pflanzenart zu retten, tötete der U.S. National Park Service mehrere hundert Kaninchen. Man maß also einer einzigen gefährdeten Art – die im Englischen den optimistischen Namen „Santa Barbara live-forever“ trägt – einen höheren Wert zu als Hunderten von Individuen einer häufigen Art.

Tabelle 10.1: Einige Wirbeltierarten und -unterarten, die in Nordamerika seit dem Jahre 1492 infolge menschlicher Aktivitäten ausgestorben sind

Trivialname der Art oder Unterart	wissenschaftlicher Name	Region	Zeitpunkt des Aussterbens
Fische			
Schwarzflossenmaräne	*Coregonus nigriapinnis*	Große Seen	1960–1970
Purpurforelle	*Salmo clarki macdonaldi*	Colorado	1910
Wandersaibling	*Salvelinus agassizi*	New Hampshire	1930–1940
Nevada-Wüstenfisch[a]	*Cyprinodon nevadensis calidae*	Kalifornien	1974
Amphibien			
Relikt-Leopardfrosch	*Rana onca*	Utah, Arizona, Nevada	1960
Reptilien			
Navassa-Rollschwanzleguan	*Leiocephalus eremitus*	Navassa-Insel (Westindische Inseln)	1800–1810
St.-Croix-Schlanknatter	*Alsophis sancticrucis*	St. Croix (Virgin Islands)	1900–1910
Vögel			
Labradorente	*Camptorhynchus labradorium*	nordöstliches Nordamerika	1878
Kupidohuhn	*Tympanuchus cupido cupido*	östliche USA	1932
Riesenalk	*Pinguinus impennis*	Nordatlantik	1844
Wandertaube	*Ectopistes migratorius*	mittleres und östliches Nordamerika	1914
Carolinasittich	*Conuropsis carolinensis carolinensis*	südöstliche USA	1914
Akialoa	*Hemignathus obscurus obscurus*	Hawaii[b]	1895
Säugetiere			
Puerto-Rico-Riesenfaultier	*Acratocnus odontrigonus*	Puerto Rico	1500

Trivialname der Art oder Unterart	wissenschaftlicher Name	Region	Zeitpunkt des Aussterbens
Riesenweißfußmaus	*Peromyscus nesodytes*	Channel Islands, Kalifornien	1870
Puerto-Rico-Paka	*Elasmodontomys obliquus*	Puerto Rico	1500
Grauwal	*Eschrichtius gibbosus gibbosus*	Atlantikküste	1750
Rotwolf	*Canis rufus floridianus*	südöstliche USA	1925
Wolf	*Canis lupus monstrabilis*	Texas, New Mexico	1942
Seewiesel	*Mustela macrodon*	New Brunswick, Neuengland	1890
Karibische Mönchsrobbe	*Monachus tropicalis*	Florida, Westindische Inseln	1960
Stellersche Seekuh	*Hydrodamalis stellari*	Alaska	1768

Quelle: Aus Williams und Nowak 1986.
[a] Diese Art starb aus, obwohl sie durch den U.S. Endangered Species Act geschützt war.
[b] Exkurs 10 in Kapitel 7 enthält eine vollständigere Liste ausgestorbener Vogelarten der Hawaii-Inseln.

Wie können wir nichtmenschlichen Arten das Recht auf ihre Existenz und auf rechtlichen Schutz zugestehen, wenn ihnen das Bewußtsein fehlt, das normalerweise mit der moralischen Vorstellung von Rechten und Pflichten verknüpft ist? Weiter könnte man argumentieren, daß nichttierische Arten, etwa Moose und Pilze, nicht einmal ein Nervensystem besitzen, um ihre Umwelt wahrzunehmen. Doch Arten erklären ihren Überlebenswillen, indem sie eine Generation nach der anderen hervorbringen und sich ständig an wechselnde Umweltbedingungen anpassen. Die vorzeitige Ausrottung einer Art durch den Menschen bricht diesen natürlichen Prozeß ab und könnte als etwas Schlimmeres angesehen werden als die Tötung eines einzigen Lebewesens: als eine „Supertötung" (Rolston 1985), weil dabei zukünftige Generationen der Art ausgelöscht und die Prozesse der Evolution und Artbildung abgebrochen werden.

Alle Arten sind Teile eines Wirkungsgefüges. Zwischen Arten als Teilen natürlicher Lebensgemeinschaften bestehen komplexe Wechselbeziehungen. Der Verlust einer Art kann für andere Mitglieder der Gemeinschaft weitreichende Konsequenzen haben; andere Arten können ebenfalls aussterben, oder die ganze Gemeinschaft kann infolge einer Aussterbekaskade aus dem Gleichgewicht geraten (siehe Exkurse 2 und 3, Kapitel 2). Mit zunehmendem Wissen über globale Prozesse haben wir auch erkannt, daß viele chemische und physikalische Eigenschaften der Atmosphäre, des Klimas und der Meere in einem sich selbst regelnden System mit biologischen Prozessen verknüpft sind. Die Vorstellung von der Erde als einem Superökosystem, in dem die Organismenwelt dazu beiträgt, für das Leben geeignete Umweltbedingungen zu schaffen und aufrechtzuerhalten, wird auch als Gaia-Hypothese bezeichnet (Lovelock 1988). Falls diese Vorstellung der Wirklichkeit entspricht, könnte uns unser Selbsterhaltungstrieb gebieten, die biologische Vielfalt zu bewahren. Wenn es der Natur gut geht, geht es auch uns gut. Wir sind gezwungen, das System als Ganzes zu schützen, weil es nur als Ganzes überleben kann.

In einem anschaulichen Vergleich beschreiben Ehrlich und Ehrlich (1981) die Arten als metallene „Nieten", die das Raumschiff Erde (das „Erdschiff"), welches alle Arten einschließlich des Menschen trägt, auf seiner Reise durch die Zeit zusammenhalten. Aussterbende Arten sind Nieten, die aus dem Rumpf herausspringen. Weil das Raumschiff gut konstruiert ist, verkraftet es den Verlust vieler Nieten, aber wenn zu viele Arten ausgestorben sind, fällt es auseinander, und auch der Mensch stirbt aus. Myers (1979) zeichnet ein ähnliches Bild von einer sinkenden Arche. Diese bildhaften Vergleiche, in denen die Arten (als Nieten) das Raumschiff beziehungsweise die Arche Erde vor dem Auseinanderfallen schützen, kehren die biblische Geschichte um, derzufolge Noah nach Gottes Anweisungen eine Arche baute, um alle Arten zu erhalten (Rolston 1985): Hier rettet nicht der Mensch die biologische Vielfalt, sondern in der biologischen Vielfalt liegt die Rettung der Menschheit.

Für den Menschen gelten dieselben ökologischen Beschränkungen wie für alle anderen Arten. Für jede Spezies gibt es nur eine begrenzte Umweltkapazität. Jede Art nutzt zum Überleben die Ressourcen ihrer Umwelt, und ihr Bestand geht zurück, wenn diese Ressourcen geschädigt werden. Auch der Mensch muß darauf achten, seine Umwelt möglichst wenig zu beeinträchtigen, da er sonst nicht nur anderen Arten, sondern auch sich selbst Schaden zufügt. Es ist unsere Verpflichtung nicht nur anderen Menschen, sondern auch anderen Arten der biologischen Gemeinschaft gegenüber, innerhalb dauerhaft haltbarer Grenzen zu leben. Die Bewohner der Industrieländer können diese Überzeugung in die Praxis umsetzen, indem sie wirkungsvolle Schritte zur Reduzierung ihres exzessiven und überproportional hohen Ressourcenverbrauchs unternehmen. Viele Religionen empfehlen einen Lebensstil, bei dem der Einfluß des Menschen auf andere Arten und die Umwelt gering bleibt. Ein Grundelement der indischen Religionen Buddhismus, Dschainismus und Hinduismus ist das ethische Gebot der *ahimsa*, der Vermeidung einer unnötigen Schädigung von Lebewesen. Bei dem Versuch, nach diesem Gebot zu leben, werden viele religiöse Menschen zu Vegetariern und leben so einfach wie möglich.

Der Mensch muß die Verantwortung für seine Handlungen übernehmen. In seinem Drang, Gewinne zu erzielen und seine unmittelbaren Bedürfnisse zu befriedigen, ignoriert der Mensch oft die Auswirkungen seiner Handlungen auf die Umwelt und auf andere Arten. Die gegenwärtig zu verzeichnende Verschmutzung und Schädigung der Umwelt ist zu einem großen Teil unnötig und könnte durch bessere Planung reduziert werden. Menschen, deren Grundbedürfnisse befriedigt sind, haben mehr Zeit und Kraft, um sich größeren Aufgaben zu widmen. Die Menschheit wird die Verantwortung für den Schutz der biologischen Vielfalt leichter übernehmen können, wenn die Bewohner aller Länder über alle politischen Rechte verfügen, ihr Leben sicher ist und sie ein Bewußtsein für die Umweltproblematik entwickelt haben.

Die Menschheit ist den zukünftigen Generationen verpflichtet. Wenn wir die natürlichen Ressourcen der Erde schädigen und Arten ausrotten, werden zukünftige Generationen dafür mit einem geringeren Lebensstandard und verminderter Lebensqualität bezahlen müssen. Rolston (1995) prophezeit: »Man kann mit Sicherheit sagen, daß die Lebensqualität in den kommenden Jahrzehnten proportional zum Verlust an biologischer Diversität abnehmen wird, obwohl viele glauben, man müsse die biologische Vielfalt opfern, um die menschliche Lebensqualität zu steigern.« Aus diesem Grund sollten die heute lebenden Menschen versuchen, Ressourcen nachhaltig zu nutzen, nämlich in einem Ausmaß, bei dem Arten und Lebensgemeinschaften keinen Schaden nehmen. Wir könnten uns beispielsweise vorstellen, daß wir die Erde von den zukünftigen Generationen geliehen haben und daß diese sie in gutem Zustand von uns zurückbekommen möchten. Ein konkretes Beispiel dafür ist das Staunen, das Kinder zeigen, wenn sie neue Tiere oder Pflanzen in deren natürlichem Lebensraum kennenlernen. Der Verlust von Arten beraubt sie einer der aufregendsten Erfahrungen des Heranwachsens. Die Verantwortung des Menschen für den Schutz der Arten ist auch in der jüdisch-christlichen Bibel ausdrücklich festgehalten. In der Genesis ist die Erschaffung der biologischen Vielfalt auf der Erde ein Akt Gottes. »Gott sah, daß es gut war«. Als er Noah vor der Sintflut rettet, gibt er ihm auch Anweisungen für den Bau der Arche – ein frühes Projekt zur Rettung von Arten – und sagt: »Von allen lebenden Wesen sollst du zwei in die Arche aufnehmen, damit sie mit dir am Leben bleiben.«

Ressourcen sollten nicht verschwendet werden. Technik und Politik sollten in Zukunft darauf abzielen, die natürlichen Ressourcen so effizient wie möglich zu nutzen, um die Beanspruchung der Umwelt durch den Menschen zu minimieren. Wenn Wasser beispielsweise wiederaufbereitet oder effizienter genutzt wird, werden wir weniger in den Wasserkreislauf ein-

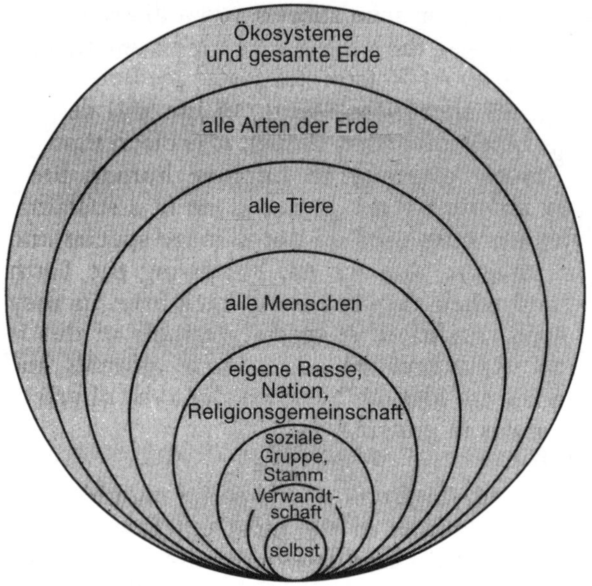

10.2 Eine ethische Schalenstruktur, in der das Individuum seine Sorge und Fürsorge von sich selbst auf immer weiter gefaßte Kreise ausdehnt. (Aus Noss 1992.)

greifen müssen. Wenn man beim selektiven Holzeinschlag sorgsam vorgeht, wird das Ausmaß der Bodenerosion und der unnötigen Zerstörung von Wäldern sehr viel geringer sein. Man spricht in diesem Zusammenhang auch vom **Verwalteramt** (*stewardship*) des Menschen in der Natur.

Die Achtung vor dem menschlichen Leben und der menschlichen Vielfalt ist mit der Achtung vor der biologischen Vielfalt vereinbar. Die Würdigung der Mannigfaltigkeit sowohl der menschlichen Kultur als auch der Natur läßt den Menschen das Leben in seinen vielfältigen Ausprägungen respektieren. Versuche, für Frieden zwischen den Nationen zu sorgen und gegen Armut, Kriminalität und Rassismus anzugehen, werden gleichzeitig dem Menschen und der biologischen Vielfalt zugute kommen, da Gewalt, ob innerhalb einer Gesellschaft oder zwischen verschiedenen Völkern, eine der größten Bedrohungen der biologischen Vielfalt ist. Die geistige und seelische Reifung des Menschen führt unwillkürlich zu einer »Identifikation mit allen Lebensformen« und zur »Anerkennung des Eigenwertes dieser Formen« (Naess 1986). Dieser Sichtweise zufolge dehnt sich der Kreis, dem der Mensch sich moralisch verpflichtet fühlt, immer weiter aus: vom Selbst über die Verwandtschaft, die soziale Gruppe, die gesamte Menschheit, die Tiere, alle Arten, die Ökosysteme schließlich auf die gesamte Erde (Abbildung 10.2; Noss 1992).

Die Natur besitzt einen spirituellen und ästhetischen Wert, der über ihren ökonomischen Wert hinausgeht. Seit jeher haben religiöse Denker, Dichter, Schriftsteller, bildende Künstler und Musiker aller Epochen und Stilrichtungen Anregungen aus der Natur bezogen. Ein Verlust an biologischer Vielfalt schwächt diese Quelle der Inspiration. Um sich inspirieren zu lassen, ist es für viele Menschen unerläßlich, die Natur in ungestörtem Zustand zu erleben. Es reicht nicht aus, etwas über bestimmte Arten zu lesen oder sie in Museen, Gärten oder Zoos zu betrachten. Fast alle Menschen erfreuen sich am Anblick schöner Landschaften und freilebender Tiere und Pflanzen, und viele sehen die Erde als Schöpfung Gottes an, die man achten sollte, weil sie gut und wertvoll ist.

Die biologische Vielfalt wird gebraucht, um den Ursprung des Lebens erforschen zu können. Zwei der zentralen Rätsel in Philosophie und Naturwissenschaft lauten: Wie ist das Leben auf der Erde entstanden, und wie hat es sich zu seiner heutigen Mannigfaltigkeit entwickelt? Tausende von Biologen arbeiten an der Beantwortung dieser Fragen und kommen ihr immer näher. Durch das Aussterben von Arten gehen jedoch wichtige Schlüssel zur Lösung des Rätsels verloren.

Deep Ecology

Im Verlauf des 20. Jahrhunderts haben Ökologen und Philosophen immer deutlicher darauf hingewiesen, daß der Mensch seine Lebensweise ändern muß. Aldo Leopold formulierte es 1949 folgendermaßen: »Eine Sache ist richtig, wenn sie dem Erhalt der Unversehrtheit, Stabilität und Schönheit der Organismengemeinschaft zuträglich ist. Sie ist falsch, wenn sie ihm abträglich ist.« Die Erkenntnis, daß ein echter Glaube an den Wert der Natur dazu führen würde, die zerstörerischen Praktiken, die in der heutigen Gesellschaft verbreitet sind und oft für selbstverständlich gehalten werden, in Frage zu stellen, veranlaßte Paul Sears, die Ökologie eine »subversive Wissenschaft« zu nennen. In den sechziger und siebziger Jahren zeigten Persönlichkeiten wie Paul Ehrlich und Barry Commoner, daß Biologen ihre Kompetenz in Umweltfragen einsetzen können, um politische Bewegungen ins Leben zu rufen und zu führen, die sich dem Schutz der Arten und Ökosysteme widmen; im Jahre 1980 kandidierte Commoner sogar für das Amt des US-Präsidenten. Solche politischen Bewegungen gibt es heute überall auf der Welt, darunter schlagkräftige Umweltorganisationen wie Greenpeace und EarthFirst! sowie die grünen Parteien in Europa. Während der vergangenen fünf Jahre haben sich allein in den USA über 200

Aktionsgruppen formiert, die sich bemühen, der Vernichtung der Regenwälder Einhalt zu gebieten.

Einen der gelungensten Ansätze in der Umweltphilosophie beschreibt das Buch *Deep Ecology: Living As If Nature Mattered* (Devall und Sessions 1985; Sessions 1987). Die *Deep Ecology* geht davon aus, daß alle Arten als solche einen Wert besitzen und daß der Mensch nicht das Recht hat, den Reichtum der Natur zu schmälern. Da die gegenwärtigen menschlichen Aktivitäten die biologische Vielfalt auf der Erde zerstören, müssen die bestehenden politischen, wirtschaftlichen, technologischen und ideologischen Strukturen verändert werden. Zu den wichtigsten Veränderungen gehört die Steigerung der menschlichen **Lebensqualität**, wobei einer Verbesserung der Umweltqualität sowie ästhetischen, kulturellen und religiösen Aspekten die Schlüsselrolle zukommt, und nicht etwa vermehrtem Konsum. Zur Philosophie der *Deep Ecology* gehört die Verpflichtung, durch Veränderung der persönlichen Lebensweise und politische Aktivität an der Umsetzung der erforderlichen Veränderungen mitzuwirken (Naess 1989). Die *Deep Ecology* verlangt von Biologen, Philosophen und allen betroffenen Menschen, sich von ihren Alltagssorgen freizumachen und so zu leben und zu handeln, »als ob es auf die Natur ankäme.«

Zusammenfassung

1. Der Schutz der biologischen Vielfalt läßt sich ethisch und ökonomisch rechtfertigen. Die Wertesysteme der meisten Religionen, Philosophien und Kulturen liefern leicht verständliche Gründe für die Bewahrung von Arten. Diese Gründe sprechen auch für den Schutz von Arten, die für den Menschen keinen ersichtlichen Wert haben.
2. An zentraler Stelle steht das ethische Argument, daß Arten ein Existenzrecht besitzen, das auf einem von menschlichen Bedürfnissen unabhängigen Eigenwert beruht. Der Mensch hat nicht das Recht, Arten auszulöschen, und muß sich bemühen, das Aussterben von Arten zu verhindern. Nicht Individuen, sondern Arten sind das angemessene Objekt von Schutzbemühungen; die Art ist es, die sich entwickelt und neue Arten hervorbringt, während Individuen bloß zeitweilige Vertreter der Arten sind.
3. Zwischen den Arten einer Lebensgemeinschaft bestehen komplizierte Wechselbeziehungen. Der Verlust einer Art kann weitreichende Konsequenzen haben, bis hin zum Aussterben anderer Arten der Gemeinschaft.

4. Der Mensch muß lernen, innerhalb der ökologisch vorgegebenen Grenzen zu leben. Er muß lernen, Umweltschäden zu minimieren, da darunter Menschen ebenso wie andere Arten leiden. Darüber hinaus ist die Menschheit zukünftigen Generationen gegenüber verpflichtet, die Erde in gutem Zustand zu erhalten.
5. Die Wertschätzung der menschlichen Vielfalt und der belebten Welt führt zu einer allmählichen Ausweitung der moralischen Verpflichtungen, die sich zunächst auf das Individuum selbst beschränken, dann aber einen immer größeren Kreis einbeziehen: die Verwandten, die soziale Gruppe, die gesamte Menschheit, die Tiere, alle Lebewesen, die Ökosysteme und schließlich die ganze Erde. Die biologische Vielfalt hat Generationen von Schriftstellern, bildenden Künstlern, Musikern und religiösen Denkern inspiriert. Ein Verlust freilebender Arten beraubt den Menschen dieser Quelle der Kreativität.
6. Die *Deep Ecology* ist ein philosophischer Ansatz, der, um die biologische Vielfalt zu schützen, grundlegende gesellschaftliche Veränderungen einfordert. Vertreter dieser Philosophie sind verpflichtet, ihren persönlichen Lebensstil zu ändern und sich in der Umweltbewegung zu engagieren.

Weiterführende Literatur

Armstrong, S. J. und Botzler, R. G. (Hrsg.) 1993. *Environmental Ethics: Divergence and Convergence*. McGraw-Hill, New York. [Kurze Aufsätze, die zur Diskussion anregen.]

Bormann, F. H. und Kellert, S. R. (Hrsg.) 1991. *Ecology, Economics and Ethics: The Broken Circle*. Yale University Press, New Haven. [Führende Wissenschaftler erläutern den dringenden Bedarf für einen interdisziplinären Ansatz zur Lösung der globalen Probleme.]

Devall, B. und Sessions, G. 1985. *Deep Ecology.* Gibbs Smith Publisher, Salt Lake City, Utah. [Ein umweltphilosophischer Ansatz und ein Aufruf zum Handeln.]

Hargrove, E. C. (Hrsg.) 1986. *Religion and the Environmental Crisis*. University of Georgia Press, Athens. [Bezüge zu Naturschutz- und Umweltthemen in religiösen Überlieferungen.]

Hutchins, M. und Wemmer, C. 1986. Wildlife conservation and animal rights: Are they compatible? In: M. W. Fox und L. D. Mickley (Hrsg.), *Advances in Animal Welfare Science 1986/87*, S. 111–137. Humane Society of the United States, Washington, D.C. [Eine gute Erörterung der Übereinstimmungen und Differenzen zwischen Naturschutzbiologie und Tierschutzbewegung.]

Johns, D. M. 1990. The relevance of deep ecology to the Third World: Some preliminary comments. *Environmental Ethics* 12: 233–252. [Eine wichtige Erörterung kulturbedingt unterschiedlicher Sichtweisen von Umweltthemen, veröffentlicht in einer wichtigen Zeitschrift.]

Leopold, A. 1949. *A Sand County Almanach: and sketches here and there.* Oxford University Press, New York. [Deutsch: 1992. *Am Anfang war die Erde.* Knesebeck, München; klassisches Werk über die Notwendigkeit, einen besseren Ausgleich zwischen den Interessen von Mensch und Natur zu schaffen.]

List, P. C. (Hrsg.) 1992. *Radical Environmentalism: Philosophy and Tactics.* Wadsworth Publishing, Belmont, CA. [Radikale Umweltschutzorganisationen und extreme philosophische Positionen fordern die gemäßigten Umweltschützer heraus und provozieren eine Debatte.]

McPhee, J. 1971. *Encounters with the Archdruid.* Farrar, Straus, and Giroux, New York. [Ein einzigartiges Buch, das einen Gedankenaustausch zwischen Umweltschützern und Planern auf Ausflügen in die Wildnis beschreibt.]

Naess, A. 1989. *Ecology, Community, and Lifestyle.* Cambridge University Press, Cambridge. [Gründe für die Entstehung der *Deep Ecology*-Bewegung, vorgebracht von einem ihrer führenden Verfechter.]

Norton, B. G. 1988. Commodity, amenity and morality: The limits of quantification in valuing biodiversity. In: E. O. Wilson und F. M. Peter (Hrsg.), *Biodiversity,* S. 200–205. National Academy Press, Washington, D.C. [Deutsch: 1992. Waren, Annehmlichkeiten und Moral: Die Grenzen der Quantifizierung bei der Bewertung biologischer Vielfalt. In: *Ende der biologischen Vielfalt?* Spektrum Akademischer Verlag, Heidelberg; die Umweltökonomie ist nur eine unter mehreren Möglichkeiten, die Natur zu bewerten.]

Rolston III, H. 1988. *Environmental Ethics: Values In and Duties To the Natural World.* Temple University Press, Philadelphia. [In dieser und anderen (im Quellenverzeichnis aufgeführten) Veröffentlichungen legt ein führender Umweltphilosoph die ethischen Argumente für den Erhalt der biologischen Vielfalt dar.]

Teil IV

Die Erhaltung überlebensfähiger Populationen

11

Die Probleme kleiner Populationen

Keine Population existiert für immer. Aufgrund von Klimaveränderungen, Sukzessionen, Krankheiten und einer Auswahl seltener Ereignisse ist jede Population letztendlich irgendwann zum Aussterben verurteilt. Aber die durch menschliche Aktivitäten verursachte Aussterberate ist heute rund tausendmal so hoch wie die natürliche; Arten verschwinden viel rascher, als neue evoluieren können. So lautet die eigentliche Frage, ob eine Population früher oder aber erst später aussterben wird und welche Faktoren das Aussterben verursachen. Wird eine Population afrikanischer Löwen 1000 Jahre überdauern und erst nach einem Klimawandel aussterben, oder wird sie nach zehn Jahren aufgrund der Bejagung durch den Menschen und durch eingeführte Krankheiten verschwinden? Da bedrohte Arten aus Populationen bestehen, ist der Schlüssel zur Erhaltung von Arten die Bewahrung von Populationen.

Mitglieder großer, seit langem existierender natürlicher Populationen haben die besten Chancen, ein noch unbesiedeltes Gebiet zu kolonisieren und neue Populationen zu bilden. Dieser Vorgang der Bildung neuer Populationen – der durch Metapopulationsmodelle simuliert werden kann (siehe Kapitel 12) – wird durch menschliche Aktivitäten so weit eingeschränkt, daß einige Arten nicht länger überleben können. Eine Art ist besonders dann vom Aussterben bedroht, wenn sie nur aus wenigen kleinen Populationen besteht. Hat die Anzahl der Individuen in einer Population erst einmal infolge Verlust, Zerstörung oder Fragmentierung ihres Lebensraumes oder durch übermäßige Nutzung durch den Menschen eine bestimmte Größe unterschritten, sinkt sie meist rasch weiter ab (Franklin 1980; Gilpin und Soulé 1986; Soulé 1987). Feldbiologen haben eine Vielzahl empirischer Belege dafür geliefert, daß kleine Populationen eher aussterben als große, und diese Beobachtungen werden auch durch zahlreiche ökologische und genetische Argumente unterstützt. Die Beobachtung, daß

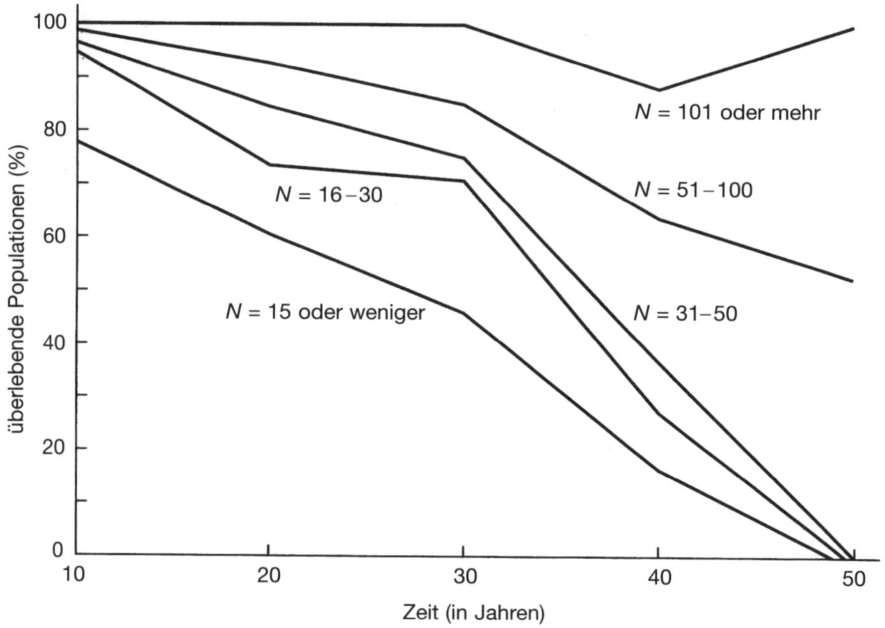

11.1 Der Zusammenhang zwischen der Größe einer Population von Dickhornschafen und dem Prozentsatz von Populationen, die eine gewisse Zeit überleben. Die Zahlen in der Graphik zeigen die Populationsgröße (*N*) an; fast alle Populationen mit mehr als 100 Schafen überlebten länger als 50 Jahre, während Populationen mit weniger als 50 Individuen innerhalb von 50 Jahren ausstarben. (Nach Berger 1990; Photo: Mark Primack.)

kleine Populationen rasch aussterben, führte zur Entwicklung des Konzepts der **kleinsten überlebensfähigen Population** *(minimum viable population size)*, im allgemeinen definiert als die geringste Zahl von Individuen, die notwendig ist, damit eine Population mit hoher Wahrscheinlichkeit über einen bestimmten Zeitraum überlebt (siehe Kapitel 12).

Einer der am besten dokumentierten Fälle der kleinsten überlebensfähigen Population stammt aus einer Analyse des Überlebens von 120 Populationen von Dickhornschafen (*Ovis canadensis*) in den Wüsten der südwestlichen Vereinigten Staaten (Berger 1990). Einige dieser Populationen hat man schon bis zu 70 Jahre lang beobachtet. Verblüffenderweise stellte man fest, daß sämtliche Populationen mit weniger als 50 Individuen innerhalb von 50 Jahren ausstarben, wohingegen praktisch alle Populationen mit mehr als 100 Tieren diesen Zeitraum überlebten (Abbildung 11.1). Für das Aussterben der meisten Populationen war keine offensichtliche, gemeinsame Ursache erkennbar; vielmehr schienen viele unterschiedliche Faktoren das Aussterben der Populationen zu verursachen. Für Dickhornschafe beträgt die minimale Populationsgröße mindestens 100 Individuen, und Populationen mit weniger als 50 Tieren können ihre Zahl nicht einmal auf kurze Sicht halten.

Für den raschen Niedergang und das lokale Aussterben kleiner Populationen sind vor allem drei Gründe verantwortlich:

- genetische Probleme durch Verlust genetischer Variabilität, Inzucht, Verlust an Heterozygotie und genetische Drift,
- demographische Schwankungen aufgrund zufälliger Variation der Geburten- und Sterberaten,
- Schwankungen der Umwelt aufgrund von Variation des Feinddruckes, der Konkurrenz, des Nahrungsangebots und der Bedeutung von Krankheiten; natürliche Katastrophen infolge von Einzelereignissen, die in unregelmäßigen Abständen auftreten, wie Feuer, Überschwemmungen, Vulkanausbrüche, Stürme oder Dürren.

Verlust genetischer Variabilität

Genetische Variabilität ist insofern von Bedeutung, als sie Populationen die Anpassung an eine sich verändernde Umwelt ermöglicht. Zu **genetischer Variabilität** kommt es, weil Individuen unterschiedliche Formen desselben Gens besitzen, sogenannte Allele. Solche Allele können innerhalb einer Population häufig bis sehr selten sein. Durch zufällige Mutationen entstehen, wie in Kapitel 2 beschrieben, neue Allele in einer Population.

In kleinen Populationen kann sich die Häufigkeit von Allelen von einer Generation zur nächsten allein aufgrund des Zufalls verändern – ein als **genetische Drift** bekannter Vorgang. Wenn ein Allel in einer Population nur in geringer Häufigkeit vorhanden ist, so besteht in jeder Generation eine hohe Wahrscheinlichkeit, daß es verlorengeht. Macht ein seltenes Allel beispielsweise fünf Prozent des Genpools einer Population von 1000

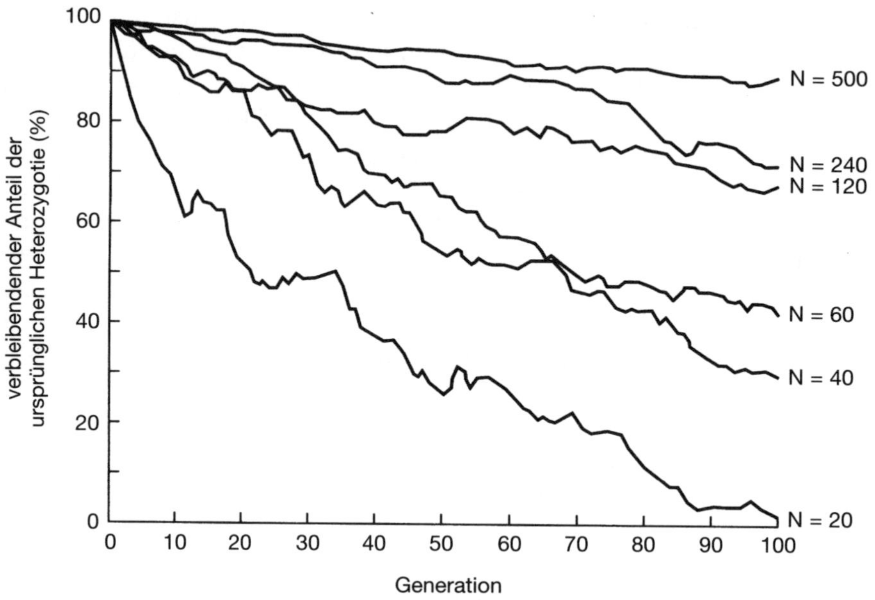

11.2 Die genetische Drift wirkt sich auf kleine Populationen weit stärker aus als auf große. In dieser Darstellung der Durchschnittswerte von 25 simulierten Populationen weist eine Population von 500 Individuen (oberste Linie) nach 100 Generationen immer noch 90 Prozent ihrer genetischen Variabilität auf; eine Population von 20 Individuen dagegen (unterste Linie) besitzt nur noch fünf Prozent ihrer ursprünglichen Variabilität. (Aus Lacy 1987.)

Individuen aus, dann sind 100 Kopien des Allels vorhanden (1000 Individuen × zwei Kopien pro Individuum × 0,05 Genhäufigkeit), und das Allel wird nicht so schnell aus der Population verschwinden. Bei einer Populationsgröße von zehn Individuen ist jedoch nur eine Kopie des Allels vorhanden (zehn Individuen × zwei Kopien pro Individuum × 0,05 Genhäufigkeit); somit ist es relativ wahrscheinlich, daß der Population das seltene Allel in der nächsten Generation verlorengeht.

Wright (1931) betrachtete den allgemeinen Fall einer isolierten Population, in der zwei Allele pro Gen vorliegen, und schlug eine Formel vor, um den erwarteten Rückgang der Heterozygotie pro Generation (ΔF) für eine Population sich fortpflanzender erwachsener Individuen (N_e) auszudrücken:

$$\Delta F = \frac{1}{2N_e}$$

Gemäß dieser Gleichung würde eine Population von 50 Individuen pro Generation aufgrund des Verlusts seltener Allele um ein Prozent (ein Hundertstel) an Heterozygotie abnehmen; eine Population von 25 Individuen würde einen Rückgang von zwei Prozent (ein Fünfzigstel oder zwei Hundertstel) pro Generation zeigen (Abbildung 11.2).

Wie diese Formel verdeutlicht, kann es in isolierten, kleinen Populationen zu erheblichen Verlusten an genetischer Variabilität kommen. Die Wanderung von Individuen zwischen Populationen und regelmäßige Mutationen von Genen erhöhen jedoch tendenziell die genetische Vielfalt der Population und gleichen die Effekte der genetischen Drift aus. Selbst wenn nur gelegentlich Individuen zwischen Populationen wandern, reicht dies meist aus, um den mit kleinen Populationsgrößen verbundenen Verlust an genetischer Variabilität sehr klein zu halten (Abbildung 11.3; Lacy 1987). Stößt zu einer isolierten Population von 120 Individuen in jeder Generation nur ein neuer Zuwanderer hinzu, werden die Auswirkungen der genetischen Drift vernachlässigbar sein. Bei den Spechtfinken auf Galapagos scheint der Genfluß der wichtigste Faktor zu sein, um den Verlust an genetischer Variabilität zu verhindern (Grant und Grant 1992). Andererseits können die in der Natur festgestellten Mutationsraten – zwischen 1:1000 und 1:10000 pro Gen und Generation – die genetische Drift in kleinen Populationen von 120 oder weniger Individuen nicht wirkungsvoll kompensieren. Um den Heterozygotiegrad auf demselben Niveau zu halten, müßten die Mutationsraten bei 1:100 oder höher liegen.

Wie viele Individuen sind erforderlich, um die genetische Variabilität aufrechtzuerhalten? Naturschutzbiologen haben versucht festzustellen, wie groß Populationen sein müssen, um einen Verlust der genetischen Variabilität zu verhindern. Einen der ersten Versuche machte Franklin (1980), der vermutete, 50 Individuen seien die minimale zur Erhaltung der genetischen Vielfalt erforderliche Zahl. Diese Zahl basierte auf praktischen Erfahrungen von Tierzüchtern, denen zufolge man Tierbestände bei einem Verlust von zwei bis drei Prozent Variabilität pro Generation erhalten kann. Wendet man Wrights Formel an, dann wird bei einer Population von 50 Individuen pro Generation nur ein Prozent der Variabilität verlorengehen, und damit wäre man auf jeden Fall auf der sicheren Seite. Da diese Zahl von mindestens 50 Individuen aber auf Forschungen an Haustieren beruht, ist nicht sicher, inwieweit sie sich auf das große Spektrum von Wildtieren anwenden läßt. Ausgehend von Daten über Mutationsraten bei Fruchtfliegen der Gattung *Drosophila* vermutete Franklin (1980), in Populationen von mindestens 500 Individuen könnte die durch Mutation entstehende neue genetische Variabilität den Verlust infolge der kleinen Populationsgröße ausgleichen. Man bezeichnet diesen Bereich von Werten als 50/500-Regel: Isolierte Populationen müssen mindestens 50, besser aber 500 Individuen umfassen, um die genetische Variabilität zu erhalten.

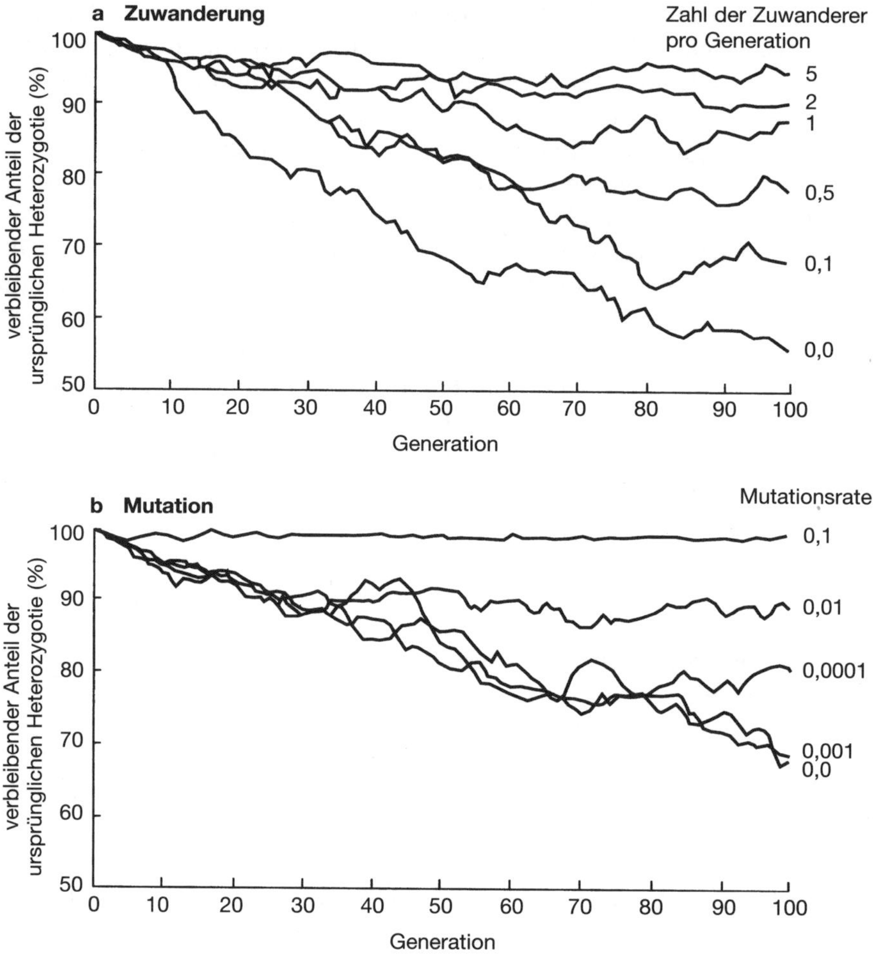

11.3 Die Auswirkungen von Zuwanderung und Mutation auf die genetische Variabilität von 25 simulierten Populationen mit 120 Individuen ($N = 120$). a) In einer isolierten Population von 120 Individuen verhindern selbst geringe Zuwanderungsraten aus größeren Populationen einen Verlust an Heterozygotie durch genetische Drift. Im Modell führt eine Zuwanderungsrate von 0,1 (das heißt alle zehn Generationen ein Zuwanderer) zu einer Abnahme der Heterozygotie, während die genetische Drift bei einer Zuwanderungsrate von 1 vernachlässigbar ist. b) Mutationen können der genetischen Drift nicht so leicht entgegenwirken. Im Modell muß die Mutationsrate m ein Prozent pro Gen und Generation ($m = 0{,}01$) oder mehr betragen, damit die Heterozygotie nicht nennenswert abnimmt. Da diese Mutationsrate weit höher ist als die in natürlichen Populationen beobachtete, scheint die Mutation eine geringe Rolle bei der Erhaltung der genetischen Variabilität in kleinen Populationen zu spielen. (Aus Lacy 1987.)

Die effektive Populationsgröße

Die 50/500-Regel ist in der Praxis schwierig anzuwenden, weil sie davon ausgeht, daß eine Population aus *N* Individuen besteht, die sich alle mit der gleichen Wahrscheinlichkeit paaren und Nachwuchs haben. Zahlreiche Individuen einer Population bringen jedoch aufgrund von verschiedenen Faktoren gar keinen Nachwuchs hervor: hierzu zählen Alter, schlechter Gesundheitszustand, Unfruchtbarkeit, mangelhafte Ernährung, kleine Körpergröße und Sozialstrukturen, die einige Tiere daran hindern, Geschlechtspartner zu finden. Infolge dieser Faktoren ist die **effektive Populationsgröße** (N_e) der sich fortpflanzenden Individuen oft erheblich kleiner als die tatsächliche Populationsgröße. Da die Verlustrate der genetischen Variabilität aber von der effektiven Populationsgröße abhängt, könnten auch in großen Populationen recht starke Verluste an genetischer Vielfalt auftreten (Kimura und Crow 1963; Franklin 1980). Folgende Umstände können dazu führen, daß die effektive Populationsgröße geringer ist als erwartet:

Ungleiches Geschlechterverhältnis. Durch Zufall kann eine Population aus einer ungleichen Zahl von Männchen und Weibchen bestehen. Wenn beispielsweise eine Population einer monogamen Gänseart (bei der also ein Männchen und ein Weibchen eine langandauernde Paarbindung eingehen) aus 20 Männchen und sechs Weibchen besteht, werden nur zwölf Individuen an der Fortpflanzung beteiligt sein. In diesem Fall beträgt die effektive Populationsgröße also zwölf und nicht 26. Bei anderen Tierarten halten unter Umständen die Sozialsysteme zahlreiche Individuen von der Paarung ab, auch wenn sie physiologisch gesehen dazu in der Lage wären: Bei See-Elefanten können dominante Bullen eine große Gruppe von Weibchen unter Kontrolle haben und andere Männchen davon abhalten, sich mit ihnen zu paaren; bei den afrikanischen Wildhunden hingegen bekommt vielfach das dominante Weibchen des Rudels sämtliche Jungen.

Wie eine ungleiche Anzahl sich fortpflanzender Männchen und Weibchen die effektive Populationsgröße N_e beeinflußt, läßt sich durch folgende allgemeine Formel beschreiben:

$$N_e = \frac{4N_m N_f}{N_m + N_f}$$

N_m und N_f stehen hierbei jeweils für die Anzahl sich fortpflanzender Männchen (m für englisch *male*) beziehungsweise Weibchen (f für englisch *female*) in der Population. Bei gleicher Gesamtzahl sich fortpflanzender Individuen nimmt die effektive Populationsgröße umso mehr ab, je ungleicher das Geschlechterverhältnis zwischen Männchen und Weibchen wird (Abbildung 11.4).

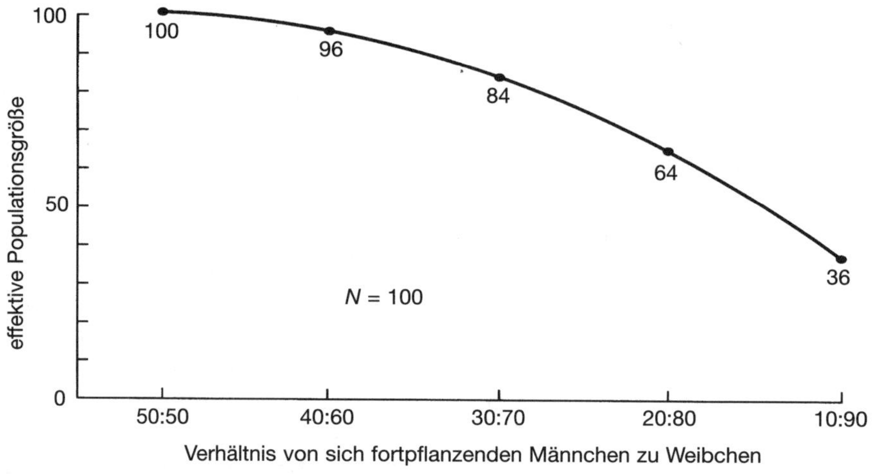

11.4 Die effektive Populationsgröße (N_e) nimmt ab, wenn die Zahl der Männchen und Weibchen in einer Zuchtpopulation von 100 Individuen zunehmend ungleicher wird.

Einige wenige Individuen eines Geschlechts tragen unverhältnismäßig stark zur genetischen Ausstattung der nächsten Generation bei, im Gegensatz zum gleichhohen Beitrag in monogamen Paarungssystemen. Man betrachte zum Beispiel eine Seelöwenpopulation, bei der sich sechs Männchen und 60 Weibchen an der Fortpflanzung beteiligen, wobei sich jeder Bulle mit zehn Weibchen paart. Wie Berechnungen zeigen, beträgt die effektive Populationsgröße in Wirklichkeit 22 und nicht 66, weil nur relativ wenige Männchen sich paaren.

Unterschiede im Fortpflanzungserfolg. Bei vielen Arten variiert die Zahl der Nachkommen der einzelnen Individuen beträchtlich. Dieses Phänomen gilt insbesondere für Pflanzen, bei denen manche Individuen vielleicht einige wenige, andere hingegen Tausende von Samen produzieren. Eine ungleiche Samenproduktion führt zu einer Reduktion der effektiven Populationsgröße, da einige wenige Individuen im Genpool der darauffolgenden Generation unverhältnismäßig stark repräsentiert sind. Im allgemeinen ist bei großen Unterschieden im Fortpflanzungserfolg die effektive Populationsgröße niedriger als die tatsächliche Populationsgröße. Nach Schätzung von Crow und Morton (1955) verringern bei einer Vielzahl von Arten Unterschiede in der Anzahl der Nachkommen die effektive Populationsgröße um 60 bis 85 Prozent. In vielen Populationen einjähriger (annueller) Pflanzen, die sowohl aus einer großen Zahl kleiner Individuen bestehen, die nur einen oder wenige Samen bilden, als auch aus wenigen, sehr großen Pflanzen, die Tausende von Samen produzieren, könnte die effektive Populationsgröße sogar noch weiter herabgesetzt sein.

Populationsschwankungen. Bei manchen Arten variiert die Populationsgröße von Generation zu Generation dramatisch. Besonders gute Beispiele für Populationen mit derartigen Schwankungen sind die Scheckenfalter der Gattung *Euphydryas* in Kalifornien (Murphy et al. 1990), annuelle (einjährige) Pflanzen und Amphibien (Pechmann et al. 1991). In Populationen, die solche extremen Fluktuationen zeigen, liegt die effektive Populationsgröße irgendwo zwischen der niedrigsten und der höchsten Zahl von Individuen. Die effektive Größe einer solchen Population über einen Zeitraum von t Jahren läßt sich aus der Anzahl der sich pro Jahr fortpflanzenden Individuen errechnen:

$$1/N_e = 1/t(1/N_1 + 1/N_2 + \ldots + 1/N_t)$$

Die effektive Populationsgröße wird meistens durch die Jahre mit den geringsten Zahlen bestimmt. Schon ein einziges Jahr mit drastisch verringerten Bestandszahlen wird den Wert der effektiven Populationsgröße erheblich verringern; dieses Prinzip liegt einem Phänomen zugrunde, das man als Flaschenhals einer Population bezeichnet und das ich später in diesem Kapitel diskutieren werde.

Betrachten wir als Beispiel eine Schmetterlingspopulation, die fünf Jahre lang untersucht wird und in diesen Jahren nacheinander zehn, 20, 100, 20 und zehn sich fortpflanzende Individuen umfaßt. In diesem Fall gilt folgendes:

$$1/N_e = 1/5(1/10 + 1/20 + 1/100 + 1/20 + 1/10) = 31/500$$

Die effektive Populationsgröße ist reziprok zu 31/500, beträgt also

$$N_e = 500/31 = 16{,}1.$$

Aus diesem Beispiel läßt sich ersehen, daß die effektive Populationsgröße im Verlauf dieser fünf Jahre über dem geringsten Wert von zehn, aber weit unter dem Maximum von 100 und auch deutlich unter der durchschnittlichen Populationsgröße von 32 liegt.

Diese Beispiele verdeutlichen, daß die effektive Populationsgröße oft erheblich niedriger ist als die Gesamtzahl der Individuen in einer Population. Insbesondere, wenn die genannten Faktoren – wie Populationsschwankungen, zahlreiche sich nicht fortpflanzende Individuen und ein ungleiches Geschlechterverhältnis – in Kombination auftreten, kann die effektive Populationsgröße weitaus niedriger liegen als die Zahl der in einem guten Jahr vorhandenen Individuen. Wie später noch dargestellt wird, führt eine geringere effektive Populationsgröße zu einem rascheren Verlust von Allelen aus einer Population.

Die Schätzung der effektiven Populationsgröße mit Hilfe der Allelhäufigkeit

Eine andere Methode, die effektive Populationsgröße zu schätzen, ist die Messung des Verlusts an genetischer Variabilität über die Zeit in wiederholt gezählten Populationen (Exkurs 19). Diese Methode beruht darauf, daß die Verlustrate der genetischen Variabilität mit der Zeit aufgrund der genetischen Drift direkt mit der effektiven Populationsgröße korreliert ist. Sie wurde benutzt, um acht große Laborpopulationen der Taufliege *Drosophila melanogaster* zu untersuchen; dabei wurde eine Technik zur Beurteilung der Zahl variabler Allele eingesetzt (Briscoe et al. 1992). In allen acht Populationen war die Populationsgröße zwischen acht und 365 Generationen lang bei rund 5000 Individuen gehalten worden. Obwohl die Populationen alle groß waren, variierte die effektive Populationsgröße von 185 bis 253 – das entspricht nur etwa vier Prozent der tatsächlichen Populationsgröße. Diese Ergebnisse legen nahe, daß es möglicherweise nicht ausreicht, einfach nur große Populationen zu erhalten, um den Verlust von genetischer Variabilität bei Populationen in menschlicher Obhut zu verhindern. In solchen Fällen läßt sich die genetische Vielfalt effektiver durch kontrollierte Zucht erhalten, möglicherweise indem man die Population unterteilt und einen begrenzten Austausch zuläßt.

Ein weiteres Beispiel bezieht sich auf die gefährdete Winterwanderung des Quinnat (*Oncorhynchus tschawytscha*), einer Lachsart, im Sacramento River (Bartley et al. 1992). Obwohl die Population der sich fortpflanzenden Tiere aus 2000 adulten Fischen besteht, beträgt die effektive Populationsgröße nur 85. Diese Zahl reicht möglicherweise nicht aus, um die Variabilität der Population zu erhalten. Eine ähnlich niedrige effektive Populationsgröße (von nur 132) ermittelte man in einer kommerziellen Lachszucht, obgleich die Laichpopulation bis zu 10000 Tiere umfaßte. Sowohl wildlebende als auch in Fischzuchten aufgezogene Fischpopulationen weisen offenbar effektive Populationsgrößen auf, die weit unter der Zahl der adulten Tiere liegen, und laufen somit Gefahr, große Teile ihrer genetischen Variabilität zu verlieren. Im Falle der Fischzuchten haben die Verantwortlichen erkannt, daß für die Zuchtprogramme eine größere Anzahl ausgewachsener Fische und mehr Becken notwendig sind, um die Population unterteilen zu können; außerdem ist es wichtig, Nachkommen verschiedener Eltern am Leben zu erhalten.

Exkurs 19: Die Nashörner Asiens und Afrikas: Genetische Vielfalt und Verlust an Lebensraum

In den letzten Jahrzehnten haben Naturschützer sich sehr stark darum bemüht, die Zahl der Nashörner in ihren ursprünglichen Verbreitungsgebieten wieder zu erhöhen. Das ist eine gewaltige Aufgabe: Alle fünf Nashornarten sind ernsthaft gefährdet. Für die drei Arten der asiatischen Wälder stellt die Zerstörung ihres Lebensraumes eine besondere Bedrohung dar; für die beiden afrikanischen Arten ist der illegale Abschuß wegen ihrer Hörner ein besonderes Problem. Die Verluste bei den Nashörnern sind so gravierend, daß heute von allen fünf Arten zusammen schätzungsweise nur noch 10000 Individuen leben (Cohn 1988a; Ashley et al. 1990). Die meisten Tiere gibt es noch vom Weißen oder Breitmaulnashorn (*Ceratotherium simum*); diese Art zählt annähernd 5700 wildlebende Tiere, während die seltenste Art – das in seinem unzugänglichen Lebensraum schwer erfaßbare Javanashorn (*Rhinoceros sondaicus*) – nur noch 50 Tiere in Indonesien und fünf bis 15 in Vietnam umfaßt (IUCN/SSC African Rhino Specialist Group, Treffen im November 1992). Der Populationsrückgang sämtlicher Arten ist schon alarmierend genug, aber das Problem wird noch dadurch verschärft, daß viele der verbliebenen Tiere in sehr kleinen, isolierten Populationen leben. Das Schwarze oder Spitzmaulnashorn (*Diceros bicornis*) zum Beispiel zählt insgesamt ungefähr 2400 Individuen, aber diese sind auf rund 75 kleine, weit voneinander getrennte Untergruppen aufgeteilt (Ashley et al. 1990). Einige Biologen

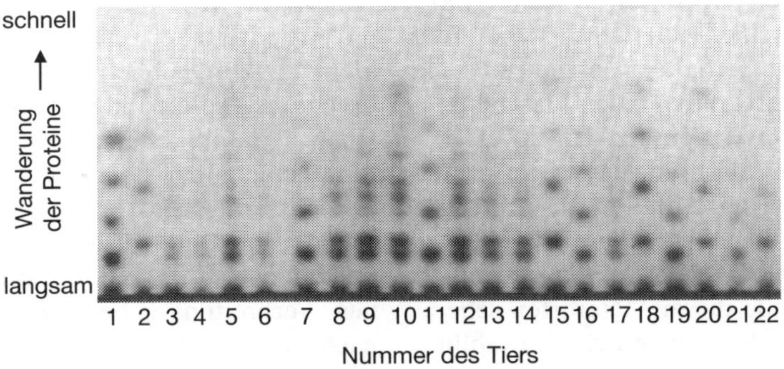

Die Stärkegelelektrophorese zeigt, daß die Population des Panzernashorns (*Rhinoceros unicornis*) im Chitwan-Nationalpark ein hohes Maß an genetischer Vielfalt aufweist. Bei dieser Technik wandern Proteine (in diesem Fall das Enzym LDH), die von verschiedenen Allelen eines Genes codiert werden, mit unterschiedlicher Geschwindigkeit über eine Stärkegelplatte und erscheinen in unterschiedlicher Entfernung vom Ausgangspunkt am unteren Rand des Gels als Banden. Jede Säule repräsentiert ein einzelnes Tier. Man beachte, daß Tier 10 und Tier 11 Banden an unterschiedlichen Positionen aufweisen, was zeigt, daß sie für das Enzym LDH genetisch voneinander abweichen. (Aus Dinerstein und McCracken 1990.)

befürchten, daß viele dieser kleinen Populationen infolge von Inzuchtdepression – genetischen Schäden, die von Paarungen zwischen nahe verwandten Individuen herrühren – auf Dauer nicht überlebensfähig sind.

Die Frage der genetischen Lebensfähigkeit von Nashornpopulationen ist nicht so einfach zu beantworten, wie es zunächst scheint. Die Nashornarten zeigen eine stark unterschiedliche genetische Variabilität. Neueren Studien am Panzernashorn (*Rhinoceros unicornis*) in Nepal zufolge ist die genetische Variabilität dieser Art trotz ihrer kleinen Gesamtpopulation von geschätzten 1200 Tieren extrem hoch (Cohn 1988; Dinerstein und McCracken 1990) und steht somit im Widerspruch zu der allgemeinen Annahme, kleine Populationen zeigten automatisch einen geringen Heterozygotiegrad. Die Kombination einer langen Generationszeit mit einer hohen Mobilität der Individuen hat dem Panzernashorn wohl ermöglicht, seine genetische Variabilität aufrechtzuerhalten, obgleich seine Population durch einen Flaschenhals geht. Im Gegensatz dazu sind vom Spitzmaulnashorn noch sechs Unterarten bekannt, die jeweils an lokale Umweltbedingungen in dem Verbreitungsgebiet der Spezies angepaßt sind. Jede dieser Unterarten scheint eine niedrige genetische Variabilität aufzuweisen; in drei Fällen – bei *Diceros bicornis brucii*, *D. bicornis longipes* und *D. bicornis chobiensis* – sind diese Varianten nur noch durch wenige Dutzend Tiere vertreten (Ashley et al. 1990).

Auf der Grundlage der genetischen Überlebensfähigkeit allein möchte man annehmen, daß das Panzernashorn einen Vorteil gegenüber dem Spitzmaulnashorn besitzt und eher überleben wird. Das Panzernashorn sieht sich jedoch einer anderen und womöglich tödlicheren Gefahr ausgesetzt: dem Verlust seines Lebensraumes. Obwohl das Panzernashorn nicht unmittelbar durch Inzucht bedroht ist, hat der bedenkliche Druck, der seit dem 19. Jahrhundert auf den Habitaten dieser Art lastet, seine Zahl von vielleicht Zehntausenden von Tieren auf weniger als 1000 in den sechziger Jahren reduziert (Dinerstein und McCracken 1990). Das geographische Verbreitungsgebiet dieses Tieres, das ursprünglich Nordindien, Pakistan, Südnepal, Birma und Bangladesch umfaßte, wurde fast völlig von menschlichen Siedlungen eingenommen. Die Populationen des Panzernashorns in Parks und Schutzgebieten sind aber drastisch angestiegen und genetisch gesund (Cohn 1988; Dinerstein und McCracken 1990); die Art wird jedoch immer auf diese kleinen, übriggebliebenen Biotope beschränkt sein, und sie hat keine Chance, in ihr ehemaliges Verbreitungsgebiet oder zu ihren früheren Zahlen zurückzukehren.

Im Gegensatz dazu steht dem Spitzmaulnashorn ein Großteil seines Verbreitungsgebiets in Afrika nach wie vor offen und wird in naher Zukunft sehr wahrscheinlich keinen menschlichen Eingriffen unterliegen. Eine gewisses Maß an Heterozygotie könnte man in der verbliebenen Population wiederherstellen, indem man sämtliche Spitzmaulnashörner zu einer einzigen Zuchtpopulation zusammenbrächte. Würde man die Population einem solchen, auf genetische Vielfalt abzielenden Management unterstellen, wäre es vorstellbar, daß die Art wieder ihre ursprünglichen Zahlen erreichen und ihr ehemaliges Verbreitungsgebiet in vollem Ausmaß besiedeln könnte. Doch es bleibt das Problem der lokalen Anpassung: Wenn die Artenschützer alle Spitzmaulnashörner zusammen in ein Reservat brächten, um die genetische Vielfalt der Art zu erhöhen, würden sie dann riskieren, daß kleine adaptive Unterschiede verlorengehen, die sich vielleicht als ausschlaggebend für das Überleben lokaler Populationen erweisen? Analysen der Mitochondrien-DNA in Populationen von Spitzmaulnashörnern (Ashley et al. 1990) deuten darauf hin, daß die Beziehungen zwischen den meisten Tieren so eng sind, daß geringfügige adaptive Veränderungen wahrscheinlich nicht von Bedeutung sind; die Notwendigkeit, die Spitzmaulnashornpopulation vielfältiger zu machen, wiegt stärker als die möglichen Probleme. Ob sich die genetische Diversität erhalten läßt, hängt davon ab, wie man von außen drohende Gefahren für die Zuchtpopulation, darunter auch illegale Wilderei, unter Kontrolle bekommt. Auch müssen die Parks in optimalem Zustand gehalten werden, um zu gewährleisten, daß alle erwachsenen Individuen sich fortpflanzen.

Die Erhaltung der Nashörner ist somit eine Aufgabe, die man auf die speziellen Umstände der jeweiligen Arten und Populationen zuschneiden muß. Für Spezies, die von Biotopverlust bedroht sind, wie das Panzernashorn, könnte die Bewahrung des Lebensraumes die bedeutendste Maßnahme zur Arterhaltung sein. Andere, wie etwa das Spitzmaulnashorn, brauchen möglicherweise ein Management, um die genetische Vielfalt zu steigern, darunter Zuchtprogramme und der Schutz der verbliebenen Population. Für die seltensten Arten, das Sumatra- und das Javanashorn, muß man vielleicht beide Methoden kombinieren. Der Schutz ihres Lebensraumes ist erforderlich, da beide asiatischen Arten einem starken Druck durch Abholzung und Umwandlung von Wald- in Ackerflächen unterliegen; aber auch Zuchtprogramme sind notwendig, um die genetische Vielfalt zu erhöhen und zu erhalten. Für die verschiedenen Nashornarten gibt es keine pauschale, allumfassende Lösung; für jede ist einzeln abzuwägen, welche Probleme bei der Arterhaltung auftreten können und welche Bedingungen erfüllt sein müssen.

Hinweise auf verringerte genetische Variabilität in kleinen Populationen in der Natur

Korrelation zwischen Populationsgröße und genetischer Variabilität. In Neuseeland kommt die windbestäubte, zweihäusige (diözische) Konifere *Halocarpus bidwillii* von Natur aus in voneinander getrennten Populationen in subalpinen Lebensräumen vor; die Größe der Populationen reicht von zehn bis hin zu 400000 Individuen. Untersuchungen an dieser Art zeigten einen eindeutigen Zusammenhang der Popualtionsgröße mit der genetischen Variabilität: Individuenreiche Populationen wiesen das größte Maß an Heterozygotie auf, den höchsten Prozentsatz polymorpher Gene und die größte durchschnittliche Zahl von Allelen (Abbildung 11.5; Billington 1991). Populationen mit weniger als 8000 Individuen schienen einen Verlust der genetischen Variabilität zu erleiden, wobei die geringste Vielfalt in den kleinsten Populationen herrschte.

Seltene Arten mit wenig oder gar keiner genetischen Variabilität. Bei einer Anzahl seltener Arten hat man festgestellt, daß es ihnen völlig an genetischer Variabilität mangelt. Bei der seltenen einjährigen Wasserpflanze *Howellia aquatilis* (Glockenblumengewächse, Campanulaceae) gibt es keine genetische Variabilität, weder zwischen den Individuen innerhalb von Populationen noch zwischen verschiedenen Populationen (Lesica et al. 1988). Man nimmt an, daß das Fehlen von Variabilität durch Schwankungen in der Populationsgröße und eine Neigung der Blüten zur Selbstbefruchtung verursacht wurde. Ein ähnlicher Mangel an genetischer Variabilität zeigt sich in vier Populationen der seltenen Läusekrautart *Pedicularis furbishiae* (Scrophulariaceae), einer im US-Bundesstaat Maine endemischen Art (Waller et al. 1988). In diesem Fall schreibt man die fehlende

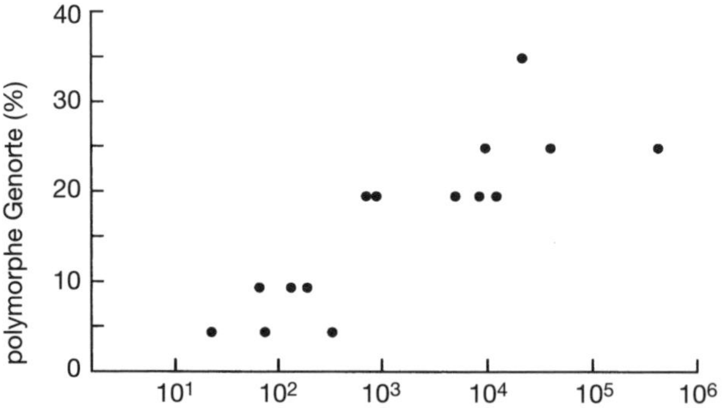

11.5 In Populationen der neuseeländischen Konifere *Halocarpus bidwillii* ist die genetische Variabilität direkt mit der Populationsgröße korreliert. Dieses Muster gilt für den Prozentsatz von polymorphen Genorten wie auch für die durchschnittliche Zahl von Allelen pro Gen und den Heterozygotiegrad. (Aus Billington 1991.)

genetische Variabilität der genetischen Drift in einer Reihe von Populationen zu, die sich vorübergehend nach Keimung einiger weniger Samen an Flußufern etabliert hatten. In einer klassischen Studie zeigten Babbel und Selander (1974), daß von zwei Arten der Gattung *Lupinus* diejenige mit einem beschränkten Verbreitungsgebiet weniger genetische Variabilität aufwies als die weiter verbreitete Spezies. Bei einem Vergleich von elf Paaren von Arten zeigte sich, daß die seltenen Spezies genetisch stets weniger variabel waren als die häufigen Arten derselben Gattung (Karron 1987). Wie eine ausführliche Übersicht von Untersuchungen zur genetischen Variabilität bei Pflanzen ergab, wiesen nur acht von 113 Pflanzenarten keine meßbare genetische Variabilität auf, und diese hatten oft sehr begrenzte Verbreitungsgebiete (Hamrick et al. 1979).

Genetische Flaschenhälse

Gelegentlich wird eine Population aufgrund irgendeines Geschehens in der Umwelt oder eines demographischen Ereignisses, das alle bis auf ein paar Individuen tötet, drastisch in ihrer Größe reduziert (Carson und Templeton 1984; Barrett und Kohn 1991). Man bezeichnet dieses Phänomen als **genetischen Flaschenhals** (*genetic bottleneck*). Wenn eine Population stark dezimiert wird, gehen ihr seltene Allele verloren, sofern nicht Individuen überleben, die diese Allele besitzen (Carson 1983). Mit weniger Allelen und einem Rückgang der Heterozygotie nimmt auch die Gesamtfitness der Individuen in der Population ab. Eine spezielle, als **Gründereffekt** (*founder effect*) bezeichnete Form des Flaschenhalses tritt auf, wenn einige wenige Individuen eine große Population verlassen, um eine neue Population zu gründen (Abbildung 11.6).

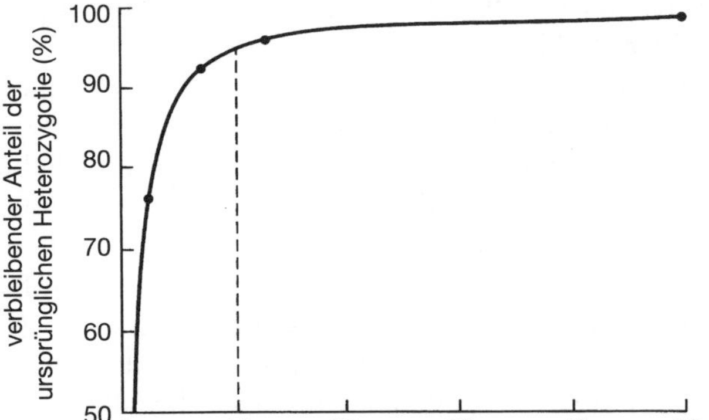

11.6 Einer neuen Population, die nur von wenigen, nicht miteinander verwandten Individuen ausgeht, fehlt ein erheblicher Teil der genetischen Variabilität der Ausgangspopulation. Beträgt die effektive Größe der Gründerpopulation jedoch mehr als zehn nichtverwandte Individuen, bleiben 90 Prozent der genetischen Variabilität erhalten. (Aus Foose 1983.)

Die Löwen des Ngorongorokraters in Tansania liefern ein gut erforschtes Beispiel für einen genetischen Flaschenhals (Packer et al. 1991; Packer 1992). Die Löwenpopulation bestand aus ursprünglich 60 bis 75 Individuen, bis eine Epidemie parasitischer Fliegen im Jahre 1962 die Population auf neun Weibchen und ein Männchen reduzierte (Abbildung 11.7). Zwei Jahre später wanderten sieben zusätzliche Männchen in den Krater ein, doch seitdem kam es zu keinen weiteren Zuwanderungen. Die kleine Zahl der Gründer, die Isolation der Population und der unterschiedliche Fortpflanzungserfolg der einzelnen Individuen führten anscheinend zu einem genetischen Flaschenhals, obwohl die Population später auf 75 bis 125 Tiere zunahm. Im Vergleich zu der großen Löwenpopulation der nahegelegenen Serengeti zeigen die Kraterlöwen eine verringerte genetische Variabilität, eine hohe Zahl mißgebildeter Spermien (Abbildung 11.8) und eine reduzierte Fortpflanzungsrate.

Der Gepard (*Acinonyx jubatus*) ist eine Art, die in jüngster Zeit infolge der Veränderung ihres Lebensraumes und der Bejagung durch den Menschen einen gravierenden zahlenmäßigen Rückgang erlitt. Während die Art noch vor 20000 Jahren in großen Teilen Afrikas, Asiens, Europas und Nordamerikas vorkam, sind heute nur noch 1500 bis 5000 Geparden übrig, die ausschließlich auf Afrika beschränkt sind (O'Brien et al. 1985a, b; O'Brien und Evermann 1988). Wie anfällig Geparden sind auszusterben, verdeutlicht das Verschwinden von vier anderen Arten der Gattung *Acinonyx* im späten Pleistozän. Hinweise auf die genetischen Auswirkungen eines Flaschenhalses beim Gepard stammen von Studien, die in zwei isolierten Populationen extrem niedrige genetische Variabilität zeigten. Derart niedrige Level würde man nach zehn bis 20 Generationen von Bruder-Schwester-Paarungen in einer isolierten Population erwarten. Als mögliche Konsequenz des Verlusts an Heterozygotie besitzen Geparden, wie man weiß, nur zehn Prozent der Spermienzahl verwandter Katzen (Felidae), und über 70 Prozent ihrer Spermien sind auf irgendeine Weise anomal. Ihr Mangel an genetischer Variabilität könnte ein Grund sein, warum Geparden ungewöhnlich anfällig für Krankheiten sind.

Flaschenhälse von Populationen müssen nicht zwangsläufig zu verringerter Heterozygotie führen. Wenn die Population nach einem vorübergehenden Flaschenhals rasch an Größe zunimmt, kann die durchschnittliche Heterozygotie der Population wiederhergestellt werden, auch wenn die Zahl der vorhandenen Allele deutlich verringert ist (Nei et al. 1975; Allendorf 1986) (Abbildung 11.9). Ein Beispiel für dieses Phänomen ist das hohe Maß an Heterozygotie beim Panzernashorn in Nepal (siehe Exkurs 19). Zu einem bestimmten Zeitpunkt umfaßte die Population weniger als 30 sich fortpflanzende Individuen, aber 1988 hatte sie sich wieder auf fast 400 Tiere erholt (Dinerstein und McCracken 1990).

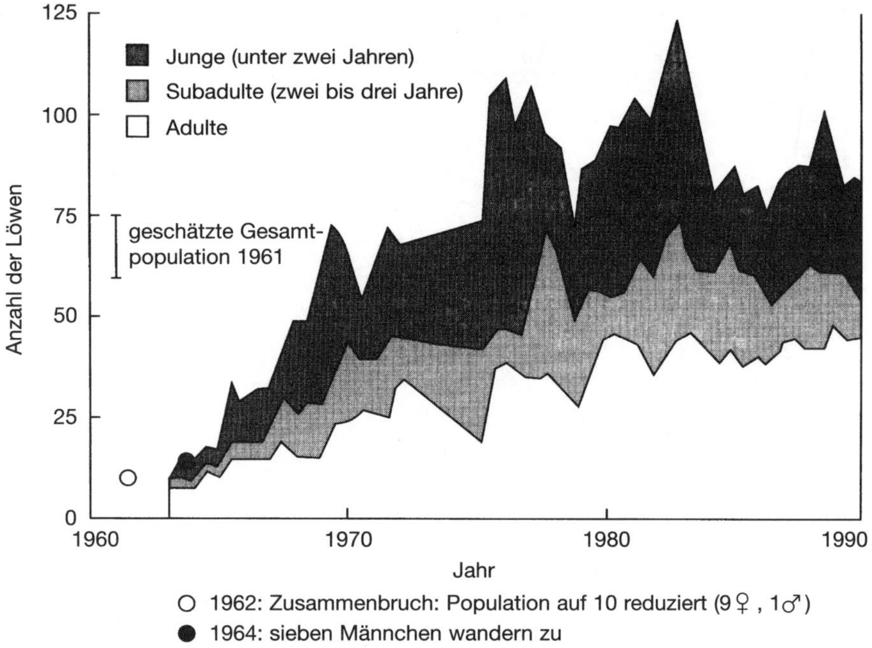

11.7 Die Löwenpopulation des Ngorongorokraters umfaßte im Jahre 1961 etwa 61 Tiere, bevor sie 1962 zusammenbrach. Seitdem hat sich die Population wieder erholt, doch ihre Isolierung und die fehlende Zuwanderung seit 1964 führten offenbar zu einem genetischen Flaschenhals. (Aus Packer et al. 1991.)

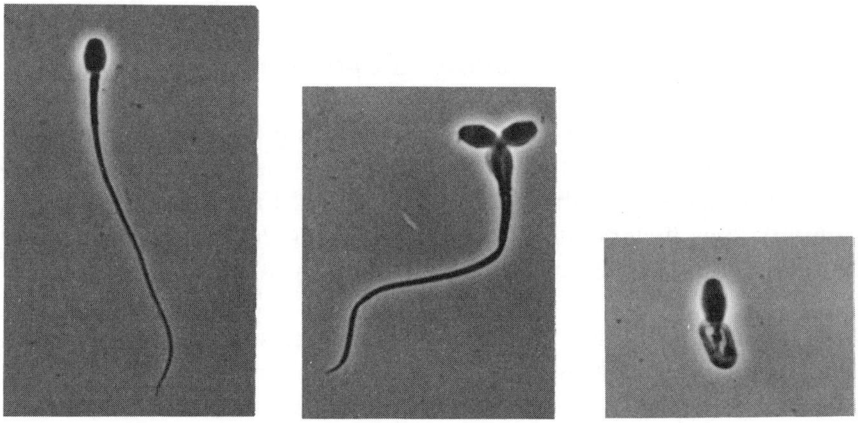

a b c

11.8 Als Folge von Isolation und Inzucht weisen Männchen der Löwenpopulation des Ngorongorokraters in Tansania ein hohes Maß an mißgebildeten Spermien auf. a) Normales Löwenspermium. b) Bicephales („zweiköpfiges") Spermium. c) Nicht funktionsfähiges Spermium mit aufgerolltem Schwanzfaden. (Photos: D. Wildt.)

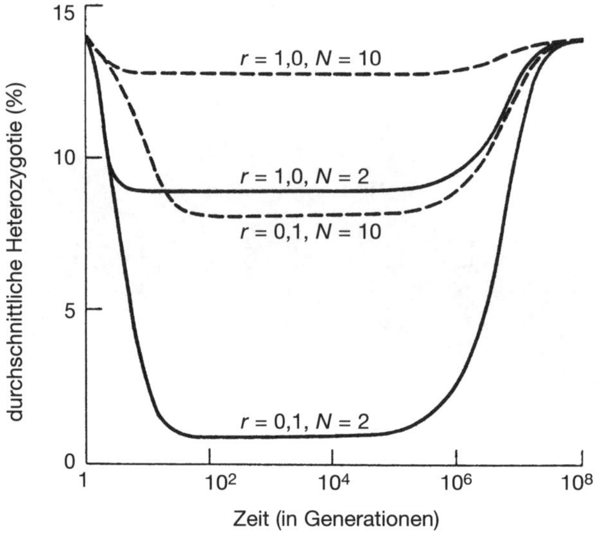

11.9 Die Auswirkungen eines Flaschenhalses auf die genetische Vielfalt einer Population, die auf zwei Individuen reduziert ist (durchgezogene Linien), und auf eine, die auf zehn Individuen verringert ist (gestrichelte Linien). Der Verlust an Heterozygotie wird auch durch die Wachstumsrate (*r*) der Population beeinflußt; eine Population mit einer geringen Wachstumsrate pro Generation (r = 0,1) wird in stärkerem Maße an Heterozygotie verlieren und länger brauchen, um sich zu erholen, als eine Population mit einer höheren Wachstumsrate (r = 1,0). So sind zum Beispiel Elefantenpopulationen, die eine sehr niedrige Wachstumsrate aufweisen, stärker durch Flaschenhälse betroffen als schnellwachsende Populationen wie jene von Mäusen und Kaninchen. (Nach Nei et al. 1975.)

Genetische Konsequenzen kleiner Populationen

Kleine Populationen besitzen eine größere Empfindlichkeit gegenüber verschiedenen schädlichen genetischen Effekten wie Inzuchtdepression, Verlust der evolutionären Flexibilität und Aus- oder Fremdzuchtdepression (siehe unten); dies bewirkt eine Verringerung der Populationsgröße und eine Erhöhung der Aussterbewahrscheinlichkeit.

Inzuchtdepression. In großen Populationen der meisten Tierarten paaren sich die Individuen normalerweise nicht mit nahen Verwandten (Ralls et al. 1986). Oft entfernen sich die Tiere von ihrem Geburtsort oder werden durch charakteristische Individualgerüche oder andere sensorische Anhaltspunkte davon abgehalten, sich mit Verwandten zu paaren. Bei zahlreichen Pflanzen begünstigt eine Vielzahl morphologischer und physiologischer Mechanismen die Fremdbestäubung und verhindert eine Selbstbestäubung. In manchen Fällen jedoch – insbesondere, wenn keine anderen

Geschlechtspartner verfügbar sind – können diese Mechanismen eine Inzucht nicht verhindern. Paarungen zwischen nahen Verwandten wie Eltern und ihren Kindern, zwischen Geschwistern oder Vettern und Basen führen zur **Inzuchtdepression** (*inbreeding depression*), gekennzeichnet durch weniger, schwächere oder sterile Nachkommen.

Am plausibelsten läßt sich Inzuchtdepression damit erklären, daß sie die Expression nachteiliger Gene ermöglicht (Selander 1983; Barrett und Kohn 1991; Charlesworth und Charlesworth 1987). Fremdzucht erhöht nicht nur das Ausmaß an Heterozygotie in der Population, sondern ermöglicht auch zahlreichen seltenen, aber nachteiligen rezessiven Allelen, die durch Mutation entstehen, sich in Populationen anzusammeln, ohne exprimiert zu werden; solange diese Allele selten sind, wird die Genfunktion durch die häufigeren dominanten Allele des Genes ausgeübt. Wenn jedoch die Populationsgröße einer fremdzüchtenden Art abnimmt, können nahe Verwandte gezwungen sein, sich untereinander zu paaren, weil keine anderen Geschlechtspartner verfügbar sind. Durch eine solche Inzucht können die seltenen, rezessiven Allele in homozygoter Form exprimiert werden; die Folge sind nachteilige Auswirkungen auf die Nachkommen.

Belege für die Existenz der Inzuchtdepression stammen aus der Theorie der Populationsgenetik und von Studien an menschlichen Bevölkerungsgruppen, an Tierpopulationen in menschlicher Obhut und an Kulturpflanzen (Darwin 1876; Charlesworth und Charlesworth 1987). Bei einer Vielzahl von Säugetierpopulationen in Menschenhand führten Paarungen zwischen nahen Verwandten, etwa zwischen Eltern und Kindern oder unter Geschwistern, im Durchschnitt zu Nachkommen mit einer um 33 Prozent erhöhten Sterblichkeitsrate als bei fremdgezüchteten Tieren (Abbildung 11.10; Ralls et al. 1986; Ralls et al. 1988). In kleinen Zoopopulationen und bei Haustierzuchtprogrammen kann Inzuchtdepression ein ernsthaftes Problem sein. Wie sich Inzucht in der Natur auswirkt, ist nicht bekannt, man würde jedoch erwarten, daß sie recht bedeutende Auswirkungen hat (Barrett und Kohn 1991). Als Darwin (1868) über die Tendenz von Arten schrieb, eine Fortpflanzung mit engen Verwandten zu vermeiden, gab er folgenden Kommentar: »Daß die Inzucht mit nächsten Verwandten direkt irgendwelche schlimmen Folgen hätte, haben viele abgestritten, aber selten ein praktischer Züchter; und, soweit ich weiß, nie jemand, der in großem Stil Tiere gezüchtet hat, die sich schnell vermehren.«

Welche Vielzahl von genetischen Faktoren kleine Populationen beeinflußt, verdeutlichen die Studien an den Wölfen auf der Isle Royale in Kanada (Wayne et al. 1991). Um 1949 gründete ein Wolfspaar auf dieser Insel im Oberen See eine Population. Diese hatte bis 1980 auf etwa 50 Tiere zugenommen, war aber bis 1990 wieder auf nur 14 Tiere zurückgegangen, wobei viele Weibchen sich nicht fortpflanzten und man nur wenige Junge sichtete. Ein verringertes Nahrungsangebot, die Auswirkungen der Hunde-

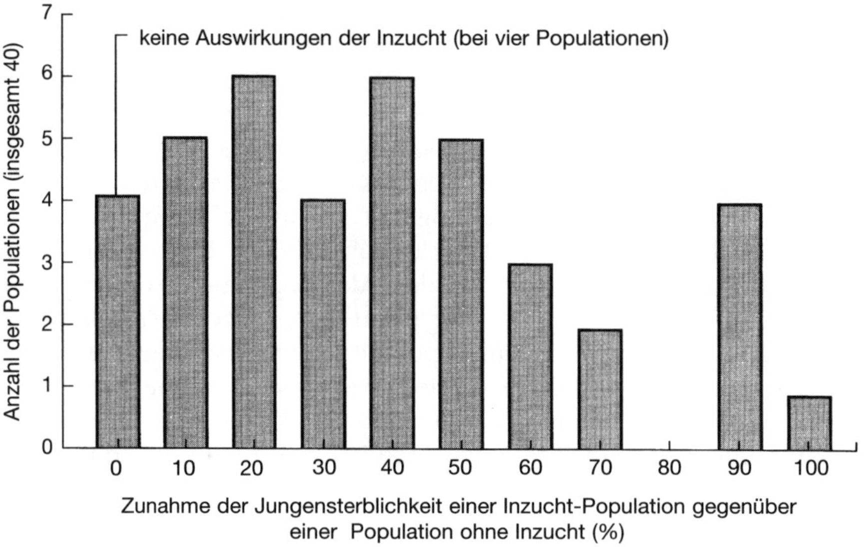

11.10 Ein hohes Maß an Inzucht (etwa Paarungen zwischen Mutter und Sohn, Vater und Tochter oder Bruder und Schwester) zieht bestimmte „Kosten" nach sich. In den dargestellten Ergebnissen, die auf einer Übersichtsuntersuchung von 40 ingezüchteten Säugetierpopulationen beruhen, zeigen sich diese Kosten als Zunahme der Jungensterblichkeit (in Prozent) gegenüber der Jungensterblichkeit ohne Inzucht bei derselben Art. (Aus Ralls et al. 1988.)

staupe und der Verlust genetischer Vielfalt sind als mögliche Erklärungen für den Populationsrückgang vorgeschlagen worden. Verlust an genetischer Variabilität und Heterozygotie scheint die wahrscheinlichste Erklärung, denn während fünf bis sieben Generationen gab es nur zwei bis drei Zuchtpaare, weshalb man einen 39- bis 45prozentigen Verlust der genetischen Variabilität erwarten würde. Wie genetische Analysen ergaben, hat die Wolfspopulation der Insel im Vergleich zu Festlandpopulationen tatsächlich 50 Prozent ihrer genetischen Variabilität verloren. Die Wölfe der Isle Royale sind einander genetisch so ähnlich wie Geschwister und stammen wahrscheinlich von einer einzigen Mutter ab. Diese genetischen Ergebnisse legen nahe, daß Inzuchtdepression und eine Abneigung naher Verwandter, sich untereinander zu paaren, den Rückgang der Populationsgröße erklären könnten.

Auszuchtdepression. Wenn sich Individuen zweier verschiedener Arten paaren, sind ihre Nachkommen aufgrund der Inkompatibilität der von ihren unterschiedlichen Eltern geerbten Chromosomen und Enzymsysteme oft schwach oder unfruchtbar (Templeton 1986). Die Hybridnachkommen besitzen möglicherweise auch nicht mehr die genaue Genmischung, die es den Eltern ermöglichte, unter ganz bestimmten lokalen Bedingungen zu überleben. **Auszuchtdepression** (*outbreeding depression*) kann auch infolge von Paarungen zwischen verschiedenen Unterarten oder sogar unterschiedlichen Genotypen oder Populationen derselben Art auftreten (Waser et al. 1987; Waser und Price 1989). In der Natur ist übermäßige Auszucht selten, denn die Individuen verfügen über starke morphologische, physiologische oder Verhaltensmechanismen, die sicherstellen, daß es nur innerhalb von Arten zu Paarungen kommt. Oft leben verwandte Arten auch in verschiedenen geographischen Gebieten und unterschiedlichen Lebensräumen. In menschlicher Obhut jedoch paaren sich verschiedene Arten unter Umständen absichtlich oder zufällig miteinander, weil kein geeigneter Geschlechtspartner verfügbar ist. Hauspferde und Esel zum Beispiel werden häufig miteinander gekreuzt, um Maultiere beziehungsweise Maulesel zu erhalten; diese Tiere sind zwar nicht schwach – im Gegenteil, sie sind recht robust –, aber fast immer unfruchtbar. Bei Erhaltungszuchtprogrammen muß man solcher Auszuchtdepression vorbeugen.

Von besonderer Bedeutung ist Auszuchtdepression möglicherweise bei Pflanzen, bei denen die Auswahl des Geschlechtspartners in gewissem Maße eine Frage des zufälligen Transports des Pollens ist (Waser und Price 1989). Eine seltene Pflanzenart, die in der Nähe einer nahe verwandten, häufigen Spezies wächst, wird unter Umständen von den Pollen der häufigen Art geradezu überschüttet (Ellstrand 1992). Die Nachkommen solcher Verbastardierungen sind oft unfruchtbar. Und selbst wenn die Hybriden nicht steril sind, geht die genetische Identität der seltenen Art verloren, weil ihr kleiner Genpool mit dem viel größeren Genpool der häufigen Art vermischt wird. Wie ernsthaft diese Bedrohung ist, verdeutlicht die Tatsache, daß mehr als 90 Prozent der bedrohten und gefährdeten Pflanzenarten Kaliforniens in enger Nähe zu einer anderen Art derselben Gattung vorkommen, mit der die seltenen Pflanzen möglicherweise hybridisieren (Anonymus 1989).

Der Verlust der evolutionären Flexibilität. Verlust an genetischer Variabilität kann die Fähigkeit einer Population einschränken, auf langfristige Veränderungen der Umwelt zu reagieren (Allendorf und Leary 1986). Seltene Allele und ungewöhnliche Allelkombinationen, die keine unmittelbaren Vorteile bringen, könnten für bestimmte zukünftige Umweltbedingungen hervorragend geeignet sein. Wenn in kleinen Populationen seltene Allele verlorengehen und die Heterozygotie abnimmt, stehen der Population weniger genetische Möglichkeiten offen. Eine kleine Population weist mit geringerer Wahrscheinlichkeit die notwendige genetische Variabilität auf, um sich an langfristige Umweltveränderungen anzupassen, als eine große Population und wird daher eher aussterben. Beispielsweise besitzt in vielen Pflanzenpopulationen ein geringer Prozentsatz der Individuen Allele, um toxische Metalle wie Zink und Blei zu tolerieren, selbst wenn diese Metalle gegenwärtig in ihrer Umwelt nicht vorkommen (Antonovics et al. 1971; Antonovics 1976). Enthält der Boden giftige Metalle – ob infolge natürlicher Prozesse, durch Bergbauaktivitäten oder durch Umweltverschmutzung –, dann nehmen diese Allele in der Population drastisch in ihrer Häufigkeit zu. Ist die Population jedoch klein und die Genotypen für Metalltoleranz sind nicht vorhanden, könnte die Population aussterben.

Demographische Variation

In einer idealisierten, stabilen Umwelt würde eine Population wachsen, bis sie die Umweltkapazität (*K*) (*carrying capacity*, also die Aufnahmefähigkeit oder das Fassungsvermögen der Umwelt) erreicht hätte. An diesem Punkt wäre die durchschnittliche Geburtenrate (*b*, für englisch *birth rate*) pro Individuum gleich der mittleren Sterberate (*d*, für englisch *death rate*), und es gäbe keine Veränderungen der Populationsgröße. In jeder wirklichen Population produzieren die Individuen gewöhnlich nicht die durchschnittliche Zahl an Nachkommen, sondern haben entweder keinen Nachwuchs oder etwas weniger beziehungsweise etwas mehr als der Durchschnitt. In einer idealen, stabilen Population von Großen Pandas zum Beispiel brächte jedes Weibchen in seinem Leben durchschnittlich zwei überlebende Junge hervor; wie Feldstudien jedoch zeigen, weichen einzelne Weibchen weit von dieser Zahl von zwei Nachkommen ab. Solange eine Population groß ist, stellt der Durchschnitt jedoch eine exakte Beschreibung der Population dar. Ähnlich läßt sich die durchschnittliche Sterberate in einer Population nur ermitteln, indem man eine große Zahl von Individuen untersucht.

Geht eine Population auf weniger als 50 Individuen zurück, beginnen die individuellen Unterschiede in den Geburten- und Sterberaten willkürliche Populationsschwankungen nach oben oder unten zu verursachen (Gilpin und Soulé 1986; Menges 1992). Schwankt die Populationsgröße nach unten, werden die folglich kleineren Populationen noch anfälliger für demographische Schwankungen in der nächsten Generation sein, was unter Umständen zum Aussterben führen kann. Zufällige Schwankungen der Populationsgröße nach oben werden schließlich durch die Umweltkapazität beschränkt, und die Population beginnt vielleicht wieder, nach unten zu schwanken. Wenn eine Population also durch Zerstörung und Fragmentierung ihres Lebensraumes klein geworden ist, wird demographische Variation ein wichtiger Faktor, und die Population stirbt mit höherer Wahrscheinlichkeit aus. Aufgrund von Populationsmodellen argumentierten Richter-Dyn und Goel (1972) sowie MacArthur und Wilson (1967), daß die zufällige demographische Variation, auch als **demographische Stochastizität** bezeichnet, zunimmt, wenn die Populationsgröße abnimmt, mit der Folge, daß die Wahrscheinlichkeit eines zufälligen Aussterbens steigt. Bei Arten mit niedriger Geburtenrate wie zum Beispiel Elefanten ist die Wahrscheinlichkeit des Aussterbens ebenfalls höher, da diese Arten länger brauchen, um sich von einem zufälligen Rückgang ihrer Population zu erholen.

Als einfaches Beispiel stelle man sich eine Population aus drei zwittrigen Individuen vor, die ein Jahr lang leben, sich fortpflanzen und dann sterben. Jedes Individuum bringt mit einer Wahrscheinlichkeit von jeweils 33 Prozent keine, einen oder zwei Nachkommen hervor, was eine durchschnittliche Geburtenrate von 1 pro Individuum ergibt; in diesem Fall führt dies theoretisch zu einer stabilen Population. Wenn sich diese Individuen paaren, besteht jedoch eine Wahrscheinlichkeit von 1:27 ($0{,}33 \times 0{,}33 \times 0{,}33$), daß in der nächsten Generation keine Nachkommen geboren werden und die Population ausstirbt. Man beachte auch, daß die Wahrscheinlichkeit, in der folgenden Generation nur ein Junges hervorzubringen, bei 1:9 liegt ($0{,}33 \times 0{,}33 \times 0{,}33 \times 3$); da dieses Individuum keinen Geschlechtspartner finden wird, wird die Population in der darauffolgenden Generation zum Aussterben verurteilt sein. Es besteht ferner eine Wahrscheinlichkeit von 22 Prozent, daß die Population in der nächsten Generation auf zwei Individuen zurückgehen wird. Wie dieses einfache Beispiel verdeutlicht, können zufällige Variationen in der Geburtenrate bei kleinen Populationen zu demographischer Stochastizität und zum Aussterben führen. Ähnlich können zufällige Schwankungen der Sterberate Fluktuationen der Populationsgröße bewirken. Sind Populationen klein, vermag eine zufällige hohe Sterblichkeit in einem Jahr die Population unter Umständen völlig auszulöschen.

Wenn Populationen eine kritische Größe unterschreiten, kommt es auch eher zu Abweichungen von einem ausgeglichenen Geschlechterverhältnis und demzufolge zu einem Rückgang der Geburtenrate. Man stelle sich zum Beispiel eine Population von vier Vögeln aus zwei sich fortpflanzenden Männchen und Weibchen vor, in der jedes Weibchen im Laufe seines Lebens zwei überlebende Junge hervorbringt. In der nächsten Generation beträgt die Wahrscheinlichkeit, daß nur männliche Vögel produziert werden 1:16 (und genauso 1:16, daß es nur weibliche Nachkommen sind); in diesem Fall würden keine Eier für eine weitere Generation gelegt werden. Mit einer Wahrscheinlichkeit von 50 Prozent (8:16) werden in der folgenden Generation entweder drei Männchen und ein Weibchen oder drei Weibchen und ein Männchen vorhanden sein; in diesen Fällen wird sich dann nur ein Vogelpaar fortpflanzen, und die Population wird zurückgehen. Auch wenn dies hypothetische Situationen sind, verdeutlichen zwei Beispiele aus der Natur diese Tatsache. Erstens waren die letzten fünf überlebenden Individuen des *dusky seaside sparrow*, einer Unterart der Strandammer (*Ammospiza maritima nigrescens*), alle männlich, so daß keine

Gelegenheit bestand, ein Zuchtprogramm in menschlicher Obhut durchzuführen. Und zweitens sind die letzten 30 in Illinois übriggebliebenen Individuen der seltenen Pflanze *Hymenoxys acaulis* var. *glabra* nicht imstande, lebensfähige Samen zu produzieren, wenn sie untereinander gekreuzt werden, weil sie demselben selbststerilen Fortpflanzungstyp angehören (De Mauro 1989). So muß man Pollen aus Ohio herbeischaffen, damit die Pflanzen in Illinois Samen produzieren können.

Bei zahlreichen Tierarten sind kleine Populationen möglicherweise deswegen instabil, weil ihre Sozialstruktur nicht mehr funktioniert, wenn die Population erst einmal eine bestimmte Größe unterschritten hat. In Herden lebende, pflanzenfressende Säugetiere und Schwarmvögel sind vielleicht nicht mehr in der Lage, Futter zu finden und sich gegen Angriffe zu verteidigen, wenn ihre Zahlen unter ein bestimmtes Niveau absinken. In Rudeln jagende Tiere wie Wildhunde und Löwen brauchen möglicherweise eine bestimmte Anzahl von Individuen, um effektiv zu jagen. Viele Tierarten, die in weit verstreuten Populationen leben, wie Bären oder Wale, vermögen unter Umständen keinen Geschlechtspartner mehr zu finden, geht die Populationsdichte erst einmal unter einen bestimmten Punkt zurück; man bezeichnet dies als **Allee-Effekt** (Dennis 1981). In diesem letzten Fall wird die durchschnittliche Geburtenrate abnehmen, die Population noch kleiner werden und das Problem sich verschlimmern. Bei Pflanzenarten nimmt mit abnehmender Populationsgröße die Entfernung zwischen den Pflanzen zu; bestäubende Tiere besuchen womöglich nicht mehr als eine der isolierten, verstreuten Pflanzen, so daß die Samenproduktion ausbleibt (Bawa 1990). Diese Kombination von zufälligen Schwankungen in demographischen Charakteristika, ungleichem Geschlechterverhältnis und gestörtem Sozialverhalten trägt zur Instabilität in der Populationsgröße bei und führt oft zu lokalem Aussterben.

Umweltveränderungen und Katastrophen

Zufällige Schwankungen der biotischen und der abiotischen Umweltfaktoren können ebenfalls zu Schwankungen in der Populationsgröße einer Art führen. Beispielsweise könnte die Population einer gefährdeten Kaninchenart durch Populationsschwankungen einer Hirschart beeinflußt werden, die sich von denselben Pflanzen ernährt wie die Kaninchen; oder durch Fluktuationen einer Fuchspopulation, die sich von den Kaninchen ernährt, sowie durch die Anzahl von Parasiten und Krankheitserregern, welche die Kaninchen beeinträchtigen. Schwankungen der abiotischen Umwelt könnten sich ebenso stark auf die Kaninchenpopulationen auswirken. Die Regenfälle in einem durchschnittlichen Jahr begünstigen vielleicht das Pflanzenwachstum und ermöglichen ein Anwachsen der Population, während trockene Jahre das Pflanzenwachstum möglicherweise begrenzen und die Kaninchen verhungern lassen. Zufällige Veränderungen in der Umwelt, auch als **Umweltstochastizität** (*environmental stochasticity*) bezeichnet, wirken sich auf alle Individuen in einer Population aus, im Gegensatz zur demographischen Variation, die zu Unterschieden zwischen den einzelnen Mitgliedern einer Population führt.

In unvorhersehbaren Intervallen wiederkehrende natürliche Katastrophen, wie Dürren, Stürme, Erdbeben, Feuer und zyklisches Absterben der umgebenden Lebensgemeinschaft, können ebenfalls starke Populationsschwankungen verursachen. Natürliche Katastrophen können einen bestimmten Prozentsatz einer Population oder sogar die gesamte Population in einem Gebiet auslöschen. Obwohl das Auftreten einer solchen natürlichen Katastrophe in einem einzelnen Jahr recht unwahrscheinlich ist, wird es im Laufe von Jahrzehnten und Jahrhunderten mit großer Wahrscheinlichkeit zu solchen Katastrophen kommen.

Als Beispiel für die Wirkung von Umweltschwankungen stelle man sich eine Kaninchenpopulation von 100 Individuen vor, in der die mittlere Geburtenrate in jedem Frühjahr 0,2 beträgt und durchschnittlich 20 Kaninchen jeden Sommer von Füchsen gefressen werden. Im Mittel wird die Population ihre Größe von exakt 100 Individuen aufrechterhalten, wobei jedes Jahr 20 Kaninchen geboren und 20 gefressen werden. Fressen die Füchse jedoch in drei aufeinanderfolgenden Jahren 40 Kaninchen jährlich, wird die Population in den Jahren 1, 2 und 3 auf 80 beziehungsweise 56 und 27 Tiere zurückgehen. Folgen dann drei Jahre ohne Verluste durch Füchse, wird sich die Kaninchenpopulation wieder auf 32, 38 und 46 Individuen in den Jahren 4, 5 und 6 erhöhen. Obwohl also in diesem Zeitraum von sechs Jahren im Durchschnitt dieselbe Verlustrate durch Füchse zu verzeichnen wäre, würde die von Jahr zu Jahr unterschiedliche Prädationsrate bewirken, daß die Kaninchenpopulation um 50 Prozent abnimmt. Bei einer Populationsgröße von 46 Individuen würde die Kaninchenpopulation rasch aussterben, wenn nach wie vor pro Jahr 20 Kaninchen den Füchsen zum Opfer fielen.

Wie umfangreiche Simulationsstudien von Menges (1992) und anderen gezeigt haben, sind für eine Zunahme der Aussterbewahrscheinlichkeit in mäßig großen Populationen zufällige Schwankungen der Umweltbedingungen im allgemeinen wichtiger als zufällige demographische Variation. Schwankungen der Umweltbedingungen können das Aussterberisiko selbst in Populationen erhöhen, die bei einer stabilen Umwelt im Modell ein positives Populationswachstum verzeichnen. Wenn man Umweltveränderungen in Populationsmodelle einbezieht – sie also realistischer macht – führt das im allgemeinen zu niedrigeren Wachstumsraten der Populationen, einer geringeren Populationsgröße und einer höherer Aussterbewahrscheinlichkeit. Menges (1992) führte Umweltschwankungen in Modelle von Pflanzenpopulationen ein, die Feldökologen entwickelt hatten. Vor der Aufnahme der Umweltschwankungen deuteten diese Modelle darauf hin, daß die kleinste lebensfähige Population (die geringste Anzahl von Individuen, die der Population ein Überleben ermöglichen würden, siehe Kapitel 12) für die Pflanzen ungefähr 140 fortpflanzungsfähige Individuen beträgt (Abbildung 11.11). Wenn man mäßige Umweltschwankungen im Modell zuließ, erhöhte sich die Minimalgröße einer lebensfähigen Population auf 380 Individuen.

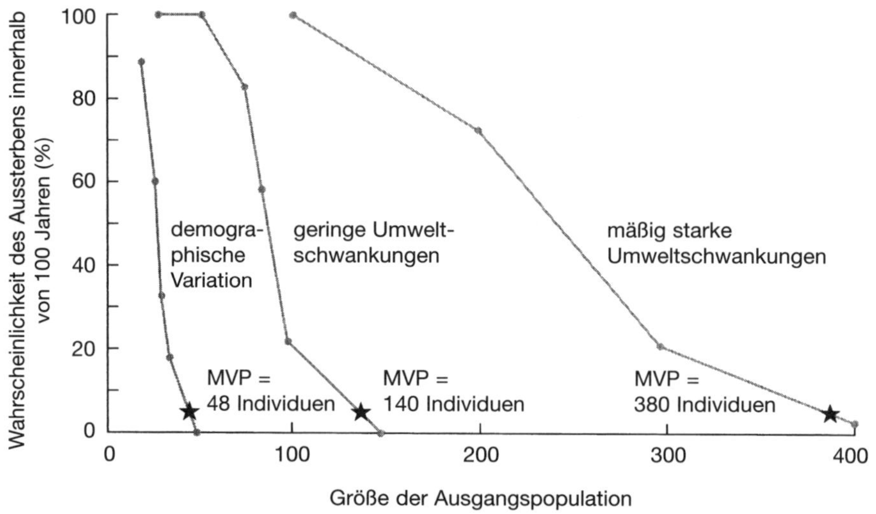

11.11 Die Auswirkungen demographischer Variation sowie geringer und mäßig starker Umweltschwankungen auf die Aussterbewahrscheinlichkeit einer Population der mexikanischen Palmenart *Astrocaryum mexicanum*. (Bei dieser Studie war die kleinste lebensfähige Population (MVP für englisch *minimum viable population size*) – dargestellt als Sternchen – als jene Populationsgröße definiert, bei der die Wahrscheinlichkeit, daß die Population innerhalb von 100 Jahren ausstirbt, unter fünf Prozent liegt.) (Aus Menges 1991; Daten aus Pinero et al. 1984.)

Der Strudel des Aussterbens

Je kleiner eine Population wird, desto anfälliger ist sie für demographische Variation, Umweltschwankungen und genetische Faktoren, welche die Populationsgröße möglicherweise noch weiter reduzieren und die Population an den Rand des Aussterbens bringen. Diese Tendenz kleiner Populationen, bis zum Aussterben abzunehmen, ist mit der Wirkung eines Strudels (*vortex effet*) verglichen worden (Gilpin und Soulé 1986). So könnten beispielsweise eine natürliche Katastrophe, eine Schwankung der Umweltbedingungen oder eine Störung durch den Menschen eine große Population zu einer kleinen reduzieren. Diese kleine Population würde dann möglicherweise unter Inzuchtdepression leiden, verbunden mit einer verminderten Überlebensrate der Jungen. Diese erhöhte Sterberate könnte wiederum zu einer noch geringeren Populationsgröße führen und zu noch mehr Inzucht. Ähnlich wird die demographische Variation oft die Populationsgröße verringern und noch größere demographische Schwankungen und eine erhöhte Aussterbewahrscheinlichkeit nach sich ziehen. Diese drei Faktoren – Umweltschwankungen, demographische Variation und Verlust der genetischen Variabilität – wirken zusammen, und somit wird ein Rückgang der Populationsgröße, der durch einen dieser Faktoren verursacht wird, die Population anfälliger für die anderen Faktoren machen (Abbildung 11.12). So könnte beispielsweise eine durch Fragmentierung der Wälder hervorgerufene Abnahme der Orang-Utan-Population, die Inzuchtdepression zur Folge haben und so die Populationsgröße noch weiter reduzieren; die verringerte Populationsgröße könnte die Sozialstruktur zerstören und es den Tieren unmöglich machen, Geschlechtspartner zu finden, was zu einer noch kleineren und für ein ungewöhnliches Umweltereignis noch anfälligeren Population führen würde. Diese Kombination von Faktoren könnte die Population zahlenmäßig rasch abnehmen lassen und schließlich zum Aussterben führen. Wenn eine Population erst einmal bis zu einer sehr geringen Größe abgenommen hat, wird sie meist aussterben, sofern ihr nicht ausgesprochen günstige Umstände eine Zunahme hin zur kleinsten überlebensfähigen Population ermöglichen. Eine weitere Alternative ist ein sorgfältig ausgearbeitetes Programm zum Management der Population und ihres Lebensraumes, um die Auswirkungen der kleinen Populationsgröße zu minimieren (Schonewald-Cox et al. 1983), wie in späteren Kapiteln beschrieben.

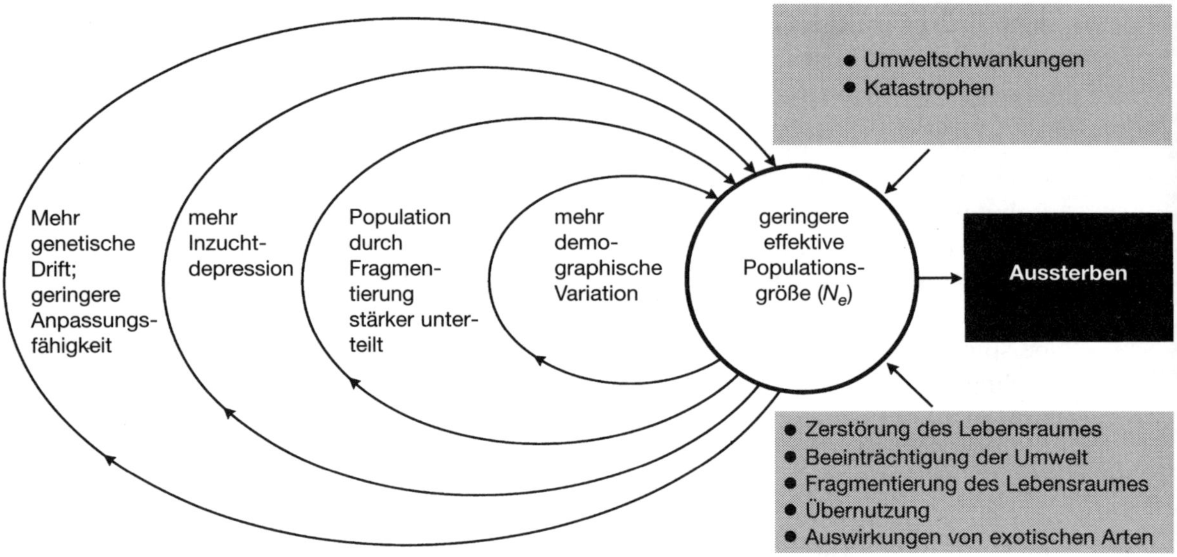

11.12 Aussterbestrudel verringern die Populationsgröße und führen zum lokalem Aussterben von Arten. Gerät eine Art erst einmal in einen solchen Strudel, nimmt ihre Population ständig ab, was wiederum die nachteiligen Auswirkungen des Strudels erhöht. (Verändert aus Guerrant 1992 sowie Gilpin und Soulé 1986.)

Zusammenfassung

1. Biologen haben festgestellt, daß kleine Populationen eher aussterben als große Populationen. Dafür gibt es drei Ursachen: Verlust an genetischer Variabilität, demographische Schwankungen und Umweltschwankungen beziehungsweise natürliche Katastrophen.
2. Wenn eine Population kleiner wird, verliert sie tendenziell allein durch Zufall genetische Variabilität – ein als genetische Drift bekannter Vorgang –, was zu Inzuchtdepression und mangelnder evolutionärer Flexibilität führt. Erfahrungen mit Tieren in menschlicher Obhut deuten darauf hin, daß isolierte Populationen mindestens 50, noch besser aber 500 sich fortpflanzende Individuen umfassen sollten, um die genetische Variabilität aufrechtzuerhalten. Entscheidend ist dabei die effektive Populationsgröße, die sich aus der Anzahl der Individuen ergibt, die tatsächlich Nachkommen hervorbringen. Die errechnete effektive Populationsgröße ist oft beträchtlich geringer als die Zahl der vorhandenen Individuen. Dafür gibt es mehrere Gründe: Viele Individuen pflanzen sich überhaupt nicht fort, das Geschlechterverhältnis kann ungleich

sein, die einzelnen Individuen produzieren vielleicht eine unterschiedliche Zahl von Nachkommen, und Populationen können von Jahr zu Jahr in ihrer Größe stark schwanken.

3. Bei kleinen Populationen kann Variation in Fortpflanzungs- und Sterberaten bewirken, daß die Population zufällig in ihrer Größe schwankt, was schließlich zum Aussterben der Population führten kann. Auch Schwankungen der Umweltbedingungen können zufällige Populationsschwankungen verursachen, wobei seltene natürliche Katastrophen manchmal bedeutende Abnahmen der Populationsgröße zur Folge haben. Ist eine Population erst einmal verkleinert, ist sie noch anfälliger für zufällige Schwankungen in der Größe und wird eher aussterben. Die kombinierten Auswirkungen von demographischer Variation, Umweltschwankungen und genetischen Faktoren sind mit einem Strudel verglichen worden, der kleine Populationen zum Aussterben bringt.

Weiterführende Literatur

Barrett, S. C. und Kohn, J. R. 1991. Genetic and evolutionary consequences of small population size in plants: Implications for conservation. In: D. Falk und K. Holsinger (Hrsg.), *Genetics and Conservation of Rare Plants,* S. 3–10. Oxford University Press, New York. [Hervorragender Überblick über die Genetik kleiner Populationen mit zahlreichen Hinweisen auf Untersuchungen an Pflanzen.]

Berger, J. 1990. Persistence of different-sized populations: An empirical assessment of rapid extinctions in bighorn sheep. *Conservation Biology* 4: 91–98. [Eine exzellente Fallstudie an Dickhornschafen.]

Carson H. L. und Templeton, A. R. 1984. Genetic revolutions in relation to speciation phenomena: The founding of new populations. *Annual Review of Ecology and Systematics* 15: 97–131. [Neue Populationen sind genetisch oft einzigartig.]

Charlesworth, D. und Charlesworth, B. 1987. Inbreeding depression and its evolutionary consequences. *Annual Review of Ecology and Systematics* 18: 237–268. [Zwei führende Wissenschaftler diskutieren die Auswirkungen der Inzucht.]

Falk, D. A. und Holsinger, K. E. (Hrsg.) 1991. *Genetics and Conservation of Rare Plants*. Oxford University Press. New York. [Um Pflanzen zu erhalten, muß man einige spezielle Dinge berücksichtigen.]

Franklin, I. R. 1980. Evolutionary change in small populations. In: M. E. Soulé und B. A. Wilcox (Hrsg.) *Conservation Biology: An Evolutionary–Ecological Perspective,* S. 135–149. Sinauer Associates, Sunderland, MA. [Zukunftsweisende Veröffentlichung, welche die Probleme kleiner Populationen skizziert.]

Gilpin, M. E. und Soulé, M. E. 1986. Minimum viable populations: Processes of species extinction. In: M. E. Soulé (Hrsg.) *Conservation Biology. The Science of Scarcity and Diversity,* S. 19–34. Sinauer Associates, Sunderland, MA. [Hervorragende Beschreibung des Aussterbestrudels, dem sich kleine Populationen gegenübersehen.]

Lacy, R. C. 1987. Loss of genetic diversity from managed populations: Interacting effects of drift, mutation, immigration, selection und population subdivision. *Conservation Biology* 1: 143–158. [Anschauliche Präsentation von Simulationen verschiedener realistischer Szenarien.]

Landesanstalt für Umweltschutz Baden-Württemberg (Hrsg.) 1986. Artenschutzsymposium Weißstorch. *Beih. Veröff. Naturschutz Landschaftspflege Bad.-Württ.,* Heft 43.*

Menges, E. S. 1992. Stochastic modeling of extinction in plant populations. In: P. L. Fiedler und S. K. Jain (Hrsg.) *Conservation Biology: The Theory and Practice of Nature Conservation, Preservation and Management,* S. 253–275. Chapman & Hall, New York. [Verständliche Darstellung verschiedener Aussterbemodelle.]

Ralls, K., Harvey, P. H. und Lyles, A. M. 1986. Inbreeding in natural populations of birds and mammals. In: M. E. Soulé (Hrsg.) *Conservation Biology. The Science of Scarcity and Diversity,* S. 35–56. Sinauer Associates, Sunderland, MA. [Belege für Inzuchtdepression bei Tieren.]

Schonewald-Cox, C. M., Chambers, S. M., MacBryde, B. und Thomas, L. (Hrsg.). 1983. *Genetics and Conservation: A Reference for Managing Wild Animal and Plant Populations.* Benjamin/Cummings, Menlo Park, CA. [Exzellente Zusammenstellung früher Veröffentlichungen über die genetischen Probleme kleiner Populationen.]

Soulé, M. E. (Hrsg). 1990. *Viable Populations for Conservation.* Cambridge University Press, Cambridge. [Führende Fachleute diskutieren die Probleme kleiner Populationen.]

Templeton A. R. 1986. Coadaptation and outbreeding depression. In: M. E. Soulé (Hrsg.) *Conservation Biology. The Science of Scarcity and Diversity,* S. 105–116. Sinauer Associates, Sunderland, MA. [Die Gründe dafür, warum zwischenartliche Kreuzungen meist nicht erfolgreich sind.]

12

Populationsbiologie gefährdeter Arten

Um Arten unter den Einschränkungen, wie sie sich durch menschliche Aktivitäten ergeben, erfolgreich zu erhalten, müssen Naturschutzbiologen feststellen, wie stabil Populationen unter bestimmten Umständen sind. Wird eine Population einer gefährdeten Art in einem Naturreservat überleben oder sogar zunehmen? Oder nimmt die Art ab, und sind besondere Maßnahmen nötig, um ihr Aussterben zu verhindern? Ob eine Art in einem Schutzgebiet überleben kann, läßt sich oft mit Hilfe von Methoden der Populationsbiologie und der mathematischen Analyse der Überlebensfähigkeit einer Population (*population viability analysis*, „Gefährdungsgradanalyse") abschätzen. Mit Hilfe dieser Methoden kann man die kleinste überlebensfähige Population bestimmen (MVP, vom englischen *minimum viable population size*), das heißt die minimal erforderliche Zahl von Individuen, die nötig ist, um eine Population langfristig aufrechtzuerhalten. Aber auch ohne menschliche Störungen kann die Populationsgröße einer Art stabil sein, zu- oder abnehmen. Oder sie kann schwanken und einmal zunehmen und dann wieder abnehmen. Im allgemeinen wirkt sich eine Störung durch den Menschen destabilisierend auf Populationen einheimischer Arten aus und führt oft zu einem drastischen Rückgang.

Die Metapopulation

Im Laufe der Zeit können Populationen einer Art lokal aussterben, und an anderen, geeigneten Stellen in der Nähe können sich neue Populationen aufbauen. Viele Arten in kurzlebigen (ephemeren) Lebensräumen, wie Kräuter an Flußufern, und Arten mit stark schwankender Populations-

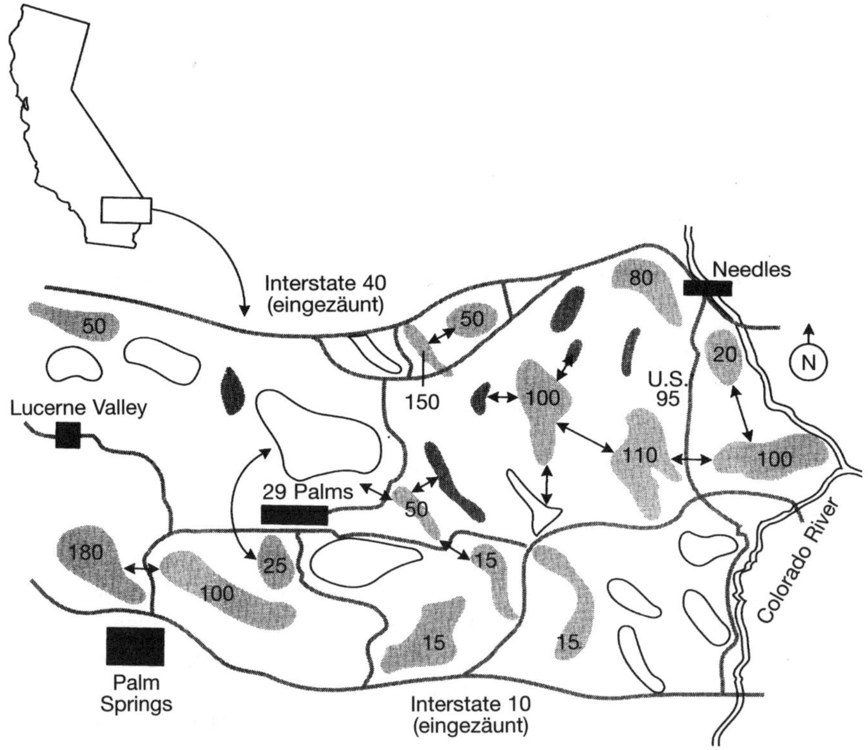

12.1 Dickhornschafe im Südosten der kalifornischen Wüste zeigen ein sich veränderndes Populationsmosaik, das sich am besten als Metapopulation beschreiben läßt. Die hellgrau dargestellten Bergregionen beherbergten im Jahr 1990 Populationen der angegebenen Größe; offen dargestellte Bergregionen waren 1990 unbesiedelt, beherbergten aber Populationen in der Vergangenheit. Dunkelgrau dargestellte Bergregionen waren nie von diesen Tieren besiedelt. Pfeile zeigen beobachtete Wanderungen von Schafen an. (Nach Bleich et al. 1990.)

größe sind durch ein sich wandelndes Mosaik vorübergehend existierender Populationen gekennzeichnet, sogenannte **Metapopulationen** (Menges 1990; Murphy et al. 1990). Eine typische Metapopulation ist charakterisiert durch eine oder mehrere **Kernpopulationen** (*core populations*) mit recht stabilen Zahlen und mehrere **Satellitengebiete** (*satellite areas*) mit schwankenden Populationen (Bleich et al. 1990). Populationen in den Satellitengebieten sterben unter Umständen in ungünstigen Jahren aus, aber die Gebiete werden von Zuwanderen aus der Kernpopulation neu besiedelt, wenn die Bedingungen wieder günstiger werden (Abbildung 12.1). Bei manchen Arten ist jede Population kurzlebig, und die Verbreitung der Art ändert sich in jeder Generation dramatisch.

Ziel einer Populationsstudie sind in der Regel eine oder mehrere Populationen; will man aber ein genaueres Bild der Art erhalten, muß man wohl eine gesamte Metapopulation erforschen. Metapopulationsmodelle sind von Vorteil, weil sie berücksichtigen, daß lokale Populationen dynamisch sind und daß Individuen von einer lokalen Population zu einer anderen wechseln (Harrison und Quinn 1989; Silvertown 1991; Hanski 1989; Olivieri et al. 1990). Die Erkenntnis, daß es ab und zu zur Neubesiedlung und zu Wanderungen kommt, ermöglicht den Biologen auch, die Auswirkungen von Gründereffekten und genetischer Drift auf die Art in Betracht zu ziehen. Bei den folgenden Beispielen hat sich der Metapopulationsansatz für das Verständnis und den Schutz der jeweiligen Art als nützlicher erwiesen als die Beschreibung einer einzelnen Population.

- Der Kleiber (*Sitta europaea*) bewohnt Waldstücke mit Flächen von 0,3 bis 30 Hektar in den landwirtschaftlich geprägten Gegenden Westeuropas (Verboom et al. 1991). Die Populationen jedes Landschaftsfragments sind dynamisch, aber Populationen in kleinen Wäldchen sind stärker vom Aussterben bedroht als Populationen in größeren und qualitativ hochwertigeren Waldstücken. Die Besiedlungsrate noch unbewohnter Waldfragmente hängt von der Dichte der Kleiberpopulation in den umgebenden Waldstücken ab.
- Das im US-Bundesstaat Maine endemische Läusekraut *Pedicularis furbishiae* kommt entlang eines Flusses vor, der periodisch über die Ufer tritt (Menges 1990). Solche Überschwemmungen vernichten oft einige der vorhandenen Populationen, schaffen aber auch geeignete Bedingungen für neue Populationen. Würde man also nur eine einzelne Population untersuchen, ergäbe dies ein unvollständiges Bild der Art, weil die Populationen kurzlebig sind. Die geeignete Untersuchungseinheit ist daher die Metapopulation, und das Wassereinzugsgebiet ist die entsprechende Einheit für ein Biotopmanagement.
- Scheckenfalter der Gattung *Euphydryas* sind in Kalifornien eingehend erforscht worden (Ehrlich und Murphy 1987; Murphy et al. 1990). Oft sterben einzelne Schmetterlingspopulationen aus, aber eine Ausbreitung in noch unbewohnte Lebensräume und deren Besiedlung ermöglichen es der Art zu überleben. Umweltstochastizität und mangelnde Biotopvielfalt an einem Ort führen häufig zum Aussterben lokaler Populationen, wobei man die größten und dauerhaftesten Populationen in großen Gebieten findet, die sowohl feuchte, nordexponierte als auch wärmere, südexponierte Hänge umfassen. Von diesen Kernpopulationen auswandernde Schmetterlinge besiedeln oft noch unbewohnte Satellitengebiete.

Wenn eine Metapopulation existiert, könnte die Zerstörung des Lebensraumes einer zentralen Kernpopulation das Aussterben zahlreicher kleinerer Populationen nach sich ziehen, die auf periodische Zuwanderungen von der Kernpopulation angewiesen sind. Auch menschliche Störungen, die eine solche Zuwanderung verhindern, wie Zäune, Straßen, und Dämme, könnten den Austausch zwischen verschiedenen Habitatflecken verringern und so die Wahrscheinlichkeit einer Wiederbesiedlung nach einem lokalen Aussterben verringern (Lamberson et al. 1992). Metapopulationsmodelle werfen ein Schlaglicht auf den dynamischen Charakter von Populationsprozessen und zeigen auf, wie die Vernichtung einiger weniger Populationen zum lokalen Aussterben einer Art in einem viel größeren Gebiet führen kann. Ein effektives Management einer Art erfordert oftmals ein Verständnis dieser Metapopulationsdynamik.

Naturgeschichte und Autökologie

Entscheidend für den Schutz und das Management einer seltenen oder gefährdeten Art ist, daß man ihre biologischen Beziehungen zu ihrer Umwelt versteht und den Status ihrer Population kennt. In der Vergangenheit belegte man diese Informationen mit dem Begriff **Naturgeschichte** der Art; als wissenschaftliche Disziplin bezeichnet man sie als **Autökologie**. Wenn mehr Informationen zur Biologie einer seltenen Art verfügbar sind, können Landespfleger effektivere Maßnahmen zur Erhaltung der Art ergreifen und feststellen, durch welche Faktoren sie vom Aussterben bedroht ist (Gilpin und Soulé 1986; Simberloff 1988).

Es folgen einige Kategorien autökologischer Fragen, deren Beantwortung wichtig ist, um wirkungsvolle Erhaltungsmaßnahmen auf Populationsebene durchzuführen. Für die meisten Arten lassen sich nur wenige dieser Fragen ohne weitere Nachforschungen beantworten. Bisweilen müssen jedoch Entscheidungen über ein Arten- oder Biotopmanagement getroffen werden, bevor diese Informationen verfügbar sind oder während sie gesammelt werden. Welcher Art die gesammelten Informationen genau sind, hängt zweifellos von den Charakteristika der betreffenden Spezies ab (ob es sich um Einzeller oder Pilze, Pflanzen oder Tiere handelt).

- *Morphologie*. Wie sieht die Art aus? Welche Gestalt, Größe, Farbe, Oberflächenbeschaffenheit und Funktion haben ihre einzelnen Teile? Wie variiert die Morphologie der Art in ihrem geographischen Verbreitungsgebiet? Sehen alle Individuen der Population gleich aus? Wie steht die Gestalt der Körperteile mit ihrer Funktion in Zusammenhang und trägt zum Überleben der Art in ihrer Umgebung bei? Wie groß sind die Neugeborenen, und unterscheiden sie sich im Aussehen von den Erwachsenen?

- *Physiologie*. Wieviel Nahrung, Wasser, Mineralien und andere notwendige Dinge braucht ein Individuum, um zu überleben, zu wachsen und sich fortzupflanzen? Wie effizient nutzt ein Individuum seine Ressourcen? Wie anfällig ist die Art für extreme Wetterbedingungen wie Hitze, Kälte, Wind und Regen? Wann pflanzt sich die Art fort und welche besonderen Bedürfnisse hat sie während der Fortpflanzungszeit? Wie empfindlich ist die Art für Krankheiten und Parasiten? Sind die Jungen besonders anfällig für Krankheiten, rauhes Wetter oder Prädatoren?
- *Verhalten*. Wie ermöglichen es die Verhaltensweisen einem Individuum, in seiner Umgebung zu überleben? Wie finden die Individuen einer Population einen Partner und pflanzen sich fort? Auf welche Weise interagieren die Individuen einer Art miteinander, entweder kooperativ oder als Konkurrenten? Wie interagieren die Individuen mit anderen Arten als Räuber, Beute oder Konkurrenten um eine gemeinsame Ressource? Welche spezifischen Nahrungsmittel oder Ressourcen nutzt ein Individuum, und wie erlangt es sie? Auf welche Weise helfen Eltern ihren Nachkommen?
- *Genetik*. Wieviel Variation in morphologischen und physiologischen Merkmalen tritt in der Population auf, und wieviel davon ist genetisch gesteuert? Ein wie hoher Prozentsatz der Gene ist variabel? Wie viele Allele weist die Population von jedem variablen Gen auf?
- *Verbreitung*. Wo in der Umwelt findet man die Art? Treten die Individuen in Gruppen gemeinsam auf, zufällig oder regelmäßig verteilt? Wechselt und wandert die Art im Laufe eines Tages oder eines Jahres zwischen verschiedenen Lebensräumen oder geographischen Gebieten? Ist es für die Art schwer, zwischen verschiedenen Lebensräumen zu wechseln? Wie effektiv besiedelt die Art neue Gebiete?
- *Umwelt*. In welchen Biotoptypen findet man die Art und wieviel Fläche ist von jedem vorhanden? In welchem Zustand sind diese Biotope? Bietet die Umwelt die Ressourcen, welche die Art zum Überleben benötigt, in ausreichendem Maße? Wie häufig sind Konkurrenten, Feinde und Schädlinge der Art? Wie variabel ist die Umwelt hinsichtlich Zeit und Raum? Wie häufig wird die Umwelt durch Katastrophen gestört?
- *Demographie*. Wie lange leben etablierte Adulte? Wie hoch ist die Sterblichkeitsrate der Adulten unter günstigen und ungünstigen Bedingungen? Wachsen die Individuen schnell oder langsam? In welchem Alter und bei welcher Größe pflanzen sie sich zum erstenmal fort? Wie viele Nachkommen bringt ein Individuum hervor? Setzt sich die Population aus jungen und adulten Individuen zusammen, was darauf hindeutet, daß es zur Etablierung neuer Individuen kommt?

Das Sammeln biologischer Informationen

Die grundlegenden Informationen, die man benötigt, wenn man sich um die Erhaltung einer Art bemüht oder ihren Status feststellen möchte, stammen vor allem aus den folgenden Quellen.

- *Veröffentlichte Literatur.* Oftmals haben andere dieselbe Art oder verwandte Spezies schon zuvor untersucht oder den Lebensraum der Art erforscht. Bibliotheksregister wie *Biological Abstracts* oder *Zoological Record* – oft per Computer zugänglich – bieten leichten Zugang zu einer Vielzahl von Büchern, Artikeln und Berichten. Manchmal sind die Bücher in den Bibliotheken nach Themenbereichen geordnet, so daß man, wenn man ein Buch gefunden hat, bald auch noch mehr findet. Biologen und Naturforscher nach Literaturhinweisen zu fragen, ist eine weitere Möglichkeit, um publiziertes Material ausfindig zu machen. Außerdem kann man, hat man erst einmal eine entscheidende Quelle zur Hand, oft anhand deren Literaturangaben ältere nützliche Quellen finden. Das in vielen Bibliotheken verfügbare wissenschaftliche Zitatregister *Science Citation Index* ist eine weiteres wertvolles Werkzeug um die neuere Literatur zu durchsuchen; schaut man zum Beispiel im gegenwärtigen *Science Citation Index* unter dem Namen von W. K. Kenyon nach, der zwischen 1959 und 1981 einige bedeutende Veröffentlichungen über die Hawaiimönchsrobbe schrieb, lassen sich dort auch neuere Veröffentlichungen über die Hawaiimönchsrobbe finden, in denen seine Arbeiten zitiert sind.
- *Unveröffentlichte Literatur.* Eine erhebliche Menge an Informationen über Naturschutzbiologie ist in unveröffentlichten Berichten von Einzelpersonen, Regierungsbehörden und Naturschutzorganisationen enthalten, etwa der nationalen und regionalen Forst- und Parkbehörden, sowie der staatlichen Fischerei- und Wildtierbehörden, der Nature Conservancy, der IUCN (International Union for the Conservation of Nature) und des WWF (World Wide Fund for Nature, ehemals World Wildlife Fund). Diese sogenannte „graue Literatur" ist manchmal in veröffentlichter Literatur zitiert oder wird von führenden Fachleuten in Gesprächen oder Vorlesungen erwähnt. Die von einzelnen Ländern aufgestellten, unveröffentlichten Tropical Forest Action Plans zum Beispiel sind einige der umfassendsten Informationsquellen über Naturschutz in den Tropen. Oft kann man einen durch mündliche Überlieferung bekannten Bericht durch direkte Kontaktaufnahme mit dem Autor oder mit den Naturschutzorganisationen erhalten; manchmal sind die Naturschutzorganisationen auch in der Lage, zusätzliche, nicht in der veröffentlichten Literatur gefundene Berichte zur Verfügung zu stellen. (Eine Liste solcher Informationsquellen findet sich im Anhang.)

- *Feldforschung*. Die Biologie einer Art muß man in der Regel durch sorgfältige Beobachtungen in der Natur ermitteln. Feldforschung ist notwendig, weil bisher nur ein äußerst geringer Prozentsatz der Arten der Welt erforscht wurde und weil die Ökologie vieler Spezies von einem Ort zum anderen variieren kann. Nur in der Natur lassen sich der Erhaltungsstatus einer Art sowie ihre Beziehungen zur biologischen und physikalischen Umwelt feststellen. Bei einigen Arten ist Feldforschung zeitaufwendig, teuer und körperlich anstrengend, etwa beim Eisbären, Buckelwal oder Arten des tropischen Kronendaches, sie kann aber ebenso erheiternd und tief befriedigend sein. Insbesondere in Großbritannien gibt es eine lange Tradition engagierter Amateurforscher, die mit nur minimaler Ausrüstung und geringem finanziellem Aufwand exzellente Studien an Arten ihrer unmittelbaren Umgebung durchführen. Zwar lassen sich zahlreiche naturgeschichtliche Informationen durch sorgfältige Beobachtungen erhalten, doch viele Techniken sind auch sehr fachspezifisch und lassen sich am besten unter fachkundiger Leitung erlernen oder, indem man Handbücher zu Rate zieht.

Wie notwendig solche biologischen Informationen sind, verdeutlicht anschaulich eine neuere Veröffentlichung über die Erhaltung des Kleinen Pandas oder Katzenbären (*Ailurus fulgens*). Trotz des attraktiven Aussehens dieser Art, ihres einzigartigen systematischen Status und der Gefahr des Aussterbens in großen Teilen ihres Verbreitungsgebiets im Himalaja gab es praktisch keine Informationen über die Autökologie des Kleinen Pandas, bis unlängst eine Studie im nepalesischen Langtang-Nationalpark durchgeführt wurde (Yonzon und Hunter 1991). Wie diese Untersuchung zeigte, ist der Kleine Panda auf einen bestimmten Waldtyp (mit *Abies spectabilis*, und Ihapra-Bambus, *Himalayacalamus falconer*) in 2800 bis 3900 Metern Höhe spezialisiert, ein in diesem Park seltenes Biotop. Die Population des Kleinen Pandas im Park umfaßt wahrscheinlich weniger als 40 Tiere und ist in mindestens vier Teilpopulationen unterteilt. Kleine Pandas bekommen immer nur ein Junges pro Jahr, und diese Jungen leiden unter einer hohen Sterblichkeitsrate – meist, weil das Vieh sie erschreckt oder unabsichtlich zertrampelt. Die Nahrung des Kleinen Panda ist von minderwertiger Qualität und besteht vor allem aus Bambusblättern, je nach Jahreszeit ergänzt durch Früchte und Pilze. Diese Kombination von Informationen zur Naturgeschichte und Populationsbiologie der Art zeigt, daß die Existenz des Kleinen Pandas im Himalaja aufgrund seiner spezialisierten Anforderungen an seinen Lebensraum, der geringen Besiedlungsdichte, einer Fragmentierung der Population, einer minderwertigen Nahrung, einer geringen Geburtenrate und der Anfälligkeit gegenüber Störungen durch den Menschen gefährdet ist. Der Bericht schlägt vor, daß im Rahmen effektiver Erhaltungsmaßnahmen unter anderem die Menge

Exkurs 20: Käse, Touristen und die Kleinen Pandas im Himalaja

Wie der Langtang-Nationalpark im nepalesischen Himalaja verdeutlicht, kommt es in vielen Schutzgebieten regelmäßig zur Zerstörung von Lebensräumen (Yonzon und Hunter 1991). Dieser Park enthält 1710 Quadratkilometer von empfindlichen Bergökosystemen, darunter auch Biotope für den bedrohten Kleinen Panda und den Schneeleopard. Die menschliche Bevölkerung von etwa 30000 Einwohnern besteht hauptsächlich aus Bauern. Diese züchten Vieh, vor allem Chauri-Rinder, eine Kreuzung zwischen Yak und Bergrind, zur Milchproduktion, zur Ergänzung ihrer Ernährung und zum Verkauf. Um die Käseindustrie auszubauen, hat die Regierung ein Programm aufgelegt, das die Bauern dazu veranlassen soll, ihre Viehherden zu vergrößern und so mehr Milch zu produzieren. Dieses Programm führte dazu, daß die ortsansässigen Menschen zu Maßnahmen gedrängt wurden, die sich für das Ökosystem als nicht verträgliche Nutzung erwiesen. Erstens ist die Dichte der Rinder zu groß für den Park, was zur Überweidung der Baumschößlinge, zum Zertrampeln der Vegetation, zur Verdichtung des Bodens und zu einem schlechten Gesundheitszustand der Rinder führt. Zweitens hat die Anwesenheit des Viehs, der Hirten und Hunde eine Vielzahl nachteiliger Auswirkungen auf die Kleinen Pandas und andere Wildtiere. Und drittens übersteigt der Bedarf an Brennholz, um die Milch in Käse zu verwandeln, den auf langer Sicht möglichen Holzeinschlag in dieser Region, was eine fortschreitende Entwaldung zur Folge hat. Der Park vermag 213000 Kilogramm Holz pro Jahr zu produzieren, aber der jährliche Bedarf der Dorfbewohner für ihre eigenen Zwecke beträgt 169000 Kilogramm, während Touristen und ihre Träger weitere 44000 nutzen, um Essen zu kochen, Wasser zu erhitzen und Räume aufzuheizen; die Käseindustrie braucht weitere 100000 Kilogramm, was zu einer erheblichen Übernutzung der Ressource Brennholz führt.

Der Kleine Panda *(Ailurus fulgens)*, auch als Katzenbär bezeichnet. Wenn er auch bei der Allgemeinheit nicht so bekannt ist wie sein entfernter Verwandter, der Große Panda, so ist der scheue und attraktive Kleine Panda doch genauso vom Aussterben bedroht. (Photo: Jessie Cohen, National Zoological Park, Smithsonian Institution.)

Das wirklich Seltsame an der Geschichte ist, daß den Käse fast nur die ausländischen Touristen essen, denn bei einem Preis von umgerechnet 6,30 DM pro Kilogramm ist er für die meisten Nepalesen zu teuer. Ironischerweise tragen die Touristen, die eigentlich kommen, um die landschaftliche Schönheit des Himalaja zu bewundern, zur Zerstörung der Region bei, indem sie ein nicht umweltverträglich hergestelltes Nahrungserzeugnis verzehren und auf ihren Trekkingexpeditionen nicht auf heißes Wasser und geheizte Räume verzichten wollen. Lösen ließe sich das Problem möglicherweise, indem man die Größe der Chauriherden verringern, den Preis für den Käse jedoch beträchtlich anheben würde. Dadurch ließe sich das Ökosystem ungestört erhalten, die Bauern hätten aber dennoch ein Einkommen in Form von Devisen (Yonzon und Hunter 1991). Ist die Vorstellung so abwegig, daß Touristen für die kurze Zeit ihres Aufenthalts in diesem wunderbaren Land wie die Einheimischen leben, weniger Käse essen und sich an die Kälte gewöhnen sollen?

des Viehs verringert werden sollte, das in den Lebensräumen des Kleinen Pandas weidet (siehe Exkurs 20), damit der Kleine Panda sowie sein spezieller Lebensraum geschützt werden.

Die Überwachung von Populationen

Die entscheidende Voraussetzung, um etwas über den Status einer seltenen Art von besonderem Interesse in Erfahrung zu bringen, ist eine Bestandsaufnahme der Spezies in der Natur und die Überwachung ihrer Populationen über einen längeren Zeitraum. Wenn man in regelmäßigen Abständen Bestandszählungen durchführt, lassen sich Veränderungen der Population über die Zeit feststellen. Sich über einen längeren Zeitraum erstreckende Bestandsaufnahmen können dazu beitragen, langfristige Populationstrends in Form von Zu- beziehungsweise Abnahmen – womöglich verursacht durch menschliche Störungen – von kurzfristigen Schwankungen, hervorgerufen durch Wetterschwankungen oder unvorhersehbare Naturereignisse, zu unterscheiden (Pechmann et al. 1991; Hellawell 1991). Eine Bestandsüberwachung (manchmal auch als Dauerbeobachtung oder mit dem englischen Begriff *Monitoring* bezeichnet) ist in sofern effektiv weil sie die Reaktion einer Population auf eine Veränderung ihrer Umwelt offenbart; so konnte man zum Beispiel zeigen, daß der Rückgang einer Orchideenart mit starker Beweidung ihres Standortes in Zusammenhang stand (siehe später).

Solche Studien zur Bestandsüberwachung erlangen zunehmend an Bedeutung, weil Regierungs- und Naturschutzbehörden sich immer mehr um den Schutz seltener und bedrohter Arten bemühen (Davy und Jeffries 1981; Palmer 1986, 1987; Goldsmith 1991). Manchmal sind sie als Bestandteil von Managementmaßnahmen gesetzlich vorgeschrieben (Hellawell 1991). Ein Überblick über die Projekte zur Bestandsüberwachung seltener und gefährdeter Arten in den Vereinigten Staaten zeigte eine phänomenale Zunahme derartiger Forschungsprojekte zwischen 1974 und 1984: In den drei Jahren von 1974 bis 1976 rief man nur ein solches Projekt ins Leben, zwischen 1984 und 1986 hingegen über 120 (Palmers 1987). Die häufigsten Überwachungsprojekte waren Bestandsaufnahmen (40 Prozent) und demographische Populationsstudien (40 Prozent), während man etwas weniger oft Übersichtsuntersuchungen durchführte (20 Prozent). Die statistische Analyse solcher Überwachungsstudien erfordert oft besondere Sorgfalt, da viele der Studien ursprünglich nicht die Erhaltung der Art zum Ziel hatten (Eberhardt und Thomas 1991; Usher 1991).

Eine **Bestandsaufnahme** (*inventory*) ist eine Zählung der in einer Population vorhandenen Individuen. Wenn man eine Bestandsaufnahme in gewissen Abständen wiederholt, kann man feststellen, ob die Population stabil ist, zahlenmäßig zu- oder abnimmt (Abbildung 12.2). Für Artenschutzzwecke ist eine Bestandsaufnahme eine billige und direkte Methode. Eine Zählung der einzigen Population der Magnolienart *Magnolia virginiana* in Massachusetts im Ravenswood-Park (Primack et al. 1986) könnte folgende Fragen beantworten: Wie viele Pflanzen gibt es zur Zeit? War die Population während des Zeitraumes, für den Bestandsaufnahmen zur Verfügung stehen, zahlenmäßig stabil? Nahm die Population während der letzten 15 Jahre zu, als man die großen Kiefernbäume fällte, um die Lichtzufuhr zu erhöhen? Blühen und fruchten die Pflanzen, und gibt es Keimlinge?

Großflächig durchgeführte Bestandsaufnahmen können helfen, das Verbreitungsgebiet einer Art zu ermitteln und festzustellen, in welchen Bereichen sie lokal häufig ist. Wenn man solche Bestandsaufnahmen von Zeit zu Zeit wiederholt, lassen sich Veränderungen im Verbreitungsgebiet der Art aufzeigen. Die eingehendsten Bestandsaufnahmen führte eine große Zahl von Amateurnaturforschern auf den britischen Inseln durch, unter der Leitung von entsprechenden Fachverbänden (Harding 1991). Am detailliertesten kartierte man Pflanzen, Flechten und Vögel, deren Vorhandensein oder Fehlen man in einem Raster von zehn Quadratkilometern auf den gesamten britischen Inseln ermittelte. Das Biological Records Centre (BRC) der Monks Wood Experimental Station erhält und analysiert die 4,5 Millionen Verbreitungsbelege, die sich auf 16000 Arten beziehen.

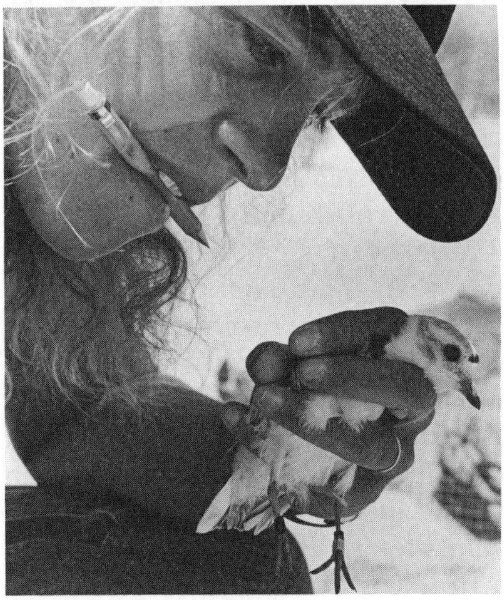

a

12.2 Populationen zu überwachen erfordert speziell auf jede Art abgestimmte Techniken. a) Eine Ornithologin überprüft den Gesundheitszustand und das Gewicht eines Pfeifregenpfeifers an Cape Cod. Man beachte die Beringung am Fuß des Vogels. (Photo Laurie McIvor.) b) Im Bako-Nationalpark in Sarawak auf der Insel Borneo werden markierte Bäume in Dauerforschungsflächen vermessen und ihr Wachstum und Überleben überwacht. Hier messen Mitarbeiter der Forstverwaltung den Stammumfang eines Baumes in Brusthöhe (Photo: R. Primack.)

b

Eine **Übersichtsuntersuchung** (*survey*) einer Population schließt die Verwendung einer wiederholbaren Erhebungsmethode ein, um die Dichte einer Art in einer Lebensgemeinschaft abzuschätzen. Man kann ein Gebiet in verschiedene Erhebungssegmente unterteilen und die Anzahl der Individuen in jedem Segment zählen. Mit Hilfe dieser Zählungen läßt sich die tatsächliche Populationsgröße abschätzen. Beispielsweise kann man die Anzahl der Venusfliegenfallen in einer Reihe von Transekten von 100 mal zwei Meter im Grasland von North Carolina erfassen, um die Gesamtdichte der Pflanzen im Grasland zu ermitteln, und dann die Größe der Gesamtpopulation schätzen. Gäbe es in jedem von vier solchen Transekten im Durchschnitt 30 Pflanzen, würde die Dichte 30 Pflanzen auf 200 Quadratmeter betragen. Auf einer Gesamtfläche von 10000 Quadratmetern ergäbe die Populationsschätzung somit 1500 Pflanzen. Ähnliche Methoden lassen sich für unterschiedliche Arten in einer Vielzahl von Ökosystemen durchführen; beispielsweise kann man die Zahl des Dornenkronenseesternes in einem Raster von zehn mal zehn Metern Fläche zählen, um die gesamte Seesternpopulation an einem Korallenriff abzuschätzen. Ebenso kann man die Anzahl der Fledermäuse, die man mit aufgehängten Netzen pro Stunde fängt, oder die Dichte einer bestimmten Krebstierart pro Liter Meerwasser ermitteln. Solcher Erhebungsmethoden bedient man sich, wenn eine Population sehr groß ist oder ein ausgedehntes Verbreitungsgebiet hat. Obwohl diese Methoden ziemlich zeitaufwendig sind, stellen sie eine systematische und wiederholbare Möglichkeit dar, eine Population zu untersuchen und festzustellen, ob sich ihre Größe ändert.

Solche Übersichtserhebungen sind von besonderem Wert, wenn es im Lebenszyklus der Art Stadien gibt, die winzig und unauffällig sind oder im Verborgenen bleiben, wie Samen und Keimlingsstadien vieler Pflanzen oder die Larvalstadien wasserlebender Wirbelloser (Hutchings 1991). Im Falle der Magnolienpopulation könnte man mit Hilfe einer Reihe von Transekten von 100 mal zwei Metern Fläche die Dichte der Sämlinge am Boden feststellen. An festgelegten Erhebungspunkten könnte man Bodenproben nehmen und sie dann im Labor untersuchen, um die Dichte der Magnoliensamen in der Erde zu ermitteln. Die Nachteile solcher Erhebungsmethoden sind ihre Kosten (etwa, um ein Schiff für das Sammeln von Tiefseearten zu chartern), technische Schwierigkeiten (etwa, wenig bekannte Jugendstadien des Lebenszyklus zu identifizieren) und mögliche Ungenauigkeiten (die Proben könnten seltene Anhäufungen von Arten auslassen oder beinhalten). Das gilt insbesondere für marine Lebensräume (Grassle 1991).

Demographische Studien verfolgen das Schicksal von bekannten Individuen einer Population, um ihre Wachstums-, Fortpflanzungs- und Überlebensrate festzustellen. Solche Studien müssen Individuen aller Größen und Altersstufen umfassen. Man kann entweder die gesamte Population oder stichprobenartig einen Teil davon verfolgen. Bei einer vollständigen Populationsstudie zählt man alle Individuen, ordnet sie – wenn möglich – altersmäßig ein, mißt ihre Größe, bestimmt ihr Geschlecht und markiert sie, um sie in Zukunft identifizieren zu können; man kartiert ihre Position und nimmt Gewebeproben für genetische Analysen. Die für eine Populationsstudie angewandten Techniken variieren je nach den Charakteristika der Art. Jede Fachrichtung hat ihre eigene Technik, um Individuen über einen längeren Zeitraum zu verfolgen; Ornithologen beringen Vögel an den Beinen, Säugetierkundler versehen häufig die Ohren der Tiere mit Marken und Botaniker befestigen Aluminiummarken an Bäumen (siehe Goldsmith 1991). Die Informationen aus demographischen Studien kann man in mathematische Formeln einsetzen, um die Veränderungsrate der Population zu berechnen und kritische Stadien im Lebenszyklus zu identifizieren (Caswell 1989; Menges 1986). Demographische Studien liefern von allen Überwachungsmethoden die meisten Informationen, und wenn man sie eingehend analysiert, ergeben sich daraus Anhaltspunkte, welche Managementmaßnahmen man in einem Gebiet ergreifen sollte, um das Überleben der Population zu sichern. Die Nachteile von demographischen Studien sind, daß sie oft zeitaufwendig und teuer sind und wiederholtes Aufsuchen eines Gebiets sowie Kenntnisse des Lebenszyklus der Art erfordern. Im Falle der Magnolienpopulation kann man anhand solcher Daten beispielsweise vorhersagen, ob die Population zu unterschiedlichen Zeitpunkten in der Zukunft noch existieren und wie groß sie dann sein wird. Wenn die Population voraussichtlich aussterben wird, kann man abschätzen, inwieweit man die Überlebens- und Fortpflanzungsrate durch Managementmaßnahmen in dem Gebiet erhöhen muß, um die gegenwärtige Population zu erhalten oder zu vergrößern.

Demographische Studien können auch Informationen über die Altersstruktur einer Population liefern. Eine stabile Population weist im typischen Fall eine Altersstruktur mit einem charakteristischen Verhältnis von Jungtieren, jungerwachsenen und älteren adulten Tieren auf. Ein Fehlen oder eine geringe Zahl irgendeiner Altersklasse, insbesondere von Jungtieren, kann darauf hinweisen, daß die Population Gefahr läuft abzunehmen. Eine große Zahl von jungen und jungerwachsenen Individuen kann anzeigen, daß die Population stabil ist oder sich sogar vergrößert. Bei vielen Arten ist es jedoch schwierig, das Alter der Individuen zu ermitteln, etwa bei Pflanzen, Pilzen und koloniebildenden Wirbellosen. Ein kleines Individuum kann entweder jung oder alt und langsamwüchsig sein; ein großes Individuum kann entweder alt oder aber schnellwachsend und jung sein.

Für diese Arten nimmt man die Verteilung der Größenklassen oft als annähernden Indikator für die Stabilität der Population, aber man muß dies bestätigen, indem man die Individuen über einen längeren Zeitraum verfolgt und die Wachstums- und Sterberaten feststellt. Bei vielen langlebigen Arten wie Bäumen etablieren sich nur episodisch neue Individuen in der Population; einem gelegentlich auftretenden Jahr mit umfangreicher Fortpflanzung können viele Jahre geringer Reproduktion folgen. Oft sind sorgfältige Analysen von Langzeitdaten oder von Veränderungen in der Population im Laufe der Zeit erforderlich, um kurzfristige Schwankungen von langfristigen Trends zu unterscheiden.

Im allgemeinen ist eine Population dann stabil, wenn die Wachstumsrate (r) gleich Null ist. Dies ist der Fall, wenn die Geburtenrate gleich der Sterberate ist. Während eine Population mit einer durchschnittlichen Wachstumsrate von Null erwartungsgemäß über einen längeren Zeitraum stabil ist und eine Wachstumsrate größer Null zu einer Ausdehnung der Population führen sollte, können zufällige Variationen der Wachstumsraten der Population von Jahr zu Jahr selbst bei einer im Durchschnitt positiven Wachstumsrate zu einem Rückgang und zum Aussterben der Population führen, wie in Kapitel 11 dargelegt.

Demographische Studien können auch auf räumliche Charakteristika einer Art hinweisen, die unter Umständen sehr wichtig sind, um die Lebensfähigkeit getrennter Populationen zu erhalten. Die Anzahl der Populationen der Art, die Wanderungen zwischen den Populationen und die Stabilität dieser Populationen in Raum und Zeit sind alles bedeutende Faktoren, insbesondere für Arten, die in Metapopulationen auftreten. In demographischen Studien lassen sich die Kerngebiete ermitteln, die große, recht dauerhafte Populationen beherbergen und die Zuwanderer für Satellitengebiete liefern.

Fortpflanzungscharakteristika von Populationen, wie Geschlechterverhältnis, Prozentsatz der an der Fortpflanzung beteiligten Adulten und monogame oder polygame Paarungssysteme beeinflussen den Erfolg von Erhaltungsmaßnahmen ebenfalls und sollten daher eingehend analysiert werden. Eine Maßnahme zur Erhöhung der genetischen Vielfalt in einer in hohem Maße der Inzucht unterworfenen Population, wie jener der Löwen im Ngorongorokrater in Tansania (Packer 1992), könnte die Zufuhr neuer Individuen von außerhalb dieser Population einschließen, in der Hoffnung, daß diese sich mit den Tieren der Inzuchtpopulation paaren. Wählt man die neuen Individuen jedoch nicht so aus, daß sie in das Sozialgefüge der gegenwärtigen Population passen, dann pflanzen sie sich vielleicht nicht fort oder werden sogar von der ansässigen Population vertrieben oder getötet.

Schließlich können demographische Studien Anhaltspunkte über die Umweltkapazität liefern. Diese Untersuchungen sind wichtig, um zu ermitteln, eine wie große Population die Umwelt tragen kann, bevor sie zerstört wird und die Population abnimmt. Naturreservate beherbergen unter Umständen abnormal große Populationen bestimmter Arten; das kann am Verlust angrenzender Lebensräume in jüngerer Zeit liegen oder daran, daß die Individuen nicht imstande sind, sich aus dem Schutzgebiet zu verbreiten. Bei dem begrenzten Raum, der in Naturreservaten zur Verfügung steht – von denen viele über lange Zeiträume große Populationen aufnehmen sollen –, sind solche Daten ausschlaggebend, um Belastungen der Population und der Umwelt zu verhindern, insbesondere in solchen Fällen, wo Mechanismen der natürlichen Populationskontrolle, wie Feinde oder Krankheiten, durch den Menschen beseitigt wurden.

Es folgen einige Beispiele für Studien zur Bestandsüberwachung.

- *Schmetterlinge*. Anhand einer Bestandsaufnahme von 230000 Schmetterlingsnachweisen zwischen 1901 und 1986 analysierte man langfristige Trends der Häufigkeit von Schmetterlingsarten in den Niederlanden (van Swaay 1990). Von 63 untersuchten Arten haben 29 (46 Prozent) in der Häufigkeit abgenommen oder sind ausgestorben. Die meisten der in diesem Jahrhundert zurückgegangenen Arten bewohnten nährstoffarmes Grünland, das mittlerweile größtenteils in Ackerflächen umgewandelt wurde. Die meisten dieser im Rückgang befindlichen Arten pflanzen sich auch nur einmal im Jahr fort und überwintern als Puppen, so daß sie empfindlich auf eine veränderte Landnutzung reagieren.
- *Hawaiimönchsrobbe*. Bestandsaufnahmen der Hawaiimönchsrobbe (*Monachus schauinslandi*) dokumentierten einen Rückgang von fast 100 Adulten in den fünfziger Jahren auf weniger als 14 in den späten Sechzigern (Abbildung 12.3; Gerrodette und Gilmartin 1990). Die Anzahl der Jungen nahm während dieses Zeitraumes in ähnlichem Umfang ab. Auf der Grundlage dieser Trends erklärte man die Hawaiimönchsrobbe im Jahre 1976 zur gefährdeten Art gemäß dem U.S. Endangered Species Act und ergriff Schutzmaßnahmen, die diesen Trend umkehrten (Ackerman 1992).
- *Gänsegeier.* Ein gravierender Rückgang des Gänsegeiers (*Gyps fulvus*) in Nordspanien während der fünfziger und sechziger Jahre führte zu einem strengen Schutz dieser Art und ihrer Nistplätze wie auch zu einem Verbot der Verwendung von Strychnin zur Bekämpfung von schädlichen Tieren (die dann von den Gänsegeiern gefressen wurden). Wiederholte Bestandsaufnahmen zeigten eine stetige Erholung der Art in Nordspanien von 283 Brutpaaren in 23 Kolonien zwischen 1969 und 1975 auf 1097 Brutpaare in 46 Kolonien im Jahre 1989 (Donázar und Fernandez 1990).
- *Marine Weichtiere* (Mollusken). In der Transkei in Südafrika sammeln und verzehren Küstenbewohner marine Weichtiere wie Miesmuscheln (*Perna perna*), Seeohren (*Haliotis spodicea,* „Abalone") und die Turbanschnecken (Turbo sarmaticus) als Ergänzung ihrer Ernährung (Lasiak

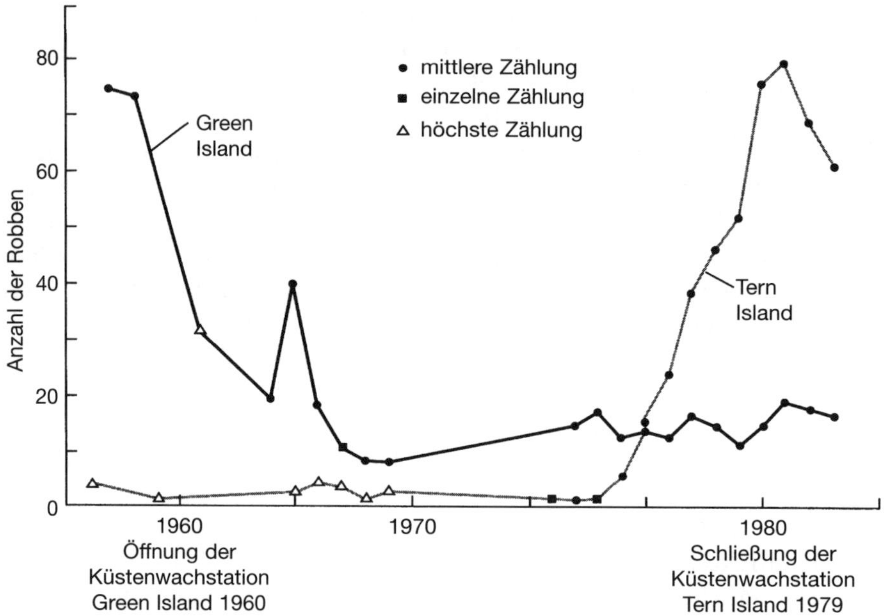

12.3 Bestandsaufnahmen der Populationen der Hawaiimönchsrobbe auf Green Island, Kure Atoll (schwarze Linie) und auf Tern Island, French Frigate Shoals (graue Linie). Die Populationsziffern sind entweder von einer einzelnen Zählung, vom Mittel mehrerer Zählungen oder dem Maximum mehrerer Zählungen aufgetragen. Man beachte die Auswirkungen der Küstenwachstationen der Inseln auf die Robbenpopulationen. (Aus Gerrodette und Gilmartin 1990.)

und Dye 1989; Lasiak 1991). Eine Erhebung wurde durchgeführt, um festzustellen, ob die traditionellen Sammelmethoden die Schalentierpopulationen verringern; dazu wurde die Häufigkeit und Größenverteilung der Mollusken in geschützten und genutzten Felsgebieten verglichen. Obwohl das Sammeln die Anzahl der adulten Tiere in den genutzten Regionen verringerte, wurden diese doch wieder rasch durch Larven ersetzt, wahrscheinlich aufgrund der Zuwanderung aus nahegelegenen geschützten Gebieten und angrenzenden, unzugänglichen Bereichen unterhalb der Gezeitenzone.

- *Spinnenragwurz*. Die Spinnenragwurz (*Ophrys sphegodes*) verzeichnete in den letzten 50 Jahren in Großbritannien einen deutlichen Rückgang ihres Verbreitungsgebiets. Eine neun Jahre dauernde demographische Studie dieser Art zeigte, daß diese Pflanzen für ausdauernde (perennierende) Orchideen ausgesprochen kurzlebig waren: Nur die Hälfte der Individuen überlebte länger als zwei Jahre (Hutchings 1987a, b). Diese kurze Lebensspanne macht die Art ungewöhnlich anfällig für ungünstige Bedingungen. Für eine Population, in der die Art zahlenmäßig abnahm, zeigte die demographische Analyse, daß Bodenzerstörung durch weidende Rinder der entscheidende Faktor für den Rückgang der Population war. Als man die Nutzung auf Beweidung durch Schafe umstellte und diese lediglich zu Zeiten weiden ließ, in denen die Pflanzen nicht blühten und fruchteten, ermöglichte dies der Population eine beträchtliche Erholung.

Langzeitstudien spielen eine zunehmend wichtigere Rolle in der Naturschutzbiologie. Solche Bestandsüberwachungen, die in Ländern der gemäßigten Zone, insbesondere in Großbritannien (Goldsmith 1991), eine lange Tradition haben, führt man heute auch häufig in tropischen Ländern durch. Zu den umfangreichsten Projekten gehört die Einrichtung von Dauerflächen in Tropenwäldern, wie das 50 Hektar umfassende Gebiet auf Barro Colorado Island in Panama, um zeitliche Veränderungen des Artenbestands und der Lebensgemeinschaften zu untersuchen (Primack 1992; Condit et al. 1992; Dallmeier 1992). Wie diese Studien gezeigt haben, sind viele tropische Baum- und Vogelarten dynamischer in ihrer Individuenzahl, als man bisher angenommen hatte (Primack und Hall 1992; Loiselle und Black 1992; Condit et al. 1992; Bierregaard et al. 1992).

Analyse der Überlebensfähigkeit einer Population

Die **Analyse der Überlebensfähigkeit einer Population** (*population viability analysis* oder ***PVA***) ist eine Erweiterung der demographischen Analyse, die sich darauf konzentriert zu ermitteln, ob eine Art in der Lage ist, in einer bestimmten Umgebung zu überleben (Menges 1991; Shaffer 1991; Boyce 1992). Indem man untersucht, welche verschiedenen Anforderungen eine Art an die Umwelt stellt und welche Ressourcen in ihrer Umgebung vorhanden sind, lassen sich Stadien mit hohem Gefährdungsgrad im Lebenszyklus einer Art feststellen (Gilpin und Soulé 1986). Die PVA kann nützlich sein, um die Auswirkungen des Verlusts, der Fragmentierung und der Zerstörung des Lebensraumes einer seltenen Art abzuschätzen. Zwar ist die PVA als Methode zur Untersuchung der Persistenz von Arten immer noch in der Entwicklungsphase, und es fehlt ihr immer noch eine spezifische Vorgehensweise oder ein statistisches Gerüst (Thomas 1990; Shaffer 1990), doch ihr Ziel, Daten über Arten ganz systematisch und eingehend zu analysieren, ist eine natürliche Erweiterung der Autökologie, der naturgeschichtlichen Forschung und demographischer Studien. In diesem Sinne könnte man die umfassenden Forschungen, die bereits für das Management von Populationen seltener Arten wie des Schwarzfußiltisses, des Läusekrautes *Pedicularis furbishiae* und des Floridapumas durchgeführt worden sind, als Vorläufer der PVA bezeichnen. Die Analyse der Überlebensfähigkeit einer Population könnte ein besonders nützlicher Ansatz für die Erforschung von Arten mit schwankenden Populationen sein, die man am besten auf der Ebene der Metapopulation untersucht (Murphy et al. 1990, Menges 1990). Falls die Methode so weit entwickelt werden kann, daß exakte Vorhersagen über die Fähigkeit einer seltenen Art möglich sind, in ihrer veränderten Umgebung zu überleben, wird die PVA zu einem zentralen Bestandteil von Arterhaltungsmaßnahmen werden.

Die kleinste überlebensfähige Population

Zahlreiche Arten sind vom Aussterben bedroht, weil der Mensch zunehmend die Landschaft beherrscht. Für im Naturschutz tätige Fachleute stellt sich somit die Frage, wie sie verhindern können, daß eine Art ausstirbt. Die Antwort lautet in der Regel, es sollten so viele Individuen der gefährdeten Art wie möglich in einem größtmöglichen Schutzgebiet erhalten werden. Diese allgemeine Aussage liefert jedoch keine konkreten Richtlinien, die Naturschutzpraktikern und Politikern helfen könnten, wenn sie versuchen, Arten zu schützen, wobei sie auch noch kollidierende Ansprüche an begrenzte Ressourcen (»Eulen oder Arbeitsplätze«) in Einklang bringen müssen. Muß man beispielsweise, um den Kokardenspecht (*Picoides borealis*) zu erhalten, Kiefernwald für 50, 500, 5000, 50000 oder gar mehr Individuen unter Schutz stellen?

Kleine Populationen sind bekanntlich besonders vom Aussterben bedroht. Wenn man diesen Gedanken erweitert, führt dies zu der Vorstellung, daß eine bestimmte minimale Zahl von Individuen notwendig ist, um die Population einer Art zu erhalten. In einer bahnbrechenden Veröffentlichung versuchte Shaffer (1981) eine spezielle Methode zu liefern, um die **kleinste überlebensfähige Population** (*minimum viable population* oder *MVP*) zu ermitteln: »Die kleinste lebensfähige Population irgendeiner Art in irgendeinem Lebensraum ist die kleinste isolierte Population, die mit einer Wahrscheinlichkeit von 99 Prozent trotz vorhersehbarer Auswirkungen demographischer, genetischer und Umweltstochastizität sowie natürlicher Katastrophen für 1000 Jahre weiterexistieren wird.« Mit anderen Worten, eine MVP ist die kleinste Population, von der man annehmen kann, daß sie mit recht hoher Wahrscheinlichkeit die nächsten 1000 Jahre überleben wird. Shaffer betonte die vorläufige Natur dieser Definition und meinte, daß sich die Wahrscheinlichkeit zu überleben ebensogut auf 95 Prozent festlegen läßt. Auch der zeitliche Rahmen könnte geändert werden, beispielsweise auf 100 oder 500 Jahre. Das Entscheidende ist, daß die kleinste überlebensfähige Population eine quantitative Beurteilung ermöglicht, wie man eine Art erhalten kann. Die Verbindung von bekannten Verteilungsmustern, Umsatzraten und anderen Populationsdaten mit Computersimulationen der Aussterbewahrscheinlichkeit, biogeographischen Modellen sowie Modellen der genetischen Drift und Inzucht (siehe Kapitel 11) sind wichtige Ansätze, um die MVP zu ermitteln (Lande 1988a; Dobson und Lyles 1989; Harris und Allendorf 1989; Boyce 1992; Menges 1992).

Shaffer (1981) vergleicht die MVP-Schutzmaßnahmen mit Maßnahmen zum Hochwasserschutz. Bei der Planung von Flutkontrollsystemen und der Bebauungsregelung von Feuchtgebieten genügt es nicht, die durchschnittliche Regenmenge als Richtlinie zu benutzen. Wir erkennen die Notwendigkeit, für schwere Hochwässer zu planen, wie sie vielleicht nur alle 50 Jahre auftreten. Ebenso ist uns klar, daß beim Schutz natürlicher Systeme in noch größeren Zeitabständen bestimmte katastrophale Ereignisse wie starke Wirbelstürme, Erdbeben, Waldbrände und Vulkanausbrüche auftreten können. Um die langfristige Erhaltung einer gefährdeten Art sicherzustellen, müssen wir nicht nur die Anforderungen der Art in durchschnittlichen Jahren berücksichtigen, sondern auch in außergewöhnlichen Jahren. In Dürrejahren zum Beispiel wandern Tiere vielleicht über ihr normales Verbreitungsgebiet hinaus, um das lebensnotwendige Wasser zu erlangen.

Um die Größe der kleinsten überlebensfähigen Population einer bestimmten Art abschätzen zu können, bedarf es unter Umständen einer detaillierten demographischen Studie der Population (Thomas 1990). Das Abschätzen der MVP erfordert auch begründete Vermutungen über die Wahrscheinlichkeit natürlicher Katastrophen. Doch das Sammeln dieser Daten kann viel zu zeitaufwendig sein, wenn Naturschutzentscheidungen rasch gefällt werden müssen. Als alternative Faustregel kann man versuchen, bei Wirbeltieren 1000 Individuen zu erhalten, denn diese Zahl scheint ausreichend, um die genetische Variabilität zu bewahren (Lande 1988a); die Erhaltung von 500 Wirbeltierindividuen mag ausreichen, um zu verhindern, daß die Population in Katastrophenjahren unter 100 Individuen absinkt und in einen Aussterbestrudel gerät. Für Arten mit extrem variabler Populationsgröße, wie bestimmte Wirbellose und annuelle Pflanzen, schlägt Lande als wahrscheinlich ausreichende Maßnahme die Bewahrung einer Population von 10000 Individuen vor.

Weitere empirische Belege, die bekräftigen, wie notwendig große Populationen sind, um deren Überleben zu sichern, liefern Langzeitstudien an Vögeln auf den Kanalinseln. Nur Vögel mit Populationen von mehr als 100 Paaren überlebten mit mehr als 90prozentiger Wahrscheinlichkeit 80 Jahre. Andererseits braucht man kleine Populationen auch nicht völlig aufzugeben: Zahlreiche Vogelpopulationen haben offenbar mit zehn oder weniger

Brutpaaren 80 Jahre überlebt (Jones und Diamond 1976). Der Nördliche See-Elefant (*Mirounga angustirostris*) hat sich wieder zu einer Population von 30000 Individuen erholt, nachdem er durch Bejagung auf nur etwa 20 Tiere dezimiert war (Bonnell und Selander 1974). Ungeachtet dieser Ausnahmen sind jedoch für die Erhaltung der meisten Arten große Populationen erforderlich, und Arten mit ausschließlich kleinen Populationen sind ernsthaft in Gefahr auszusterben.

Hat man für eine Art die kleinste überlebensfähige Population festgestellt, kann man die **dynamische Minimalfläche** (*minimum dynamic area* oder *MDA*) abschätzen, das heißt jene Fläche geeigneten Lebensraumes, die notwendig ist, um die kleinste überlebensfähige Population zu erhalten. Die MDA läßt sich abschätzen, indem man den Aktionsradius von Individuen und Gruppen gefährdeter Arten untersucht (Thiollay 1989).

Zwei Fallstudien

Mittlerweile versucht man die Analyse der Überlebensfähigkeit einer Population (PVA) bereits anzuwenden. Eines der umfassendsten Beispiele einer PVA, die genetische mit demographischen Analysen verbindet, ist die Studie an den Tana-Haubenmangaben (*Cercocebus galeritus galeritus*), einer gefährdeten Primatenart, die auf die Wälder der Überschwemmungsflächen eines Schutzgebiets entlang des Tana River in Ostkenia beschränkt ist (Abbildung 12.4; Kinnaird und O'Brien 1991). Diese Unterart ist von Natur aus selten und in ihrem Verbreitungsgebiet begrenzt. Da ihr Lebensraum durch landwirtschaftliche Aktivitäten in den vergangenen 15 bis 20 Jahren flächenmäßig eingeschränkt und fragmentiert wurde, ging die Gesamtpopulation der Tana-Haubenmangabe um etwa 50 Prozent zurück, und auch die Zahl der Gruppen nahm ab. Zwar gab es im Jahre 1989 noch rund 700 Mangaben, doch die effektive Populationsgröße (siehe Kapitel 11) betrug aufgrund der großen Zahl sich nicht fortpflanzender Tiere und der unterschiedlichen Nachkommenzahl der einzelnen Individuen nur etwa 100. Mit einer derart niedrigen effektiven Populationsgröße läuft diese Mangabe Gefahr, einen bedeutende Anteil ihrer genetischen Vielfalt einzubüßen. Für eine effektive Populationsgröße von 500 Individuen – eine Zahl, die man als ausreichend betrachtet, um die genetische Variabilität zu bewahren – müßte man eine Gesamtpopulation von ungefähr 5000 Mangaben erhalten. Zusätzlich legt eine demographische Analyse der Population nahe, daß sie in der gegenwärtigen Situation mit 40prozentiger Wahrscheinlichkeit in den nächsten 100 Jahren aussterben wird. Um sicherzustellen, daß die Population mit 95prozentiger Wahrscheinlichkeit 100 Jahre überlebt, müßte die Populationsgröße fast 8000 Individuen betragen, selbst wenn man nur demographische Faktoren berücksichtigt.

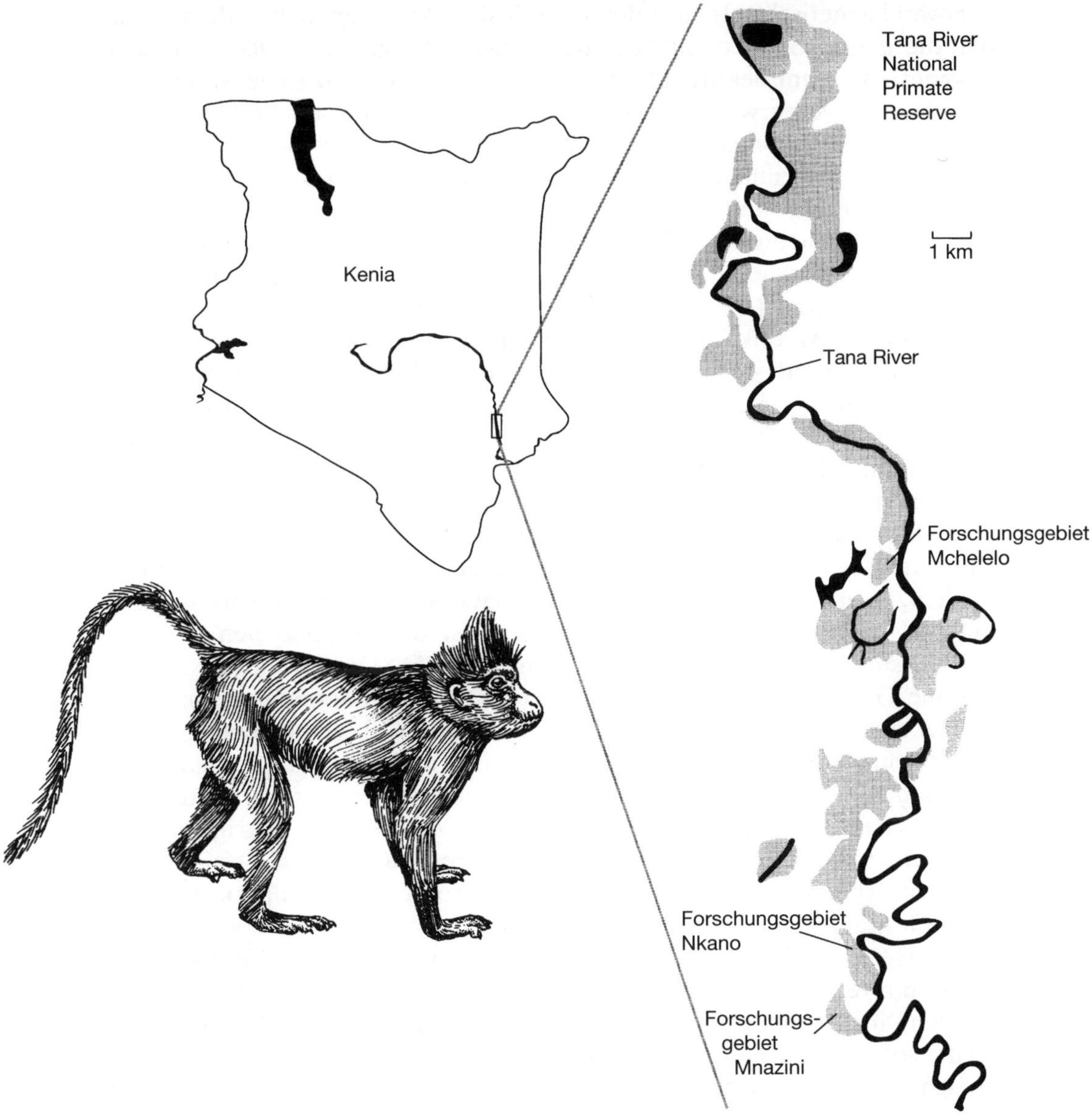

12.4 Das Tana River National Primate Reserve in Kenia; verbliebene Waldstücke entlang des Flusses sind grau schattiert. Die Tana-Haubenmangabe kommt nur in dieser Region Ostafrikas vor und ist durch die Fragmentierung der Wälder und Eingriffe des Menschen in ihren Lebensraum zunehmend gefährdet. (Aus Kinnaird und O'Brien 1991.)

Sowohl genetische als auch demographische Analysen deuten darauf hin, daß die langfristige Zukunft der derzeitigen Mangabenpopulation düster aussieht. Bei dem beschränkten Verbreitungsgebiet und Lebensraum dieser Unterart ist es wohl unrealistisch, die Population auf 5000 bis 8000 Individuen zu erhöhen. Nur ein Managementplan, der sowohl eine Ausdehnung der geschützten Waldfläche als auch eine Bereicherung der existierenden Wälder und die Einrichtung von Korridoren vorsieht, um Wanderungen zwischen verschiedenen Waldstücken zu ermöglichen, könnte die Überlebenswahrscheinlichkeit der Tana-Haubenmangabe erhöhen.

Dem Grizzlybär (*Ursus arctos horribilis*) kommt ein hoher Symbolwert zu, weil er in Amerika das Wesen der Wildnis verkörpert, und so bemüht man sich, an mindestens vier Stellen in den westlichen Vereinigten Staaten Populationen zu erhalten. Diese Unterart des Braunbären wirft in Nationalparks spezielle Managementprobleme auf, weil sie groß (bis zu 1800 Kilogramm schwer) und ausgesprochen kräftig ist. Grizzlybären greifen Menschen an und töten sie mitunter sogar, wenn diese ihnen zufällig oder absichtlich zu nahe kommen und ihre „Sicherheitszone" verletzen; diese Zone kann bei einer Mutter mit einem Jungen bis zu 100 Meter im Umkreis reichen. Man analysierte die Grizzlypopulationen auf ihre Lebensfähigkeit hin und bediente sich dazu Schätzungen der demographischen und der Umweltstochastizität (Shaffer und Samson 1985). Diese Modelle zeigen, daß die Grizzlypopulationen zumindest 50 bis 90 Tiere umfassen müssen, um lebensfähig zu sein, in diesem Fall definiert als 95prozentige Wahrscheinlichkeit, 100 Jahre zu überleben (Knight und Eberhard 1985; Shaffer und Samson 1985). Die gegenwärtigen Bemühungen der Parkleitungen, die Populationsgröße in den Nationalparks zu erhöhen, verringern die Wahrscheinlichkeit eines Aussterbens. Aufgrund der weiten Streifgebiete der Grizzlybären könnten jedoch selbst die größten Nationalparks der Vereinigten Staaten flächenmäßig zu klein sein, um langfristig Populationen dieser Tiere zu erhalten (Newmark 1985). Über das gesamte Verbreitungsgebiet hinweg werden zahlreiche kleine, isolierte Grizzlypopulationen aussterben, insbesondere aufgrund von Inzuchtdepression und genetischer Drift, sofern man nicht den Genfluß fördert, indem man Wanderungen zwischen den Populationen ermöglicht (Allendorf und Servheen 1986; Maguire und Servheen 1992).

Langzeitüberwachung von Arten und Ökosystemen

Die Langzeitüberwachung von Ökosystemprozessen (Temperatur, Niederschlag, Feuchtigkeit, Bodenreaktion, Wasserqualität, Abflußraten von Flüssen, Bodenerosion und so weiter), Lebensgemeinschaften (Arteninventar, Vegetationsbedeckung, vorhandene Biomasse auf jeder trophischen Ebene und so weiter) und Populationsgrößen (Anzahl der Individuen einer bestimmten Art) ist erforderlich, um die biologische Vielfalt zu bewahren, da es ansonsten schwierig ist, normale Schwankungen von Jahr zu Jahr von langfristigen Trends zu unterscheiden (Magnuson 1990; Primack 1992). Zahlreiche Amphibien- und Insektenpopulationen sowie Populationen einjähriger Pflanzen sind zum Beispiel von Jahr zu Jahr höchst variabel, und daher sind Daten aus vielen Jahren notwendig, um zu ermitteln, ob eine bestimmte Art tatsächlich mit der Zeit in ihrer Häufigkeit abnimmt oder nur eine Anzahl von Jahren mit geringer Population durchmacht, die mit ihrem regelmäßigen Variationsmuster in Einklang stehen. In einem Fall stellte sich eine Salamanderart, die zunächst auf der Basis mehrerer Jahre mit niedrigen Fortpflanzungsraten für sehr selten gehalten wurde, in einem für die Fortpflanzung günstigen Jahr als recht häufig heraus (Pechmann et al. 1991).

Eine weitere Herausforderung für das Verständnis von Veränderungen ist, daß die Auswirkungen sich erst mehrere Jahre nach ihrer eigentlichen Ursache zeigen. Saurer Regen zum Beispiel kann Bäume über einen Zeitraum von Jahrzehnten schwächen und töten, die in nahegelegene Flüsse gelangende Erosionsmenge erhöhen und die aquatische Umgebung auf diese Weise für bestimmte Larven seltener Insektenarten schließlich ungeeignet machen. In einem solchen Fall wäre die Ursache (der saure Regen) aufgetreten, Jahrzehnte bevor die Auswirkungen (der Rückgang der Insekten) tatsächlich festzustellen waren.

Saurer Regen, globale Klimaänderungen, Sukzession der Vegetation, Stickstoffeintrag und die Invasion von gebietsfremden Arten sind alles Beispiele für Vorgänge, die in natürlichen Lebensgemeinschaften langfristige Veränderungen hervorrufen, unserer kurzfristigen Betrachtungsweise aber oftmals verborgen bleiben (Abbildung 12.5). Einige Langzeitaufzeichnungen stehen von Wetterstationen, alljährlichen Vogelzählungen, Waldparzellen, Wasserämtern und alten Photographien der Vegetation zur Verfügung, aber die Anzahl der langfristigen Überwachungsmaßnahmen für natürliche Lebensgemeinschaften ist für die meisten Schutzzwecke unzureichend. Um hier Abhilfe zu schaffen, haben zahlreiche wissenschaftliche Forschungsstationen damit begonnen, Programme zur Überwachung ökologischer

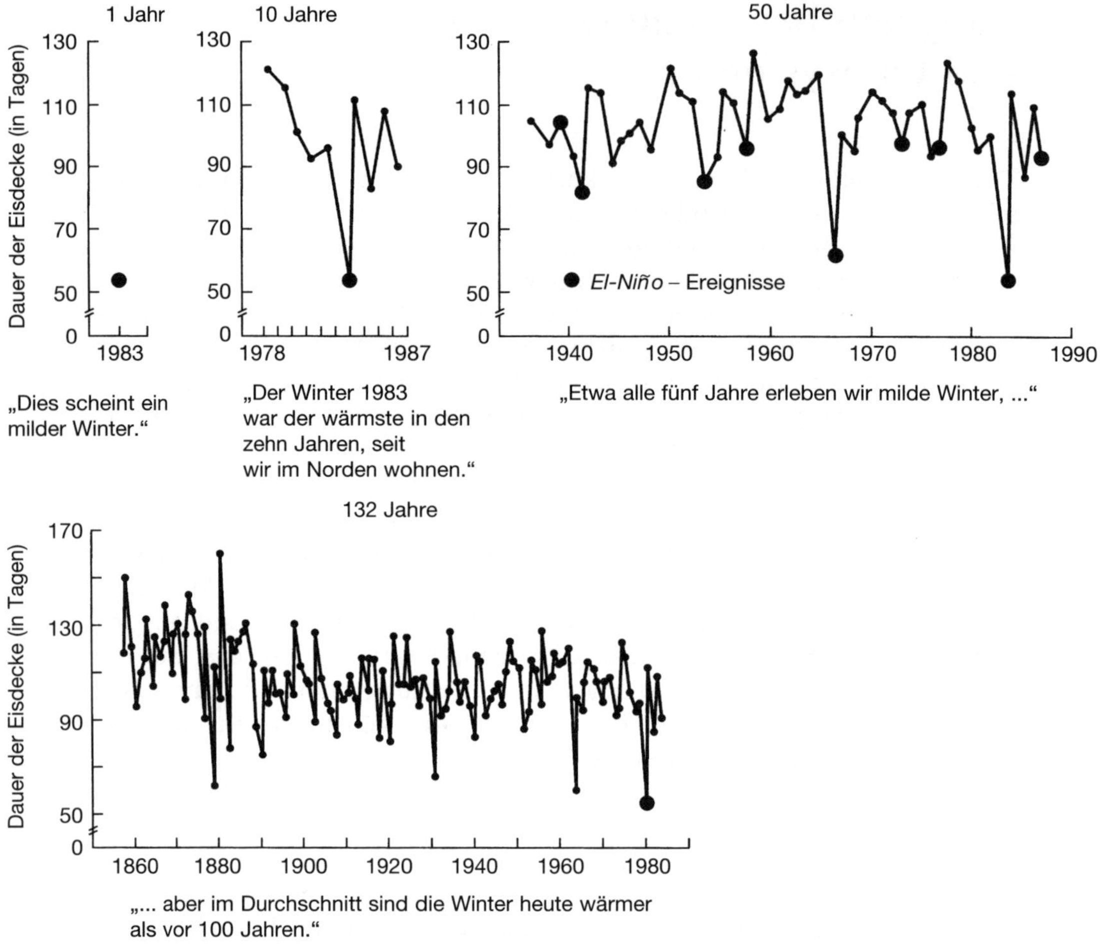

12.5 Über lange Zeiträume erhobene Daten können Informationen ans Licht bringen, die in einer einzelnen Saison oder selbst in wenigen Jahren nicht zutage treten. Hier liefert die Dauer der Eisdecke auf dem Lake Mendota im US-Bundesstaat Wisconsin Informationen über die winterlichen Wetterverhältnisse bis zurück ins Jahr 1855. (Verändert aus Magnuson 1990.)

Veränderungen über Jahrzehnte und Jahrhunderte durchzuführen. Ein solches Programm ist das Netz von 172 ökologischen Langzeitforschungsstellen (*Long-Term Ecological Research* oder LTER), eingerichtet von der U.S. National Science Foundation (Swanson und Sparks 1990) (Abbildung 12.6). Weitere Programme sind zum Beispiel das „Man and the Biosphere" – (MAB-)Programm der Biosphärenreservate der Vereinten Nationen und die zunehmende Zahl von Dauerflächen zur Beobachtung der Lebensgemeinschaften, die in tropischen Wäldern eingerichtet werden

		Jahre	Forschungsskala	physikalische Ereignisse	biologische Ereignisse
	10^5	100 Jahrtausende			Evolution von Arten
	10^4	10 Jahrtausende	Paläoökologie und Limnologie	kontinentale Vergletscherung	Hochmoorsukzession Wanderung von Waldgesellschaften
	10^3	Jahrtausend	↓	Klimaänderung	Einwanderung von Arten Waldsukzession
LTER	10^2	Jahrhundert		Waldbrände Klimaerwärmung durch Kohlendioxid	Eutrophierung durch Zivilisation Populationszyklen
LTER	10^1	Jahrzehnt		Sonnenfleckenzyklus *El-Niño*-Ereignisse	Präriesukzession
LTER	10^0	Jahr		Präriefeuer Umschichtung von Seen	einjährige Pflanzen saisonale Wanderungen
LTER	10^{-1}	Monat	↑	Aufwallungen im Meer	Planktonsukzession
	10^{-2}	Tag	vor allem Ökologie	Stürme Tageslichtzyklus Gezeiten	Algenblüte tägliche Wanderungen
	10^{-3}	Stunde			

12.6 Das ökologische Langzeitforschungsprogramm (*Long-Term Ecological Research* oder LTER) der U.S. National Science Foundation konzentriert sich auf Zeitspannen von mehreren Jahren bis zu Jahrhunderten, um Veränderungen in der Struktur, der Funktion und den Prozessen in natürlichen Lebensgemeinschaften zu verstehen, die aus kurzfristigen Beobachtungen nicht hervorgehen. (Aus Magnuson 1990.)

(siehe Kapitel 20; Primack 1992; Condit et al. 1992). Eine der Hauptaufgaben dieser Dauerflächen ist es, grundlegende Daten über Ökosystemprozesse und Lebensgemeinschaften zu liefern, die man dann nutzen kann, um auf Veränderungen in den natürlichen Gemeinschaften aufmerksam zu werden. Diese Flächen sind auch ein Frühwarnsystem für die Störung oder Verringerung von Ökosystemfunktionen. Magnuson (1990) hat die Notwendigkeit dafür wie folgt begründet:

> »Ohne die zeitliche Dimension, die langfristige Forschungen liefern, kann es zu ernsthaften Fehlbeurteilungen kommen, nicht nur bei unseren Versuchen, die Veränderungen in unserer Umwelt zu verstehen und vorherzusagen, sondern auch bei den Versuchen, mit unserer Umwelt richtig umzugehen. Auch wenn man sich Unglücksfälle vorstellen kann, die das sofortige Ende des Raumschiffs Erde (im Sinne von Fuller 1970) bedeuten könnten, ist es viel wahrscheinlicher, daß die Zerstörung in langsamem Tempo und im Verborgenen der unsichtbaren Gegenwart erfolgt.«

Zusammenfassung

1. Naturschutzbiologen müssen oft feststellen, ob die Population einer gefährdeten Art stabil ist, zunimmt, schwankt oder abnimmt. Bei einer zurückgehenden Population kann menschliches Eingreifen erforderlich sein, um sie vor dem Aussterben zu bewahren. In manchen Fällen ist eine Art durch ein sich veränderndes Mosaik kurzlebiger Populationen charakterisiert, eine sogenannte Metapopulation.
2. Der Schlüssel zur Erhaltung und zum Management einer seltenen oder gefährdeten Art ist die Kenntnis ihrer Biologie. Die wesentlichen Kenntnisse betreffen die Morphologie, die Physiologie, das Verhalten, die Genetik, die Verbreitung, die Umweltfaktoren und die Demographie einer Art. Diese Informationen können aus veröffentlichter und unveröffentlichter Literatur stammen sowie aus Feldforschungen. Die Langzeitüberwachung einer Art in der Natur kann vorübergehende Veränderungen in der Populationsgröße aufzeigen und dazu beitragen, kurzzeitige Schwankungen von einem langfristigen Rückgang zu unterscheiden. Zu einer solchen Überwachung gehört das Bestimmen der Populationsgröße; bei umfassenderen Studien muß das Schicksal von Individuen der Art über einen längeren Zeitraum verfolgt werden. Demographische Studien sind besonders nützlich, um die langfristige Stabilität der Population abzuschätzen.
3. Die Analyse der Überlebensfähigkeit einer Population (PVA) verwendet demographische und genetische Daten sowie Daten über die Umwelt und natürliche Katastrophen, um zu berechnen, mit welcher Wahrscheinlichkeit eine Population in einer bestimmten Umwelt überleben wird. Ziel dieser Analyse kann es sein, die kleinste überlebensfähige Population zu ermitteln, manchmal definiert als jene Populationsgröße, die notwendig ist, um einer Population eine 99prozentige Chance zu geben, 1000 Jahre zu überleben. Die für eine Analyse der Überlebensfähigkeit einer Population erforderlichen Methoden und statistischen Techniken sind zwar immer noch im Entwicklungsstadium, aber der Ansatz ist sehr vielversprechend.
4. Inzwischen bemüht man sich überall auf der Welt, Programme zur Langzeitüberwachung aufzubauen, um Veränderungen in Populationen und Lebensgemeinschaften über Jahrzehnte und Jahrhunderte hinweg zu verfolgen. Diese Programme werden ein Frühwarnsystem für Schädigungen an Arten, Lebensgemeinschaften und Ökosystemfunktionen darstellen.

Weiterführende Literatur

Blab, J. 1993. *Grundlagen des Biotopschutzes für Tiere*. Schriftenreihe für Landschaftspflege und Naturschutz, Heft 24.*

Boyce, M. S. 1992. Population viability analysis. *Annual Review of Ecology and Systematics* 23: 481–506. [Übersicht über die derzeitigen Entwicklungen auf dem expandierenden Gebiet der Analyse der Lebensfähigkeit von Populationen.]

Caswell, H. 1989. *Matrix Population Models: Construction Analysis, and Interpretation*. Sinauer Associates, Sunderland, MA. [Standardwerk über demographische Analysen.]

Goldsmith, B. (Hrsg.) 1991. *Monitoring for Conservation and Ecology.* Chapman und Hall, New York. [Ziele und Methoden der Überwachung im Artenschutz, mit verständlichen Erklärungen.]

Hovestadt, T., Roeser, J. und Mühlenberg, M. 1991. Flächenbedarf von Tierpopulationen. *Berichte aus der Ökologischen Forschung 1*, Jülich.*

Kinnaird, M. E. und O'Brien, T. G. 1991. Viable Populations for an endangered forest primate, the Tana River Crested Mangabey (*Cercocebus galeritus galeritus*). *Conservation Biology* 5: 203–213. [Ausgezeichnete Fallstudie, welche die Anwendung der Analyse der Lebensfähigkeit einer Population verdeutlicht.]

Magnuson, J. J. 1990. Long-term ecological research and the invisible present. *BioScience* 40: 495–501. [Langzeitforschungen liefern bedeutende Erkenntnisse, die mit kurzfristigen Studien nicht zu erlangen sind.]

Menges, E. S. 1991. The application of minimum viable population theory to plants. In: D. A. Falk und K. E. Holsinger (Hrsg.) *Genetics and Conservation of Rare Plants*, S. 45–61. Oxford University Press, New York. [Mit Hilfe der Theorie der kleinsten lebensfähigen Population kann man abschätzen, wie viele Individuen einer Art man erhalten muß.]

Murphy, D., Freas, K. E. und Weiss, S. B. 1990. An environment-metapopulation approach to population viability analysis for a threatened invertebrate. *Conservation Biology* 4: 41–51. [Hervorragende Einführung in das Konzept der Metapopulation.]

Packer, C. 1992. Captives in the wild. *National Geographic* 181 (April): 122–136. [Die Geschichte der Löwen im Ngorongorokrater.]

Primack, R. B. und Hall, P. 1992. Biodiversity and forest change in Malaysian Borneo. *BioScience* 42: 829–837. [Die Auswirkungen von Untersuchungen an tropischen Lebensgemeinschaften auf den Artenschutz, die Politik und auf Managementmaßnahmen. Siehe auch andere Überwachungsstudien im selben Band.]

Shaffer, M. L. 1981. Minimum population sizes for species conservation. *BioScience* 31: 131–134. [Eine grundlegende Arbeit über die kleinste Populationsgröße für die Erhaltung von Arten.]

Teil V

Anwendungen in der Praxis

13

Die Einrichtung von Schutzgebieten

Die große Mehrzahl aller Arten auf der ganzen Welt existiert nur in der Natur, und deshalb stellt die Bewahrung von Lebensräumen mit den darin vorhandenen Lebensgemeinschaften den effektivsten Weg dar, die biologische Vielfalt zu erhalten. Man könnte sogar argumentieren, es sei die einzige Möglichkeit, Arten zu erhalten, denn wir verfügen weder über die Mittel noch über die Kenntnisse, um die Mehrzahl der auf der Welt lebenden Arten in menschlicher Obhut zu bewahren. Fallstudien der Naturschutzforschung nennen im typischen Fall zahlreiche Bedrohungen für die biologische Vielfalt; die Schäden an gefährdeten Arten und einzigartigen Lebensräumen rühren oft von einer Vielzahl von Ursachen her (Ehrlich und Ehrlich 1981; Myers 1987). Ein Feuchtgebiet, das einzigartigen wasserlebenden Pflanzen und Tieren Lebensraum bietet, könnte durch immer weiter vordringende Erschließung, Wasserverschmutzung, Jagd durch Einheimische und eine Veränderung im Entwässerungsregime beeinträchtigt sein. Um zu ermitteln, auf welche Weise man die Arten in dem Feuchtgebiet am besten erhalten kann, sind nicht nur Kenntnisse der Biologie der Arten und des Lebensraumes erforderlich, sondern auch das klare Erkennen der Bedürfnisse der ortsansässigen menschlichen Bevölkerung sowie die Naturschutz- und Entwicklungspolitik der Regierung. Den Lebensraum unter Schutz zu stellen, in dem bedrohte Arten vorkommen, ist einer der wirkungsvollsten Mechanismen zur Erhaltung der biologischen Vielfalt; doch um die Schutzgebiete nicht nur einzurichten, sondern auch sicherzustellen, daß sie danach ihren Zweck erfüllen, bedarf es erheblicher politischer Anstrengungen und finanzieller Mittel.

Der Schutz von Lebensräumen

Eine der wichtigsten Maßnahmen für die Erhaltung von Lebensgemeinschaften ist die Einrichtung gesetzlich ausgewiesener Schutzgebiete. Zwar gewährleisten die Gesetzgebung und das Kaufen von Land allein nicht die Erhaltung eines Lebensraumes, aber sie stellen einen wichtigen Ausgangspunkt dar. Schutzgebiete lassen sich auf einer Vielzahl von Wegen einrichten, am häufigsten sind jedoch Regierungsmaßnahmen (oft auf nationaler Ebene, aber auch regional oder lokal) und das Aufkaufen von Land durch private Naturschutzorganisationen. Gesetzliche Regelungen können in Schutzgebieten ein unterschiedliches Ausmaß an kommerzieller Nutzung von Naturgütern, traditioneller Nutzung durch Einheimische und Nutzung zu Erholungszwecken erlauben. Zahlreiche Schutzgebiete sind auch von privaten Naturschutzorganisationen wie der Nature Conservancy (Exkurs 21) und der Audubon Society eingerichtet worden. Zunehmend häufiger anzutreffen ist eine Kooperation zwischen der Regierung eines Entwicklungslandes in den Tropen und internationalen Naturschutzorganisationen, multinationalen Banken und Regierungen von Industriestaaten; bei solchen Kooperationen stellen die Naturschutzorganisationen das nötige Geld, die Ausbildungsmöglichkeiten sowie ihre wissenschaftlichen und Managementkenntisse zur Verfügung, um das tropische Land bei der Einrichtung neuer Nationalparks zu unterstützen (siehe Kapitel 21). Diese Zusammenarbeit beschleunigt sich durch die kürzliche Schaffung einer „Global Environment Facility“ von 1,5 Milliarden Dollar, eingerichtet durch die Weltbank und Behörden der Vereinten Nationen.

Auch traditionelle Gesellschaften, die ihre Lebensweise beibehalten wollen, haben Schutzgebiete eingerichtet. In vielen Ländern haben die nationalen Regierungen die Rechte traditioneller Gesellschaften anerkannt, unter anderem in den Vereinigten Staaten, in Kanada, Brasilien und Malaysia – wenn auch oft erst nach Auseinandersetzungen vor Gericht, in der Presse und vor Ort. In vielen Fällen kam es beim Geltendmachen traditioneller Rechte zu heftigen Konfrontationen mit der jeweiligen Obrigkeit, manchmal sogar zu Toten (Poffenberger 1990; Gadgil und Guha 1992).

Exkurs 21: Ökologen und Grundbesitzexperten kommen in der Nature Conservancy zusammen

Seit nahezu einem Jahrhundert versuchen gemeinnützige Organisationen wie der Sierra Club und die Audubon Society, die Erhaltung von wildlebenden Arten und natürlichen Lebensräumen zu fördern. In den letzten Jahrzehnten hat die Anzahl dieser Organisationen auf lokaler, nationaler und internationaler Ebene noch zugenommen. Von den vielen Organisationen, die heute für die Bewahrung der biologischen Vielfalt kämpfen, hebt sich The Nature Conservancy (TNC) durch ihren einzigartigen Ansatz ab: Sie geht wie eine private Firma vor, um seltene Arten und Lebensräume zu erhalten. Vereinfacht ausgedrückt, kauft die Nature Conservancy entweder bedrohte Biotope auf oder zeigt den Landbesitzern, wie ein Management ihrer Flächen zugunsten des Naturschutzes genauso einträglich sein kann wie eine Erschließung.

Gegründet im Jahre 1951, hat die Nature Conservancy inzwischen eine Mitgliederzahl von über 700000 erreicht. Die TNC ist weder so weithin bekannt wie einige andere Naturschutzorganisationen, noch ist sie so groß oder stimmgewaltig. Die Nature Conservancy tritt für eine Vorgehensweise ein, die nicht auf Konfrontation aus ist, sondern eher einem Geschäft ähnelt und im Gegensatz zu den Methoden einiger sehr profilierter, aktivistischer Naturschutzorganisationen wie etwa Greenpeace oder EarthFirst! steht (Grove 1988). Doch ihr Wirken in der Stille war erfolgreich: Alleine in den Vereinigten Staaten wurden durch die Arbeit der TNC mehr als 2,8 Millionen Hektar Land unter Schutz gestellt, von dem ein Großteil zum staatlichen Schutzgebiet, Nationalpark oder Wildtierreservat wurde. Außerhalb der Vereinigten Staaten wurden mit Hilfe der TNC acht Millionen Hektar geschützt.

Darüberhinaus verfügt die TNC über ein Kapital von 150 Millionen Dollar aus privaten und Firmenspenden, mit dem sie bei Bedarf direkt Land aufkaufen kann. Durch diese Vorgehensweise schuf diese Organisation das größte System privater Naturflächen und Wildtierreservate der Welt. Ein solches herausragendes Besitztum sind die 14 Hektar Land, welche die Sandbänke von Pendleton Island im Clinch River in Virginia umgeben (Stolzenburg 1992). Diese 300 Meter Sandbänke beherbergen 45 Arten von Süßwassermuscheln und zählen somit wohl zu den artenreichsten Muschelstandorten weltweit. Die Entscheidung der TNC im Jahre 1984, diese Flächen zu kaufen und sich an der Säuberung des Clinch River zu beteiligen, war ein wichtiger Schritt, die Bedeutung wasserlebender Wirbelloser für die gesamte biologische Vielfalt anzuerkennen.

Die Nature Conservancy geht ideenreich vor; wenn sie die Flächen zum Schutz eines Biotops nicht kaufen kann, bietet sie den Landbesitzern Alternativen, welche die Erhaltung zu einer finanziell attraktiven Option machen. Zu solchen Alternativen gehören beispielsweise Steuervorteile für den Landbesitzer, wenn dieser im Gegenzug gesetzliche Beschränkungen oder Schutzbestimmungen akzeptiert, die eine Erschließung verhindern. In anderen Fällen schenkt der Landbesitzer der Nature Conservancy das Land im Austausch für ein lebenslanges Nutzungsrecht, das für den Besitzer letztendlich ein miet- und hypothekenfreies Heim und ebenso ansehnliche Steuerabzüge bedeutet (Hoose 1981; Jenkins 1988). Die TNC sucht auch nach Methoden, die den Reservaten in ihrem Besitz ermöglichen, sich finanziell selbst zu tragen. So werden zum Beispiel die Kosten für die Erhaltung eines Präriereservats in South Dakota zum Teil durch die Haltung einer Bisonherde vor Ort getragen. Die Beweidung durch Bisons erhöht die biologische Vielfalt in diesen Grasländern, vorausgesetzt, die Herde wird nicht zu groß; wächst die Herde auf eine Größe an, bei der es zu einer Überweidung kommen kann, werden die überzähligen Tiere verkauft. Der Verkauf der Bisons bringt ungefähr 25000 Dollar im Jahr für das Reservat (Grove 1988).

Zusätzlich unterstützt und fördert die Nature Conservancy Bemühungen, Populationen seltener und gefährdeter Arten ausfindig zu machen und die biologische Vielfalt in den USA zu pflegen (Noss 1987). Oftmals verkauft oder verschenkt die TNC Land, das sie gekauft hat, an die Regierungen von Bundesstaaten oder an Regierungsbehörden, die dieses Land dann unter Schutz stellen. Manche Flächen sind so wertvoll, daß die Regierung sie als nationale Wildtierreservate ausweist. Durch die Natural Heritage Programs (Programme zum Naturerbe) fördert die TNC auch den Naturschutz auf staatlicher Ebene in allen 50 Bundesstaaten der USA; dabei handelt es sich im allgemeinen um Gemeinschaftsunternehmen der TNC mit den Regierungen der Bundesstaaten. Die Nature Conservancy stellt in jedem Staat Ausbildungsmöglichkeiten und Personal für Bestandsaufnahmen von Pflanzen- und Tierpopulationen zur Verfügung. Die gesammelten Daten werden in allen Staaten und im Hauptquartier der TNC in Arlington, Virginia, in eine Computerdatenbank eingegeben; mit Hilfe dieser Datenbank können die Biologen der TNC den Status von Arten und Populationen im gesamten Land verfolgen (Grove 1988). Wenn Biologen des Natural Heritage Program Populationen von Arten identifizieren, die selten, einzigartig, im Rückgang oder bedroht sind, kann der Staat mit Unterstützung der TNC entsprechende Schutzmaßnahmen ergreifen.

Von anderen Naturschutzorganisationen unterscheidet sich die Nature Conservancy durch ihre entschieden unpolitische Haltung (Grove 1988). Sie ist weder auf Staats- noch auf Bundesebene ein Teil der Umweltlobby und lehnt es im allgemeinen ab, Verfahren gegen Projekte anzustrengen, die in den Lebensraum gefährdeter Arten eingreifen. Die geschäftsartige Vorgehensweise der Nature Conservancy ist aber vor allem deswegen erfolgreich, weil die Eingriffsplaner, die oft keine besondere Liebe für Umweltschützer empfinden, die Methoden der Conservancy respektieren und verstehen. Das grundlegende Prinzip der TNC ist letztendlich „die Erhaltung von Land durch Privatinitiative“. Bis jetzt hat sich die Idee als gut erwiesen.

Blickpunkt Deutschland: Schutzgebietsausweisungen

Auch in Mitteleuropa war die Ausweisung von Schutzgebieten lange Zeit die zentrale Naturschutzstrategie. Die Einrichtung solcher Gebiete durch private Organisationen, wie sie in den USA oder auch in der Schweiz anzutreffen ist, spielt in Deutschland nur eine untergeordnete Rolle. Häufig gehen aber die Initiativen für ein Schutzgebiet von Naturschutzverbänden aus, und häufig übernehmen diese auch die Gebietsbetreuung nach erfolgter Ausweisung. Ähnlich wie die Schutzgebietskategorien der IUCN (s. S. 372) sehen auch das Bundesnaturschutzgesetz und die Naturschutzgesetze der Bundesländer verschiedene Kategorien mit unterschiedlicher Zielsetzung vor, nämlich den Nationalpark (NP; in Niedersachsen NLP), das Naturschutzgebiet (NSG), den Naturpark, das Landschaftsschutzgebiet (LSG), das Naturdenkmal (ND) und den Geschützten Landschaftsbestandteil (GLB). Auch in den Forstgesetzen der Länder finden sich verschiedene Schutzgebietsformen, darunter als wichtigste das Naturwaldreservat. Das Biosphärenreservat ist im Naturschutzrecht des Bundes und der meisten westdeutschen Bundesländer bislang nicht als hoheitliche Schutzform vorgesehen. Biosphärenreservate wie das Wattenmeer oder der Nationalpark Berchtesgaden sind deshalb auf ganzer Fläche auch als Nationalpark ausgewiesen, obwohl die IUCN für Biosphärenreservate einen derartigen Schutz nur auf Teilflächen fordert. Strenge Schutzgebiete im Sinne der IUCN, in denen der Naturschutz Vorrang vor anderen Nutzungsinteressen hat, sind nur die Nationalparks, die Naturwaldreservate und mit gewissen Einschränkungen die Naturschutzgebiete. Die Effektivität eines Naturschutzgebiets hängt wesentlich von der Schutzgebietsverordnung ab. Hier bestehen in der Praxis jedoch erhebliche Probleme (Haarmann und Pretscher 1988, 1993). Häufig werden die zum Zeitpunkt der Ausweisung bestehenden Nutzungen in der Schutzgebietsverordnung weiterhin zugelassen. Dies gilt insbesondere für Jagd und Fischerei, aber auch für die forstwirtschaftliche Nutzung. Daneben stellen kleine Flächengrößen und damit zusammenhängend starke Randeinflüsse ein zusätzliches Problem dar (Haarmann und Pretscher 1993).

In den Naturwaldreservaten findet zwar grundsätzlich keine Nutzung mehr statt, ihr Flächenanteil ist jedoch mit etwa 0,17 Prozent der Waldfläche Deutschlands (Stand 1991 nach Wolf und Bohn 1991) verschwindend klein. Naturwaldreservate werden üblicherweise in Größen zwischen 20 und 60 Hektar ausgewiesen, bei einem bundesweiten Durchschnitt von 30,5 Hektar (Wol und Bohn 1991, Bücking 1994). Daß diese Flächengröße für viele Tier- und Pflanzenarten nicht ausreicht, um langfristig überlebensfähige Populationen zu erhalten, ist offensichtlich.

In Naturparken und Landschaftsschutzgebieten sind die sogenannte „ordnungsgemäße“ Land- und Forstwirtschaft und viele andere Nutzungen grundsätzlich erlaubt. Nur die Naturparke in den ostdeutschen Bundesländern weisen zum Teil stär-

Tabelle: Schutzgebiete in Deutschland (Stand: 31.12.1992)

Typ	Anzahl	Fläche (ha)	Anteil an der Gesamtfläche	Bemerkungen
Naturschutzgebiet	ca. 4880	ca. 617000	1,7%	ohne Wasserflächen der Nord- und Ostsee, ohne einstweilig sichergestellte sowie durch Offenlegung von Verordnungen oder Landschaftsplänen geschützte Naturschutzgebiete
Landschaftsschutzgebiet	ca. 6200	ca. 9039800	25,3%	in einigen Ländern keine aktuellen Daten vorhanden
Naturpark	67	5569477	15,6%	11 weitere Naturparke sind in den neuen Ländern einstweilig sichergestellt
Nationalpark	10	700200	2,0%	davon ca. 80% Watt- und Wasserfläche an Nord- und Ostsee
Biosphärenreservat	12	1165390	3,3%	davon ca. 40% Watt- und Wasserfläche an Nord- und Ostsee
Naturwaldreservat	654	16443	0,05%	0,167% der Waldfläche Deutschlands (Stand 1990)

Quelle: Bundesamt für Naturschutz, übernommen aus: Umweltbundesamt 1994.
Anmerkung: Neben inhaltlichen Unterschieden ist darauf hinzuweisen, daß eine Addition der unterschiedlichen Schutzgebietstypen nicht möglich ist, da sie sich in erheblichem Maße überschneiden beziehungsweise deckungsgleich sind. So sind zum Beispiel im Biosphärenreservat Hessische Rhön jetzt schon über 1200 Hektar Naturschutzgebiet. Die größte flächenrelevante Überschneidung liegt bei den Naturparks und Landschaftschutzgebieten vor.

Nationalparks in Deutschland (Stand: 1.1.1994)

Nr.	Nationalpark, Bundesland	Gründungsjahr	Gesamtfläche (ha)
I	Niedersächsisches Wattenmeer, Niedersachsen	1986	240 000
II	Harz, Niedersachsen	1994	15 800
III	Hamburgisches Wattenmeer, Hamburg	1990	11 700
IV	Schleswig-Holsteinisches Wattenmeer, Schleswig-Holstein	1985	285 000
V	Vorpommersche Boddenlandschaft, Mecklenburg-Vorpommern	1990	80 500
VI	Jasmund, Mecklenburg-Vorpommern	1990	3 000
VII	Müritz-Nationalpark, Mecklenburg-Vorpommern	1990	31 800
VIII	Hochharz, Sachsen-Anhalt	1990	5 868
IX	Sächsische Schweiz, Sachsen	1990	9 292
X	Bayerischer Wald, Bayern	1970	13 042
XI	Berchtesgaden, Bayern	1978	21 000

Quelle: Bundesamt für Naturschutz
Gesamtfläche mit Wattenmeer: 717 002 ha (2,0% des Bundesgebietes)
Gesamtfläche ohne Wattenmeer: 180 302 (0,5% des Bundesgebietes)

kere Nutzungsbeschränkungen auf. Auch in vielen Biosphärenreservaten bleiben nur kleinere Teilflächen als Totalreservate sich selbst überlasen, während auf dem Großteil der Fläche eine nachhaltige Bewirtschaftung im Vordergrund steht (UNESCO 1974, Erdmann 1993). Naturdenkmale sind kleinflächige Einzelschöpfungen der Natur wie Felsen oder alte Einzelbäume, die etwa drei Viertel aller Naturdenkmale ausmachen. Die Anforderungen an geschützte Land schaftsbestandteile sind nicht so hoch wie an Naturschutzgebiete, allerdings sind auch die Schutzmöglichkeiten nicht ganz so effektiv. Häufig handelt es sich um Elemente der Kulturlandschaft wie Heckengebiete oder Streuobstwiesen.

Gleiche oder vergleichbare Schutzgebietskategorien finden sich auch in

Biosphärenreservate in Deutschland (Stand: 31.12.1992)

Biosphären-reservat	Kernzone (ha)	Pflege-zone (ha)	Entwick-lungs-zone (ha)	Gesamt-fläche (ha)
Südost-Rügen seit 7.3.1991	360 (1,5%)	3750 (16,0%)	19390 (82,5%)	23500
Schorfheide-Chorin seit 16.11.1990	3522 (2,8%)	26544 (21,1%)	95825 (76,1)	125891
Mittlere Elbe seit 24.11.1979, erweitert 29.1.1988	624 (1,5%)	6171 (14,3%)	36206 (84,1%)	43000
Spreewald seit 7.3.1991	920 (1,9%)	9800 (20,6%)	36800 (77,5%)	47600
Rhön seit 7.3.1991	12350 (9,3%)	33650 (25,4%)	86600 (65,3%)	132600
Vessertal-Thüringer Wald seit 24.11.1979	276 (1,8%)	2189 (13,9%)	13285 (84,45)	15750
Bayerischer Wald seit 1983	8030 (58,4%)	5720 (41,6%)	–	13750
Berchtesgaden seit 16.11.1990	17500 (37,4%)	3400 (7,3%)	25900 (55,3%)	46800
Schleswig-Holsteinisches Wattenmeer seit 16.11.1990	85500 (30,0%)	6400 (2,2%)	193100 (67,8%)	285000
Niedersächsisches Wattenmeer seit November 1992	128000 (53,3%)	110000 (45,9%)	2000 (0,8%)	240000
Hamburgisches Wattenmeer seit November 1992	10500 (89,7%)	1200 (10,3%)	–	11700
Pfälzerwald seit November 1992	1400 (0,8%)	40000 (22,2%)	138400 (77,0%)	179800

Quelle: MAB-Geschäftsstelle, Bundesamt für Naturschutz
Gesamtfläche mit Wattenmeer: 1165390 ha (3,3% des Bundesgebietes)
Gesamtfläche ohne Wattenmeer: 628690 ha (1,8% des Bundesgebietes)

den entsprechenden Gesetzen von Österreich und der Schweiz (siehe Plachter 1991b).

Die in Nordamerika und auch bei uns in der wissenschaftlichen Literatur häufig geführte SLOSS-Diskussion (*single large or several small*), ob ein großes Schutzgebiet besser ist als mehrere kleine, oder ob ein Schutzgebiet am günstigsten rund, eckig oder langgestreckt sein sollte (siehe Kapitel 14), hat in der Naturschutzpraxis nie größere Bedeutung erlangt. Entscheidend für das Design von Schutzgebieten sind in der Regel nicht wissenschaftliche Kriterien, sondern überwiegend Sachzwänge, wie die Verfügbarkeit von Flächen oder die Kooperationsbereitschaft von Landnutzern. Das ist auch ein wesentlicher Grund, warum es bislang an einem wissenschaftlich fundierten, repräsentativen Schutzgebietssystem fehlt, das auf naturräumlicher Ebene alle schutzwürdigen Lebensgemeinschaften abdeckt. Die Grundlagen dafür, etwa die naturräumliche Gliederung, die Biotopkartierung und verschiedene Programme zur Artenerfassung, liegen in den meisten Bundesländern vor. Trotzdem ist die Ausweisung häufig von pragmatischen Aspekten wie der Durchsetzbarkeit geprägt.

Einen richtungsweisenden Ansatz verfolgt hier die Europäische Gemeinschaft mit dem CORINE-Programm (Coordination de l'Information sur l'Environment) und der FFH-Richtlinie (Flora, Fauna, Habitat). Das CORINE-Biotop-Projekt erfaßt seit 1985 nach standardisierten Bewertungskriterien „Biotope von vorrangiger Bedeutung für den Naturschutz in der Europäischen Gemeinschaft" und speichert diese Daten zentral (Nonnen et al. 1994). Im Mai 1992 trat die FFH-Richtlinie in Kraft (Der Rat der Europäischen Gemeinschaften 1992) – mit dem Ziel der Erhaltung der natürlichen Lebensräume sowie der wildlebenden Tiere und Pflanzen von gemeinschaftlichem Interesse. Separate Anhänge enthalten unter anderem die Lebensraumtypen und die Tier- und Pflanzenarten von gemeinschaftlichem Interesse, für deren Erhaltung besondere Schutzgebiete ausgewiesen werden müssen. Dadurch soll ein europaweites Netzwerk an Schutzgebieten (NATURA 2000) gebildet werden. Diese fachlich fundierte und weitreichende Richtlinie soll nicht nur zu einer Vereinheitlichung des Naturschutzes in den Mitgliedsstaaten führen, sondern auch nach übergeordneten Kriterien regionale Schwerpunkte setzen. Für Mitteleuropa erfordert dies eine weitere Verstärkung des – großflächigen – Flächenschutzes, vor allem bei bislang unterrepräsentierten Lebensraumtypen wie zum Beispiel verschiedenen Buchenwaldgesellschaften (Ssymank 1994).

Das Ausmaß von Störungen in Lebensgemeinschaften und Schutzgebieten

Das Ausmaß der Störungen in natürlichen Lebensgemeinschaften ist sehr unterschiedlich: Einige wenige sind praktisch unberührt von menschlichen Einflüssen, wie die Gemeinschaften des Meeresbodens und der entlegensten Bereiche des Amazonasregenwaldes, andere sind durch menschliche Aktivitäten tiefgreifend verändert, wie landwirtschaftliche Flächen, Städte und künstliche Teiche. Doch selbst in den abgeschiedensten Gebieten der Erde tritt der Einfluß des Menschen in Form von Luftverschmutzung und ansteigenden Kohlendioxidkonzentrationen zutage; und sogar in den am stärksten veränderten, von Menschen geprägten Gebieten existieren oftmals Reste der ursprünglichen Fauna und Flora. Mittelmäßig stark gestörte Lebensräume gehören zu den interessantesten Herausforderungen und Gelegenheiten für die Naturschutzbiologie, weil sie häufig große Gebiete umfassen. In selektiv abgeholzten tropischen Wäldern kann eine beträchtliche biologische Vielfalt zurückbleiben, ebenso in stark befischten Meeren und in von Vieh beweideten Grasländern (Webster 1989; Redford 1992). Bei der Einrichtung eines Schutzgebiets muß man den richtigen Kompromiß finden zwischen der Erhaltung der biologischen Vielfalt und den Funktionen des Ökosystems sowie der Befriedigung der unmittelbaren und langfristigen Interessen der lokalen menschlichen Bevölkerung und der nationalen Regierung an Naturgütern.

Kommt ein Stück Land erst einmal unter die Kontrolle der Regierung, muß entschieden werden, wieviel menschliche Störungen man erlauben will. Die menschliche Bevölkerungsdichte, die Höhe des Einkommens sowie die Geschichte der Landnutzung werden bestimmen, in welchem Ausmaß die biologische Vielfalt geschützt werden kann. Die IUCN (International Union for the Conservation of Nature) hat ein System zur Klassifizierung von Schutzgebieten entwickelt, das von mimimaler bis zu intensiver erlaubter Nutzung des Lebensraumes durch den Menschen reicht (IUCN 1985):

1. *Wissenschaftliche Reservate* (*scientific reserves*) und *strenge Naturschutzgebiete* (*strict nature reserves*) sind strikt geschützte Gebiete, die für die wissenschaftliche Forschung, zu Lehrzwecken und zur Umweltüberwachung erhalten werden. Diese Reservate erlauben die Erhaltung von Tierpopulationen und die Fortdauer von Ökosystemprozessen in einem so ungestörten Zustand wie möglich.
2. *Nationalparks* (*national parks*) sind große Gebiete von landschaftlicher und natürlicher Schönheit, die für wissenschaftliche, Lehr- und Erholungszwecke erhalten werden; sie werden in der Regel nicht zur kommerziellen Entnahme von Ressourcen genutzt.

3. *Nationale Naturmonumente* (*national monuments and landmarks*) sind oft kleinere Gebiete, die dazu gedacht sind, einzigartige Flächen von besonderem nationalem Interesse zu erhalten.
4. *Wildtier- und Naturschutzgebiete mit Management* (*managed wildlife sanctuaries and nature reserves*) ähneln den strikten Naturreservaten, aber es kann ein gewisser Eingriff durch den Menschen erforderlich sein, um die Eigenschaften der Lebensgemeinschaft zu erhalten; eine kontrollierte Entnahme von Naturgütern kann erlaubt sein.
5. *Geschützte Landschaften* (*protected landscapes*) erlauben nichtzerstörerische Nutzungen der Umwelt durch die ortsansässige Bevölkerung und bieten Gelegenheiten für Tourismus und Erholung.
6. *Ressourcenschutzgebiete* (*resource reserves*) sind Gebiete, in denen die Nutzung von Ressourcen auf eine Weise kontrolliert wird, die mit der nationalen Politik vereinbar ist.
7. *Natural Biotic Areas* und *anthropologische Schutzgebiete* (*anthropological reserves*) erlauben traditionellen Gesellschaften, weiterhin ohne Eingriffe von außen ihren Lebensstil beizubehalten. Oft jagen diese Menschen, entnehmen Naturgüter zu ihrem eigenen Nutzen und betreiben traditionelle Landwirtschaft.
8. *Mehrfachnutzen-Gebiete mit Management* (*multiple-use management areas*) erlauben eine dauerhafte Nutzung natürlicher Ressourcen, darunter Wasser, Wildtiere, Weide für Vieh und Holz sowie Tourismus und Fischerei. Oft ist die Erhaltung von Lebensgemeinschaften vereinbar mit diesen Aktivitäten.

Von diesen Kategorien kann man die ersten fünf als echte **Schutzgebiete** (*protected areas*) betrachten. Hier werden die Lebensräume mit dem Ziel der biologischen Vielfalt gepflegt (beziehungsweise sich selbst überlassen). In Gebieten der letzten drei Kategorien ist das Ziel des Managements nicht in erster Linie die biologische Vielfalt, aber sie können dennoch viele oder sogar die meisten der ursprünglich vorhandenen Arten beherbergen. Diese **unter einem Management stehenden Gebiete** (*managed areas*) können besonders wichtig sein, weil sie oft viel größere Flächen einnehmen als Schutzgebiete und weil Schutzgebiete oft in ein Gefüge aus solchen *managed areas* eingebettet sind.

Schutzgebiete

Im Jahre 1989 waren weltweit insgesamt 4545 Schutzgebiete ausgewiesen, die zusammen 4846300 Quadratkilometer umfaßten (Tabelle 13.1; World Conservation Monitoring Centre 1989). Obwohl diese Fläche eindrucksvoll erscheinen mag, stellt sie nur 3,2 Prozent der Landfläche der Erde dar. Nur zwei Prozent der Erdoberfläche fallen in die streng geschützten Kategorien der Forschungsreservate und Nationalparks. Das größte Schutzgebiet der Welt liegt in Grönland und unfaßt 700000 Quadratkilometer. Läßt man diesen einen Mammutpark unberücksichtigt, sind nur 1,6 Prozent der Erdoberfläche streng geschützt. Die Zahlen für einzelne Länder und Kontinente sind nur Annäherungen, weil die Gesetze zum Schutz von Nationalparks und Wildtierreservaten manchmal nicht wirklich durchgesetzt werden, einzelne Abschnitte von Ressourcenreservaten und Gebieten mit vielseitiger Nutzung und Management hingegen in der Praxis oft sorgsam geschützt werden. Beispiele für letztere sind die als Wildnisgebiete ausgewiesenen Bereiche in den Nationalwäldern (*national forests*) der USA. Neuere Übersichten des World Resources Institute (1992) ergeben etwas ermutigendere Zahlen von 6931 geschützten Gebieten im Jahre 1990, die zusammen 6512900 Quadratkilometer ausmachen.

Die Bewegung zur Einrichtung von Schutzgebieten hat während des 20. Jahrhunderts an Bedeutung gewonnen und erreichte in den siebziger Jahren ihren Höhepunkt (Tabelle 13.2). Der geringere Zuwachs während der achtziger Jahre spiegelt die Tatsache wider, daß die meisten noch nicht erschlossenen und auch nicht zur Erschließung vorgesehenen Flächen bereits unter Schutz gestellt waren. Aufgrund des bekannten Bedarfs der menschlichen Gesellschaft an natürlichen Ressourcen werden Schutzgebiete nie einen großen Prozentsatz der Erdoberfläche einnehmen – vielleicht höchstens sechs Prozent oder etwas mehr. Die geringe Gesamtfläche geschützter Lebensräume unterstreicht die biologische Bedeutung der zehn bis 20 Prozent Fläche, die für die Nutzung von Ressourcen gepflegt und verwaltet wird. In den Vereinigten Staaten verwalten der Forest Service und das Bureau of Land Management zusammen 23,5 Prozent des Landes, während in Costa Rica rund 17 Prozent der Fläche als Wälder und Indianerreservate einem Management untersteht.

Tabelle 13.1: Anzahl von Schutzgebieten und Gesamtfläche verschiedener biogeographischer Regionen, die sie abdecken

	Schutzgebietskategorie (nach Ausweisung durch die IUCN)[a]											
	Forschungs-reservat		National-park		nationales Naturdenkmal		Wildtier-reservat		Landschafts-schutzgebiet		gesamt	
Region[b]	Anzahl	km²	Anzahl	km²	Anzahl	km²	Anzahl	km²	Anzahl	km²	Anzahl	km²
Nearktische	5	11 600	142	1 155 500[c]	32	64 200	259	380 700	40	113 600	478	1 725 600
Paläarktische	313	273 100	204	112,300	24	2 000	649	172 800	494	171 700	1 684	731 900
Afrotropische	23	17 600	152	574 300	1	<100	260	268 700	8	300	444	860,900
Indomalaiische	63	27 900	158	111 300	5	300	411	180 400	39	2 900	676	322,800
Ozeanische	17	25 900	10	3 300	0	0	24	19 600	1	<100	52	48 900
Australische	58	23 100	248	192 600	0	0	277	137 500	40	3 700	623	356 900
Antarktische	29	6 500	11	21 000	5	200	85	3 500	0	0	130	31 200
Neotropische	55	63 900	224	423 900	22	2 900	126	244 900	31	32 500	458	768 100
Gesamt	563	449 600	1 149	2 549 200	89	69 600	2 091	1 408 100	653	324 800	4 545	4 846 300

Quelle: Protected Areas Data Unit, World Conservation Monitoring Centre, Mai 1989. Tabelle aus Reid und Miller 1989.

[a] Die Tabelle umfaßt alle Schutzgebiete von über 1 000 ha Größe, klassifiziert nach den Managementkategorien 1 bis 5 der IUCN und verwaltet von der höchsten zuständigen Behörde im Lande.

[b] Die acht biogeographischen Regionen (Udvardy 1975) sind auf Seite 386 beschrieben.

[c] Der Grönland-Nationalpark wirkt sich mit seiner Größe von 700 000 km² bedeutend auf die vergleichende Statistik aus, da er um einiges größer ist als jedes andere Schutzgebiet der Welt.

Tabelle 13.2: Die Geschwindigkeit, mit der weltweit neue Schutzgebiete eingerichtet wurden

Datum der Einrichtung	Anzahl der Gebiete[a]	gesamte geschützte Fläche (km^2)
unbekannt	711	194 395
vor 1900	37	51 455
1900–1909	52	131 385
1910–1919	68	76 983
1920–1929	92	172 474
1930–1939	251	275 381
1940–1949	119	97 107
1950–1959	319	229 025
1960–1969	573	537 924
1970–1979	1 317	2 029 302
1980–1989	781	1 068 572

Quelle: Aus Reid und Miller 1989.

a Umfaßt national anerkannte Schutzgebiete über 1 000 ha Größe in den ersten fünf Kategorien der IUCN.

Die Effektivität von Schutzgebieten

Wenn Schutzgebiete nur einen kleinen Prozentsatz der gesamten Erdoberfläche bedecken, wie effektiv können sie dann überhaupt die Arten der Welt bewahren? An bestimmten Stellen der Landschaft kommt es zu einer besonderen Konzentration von Arten: entlang von Höhengradienten, an Stellen, an denen verschiedene geologische Formationen aufeinanderstoßen, in geologisch alten Gebieten und an Stellen, an denen entscheidende natürliche Ressourcen in großer Häufigkeit vorhanden sind (zum Beispiel in tropischen Regenwäldern, an Seeufern, an Salzlecken) (Terborgh 1986; Carrol 1992). Oft enthält eine Landschaft ausgedehnte Flächen eines recht einförmigen Biotoptyps und nur wenige kleine Gebiete seltener Biotoptypen. In diesem Fall wird die Erhaltung der biologischen Vielfalt wahrscheinlich nicht so sehr davon abhängen, große Flächen des häufigen Lebensraumtyps zu schützen, sondern vielmehr davon, daß alle Biotoptypen in einem System von Schutzgebieten vertreten sind. Vor einiger Zeit erstellte Pläne zum Naturschutzmanagement in Sarawak an der Nordwestküste von Borneo betonen die Notwendigkeit, neue Nationalparks so zu verteilen, daß alle wichtigen Vegetationstypen und Lebensgemeinschaften abgedeckt werden (Kavanagh et al. 1991). Die folgenden Beispiele verdeutlichen die potentielle Effektivität von Schutzgebieten begrenzter Ausdehnung:

Tabelle 13.3: Prozentsatz der in Schutzgebieten vertretenen Vogelarten in ausgewählten afrikanischen Staaten

Land	Prozentsatz der Landesfläche unter Schutz	Anzahl der Vogelarten	Prozentsatz der Vogelarten in Schutzgebieten
Elfenbeinküste	6,2	683	83,2
Ghana	5.1	721	77,4
Kamerun	3,6	848	76,5
Kenia	5,4	1064	85,3
Malawi	11,3	624	77,7
Nigeria	1,1	831	86,5
Sambia	8,6	728	87,5
Simbabwe	7,1	635	91,5
Somalia	0,5	639	47,3
Tansania	12,0	1016	82,0
Uganda	6,7	989	89,0
Zaire	3,9	1086	89,0

Quelle: Aus Sayer und Stuart 1988.

- Parks und Wildreservate machen nur acht Prozent der Fläche Thailands aus, schließen aber 88 Prozent seiner einheimischen Waldvogelarten ein (Rand 1985, zitiert in Reid und Miller 1989).
- Die indonesische Regierung plant, Populationen sämtlicher einheimischen Vogel- und Primatenarten in ihrem System aus Nationalparks und Reservaten zu schützen (IUCN/UNEP 1986a). Dieses Ziel wird man durch Ausdehnung der Fläche geschützter Gebiete von 3,5 Prozent auf etwa zehn Prozent der Landfläche Indonesiens erreichen.
- In den meisten der großen tropischen Länder Afrikas ist die Mehrzahl der einheimischen Vogelarten durch Populationen in Schutzgebieten vertreten (Tabelle 13.3). In Zaire beispielsweise gibt es über 1000 Vogelarten, und 89 Prozent davon kommen in jenen 3,9 Prozent der Landfläche vor, die unter Schutz stehen. In ähnlicher Weise sind 85 Prozent der Vögel Kenias auf nur 5,4 Prozent der in Parks eingeschlossenen Landfläche geschützt (Sayer und Stuart 1988).
- 30 über das gesamte tropische Afrika verteilte große Schutzgebiete beherbergen zusammen 67 der 70 Arten von Rackenvögeln (hierzu zählen Eisvögel, Bienenfresser, Racken, Hopfe und Hornvögel; Abbildung 13.1), wobei man 90 Prozent der Arten in mehr als einem Park und 55 Prozent in mehr als fünf Parks findet (IUCN/UNEP 1986b). Ein ähnlich hoher Prozentsatz anderer Wirbeltiere ist geschützt, und wenn man nur

13.1 Obwohl der Nördliche Hornrabe (*Bucorvus abyssinicus*) und viele andere Vogelarten in Afrikas Nationalparks und Schutzgebieten vertreten sind, ist die langfristige Zukunft dieser Arten wegen der andauernden Lebensraumzerstörung und -fragmentierung, der Bejagung und anderer menschlicher Aktivitäten unsicher. (Photo: © San Diego Zoo).

noch einige wenige neue Schutzgebiete schaffen könnte, würde man über 90 Prozent der Wirbeltiere erfassen (Sayer und Stuart 1988).

- Auf dramatische Weise wird die Bedeutung kleiner Schutzgebiete durch den Santa-Rosa-Park im Nordwesten Costa Ricas verdeutlicht. Dieser Park bedeckt nur 0,2 Prozent der Fläche des Landes, enthält jedoch Zuchtpopulationen von 55 Prozent der 135 Schwärmerarten (*Sphingidae*) des Landes. Der Santa-Rosa-Park wird in den neuen, 82500 Hektar großen Guanacaste-Nationalpark aufgenommen werden, der Populationen fast aller Schwärmer beherbergen soll (Janzen 1988).

Diese Beispiele zeigen deutlich, daß sorgfältig ausgewählte Schutzgebiete viele, wenn nicht sogar alle, Arten eines Landes enthalten können. Das langfristige Schicksal zahlreicher Arten in diesen Reservaten bleibt dennoch ungewiß. Die Populationen vieler Arten sind unter Umständen schon so klein, daß sie letztendlich unweigerlich aussterben werden (Janzen 1986). In isolierten Reservaten können katastrophale Ereignisse wie Feuer, Krankheitsepidemien und zeitweilige Wilderei bestimmte Arten rasch aus den Schutzgebieten eliminieren. Obwohl die Anzahl der in einem relativ neuen Schutzgebiet vorhandenen Arten also als Indikator für das Potential des Parkes von Bedeutung ist, besteht folglich der wahre Wert eines Schutzgebietes in den Voraussetzungen, auf lange Sicht lebensfähige Populationen von Arten zu erhalten. In dieser Hinsicht sind die Größe des Parkes und die Art seines Managements von ausschlaggebender Bedeutung.

Das Festsetzen von Prioritäten für Schutzgebiete

In einer überbevölkerten Welt mit begrenzten finanziellen Mitteln muß man bei der Erhaltung der biologischen Vielfalt Prioritäten setzen. Einige Artenschützer behaupten zwar, es sollte möglichst überhaupt keine Art je verlorengehen, in Wirklichkeit verschwinden aber täglich Arten. Die entscheidende Frage lautet daher, wie sich dieser Artenverlust mit den vorhandenen finanziellen und menschlichen Mitteln möglichst gering halten läßt. Die miteinander in Beziehung stehenden Fragen, die Naturschutzplaner in diesem Zusammenhang beantworten müssen, lauten: *Was* muß geschützt werden, *wo* und *wie* sollte man es schützen (Johnson, im Druck)? Mit Hilfe von drei Kriterien lassen sich Prioritäten im Artenschutz setzen:

1. *Charakteristische Besonderheiten.* Man räumt einer Lebensgemeinschaft höhere Schutzpriorität ein, wenn sie in erster Linie aus seltenen, endemischen Arten zusammengesetzt ist, als wenn sie sich vor allem aus häufigen, weitverbreiteten Arten zusammensetzt. Eine Art hat einen höheren Erhaltungswert, wenn sie taxonomisch einzigartig ist, als wenn sie viele nahe Verwandte hat.
2. *Gefährdung.* Arten, die in Gefahr sind auszusterben, haben Vorrang vor Arten, die nicht vom Aussterben bedroht sind; so erfordert der Schreikranich größere Beachtung als der Kanadakranich (Exkurs 22). Unmittelbar durch Zerstörung bedrohten Lebensgemeinschaften räumt man ebenfalls Priorität ein.
3. *Nutzen.* Arten, die einen derzeit schon erwiesenen oder potentiellen Wert für den Menschen haben, kommt ein größerer Wert zu als Arten ohne offensichtlichen Nutzen für den Menschen. Wilde Verwandte des Weizens zum Beispiel, die möglicherweise für die Entwicklung neuer und verbesserter Kultursorten nützlich sind, haben eine höhere Priorität als Grasarten, die, soviel man weiß, nicht mit irgendwelchen wirtschaftlich bedeutenden Pflanzen verwandt sind.

Exkurs 22: Die Erhaltung der amerikanischen Kraniche: Unterschiede zwischen ähnlichen Arten

In der Naturschutzbiologie kommt es oft vor, daß sehr ähnliche Arten völlig unterschiedliche Schutzmaßnahmen erfordern. Dieses Prinzip verdeutlicht in klassischer Weise die Unterschiede zwischen zwei amerikanischen Kranicharten, dem Schreikranich (*Grus americana*) und dem Kanadakranich (*Grus canadensis*). Obwohl diese beiden Arten nahe miteinander verwandt sind, resultierten relativ geringe Abweichungen in ihrer Biologie und ihren Verhaltensmustern in einem ungleichen Erfolg der jeweiligen Populationen: Während die meisten Populationen des Kanadakranichs gut etabliert sind und gedeihen, existiert von den Schreikranichen nur noch eine kleine, instabile Restpopulation.

Die Gesamtpopulation des Kanadakranichs liegt Schätzungen zufolge bei weit über 500000 Vögeln. Diese Schätzung ist jedoch etwas irreführend, da sie den unterschiedlichen Erfolg der verschiedenen Unterarten des Kanadakranichs verbirgt; der Kleine Kanadakranich zum Beispiel geht in die Hunderttausende, wohingegen der Mississippikranich 1990 nur noch nur 54 Individuen umfaßte (Faanes 1990). Die Mehrzahl der Unterarten des Kanadakranichs jedoch hat ungeachtet ihrer Populationsgröße gut auf Schutzmaßnahmen reagiert, insbesondere, wo man die Richtlinien zum Schutz des Lebensraumes verstärkte und die Bejagung einschränkte.

Im Gegensatz dazu schätzt man die Gesamtpopulation des Schreikranichs auf nur 155 Individuen. Dies stellt zwar insgesamt eine erhebliche Zunahme vom Tiefpunkt der Population von 15 Vögeln im Jahre 1942 dar (Allen 1952; Johnsgard 1991), aber die Bemühungen zur Erhaltung des Schreikranichs in den letzten vier Jahrzehnten waren trotz ihrer Intensität und Kreativität nicht uneingeschränkt erfolgreich (Doughty 1990). Die Schreikranichpopulation wuchs nur sehr langsam, und die Überlebensrate der Jungen war von Jahr zu Jahr ausgesprochen variabel (Johnsgard 1983; Nedelman 1987; Dennis et al. 1991). Außerdem scheinen Schreikraniche einem zehnjährigen Zyklus von Populationsschwankungen zu unterliegen, der den langfristigen Trend ihres Populationsanstiegs überlagert (Boyce und Miller 1985).

Der Gegensatz zwischen der positiven Reaktion der Kanadakraniche auf die relativ begrenzten Schutzmaßnahmen und den Mißerfolgen bei den Schreikranichen trotz intensiver Bemühungen wirft eine interessante Frage auf: Warum sollte eine Art erfolgreich sein, während eine dermaßen ähnliche Art es nicht ist? Grundsätzlich liegt die Antwort in der Reaktion der beiden Spezies auf menschliche Störungen in ihrem bevorzugten Habitat. Schreikraniche zeichnen sich durch eine Anzahl biologischer Eigenschaften und Verhaltensmerkmale aus, die sie empfindlicher für Störungen durch den Menschen machen als Kanadakraniche. Erstens hat die Tatsache, daß die landwirtschaftliche Entwicklung in den Ebenen und Prärien des Mittelwestens die Feuchtgebiete dort weit-

Zu den Erhaltungsmaßnahmen für die Schreikraniche gehörte ein Experiment, bei dem wildlebende Kanadakraniche im Bosque del Apache Refuge in New Mexico „zusätzliche" Schreikranicheier bebrüteten und die Jungen aufzogen. Die Schreikraniche wuchsen zu gesunden erwachsenen Vögeln heran (im Bild der weiße Vogel), blieben aber weiterhin mit den Kanadakranichen vergesellschaftet. Aufgrund ihrer ungewöhnlichen Aufzucht lernten diese „adoptierten" Vögel nicht das artspezifische Sozialverhalten, das sie gebraucht hätten, um Brutpaare mit anderen Schreikranichen zu bilden. (Photo: © Art Wolfe.)

gehend verdrängte, die Schreikraniche mehr beeinträchtigt als die Kanadakraniche. Schreikraniche ernähren sich ausschließlich von Wasserlebewesen und konzentrieren sich dabei vor allem auf tierische und nicht auf pflanzliche Kost. Der Kanadakranich hingegen bevorzugt pflanzliche Nahrung und geht bei der Nahrungssuche opportunistisch vor: Er frißt sowohl auf den landwirtschaftlichen Feldern als auch in den Feuchtgebieten (Iverson et al. 1987; Hunt und Slack 1989). Zweitens liegen die meisten der historischen Nistplätze der Schreikraniche in Gebieten, die heute zu den bevorzugten Ackerbau- und Viehzuchtregionen der USA gehören. Schreikraniche bevorzugen offene Gebiete mit tiefem Wasser zum Nisten (Folk und Tacha 1990). Die meisten dieser Lebensräume verschwinden jedoch, weil die Feuchtgebiete entwässert und die großen Wasserwege des Mittelwestens wie der Platte River und die Nebenflüsse des Missouri für Bewässerungszwecke benutzt werden. Kanadakraniche hingegen nisten im allgemeinen in entlegenen Gebieten Kanadas, Alaskas und Ostsibieriens, weit entfernt von den meisten menschlichen Siedlungen. Drittens ziehen Schreikraniche ihre Jungen offenbar weitaus weniger erfolgreich auf als Kanadakraniche; zwar legen beide Arten im typischen Fall zwei Eier pro Gelege, doch sind Kanadakraniche gewöhnlich in der Lage, beide Küken erfolgreich aufzuziehen, während Schreikranichpaaren dies nur in 15 Prozent aller beobachteten Fälle gelingt

(Johnsgard 1983). Unterschiedliche Reaktionen der Eltern auf Aggressionen zwischen den Jungvögeln könnten ein Faktor sein, der diese Abweichungen beeinflußt: Wie man beobachtete, schreiten Kanadakraniche ein, wenn ihre Küken miteinander kämpfen, Schreikraniche jedoch nicht; somit töten Schreikranichküken ihre Geschwister oft innerhalb weniger Tage nach dem Schlüpfen. Schließlich lädt der Standort der Schreikranichnistplätze in der Nähe von menschlichen Ballungszentren zu Störungen durch Hobbyornithologen und Touristen ein, die erpicht darauf sind, einen flüchtigen Blick auf diese spektakulären Vögel zu erhaschen.

Dieses Zusammentreffen von Faktoren, die den Fortpflanzungserfolg und das Überleben der Schreikraniche verhindern, erfordert direkt auf die Bedürfnisse dieser Art zugeschnittene Erhaltungsmaßnahmen. Die bisher durchgeführten Schutzmaßnahmen erwiesen sich als problematisch: Erfolglos versuchte man, Küken aus den „zweiten" Eiern aufzuziehen, die man aus den Nestern von Schreikranichen entnommen hatte, um eine Population in menschlicher Obhut aufzubauen. In einem weiteren Versuch brachte man Schreikranicheier in die Nester von Kanadakranichen, um die Jungen durch die Kanadakraniche als „Adoptiveltern" aufziehen zu lassen. Zwar zogen diese Ersatzeltern eine Reihe von Schreikranichen erfolgreich auf, doch keiner davon suchte sich bei Erreichen der Geschlechtsreife einen Partner oder pflanzte sich fort, vermutlich weil das abweichende Sozialgefüge der Kanadakraniche die Fähigkeit der Schreikraniche beeinträchtigte, untereinander eine Beziehung aufzubauen. Daraufhin beendete man dieses Projekt (Johnsgard 1991).

Als bedeutendster Beitrag zur Erhaltung der Schreikraniche erwies sich der Schutz der Feuchtgebiete. Die isolierten und unzerstörten Feuchtbiotope, wie sie Schreikraniche brauchen, nehmen weiterhin ab, obwohl die Naturschützer versuchen, eine Erschließung dieser Gebiete zu verhindern. Doch sowohl für den Schreikranich als auch für die gefährdeten Unterarten des Kanadakranichs ist der Schutz ihres Lebensraumes von grundlegender Bedeutung für ihr Überleben.

13.2 Der fleischfressende Komodowaran (*Varanus komodoensis*) ist die größte lebende Waranart. Viele Menschen sind der Meinung, er habe einen einzigartigen Status und die Erhaltung dieser gefährdeten Spezies sei eine Priorität im Artenschutz. (Photo: Jessie Cohen, National Zoological Park, Smithsonian Institution.)

Der indonesische Komodowaran (Abbildung 13.2) ist ein Beispiel für eine Art, die unter Verwendung aller drei Kriterien eine Spezies mit Schutzpriorität wäre: Er ist die größte Echsenart der Welt (Besonderheit), er kommt nur auf einigen wenigen kleinen Inseln eines sich rasch entwikkelnden Landes vor (Gefährdung), und er stellt ein großes Potential für den Naturtourismus dar und ist auch von großem wissenschaftlichem Interesse (Nutzen). Unter Verwendung dieser Kriterien hat man sowohl auf nationaler als auch auf internationaler Ebene mehrere Prioritätssysteme entwickelt, die entweder auf Arten oder auf Lebensgemeinschaften ausgerichtet sind (Johnson, im Druck). Diese Ansätze ergänzen sich im allgemeinen, aber jeder vermittelt eine andere Perspektive.

Auf Arten ausgerichtete Ansätze

Häufig werden Schutzgebiete eingerichtet, um einzigartige Arten zu erhalten. Viele Nationalparks wurden geschaffen, um die sogenannten „charismatischen Megavertebraten“ zu schützen; sie ziehen das Interesse der Öffentlichkeit auf sich, haben Symbolwert und sind von entscheidender Bedeutung für den Ökotourismus. Durch den Schutz dieser Arten werden ganze Lebensgemeinschaften geschützt, die aus Tausenden von Arten bestehen können. Das „Projekt Tiger“ in Indien zum Beispiel wurde 1973 begonnen, als eine Bestandsaufnahme ergab, daß der Bengal- oder

Königstiger unmittelbar vom Austerben bedroht war. Dieses Projekt trug dazu bei, den indischen Nationalparks Aufmerksamkeit und finanzielle Unterstützung zu sichern und eine Managementphilosophie zu entwickeln. Die Einrichtung von 18 Tigerreservaten brachte zusammen mit strengen Schutzmaßnahmen den zahlenmäßigen Rückgang der Tiger zum Stillstand (Panwar 1987; Ward 1992). Da jedoch nur drei Prozent der Landfläche Indiens geschützt sind und die riesige menschliche Bevölkerung die Parkgrenzen bedroht, ist die Zukunft der Wildtiere Indiens auf lange Sicht in Frage gestellt.

In Nord- und Südamerika sammeln die „Natural Heritage Programs“ (siehe Exkurs 21) und die „Conservation Data Centers“ Daten über seltene und bedrohte Arten aus allen 50 US-Bundesstaaten, drei kanadischen Provinzen und 13 lateinamerikanischen Ländern (Master 1991). Sie nutzen diese Informationen, um gezielt neue Schutzgebiete ins Auge zu fassen.

Ein weiteres bedeutendes Programm sind die Aktionspläne (*Action Plans*) der IUCN Species Survival Commission. Über 2000 Wissenschaftler sind hierbei in 80 Spezialistengruppen organisiert, um für Säugetiere, Vögel, Wirbellose, Reptilien, Fische und Pflanzen Bewertungen durchzuführen und Empfehlungen abzugeben (Stuart 1987; Species Survival Commission 1990). Eine solche Gruppe formulierte den Aktionsplan für asiatische Primaten und erstellte dazu für 64 asiatische Primatenarten eine Rangfolge der Priorität, die auf dem Ausmaß der Bedrohung, der taxonomischen Einzigartigkeit und der Vergesellschaftung mit anderen bedrohten Primaten beruhte (Eusey 1987). Für 37 Arten hielt der Plan dringende Schutzmaßnahmen für erforderlich, darunter Falluntersuchungen, um den Status der Arten festzustellen, die Einrichtung von Schutzgebieten und Zuchtprogramme in menschlicher Obhut (Abbildung 13.3).

Auf Lebensgemeinschaften und Ökosysteme ausgerichtete Ansätze

Zahlreiche Naturschützer haben dargelegt, daß statt Arten vielmehr Lebensgemeinschaften und Ökosysteme die Ziele von Erhaltungsmaßnahmen sein sollten (Scott et al. 1991; McNaughton 1989; Reid 1992). Der Schutz von Lebensgemeinschaften kann in einem sich selbst erhaltenden System große Zahlen von Arten bewahren, während es oft schwierig, teuer und ineffektiv ist, eine einzelne Art zu retten. Wenn man eine Million Dollar für die Bewahrung eines Lebensraumes ausgibt, erhält man damit auf lange Sicht wohl mehr Arten, als wenn man diesselbe Summe auf nur eine auffällige Art verwendet.

Bei der Flächenauswahl für neue Schutzgebiete sollte man versuchen sicherzustellen, daß möglichst viele Typen von Lebensgemeinschaften

13.3 Der asiatische Nasenaffe (*Nasalis larvatus*) wurde aufgrund seiner beschränkten geographischen Verbreitung, und weil er Mangrovenvegetation benötigt, die gegenwärtig rasch zerstört wird, für spezielle Schutzmaßnahmen ausgewählt. (Photo: © NYZS/The Wildlife Conservation Society.)

darin repräsentiert sind. Dabei ist für die weltweite Naturschutzbewegung entscheidend festzustellen, welche Gebiete der Welt einen zur Erhaltung ausreichenden Schutz genießen und welche dringend zusätzlichen Schutz benötigen. Die finanziellen Mittel, die Forschung und die öffentliche Aufmerksamkeit müssen sich auf Gebiete der Welt richten, die zusätzlichen Schutz nötig haben (Reid und Miller 1989; Ayres et al. 1991). Gegenwärtig verfügen weltweit insgesamt 124 Länder über Schutzgebiete. Man könnte zwar fordern, jedes Land solle zumindest einen Nationalpark besitzen, doch große Länder mit einer reichhaltigen Flora und Fauna und einer Vielzahl von Ökosystemtypen würden zweifellos gut daran tun, viele Schutzgebiete auszuweisen.

Die Notwendigkeit zur Erhaltung von Ökosystemen wurde in dem 1982 auf Bali erstellten Aktionsplan der IUCN anerkannt. Sein Ziel ist die Einrichtung eines weltweiten Netzwerkes von Nationalparks und Schutzgebieten, die sämtliche ökologische Regionen abdecken. Im Zuge dieser Bemühungen werden Regionen in der ganzen Welt bewertet, um festzustellen, wie hoch gegenwärtig der Anteil unter Schutz stehender Gebiete an der Gesamtfläche ist, welche Bedrohungen es gibt, wo Handeln dringend geboten ist und welche Bedeutung sie für den Naturschutz haben. Für die Indomalaiische Region (MacKinnon und MacKinnon 1986a), die Afrotropische Region (MacKinnon und MacKinnon 1986b) und Ozeanien (Dahl 1986) sind die Übersichten fertigggestellt.

Lückenanalyse

Die Effektivität von Programmen zur Erhaltung von Ökosystemen und Lebensgemeinschaften läßt sich unter anderem ermitteln, indem man die Arten- u. Biotopschutzprioritäten hinsichtlich der biologischen Vielfalt mit den existierenden und geplanten Schutzgebieten vergleicht (Burley 1988); ein solcher Vergleich kann „Lücken" beim Schutz der Biodiversität offenbaren, die man mit neuen Schutzgebieten ausfüllen muß. In internationalem Maßstab bedeutet dies den Schutz repräsentativer Beispiele aller natürlichen Lebensgemeinschaften der Welt. Die Biogeographen haben die Welt in acht terrestrische biogeographische Regionen eingeteilt. Jede dieser Regionen beherbergt zahlreiche endemische Arten und Gattungen, und jede war für einen langen Zeitraum durch geographische Barrieren wie Meere, Berge oder Wüsten von den anderen isoliert (Dasman 1973; Udvardy 1975; Pielou 1979). Diese Regionen sind die Nearktische (Nordamerika), die Neotropische (Mittel- und Südamerika), die Paläarktische (Europa sowie der größte Teil Asiens und Nordafrika), die Indomalaiische (Indien und Südostasien), die Afrotropische (Afrika südlich der Sahara und Madagaskar), die Australische, die Ozeanische (Neuguinea und die Inseln nach Osten hin) sowie die Antarktische Region. Diese acht Regionen werden weiter in 227 Provinzen unterteilt. Obwohl in allen diesen biogeographischen Regionen einige Schutzgebiete existieren (siehe Tabelle 13.1), gibt es in 15 der Provinzen keine Schutzgebiete; in 30 Provinzen stehen weniger als 1000 Quadratkilometer unter Schutz (MacKinnon und MacKinnon 1986a, b; Dahl 1986; Reid und Miller 1989). In diesen Provinzen sollten vorrangig neue Schutzgebiete eingerichtet werden.

Eine weitere Möglichkeit, um Schutzprioritäten festzusetzen, ist die Verwendung von Klassifikationssytemen, die auf Vegetation und Klima basieren, um so Lebensgemeinschaften zu identifizieren, die geschützt werden müssen. Die am leichtesten erkennbaren Bestandteile von Ökosystemen sind die vorherrschenden Formen von Pflanzen, die der Gesellschaft Struktur verleihen. Ein derartiger, im tropischen Amerika verwendeter Ansatz ist das System der Lebenszonen nach Holdridge; in den Vereinigten Staaten (Bailey und Hogg 1986) und Afrika (White 1983) verwendet man hochauflösende Vegetationskarten.

Das Festsetzen von Prioritäten für den Schutz mariner Organismen hinkt hinter den Erhaltungsmaßnahmen für terrestrische Arten zurück. Für die marine Umwelt biogeographische Provinzen festzustellen ist weitaus schwieriger als auf dem Lande, weil die Grenzen zwischen den Gebieten weniger scharf, marine Organismen weiter verbreitet sind und die marine Umwelt weniger bekannt ist (Grassle 1991). Man hat versucht, biogeographische Regionen festzulegen, indem man die Verbreitung verwandter

Meerestiere (an der Küste, auf dem Schelf, im offenen Meer) mit physikalischen Eigenschaften verknüpfte, welche die Ökologie und Verbreitung beeinflussen (wie Strömungen, Temperatur). Mit dieser Methode konnte man 40 marine biogeographische Provinzen beschreiben (Hayden et al. 1984).

Mittlerweile bemüht man sich weltweit verstärkt darum, die biologische Vielfalt der Meere auf vergleichbare Weise zu schützen wie in terrestrischen Schutzgebieten, indem man marine Schutzgebiete einrichtet (Ray 1991a; Kenchington und Agardy 1990), wie das Hol-Chan-Meeresreservat in Belize (siehe Exkurs 17 in Kapitel 9). Das El-Nido-Meeresreservat entlang der Küste der Insel Palawan auf den Philippinen bietet der Gabelschwanzseekuh (auch als Dugong bezeichnet), der Echten Karettschildkröte und der Bastardschildkröte Schutz. Etwa ein Viertel der 300 Biosphärenreservate (siehe Kapitel 20) weltweit schließt Lebensräume an Küsten und Flußmündungen ein (Ray und Gregg 1991). Die Erhaltung der Laichgründe kommerziell genutzter Arten und der Tauchsport gehören zu den Hauptgründen für die Einrichtung dieser Reservate (Moyle und Leidy 1992). Leider existieren viele dieser Reservate nur auf dem Papier und erfahren wenig Schutz vor Übernutzung und Verschmutzung (Salm und Clarke 1984).

Auf nationaler Ebene läßt sich die biologische Vielfalt am effizientesten schützen, indem man sicherstellt, daß alle wichtigen Ökosystemtypen in das Netzwerk aus Schutzgebieten eingeschlossen sind (U.S. Congress, Office of Technology Assessment 1987). Dazu gehören sowohl Ökosysteme, die von menschlichen Aktivitäten unbeeinflußt sind, als auch solche, die durch menschliche Eingriffe zwar gestört, aber in Struktur und Funktion dem ungestörten Zustand ähnlich sind, wie Weideland und bewirtschaftete Wälder. In den Vereinigten Staaten bemühen sich mehrere Behörden des Bundes und der Einzelstaaten, oft geleitet von Personal der Natural Heritage Programs, auf lokaler Ebene als Teil eines Programms zur Erhaltung der biologischen Vielfalt „von unten herauf“ einen Überblick über die Ökosysteme zu gewinnen und diese zu klassifizieren.

Ein alternativer Ansatz, „von oben nach unten“, ist der Vergleich detaillierter Vegetationskarten mit einer Karte der Flächen, die unter Schutz stehen (Crumpacker et al. 1988). In den Vereinigten Staaten war das umfassendste System der Ökosystemkartierung das PNV-System (potentielle natürliche Vegetation) von Kuchler (1964), definiert als »jene Vegetation, die heute vorhanden wäre, wenn der Mensch von der Bildfläche verschwände und man die pflanzliche Sukzession nach seinem Verschwinden in einen einzigen Augenblick komprimieren würde.« Man kann sich die PNV als Klimaxvegetationstypen vorstellen oder als jene Vegetation, die in Amerika vor der Besiedlung durch die Europäer vorherrschte. Die Vereinigten Staaten haben 135 PNV-Typen, wie den Fichten-Zedern-Hemlocktannen-Wald und die Bartgrasprärie. Man verglich die Verbreitung dieser PNV-Typen mit den 348 Millionen Hektar Land, die im Besitz der amerikanischen Regierungsbehörden sind und von ihnen verwaltet werden, auf der Grundlage einer von der National Geographic Society hergestellten Karte (Crumpacker et al. 1988). Neun der 135 PNV-Typen kommen auf Flächen im Bundesbesitz nicht vor; elf andere sind nur durch kleine Gebiete vertreten und entweder von Natur aus selten oder großenteils zerstört. Die meisten der nicht vertretenen Ökosysteme liegen in Zentral- und Südtexas (zum Beispiel die Mesquitesavanne) und auf Hawaii (etwa der Guavenmischwald). Diese Lebensgemeinschaftstypen sollte man bei künftigen Schutzmaßnahmen bevorzugt behandeln und, wenn möglich, in neue Schutzgebiete aufnehmen. Bestimmte PNV-Typen sind durch riesige Flächen vertreten und haben somit keine hohe Priorität für neue Schutzgebiete: das Wacholder-Pinien-Baumland (21 Millionen Hektar), die Wollgrastundra (23 Millionen Hektar), Silberwurzwiesen und vegetationslose Gebiete (25 Millionen Hektar), die Wermutsteppe (27 Millionen Hektar) und der Fichten-Birken-Wald (28 Millionen Hektar). Keine einzige Bundesbehörde kontrolliert, ob die amerikanischen Ökosystemtypen vollständig repräsentiert sind, und manche Regierungsbehörden mit anderen Prioritäten, wie das Verteidigungsministerium und das Bureau of Land Management, könnten bei den Bemühungen, die biologische Vielfalt zu bewahren, eine wichtige Rolle spielen (Abbildung 13.4). Eine Zusammenarbeit zwischen den verschiedenen Bundesbehörden sowie den staatlichen und lokalen Regierungen und privaten Landbesitzern könnte der Schlüssel für die Bewahrung von Lebensgemeinschaften sein (Salwasser et al. 1987).

Ein weiteres Beispiel für eine Lückenanalyse auf mehr lokaler Ebene (Klubnikin, zitiert in Scott et al. 1987) verglich Vegetationskarten von Kalifornien mit Schutzgebieten, mit dem überraschenden Ergebnis, daß 95 Prozent der alpinen Habitate in Reservaten lagen, aber nur ein Prozent der biologisch reichhaltigen Flußuferbiotope geschützt war. In diesem Fall waren zwar die Schutzmaßnahmen zur Erhaltung eines Lebensraumtyps erfolgreich, aber einen anderen hatte man praktisch ignoriert.

Geographische Informationssysteme (GIS) stellen die neueste technologische Errungenschaft für die Lückenanalyse dar; sie verwenden Computer, um eine Fülle von Daten über die Umweltbedingungen mit Informationen über die Verbreitung von Arten zusammenzuführen (Scott et al. 1987, 1991). GIS-Analysen ermöglichen es, wichtige Gebiete festzustellen, die man in Nationalparks aufnehmen sollte, und Gebiete, die von Erschließungsprojekten verschont bleiben sollten. Die grundlegende Methode der GIS ist die Speicherung, Darstellung und Bearbeitung von vielerlei kartierten Daten, wie Vegetationstypen, Klima, Böden, Topographie, Geologie, Hydrologie und die Verbreitung von Arten (Abbildung 13.5). Auf diese Weise lassen sich Zusammenhänge zwischen abiotischen und biotischen

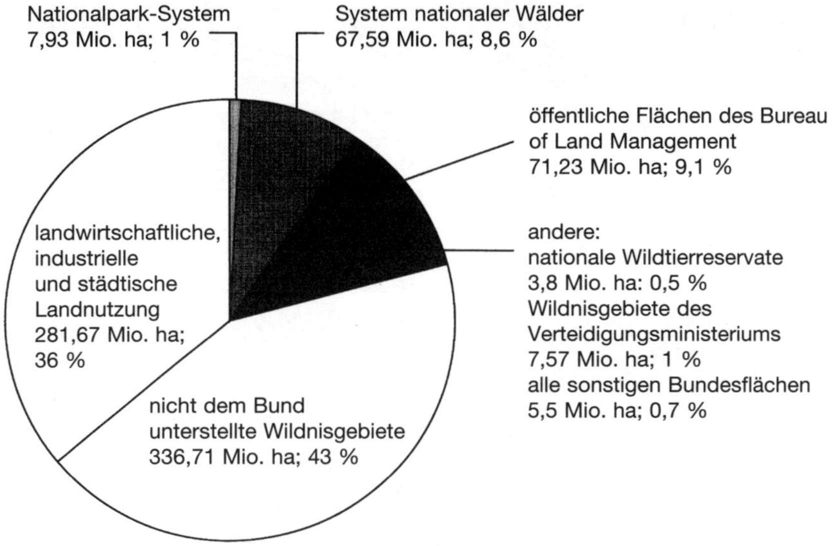

13.4 Landbesitz und Landnutzung in den 48 zusammenhängenden US-Bundesstaaten. Die Bundesregierung besitzt 20 Prozent des Landes in den Staaten (schattiert), aber dieses ist unter zahlreichen Behörden aufgeteilt. Die Landflächen sind in Millionen Hektar angegeben und als Prozentsatz der Gesamtfläche dargestellt. (Auf der Grundlage von Daten des U.S. Department of the Interior (Innenministerium), Council on Environmetal Quality, aus dem Jahr 1986.)

Landschaftselementen feststellen. Diese Methoden können hilfreich sein, um Schutzgebiete zu planen, die eine Vielfalt von Ökosystemen enthalten, und sogar Stellen vorschlagen, an denen man nach seltenen Arten suchen könnte. Luftaufnahmen und Satellitenbilder sind zusätzliche Datenquellen für GIS-Analysen (Budd 1991). Insbesondere eine über einen längeren Zeitraum aufgenommene Reihe von Bildern kann Muster der Lebensraumzerstörung ans Licht bringen, die der sofortigen Aufmerksamkeit bedürfen.

Internationale Ansätze

Um Prioritäten für Schutzmaßnahmen festzusetzen, hat man unter anderem versucht, jene tropischen Gebiete der Welt mit großer biologischer Vielfalt und einer hohen Zahl an Endemiten zu ermitteln, die unmittelbar von Artensterben und Lebensraumzerstörung bedroht sind – sogenannte „Hotspots" („Brennpunkte") für den Naturschutz (Abbildung 13.6a;

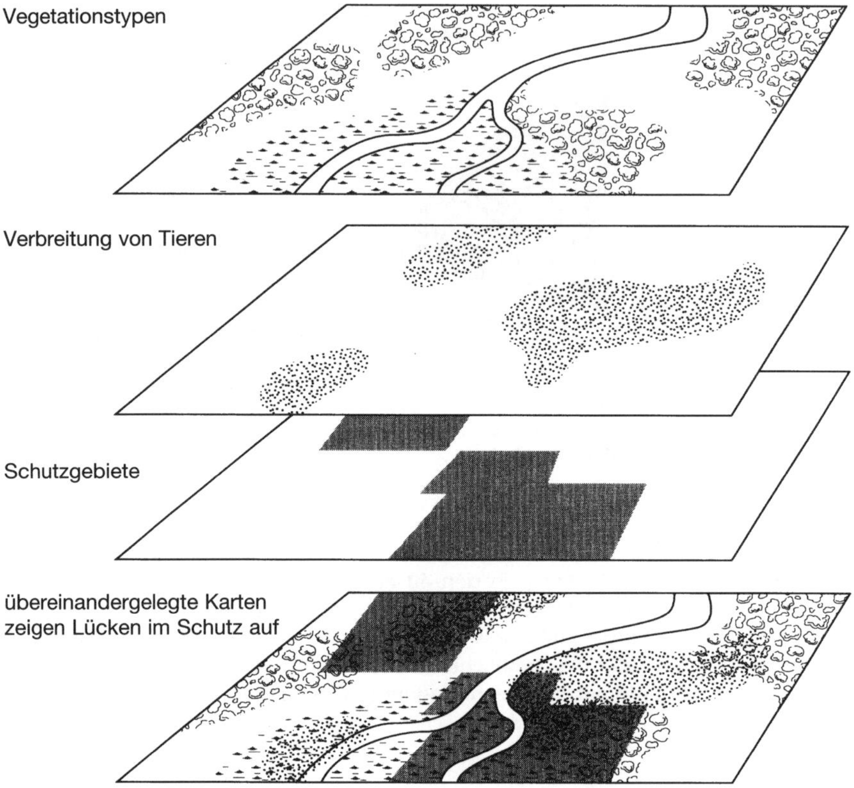

13.5 Geographische Informationssysteme (GIS) bieten eine Möglichkeit, viele verschiedenartige Daten zur Analyse und Darstellung in Karten zusammenzufügen. In diesem Beispiel sind die Vegetationstypen sowie die Verbreitung von Tieren und Schutzgebieten übereinandergelegt, um Gebiete hervorzuheben, die zusätzlichen Schutz benötigen. (Nach Scott et al. 1991.)

Tabelle 13.4; NAS 1980; IUCN/UNEP 1986a, b, c). Myers (1988a) wandte diese Kriterien auf Regenwaldpflanzen an und identifizierte zwölf Hotspots, die zusammen 14 Prozent der Pflanzenarten der Welt auf nur 0,2 Prozent der gesamten Landfläche umfassen. Er erweiterte diese Analyse später (Myers 1991) und schloß auch acht Lebensräume mit ein, die nicht zur Kategorie der Wälder gehören – vier in den Tropen und vier außerhalb der Tropen in mediterranen Klimaten (Abbildung 13.6b). Ein solches bemerkenswertes Gebiet ist das südliche Afrika, mit den Ländern Südafrika, Lesotho, Swasiland, Namibia und Botswana; es beherbergt 23200 Pflanzenarten, von denen 80 Prozent in der Region endemisch sind. Ein weiterer wertvoller Ansatz war die Identifizierung von zwölf Ländern mit besonders hoher Vielfalt („Megadiversitätsländer"), die zusammen 60 bis 70 Prozent der biologischen Vielfalt der Welt beherbergen: Mexiko, Kolumbien,

a

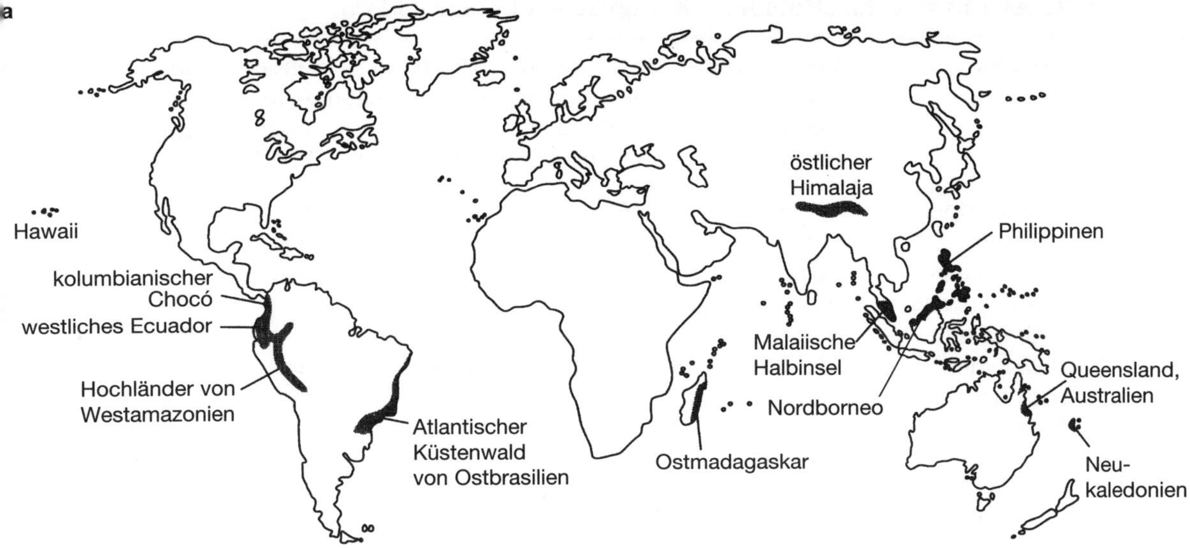

b

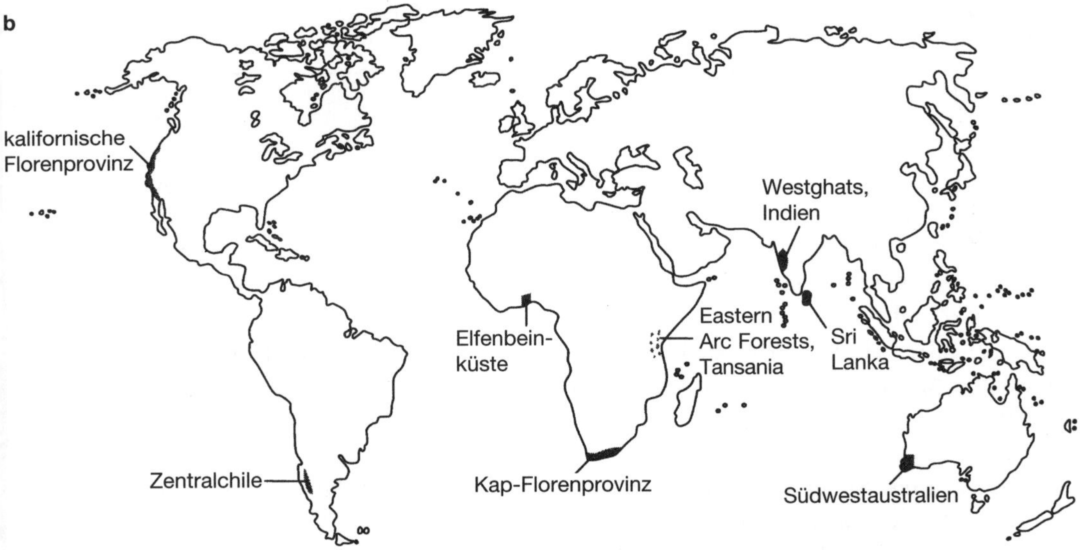

13.6 „Hotspots" mit hoher Zahl von Endemiten und unmittelbarer Gefahr von Artensterben. a) Zwölf Hotspots in tropischen Regenwäldern. b) Acht Hotspots in anderen Ökosystemen. (Daten aus Myers 1988, 1991.)

Tabelle 13.4: Zehn „Hotspots“ in tropischen Regenwäldern

Hotspot	ursprüngliche Ausdehnung des Waldes (in 1 000 ha)	gegenwärtige Ausdehnung des Waldes (in 1 000 ha)	Anzahl der Pflanzenarten im ursprünglichen Wald	endemische Arten im ursprünglichen Wald (%)
Neukaledonien	1 500	150	1 580	89
Madagaskar	6 200	1 000	6 000	82
Atlantischer Küstenwald Brasilien	100 000	2 000	10 000	50
Philippinen	25 000	800	8 500	44
östlicher Himalaja	34 000	5 300	9 000	39
Nordborneo	19 000	6 400	9 000	39
Malaiische Halbinsel	12 000	2 600	8 500	28
westliches Ecuador	2 700	250	10 000	25
kolumbianischer Chocó	10 000	7 200	10 000	25
westliches Amazonien	10 000	3 500	20 000	25

Quelle: Aus Myers 1988.

Brasilien, Peru, Ecuador, Zaire, Madagaskar, Indonesien, Malaysia, Indien, China und Australien. Diese Länder sind mögliche Ziele für größere finanzielle Unterstützung und Naturschutzanstrengungen (Tabelle 13.5; Mittermeier 1988; Mittermeier und Werner 1990).

Die Versuche, internationale Prioritäten und globale Hotspots zu ermitteln, ergaben beträchtliche Überlappungen. Nach übereinstimmender Ansicht sind in den folgenden Gebieten verstärkte Schutzmaßnahmen notwendig:

- *Lateinamerika*: In den Küstenwäldern von Ecuador und im Atlantischen Küstenwald von Brasilien.
- *Afrika*: In den Bergwäldern von Tansania und Kenia und auf der Insel Madagaskar.
- *Asien*: Im Südwesten von Sri Lanka, im östlichen Himalaja, in Indochina (Birma (Myanmar), Thailand, Kambodscha, Laos, Vietnam und Südostchina) sowie auf den Philippinen.
- *Ozeanien*: In Neukaledonien.

Tabelle 13.5: Die zehn Länder mit der jeweils höchsten Artenzahl ausgewählter, gut bekannter Organismengruppen

Rang	Säugetiere	Vögel	Amphibien	Reptilien	Schwalbenschwanzfalter	Blütenpflanzen[a]
1	Indonesien 515	Kolumbien 1721	Brasilien 516	Mexiko 717	Indonesien 121	Brasilien 55 000
2	Mexiko 449	Peru 1701	Kolumbien 407	Australien 686	China 99–104	Kolumbien 45 000
3	Brasilien 428	Brasilien 1622	Ecuador 358	Indonesien ca. 600	Indien 77	China 27 000
4	Zaire 409	Indonesien 1519	Mexiko 282	Brasilien 467	Brasilien 74	Mexiko 25 000
5	China 394	Ecuador 1447	Indonesien 270	Indien 453	Birma 68	Australien 23 000
6	Peru 361	Venezuela 1275	China 265	Kolumbien 383	Ecuador 64	Südafrika 21 000
7	Kolumbien 359	Bolivien ca. 1250	Peru 251	Ecuador 345	Kolumbien 59	Indonesien 20 000
8	Indien 350	Indien 1200	Zaire 216	Peru 297	Peru 58–59	Venezuela 20 000
9	Uganda 311	Malaysia ca. 1200	USA 205	Malaysia 294	Malaysia 54–56	Peru 20 000
10	Tansania 310	China 1195	Venezuela Australien 197	Thailand Papua-Neuguinea 282	Mexiko 52	ehemalige UdSSR 20 000

Quelle: Nach Conservation International; Daten aus zahlreichen Quellen. Daten über die Schwalbenschwänze aus Collins und Morris 1985. Daten über Blütenpflanzen aus Davis et al. 1986.
a Die für die Blütenpflanzen angegebenen Artenzahlen sind Schätzungen.

Außerdem bestehen Prioritäten im östlichen und südlichen brasilianischen Amazonasgebiet, in den Hochländern des westlichen Amazonien, im kolumbianischen Chocó, in Kamerun, im äquatorialen Westafrika, in der Sudanzone, auf Borneo, auf Sulawesi (Celebes), auf der Malaiischen Halbinsel, in Bangladesch und Bhutan, im östlichen Nepal und auf Hawaii.

Den auf „Hotspots" abzielenden Ansatz kann man noch weiter verbessern, indem man in Betracht zieht, welcher Prozentsatz in einzelnen Ländern heute schon geschützt ist und in welchem Ausmaß die verschiedenen Lebensräume in dem jeweiligen Land wohl in der nahen Zukunft intakt bleiben werden (Dinerstein und Wikramanayake 1993). Um aber beurtei-

13.7 Nur drei große Wildnisgebiete in den tropischen Regenwäldern der Welt sind noch mehr oder weniger intakt. (Conservation International 1990.)

len zu können, inwiefern die Regierungen in der Lage sind, tatsächlich Schutzgebiete einzurichten und zu erhalten, wenn die Finanzierung erst einmal gesichert ist, sind noch weitere Forschungen nötig.

Wildnisgebiete

Große Wildnisgebiete (*wilderness areas*) haben besondere Priorität für Schutzmaßnahmen. Ausgedehnte, zusammenhängende Flächen, die durch menschliche Aktivitäten nur minimal beeinflußt wurden, die eine geringe Bevölkerungsdichte aufweisen und die in der nahen Zukunft wahrscheinlich nicht erschlossen werden, sind vielleicht die einzigen Plätze auf der Erde, an denen die natürlichen Vorgänge der Evolution weiterhin ablaufen können. Diese Wildnisgebiete können möglicherweise als Kontrollflächen bestehen bleiben, die anzeigen, wie natürliche Lebensgemeinschaften bei minimaler Beeinflussung durch den Menschen aussehen. Drei solcher Wildnisgebiete hat man identifiziert und als vorrangig für die Erhaltung ausgewiesen (Abbildung 13.7; McCloskey und Spaulding 1987; Conservation International 1990):

- *Südamerika.* Ein ganzer Bogen von Wildnisgebieten, die Regenwald, Savannen und Berge, aber wenige Menschen umfassen, zieht sich durch die südlichen Bereiche von Guayana, Surinam und Französisch Guayana, Südvenezuela, Nordbrasilien, Kolumbien, Ecuador, Peru und Bolivien.

- *Afrika.* Ein großes Gebiet des äquatorialen Afrika mit Zentrum im Zairebecken zeichnet sich durch geringe Bevölkerungsdichte und ungestörte Lebensräume aus; es umfaßt weite Teile von Gabun, der Republik Kongo und Zaire.
- *Neuguinea.* Die Insel Neuguinea besitzt trotz der Auswirkungen von Rodungen, Bergbau und Umsiedlungsprogrammen die größten Flächen ungestörter Wälder in der asiatischen Pazifikregion. Die Osthälfte der Insel gehört zu dem unabhängigen Staat Papua-Neuguinea, mit 3,9 Millionen Einwohnern auf 462840 Quadratkilometern. Die Westhälfte der Insel, Irian Jaya, ist ein Staat Indonesiens und beherbergt eine Bevölkerung von nur 1,4 Millionen Menschen auf 345670 Quadratkilometern.

Zentren der Diversität

Bestimmte Organismengruppen kann man als Indikatoren für biologische Vielfalt verwenden, wenn genaue Daten über vollständige Lebensgemeinschaften fehlen. Die Diversität der Vögel zum Beispiel gilt als guter Indikator für die Mannigfaltigkeit einer Lebensgemeinschaft (Bibby et al. 1992). Bei mehreren Analysen wurde dieses Prinzip in der Praxis angewendet. Terborgh und Winter (1983) identifizierten in Kolumbien und Ecuador die Gebiete mit der größten Konzentration an Vogelarten und schlugen den Schutz dieser Gebiete vor. Die Verbreitung und der Status von Waldvögeln können Gefahren für eine Lebensgemeinschaft aufzeigen, die nicht ohne weiteres offensichtlich sind. Kepler und Scott (1985) trugen die Verbreitung gefährdeter Waldvögel auf Hawaii in Beziehung zu den Naturreservaten auf, um die Notwendigkeit für einen zusätzlichen Schutz von Ökosystemen zu zeigen. Collar und Stuart (1985) identifizierten mit einer etwas anderen Methode 75 afrikanische Wälder, die auf fünf verschiedene biogeographische Bereiche verteilt waren; sie sind von Bedeutung für die Erhaltung gefährdeter Vogelarten und sollten bei Schutzmaßnahmen berücksichtigt werden.

Diese Suche nach „Diversitätszentren" wird auf systematische Weise ausgeweitet. Die Pflanzenschutzbehörde (*Plant Conservation Office*) der IUCN in London ermittelt und dokumentiert ungefähr 250 globale Zentren pflanzlicher Diversität mit großen Artenkonzentrationen (WCMC 1992). Der Internationale Rat für Vogelschutz (ICBP) stellt Lokalitäten fest, an denen Vögel mit begrenzten Verbreitungsgebieten in großen Konzentrationen vorkommen (Bibby et al. 1992). Bisher hat man 221 solcher Gebiete identifiziert, die insgesamt 2484 Vogelarten beherbergen. Viele dieser Gebiete sind Inseln und isolierte Bergzüge, die auch zahlreiche endemische Eidechsen-, Schmetterlings- und Baumarten aufweisen.

Nationale Ansätze

Die internationale Gemeinschaft der Naturschützer kann zwar dabei behilflich sein, Richtlinien zu erstellen und Gelegenheiten zu finden, um die biologische Vielfalt zu schützen, aber letzten Endes obliegt es nationalen und lokalen Regierungen, ihre eigenen Prioritäten festzusetzen. Viele Länder sind bereits dabei, solche Prioritäten für den Naturschutz festzulegen, oder haben es schon getan und nationale Umweltprogramme, Biodiversitätsprogramme und Tropenwaldprogramme entwickelt.

Die indonesische Regierung hat unlängst die Notwendigkeit ins Auge gefaßt, den Schutz ihrer Schatzkammer von 15 bis 25 Prozent aller Arten der Welt gegen die Bedürfnisse ihrer wachsenden Bevölkerung von 185 Millionen Menschen abzuwägen. Der indonesische Biodiversitäts-Aktionsplan (Ministry for Population and Environment 1992) fordert die Ausweitung des indonesischen Nationalparksystems auf zehn Prozent der Landesfläche, um alle Arten in ihrer natürlichen Umgebung zu schützen. Weitere Prioritäten bilden eine Straffung des Parkmanagements, eine stärkere Verankerung der Nationalparkidee bei der lokalen Bevölkerung, die Sicherung einer stabilen Finanzierung der Parks und die Einrichtung neuer Zoologischer und Botanischer Gärten. Schließlich soll, wie es für einen Staat, der aus 17 000 Inseln besteht, angemessen ist, der Schutz des Meeres und der Küstengewässer, insbesondere von Mangrovenbeständen, erweitert werden.

Die Einrichtung von Schutzgebieten auf begrenzte Datengrundlage

Im allgemeinen sollten neue Schutzgebiete Lebensgemeinschaften umfassen, die reich an endemischen Arten sind; sie sollten Biotoptypen einschließen, die in anderen Schutzgebieten unterrepräsentiert sind, sowie solche, die gefährdete Arten begünstigen und Ressourcen von potentiellem Nutzen für den Menschen enthalten, etwa potentiell für die Landwirtschaft oder die Medizin nützliche Arten. Im Normalfall existieren die erforderlichen Daten aber nicht. Falls eine geeignete Datengrundlage fehlt, kann man Entscheidungen aufgrund allgemeiner Prinzipien der Ökologie und Naturschutzbiologie fällen. So bat zum Beispiel die indonesische Regierung Jared Diamond (1986), ihr zu helfen, ein Nationalparksystem für Irian Jaya, die Westhälfte von Neuguinea, zu planen. Oberflächlich betrachtet schien dies eine unmögliche Aufgabe, denn ein Großteil der

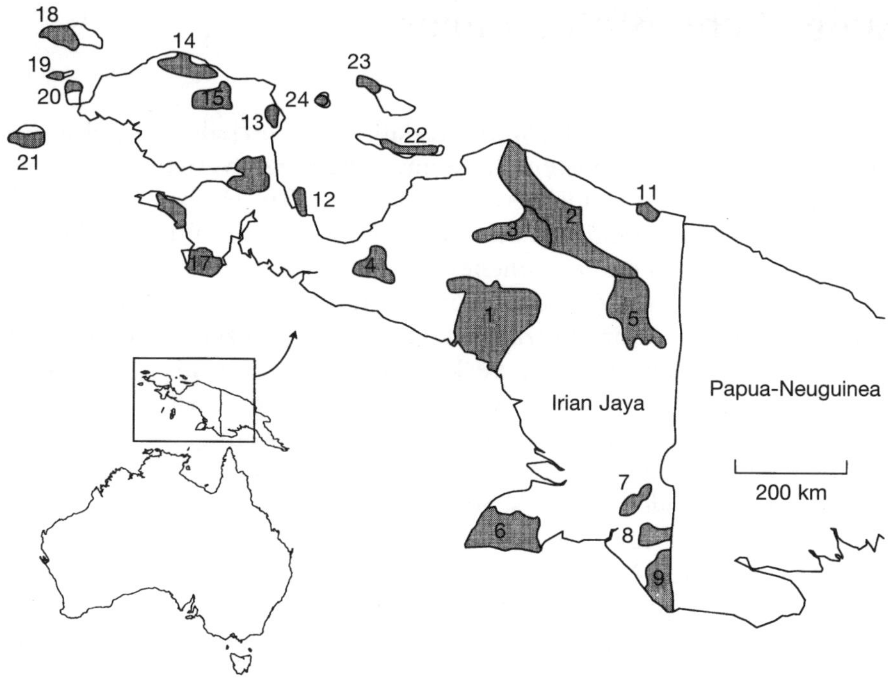

13.8 Im Jahre 1983 von der indonesischen Regierung genehmigte Reservate in Irian Jaya auf Neuguinea. Zusätzlich zu den 24 großen, abgebildeten Reservaten richtete man noch elf kleinere Schutzgebiete ein. Man setzte die Lage der Reservate so fest, daß die wichtigen Biotoptypen, Zentren des Endemismus und Inseln darin enthalten waren. (Aus Diamond 1986.)

Region war nie biologisch erforscht worden. Aufgrund fundierter Naturschutzprinzipien vermochte Diamond jedoch eine Reihe von Reservaten vorzuschlagen (Abbildung 13.8). Zu den Prinzipien gehörten der Schutz von Gebieten mit verschiedenen Höhenstufen, die unterschiedliche Lebensräume umfassen, die Ausweisung großer Schutzgebiete, um auch Arten mit niedriger Verbreitungsdichte zu schützen, die Notwendigkeit, Biotope in verschiedenen Klimazonen unter Schutz zu stellen, und die Bewahrung biogeographischer Gebiete mit zahlreichen endemischen Arten.

Einige Schlußfolgerungen

Prioritäten müssen so gesetzt werden, daß die finanziellen Mittel und das Personal für die dringendsten Probleme eingesetzt werden. Eine solche Verteilung könnte die Tendenz von Geldgebern, Tropenexperten und Entwicklungshelfern vermindern, sich auf einige wenige, politisch stabile Länder zu konzentrieren und aufsehenerregende Projekte durchzuführen. Die Entscheidung der MacArthur Foundation, einer der größten privaten Finanzquellen für Naturschutzaktivitäten, sich gleichzeitig mehrere Jahre lang auf verschiedene Gebiete zu konzentrieren – ein als „*moving spotlight*" (flexibler Brennpunkt) bezeichneter Ansatz –, ist ein sinnvoller Gegenpol zu der Neigung, alle Ressourcen auf nur einige wenige Gebiete wie Costa Rica, Kenia und Brasilien zu konzentrieren.

Das Festsetzen weltweiter Schutzprioritäten ist ebenfalls von Bedeutung, weil sich die für den Landerwerb sowie die Einrichtung und das Management neuer Nationalparks zur Verfügung stehende Geldmenge infolge der Schaffung der Global Environmental Facility (GEF) beim Weltgipfel 1992 erheblich erhöhen wird. Die GEF wird über drei Jahre hinweg 1,5 Milliarden Dollar für Umweltprojekte zur Verfügung stellen, wobei ein Drittel dieses Kapitals in Projekte zur Erhaltung der biologischen Vielfalt fließt. Naturschutzbiologen können dabei eine wertvolle Rolle spielen, indem sie ihre Geländeerfahrungen einbringen, um neue, zur Bewahrung geeignete Gebiete ausfindig zu machen und vorzuschlagen.

Die Einrichtung von Schutzgebieten ist nur ein Schritt für die Erhaltung der biologischen Vielfalt. Die Lebensgemeinschaften in den Schutzgebieten sind nicht immun gegen Einflüsse von außen, die sie womöglich in ihrer Existenz bedrohen, wie Bejagung, Umweltverschmutzung und Kriege. Wie Dasman (1987) feststellte: »Die Parkverwaltung ist für alle Ressourcen im Park verantwortlich, aber seine Machtbefugnis endet an den Parkgrenzen. Luft, Wasser, Tiere, Samen, Nährstoffe und Energie gelangen in den Park hinein und hinaus, sind sie jedoch erst einmal außerhalb des Parks, übernimmt irgendeine andere Behörde die Verantwortung.« In vielen Fällen bedeutet dies: Wenn die Probleme außerhalb der Naturreservatsgrenzen nicht auch gelöst werden, wird die biologische Vielfalt innerhalb der ausgewiesenen Schutzgebiete weiterhin abnehmen.

Zusammenfassung

1. Der Schutz von Lebensräumen ist eine der wirkungsvollsten Methoden zur Erhaltung der biologischen Vielfalt. Regierungen oder private Organisationen wie die Nature Conservancy können Land aufkaufen und unter Schutz stellen. Verschiedene geschützte Lebensräume unterscheiden sich deutlich darin, wieviel Störungen durch den Menschen sie ausgesetzt waren, und es sind stets Kompromisse zwischen der Bewahrung der biologischen Vielfalt und der Befriedigung der menschlichen Bedürfnisse zu machen. Zu Schutzgebieten zählen Naturschutzgebiete, Nationalparks, nationale Naturmonumente, Wildtierschutzgebiete und geschütze Landschaften. Doch auch in ungeschützten Gebieten, die mit dem Ziel einer vielfältigen Nutzung bewirtschaftet werden, kann noch eine beträchtliche biologische Vielfalt vorhanden sein.
2. Etwa 3,2 Prozent der Landoberfläche der Erde sind von rund 4500 Schutzgebieten bedeckt, aber diese Zahl sinkt auf weniger eindrucksvolle 1,6 Prozent, wenn man den größten Nationalpark der Welt in Grönland ausschließt. Im Gegensatz dazu werden in vielen Ländern zehn bis 20 Prozent der Fläche zur Nutzung verschiedenster Ressourcen bewirtschaftet. Aufgrund der bekannten Bedürfnisse der Menschen an natürlichen Ressourcen wird die Gesamtfläche der Schutzgebiete weltweit sechs Prozent wohl nie übersteigen.
3. Gut ausgewählte Schutzgebiete können zunächst eine große Zahl von Arten erhalten, aber die langfristige Zukunft dieser Arten bleibt in Frage gestellt. Um die biologische Vielfalt wirkungsvoll zu erhalten, müssen Schutzgebiete exemplarisch alle Vegetationstypen und Lebensgemeinschaften umfassen.
4. Regierungsbehörden und Naturschutzorganisationen setzen heute die Prioritäten für die Einrichtung neuer Schutzgebiete auf der Grundlage der relativen Einzigartigkeit, Gefährdung und Nützlichkeit der an einem bestimmten Ort vorkommenden Arten. Die Natural Heritage Programs (Programme zum Weltnaturerbe) und die Spezialistengruppen der IUCN konzentrieren sich auf die Einrichtung von Parks zum Schutz von gefährdeten Arten und Lebensgemeinschaften. Zu den internationalen Ansätzen gehörte das Erkennen von sogenannten „Hotspots" („Brennpunkten"), an denen zum Beispiel große Konzentrationen von Vogel- und Pflanzenarten vorkommen. Wenn es gelingt, diese Gebiete zu schützen, wird der Großteil der biologischen Vielfalt der Welt geschützt sein. Prioritäten für neue Schutzgebiete zu ermitteln ist wichtig, um sicherzustellen, daß die für die Bewahrung der biologischen Diversität zur Verfügung stehenden Gelder effektiv eingesetzt werden.

Weiterführende Literatur

Crumpacker, D. W., Hodge, S. W., Friedley, D. und Gregg, W. P. jr. 1988. A preliminary assessment of the status of major terrestrial and wetland ecosystems on federal and Indian lands in the United States. *Conservation Biology* 2: 103–115. [Eingehende Analyse der Lücken im Schutz der Lebensgemeinschaften in den USA.]

Diamond, J. 1986. The design of an nature reserve system for Indonesian New Guinea. In: M. E. Soulé (Hrsg.), *Conservation Biology: The Science of Scarcity an Diversity*, S. 485–503. Sinauer Associates, Sunderland, MA. [Die Prioritäten für die Einrichtung eines Schutzgebiets werden skizziert.]

Grove, N. 1988. Quietly conserving nature. *National Geographic* 174(6): 818–844. [Die Aktivitäten und die Philosophie der Nature Conservancy.]

Haarmann, K. und Pretscher, P. 1988. *Naturschutzgebiete in der Bundesrepublik Deutschland. Übersicht und Erläuterungen*. Kilda Verlag, Greven.*

Haarmann, K. und Pretscher, P. 1993. Zustand und Zukunft der Naturschutzgebiete in Deutschland. *Schriftenreihe für Landschaftspflege und Naturschutz*, 39.*

Johnson, N. im Druck. *What to Save First? Setting Biodiversity Conservation Priorities in a Crowded World.* Biodiversity Support Program, Washington, D. C. [Ausgezeichneter Überblick über die zum Festlegen von Prioritäten im Naturschutz verwendeten Methoden.]

McNeely, J. A., Miller, K. R., Reid, W. V. et al. 1990. *Conserving the World's Biological Diversity.* IUCN/WRI/CI/WWF-US/World Bank, Gland, Schweiz, und Washington D.C. [Eine hervorragende Zusammenfassung der Möglichkeiten zur Bewahrung der biologischen Vielfalt.]

Mittermeier R. A. und Werner, T. B. 1990. Wealth of plants and animals unites „megadiversity" countries. *Tropicus* 4(1): 1, 4–5. [Zwölf Länder beherbergen die Mehrzahl der Pflanzen- und Tierarten der Welt.]

Myers, N. 1988. Threatened biotas. „Hotspots" in tropical forests. *Environmentalist* 8: 1–20. [Hebt die Zentren der biologischen Vielfalt hervor.]

Myers, N. 1991. The biodiversity challenge: Expanded „hotspots" analysis. *Environmentalist* 10: 243–256. [Weitere Diversitätszentren.]

Scott, J. M., Csuti, B. und Davis, F. 1991. Gap analysis: An application of Geographic Information Systems for wildlife species. In: D. J. Decker et al. (Hrsg.), *Challenges in the Conservation of Biological Resources: A Practitioner's Guide.* Westview Press, Boulder, CO. [Geographische Informationssysteme (GIS) bieten einen neuartigen methodischen Ansatz, um Lücken im Naturschutz festzustellen.]

World Resources Institute. 1992. *World Resources 1992–1993*. Oxford University Press, New York. [Einschätzung der natürlichen Ressourcen und Schutzgebiete der Welt mit zahlreichen Tabellen und Zusammenfassungen.]

14

Die Planung von Schutzgebieten

Die Größe und die Lage von Schutzgebieten in der gesamten Welt werden häufig durch die Verteilung der Menschen und den potentiellen Wert von Landstücken sowie den politischen Einsatz von Bürgern mit einem Sinn für Naturschutz bestimmt. Die größten Reservate findet man gewöhnlich in Gebieten, in denen wenige Menschen leben und man das Land als zu ungeeignet oder zu entlegen für landwirtschaftliche Nutzung, Holzeinschlag, städtebauliche Erschließung oder andere menschliche Aktivitäten betrachtet. Das Extrembeispiel hierfür bildet der Grönland-Nationalpark, eine vereiste Landmasse von 700000 Quadratkilometern. Die niedrigen Heidewälder auf den nährstoffarmen Böden im Bako-Nationalpark in Malaysia sind ein weiteres Beispiel. In großen Ballungsräumen und dicht besiedelten und industrialisierten Ländern wie Deutschland oder England sind kleine Schutzgebiete häufig. Viele der Schutzgebiete in den Ballungsräumen Europas und Nordamerikas waren vorher Grundbesitz von reichen Bürgern oder der Krone. Im Mittelwesten der Vereinigten Staaten sind einige intakte Fragmente des Prärieökosystems auf alten Friedhöfen, Eisenbahntrassen und anderen besonderen Landstücken erhalten, die nicht in Farmland umgewandelt wurden.

Zwar wurden die meisten Parks und Schutzgebiete auf willkürliche Weise erworben und geschaffen, je nach Verfügbarkeit von Geld und Land, doch es gibt in beträchtlichem Umfang ökologische Literatur, welche die effizientesten Möglichkeiten formuliert, um Schutzgebiete zur Bewahrung der biologischen Vielfalt zu planen (Shafer 1990). Zahlreiche der Schlußfolgerungen dieser Forschungen sind von der Theorie des Gleichgewichts abgeleitet, oftmals unter Verwendung des in Kapitel 4 beschriebenen Modells der Biogeographie von Inseln von MacArthur und Wilson (1967). Solche Modelle gehen von der entscheidenden Annahme aus, daß Schutzgebiete „Biotopinseln“ sind, isoliert in einer ausgedehnten, unwirtlichen Umgebung – was aber oft nicht der Fall ist. Die anhand dieser Forschungen entwickelten Richtlinien haben sich als von großem Interesse für Regierungen, Firmen und private Landbesitzer erwiesen, die aufgefordert und verpflichtet werden, ihr Eigentum sowohl für die kommerzielle Nutzung natürlicher Ressourcen als auch für die biologische Vielfalt zu verwalten. Zu den entscheidenden Fragen, welche die Naturschutzbiologen zu beantworten versucht haben, gehören folgende:

1. Wie groß sollten Naturreservate sein, um Arten zu erhalten?
2. Ist es besser, ein einzelnes großes oder viele kleinere Reservate zu haben?
3. Wie viele Individuen einer gefährdeten Art müssen in einem Reservat erhalten werden, um deren Aussterben zu verhindern?
4. Welches ist die beste Form für ein Naturreservat?
5. Wenn man mehrere Reservate schafft, sollten diese dann nahe beieinander oder weit auseinander liegen, und sollten sie voneinander isoliert oder über Korridore verbunden sein?

Forscher, die mit Modellen der Inselbiogeographie gearbeitet haben, schlugen einige Antworten auf diese Fragen vor (Abbildung 14.1), aber diese werden nach wie vor diskutiert. Die eingehendste und kritischste Betrachtung dieses Themas bietet das Werk *Nature Reserves: Island Theory and Conservation Practice* („Naturreservate: Inseltheorie und Naturschutzpraxis") (Shafer 1990). In diesem Buch werden diese Modelle im Licht empirischer Untersuchungen und praktischer Erfahrungen analysiert.

Ehrenfeld (1989) bemerkt zu den Bemühungen der akademisch gebildeten Naturschutzbiologen, Landespflegern einfache und allgemeine Reichtlinien zur Planung von Naturreservaten zu liefern:

> »Ich sehe mich genötigt zu betonen, daß es eine weitverbreitete Zwangsvorstellung gibt, nach allgemeinen Regeln für einen wissenschaftlichen Naturschutz zu suchen – sozusagen nach dem genetischen Code des Naturschutzes –, und das findet Ausdruck in sehr allgemein gehaltenen Feststellungen über Aussterberaten, lebensfähige Populationsgrößen, ideale Reservatplanung und so weiter ... Doch diese Art der Verallgemeinerung wird leicht mißbraucht, insbesondere wenn Möchtegern-Naturschützer von Modellen verzückt werden, die sie selbst aufgestellt haben. Wenn dies geschieht, wird der Anblick ansonsten intelligenter Menschen, die versuchen, nicht-offensichtliche, generelle Regeln über das Aussterben aus ihren eigenen, abgeschliffenen und höchst vereinfachten Versionen der Realität abzuleiten, zu einem Schauspiel, das Lewis Carroll sehr interessiert hätte ... Wir sollten nicht überrascht sein, wenn verschiedene Naturschutzprobleme qualitativ unterschiedliche Lösungen erfordern.«

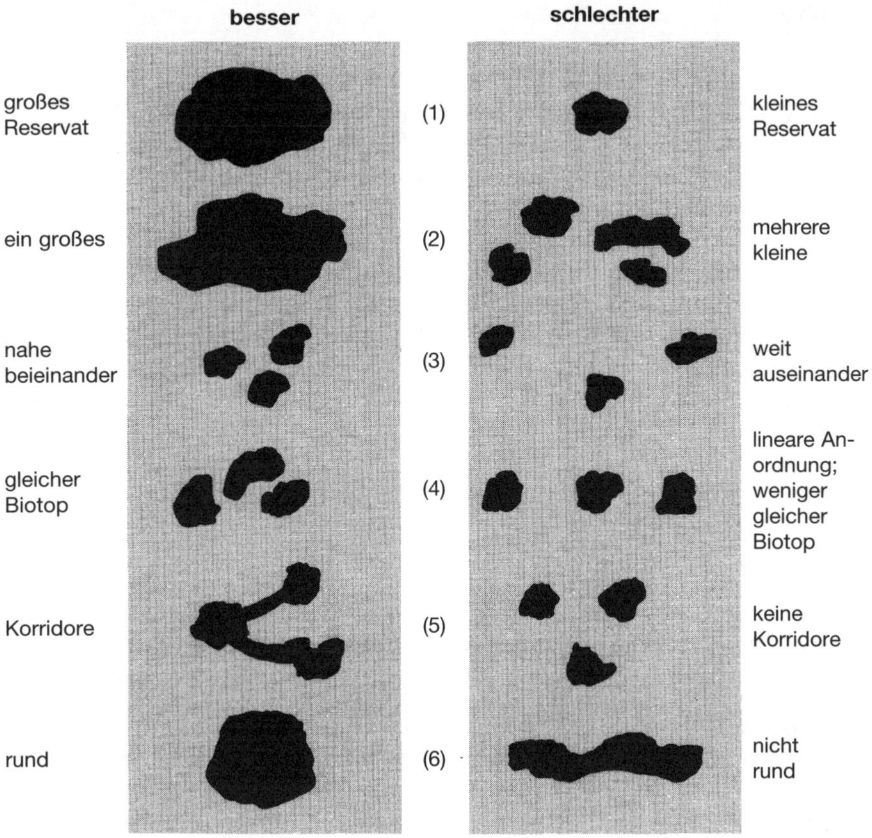

14.1 Richtlinien für die Planung von Reservaten, die auf der Grundlage der Theorie der Inselbiogeographie vorgeschlagen wurden. Man stelle sich vor, die Reservate seien „Inseln" natürlichen Lebensraumes, umgeben von Land, das durch menschliche Aktivitäten vollkommen umgewandelt wurde. Die praktische Anwendung dieser Prinzipien wird immer noch untersucht. Insbesondere die Prinzipien 2 und 5 waren Gegenstand zahlreicher Diskussionen. (Nach Diamond 1975.)

In einem Kommentar hierzu meint Shafer (1990): »Ich glaube nicht, daß diese Bemerkungen in erster Linie darauf abzielten, die Bemühungen, solche Regeln zu finden, abzuqualifizieren, sondern vielmehr zu warnen, durch sie nicht blind zu werden. Das Aufstellen von Modellen ist dringend erforderlich und sollte auch weiterhin erfolgen.« Und schließlich stellt Franklin (1985) noch als positivere Bemerkung fest: »Jegliche Richtlinien hinsichtlich Größe, Form und anderer Kriterien müssen notwendigerweise allgemein sein, weil jedes Planungsproblem einzigartig ist.«

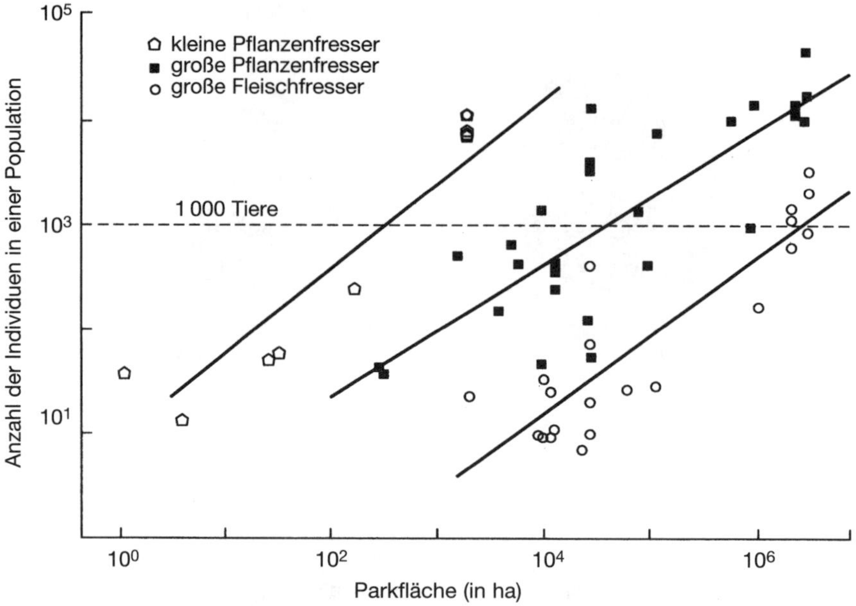

14.2 Große Reservate beherbergen größere Populationen jeder Art als kleinere Reservate; und nur die größten Reservate enthalten vielleicht auf lange Sicht lebensfähige Populationen vieler Wirbeltierarten. Jedes Symbol stellt eine Tierpopulation dar. Wenn die lebensfähige Populationsgröße einer Art 1 000 (10^3) Individuen beträgt (gestrichelte Linie), wird man Reservate mit mindestens 100 (10^2) Hektar benötigen, um kleine Pflanzenfresser zu erhalten (beispielsweise Kaninchen oder Eichhörnchen); um große Pflanzenfresser zu bewahren (etwa Hirsche, Zebras oder Giraffen), wird man sogar Reservate von mehr als 10 000 Hektar brauchen. Für den Schutz großer Fleischfresser schließlich (zum Beispiel Löwen, Wölfe) wird man Reservate von mindestens einer Million Hektar benötigen. (Aus Schonewald-Cox 1983.)

Die Größe von Schutzgebieten

Schon früh gab es in der Naturschutzbiologie Diskussionen darüber, ob der Artenreichtum in einem großen oder in mehreren kleineren Reservaten von gleicher Gesamtfläche am größten ist (Diamond 1975; Simberloff und Abele 1976, 1982; Terborgh 1976; Terborgh und Winter 1980); in der englischsprachigen Literatur ist dies als die „*SLOSS debate*" bekannt (von *single large or several small* – ein großes oder mehrere kleine). Ist es beispielsweise besser, ein Reservat von 10 000 Hektar unter Schutz zu stellen oder vier Reservate von je 2 500 Hektar? Die Befürworter großer Reservate behaupten, daß nur diese ausreichende Populationen großer Arten mit weitem Aktionsradius (wie Leoparden) und mit geringer Dichte (wie

Tabelle 14.1: Geschätzte Populationsgröße für drei große Raubtierarten in fünf afrikanischen Schutzgebieten

			geschätzte Populationsgröße		
Schutzgebiet	Land	Fläche (in ha)	Leopard	Tüpfelhyäne	Löwe
Manyara-Nationalpark	Tansania	9 100	10	10	35
Nairobi-Nationalpark	Kenia	11 500	10	12	25
Ngorongorokrater	Tansania	26 000	20	479	70
Krüger-Nationalpark	Südafrika	1 908 400	650	1500	1120
Serengeti-Nationalpark	Tansania	2 550 000	900	3500	2250

Quelle: Nach Schonewald-Cox 1983, aus unterschiedlichen Quellen.

Habichte) beherbergen, um diese Populationen auf lange Sicht zu erhalten (Abbildung 14.2; Tabelle 14.1). Ein großes Reservat verringert auch Randeffekte, umfaßt mehr Arten und weist eine größere Biotopvielfalt auf als ein kleines Schutzgebiet. Diese Vorteile großer Parks ergeben sich aus der Theorie der Inselbiogeographie und zeigen sich in zahlreichen Untersuchungen von Tieren und Pflanzen in Schutzgebieten. Diese Ansicht hat drei praktische Auswirkungen. Erstens sollte ein neu einzurichtender Park so groß wie möglich sein, um möglichst viele Arten zu erhalten. Zweitens sollte – wenn durchführbar – zusätzliches, an Naturreservate angrenzendes Land erworben werden, um die Fläche der bereits existierenden zu erhöhen. Und schließlich sollte man, wenn es zwischen der Einrichtung eines neuen kleinen oder eines neuen großen Parks zu entscheiden gilt, einen großen schaffen. Andererseits beginnt bei einer bestimmten Parkgröße die Zahl der neu hinzugewonnenen Arten mit jeder Vergrößerung abzunehmen. In einem solchen Fall könnte es wirkungsvoller sein, einen zweiten großen Park in einiger Entfernung zu schaffen, um zusätzliche Arten zu schützen.

Die extremen Befürworter großer Reservate behaupten, kleine Schutzgebiete bräuchte man nicht zu erhalten, weil sie Populationen nicht langfristig bewahren könnten und sie daher für Naturschutzzwecke nur wenig Wert hätten. Im Gegensatz dazu behaupten andere Naturschutzbiologen, daß kleine, sorgfältig ausgesuchte Schutzgebiete eine viel größere Zahl von Biotoptypen und mehr Populationen seltener Arten umfassen können als ein großer Block mit gleicher Fläche (Järvinen 1979; Simberloff und

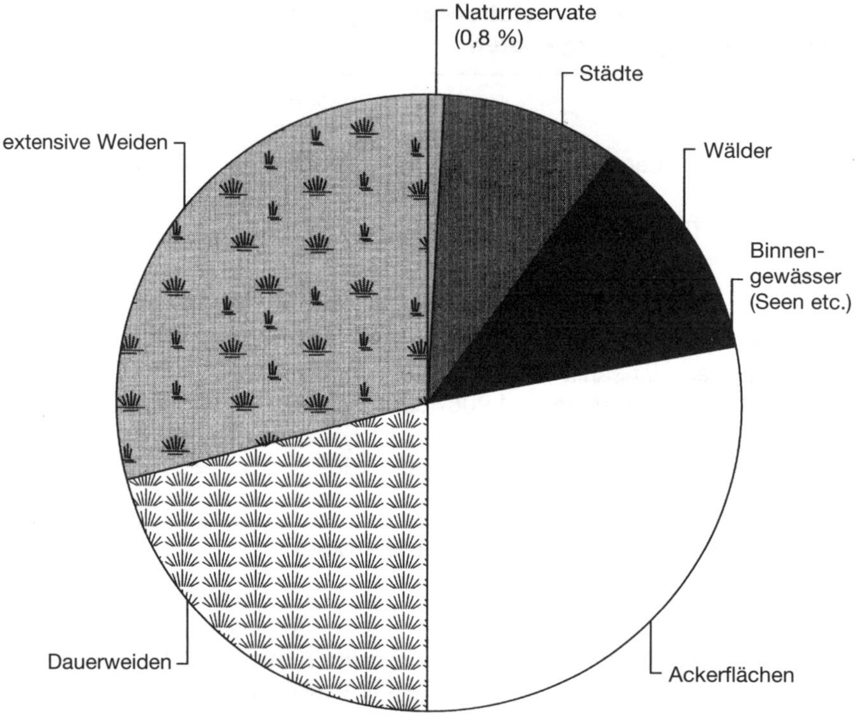

14.3 In einem Land wie Großbritannien, das schon seit Jahrhunderten besiedelt und kultiviert ist, ist sehr wenig Land für Naturreservate übrig. Fast 80 Prozent der Fläche Großbritanniens werden landwirtschaftlich genutzt (Ackerbau oder Beweidung). (Aus Green 1989.)

Gotelli 1984). Wie wertvoll mehrere gut plazierte Reservate in unterschiedlichen Lebensräumen sind, verdeutlicht ein Vergleich von vier Nationalparks in den Vereinigten Staaten. Die Gesamtzahl der Säugetierarten in drei in unterschiedlichen Lebensräumen liegenden Nationalparks (Big Bend in Texas, North Cascades in Washington und Redwoods in Kalifornien) ist höher als die Artenzahl im größten amerikanischen Nationalpark, dem Yellowstone-Park, obwohl der Yellowstone-Park flächenmäßig größer ist als die anderen drei Parks zusammen (Quinn und Harrison 1988). Mehr Reservate zu schaffen, auch wenn diese klein sind, verhindert außerdem, daß eine einzelne, katastrophale Einwirkung, etwa eine eingeführte Tierart oder eine Krankheit, die gesamte Population vernichtet, wie es in einem einzelnen großen Schutzgebiet möglich wäre.

Mittlerweile herrscht offenbar Übereinstimmung darüber, daß die Strategien hinsichtlich der Reservatsgröße von den betreffenden Tiergruppen abhängen wie auch von den spezifischen Umständen (Game und Peterken 1984; Soulé und Simberloff 1986). Viele Arten können anerkanntermaßen besser in großen als in kleinen Schutzgebieten erhalten werden, da diese größere Populationen und eine größere Biotopvielfalt aufweisen (Abele und Connor 1979). Kleine Naturschutzgebiete mit gutem Management haben aber ebenfalls ihren Wert, insbesondere für den Schutz zahlreicher Pflanzen-, Wirbellosen- und kleiner Wirbeltierarten (Lesica und Allendorf 1992). Oftmals besteht keine andere Wahl, als die Herausforderung eines Artmanagements in kleinen Schutzgebieten anzunehmen, wenn die umliegenden Flächen nicht für Schutzzwecke verfügbar sind. Dies gilt insbesondere für Landstriche, die intensiv kultiviert und schon seit Jahrhunderten besiedelt sind wie Großbritannien, China und Java (Abbildung 14.3).

Die Planung von Reservaten in Südafrika

Das Problem der Größe von Naturreservaten verdeutlichen besonders gut Schutzbemühungen für gefährdete Pflanzenarten in der Kap-Florenprovinz in Südafrika. Die Kapflora ist eine der bemerkenswertesten der Welt; sie nimmt nur rund 90000 Quadratkilometer ein – etwa ein Viertel der Fläche der Bundesrepublik Deutschland –, beherbergt aber 8590 Gefäßpflanzenarten und weist damit das höchste Verhältnis von Pflanzenarten zur Fläche aller gemäßigten und subtropischen Regionen der Welt auf (Abbildung 14.4; Goldblatt 1978; Bond 1983). Darüber hinaus sind 68 Prozent der Pflanzenarten und fünf Pflanzenfamilien endemisch in dieser kleinen Region. Diese hohe Artenvielfalt beruht unter anderem darauf, daß in dem Gebiet fünf verschiedene Vegetationstypen und eine Vielzahl von Bodentypen vorkommen, und insbesondere auf dem großen Artenreichtum der Fynbos-Vegetation (Rebelo und Siegfried 1990).

Leider wird dieses einzigartige Ökosystem durch die Landwirtschaft, durch die Entwicklung der Städte, durch Feuer und durch die Invasion gebietsfremder Arten flächenmäßig reduziert und zerstört. Ungefähr 19 Prozent der Arten der Kapflora – 1621 Spezies – sind von Natur aus selten oder durch menschliche Aktivitäten bedroht (Hall et al. 1984). Eine der charakteristischen Familien der Kapflora sind die Proteengewächse (Proteaceae). Aufgrund ihrer attraktiven Blüten sind die Vertreter dieser Familie von gartenbaulicher Bedeutung. 53 Proteenarten der Kapregion sind jedoch auf ein oder zwei Populationen beschränkt, und jede dieser Populationen nimmt eine Fläche von weniger als fünf Quadratkilometern ein und umfaßt gewöhnlich weniger als 1000 Individuen. Ein vorgeschlagenes System aus wenigen großen Schutzgebieten von mindestens 100 Quadratkilometern Fläche würde die meisten dieser seltenen Arten nicht schützen. Eine bessere Alternative wäre ein System zahlreicher kleiner Reservate, die Populationen einzelner seltener Arten und einzigartige Biotope schützten (Tansley 1988). Ein solches System kleiner Schutzgebiete zu verwalten wäre zwar sicher schwierig, aber nicht unmöglich.

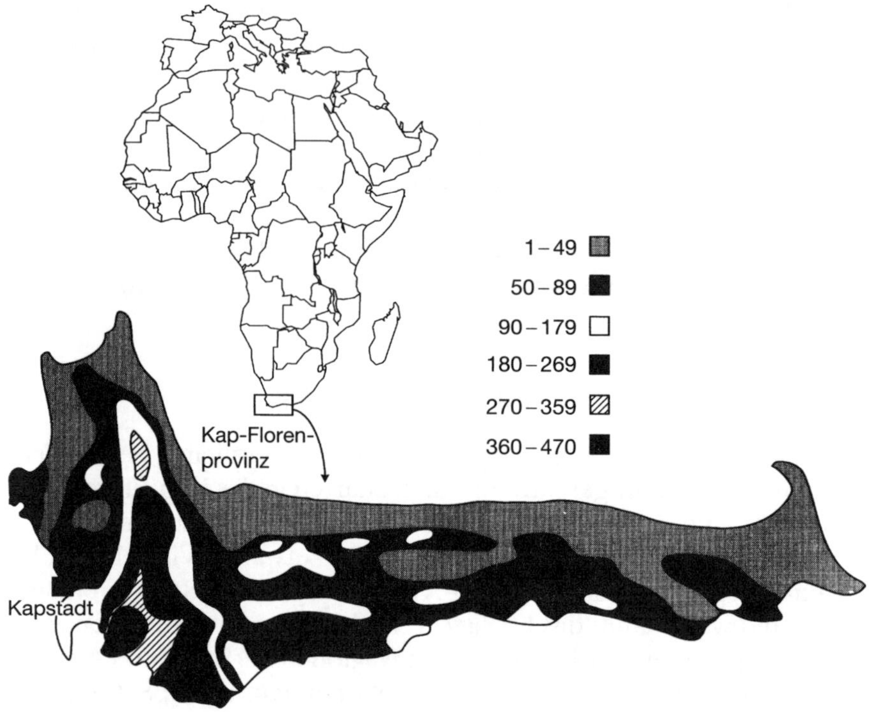

14.4 Der Artenreichtum an Blütenpflanzen erreicht in der Fynbos-Vegetation der Südwestecke der Kap-Florenprovinz in Südafrika ein unglaubliches Ausmaß. Die Karte zeigt die Artenzahl charakteristischer und endemischer Pflanzenfamilien wie der Proteaceae, Ericaceae und Restionaceae. (Aus Rebelo und Siegfried 1990, basierend auf Oliver et al. 1983.)

Wirkungsvoller Artenschutz

Weil die Populationsgröße der beste Indikator für die Wahrscheinlichkeit des Aussterbens ist, sollten die Reservate eine ausreichende Fläche aufweisen, um große Populationen bedeutender Arten (seltene und gefährdete Spezies, Schlüsselarten, wirtschaftlich wichtige Arten und so weiter) zu bewahren. Kleine Populationen können aufgrund von Schwankungen der Umwelt, demographischer Variation, durch Inzucht und durch den Verlust von Allelen vom Aussterben bedroht sein, wie in Kapitel 11 beschrieben. Ein isoliertes Naturreservat, das nur vier Elefanten beherbergt, hat keine sich selbst erhaltende Elefantenpopulation; dagegen wird eine Elefantenpopulation von 500 Tieren sich viel eher selbst erhalten. Den bisher besten Untersuchungen zufolge sind Populationen von mindestens mehreren hundert sich fortpflanzenden Individuen nötig, um die Lebensfähigkeit von Wirbeltieren auf lange Sicht zu sichern, und mehrere tausend Individuen sind ein wünschenswertes Ziel (Kapitel 11 und 12). Mehr als eine Population einer seltenen Art in einem Naturreservat zu haben, wird die Wahrscheinlichkeit des Überlebens für die Spezies ebenfalls erhöhen.

Zwar sind kleine Populationen seltener Arten in isolierten Reservaten vielleicht nicht lebensfähig, aber es gibt mehrere Methoden, um ihnen ein Überleben zu ermöglichen. Man kann kleine Populationen in verstreuten Reservaten wie eine Metapopulation behandeln und sich bemühen, den natürlichen Austausch zwischen den Reservaten zu fördern (Ehrlich und Murphy 1987). Dazu kann man ab und zu einige Individuen aus einem Reservat entnehmen und sie einer Zuchtpopulation eines anderen zuführen. Solche Maßnahmen können dazu dienen, eine zurückgehende Population zu stützen. Auch wenn nur ein geringer Austausch zwischen den Populationen stattfindet, werden dadurch die nachteiligen Auswirkungen einer kleinen Populationsgröße drastisch verringert. Ein Transport von Individuen über große Distanzen oder zwischen Populationen, die genetisch unterschiedlich erscheinen, sollte sehr vorsichtig erfolgen, um potentielle Probleme zu vermeiden, wie sie durch Auszuchtdepression entstehen können (wie die geringere Überlebensrate und Fruchtbarkeit von Nachkommen der Kreuzungen von Individuen, die genetisch weit voneinander abweichen, wie Schwesterarten und unterschiedliche Varietäten).

Ein problematischerer Aspekt beim Absichern lebensfähiger Populationen in Reservaten sind die Bedürfnisse von Arten mit großem Aktionsradius. Im Idealfall sollte ein Naturreservat groß genug sein, um auch eine lebensfähige Population der am weitesten umherstreifenden Art einzuschließen. Die Erhaltung des Lebensraumes dieser Spezies – oft große oder auffällige „Flaggschiffarten" – wird häufig den anderen Arten der Lebensgemeinschaft ebenfalls adäquaten Schutz bieten. Die großen ostafrikanischen Nationalparks, eingerichtet für Elefanten, Löwen und andere Großsäugerarten, schützen auch zahlreiche Vogel-, Insekten- und Pflanzenarten. Ausgedehnte Gebiete mit Sumpfkieferbeständen, die um das Kernkraftwerk am Savannah River in South Carolina stehen, unterstehen einem Management zum Schutz des Kokardenspechtes (*Picoides borealis*) (Abbildung 14.5); dabei werden auch viele gefährdete Pflanzenarten bewahrt.

Die effektive Planung eines Naturreservats erfordert eingehende Kenntnisse der Ökologie der wichtigen Arten sowie Informationen über die Verbreitung von Lebensgemeinschaften. Um eine wirkungsvolle Erhaltungsstrategie zu planen, sind Informationen über die Nahrungsbedürfnisse, das Fortpflanzungsverhalten, tägliche und jahreszeitliche Wanderungen, potentielle Feinde und Konkurrenten und Anfälligkeit für Krankheiten und Schädlinge erforderlich. Diese ermöglichen die Gestaltung von Naturreservaten, die möglichst viele der Anforderungen jeder Art an den

14.5 Gebiete mit Sumpfkiefern in den südöstlichen Vereinigten Staaten, in Teilen von South Carolina, North Carolina und Georgia, unterstehen einem Management zum Schutz des gefährdeten Kokardenspechtes (*Picoides borealis*). Stark von Holznutzung betroffenen Gebieten fehlen die älteren Bäume mit den Nisthöhlen, wie sie die Spechte brauchen; in solchen Wäldern bohrt man künstliche Bruthöhlen in die Bäume. Hier verläßt ein junger Specht die Nisthöhle zu seinem ersten Flug. (Photo: © Derrick Hamrick).

Lebensraum erfüllen. Es muß sich ein Gleichgewicht entwickeln zwischen der ausschließlichen Konzentration auf die Bedürfnisse der „Flaggschiffart", ohne die anderen Arten zu berücksichtigen, und einem Management nur auf maximale Artenvielfalt hin, was aber vielleicht zum Verlust der „Flaggschiffart" führt, welche die allgemeine Öffentlichkeit interessiert.

Das Verringern von Rand- und Fragmentierungseffekten

Im allgemeinen herrscht Übereinstimmung darüber, daß Parks so gestaltet sein sollten, daß die nachteiligen, in Kapitel 6 diskutierten Randeffekte auf ein Minimum reduziert sind. Schutzgebiete mit abgerundeter Gestalt haben das geringste Rand-Flächen-Verhältnis, und das Zentrum eines solchen Gebiets wird weiter vom Rand entfernt sein als bei anderen Formen. Langgestreckte Reservate haben den größten Rand, und alle Punkte des Parkes liegen auch nahe an diesem Rand. Wendet man dieselben Argumente auf Parks mit vier geraden Seiten an, dann ist ein quadratischer Park eine bessere Lösung als ein langezogenes Rechteck gleicher Größe. Diese Ideen wurden jedoch selten – wenn überhaupt – in die Praxis umgesetzt. Die meisten Schutzgebiete haben eine unregelmäßige Gestalt, weil es beim Erwerb von Land in der Regel eher um eine günstige Gelegenheit geht als um die Vervollständigung eines geometrischen Musters.

Wie in Kapitel 6 diskutiert, sollte die interne Fragmentierung von Reservaten durch Straßen, Zäune, Landwirtschaft, Holzeinschlag und andere menschliche Aktivitäten so weit wie möglich vermieden werden, weil sie eine große Population oft in zwei oder mehrere kleinere Populationen unterteilt, von denen jede anfälliger ist auszusterben als die große Population (Schonewald-Cox und Buechner 1992). Eine solche Fragmentierung bietet auch eine Zugangsmöglichkeit für fremde Arten, die einheimische unter Umständen schädigen. Sie schafft weitere unerwünschte Randeffekte und Ausbreitungsbarrieren und verringert somit die Wahrscheinlichkeit, neue Standorte zu besiedeln, und schmälert den für die Erhaltung der genetischen Variabilität notwendigen Genfluß.

Die Kräfte, die eine Fragmentierung vorantreiben, sind mächtig, weil Schutzgebiete oftmals die einzigen nicht erschlossenen Flächen für neue Straßen, Hochspannungsleitungen, Landwirtschaft, Dämme und Erholungszonen sind. In den östlichen Vereinigten Staaten sind viele Schutzgebiete in der Nähe von Städten kreuz und quer von Straßen, Eisenbahnlinien und Überlandleitungen durchzogen, die weitläufige Biotope zerstückeln.

Die Koordination von neuen mit existierenden Schutzgebieten

Es gibt Möglichkeiten, kleinere Naturreservate zu größeren Blöcken zusammenzufassen. Solche Schutzgebiete sind oft in ein größeres Biotopgefüge eingebettet, das zur Entnahme von Ressourcen gepflegt und verwaltet wird, wie ein Forst, Weideland und Ackerland. Wenn es möglich ist, die Erhaltung der biologischen Vielfalt als weiteres Ziel beim Management der Produktionsflächen zu berücksichtigen, dann lassen sich größere Gebiete in ein Naturschutzmanagement aufnehmen. Man sollte die Naturreservate als regionales Gefüge verwalten, um einen Genfluß und Austausch zwischen Populationen zu ermöglichen und um sicherzustellen, daß Arten und Lebensräume in adäquatem Maße vertreten sind (Abbildung 14.6). Hierbei ist die Zusammenarbeit von öffentlichen und privaten Landbesitzern wichtig, insbesondere in erschlossenen Ballungsräumen, wo es oft zahlreiche kleine isolierte Schutzgebiete unter der Verwaltung einer Vielzahl verschiedener Regierungsbehörden und privater Organisationen gibt (Salwasser et al. 1987).

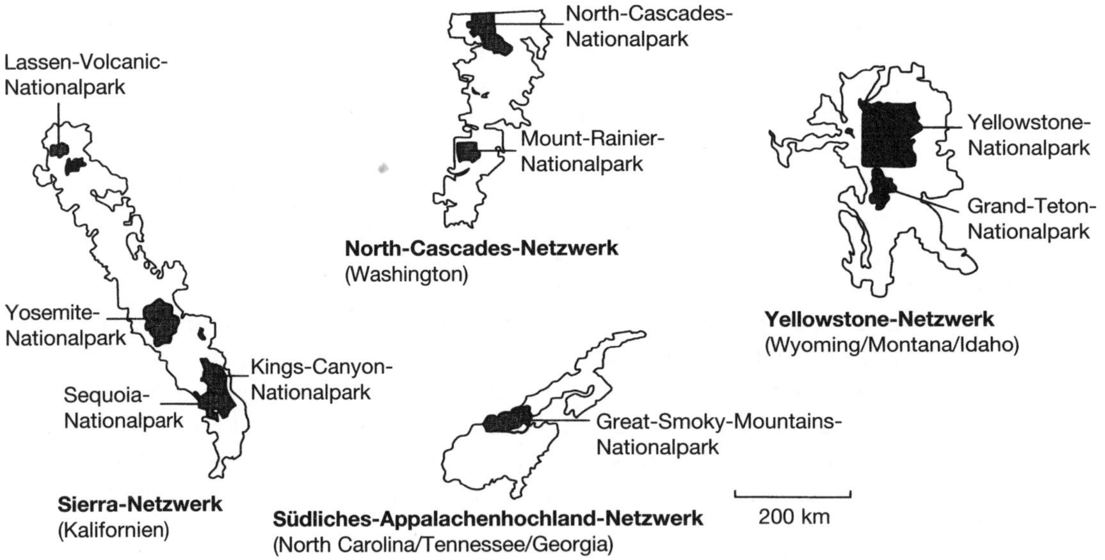

14.6 Oft grenzen Nationalparks (schattierte Flächen) an andere Gebiete in öffentlichem Besitz (nicht schattiert), die von verschiedenen Behörden verwaltet werden. Die Regierung der Vereinigten Staaten überlegt, große Blöcke, die Nationalparks, nationale Wälder und andere dem Bund gehörende Flächen umfassen, als Netzwerk von Naturräumen zu verwalten, um Populationen großer und seltener Wildtiere zu erhalten. Diese Graphik zeigt vier solcher vorgeschlagener Netzwerke. Land in Privatbesitz ist schwarz dargestellt. (Verändert aus Salwasser 1987.)

Das Verbinden von Schutzgebieten durch Biotopkorridore

Ein interessanter Vorschlag zum Management eines Systems von Naturreservaten war, isolierte Schutzgebiete durch **Biotopkorridore** – also durch schmale Biotopstreifen zwischen den Reservaten – zu einem großen System zu verbinden (Simberloff und Cox 1987; Simberloff et al. 1992). Solche Biotopkorridore, manchmal auch als Naturschutz- oder Wanderungskorridore bezeichnet, ermöglichen Pflanzen und Tieren, sich von einem Reservat zum nächsten zu verbreiten, und erleichtern somit einen Genfluß und die Neubesiedlung geeigneter Orte. Solche Korridore könnten auch zur Erhaltung von Tieren von Vorteil sein, die im Laufe des Jahres zwischen einer Reihe verschiedener Habitate wandern müssen, um Nahrung zu finden; wenn diese Tiere auf ein einzelnes Reservat beschränkt wären, könnte es sein, daß sie verhungern. Einige Parkmanager haben die Idee der Korridore als Möglichkeit zum Management von Arten mit großem Aktionsradius begeistert aufgenommen. Das Florida Natural Areas Inventory schlug zum Beispiel einen Korridor von 2400 Hektar vor, um mit Kosten von fünf Millionen Dollar drei große Gebiete zu verbinden, die in öffentlichem Besitz sind (Simberloff et al. 1992).

Korridore, die natürliche Wanderungsmuster ermöglichen, werden wahrscheinlich am erfolgreichsten zur Arterhaltung beitragen. Große Pflanzenfresser beispielsweise wandern auf ihrer Suche nach Wasser und der besten Vegetation oft in regelmäßigen Mustern über Weideland. In saisonal trokkenen Savannenbiotopen wandern die Tiere häufig entlang von Galeriewäldern am Ufer von Strömen und Flüssen. In der gemäßigten Zone ziehen viele Vogel- und Säugetierarten während der wärmeren Monate des Jahres regelmäßig in höhere Gebirgslagen. In Costa Rica setzte man dieses Prinzip in die Praxis um und verband zwei Wildreservate, den Braulio-Carillo-Nationalpark und die biologische Station La Selva. Man stellte einen 7700 Hektar breiten Korridor aus landestypischem Wald unter Schutz, die sogenannte „Zona Protectora“, und schuf so einen Korridor entlang des Höhengradienten, der mindestens 35 Vogelarten ermöglichte, zwischen diesen beiden großen Schutzgebieten hin- und herzuwechseln (Wilcove und May 1986).

Obwohl die Idee der Korridore auf den ersten Blick reizvoll ist, gibt es auch eine Reihe möglicher Nachteile (Simberloff et al. 1992; Simberloff und Cox 1987). Korridore können auch Schädlingsarten und Krankheiten eine Ausbreitung ermöglichen, so daß ein Befall in einem einzelnen Schutzgebiet sich rasch auf alle anderen damit verbundenen Gebiete ausbreiten und zum Aussterben aller Populationen einer seltenen Art führen kann. Tiere, die sich entlang von Korridoren ausbreiten, sind unter Umständen einem höheren Feindrisiko ausgesetzt, denn sowohl menschliche Jäger als auch tierische Räuber konzentrieren sich zumeist auf die von Wildtieren benutzten Wechsel. Gegenwärtig sind die Indizien, die den Wert der Korridore untermauern, noch sehr begrenzt, trotz einer großen Begeisterung für diese Idee. Wahrscheinlich muß man den Wert der Korridore von Gebiet zu Gebiet beurteilen. Existierende Korridore zu erhalten ist wohl im allgemeinen sinnvoll. Einerseits verlaufen viele der derzeit existierenden Korridore entlang von Wasserläufen, und diese können selbst biologisch bedeutende Lebensräume sein. Außerdem lohnt es sich wahrscheinlich bei der Ausweisung neuer Schutzgebiete in großräumig unerschlossenen Gebieten, bestehende Wanderungskorridore zwischen den Reservaten zu erhalten. In einigen Fällen kann ein Belassen kleiner Flecken ursprünglichen Lebensraumes zwischen großen Schutzgebieten auch eine Wanderung über sogenannte „Trittsteine" ermöglichen.

Ein geplanter Wildkorridor in Tansania

In Tansania führen große Herden von Gnus, Zebras und anderen pflanzenfressenden Huftieren auf der Suche nach Nahrung und Wasser jahreszeitliche Wanderungen zwischen dem Tarangire-Nationalpark und dem Lake-Manyara-Nationalpark durch (Mwalyosi 1991). Der Lake-Manyara-Nationalpark ist für seinen landschaftlich schön gelegenen See unterhalb des Steilhanges des ostafrikanischen Grabenbruches und die hohe Dichte und Diversität seiner Tierwelt bekannt, die durch die üppige Vegetation und die verläßliche Wasserquelle angezogen wird. Aufgrund dieser Attraktionen weist der Lake-Manyara-Nationalpark trotz seiner geringen Größe die drittgrößte Zahl von Besuchern pro Jahr und die zweithöchsten Einnahmen aller Parks in Tansania auf. Das Management der Wildtiere in diesem Gebiet ist ein Problem, weil der Park nur 110 Quadratkilometer umfaßt und zunehmend von landwirtschaftlichen Siedlungen eingekreist wird. Ursprünglich war der Park vom extensiven Weideland der Massai umgeben, über das die Wildtiere ungehindert wandern konnten (Prins 1987). In den letzten Jahrzehnten jedoch hat die Zahl der Menschen und ihrer Rinder dramatisch zugenommen, da Bewässerung der Landwirtschaft ermöglichte, sich in dieser Region auszubreiten. Die Ackerflächen in der Umgebung des Parkes nahmen von 218 Hektar im Jahre 1957 auf 1093 Hektar 1980 zu. Zwar ist die gesamte kultivierte Fläche nicht groß, aber einige der bebauten Felder liegen auf den traditionellen Wanderrouten der Tiere, was dazu führt, daß die Tiere die Nutzpflanzen zerstören und die Bauern die Tiere töten. Dadurch kam es zu wiederholten Konflikten zwischen den

Bauern und den Naturschutzbehörden. Wenn sich das Ackerland weiterhin so ausbreitet, wird sich dieser Konflikt noch verschlimmern.

Um dieses Problem zu lösen, ist der Vorschlag gemacht worden, eine klar abgegrenzte Wanderungsroute zwischen dem Tarangire- und dem Lake-Manyara-Nationalpark zu schaffen und entlang dieser Route Ackerland aufzukaufen und es in Weideland zurückzuverwandeln (Abbildung 14.7; Mwalyosi 1991). Verlassen die Tiere ihre Wanderrouten und schädigen Anbauflächen, so sollen die Bauern für ihre Verluste aus den Touristeneinnahmen entschädigt werden. Auf diese Weise soll der Bevölkerung verdeutlicht werden, daß es sich lohnt, die Tiere zu erhalten. Um die Tiere innerhalb der Parkgrenzen zu halten, werden zusätzlich Barrieren errichtet

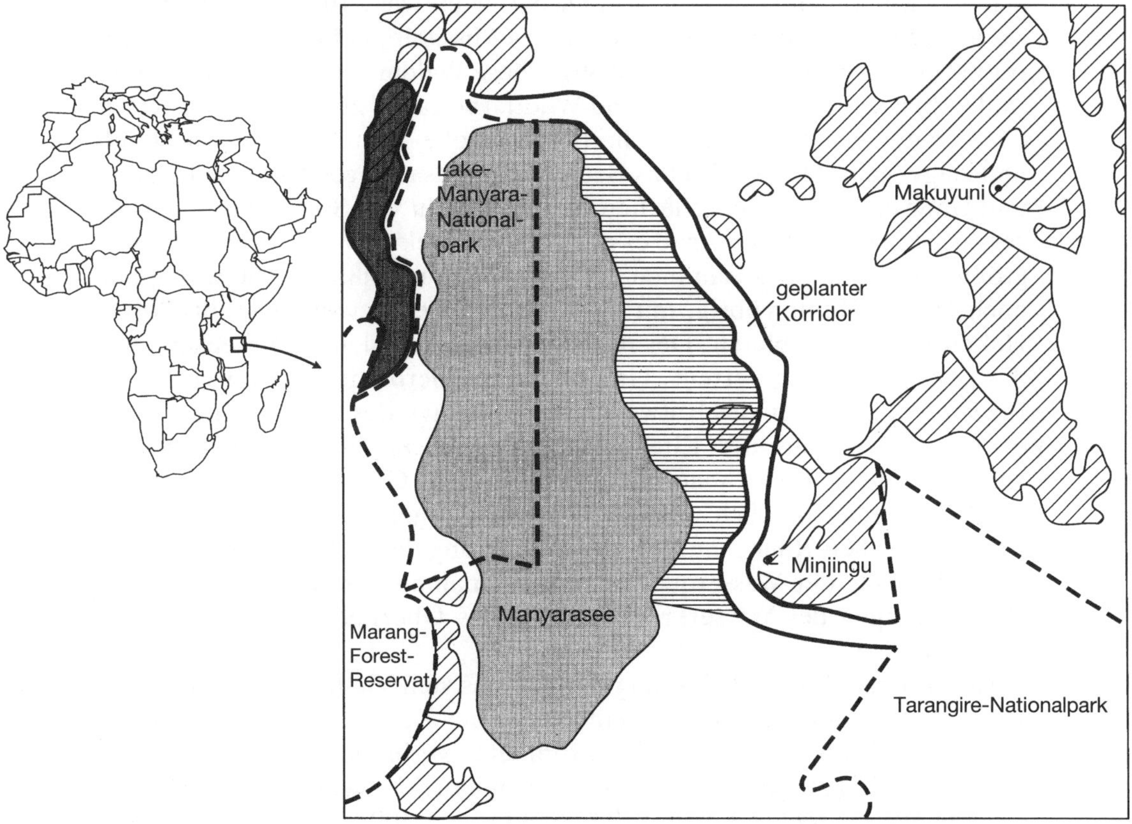

14.7 Um den Wildtierherden zu ermöglichen, zwischen dem Lake-Manyara- und dem Tarangire-Nationalpark in Nordosttansania zu wandern, ist die Schaffung eines Wildkorridors vorgeschlagen worden. Derzeitige Anbauflächen sind durch diagonale Streifen gekennzeichnet. Die quergestreifte Fläche zwischen dem See und dem vorgesehenen Korridor ist ein von Hirtenstämmen in der Trockenzeit zum Weiden ihrer Herden genutztes Gebiet. Eine geplante „Pufferzone" (dunkelgrau) würde in zusätzlichen Bereichen eine Beweidung erlauben. (Aus Mwalyosi 1991.)

und Abmachungen mit den Einheimischen getroffen, die diesen erlauben, weiterhin wie seit jeher Feuerholz, Sand und Fische aus dem Park zu entnehmen. Die Umsetzung dieses Vorschlags wird von der Gemeinschaft der Naturschützer genau beobachtet werden.

Korridore in den Feuchtgebieten von Louisiana

Die potentielle Bedeutung von Korridoren für die Erhaltung der biologischen Vielfalt verdeutlicht auch der Fall des Tensas-River-Beckens im Nordosten von Louisiana. Das Becken des Tensas River enthielt ursprünglich eine Million Hektar flacher, nur schwach entwässerter, bewaldeter Flächen, wie sie für die Schwemmebene des Mississippi charakteristisch sind (Gosselink 1990; Burdick et al. 1989). Diese Wälder der Schwemmebenen zählen hinsichtlich ihres Fisch- und Wildtierbestands zu den produktivsten der Vereinigten Staaten und beherbergen große Populationen von Stand- und Zugvögeln. Heute wird das Becken des Tensas River durch Abholzung und Umwandlung in Ackerflächen für den Anbau von Soja, Reis und Mais zerstückelt. Im Jahre 1957 gab es noch 560000 Hektar Wald, wobei die zwei größten Waldgebiete zusammen 326000 Hektar umfaßten. 1990 waren nur noch 157000 Hektar übrig, mit vier großen Flächen von 10000 bis 30000 Hektar in Schutzgebieten. Der restliche Wald ist in kleineren Flecken über das gesamte Becken verteilt. Ursprünglich beherbergte das Tensas-River-Becken Populationen des Rotwolfes (*Canis rufus*), des Floridapumas (*Felis concolor coryi*) uns des Elfenbeinspechtes (*Campephilus principalis*) – keine von ihnen findet man heute noch in dem Gebiet. Auch bei einem Drittel der ausschließlich waldbewohnenden Vogelarten beobachtete man einen deutlichen Rückgang. Mit der Zerstörung des Lebensraumes gingen eine Abnahme der Wasserqualität, eine Zunahme der Bodenerosion und Veränderungen des Wasserkreislaufs und des Oberflächenablusses in der Region einher.

Als Strategie für die Erhaltung der biologischen Vielfalt des Tensas-Bekkens schlug man unter anderem ein System aus Korridoren vor, welche die getrennten Waldstücke zu größeren Einheiten verbinden sollen (Gosselink 1990). Ein Hinzufügen von 400 Hektar Waldkorridor würde die Fläche des größten Waldkomplexes von 50000 Hektar auf 100000 Hektar erhöhen. Zusätzliche 600 Hektar Korridore am westlichen Rand des Beckens würden mehrere große Fragmente der Größenordnung von 3000 bis 10000 Hektar verbinden und einen Komplex von 63000 Hektar bilden. Diese weitläufigen Waldblöcke wären wohl geräumig genug, um einige der großen Wildtierarten der Region wie den Schwarzbär zu erhalten.

Gegenwärtige und zukünftige Nutzung von Schutzgebieten durch den Menschen

Die Nutzung der Landschaft durch den Menschen ist eine Realität, die man bei der Planung eines Schutzgebiets berücksichtigen muß. Der Mensch ist seit Tausenden von Jahren ein Teil praktisch aller Ökosysteme der Welt, und so könnte der Ausschluß des Menschen aus Naturreservaten unvorhergesehene Konsequenzen haben. Beispielsweise würde eine Savanne, die man vor von Menschen gelegten Feuern schützt, sich wohl in einen Wald verwandeln, was den Verlust von Savannenarten zur Folge hätte. Menschen, die seit jeher Produkte aus einem Naturreservat genutzt haben und plötzlich das Gebiet nicht mehr betreten dürfen, werden darunter leiden, keinen Zugang mehr zu grundlegenden, für sie lebenswichtigen Ressourcen zu haben. Sie werden verständlicherweise verärgert und frustriert sein, und Menschen in einer solchen Lage werden den Naturschutz kaum stark unterstützen; dieses Thema werde ich in Kapitel 15 weiter diskutieren.

Die UNESCO (United Nations Educational, Scientific, and Cultural Organization) hat mit ihrem Programm „Mensch und Biosphäre“ (MAB – *Man and the Biosphere*) Lösungsansätze aufgezeigt. Es wies weltweit eine Anzahl von Biosphärenreservaten aus, um zu versuchen, menschliche Aktivitäten, Forschung und Bewahrung der natürlichen Umwelt an einem Ort zu vereinen (Dyer und Holland 1991). Dieses Konzept umfaßt einen Kernbereich, in dem Lebensgemeinschaften und Ökosysteme streng geschützt sind. Diese ist umgeben von einer Pufferzone, in der die Aktivitäten des Menschen überwacht und nichtzerstörerische Forschungen (langfristige Umweltbeobachtung) durchgeführt werden. Schließlich gibt es eine Übergangszone (Zone der harmonischen Kulturlandschaft), in der Forschung und umweltverträgliche Nutzungen erlaubt sind (Abbildung 14.8). Man spricht auch von Kern-, Pflege- und Entwicklungszonen.

Das allgemeine Prinzip, Naturschutzkernzonen mit Puffer- und Übergangszonen zu umgeben, in denen wie seit jeher Naturgüter entnommen werden, kann mehrere erwünschte Effekte haben. Erstens bewahrt die einheimische Bevölkerung eher eine positive Einstellung. Zweitens bleiben bestimmte erwünschte, durch menschliche Nutzung geschaffene Merkmale der Landschaft erhalten. Und drittens können Pufferzonen Tieren die Wanderung und Ausbreitung zwischen streng geschützten Kernbereichen und von Menschen dominierten Übergangszonen erleichtern (Abbildung 14.9). Ohne eine Pufferzone wird die effektive Fläche eines Reservats durch menschliche Aktivitäten möglicherweise stark reduziert, denn in Parks, die unmittelbar von Gebieten umgeben sind, in denen Menschen dominieren, werden wohl weniger Arten überleben können. Mit den Worten von Lam-

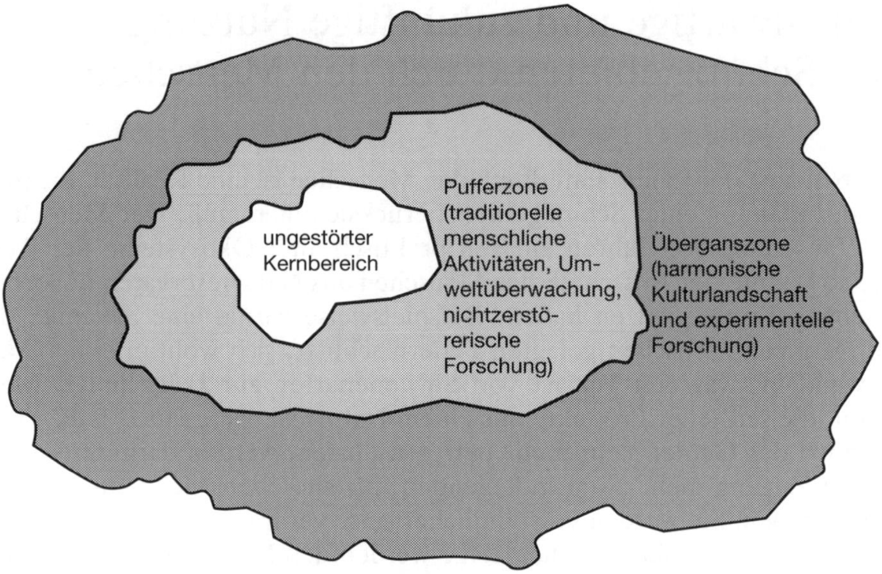

14.8 Das generelle Muster eines Biosphärenreservats umfaßt eine Naturschutzkernzone, umgeben von einer Pufferzone, in der menschliche Aktivitäten überwacht und geregelt und Forschungen durchgeführt werden, und eine Übergangszone „harmonischer Kulturlandschaft" und experimenteller Forschung.

prey (1974): »Nach den Erfahrungen vieler afrikanischer Nationalparkbehörden führt das Vorhandensein einer dichten Besiedlung an den Grenzen *de facto* zu einer Zone „begrenzten Schutzes" im Park, innerhalb derer es zu einem gewissen Ausmaß an Wilderei, Abholzung, Beweidung, Abbrennen und anderen verbotenen Aktivitäten kommt, die eine ständige Überwachung notwendig machen.« Die menschliche Bevölkerung wird vermutlich in den kommenden Jahrzehnten weiterhin dramatisch zunehmen, und Ressourcen wie Feuerholz und Wildbret werden immer schwieriger aufzutreiben sein. Folglich müssen die Verantwortlichen der Naturreservate sich auf immer stärkere Forderungen nach einer Nutzung der verbliebenen Flecken natürlicher Lebensräume einstellen.

14.9 In der Vergangenheit ist vielfach versucht worden, Naturräume durch Abschirmung vor äußeren Einflüssen zu bewahren. Bei einem solchen Vorgehen werden ökologische und soziale Kräfte, die das Ökosystem bedrohen, unter Umständen nicht erkannt. Das Programm „Mensch und Biosphäre" (MAB, *Man and the Biosphere*) ist ein Versuch, die Bedürfnisse und Kulturen der einheimischen Bevölkerung in die Planung von Reservaten und den Schutz einzubeziehen. Das hier gezeigte Poster (Ausstellung „Ecology in Action: An Exhibit", UNESCO, Paris, 1981) trägt folgenden Haupttext: *„Die Öffnung des Naturschutzes für den Menschen*. Ist die beste Möglichkeit, einen Naturraum zu schützen, ihn wie in einem abgeschlossenen Gefäß von der menschlichen Außenwelt abzuriegeln? Früher oder später kann ein solches Vorgehen das Gebiet, das es eigentlich bewahren sollte, zerstören. Ökologischer und soziologischer Druck – sowohl von innen als auch von außen – könnten schließlich das Reservat ruinieren. Das Programm „Mensch und Biosphäre", MAB, unterstreicht die Partnerschaft des Menschen mit der Natur. Ein Reservat ist offen und steht in Wechselbeziehung mit seiner Umgebung. Die Einheimischen können zu seinen Beschützern werden."

Zusammenfassung

1. Unter Verwendung von Modellen aus der Inselbiogeographie hat man Richtlinien für die Erhaltung der biologischen Vielfalt entwickelt. Anhand dieser Richtlinien analysierte und plante man isolierte Schutzgebiete ausgehend von der Annahme, diese hätten inselähnliche Eigenschaften.

2. Im allgemeinen wird ein großes Reservat mehr Arten enthalten als ein kleines Reservat in einem entsprechenden Lebensraum. Die Naturschutzbiologen haben darüber diskutiert, ob es besser sei, ein großes oder mehrere kleine Schutzgebiete mit gleicher Fläche zu schaffen; für beide Vorschläge wurden überzeugende Argumente vorgetragen. Reservate müssen ausreichend groß sein, um lebensfähige Populationen wichtiger Arten zu enthalten. Die erforderlichen Zahlen scheinen für viele Wirbeltierarten zumindest mehrere hundert Individuen zu betragen, noch besser mehrere tausend. Ein gezieltes Management kann jedoch auch die Überlebenswahrscheinlichkeit kleiner Populationen vergrößern. Zu den am schwierigsten zu schützenden Arten gehören solche mit großem Aktionsraum, die eine große Fläche benötigen.
3. Man sollte Reservate so gestalten, daß nachteilige Randeffekte auf ein Minimum herabgesetzt werden. Dies ließe sich am besten mit einem nahezu runden Reservat erreichen. Es sollte so weit wie möglich vermieden werden, Reservate durch Straßen, Zäune und andere menschliche Einrichtungen zu zerteilen. Wenn möglich, sollten Behörden und private Landbesitzer versuchen, ihre Aktivitäten zu koordinieren und aneinandergrenzende kleine Landstücke als eine Einheit zu behandeln.
4. Um isolierte Schutzgebiete miteinander zu verbinden, ist die Anlage von Biotopkorridoren vorgeschlagen worden. Diese Korridore würden die Wanderung von Tieren zwischen Schutzgebieten erlauben und eventuell Genfluß und Ausbreitung sowie die Besiedlung neuer Orte ermöglichen. Viele mit Naturschutzplanungen befaßte Fachleute haben das Konzept der Biotopkorridore angenommen, aber praktische Erfahrungen, die ihren Wert untermauern, sind nach wie vor begrenzt. Am wirkungsvollsten werden Biotopkorridore wohl sein, wenn sie existierende Wanderrouten von Tieren schützen.
5. Die Auswirkungen des Menschen auf Schutzgebiete sind oft bedeutend und müssen bei der Planung und beim Management von Reservaten berücksichtigt werden. Die Aktivitäten des Menschen auf Pufferzonen um den Kern des Schutzgebiets zu beschränken, ist eine mögliche Strategie.
6. Auf der Basis von Modellen der Inselbiogeographie erstellte Richtlinien haben sich in der Anwendung auf tatsächliche Probleme bei der Gestaltung von Reservaten nur begrenzt als nützlich erwiesen. Diese Richtlinien mit gesundem Menschenverstand und Erfahrung zu kombinieren, wäre wohl die beste Strategie für den Naturschutz.

Weiterführende Literatur

Diamond, J. M. 1975. The island dilemma: Lessons of modern biogeographic studies for the design of natural reserves. *Biological Conservation* 7: 129–146. [Ein früher Versuch, das Modell der Inselbiogeographie auf die Planung von Schutzgebieten anzuwenden.]

Game, M. und Peterken, G. F. 1984. Nature reserve selection strategies in the woodlands of central Lincolnshire, England. *Biological Conservation* 29: 157–181. [Praktische Ratschläge für Entscheidungen zum Landerwerb.]

Jedicke, E. 1994. *Biotopverbund*. 2. Aufl. Eugen Ulmer, Stuttgart.*

Salwasser, H., Schonewald-Cox, C. M. und Baker, R. 1987. The role of interagency cooperation in managing viable populations. In: M. E. Soulé (Hrsg.), *Viable Populations for Conservation*, S. 159–173. Cambridge University Press, Cambridge. [Pflege- u. Nutzungsplaner müssen ihre Aktivitäten in regionalem Maßstab koordinieren, um die biologische Vielfalt zu erhalten.]

Shafer, C. L. 1990. *Nature Reserves: Island Theory and Conservation Practice.* Smithsonian Institution Press, Washington D. C. [Ein umfassender, anschaulich bebilderter Überblick über die Theorien der Planung von Schutzgebieten mit empirischen Belegen und Gegenargumenten.]

Simberloff, D. und Cox, J. 1987. Consequences and costs of conservation corridors. *Conservation Biology* 1: 63–71. [Argumente für und gegen Biotopkorridore.]

Simberloff, D., Farr, J. A., Cox, J. und Mehlman, D. W. 1992. Movement corridors: Conservation bargains or poor investments? *Conservation Biology* 6: 493–505. [Eine kritische Analyse des Wertes von Biotopkorridoren für den Naturschutz.]

Tansley, S. A. 1988. The status of threatened Proteaceae in the Cape flora, South Africa, and the implications for their conservation. *Biological Conservation* 43: 227–239. [Zahlreiche seltene Pflanzenarten kommen nur in begrenzten Gebieten vor und könnten durch kleine Naturreservate geschützt werden.]

15

Das Management von Schutzgebieten

Nachdem ein Schutzgebiet gesetzlich ausgewiesen worden ist, bedarf es eines effektiven Managements, wenn die biologische Vielfalt erhalten werden soll. Die herkömmlichen Weisheiten, daß „die Natur es am besten weiß“ und es ein „natürliches Gleichgewicht“ gibt, verleiten manche zu dem Schluß, die Biodiversität ließe sich am besten ohne menschliches Eingreifen erhalten. Die Realität sieht jedoch oft ganz anders aus: In vielen Fällen hat der Mensch die Umwelt bereits so sehr verändert, daß die verbliebenen Arten und Lebensgemeinschaften ein Eingreifen des Menschen benötigen, um zu überleben (Pimm 1991; Butrick 1992; Blockhus et al. 1993). Die Welt ist übersät mit Reservaten, die zwar auf dem Papier bestehen, in denen es aber kein effektives Management gibt. Diese Reservate haben nach und nach – oder manchmal sogar rapide – Arten verloren, und die Qualität ihrer Lebensräume hat sich verschlechtert. Das Entscheidende ist, daß Reservate bisweilen eines aktiven Managements bedürfen, um einen solchen Qualitätsverlust zu vermeiden. Entscheidungen über ein solches Management lassen sich jedoch gewöhnlich am wirkungsvollsten treffen, wenn ein Forschungsprogramm die dafür nötigen Informationen liefert.

Manchmal stimmt es schon, daß das beste Management darin besteht, nichts zu unternehmen; bisweilen sind Managementmaßnahmen ineffektiv oder sogar nachteilig (Chase 1986). Die Regierung der USA gab beispielsweise im Jahre 1988 180 Millionen Dollar für die erfolglose Bekämpfung der Feuer im Yellowstone-Nationalpark aus – selbst nachdem offensichtlich war, daß die Wälder trotz der Eingriffe des Menschen auf jeden Fall verbrennen würden. Eine langjährige Politik der Verhinderung von Bränden hatte dazu geführt, daß sich große Mengen an totem Holz ansammelten, und so ideale Bedingungen für großflächige Brände geschaffen. Ein weiteres Beispiel ist das aktive Management zur Förderung von jagdbarem Wild wie Hirschen; es beinhaltete oftmals das Eliminieren der Gipfelräuber (Spitzencarnivoren) wie Wölfe oder Pumas. Sind die Jagdwildpopulationen (und damit verbunden auch die Nagetiere) jedoch erst einmal von ihren Feinden befreit, können sie unter Umständen zahlenmäßig explodieren; dies kann Überweidung, Lebensraumzerstörung und einen Zusammenbruch der tierischen und pflanzlichen Lebensgemeinschaften zur Folge haben (Redford 1992). Übereifrige Manager von Reservaten, die tote Bäume und Unterwuchs beseitigen, um das Erscheinungsbild eines Reservats zu „verbessern", entfernen damit möglicherweise eine entscheidende Ressource, die bestimmte Tierarten zum Nisten oder Überwintern brauchen.

Viele der besten Beispiele für ein gutes Reservatmanagement stammen aus Großbritannien, wo eine lange Tradition von Wissenschaftlern und freiwilligen Helfern mit Erfolg kleine Schutzgebiete überwacht und verwaltet, wie etwa die Naturreservate Monks Wood und Castle Hill (Usher 1975, 1991; Steele und Welch 1973; Duffey et al. 1974; Peterken 1982; Pollard 1991). Dort verfolgt man intensiv die Auswirkungen verschiedener Beweidungsmethoden (mit Schafen oder Rindern, leichte und starke Beweidung) auf die Populationen von Pflanzen, Schmetterlingen und Vögeln. In einem Symposiumsband mit dem Titel *The Scientific Management of Animal and Plant Communities for Conservation* („Das wissenschaftliche Management zur Erhaltung von Tier- und Pflanzengemeinschaften"; Duffey und Watt 1971) kommt Morris zu dem Schluß: »Es gibt keinen von vornherein richtigen oder falschen Weg für das Management eines Naturreservats ... die Eignung jeder möglichen Managementmaßnahme hängt an jedem einzelnen Ort von den jeweiligen Zielen ab ... Nur wenn die Managementziele formuliert sind, kann man die Ergebnisse eines wissenschaftlichen Managements anwenden.«

Regierungsbehörden und Naturschutzorganisationen haben die Erhaltung seltener und gefährdeter Arten eindeutig als ihr vorrangiges Ziel erklärt. Solche Prioritäten werden oft in speziellen Erklärungen umrissen, die den Verantwortlichen ermöglichen, ihr Handeln zu rechtfertigen. So räumte man zum Beispiel in dem Küstenschutzgebiet Cape Cod National Seashore in Massachusetts dem Schutz des Nistbiotops von Seeschwalben Priorität gegenüber der Nutzung des Gebiets durch Geländefahrzeuge und dem „Recht" von Sportfischern zu angeln ein (Abbildung 15.1).

15.1 Das Bruthabitat der Seeschwalben im amerikanischen Küstenreservat Cape Cod National Seashore und an den nahegelegenen Stränden ist ausgesprochen empfindlich gegen die Störungen, die in einem stark frequentierten Erholungsgebiet unvermeidlich sind. (Photo: David C. Twitchell.)

Wie man mit den Bedrohungen für Schutzgebiete umgeht

Ein effektives Reservatmanagement muß Faktoren berücksichtigen, welche die biologische Vielfalt und den ökologischen Zustand des Parks bedrohen. Dazu gehören viele der in den Kapiteln 6 und 7 detailliert behandelten Gefahren, darunter Fremdarten, eine niedrige Populationsgröße seltener Arten, die Zerstörung und Schädigung des Lebensraumes sowie menschliche Nutzung. Im Jahre 1990 führten das World Conservation Monitoring Centre und die UNESCO Untersuchungen an 89 World Heritage Sites (zum Weltnaturerbe zählenden Orten) durch, um sich ein Bild von den dortigen Managementproblemen zu machen (World Resources Institute 1992). Die Ergebnisse erbrachten ein großes Spektrum an Managementproblemen wie auch bedeutende Unterschiede zwischen verschiedenen Kontinenten (Tabelle 15.1). In Südamerika waren die Bedrohungen für die Schutzgebiete im allgemeinen am größten und in Europa am geringsten. In Ozeanien waren eingeführte Pflanzenarten für die schwerwiegend-

Tabelle 15.1: Probleme von Stätten, die zum Weltnaturerbe (World Heritage) zählen

Kontinent	Anzahl der Stätten	Prozentsatz der Stätten, die von folgenden Problemen berichten :							
		Erschließung[a]	Tourismus	Bedrohungen von außen[b]	Beweidung und Kultivierung	illegaler Abschuß von Wildtieren	Feuer, natürliche Gefahren	eingeführte Arten	unzureichendes Management[c]
Afrika	25	48	16	36	56	68	52	8	52
Asien	10	40	50	50	40	40	40	10	70
Europa	11	45	18	18	27	9	18	27	0
Ozeanien	10	70	30	10	40	10	40	60	10
Südamerika	8	38	63	63	75	63	88	25	63
Nord- und Mittelamerika	21	57	33	43	29	33	24	43	10

Quelle: World Resources Institute 1992.

[a] Zur Erschließung gehören Abholzung, Bergbau und andere menschliche Aktivitäten, die an dem Ort ihren Ursprung haben.

[b] Bedrohungen von außen entstehen außerhalb der Parkgrenzen.

[c] Hierzu gehören Mängel an Personal, Geld, Ausrüstung und Ausbildung.

sten Probleme verantwortlich, während es sowohl in Südamerika als auch in Afrika der illegale Abschuß von Wildtieren, Feuer, Beweidung und Kultivierung waren. In den Entwicklungsländern Afrikas, Asiens und Südamerikas erwies sich unzureichendes Management als besonderes Problem. Die größten Gefahren für Reservate in Industrieländern standen in Zusammenhang mit wirtschaftlichen Aktivitäten wie Bergbau, Holzgewinnung, Landwirtschaft und Wasserbauprojekten. Jeder einzelne Park hat jedoch seine eigenen, einzigartigen Probleme – wie illegale Rodungen und Jagd in vielen mittelamerikanischen Parks oder die große Zahl von Touristen, die im Juli und August den Yellowstone-Nationalpark bevölkern.

Die Gefahren für Reservate festzustellen heißt nicht unbedingt, sie auch zu eliminieren versuchen; in vielen Fällen ist das nahezu unmöglich. Beispielsweise sind vielleicht bereits gebietsfremde Arten im Reservat vorhanden, und neue wandern entlang der Reservatgrenzen ein. Ermöglicht man diesen Arten jedoch eine ungehinderte Zunahme, könnten dadurch einheimische Spezies oder sogar gesamte Lebensgemeinschaften aus dem Reservat verdrängt werden. Wo eine Fremdart einheimische Arten bedroht, sollte man sie, wenn möglich, eliminieren oder zumindest in ihrer Häufigkeit verringern (Temple 1990). Eine exotische Art, die gerade erst angekommen ist und von der man weiß, daß sie sich tendenziell nachteilig auswirkt, sollte mit Nachdruck entfernt werden, solange sie noch in niedriger Dichte vorkommt. Eine solche Art ist der europäische Blutweiderich (*Lythrum salicaria*), der sich in nordamerikanischen Feuchtgebieten ausbreitet. Der Blutweiderich kann zahlreiche einheimische Pflanzenarten verdrängen und bildet oft reine Bestände entlang von Flüssen oder an Teichrändern und in Sümpfen. Er wirkt sich nachteilig auf die Wildtiere aus, weil die meisten Wasservögel ihn nicht fressen, er jedoch nützliche Arten verdrängt. Hat sich eine solche Fremdart in einem Gebiet erst einmal angesiedelt, kann es schwierig (wenn nicht gar unmöglich) sein, sie wieder zu eliminieren. (Ein ähnliches Beispiel ist umgekehrt die Kanadische Goldrute (*Solidago canadensis*) in Europa.)

Gelegentlich können eingeführte Arten auch eine positive Rolle spielen, wie das Beispiel des Monarchfalters verdeutlicht. Der Monarch (*Danaus plexippus*) ist einer der schönsten und bekanntesten Schmetterlingsarten Nordamerikas. Monarchfalter, die westlich der Rocky Mountains ihre Eier ablegen, wandern in Winterquartiere, die über 500 Meilen entlang der Pazifikküste verstreut sind, von Marin County bis Baja California (Weiss et al. 1991). Ihre Überwinterungsplätze sind windgeschützte Wäldchen in weniger als einem Kilometer Entfernung vom Meer, die sich durch gemäßigte Temperaturen auszeichnen. Die meisten Monarchansammlungen treten in Wäldchen auf, in denen Fieberbäume (*Eucalyptus globulus*) vorherrschen, eine vor rund einem Jahrhundert aus Australien nach Kalifornien eingeführte Art (Abbildung 15.2). Die Blüten dieser Bäume sind im Winter

15.2 In Kalifornien sammeln sich Monarchfalter in Wäldchen aus Eukalyptusbäumen. Sollte man diese Bäume erhalten, obwohl sie zu einer gebietsfremden Art aus Australien gehören? (Photo: Ken Lucas/Biological Photo Service.)

eine wichtige Nektarquelle für die Monarchfalter. Der Schutz dieser Winterquartiere der Schmetterlinge vor kommerzieller Erschließung avancierte zur Streitfrage, da der Eukalyptusbaum selbst eine Fremdart ist. Die Wäldchen aus Eukalyptus-Bäumen sind zwar von Bedeutung für die Monarchfalter, aber sie beherbergen nur wenige andere Insekten- und Kleinsäugerarten. Die Eukalyptuswäldchen stellen auch ein Feuerrisiko dar, weil sich in ihnen totes Holz ansammelt. Die Komplexität dieser Frage ist ein schwieriges Problem für die Verantwortlichen, die entscheiden müssen, ob die Fieberbaumwäldchen geschützt werden sollen oder nicht.

Im Falle seltener Arten, deren Populationen in einem Reservat zu klein sind, um lebensfähig zu sein (siehe Kapitel 11 und 12), muß man eingehende Studien und Beobachtungen ihrer Biologie durchführen (Hutchings 1991; Pollard 1991; Baillee 1991). Mit Hilfe solcher Kenntnisse kann man dann festlegen, wie das weitere Management des Biotops aussehen soll: ob man die Popuationsgröße der Art erhöhen kann und ob zusätzliche Populationen der Art irgendwo anders im Reservat angesiedelt werden können.

Möglicherweise könnte man die Population auch von Zeit zu Zeit durch das Entlassen von in menschlicher Obhut gezüchteten Individuen oder durch andere Maßnahmen vergrößern (siehe Kapitel 18).

Biotopmanagement

Die Lebensräume eines Reservats bedürfen unter Umständen eines intensiven Managements, um sicherzustellen, daß alle ursprünglichen Biotoptypen erhalten bleiben. Zahlreiche Arten bewohnen nur einen spezifischen Lebensraum oder ein spezielles Sukzessionsstadium eines solchen. Wenn man eine Fläche als Schutzgebiet ausweist, kann sich das bisherige Muster von Störungen und menschlicher Nutzung so stark ändern, daß viele Spezies, die man zuvor an dieser Stelle fand, dort nicht mehr weiterexistieren (Gomez-Pompa und Kaus 1992). Für die Anwesenheit bestimmter seltener Arten sind natürliche Störungen, darunter Feuer, Beweidung (Verbiß) durch Wildtiere und umstürzende Bäume, Schlüsselelemente (Exkurs 23). In kleinen Reservaten ist vielleicht nicht das gesamte Spektrum an Sukzes-

Exkurs 23: Biotopmanagement – Der Schlüssel zum Erfolg bei der Erhaltung gefährdeter Schmetterlinge

Im Jahre 1980 kam dem Wachtelweizen-Scheckenfalter (*Mellicta athalia*) die zweifelhafte Ehre zu, dem Aussterben näher zu sein als irgendeine andere Schmetterlingsart in England. 70 Jahre lang war das Verbreitungsgebiet der Art immer mehr geschrumpft. Seit der Schmetterling jedoch seit 1981 gesetzlich geschützt ist, hat die Anzahl und die Größe der Scheckenfalterkolonien in Südengland sich wieder stabilisiert oder zugenommen (Warren 1990).

Der schnelle Erfolg dieser Naturschutzmaßnahmen ist das Ergebnis eines Planes, der auf detaillierten ökologischen Untersuchungen der Lebensraumansprüche dieser Art beruhte. Das Biotopmanagement für Gebiete mit Populationen des Wachtelweizen-Scheckenfalters beinhaltete, daß man dessen bevorzugte Habitate wie frisch gerodete Waldstücke und ungedüngtes Grünland förderte. Die Aufgabe wurde besonders erschwert, weil diese Lebensräume von Natur aus ephemer (kurzlebig) und fleckenartig verteilt sind und begrenzte Störungen oder Beweidung erfordern, um die Populationen der Futterpflanzen der Schmetterlinge zu erhalten. Beurteilt man die Fortschritte des Scheckenfalters nach nahezu einem Jahrzehnt aktiven Biotopmanagements, um die auf frühe Sukzessionsstadien beschränkten

Futterpflanzen zu erhalten, so zeigt sich, daß das Eingreifen des Menschen ein wichtiger Faktor für den Erfolg der Kolonien war. Wo kein Biotopmanagement erfolgte, starb die Mehrzahl der Kolonien aus (Warren 1990). Zwar konnte man das Aussterben des Scheckenfalters mittels Biotopmanagement im allgemeinen erfolgreich verhindern jedoch diese Praxis wirft die beunruhigende Frage auf, in welchem Ausmaß gefährdete Arten vom Handeln des Menschen abhängig sind. Das Überleben des Wachtelweizen - Scheckenfalters ist heute vollkommen vom Eingreifen des Menschen abhängig; und auch das Schicksal zahlreicher anderer Arten liegt wahrscheinlich gänzlich in unseren Händen.

Eine Vielzahl anderer Schmetterlingsarten, die besondere ephemere Lebensräume bevorzugen, sehen sich ähnlichen Problemen gegenüber wie der Wachtelweizen-Scheckenfalter. Der Geißkleebläuling (*Plebejus argus*), den man in Heidegebieten von East Anglia findet, der Bläuling *Lycaeides melissa samuelis* (*Karner blue*), den man in Lupinenbeständen in New England antrifft, sowie der Scheckenfalter *Euphydryas editha bayensis* (*bay checkerspot*), der auf Serpentinrasen im Gebiet der San Francisco Bay vorkommt, sind drei Arten, welche die gleichen Probleme haben wie der Wachtelweizen-Schekkenfalter. Langfristige Studien an *Euphydryas* waren besonders wertvoll, um die Schlüsselfaktoren für die Erhaltung und das Management von Schmetterlingspopulationen in flekkenartig verteilten Biotopen festzustellen (Ehrlich und Murphy 1987; Murphy und Weiss 1988; Dirig 1988). Viele dieser Arten stellen subtile, spezialisierte Anforderungen an ihren Lebensraum, denen man am be-

Der Scheckenfalter *Euphydryas editha bayensis*. An dieser Art durchgeführte Studien haben sich als ausgesprochen nützlich für die Entwicklung von Richtlinien für das Management anderer gefährdeter Schmetterlingsarten erwiesen. (Photo: Mit freundlicher Genehmigung von Dennis Murphy, Stanford University.)

sten durch ein weiträumiges und vielfältiges Biotop nachkommen kann, in dem natürliche Prozesse vorteilhafte Bedingungen schaffen. Den Geißkleebläuling findet man zum Beispiel nur in jungen Beständen der Grauen Heide (*Erica cinerea*); die Adulten ernähren sich von deren Nektar und die Raupen von den Blättern (Ravenscroft 1990). Die Spezialisierung geht sogar noch weiter, weil die Raupen von einer bestimmten Wiesenameisenart (*Lasius* sp.) umsorgt werden müssen, um zu überleben, und diese Ameisen unregelmäßig verbreitet sind. Wenn die Lebensräume der Schmetterlinge fragmentiert sind, werden diese natürlichen Muster oft unterbrochen. Aufgrund begrenzter Ausbreitungsfähigkeit sind manche Arten vielleicht nicht imstande, einen neuen, geeigneten Lebensraum zu finden; insbesondere der Geißkleebläuling scheint nicht in der Lage zu sein, sich über einen Kilometer entfernt von einer existierenden Population anzusiedeln. Experimentelle Versuche, neue Populationen zu schaffen, indem man adulte Schmetterlinge an noch unbesiedelte Stellen umsetzte, hatten teilweise Erfolg. Wie der Fall des Wachtelweizen-Scheckenfalters verdeutlicht, kann der Mensch natürliche Vorgänge nachahmen, aber ohne menschliches Eingreifen wird diese Art sehr wahrscheinlich aussterben.

Doch das Überleben oder der Verlust einer einzelnen Art sind nicht das einzige Problem. Schmetterlinge zählen oft zu den empfindlichsten Indikatoren für den ökologischen Zustand der verbliebenen Biotope (Murphy et al. 1988; Hafernick 1992); wenn diese Tiere ein Management erfordern, kann man mit einiger Sicherheit davon ausgehen, daß ihr Lebensraum ziemlich schwer geschädigt wurde, und zwar so sehr, daß er ohne größere Restaurationsmaßnahmen nicht mehr lebensfähig ist. Die Abnahme dieser Arten ist ein Warnsignal: Der Lebensraum ist an einem kritischen Punkt angelangt (Lawson 1991). Ein Biotopmanagement ist eine Lösung für eine kurzfristige Erholung der Population, es kann aber langfristig nicht die Bewahrung des Lebensraumes ersetzen. Schließlich ist der wirkliche Schlüssel, um das Aussterben seltener Schmetterlinge zu verhindern, eine Fragmentierung ihres Biotops zu vermeiden und – wo möglich – geschädigte Gebiete zu restaurieren.

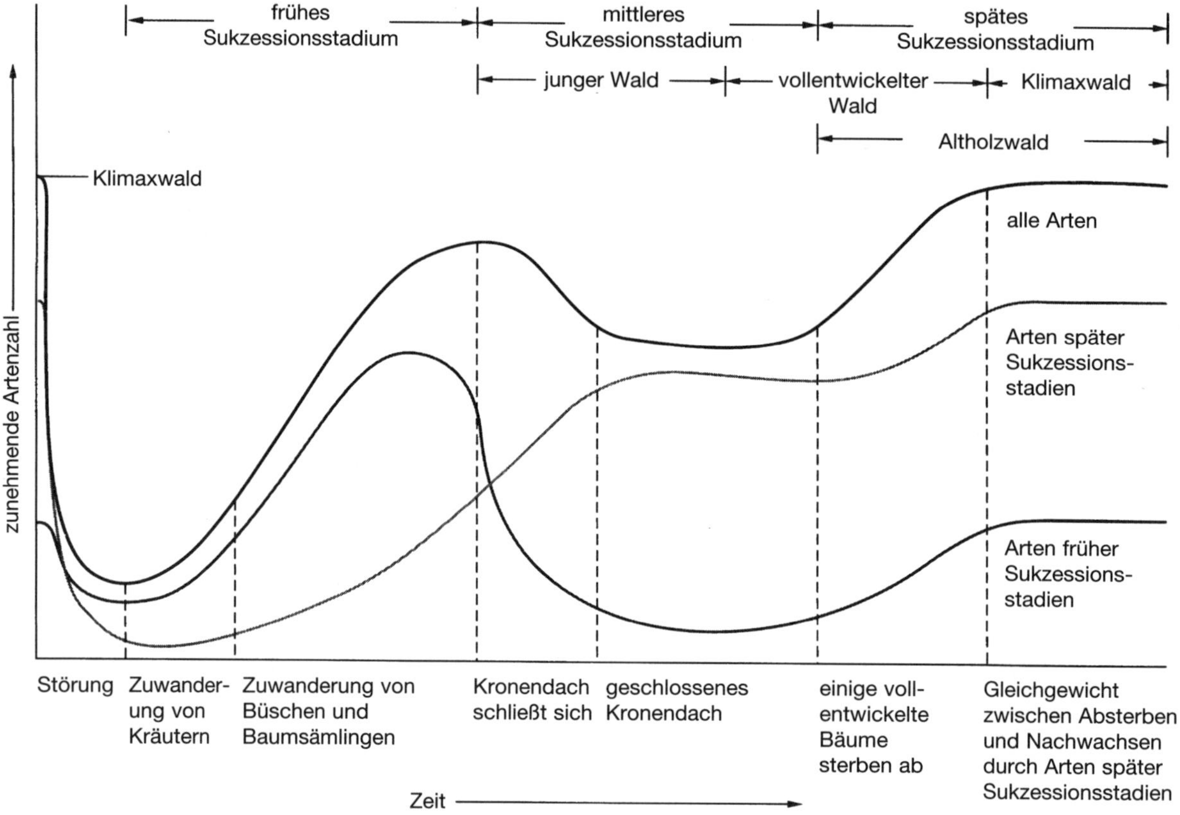

15.3 Ein allgemeines Modell für die Veränderung der Artenvielfalt während einer Sukzession infolge einer massiveren Störung, etwa eines Feuers, eines Wirbelsturmes oder einer Rodung. Früh in der Sukzession auftretende Arten sind in der Regel schnellwüchsig und vertragen keinen Schatten; spät in Erscheinung tretende Spezies wachsen langsamer und sind schattenverträglich. Die volle Zeitspanne einer Sukzession umfaßt viele Jahre. (Nach Norse et al. 1986.)

sionstadien enthalten, und aus diesem Grund fehlen viele Arten; so fehlen unter Umständen in einem isolierten, von Altholzbäumen dominierten Reservat jene Arten, die charakteristisch sind für frühe Sukzessionsstadien, in denen Kräuter und Büsche dominieren (Abbildung 15.3). Wird dieses kleine Schutzgebiet von einem Feuer oder einem Sturm heimgesucht, können dabei die für Altholzbestände typischen Arten eliminiert werden. In vielen isolierten Schutzgebieten in Ballungsräumen können häufige von Menschen verursachte Brände oder andere Störungen durch den Menschen zahlreiche der Pflanzen- und Tierarten vernichten, welche die Umweltbedingungen einer älteren Vegetation benötigen. Die Arten der frühen Sukzessionsstadien bleiben jedoch vielleicht ebenfalls aus, wenn sie nicht in angrenzenden Gebieten vorhanden sind, die als Quellen zur Besiedlung dienen können.

Die Parkmanager müssen manchmal aktiv eingreifen, um sicherzustellen, daß alle Sukzessionstadien vorhanden sind. Eine Möglichkeit dafür ist, von Zeit zu Zeit in Grasländern, Buschland und Wäldern kontrollierte Feuer zu legen, um den Sukzessionsprozeß von neuem in Gang zu setzen. In manchen Wildtierreservaten hält man Flächen durch Mähen, Bearbeitung mit der Scheibenegge und Beweidung mit Vieh offen, um eine Vielzahl von Biotoptypen zu bewahren. So findet man beispielsweise viele der einzigartigen Pflanzen der Insel Nantucket Island vor der Küste von Massachusetts in den landschaftlich reizvollen Heidegebieten. Diese Heidegebiete wurden früher durch die Beweidung mit Schafen erhalten; heute muß man sie alle paar Jahre abbrennen, um zu verhindern, daß Wälder aus Eichen das Gebiet übernehmen und die Wildblumen allmählich verdrängen (Abbildung 15.4 a). In anderen Fällen muß man Teile von Schutzgebieten einer sorgfältigen Besucherlenkung unterstellen, um Störungen durch den Menschen auf ein Minimum herabzusetzen und jene Bedingungen zu schaffen, die auf Altholzbestände spezialisierte Arten nötig haben (Abbildung 15.4 b).

Feuer scheint ein bedeutender Faktor zur Erhaltung der Artenvielfalt in Ökosystemen mit mediterraner Buschvegetation zu sein, wie dem kalifornischen Chaparral und der Fynbos-Vegetation Südafrikas (Kruger et al. 1977, 1984; Christiansen 1985). Die Artbildung als Reaktion auf die Auswirkungen von Bränden ist offenbar ein entscheidender Faktor bei der Entwicklung der reichhaltigen Flora, wie man sie in vielen Pflanzengesellschaften des Buschlandes antrifft. Wenn sich Menschen in solchen Gebieten angesiedelt haben, haben sie das natürliche Feuerregime verändert. In vielen Ländern mit mediterranem Klima führten häufige, absichtlich gelegte Brände zusammen mit Überweidung zu starker Bodenerosion und Desertifikation. Das völlige Verhindern von Feuern wirkt sich jedoch ebenfalls negativ aus, da das Ansammeln von Totholz zu seltenen, zufällig entstehenden Feuern führen kann, die sich rasch ausbreiten, sehr heiß und ausgesprochen zerstörerisch sind. Zur Erhaltung der Artenvielfalt und der Vegetationsstruktur, und um die Feuerschäden in der Buschvegetation gering zu halten, scheint ein regelmäßiges, geplantes und kontrolliertes Abbrennen die beste Strategie zu sein (Abbildung 15.5; Brown et al. 1991).

Das Management von Feuchtgebieten ist ein besonders großes Problem. Für Wasservögel, Fische, Amphibien, Wasserpflanzen und eine Vielzahl anderer Arten ist die Erhaltung von Feuchtgebieten unabdinglich (Moyle und Leidy 1992). Doch Reservate können zu direkten Konkurrenten um Wasserressourcen werden, etwa bei Bewässerungsprojekten, Hochwasserschutzmaßnahmen und Staudämmen, zum Beispiel in den Überschwemmungsflächen Indiens (Pandit 1991) oder den Everglades in Florida. Schließlich ist nur eine begrenzte Wassermenge vorhanden, und die Feuchtgebiete stehen oft untereinander in Verbindung, so daß eine Ent-

a

b

15.4 Zwei Formen von Naturschutzmanagement: Eingreifen oder Sich-selbst-überlassen. a) Die Heideflächen in den geschützten Gebieten von Cape Cod in Massachusetts werden regelmäßig abgebrannt, um den Lebensraum für Wildblumen und andere seltene Arten offenzuhalten. (Photo: P. Dunwiddie.) b) Manchmal beinhaltet das Management, die Störungen durch den Menschen auf ein absolutes Minimum zu beschränken. Dieser Altholzbestand im Olympic National Forest im Nordwesten der USA ist das Ergebnis von vielen Jahren Ungestörtheit. (Photo: Thomas Kitchin/Tom Stack & Associates.)

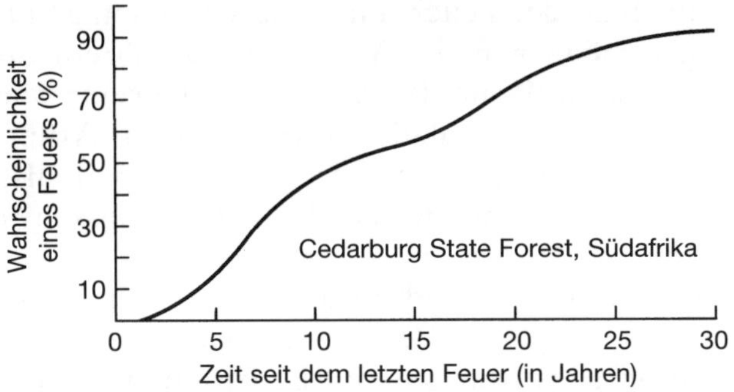

15.5 In vielen Gebieten mit mediterranem Klima wie in Südafrika erhöht sich die Wahrscheinlichkeit, daß ein Feuer die Buschvegetation zerstört, mit jedem Jahr, das seit dem letzten Feuer vergangen ist. Ein Stück Buschland wird in jedem Zeitraum von 15 Jahren mit einer Wahrscheinlichkeit von 60 Prozent abbrennen. In solchen Gebieten Feuer zu verhindern ist unnatürlich und praktisch fast unmöglich. In Buschland unter Management legt man sogar oft kontrollierte Feuer, um das Ökosystem zu erhalten. (Aus Brown et al. 1991.)

scheidung, die den Wasserhaushalt an einer Stelle beeinflußt, sich auch auf andere Gebiete auswirkt. Die Verwaltungen der Reservate müssen unter Umständen politisch geschickt vorgehen und eine wirkungsvolle Öffentlichkeitsarbeit betreiben, um sicherzustellen, daß die ihnen unterstehenden Feuchtgebiete weiterhin das für ihr Fortbestehen notwendige Wasser erhalten.

Fallstudien: zwei Flachmoore

Wie wichtig Biotopmanagement für die Erhaltung von Populationen seltener Arten ist, verdeutlichen zwei Beispiele von Flachmooren, eines in den Vereinigten Staaten und eines in England. Das Crystal Fen im Norden des US-Bundesstaates Maine ist bekannt für seine zahlreichen seltenen Pflanzenarten (Jacobson et al. 1991). Ein scheinbares Austrocknen des Moores und eine Zunahme der Waldvegetation schrieben einige Biologen der Errichtung einer Eisenbahnlinie im Jahre 1893 und eines Entwässerungsgrabens 1937 zu; es machte sich die Besorgnis breit, daß die Moorgemeinschaften verlorengehen könnten. Spätere Studien auf der Grundlage von Luftaufnahmen, der Vegetationsgeschichte und datierten Makroresten aus Torfschichten zeigten, daß der Bau der Eisenbahnlinie dem Feuchtgebiet ermöglicht hatte, sich flächenmäßig *auszubreiten,* indem er eine Dränage verhinderte. Das Moor nahm auch infolge von Feuern an Fläche zu, die durch den Funkenflug der Lokomotiven entstanden. Das heutige große Moorgebiet, in dem die seltenen Pflanzen vorkommen, ist in erster Linie ein Produkt menschlicher Aktivitäten. Die Errichtung eines Dränagegrabens und die Abnahme der Feuer durch die Umstellung auf dieselgetriebene Maschinen ermöglichen der Vegetation, zu ihrem ursprünglichen Zustand zurückzukehren. Wenn das Ziel lautet, die gegenwärtige Ausdehnung des Moores und die Populationen der seltenen Arten zu erhalten, sind Managementmaßnahmen erforderlich, die ein periodisches Abbrennen, das Entfernen von Holzpflanzen und eine Beeinflussung der Dränagesysteme beinhalten.

Auch in englischen Mooren sind für die Erhaltung mancher Arten kontrollierte Störungen notwendig. Die Veilchenart *Viola persicifolia* ist in Europa rapide zurückgegangen, weil ihr Lebensraum, die offenen, basenreichen Flachmoore, entwässert und verändert wurde. In England ist die Art nur von zwei Stellen in Cambridgeshire bekannt (Pullin und Woodell 1987). Im Schutzgebiet Woodwalton Fen National Reserve war die Art scheinbar verschwunden, aber nach starken Störungen des Bodens durch kommerziellen Torfabbau und Roden der Gebüschvegetation wurde sie wieder gefunden. Daß Populationen imstande sind, nach mehreren Jahrzehnten wieder zu erscheinen, deutet darauf hin, daß die Art langlebige Samen besitzt, die opportunistisch auskeimen, wenn sie mit der Erde an die Oberfläche gelangen, beispielsweise, wenn Bäume vom Wind umgeweht werden. Für die weitere Existenz von *Viola persicifolia* in England sind offenbar Managementmaßnahmen erforderlich, die eine Zerstörung der Vegetation und eine Störung des Bodens beinhalten.

Welche Art von kontrollierter Störung zu optimalen Ergebnissen führt, läßt sich in Feldversuchen feststellen. Kalkmagerrasen in Großbritannien erfordern beispielsweise spezifische Managementmaßnahmen, um eine biologisch reichhaltige Lebensgemeinschaft zu erhalten. Wie Experimente gezeigt haben, werden die Artenzahl, die Artenzusammensetzung und die relative Häufigkeit der Arten durch die Managementmaßnahmen bestimmt: ob die Magerrasen beweidet oder abgebrannt werden, zu welcher Zeit des Jahres man die Eingriffe durchführt, und ob man die Managementmaßnahmen kontinuierlich oder im Wechsel durchführt (Morris 1971). Bestimmte Managementmaßnahmen begünstigen bestimmte Artengruppen gegenüber anderen.

Landschaftsökologie und Gestaltung von Schutzgebieten

Die Wechselwirkung von realer Landnutzung und Naturschutztheorie zeigt sich in der Disziplin der **Landschaftsökologie**. Die Landschaftsökologie erforscht die Verteilung von Biotoptypen in regionalem Maßstab und ihren Einfluß auf die Verbreitung von Arten und auf die Vorgänge in den Ökosystemen (Naveh und Liebermann 1984; Forman und Godron 1986; Urban et al. 1987). Forman und Godron (1981) definieren eine Landschaft als »ein Gebiet, indem sich eine Gruppe von miteinander in Wechselbeziehung stehenden Standorten und Ökosystemen in ähnlicher Form wiederholt« (Abbildung 15.6). Landschaftsökologische Studien hat man in den von Menschen dominierten Landschaftsräumen Europas intensiver betrieben als in Nordamerika; dort hat sich die Forschung in der Vergangenheit auf einzelne Biotoptypen konzentriert.

Die Landschaftsökologie ist für die Erhaltung der biologischen Vielfalt von Bedeutung, weil zahlreiche Arten nicht auf einen einzelnen Lebensraum beschränkt sind, sondern zwischen verschiedenen Habitaten wandern oder an der Grenze leben, wo zwei Biotope aufeinandertreffen. Für diese Arten ist die Verteilung der Biotoptypen in regionalem Maßstab von entscheidender Bedeutung. Ob und in welcher Dichte eine Art vorkommt, wird vielfach durch die Größe der Biotopflecken beeinflußt und dadurch, inwieweit diese untereinander verbunden sind. Die Populationsgröße einer seltenen Tierart wird beispielsweise in zwei Parks von 100 Hektar Größe unterschiedlich sein, wenn der eine ein wechselndes Schachbrettmuster aus 100 je 1 ha großen Feld- und Waldstücken aufweist, jedes von einem Hektar Fläche, und der andere ein Schachbrettmuster aus vier je 25 Hektar umfassenden Flecken (Abbildung 15.7). Diese verschiedenen Landschaftsmuster können sich sehr unterschiedlich auf das Mikroklima (auf den Wind, die Temperatur, die Feuchtigkeit und die Lichtverhältnisse), auf den Ausbruch von Krankheiten und auf Wanderungsmuster von Tieren auswirken, wie sie in Kapitel 6 beschrieben wurden. Eine unterschiedliche Landnutzung führt oftmals zu drastisch verschiedenen Landschaftsmustern. Waldgebiete, die man für Wanderfeldbau, städtische Erschließung, intensiven Eigenbedarfsackerbau und Plantagenwirtschaft gerodet hat, sehen von der Luft aus völlig unterschiedlich aus und unterscheiden sich in der Verteilung und Größe der übriggebliebenen Waldflecken.

15.6 Vier Arten von Landschaftstypen, bei denen in Wechselbeziehung stehende Ökosysteme oder andere Formen der Landnutzung sich wiederholende Muster ausbilden. Die Disziplin der Landschaftsökologie konzentriert sich eher auf solche Wechselwirkungen als auf einen einzelnen Biotoptyp. Das erste Muster (Waldrodungen) ist beispielsweise in Abbildung 16.2 zu erkennen. (Aus Zonneveld und Forman 1990.)

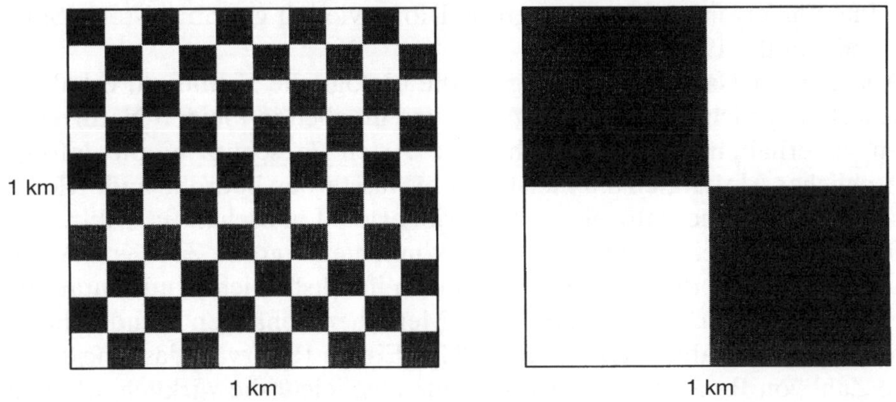

15.7 Zwei quadratische Naturreservate von jeweils 100 Hektar (mit einer Seitenlänge von einem Kilometer) beinhalten die gleiche Fläche Wald (schattiert) und Weideland (weiß), aber in Flecken sehr unterschiedlicher Größe. Welcher Landschaftstyp begünstigt welche Art? Das ist eine Frage, die Landespfleger häufig beschäftigt.

Naturschutzbiologen bevorzugen im allgemeinen eine Landschaft mit großer Fleckengröße und geringen Randeffekten; ein solches Muster verringert die Störung von Biotopen und erhält auch Arten, die von Altholzbeständen abhängen. Im Gegensatz dazu haben Wildbiologen, die an einer Zunahme von Wildtierarten wie Hirschen interessiert sind, beobachtet, daß Vögel und Säugetiere an Biotoprändern in der *größten* Häufigkeit vorkommen (Noss 1983). An den Rändern ist Nahrung aus zwei Biotoptypen vorhanden, die Primärproduktivität (also die Menge an Pflanzenwuchs pro Jahr) ist oft hoch, und bestimmte Arten aus beiden Lebensgemeinschaften leben in enger Nachbarschaft. Außerdem scheinen zahlreiche Tierarten auf die Bedingungen an Biotoprändern spezialisiert zu sein.

Um die Anzahl und die Diversität der Tiere zu erhöhen, versuchen die für das Management von Wildtieren Verantwortlichen häufig, im Bereich der ihnen unterstehenden Fläche eine größtmögliche landschaftliche Vielfalt zu erzeugen (Yahner 1988). Sie schaffen und erhalten Felder und Wiesen, begünstigen kleine Dickichte, pflanzen in kleinem Maßstab Obstbäume und Nutzpflanzen, roden von Zeit zu Zeit kleine Waldflächen, richten Teiche ein und bauen kleine Dämme, und durch all diese Flecken schlängeln sich zahlreiche Pfade und Feldwege (Noss 1983). Das Ergebnis ist ein Park, der zu einer Vielzahl von Randzonen umgebildet ist, mit unzähligen Übergangsbereichen. In einem Lehrbuch über Wildtiermanagement werden die Verantwortlichen dazu angehalten, »so viele Ränder zu schaffen wie möglich«, weil »Wildtierreichtum an Stellen entsteht, wo zwei Lebensräume aneinanderstoßen« (Yoakum und Dasmann 1971). Und andere Wildbiologen betonen, daß »eine vielfältige Wildtierpopulation eine Planung erfordert, die eine große Biotopvielfalt gewährleistet« (Sideritis und Radtke 1977).

Das Ziel der Naturschutzbiologen, die biologische Vielfalt zu erhalten, bedeutet aber nicht nur, so viele Arten wie möglich in kleinen Naturreservaten zu erhalten, sondern auch, jene Arten zu schützen, die infolge menschlicher Aktivitäten am meisten vom Aussterben bedroht sind. Kleine Reservate, die innerhalb einer komprimierten Landschaft in zahlreiche kleine Biotopeinheiten unterteilt sind, können eine große Zahl von Arten beherbergen, aber dies sind wahrscheinlich hauptsächlich „Unkrautarten“ – Arten, die von Störungen durch den Menschen abhängen – und gebietsfremde Spezies (Yahner 1988; Noss 1983). Einem Reservat, das eine maximale Zahl von Randzonen aufweist, fehlen vielleicht die wirklich seltenen Arten, die große, zusammenhängende Flächen ungestörten Lebensraumes bewohnen; diese auf Zentralbereiche von Biotopen beschränkten Arten sind unter Umständen aufgrund des in Kapitel 6 diskutierten nachteiligen Randeffekts nicht imstande zu überleben. Das Ergebnis ist, daß vielen Reservaten, die einem intensiven Wildtier- und Biotopmanagement unterliegen, alle Arten fehlen, deren Erhaltung wirklich von Bedeutung ist.

Um diesen auf lokale Verhältnisse ausgerichteten Ansatz zu überwinden, muß das Management der biologischen Vielfalt auf regionaler, landschaftlicher Ebene erfolgen, wobei die Größe der Landschaftsausschnitte den natürlichen, vor der Störung durch den Menschen vorhandenen Einheiten näher kommt (Noss 1983; Salwasser et al. 1987). Eine Alternative zur Schaffung einer Miniaturlandschaft gegensätzlicher Biotope in kleinem Maßstab besteht darin, alle Reservate eines Gebiets in einem Regionalplan zusammenzufassen, in dem man größere Biotopeinheiten schaffen könnte – ein Ansatz, den ich in Kapitel 14 diskutierte. Einige dieser größeren Lebensraumausschnitte wären dann groß genug, um seltene Arten zu bewahren, die menschliche Störungen nicht zu tolerieren vermögen.

Schlüsselressourcen

Beim Management von Parks sollte man versuchen, **Schlüsselressourcen** (*keystone resources*) zu bewahren und zu erhalten – Quellen für Nahrung, Wasser, Mineralien, Unterschlupf und so weiter, von denen viele Arten abhängen. Wenn es nicht möglich ist, diese entscheidenden Ressourcen intakt zu halten, könnte man versuchen, sie wiederherzustellen. Beispielsweise könnte man an einer Stelle, an der eine natürliche Salzlecke zerstört wurde, eine künstliche einrichten oder in Flußbetten künstliche Becken errichten, um zusätzliche Wasservorräte zu schaffen. Es wäre vorstellbar,

Schlüsselressourcen und Schlüsselarten (siehe Kapitel 2) in Schutzgebieten unter einem Management zu vermehren, um die Populationen von Arten zu vergrößern, die zahlenmäßig zurückgegangen sind. Indem man zum Beispiel Feigen- und andere Fruchtbäume pflanzt, einen künstlichen Teich schafft und Salzlecken zur Verfügung stellt, kann man möglicherweise manche Wirbeltierarten in einem kleinen Schutzgebiet in höherer Dichte erhalten, als man anhand von Untersuchungen der Verbreitung der Art in ungestörten Bereichen vorhersagen würde. Ein anderes Beispiel ist die Bereitstellung von Nistkästen für Vögel als Ersatzressource, wenn es nur wenige tote Bäume mit Nisthöhlen gibt. Auf diese Weise kann man lebensfähige Populationen seltener Arten etablieren, wohingegen ohne solche Eingriffe die Populationsgröße der seltenen Art möglicherweise zu klein für ihren Fortbestand sein würde. In jedem einzelnen Fall muß man einen Kompromiß zwischen der Einrichtung von Naturreservaten finden, die frei von menschlichen Einflüssen sind und der Schaffung halbnatürlicher Gärten, in denen die Pflanzen und Tiere vom Menschen abhängen.

Reservatmanagement und die Menschen

Die Nutzung von Reservaten durch Einheimische und Besucher von außerhalb muß ein zentraler Punkt jedes Managementplanes sein, sowohl in Industrie- als auch in Entwicklungsländern (MacKinnon et al. 1992). Viele Reservate gedeihen oder werden zerstört, je nach Unterstützung, Vernachlässigung, Feindseligkeit oder Ausbeutung, die sie von den Menschen erfahren, die aus ihnen Nutzen ziehen. Wenn man der lokalen Bevölkerung den Zweck eines Schutzgebiets erklärt – und die meisten Einheimischen mit diesen Zielen übereinstimmen und die Regeln des Reservats respektieren –, dann kann das Gebiet vielleicht seine natürlichen Lebensgemeinschaften erhalten. Im günstigsten Fall werden die Einheimischen in das Management und die Planung des Reservats eingebunden, von der Parkbehörde ausgebildet und beschäftigt und profitieren somit vom Schutz und der Beschränkung der Aktivitäten innerhalb des Reservats. Im anderen Extremfall, wenn zwischen den Einheimischen und der Regierung seit jeher schlechte Beziehungen und Mißtrauen herrschen oder die Zielsetzung des Reservats nicht ausreichend erklärt wird, widersetzen sich die Einheimischen möglicherweise dem Konzept und ignorieren die Vorschriften. In diesem Fall wird die lokale Bevölkerung zum Nachteil des Reservats mit den dort Beschäftigten in Konflikt geraten.

Die Steuerung von Aktivitäten innerhalb von Reservaten

Bestimmte menschliche Aktivitäten sind mit der Erhaltung eines Schutzgebiets nicht vereinbar. Werden diese dennoch fortgesetzt, führt dies letztendlich zur Zerstörung der natürlichen Lebensgemeinschaft. Dazu zählen:

- *Kommerzielle Entnahme von Tieren*, darunter die Bejagung mit Schnellfeuerwaffen, das Fischen mit zerstörerischen Methoden, etwa mit Hilfe von Giften oder Dynamit, und kommerzielle Fallenstellerei. Ein gewisses Ausmaß an Jagd und Fischerei für den persönlichen Bedarf und zu Sportzwecken ist vielleicht vertretbar, aber eine Nutzung für den kommerziellen Handel führt fast unausweichlich zur Vernichtung von Arten. Zur Kontrolle von eingeführten Arten und Pflanzenfresserbeständen in Gebieten mit verringerten Populationen von Raubtieren kann eine geregelte Jagd notwendig sein.
- *Intensive Entnahme natürlicher Pflanzenprodukte,* wie Früchte, Fasern und Harze. Wiederum kann das Sammeln für den persönlichen Bedarf vertretbar sein, wohingegen eine kommerzielle Ausbeutung sich schädigend auswirkt. In Nationalparks mit Zehntausenden von Besuchern pro Jahr oder mit einer im Vergleich zur Parkfläche großen einheimischen Bevölkerung kann man unter Umständen selbst das Sammeln für den persönlichen Bedarf nicht dulden.
- *Illegaler Holzeinschlag und Ackerbau.* Diese Aktivitäten zerstören den Lebensraum und vernichten Arten. Wo sie in großem Maßstab, kommerziell und von außenstehenden Interessen gesteuert durchgeführt werden, muß man sie, wenn möglich, unterbinden. Führt jedoch die lokale Bevölkerung die Abholzungen und den Ackerbau durch, um ihre grundlegenden Bedürfnisse zu befriedigen, wird es sehr schwierig, diese Aktivitäten zu unterbinden. Der Versuch kann sogar schädliche Folgen haben.
- *Feuer,* die unabsichtlich entstehen oder aber absichtlich von der lokalen Bevölkerung gelegt werden, um Ackerflächen zu erschließen, um Futter für Vieh und Wildtiere zu liefern und um unerwünschte Arten zu dezimieren. Während gelegentliche Feuer begrenzten Umfangs dazu beitragen können, eine Vielzahl von Sukzessionsstadien zu schaffen, können Feuer, die häufiger auftreten, als es von Natur aus der Fall wäre, einen Lebensraum ausdörren, zu Bodenerosion führen und zahlreiche einheimische Arten vernichten.
- *Freizeitaktivitäten*, wie sie in einigen Industrieländern sehr populär sind, können empfindliche Pflanzen und Tiere aus Schutzgebieten verdrängen. Aktivitäten wie Wandern abseits von Wegen, Zelten außerhalb dafür vorgesehener Bereiche, das Befahren mit Motorrädern, Gelände-

fahrzeugen und Mountainbikes müssen die Verwaltungen kontrollieren und auf spezielle Bereiche beschränken. In offenem, sandigem Gelände wie Dünen und Wüsten haben beispielsweise Geländefahrzeuge empfindliche Vegetation und Brutplätze von Küstenvögeln zerstört. In stark frequentierten Reservaten führte häufiger Fußgängerverkehr durch Wanderer, die schwere Bergstiefel tragen, zur Zerstörung der Vegetation entlang der Wege (Bratton 1985). Die Mammutbäume in den kalifornischen Parks könnten dadurch geschädigt werden, daß zu viele Parkbesucher um ihre Stämme herum wandern und so den Boden dort zu stark verdichten.

Selbst in einem gut verwalteten Reservat werden äußere Einflüsse wie Luftverschmutzung, saurer Regen, Wasserverschmutzung, globaler Klimawandel und veränderte Zusammensetzung der Atmosphäre die natürlichen Lebensgemeinschaften beeinflussen und dazu führen, daß einige Arten zunehmen, andere hingegen abnehmen und verschwinden. Leider zeigen ökologische Studien, daß von einer veränderten Umwelt wahrscheinlich hauptsächlich zugewanderte, gebietsfremde Arten profitieren, weil sie im allgemeinen anpassungsfähig sind, sich wirkungsvoll ausbreiten und Störungen zu tolerieren vermögen. Die für Reservate Verantwortlichen verfügen nur über sehr begrenzte Mittel, um mit diesen bedeutenden, von außen verursachten Veränderungen in den Ökosystemprozessen fertig zu werden. Versuchsweise hat man Gewässern basische Verbindungen (wie Kalk) zugefügt, um den Effekten des sauren Regens entgegenzuwirken (Moyle und Leidy 1992). Solche Maßnahmen werden jedoch nie ein Ersatz für notwendige Änderungen der menschlichen Produktions- und Konsummuster sein.

Nationalparks und die einheimische Bevölkerung

Als ihr größtes Problem bezeichnen weltweit viele Verantwortliche für Nationalparks Konflikte mit der lokalen Bevölkerung. Bei einer Untersuchung von 98 Nationalparks auf der ganzen Welt berichtete etwa die Hälfte der Parks über Probleme mit der illegalen Entnahme von Wildtieren und Pflanzen, über schlechte Beziehungen zur lokalen Bevölkerung sowie über widersprüchliche Anforderungen an die Ressourcen des Parks (Machlis und Trahnell 1985). In den Entwicklungsländern entnehmen die Einheimischen im allgemeinen die Produkte ihres täglichen Bedarfs – darunter Nahrung, Brennholz und Baumaterialien – ihrer Umgebung (MacKinnon et al. 1992). Ohne diese Produkte wären manche ortsansässigen Menschen vielleicht nicht imstande zu überleben. Wenn der Park der lokalen Bevölkerung insgesamt Vorteile im Hinblick auf Arbeitsmöglichkeiten und Einnahmen bringt und einen geregelten Zugang zu natürlichen Produkten erlaubt, akzeptiert die Bevölkerung den Park vielleicht und unterstützt ihn. Wenn jedoch ein neuer Park geschaffen wird oder die Grenzen eines bestehenden Parkes stärker überwacht werden, wird dadurch der Bevölkerung möglicherweise der Zugang zu einer Ressource verweigert, die sie traditionell genutzt hat. Die meisten Einheimischen werden reserviert oder sogar feindlich reagieren, wenn ihre traditionellen Rechte beschnitten werden. Hindert die Existenz eines Parkes die einheimischen Menschen daran, für sie lebenswichtige Naturgüter zu erlangen, ist zu erwarten, daß sie sich den Regeln des Parkes widersetzen (Clay 1991; Dasmann 1991). Um zu überleben, werden sie die Parkgrenzen verletzen und infolgedessen manchmal mit den Parkbeamten in Konflikt geraten. Im Endeffekt führt die Schaffung eines Nationalparkes oft dazu, daß die Einheimischen zu Wilderern werden, selbst wenn sie ihr Verhalten nicht geändert haben. Und wenn die Menschen das Gefühl haben, daß der Park und seine Ressourcen nicht mehr ihnen gehören, sondern einer fernen Regierung, beuten sie die Naturgüter des Parkes möglicherweise in zerstörerischer Weise aus.

Ein extremes Beispiel für einen solchen Konflikt ereignete sich 1989, als verärgerte Mitglieder des Bodostammes im indischen Assam zwölf Beschäftigte des Manas-Nationalparks töteten und das Gebiet für Ackerbau und Jagd freigaben (McNeely et al. 1990). Die Bodos rechtfertigten ihr Vorgehen damit, daß sie ihre traditionellen Ländereien zurückforderten, die ihnen die Briten gestohlen und die heutige indische Regierung nicht wieder zurückgegeben hatte. Die Tatsache, daß Manas als World Heritage site (zum Weltnaturerbe gehörender Ort) ausgewiesen war und so gefährdete Arten beherbergte wie Panzernashorn und Zwergschwein, war für die Bodos nicht von Bedeutung; die Vorteile des Nationalparkes waren für sie nicht offensichtlich.

In Entwicklungsländern ist eine strikte Trennung zwischen Flächen, die die lokale Bevölkerung zur Gewinnung natürlicher Ressourcen nutzt, und streng geschützten Nationalparks oft nicht möglich (McNeely und Miller 1984; McNeely 1993a, b). Es gibt viele Beispiele von Nationalparks, in denen es Menschen erlaubt ist, von Zeit zu Zeit das geschützte Gebiet zu betreten, um natürliche Produkte zu gewinnen. In Biosphärenreservaten darf die lokale Bevölkerung Naturgüter aus speziell ausgewiesenen Pufferzonen entnehmen. Im Chitwan-Nationalpark in Nepal haben Ortsansässige die Erlaubnis, Bambus und Schilf zu sammeln (Abbildung 15.8; Lehmkuhl et al. 1988). In vielen afrikanischen Wildtierreservaten werden große Wildtiere als Fleischlieferanten genutzt (Lewis et al. 1990). Durch solche Kom-

15.8 Ortsansässige Menschen sammeln im Chitwan-Nationalpark in Nepal Bambus und Deckmaterialien. Parkbeamte wiegen die Bündel, um die Ernte in einem tragbaren Rahmen zu halten. (Photo: © John F. Lehmkuhl.)

promisse wird die ortsansässige Bevölkerung bei lokalen Managementplänen berücksichtigt – zum Wohle der Menschen und des Reservats.

Manchmal übernimmt die lokale Bevölkerung beim Schutz der biologischen Vielfalt vor der Zerstörung durch Einflüsse von außen wie Bergbau und Dammbauten sogar die Führung. Die Zerstörung gemeinschaftlich genutzter Wälder durch von der Regierung sanktionierte Rodungsmaßnahmen war ein häufiger Grund von Protesten traditioneller Völker in der ganzen Welt (Poffenberger 1990). In Indien umklammern Anhänger der Chipko-Bewegung Bäume, um ein Abholzen zu verhindern (Guha 1989a; Gadgil und Guha 1992). In Borneo haben die Penan, ein kleiner Stamm von Jägern und Sammlern, durch ihre Blockaden der Holzfällerstraßen, die in ihre traditionellen Wälder führen, weltweite Aufmerksamkeit auf sich gezogen. In Thailand arbeiten buddhistische Priester mit Dorfbewohnern zusammen, um gemeinschaftlich genutzte Wälder und heilige Haine vor kommerziellen Rodungsmaßnahmen zu bewahren (Abbildung 15.9).

15.9 Buddhistische Priester in Thailand sprechen Gebete und Segnungen, um kommunale Wälder und heilige Haine vor kommerziellen Rodungsmaßnahmen zu schützen. (Photo: Janis Alcorn.)

Wie ein Tampon-Führer in Thailand feststellte: »Dies ist unser Gemeindewald, der einfach in einen neuen Nationalpark einverleibt wurde. Uns hat niemand befragt. Wir haben den Wald schon geschützt, bevor die Straßen geschlagen wurden. Wie errichteten eine Straßenblockade auf der neuen Straße, um das illegale Roden zu stoppen. Wir nahmen den Chef der Distriktpolizei fest und sperrten ihn wegen illegalen Abholzens ein. Wir warnten ihn, nur nicht wieder aufzutauchen.« (Alcorn 1991).

Ein Experiment in Sambia

Afrika ist bekannt für seine große Zahl spektakulärer Wildtiere. In den letzten Jahrzehnten jedoch sind die afrikanischen Wildtiere trotz der Versuche nationaler Regierungen, Schutzmaßnahmen durchzusetzen und wirkungsvolle Nationalparks einzurichten, dramatisch zurückgegangen. Mittlerweile setzt sich zunehmend die Erkenntnis durch, daß im Naturschutzmanagement ein entscheidendes Element fehlte: das Einbeziehen der lokalen Bevölkerung. „Von oben herab“ durchgeführte Maßnahmen, bei denen Regierungen versuchen, Naturschutzpläne durchzusetzen, müssen mit Programmen „von der Basis her“ verbunden werden, bei denen Dorfgemeinschaften und andere ortsansässige Gruppen ihre eigenen Entwicklungsziele formulieren und erreichen können (Clay 1991). Wie Lewis und Mitautoren (1990) erklären:

> »Wenn sich aus den Fehlschlägen der Vergangenheit in Afrika eine Lektion lernen läßt, dann die, daß Naturschutz, der allein von der Regierung zum vorgeblichen Nutzen der Menschen durchgeführt wird, wahrscheinlich nur begrenzten Erfolg haben wird, insbesondere in Ländern mit geschwächter Wirtschaft. Statt dessen könnte ein für die Menschen und von den Menschen durchgeführter Naturschutz, bei dem der Regierung in erster Linie die Rolle der Hilfeleistung und Überwachung zukommt, eine kooperative Beziehung zwischen der Regierung und den Einheimischen, die von den Ressourcen leben, fördern. Dies könnte die Kosten für den Gesetzesvollzug verringern und die Einnahmen, die für andere Aspekte des Wildtiermanagements zur Verfügung stehen, erhöhen; und dies wiederum könnte schließlich sowohl den Bedürfnissen des Naturschutzes als auch jenen der unmittelbar betroffenen Bevölkerung dienen. Ein solcher Ansatz hätte den zusätzlichen Vorteil, der lokalen Bevölkerung wieder ein stärkeres Gefühl eines traditionellen Besitztums und einer Verantwortlichkeit für diese Ressourcen zu vermitteln. Ein überzeugender Beweis, daß eine solche Partnerschaft möglich ist, muß erst noch erbracht werden; die Aussagen sind daher eher theoretischer als praktischer Natur.«

In Afrika arbeiten einige Einheimische und Naturschutzbeamte zusammen, um die Gemeinschaft stärker am Wildtiermanagement in den Nationalparks zu beteiligen. Ein Beispiel für die mögliche Effektivität dieses Ansatzes ist ein neues Programm, das im Tal des Luangwa in Ostsambia ins Leben gerufen wurde.

Das Luangwatal, das eine weltberühmte Ansammlung von Wildtieren beherbergt, umfaßt vier Nationalparks, in denen die Menschen nicht leben oder jagen dürfen (Lewis et al. 1990). Um die Parks herum erstrecken sich Wildmanagementgebiete; sie nehmen eine viel größere Gesamtfläche ein, in ihnen leben Volksstämme, und eine Jagd ist nur mit einer speziellen Erlaubnis gestattet. Die Jagdlizenzen sind jedoch so teuer, daß Einheimische sie sich nicht leisten können, so daß sie nur an internationale Safariunternehmen vergeben werden. Die Einheimischen sind verärgert über das Lizenzsystem, das sie daran hindert, das für die Ernährung ihrer Familien nötige Fleisch zu erhalten, aber Sportjägern erlaubt, Trophäen zu ergattern. Aus volkswirtschaftlicher Sicht ensteht der größte wirtschaftliche Nutzen in den Wildmanagementgebieten durch die Zahlung der Lizenzgebühren durch die internationalen Safariunternehmen; aber weniger als ein Prozent dieser Einkünfte fließen in die Wirtschaft der ortsansässigen Dörfer zurück, auf deren Boden die Jagd stattfindet. Daher überrascht es nicht, daß die Einheimischen über den Park, die Touristen und die Safaris verärgert sind. Häuptling Matama faßte die Gefühle seines Volkes in einer Rede zusammen: »Die Touristen kommen hierher, um die Lodges und den Anblick der Wildtiere zu genießen. Die Safariunternehmen kommen her, um die Tiere zu töten und Geld zu verdienen. Uns hat man vergessen ... Es gibt hier zu wenig Arbeitsplätze. Die Luangwa-Lodge beschäftigt nur etwa vier Leute, und die Jagdsafaris beschäftigen überhaupt niemanden. Wie können Sie uns unter diesen Umständen bitten, im Naturschutz zusammenzuarbeiten?« (zitiert in Lewis et al. 1990).

Als Folge dieser Einstellung hat die illegale Wilderei von Elefanten, Nashörnern und anderen Tieren während der siebziger und achtziger Jahre dramatisch zugenommen, und die Wildtierpopulationen begannen abzusacken. Das Personal des National Parks and Wildlife Service (NPWS) konnte die Wilderei nicht erfolgreich unterbinden; da die Leute nicht aus der Region stammten, waren sie in den Dörfen vor Ort nicht willkommen und konnten die Wildmanagementgebiete nicht wirkungsvoll patroullieren. Die Einheimischen meinten, das Personal des NWPS handele nur im Interesse der Safariunternehmen und nähme wenig Rücksicht auf lokale Bedürfnisse. Durch die Wilderei hatten sie wenigstens Fleisch zu essen und die Chance, etwas Geld zu verdienen.

Um dieser unheilvollen Situation ein Ende zu bereiten, startete man im Wildmanagementgebiet Lupande, das 4849 Quadratkilometer umfaßt und 20000 Einwohner hat, ein Versuchsprogramm. Die Schlüsselelemente dieses Programms lauteten wie folgt:

1. Man warb Ortsansässige an und bildete sie als Wildhüter aus, die später im Gebiet ihrer eigenen Dörfer arbeiteten.
2. Sämtliche für Baumaßnahmen, Erhaltung der Wildtiere und Saisonarbeiten angeworbenen Arbeiter kamen aus den Dörfern vor Ort.
3. Man ließ dem Programm Einkünfte zufließen, indem man Safariunternehmen erlaubte, sich um Jagdrechte zu bewerben; 40 Prozent der dadurch erzielten Einnahmen flossen wieder für Entwicklungsprojekte in die Dorfgemeinschaften, und 60 Prozent nutzte man zur Durchführung des Wildtiermanagements. Zusätzliche Einkünfte lieferten die nachhaltige Nutzung von Flußpferden und der kommerzielle Verkauf von deren Fleisch, Häuten und Zähnen.
4. Die Entscheidungen über Wildtiermanagement und Beschäftigungsmaßnahmen wurden nach Diskussionen mit Stammeshäuptlingen und Dorfoberhäupten getroffen. Diese konnten selbst entscheiden, wie sie das Kapital am besten für die Entwicklung der Gemeinde einsetzen wollten.

In den drei Jahren seines bisherigen Bestehens scheint das Programm viele der früheren Probleme des Wildtiermanagements erfolgreich vermieden zu haben (Lewis et al. 1990). Die Wildhüter der Dörfer führen wirkungsvolle Patrouillen durch, fangen dabei Wilderer und beschlagnahmen Feuerwaffen; infolgedessen ging das illegale Töten von Elefanten und Spitzmaulnashörnern um 90 Prozent zurück. Die Einheimischen begannen, die Beschäftigungsmöglichkeiten und die Einkünfte durch das Programm schätzen zu lernen. Tauchen Wilderer von außerhalb des Gebiets auf, wird dies den lokalen Wildhütern berichtet, da die Wilderer jetzt als Bedrohung für eine Ressource der Gemeinschaft angesehen werden. Das durch die geregelte und tragbare Jagd der Safariunternehmen geschaffene Einkommen reicht offenbar aus, um die Ausgaben des Programms zu dekken.

Das Beispiel aus dem Luangwatal verdeutlicht, daß die Einbeziehung der einheimischen Bevölkerung in das Wildtiermanagement und in die Verteilung der Einkünfte eine potentiell wirkungsvolle Möglichkeit darstellt, Konflikte zwischen den ortsansässigen Menschen und Naturschutzmaßnahmen beizulegen. Es bleibt jedoch abzuwarten, ob die örtlichen Wildhüter die Naturschutzgesetze auch dann noch durchsetzen können, wenn ihre eigenen Verwandten und Freunde in Zeiten der Arbeitslosigkeit und des Hungers zur Wilderei übergehen. Der Konflikt zwischen der Beschäftigung für den Park und der Verpflichtung Verwandten gegenüber könnte sich als unlösbar erweisen.

Zusammenfassung

1. Schutzgebiete bedürfen oft eines Managements, um ihre biologische Vielfalt zu erhalten, weil die ursprünglich in dem Gebiet herrschenden Bedingungen durch menschliche Aktivitäten verändert wurden. In einigen Fällen erwies sich als beste Maßnahme, einfach nichts zu unternehmen. Ein effektives Management beginnt mit einer eindeutig formulierten Festlegung der Prioritäten.
2. Unter Umständen müssen Teile der Schutzgebiete periodisch abgebrannt, umgegraben oder sonstwie vom Menschen gestört werden, um die Biotoptypen und Sukzessionsstadien zu erhalten, die bestimmte Arten brauchen. Ein derartiges Management ist zum Beispiel entscheidend für einige gefährdete Schmetterlingsarten, die Futterpflanzen aus frühen Sukzessionsstadien benötigen, um ihren Lebenszyklus vollenden zu können.
3. In der Vergangenheit haben Wildbiologen die Schaffung eines Mosaiks aus Biotopen mit zahlreichen Randzonen befürwortet. Eine solche

Landschaftsgestaltung erhöht zwar oft die Artenzahl und die Gesamthäufigkeit von Tieren, begünstigt in der Regel aber nicht die Arten mit höchstem Schutzwert, die häufig große zusammenhängende Gebiete ungestörten Lebensraumes benötigen.

4. Um die Populationen mancher Arten zu erhalten, kann es notwendig sein, Ressourcen mit Schlüsselfunktion zu bewahren, wiederherzustellen oder sogar ganz neu in Schutzgebiete einzubringen.
5. Die ortsansässige Bevölkerung und Besucher von außerhalb sind Schlüssel elemente beim Reservatmanagement. Schutzgebiete können gedeihen oder zerstört werden, je nachdem, wie die Menschen sie sehen. Entscheidend ist, einen Kompromiß zwischen den Extremen eines Verbots der menschlichen Nutzung von Reservatressourcen und der Erlaubnis zur unbegrenzten Nutzung zu finden – ein Kompromiß, der den Menschen gestattet, die Naturgüter des Reservates in einer tragbaren Weise zu nutzen, ohne der biologischen Vielfalt zu schaden. Die Erlaubnis zur begrenzten Nutzung von Ressourcen, das Anwerben von Ortsansässigen als Nationalparkbeschäftigte und die Beteiligung der örtlichen Gemeinschaft an den Einnahmen durch Besucher des Parks sind einige der Möglichkeiten, um eine Zusammenarbeit zu erreichen.

Weiterführende Literatur

Chase, A. 1986. *Playing God in Yellowstone: The Destruction of America's First National Park.* Atlantic Monthly Press, Boston. [Eine Fallstudie zum überzogenen Management eines Schutzgebiets.]

Duffy, C. und Watt, A. S. (Hrsg.). 1971. *The Scientific Management of Animal and Plant Communitites for Conservation.* Blackwell Scientific Publications, Oxford. [Beispiele für intensives Management kleiner Schutzgebiete.]

MacKinnon, J., Child, G. und Thorskell, J. (Hrsg.). 1992. *Managing Protected Areas in the Tropics,* IUCN, Gland, Schweiz. [Eine hervorragende Einführung in Probleme des Naturschutzmanagements.]

Naveh, Z. und Lieberman, A. S. 1984. *Landscape Ecology: Theory and Applications.* Springer-Verlag, New York. [Eine gute Einführung in das Gebiet der Landschaftsökologie.]

Peterken, G. F. 1982. *Woodland Conservation and Management.* Chapman & Hall, New York. [Einige sorgfältig untersuchte Beispiele aus Großbritannien.]

Poffenberger M. (Hrsg.). 1990. *Keepers of the Forest.* Kumarian, West Hartford, CT. [Ortsansässige Menschen erhalten oft die biologische Vielfalt, und Regierungen treiben häufig die übermäßige Ausbeutung von Ressourcen voran.]

Poore, D. und Sayer, J. 1991. *The Management of Tropical Moist Forest Lands: Ecological Guidelines.* IUCN, Gland, Schweiz. [Umfassende Richtlinien für Probleme im Naturschutzmanagement.]

Salm, R. und Clark, J. 1984. *Marine and Coastal Protected Areas: A Guide for Planners and Managers.* IUCN, Gland , Schweiz. [Marine Umwelten und Küsten erfordern spezielle Maßnahmen.]

Warren, M. S. 1990. The successful Conservation of an endangered species, the Heath Fritillary Butterfly *Mellica athalia*, in Britain. *Biological Conservation* 55: 37–56. [Fallstudie für ein Artmanagement.]

Yahner, R. H. 1988. Changes in wildlife communities near edges. *Conservation Biology* 2: 333–339. [Managementmaßnahmen zugunsten der höchsten Artenzahl statt zugunsten seltener Arten.]

Zonneveld, I. S. und Forman, R. T. (Hrsg.). 1990. *Changing Landscapes: An Ecological Perspective.* Springer-Verlag, New York. [Eine Sammlung von Artikeln führender Fachleute zum Thema.]

16

Außerhalb von Schutzgebieten: Zusammenarbeit mit den Menschen und Wiederherstellung der Umwelt

Wenn man sich, um die biologische Vielfalt zu schützen, auf Nationalparks und Reservate verläßt, besteht die Gefahr, daß diese Schutzgebiete eine Art „Belagerungsmentalität“ erzeugen, bei der die Arten innerhalb des Parks zwar streng geschützt sind, außerhalb aber rasch ausgebeutet werden können. McNeely bemerkt hierzu:

> »Infolge ihres Status als Schutzkategorie des Naturschutzgesetzes haben Nationalparks Grenzen. Doch die Natur kennt keine Grenzen, und die jüngsten Fortschritte in der Naturschutzbiologie zeigen, daß Nationalparks in der Regel zu klein sind, um die großen Säugetiere oder Bäume zu erhalten, die sie eigentlich bewahren sollen. Der Grenzpfahl ist allzu oft auch eine psychologische Grenze, die uns suggeriert, daß wir die umgebenden Flächen unbedenklich übernutzen können, weil ja im Nationalpark für die Natur Sorge getragen wird; dadurch wird der Nationalpark als „Biotopinsel“ isoliert, die den erhöhten Gefahren ausgesetzt ist, wie sie gewöhnlich mit einer Insellage einhergehen.«

Diese Ansicht ist noch stärker bei Van Tighem (1986) ausgedrückt; er empfindet, daß Nationalparks

> »uns nicht zu einer durchdachteren Beziehung zu unserem Lebensraum geführt haben. Sie haben uns nicht gelehrt, daß man das Land sparsam und mit gesundem Menschenverstand nutzen muß. Sie haben vielmehr den Glauben gefördert, Naturschutz sei nur ein Tauschhandelssystem, bei dem Umweltschäden gegen große Schutzgebiete eingetauscht werden. In Wirklichkeit sind sie mehr als gescheitert; sie wurden sogar zu einem Symptom des Problems.«

Länder wie Brasilien und Malaysia haben die Strategie, große Nationalparks zum Schutz der biologischen Vielfalt und Biosphärenreservate zur Erhaltung traditioneller Gesellschaften von Jägern und Sammlern einzurichten, bereitwillig angenommen, um internationale Kritiker von ihren intensiven Erschließungsmaßnahmen abzulenken. Wenn diese Parks jedoch nicht einem effektiven Management unterzogen und die Gebiete außerhalb der Parks zerstört werden, wird die biologische Vielfalt innerhalb der Schutzgebiete zwangsläufig zurückgehen (Tabelle 16.1). In solchen Fällen sind neue Nationalparks nur Brosamen, die der internationalen Gemeinschaft der Naturschützer hingeworfen werden; sie sind die Antwort auf unmittelbare Kritik, aber keine Lösung der Probleme auf lange Sicht.

Ein entscheidendes Element bei Naturschutzmaßnahmen muß die Erhaltung der biologischen Vielfalt sowohl außerhalb als auch innerhalb von Parks sein. Wie Western (1989) feststellte: »Wenn wir die Natur außerhalb der Schutzgebiete nicht erhalten können, wird auch innerhalb nicht viel überleben.« Selbst nach den optimistischsten Voraussagen werden mehr als 90 Prozent der Landfläche der Erde außerhalb von Schutzgebieten bleiben. Die Mehrzahl dieser ungeschützten Flächen wird nicht intensiv vom Menschen genutzt und beherbergt immer noch einige der ursprünglichen Arten. Ausschlaggebend für den Erfolg von Naturschutzplänen sind Strategien, welche die Bedürfnisse der Menschen mit den Interessen des Naturschutzes in Einklang bringen. Da der überwiegende

Tabelle 16.1: Die jetzige Anzahl großer Herbivorenarten in einigen ostafrikanischen Nationalparks und die Artenzahl, die zu erwarten wäre, wenn die Gebiete außerhalb der Nationalparks den Wildtieren nicht mehr zur Verfügung stünden

		Artenzahl im Park	
Nationalpark	Fläche (in km²)	heute	wenn die Gebiete außerhalb der Parks Wildtiere ausschließen*
Serengeti, Tansania	14 504	31	30
Masai-Mara, Kenia	1 813	29	22
Meru, Kenia	1 021	26	20
Amboseli, Kenia	388	24	18
Samburu, Kenia	298	25	17
Nairobi, Kenia	114	21	11

Quelle: Angaben aus Western und Ssemakula 1981.

* Geschätzte Artenzahl, die noch verbleiben wird, wenn die Gebiete außerhalb der Schutzgebiete aufgrund von Landwirtschaft, Jagd, Herdenhaltung oder anderen menschlichen Aktivitäten Wildtiere ausschließen.

Teil der Landfläche in den meisten Ländern nie in Schutzgebieten liegen wird, werden zahlreiche seltene Arten zwangsläufig außerhalb von Schutzgebieten vorkommen. In Australien zum Beispiel wachsen 79 Prozent der gefährdeten und vom Aussterben bedrohten Pflanzenarten außerhalb von Schutzgebieten (Leigh et al. 1982).

Umweltbildungsmaßnahmen, die private Landbesitzer darin bestärken, seltene Arten zu erhalten, sind offensichtlich der Schlüssel für das langfristige Überleben zahlreicher Arten. In vielen Ländern informieren spezielle Regierungsprogramme für den Erhalt gefährdeter Arten Regionalplaner und Bauunternehmer über die Vorkommen seltener Spezies. Sie tragen dazu bei, daß diese ihre Erschließungspläne ändern, um Schäden an gefährdeten Stellen zu vermeiden. Wälder, in denen in einem langen Rodungszyklus selektiv abgeholzt wird oder die von einer geringen Dichte von Bauern zum traditionellen Wanderfeldbau genutzt werden, können nach wie vor eine beträchtliche Anzahl von Arten der ursprünglichen Tier- und Pflanzenwelt enthalten (Johns 1985, 1987; Thiollay 1992). In Malaysia findet man die Mehrzahl der Vogelarten nach 25 Jahren selektiven Holzeinschlags immer noch in den Regenwäldern, wenn in der Nähe ungestörter Wald vorhanden ist, der als Quelle zur Neubesiedlung dienen kann (Wong 1985).

Einheimische Arten können oft auch in ungeschützten Gebieten weiterleben, insbesondere, wenn jene Gebiete aus einem anderen Grund nicht oder zu einem Zweck genutzt werden, der das Ökosystem nicht schädigt. Sicherheitszonen um Regierungseinrichtungen herum gehören teilweise zu den aus Naturschutzsicht hervorragendsten Flächen der Welt. In den Vereinigten Staaten gibt es viele Beispiele für natürliche Biotope in militärischen Sperrgebieten wie Fort Bragg in North Carolina, bei Kernkraftwerken wie in Savannah River in South Carolina und in Wassereinzugsgebieten in der Nähe von Staubecken für Ballungsräume wie dem Quabbin Reservoir in Massachusetts. Zwar zerstören und schädigen Dämme, Stauseen, Kanäle, Ausbaggerungen, Hafenanlagen und Maßnahmen der Küstenentwicklung aquatische Lebensgemeinschaften, doch einige Arten sind auch in der Lage, sich an die veränderten Bedingungen anzupassen, insbesondere wenn das Wasser selbst nicht verschmutzt ist. In Brackwasserzonen und in Meeren, in denen kommerzielle Fischerei betreiben wird, bleiben viele der dort vorkommenden Arten erhalten, weil sowohl die kommerziell genutzten als auch die nicht genutzten Spezies intakte chemische und physikalische Umweltbedingungen brauchen.

In anderen ungeschützten Gebieten können Arten erhalten bleiben, weil die menschliche Bevölkerungsdichte und das Ausmaß der Nutzung normalerweise sehr gering ist. Grenzgebiete, wie die entmilitarisierte Zone zwischen Nord- und Südkorea, beherbergen oft eine große Zahl von Wildtieren, weil sie unerschlossen und unbevölkert bleiben. (Ein naheliegendes

Beispiel hierfür in Deutschland ist der ehemalige „Todesstreifen“ an der innerdeutschen Grenze.) Gebirgsregionen sind oft zu steil und unzugänglich für eine Erschließung. Solche Gebiete werden von Regierungen oft als Wasserschutzgebiete genutzt und verwaltet, weil sie wertvoll sind, um die Wasserversorgung zu sichern und Überschwemmungen zu verhindern. Sie beherbergen jedoch auch natürliche Lebensgemeinschaften. In ähnlicher Weise sind Wüstenarten wohl weniger gefährdet als andere ungeschützte Lebensgemeinschaften, weil Wüstenregionen für menschliche Siedlungen und Nutzungen oft als ungeeignet gelten. In vielen Teilen der Welt haben wohlhabende Einzelpersonen große Landflächen als persönlichen Besitz und für private Jagden erworben. Diese Privatflächen werden oft nur sehr extensiv genutzt; oft versuchen die Landbesitzer absichtlich, große Wildpopulationen zu erhalten. Einige Landsitze in Europa sind seit Jahrhunderten im Besitz und unter dem Schutz von Königsfamilien und bewahren einzigartige Altholzwälder.

In vielen Ländern sind große Landflächen in Regierungsbesitz für eine vielfältige Nutzung vorgesehen. In der Vergangenheit gehörten zu diesen Nutzungen Holzeinschlag, Bergbau, Beweidung, Wildtiermanagement und Erholung. In zunehmendem Maße werden solche Vielzweckflächen auch deshalb geschützt und gepflegt, weil sie Arten und natürliche Lebensgemeinschaften zu erhalten vermögen (Norse et al. 1986; Thomas und Salwasser 1989; Salwasser 1991a; Poore und Sayer 1991). Durch Gesetze und gerichtliches Vorgehen versucht man, Aktivitäten zu unterbinden, die für das Überleben von gefährdeten Arten schädlich sind.

Die Art und Weise, wie der U. S. Forest Service das Konzept der Vielzwecknutzung auf die Staatswälder Nicolet National Forest und Chequamegon National Forest in Wisconsin angewendet hat, ist unter Kritik geraten. Das Management dieser Wälder durch den Forest Service war auf Holzproduktion und Hirschjagd ausgerichtet. Die Populationsdichte von Hirschen erhöht sich häufig nach der Fragmentierung von Wäldern durch Rodungen wegen des üppigen Pflanzenwuchses entlang von Straßen und Kahlschlagflächen (Alverson et al. 1988). Die Hirschpopulationen werden noch weiter begünstigt, wenn der Forest Service im Wald „Wildlichtungen“ schafft und so den Lebensraum im Endeffekt absichtlich fragmentiert. Aufgrund derartiger Maßnahmen nahmen die Hirschpopulationen in den Staatswäldern von einer ursprünglichen Dichte von zwei bis vier Tieren pro Quadratkilometer auf fünf bis zwölf Tiere pro Quadratkilometer zu. Da Hirsche von einer Lichtung aus bei der Nahrungssuche mehrere Kilometer in den Wald eindringen können, wurde somit der gesamte Wald in ein Randbiotop umgewandelt. Die zu große Hirschpopulation überweidet nun den Unterwuchs im gesamten Wald und verhindert so die Naturverjüngung zahlreicher Holzpflanzenarten. Zusätzlich bedroht dieser Wildverbiß die Existenz von etwa 20 seltenen Pflanzenarten, die durch ein Gesetz zur

Waldbehandlung (National Forest Management Act) aus dem Jahre 1976 geschützt sind; dieses setzte die Erhaltung der biologischen Vielfalt als eines der Ziele der Managementmaßnahmen in den Staatswäldern fest (Mlot 1992).

Vor ungefähr zehn Jahren gab eine Gruppe von Botanikern aus Wisconsin dem Forest Service den Rat, die biologische Vielfalt in den Staatswäldern Nicolet und Chequamegon am besten dadurch zu erhalten, daß Gebiete von 200 bis 400 Quadratkilometern um die Wuchsorte seltener Pflanzenarten herum unter Schutz gestellt und dort Holzeinschlag, Straßenbau und das Anlegen von Wildlichtungen verboten werden sollte. Als der Forest Service diesen Vorschlag nicht akzeptierte und weiterhin in der gewohnten Weise fortfuhr, glaubten die Botaniker keine andere Wahl zu haben, als eine Klage gegen den Forest Service zu erheben (Mlot 1992). Als diese Klage erst einmal eingereicht war, unterstützten private Naturschutzgruppen wie der Sierra Club das Anliegen der Botaniker, während sich eine Koalition von Interessengruppen, welche die Rodung, die Jagd und das Befahren mit Schneemobilen vertraten, gegen die Botaniker zusammenschloß. Mittlerweile wird der Fall vor einem Bezirksgericht verhandelt.

Blickpunkt Deutschland: Naturschutz außerhalb von Schutzgebieten

Anfang 1993 existierten in Deutschland 4888 Naturschutzgebiete. Rund zwei Drittel dieser Gebiete sind jedoch kleiner als 50 Hektar, und alle zusammen stellen nur etwa 1,7 Prozent der Landesfläche, zu weiteren 2 Prozent tragen die 11 Nationalparks in Deutschland bei (Umweltbundesamt 1994). Betrachtet man die Geschwindigkeit, mit der die Ausweisung von Naturschutzgebieten erfolgt, oder die Widerstände, die zum Beispiel Vorschläge zur Ausweisung eines Buchenwald-Nationalparkes (Panek 1989, Remmert 1991) in der Öffentlichkeit hervorrufen, wird schnell deutlich, daß mit dieser Form des Flächenschutzes letztlich höchstens fünf bis zehn Prozent der Landesfläche wirkungsvoll geschützt werden können. Der Erhalt der heimischen Flora und Fauna kann auf diesen Flächen alleine nicht gewährleistet werden. Es zeigt sich außerdem, daß ein wesentlicher Teil der Naturschutzziele nur auf großen, zusammenhängenden Flächen verwirklichbar ist. Dies gilt zum Beispiel für den Schutz von Metapopulationen, den Schutz von Arten mit hohem Raumanspruch, die Umsetzung der Biodiversitäts-Konvention (vergleiche S. 594), die Entwicklung von Strategien zum nachhaltigen Schutz von Wasser und Boden sowie die Erhaltung dynamischer Prozesse (Sukzession, Überschwemmungen und ähnliches) (Plachter und Reich 1994). Weiterführende Naturschutzkonzepte gerade auch außerhalb von

Schutzgebieten sind deshalb dringend erforderlich. Entscheidend ist, daß der Naturschutz mehr als bisher Einfluß auf Art und räumliche Verteilung der Landnutzung gewinnt. Während Naturschutzziele für Naturlandschaften relativ einfach zu definieren und zu begründen sind, ist die Situation in Kulturlandschaften wesentlich komplexer. Die Nutzungsformen unterliegen in Kulturlandschaften einem kontinuierlichen Wandel. Ein einfaches „Zurück zur Natur" scheidet schon allein aufgrund der hohen Bevölkerungsdichten aus. Welcher Nutzungszustand kann dann aber als „Sollzustand" des Naturschutzes definiert werden?

Ein großer Teil der mitteleuropäischen Ökosystemtypen, wie Magerrasen, Feuchtwiesen, Hecken oder Streuobstwiesen, ist in seinem Erscheinungsbild entscheidend vom Menschen geprägt. Um sie zu erhalten, ist die Fortführung spezifischer Nutzungsformen erforderlich. Die meisten dieser Nutzungsformen, wie zum Beispiel die Streuwiesenmahd, sind in den letzten Jahrzehnten jedoch ungebräuchlich oder unwirtschaftlich geworden, und viele Haustierrassen sind bereits völlig aus der Landschaft verschwunden (Nitsche und Nitsche 1994). Vielfach wird versucht, diesem Trend durch Programme der Landschaftspflege oder des Vertragsnaturschutzes entgegen zu wirken. Dazu gehören Förderprogramme für bestimmte Arten (Akkerrandstreifenprogramme, Wiesenbrüterprogramme) oder der sogenannte Erschwernisausgleich für eine extensivere Bewirtschaftung von Nutzflächen wie Feuchtwiesen, Streuobstwiesen, Magerrasen oder Fischteichen (Plachter 1991b). Für Schutzgebiete und besonders wertvolle Sonderstandorte mag dieses Vorgehen sinnvoll sein, auf der großen Fläche der „Normallandschaft" fehlen dem Naturschutz aber ausreichende Ressourcen, um etwa einen substaniellen Anteil der stillgelegten ehemaligen landwirtschaftlichen Nutzflächen zu pflegen (Plachter und Reich 1994). Erhaltungspflege sollte deshalb vor allem als Übergangslösung verstanden werden. Anzustreben ist die Einführung naturschonender und gleichzeitig betriebswirtschaftlich interessanter Formen der Landnutzung (Hampicke 1988, 1991). Nur so kann der Charakter Mitteleuropas als Kulturlandschaft auf lange Sicht erhalten bleiben. Einen wichtigen Ansatz in dieser Richtung stellen die vom Bundesumweltministerium geförderten Erprobungs- und Entwicklungsvorhaben im Bereich Naturschutz und Landschaftspflege (E+E-Vorhaben) dar. Sie bieten die Möglichkeit, auch in vordergründig nicht naturschutzwürdigen Gebieten, wie in intensiv genutzten Agrarlandschaften, oder in vom Menschen stark beeinträchtigten Lebensräumen neue Methoden und Konzepte zu entwickeln und umzusetzen. Neben ökologischen und ökonomischen Aspekten der Landwirtschaft spielt dabei auch die Renaturierung beziehungsweise die Regeneration von geschädigten Lebensräumen wie Fließgewässern oder Mooren eine wichtige Rolle (Bürger et al. 1993).

Einige Fallstudien aus Nordamerika

Die Schneckenweihe. Die Schneckenweihe (*Rostrhamus sociabilis*) ist eine seltene, in Südflorida vorkommende Greifvogelart; sie ist durch das Gesetz zum Schutz gefährdeter Arten (U.S. Endangered Species Act) geschützt (Takegawa und Beissinger 1989). In den letzten Jahren schwankte die Zahl der Schneckenweihen zwischen 250 und 670 Individuen, nachdem sie in den sechziger Jahren mit 25 bis 60 Vögeln einen Tiefpunkt erreicht hatte. In den meisten Jahren ernähren sich die Weihen von Schnecken in großen Feuchtgebieten im Loxahatchee National Wildlife Refuge. In außergewöhnlich trockenen Jahren allerdings sind die Weihen gezwungen, das Reservat zu verlassen und Kanäle, überflutete Felder und kleine dauerhafte Sümpfe zur Nahrungssuche aufzusuchen, wo sie leicht Jägern oder Unfällen zum Opfer fallen. Diese Feuchtbiotope außerhalb von Schutzgebieten werden rasch erschlossen, was für das Überleben der Schneckenweihe auf lange Sicht eine ernsthafte Bedrohung darstellt (Graham 1990b).

Dickhornschafe. Diese Tiere kommen oft in isolierten Populationen in steilem, offenem Gelände vor, das von großen Flächen ungeeigneten Lebensraumes umgeben ist (Bleich et al. 1990). Da man davon ausging, daß Dickhornschafe neue Habitate langsam besiedeln, haben sich die Schutzbemühungen auf die Erhaltung bekannter Dickhornschafbiotope und auf das Aussetzen von Schafen in Gebieten, in denen sie in der Vergangenheit vorkamen, konzentriert. Neuere Studien mit Hilfe der Radiotelemetrie offenbarten jedoch, daß Dickhornschafe sich oft weit außerhalb ihrer normalen Territorien bewegen und sogar außerordentlich gut unwirtliches Gelände zwischen Bergzügen zu überwinden vermögen. Die isolierten Dickhornschafpopulationen sind in Wirklichkeit Teile einer großen Metapopulation, die ein weitaus größeres Gebiet bewohnt (siehe Abbildung 12.1). Diese Beobachtungen unterstreichen die Notwendigkeit, nicht nur die von den Dickhornschafen bewohnten Flächen zu schützen, sondern auch die Biotope zwischen den Populationen, die als „Trittsteine“ für die Ausbreitung, Besiedlung und den Genfluß dienen können.

Der Floridapuma. Der Floridapuma (*Felis concolor coryi*) ist eine gefährdete Unterart des Pumas aus Südflorida mit wahrscheinlich weniger als 50 Individuen (Maehr 1990). Im Jahre 1982 erklärte man den Puma zum Staatstier von Florida, und seitdem wurde ihm eine ungeheure Aufmerksamkeit von der Regierung und der Wissenschaft zuteil. Er ist ein Beispiel für eine große Art mit weitem Streifgebiet, die nur schwer innerhalb eines

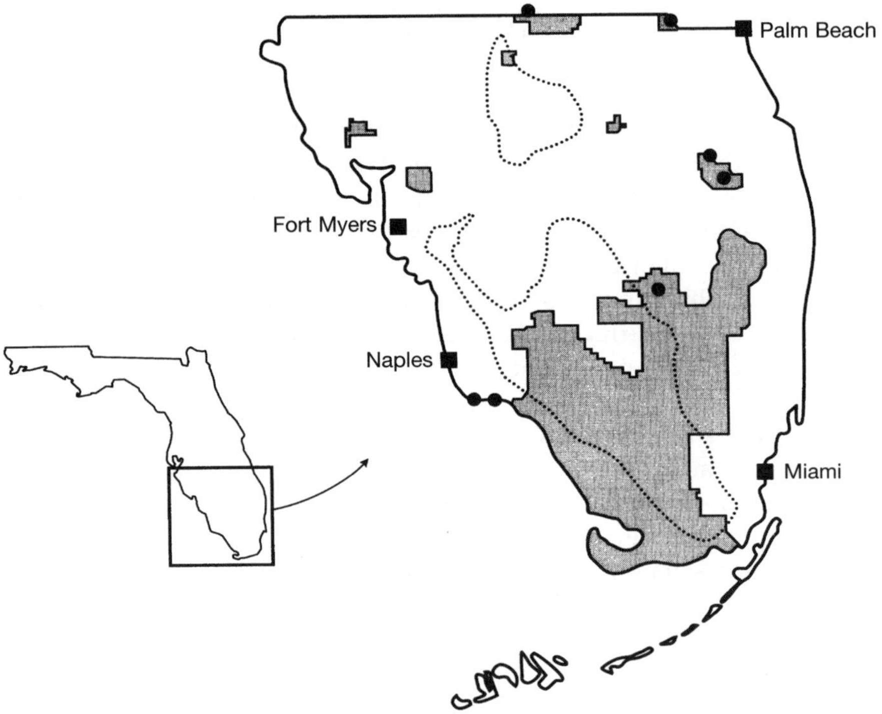

16.1 Den Floridapuma findet man in Südflorida sowohl auf öffentlichen als auch auf privaten Flächen. Die gepunkteten Linien umschließen Gebiete, die nachweislich von mit Radiosendern versehenen Pumas genutzt werden; schwarze Punkte bezeichnen Beobachtungen oder andere Anzeichen von Pumas ohne Sender. Öffentliche Flächen sind grau schattiert. (Aus Maehr 1990.)

Schutzgebiets zu erhalten ist. Die Hälfte des gegenwärtigen Verbreitungsgebiets des Pumas ist in Privathand, und mit Radiosendern versehene Tiere haben alle zumindest einen Teil ihrer Zeit auf Privatgelände verbracht (Abbildung 16.1). Zusätzlich liegen die privaten Flächen normalerweise auf besseren Böden als die öffentlichen Flächen des Staates und tragen daher mehr Beutetierarten, so daß Pumas, welche die meiste Zeit auf Privatgelände verbringen, besser genährt und gesünder sind als die Pumas auf öffentlichen Flächen. Die 400000 Hektar Privatland, die der Puma bewohnt, zu erwerben, wäre finanziell und politisch schwierig, und möglicherweise ist es noch nicht einmal möglich, die Geschwindigkeit der Erschließung zu drosseln, denn Südflorida ist eine jener Regionen der Vereinigten Staaten mit dem höchsten Wachstum. Zwei andere Möglichkeiten sind, die Privatbesitzer über den Wert der Erhaltung des Puma aufzuklären und Zahlungen an Landbesitzer zu leisten, die bereit sind, Managementmaßnahmen durchzuführen, welche die weitere Existenz dieser Tiere ermöglichen.

Nutzwälder mit Nadelbaumbestand

Die Nadelwälder des pazifischen Nordwestens der Vereinigten Staaten werden zur Holzproduktion genutzt, beherbergen aber auch zahlreiche einzigartige Spezies (Hansen et al. 1991; Franklin and Forman 1987). In diesem Ökosystem wurde die Frage Holzproduktion oder Erhaltung der biologischen Vielfalt zu einem höchst emotionalen und politischen Thema, das sich in Wendungen wie »Eulen oder Arbeitsplätze« zeigt (siehe Exkurs 33, Kapitel 19). Die Erforschung der Ökologie dieser Wälder zeigte jedoch mögliche Kompromißlösungen dieses scheinbar unüberwindlichen Dilemmas auf.

Nach Feuern, Stürmen oder anderen Störungen durchlaufen die Wälder des pazifischen Nordwestens vier verschiedene Sukzessionsstadien: ein frühes Sukzessionsstadium (null bis 20 Jahre), dominiert von Kräutern und Büschen, ein Jungwaldstadium (20 bis 80 Jahre), charakterisiert durch kräftig wachsende Bäume, ein Reifestadium (80 bis 200 Jahre) mit einer zurückgehenden Wachstumsrate und geschlossenem Kronendach, und ein Altholzwaldstadium (mehr als 200 Jahre), in dem schattentolerante Nadelbäume die toten und absterbenden Pionierbäume ersetzen (siehe Abbildung 15.4 b). Altholzwälder werden von Zeit zu Zeit von Feuern und Stürmen geschädigt; die davon betroffenen Waldstücke kehren dann wieder in das frühe Sukzessionsstadium zurück. Trotz der großen Unterschiede in der Vegetationsstruktur zwischen diesen vier Stadien haben taxonomische Studien gezeigt, daß es nur geringe Unterschiede in der Zahl und der Zusammensetzung von Tierarten zwischen ihnen gibt. Der Hauptunterschied liegt darin, daß bestimmte Fledermausarten und höhlenbrütende Vögel, wie der Fleckenkauz, auf Altholzwälder beschränkt sind. Ein Grund für die Ähnlichkeit ist, daß in allen vier Waldtypen auch nach Feuern und Stürmen normalerweise zumindest einige wenige alte, große Bäume überleben, einige tote Bäume stehen und einige umgestürzte liegen bleiben. Diese Ressourcen genügen, um eine komplexe Lebensgemeinschaft von Pflanzen und Tieren zu unterhalten. Bei der derzeitigen Kahlschlagwirtschaft werden jedoch lebende und tote Bäume aller Altersklassen entfernt, um die Holzproduktion zu maximieren; das verringert aber die strukturelle Komplexität im nächsten Waldzyklus. In den Nutzwäldern des pazifischen Nordwestens erzeugen die gegenwärtigen Praktiken des Kahlschlags versetzter Waldflecken ein Landsschaftsmuster, das ein Mosaik aus Waldfragmenten verschiedener, aber in sich einheitlicher Altersklassen darstellt (Abbildung 16.2).

16.2 Die Abholzung von Bäumen auf versetzten Flächen in Nutzwäldern im pazifischen Nordwesten der Vereinigten Staaten führt zu einem auffallenden, mosaikartigen Landschaftsmuster aus Waldfragmenten. In jedem Flecken befindet sich die gesamte Vegetation im selben Sukzessionsstadium. (Photo: Al Levno.)

Neueren Forschungsergebnissen zufolge können richtig gepflegte Nutzwälder eine beträchtliche biologische Vielfalt beherbergen; sie zeigen sehr genau, wie das Management von Nadelwäldern aussehen muß, um sowohl Nutzholz zu produzieren als auch eine größere Zahl von Arten zu erhalten. Diese Erkenntnisse werden in das Konzept der „neuen Forstwirtschaft" eingebunden, die für den pazifischen Nordwesten vorgeschlagen wird (Franklin 1989; Gillis 1990). Diese interessante, aber noch nicht überprüfte Methode beinhaltet Kahlschläge, aber auch das Belassen großer, lebender Bäume in geringer Dichte zusätzlich zu stehenden und einigen liegenden Totholzbäumen, die bestimmten Tierarten im nächsten Forstzyklus als Habitat dienen können (Abbildung 16.3). Diese Praxis würde insbesondere höhlenbrütende Vögel wie den Fleckenkauz begünstigen. Man könnte auch die Fragmentierung der Wälder verringern, indem man so abholzt, daß größere Blöcke als bisher erhalten bleiben. Diese alternativen Nutzungsmethoden haben politische und ökonomische Auswirkungen. Wenn man die Wälder so nutzen könnte, daß alle ursprünglichen Arten erhalten bleiben, wäre dies eine deutliche Verbesserung der gegenwärtigen Rodungsmethoden. Die Methode der „neuen Forstwirtschaft" erfordert jedoch eine verringerte Holzernte während des Kahlschlags und einen etwas längeren Rodungszyklus, was für die Holzindustrie weniger profitabel wäre. Andererseits befriedigt die „neue Forstwirtschaft" auch die kompromißlosen Umweltschützer nicht, die gerne weitläufige Landschaften

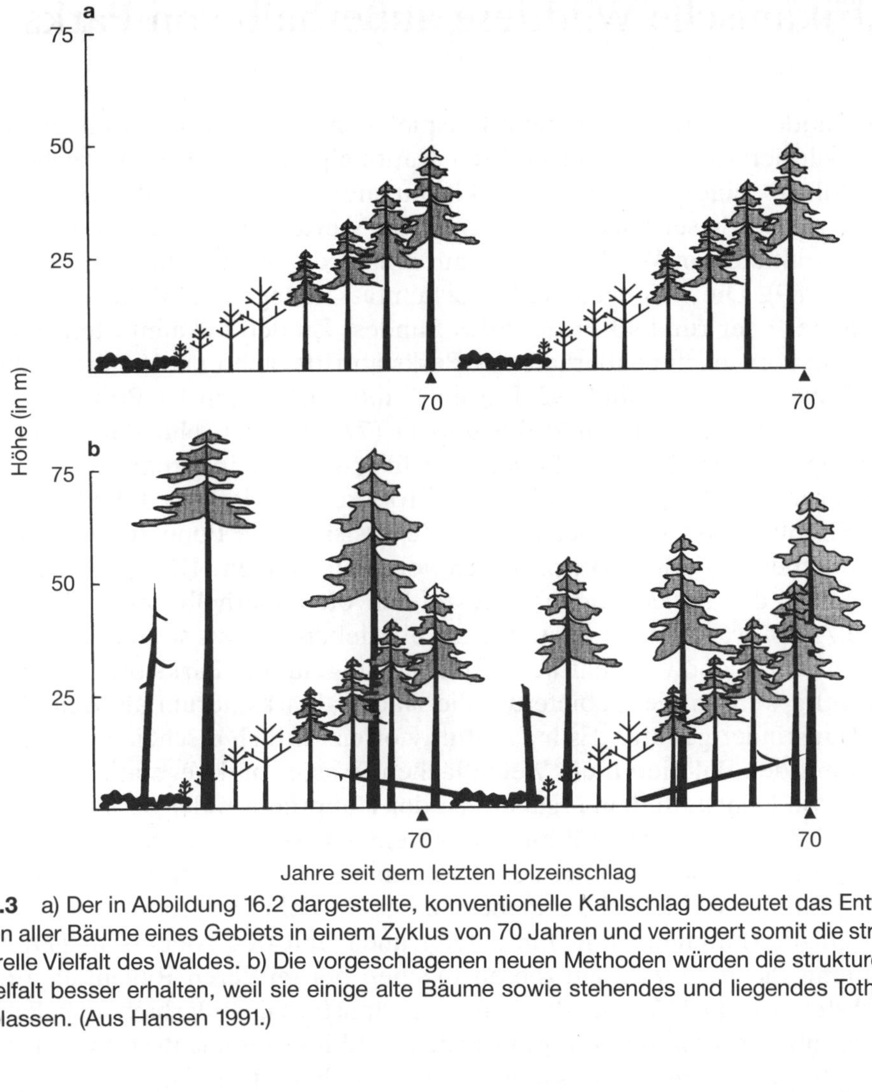

16.3 a) Der in Abbildung 16.2 dargestellte, konventionelle Kahlschlag bedeutet das Entfernen aller Bäume eines Gebiets in einem Zyklus von 70 Jahren und verringert somit die strukturelle Vielfalt des Waldes. b) Die vorgeschlagenen neuen Methoden würden die strukturelle Vielfalt besser erhalten, weil sie einige alte Bäume sowie stehendes und liegendes Totholz belassen. (Aus Hansen 1991.)

mit Altholzbeständen als Wildnisgebiete unter Schutz stellen würden.Die Bürger der Vereinigten Staaten und ihre Regierung werden zu entscheiden haben, welche Kompromisse zwischen der Erhaltung dieser Wälder und der menschlichen Nutzung natürlicher Ressourcen eingegangen werden müssen.

Afrikanische Wildtiere außerhalb von Parks

Die Länder Ostafrikas, wie zum Beispiel Kenia, sind berühmt für die großen Wildtierarten, die man in ihren Nationalparks findet und welche die Grundlage einer wertvollen Ökotourismusindustrie sind. Trotz der Berühmtheit dieser Parks leben etwa drei Viertel von Kenias zwei Millionen Großtieren in Weidegebieten außerhalb der Nationalparks (Western 1985, 1989). Die Weidegebiete Kenias umfassen ungefähr 700000 Quadratkilometer oder rund 40 Prozent des Landes. Zu den bekanntesten Arten, die man vorwiegend außerhalb der Parks antrifft, gehören das Grevyzebra (99 Prozent), der Strauß (92 Prozent), die Giraffe (zu 89 Prozent), der Spießbock (73 Prozent) und die Impala (72 Prozent). Nur das Nashorn, den Elefant und das Gnu findet man überwiegend innerhalb der Parks; Nashörner und Elefanten sind in den Parks konzentriert, weil Wilderer, die auf Elfenbein, Nasenhörner und Häute aus sind, die Populationen dieser Tiere außerhalb der Parks praktisch vernichtet haben. Die großen Pflanzenfresser der Parks weiden jahreszeitlich oft außerhalb der Parks, und viele Arten wären nicht imstande zu überleben, wären sie durch Zäune, Wilderei und landwirtschaftliche Erschließung auf die Parks beschränkt.

Häufig werden die Gebiete um die Nationalparks herum als Weideland für Hausrinder genutzt. Es mag intuitiv offensichtlich erscheinen, daß das Vieh mit den Wildtieren um Weideflächen, Wasser und Vegetation konkurriert. Wie jedoch Studien ergaben, ist der Hauptfaktor, der die Produktivität und die Anzahl der Wildtierarten Kenias bestimmt, nicht die Konkurrenz durch Nutztiere, sondern die Regenmenge (Abbildung 16.4). Die Produktivität der Weideflächen, gemessen am Gewicht der produzierten Tiere pro Quadratkilometer und Jahr, steigt linear mit den Niederschlägen an, während die Artenzahl auf diesen Flächen bei mittleren Regenfällen am höchsten ist. Das Vorhandensein von Haustieren außerhalb der Parks beeinflußt die Zahl der vorkommenden Wildtierarten nicht und wirkt sich nur schwach auf die Produktivität aus. Offenbar ist die begrenzte Beweidung durch Vieh unter bestimmten Umständen mit der Erhaltung der Wildtiere vereinbar, und eine kommerziell genutzte Weide kann die effektive Fläche eines Wildreservats vielleicht sogar vergrößern. Selbst in Gebieten mit kommerzieller Viehhaltung scheint es kaum eine Veränderung im Wildtierbestand zu geben. Zur Unterstützung dieser These wies Western (1989) darauf hin, daß Hirtenvölker, wie die Massai in Tansania, schon über 3000 Jahre in Ostafrika leben, ohne daß auch nur eine große Pflanzenfresserart ausgestorben ist.

Die Hauptfaktoren, welche die weitere Existenz der Wildtierarten in den ungeschützten Gebieten Afrikas begünstigen, scheinen eine stabile Sozial-

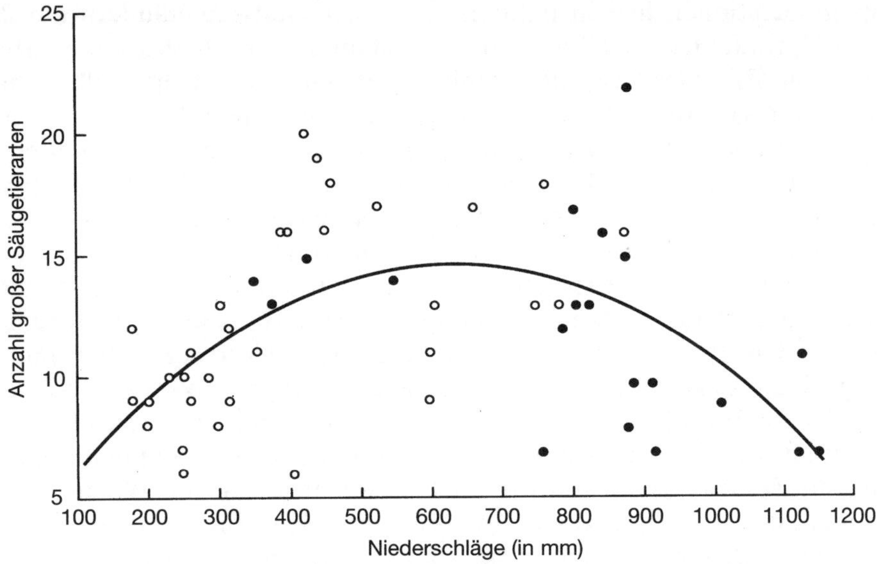

16.4 Die Anzahl großer Säugetierarten in ostafrikanischen Ökosystemen wird offenbar durch den jährlichen Niederschlag bestimmt; die größte Artenzahl findet sich in den Regionen mit mittleren Regenfällen. Von Nutztieren dominierte Ökosysteme (offene Kreise) sind nicht artenärmer als Nationalparks, aus denen das Nutzvieh verbannt wurde (schwarze Kreise). (Aus Western 1989.)

struktur und sichere Landbesitzverhältnisse der ortsansässigen menschlichen Bevölkerung zu sein. Diese Faktoren gelten meist sowohl für traditionelle als auch für hochindustrialisierte Gesellschaften. In diesen Fällen wird die Nutzung der Ressourcen in hohem Maße durch eine anerkannte Autorität geregelt, und gegenwärtige Bedürfnisse werden unter Umständen zurückgestellt, um die zukünftige Produktivität von Ressourcen zu verbessern. In Ländern, in denen Armut, Migration, unklare Eigentumsrechte an Ressourcen und ein Zerfall der Autorität vorherrschen, wird es wahrscheinlich zu den größten Umweltschäden und zur stärksten Zerstörung natürlicher Lebensgemeinschaften kommen, denn unter diesen Umständen müssen sich die Menschen auf ihre unmittelbaren Bedürfnisse konzentrieren, wobei der zukünftige Wert der Ressourcen weitgehend außer acht bleibt. In einigen instabilen Ländern kommt es zur unkontrollierten Weitergabe von Schußwaffen in ländlichen Gebieten und damit auch oft zur unkontrollierbaren Wilderei. In einer Untersuchung, welche Faktoren den gegenwärtigen Status des Afrikanischen Elefanten in verschiedenen Ländern beeinflussen, erwiesen sich als wichtigste Einzelfaktoren das Ausmaß politischer Stabilität und in geringerem Maße die sozioökonomische Lage der Bevölkerung (Burrill et al. 1986). Derzeit nehmen die Elefantenpopulationen in den politisch und sozial stabilen Ländern um 2,5 Prozent pro Jahr zu, während sie in instabilen um 16 Prozent jährlich abnehmen. Bildungsgrad, Jahreseinkommen und Naturschutzmaßnahmen sind ebenfalls positiv mit der Zunahme der Elefantenpopulation korreliert.

In Ostafrika trägt noch eine Anzahl weiterer Faktoren zum Überleben von Wildtieren in ungeschützten Gebieten mit einer ländlichen menschlichen Bevölkerung bei (Western 1989). Zahlreiche Wildtierarten werden wegen ihres Fleisches geschätzt, so daß ihre Anwesenheit auf Weideland gefördert wird. Private Nutztierhaltung, bei der Wildtiere und Vieh gemeinsam genutzt werden, ist einträglicher, als ausschließlich Vieh zu halten. Wildtierarten, die nicht mit Nutztieren in Konkurrenz treten, nur in sehr geringer Zahl vorkommen oder schwer zu fangen sind, ignorieren die Viehzüchter. Einige Arten, wie Elefanten, tolerieren sie, weil diese die Waldvegetation für die Ausbreitung von Grasland öffnen und den Lebensraum für das Vieh verbessern. Manche Gebiete, in denen Wildtiere vorkommen, werden aufgrund von Wassermangel, Kriegen, Krankheiten oder wegen ihrer Unzugänglichkeit vom Menschen überhaupt nicht genutzt. In solchen Gebieten können die Wildtiere unbeeinflußt leben. Schließlich sind einige Arten durch Gesetze, die von Regierungsbehörden durchgesetzt werden, vor Bejagung und Handel geschützt; andere überleben einfach, weil der Mensch sich an ihnen erfreut, sie schön oder unterhaltend findet und so ihre Anwesenheit toleriert.

Traditionelle Gesellschaften und die biologische Vielfalt

Ein Großteil der biologischen Vielfalt findet sich an Orten, an denen über viele Generationen Menschen gelebt und die Ressourcen ihrer Umgebung auf umweltverträgliche Weise genutzt haben (Bedigian 1991; Gomez-Pompa und Kaus 1992). Menschen, die in ländlichen Gegenden einer traditionellen Lebensweise nachgehen und relativ wenig von moderner Technologie beeinflußt sind, werden als Stammesvölker, Eingeborene, Ureinwohner oder traditionelle Völker bezeichnet (Dasmann 1991). Diese Menschen haben oft lokale Rechtssysteme entwickelt, die den Zugang zu natürlichen Ressourcen regeln und die manchmal von ihren Regierungen anerkannt werden. Man muß diese alteingesessene Bevölkerung von Siedlern unterscheiden, die in jüngerer Zeit dort ankamen und möglicherweise nicht so eng mit dem Land verbunden sind.

Der Mensch lebt schon seit Tausenden von Jahren in jedem terrestrischen Ökosystem der Welt als Jäger, Fischer, Bauer und Sammler. Selbst abgelegene Regenwälder, die von Regierungen und Naturschutzgruppen als „Wildnisgebiete" ausgewiesen sind, beherbergen oftmals eine spärliche menschliche Bevölkerung. Die tropischen Gebiete der Welt sind sogar schon besonders lange von menschlichen Gesellschaften bewohnt, da sie frei von Vergletscherung und für die Besiedlung durch den Menschen besonders geeignet waren. Die große biologische Vielfalt der Tropen hat für Tausende von Jahren mit menschlichen Gesellschaften koexistiert, und in den meisten Gebieten schädigte der Mensch die Biodiversität seiner Umgebung nicht wesentlich (Gomez-Pompa und Kaus 1992). In zahlreichen natürlichen Lebensgemeinschaften spiegelt die gegenwärtige Zusammensetzung und relative Dichte von Pflanzen und Tieren möglicherweise die Aktivitäten der Menschen des Gebiets wider, wie etwa die selektive Bejagung bestimmter Wildtiere, selektives Fischen und das Anpflanzen nützlicher Pflanzenarten (Posey 1983; Dufour 1990). Das häufig praktizierte Anbausystem, verschiedentlich als Wanderfeldbau oder Brandrodungsackerbau bezeichnet, beeinflußt ebenfalls den Aufbau und die Artenzusammensetzung der Wälder, indem es ein Mosaik aus Waldflecken verschiedenen Alters schafft (siehe Abbildung 6.7a). Bei diesem System werden die Bäume in einem bestimmten Gebiet gefällt, das gefällte Pflanzenmaterial wird verbrannt, und auf der nährstoffreichen Asche pflanzt man Nutzpflanzen an. Nach einer oder mehreren Ernten sind die Nährstoffe durch den Regen aus dem Boden ausgewaschen; der Bauer läßt das Feld dann brachliegen und rodet ein neues Waldstück zur Bepflanzung. Dieses System funktioniert gut und schädigt die Umwelt nicht, solange die menschliche Bevölkerungsdichte gering ist und genügend Waldflächen zur Verfügung stehen.

Die falsche Auffassung, in Regenwaldgebieten hätten sich keine komplexen Gesellschaften entwickelt, ist weitverbreitet, entspricht aber nicht dem Stand der Forschung. Traditionelle Gesellschaften waren durch ihre Nutzung wirkungsvoller Bewässerungsmethoden und einer Vielzahl von Nutzpflanzen in der Lage, eine relativ hohe Bevölkerungsdichte aufrechtzuerhalten, ohne dabei die Umwelt oder Lebensgemeinschaften der Umgebung zu zerstören. Die früher von den Mayas bewohnten Tiefländer im heutigen Mexiko, Belize, Guatemala und Honduras sind beispielsweise mit nur fünf Menschen pro Quadratkilometer dünn besiedelt; das Gebiet ist von Wäldern bedeckt und beherbergt zahlreiche einzigartige Spezies und Lebensgemeinschaften. Auf dem Höhepunkt der Mayakultur jedoch, vor 1000 Jahren (Abbildung 16.5), wies die Region Bevölkerungsdichten von bis zu 500 Menschen pro Quadratkilometer auf, doch das Artenspektrum blieb offensichtlich erhalten (Turner 1976; Gomez-Pompa und Kaus 1988, 1992). Die niedrigen Bevölkerungsdichten der traditionellen Gesellschaften in

16.5 Vor 1 000 Jahren bedeckten die Städte und Bauernhöfe der Maya weite Flächen der mittelamerikanischen Tiefländer, ohne daß es dadurch zu einem offensichtlichen Artenverlust kam. Heute sind die Ruinenstädte von Tropenwäldern überwachsen. (Photo: R. Primack.)

vielen heutigen neotropischen Regenwäldern sind das Ergebnis wiederholter Episoden von Krankheiten, Ausbeutung und Kämpfen während der 500 Jahre seit der Ankunft der Europäer. Dabei wurde die einheimische Bevölkerung auf weniger als zehn Prozent ihrer ursprünglichen Dichte reduziert (Dufour 1990). Traditionelle Völker waren Tausende von Jahren ein integraler Bestandteil dieser Wälder. Heute geht die größte Gefahr für die Regenwälder, wie in Kapitel 6 beschrieben, von der großen Zahl von Menschen aus anderen Gebieten aus, insbesondere von Bauern und Viehzüchtern ohne Landbesitz, die auf neuen Straßen in eine Region vordringen und zerstörerische und unangemessene Anbaumethoden praktizieren.

Die westliche Zivilisation hat die traditionellen Völker aus einer Vielzahl von Blickwinkeln betrachtet. Die eine extreme Ansicht betrachtet die lokale Bevölkerung als Zerstörer der biologischen Vielfalt, die Wälder roden und Wildtiere im Übermaß nutzen. Diese Zerstörungen beschleunigen sich, wenn sie Gewehre, Kettensägen und Außenbordmotoren erwerben. Die andere extreme Ansicht sieht in den traditionellen Völkern die „edlen Wilden“, die in Harmonie mit der Natur leben und ihre natürliche Umgebung nur minimal stören. Eine sich allmählich durchsetzende, zwischen diesen Extremen liegende Sichtweise ist, daß traditionelle Gesellschaften außerordentlich unterschiedlich sind, und ihre Beziehung zu ihrer Umwelt sich nicht auf eine einfache, für alle Gruppen geltende Weise beschreiben läßt (Alcorn 1993).

Viele traditionelle Gesellschaften haben eine starke naturbewahrende Ethik (*conservation ethic*), die subtiler und weniger deutlich formuliert ist als westliche Naturschutzüberzeugungen, jedoch das Handeln der Menschen im tagtäglichen Leben beeinflußt (Gomez-Pompa und Kaus 1992; Posey 1992). Ein gut dokumentiertes Beispiel einer solchen Naturschutzethik ist das der Tukano-Indianer in Nordwestbrasilien (Chernela 1987). Die Tukano leben von Wurzeln und Flußfischen (siehe Abbildung 8.1); sie haben strenge religiöse und kulturelle Verbote, den Wald entlang des oberen Río Negro zu roden, den sie als wichtig für die Erhaltung der Fischpopulationen ansehen. Die Tukano glauben, daß diese Wälder den Fischen gehören und vom Menschen nicht abgeholzt werden dürfen. Sie haben auch ausgedehnte Rückzugsgebiete für Fische festgelegt und erlauben das Fischen nur an weniger als 40 Prozent des Flußufers. Chernela stellt fest: »Als von Flußsystemen abhängige Fischer sind sich die Tukano der Beziehung zwischen ihrer Umwelt und den Lebenszyklen der Fische bewußt, insbesondere der Rolle, die der angrenzende Wald spielt, indem er jene Nährstoffe liefert, die eine lebensfähige Fischerei aufrechterhalten.«

Ein weiteres Beispiel für eine „traditionelle" Naturschutzethik ist jene der Pátzcuaro-Indianer-Gesellschaften von Zentralmexiko (Toledo 1991). Die Nutzung der Ressourcen des Pátzcuarosees wird auf der Ebene der Gemeinschaft geregelt, und die Naturgüter werden gleichmäßig geteilt. Da die Lebensgemeinschaft als Ganzes von diesen Restriktionen profitiert, vermochte sie Einflüssen von außen zu widerstehen, die viele andere Seen in der Nähe geschädigt haben.

Auch traditionelle Völker können ihre Umgebung so nutzen, daß die biologische Vielfalt erhalten bleibt, wie die traditionellen Landwirtschaftsökosysteme der Huaxteken in Nordostmexiko verdeutlichen (Alcorn 1984). Zusätzlich zu ihren dauerhaft bewirtschafteten Feldern und dem Wanderfeldbau erhalten die Huaxteken Nutzwälder – als *te'lom* bezeichnet – an Hängen, entlang von Wasserläufen und in anderen Gebieten, die entweder empfindlich oder für eine intensive Bewirtschaftung ungeeignet sind (Abbildung 16.6). Diese Wälder beherbergen über 300 Pflanzenarten, von denen die Menschen Nahrung, Holz und andere notwendige Erzeugnisse gewinnen. Die Artenzusammensetzung der Wälder wird durch Pflanzung und periodisches selektives Jäten zugunsten nützlicher Spezies verändert. Die Ressourcen dieser Wälder ermöglichen es den Huaxtekenfamilien, eine Mißernte ihrer Kulturpflanzen zu überleben. Vergleichbare Beispiele für intensiv genutzte und gepflegte Dorfwälder existieren in traditionellen Gesellschaften auf der ganzen Welt (Oldfield und Alcorn 1991; Redford und Padoch 1992; Nepstad und Schwartzman 1992).

16.6 Eine Huaxtekenfrau in einem *te'lom*, einem von Einheimischen gepflegten Wald in Nordostmexiko. Sie sammelt hier Sapotillfrüchte (*Manilkara achras*) und Stecklinge eines Frangipanibaumes (*Plumeria rubra*) zum Pflanzen. (Aus Alcorn 1984; Photo: Janis Alcorn.)

Biologische und kulturelle Vielfalt

Biologische und kulturelle Vielfalt sind oft miteinander verbunden (Dasmann 1991; Bedigian 1991). Zerklüftete Tropengebiete der Welt, in denen man die größten Konzentrationen von Arten findet, sind häufig auch jene Regionen, in denen die Menschen die größte kulturelle und sprachliche Mannigfaltigkeit aufweisen. Die geographische Isolation durch Gebirgszüge und komplexe Flußsysteme, welche die biologische Artbildung begünstigt, fördert auch die Differenzierung menschlicher Kulturen. Die kulturelle Vielfalt, wie man sie in Gebieten wie Zentralafrika, Amazonien, Neuguinea und Südostasien findet, stellt einen der wertvollsten Schätze der menschlichen Zivilisation dar, der einzigartige Einblicke in die Philosophie, die Religion, die Musik, die Kunst, den Umgang mit natürlichen Ressourcen und die Psychologie ermöglicht (Denslow und Padoch 1988). Durch die Bewahrung dieser traditionellen Kulturen innerhalb ihrer natürlichen Umgebung lassen sich gleich zwei Ziele erreichen: die Erhaltung der biologischen und der kulturellen Vielfalt (Oldfield und Alcorn 1991). Mit den Worten von Toledo (1988):

> »In einem Land, das durch die kulturelle Vielfalt seiner ländlichen Einwohner charakterisiert ist, ist es schwierig, Naturschutzmaßnahmen zu planen, ohne die kulturelle Dimension mit in Betracht zu ziehen – die tiefe Beziehung, die seit undenklichen Zeiten zwischen der *Natur* und der *Kultur* existiert hat... Für jede Pflanzenart, jede Tiergruppe, jeden Bodentyp und jede Landschaft gibt es nahezu immer einen entsprechenden sprachlichen Ausdruck, gewisse Kenntnisse, einen praktischen Nutzen, eine religiöse Bedeutung, eine Rolle in Ritualen, eine individuelle oder kollektive Notwendigkeit. Das natürliche Erbe des Landes bewahren zu wollen, ohne die Kulturen zu bewahren, die es mit einer Empfindung versehen haben, hieße, die Natur zu etwas außerhalb der Erkenntnis zu reduzieren, zu etwas Statischem, weit Entferntem, nahezu Totem.«

Die kulturelle Vielfalt ist eng verbunden mit der genetischen Vielfalt von Nutzpflanzen. Insbesondere in Bergregionen führt das unzugängliche Gelände oft zur Entstehung diverser lokaler Sprachen und Stämme. Diese Menschen wiederum entwickeln als **Landrassen** bezeichnete lokale Pflanzenvarietäten; diese Kultursorten sind an das örtliche Klima, den Boden und die dortigen Krankheiten angepaßt und befriedigen den Geschmack der Einheimischen (Abbildung 16.7). Die genetische Variabilität dieser Landrassen ist für die moderne Landwirtschaft zur Verbesserung von Nutzpflanzensorten von weltweiter Bedeutung (siehe Kapitel 17).

Die einzelnen Landrassen haben für gewöhnlich einen Namen und zahlreiche besondere Merkmale. In den zerklüfteten Nubabergen im Sudan beispielsweise sind die Nuba in 62 verschiedene Sprachgruppen unterteilt und bauen Dutzende Landrassen von Sesam an, die jeweils bestimmten Stämmen und Orten zuzuordnen sind (Bedigian 1991). Diese unterschiedlichen Landrassen von Sesam verlieren immer mehr an Bedeutung, und ihr weiteres Fortbestehen steht in Frage, weil eine Geldwirtschaft die traditionelle Lebensweise ersetzt.

16.7 Eine typische Huaxtekenfarm. Solche Felder mit Mischanbau von Wild- und Kulturpflanzen sind Refugien enormer genetischer Vielfalt, die möglicherweise von entscheidender Bedeutung für die globale Landwirtschaft ist. (Aus Oldfield und Alcorn 1987; Photo: Janis Alcorn.)

Das Einbeziehen traditioneller Gesellschaften in Naturschutzmaßnahmen

Es gibt mehrere Strategien, die sowohl die Erhaltung der biologischen Vielfalt als auch die Gewohnheiten traditioneller Gesellschaften und die genetische Variabilität althergebrachter Nutzpflanzen in Naturschutzmaßnahmen einbeziehen.

Biosphärenreservate. Das UNESCO-Programm „Mensch und Biosphäre" (MAB – *Man and the Biosphere*) zählt zu seinen Zielen unter anderem die Erhaltung von »exemplarischen Beispielen vielgestaltiger und harmonischer Landschaften, die aus lange etablierten Landnutzungsmustern entstanden« (UNESCO 1974, 1984, 1985; Gregg 1991). Das MAB-Programm erkennt die Rolle des Menschen bei der Gestaltung der natürlichen Landschaft an, aber auch die Notwendigkeit, Wege zu finden, wie die Menschen natürliche Ressourcen auf tragbare Weise nutzen können, ohne die Umwelt zu zerstören (Kapitel 14). Die grundlegende Forschung der MAB-Programme, die in ihrem weltweiten Netzwerk ausgewiesener Biospärenreservate betrieben wird (siehe Kapitel 20), vereint naturwissenschaftliche mit sozialwissenschaftlicher Forschung. Dazu gehören Untersuchungen, wie natürliche Lebensgemeinschaften auf verschiedene menschliche Aktivitäten reagieren, wie Menschen auf Verän derungen in ihrer natürlichen

Umwelt ansprechen und wie man geschädigte Ökosysteme wieder in ihren ursprünglichen Zustand zurückführen kann.

Ein sehr gutes Beispiel für ein Biosphärenreservat ist das Ureinwohnerreservat Kuna Yala Indigenous Reserve an der Nordostküste Panamas (Houseal et al. 1985; Clay 1991; Gregg 1991). In diesem Schutzgebiet von 60000 Hektar tropischem Wald praktizieren 30000 Kuna in 60 Dörfern traditionelle Medizin, Landwirtschaft und Forstwirtschaft, und Wissenschaftler von auswärtigen Institutionen erforschen und dokumentieren diese Lebensweise. Die Kuna bestimmen das Ausmaß der wissenschaftlichen Forschung im Reservat und bestehen darauf, daß die Wissenschaftler sie vor Ort ausbilden, Berichte erstellen, bevor sie das Gebiet verlassen, Forschungsgebühren bezahlen, und darauf, daß ortsansässige Führer die Wissenschaftler begleiten. Die Kuna steuern sogar die Art und Geschwindigkeit der wirtschaftlichen Entwicklung im Reservat und haben ihre eigenen bezahlten Ratgeber von außen. Die Kuna haben ein ungewöhnlich hohes Maß an Selbstbestimmung. Dies zeigt die Fähigkeit traditioneller Völker, ihr Schicksal, ihre Lebensweise und ihre Umwelt selbst zu kontrollieren.

Landwirtschaftliche Erhaltungsmaßnahmen *in situ*. In vielen Gebieten der Welt können Bauern, die an die lokalen Gegebenheiten angepaßte Varietäten von Nutzpflanzen anbauen, die genetische Variabilität dieser Arten erhalten. Die Bauern der Anden in Südamerika bauen beispielsweise Tausende verschiedener Kartoffelsorten an. Oftmals kultivieren die Bauern zahlreiche Varietäten auf einem Feld, um das Risiko einer Mißernte zu verringern, und weil jede Varietät anders genutzt wird (Abbildung 16.8). Ähnlich pflanzen traditionelle Bauern in den Apo Kayan auf Borneo unter Umständen über 50 Reissorten an. Diese lokalen Varietäten besitzen oft einzigartige Gene, um mit Krankheiten und Nährstoffmangel fertig zu werden oder für eine Resistenz gegen Schädlinge, eine Toleranz gegen Trokkenheit oder andere Umeltveränderungen (Browning 1991). Darüber hinaus evoluieren diese lokalen Sorten weiterhin neue genetische Kombinationen, von denen einige vielleicht wirkungsvoll mit den weltweit lauernden Umweltgefahren fertig werden. Überall auf der Welt geben jedoch Bauern ihre traditionelle Anbauweise mit Lokalrassen auf, um ertragreiche Sorten anzupflanzen, und verwenden dabei kostenintensive Methoden wie den Einsatz von Düngemitteln und Pestiziden. In Ländern wie Indonesien, Sri Lanka und den Philippinen haben sich schon über 80 Prozent der Bauern auf moderne Sorten umgestellt (Brush 1989).

Zwar mag ein erhöhter Ertrag kurzfristig für den einzelnen Bauern und seine Gesellschaft besser sein, doch die Gesundheit der Landwirtschaft auf lange Sicht hängt von der Erhaltung der genetischen Variabilität ab, welche die lokalen Sorten repräsentieren (siehe Kapitel 17). Als neuer Vorschlag wurde eine internationale Landwirtschaftskörperschaft ins Spiel gebracht,

16.8 Eine Auswahl der zahlreichen Kartoffelvarietäten, welche die Bauern in den südamerikanischen Anden anbauen. Der Anbau vieler Sorten auf einem einzigen Feld verringert das Risiko, die gesamte Ernte durch sortenspezifische Krankheiten oder Schädlinge zu verlieren. (Mit freundlicher Genehmigung des International Potato Center in Lima.)

die Dörfer unterstützen soll, *in situ*, also vor Ort, als „Landrassenhüter" zu fungieren (Nabhan 1985, 1986; Altieri und Merrick 1988; Wilkes 1991; Altieri und Anderson 1992). Weltweit sollen in Gebieten mit hoher genetischer Variabilität 100 Landrassenzonen entstehen, jede fünf mal 20 Kilometer groß. Die Dorfbewohner in diesen Zonen sollen dafür bezahlt werden, daß sie ihre traditionellen Nutzpflanzen in der herkömmlichen Weise anbauen und somit eine wichtige Genquelle für die Programme zur Verbesserung moderner Nutzpflanzen liefern. Es kämen sogar noch weitere Vorteile hinzu, weil viele dieser Landwirtschaftsgebiete auch wilde Varietäten von Nutzpflanzen und mit Nutzpflanzen verwandte Arten beherbergen, denen vielleicht ein bedeutender Wert für die Züchtung zukommt. Die Kosten zur Unterstützung mehrerer hundert Dörfer, um die genetische Vielfalt wichtiger Nutzpflanzen zu erhalten, wäre eine relativ geringe Investition für die langfristige Gesundheit der weltweiten Landwirtschaft.

Auf dieser Idee der Erhaltung *in situ* basierende Programme sind an einigen Stellen bereits angelaufen (Abbildung 16.9). Insbesondere in Mexiko versucht eine Anzahl von Entwicklungsprogrammen traditionelle Landwirtschaft, Naturschutz und Forschung miteinander zu verbinden (Gliessman 1991; Toledo 1991). Einen etwas anderen Ansatz versuchte man in

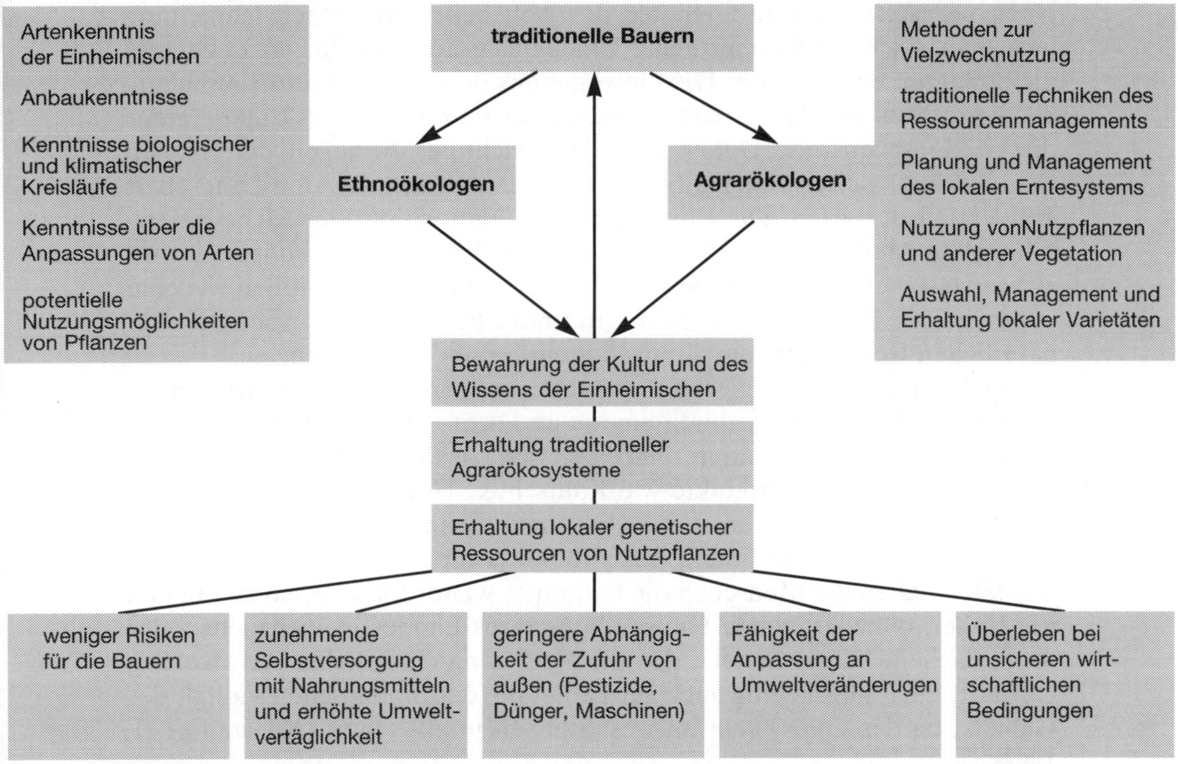

16.9 Traditionelle Landwirtschaftspraktiken kann man sowohl von der menschlich-kulturellen Seite als auch aus landwirtschaftlicher Sicht betrachten. Eine Synthese dieser Betrachtungsweisen kann zu theoretischen und methodologischen Ansätzen führen, die auf eine Erhaltung der Umwelt, der Kultur und der genetischen Variabilität in diesen traditionellen Landwirtschaftsökosystemen ausgerichtet sind. (Verändert aus Altieri und Anderson 1992).

den ariden Regionen des US-amerikanischen Südwestens; er kombiniert die traditionelle Landwirtschaft mit der Erhaltung der genetischen Vielfalt (Nabhan 1985). Eine private Organisation mit Namen Native Seeds/ SEARCH sammelt Samen traditioneller Nutzpflanzenkultursorten für die langfristige Erhaltung. Die Organisation bestärkt die Bauern auch, traditionelle Nutzpflanzen anzubauen, beliefert sie mit Samen althergebrachter Sorten und kauft die nicht verkauften Erzeugnisse der Bauern auf.

Manche Länder richteten auch spezielle Reservate zum Schutz von Gebieten ein, in denen wilde Verwandte von Nutzpflanzen wachsen. In der ehemaligen Sowjetunion schuf man 127 solcher Schutzgebiete. Speziell für diese Arten eingerichtete Reservate schützen die wilden Verwandten von Weizen, Hafer und Gerste in Israel und von Mais in Mexiko (Browning 1991).

Nutzreservate. In vielen Gebieten der Welt haben Menschen jahrzehntelang oder sogar jahrhundertelang Erzeugnisse aus natürlichen Lebensgemeinschaften entnommen. Die Gewinne aus dem Verkauf und Tauschhandel dieser Naturprodukte machen einen bedeutenden Teil des Einkommens dieser Menschen aus. Daher ist es ein wichtiges Anliegen der lokalen Bevölkerung, weiterhin legal Naturgüter aus der umgebenden Landschaft entnehmen zu dürfen. Die Einrichtung von Nationalparks, welche die traditionellen Methoden des Sammelns dieser Produkte ausschließen, wird auf genausoviel Widerstand der ortsansässigen Gemeinden stoßen wie eine ungesetzliche Inbesitznahme von Land mit übermäßiger Ausbeutung der natürlichen Ressourcen und Umwandlung für andere Nutzungen.

Die brasilianische Regierung versucht, den berechtigten Forderungen der lokalen Bevölkerung durch eine neue Form von Schutzgebiet gerecht zu werden, durch sogenannte **Nutzreservate**, in denen die dort lebenden Menschen natürliche Produkte wie Kautschuk, Harze und Nüsse auf eine Weise sammeln dürfen, welche die Schäden für das Waldökosystem auf ein Minimum beschränkt (Fearnside 1989). In solchen Gebieten haben die Menschen die Garantie, weiterhin so leben zu können wie bisher, ohne drohende Umwandlung ihres Landes in Viehzucht- oder Ackerflächen. Dieser Schutz, den die Regierung der lokalen Bevölkerung gewährt, dient gleichzeitig auch zur Erhaltung der biologischen Vielfalt des Gebiets, da das Ökosystem im wesentlichen intakt bleibt (Nepstad et al. 1992).

Nutzreservate scheinen auch für die Regenwälder Amazoniens geeignet, in denen etwa 68000 Familien von Kautschukzapfern leben. Die Kautschukzapfer wohnen in einer Dichte von nur einer Familie auf 300 bis 500 Hektar, von denen sie nur wenige Hektar für den Anbau von Nahrungsmitteln roden. Schon seit über 100 Jahren wird am Amazonas kommerziell Kautschuk gezapft; gegenwärtig nehmen die Kautschukzapfgebiete vier bis sieben Prozent des Amazonasgebiets ein. Die Bemühungen von Chico Mendes und seine spätere Ermordung im Jahre 1988 zogen weltweit die Aufmerksamkeit auf die Misere der Kautschukzapfer (siehe Exkurs 31, Kapitel 19; Schwartzman 1992). Als Reaktion auf die lokale und internationale Betroffenheit richtete die brasilianische Regierung in den Kautschukzapfgebieten die Nutzreservate ein. Diese Reservate sind sinnvoll, weil die Methode des Kautschuksammelns offenbar ein wirtschaftliches Auskommen sichert. Die Kautschukzapfer selbst haben ein starkes persönliches Interesse daran, die Zerstörung des Lebensraumes zu verhindern, weil dies ihnen die Lebensgrundlage nähme. Die wirkliche Herausforderung für die Kautschukzapfer und ihre brasilianischen und internationalen Verbündeten ist, noch weitere Naturprodukte zu erschließen, die sie sammeln und zu einem guten Marktpreis verkaufen können (Clay 1992).

Wie das brasilianische Experiment verdeutlicht, sind Nutzreservate eine Möglichkeit, um die biologische Vielfalt zu erhalten; das Beispiel der Kautschukzapfer zeigt aber auch einige Grenzen auf (Browder 1992). Erstens bedecken die Nutzreservate nur einen kleinen Prozentsatz des Amazonasbeckens. Naturschutzmaßnahmen, die auf die Erhaltung des Regenwaldes abzielen, müssen sich darauf konzentrieren, die Rate der Abholzung zu verringern, die durch Viehzucht- und Ackerbauaktivitäten verursacht wird; diese beiden Produktionszweige nehmen bereits 24 Prozent der nördlichen Amazonasregion ein. Zweitens bieten diese Reservate nur einem sehr geringen Anteil der Millionen Brasilianer, die eine Lebensgrundlage benötigen, eine Beschäftigung. Und schließlich ist die Wirtschaftslage unsicher: Der Transport zum Markt ist schwierig, und jede Zunahme der Produktmenge auf dem Markt könnte die Preise fallen lassen (Tremaine 1993; Salafsky et al. 1993). Wenn solche Ereignisse dazu führen, daß die Vermarktung scheitert, könnten die Kautschukzapfer aus wirtschaftlicher Not gezwungen sein, ihre Wälder zur Holznutzung und für landwirtschaftliche Zwecke kahlzuschlagen.

Restaurationsökologie

Eine große Gelegenheit für Naturschutzbiologen ist die Chance, sich an der Rückführung geschädigter oder zerstörter Ökosysteme in den ursprünglichen Zustand zu beteiligen (Jordan et al. 1990). Die sogenannte **ökologische Restauration** ist definiert als »Prozeß der absichtlichen Veränderung eines Standortes, um ein bestimmtes, ursprünglich einmal vorhandenes Ökosystem wiederherzustellen. Ziel dieses Vorgehens ist es, die Struktur, die Funktion, die Vielfalt und die Dynamik des speziellen Ökosystems nachzuempfinden« (Society of Ecological Restoration 1991).* Die Restaurationsökologie hat ihre Wurzeln in älteren angewandten Technologien, die Ökosystemfunktionen von bekanntem Wert wiederbeleben: die Wiederherstellung von Feuchtgebieten, um Überschwemmungen zu verhindern, die Rekultivierung von Bergbaugebieten, um Bodenerosion zu

* Im deutschsprachigen Raum werden für die Wiederherstellung geschädigter Lebensräume je nach Art der Schädigung, der durchzuführenden (oder zu unterlassender) Maßnahmen sowie nach dem geplanten Zielzustand eine Anzahl verschiedener Begriffe benutzt. So wird zum Beispiel von Rekultivierung (von Abbauflächen und Deponien), Renaturierung (allgemein: erreichen eines „naturnäheren" Zustandes), Regeneration (von Fließgewässern), Sanierung (von Stillgewässern) oder Rückbau gesprochen. Die Begriffe werden mit unterschiedlicher Bedeutung verwendet, und die Diskussion über ihre genaue Abgrenzung voneinander ist noch im Gange.

unterbinden, die Pflege von Weideland, um die Produktion von Gras zu gewährleisten und das Management von Wäldern im Hinblick auf die Holznutzung und ihren Erholungswertes (Bradshaw und Chadwick 1980; Bradshaw 1983, 1990; Kusler und Kentula 1990). Diese Technologien schaffen jedoch manchmal nur vereinfachte Lebensgemeinschaften oder solche, die sich nicht selbst erhalten können. Als die biologische Vielfalt allmählich zu einem immer wichtigeren gesellschaftlichen Anliegen wurde, nahm man die Erhaltung von Arten und Lebensgemeinschaften als Ziel in Rekultivierungspläne auf; um diese Maßnahmen erfolgreich durchführen zu können, ist die Mitarbeit von Naturschutzbiologen nötig.

Ökosysteme können durch natürliche Phänomene geschädigt werden, wie durch Feuer nach Blitzschlag, Vulkane und Stürme, aber sie erlangen im Normalfall durch den Prozeß der Sukzession ihre ursprüngliche Biomasse, Lebensgemeinschaftsstruktur und sogar eine ähnliche Artenzusammensetzung wieder. Einige Ökosysteme sind jedoch durch menschliche Aktivitäten so schwer geschädigt, daß sie nur sehr eingeschränkt imstande sind, sich wieder zu erholen. Solange der Auslöser der Schädigung noch im Ökosystem wirkt, wird dieses sich kaum erholen. So ist zum Beispiel eine Wiederherstellung der geschädigten Baumsavannen im westlichen Costa Rica und in den westlichen Vereinigten Staaten nicht möglich, solange das Land weiterhin von eingeführten Rindern überweidet wird; eine Verminderung des Beweidungsdruckes ist zweifellos der entscheidende Ausgangspunkt der Restaurationsmaßnahmen. Eine Restauration ist ebenfalls unwahrscheinlich, wenn in einem großen Gebiet viele der ursprünglichen Arten vernichtet wurden, so daß keine Quelle mehr für neue Ansiedlungen vorhanden ist. So verschwanden beispielsweise in riesigen Gebieten im Mittelwesten der USA die Präriearten, als man das Land in Landwirtschaftsflächen umwandelte. Selbst wenn ein isoliertes Stück Land nicht mehr genutzt wird, etabliert sich nicht mehr die ursprüngliche Lebensgemeinschaft, weil es keine Quelle für Samen oder Tiere der entsprechenden Arten zur Besiedlung gibt (Cottan 1990). Außerdem ist eine Erholung unwahrscheinlich, wenn die physikalische Umwelt so verändert wurde, daß die ursprünglichen Arten dort nicht mehr überleben können; zu Beispielen für diese Situation gehören Bergbaugebiete, wo die Restauration der natürlichen Lebensgemeinschaften aufgrund der verarmten Struktur, der Kontamination mit Schwermetallen und des geringen Nährstoffgehalts des Bodens unter Umständen für Jahrzehnte oder Jahrhunderte behindert ist (Abbildung 16.10; Bradshaw 1990).

In bestimmten Fällen schafft der Mensch durch seine Aktivitäten völlig neue Lebensräume wie Stauseen, Kanäle, Landaufschüttungen und Industriegebiete. Vernachlässigt man diese Standorte, dann werden an ihnen oft gebietsfremde Unkrautarten dominant; dies führt zu unproduktiven, für die Umgebung nicht typischen Lebensgemeinschaften, die aus Sicht des

16.10 Um die Erholung dieser verwüsteten Kohlebergbaumine in Wyoming zu beschleunigen, pflanzten Arbeiter 120 000 Büsche. Bergbaugebiete brauchen oft sehr viel menschliche Hilfe, um die biologische Vielfalt wenigstens annähernd wiederherzustellen. (Aus Jordan et al. 1990.)

Naturschutzes wertlos und ästhetisch nicht reizvoll sind. Präpariert man diese Standorte entsprechend und bürgert ehemals heimische Arten wieder ein, dann lassen sich natürliche Lebensgemeinschaften möglicherweise erfolgreich wiederherstellen.

Die Restaurationsökologie liefert die Theorie und die Techniken, um sich mit diesen verschiedenen Formen geschädigter Ökosysteme zu beschäftigen. Für die Wiederherstellung natürlicher Lebensgemeinschaften und Ökosysteme stehen vier Hauptansätze zur Verfügung (Abbildung 16.11; Cairns 1986; Bradshaw 1990).

1. *Nichtstun,* weil die Restauration zu teuer ist, weil frühere Versuche zur Wiederherstellung fehlschlugen oder weil die Erfahrung gezeigt hat, daß sich die Ökosysteme von selbst erholen. Letzteres gilt zum Beispiel für ehemalige Felder in Nordamerika, die innerhalb weniger Jahrzehnte, nachdem man sie brachfallen ließ, wieder zum Wald zurückkehrten.

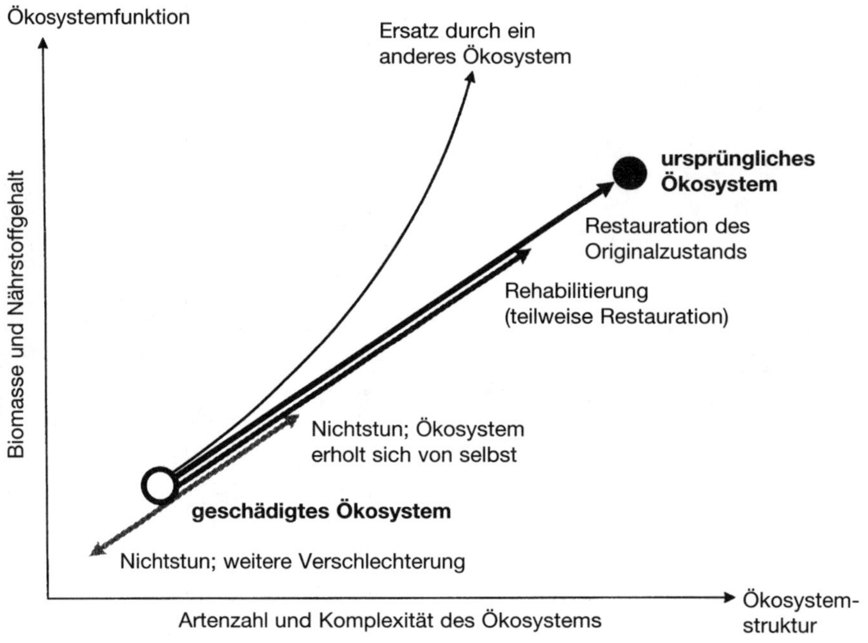

16.11 Geschädigte Ökosysteme haben ihre Struktur verloren (hinsichtlich der Arten und ihrer Wechselbeziehungen mit der physikalischen und biologischen Umwelt) und ihre Funktion eingebüßt (Akkumulation von Biomasse, Bodenprozesse, Wasser- und Nährstoffkreisläufe). In solchen Fällen muß man entscheiden, ob es am besten ist, den zerstörten Standort wiederherzustellen, zu ersetzen oder überhaupt nichts zu tun. (Verändert aus Bradshaw 1987).

2. *Restauration* der ursprünglichen Artenzusammensetzung und Struktur des Gebiets durch ein aktives Wiedereinbürgerungsprogramm, insbesondere durch Pflanzen und Aussäen der ursprünglichen Arten.
3. *Rehabilitation* wenigstens einiger der Ökosystemfunktionen und mancher der ursprünglichen Arten, wie etwa das Ersetzen eines geschädigten Waldes durch eine Baumpflanzung.
4. *Ersetzen* eines geschädigten Ökosystems durch einen anderen produktiven Ökosystemtyp, beispielsweise der Ersatz eines geschädigten Waldgebiets durch eine produktive Weide.*

Bauingenieure und andere, die an großen Projekten beteiligt sind, befassen sich auf praktische, technische Weise mit der Rekultivierung geschädigter Biotope. Ihr Ziel lautet, wirtschaftliche Wege zu finden, um die Ober-

* In Mitteleuropa steht umgekehrt der Naturschutz oft vor dem Problem, eutrophierte, artenarme Standorte wie Intensivgrünland mittels Pflege zu weniger produktiven, artenreicheren Magerstandorten zurückzuentwickeln.

fläche dauerhaft zu stabilisieren, um Bodenerosion zu verhindern, dafür zu sorgen, daß diese Orte für Anwohner und die allgemeine Öffentlichkeit besser aussehen, und – wenn möglich – den Produktionswert des Landes wiederherzustellen (Bradshaw 1990). Ökologen tragen zu diesen Restaurationsbemühungen bei, indem sie Methoden entwickeln, um die ursprünglichen Lebensgemeinschaften hinsichtlich ihrer Artenvielfalt, Artenzusammensetzung, Vegetationsstruktur und Ökosystemfunktion wiederherzustellen. Praktisch ausgedrückt, muß Restaurationsökologie auch die Geschwindigkeit der Wiederherstellung berücksichtigen, die Kosten, die Verläßlichkeit der Resultate und die Fähigkeit der letztendlich vorhandenen Lebensgemeinschaft, mit wenigen oder ohne weitere Erhaltungsmaßnahmen zu überdauern. Leute, welche Restaurationsökologie in die Tat umsetzen, müssen genau wissen, wie natürliche Systeme funktionieren und welche Wiederherstellungsmethoden sich eignen. Überlegungen in bezug auf Kosten und Verfügbarkeit von Samen, wann Pflanzen gewässert werden müssen, wieviel Dünger man zugeben muß und wie man die Erdoberfläche vorbereiten soll, können ausschlaggebend für den Erfolg eines Projekts sein. Sich mit solchen praktischen Details auseinanderzusetzen war für wissenschaftlich ausgebildete Biologen in der Vergangenheit nicht immer attraktiv, aber in der Restaurationsökologie muß man sich mit ihnen befassen.

Für die Wissenschaft der Ökologie ist die Restaurationsökologie wichtig, weil sie ein Test ist, wie gut wir eine natürliche Lebensgemeinschaft wirklich verstehen, und zeigt, wie gut wir sie aus ihren einzelnen Bestandteilen wieder zusammenzusetzen vermögen (Diamond 1990). Wie Bradshaw (1990) sagte: »Auf dem Gebiet der Restaurationsökologie arbeitende Ökologen sind im Konstruktionswesen tätig, und wie ihre Ingenieurkollegen können sie recht bald feststellen, ob ihre Theorie richtig ist oder ob das Flugzeug vom Himmel fällt, die Brücke einstürzt oder das Ökosystem nicht gedeiht.« In diesem Sinne kann man die Restaurationsökologie als eine experimentelle Methode betrachten, die existierende Programme der Grundlagenforschung über intakte Systeme ergänzt. Die Restaurationsökologie liefert eine Gelegenheit, Lebensgemeinschaften auf unterschiedliche Weise wieder zusammenzusetzen, um zu sehen, wie gut sie funktionieren, und Vorstellungen in größerem Maßstab zu überprüfen, als es ansonsten möglich wäre (Diamond 1990; Gilpin 1990; Jordan et al. 1990).

Für die Erhaltung natürlicher Lebensgemeinschaften wird die Restaurationsökologie eine zunehmend wertvollere Rolle spielen, wenn in geschädigten Gebieten die ursprüngliche Artenzusammensetzung wiederhergestellt werden kann, und sie so zu der begrenzten Fläche existierender Schutzgebiete hinzukommen. Da geschädigte Gebiete oft unproduktiv sind und von geringem ökonomischem Wert, sind Regierungen möglicherweise bereit, sie wiederherzustellen und ihren Produktions- und Naturschutzwert zu erhöhen. Die Restaurationsökologie wird mit ziemlicher Sicherheit eines der am stärksten expandierenden Gebiete der Naturschutzbiologie sein. Naturschutzbiologen in diesem Bereich müssen jedoch aufpassen, daß sie nicht als publikumswirksamer Deckmantel von ökosystemzerstörenden Industriefirmen mißbraucht werden, die nur daran interessiert sind, weiterzumachen wie bisher (Falk und Olwell 1992).

Die Bemühungen zur Wiederherstellung ökologischer Gemeinschaften haben sich besonders auf Seen, Prärien und Wälder konzentriert. Diese Ökosysteme haben gravierende Veränderungen durch menschliche Aktivitäten erfahren und sind gute Kandidaten für Restaurationsmaßnahmen.

Seen

Limnologen, die an Millionenprojekten zur Wiederherstellung von Seen beteiligt sind, erhalten bereits wertvolle Einblicke in die Ökologie und die trophische Struktur von Lebensgemeinschaften, die ansonsten nicht möglich wären (Welch und Cooke 1990). Eine der häufigsten Formen der Schädigung von Seen und Teichen ist die Eutrophierung durch die Zivilisation (diskutiert in Kapitel 6), eine durch mineralische Nährstoffe, die durch menschliche Aktivitäten im Übermaß ins Wasser gelangen, verursachte Veränderung. Zu den Anzeichen einer Eutrophierung gehören eine Zunahme von Algenpopulationen (insbesondere ein oberflächlicher Schaum aus Cyanobakterien, früher als Cyanophyceen oder Blaualgen bezeichnet), eine erhöhte Trübheit und ein geringerer Sauerstoffgehalt des Wassers, Fischsterben sowie schließlich eine Zunahme des Wachstums von Schwimmpflanzen und anderen Wasserunkräutern.

Versuche zur Sanierung eutrophierter Seen haben nicht nur Informationen über praktische Managementmaßnahmen geliefert, sondern auch Einblicke in die Basiswissenschaft der Limnologie (die Erforschung der Chemie, Biologie und Physik von Süßgewässern). In vielen Seen führt ein verminderter Eintrag von Nährstoffen ins Wasser – durch bessere Abwasseraufbereitung oder Ableitung verschmutzten Wassers – zu einer Umkehr des Eutrophierungsprozesses und einer Wiederherstellung der ursprünglichen Bedingungen; diesen Ansatz bezeichnet man als Steuerung „von unten nach oben". In anderen Seen tritt eine solche Verbesserung nicht auf; das legt nahe, daß es innerhalb des Sees interne Mechanismen gibt, welche die Nährstoffe vom Sediment in das Wasser zurückführen und den Nährstoffgehalt auf diese Weise künstlich hoch halten. Ein möglicher Mechanismus für die Rückführung von Phosphor in die Wassersäule ist das Verhalten von Fischen wie dem Karpfen (*Cyprinus carpio*) und dem Gewöhnlichen Katzenwels (*Ictalurus nebulosus*), die organisches Material fressen und Phosphor ausscheiden (Keen und Gagliardi 1981). Untermauert wird diese Hypothese durch eine Abnahme der Phosphorkonzentration, nachdem die

Populationen von Karpfen in eutrophierten Seen zurückgingen (Shapiro et al. 1982). Die Zusammensetzung der Fischgemeinschaft kann den Eutrophierungsvorgang über die Räuber-Beute-Beziehungen ebenfalls beeinflussen. In einigen eutrophierten Seen werden planktonische Wirbellose (wie der Wasserfloh *Daphnia*, ein Krebstierchen), die sich von Algen ernähren, in großem Ausmaß von Fischen gefressen; das ermöglicht den Algen ein unkontrolliertes Wachstum. Setzt man Raubfische (die sich von anderen Fischen ernähren) in den See ein, geht die Population der Zooplankton fressenden Fische zumeist zurück; eine zunehmende Krebstierpopulation verringert dann die Häufigkeit der Algen, und die Wasserqualität verbessert sich. Solche durch die Manipulation von Fischpopulationen erreichte Verbesserungen der Wasserqualität bezeichnet man als Steuerung „von oben nach unten".

Eines der dramatischsten und teuersten Beispiele für die Restauration eines Sees stellt der Eriesee dar (Makarewitz und Bertram 1991). In den fünfziger und sechziger Jahren war der Eriesee der am meisten verschmutzte der Großen Seen Nordamerikas und durch eine sich verschlechternde Wasserqualität, eine extensive Algenblüte, abnehmende Populationen einheimischer Fische, den Zusammenbruch der kommerziellen Fischerei und einen Sauerstoffrückgang im tieferen Wasser gekennzeichnet. Um dieses Problem zu beheben, investierten die Regierungen der Vereinigten Staaten und Kanadas seit 1972 mehr als 7,5 Milliarden Dollar in Abwasseraufbereitungsanlagen, was zu einer Reduktion der jährlich in den See eingetragenen Phosphormenge von 15260 Tonnen im Jahre 1972 auf 2449 Tonnen 1985 führte. Als sich die Wasserqualität Mitte der siebziger und achtziger Jahre allmählich verbesserte, begannen die Bestände des einheimischen, kommerziell genutzten Glasaugenbarsches (*Stizostedion vitreum vitreum*), eines Raubfisches, von selbst zuzunehmen; andere Raubfische wurden von staatlichen Behörden in den See eingesetzt. Infolgedessen führten sowohl „von unten nach oben" als auch „von oben nach unten" gerichtete Kontrollmechanismen zur Verbesserung der Wasserqualität.

Während der achtziger Jahre fand eine ständige Verbesserung der Wasserqualität des Eriesees statt, wie der verringerte Phosphorgehalt, die geringe Häufigkeit pflanzlichen Planktons (also von Algen) und eine Verschiebung in den trophischen Ebenen der Lebensgemeinschaft zugunsten höherer relativer Anzahlen von algenfressendem Zooplankton und Raubfischen und einer niedrigeren Zahl Zooplankton fressender Fische zeigen (Abbildung 16.12). Es gibt sogar einige Hinweise auf eine Verbesserung des Sauerstoffgehalts in tieferen Wasserschichten. Auch wenn der See vermutlich nie in seinen ursprünglichen Zustand zurückkehren wird, so führte die Kombination aus „von unten nach oben" und „von oben nach unten" gerichteten Kontrollmechanismen – und die Investition von Milliarden von Dollar – zu einer Restauration bedeutenden Umfangs in diesem großen Ökosystem.

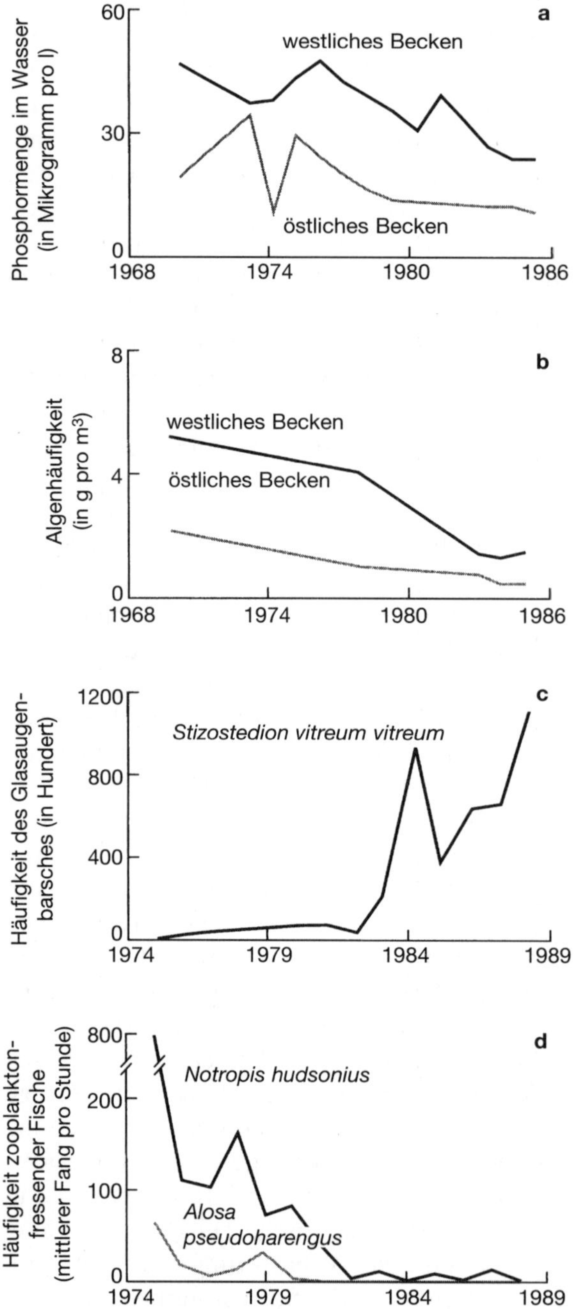

16.12 Anzeichen für die Erholung des Eriesees. a) Der Phosphorgehalt am östlichen und westlichen Ende des Sees. Durch Aufbereitung der Abwässer und anderer menschlicher Einträge in den See wird der Phosphorgehalt verringert. b) Algen benötigen Phosphor, um zu gedeihen; Algenblüten verringern die Wasserqualität und schließen andere Arten aus. c) Die Häufigkeit des Glasaugenbarsches (*Stizostedion vitreum vitreum*), gemessen am Fang von Anglern. Glasaugenbarsche sind Raubfische, die sich von Zooplankton fressenden Fischen wie *Alosa pseudoharengus* und *Notropis hudsonius* ernähren. Ein Einsetzen von solchen Raubfischen in einen See ist eine Möglichkeit, die Populationen von Krebstieren und anderem tierischen Plankton zu erhöhen, die sich wiederum von den Algen ernähren. d) Die Häufigkeit von Großaugenhering (*Alosa pseudoharengus*) und der Orfenart *Notropis hudsonius* gemessen am stündlichen Fang durch Fischkutter auf dem Eriesee. Wenn die Populationen dieser Fischarten übermäßig anwachsen, dezimieren sie die Bestände des tierischen Planktons; je weniger algenfressendes Zooplankton aber vorhanden ist, desto besser gedeihen Algenblüten. Nach dem Einsetzen von Barschen und anderen Raubfischen in den See gingen die Populationen von *Alosa* und *Notropis* zurück (Nach Makarewicz und Bertram 1991).

Prärien

Viele kleine Parzellen ehemaliger Ackerflächen in Nordamerika hat man wieder in Prärien rücküberführt (Exkurs 24; Kline und Howell 1990). Prärien stellen ideale Objekte für Restaurationsmaßnahmen dar, weil sie artenreich sind, zahlreiche wunderschöne Wildblumen beherbergen und sich innerhalb einiger weniger Jahre restaurieren lassen (Jackson 1992). Die zur Wiederherstellung von Prärien verwendeten Technologien ähneln denen des Gartenbaus und der Landwirtschaft und eignen sich gut, um freiwillige Arbeitskräfte einzubeziehen.

Exkurs 24: Restauration der Prärie in Illinois

Im Norden des US-Bundesstaates Illinois haben Wissenschaftler ein Projekt durchgeführt, um eines der am stärksten zerstörten Ökosysteme der Vereinigten Staaten zu erneuern: die Präriegrasländer, die ursprünglich große Teile von Illinois, Kansas und anderen Staaten des Mittelwestens bedeckten. In Illinois sind die Schäden an diesem Ökosystem besonders gravierend; weniger als 0,01 Prozent der ursprünglichen Landschaft sind noch in unverändertem Zustand, und viele der einheimischen Arten sind fast ausgestorben.

Biologen versuchen, in speziell dafür ausgewiesenen Gebieten wie den Nachusa Grasslands, einem Reservat der Nature Conservancy von über 2800 Quadratkilometern Fläche, wieder Prärieökosysteme zu etablieren (Schmidt 1992). Eine Restauration der Prärie beinhaltet sowohl die Erhaltung einheimischer Arten als auch die Wiederherstellung einiger der ökologischen Beziehungen zwischen diesen Arten. Die Biologen durchkämmten Eisenbahngelände, Friedhöfe und andere Gebiete, die nie dem Pflug unterworfen waren, um Restpopulationen jener Pflanzen zu finden, welche die ursprüngliche Prärieflora ausmachten, und sammelten zahlreiche Samen und Insekten, um sie an die Orte der Restauration zu bringen. Einige der für eine erfolgreiche Bestäubung und Samenverbreitung besonders wichtigen Tiere wurden eingefangen und an diesen Orten freigelassen, um die Fortpflanzungs- und Ausbreitungsfähigkeit der Pflanzenpopulationen zu verbessern; andere kehrten allmählich von selbst zurück.

Die Restauration der Tier- und Pflanzenwelt ist nur ein Schritt bei der Wiedererschaffung der Prärie. Ein weiterer ist die Wiederherstellung ökologischer Vorgänge, die das Wachstum der Pflanzen- und Tierpopulationen im Reservat fördern. Beispielsweise legen die Biologen von Zeit zu Zeit Feuer in den Grasländern des Reservats, um die natürlichen Prozesse der Erneuerung in Gang zu setzen, die so entscheidend für Prärieökosysteme sind. Da viele der einheimischen Arten an Feuer angepaßt sind, die meisten eingeführten Konkurrenten jedoch nicht, haben die Brände den zusätzlichen Vorteil, nichteinheimische Arten auszumerzen.

Die Schäden an diesem Ökosystem waren jedoch größer, als mit bloßem Auge sichtbar; die Umwandlung des Landes von Prärieflächen in landwirtschaftliche Felder veränderte sowohl die Zusammensetzung der Böden als auch der Flora und Fauna der Prärie. Über ein Jahrhundert lang bewirtschaftete Felder lassen eine recht einfache Bodenökologie zurück, die wenig Ähnlichkeit mit der Vielfalt der ursprünglichen Prärieböden hat. Das komplexe Bodensystem, das durch tiefwurzelnde Präriepflanzen, Pilze, Mikroorganismen und im Boden mit diesen Pflanzen zusammenlebende Kleintiere entstanden ist, könnte Jahrzehnte, wenn nicht gar Jahrhunderte brauchen, um sich zu erholen (Schmidt 1992). Natürlich können die Biologen nicht hoffen, alle der ursprünglich einmal vorhandenen Arten und Wechselbeziehungen, welche die Prärie im Ursprungszustand ausmachten, zu ersetzen; sie beginnen gerade erst zu verstehen, welchen Platz all die Pflanzen, Tiere und Mikroorganismen in ihrem Ökosystem einnehmen. Sie können den Grasländern jedoch eine Starthilfe zur Erholung liefern, indem sie jene Arten und Habitate erhalten, welche für die Prärie charakteristisch sind. Dieses Vorgehen wird den Biologen enorme Erkenntnisse über die Ökologie von Grasländern bringen, die sie sich bei zukünftigen Restaurationsprojekten zunutze machen können.

Die eingehendsten Forschungen über die Restauration von Prärien führte man seit den dreißiger Jahren in Wisconsin durch (Cottam 1990). Bei den Versuchen, diese Prärien wiederherzustellen, setzte man eine Vielzahl von Techniken ein: Die grundlegende Methode beinhaltet eine leichte Vorbereitung des Geländes durch Bearbeitung mit der Scheibenegge, Abbrennen und Harken, wenn Präriearten vorhanden sind, oder ein Entfernen der gesamten Vegetation durch Umpflügen oder Herbizide, wenn nur Fremdarten vorhanden sind. Einheimische Pflanzenarten etabliert man dann entweder, indem man Grasnarben verpflanzt, die von anderen Stellen stammen, oder indem man aus Samen gezogene Pflanzen setzt oder einfach durch Ausstreuen von Präriesamen, die man in der Natur oder von kultivierten Pflanzen gesammelt hat (Abbildung 16.13). Am einfachsten ist es, Heu einer einheimischen Prärie zu ernten und es auf die vorbereitete Stelle auszustreuen. In seiner Zusammenfassung der fünf Jahrzehnte dauernden Experimente in Wisconsin bemerkt Cottam (1990):

a

b

16.13 a) Ende der dreißiger Jahre beteiligten sich Mitglieder des Civilian Conservation Corps („zivilen Naturschutzkorps", einer jener Organisationen, die Präsident Franklin Roosevelt zum Ankurbeln der Beschäftigung während der Weltwirtschaftskrise schuf) an einem Projekt der University of Wisconsin zur Restauration der Wildpflanzenarten einer Prärie im Mittelwesten. b) Das Erscheinungsbild der Prärie 50 Jahre später. (Photos: University of Wisconsin Arboretum and Archives.)

> »Alle diese Methoden funktionieren, aber die Erfolgsrate ist ausgesprochen unterschiedlich und hängt von der Menge der vorhandenen Kräuter ab, von der Menge und dem Zeitpunkt des Niederschlags, von der Art und Weise, wie die Samen geschichtet werden, und von einer Anzahl anderer bekannter und unbekannter Variablen ... Einheimische Prärien sind von Natur aus sehr heterogen; an einer Stelle wächst eine Art in großen Massen, und an einer anderen wachsen verschiedene Arten zusammen. Warum die Pflanzen so verteilt sind, wie es der Fall ist, ist nicht leicht festzustellen, und so bestimmen bestenfalls reichlich Vermutungen und Intuition das tatsächliche Pflanzen der Arten, und eine große Menge Hintergrundinformationen erhöht die Erfolgschancen. Es bleibt jedoch noch Raum für Irrtümer, denn Präriepflanzen zeigen im allgemeinen einen breiten Toleranzbereich. Siedelt man sie an ihrem optimalen Standort an, werden die Arten in Wechselbeziehung treten und sich letztendlich zu einer annehmbaren Annäherung an eine natürliche Prärie sortieren.«

Ein besonderer Wert der Restaurationsprojekte in Prärien zeigt sich in ihrer Nützlichkeit für Demonstrations- und Lehrzwecke in Gebieten, in denen die Landschaft von der Landwirtschaft geprägt ist, und in ihrem Vermögen, die Vorstellungskraft von Stadtbewohnern anzuregen, die darauf aus sind, in Naturschutzbemühungen einbezogen zu werden. In der Schlußfolgerung seines Überblicks sagt Cottam: »Die Restauration von Prärien ist ein aufregendes und lohnenswertes Unterfangen. Es steckt voller Überraschungen, phantastischen Erfolgen und unergründlichen Fehlschlägen. Man lernt eine Menge dabei – in der Regel mehr darüber, was man nicht tun sollte, als darüber, was man tun sollte. Der Erfolg ist selten besonders groß, aber Präriepflanzen sind unverwüstlich, und selbst ein dürftiger Beginn wird mit der Zeit in einer wunderbaren Prärie enden.«

Einer des ehrgeizigsten und umstrittensten Restaurationspläne beinhaltet die Neuschaffung eines Präerieökosystems mit Namen „Buffalo commons“ („Büffelland“) auf etwa 380000 Quadratkilometern der Staaten der amerikanischen Ebenen von Dakota bis nach Texas und von Wyoming bis Nebraska (Popper und Popper 1991; Mathews 1992). Dieses Land wird gegenwärtig – unterstützt durch Subventionen der Regierung – für umweltzerstörende und oftmals unrentable Acker- und Weidewirtschaft genutzt. Die menschliche Bevölkerung dieser Region nimmt ab, da die Bauern und die Städter aus dem Arbeitsprozeß ausscheiden und die jungen Leute wegziehen. Aus ökologischer, soziologischer und sogar wirtschaftlicher Sicht wäre die beste Nutzungsmöglichkeit eines Großteiles der Region auf lange Sicht ein wiederhergestelltes Präerieökosystem. Die menschliche Bevölkerung könnte sich möglicherweise um eine nichtzerstörerische Kernindustrie wie Tourismus, Wildtiermanagement und extensive Beweidung stabilisieren, und nur die besten Flächen würden für den Ackerbau verbleiben.

Die Restauration eines tropischen Trockenwaldes in Costa Rica

Weltweit werden die Wälder der Tropen durch Abholzung, Beweidung, Feuer, Wanderfeldbau und das Sammeln von Brennholz zerstört. Die Flächen werden oft bis zu einem Punkt geschädigt, an dem nur wenige Bäume übrigbleiben und sie für die einheimische Bevölkerung nur noch von geringem Nutzen sind. Um diesen verheerenden Trend wieder umzukehren, beteiligen sich Regierungen, die lokale Bevölkerung und private Organisationen an der Pflanzung Hunderter Millionen von Baumsetzlingen pro Jahr und am Schutz der verbliebenen Wälder.

Ein spannendes Experiment auf dem Gebiet der Restaurationsökologie wird gegenwärtig im Nordwesten von Costa Rica durchgeführt. Die tropischen Trockenwälder Mittelamerikas haben unter einer großmaßstäblichen Umwandlung in Viehfarmen gelitten. Die Beweidung durch Rinder sowie Feuer und Rodungen haben diese vielfältige Lebensgemeinschaft auf einige wenige Bruchstücke reduziert. Und selbst in diesen Fragmenten bedrohen eingeführte Gräser und der durch Bejagung ausgeübte Druck die verbliebenen einheimischen Arten. Diese Zerstörung schritt größtenteils unbemerkt voran, weil sich die internationale Wissenschaft und die öffentliche Aufmerksamkeit auf die glanzvolleren Regenwälder an anderen Orten konzentrierten. Der US-amerikanische Ökologe Daniel Janzen arbeitet mit der Regierung von Costa Rica und der einheimischen Bevölkerung zusammen, um diese Zerstörung der tropischen Trockenwälder umzukehren und 75 000 Hektar Land im Guanacaste-Nationalpark wieder in seinen ursprünglichen Zustand zurückzuführen (Abbildung 16.14; Janzen 1988b; Allen 1988). Die Restaurationspläne umfassen die Anpflanzung einheimischer Bäume, kontrollierte Feuer und ein Jagdverbot. Die Beweidung durch Rinder will man auf ein Maß reduzieren wie es zur Bekämpfung gebietsfremder Gräser notwendig ist, die Feuern Nahrung geben und die Regeneration der einheimischen Pflanzenarten behindern. Ziel ist es, die Fremdarten zu eliminieren und innerhalb der nächsten 100 bis 300 Jahre das Waldökosystem wiederherzustellen.

Ein neuartiger Gesichtspunkt dieser Restaurationsbemühungen ist die Einbeziehung der einheimischen Bevölkerung in zahlreiche Aspekte des Parkmanagements und die vorgesehene Rolle des Parkes im kulturellen Leben und bei der Ausbildung der Menschen. Man gab zahlreichen innerhalb des Parkes lebenden Bauern und Viehzüchtern die Gelegenheit, sich als Parkmitarbeiter ausbilden zu lassen und ihre Fähigkeiten und Kenntnisse der Region zu nutzen, um den Park zu entwickeln. Diejenigen, die Initiative und Befähigung zeigen, werden zu Parkmanagern und Biologen ausgebildet.

a

b

16.14 a) Der geplante Guanacaste-Nationalpark ist ein Experiment auf dem Gebiet der Restaurationsökologie – ein Versuch, den zerstörten und fragmentierten tropischen Trockenwald Costa Ricas wiederherzustellen. Dieses Bild des Waldes zeigt einen Bereich des Santa-Rosa-Nationalparkes, der als Kernzone für dieses Experiment dient. b) Daniel Janzen, ein US-amerikanischer Ökologe, ist die treibende Kraft hinter dem Restaurationsprojekt in Guanacaste. Hier untersucht er Nachtfalterarten aus dem Forschungsgebiet. (Photos: William H. Allen.)

Ein Schlüsselelement in den Restaurationsplänen ist die sogenannte *biokulturelle Restauration*; das bedeutet, der Park wird als Zentrum dienen, um die 40000 Einwohner in Naturkunde und in den Grundlagen der Ökologie und des Naturschutzes zu unterrichten. Nach Ansicht von Janzen kann in ländlichen Gegenden wie Guanacaste eine der wertvollsten Funktionen von Nationalparks sein, den Menschen eine Gelegenheit zu bieten, etwas über die Natur zu lernen:

»Die Öffentlichkeit lechzt nach der Darbietung von Komplexitäten aller Art und reagiert unmittelbar darauf – sei es Biologie, Musik, Literatur, Politik, Bildung und so weiter... Das Ziel der biokulturellen Restauration lautet, den Menschen wieder jene Kenntisse der Biologie um sie herum zu vermitteln, die ihre Großväter noch hatten. Diese Menschen sind heute kulturell genauso verarmt, als könnten sie nicht mehr lesen, Musik hören oder Farben sehen.« (Janzen, zitiert in Allen 1988)

Um dieses Ziel zu erreichen, hat man Ausbildungs- und Forschungsprogramme entworfen, um Schüler und Studenten an Grundschulen, weiterführenden Schulen und Universitäten wie auch verschiedene Bevölkerungsgruppen mit einzubeziehen. Indem man die lokale Bevölkerung in Naturkunde unterrichtet und ihr den Wert des Parkes vermittelt, hofft man, daß die Menschen sowohl auf lokaler als auch auf nationaler Ebene zu Fürsprechern der Erhaltung der natürlichen Ressourcen werden.

»Das für die Praxis wichtigste Ergebnis ist, daß dieses Programm allmählich dazu führen wird, daß immer mehr Menschen biologische Kenntnisse haben. In 20 bis 40 Jahren werden diese Kinder den Nationalpark, die benachbarten Städte, die Bewässerungssysteme und die politischen Systeme verwalten. Wenn jemand eine Entscheidung in bezug auf den Naturschutz, das Ressourcenmanagement oder irgend etwas anderes treffen muß, dann möchte man, daß dieser Mensch die biologischen Vorgänge versteht, die dieser Entscheidung zugrunde liegen, weil er sie schon seit der Grundschule kennt« (Janzen, zitiert in Allen 1988).

Das Kapital für Landkäufe und das Parkmanagement stammt von der Regierung Costa Ricas und von internationalen privaten Stiftungen. In der Zukunft werden die benötigten Einkünfte zunehmend aus Gebühren stammen, die auswärtige und einheimische Wissenschaftler zahlen, die in den biologischen Feldstationen arbeiten. Die Nähe des Parkes zur Panamericana macht ihn auch zu einem idealen Standort für den Naturtourismus. Arbeitsplätze in diesen expandierenden Forschungs-, Tourismus- und Ausbildungseinrichtungen werden zu einem bedeutenden Faktor zur Beschäftigung der ortsansässigen Bevölkerung, insbesondere für diejenigen, die an Natur und Bildung interessiert sind. Ein Schlüsselelement für den zukünftigen Erfolg des Guanacaste-Nationalparkes ist, daß der Plan für die Einrichtung und das Management des Parkes die Bedürfnisse der Bevölkerung und die Notwendigkeiten der Restauration in geeigneter Weise mit einbezieht, so daß er beiden Zielen zufriedenstellend gerecht wird. Letztendlich waren diese Restaurationsbemühungen so erfolgreich und haben soviel Aufmerksamkeit der Medien auf sich gezogen, weil ein Einzelner – Daniel Janzen – all seine Zeit und Energie für eine Sache eingesetzt hat, an die er leidenschaftlich glaubt. Sein Enthusiasmus und seine Vision haben viele andere Leute angesteckt. Dies ist ein klassisches Beispiel dafür, wie eine engagierte Einzelperson oder eine kleine Gruppe von Leuten eine treibende Kraft für die Erhaltung eines Biotops oder einer Art sein kann.

Die Feinheiten der Restaurationsökologie

Bemühungen, geschädigte terrestrische Lebensgemeinschaften wieder in ihren Ursprungsszustand zurückzuführen, haben sich auf die Wiederherstellung der ursprünglichen Pflanzengesellschaft konzentriert. Dieser Schwerpunkt ist angebracht, weil die Pflanzengesellschaft normalerweise die Mehrheit der Biomasse ausmacht und die Grundlage für die übrige Lebensgemeinschaft bildet. Den anderen wichtigen Bestandteilen einer Lebensgemeinschaft muß jedoch mehr Aufmerksamkeit zuteil werden. Mykorrhizapilze (siehe Exkurs 15, Kapitel 9) und Bakterien spielen eine entscheidende Rolle bei der Bodenbildung und im Nährstoffkreislauf (Danielson 1985; Miller 1990). Die Wirbellosen des Bodens sind von Bedeutung für die Gestaltung der Bodenstruktur. Pflanzenfressende Tiere sind wichtig, weil sie die Konkurrenz unter den Pflanzen verringern und so die Artenvielfalt erhalten. Und auch viele Wirbeltiere spielen eine wichtige Rolle bei der Ausbreitung von Samen, als Feinde für Insekten und zur Auflockerung des Bodens. Viele dieser nichtpflanzlichen Arten kann man mit Grasnarben an einen restaurierten Standort übertragen; große Tiere und oberirdisch lebende Wirbellose hingegen muß man unter Umständen bewußt in ausreichender Zahl einfangen und dann in wiederhergestellten Gebieten aussetzen, um neue Populationen zu schaffen. Wenn ein Gebiet zunächst zerstört und später wieder restauriert wird, wie es beim Tagebau der Fall sein kann, könnte man die oberste Bodenschicht, welche die Mehrzahl der in der Erde liegenden Samen, Bodenwirbellosen und anderen Bodenorganismen enthält, vorsichtig entfernen und für eine spätere Verwendung bei Restaurationsmaßnahmen aufbewahren (Putwain und Gilham 1990; Miller 1990).

Restaurationsmaßnahmen könnten auch dazu genutzt werden, eine natürliche Lebensgemeinschaft neu zu schaffen, die an anderer Stelle bedroht ist. Beispielsweise könnte man geschädigte Weideflächen in Texas mit Arten eines bedrohten afrikanischen Savannenökosystems restaurieren. Wenn das Spitzmaulnashorn und andere Wildtiere in Afrika bis zur Ausrottung gejagt werden, könnte ihre einzige Hoffnung darin bestehen, sie in restaurierten Ökosystemen an anderer Stelle zu erhalten. Diese Idee ist nicht so weit hergeholt, wie es scheint; bis vor etwa 10000 Jahren gab es in Texas Nashörner. Dann wurden sie vermutlich durch menschliche Aktivitäten ausgerottet. Man könnte ganze Gruppen von Pflanzen und Tieren von einem Kontinent zu nächsten übersiedeln, wenngleich man dabei vorsichtig vorgehen müßte, denn schließlich sind eingeführte Arten eines der Hauptprobleme, mit denen sich Naturschutzbiologen auseinandersetzen müssen. Daher ist es wichtig sicherzustellen, daß keine der umgesiedelten Arten in ihrer neuen Heimat zu einem Schädling werden kann.

Zusammenfassung

1. Außerhalb von Schutzgebieten gibt es eine beträchtliche biologische Vielfalt, insbesondere in Lebensräumen, die für vielfältige Nutzungen erhalten werden. Solche ungeschützten Biotope sind für den Naturschutz von großer Bedeutung, weil Schutzgebiete nur einen geringen Prozentsatz der Fläche eines Landes ausmachen. Auch wandern in Schutzgebieten lebende Tierarten oft zur Nahrungssuche in ungeschütztes Land, wo sie anfällig für Bejagung oder andere Bedrohungen durch den Menschen sind. Regierungen beziehen die Erhaltung gefährdeter Arten zunehmend als eines der vorrangigen Ziele in Gebieten mit Mehrfachnutzung ein.
2. In den Waldökosystemen der gemäßigten Zone läßt sich die biologische Vielfalt steigern, indem man Abholzungsmaßnahmen in größeren Blökken durchführt, um die Randeffekte möglichst gering zu halten, und wenn bei Rodungen einige für späte Sukzessionsstadien charakteristische Individuen zurückgelassen werden, darunter sehr alte Bäume sowie stehendes und liegendes Totholz. Solche Bäume sind bedeutende Ressourcen für Tiere, zum Beispiel für höhlenbrütende Vögel.
3. In Afrika findet man viele der charakteristischen Großtiere vor allem auf Weideland außerhalb der Reservate. Die begrenzte Beweidung der ostafrikanischen Weideländer durch Vieh scheint mit der Erhaltung der jetzigen Artenzahl und Bestandsdichte von Wildtierarten vereinbar. Die bedeutendsten Faktoren für ein Überleben der Wildtiere auf ungeschütztem Weideland sind eine stabile Sozialstruktur und sichere Landbesitzverhältnisse der lokalen Bevölkerung. Kriege und andere gesell-

schaftliche Störungen sind die Hauptursachen für den Rückgang vieler afrikanischer Tierarten.

4. Menschen, die einer traditionellen Lebensweise nachgehen, findet man in jedem terrestrischen Ökosystem. Oftmals ist die gegenwärtige Zusammensetzung von Pflanzen und Tieren in einer natürlichen Lebensgemeinschaft durch die Aktivitäten dieser Bewohner beeinflußt. Manche traditionellen Gesellschaften haben eine ausgeprägte naturbewahrende Ethik und praktizieren Nutzungsformen, die mit der Erhaltung der biologischen Vielfalt vereinbar sind. Die Bewahrung der traditionellen Kulturen innerhalb ihrer natürlichen Umgebung bietet die Gelegenheit, die beiden Ziele der Erhaltung der Biodiversität und der kulturellen Vielfalt zu erreichen.
5. Die Restaurationsökologie liefert Methoden für die Wiederansiedlung von Arten und ganzen Lebensgemeinschaften in geschädigten Biotopen. Sie bietet eine Gelegenheit, die biologische Vielfalt in Lebensräumen zu erhöhen, die sonst kaum einen Wert für den Menschen haben. Die Restaurationsökologie baut auf angewandten Technologien auf, die versuchen, Ökosystemfunktionen in geschädigten Feuchtgebieten, Bergbaugebieten, Seen und zerstörten Weideflächen wiederherzustellen. Restaurationsprojekte beginnen mit dem Entfernen oder Neutralisieren aller Faktoren, die eine Erholung des Systems behindern. Dann ermöglicht eine Kombination aus Vorbereitung der Flächen, Biotopmanagement und Wiedereinbürgerung ursprünglich vorhandener Arten eine allmähliche Rückkehr der ursprünglichen Lebensgemeinschaft. Indem sie die Funktionen von Ökosystemen und das natürliche Erscheinungsbild eines Ortes wiederherstellt, ist die Restaurationsökologie von praktischem Wert, aber sie liefert auch ungewöhnliche Einblicke in die Ökologie von Lebensgemeinschaften, da diese aus ihren einzelnen Bestandteilen wieder zusammengesetzt werden.

Weiterführende Literatur

Alcorn, J. B. 1993. Indigenous peoples and conservation. *Conservation Biology* 7: 424–426. [Dieser Artikel und weitere in derselben Ausgabe beleuchten die unterschiedlichen Auffassungen von Ureinwohnern.]

Bayerisches Landesamt für Umweltschutz (Hrsg.) 1992. Das Arten- und Biotopschutzprogramm Bayern *(ABSP). Schriftenreihe Bayer. Landesamt für Umweltschutz,* 100.*

Briemle, G., Eickhoff, D. und Wolf, R. 1991. Mindestpflege und Mindestnutzung unterschiedlicher Grünlandtypen aus landschaftsökologischer und landeskultureller Sicht. *Beih. Veröff. Naturschutz Landschaftspflege Bad.-Württ.* 60.*

Gomez-Pompa, A. und Kaus, A. 1992. Taming the wilderness myth. *Bio Science* 42: 271–279. [Traditionelle Völker haben oft ihre eigenen Methoden zur Erhaltung der biologischen Vielfalt.]

Gradwohl, J. und Greenberg, R. 1988. *Saving the Tropical Rainforest.* EARTHSCAN Ltd., London. [Neuartige Methoden zur Erhaltung der Biodiversität in den Tropen.]

Hansen, A. J., Spies, T. A., Swanson F. J. und Ohmann, J. L. 1991. Conserving biodiversity in managed forests. *BioScience* 41: 382–392. [Neue Rodungstechniken können die Schäden für die biologische Vielfalt auf ein Minimum herabsetzen.]

Janzen, D. H. 1988. Tropical ecological and biocultural restoration. *Science* 239: 243–244. [Eine einzigartige Verbindung von Ökologie und Ausbildung der Öffentlichkeit.]

Jordan W. R. III., Gilpin, M. E. und Aber, J. D. (Hrsg.) 1990. *Restoration Ecology: A Synthetic Approach to Ecological Research.* Cambridge University Press, Cambridge. [Fallstudien und Beiträge zu allgemeinen Methoden der Restaurationsökologie.]

Kaule, G. 1991. *Arten- und Biotopschutz.* 2. Aufl., Eugen Ulmer, Stuttgart.*

Mathews, A. 1992. *Where the Buffalo Roam.* Grove Weidenfield, New York. [Hervorragende und allgemeinverständliche Darstellung des geplanten Prärieökosystems „Buffalo commons" und der Kontroversen darüber.]

Mlot, C. 1992. Botanists sue Forest Service to preserve biodiversity. *Science* 257: 1618–1619. [Wissenschaftler bestehen darauf, daß die Erhaltung der biologischen Vielfalt ein Teil der Waldbehandlung wird.]

Nitsche, S. und Nitsche, L. 1994. *Extensive Grünlandnutzung.* Neumann, Radebeul.*

Oldfield, M. L. und Alcorn, J. B. (Hrsg.) 1991. *Biodiversity: Culture, Conservation, and Ecodevelopment.* Westview Press, Boulder, CO. [Manchmal sind die Erhaltung der Biodiversität und der Kultur miteinander verbunden.]

Plachter, H. 1991. *Naturschutz.* 2. Aufl., Gustav Fischer, Stuttgart.*

Redford, K. und Padoch, C. (Hrsg.) 1992. *Conservation of Neotropical Rainforests: Working from Traditional Resource Use.* Columbia University Press, New York. [Fallstudien, bei denen traditionelle Nutzungsmuster der Ressourcen auch die biologische Vielfalt erhalten.]

Wegener, U. 1991. *Schutz und Pflege von Lebensräumen.* Gustav Fischer, Jena.*

Western, D. und Pearl, M. (Hrsg.) 1989. *Conservation for the Twenty-First Century.* Oxford University Press, New York. [Aufsätze führender Fachleute, von denen viele sich auf die Erhaltung außerhalb von Schutzgebieten beziehen.]

17

Ex situ-Erhaltungsstrategien

Wie die letzten Kapitel gezeigt haben, ist die beste Strategie für die langfristige Erhaltung der biologischen Vielfalt die Bewahrung der natürlichen Lebensgemeinschaften und Populationen in der Natur, die sogenannte **Erhaltung *in situ*** oder **vor Ort**. Nur in natürlichen Lebensgemeinschaften sind Populationen wirklich groß genug, um eine genetische Drift zu verhindern. Innerhalb ihrer natürlichen Lebensgemeinschaft vermögen Arten den Prozeß der evolutionären Anpassung an eine sich verändernde Umwelt fortzusetzen. Für zahlreiche seltene Arten ist die Erhaltung *in situ* jedoch angesichts zunehmender Störungen durch den Menschen keine Möglichkeit zum Überleben. In der Natur können Arten aus irgendeiner der bereits früher diskutierten Ursachen zurückgehen und aussterben: durch genetische Drift und Inzucht, durch demographische und Umweltvariation, durch Verlust oder Verschlechterung der Lebensraumqualität, durch Konkurrenz von gebietsfremden Arten, durch Krankheiten oder übermäßige Ausbeutung. Wenn eine Restpopulation zu klein ist, um auf Dauer zu überleben, oder wenn alle verbliebenen Individuen außerhalb von Schutzgebieten leben, dann ist eine Erhaltung *in situ* möglicherweise nicht durchführbar. Unter solchen Umständen ist wahrscheinlich die einzige Möglichkeit zu verhindern, daß eine Art ausstirbt, die Individuen unter künstlichen Bedingungen und unter menschlicher Aufsicht zu erhalten (Conway 1980; Dresser 1988; Seal 1988; Cohn 1991a). Diese Strategie ist als **Erhaltung *ex situ*** oder **in menschlicher Obhut** bekannt. Eine Anzahl von Arten ist in der Natur bereits ausgestorben, überlebt aber in Kolonien in Menschenobhut, wie der Davidshirsch oder Milu (*Elaphurus davidianis*) und das Przewalskipferd (*Equus przewalski*) (Abbildung 17.1). Der hübsche Baum *Franklinia alatamaha* aus der Familie der Teegewächse (Theaceae) (siehe Abbildung 4.1 und Exkurs 6) wächst nur noch in Kultur und ist nicht mehr in der Natur anzutreffen.

a

17.1 a) Der Davidshirsch (*Elaphurus davidianus*) ist in der Natur seit etwa 1200 vor Christus ausgestorben. Die Art überlebte nur in Jagdreservaten des chinesischen Adels. b) Das Przewalskipferd (*Equus przewalski*) gedeiht recht gut in Menschenobhut, ist aber in der Natur vermutlich ausgestorben. Diese Art war einst in Zentralasien häufig und ist die letzte lebende Wildpferdart. (Photos: Jessie Cohen, National Zoological Park, Smithsonian Institution.)

b

Beispiele für Einrichtungen zur *ex situ*-Erhaltung von Tieren sind Zoos, Wildgatter, Aquarien und Zuchtprogramme in menschlicher Obhut, während Pflanzen in botanischen Gärten, Arboreten und Samenbanken erhalten werden. Ein Mittelweg, der sowohl Elemente der Erhaltung *in situ* als auch *ex situ* beinhaltet, ist die Überwachung und das Management von Populationen seltener und gefährdeter Arten in kleinen Schutzgebieten; solche Populationen sind immer noch etwas wild, aber gelegentlich kann ein Eingreifen des Menschen notwendig sein, um einen Rückgang der Population zu verhindern.

Erhaltungsstrategien *ex situ* und *in situ* ergänzen sich (Kennedy 1987; Robinson 1992). *Ex situ*-Methoden können auf mehrere Weisen dazu bei-

17.2 Das Nashorn ist ein Beispiel für ein Tier, daß sich gegenwärtig nicht für Erhaltungsstrategien *ex situ* eignet; Nashörner pflanzen sich in Menschenobhut meist nur selten fort. Praktisch alle in Zoos zu sehenden Tiere wie dieses Paar Spitzmaulnashörner sind Wildfänge. (Photo: Jessie Cohen, National Zoological Park, Smithsonian Institution.)

tragen, eine Art in der Natur zu erhalten. Erstens kann man von Zeit zu Zeit Individien aus *ex situ* gehaltenen Populationen in die Natur zurückbringen, um die Anzahl und die genetische Variabilität in natürlichen Populationen zu erhalten (Powell und Cuthbert 1993; Cade und Jones 1993). Zweitens kann die Forschung an Populationen in menschlicher Obhut Einblicke in die grundlegende Biologie einer Art liefern und neue Erhaltungsstrategien nahelegen. Drittens können sich selbst erhaltende Populationen *ex situ* die Notwendigkeit verringern, zu Schau- und Forschungszwecken Individuen aus der Natur zu entnehmen. Und schließlich können zur Schau gestellte Individuen dazu beitragen, die Öffentlichkeit über die Notwendigkeit aufzuklären, die Art zu erhalten, und so Artgenossen in der Natur schützen. Die Arterhaltung *in situ* ist wiederum entscheidend für das Überleben von Spezies, die sich in menschlicher Obhut nur schwer erhalten lassen, wie Nashörner (Abbildung 17.2). Die Erhaltung *ex situ* sollte man als wichtigen Teil einer integrierten Arterhaltungsstrategie für gefährdete Spezies ansehen.

Bei Erhaltungsbemühungen *ex situ* gibt es im Vergleich zur Erhaltung *in situ* einige grundlegende Einschränkungen (Conway 1988; Ledig 1988):

- *Populationsgröße.* Um genetische Drift zu verhindern, müssen *ex situ* Populationen von mindestens einigen hundert Individuen gehalten werden. Jeder Zoo kann nur wenige Wirbeltierarten in solchen Zahlen halten. Botanische Gärten besitzen meist nur ein einziges oder einige wenige Individuen der meisten Arten, insbesondere von Bäumen.
- *Anpassung. Ex situ*-Populationen können eine genetische Anpassung an ihre künstliche Umwelt durchmachen. Bei Tieren zum Beispiel, die viele Generationen lang in menschlicher Obhut gehalten werden, könnte aufgrund der Ernährung mit Zoofutter eine Selektion zugunsten von Veränderungen der Mundpartie und der Verdauungsenzyme erfolgen; wenn man Tiere aus derart veränderten Populationen in die Natur zurückbrächte, könnten sie Schwierigkeiten haben, ihre natürliche Nahrung zu sich zu nehmen.
- *Lernfähigkeit.* Individuen von *ex situ*-Populationen können ihre Kenntnisse über die natürliche Umgebung einbüßen und sind möglicherweise nicht mehr in der Lage, in der Natur zu überleben. Beispielsweise könnte es sein, daß in menschlicher Obhut gezüchtete Tiere ihre natürliche Nahrung nicht mehr als eßbar erkennen oder nicht mehr in der Lage sind, Wasserquellen aufzuspüren, wenn man sie in die Natur zurückbringt. Dieses Problem wird am ehesten bei sozialen Säugetieren und Vögeln auftreten, bei denen die Jungen solche Fähigkeiten von erwachsenen Mitgliedern der Population lernen.
- *Genetische Variabilität. Ex situ*-Populationen repräsentieren vielleicht nur einen begrenzten Teil des Genpools der Art. Wenn eine Zoopopulation beispielsweise von Individuen ausging, die man an einem warmen Ort im Tiefland einfing, wären die Individuen unter Umständen nicht imstande, sich physiologisch an kältere Standorte im Hochland anzupassen, an denen diese Art ehemals vorkam.
- *Kontinuität.* Erhaltungsbemühungen *ex situ* erfordern eine kontinuierliche Versorgung mit Geldern und eine ständige Betreuung. Das gilt zwar in gewissem Ausmaß auch für Erhaltungsmaßnahmen *in situ*, doch *ex situ* kann eine nur Tage oder Wochen dauernde Unterbrechung der Pflege zu beträchtlichen Verlusten von Individuen oder sogar Arten führen. Der Zusammenbruch der ehemaligen Sowjetunion, die Verschlechterung der russischen Wirtschaft und Bürgerkriege in den umliegenden Staaten liefern eine Vielzahl von Beispielen, wie rasch sich die Bedingungen in einem Land ändern und wie sich solche Ereignisse auf Tier- und Pflanzenpopulationen in menschlicher Obhut auswirken können.
- *Konzentration.* Da Erhaltungsbemühungen *ex situ* manchmal auf einer relativ kleinen Fläche konzentriert sind, besteht die Gefahr, daß eine gesamte Population durch eine Katastrophe wie ein Feuer, einen Wirbelsturm oder eine Krankheitsepidemie vernichtet wird. Das gilt allerdings auch für Populationen, die nur auf einen einzigen Nationalpark,

ein einziges Schutzgebiet oder auf ein anderes kleines Gebiet in der Natur beschränkt sind.

Trotz dieser Einschränkungen können sich Erhaltungsstrategien *ex situ* als die beste – oder einzige – Alternative erweisen, wenn die Erhaltung von Arten *in situ* schwierig oder unmöglich ist. Wie Michael Soulé es ausdrückt: »Es gibt keine hoffnungslosen Fälle, nur Menschen ohne Hoffnung und kostenaufwendige Fälle« (Soulé 1987).

Zoos

Zoos haben sich seit jeher auf große Wirbeltiere konzentriert, insbesondere auf Säugetiere, da diese für das allgemeine Publikum am interessantesten sind. Durch diesen Schwerpunkt auf den „charismatischen Megavertebraten" werden die enormen Gefahren für die riesige Zahl von Insekten und anderen Wirbellosen, welche die Mehrheit der Tierarten der Welt bilden, zumeist übersehen. Die Zootiere machen die Öffentlichkeit jedoch besonders gut auf Naturschutzaufgaben aufmerksam (Cohn 1988c). Zoos legen bei ihren Ausstellungen und Forschungsprogrammen zunehmend Wert auf ökologische Themen und die Gefahren für bedrohte Tierarten (Fackelmann 1984; Robinson 1988, 1992). Lehrveranstaltungen in Zoos, über die Programme von Zoos geschriebene Artikel und Feldforschungsprojekte von Zoos lenken alle die Aufmerksamkeit der Öffentlichkeit auf Tiere und Biotope, deren Erhaltung von Bedeutung ist. Wenn sich die breite Öffentlichkeit für die Erhaltung von Gorillas und Pandas interessiert, nachdem sie sie im Zoo gesehen und etwas über sie gelesen hat, gibt sie auch Gelder und übt Druck auf Regierungen aus, so daß schließlich Berge in Afrika und China als Schutzgebiete für diese Arten ausgewiesen werden. Dabei werden auch Tausende von anderen Tier- und Pflanzenarten geschützt, die dort vorkommen.

Die Zoos der Welt halten gegenwärtig über 500000 Individuen von Landwirbeltieren aus mehr als 3000 Säuger-, Vogel-, Reptilien- und Amphibienarten (Conway 1988). Diese Anzahl der Tiere in Menschenobhut mag zwar eindrucksvoll erscheinen, im Vergleich zu der Zahl von Katzen, Hunden und Fischen, welche die Menschen als Haustiere halten, ist sie jedoch unbedeutend. Allein in den Vereinigten Staaten werden rund 50 Millionen Katzen als Haustiere gehalten – 100mal mehr als die Gesamtzahl der Zootiere weltweit.

Ein Ziel der meisten größeren Zoos ist gegenwärtig, Zuchtpopulationen seltener und gefährdeter Tierarten zu etablieren. Zusammen mit Universitäten, Regierungsbehörden und Naturschutzorganisationen sind Zoos prädestiniert für die Schaffung lebensfähiger Populationen dieser Arten in menschlicher Obhut, weil sie über die notwendigen Kenntnisse und Erfahrungen in der Pflege der Tiere, in der Veterinärmedizin, hinsichtlich des Verhaltens und der Fortpflanzungsbiologie sowie der Genetik der Tiere verfügen. Doch nur die Populationen von etwa zehn Prozent der in den Zoos weltweit gehaltenen 274 Arten seltener Säugetiere erhalten sich gegenwärtig selbst (Ralls und Ballou 1983). In den Vereinigten Staaten halten die Zoos von etwa 100 Arten derartige Populationen – nur ein kleine Teil der gezeigten Spezies. Nach wie vor entnehmen die Zoos einen Großteil ihres Tierbestands aus Wildpopulationen. Um diese Situation zu verbessern, haben Zoos und angeschlossene Naturschutzorganisationen damit begonnen, sich nachdrücklich darum zu bemühen, Zuchtkolonien seltener und gefährdeter Tierarten aufzubauen und neue Methoden und Programme zu entwickeln, um Arten wieder in der Natur anzusiedeln (Dresser 1988; Foose 1983; Benirschke 1983).

Für häufige Tiere wie den Waschbär und den Weißwedelhirsch besteht keine Notwendigkeit, Zuchtkolonien in Zoos aufzubauen, denn von diesen verbreiteten Arten kann man ohne weiteres Individuen aus der Natur entnehmen. Entscheidend ist, daß Zoos lebensfähige Populationen seltener Arten aufbauen, die man nicht mehr ohne Bedenken in der Natur fangen kann, etwa vom Orang-Utan, vom China-Alligator und vom Schneeleopard (Abbildung 17.3). Für viele Arten, deren Lebensraum durch menschliche Aktivitäten schwer geschädigt ist, stellen Kolonien in Zoos möglicherweise die einzige Überlebenschance dar (Exkurs 25). Wenn eine Art in der Natur ausstirbt, könnten Zuchtkolonien in Menschenhand auch eine Quelle für Individuen sein, um wieder natürliche Populationen aufzubauen. Würde man sich gemeinsam bemühen, Zuchtkolonien von 100 bis 150 Tieren pro Säugetierart aufzubauen, dann könnte man in den gegenwärtigen zoologischen Einrichtungen etwa 900 Arten erhalten; bei einer Koloniegröße von 500 Tieren würde diese Zahl auf 200 bis 300 Arten zurückgehen (Conway 1988).

Die meisten Wirbeltierarten kann man mit modernen Methoden, wie sie die Captive Breeding Specialist Group (Spezialistengruppe für die Zucht in menschlicher Obhut) der Arterhaltungskommission SSC (Special Survival Commission) der IUCN (International Union for the Conservation of Nature) beschreibt (Seal 1988), langfristig in Menschenobhut züchten. Zu diesen Methoden gehört eine sorgfältig auf die Bedürfnisse der Art zugeschnittene Ernährung unter Zusatz von Vitaminen und Mineralstoffen. Zur Vermeidung von Streß beim Transport oder medizinischen Eingriffen kann man Narkosetechniken einsetzen, um die Tiere zu immobilisieren. Unsere Kenntnisse über Impfungen und Antibiotika, welche die Ausbreitung von Krankheiten in Kolonien in Menschenobhut verhindern können, nehmen

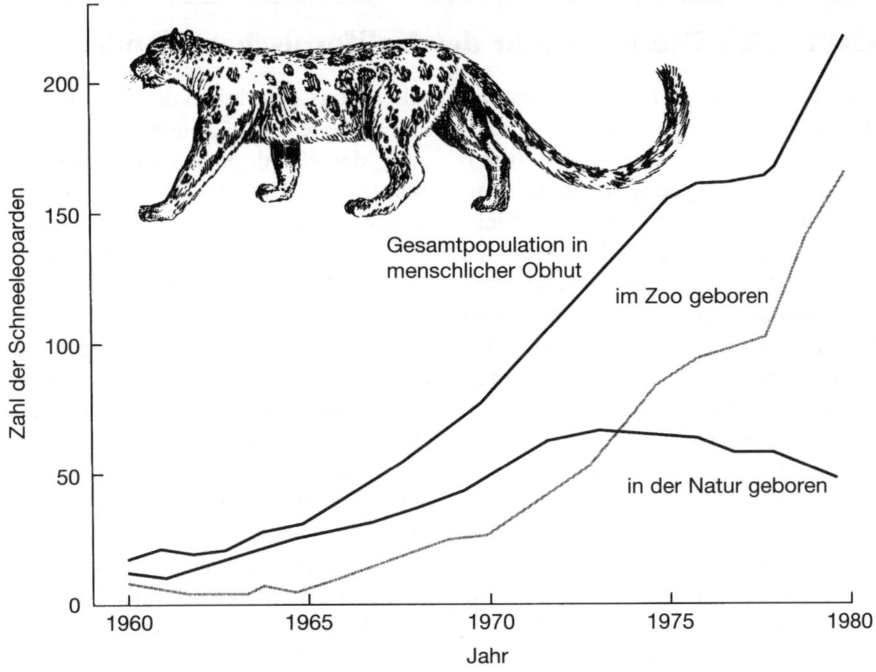

17.3 Schneeleoparden (*Panthera uncia*) pflanzen sich in Zoos gut fort. Die Erhaltung von Zuchtkolonien dieser Tiere kann die Notwendigkeit verringern, Individuen aus den zurückgehenden Wildpopulationen entnehmen zu müssen. Seit 1974 wurde die Mehrzahl der in Zoos gehaltenen Schneeleoparden in menschlicher Obhut geboren (Daten aus Foose 1983).

ständig zu. Um genetische Drift und Inzucht zu vermeiden, werden zentrale Datenbanken zur Speicherung von Zuchtdaten eingerichtet.

Einige seltene Arten pflanzen sich in menschlicher Obhut jedoch nicht gut fort. Daher wurden neue Techniken entwickelt, um die geringen Fortpflanzungsraten dieser Arten zu steigern (Dresser 1988; Seal 1988). Beispielsweise können **Adoptivmütter** den Reproduktionserfolg bestimmter Arten erhöhen. Wenn Tiermütter einer seltenen Art nicht in der Lage sind, ihre Jungen selbst aufzuziehen, können manchmal Eltern anderer Arten deren Nachwuchs großziehen *(cross-fostering)* (Powell und Cuthbert 1993). Viele Vogelarten, wie der Weißkopfseeadler, haben normalerweise nur ein Gelege pro Jahr; wenn Biologen jedoch die Eier entfernen, wird die Mutter erneut legen und ein zweites Gelege aufziehen. Bringt man das erste Gelege in das Nest einer verwandten Vogelart, wird jedes Weibchen der seltenen Art zwei Gelege pro Jahr hervorbringen. Diese offiziell als „Doppelgelege" (*double-clutching*) bezeichnete Technik verdoppelt potentiell die Zahl der Nachkommen, die ein Weibchen produzieren kann.

Exkurs 25: Die Rückkehr des Kalifornischen Kondors

Der Kalifornische Kondor (*Gymnogyps californianus*) ist ein großer, geierartiger Vogel mit einer durchschnittlichen Flügelspannweite von nahezu drei Metern. Seine Misere verdeutlicht sowohl die Probleme als auch die Möglichkeiten von Arterhaltungsbemühungen in den Vereinigten Staaten im letzten Jahrzehnt. Der Kondor erlebte in den vergangenen 200 Jahren einen stetigen zahlenmäßigen Rückgang (Kiff 1990; Snyder und Snyder 1990; Girdner 1992). Schon im ausgehenden 19. Jahrhundert hatte der Naturforscher James Cooper festgestellt, daß »es kaum Zweifel gibt, daß unser großer Geier, wenn er nicht geschützt wird, zum raschen Aussterben verurteilt ist«. Im Jahre 1985 war die Zahl der Kondore fast bis zum Aussterben gesunken; die gesamte Zuchtpopulation der Art bestand aus nur sechs Vögeln in der Natur und zusätzlichen 21 Tieren in Menschenobhut (Crawford 1986). Im Dezember 1985 erklärte das US-Innenministerium, man wolle als Rettungsmaßnahme in letzter Minute zur Erhaltung des Kondors die noch verbliebenen Vögel einfangen und in ein Zuchtprogramm der Zoos von San Diego und Los Angeles aufnehmen. Diese Entscheidung löste erhitzte Diskussionen zwischen dem Innenministerium und der National Audubon Society aus; diese beantragte einen richterlichen Beschluß, um den Fang der Vögel zu verbieten, mit der Begründung, das Innenministerium hätte nicht vor, die Art letztlich wieder in die Natur zurückzubringen.

Der Mangel an Lebensraum, der frei von menschlichen Einflüssen ist, scheint das Überleben des Kondors in erster Linie zu bedrohen. Der Rückgang des Kondors in den letzten 30 Jahren ist offenbar die Folge einer Kombination von Lebensraumverlust, Abschuß und Umweltverschmutzung. Das ursprüngliche Verbreitungsgebiet der Art in neuerer Zeit umfaßt Teile von Kalifornien, die heute stark urbanisiert sind, darunter der Großraum Los Angeles. In diesem Gebiet schossen oft Jäger auf die am Himmel gleitenden, großen Vögel. Als durch den menschlichen Druck ihre natürliche Beute zurückging, ernährten sich die Kondore auch oft von den Kadavern von Tieren, die mit Schrotkugeln erlegt worden waren, was zu tödlichen Bleivergiftungen führte. Zusätzlich zu dem Blei waren die Kondore auch noch Pestiziden ausgesetzt, wie dem Insektizid DDE, wodurch die Eischalen dünn wurden und zerbrachen (Di Silvestro 1987; Kiff 1990; Girdner 1992) (siehe Exkurs 7 in Kapitel 6). Diese Faktoren führten zu einer doppelten Krise: zu einer hohen Sterblichkeit unter den Altvögeln und zu einem Ausbleiben von Nachwuchs.

In ihrer Klageschrift bezichtigte die National Audubon Society das Innenministerium, das Umweltrecht zu verletzen, indem es kein entscheidendes Biotop für die Erhaltung der Art in der Natur erwarb. Die Bundesregierung weigerte sich anfangs, ein Stück Land mit Namen „Hudson Ranch“ zu kaufen – ein Gebiet von 5300 Hektar offener Flächen, das einige Naturschützer als geeigneten Kondorlebensraum ansahen. Dieses Grundstück der Hudson Ranch um-

In Menschenobhut geschlüpfte Küken des Kalifornischen Kondors werden von Forschern mit Handpuppen gefüttert, die wie Altvögel aussehen. Die Biologen hoffen, daß ein Beschränken des Kontakts der Vögel mit Menschen auf ein Minimum ihre Überlebenschance verbessern wird, wenn man sie wieder in die Natur zurückbringt. (Photo: Mike Wallace, Zoo Los Angeles.)

faßt einen der größten Nahrungsgründe im Verbreitungsgebiet des Kondors, der frei von Jagd und Pestizideinsatz sein könnte. Auch wenn die Audubon Society ihren Prozeß 1986 verlor, revidierte der Fish and Wildlife Service seine ursprüngliche Einstellung und erwarb die Hudson Ranch – mittlerweile umbenannt in Bitter Creek National Wildlife Refuge – in der Hoffnung, einer anwachsenden Kondorpopulation in der Zukunft ein Biotop zur Nahrungssuche zu bieten (Di Silvestro 1987). Wie begrenzt die Möglichkeiten sind, Lebensräume für die Erhaltung des Kalifornischen Kondors unter Schutz zu stellen, verdeutlicht die Tatsache, daß der letzte freilebende Kondor seine Nahrung in einem Gebiet von 2,4 Millionen Hektar suchte. In einem solchen Fall wird das Management einer Art entscheidend, denn man kann nie genug Land erwerben, um eine Wildpopulation einer solchen Art völlig vor den Einflüssen des Menschen zu schützen.

Der Versuch, die Kondore in menschlicher Obhut zu züchten, rief aus mehreren Gründen Kontroversen hervor. Zum Einen waren sich die Biologen nicht sicher, ob sich die Kondore in Menschenhand fortpflanzen würden, als sie 1986 und 1987 die letzten Exemplare einfingen. Damit in Zusammenhang stand die Besorgnis, daß sich durch die Volierenhaltung das Verhalten der Vögel ändern könnte und sie möglicherweise nicht mehr in der Lage wären, in der Natur zu überleben. Die Zoos umgingen dieses Problem, indem sie die Vögel so weit wie möglich von Kontakten mit Menschen fernhielten. Die Kondore sind für das Publikum nicht sichtbar, und die Handaufzucht der Küken erfolgt hinter Sichtblenden mit Kondorhandpuppen, welche die Hände der fütternden Person verdecken (Crawford 1986; Girdner 1992). Ein zweites Problem war die kleine Populationsgröße. Auch wenn die Biologen Paarungen unter nahe miteinander verwandten Individuen vermeiden konnten, so bietet eine derart kleine Population dennoch nur eine begrenzte Auswahl an potentiellen Geschlechtspartnern. Mindestens die Hälfte der augenblicklichen Kondorpopulation stammt aus nur drei Familiengruppen mit 14 Gründerlinien (Kiff, persönliche Mitteilung); daher ist ein starkes Maß an Inzucht unvermeidlich. Darüber hinaus wurde kritisch gefragt, ob es sinnvoll ist, über 20 Millionen Dollar für eine einzelne Art auszugeben, die wahrscheinlich nie wieder in der Natur angesiedelt werden kann (Willwerth 1992). Doch die 100000 Hektar Land in Kalifornien, die heute geschützt werden, damit sie in Zukunft den Kondoren zur Verfügung stehen, sind sicherlich auch von Bedeutung für die Erhaltung anderer, weniger auffälliger Arten und Lebensgemeinschaften. Auch wendet man die neuen Techniken der Aufzucht in Menschenhand, die man für den Kondor entwickelte, nun auf andere Arten an (Kiff 1990). Im Zuge des Projekts ließ man versuchsweise Andenkondore (*Vultur gryphus*) in Kalifornien frei, um Erhaltungsmethoden zu entwikkeln, die man dann auf den Kalifornischen Kondor anwenden kann (Kiff 1990). Man nahm dazu nur Weibchen, um zu verhindern, daß sich eine Wildpopulation etabliert. Andenkondore vermehren sich gut in Zoos und sind dort häufig anzutreffen. Wie man herausfand, können sich Andenkondore in der Natur an künstliche Höhlenstrukturen anpassen und lernen, unkontaminierte Nahrung von Futterstellen aufzunehmen. Sie lernen ohne menschliche Hilfe zu segeln und legen große Strecken zurück, bevor sie zu ihren Nestern zurückkehren. Auch wenn ein solches Leben zu unnatürlich erscheinen mag, ist es vielleicht der einzige Weg, wie der Kalifornische Kondor in seinen natürlichen Lebensraum zurückkehren und mit den Menschen zusammen leben kann. Die Zucht in Menschenobhut erwies sich bisher als erfolgreich. Anfang 1992 hatte sich die Gesamtpopulation der Kalifornischen Kondore verdoppelt; mittlerweile hat der Fish und Wildlife Service ein Paar in die Natur entlassen und plant, dessen Schicksal zu verfolgen (Girdner 1992). Trotz dieses vorläufigen Erfolgs ist die Zukunft der Art noch keineswegs gesichert; die Überlebensfähigkeit des Paares und – noch wichtiger – die Fähigkeit der wiederangesiedelten Kondore, sich schließlich in der Natur fortzupflanzen, wird zum entscheidenden Test für das Zuchtprogramm werden. Der Erfolg oder Mißerfolg des ersten Paares wird wohl bestimmen, ob die Zeit des Kalifornischen Kondors tatsächlich schon abgelaufen ist.

Eine ähnliche Fortpflanzungshilfe wie die Adoption ist die **künstliche Bebrütung (Inkubation)**. Sorgt eine Mutter nicht ausreichend für ihren Nachwuchs, oder werden die Nachkommen leicht von Feinden angegriffen oder von Parasiten oder Krankheiten befallen, kann der Mensch während der empfindlichen frühen Stadien für sie sorgen. Diese Methode ist in großem Maßstab auf Meeresschildkröten, Vögel, Fische und Amphibien angewendet worden. Man sammelt die Eier und sorgt für ideale Brutbedingungen, schützt die geschlüpften Jungtiere und füttert sie während der empfindlichen Phasen. Dann entläßt man die Jungen wieder in die Natur oder zieht sie weiter auf. Diese Methode wird bisweilen als „Head Start Program“ bezeichnet.

Eine **künstliche Besamung** kann man vornehmen, wenn ein Zoo nur ein oder wenige Individuen einer seltenen Art hat, wie beim Großen Panda. Wenn ein einzeln lebendes Weibchen fortpflanzungsbereit wird – entweder von sich aus oder chemisch induziert – ist unter Umständen kein Männchen im Zoo vorhanden, um sich mit ihm zu paaren; manche Tiere verlieren in menschlicher Obhut auch das Interesse an der Fortpflanzung. In solchen Fällen kann man das Sperma geeigneter Männchen sammeln, bei niedrigen Temperaturen bis zum Gebrauch aufbewahren und dann zur künstlichen Besamung eines fortpflanzungsbereiten Weibchens verwenden. Obwohl eine künstliche Besamung bei vielen Tierarten routinemäßig durchgeführt wird, muß man die jeweils besten Techniken für das Sammeln und Aufbewahren des Spermas, des Erkennens der Empfängnisbereitschaft der Weibchen und der Übertragung der Samen für jede Art neu ausfindig machen.

Der Fortpflanzungserfolg einiger seltener Tierarten wie Bongo, Gaur und Przewalskipferd läßt sich mit Hilfe von **Embryonentransfers** erhöhen. Durch Hormongaben löst man eine Superovulation aus – also die Produktion einer Vielzahl von Eizellen; dann sammelt man die überzähligen Eizellen, befruchtet sie mit Sperma und pflanzt sie chirurgisch in Ersatzmütter einer verwandten häufigen Art ein. Die Ersatzmutter bringt dann nach Ablauf der Tragzeit den Nachwuchs der seltenen Art zur Welt (Abbildung 17.4).

Ein umfangreiches Spektrum weiterer innovativer Techniken wird gegenwärtig entwickelt, um Populationen von Arten in Menschenhand zu erhalten und zu vergrößern (Dresser 1988; Woolf 1986). Einige davon entstammen direkt der menschlichen und der Tiermedizin, während andere Methoden für bestimmte Arten neu entwickelt wurden. Zu den vielversprechenden neuen Techniken zählen die Aufzucht einer Art aus nur einem Geschlecht (wenn nur noch ein Individuum verblieben ist), die Kreuzung zweier Arten (wenn die verbliebenen Vertreter einer Art sich nicht mehr untereinander fortpflanzen können), das künstliche Auslösen von Winterschlaf oder Diapause als eine Möglichkeit, Populationen im Ruhestadium zu erhalten sowie die biochemische und chirurgische Geschlechtsbestim-

17.4 Dieses Gaurkalb wurde nach einem Embryonentransfer von einer Holsteiner Kuh als Ersatzmutter im Kings Island Wild Animal Habitat in den USA geboren. Der Gaur ist eine gefährdete Wildrindart aus Asien. (Photo: Betsy L. Dresser.)

mung bei Tieren, die äußerlich keine Geschlechtsunterschiede zeigen. Eine der ungewöhnlichsten Techniken ist das Einfrieren von Eizellen, Sperma, Embryonen und anderen Geweben von Arten, die am Rande des Aussterbens stehen, in der Hoffnung, daß diese Gewebe einmal dazu verwendet werden können, die Art irgendwann in der Zukunft wieder zu etablieren (Woolf 1986; Cade 1988; Wildt 1992).

Die Verantwortlichen für Zuchtprogramme in Menschenobhut gehen heute auch viel sorgfältiger beim Zuweisen von Geschlechtspartnern vor, um genetische Probleme zu vermeiden. Eine eingehende Analyse der Zuchtaufzeichnungen für 44 Säugetierarten, darunter 16 Huftiere, 16 Primaten und zwölf andere Kleinsäuger, zeigte, daß die Jugendsterblichkeit unter den Nachkommen nahe verwandter Tiere (etwa nach Paarungen zwischen Vätern und ihren Töchtern) höher war als unter den Nachkommen nichtverwandter Tiere (Ralls und Ballou 1987; Ralls, Harvey und Lyles 1986). »Es war wie die Neuerfindung des Rades«, stellte Ballou fest (in Tangley 1988c), »jeder, der einen Einführungskurs in Genetik besucht hat, weiß um die potentiellen Probleme der Inzucht.« Als Ergebnis solcher Studien verfolgen die Zoos nun die genetische Abstammung ihrer Tiere sehr sorgfältig und nehmen dazu globale Computerdatenbanken zu Hilfe, um Paarungen verwandter Tiere zu verhindern und Inzuchtdepression zu vermeiden.

Diese *ex situ*-Techniken stellen technologische Lösungen für Probleme dar, die durch menschliche Aktivitäten verursacht wurden. Die natürlichste Lösung ist zweifellos die Erhaltung der Art in ihrem Lebensraum in der Natur, so daß sie sich auf natürliche Weise erholen kann. Wenn diese Lösung aber nicht möglich ist, stehen künstliche Möglichkeiten zur Verfügung, um jene Arten zu stützen, die ohne menschliches Eingreifen aussterben werden (Exkurs 26). Entschließen sich die Wissenschaftler zu einem Einsatz dieser Methoden, sind sie mit einer Reihe ethischer Fragen konfrontiert, die sie beantworten müssen. Erstens, wie notwendig und wie ef-

Exkurs 26: Ist Domestikation die einzige Möglichkeit zur Rettung des Grünen Leguans?

Manchmal werden Arten aufgrund des einfachen Prinzips von Angebot und Nachfrage bis zum Punkt der Ausrottung weiter im Übermaß genutzt: Wenn eine Art selten wird, steigt ihr Preis noch höher. Eine mögliche Lösung besteht darin, die Art zu kultivieren oder zu domestizieren, dadurch eine Verringerung des Preises zu bewirken und damit die Nachfrage für Produkte aus der Natur zu reduzieren. Eine der jüngsten Erhaltungsbemühungen empfiehlt genau diese Strategie: Herpetologen in Panama und Costa Rica befürworten die Schaffung von „Leguanfarmen“ als Versuch, die Populationen des Grünen Leguans zu erhöhen, der in fast ganz Mittelamerika rapide zurückgeht (Miller 1984; Cohn 1989; Werner 1991).

Der Leguan wird wegen seines wohlschmeckenden, delikaten Fleisches intensiv bejagt und erzielt höhere Preise als andere Reptilienarten, weil er angeblich eine aphrodisierende und heilende Wirkung haben soll (Vietmeyer 1989). Eine übermäßige Bejagung sowie die Zerstörung seines Lebensraumes, des Regenwaldes, ließen die Zahlen des Leguans in den letzten Jahrzehnten zurückgehen. Doch diese Reptilien pflanzen sich rasch und leicht fort. Wie die Forscher feststellten, pflanzen sich die erwachsenen Tiere, nachdem sie mit zwei bis drei Jahren die Geschlechtsreife erreicht haben, jedes Jahr fort, und weibliche Leguane sind nicht allzu wählerisch in der Auswahl ihrer Nistplätze (Rand und Greene 1982; Werner und Miller 1984). Ein entscheidender Grund, warum die hohe Fortpflanzungsrate des Leguans dem Rückgang der Art nicht entgegenwirkte, ist, daß über 95 Prozent der neugeschlüpften, wilden Leguane Räubern zum Opfer fallen. Um die Überlebensrate der frischgeschlüpften Leguane zu verbessern, starteten die Wissenschaftler ein Programm, bei dem sie so-

Käfige und Gehege, in denen eine Zuchtkolonie von Grünen Leguanen im Soberiana-Nationalpark in Panama untergebracht ist. (Photos: Karen M. Allen, Conservation International.)

wohl die gerade geschlüpften Jungtiere als auch Eier aus Leguannestern einsammelten und sie in geschützte Gehege brachten (Cohn 1989.)

Die ersten Bemühungen zum Schutz der frischgeschlüpften Jungtiere in Panama führten 1984 zu der Entdeckung, daß sich Leguane leicht in Menschenobhut züchten ließen. Zwar weigerten sich wildgefangene erwachsene Leguane, sich zu paaren, doch die kurz nach dem Schlüpfen gesammelten Tiere und auch die aus jenen Eiern geschlüpften, die man aus Nestern in der Natur entnommen hatte, pflanzten sich während der ersten drei Jahre des Projekts eifrig fort. Die Population der Leguane in menschlicher Obhut nahm rapide zu: Die ursprüngliche Zahl von 700 im Jahre 1984 geschlüpften Leguanen schnellte bis 1988 auf über 8000 Tiere in die Höhe (Cohn 1989). Die Wissenschaftler des Projekts kamen zu folgendem Schluß: Wenn die ortsansässigen Bauern statt Rinder Leguane züchteten, würden alle davon profitieren – die Art, die Bauern und der Regenwald. Leguane nutzen das Land weitaus effektiver als Rinder (Vietmeyer 1989): Im Gegensatz zu Vieh erfordern Leguane keine großen, gerodeten Flächen; eine „Herde“ von 60 bis 100 Leguanen kann auf einem relativ kleinen Stück umzäunten Waldlandes leben (Miller 1984). Die zur Rodung der Weiden erforderliche Arbeit entfällt, wie auch die Schäden an den Böden durch Erosion infolge der Abholzung. Um diese Idee voranzutreiben, animierten die Wissenschaftler des Projekts die einheimische Bevölkerung, die Zuchtstation zu besuchen, und förderten Vorträge, Filme und andere Lehrveranstaltungen. Bauern, die bereit waren, eine Leguanzucht zu versuchen, versorgte man mit Material zur Errichtung eines einfachen Geheges und wies sie in die Pflege der Tiere ein (Cohn 1989).

Bisher war das Projekt außerordentlich erfolgreich. Die daran beteiligten Wissenschaftler förderten die Einbeziehung der Einheimischen und zeigten dadurch wirkungsvoll, wie einfach und kosteneffektiv es ist, Leguane zu züchten; gleichzeitig erhöhten sie dabei noch die lokale Population der Leguane. Bis 1993 hatte man von Farmen in Panama und einer zusätzlichen Station in Costa Rica, wo man 1988 ein Projekt zur Leguanzucht begann, über 70000 Leguane freigelassen (Werner, persönliche Mitteilung). Die Überlebensrate der Leguane ist mit 80 Prozent sehr hoch und deutet darauf hin, daß sich die Zucht in menschlicher Obhut kaum auf das Verhalten und die Genetik der Tiere auswirkte. Außerdem führte das Lehrprogramm in Panama zu einem Rückgang der Jagd; zahlreiche frühere Wilderer, die von dem Programm erfuhren, begannen, ihre Leguane dem Leiter des Projekts zu bringen, statt sie für den Verkauf auf dem Markt zu töten (Cohn 1989). Andere mittelamerikanische Staaten folgen vielleicht bald dem Vorbild Panamas und Costa Ricas bei der Entwicklung von Leguanzuchtprogrammen. Eine beunruhigende Frage bleibt jedoch: Das Programm führte zwar zweifellos mit Erfolg zu einer Populationsexpolsion der Grünen Leguane, doch es läuft praktisch auf eine Domestikation der Art hinaus. Tragen solche Maßnahmen wirklich dazu bei, den Jagddruck auf die wilden Leguanpopulationen zu verringern, oder fügen sie der Liste der Tiere und Pflanzen, die der Mensch unter seine Kontrolle genommen hat, nur eine weitere Art hinzu? Es mag sein, daß die Domestikation der Leguane der Kompromiß für ihre Rettung ist, aber die Konsequenzen sowohl für die Art als auch für die Ökologie ihres Regenwaldlebensraumes bleiben erst noch abzuwarten.

fektiv sind diese Methoden für eine bestimmte Art? Ist es besser, die letzten paar Individuen einer Art ihr Leben in der Natur zu Ende leben zu lassen oder eine Population in menschlicher Obhut aufzubauen, die vielleicht nie mehr in der Lage sein wird, sich wieder an die Bedingungen in der Natur anzupassen? Zweitens, bedeutet eine Population einer seltenen Art, die in menschlicher Obhut aufgezogen wurde und nicht mehr weiß, wie sie in ihrer eigenen natürlichen Umgebung überleben soll, wirklich das Überleben für die Art? Drittens, werden die Arten in Zoos zu ihrem eigenen Nutzen gehalten oder zum Nutzen der Zoos?

Selbst wenn die Antworten auf diese Fragen die Notwendigkeit für ein Management *ex situ* zeigen, ist es nicht immer möglich, *ex situ*-Populationen seltener Tierarten zu schaffen (Exkurs 27). Die Anzahl Individuen einer Art kann so stark reduziert sein, daß ihr Fortpflanzungserfolg nur gering und die Jungensterblichkeit aufgrund von Inzuchtdepression hoch ist. Bestimmte Tiere, insbesondere Meeressäuger, sind so groß oder erfordern so spezialisierte Umgebungen, daß die Einrichtungen, um sie zu halten und erhalten, extrem teuer sind. Zahlreiche Wirbellose haben komplexe Lebenszyklen, in denen sie ihre Ernährung ändern, wenn sie wachsen, und in denen sich die Anforderungen an die Umwelt auf subtile Weise wandeln. Viele dieser Arten können wir mit unserem derzeitigen Wissen nicht aufziehen. Schließlich sind einige Arten trotz größter Bemühungen durch Wissenschaftler einfach schwierig zu züchten. Zwei wichtige Beispiele hierfür sind der Große Panda (Exkurs 28) und das Sumatranashorn; sie haben schon in der Natur niedrige Fortpflanzugsraten und pflanzen sich auch in Menschenobhut nicht gut fort, trotz erheblicher Anstrengungen einiger der besten Wissenschaftler, effektive Methoden zu finden.

Aquarien

Öffentliche Aquarien waren traditionellerweise auf die Zurschaustellung ungewöhnlicher und attraktiver Fische ausgerichtet, ergänzt durch Vorführungen mit Seelöwen, Delphinen und anderen Meeressäugern. Da jedoch die Besorgnis um das Aussterben von Arten gewachsen ist, hat sich die Arterhaltung zu einer wichtigen Aufgabe von Aquarien entwickelt. Der Bedarf ist groß, denn Hunderte, wenn nicht Tausende von Fischarten sind vom Aussterben bedroht. Allein in Nordamerika sind seit der Ankunft der europäischen Siedler nachweislich 24 Arten ausgestorben, und 63 Spezies werden heute als gefährdet eingestuft (Ono et al. 1983; Courtney und Stauffer 1984; Williams und Nowak 1986). Die reichhaltige Fauna des Mississippibeckens und die einzigartigen Wüstenzahnkärpflinge (*desert pup-*

Exkurs 27: Erhaltung der Landschildkröten im Indischen Ozean

Die Erhaltung der gefährdeten Landschildkröten auf den Inseln vor der Küste Afrikas wird durch zwei Faktoren kompliziert: Erstens sind diese Tiere vielfach so selten, daß sie noch nicht gut erforscht sind, und zweitens sind sie ständigen Nachstellungen von Sammlern, Dieben und Wilderern ausgesetzt. Zwei dieser Schildkröten, die Angonoka (*Geochelone yniphora*) und die Seychellenriesenschildkröte (*Geochelone gigantea*), unterscheiden sich zwar in ihrer Populationsgröße, in ihrer Biologie und in ihrem Gefährdungsgrad, aber das Überleben beider Arten ist in Frage gestellt.

Die stark bedrohte Angonoka findet man nur in einem kleinen Gebiet mit Sekundärwald und Savannenbiotop in Nordwestmadagaskar. Vermutlich leben in der Natur nur noch 400 Individuen und etwa 50 Tiere in Menschenobhut, was dieser Art den zweifelhaften Ruhm einbringt, die seltenste Schildkröte der Welt zu sein. Untersuchungen zufolge hatte die Angonoka offenbar schon immer ein kleines Verbreitungsgebiet und war nie sehr zahlreich (Burke 1990); in den letzten Jahren wurde ihre Zahl jedoch vermutlich durch ein Zusammenwirken von eingeführten Schweinen, welche die Eier und Jungschildkröten erbeuten, und Störungen durch den Menschen verringert. Zwar gilt die Angonoka als nicht wohlschmeckend, doch die Einheimischen halten diese Tiere aufgrund ihres attraktiven Panzermusters häufig als Haustiere – eine Angewohnheit, die für die einzelnen Tiere anscheinend nicht von Nachteil ist, aber ihre Chancen sich fortzupflanzen verringert (Burke 1990).

Die Seychellenriesenschildkröte ist der einzige überlebende Vertreter der 15 Riesenschildkrötenarten, die früher einmal die Inseln des westlichen Indischen Ozeans bewohnten. Im Gegensatz zur Angonoka gibt es die Seychellenriesenschildkröte, die bis zu 120 Kilogramm schwer und 65 bis 90 Jahre alt werden kann, noch in einer einigermaßen gesunden Stückzahl von über 100000 Tieren. Die einzige sich selbst erzahltende Population dieser seltenen Art findet man jedoch auf dem Atoll Aldabra; somit ist die Art anfällig für Krankheiten oder andere natürliche Katastrophen (Samour et al. 1987). Die großen Kolonien endemischer Vogelarten und seine Korallenriffe machen das Atoll zu einer Touristenattraktion – eine Tatsache, die den Fortpflanzungserfolg der Schildkröten beeinflussen könnte. Wie die Angonoka ist auch die Seychellenriesenschildkröte bei Sammlern begehrt; sie wird auch illegal zu Nahrungszwecken gejagt, ihre Eier werden gegessen, und eingeführte Tiere wie Schweine, Ziegen und Ratten bedrohen ihre Jungen.

Man hat mit mehreren verschiedenen Methoden versucht, diese beiden Schildkrötenarten zu retten. Für die Angonoka hatte die Erhöhung der Gesamtzahl eindeutigen Vorrang. Anfangs war die Zucht in menschlicher Obhut nicht erfolgreich; außerhalb Madagaskars überlebten nur fünf dieser Schildkröten, und bei all den Zuchtversuchen schlüpfte nur eine Jungschildkröte (Burke 1990). Wie

Analysen zeigten, produzierte das einzige Männchen, das Sperma für die künstliche Besamung lieferte, Samen minderwertiger Qualität; weitere Versuche, Samen von diesem Männchen zu erhalten, führten offenbar zu dessen Tod. Bei späteren Zuchtversuchen machte man sich Kenntnisse, die aus Untersuchungen der Angonoka und anderer Landschildkrötenarten gewonnen wurden, zunutze, um größere Erfolge zu erzielen. So wird beispielsweise ein erfolgreiches Zuchtprogramm in einer Station auf Madagaskar durchgeführt, ganz in der Nähe des normalen Verbreitungsgebiets der Art, um die Möglichkeit auszuschließen, daß irgendwelche Umweltvariablen eine erfolgreiche Fortpflanzung verhindern. In dieser Station besteht die Zuchtgruppe auch aus zahlreichen Individuen, da Forschungen an anderen Schildkrötenarten darauf hindeuten, daß viele Männchen nötig sind – und vielleicht auch Konkurrenz unter den Männchen –, um Nachwuchs hervorzubringen. Für die Seychellenriesenschildkröte war ein anderer Ansatz notwendig. Die genetische Variabilität und die Populationsgröße sind bei dieser Art noch kein Problem; in diesem Fall war vorrangig, das Verbreitungsgebiet der Spezies zu erweitern, um sie vor Krankheiten und Katastrophen zu bewahren. Dazu siedelte man einige Riesenschildkröten auf der Seychelleninsel Curieuse an (Samour et al. 1987). Die Kolonie wurde zwischen 1978 und 1982 etabliert und 1986 erneut gezählt. Die Ergebnisse dieser Untersuchung waren ziemlich entmutigend: Weniger als die Hälfte der eingeführten Schildkröten war noch vorhanden – obwohl frühere Zählungen ergeben hatten, daß sich die Population in gutem Zustand befand und zunahm. Die Insel Curieuse hatte man ausgewählt, weil es dort keine natürlichen Feinde gab, und die gebietsfremden Arten wurden von den wenigen menschlichen Bewohnern großenteils unter Kontrolle gehalten. Die Schildkröten hatten sich gut an die Insel angepaßt und pflanzten sich auch fort. Daher vermutete man, das Verschwinden der Schildkröten sei in erster Linie auf Diebstahl und Wilderei zurückzuführen. Das Sammeln beider Arten als Haustiere ist für die Biologen ein ausgesprochen besorgniserregendes Problem. Die Sammler sind sich nicht bewußt, etwas Schlechtes zu tun, da sie den Tieren keine körperlichen Schäden zufügen; man könnte sogar argumentieren, daß die Überlebenswahrscheinlichkeit der einzelnen Tiere in menschlicher Obhut besser ist, da sie vor Feinden oder natürlichen Katastrophen geschützt sind und immer gut gefüttert werden. Was jedoch für die Individuen gut ist, ist schlecht für die Art: Das Entfernen jedes Individuums – insbesondere, wenn das Tier noch nicht ausgewachsen ist – verkleinert den Genpool der Population und erhöht die Wahrscheinlichkeit des Aussterbens. Im Falle der Angonokas, die über ein recht großes Gebiet verteilt sind, kann sich das Entfernen auch nur eines einzelnen Individuums dramatisch für die gesamte Population auswirken. Nicht nur dieses Tier wird keine Chance haben, sich zu paaren, sondern auch mehreren anderen wildlebenden Angonokas könnte diese Gelegenheit versagt bleiben, weil sie vielleicht zu weit von anderen Individuen entfernt sind, um einen Geschlechtspartner anzuziehen oder zu finden.

Exkurs 28: Liebe allein kann den Großen Panda nicht retten

Der Große Panda ist eine der am leichtesten zu erkennenden gefährdeten Arten der Welt. Er ist bei Millionen Menschen so bekannt und beliebt, daß sein Bild zum Symbol für den WWF (Word Wide Fund for Nature, ehemals World Wildlife Fund) wurde, einer bekannten internationalen Naturschutzorganisation. Dennoch ist die Zukunft des Pandas ernsthaft in Gefahr. Wie bei vielen gefährdeten Arten bedroht der Druck durch die menschliche Bevölkerung sein Überleben am stärksten. Beim Panda scheint dieser Druck jedoch die Probleme zu verschlimmern, die er aufgrund seiner ungewöhnlichen Körper- und Verhaltensmerkmale hat, und macht diese Art besonders aussterbeanfällig.

Eine der eigenartigsten Eigenschaften des Pandas ist, daß er sich ausschließlich von Bambus ernährt. Pandas gehören zur Ordnung der Raubtiere, und so fehlen ihnen viele der anatomischen Anpassungen – wie ein verlängerter Verdauungstrakt –, die es Pflanzenfressern ermöglichen, ihre Nahrungspflanzen effektiv zu nutzen. Die meisten Herbivoren haben zusätzlich symbiontische Bakterien in ihrem Verdauungssystem, die ihnen helfen, die Zellulose abzubauen, und so die Effektivität der Verdauung weiter erhöhen; den Pandas jedoch fehlen diese Organismen (Dolnick 1989). Folglich müssen Pandas ständig fressen, um genügend Nährstoffe zum Überleben aufzunehmen.

Noch weiter kompliziert wird die Angelegenheit durch die Tatsache, daß Pandas infolge des zyklischen Absterbens des Bambus von Zeit zu Zeit ihre Ernährungsgewohnheiten umstellen müssen. Bambusarten vermehren sich in langfristigen Zyklen von 15 bis zu über 100 Jahren; im Normalfall setzen sämtliche Individuen einer Art in einem bestimmten Gebiet in ein und derselben Saison Blüten und Samen an und sterben dann ab (Machlis und Johnson 1987; Roberts 1988; Dolnick, 1989). Bevor neue Schößlinge aus den Samen austreiben, vergehen in der Regel zwei bis drei Jahre. Da die Pandas aber an bestimmten Stellen jeweils eine spezielle Bambusart allen anderen vorziehen, müssen sie sich bei einem solchen Absterbensereignis auf andere Arten umstellen. Das bedingt oft, daß sie von ihren bevorzugten Hochlandregionen in tiefere Lagen wandern müssen, insbesondere in den seltenen Fällen, wenn zwei oder mehr Bambusarten zugleich blühen. Das Absterben des Bambus löst einen direkten Konflikt zwischen den Bedürfnissen der Pandas und der menschlichen Bevölkerung aus (Johnson et al. 1988; Schaller et al. 1989). Pandas leben solitär, sind scheu und begeben sich daher nicht in die von Menschen bevölkerten Tieflandgebiete. Da sie durch die Menschen von den Tiefländern abgeschnitten sind, haben sie keine Rückzugsmöglichkeit, wenn es zu einem Absterben des Bambus kommt. In den siebziger Jahren, als drei Bambusarten zur gleichen Zeit blühten, verhungerten mindestens 138 Pandas – ungefähr 14 Prozent der damaligen

Eines der beliebtesten aller gefährdeten Tiere, der Große Panda, wurde zum Symbol für Artenschutzbemühungen. (Photo: Jessie Cohen, National Zoological Park, Smithsonian Institution.)

Pandapopulation (Reid et al. 1989). Nach dieser Katastrophe begann die chinesische Regierung 1983 mit „Rettungsaktionen" zur Suche nach hungernden Pandas während des Absterbens von Bambus. Diese Aktionen haben ihre Nachteile; die geretteten Tiere landen häufig in Zoos – so wird die Wildpopulation weiter verringert (Roberts 1988). Man kann zwar argumentieren, daß ein lebender Panda in Menschenobhut besser ist als ein toter in der Natur, aber die Versuche, eine sich selbst erhaltende Zuchtkolonie aufzubauen, waren bisher noch nicht erfolgreich. Pandas

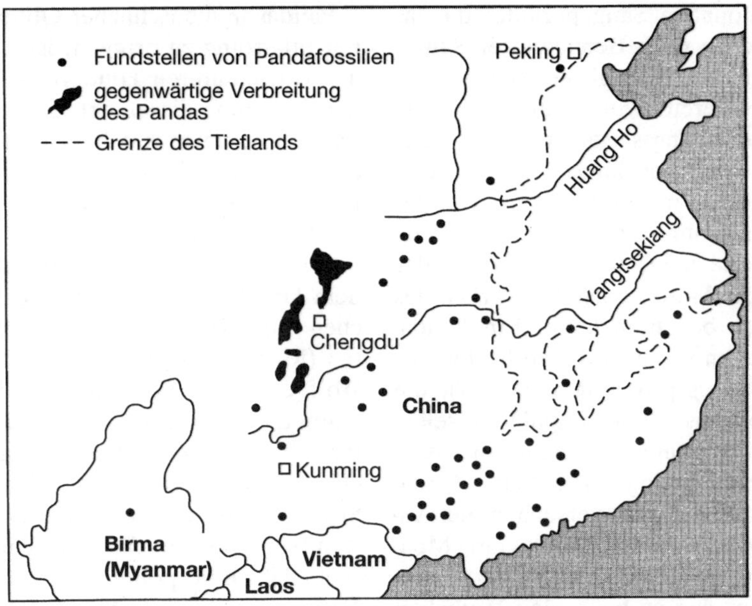

Einst waren die Pandas in ganz China und selbst bis nach Birma anzutreffen; heute sind sie auf einige wenige Stellen in der Nähe der Stadt Chengdu beschränkt. (Nach Roberts 1988.)

sind bei der Auswahl ihrer Geschlechtspartner ausgesprochen wählerisch, und von den Zoos verpaarte Pandas erweisen sich oft als unverträglich. Mit künstlicher Besamung läßt sich das wählerische Verhalten dieser Tiere zwar umgehen, aber selbst bei dieser Technik bringen sie selten lebende Junge zur Welt, und diese überleben häufig nicht länger als einige wenige Tage. Zwischen 1963, als in China zum erstenmal Pandas in menschlicher Obhut gezüchtet wurden, und 1989 wurden nur 90 Junge geboren, und von diesen überlebten nur 37 länger als sechs Monate (Dolnick 1989). Die Geburt von elf Pandas in chinesischen Zoos im Jahre 1992 ist jedoch ein Zeichen der Hoffnung, daß einige dieser Probleme sich schließlich überwinden lassen.

Die Ursachen für die Schwierigkeiten bei der Zucht von Pandas sind nur teilweise bekannt. Einige der Probleme sind einfach eine Folge der Physiologie der Pandas, und man findet sie genauso oft bei anderen Säugetieren: Die Weibchen kommen nur einmal im Jahr in Hitze und sind dann nur für zwei oder drei Tage befruchtungsfähig. Die Jungen werden einzeln oder als Zwillinge geboren, sind bemerkenswert klein und hilflos und wiegen nur etwas mehr als 100 Gramm. Ein Pandaweibchen zieht gewöhnlich nur ein Junges auf, selbst wenn es zwei lebende Junge zur Welt bringt. Zudem folgt einer Tragzeit von fünf Monaten eine ebenfalls fünfmonatige Säugeperiode; da das Weibchen nach Beenden der Säugezeit nicht immer gleich wieder empfängnisbereit wird, geht oft eine Fortpflanzungssaison verloren. Zusätzlich hängen junge Pandas bis zu 22 Monate nach der Geburt von der Fürsorge ihrer Mutter ab, so daß eine Verletzung, Krankheit oder der Tod der Mutter auch den Verlust des Jungen bedeuten kann. Ein Pandaweibchen produziert also bestenfalls ein Junges pro Jahr, und so ist die Wachstumsrate der Population selbst unter optimalen Bedingungen ausgesprochen gering. Potentielle Pandazüchter weltweit versuchen herauszufinden, warum Pandas in Menschenhand ablehnen, sich zu paaren – oder, wie es bei vielen Weibchen der Fall ist, nicht einmal in Hitze kommen (Dolnick 1989).

Pandas in menschlicher Obhut zur Fortpflanzung zu bringen, ist nur eines von mehreren Hindernissen bei der Erhaltung dieser Art. Die chinesische Regierung hat bedeutende finanzielle Mittel in den Schutz des Lebensraumes für die verbliebenen wildlebenden Pandas gesteckt, aber die Reservate werden nur schwer dem Druck der immensen menschlichen Bevölkerung Chinas standhalten (Machlis und Johnson 1987; DeWolf et al. 1988). Darüber hinaus nahm die Wilderei der Pandas wegen ihrer Felle trotz der hohen, von der chinesischen Regierung verhängten Strafen weiter zu. Unter diesen Umständen scheinen die Chancen gering, daß diese populäre Art in der Natur dem Aussterben entrinnen wird.

fishes) der südwestlichen Vereinigten Staaten sind besonders bedroht. Weltweit sterben an Orten wie den Seen des afrikanischen Grabenbruches und den Seen der Anden Fische aus (Parenti 1984). Von den 18 endemischen Fischarten des Lanaosees auf den Philippinen sind bereits 15 ausgestorben (Kornfield und Carpenter 1984). Süßwassermollusken (Weichtiere) stellen ebenfalls Prioritäten für den Artenschutz dar, weil sie besonders anfällig für Veränderungen sind, wie sie durch Wasserverschmutzung und Dammbauten hervorgerufen werden.

Um mit diesen Bedrohungen für Arten fertig zu werden, kooperieren Ichthyologen, Spezialisten für Meeressäuger und Experten für Korallenriffe, die für öffentliche Aquarien arbeiten, zunehmend mit Kollegen von Meeresforschungsinstituten, mit Fischereibehörden von Regierungen und mit Naturschutzorganisationen, um Programme für die Erhaltung reichhaltiger natürlicher Lebensgemeinschaften und Arten von besonderem Interesse zu erstellen.

Gegenwärtig werden große Anstrengungen unternommen, Zuchttechniken zu entwickeln, um seltene Arten in Aquarien erhalten zu können, teilweise, um sie danach wieder in die Natur freizusetzen, aber auch, damit man keine aquatischen Arten mehr aus der Natur entnehmen muß (Kaufman 1988). Viele der in der Fischzucht verwendeten Techniken wurden ursprünglich von Fischereibiologen für großmaßstäblichen Besatz mit Forelle, Barsch, Lachs und anderen kommerziell genutzten Arten entwickelt. Andere Techniken entstanden im Zierfischhandel, als Händler versuchten, tropische Fische für den Verkauf zu vermehren. Diese Techniken wendet man heute auf so gefährdete Süßwasserfische wie die Wüstenzahnkärpflinge der Gattung *Cyprinodon* (*desert pupfish,* Cyprinodontidae), die Flußfische des Tennessee-River-Beckens und die Buntbarsche (Cichliden) der Seen des afrikanischen Grabenbruches an. Die Programme zur Zucht gefährdeter Meeresfische und Korallenarten befinden sich immer noch in einem sehr frühen Stadium, aber dies ist gegenwärtig ein aktives Forschungsgebiet.

Eine der schwerwiegendsten Bedrohungen für marine Arten ist die Zerstörung der tropischen Korallenriffe durch Wasserverschmutzung, durch übermäßiges Befischen für den weltweiten Handel mit tropischen Fischen, durch Sammeln von Schalentieren zur Vermarktung sowie durch Sprengungen zum Sammeln von Korallenbruchstücken für den internationalen Markt. Besonders gravierend sind diese Probleme auf den Philippinen, wo es zu einer unglücklichen Kombination von reichhaltigen Korallenriffen, großer Armut in ländlichen Gebieten und einer ineffektiven Regierung kommt. Weltweit entwickeln mit dem Schutz aquatischer Arten beschäftigte Biologen und Betreiber von Aquarien Techniken für verläßlichere Zuchterfolge und Gesetzesinitiativen für einen besseren Schutz der Lebensräume.

Bei der Erhaltung gefährdeter Walartiger (*Cetacea*) spielen Aquarien eine besondere Rolle. Das Personal von Aquarien reagiert oft auf öffentliche Anfragen, um gestrandeten oder im Flachwaser orientierungslosen Walen zu helfen. Möglicherweise können die Aquarienexperten das durch ihre Arbeit mit häufigen Arten Gelernte nutzen, um Hilfsprogramme für gefährdete Arten zu entwickeln. Eingehende Erfahrungen mit Populationen des Großen Tümmlers (*Tursiops truncatus*), der populärsten Aquarienart (Abbildung 17.5; Ames 1991), lassen sich vielleicht auf andere Arten anwenden. Forscher sind heute in der Lage, Kolonien zu erhalten, künstliche Besamungen durchzuführen, Kälber aufzuziehen und in menschlicher Obhut geborene Tiere in ihre natürliche Umgebung zurückzubringen. Die an den Delphinen erlernten Techniken könnten sie schließlich auf solche gefährdeten Walarten wie den Chinesischen Fluß- oder Yangtsedelphin (*Lipotes vexillifer*), den Kalifornischen Golftümmler (*Phocoena sinus*), den Blauweißen oder Streifendelphin (*Stenella coeruleoalba*) des Mittelmeeres und den Kleinen Tümmler oder Schweinswal (*Phocoena phocoena*) anwenden (Ames 1991).

Ein praktisches Problem beim Aufbau von Populationen von Meeressäugern und großen Fischen in menschlicher Obhut ist, daß diese enorme Wassermengen brauchen. Eine Möglichkeit besteht darin, kleine, geschützte

17.5 Die Zucht von Großen Tümmlern in menschlicher Obhut brachte dem Aquarienpersonal wertvolle Erfahrungen, die sich auf gefährdete Arten anwenden lassen. Hier ist eine Mutter mit ihrem Kalb zu sehen. (Photo: Mit freundlicher Genehmigung von Sea World.)

natürliche Wasserkörper zu nutzen und Biotope zu schaffen, die irgendwo zwischen natürlichen und künstlichen Bedingungen liegen. Diese Methode wendet man zum Schutz des Chinesischen Flußdelphins oder Beji (*Lipotes vexillifer*) des Yangtsekiang an. Diese Art erlebte einen jähen Rückgang, so daß heute nur noch etwa 200 Inidviduen in der Natur verblieben sind. Die offensichtlichsten Ursachen für den Rückgang sind Dämme und Schleusentore, die zur Abnahme von Fischpopulationen führen und das Wanderungsverhalten behindern, sowie gelegentliche Verletzungen durch die kommerzielle Fischerei und durch Schiffsschrauben. Außerdem kann eine Verschmutzung des Wassers die Fortpflanzungsphysiologie des Chinesischen Flußdelphins stören, und der Lärm von Motorbooten und anderen industriellen Aktivitäten können seine Echoortung behindern, mit deren Hilfe er seine Nahrung und Geschlechtspartner findet und Gefahren vermeidet. Um den Beji zu erhalten, haben chinesische Wissenschaftler experimentelle Zuchtreservate in Altwasserarmen eingerichtet. Zwar findet man diese Art normalerweise im Fließwasser des Flusses und nicht in den natürlich abgeschnürten Flußschlingen, doch sind die Delphine dort zumindest vor den nachteiligsten Aspekten menschlicher Aktivitäten geschützt.

Botanische Gärten und Arboreten

Gartenarbeit ist das Hobby von Millionen Menschen weltweit und hat eine jahrtausendealte Geschichte. Hausgärten sind schon seit langem eine Quelle für Gemüse und Kräuter. In alten Zeiten unterhielten Ärzte und Heiler Gärten mit Heilpflanzen, um ihre Patienten zu behandeln. In den letzten Jahrhunderten legten Königsfamilien große private Gärten zu ihrer persönlichen Erbauung an und Länder richteten Gärten für die Öffentlichkeit ein. Zwar war der Hauptzweck vieler dieser Gärten die Zurschaustellung schöner Pflanzen, doch zusätzlich verfolgten sie das Ziel, die Mannigfaltigkeit der lebenden Welt zu illustrieren und zur Verbreitung und Vermehrung von Pflanzen beizutragen, die man im Gartenbau, in der Land- und Forstwirtschaft, in der Landschaftsgestaltung und Industrie verwenden konnte. Da sie die entscheidende Rolle von Pflanzen für die Wirtschaft erkannten, richteten viele europäische Länder in ihren Kolonialreichen botanische Gärten ein. Die 1500 botanischen Gärten der Welt enthalten heute bedeutende Sammlungen lebender Pflanzen und stellen eine ganz entscheidende Ressource bei den Erhaltungsbemühungen für Pflanzen dar (Abbildung 17.6). In den botanischen Gärten der Welt wachsen derzeit mindestens 35000 Pflanzenarten – nahezu 15 Prozent der Flora der Welt (Raven 1981; IUCN/WWF 1989); ungefähr die doppelte Anzahl von Arten wächst in Gewächshäusern, Nutzgärten, Hobbygärten und anderen derartigen Einrichtungen. Der größte botanische Garten der Welt, die Royal Botanical Gardens of England in Kew, London, kultiviert schätzungsweise 25000 Pflanzenarten – etwa zehn Prozent der Arten insgesamt –, von denen 2700 von der IUCN als gefährdet eingestuft sind (Reid und Miller 1989). Zusätzlich zum Anbau von Pflanzen haben botanische Gärten und Forschungsinstitute Sammlungen von Samen aufgebaut, die von Wild- und Kulturpflanzen stammen, manchmal als **Samenbanken** bezeichnet. Diese Samenbanken stellen eine entscheidende Sicherheitsreserve für die kultivierten Pflanzen dar.

Viele botanische Gärten spezialisieren sich auf bestimmte Pflanzenformen. Das Arnold Arboretum der Harvard University pflegt Hunderte verschiedener Baumarten der gemäßigten Zone. Die New England Wild Flower Society besitzt eine Sammlung von Hunderten ausdauernder Kräuter gemäßigter Breiten in ihrem „Garden in the Woods“. In Kalifornien wachsen in einem speziellen Kiefernarboretum 72 der 110 Kiefernarten der Welt, während der führende botanische Garten Südafrikas 25 Prozent der südafrikanischen Pflanzenarten kultiviert (Raven 1981).

Pflanzen sind in vieler Hinsicht leichter unter kontrollierten Bedingungen zu halten als Tiere (Ashton 1988). Pflanzen lassen sich recht leicht

17.6 Der „Garden in the Woods“ der New England Wild Flower Society in Massachusetts. Solche botanischen Gärten bieten Besuchern große Freude und Erbauung, dienen aber auch der Erhaltung seltener Pflanzenarten. (Photo: John A. Lynch.)

aus Samen, Stecklingen, Rhizomen und mit Hilfe von Techniken der Gewebekultur anziehen (Abbildung 17.7). Die meisten Pflanzen haben dieselben Grundbedürfnisse: Licht, Wasser und Mineralien, die man ihnen in Gewächshäusern und Gärten leicht zur Verfügung stellen kann. Die Licht- und Temperaturverhältnisse und das Ausmaß an Feuchtigkeit so anzupassen, daß sie auf einzelne Arten abgestimmt sind, ist das Hauptproblem; die Ansprüche der Arten lassen sich jedoch vielfach leicht durch Erforschung der natürlichen Wuchsbedingungen der Pflanzen feststellen. Da Pflanzen sich nicht bewegen, kann man sie häufig in hoher Dichte kultivieren. Man kann sie auch auf geringe Größe zurückschneiden, wenn der Platz ein einschränkender Faktor ist. Daher lassen sich von vielen Arten adäquate Populationen aufbauen. Viele Pflanzen kann man in Gärten anbauen, wo sie nur geringe Pflege und Unkrautbekämpfung erfordern, um zu überleben; anders als Tiere muß man Pflanzen nicht in Käfigen halten und sie regelmäßig füttern. Die meisten Pflanzen sind Zwitter, so daß weniger Individuen nötig sind, um eine Population zu erhalten, und zahlreiche Pflanzenarten produzieren ohne weiteres von sich aus Samen. Viele Pflanzen in botanischen Gärten werden vom Wind, von Insekten und anderen Tieren bestäubt, während sich andere von Natur aus selbst bestäuben.

17.7 Oft lassen sich gefährdete Pflanzenarten mit modernen Gewebekulturtechniken vermehren. In jedem Kunststoffbehälter wächst eine neue Pflanze. Später pflanzt man die Pflanzen ins Freie oder in Töpfe in einem Gewächshaus um. (Photo: John A. Lynch.)

Auch die Pollenübertragung von Hand ist bei den meisten Pflanzen ein einfacher Vorgang. Zahlreiche Pflanzen – insbesondere jene der gemäßigten Zone und trockener Klimate sowie diejenigen, die an häufig gestörten Standorten wachsen – besitzen Samen, die bei Kälte oder Trockenheit viele Jahre oder sogar Jahrzehnte keimfähig bleiben können. Einige ausdauernde Pflanzen, besonders Büsche und Bäume, sind langlebig, so daß man die Individuen jahrzehnte- oder sogar jahrhundertelang am Leben halten kann, wenn sie erst einmal das Stadium des Keimlings überwunden haben.

Botanische Gärten verfügen über einzigartige Möglichkeiten, zu Arterhaltungsbemühungen beizutragen, weil ihre lebenden Sammlungen und die daran angeschlossenen Herbarien mit Sammlungen getrockneter Pflanzen eine der besten Informationsquellen über die Verbreitung von Pflanzen und ihre Anforderungen an den Lebensraum darstellen. Die Mitarbeiter botanischer Gärten sind oft anerkannte Fachleute hinsichtlich der Identifikation von Pflanzen sowie ihrer Verbreitung und ihres Schutzstatus. Von botanischen Gärten ausgesandte Expeditionen entdecken neue Arten und stellen die Verbreitung und den Status bereits bekannter Arten fest. Über 250 botanische Gärten unterhalten Naturreservate, die bedeutende Schutzgebiete darstellen. Zusätzlich können botanische Gärten einen Beitrag zur Information der Öffentlichkeit über Naturschutzprobleme leisten, denn sie werden von schätzungsweise 150 Millionen Menschen im Jahr besucht

(IUCN/WWF 1989). Wie Ashton (1984) feststellte: »Botanische Gärten haben die Gelegenheit, ja sogar eine besondere Verpflichtung, eine Brücke zu schlagen zwischen den traditionellen Interessen der systematischen Biologie und der in der Landwirtschaft, Forstwirtschaft und Medizin immer wieder auftretenden Notwendigkeit, die biologische Vielfalt zu erforschen und zu erhalten.«

Die Erhaltung gefährdeter Arten wird immer mehr zu einem der wichtigsten Ziele von botanischen wie auch zoologischen Gärten. In den Vereinigten Staaten werden die Erhaltungsbemühungen eines Netzwerkes von 25 botanischen Gärten vom Center for Plant Conservation (Zentrum für Pflanzenerhaltung) mit Sitz im Missouri Botanical Garden koordiniert (Mlot 1989b; Falk 1991). In den Vereinigten Staaten gibt es über 4000 auf irgendeine Weise bedrohte Pflanzenarten, und von diesen sind vielleicht 700 Spezies in Gefahr, innerhalb von fünf bis zehn Jahren auszusterben. Durch die Bemühungen dieser botanischen Gärten sind mittlerweile mehr als 450 der gefährdeten Arten in Kultur. Ein wichtiges Ziel derartiger Progamme ist die Wiederansiedlung dieser Arten in der Natur.

Auf internationaler Ebene befaßt sich das Botanical Gardens Conservation Secretariat (BGCS) der IUCN mit der Organisation und Koordination von Erhaltungsmaßnahmen durch die botanischen Gärten der Welt (BGCS 1987). Zu den Prioritäten dieses Programms gehören ein weltweites Datenbanksystem, um Sammelaktivitätcn zu koordinieren und um festzustellen, welche wichtigen Spezies in den Sammlungen lebender Arten unterrepräsentiert sind oder fehlen. Ein Problem ist, daß die botanischen Gärten überwiegend in der gemäßigten Zone liegen, obwohl man die meisten Pflanzenarten der Welt in den Tropen findet. Zwar gibt es beispielsweise in Singapur, auf Sri Lanka, auf Java und in Kolumbien bedeutende Gärten, doch die Einrichtung neuer botanischer Gärten in den Tropen sollte ein vorrangiges Ziel der internationalen Gemeinschaft sein. Damit sollte gleichzeitig die Ausbildung einheimischer Pflanzensystematiker einhergehen, um mit ihnen die Stellen zu besetzen.

Samenbanken

Die Samen der meisten Pflanzen lassen sich unter kalten, trockenen Bedingungen für lange Zeiträume in Samenbanken aufbewahren; irgendwann später kann man sie dann keimen lassen, um neue Pflanzen hervorzubringen. Bei niedrigen Temperaturen ist der Stoffwechsel der Samen reduziert und die Nahrungsreserven des Embryos werden nur sehr langsam verbraucht. Diese Eigenschaft der Samen erweist sich als besonders wertvoll

17.8 Im U.S. National Seed Storage Laboratory werden Samen in hermetisch versiegelten Päckchen bei –20 Grad Celsius aufbewahrt; manchmal verwendet man sogar noch tiefere Temperaturen. (Photo: Mit freundlicher Genehmigung des US-Landwirtschaftsministeriums und des Center for Plant Conservation.)

für Erhaltungsbemühungen *ex situ,* da sie es ermöglicht, Samen einer großen Zahl seltener Arten auf geringem Raum, unter minimaler Aufsicht und bei niedrigen Kosten einzufrieren und aufzubewahren (Abbildung 17.8). Eine solche Einrichtung ist das National Seed Storage Laboratory (NSSL) des US-Landwirtschaftsministeriums (USDA – United States Department of Agriculture) in Fort Collins im US-Bundesstaat Colorado; hier werden einige Samen bei Temperaturen bis zu –196 Grad Celsius aufbewahrt. Weltweit existieren mehr als 50 weitere größere Samenbanken, viele davon in Entwicklungsländern. Die meisten dieser Samenbanken konzentrieren sich auf die Bewahrung der genetischen Variabilität von Nutzpflanzen. Samenbanken bieten also große Möglichkeiten zur Erhaltung von Arten, sie haben aber auch gewisse Probleme. Wenn die Stromversorgung zusammenbricht oder die Geräte ausfallen, kann die gesamte tiefgefrorene Sammlung geschädigt werden. Und selbst bei kalter Lagerung verlieren Samen allmählich ihre Keimfähigkeit, weil ihre Energiereserven aufgebraucht werden und sich nachteilige Mutationen häufen. Alte Samenvorräte keimen möglicherweise überhaupt nicht mehr aus. Um diese allmähliche Verschlechterung der Samenqualität zu umgehen, muß man die Samen von Zeit zu Zeit keimen und die Pflanzen bis zur Reife heranwachsen lassen und danach neue Samenproben einfrieren. Für Samenbanken mit großen

Sammlungen kann dieses Überprüfen und Verjüngen der Samenproben eine ganz erhebliche Aufgabe bedeuten. Für große, langlebige Pflanzen wie Bäume ist die Erneuerung der Lebensfähigkeit der Samen unter Umständen auch außerordentlich teuer und zeitaufwendig.

Nahezu 15 Prozent der Pflanzenarten der Welt besitzen sozusagen „widerspenstige" Samen, die entweder keine Samenruhe durchmachen oder eine Aufbewahrung bei niedrigen Temperaturen nicht vertragen und sich folglich nicht in Samenbanken aufbewahren lassen. Samen dieser Arten müssen entweder gleich auskeimen oder sterben. In den Wäldern der Tropen sind Arten mit solchen Samen weitaus häufiger als in der gemäßigten Zone, und so lassen sich die Samen zahlreicher wirtschaftlich bedeutender tropischer Obst- und Nutzholzbäume und Plantagenpflanzen wie Kakao, Kautschuk und asiatischer Dipterocarpazeen-Bäume nicht lagern (BGCS 1987). Es sind intensive Forschungen im Gange, um Wege zur Lagerung derart „widerspenstiger" Samen zu finden; eine Möglichkeit könnte sein, nur den Embryo zu lagern, nachdem man den umgebenden Samenmantel, das Endosperm und die anderen Gewebe entfernt hat. Man kann Pflanzenarten auch in Gewebekultur unter kontrollierten Bedingungen erhalten oder durch Stecklinge aus einer Elternpflanze vermehren, allerdings sind diese Methoden derzeit teurer als die Aufzucht von Pflanzen aus Samen.

Vorgehen beim Sammeln von Wildpflanzensamen

Wie man am besten beim Sammeln der Samen von Wildpflanzen vorgeht, wird durch die Verteilung der genetischen Variabilität bestimmt, denn genetisch variable Arten erfordern ein ausgedehnteres Sammeln, um die Mehrzahl der Allele zu erhalten, als genetisch einförmigere Arten. Die genetische Variabilität beinhaltet sowohl den Prozentsatz der variablen Gene als auch die Anzahl der Allele pro polymorphem Gen (siehe Kapitel 2). Die ausführlichsten Kenntnisse über die genetische Variabilität bei Pflanzen stammen aus Untersuchungen der Allozymvariation bei über 400 Arten (Hamrick et al. 1991; Hamrick und Godt 1989). Wie diese Studien zeigen, ist der bedeutendste Faktor bei der Bestimmung der Gesamtmenge an genetischer Variabilität einer Pflanzenart die Größe ihres Areals; weitverbreitete Arten besitzen mehr als doppelt soviel genetische Variabilität wie Spezies mit kleinem Areal.

Man kann die genetische Variabilität noch weiter unterteilen in das Ausmaß an Variation innerhalb einzelner Populationen und zwischen Populationen einer Art. Im Durchschnitt hat jede Pflanzenart 78 Prozent ihrer genetischen Variabilität innerhalb von Populationen und 22 Prozent zwischen den Populationen. Windbestäubte Arten haben anteilmäßig mehr genetische Vielfalt innerhalb der einzelnen Populationen als selbstbestäubende sowie von Tieren bestäubte Spezies, bei denen sowohl Selbst- wie Fremdbestäubung vorkommt. Die Variation zwischen Populationen zeigt ein ganz anderes Muster: Selbstbestäubende Arten weisen proportional mehr genetische Variabilität zwischen Populationen auf als windbestäubte Arten. Annuelle Spezies zeigen verhältnismäßig mehr genetische Variation zwischen den Populationen als langlebige, verholzte, ausdauernde Arten (Hamrick et al. 1991; Hamrick und Godt 1989). Insgesamt gesehen zeigen diese Ergebnisse, daß bei denjenigen Arten, bei denen der Pollen potentiell über die weitesten Distanzen transportiert wird (das heißt, fremdbestäubende und windbestäubte Arten) die Populationen einander genetisch ähnlicher sind als bei Arten mit weniger Möglichkeiten für einen Genfluß.

Diese Ergebnisse verdeutlichen, daß es möglich ist, aufgrund von Kenntnissen über die Verbreitung von Pflanzen, ihr Fortpflanzungssystem, die Ökologie ihrer Bestäubung, die Ausbreitung ihrer Samen, ihr Wachstum, ihren Lebensraum und andere botanische Merkmale eine erste Vorhersage zu treffen, wie groß die genetische Variabilität einer Art ist und wie diese innerhalb und zwischen den Populationen verteilt ist. Diese Kenntnisse legen wiederum Strategien zur Erhaltung des Genpools einer seltenen oder gefährdeten Art nahe, sowohl durch den Schutz sorgfältig ausgewählter Populationen *in situ* als auch durch ein gut geplantes Sammelprogramm für die Bewahrung *ex situ*.

Aufgrund von Informationen über die Verteilungsmuster der genetischen Variabilität hat das Center for Plant Conservation (1991) eine Reihe von Richtlinien für das Sammeln von Samen erstellt, um die genetische Variabilität gefährdeter Pflanzenarten zu erhalten; für andere Organismengruppen, etwa Tiere, könnte man diese Richtlinien entsprechend abändern.

1. Die höchste Sammelpriorität sollten Samen von Arten haben, die (a) vom Aussterben bedroht sind – also Arten, bei denen die Zahl der Individuen oder der Populationen rapide abnimmt –, die (b) evolutionär oder taxonomisch einzigartig sind, die man (c) wieder in der Natur ansiedeln kann, die man (d) potentiell *ex situ* erhalten kann und die (e) möglicherweise von wirtschaftlichem Wert für die Landwirtschaft, die Medizin, die Forstwirtschaft oder die Industrie sind.
2. Proben sollten aus bis zu fünf Populationen jeder Art gesammelt werden, um sicherzustellen, daß die genetische Variabilität zwischen Populationen repräsentiert ist. Wenn möglich, sollte man die Populationen so auswählen, daß das gesamte geographische Verbreitungsgebiet und die verschiedenen Habitate der Art abgedeckt sind. Von den 70 Prozent der gefährdeten Arten, die nur fünf oder weniger Populationen umfassen, sollte man Proben aus allen Populationen sammeln.

3. Die Proben sollten von zehn bis 50 Individuen pro Population entnommen werden. Eine Probenahme von weniger als zehn Individuen könnte dazu führen, daß Allele fehlen, die in der Population häufig sind. Eine Probenahme von mehr als 50 Individuen würde möglicherweise nicht genügend neue Allele erbringen, um den zusätzlichen Aufwand zu rechtfertigen. Grundsätzlich sollten die Probengrößen im oberen Bereich liegen, wenn die Population phänotypisch variabel erscheint, der Standort heterogen ist und die Pflanzen fremdbestäubt sind.
4. Wie viele Samen (oder Stecklinge, Knollen und so weiter) pro Pflanze gesammelt werden sollten, hängt von der Lebensfähigkeit der Samen der jeweiligen Art ab. Ist ein hoher Anteil der Samen lebensfähig, muß man pro Individuum nur eine geringe Zahl von Samen sammeln; bei geringer Lebensfähigkeit der Samen jedoch muß man viele Samen pro Individuum entnehmen.
5. Wenn die einzelnen Pflanzen einer Art nur wenige Samen produzieren, dann kann sich die Entnahme vieler Samen in einem Jahr negativ auf die Populationen auswirken, in denen man gesammelt hat. Das gilt insbesondere für einjährige und andere kurzlebige Pflanzen. In solchen Fällen wäre es besser, das Sammeln über mehrere Jahre zu verteilen.

Das Center for Plant Conservation (1991) faßt zusammen: »Die Samensammlungen zur Arterhaltung sind immer nur so gut wie die Vielfalt, die sie enthalten. Somit bestimmen die Vorplanung und die Methoden, die in die Sammeltätigkeit eingehen, in entscheidendem Maße die letztliche Qualität der Sammlung wie auch ihre Eignung für Zwecke wie die Wiederansiedlung und Restauration. Auf lange Sicht besteht die wirkliche Bedeutung solcher Sammlungen zur Arterhaltung in ihrer Aufgabe, das Management und die Erhaltung natürlicher Populationen zu stärken. Die Sammler sollten nicht davon ausgehen, statische Einheiten zu „bewahren", sondern Trittsteine auf dem Weg zum Überleben und zur Evolution zu liefern.«

Samenbanken von Nutzpflanzen

Die internationale Landwirtschaft betrachtet Samenbanken als eine wirkungsvolle Methode, um die genetische Vielfalt landwirtschaftlicher Nutzpflanzen zu erhalten (Abbildung 17.9). Oft findet sich eine Resistenz gegen bestimmte Krankheiten und Schädlinge ausschließlich in einer Sorte einer Nutzpflanze, die nur in einem kleinen Gebiet angebaut wird. Diese genetische Variabilität ist oft entscheidend für die Bemühungen der landwirtschaftlichen Industrie, die hohe Produktivität moderner Nutzpflanzen zu erhalten und zu steigern und auf veränderte Umweltbedingungen wie sauren Regen, veränderte Witterungsbedingungen und Bodenerosion zu rea-

17.9 Die genetische Variabilität von Mais (*Zea mays*) zeigt sich in einer Vielzahl von Kolben- und Körnerformen sowie Farbmustern. (Photo: © Steven King.)

gieren. Die Forscher befinden sich in einem Wettlauf gegen die Zeit, um diese genetische Variabilität zu bewahren, weil die traditionellen Bauern weltweit ihre lokalen Nutzpflanzensorten zugunsten standardisierter, ertragreicher Varietäten aufgeben (Wilkes 1991; Altieri und Anderson 1992). Dieses globale Phänomen verdeutlichen die Bauern Sri Lankas: Sie bauten bis in die späten fünfziger Jahre 2000 Reissorten an und stellten sich dann auf fünf Sorten mit hohem Ertrag um (Rhoades 1991).

Den Wert landwirtschaftlicher Samenbanken illustriert ein klassisches Beispiel. Die Reisernte in Afrika wurde durch einen wachstumshemmenden Virenstamm (*grassy stunt virus strain 1*) vernichtet. Bei dem Versuch, eine Lösung für dieses Problem zu finden, bauten die Agrarforscher Reispflanzen aus Tausenden gesammelter Samen wilder und kultivierter Reissorten aus der ganzen Welt an (Khush und Ling 1974; Vaughan und Sitch 1991; Lin und Yuan 1990). Eine Wildreisprobe aus Gonda im indischen Bundesstaat Uttar Pradesh enthielt, wie man feststellte, ein Resistenzgen gegen diese Krankheit. Man nahm diese Wildpflanzen sofort in ein großes Zuchtprogramm auf, um die Gene für die Virusresistenz auf ertragreiche Reissorten zu übertragen. Hätte man von diesem Wildreis keine Proben gesammelt oder wäre er vor seiner Entdeckung ausgestorben, wäre die Zukunft des Reisanbaus in Afrika in Frage gestellt gewesen.

Agrarforscher haben die gesamte Welt nach lokalen Varietäten von Nutzpflanzen – sogenannten Landrassen (siehe Kapitel 15) – durchkämmt, deren Samen man in Samenbanken aufbewahren und die man später zur Verbesserung von Nutzpflanzen mit modernen Sorten kreuzen kann (Wilkes 1977, 1987, 1989; Rhoades 1991). Bis jetzt haben die landwirtschaftlichen Samenbanken über zwei Millionen Samenproben erhalten (Peeters und Williams 1984). Viele der wichtigsten Nahrungspflanzen wie Weizen, Mais, Hafer und Kartoffeln sind in Samenbanken gut vertreten, und andere bedeutende Nutzpflanzen wie Reis, Hirse und Mohrenhirse werden ebenfalls intensiv gesammelt (Plucknett et al. 1987; Williams 1984).

Trotz ihrer offenkundigen Erfolge beim Sammeln und Aufbewahren von Material, sind die landwirtschaftlichen Samenbanken nicht völlig befriedigend. Die Herkunft und die ursprünglichen Wachstumsbedingungen der Pflanzen in diesen Sammlungen sind oft nur dürftig belegt. Viele der Samen sind von unbekannter Qualität und vermögen vielleicht nicht auszukeimen. Außerdem haben sich die Samensammlungen auf die wichtigsten Nahrungspflanzen konzentriert; Nutzpflanzen von nur regionaler Bedeutung, Heilpflanzen, Faserpflanzen und andere nützliche Pflanzen sind in den Samenbanken nicht so gut repräsentiert, ganz abgesehen von den vielen Arten, von denen wir heute noch gar nicht wissen, ob sie uns einmal nützen. Arten mit „widerspenstigen" Samen, wie Kautschuk, Kakao, Palmen und viele tropische Obstbäume sind in Samensammlungen überhaupt nicht vertreten, haben aber dennoch große Bedeutung für die Wirtschaft tropischer Länder. Eine der wenigen Möglichkeiten, die genetische Variabilität dieser Arten zu bewahren, besteht darin, spezielle botanische Gärten anzulegen, was aber eine beträchtliche Fläche und erhebliche Ausgaben erfordert. Auch Wurzelgemüse wie Maniok, Yams und Süßkartoffeln sind in Samenbanken nicht gut repräsentiert, weil sie oft keine Samen bilden. Um diese Pflanzen zu erhalten, muß man sie in speziellen Gärten vegetativ vermehren (Abbildung 17.10), obwohl man mittlerweile neue Techniken entwickelt, um Samen von Wurzelgemüse zu erzeugen und aufzubewahren. Das ist ein sehr wichtiges Vorhaben, denn diese Wurzelgemüse sind für die Ernährung der Menschen in tropischen Entwicklungsländern von großer Bedeutung. Die einzigen in Genbanken gut vertretenen Wurzelgemüse sind die Kartoffeln (Gulick et al. 1983). Eine alternative Methode zur Erhaltung dieser genetischen Vielfalt ist die Bewahrung der traditionellen Anbaumethoden *in situ* (siehe Kapitel 16).

Eine der bedeutendsten Quellen genetischer Variabilität zur Nutzung in Zuchtprogrammen sind die wilden Verwandten von Nutzpflanzenarten. Bei der Entwicklung moderner Kartoffelsorten wurden beispielsweise über 20 wilde Kartoffelarten verwendet. Doch nur zwei Prozent des gesammelten Materials in landwirtschaftlichen Samenbanken stammt von solchen wilden Verwandten von Nutzpflanzen (Hoyt 1988). Nur die wilden Verwandten von Weizen und Kartoffeln sind in den Samenbanken gut vertreten. Für so wichtige Nutzpflanzen wie Reis und Maniok muß die Mehrheit der genetischen Variabilität ihrer wilden Verwandten erst noch gesammelt werden.

Koordiniert werden die Samenbanken von der Consultative Group on International Agricultural Research (CGIAR) und dem International Board for Plant Genetic Resources (IBPGR). Eine der größten Samenbanken unterhält das International Rice Research Institute (IRRI), das über

17.10 Das International Potato Centre erhält in Freilandbeeten in seiner Einrichtung in Peru eine Sammlung von 5 000 Kartoffelproben. (Photo: Mit freundlicher Genehmigung des International Potato Centre.)

86 000 Sammelproben von Reis verfügt (Rhoades 1991). Weitere Beispiele für spezialisierte Samensammlungen sind das Internationale Zentrum zur Verbesserung von Mais und Weizen (Centro Internacional de Mejoramiento de Maíz y Trigo) in Mexiko mit 12 000 Proben von Mais und 100 000 Proben von Weizen, und ein Zentrum für Äpfel in Geneva im US-Bundesstaat New York.

Ein großer Streitpunkt bei der Einrichtung landwirtschaftlicher Samenbanken ist, wem die genetischen Ressourcen von Nutzpflanzen gehören (Shulman 1986; Kloppenburg und Kleinman 1987). Die Gene der lokalen Landrassen von Nutzpflanzen und der wilden Verwandten von Nutzpflanzenarten stellen die Bausteine dar, die man zur Entwicklung fortschrittlicher, ertragreicher „Elitesorten" braucht, wie sie die moderne Landwirtschaft benötigt. Schätzungsweise 96 Prozent der für die moderne Landwirtschaft erforderlichen genetischen Variabilität stammen aus den Entwicklungsländern der Welt wie Indien, Äthiopien, Peru, Mexiko, Indonesien und Ägypten (Abbildung 17.11), doch die Zuchtprogramme für „Elitelinien" werden häufig in den industrialisierten Ländern Nordamerikas und Europas durchgeführt. In der Vergangenheit sammelten die Mitarbeiter internationaler Samenbanken uneingeschränkt Samen und Pflanzengewebe aus den Entwicklungsländern und gaben diese an Forschungsstationen und Samenfirmen weiter. Man ging davon aus, das genetische Material

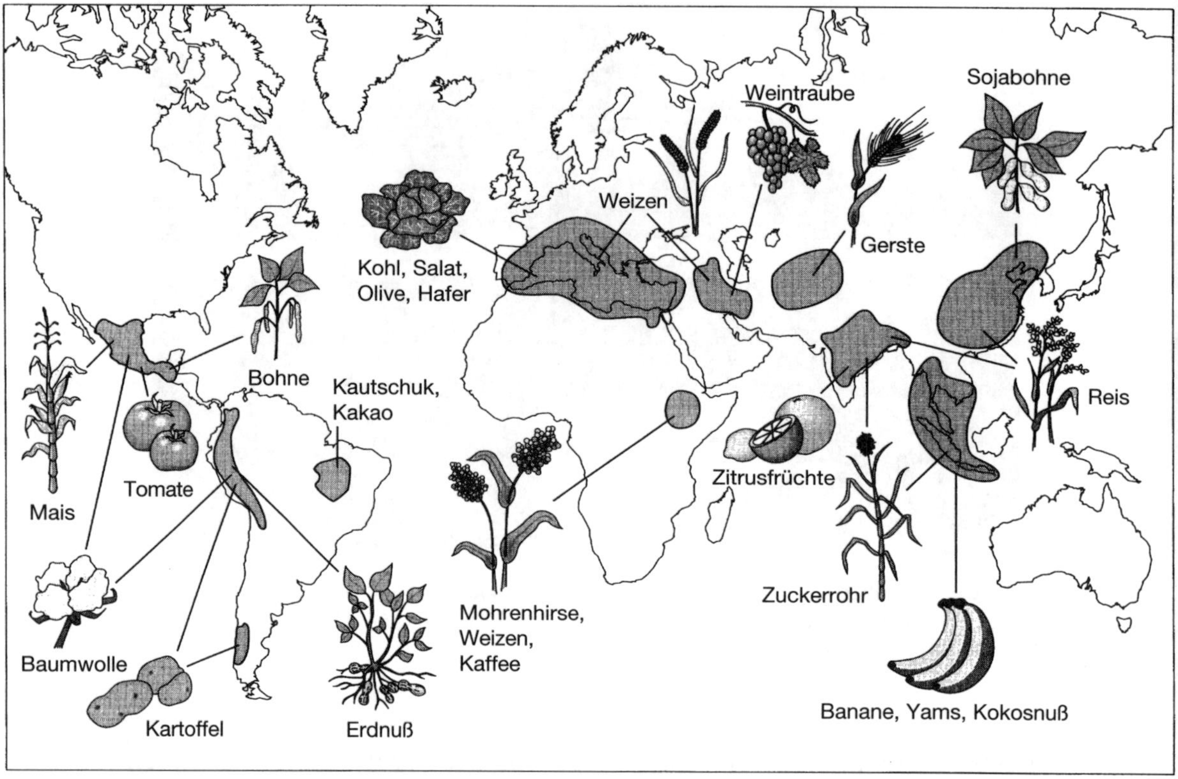

17.11 In bestimmten Regionen der Welt zeigen Nutzpflanzenarten eine hohe genetische Vielfalt. Diese Gebiete entsprechen oft den Regionen, in denen die Art zum ersten Mal domestiziert wurde oder in denen sie nach wie vor auf traditionelle Weise angebaut wird. (Mit freundlicher Genehmigung von Garrison Wilkes.)

uneingeschränkt entnehmen zu dürfen. Hatten die Samenfirmen jedoch erst einmal durch fortschrittliche Zuchtprogramme und Feldversuche neue „Elitelinien" entwickelt, bestanden sie darauf, ihre Samen zu einem hohen Preis verkaufen zu können, um Gewinne zu erzielen.

Die Entwicklungsländer stellen dieses System mittlerweile in Frage und argumentieren, es sei nicht gerecht und möglicherweise sogar ein »Überrest der Kolonialherrenmentalität, jene Ignoranz beizubehalten«, durch welche »die abhängigen Nationen ihrer Vielfalt beraubt werden« (Goldstein in Shulman 1986). Die Entwicklungsländer fragen, warum sie ihre genetischen Ressourcen uneingeschränkt teilen, aber dann für die verbesserten Samen zahlen sollen, die auf diesen genetischen Ressourcen beruhen. Als Lösung wurde vorgeschlagen, die Industrieländer und Saatgutfirmen sollten für die genetischen Ressourcen bezahlen, die sie aus den Entwicklungsländern erhalten (Kloppenburg und Kleinman 1987). Alternativ könnten alle Samenproben, einschließlich der von den Saatgutfirmen entwickelten, ohne Einschränkung frei zur Verfügung stehen. Verständlicherweise widersetzen sich die Industrieländer und die Saatgutfirmen diesem Vorschlag mit dem Argument, daß sie genetische Ressourcen entnehmen, welche die Entwicklungsländer nichts kosten, dann Geld in deren Verbesserung investierten und so ein Produkt von Wert schaffen. Der verstorbene William Brown der Firma Pioneer Hi-Bred International aus dem US-Bundesstaat Iowa drückte es so aus: »Zu fordern, eine Elitelinie, welche die Firmen Hunderttausende von Dollar kostete, gegen eine primitive Sorte zu tauschen, ist einfach nicht einzusehen.« Eine mögliche Lösung könnten zunehmende internationale Investitionen in die pflanzenzüchterischen Möglichkeiten der Entwicklungsländer sein, so daß diese Länder unter Verwendung ihrer eigenen genetischen Variabilität als Ausgangspunkt ihr eigenes verbessertes Saatgut erzeugen und verkaufen könnten (Wilkes 1987).

Dieses ungelöste Problem zeigt das bekannte Nord-Süd-Schema, auf das man in zahlreichen anderen Umweltdebatten stößt, bei denen die Diskussion der unmittelbaren Probleme durch die derzeitigen wirtschaftlichen und technologischen Ungleichheiten und die Ungerechtigkeiten der Vergangenheit belastet sind. In dem Versuch, eine Mittelposition einzunehmen, betonte ein Konferenzteilnehmer (Shulman 1986):

> »Die große Ironie in der Keimplasmakontroverse ist, daß in einem Weltwirtschaftssystem, in dem Privatbesitz dominiert, jede Seite in der Debatte die Besitztümer der anderen als „gemeinsames Erbe“ definieren möchte ... Könnte es in einer globalen Wirtschaft, in der die Dritte Welt außer Arbeitskraft und natürlichen Ressourcen sehr wenig zu bieten hat, nicht gerecht sein, dies anzuerkennen?«

Die Erhaltung der genetischen Ressourcen von Bäumen

Die Forstwirtschaft ist ein riesiger, globaler Industriezweig, dessen langfristiger Erfolg von der genetischen Variabilität der Bäume abhängt (Ledig 1988). Wie Nahrungspflanzen sind Bäume genetisch variabel und oft an lokale Witterungsverhältnisse und Krankheiten angepaßt. Der Erfolg eines Aufforstungsprogramms hängt davon ab, gute Samen für das Anlegen von Baumpflanzungen zu erhalten. Die Ergebnisse der Samenauswahl zeigen sich vielleicht erst Jahre oder Jahrzehnte später, wobei minderwertiges Ausgangsmaterial zu langsamwachsenden, mißgebildeten und von Krankheiten befallenen Bäumen mit schlechter Holzqualität führt. Sich für das Anlegen von Forstkulturen auf Samen zu verlassen, die man in der Natur gesammelt hat, birgt ebenfalls seine Gefahren, da selektiver Holzeinschlag oft die wertvolleren Bäume entfernt und die minderwertigen stehen läßt.

17.12 Ein Bestand von Zukkerkiefern (*Pinus lambertiana*) in Baja California mit einzigartigen genetischen Merkmalen. (Aus Ledig 1988.)

Um die genetische Variation zu erhalten, haben Forstleute Pflanzungen von wertvolleren genetischen Varietäten angelegt, sogenannte „Klonbanken", für die langfristige Erhaltung und Erforschung kommerziell wichtiger Baumarten. Allein von der Weihrauchkiefer (*Pinus taeda*) wachsen 8000 Klone in Klonbanken in den südöstlichen Vereinigten Staaten (McConnell 1980). Man verwendet dann ausgewählte Bäume, um Samenkulturen für die Produktion kommerziell nutzbarer Samen anzulegen. Bei vielen bedeutenden Baumgattungen wie Eichen (*Quercus*) und Pappeln (*Populus*) ist die Aufbewahrung der Samen schwierig. Selbst Kiefernsamen kann man nicht unbegrenzt aufbewahren und muß sie schließlich zu Bäumen heranwachsen lassen. Die Erhaltung natürlicher Gebiete, in denen kommerziell genutzte Arten vorkommen, wird zunehmend als Möglichkeit betrachtet, die für die Forstwirtschaft nötige genetische Variabilität zu bewahren (Abbildung 17.12). In der forstwissenschaftlichen Forschung und im Artenschutz ist eine internationale Zusammenarbeit erforderlich, da kommerziell genutzten Arten oft weit von ihren Ursprungsländern entfernt angepflanzt werden; so wurden zum Beispiel die Weihrauchkiefer und die Karaibische Kiefer (*Pinus elliottii*) aus den Vereinigten Staaten auf 2,8 Millionen Hektar in Afrika, Asien und Lateinamerika angepflanzt und die Montereykiefer (*Pinus radiata*) aus den USA auf drei Millionen Hektar Fläche in Chile, Neuseeland, Australien und Spanien.

Zusammenfassung

1. Einige Arten, die in der Natur vom Aussterben bedroht sind, kann man unter künstlichen Bedingungen und unter menschlicher Aufsicht erhalten. Man bezeichnet dies als Erhaltung *ex situ* oder „in Menschenobhut". Diese Kolonien in Menschenhand kann man später zur Wiederansiedlung von Arten in der Natur nutzen.
2. Zoos bauen von zahlreichen seltenen Wirbeltierarten sich selbst erhaltende Populationen auf und bedienen sich dazu oftmals moderner Techniken der Veterinärmedizin, um deren Fortpflanzungsrate zu erhöhen. Die Verantwortlichen in den Zoos erstellen Zuchtprogramme, um die genetische Variabilität der Kolonie in menschlicher Obhut zu erhalten und Inzuchtdepression zu verhindern. Bestimmte Arten, wie der Große Panda, sind anfangs vielleicht schwierig in menschlicher Obhut zu halten und zu züchten, aber diese Probleme lassen sich in der Regel durch harte Arbeit und Erfahrung überwinden.
3. Aquarien sind für die Erhaltung von Fischen, Meeressäugern und wasserlebenden Wirbellosen von Bedeutung. Die Erhaltung von Arten der Korallenriffe und von Meeressäugern sind bedeutende wissenschaftliche Herausforderungen, die auch bei der allgemeinen Öffentlichkeit Anklang finden.
4. Die 1500 botanischen Gärten und Arboreten der Welt sammeln heute vorrangig seltene und gefährdete Pflanzenarten. Pflanzen sind im allgemeinen leichter zu halten als Tiere, da sie nicht so spezielle Ansprüche haben und weniger Pflege erfordern. Die Samen der meisten Pflanzenarten lassen sich lange Zeit eingefroren in Samenbanken aufbewahren. Beim Sammeln von Samen versucht man, das in einer Art vorhandene Spektrum an genetischer Vielfalt zu bewahren. Oft spezialisieren sich Samenbanken auf die Samen der wichtigsten Nutzpflanzenarten sowie kommerziell genutzter Holzarten und ihrer nahen Verwandten, um das Ausgangsmaterial für Programme zur genetischen Verbesserung zu erhalten.

Weiterführende Literatur

Ashton, P. S. 1988. Conservation of biological diversity in botanical gardens. In: E. O. Wilson und F. M. Peter (Hrsg.), *Biodiversity*, S. 269–278. National Academy Press, Washington, D.C. [Deutsche Ausgabe: 1992. Die Erhaltung biologischer Vielfalt in botanischen Gärten. In: *Ende der biologischen Vielfalt?* Spektrum Akademischer Verlag, Heidelberg. Die neue Rolle botanischer Gärten.]

Dresser, B. L. 1988. Cryobiology, embryo transfer, and artificial insemination in *ex situ* animal conservation programms. In: E. O. Wilson und F. M. Peter (Hrsg.), *Biodiversity*, S. 296–308. National Academy Press, Washington, D.C. [Deutsche Ausgabe: 1992. Kryobiologie, Embryonentransfer und künstliche Besamung bei Artenschutzprogrammen *ex situ*. In: *Ende der biologischen Vielfalt?* Spektrum Akademischer Verlag, Heidelberg. Moderne tiermedizinische Techniken, die man zur Steigerung des Fortpflanzugserfolgs bei Tieren in menschlicher Obhut anwendet.]

Falk, D. A. und Holsinger, K. E. 1991. *Genetics and Conservation of Rare Plants*. Oxford University Press, New York. [Grundlegende Aufsätze über Samenbanken und Strategien zum Sammeln von Samen.]

Plucknett, D. L., Smith, N. J. H., Williams, J. T. und Anishetty, N. M. 1987. *Gene Banks and the World's Food.* Princeton University Press, Princeton, N.J. [Genbanken sind von zentraler Bedeutung, um die Nahrungsversorgung der Welt zu gewährleisten und für das weitere Gedeihen der modernen Landwirtschaft.]

Ralls, K., Ballou, J. D. und Templeton, A. 1988. Estimates of lethal equivalents and the cost of inbreeding in mammals. *Conservation Biology* 2: 185–193. [Inzucht in kleinen Populationen verringert die Fortpflanzungsrate.]

Rhoades, R. E. 1991. World's food supply at risk. *National Geographic* 179 (April): 74–105. [Ein wunderschön illustrierter, allgemeinverständlicher Überblick über den Rückgang traditioneller Sorten in der Landwirtschaft und über die Notwendigkeit von Samenbanken.]

Robinson, M. H. 1992. Global change, the future of biodiversity and the future of zoos. *Biotropica* 24: 345–352. [In einer Spezialausgabe der Zeitschrift konzentriert sich dieser Artikel auf die moderne Rolle von Zoos bei der Arterhaltung und der öffentlichen Bildung.]

Seal, U. S. 1988. Intensive technology in the care of *ex situ* populations of vanishing species. In: E. O. Wilson und F. M. Peter (Hrsg.), *Biodiversity*, S. 289–295. National Academy Press, Washington, D.C. [Deutsche Ausgabe: 1992. Für *ex situ*-Populationen bedrohter Arten förderliche Technologien. In: *Ende der biologischen Vielfalt?* Spektrum Akademischer

Verlag, Heidelberg. Beschreibt die technologischen Fortschritte bei der Erhaltung von Tieren in Menschenobhut.]

Snyder, H. A. und Snyder, N. F. 1990. The comeback of the California Condor. *Birds International* 2: 10–23. [Ausgezeichneter Überblick über das Erhaltungsprogramm für den Kalifornischen Kondor mit wunderschönen Bildern.]

Tarpy, C. 1993. Zoos: Taking down the bars. *National Geographic* 184 (Juli): 2–37. [Ein großartiger Artikel über die neue Rolle von Zoos bei der Erhaltung von Tierarten.]

Tudge, C. 1993. *Letzte Zuflucht Zoo. Die Erhaltung bedrohter Arten in Zoologischen Gärten.* Spektrum Akademischer Verlag, Heidelberg.*

U.S. Office of Technology Assessment 1987. *Technologies to Maintain Biological Diversity.* U.S. Government Printing Office, Washington, D.C. [Eine Zusammenfassung der erforderlichen Methoden, um Arten *ex situ* zu erhalten.]

18

Die Ansiedlung neuer Populationen

Im Zuge der *ex situ*-Erhaltungsprogramme wurden einige neue Erhaltungsmethoden entwickelt; dazu gehören der Aufbau neuer Wildpopulationen oder halbwilder Populationen seltener und gefährdeter Tierarten sowie die Vergrößerung existierender Populationen. Solche Experimente sind wichtig, weil Arten, die nur noch in Menschenobhut leben, dadurch wieder ihre ökologische und evolutionäre Rolle innerhalb ihrer natürliche Lebensgemeinschaft übernehmen können. Freilandpopulationen sind vielleicht auch weniger in Gefahr, durch Katastrophen (wie Krankheitsepidemien oder Kriege) vernichtet zu werden, als begrenzte Populationen in Menschenhand. Außerdem wird sich im allgemeinen die Aussterbewahrscheinlichkeit einer Art verringern, wenn man die Anzahl und Größe ihrer Populationen erhöht.

Solche Wiederansiedlungsprogramme funktionieren jedoch kaum effektiv, solange die Faktoren, die zum Rückgang der ursprünglichen Wildpopulationen führten, nicht eindeutig bekannt sind und dann ausgeschlossen wurden oder zumindest unter Kontrolle sind (Campbell 1980; Kleiman 1989; Gipps 1991). Beispielsweise wurden auf einigen pazifischen Inseln Vogelarten durch die eingeführte Braune Nachtbaumnatter (*Boiga irregularis*) (siehe Abbildung 7.1) ausgerottet. Für ein erfolgreiches Wiedereinbürgerungsprogramm müßte man die Schlange von einer Insel entfernen oder die Vogelnester auf irgendeine Weise vor ihr schützen. Als Alternativlösung könnte man die Vögel auf einer anderen Insel ansiedeln, auf der es keine Schlangen gibt. Wenn eine Meeresschildkrötenart durch ortsansässige Dorfbewohner bis zum Rande der Ausrottung bejagt wurde und ihre Brutstrände durch Erschließung zerstört wurden, müßte man die Lösung dieser sozialen und wirtschaftlichen Probleme als integralen Bestandteil in ein Wiedereinbürgerungsprogramm aufnehmen. Würde man einfach in menschlicher Obhut gezüchtete Schildkröten in die Natur freilassen, ohne

Diskussionen mit den Einheimischen und ohne eine veränderte Landnutzung, würde dies bald erneut zur ursprünglichen Situation führen (Frazer 1992).

Zum Aufbau neuer Tierpopulationen gibt es drei grundlegende Methoden. Bei einem **Wiedereinbürgerungsprogramm** (*reintroduction program*) läßt man in menschlicher Obhut gezüchtete oder wildgefangene Tiere in einem Teil ihres ehemaligen Verbreitungsgebiets frei, in dem die Art nicht mehr vorkommt. Hauptziel eines Wiedereinbürgerungsprogramms ist es, am ursprünglichen Ort eine neue Population zu schaffen (Exkurs 29). Häufig läßt man die Tiere an jenem Ort frei, wo man sie oder ihre Vorfahren entnahm, um sicherzustellen, daß sie genetisch an die Umgebung angepaßt sind. Manchmal läßt man die Tiere auch anderswo im Verbreitungsgebiet der Art frei, wenn ein neues Schutzgebiet eingerichtet wurde, wenn eine bestehende Population einer neuen Bedrohung ausgesetzt ist und an ihrem gegenwärtigen Standort nicht mehr überleben kann, oder wenn natürliche oder künstliche Barrieren die natürlichen Ausbreitungstendenzen der Art behindern. Leider herrscht etwas Verwirrung über die Begriffe, mit denen man die Wiedereinbürgerung von Populationen bezeichnet, und so werden die Programme manchmal auch als „Auswilderung", „Restauration", „Wiederansiedlung" oder „Umsiedlung" bezeichnet.

Es gibt noch zwei weitere, davon abweichende Formen von Ansiedlungsprogrammen. Bei einem **Programm zur Bestandsstützung** (*augmentation program*) entläßt man Tiere in eine existierende Population, um deren Größe zu erhöhen und deren Genpool zu erweitern (Powell und Cuthbert 1993). Diese freigesetzten Tiere können an anderer Stelle wild gefangene oder in Menschenhand aufgezogene Tiere sein. Ein **Neuansiedlungsprogramm** (*introduction programm*) umfaßt das Umsetzen von Tieren in Gebiete außerhalb ihres historisch bekannten Verbreitungsgebiets (Conant 1988). Eine solche Methode könnte angebracht sein, wenn sich die Umwelt innerhalb des bekannten Verbreitungsgebiets so sehr verschlechtert hat, daß die Art dort nicht mehr überleben kann. Innerhalb ihres historischen Verbreitungsgebiets kann die Art ausgestorben oder stark rückläufig sein; eine Wiedereinbürgerung ist aber möglicherweise ausgeschlossen, da der Faktor, der den ursprünglichen Rückgang verursachte, immer noch vorhanden ist. Die einzige Alternative könnte dann lauten, wildgefangene oder in Menschenobhut aufgezogene Individuen in Gebiete außerhalb ihres historisch bekannten Verbreitungsgebiets umzusiedeln, in der Hoffnung, dort neue Populationen zu gründen. Die Ansiedlung einer Art an neue Orte muß sorgfältig durchdacht sein, um sicherzugehen, daß die Art ihr neues Ökosystem nicht zerstört oder Populationen irgendeiner dort heimischen, gefährdeten Art beeinträchtigt (Conant 1988). Man muß darauf achten, daß die freigelassenen Tiere in menschlicher Obhut nicht mit Krankheiten infiziert worden sind, die sich in Wildpopulationen ausbreiten

Exkurs 29: Die Rückkehr der Wölfe und ihr unfreundlicher Empfang im Yellowstone-Nationalpark

Wenn Naturschützer von der Erhaltung gefährdeter Tierarten sprechen, kommen einem gewöhnlich jene Arten in den Sinn, deren Existenz auf diesem Planeten auf Messers Schneide steht. Arten wie dem Kalifornischen Kondor, mit weniger als 100 verbliebenen Individuen, oder dem Großen Panda, dessen Zahl auf weniger als 1100 geschätzt wird, werden aufgrund der unmittelbaren Gefahr für die Art die meisten Überschriften gewidmet. Häufig gehen dabei Arten mit gesünderen Populationen unter, bis es über ihr Management zu irgendeinem Konflikt oder irgendeiner Kontroverse kommt.

Ein typischer Fall ist der Wolf (*Canis lupus*) in den Vereinigten Staaten. Seit Ende des 19. Jahrhunderts wurden die Wölfe durch die Politik der Regierung systematisch in den gesamten USA vernichtet (Lipske 1991; Begley et al. 1991). Insbesondere im Yellowstone-Nationalpark war die Ausrottung des Wolfes ein Ziel, weil man dachte, diese Raubtiere würden die Herden der Wapitis, der anderen Hirsche und der sonstigen im Park lebenden Jagdwildarten gefährden (McNamee 1986). Als der U.S. Fish and Wildlife Service im Jahre 1987 einem Plan zur Erholung der Wolfsbestände zustimmte, der auch die Wiedereinbürgerung der Art in den Yellowstone-Nationalpark und auf Ländereien im Besitz der Regierung in der Umgebung vorsah, waren Kontroversen und Konflikte die natürliche Folge. Viehzüchter in Montana, Wyoming und Idaho behaupteten, die Wölfe würden eine Gefahr für ihr Vieh und möglicherweise auch für die Menschen darstellen. Jäger wandten ein, die Wölfe würden die Bestände an jagdbarem Wild stark dezimieren, während Holz- und Bergbaufirmen befürchteten, wegen der Anwesenheit der Wölfe die Ressourcen auf Ländereien der Regierung nur noch eingeschränkt nutzen zu können (Cohn 1990a). All diesen Einwänden liegt das Argument zugrunde, der Wolf sei – mit einer geschätzten Population von 50000 Tieren allein in Kanada – nicht unmittelbar vom Aussterben bedroht. Außerdem besiedelten die Wölfe stetig wieder die nördlichen Staaten, darunter Wisconsin und Michigan, und einzelne Tiere wurden auch in Idaho, Washington und Montana gesichtet. Da das Überleben der

In den Yellowstone-Nationalpark könnte man Wölfe wiedereingebürgern, um das ökologische Gleichgewicht von Raubtieren und Pflanzenfressern wiederherzustellen. (Photo: © NYZS/The Wildlife Conservation Society.)

Art keine Frage ist, gibt es aus Sicht der Viehzüchter keinen zwingenden Grund, die Art wieder in diesem Gebiet anzusiedeln.

Vom Standpunkt der Naturschutzbiologen jedoch ist die Wiedereinbürgerung des Wolfes im Yellowstone-Nationalpark durchaus vernünftig: Der Wolf ist das einzige im Ökosystem des Yellowstone fehlende Bindeglied und für die Wiederherstellung des ökologischen Gleichgewichts im Park notwendig. Wölfe sind nötig, um eine zu große Population von Wapitis, Elchen und anderen Hirschen im Park zu verhindern; ohne diese Feinde werden die Herden der Pflanzenfresser so dicht, daß jeden Winter Hunderte verhungern (Begley et al. 1991). Wölfe halten die Herden gesund, indem sie alte oder kranke Tiere entfernen und die Bestände unterhalb der Tragfähigkeit der Umwelt halten. Außerdem scheinen die Befürchtungen, die Wölfe würden Vieh und Menschen angreifen, übertrieben. In Minnesota – bis vor kurzem der einzige US-Bundesstaat, in dem es noch Wölfe gab – werden nur wenige Haustiere pro Jahr von Wölfen getötet. In den Farmen um den Yellowstone-Park herum leben Rinder und Schafe in weit geringerer Dichte als in Minnesota; also wären die Verluste von Vieh durch Wolfsangriffe vermutlich nicht sehr hoch. Die Gründung einer Stiftung, die von Wölfen verursachte Schäden bezahlt, könnte dazu beitragen, die Einwände der Viehzüchter zu überwinden. Zu Angriffen von Wölfen auf Menschen kommt es praktisch nicht, außer wenn die Tiere in die Enge getrieben und provoziert werden (Cohn 1990a; Begley et al. 1991; Lipske 1991).

Möglicherweise funktioniert der Wiedereinbürgerungsplan sowieso nicht, weil das Gebiet des Yellowstone-Parkes von Straßen zerschnitten ist, welche die Wölfe womöglich meiden (Schonewald-Cox und Buechner 1992). Auch die große Zahl von Touristen in diesem Park könnte die Wölfe vertreiben.

Die Kontroversen um die Wiedereinbürgerung des Wolfes spiegeln einen zentralen Diskussionspunkt der Naturschutzbiologie wider: Wie soll man die Bedürfnisse der Umwelt und die des Menschen in Einklang bringen? Wenn das Überleben einer Art in Frage gestellt ist, bekommen die Argumente der Artenschützer eine Dringlichkeit, die die Waage zugunsten der Umwelt senkt. Im Falle des Wolfes jedoch ist die Lage nicht eindeutig. Die Menschen, die im Gebiet des Yellowstone-Parkes leben und die direkt von dem Wiedereinbürgerungsplan betroffen wären, sind wegen der Unannehmlichkeiten nicht gewillt, den Wolf ohne zwingenden Grund zurückkehren zu lassen; und das ökologische Gleichgewicht steht bisher noch nicht so hoch im Kurs.

und diese schädigen könnten. Auch könnte sich eine Art genetisch auf eine Weise an ihre neue Umgebung anpassen, die sie von der ursprünglichen Population unterscheidet.

Das Sozialverhalten ausgewilderter Tiere

Erfolgreiche Programme zur Wiedereinbürgerung, Bestandsstützung und Neuansiedlung müssen die soziale Organisation und das Sozialverhalten der ausgewilderten Tiere berücksichtigen. Wenn soziale Tiere, insbesondere Säugetiere und einige Vögel, in der Natur aufwachsen, lernen sie ihre Umgebung und ihr Sozialverhalten durch andere Artgenossen kennen. In der Natur lernen diese Tiere oft von ihren Familienmitgliedern, wie sie ihre Umgebung nach Nahrung absuchen müssen und wie man die Nahrung erkennt, fängt, sammelt und verzehrt. Fleischfresser wie Löwen und Wildhunde haben komplizierte, subtile Jagdtechniken, die ein beträchtliches Teamwork erfordern. Pflanzenfresser wie Nashornvögel und Gibbons müssen jahreszeitliche Wanderungsmuster über weite Gebiete erlernen, um die Vielzahl von Nahrungsmitteln zu erlangen, die für ihr Überleben und ihre Fortpflanzung nötig ist. Wenn Vögel und Säugetiere in Menschenobhut aufgezogen werden, ist ihre Umgebung auf Käfige oder Gehege beschränkt, so daß ein Erkundungsverhalten selten möglich ist. Nach Nahrung zu suchen und etwas über neue Futterquellen zu lernen ist nicht erforderlich, da Tag für Tag pünktlich dieselben Nahrungsmittel bereitstehen. Und das Sozialverhalten kann stark gestört sein, wenn die Tiere allein oder in unnatürlichen Sozialgruppen gehalten werden. In solchen Fällen kann es sein, daß den Tieren die Fähigkeiten zum Überleben in ihrer natürlichen Umgebung fehlen, wie auch die sozialen Fähigkeiten, die notwendig sind, um gemeinsam Nahrung aufzuspüren, Gefahren auszumachen, Geschlechtspartner zu finden und Junge aufzuziehen.

Damit in Menschenobhut aufgezogene Säugetiere und Vögel diese Sozialisierungsprobleme überwinden, kann es sein, daß sie sowohl vor als auch nach dem Freilassen in die neue Umgebung ein intensives „Training“ brauchen. Sie müssen lernen, ihre Nahrung und Schutz zu finden, Feinde zu vermeiden und in Sozialgruppen zu interagieren. Solche Trainingstechniken hat man schon für mehrere Säugetierarten und einige wenige Vögel entwickelt. Beispielsweise brachte man Schimpansen in Menschenobhut bei, wie sie Zweige benutzen können, um an Termiten zu gelangen, und wie man Nester baut (Carter 1988). Rotwölfen bringt man bei, wie sie lebende Beute schlagen müssen. Goldgelbe Löwenäffchen konfrontiert man mit schwer zugänglichen Futterboxen, damit sie Fähigkeiten erwerben können, die zum Öffnen von Wildfrüchten nützlich sind (Exkurs 30; Klei-

Exkurs 30: Die Wiedereinbürgerung des Goldgelben Löwenäffchens – Probleme, Methoden und Erfolge

Goldgelbe Löwenäffchen (*Leontopithecus rosalia*) sind hübsche kleine Primaten, die zahlenmäßig enorm zurückgingen, als ihr Lebensraum, der atlantische Küstenregenwald Brasiliens, durch menschliche Aktivitäten fragmentiert wurde. Da sich die Löwenäffchen in menschlicher Obhut gut fortpflanzen, stellen sie ausgezeichnete Objekte für ein Wiedereinbürgerungsprogramm dar. Die Wiederansiedlung des Goldgelben Löwenäffchens in die noch verbliebenen Fragmente des brasilianischen Regenwaldes ist jedoch ein komplizierter Prozeß. Man kann in Menschenobhut gezüchtete Löwenäffchen nicht einfach in den Wald aussetzen und sich selbst überlassen. Nicht an das Leben in der Natur gewöhnt, würden sie wohl nicht sehr lange überleben, und jedes einzelne Tier ist einfach zu wertvoll für die Erhaltung dieser seltenen Art, um vergeudet zu werden. Um die Überlebenswahrscheinlichkeit der freigesetzten Tieren zu erhöhen, haben Biologen, die in einem speziellen Projekt zur Erhaltung dieser Art – dem Golden Lion Tamarin Conservation Program – arbeiten, eine Reihe von Methoden entwickelt, um mögliche Probleme, mit denen die Tiere in ihrem neuen Lebensraum konfrontiert werden, zu erkennen und auf ein Minimum herabzusetzen (Kleiman 1989).

Damit ein Wiedereinbürgerungsprogramm erfolgreich ist, muß es eine Reihe von Variablen berücksichtigen. Erstens müssen die Biologen sicher sein, daß die Population in menschlicher Obhut wirklich stabil ist, bevor sie Individuen zur Wiederansiedlung in der Natur entnehmen. Sie müssen sicherstellen, daß die genetische Vielfalt der Population in Menschenhand erhalten bleibt und auch, daß die Fortpflanzungsmöglichkeiten dieser Population durch das Entfernen der Tiere für die Ansiedlung nicht ernsthaft geschwächt werden. Diese Besorgnis erstreckt sich auch auf die Wildpopulation; willkürliche Wiedereinbürgerungen könnten zu sozialem Streß unter den freilebenden Gruppen führen. Zu große genetische Unterschiede zwischen den wilden und den in Obhut des Menschen gezüchteten Tieren könnten wichtigen Anpassungen an dic Mikroumwelt in isolierten Wildpopulationen entgegenwirken und das Fortpflanzungsvermögen negativ beeinflussen. Zweitens ist das Vorhandensein eines geschützten, geeigneten Lebensraumes von vorrangiger Bedeutung. Es macht wenig Sinn, Tiere in der Natur anzusiedeln, wenn ihr Lebensraum kurz danach zerstört

Das Logo für das Naturreservat Poço das Antas in Brasilien wurde entworfen, um die öffentliche Aufmerksamkeit für das Projekt des Goldgelben Löwenäffchens zu steigern. (Aus Kleiman 1989.)

In menschlicher Obhut erlernen goldgelbe Löwenäffchen Fähigkeiten, die sie für ein Leben in der Natur benötigen; in diesem Fall müssen die Tiere ihre Nahrung in einer schwer zugänglichen Futterbox finden. (Photo: Jessie Cohen, National Zoological Park, Smithsonian Institution.)

werden wird; ein wirkungsvoller gesetzlicher Schutz für den Ort der Wiederansiedlung ist daher Grundvoraussetzung für eine Wiedereinbürgerung. Außerdem muß dieses Gebiet groß genug sein, um die freigelassenen Tiere aufzunehmen, denn durch Übervölkerung und territoriale Auseinandersetzungen verursachte Konflikte sind potentielle Gefahren sowohl für die wiedereingebürgerten Tiere als auch für die verbliebene Wildpopulation. Eine dritte Variable, die das Programm beeinflußt, ist die Fähigkeit der Biologen, den in menschlicher Obhut gezüchteten Tieren jene Verhaltensweisen beizubringen, die es ihren wildlebenden Artgenossen möglich machen, Futter, Schutz und Geschlechtspartner zu finden. In Menschenobhut aufgezogene Löwenäffchen haben keine Erfahrung darin, zu finden, was sie zum Überleben brauchen, und ohne ein gewisses „Training" werden sie weder in der Lage sein, sich in ihren natürlichen Lebensraum einzupassen, noch in das Sozialgefüge der Löwenäffchen (Kleiman 1989). Schließlich hängt das Überleben der freigelassenen Tiere davon ab, wie effektiv die Biologen jene Faktoren auszuschalten oder zu verringern vermögen, die zum ursprünglichen Rückgang des Goldgelben Löwenäffchens in der Natur führten. Da eine Hauptursache des Niedergangs des Löwenäffchens die Zerstörung seines Lebensraumes war, lindert eine Wiederansiedlung der Tiere in Schutzgebieten das Problem teilweise. Eine weitere Fragmentierung ungeschützter Waldflächen ist für die freilebenden Löwenäffchen jedoch weiterhin eine potentielle Bedrohung.

Als man Anfang der achtziger Jahre zum erstenmal versuchte, das Goldgelbe Löwenäffchen wiederanzusiedeln, bildete die erste Variable, die den Erfolg eines solchen Programms beeinflußt, für die Biologen kaum einen Grund zur Besorgnis: Die Population der Goldgelben Löwenäffchen in Menschenobhut war eindeutig stabil und gedieh. Heute leben in den Zoos der ganzen Welt über 500 Löwenäffchen; ihre Zucht und ihre genetischen Verhältnisse werden von einem internationalen Expertenteam überwacht und gesteuert (Kleiman et al. 1990). Die zweite Variable erwies sich jedoch als etwas komplizierter. Das brasilianische Naturreservat Reserva Biológica Poço das Antas war der zentrale Ort für die Wiederansiedlungsbemühungen, jedoch nach Ansicht der Mitarbeiter des Erhaltungsprogramms war zusätzliche öffentliche Unterstützung notwendig, um die Stabilität der geschützten Flächen zu sichern. Durch Bekanntmachungen in Radio und Fernsehen, durch Lerneinheiten an öffentlichen Schulen, durch die Produktion von audiovisuellen Lehrmaterialien und andere Methoden steigerten die Biologen das öffentliche Bewußtsein nicht nur für die mißliche Lage des Löwenäffchens, sondern auch für die weitergehenden Naturschutzbemühungen mit dem Reservat als Zentrum. Das Löwenäffchen, ein Tier mit attraktivem Aussehen und Charisma, diente als zentrales Objekt, um öffentliche Unterstützung für das Reservat zu erlangen, und wurde sogar zum Logo für das Erhaltungprogramm. Die gesteigerte öffentliche Aufmerksamkeit hilft den Naturschützern auch, mit den potentiellen Gefahren für die Löwenäffchen außerhalb des Reservats fertig zu werden. Grundbesitzer, die durch ihre Aktivitäten in der Vergangenheit ungeschützte Waldflächen zerstörten, werden von diesen Umweltbildungsprogrammen wie auch durch direkte Diskussionen mit den Biologen darin bestärkt, alternative Nutzungsmöglichkeiten für ihre Ländereien zu finden, die den Wald nicht zerstören.

Das schwierigste Problem ist jedoch, die in menschlicher Obhut aufgewachsenen Tiere auf das Leben in der Natur vorzubereiten. Die Biologen entwickelten eine Reihe von Methoden, um auf verschiedenen wichtigen Gebieten Verhaltensweisen zu fördern, die denen wildlebender Löwenäffchen ähnlich sind: in den Bereichen Nahrungssuche, Schutz finden, Feindvermeidung, Orientierung und Fortbewegung sowie bei sozialen Interaktionen mit anderen Löwenäffchen. Man gestaltete zum Beispiel zunehmend komplexe, künstliche Lebensräume, um den Löwenäffchen in Menschenobhut beizubringen, beim Suchen ihrer Nahrung und in der Fortbewegung sowohl hartnäckig als auch erfinderisch zu sein (Kleiman 1989). Ob diese Programme wirkungsvoll sein würden, war nicht klar. Mittlerweile läßt man die Löwenäffchen mit relativ wenig vorhergehendem Training frei, versorgt sie jedoch an einer Futterstelle mit Nahrung und unterstützt sie während ihrer ersten 18 Monate in der Natur noch weiter, in denen sie lernen, Nahrung zu suchen und sich auf eigene Faust durch den Wald zu bewegen (Kleiman et al. 1990). Auch die Verpaarung von in menschlicher Obhut geborenen Löwenäffchen mit wildgefangenen Tieren ist eine wirkungsvolle Maßnahme, insbesondere im Hinblick auf soziale Interaktionen. Die Zooaffen nehmen viele der Verhaltensweisen ihrer Partner aus dem Freiland an und sind daher besser zum Überleben ausgerüstet (Kleiman 1989). Zwischen 1984 und 1991 siedelte man 91 Goldgelbe Löwenäffchen in das Reservat Poços das Antas an, von denen im Juni 1991 noch 33 lebten. Die freigelassenen Löwenäffchen gebaren insgesamt 57 Jungtiere, von denen 38 überlebten (Beck et al. 1991). Die in der Natur geborenen jungen Löwenäffchen vermögen besser Nahrung zu finden und sich im Wald zu orientieren als ihre in Menschenobhut geborenen Eltern, was darauf hindeutet, daß die Löwenäffchenpopulation letztendlich unabhängig vom Menschen werden könnte.

Die Verhaltensweise, welche die Biologen den Löwenäffchen am schwierigsten beibringen können, ist das Vermeiden von Menschen und die Furcht vor ihnen; seit ihrer Geburt von Menschen umgeben sind die zoogeborenen Tiere weit weniger geneigt, menschlichen Aktivitäten aus dem Wege zu gehen, als ihre wildlebenden Artgenossen. Leider könnte das Meiden des Menschen aber entscheidend für das weitere Überleben sein, denn 20 Prozent der Verluste von freigesetzten Löwenäffchen sind dem Menschen zuzuschreiben (Beck et al. 1991). Den Biologen bleibt nur zu hoffen, daß die noch verbliebenen wildlebenden Löwenäffchen den in menschlicher Obhut gezüchteten Tieren beibringen können, den Menschen zu meiden.

man 1989). Man bringt Zootieren die Furcht vor potentiellen Feinden bei, indem man sie beim Zeigen einer Feindattrappe irgendwie erschreckt.

Soziale Interaktionen gehören zu den Verhaltensweisen, die in Menschenobhut aufgezogenen Säugetieren und Vögeln mit am schwierigsten beizubringen sind, weil der Mensch bei den meisten Arten die Feinheiten des Sozialverhaltens nur unzureichend versteht. Dennoch hat man einige erfolgreiche Versuche unternommen, um in menschlicher Obhut aufgezogene Tiere zu sozialisieren. In einigen Fällen verwendet man Artgenossen aus dem Freiland, um Tiere in Menschenobhut zu „instruieren“ (Kleiman 1989). Man fängt beispielsweise in der Natur geborene Goldgelbe Löwenäffchen ein und hält sie zusammen mit zoogeborenen Tieren. Sie bilden Sozialgruppen, die dann zusammen freigelassen werden, in der Hoffnung, daß die Zooaffen von den wild geborenen Tieren etwas lernen. In anderen Fällen ahmen Menschen das Aussehen und das Verhalten der wilden Artgenossen nach. Diese Methode ist besonders wichtig, wenn man sich mit sehr jungen Tieren befaßt; beispielsweise waren die in menschlicher Obhut geschlüpften Küken des Kalifornischen Kondors (*Gymnogyps californianus*) ursprünglich nicht imstande, die Verhaltensweisen ihrer wilden Verwandten zu erlernen, weil sie auf ihre menschlichen Pfleger geprägt waren. Mittlerweile füttert man frischgeschlüpfte Kondore mit Kondorhandpuppen und hält sie außerhalb des von Zoobesuchern einsehbaren Bereichs, so daß sie lernen, sich mit ihrer eigenen Art zu identifizieren statt mit einer Ersatzart oder mit dem Menschen (siehe Exkurs 25). Wenn in Menschenobhut geborene Tiere in die Natur freigelassen werden, schließen sie sich manchmal existierenden Sozialgruppen an oder paaren sich mit Wildtieren und erhalten dadurch einige Kenntnisse über ihre Umwelt. Die Entwicklung von Sozialbeziehungen mit Wildtieren könnte entscheidend für den Erfolg der in Menschenhand gezüchteten Tiere sein, wenn diese erst einmal ausgewildert sind. Der mangelnde Anschluß an Wildvögel beim Zug scheint einer der Gründe für die hohe Sterblichkeit in Menschenobhut aufgezogener Waldrappe (*Geronticus eremita*) in der Natur zu sein (Akçakaya 1990). Andererseits verhielten sich von Menschenhand aufgezogene und von einer verwandten Regenpfeiferart in der Natur adoptierte Schreiregenpfeifer (*Charadrius vociferus*) nicht nennenswert anders als die von wildlebenden Schreiregenpfeifereltern aufgezogenen Küken, wenn man sie in ihre natürliche Population entließ (Powell und Cuthbert 1993).

Überlegungen für erfolgreiche Programme

Programme zur Ansiedlung neuer Populationen sind oft kostspielig und schwierig und erfordern ein ernsthaftes und langfristiges Engagement. Die Programme zum Fang, zur Aufzucht, Überwachung und Auswilderung des Kalifornischen Kondors, des Wanderfalken und des Schwarzfußiltisses zum Beispiel kosteten Millionen von Dollar und erforderten jahrelange Arbeit. Handelt es sich um langlebige Tiere, muß das Programm unter Umständen viele Jahre dauern, bevor ein Ergebnis ersichtlich ist. Entscheidungen über den Beginn von Wiedereinbürgerungsprogrammen können auch zu ausgesprochen emotionalen öffentlichen Themen werden, wie sich bei den Projekten für den Kalifornischen Kondor, den Schwarzfußiltis, den Grizzlybär und den Wolf in den USA (und den Luchs in Deutschland) zeigte (Luoma 1992; Cohn 1990a; Lipske 1991). Bisweilen werden die Programme als Geldverschwendung angegriffen (»Millionen von Dollar für einige wenige häßliche Vögel!«), als unnötig (»Warum brauchen wir hier Wölfe, wenn es anderswo noch so viele gibt?«), als schlecht durchgeführt (»Man denke nur an all die Iltisse, die in Gefangenschaft an Krankheiten starben!«) oder als unethisch (»Warum läßt man die letzten Tiere ihr Leben nicht in Frieden zuende leben, ohne sie einzufangen und in Zoos zu stecken?«). Die Antwort auf diese Kritik ist einfach: Gut durchgeführte, sorgfältig geplante Programme zur Zucht in Menschenobhut und Wiedereinbürgerung sind die größte Hoffnung, eine Art zu erhalten, die in der Natur vor dem Aussterben steht oder stark zurückgeht.

Die Auswahl der Tiere für Wiedereinbürgerungsprogramme wird in bedeutendem Ausmaß durch eine genetische Komponente bestimmt. Populationen in Menschenhand haben unter Umständen einen Großteil ihrer genetischen Variabilität verloren. In Populationen, die seit mehreren Generationen in menschlicher Obhut aufgezogen werden, wie beim Pazifischen Lachs, könnte sich die Häufigkeit von Genen verändert haben (Waples und Tel 1990). Diese Veränderungen der Genhäufigkeit könnten dazu führen, daß die Art nach einer Auswilderung nicht mehr so gut in der Natur zu überleben vermag. Um sicherzustellen, daß die ausgewilderte Population nicht unter Inzuchtdepression leidet, muß man die Individuen sorgfältig auswählen, um eine genetisch möglichst vielfältige Population aufzubauen (Haig et al. 1990).

Eine Überwachung der ausgewilderten Tiere ist notwendig, um festzustellen, ob die neue Population sich selbst erhält. Unter Umständen brauchen die freigelassenen Tiere während und unmittelbar nach der Auswilderung eine spezielle Fürsorge und Hilfe; man bezeichnet diese Methode als „sanftes Auswildern". Man muß die Tiere an den Orten der Freilassung möglicherweise füttern und schützen, bis sie imstande sind, für sich selbst zu sorgen; vielleicht muß man sie am Ort der Ansiedlung auch vorübergehend in Gehegen halten und nach und nach freilassen, so daß sie mit der Gegend vertraut werden können. Abrupt aus Menschenobhut freigelassene Sozialgruppen (eine „harte Auswilderung") verteilen sich vielleicht explosionsartig in verschiedene Richtungen und weg vom Schutzgebiet und verurteilen so die Ansiedlungsbemühungen zum Scheitern (Zwank und Wilson 1987). Wenn Tiere offensichtlich nicht in der Lage sind zu überleben, kann ein Eingreifen notwendig sein, insbesondere während Trockenperioden oder bei Nahrungsmangel. In solchen Fällen muß man entscheiden, ob es besser ist, der Art gelegentliche, zeitlich begrenzte Hilfe zukommen zu lassen, damit sie sich etablieren kann, oder ob man sie zwingen soll, auf sich alleine gestellt zu überleben. Es ist schwierig, im voraus zu wissen, welche Entscheidung richtig ist. Das Ergebnis kann im einen Extremfall eine in hohem Maße abhängige Population sein, die sich um eine Futterstelle herum aufhält und kaum imstande ist, alleine zu überleben, und im anderen eine Population, die gezwungen ist, ohne Hilfe zu überleben, und in der die Individuen verhungern und Feinden zum Opfer fallen.

Erfolgreiche Wiedereinbürgerungsprogramme haben oft einen beträchtlichen Wert für die Umweltbildung. Ein besonders deutlicher Erfolg ist die Wiedereinbürgerung der heimischen Eichhörnchen in den Regent's Park in

18.1 Die Weiße Oryxantilope (*Oryx leucoryx*), in der Natur fast ausgestorben, wird an mehreren Stellen ihres ehemaligen Verbreitungsgebiets, wie in Oman, wiedereingebürgert. (Photo: Ron Garrison, © San Diego Zoo.)

London, nachdem sie dort offenbar von den nordamerikanischen Grauhörnchen verdrängt worden waren. In Brasilien wurden die Bemühungen, das Goldgelbe Löwenäffchen durch Schutzmaßnahmen und Wiedereinbürgerung zu erhalten, zu einem Konzentrationspunkt für Versuche, die letzten verbliebenen Fragmente des Atlantischen Küstenwaldes zu bewahren. In Oman hat man in Menschenobhut gezüchtete Weiße Oryxantilopen wieder erfolgreich in Wüstengebiete eingebürgert und schuf so ein nationales Symbol und eine Beschäftigungsmöglichkeit für die einheimischen Beduinen, die das Programm durchführten (Abbildung 18.1; Stanley-Price 1989).

Auswilderungsprogramme mit häufigen Jagdwildarten waren schon immer weit verbreitet und haben eine Menge Erkenntnisse für die neuen Programme beigesteuert, die man für bedrohte und gefährdete Arten entwickelte. Eine detaillierte Analyse von 198 Auswilderungsprogrammen, die zwischen 1973 und 1986 durchgeführt wurden, ergab eine Anzahl wichtiger allgemeingültiger Prinzipien (Griffith et al. 1989). Der dokumentierte Erfolg von Programmen zur Ansiedlung neuer Populationen war:

- größer für Jagdwildarten (86 Prozent) als für bedrohte, gefährdete und empfindliche Arten (44 Prozent),
- größer bei der Auswilderung in einen Lebensraum sehr guter Qualität (84 Prozent) als in einen schlechter Qualität (38 Prozent),
- größer im Kernbereich des historischen Verbreitungsgebiets (78 Prozent) als an der Peripherie oder außerhalb des ehemaligen Verbreitungsgebeits (48 Prozent),
- größer mit wildgefangenen (75 Prozent) als mit in Menschenobhut aufgezogenen Tieren (38 Prozent)
- und größer bei Pflanzenfressern (77 Prozent) als bei Fleischfressern (48 Prozent).

Für die betreffenden Vogel- und Säugetierarten erhöht sich die Wahrscheinlichkeit, erfolgreich eine neue Population zu etablieren, mit der Anzahl der freigelassenen Tiere bis zu etwa 100 Tieren. Mehr als 100 Tiere auszuwildern erhöht die Erfolgswahrscheinlichkeit nicht weiter (Griffith et al. 1989).

Fallstudien

Es folgen einige kurze Beschreibungen von Versuchen aus jüngerer Zeit, neue Populationen bedrohter Arten aufzubauen.

- Rotwölfe (*Canis rufus*) hat man in dem Naturreservat Alligator River National Wildlife Refuge im Nordosten des US-Bundesstaates North Carolina wiederangesiedelt, indem man 42 in menschlicher Obhut geborene Junge freiließ. Nach drei Jahren lag die Überlebensrate der erwachsenen Tiere bei 50 Prozent, und 23 Junge wurden geboren (Cohn 1987; Phillips 1990; Parker und Phillips 1991). Die Tiere des Programms haben Rudel gegründet und überleben durch die Jagd auf Hirsche und Waschbären, und indem sie Aas fressen (Phillips und Henry 1992). Das Programm zur Erholung des Rotwolfes (Red Wolf Recovery Program) scheint erfolgreich zu sein.
- Die Gopherschildkröte (*Gopherus polyphemus*) ist in ihrem gesamten Verbreitungsgebiet in Florida zahlenmäßig stark zurückgegangen. Man versuchte, eine neue Population zu gründen, indem man 85 wildgefan-

gene Schildkröten an einen neuen Standort brachte; zwei Jahre später waren noch 35 erwachsene Tiere vorhanden, zusammen mit einigen geschlüpften Jungen (Burke 1989).

- Vom Mauritiusfalken (*Falco punctatus*) waren in den siebziger Jahren nur noch zwei Brutpaare übriggeblieben, was ihm den Rang einbrachte, die gefährdetste Greifvogelart der Welt zu sein (Cade und Jones 1993). Die Zerstörung ihres Waldlebensraumes sowie eingeführte räuberische Säugetiere waren in erster Linie für den Niedergang verantwortlich. In einem aktiven Programm stützte man den Bestand der kleinen existierenden Population mit in Menschenobhut aufgezogenen Jungvögeln und durch die Wiedereinbürgerung der Art in anderen Teilen der Insel. Dazu zog man Jungvögel aus Eiern auf, die man in der Natur gesammelt hatte, und aus solchen, die erwachsene Vögel der in menschlicher Obhut gehaltenen Kolonie gelegt hatten. Insgesamt wilderte man 235 Falken wieder aus. Als Folge der Zunahme der natürlichen Population und der Bemühungen zur Bestandsstützung ist die Wildpopulation inzwischen auf 30 Brutpaare und mehr als 170 Vögel angewachsen, die auf vier Waldgebiete verteilt sind.
- Der Eulenpapagei oder Kakapo (*Strigops habraptilus*) ist nicht nur der größte Papagei der Welt, sondern auch flugunfähig, nachtaktiv und einzelgängerisch. Man hielt diesen neuseeländichen Papagei aufgrund eingeführter räuberischer Säugetiere schon für ausgestorben, bis man Ende der siebziger Jahre einige wenige Individuen entdeckte (Triggs et al. 1989). Daraufhin fing man 22 Kakapos ein und ließ sie auf der Insel Little Barrier Island wieder frei, auf der die meisten Feinde fehlen (Moorhouse und Powlesland 1991). Zwar haben die Kakapos an diesem neuen Ort einige Jahre überlebt, aber sie haben immer noch keine Nester gebaut, so daß der Erfolg des Experiments noch unklar ist.
- Die Fische der Flüsse Sri Lankas sind durch die Zerstörung des Regenwaldes potentiell gefährdet. In einem Wiedereinbürgerungsexperiment konnte man neue Populationen seltener Fischarten in anderen Flüssen des Landes außerhalb ihres bekannten Verbreitungsgebiets etablieren (Wikramanayake 1990).
- Die Korallenriffe der Pazifikküste von Costa Rica wurden an manchen Stellen durch menschliche Aktivitäten und durch natürliche Ereignisse zerstört. In Experimenten zur Restauration brachte man lebende Korallenstücke von nahegelegenen Riffen auf die toten Riffe auf. Diese Transplantate zeigen eine hohe Überlebensrate, was zu einer starken Zunahme neuer Kolonien führte (Guzman 1991).
- St. Catherine's Island ist ein fast 5700 Hektar großes Inselnaturschutzgebiet vor der Küste des US-Bundesstaates Georgia, das von einer privaten Stiftung in Zusammenarbeit mit dem Bronx Zoo in New York und dem American Museum of Natural History für Arterhaltungs-, For-

schungs- und Ausbildungszwecke genutzt wird (Cohn 1990c). Die Küstenvegetation vor Ort bietet einheimischen Wildtierarten wie Alligatoren, Wildtruthähnen, Weißen Sichlern und Amerika-Nimmersatten Lebensraum. Zusätzlich wilderte man dort gefährdete Tierarten aus, die in menschlicher Obhut nicht gut gedeihen oder für ihre sozialen Interaktionen große Gebiete brauchen, um Zuchtpopulationen zu etablieren. Beispiele für solche Arten sind der nur von einem Tal in Bolivien bekannte Rotohrara (*Ara rubrogenys*), die Wanderus oder Bartaffen (*Macaca silenus*) aus Indien und die madagassische Angonoka-Schildkröte (*Geochelone yniphora*), die in der Natur sehr selten ist. 1985 wilderte man eine Gruppe von zwölf zoogeborenen madagassischen Kattas (*Lemur catta*) aus; sie überlebte und wuchs auf 17 Individuen an, wobei elf Lemurenkinder auf der Insel geboren wurden.

Die Schaffung neuer Pflanzenpopulationen

Die Bemühungen zur Schaffung neuer Populationen seltener und gefährdeter Pflanzenarten unterscheiden sich grundlegend von den Versuchen mit Landwirbeltieren. Tiere können sich aktiv an neue Orte ausbreiten und dort jene Mikrohabitatbedingungen aufsuchen, die für sie am geeignetsten sind. Im Falle von Pflanzen werden die Samen durch Hilfsmittel wie Wind, Tiere und Wasser in neue Lebensräume gebracht (Guerrant 1992; Primack und Miao 1992). Befinden sich die Samen erst einmal auf dem Boden, vermögen sie sich nicht mehr weiter fortzubewegen, auch wenn einige Zentimeter weiter ein günstiger Kleinstandort existiert. Für das Überleben der Pflanzen ist aber der unmittelbare Kleinstandort entscheidend: Sind die Umweltbedingungen auf irgendeine Weise ungeeignet – zu sonnig, zu schattig, zu feucht oder zu trocken – werden die Samen erst gar nicht auskeimen, und wenn sie dennoch auskeimen, werden die daraus hervorgehenden Keimlinge sterben (Harper 1977). Die Keimlinge sind auch anfällig für Fraß durch Insekten und andere Tiere und gegen Angriffe von Pilzen und Fadenwürmern (Nematoden). Infolge dieser subtilen ökologischen Anforderungen etablieren sich Pflanzenarten an neuen Standorten vielleicht nur, wenn viele Samen dort ankommen und zufällig die richtigen Bedingungen vorfinden. Für die Etablierung der Keimlinge zahlreicher Pflanzenarten sind auch Störungen wie Feuer oder Windbruch notwendig (Hobbs 1989; DeSteven 1991; Facelli und Picket 1991). Folglich ist ein Ort vielleicht nur einmal in mehreren Jahren für die Etablierung von Keimlingen geeignet.

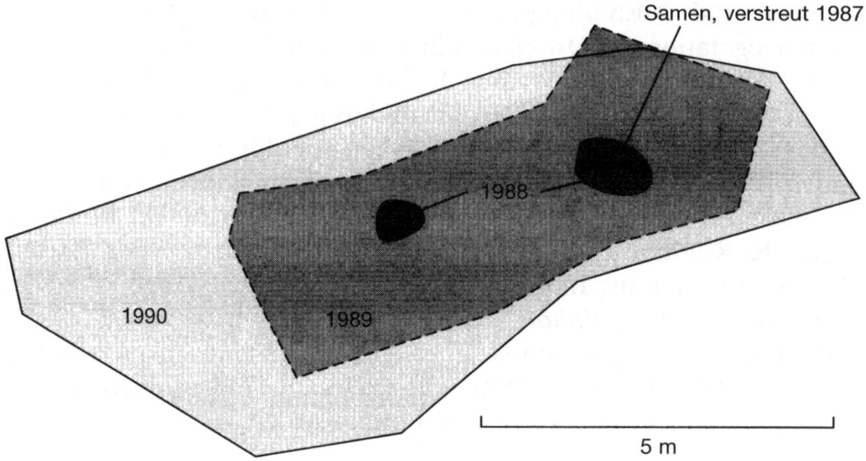

18.2 Manchmal läßt sich eine neue Pflanzenpopulation durch das Ausbringen von Samen gründen. Im September 1987 wurden 100 Samen von *Impatiens capensis*, einer einjährigen Springkrautart, an einer bisher noch nicht von ihr besiedelten Stelle in den Hammond Woods in der Nähe von Boston in Massachusetts ausgebracht. Die Samen wurden im Umkreis von einem Meter um einen Pfahl verstreut (schwarzer Punkt). Im Jahre 1988 hatten sich einige Meter voneinander getrennt zwei Gruppen von Pflanzen etabliert (dunkelgraue Flächen). Diese Populationen dehnten sich weiter aus, wie die Grenzen von 1989 (gestrichelte Linie) und 1990 (durchgezogene Linie) zeigen. Im Jahre 1991 hatte die Populationsgröße 750 Individuen erreicht, die zusammen annähernd 56000 Samen hervorbrachten. (Nach Primack und Miao 1992.)

Üblicherweise schaffen es Pflanzenpopulationen an den meisten für sie geeignet erscheinenden Stellen nicht, sich aus Samen zu etablieren. Im Rahmen einer Studie wurde eine große Zahl von Samen von vier Arten einjähriger Pflanzen an 34 geeignet erscheinende Stellen gebracht, an denen die Arten nicht natürlich vorkamen. Von diesen 34 Einbürgerungsversuchen führten nur drei zu etablierten Populationen, von denen jede vier Generationen überdauerte (Primack und Miao 1992). Nur an einem Ort hat sich die Population nennenswert zahlenmäßig ausgedehnt und ein größeres Gebiet besiedelt (Abbildung 18.2). Spätere Versuche, neue Populationen ausdauernder Kräuter zu etablieren, indem man Samen an scheinbar günstigen Stellen aussäte, hatten sogar noch geringeren Erfolg (Primack, unveröffentlicht).

Um ihre Erfolgschancen zu erhöhen, lassen die Botaniker die Samen oft unter kontrollierten Bedingungen auskeimen und die jungen Pflanzen geschützt aufwachsen. Erst wenn sie über das anfällige Keimlingsstadium hinaus sind, werden sie ins Freiland umgepflanzt. Zwar verspricht diese Methode, eher zu gewährleisten, daß die Art an dem neuen Standort überlebt, aber sie ahmt keinen natürlichen Prozeß nach, und so produziert die neue Population oftmals keine Samen und Keimlinge, die aber erforderlich sind, damit eine nächste Generation zustande kommt (Hall 1987). Das Scheitern eines solchen Versuchs fügt der Art aber im allgemeinen keine irreparablen Schäden zu, da weiterhin Samen der ursprünglichen Pflanzen für zukünftige Versuche zur Verfügung stehen. Pflanzenökologen versuchen derzeit, neue Techniken auszuarbeiten, um diese Schwierigkeiten bei der Gründung neuer Pflanzenpopulationen zu überwinden, etwa ein Einzäunen, um Tiere fernzuhalten, das Entfernen eines Teiles der natürlichen Vegetation, um die Konkurrenz zu verringern, und die Zugabe mineralischer Nährstoffe.

Wiedereinbürgerungsprogramme und das Gesetz

Programme zur Wiedereinbürgerung, Neuansiedlung und Bestandsstützung werden in den kommenden Jahren häufiger werden, da die Krise der biologischen Vielfalt immer mehr Arten aus der Natur verschwinden läßt. Einige der Wiedereinbürgerungsprogramme für gefährdete Arten werden durch offizielle, von nationalen Regierungen erstellte Pläne zur Bestandserholung vorgeschrieben. Ansiedlungsprogramme für gefährdete Arten werden jedoch ebenso wie die Forschung über sie zunehmend durch die Gesetzgebung für gefährdete Arten beeinflußt, die den Besitz und die Nutzung dieser Arten einschränkt (New England Wild Flower Society 1992). Wenn offizielle Regierungsvertreter diese Gesetze strikt auf wissenschaftliche Forschungsprogramme anwenden, könnten die kreativen Einblicke und neuen Methoden, die sich aus solchen Programmen ergeben, im Keim erstickt werden (Ralls und Brownell 1989). Neue wissenschaftliche Erkenntnisse sind aber von zentraler Bedeutung für Ansiedlungsprogramme und andere Arterhaltungsmaßnahmen. Regierungsvertreter, die vernünftige wissenschaftliche Projekte blockieren, erweisen den Bürgern ihres Landes möglicherweise einen schlechten Dienst. Die potentiellen Schäden für gefährdete Arten durch sorgfältig geplante wissenschaftliche Forschungen sind relativ unbedeutend im Vergleich zum tatsächlichen massiven Verlust der biologischen Vielfalt, der durch Zerstörung und Fragmentierung, Verschmutzung und übermäßige Ausbeutung von Lebensräumen verursacht wird.

Manchmal erhalten im Rahmen erfolgreicher Neuansiedlungs- und Wiedereinbürgerungsprogramme geschaffene, experimentelle Populationen seltener und gefährdeter Arten ein gewisses Ausmaß an gesetzlichem

Schutz (Falk und Olwell 1992). Den Gesetzgebern muß aber – genauso wie den Wissenschaftlern – klar sein, daß die Gründung neuer Populationen durch Wiedereinbürgerungsprogramme in keiner Weise die Notwendigkeit verringert, die ursprünglichen Populationen der gefährdeten Arten zu schützen; diese weisen nämlich mit höherer Wahrscheinlichkeit den größten Genpool der Art und die intaktesten Wechselbeziehungen mit anderen Mitgliedern der natürlichen Lebensgemeinschaft auf.

Zusammenfassung

1. Man kann neue Populationen seltener und gefährdeter Arten in der Natur mit in Menschenobhut aufgezogenen oder wildgefangenen Tieren gründen. Bei einem Wiedereinbürgerungsprogramm wildert man Individuen im historisch bekannten Verbreitungsgebiet der Art aus; ein Neuansiedlungsprogramm bedeutet das Freilassen von Individuen an einer Stelle außerhalb des ehemaligen Verbreitungsgebiets der Spezies; unter einer Bestandsstützung versteht man das Auswildern von Individuen in eine existierende Population, um deren Populationsgröße und genetische Variabilität zu erhöhen.
2. In Menschenobhut aufgezogenen Säugetieren und Vögeln fehlen unter Umständen die für ein Überleben in der Natur notwendigen Fähigkeiten. Einige Arten brauchen vor der Auswilderung ein spezielles soziales und Verhaltenstraining, und oft auch danach noch ein gewisses Maß an Fürsorge. Die Gründung neuer Populationen seltener Vogel- und Säugetierarten gelingt besser, wenn die Auswilderung in einem Habitat von sehr guter Qualität innerhalb des historischen Verbreitungsgebiets der Art mit einer großen Zahl von (bis zu 100) Tieren erfolgt.
3. Die Wiedereinbürgerung von Pflanzenarten erfordert aufgrund deren spezialisierter Anforderungen an die Umwelt im Samen- und Keimlingsstadium ein anderes Vorgehen. Versuche zur Wiedereinbürgerung von Pflanzen haben offenbar eine geringere Erfolgswahrscheinlichkeit als Versuche mit Tieren. Künstliche Störungen, welche die Konkurrenz unter den Pflanzen verringern, und das Verpflanzen ausgewachsener Pflanzen können den Erfolg von solchen Wiedereinbürgerungsbemühungen erhöhen.
4. Naturschutzbiologen, die sich mit der Gründung neuer Populationen gefährdeter Arten befassen, müssen darauf achten, daß ihre Bemühungen nicht den gesetzlichen Schutz der natürlichen Populationen dieser Arten schwächen.

Weiterführende Literatur

Arzdorf, W. 1990. *Stand, Möglichkeiten und Grenzen von Zucht und Auswilderung bedrohter Tierarten als Beitrag zum Artenschutz*. Herausgegeben vom Zoologischen Garten Köln.*

Beck, B. B., Kleiman, D. G., Dietz, J. M., Castro, I., Carvalho, C., Martins A. und Rettberg-Beck, B. 1991. Losses and reproduction in reintroduced golden lion tamarins *Leontopithecus rosalia. Dodo: Journal of the Jersey Wildlife Preserve Trust* 27: 50–61. [Das Neueste über dieses große, gut dokumentierte Projekt.]

Cade, T. J. und Jones, C. G. 1993. Progress in the restoration of the Mauritius kestrel. *Conservation Biology* 7: 169–175. [Fallstudie eines erfolgreichen Arterhaltungsprogramms für Mauritius-Turmfalken.]

Conant, R. 1988. Saving endangered species by translocation. *BioScience* 38: 254–257. [Die Vorteile und Gefahren der Gründung neuer Populationen außerhalb des historischen Verbreitungsgebiets einer Art.]

Falk, D. A. und Olwell, P. 1992. Scientific and policy considerations in restoration and reintroduction of endangered species. *Rhodora* 94: 287–315. [Eindeutige, warnende Feststellungen über die Auswirkungen von Wiedereinbürgerungsbemühungen.]

Frazer, N. B. 1992. Sea turtle conservation and halfway technology. *Conservation Biology* 6: 179–184. [Versuche, gefährdeten Tierarten zu helfen, müssen sich zuerst mit den menschlichen Aktivitäten auseinandersetzen, die zum Rückgang der Population führten.]

Gipps, J. H. W. (Hrsg.) 1991. *Beyond Captive Breeding: Reintroducing Endandgered Species through Captive Breeding*. Zoological Society of London Symposium 62. Clarendon Press, Oxford. [Berichte führender Fachleute über Wiedereinbürgerungen.]

Griffith, B., Scott, J. M., Carpenter, J. W. und Reed, C. 1989. Translocation as a species conservation tool: Status and strategy. *Science* 245: 477–480. [Analyse von 198 Ansiedlungsprogrammen.]

Kleiman, D. G. 1989. Reintroduction of captive mammals for conservation. *BioScience* 39: 152–161. [Hervorragender Überblick über die Bemühungen zur Wiedereinbürgerung von Säugetieren mit zahlreichen Beispielen.]

Primack, R. und Miao, S. L. 1992. Dispersal can limit local plant distribution. *Conservation Biology* 6: 513–519. [Die speziellen Anforderungen an Wiedereinbürgerungsversuche für Pflanzen.]

Stanley-Price, M. R. 1989. *Animal Reintroductions: The Arabian Oryx in Oman*. Cambridge University Press, Cambridge. [Geschichte eines erfolgreichen Beispiels einer Wiedereinbürgerung.]

Tudge, C. 1993. *Letzte Zuflucht Zoo. Die Erhaltung bedrohter Arten in Zoologischen Gärten*. Spektrum Akademischer Verlag, Heidelberg.*

Teil VI

Naturschutz und Gesellschaft

19

Wie werden Arten und Lebensräume gesetzlich geschützt?

Auf lokaler, nationaler und internationaler Ebene besteht ein Spannungsverhältnis zwischen jenen Kräften, welche die natürlichen Ressourcen ausbeuten wollen, und denen, die darauf aus sind, sie zu erhalten. Traditionell wird Naturschutz so gesehen, daß Ressourcen entweder ausgebeutet oder geschützt werden; Flächen innerhalb von Nationalparks und Naturreservaten sollten geschützt werden, während die Bereiche außerhalb für jegliche Form der Nutzung zur Verfügung stehen (Western 1989). Die *Resource Conservation Ethic* (Ressourcenschutzethik) (siehe Kapitel 1) und – in jüngerer Zeit – die Politik der nachhaltigen Entwicklung wurden von Naturschützern propagiert, um die Nutzung von Ressourcen nur in einem Ausmaß zuzulassen, das unbegrenzt beibehalten werden kann und weder der natürlichen Lebensgemeinschaft noch dem Ökosystem Schaden zufügt (WCED 1987; IUCN 1980; IUCN/UNEP/WWF 1991). Bei den meisten Bemühungen zur Erhaltung von Arten läuft die Situation darauf hinaus, daß betroffene Bürger, Naturschutzorganisationen und Behördenvertreter die Initiative zum Handeln übernehmen (Caldwell 1985; Gross et al. 1991). Dies kann auf vielerlei Weise geschehen; am Anfang steht aber die Entscheidung von einzelnen oder Gruppen, die Vernichtung von Lebensräumen und Arten zu verhindern, um etwas zu bewahren, das als wertvoll empfunden wird (Abbildung 19.1). Peter Raven, Direktor des Missouri Botanical Garden, betonte angesichts des beschleunigten Verlusts der biologischen Vielfalt: »Man kann darüber auf weltweiter Basis nachdenken, dann wird es entmutigend und unlösbar, oder man kann darüber in bezug auf spezielle Gelegenheiten nachdenken, diese Gelegenheiten ergreifen und das Problem auf eine Größe reduzieren, mit der sich besser umgehen läßt« (zitiert in Tangley 1986).

19.1 Beim Treffen von Entscheidungen muß man Kompromisse zwischen der Erschließung für menschliche Bedürfnisse und der Erhaltung der Natur machen. (Aus Gersh und Pickert 1991; Zeichnung von Tamara Sayre.)

Lokale Naturschutzgesetzgebung

In traditionellen Gesellschaften ist die Nutzung der natürlichen Ressourcen oft durch Gemeinschaftsregeln eingeschränkt, die durch die allgemeine soziale Kontrolle oder von dazu bestimmten Autoritäten durchgesetzt werden. In modernen Gesellschaften verabschieden örtliche Regierungen (von Groß- und Kleinstädten) und regionale Regierungen (von Distrikten, Bundesstaaten oder Provinzen) Gesetze, um Arten und Lebensräume effektiv zu schützen. Solche Gesetze wurden in erster Linie in Kraft gesetzt, weil Bürger und politische Führer spürten, daß diese den Willen der Mehrheit repräsentieren und der Gesellschaft langfristig Vorteile bringen.

Naturschutzgesetze beziehen sich weltweit auf eine Reihe von Aktivitäten, die Arten und Ökosysteme direkt beeinflussen. Zu den bekanntesten dieser Gesetze zählen Regeln, die vorschreiben, wann und wo gejagt werden darf, wie groß die Tiere sein müssen und wieviele erlegt werden dürfen, welche Art von Waffe oder Falle oder anderer Ausrüstung erlaubt ist und welche Tierarten gejagt werden dürfen. In einigen besiedelten Regionen und Schutzgebieten sind die Jagd und das Fischen ganz verboten. Die Beschränkungen der Jagd und der Fischerei werden durchgesetzt, indem Lizenzen verlangt werden und Wildhüter Kontrollgänge durchführen. Mit dieser Gesetzgebung in Zusammenhang stehen auch Handelsverbote für aus der Natur entnommene Tier- und Pflanzenprodukte. Es können Bescheinigungen über den Ursprung der Naturprodukte erforderlich sein, um sicherzustellen, daß Wildpopulationen nicht illegal dezimiert werden. Diese Beschränkungen gelten schon seit langem für Tiere wie Forellen und Hirsche sowie für Pflanzen von gartenbaulichem Interesse wie Rhododendren, Azaleen und Venusfliegenfallen.

Gesetze, welche die Art und Weise der Landnutzung regeln, sind ein weiteres Mittel zur Erhaltung der biologischen Vielfalt. Zu diesen Gesetzen gehören Beschränkungen hinsichtlich des Ausmaßes und der Form der Landnutzung, des Zugangs zu den Flächen sowie der Menge an erzeugten Schadstoffen. So kann beispielsweise für Fahrzeuge und sogar Fußgänger der Zugang zu störungsempfindlichen Biotopen und Ressourcen verboten sein, wie Brutplätze von Vögeln, Flächen mit Wildblumen und Trinkwassergewinnungsgebieten. Unkontrollierte Feuer können Lebensräumen gravierende Schäden zufügen, und so sind Aktivitäten wie das Anzünden von Lagerfeuern, die zu Bränden führen können, oft untersagt. Auch weniger empfindliche Lebensräume können Nutzungsbeschränkungen unterliegen, zum Beispiel durch Regelungen über die Entnahme von Naturprodukten und die Beweidung durch Nutztiere. Raumplanungsverordnungen verhindern manchmal die Bebauung von empfindlichen Gebieten wie Strandwällen und Überflutungsflächen. Und selbst dort, wo eine Erschließung erlaubt ist, wird zunehmend die Bauerlaubnis überprüft, um sicherzustellen, daß gefährdeten Arten oder Feuchtgebieten kein Schaden zugefügt wird. Für große regionale oder nationale Projekte müssen Umweltverträglichkeitsanalysen vorgelegt werden, die aufführen, welche Schäden das Projekt verursachen könnte. Regierungen regeln die Industrieproduktion, den Bergbau, das Transportwesen, die Ablagerung von Abfällen und andere menschliche Aktivitäten, um Luft- und Wasserverschmutzung zu verhindern, die natürliche Lebensgemeinschaften, natürliche Ressourcen und die menschliche Gesundheit schädigen könnten.

Die Verabschiedung und Vollstreckung von Naturschutzregelungen auf lokaler Ebene kann zu einer emotionsgeladenen Frage werden, die eine Gemeinschaft spalten und sogar zu lebensbedrohlichen Situationen führen kann (Exkurs 31). Naturschützer müssen überzeugend darlegen können, daß die Nutzung einer Ressource auf intelligente und nachhaltige Weise der Gesellschaft auf lange Sicht die größeren Vorteile bringt. Die Öffentlichkeit muß dazu gebracht werden, über die kurzfristigen Vorteile hinauszudenken, die mit rascher und zerstörerischer Ausbeutung einhergehen. So

Exkurs 31: Umweltaktivisten leben gefährlich

Das vergangene Jahrzehnt erlebte eine enorme Zunahme des öffentlichen Bewußtseins für Umweltprobleme. Viele Naturschutzorganisationen – wie der Sierra Club, der WWF (World Wide Fund for Nature), die Nature Conservancy und Greenpeace, um nur einige zu nennen – haben Hunderttausender neuer Mitglieder hinzugewonnen. In jüngster Zeit löste die Welle des Umweltbewußtseins jedoch eine beunruhigende Gegenbewegung von Industrie, Geschäftsinteressen, Arbeiterorganisationen und sogar von einigen Regierungen aus, die über die neue Macht der Naturschutzbewegung verärgert sind. Die Erhaltung der natürlichen Ressourcen kann mit einem kurzfristigen Verlust an Profit und Arbeitsplätzen verbunden sein; die lokale Bevölkerung fürchtet möglicherweise, ihren Arbeitsplatz zu verlieren, und ist deswegen verärgert über Umweltaktivisten, besonders, wenn die Konjunkturlage schlecht ist. Weltweit berichten Umweltaktivisten über Fälle von Einschüchterung, Bedrohung, und bisweilen erschreckend gewalttätigen körperlichen Angriffen.

Der vielleicht bekannteste Fall von Gewalt ereignete sich 1988, als der brasilianische Aktivist Chico Mendes, der den Widerstand der Kautschukzapfer gegen die Abholzung des Regenwaldes und das Eindringen von Viehfarmen am Amazonas organisierte, von Viehzüchtern ermordet wurde. Mendes' Märtyrertod rief weltweite Erregung hervor und zog eine enorme Aufmerksamkeit auf die Zerstörung des Regenwaldes. Die Verurteilung des Viehzüchters, der angeblich den Mord an Mendes in Auftrag gab, war ein erster Sieg für seine Anhänger; vorher konnten Großgrundbesitzer, Holzfäller und Bergleute ungestraft gegen Aktivisten, Gewerkschaftsführer, einheimische Stammesangehörige und jeden anderen vorgehen, der der Erschließung der brasilianischen Regenwälder im Wege stand – und taten dies auch (Schwarzman 1992; Toufexis 1992). Der Sieg war jedoch nur von kurzer Dauer; in der Berufung wurde die Verurteilung aufgehoben, und gegen den Viehzüchter wird von neuem verhandelt. Darüber hinaus wurde vor und nach dem Tode von Mendes noch auf viele andere Aktivisten geschossen, sie wurden geschlagen oder sogar getötet. Die Aktivisten behaupten, unter den Bauindustriellen, Holzfällern und Viehzüchtern würden öffentlich Todeslisten kursieren – doch keinem von diesen wollen die Offiziellen der Regierung zu nahe treten.

In vielen Ländern müssen Aktivisten oft mit Gefängnisstrafen und Mißhandlungen seitens ihrer eigenen Regierungen rechnen. Sie wurden als „Umstürzler" oder „Verräter" gebrandmarkt, weil sie gegen die Politik der Regierung kämpfen, die eine Entwicklung zu Lasten der Umwelt fördert. Aufgrund derartiger Anschuldigungen wurden zahlreiche Aktivisten verhört, eingesperrt, geschlagen und gefoltert (Toufexis 1992). Solche Fälle treten selbst in Ländern auf, die in Sachen Naturschutz als fortschrittlich gelten.

Am häufigsten sind Umweltschützer in den Entwicklungsländern Verfolgungen und Ungerechtigkeiten ausgesetzt, aber solche Probleme sind keineswegs auf die Dritte Welt beschränkt. Einzelne Aktivisten, die gegen die Umweltverschmutzung durch die Industrie in den Vereinigten Staaten kämpften, wurden ebenfalls Opfer von Verfolgungen, die von Brandanschlägen über tätliche Angriffe bis hin zu Mordversuchen reichten (Toufexis 1992). Die für die Aufklärung dieser Verbrechen verantwortlichen Behörden reagierten bisweilen mit Gleichgültigkeit oder sogar mit offener Feindseligkeit gegen die Opfer. So wurde in einem Fall eine Aktivistin der Vereinigung EarthFirst!, die bei der Explosion einer Bombe in ihrem Auto schwer verletzt wurde, in Zusammenhang mit diesem Fall selbst verhaftet. Die Polizei behauptete, die Frau hätte die Bombe, als diese hochging, wissentlich transportiert, als sie losging, aber es wurde nie eine Anklage gegen sie erhoben; inzwischen hat diese Frau Zivilklagen gegen das Polizeidepartment und das FBI eingereicht (Toufexis 1992). In einem anderen berühmten Fall wurden Agenten des französichen Geheimdienstes für die Sprengung des Greenpeace-Flaggschiffes *Rainbow Warrior* im Jahre 1985 vor Neuseeland verurteilt, bei der ein Besatzungsmitglied starb. Das Schiff wollte gerade in Richtung Südpazifik ablegen, um dort gegen das französische Atombombentestprogramm zu protestieren.

Der zunehmende Widerstand gegen die Umweltschützer macht den Unwillen deutlich, Beschränkungen des menschlichen Konsumverhaltens zu akzeptieren, die notwendig sind, wenn die Biosphäre überleben soll. Zwar ist der Widerstand manchmal versteckt, doch häufig kommt es auch zu offen und gewaltsam ausgetragenen Reaktionen gegen den Naturschutz. Wirtschaftsorganisationen und konservative Strömungen in der Arbeiterbewegung bilden zunehmend Lobbyisten- und Aktionsgruppen, um den Naturschutzgruppen entgegenzuwirken. Interessanterweise verdrehen diese für eine wirtschaftliche Entwicklung eintretenden Gruppen oft die Tatsachen, indem sie den Sprachgebrauch der Umweltbewegung aufgreifen und zum Beispiel für die „kluge Nutzung“ der Ressourcen argumentieren.

müssen Städte oft die Erschließung von Wassereinzugsgebieten einschränken, um ihre Wasserversorgung aufrechtzuerhalten; das kann bedeuten, daß Häuser und Geschäfte nicht gebaut werden dürfen und die Landeigentümer eine Entschädigung erhalten müssen. Geländefahrzeuge (etwa die sogenannten „Dünenbuggies“) müssen unter Umständen von bestimmten Küstengebieten ausgeschlossen werden, um Schäden für bodenbrütende Vögel und die empfindliche Dünenvegetation zu verhindern; solche Beschränkungen begrenzen natürlich die Freude an populären Freizeitaktivitäten. Die Fähigkeiten zu verhandeln, Kompromisse zu schließen und Standpunkte zu erklären sind wichtige Qualitäten aktiver Naturschützer – ein leidenschaftlicher Glaube an die eigene Sache reicht nicht aus (Lowenthal 1991).

Unter Umständen geht das Vokabular der Naturschutzbiologie auch auf unangebrachte Weise in Debatten auf lokaler Ebene ein. Anwohner, die sich jeglichen Neubauten in der Nähe ihrer Häuser zu widersetzen versuchen, nutzen gelegentlich Naturschutzargumente, um ihre Einwände zu rechtfertigen. So versuchte beispielsweise eine Bürgerinitiative in Boston ihre Beschwerden gegen den Bau einer neuen Schule mit der Begründung zu untermauern, die Autos, mit denen die Schüler zur Schule gebracht werden, würden Kohlendioxid im Übermaß erzeugen und zur globalen Erwärmung beitragen. Obwohl dieses Argument in Wirklichkeit kaum eine Grundlage hatte, war diese Argumentationsweise der Bürgergruppe in gewisser Hinsicht nachteilig für Naturschutzbemühungen: Wenn Naturschutzanliegen auf diese Weise mißbraucht werden, können darunter auch berechtigte Naturschutzinitiativen leiden. Die leichtfertige Verwendung von Naturschutzargumenten kann dazu führen, daß Politiker echte Naturschutzprobleme weniger ernst nehmen oder die Absichten der Naturschützer anzweifeln. Eine echte Besorgnis um gefährdete Arten und Lebensräume wird von den Politikern möglicherweise als „Hysterie“ verspottet oder als Ausdruck versteckter politischer oder geschäftlicher Interessen angesehen.

Eine der wirkungsvollsten Strategien zum Schutz der biologischen Vielfalt auf lokaler Ebene ist der Erwerb intakter natürlicher Lebensgemeinschaften als Naturreservate (Bickford 1991; Land Trust Exchange 1988; Mackintosh 1990). Regierungskörperschaften kaufen Land für örtliche Parks zu Erholungszwecken, als Naturschutzgebiete und Wildreservate zur Bewahrung der biologischen Vielfalt, als Forste für die Holzproduktion und für andere Nutzungen sowie als Wasserschutzgebiete zur Erhaltung der Wasserversorgung. Private Naturschutzorganisationen erwerben Land oft einzig und allein für Erhaltungszwecke. In manchen Fällen wird das Land gekauft, oft wird es den Naturschutzorganisationen jedoch sogar von Bürgern mit Gemeinsinn geschenkt. Viele dieser Bürger erhalten von der Regierung erhebliche Steuervorteile, um diese Landschenkungen zu fördern.

In vielen Ländern sind private Naturschutzorganisationen führend beim Flächenankauf für Naturschutzzwecke (Land Trust Exchange 1988; Elfring 1989). Allein in den Vereinigten Staaten wurden über 800 000 Hektar Land auf lokaler Ebene durch sogenannte *land trusts* geschützt; das sind private, ohne Gewinn arbeitende Vereinigungen, die gegründet wurden, um Land und natürliche Ressourcen zu erhalten. Auf nationaler Ebene haben größere solche Vereinigungen wie die Nature Conservancy und die Audubon Society zusätzlich drei Millionen Hektar unter Schutz gestellt. Jean Hokker, Geschäftsführer des Land Trust Exchange, eines Zusammenschlusses solcher Organisationen, erklärt:

»Die verschiedenen *land trusts* schützen unterschiedliche Formen von Land aus zum Teil unterschiedlichen Gründen. Einige bewahren Farmland, um den ortsansässigen Bauern ökonomische Möglichkeiten zu erhalten. Manche schützen Lebensräume von Wildtieren, um die Existenz gefährdeter Arten zu sichern, und manche schützen Land in Wassereinzugsgebieten, um die Wasserqualität zu verbessern oder zu erhalten. Ob sie nun biologischer, wirtschaftlicher, produktionstechnischer, ästhetischer, geistiger, pädagogisch oder ethischer Art sind – die Gründe für den Schutz von Land sind so vielfältig wie die Landschaft selbst.« (Elfring 1989).

In Ergänzung zum Landkauf schützen Regierungen und Naturschutzorganisationen bestimmte Flächen durch sogenannte **Naturschutzerleichterungen** (*conservation easements*). Im Austausch gegen einen gewissen Geldbetrag, eine geringere Grundsteuer oder andere Steuervorteile sind Landbesitzer oft bereit, das Recht aufzugeben, ihren Grundbesitz zu erschließen, darauf zu bauen oder ihn zu unterteilen. Für viele Landbesitzer ist es eine interessante Option, eine Naturschutzerleichterung zu akzeptieren, weil sie einen finanziellen Vorteil erhalten, aber dennoch weiterhin ihr Land besitzen, und gleichzeitig Naturschutzziele unterstützen. Aufgrund der letztgenannten Überlegungen akzeptieren viele Landbesitzer sogar freiwillig Nutzungsbeschränkungen, ohne einen finanziellen Ausgleich zu erhalten. Eine weitere Möglichkeit, welche die *land trusts* nutzen, ist die **eingeschränkte Erschließung** (*limited development*); hierbei schließen ein Landbesitzer, ein Bauträger und eine Naturschutzorganisation einen Kompromiß, bei dem ein Teil des Landes kommerziell erschlossen und der Rest durch eine Naturschutzerleichterung geschützt wird. Eingeschränkte Erschließungsprojekte sind oft erfolgreich, weil die erschlossenen Flächen in der Regel durch die angrenzenden Naturschutzgebiete im Wert steigen. Eine eingeschränkte Erschließung ermöglicht auch den Bau notwendiger Gebäude für eine sich ausdehnende menschliche Gesellschaft.

Lokale Bemühungen von *land trusts*, Flächen unter Schutz zu stellen, werden bisweilen als elitär kritisiert, weil sie Land aus der produktiven Nutzung nehmen und oft die Einkünfte aus Steuern verringern. Die Verluste an Steuereinnahmen aus Land, das von einer solchen Organisation erworben wurde, werden jedoch oft durch den gestiegenen Wert von privaten Flächen ausgeglichen, die an Naturschutzgebiete angrenzen. Zusätzlich lassen sich durch Naturreservate, Nationalparks, Wildreservate und andere Schutzgebiete auch Einnahmen für die lokale Wirtschaft erzielen, was der Gemeinschaft insgesamt Vorteile bringt (Power 1991). Schließlich werten lokale Naturschutzgebiete, indem sie wichtige Eigenschaften der Landschaft und der natürlichen Lebensgemeinschaften erhalten, auch bezeichnende wichtige kulturelle Eigenschaften der lokalen menschlichen Gesellschaft auf.

Nationale Gesetzgebung

In großen Teilen der heutigen Welt spielen nationale Regierungen und nationale Naturschutzorganisationen eine führende Rolle bei Naturschutzaktivitäten (Bean 1983). Eine häufige Maßnahme ist die Einrichtung von Nationalparks. Sie machen in vielen Ländern den größten Teil der geschützten Flächen aus. Die Nationalparks Costa Ricas beispielsweise schützen über ein halbe Million Hektar oder acht Prozent der Landesfläche (Tangley 1986; World Resources Institute 1992). Außerhalb der Nationalparks schreitet die Entwaldung rapide voran, und die Parks könnten bald den einzigen ungestörten Lebensraum und die einzige Quelle für natürliche Produkte wie Holz im ganzen Land darstellen. Das Nationalparksystem der USA umfaßt mit 357 Parks 32 Millionen Hektar (Pritchard 1991).

Für die Erstellung nationaler Umweltnormen sind in erster Linie Regierungsbehörden verantwortlich. Gesetze zur Regelung der Emissionen in die Luft, der Abwasseraufbereitung, der Ablagerung von Müll und der Erschließung von Feuchtgebieten werden oft erlassen, um die menschliche Gesundheit oder Ressourcen wie Trinkwasser und Wälder oder auch die kommerzielle und die Sportfischerei zu erhalten (Untermaier 1991). Je wirksamer diese Gesetze vollstreckt werden, desto effektiver kann ein Land seine Einwohner und die natürlichen Ressourcen schützen (Tobin 1990). Gleichzeitig schützen diese Gesetze natürliche Lebensgemeinschaften, die ansonsten durch die Verschmutzung zerstört würden. Die Luftverschmutzung verschlimmert nicht nur Atemwegserkrankungen beim Menschen, sondern läßt auch kommerziell genutzte Wälder absterben, ruiniert das Trinkwasser und führt zum Artensterben an Land und im Wasser.

Durch die Kontrolle ihrer Grenzen, ihrer Häfen und ihres Handels können nationale Regierungen nachdrücklich zur Erhaltung der biologischen Vielfalt beitragen. Um Wälder zu schützen und ihre Nutzung zu regulieren, können Regierungen die Abholzung verbieten, wie es kürzlich in Thailand der Fall war, sie können den Export des Holzes einschränken, wie es Indonesien tat, und sogar die Einfuhr von forstwirtschaftlichen Geräten verbieten. Um die Ausbeutung seltener Arten zu verhindern, können Regierungen den Besitz bestimmter Arten einschränken und jegliche Ein- und Ausfuhr dieser Arten kontrollieren. So überwacht beispielsweise die Regierung Malaysias streng den Export des sogenannten „Vogelelfenbeins“, der elfenbeinartigen Substanz des Schnabelaufsatzes des seltenen Schildhornvogels (*Rhinoplax vigil*), eines teuren internationalen Handelsgutes, das für Schnitzereien verwendet wird.

Schließlich können nationale Regierungen das Vorkommen von gefährdeten Arten innerhalb ihrer Grenzen feststellen und Schritte zu ihrer

Erhaltung unternehmen, zum Beispiel geeignete Biotope ankaufen, die Nutzung der Spezies kontrollieren, ein Forschungsprogramm einrichten und Erhaltungsprogramme *in situ* und *ex situ* durchführen (de Klemm 1990).

Die Artenschutzgesetzgebung der Vereinigten Staaten: Der Endangered Species Act

In den Vereinigten Staaten ist das wichtigste Gesetz zum Schutz gefährdeter Arten der Endangered Species Act von 1973 (U.S. Congress 1973; Endangered Species Coalition 1992). Dieses Gesetz stellt eines der wirkungsvollsten Mittel für den Artenschutz in den USA dar und wurde zum Modell für andere Länder (Rohlf 1989, 1991; Webster 1987; Simon 1988).

Der Endangered Species Act wurde vom amerikanischen Kongreß erlassen, um »ein Mittel zu haben, wodurch man Ökosysteme, von denen gefährdete und bedrohte Arten abhängen, erhalten kann, [und] um ein Programm für die Erhaltung solcher Arten zu schaffen.« Arten werden von diesem Gesetz geschützt, wenn sie auf der offiziellen Liste der gefährdeten und bedrohten Arten stehen (siehe Kapitel 5). Nach der Definition des Gesetzes sind vom Aussterben bedrohte Arten („*endangered species*") jene, deren Aussterben aufgrund von menschlichen Aktivitäten und natürlichen Ursachen in ihrem gesamten oder einem Großteil ihres Verbreitungsgebiets wahrscheinlich ist, während gefährdete Arten („*threatened species*") wahrscheinlich in naher Zukunft vom Aussterben bedroht (*endangered*) sein werden. Das Innenministerium, dessen ausführendes Organ der U.S. Fish and Wildlife Service ist, und das Handelsministerium, das durch den National Marine Fisheries Service (NMFS) vertreten wird, können aufgrund der ihnen verfügbaren Informationen der Liste Arten hinzufügen oder andere streichen. Zusätzlich ist für jede aufgelistete Art ein Plan zur Bestandserholung (*recovery plan*) erforderlich. Mehr als 800 Arten aus den USA und rund 500 weitere Arten stehen bisher auf der Liste (Abbildung 19.2). Das Gesetz verlangt, daß alle amerikanischen Regierungsbehörden den Fish and Wildlife Service und den NMFS zu Rate ziehen, um festzustellen, ob sich ihre Aktivitäten auf aufgelistete Arten auswirken, und verbietet Maßnahmen, die diesen Arten und ihrem Lebensraum Schaden zufügen. Außerdem hält das Gesetz Privatpersonen, Unternehmen und regionale Behörden davon ab, den aufgelisteten Arten zu schaden oder sie zu „entnehmen", und verbietet jeglichen Handel mit diesen Arten.

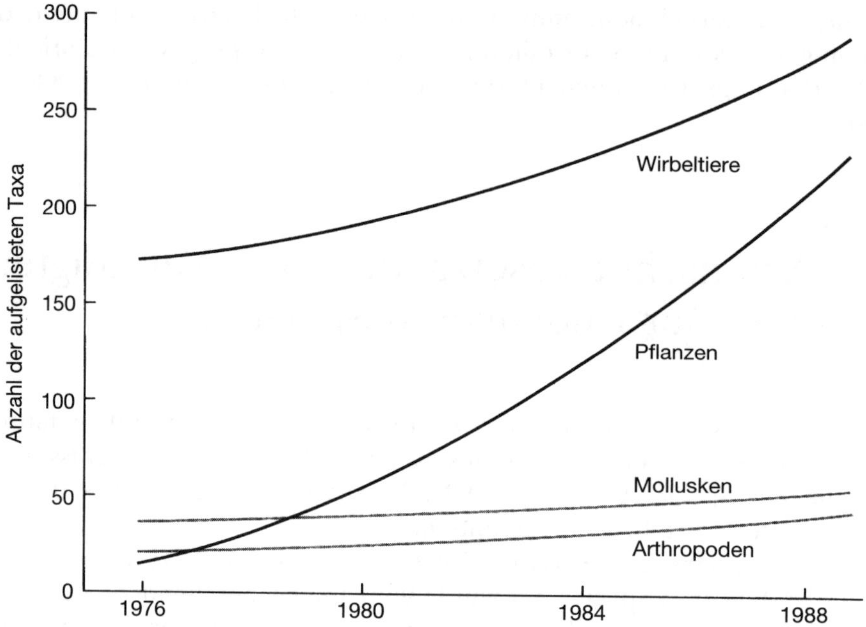

19.2 Pflanzen und Wirbeltiere erfuhren unter dem U.S. Endangered Species Act die meiste Aufmerksamkeit, seit dieser 1973 in Kraft trat. Es sind vergleichsweise wenig Weichtiere (Mollusken) und Gliederfüßer (Arthropoden) aufgelistet, trotz der großen Zahl von Arten, die in diesen Gruppen vom Aussterben bedroht ist. (Aus Hafernik 1992.)

In den zwei Jahrzehnten seit seiner Verabschiedung erlangte der Endangered Species Act zunehmende Bedeutung als Werkzeug des Naturschutzes. Er bildet die gesetzliche Grundlage für den Schutz der meisten bekannten gefährdeten Tierarten in den Vereinigten Staaten, wie Grizzlybär, Weißkopfseeadler, Schreikranich und Wolf. Das Gesetz wurde auch zum Streitpunkt zwischen dem Naturschutz und den Geschäftsinteressen in den Vereinigten Staaten. Die Meinung der Naturschützer drückt Bill Reffalt von der Wilderness Society aus: »Der Endangered Species Act ist ein Sicherheitsnetz für Arten, die wir in Gefahr gebracht haben, während wir noch dabei sind, uns zusammenzuraufen, um für unseren Planeten Sorge zu tragen. Letztendlich müssen wir die Menschen überzeugen, daß ein der Existenz von Arten zuwiderlaufender menschlicher Fortschritt einfach nicht tragbar ist« (Horton 1992). Die größte Hoffnung für einen langfristigen Erfolg im Artenschutz ist, daß wir den Verlust von Lebensraum verhindern können, der dazu geführt hat, daß die Arten überhaupt gefährdet wurden. Diesen Punkt hebt Randall Snodgrass von der National Audubon Society hervor: »Wenn das Gesetz wirklich weitere Artenverluste verhindern soll, muß es sich zu einer neuen Generation von Naturschutzgesetzen

19.3 Der Mississippi-Alligator (*Alligator mississippiensis*) ist eine von nur fünf Arten in den Vereinigten Staaten, die wieder von der Liste des Endangered Species Act gestrichen wurden – mit anderen Worten, er wird nicht mehr als bedroht angesehen, und man hält einen strikten Schutz nicht mehr für notwendig – eine „Erfolgsstory" des Artenschutzes. (Photo: Brian Parker/Tom Stack & Associates.)

weiterentwickeln, statt ein [Not-]Gesetz zu sein, das nur Arten vom Rand des Aussterbens zurückholt.«

Der für aufgelistete Arten geleistete Schutz ist so stark, daß Unternehmen oft gegen die Auflistung von Arten in ihrer Region agitieren. Gegenwärtig sind 3600 Arten Kandidaten für eine Aufnahme in die Liste; doch während man noch auf offizielle Entscheidungen wartet, sind einige dieser Arten vermutlich bereits ausgestorben (Horton 1992). Führende Geschäftsleute lassen nur ungern zu, daß neue Arten in die Liste aufgenommen werden – unter anderem, weil es schwierig ist, den Bestand der Art wieder so weit herzustellen, daß man sie von der Liste streichen kann. Sie befürchten, daß eine Art, wenn sie erst einmal durch dieses Gesetz geschützt ist, für immer geschützt bleiben wird. Bisher konnte man nur fünf der 749 aufgelisteten Arten von der Liste streichen; die bemerkenswertesten Erfolge gelangen hierbei beim Braunen Pelikan (*Pelecanus occidentalis*) und beim Mississippi-Alligator (*Alligator mississippiensis*; Abbildung 19.3). Die Schwierigkeiten, die sich bei der Durchführung eines Plans zur Bestandserholung ergeben, sind überwiegend finanzieller Art; der U.S. Fish and Wildlife Service gibt jährlich weniger als 50 Millionen Dollar im Zusammenhang mit diesem Gesetz aus, nach neueren Schätzungen wären aber über vier Milliarden nötig, um alle aufgelisteten Arten sicher vor der Gefahr des Aussterbens zu bewahren.

Auch die wirtschaftlichen Auswirkungen des Schutzes aufgelisteter Arten können enorm sein. Es haben sich sogenannte *„pro-business groups"* gebildet, Gruppen, welche die Interessen der Geschäftsleute vertreten und die ein umweltorientiertes Vokabular benutzen, um Argumente gegen den Endangered Species Act und für die „kluge Nutzung" natürlicher Ressourcen vorzubringen. In einem Versuch, Kompromisse zwischen den wirtschaftlichen Interessen des Landes und den Naturschutzprioritäten zu finden, wurde der Endangered Species Act im Jahre 1978 novelliert, um einem Komitee auf Kabinettsebene, dem sogenannten *God Squad* („Gottesgruppe"), zu ermöglichen, bestimmte Gebiete vom Schutz auszuschließen (Exkurs 32). Dieses Problem verdeutlichen auf dramatische Weise die 2,8 Millionen Hektar Altholzwald im pazifischen Nordwesten der USA, die als Lebensraum für die nördliche Unterart des Fleckenkauzes (*Strix occidentalis caurina*) unter Schutz gestellt wurden. Den Einschränkungen der Abholzung in dieser Region haben sich regionale Geschäfts- und Bürgergruppen wie auch viele Politiker heftig widersetzt (Exkurs 33).

Der Endangered Species Act hat Geschäftsleute und Naturschutzgruppen oft gezwungen, Kompromißpläne zur Erhaltung von Lebensräumen zu erstellen, die sowohl die Naturschutz- als auch die Geschäftsinteressen berücksichtigen. Ein solcher Fall ist das innovative Programm im Riverside County in Kalifornien: Es erlaubt Bauunternehmen, innerhalb des historischen Verbreitungsgebiets der gefährdeten Stephens-Känguruhratte (*Dipodomys stephensi*) zu bauen, wenn sie zu einem Fonds beitragen, der zum Kauf von Wildtierreservaten verwendet wird. 25 Millionen Dollar kamen auf diese Weise bereits für das Programm zusammen, doch das letztendliche Ziel sind 100 Millionen Dollar. In diesem speziellen Fall ist das Ergebnis ein Kompromiß, bei dem die Erschließung weitergeht, bei dem aber mehr Geld in die Unterstützung von Naturschutzaktivitäten fließt.

Exkurs 32: Der *snail darter*, der Tellico-Damm und der Endangered Species Act

Das Artenschutzgesetz „Endangered Species Act" ist ein Schlüsselelement in der Umweltgesetzgebung der Vereinigten Staaten, aber ebenso wie die Arten, die es schützen soll, wird auch das Gesetz mit einer Vielzahl von Bedrohungen seiner Existenz konfrontiert. Ein beispielhafter Fall hierfür ist die Kontroverse um den Bau des Tellico-Dammes in Tennessee. Im Jahre 1973, als der 116 Millionen Dollar teure Damm etwa zur Hälfte fertiggestellt war, stoppte man den Weiterbau, weil der Zoologe David Etnier eine unbekannte Grundbarschart im Little Tennessee River in der Nähe des Bauplatzes des Dammes entdeckte (UNESCO 1980; Norman 1981). Der Fisch mit dem wissenschaftlichen Namen *Percina tanasi* und dem englischen Trivialnamen *snail darter* war von keinem anderen Ort bekannt; aufgrund der Bestimmungen des Endangered Species Act konnte man daher den Bau des Dammes nicht fortsetzen, weil er eine wichtige Population einer gefährdeten Art in Gefahr brachte (UNESCO 1980).

Was folgte, war ein großer Aufruhr: Ein öffentliches Multimillionen-Dollar-Bauprojekt, das einer der ärmsten Regionen der Vereinigten Staaten Vorteile bringen sollte, sollte wegen eines knapp acht Zentimeter langen, hellbraunen Fisches von unbekanntem Wert über Bord geworfen werden (UNESCO 1980). Der Rechtsstreit um die Fertigstellung des Dammes durchlief alle Instanzen bis zum Obersten Gerichtshof; dieser verfügte, der Gerichtsbeschluß, den Bau des Dammes zu stoppen, sei sowohl gültig als auch korrekt. Aufgrund des Endangered Species Act konnte die Tennessee Valley Authority – jene Behörde, die den Bau des Tellico-Dammes geplant und überwacht hatte – diesen nicht fertigstellen. Damit endete der Kampf jedoch nicht: Lokalpolitiker und Vertreter von geschäftlichen Interessen wandten sich an den Kongreß, und im Jahre 1978 wurde ein Gesetz verabschiedet, um das Projekt vom Endangered Species Act auszunehmen (Cahn 1979a; Norman 1981). Da ähnliche Konflikte zwischen öffentlichen Projekten und gefährdeten Arten in der Zukunft voraussehbar waren, fügte der Kongreß dem Endangered Species Act eine Ergänzung hinzu, die einem Komitee der Regierung – im Volksmund als *God Committee* („Gotteskomitee“) oder *God Squad* („Gottesgruppe“) bezeichnet – erlaubt, über das Schicksal einer gefährdeten Art zu entscheiden, wenn vorrangiges öffentliches Interesse es gebietet, einen für diese Art entscheidenden Lebensraum zu erschließen (Cahn 1979a). Diese Ergänzung löste bei den Umweltschützern erhebliche Bestürzung aus; ihrer Ansicht nach untergräbt sie letztendlich den beabsichtigten Zweck des Endangered Species Act, indem sie den an einer Erschließung Interessierten ermöglicht, gefährdete Arten im wörtlichen und übertragenen Sinn plattzuwalzen. Zwar hindert das Gesetz die Bauindustrie nach wie vor daran, Arten ganz nach Laune zu vernichten, aber wenn der politische Druck auf Seiten der wirtschaftlichen Interessen stark genug ist, dann muß die gefährdete Art den Weg räumen (Cahn 1979b).

Für den Grundbarsch war das Ende dieser Geschichte nicht so katastrophal, wie befürchtet. In den Bächen und Nebenflüssen des Tennessee River entdeckte man in den Jahren 1980 und 1981, nach Fertigstellung des Tellico-Dammes, noch drei weitere Populationen der Art. Die Geschichte des winzigen braunen Fisches, der den Bau des Dammes (vorübergehend) aufhielt, hat jedoch kein Happy-End, obwohl die Art anscheinend überlebte. Letztendlich hatte dieser Konflikt eine Schwächung jener Gesetzgebung zur Folge, die den gefährdeten Arten in den Vereinigten Staaten eigentlich den größtmöglichen Schutz gewähren sollte. Zwar wurde die „Gottesgruppe“ bisher nur selten eingeschaltet, aber der jüngste Aufruhr über den Fleckenkauz in Oregon dient als Mahnung, wie brüchig der Schutz durch den Endangered Species Act geworden ist. Der Grundbarsch fiel der Ergänzung nicht zum Opfer, aber andere Arten wird es sicher treffen.

Exkurs 33: Eulen oder Arbeitsplätze

Der jüngste Aufruhr über die nördliche Unterart des Fleckenkauzes (*Strix occidentalis caurina*) zeigt, wie explosiv Artenschutzanliegen sein können, wenn die fragliche Art einen Lebensraum mit hohem wirtschaftlichem Potential bewohnt. Der Fleckenkauz vermag nur in großen Nadelwald-Altbeständen zu überleben (Blondin 1989; Lamberson et al. 1992; Thomas et al. 1990) (siehe Kapitel 16). Vorsichtigen Schätzungen zufolge braucht ein Paar dieses Kauzes zwischen 320 und 800 Hektar als absolutes Minimum (Doak 1989). Aufgrund der Fragmentierung des Waldes durch Abholzung können sich die Käuze nur noch eingeschränkt in neue Habitate ausbreiten und Geschlechtspartner finden, was zum Zusammenbruch der Population führen kann (Lande 1988b). Die meisten der verbliebenen Altwaldbestände im Verbreitungsgebiet der Art sind im Besitz der Regierungen von Oregon, Washington und Nordkalifornien. Seit man festgestellt hat, daß der Kauz unmittelbar vom Aussterben bedroht wäre, wenn sein verbliebener Lebensraum zerstört werden sollte (USDA 1988; Doak 1989), müßte seine Anwesenheit auf Regierungsgrundbesitz eigentlich bedeuten, daß man diese Flächen in Übereinstimmung mit dem Endangered Species Act unter Schutz stellen sollte. Diese Altholzwälder sind jedoch von enormem wirtschaftlichem Wert: 1000 Quadratmeter enthalten Holz im Wert von rund 1000 Dollar (Simberloff 1987) – eine Handelsware, die eine Hauptstütze der Wirtschaft der Staaten Oregon und Washington ist. Die Erhaltung von etwa 3000 Fleckenkauzpaaren in diesen Staaten würde also den Verlust von Milliarden Dollar durch privaten Holzverkauf, von bundesstaatlichen und nationalen Steuereinnahmen aus diesen Verkäufen und von Arbeitspätzen bedeuten, welche die Holzindustrie bieten würde (Simberloff 1987; Dawson et al. 1987) – ein wirklich überwältigendes Opfer zugunsten einer einzigen Vogelart. Einige Einwohner und Politiker dieser Staaten sind verständlicherweise nicht bereit, dieses Opfer zu bringen.

Die Bedeutung des Vogels ist jedoch größer, als auf den ersten Blick scheinen mag. Der Fleckenkauz ist eine Indikatorart für notwendige Pflegemaßnahmen in der Region des pazifischen Nordwestens – das heißt, der Zustand der Eulenpopulation kann den Gesundheitszustand des gesamten Waldökosystems anzeigen (Simberloff 1987; USDA 1988; Doak 1989). Der Streit zwischen den Naturschützern und den Holzinteressenten konzentriert sich zwar zumeist auf diese Art, doch auf zahlreiche andere Spezies der Altholzwälder des pazifischen Nordwestens würden sich die Abholzungsaktivitäten ebenso auswirken; einige davon würden vielleicht aussterben, ohne daß irgend jemand Aufhebens davon macht – oder sogar, ohne daß sich überhaupt jemand bewußt ist, daß sie verschwunden sind. Weil für den Fleckenkauz aber derartig große Altholzwaldgebiete erhalten werden müssen, würde der Schutz dieser Art im Endeffekt viele andere Arten ebenfalls bewahren. Beispielsweise

Der Fleckenkauz der Altholzwälder des pazifischen Nordwestens der USA steht im Zentrum einer Kontroverse über das Überleben von Arten und Ökosystemen. (Photo: Greg Vaughn/Tom Stack & Associates.)

würde die Pazifische Eibe (*Taxus brevifolia*), eine in diesen Wäldern häufig anzutreffende Art, ebenfalls geschützt, wenn man geeignete Flächen für den Fleckenkauz unter Schutz stellen würde. Da man erst vor kurzem entdeckte, daß diese Art für die Behandlung von Krebs von medizinischem Wert ist, könnte der Schutz des Kauzes also für den Menschen von bedeutendem sekundärem Nutzen sein, indem er auch die Vernichtung dieser und ähnlicher Bäume mit vielleicht noch unbekanntem medizinischem Wert verhindert (siehe Exkurs 18).

Trotz der erwähnten Bedeutung der Art ist die Erhaltung des Fleckenkauzes eine gewaltige Herausforderung. Angesichts der Arbeitsplätze und der Einkünfte, die der Schutz dieser Art die lokale Wirtschaft kosten könnte, ist es ein aussichtsloses Unterfangen, die Bedeutung noch nebulöser, „möglicher“ Vorteile anzuführen. Mitte 1992 stimmte ein Regierungskomitee auf oberster Bundesebene, die sogenannte „Gottesgruppe“, ab, hob den Schutzstatus des Kauzes auf und erlaubte die Abholzung von 680 Hektar Land, die eigentlich als Lebensraum für den Kauz unter Schutz gestellt worden waren (Gup 1992). Dies war erst das zweite Mal, daß das Artenschutzgesetz Endangered Species Act außer Kraft gesetzt wurde, aber es ist dennoch ein unwillkommener zweiter Präzedenzfall: Der Unterschied zwischen diesem und dem vorherigen, bei dem der Bau des Tellico-Dammes trotz Anwesenheit des gefährdeten *snail darter*-Grundbarsches erlaubt wurde (siehe Exkurs 32), liegt darin, daß die Wissenschaftler sich relativ sicher sind, daß ein fortgesetztes Abholzen in diesen Wäldern nicht nur zur Ausrottung des Kauzes, sondern auch von vielen anderen, von Altholzwäldern abhängigen Arten führen wird (Lamberson et al. 1992). Im Jahre 1979 war allerdings so wenig über den Grundbarsch und seinen Lebensraum im Tennessee River bekannt, daß niemand sicher sagen konnte, was wohl mit der Art geschieht, wenn der Damm fertiggestellt wird; wie sich zeigte, gab es jedoch noch andere Populationen des Fisches, und dieser ist nicht mehr gefährdet. Das ist beim Fleckenkauz nicht der Fall; er wurde von Biologen eingehend erforscht. Ohne die Altholzwälder wird dieser Kauz aussterben.

Der Kampf um den Fleckenkauz und seinen Lebensraum, den Altholzwald, hat vor kurzem eine Wendung zugunsten der Käuze genommen. Unlängst verabschiedete der Kongreß ein Umweltgesetz zum Schutz der Altholzwälder, das der U.S. Forest Service ausführt. Dieses Gesetz stellt auch Mittel für die Umschulung von Holzfällern bereit – die, wie die Umweltaktivisten hervorheben, ohnehin arbeitslos wären, wenn erst einmal alle Bäume vernichtet sind; das macht die Sache für die lokale Bevölkerung akzeptabler, deren Arbeitsplätze von den Holzfirmen abhängen (Gup 1992). Die Naturschützer hoffen nun, daß ihnen durch ihre Bemühungen um den Fleckenkauz der langfristige Schutz der Altholzwälder sowie der vielen von diesen Ökosystemen abhängigen Arten gelungen ist.

Bei genauerer Betrachtung des U.S. Endangered Species Act zeigt sich eine Reihe aufschlußreicher Trends. Die große Mehrzahl der in dem Gesetz aufgelisteten Arten sind Pflanzen und Wirbeltiere, trotz der Tatsache, daß Insekten und andere Wirbellose die höchsten Artenzahlen aufweisen. Über 40 Prozent der 300 Muschelarten der USA sind ausgestorben oder vom Aussterben bedroht, doch nur eine Handvoll ist in dem Gesetz aufgelistet (Stolzenburg 1992). Wir müssen uns zweifellos mehr darum bemühen, die verschiedenen Wirbellosengruppen zu erforschen, und gefährdete Arten, wann immer nötig, in die Liste aufnehmen. Eine weitere Studie der Arten, die das Gesetz umfaßt, ergab, daß von einer Tierart zum Zeitpunkt der Aufnahme in die Liste typischerweise nur noch etwa 1000 Individuen und von einer Pflanzenart weniger als 120 Exemplare übrig sind (Wilcove et al. 1993). Populationen solcher Arten sind den mit einer kleinen Populationsgröße einhergehenden genetischen und demographischen Problemen ausgesetzt, die eine Bestandserholung verhindern. Das Extrem bilden 39 Arten, die erst in die Liste aufgenommen wurden, als nur noch zehn oder weniger Individuen übriggeblieben waren; eine Süßwassermuschel wurde sogar erst aufgelistet, als nur noch eine Population übrig war, die sich nicht mehr fortpflanzte. Sicherlich sollte man gefährdete Arten mit diesem Gesetz schützen, bevor sie so weit zurückgegangen sind, daß eine Erholung des Bestands schwierig wird. Nähme man eine zurückgehende Art früher in die Liste auf, würde ihr dies wohl oft ermöglichen, sich zu erholen und schneller wieder ein „Streichkandidat“ zu werden. Das amerikanische Artenschutzgesetz Endangered Species Act könnte zweifellos in größerem Umfang und effektiver eingesetzt werden, um die biologische Vielfalt zu erhalten.

Blickpunkt Deutschland: Artenschutzgesetzgebung

Neben den einschlägigen Paragraphen zur Ausweisung von Schutzgebieten enthält die deutsche Naturschutzgesetzgebung auch umfangreiche Regelungen zum Artenschutz. Vor allem die Bundesartenschutzverordnung (BArtSchV) enthält detaillierte Bestimmungen zum Schutz, zur Ein- und Ausfuhr, zu Haltung, Zucht und Vermarktung bestimmter Tier- und Pflanzenarten. Dabei handelt es sich zum einen um alle Arten, die unter das Washingtoner Artenschutzübereinkommen fallen oder die nach EG-Recht auch bei uns geschützt sind. Zum anderen enthält es eine Vielzahl weiterer Arten, die in Deutschland „besonders geschützt“ oder „vom Aussterben bedroht“ sind.

Während sich der Endangered Species Act in den Vereinigten Staaten zu einem sehr wirkungsvollen Instrument des Arten- und Biotopschutzes entwickelt hat, ist die Bundesartenschutzverordnung in wesentlichen Teilbereichen weitgehend wirkungslos geblieben. Dies beruht vor allem darauf, daß der Endangered Species Act auch die Lebensräume der vom Aussterben bedrohten Arten schützt, während die Bundesartenschutzverordnung diese Arten nur vor dem direkten Zugriff des Menschen schützt. Gemeint ist damit das Fangen, Sammeln oder Stören dieser Arten (Plachter 1991b). Sind dieselben Arten jedoch von indirekten Eingriffen betroffen, zum Beispiel durch die ordnungsgemäße Land- und Forstwirtschaft, Baumaßnahmen oder den Straßenverkehr, bietet dieses Gesetz keine Handhabe. Viele Fachleute sind sich aber einig, daß nur ganz wenige der bei uns heimischen Arten, wie zum Beispiel der Apollofalter (*Parnassius apollo*), wirklich durch Sammler gefährdet sind. Gerade im Bereich der Insekten erschweren langwierige Genehmigungsverfahren oder starke Einschränkungen aber die Arbeit von Wissenschaftlern wie auch von vielen ehrenamtlichen Faunisten, denen wir einen Großteil unseres Wissens über die heimische Fauna verdanken. Außerdem binden diese Genehmigungsverfahren erhebliche Personalkapazitäten der ohnehin meist unterbesetzten Naturschutzverwaltungen, ohne jedoch für den Naturschutz spürbare Erfolge zu bringen. Es ist auch in der Öffentlichkeit schwer vermittelbar, warum beispielsweise ein Biologielehrer erst schriftlich eine Genehmigung beantragen muß, um Kaulquappen des Laubfrosches (*Hyla arborea*) für den Unterricht aus einer Kiesgrube entnehmen zu dürfen, während der Betreiber dieser Kiesgrube ohne weiteres das gesamte Laichgewässer mit allen Fröschen zuplanieren darf.

Erst mit dem Pauschalschutz bestimmter Biotoptypen durch § 20c BNatSchG wurde ein neuer Weg beschritten, um Lebensräume von Pflanzen und Tieren auch ohne – meist langwierige – Verfahren der Ausweisung zu schützen. Da in den entsprechenden Paragraphen jedoch nur eine eng begrenzte Auswahl von Lebensraumtypen (etwa Moore, Röhrichte, Quellbereiche, Verlandungsbereiche, Trockenrasen, Zwergstrauchheiden, Auwälder) explizit genannt wird, reicht auch dieses Instrument alleine für einen effektiven Artenschutz nicht aus.

Zusammenfassung

1. Die biologische Vielfalt läßt sich durch Gesetze und Naturschutzaktivitäten auf lokaler, nationaler und internationaler Ebene schützen. Lokale Naturschutzgesetze regeln Aktivitäten wie Jagd, Fischerei und das Sammeln von Pflanzen, und sie schränken auch die Produktion von Schadstoffen ein. Land für Naturschutzvorhaben kann direkt erworben werden oder auch durch Kauf von sogenannten Naturschutzerleichterungen (Nutzungsauflagen). Bisweilen stoßen lokale Naturschutzbemühungen auf einen beträchtlichen Widerstand der lokalen Bevölkerung, von Geschäftsinteressen oder der Regierung.
2. Nationale Regierungen können die biologische Vielfalt durch die Einrichtung von Nationalparks, die Kontrolle von Ein- und Ausfuhr an ihren Grenzen und die Schaffung von Regelungen in bezug auf Luft- und Wasserverschmutzung schützen. Eines der wirkungsvollsten Gesetze in den Vereinigten Staaten ist der Endangered Species Act von 1973. Der durch das Gesetz gewährte Schutz ist so groß, daß Gruppen, die für die Interessen von Industrie und Bauunternehmen eintreten, oft gegen die Auflistung neuer Arten Lobbyarbeit betreiben. Eine Ergänzung zu dem Gesetz erlaubt ein Voranschreiten der wirtschaftlichen Entwicklung zu Lasten einer gefährdeten Art, wenn ein überwältigendes Interesse der Öffentlichkeit besteht. Die Kontroverse um den Fleckenkauz ist ein bekanntes Beispiel aus jüngster Zeit für die Schwierigkeiten, akzeptable Kompromisse zwischen Naturschutz und wirtschaftlicher Entwicklung zu finden.

Weiterführende Literatur

Bean, M. J. 1983. *The Evolution of National Wildlife Law.* 2. Auflage. Praeger Publishers, New York. [Naturschutzgesetzgebung auf nationaler Ebene in den USA.]

Gross, D. W., Wilkins, B. T., Quinn, R. R. und Zepp, A. E. 1991. Local land protection and planning efforts. In: D. J. Decker, M. E. Krasny, G. R. Goff, C. R. Smith und D. W. Gross (Hrsg.), *Challenges in the Conservation of Biological Resources: A Practitioner's Guide,* S. 355–366. Westview Press, Boulder, CO. [Lokale Bemühungen sind entscheidend für den Erfolg des Naturschutzes.]

Hafernik, J. E. jr. 1992. Threats to invertebrate biodiversity: Implications for conservation strategies. In: P. L. Fiedler und S. K. Jain (Hrsg.), *Conservation Biology: The Theory and Practice of Nature Conservation, Preservation and Management*, S. 171–195. Chapman and Hall, New York. [Wirbellosen wurde nicht genügend Aufmerksamkeit zuteil, und so sind viele Arten vom Aussterben bedroht.]

Hoose, P. M. 1991. *Building an Ark: Tools for the Preservation of Natural Diversity through Land Protection.* Island Press, Covelo, CA. [Ein praktischer Führer für gesetzlich geregelte Verfahren.]

Horton, T. 1992. The Endangered Species Act: Too tough, too weak, or too late? *Audubon* (März/April): 68–74. [Eine kritische Betrachtung des Endangered Species Act der USA.]

Lamberson, R. H., McElvey, R., Noon, B. R. und Voss, C. 1992. A dynamic analysis of Northern Spotted Owl viability in a fragmented forest landscape. *Conservation Biology* 6: 502–512. [Der jüngste einer Reihe von Artikeln über die umstrittene nördliche Unterart des Fleckenkauzes; er erklärt, warum diese Art große Altholzbestände braucht. Frühere Artikel von Doak (1989) und Simberloff (1987) geben ebenfalls einen guten Überblick.]

Land Trust Exchange 1988. *Land Trust Standard Practices.* Land Trust Exchange, Alexandria, VA. [Wie man einen *land trust* gründet.]

Rohlf, D. L. 1989. *The Endangered Species Act: A Guide to its Protections and Implementation.* Stanford Environmemtal Law Society, Stanford, CA. [Wie der Endangered Species Act der USA funktioniert.]

Rohlf, D. L. 1991. Six biological reasons why the Endangered Species Act doesn't work – and what to do about it. *Conservation Biology* 5: 273–282. [Einige Schwächen des Endangered Species Act.]

Schmidt-Räntsch, A. und Schmidt-Räntsch, J. 1990. *Leitfaden zum Artenschutzrecht*. Bundesanzeiger, Köln.*

Tobin, R. 1990. *The Expendable Future: U.S. Politics and the Protection of Biological Diversity.* Duke University Press, Durham, NC. [Politische und ökonomische Faktoren wirken sich stark auf die Verabschiedung und Vollstreckung von Gesetzen aus, die die biologische Vielfalt betreffen.]

Toufexis, A. 1992. A new endangered species: Human protectors of the planet put their lives on the line. *Time* 139 (17): 48–50. [Die persönlichen Gefahren, denen sich Umweltaktivisten weltweit aussetzen.]

Verlag C. H. Beck 1993. *Naturschutzrecht.* 6. Aufl. Beck-Texte im dtv, München.*

Waskow, S. 1990. Mitwirkung von Naturschutzverbänden im Verwaltungsverfahren. *Beiträge zur Umweltgestaltung* AA 119. Erich Schmidt, Berlin.*

20

Internationale Übereinkommen

Um die Erhaltung der biologischen Vielfalt muß man sich auf verschiedenen Regierungsebenen kümmern. Zwar wirken die meisten derzeitigen Kontrollmechanismen auf nationaler Ebene, aber zum Schutz von Arten und Lebensräumen werden zunehmend auch Übereinkommen auf internationaler Ebene getroffen (de Klemm 1990, 1993). Aus mehreren Gründen ist eine internationale Zusammenarbeit unbedingt erforderlich. Erstens nehmen Arten keine Rücksicht auf Staatsgrenzen. Da Schutzmaßnahmen Arten aber an allen Punkten ihres Verbreitungsgebiets schützen müssen, werden Bemühungen eines Landes ohne Wirkung bleiben, wenn in einem zweiten Land, in welches das Tier wandert, wichtige Lebensräume zerstört werden. So haben zum Beispiel die Bemühungen zum Schutz von Zugvögeln in Nordeuropa keinen Sinn, wenn der Überwinterungslebensraum der Vögel in Afrika zerstört wird. Auf Wanderungen sind Arten besonders anfällig, weil sie dann weniger gut getarnt und eher müde oder verzweifelt auf der Suche nach Nahrung oder Wasser sind.

Zweitens gibt es einen internationalen Handel mit Naturgütern. Eine starke Nachfrage nach einem Produkt in einem reichen Land kann zur übermäßigen Ausbeutung einer Art durch die Menschen in einem armen Land führen, um dieser Nachfrage gerecht zu werden. Um eine Übernutzung zu verhindern, sind eine Kontrolle und Überwachung des Handels sowohl beim Import als auch beim Export erforderlich.

Drittens ist der Nutzen der biologischen Vielfalt von internationaler Bedeutung. Die Gemeinschaft aller Länder profitiert von Arten und Sorten, die man in Landwirtschaft und Medizin verwenden kann, von den Ökosystemen, die zur Regulation des Klimas beitragen und Überschwemmungen verhindern, und von den Nationalparks und Biosphärenreservaten, die von internationaler Bedeutung für die Wissenschaft und den Tourismus sind. Die wohlhabenden Länder der gemäßigten Zone, die aus der biologischen Vielfalt der Tropen ihren Nutzen ziehen, müssen bereit sein, den weniger reichen Ländern der Welt zu helfen, diese zu bewahren.

Schließlich sind zahlreiche der Faktoren, die Ökosysteme bedrohen, international verbreitet und erfordern somit eine weltweite Zusammenarbeit. Zu solchen Bedrohungen gehören Überfischung, Jagd, Luftverschmutzung und saurer Regen, Verschmutzung von Seen, Flüssen und Meeren, globaler Klimawandel und Ozonabbau.

Übereinkommen zum Schutz von Arten

Der wichtigste Vertrag zum Schutz von Arten auf internationaler Ebene ist die Convention on International Trade in Endangered Species (CITES, bekannter unter dem Namen Washingtoner Artenschutzübereinkommen (WA); er wurde im Jahre 1973 in Zusammenhang mit dem Umweltprogramm der Vereinten Nationen (UNEP – United Nations Environmental Program) abgeschlossen (Faure 1989; de Klemm 1990, 1993; Wijnstekers 1992). Die Verwaltung des Washingtoner Artenschutzübereinkommens hat ihren Sitz in Genf in der Schweiz, mit acht Vollzeitmitarbeitern. Gegenwärtig haben 118 Staaten den Vertrag unterzeichnet. Das Washingtoner Artenschutzübereinkommen enthält Listen von Arten, deren internationaler Handel überwacht werden muß; die Mitgliedsstaaten verpflichten sich, den Handel mit diesen Arten und ihre zerstörerische Ausbeutung einzuschränken (Fitzgerald 1989). Anhang I umfaßt 406 Tier- und 146 Pflanzenarten, deren kommerzieller Handel gänzlich verboten ist, und Anhang II enthält etwa 2500 Tier- und 25000 Pflanzenarten, deren internationaler Handel geregelt und überwacht wird. Bei den Pflanzen finden sich in den Anhängen I und II Arten aus gärtnerisch so bedeutenden Gruppen wie Orchideen, Palmfarnen (Cycadeen), Kakteen, fleischfressenden Pflanzen und Baumfarnen; zunehmend kommen auch Nutzholzarten hinzu. Stark reglementierte Tiergruppen sind Papageien, Großkatzen, Wale, Greifvögel, Nashörner, Bären und Primaten sowie für den Haustier-, Zoo- und Aquarienhandel gefangene oder wegen ihrer Felle, ihrer Häute oder anderer kommerzieller Produkte genutzte Arten.

Internationale Verträge wie die CITES-Konvention gelangen zur Durchführung, wenn ein Unterzeichnerstaat Gesetze verabschiedet, die ihre Verletzung zu einer Straftat machen (de Klemm 1939). Sind die Gesetze des Washingtoner Artenschutzübereinkommens in einem Land erst einmal verabschiedet, können die Polizei, Zollbeamte, Naturschutzbeamte und andere Stellvertreter der Regierung Personen verhaften und anklagen, die in der Konvention aufgelistete Arten besitzen oder mit ihnen handeln, und die entsprechenden Organismen oder Produkte beschlagnahmen. Unlängst wurde in Florida eine Person für den Versuch, einen Orang-Utan in die Vereinigten Staaten zu schmuggeln, zu 13 Monaten Gefängnis verurteilt. Das CITES-Sekretariat verschickt von Zeit zu Zeit Bulletins, die darauf abzielen, bestimmte illegale Aktivitäten zu unterbinden. In den letzten Jahren haben diese Bulletins sogar speziell dazu aufgefordert, *jeglichen* Wildtierhandel mit Ländern wie Italien und Thailand vorübergehend abzubrechen, weil diese Staaten nicht gewillt waren, den illegalen Export von Wildtieren aus ihren Ländern einzuschränken. Die Mitgliedsstaaten richten ihre eigenen Verwaltungen und wissenschaftlichen Dienststellen ein, um ihre CITES-Verpflichtungen zu vollziehen, unterstützt durch die fachliche Beratung von der IUCN (International Union for the Conservation of Nature), der Spezialistengruppe für Wildtierhandel des TRAFFIC Network des WWF (World Wide Fund for Nature) und von der Abteilung zur Überwachung des Wildtierhandels (Wildlife Trade Monitoring Unit) des World Conservation Monitoring Centre (WCMC). Das Washingtoner Artenschutzübereinkommen fördert besonders aktiv sowohl die Zusammenarbeit unter den Ländern als auch die Schutzbemühungen von Entwicklungsbehörden. Durch den CITES-Vertrag war es möglich, den Handel mit bestimmten gefährdeten Wildtierarten einzuschränken; sein bemerkenswertester Erfolg war ein Verbot des Handels mit Elfenbein, der einen starken Rückgang der Populationen des Afrikanischen Elefanten verursacht hatte (Exkurs 34).

Die Bonner Konvention zum Schutz wandernder Tierarten (Convention on Conservation of Migratory Species of Wild Animals) wurde 1979 unterzeichnet und konzentriert sich in erster Linie auf Vogelarten. Diese Vereinbarung ist eine wichtige Ergänzung des Washingtoner Artenschutzübereinkommens, indem sie internationale Bemühungen zum Schutz von Vogelarten fördert, die bei ihrem Zug Staatsgrenzen überqueren, und indem sie besonderen Wert auf regionale Forschungs-, Management- und Jagdbestimmungen legt. Das Problem bei dieser Konvention ist, daß nur 36 Nationen sie unterzeichnet haben und daß ihr Budget ziemlich begrenzt ist. Außerdem deckt sie wandernde Meeressäuger und Fische nicht ab.

Weitere internationale Übereinkommen zum Schutz von Arten sind:

- die Convention on Conservation of Antarctic Marine Living Resources (Konvention zur Erhaltung der lebenden Ressourcen der antarktischen Meere),
- die International Convention for the Regulation of Whaling (Internationales Übereinkommen zur Regelung des Walfanges), die zur Gründung der Internationalen Walfangkommission führte,

Exkurs 34: Der Krieg zur Rettung der Elefanten

Gelegentlich müssen Naturschützer radikale Schritte unternehmen, um eine im Übermaß ausgebeutete Art vor dem Aussterben zu bewahren. Für diejenigen, die sich mit dem Schicksal des Afrikanischen Elefanten befaßten, haben sich die zur Erhaltung dieser Art angewandten Maßnahmen bisweilen zu einer regelrechten Kriegsführung entwickelt. Wildhüter, die die Ausrottung des Elefanten zu verhindern versuchten, schützten die Tiere buchstäblich mit gezückten Waffen. Das vom Washingtoner Artenschutzübereinkommen (der CITES-Konvention) 1989 erlassene Handelsverbot stoppte den Welthandel mit Elfenbein und beendete so in letzter Minute die Wilderei auf Elefanten (Cohn 1990b; Jones 1990; Milner-Gulland und Mace 1991). Für die Rettung der rapide zurückgehenden Elefantenpopulationen in Kenia, Tansania, Uganda und Zaire war das CITES-Verbot vielleicht ausschlaggebend; die ersten Schritte, um das Aussterben dieser Tierart zu verhindern, waren jedoch die drastischen Maßnahmen, welche die Naturschutzbeamten in jenen Ländern anwandten – allen voran Richard Leakey in Kenia. Außerdem ist der Krieg noch keineswegs beendet; mehrere südafrikanische Nationen mit gesunden Elefantenpopulationen möchten das Ende des Handelsverbots für Elfenbein, und das gleiche gilt für einige der Hauptimportländer wie Japan und Hongkong (Dobson und Poole 1992). Das CITES-Verbot könnte jederzeit aufgehoben werden, doch dann würde die Wilderei wieder zu einem großen Problem.

Im Mittelpunkt des Konflikts steht der Markt für Elefantenelfenbein, der in den siebziger und frühen achtziger Jahren mengenmäßig rasch zunahm. Um der Nachfrage auf dem Markt nachzukommen, waren jährlich über 800 Tonnen Elfenbein erforderlich (Jones 1990). Im Jahre 1989, bevor der Welthandel gestoppt wurde, wurde unbehandeltes Elfenbein für 240 Dollar pro Kilogramm verkauft. Einem Dorfbewohner brachte es nur zwölf Dollar pro Kilogramm ein, aber Elefantenstoßzähne wiegen durchschnittlich fünf Kilogramm pro Stück (Cohn 1990b; Millner-Gulland und Mace 1991). Im verarmten Ostafrika konnte somit das Elfenbein von lediglich drei Elefanten einer kenianischen Familie das gesamte Jahreseinkommen liefern (Jones 1990). Angesichts der unsicheren Ernten im von Dürre geplagten Ostafrika war die Jagd auf Elefanten wegen deren Elfenbein eine lukrativere – oder für einzelne Familien vielleicht sogar die einzige – Möglichkeit, sowohl ein Einkommen als auch Fleisch zu erhalten. Doch nicht verarmte Gelegenheitsjäger jagten die meisten Elefanten, sondern organisierte Wildererbanden. Die Wilderer verfügten über automatische Waffen, darunter Sturmgewehre vom Typ AK-47 – mehr als genug Feuerkraft, um eine ganze Familiengruppe von Elefanten zu vernichten, und sicherlich eine ausreichend schwere Bewaffnung, um sämtlichen Trupps von Naturschutzbeamten Widerstand zu leisten, die sie von der Wilderei abzuhalten versuchen. Häufig hatten die Banden Verbindung zu Militär- oder

Das Massenabschlachten von Elefanten wegen ihrer Stoßzähne führte zu einem internationalen Handelsverbot für Elfenbein. (Photo: Karen Allen, Conservation International.)

Regierungskreisen, und sie scheuten sich auch nicht, bei der Verfolgung von Elefantenherden die Staatsgrenzen zu überschreiten. So wurde beispielsweise das Importverbot für Elfenbein in den USA im Jahre 1989 beschleunigt erlassen, nachdem somalische Soldaten in Kenia Elefanten und Nashörner gewildert hatten. In einigen Fällen waren die Wilderer sogar dieselben Leute, deren Aufgabe eigentlich der Schutz der Elefanten war: die Wildhüter selbst.

Unter diesen Umständen überrascht es kaum, daß die gesamte Elefantenpopulation von 1,3 Millionen Ende der siebziger Jahre auf unter 600000 Ende der achtziger Jahre fiel (Cohn 1990b; Caughley et al. 1990). Gegen Ende der siebziger Jahre war die Wilderei für 60 Prozent der Todesfälle von Elefanten im Ökosystem des kenianischen Tsavo-Nationalparks verantwortlich (Ottichilo 1987), und sie nahm vermutlich danach noch zu, als der Preis für Elfenbein auf den Märkten der Welt in die Höhe schnellte. Und selbst diese Zahl verdeutlicht nicht wirklich das Ausmaß des Abschlachtens, da ein großer Teil der verbliebenen Elefanten großen, gut überwachten Herden in Simbabwe, Botswana, Südafrika, Malawi und Namibia angehört (Jones 1990). Die ostafrikanische Population hingegen wurde dezimiert: Kenia verlor schätzungsweise 85 Prozent seiner Elefantenherden, Uganda nahezu 90 Prozent – rund 150000 Tiere in weniger als zehn Jahren (Cohn 1990b). Der kenianische Präsident, Daniel arap Moi, entschied, daß drastisches Handeln erforderlich sei, um das illegale Töten von Elefanten zu stoppen. Im Jahre 1989 ernannte er den weltberühmten Paläoanthropologen Richard Leakey zum Leiter des neuen, halbautonomen Kenya Wildlife Service. Moi und Leakey führten durchgreifende Maßnahmen gegen Wilderer ein: Sie sollten ohne Vorwarnung erschossen werden. Man rüstete die Wildhüter mit Fahrzeugen und Waffen aus, bildete sie aus und verschaffte ihnen einen Ansporn, darunter eine höhere Bezahlung, damit sie ihr Engagement für ihren Job erhöhten. Gleichzeitig schlossen sich die ostafrikanischen Länder zusammen, um die Mitgliedsstaaten der CITES-Konvention zu bitten, die Elfenbeinimporte zu stoppen. Obwohl der Elfenbeinhandel offiziell durch den CITES-Vertrag geregelt war, überquerte Elfenbein aus Ländern mit Exportverbot ohne weiteres die Grenze zu Nachbarländern, von wo es mit offizieller Erlaubnis weiter exportiert wurde. Schätzungen zufolge stammten mehr als 80 Prozent des aus Afrika exportierten Elfenbeins von Elefanten, die von Wilderern getötet wurden (Dobson und Poole 1992). Als man schließlich 1989 das Verbot einführte, fiel der Elfenbeinpreis dramatisch, und das Ausmaß der Wilderei ging mit ihm zurück.

Die Schäden, die zehn Jahre uneingeschränkte Jagd den Elefantenherden Ostafrikas zufügten, sind mehr als nur eine Sache der bloßen Anzahl. Erstens sind Elefanten soziale Tiere mit komplexen Verhaltensweisen, die ältere Elefanten den jüngeren beibringen. Weil die Wilderer aber nur die Elefanten mit den größten Stoßzähnen töteten – mit anderen Worten, die älteren Elefanten, in der Regel im Alter von 30 bis 60 Jahren –, wurde die Weitergabe des Wissens von erwachsenen Tieren auf die nächste Generation unterbrochen (Cohn 1990b; Jones 1990). Die noch verbliebene Elefantenpopulation setzt sich im wesentlichen aus jüngeren, zwischen zehn und 30 Jahre alten Tieren zusammen, denen die Erfahrung fehlt zu wissen, wo in Zeiten der Trockenheit Nahrung oder Wasser verfügbar sein könnte. Darüber hinaus pflanzen sich männliche Elefanten unter normalen Umständen selten fort, bevor sie 30 Jahre alt sind; da aber die Wilderer erwachsene männliche Elefanten wegen ihrer großen Stoßzähne besonders schätzten, gibt es heute in Ostafrika praktisch keine erwachsenen Elefantenbullen mehr.

Zweitens sind Elefanten in hohem Grade für die Schaffung von Mikrohabitaten verantwortlich, von denen andere Tiere abhängig sind (Cohn 1990b). Elefanten entlauben und entwurzeln beim Fressen Bäume und zertrampeln Gestrüpp und schaffen so Raum für andere Arten von Vegetation. Diese Form der Nahrungssuche der Elefanten kann eine Sukzession auslösen und im ostafrikanischen Busch die Gebiete für Weidetiere wie Gazellen, Zebras und Gnus öffnen oder in den west- und zentralafrikanischen Regenwäldern das Wachstum der von Gorillas bevorzugten Vegetation fördern. Wenn weniger Elefanten vorhanden sind, wird weniger offener Lebensraum geschaffen, und die anderen Arten leiden infolgedessen – darunter auch jene, die wie der Gorilla durch die Zerstörung ihres Lebensraumes bereits stark unter Druck stehen. Schließlich lernen Elefanten, Gebiete zu meiden, in denen die Herde unter großen Verlusten durch Wilderer gelitten hat. Diese Einschränkung des Lebensraumes der Elefanten erfolgte zusätzlich zum Lebensraumverlust durch die menschlichen Aktivitäten (Chadwick 1991). In mehreren Ländern beobachteten Wildhüter, daß die Elefanten dazu tendieren, in der Nähe der Parkhauptquartiere zusammenzukommen, wo sie vor den Wildererbanden am sichersten sind. Die Konzentration der Elefanten auf diese kleinen Gebiete überschreitet die Tragfähigkeit dieser Regionen für die Population (Jones 1990).

Die Bemühungen zur Rettung des Elefanten aus jüngster Zeit wirkten sich auf bedeutende Weise positiv aus. Das Handelsverbot für Elfenbein scheint zu funktionieren – der Preis für Elfenbein fiel jäh, was die Wilderei weitaus weniger attraktiv machte (Dobson und Poole 1992; Graham 1990). Darüber hinaus schufen die Bemühungen, ein Team von engagierten Parkrangern anzuwerben, in militärischem Stil auszubilden und auszurüsten, eine Abschreckung gegen weitere Wilderei. Doch der Elefant ist noch nicht völlig sicher. Die Länder im südlichen Afrika mit stabilen Elefantenherden drängten auf eine wenigtens teilweise Aufhebung des Handelsverbots für Elfenbein; sie behaupten, der Verkauf von Elefantenprodukten liefere ihnen die Mittel für ihre erfolgreichen Managementprogramme für die Elefanten (Cohn 1990b). Die Herden in Simbabwe, Botswana und Südafrika sind so gesund, daß ein jährlicher Abschuß nötig ist, um eine Zerstörung des Lebensraumes zu verhindern; sie sind in diesen Ländern nicht vom Aussterben bedroht. Zum größeren Nutzen für die Art in ihrem gesamten Verbreitungsgebiet muß das Verbot jedoch bestehen bleiben (Dobson und Poole 1992). Die Gefahr ist zu groß, daß eine Wiederaufnahme des legalen Handels mit Elfenbein zu einer erneuten, unkontrollierten Wilderei von Elefanten in großem Maßstab führt, um einen neuen Schwarzmarkt zu versorgen.

- die International Convention for the Protection of Birds (EG-Vogelschutzrichtlinie) und die Benelux Convention on the Hunting and Protection of Birds (Übereinkommen der Beneluxstaaten über die Jagd und den Schutz von Vögeln),
- die Convention on Fishing and Conservation of Living Resources in the Baltic Sea and the Belts (Übereinkommen über die Fischerei und die Erhaltung der lebenden Ressourcen in der Ostsee und im Großen und Kleinen Belt)
- sowie verschiedene Abkommen zum Schutz spezieller Tiergruppen wie Garnelen, Hummer und Krabben, Pelzrobben, antarktische Robben, Lachse und Vikunjas.

Übereinkommen zum Schutz von Lebensräumen

Vereinbarungen zum Schutz von Lebensräumen ergänzen die Konventionen zum Artenschutz, indem sie Wert auf einzigartige Ökosystemeigenschaften legen, die erhalten werden müssen. Innerhalb dieser Lebensräume kann eine Vielzahl einzelner Arten geschützt werden. Drei der bedeutendsten Abkommen sind die Ramsar-Konvention zum Schutz von Feuchtgebieten internationaler Bedeutung (Convention on Wetlands of International Importance Especially as Waterfowl Habitat), die Konvention zum Schutz des Kultur- und Naturerbes der Welt (Convention Concerning the Protection of the World Cultural and Natural Heritage), und das Biosphärenreservatprogramm der UNESCO (McNeely et al. 1990).

Die Ramsar-Konvention zum Schutz von Feuchtgebieten wurde 1971 abgeschlossen, um die anhaltende Zerstörung von Feuchtgebieten zu unterbinden und den ökologischen, wissenschaftlichen, ökonomischen und Erholungswert von Feuchtgebieten anzuerkennen (Koester 1987; Kusler und Kentula 1990; Untermaier 1991). Der Wert von Feuchtgebieten für ziehende Wasservögel wird besonders hervorgehoben. Diese Konvention steht in Verbindung mit der IUCN und wird von fünf Mitarbeitern in Großbritannien überwacht. Die Ramsar-Konvention umfaßt Süßwasser-, Brackwasser- und marine Küstenlebensräume und mehr als 400 Gebiete mit einer Gesamtfläche von über 30 Millionen Hektar; darunter sind auch bereits durch die nationale Gesetzgebung geschützte Gebiete. Die Konvention trägt zu deren Schutz bei und verschafft ihnen einen internationalen Status. Die 61 Unterzeichnerländer kommen überein, ihre Feuchtgebiete zu erhalten und zu schützen, und erklären mindestens ein Feuchtgebiet als von internationaler Bedeutung für den Naturschutz.

Die Konvention zum Schutz des Kultur- und Naturerbes der Welt steht in Verbindung mit der UNESCO, der IUCN und dem International Council on Monuments and Sites (Hales 1984; Slayter 1983; Thorsell und Sawyer 1992). Diese Konvention erhielt ungewöhnlich breite Unterstützung, denn es beteiligten sich 109 Länder – mit die höchste Anzahl Unterzeichner einer Naturschutzkonvention überhaupt. Ziel dieser Vereinbarung ist es, Naturgebiete von internationaler Bedeutung durch das Weltnaturerbeprogramm (World Heritage Site Program) zu schützen. Die Konvention ist insofern ungewöhnlich, als sie sowohl die kulturelle als auch die biologische Bedeutung von Naturräumen unterstreicht und anerkennt, daß die internationale Staatengemeinschaft verpflichtet ist, diese Orte finanziell zu unterstützen. Eine begrenzte Finanzierung der zum Weltnaturerbe zählenden Stätten (World Heritages Sites) stammt aus einer speziellen Weltnaturerbe-Stiftung, die auch fachliche Hilfen bietet. Wie die Ramsar-Konvention versucht auch dieses Übereinkommen, Naturreservate international zu unterstützen, die ursprünglich durch nationale Gesetze geschaffen wurden. Die Liste der World Heritage Sites umfaßt einige der wichtigsten Schutzgebiete der Welt: den Serengeti-Nationalpark in Tansania, das Sinharaja Forest Reserve in Sri Lanka, Iguaçu in Brasilien, den Manu-Nationalpark in Peru, die Regenwälder im australischen Queensland und den Great-Smoky-Mountains-Nationalpark in den USA.

Durch das UNESCO-Programm „Mensch und Biosphäre" (MAB – *Man and the Biosphere*) wurde 1971 ein internationales Netzwerk von Biosphärenreservaten eingerichtet. Biosphärenreservate sollen modellhaft zeigen, daß Naturschutzbemühungen und nachhaltige Entwicklung vereinbar sind (siehe die Kapitel 14 und 16). Das Konzept der Biosphärenreservate legt einen Schwerpunkt auf die wissenschaftliche Erforschung und die internationale Zusammenarbeit, die Überwachung der Umwelt, die Unterrichtung und Ausbildung der Einheimischen in ökologischen Konzepten sowie die Entwicklung umweltverträglicher Nutzungsmöglichkeiten (UNESCO 1974; 1985; 1987; Batisse 1986). Länder können beantragen, daß Nationalparks und andere Naturgebiete von internationaler Bedeutung als Biosphärenreservate anerkannt werden. Im Jahre 1990 gab es insgesamt 283 solcher Reservate in 72 Ländern, die zusammen rund 1,5 Millionen Quadratkilometer umfaßten, darunter allein 43 Reservate in den Vereinigten Staaten (Abbildung 20.1). Der Erfolg des Konzepts der Biosphärenreservate wird davon abhängen, ob sich diese Stätten erfolgreich in ein Netzwerk einordnen lassen, das auf regionaler und Landschaftsebene größere Fragen der Erhaltung von Ökosystemen und der biologischen Vielfalt in Angriff nehmen kann (Dyer und Holland 1991).

Regionale Übereinkommen zum Schutz einzigartiger Ökosysteme und Lebensräume gibt es für die westliche Hemisphäre, die antarktische Flora und Fauna, den Südpazifik, für Afrika sowie für die europäischen Wildtiere und natürlichen Lebensräume Europas (World Resources Institute 1992).

Internationale Übereinkommen zur Einschränkung der Umweltverschmutzung

Um die Verschmutzung der Umwelt durch Schadstoffe zu verhindern oder zu begrenzen, die eine regionale oder internationale Gefahr darstellen, wurden internationale Übereinkommen unterzeichnet (McNeely et al. 1990; World Resources Institute 1992). Die Convention in Long-Range Trans-Boundary Air Pollution in the European Region (Konvention über weitreichende und grenzüberschreitende Luftverschmutzung im europäi-

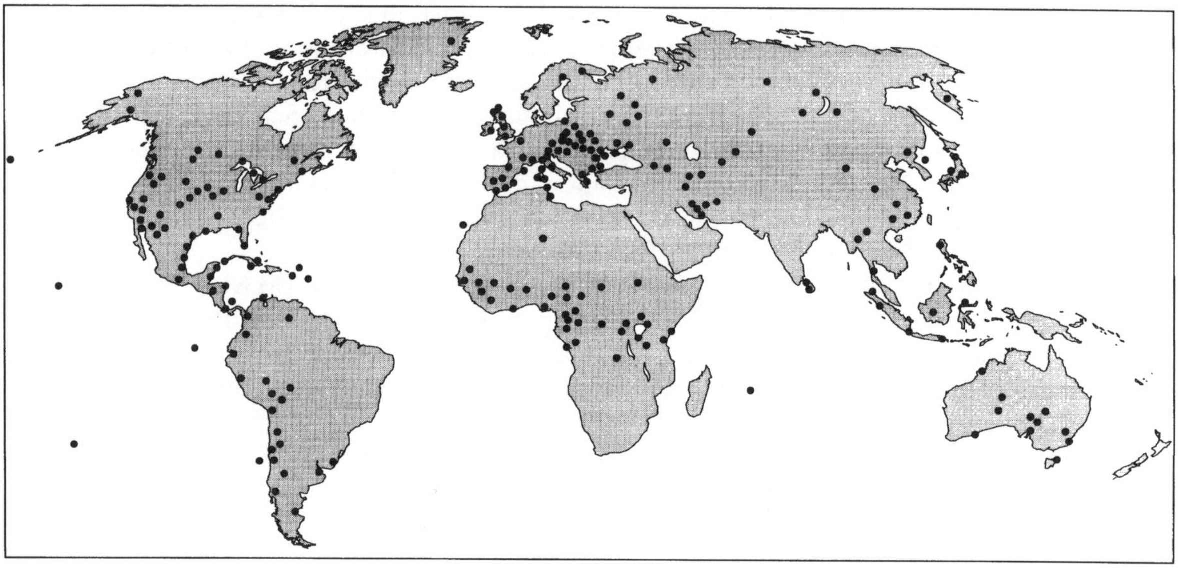

20.1 Anerkannte Biosphärenreservate im Jahre 1988. In biologisch so bedeutenden Regionen wie Neuguinea, dem indischen Subkontinent, Südafrika und Südostasien ist ein Mangel an solchen Reservaten erkennbar. (Daten aus Gregg et al. 1988.)

schen Raum) trägt der Rolle Rechnung, die der Ferntransport von Luftschadstoffen für den sauren Regen, die Versauerung von Seen und das Waldsterben spielt. Im Jahre 1985 wurde die Convention on the Protection of the Ozon Layer (Konvention zur Erhaltung der Ozonschicht) unterzeichnet, um die Verwendung von Fluorchlorkohlenwasserstoffen (FCKWs) zu regulieren und einzuschränken, die man mit der Zerstörung der Ozonschicht und der daraus folgenden Zunahme der schädlichen ultravioletten Strahlung in Verbindung gebracht hat.

Die Verschmutzung der Meere ist ein weiterer Grund zur Besorgnis, weil weite Gebiete internationaler Gewässer nicht unter staatlicher Kontrolle stehen und weil die in einem Gebiet eingeleiteten Schadstoffe sich sehr leicht in ein anderes Gebiet ausbreiten können. Zu den Abkommen über den Schutz der Meere vor Verschmutzung gehören die Convention on the Prevention of Marine Pollution by Dumping of Wastes and Other Matters (Konvention zur Verhinderung der Meeresverschmutzung durch Abfälle und andere Stoffe) sowie die Regional Seas Conventions des Umweltprogramms der Vereinten Nationen (UNEP – United Nations Environmental Program) (World Resources Institute 1992). Regionale Übereinkommen decken den Nordostatlantik, die Ostsee und andere Gebiete, insbesondere im Nordatlantik, ab.

Der Weltgipfel von Rio

Für zwölf Tage im Juni 1992 richtete sich die Aufmerksamkeit der Welt auf eine große Konferenz im brasilianischen Rio de Janeiro mit der offiziellen Bezeichnung United Nations Conference on the Environment and Development (UNCED – Konferenz der Vereinten Nationen für Umwelt und Entwicklung), auch als Weltgipfel, Erdgipfel oder Gipfel von Rio (Rio-Gipfel) bezeichnet. Vertreter aus 178 Ländern, darunter über 100 Staatsoberhäupter, dazu führende Vertreter der Vereinten Nationen sowie wichtiger nichtstaatlicher und Naturschutzorganisationen trafen sich, um Möglichkeiten zu diskutieren, wie man einen verstärkten Schutz der Umwelt mit einer effektiveren wirtschaftlichen Entwicklung in weniger wohlhabenden Ländern vereinbaren kann (United Nations 1993a, b). Die Konferenz war insofern erfolgreich, als sie das Bewußtsein für die Schwere der Umweltkrise schärfte und das Thema in den Mittelpunkt der Weltaufmerksamkeit rückte (Haas et al. 1992; Alyanak 1992). Ein bemerkenswertes Kennzeichen der Konferenz war, daß man eine eindeutige Verbindung zwischen dem Umweltschutz und der Armut in der Dritten Welt herstellte. Während die wohlhabenden Länder der Welt über die finanziellen Mittel verfügen, um ihre Einwohner zu versorgen und die Umwelt zu schützen, sehen die meisten armen Länder die unmittelbare Nutzung ihrer natürlichen Ressourcen als ausschlaggebend für ein Anheben des Lebensstandards ihrer verarmten Bevölkerung an. Beim Weltgipfel wurde den reichen Ländern klargemacht, daß sie die armen Länder unterstützen müssen, um die Umwelt auf der ganzen Erde und die biologische Vielfalt in den Tropen zu erhalten.

Die Konferenzteilnehmer diskutierten und unterzeichneten schließlich fünf wichtige Dokumente, die ich gleich beschreiben werde, und sie initiierten zahlreiche neue Projekte (Parson et al. 1992). Neben diesen konkreten Errungenschaften war das zentrale Ergebnis des Weltgipfels die Bereitschaft der Teilnehmer, für langfristige Ziele weiterhin zusammenzuarbeiten. UNCED-Generalsekretär Maurice F. Strong stellte in seiner Eröffnungsrede fest:

> »Der Weltgipfel selbst ist kein Ziel, sondern ein neuer Anfang. Die Maßnahmen, denen Sie hier zustimmen, werden nur die ersten Schritte auf einem neuen Weg zu unserer gemeinsamen Zukunft sein. Somit werden die Ergebnisse dieser Konferenz letztendlich von der Glaubwürdigkeit und der Wirksamkeit ihrer Fortsetzung abhängen.«

Die Rio-Deklaration. Die Erklärung gibt generelle Richtlinien für das Handeln der reichen und der armen Nationen im Hinblick auf Umwelt- und Entwicklungsfragen. Den Nationen wird das Recht zuerkannt, ihre eigenen Ressourcen zu nutzen, so lange die Umwelt nicht an anderer Stelle geschädigt wird. Gleichzeitig wird aber auch die Notwendigkeit erkannt, nicht tragbare Aktivitäten zu unterbinden und die Umwelt zu schützen. Die Erklärung bekräftigt das „Verursacherprinzip“, das heißt, Firmen und Regierungen übernehmen die finanzielle Verantwortung für die von ihnen verursachten Umweltschäden.

Convention on Climate Change (Klima-Konvention). Man erzielte ein Übereinkommen, das verlangt, daß Industrieländer ihre Emissionen an Kohlendioxid und anderen Treibhausgasen reduzieren und regelmäßig Berichte über ihre Fortschritte abliefern müssen. Während über spezifische Emissionsziele keine Entscheidung getroffen wurde, legt die Konvention fest, daß der Ausstoß an Treibhausgasen mengenmäßig so stabilisiert werden sollte, daß sie das Klima der Erde nicht beinflussen. Die finanziellen Mittel zur Durchführung dieser Konvention werden aus der Global Environment Facility kommen (siehe Kapitel 21).

Convention on Biodiversity (Biodiversitäts-Konvention). Diese Vereinbarung hat drei Ziele: die Erhaltung der biologischen Vielfalt, ihre nachhaltige Nutzung und die gemeinsame Nutzung neuer Produkte aus wilden und domestizierten Arten. Während die ersten beiden Ziele eindeutig sind, erkennt der letzte Punkt an, daß die Entwicklungsländer einen gerechten Ausgleich für die Nutzung von Arten erhalten sollten, die innerhalb ihrer Grenzen gesammelt wurden. In der Vergangenheit entwickelten die Industrieländer neue Nutzpflanzen, Medikamente und andere biotechnologische Produkte, die auf Arten aus den Tropen basierten, ohne irgendwelche der daraus resultierenden Technologien, neuen Produkte oder Profite an die Länder zurückzugeben, aus denen die Wildarten ursprünglich stammten. Der von 153 Nationen unterzeichnete Vertrag bekräftigt, daß die Länder bestimmte Rechte an Arten besitzen, die innerhalb ihrer Grenzen vorkommen. Die Vereinigten Staaten verweigerten zunächst ihre Unterschrift, weil sie dies als potentielle Einschränkung ihrer enormen biotechnologischen Industrie ansahen. Schließlich unterzeichneten sie die Konvention im Jahre 1993 nach dem Wahlsieg von Bill Clinton und Al Gore bei den Wahlen 1992. Als Kapital für diese Konvention setzte man zunächst 200 Millionen Dollar fest, bereitgestellt durch die Global Environment Facility.

Statement on Forest Principles (Wald-Erklärung). Eine Vereinbarung über das Management von Wäldern auszuhandeln erwies sich als schwierig, weil es starke Meinungsverschiedenheiten zwischen den Ländern der Tropen und der gemäßigten Zone gab. Dieser letzte, nicht-bindende Vertrag ruft zur nachhaltigen Bewirtschaftung von Wäldern auf, ohne irgendwelche speziellen Empfehlungen zu machen.

Agenda 21. Dieses 800 Seiten umfassende Dokument ist ein neuartiger Versuch, ausführlich die für eine umweltverträgliche Entwicklung erforderlichen Maßnahmen zu beschreiben (United Nations 1993a). Die Agenda 21 zeigt die Verbindungen zwischen der Umwelt und anderen Problemen auf, die oft separat betrachtet werden, wie das Wohlergehen der Kinder, Armut, Frauenfragen, Technologietransfer und ungleiche Verteilung des Reichtums. Es werden Pläne vorgestellt, um Probleme der Atmosphäre, der Landzerstörung und Desertifikation, der Erschließung von Bergen, der landwirtschaftlichen und ländlichen Entwicklung, der Entwaldung, der aquatischen Lebensräume und der Umweltverschmutzung in Angriff zu nehmen. Außerdem werden Finanzierungs-, institutionelle, technologische und gesetzliche Mechanismen erläutert, um diese Pläne durchzuführen.

Die umstrittenste Frage war die Entscheidung, wie man die Programme der Agenda 21 finanzieren sollte. Man schätzte ihre Kosten auf rund 600 Milliarden Dollar pro Jahr, von denen 125 Milliarden als Entwicklungshilfe aus den Industrieländern aus Übersee (ODA, *overseas development assistance*) kommen sollten. Da sich diese Entwicklungshilfe gegenwärtig auf 60 Millionen Dollar jährlich für alle Aktivitäten beläuft, würde die Durchführung der Agenda 21 eine Verdreifachung der derzeitigen Auslandshilfe erfordern. Dieser Zunahme der Finanzierung stimmten die wichtigsten Industriestaaten, genannt die „Gruppe der Sieben", deren Wirtschaft unter der weltweiten Rezession litt, nicht zu. Als Alternativvorschlag regte die „Gruppe der 77", eine Gruppe von 128 Entwicklungsländern (ursprünglich waren es 77) an, die Industrienationen sollten ihre Auslandshilfe bis zum Jahr 2000 auf 0,7 Prozent ihres Bruttosozialprodukts erhöhen. Zwar erklärten sich die reicheren Länder im Prinzip mit dieser Zahl einverstanden, doch es wurde kein Zeitplan zur Durchführung erstellt. Die Frustration der Entwicklungsländer faßte Dr. Mahathir bin Mohamed, der Premierminister von Malaysia, ausdrucksvoll zusammen:

> »Man schreibt den armen Ländern vor, ihre Wälder und anderen genetischen Ressourcen zu erhalten, für den Fall, daß irgendwann in der Zukunft etwas entdeckt wird, was sich als nützlich für die Menschheit erweisen wird. Aber nun sagt man ihnen, die Reichen werden einem Ausgleich der Armen für ihre Opfer nicht zustimmen, mit dem Argument, die bei den Armen bewahrte und gesicherte Vielfalt an Genen sei ohne Wert, solange nicht die Reichen mit ihrer überlegenen Intelligenz das ihnen innewohnende Potential freisetzen.«

Letzten Endes kündigten die Industrieländer neue Beiträge in Höhe von sechs Milliarden Dollar an. In Anbetracht der Tatsache, daß dies der Augenblick war, an dem sich die Aufmerksamkeit der führenden Personen der Welt und der Öffentlichkeit auf Umweltprobleme konzentrierte und ein maximaler Druck bestand, etwas zu erreichen, war das Unvermögen der wichtigen Industrienationen, genügend Gelder für die Agenda 21 bereitzustellen, für viele Konferenzteilnehmer enttäuschend. Die Einrichtung von Fonds zur Durchführung der Agenda 21 wird ein Teil des fortlaufenden Prozesses sein, den der Weltgipfel in Gang setzte.

Der Wert internationaler Übereinkommen

Internationale Übereinkommen werden von den betreffenden Ländern freiwillig unterzeichnet und durch die Verabschiedung von unterstützenden Gesetzen auf nationaler Ebene in die Tat umgesetzt (de Klemm 1990, 1993). Mitgliedsländer, die diese Konventionen verletzen, werden vielfach von den anderen Ländern wie auch von internationalen nichtstaatlichen Organisationen und den Medien dazu gebracht, sie einzuhalten, weil ihnen die öffentliche Aufmerksamkeit peinlich ist. Eine Schwäche dieser internationalen Verträge ist, daß Länder sich aus der Konvention zurückziehen können, um ihre eigenen Interessen zu verfolgen, wenn sie das Befolgen der Bedingungen als zu schwierig erachten. Dazu kam es unlängst, als mehrere Länder aufgrund des Jagdverbots aus der Internationalen Walfangkommission (International Whaling Commission) austraten (Ellis 1992). Der entscheidende Test für diese internationalen Abkommen ist ihre Fähigkeit, Gelder zu verteilen, um positive Schritte zu unterstützen und zerstörerische Aktivitäten zu unterbinden. Die reichen Nationen der Welt haben angedeutet, daß sie bereit sind, die für internationale Naturschutzmaßnahmen verfügbaren Gelder beträchtlich zu erhöhen, doch es bleibt abzuwarten, ob sie genügend investieren, um der Herausforderung gerecht zu werden. Und es bleibt abzuwarten, ob die Länder, die diese Gelder erhalten, sie auch wirklich in den Umwelt- und Naturschutz leiten können und nicht feststellen müssen, daß sie für andere politische und wirtschaftliche Zwecke genutzt werden und verschwinden. Den politischen Willen aufzubringen, um diese Gesetze zu vollstrecken und jene zu verurteilen, die sie verletzen, stellt eine zusätzliche Herausforderung dar.

Zusammenfassung

1. Internationale Übereinkünfte und Konventionen zur Erhaltung der biologischen Vielfalt sind notwendig, weil Arten Grenzen überschreiten, weil es einen internationalen Handel mit Naturgütern gibt, weil der Nutzen der biologischen Vielfalt von internationaler Bedeutung ist und weil die Bedrohungen der Vielfalt oft internationaler Art sind und eine internationale Zusammenarbeit erfordern.
2. Das Washingtoner Artenschutzübereinkommen (CITES – Convention on International Trade in Endangered Species) wurde verabschiedet, um den schädlichen Handel mit gefährdeten Arten zu verhindern. Es verbietet den Handel mit einigen Arten und regelt und überwacht den Handel mit anderen. Zur Durchführung solcher Verträge müssen die einzelnen Länder ihre eigenen Gesetze vollstrecken. Der bemerkenswerteste Erfolg des Washingtoner Artenschutzübereinkommens war das Unterbinden der Wilderei von Elefanten durch das Verbot jeglichen Handels mit Elfenbein. Weitere wichtige Konventionen schützen Lebensräume, Arten und Kulturstätten von internationaler Bedeutung.
3. Beim Weltgipfel 1992, an dem über 100 Staatsoberhäupter teilnahmen, wurden fünf wichtige Umweltdokumente unterzeichnet. Die Durchführung und Finanzierung dieser neuen Verträge könnte sich als ausschlaggebend für internationale Naturschutzbemühungen erweisen.

Weiterführende Literatur

Batisse, M. 1986. Developing and focusing the biosphere concept. *Nature and Resources* 22: 1–10. [Die Philosphie hinter dem System aus Reservaten des UNESCO-Programms „Mensch und Biosphäre".]

de Klemm, C. 1993. *Guidelines for CITES Implementation Legislation.* IUCN, Gland, Schweiz. [Das Verabschieden und Vollstrecken von Gesetzen zum Washingtoner Artenschutzübereinkommen auf nationaler Ebene.]

Dobson, A. und Poole, J. H. 1992. Ivory: Why the ban must stay! *Conservation Biology* 6: 149–151. [Argumente gegen die Aufhebung des Handelsverbots für Elfenbein.]

Fitzgerald, S. 1989. *International Wildlife Trade: Whose Business Is It?* World Wildlife Fund, Washington, D.C. [Ein Überblick über den internationalen Handel mit Wildtieren und die Wirksamkeit des Washingtoner Artenschutzübereinkommens.]

Haas, P. M., Levy, M. A. und Parsons, E. A. 1992. Appraising the Earth Summit: How should we judge UNCED's success? *Environment* 34(8): 7–35. [Eine Zusammenfassung des beim Weltgipfel Erreichten.]

Jones, R. F. 1990. Farewell to Africa. *Audubon* 92: 50–104. [Ein hervorragender, ausführlicher Bericht über die Probleme der Wildtiere Afrikas.]

Thorsell, J. und Sawyer, J. 1991. *World Heritage: The First Twenty Years.* IUCN, Gland, Schweiz. [Ein Überblick über das Programm mit 16 Berichten von Fallstudien über Stätten des Welterbes (Word Heritage Sites)]

TRAFFIC USA. World Wide Fund for Nature, Washington, D.C. [*TRAFFIC USA* ist ein informatives Mitteilungsblatt über den internationalen Handel mit Wildtieren und Wildtierprodukten mit einem Schwerpunkt auf Aktivitäten zum Washingtoner Artenschutzübereinkommen.]

United Nations. 1993. *The Global Partnership for Environment and Development: A Guide to Agenda 21.* United Nations Publications, New York. [Erklärt die Agenda 21 und wie Länder die Umwelt schützen und dennoch eine wirtschaftliche Entwicklung ermöglichen können.]

Untermaier, J. 1991. *Legal Aspects of the Conservation of Wetlands.* IUCN, Gland, Schweiz. [Die Wirksamkeit der Ramsar-Konvention wird anhand von Fallstudien diskutiert.]

21

Internationale Finanzierung

Die biologische Vielfalt konzentriert sich in den tropischen Ländern der Dritten Welt; von diesen sind die meisten relativ arm und weisen eine rasche Entwicklung, ein hohes Bevölkerungswachstum und eine beschleunigte Zerstörungsrate auf. Die Industrieländer der Welt hängen von der biologischen Vielfalt der Tropen ab, die ihre Landwirtschaft und Industrie mit genetischem Material und natürlichen Produkten beliefert. Die Öffentlichkeit in den Industrieländern ist ebenfalls interessiert daran, die außergewöhnlichen Arten wie Elefanten, Nashörner und Lemuren zu erhalten, die so faszinierend sind, wenn man sie im Zoo beobachtet, etwas über sie liest und sie im Fernsehen sieht. Die Entwicklungsländer sind oft gewillt, die biologische Vielfalt zu bewahren, aber sie sind wohl kaum imstande, die für diese Aufgabe notwendige Forschung, den Schutz der Lebensräume, das Management und die nötige Infrastruktur zu bezahlen. Zunehmend werden sich Gruppen in den Industrieländern bewußt, daß sie selbst dafür zahlen müssen, wenn sie die biologische Vielfalt in den Ländern erhalten wollen, die reich an Arten, aber arm an Geld sind.

Ein Großteil der Gelder für die Erhaltung der biologischen Vielfalt in den Entwicklungsländern stammt aus Institutionen in den Vereinigten Staaten. Unlängst führte das World Resources Institute eine umfassende Analyse der US-Naturschutzaktivitäten und -forschungen in den Entwicklungsländern durch, um festzustellen, wie die finanziellen Mittel verteilt werden (Abramovitz 1991). Für das Jahr 1989 ermittelte man insgesamt 1093 Projekte in 127 Entwicklungsländern, mit einem Gesamtaufwand von 62,9 Millionen Dollar. Im Vergleich dazu waren es 873 Projekte im Jahre 1987, die 37,5 Millionen Dollar kosteten – ein gewaltiger Anstieg von 68 Prozent in nur zwei Jahren (Abbildung 21.1). Durchgeführt wurden diese Projekte von Regierungsbehörden (zum Beispiel durch den U.S. Fish and Wildlife Service, die National Science Foundation, die Agency of

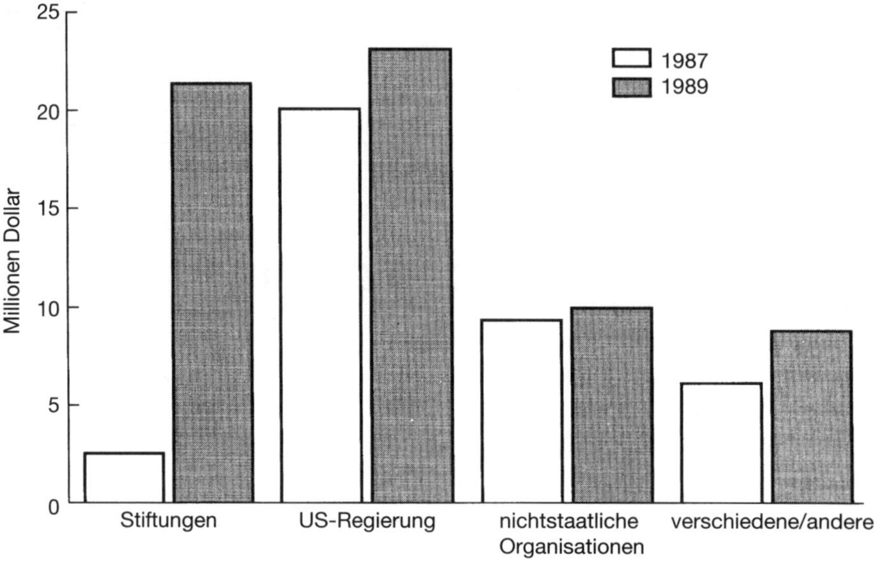

21.1 Die Finanzierung der Forschungsprojekte über die biologische Vielfalt und der Naturschutzmaßnahmen der Vereinigten Staaten in den Entwicklungsländern, aufgeschlüsselt nach der Art der geldgebenden Organisation. Die ersten drei Kategorien umfassen wohltätige Stiftungen, Organisationen und Abteilungen der amerikanischen Regierung und nichtstaatliche Organisationen wie den WWF. Die letzten Säulen zeigen Gelder, die aus mehreren Quellen oder von verschiedenartigen Institutionen stammen (wie Universitäten, Zoos, Museen und so weiter). (Aus Abramovitz 1991.)

International Development, das Peace Corps), durch wohltätige Stiftungen (beispielsweise die Pew Charitable Trusts, die MacArthur Foundation), durch nichtstaatliche Naturschutzorganisationen (etwa Wildlife Conservation International, WWF), Museen (wie das Field Museum of Natural History, Smithsonian Institution), durch botanische Gärten (zum Beispiel den Missouri Botanical Garden, den New York Botanical Garden), durch Zoos (beispielsweise die New York Zoological Society) und Universitäten. Von den gesamten Geldern gaben die amerikanische Regierung und die Stiftungen je ungefähr ein Drittel. Die dramatischste Veränderung war eine siebenfache Zunahme der finanziellen Unterstützung zwischen 1987 und 1989 durch die großen Stiftungen; die wichtigsten Stiftungen wie die Mellon Foundation, die W. Alton Jones Foundation und die Pew Charitable Trusts erklärten den Naturschutz in den Tropen eindeutig zur Priorität. Über die Hälfte der von Stiftungen stammenden Gelder kam allein von der MacArthur Foundation.

Bei der Verteilung der Gelder waren die wichtigsten Aktivitäten, die US-amerikanische Unterstützung erhielten, die Forschung (38 Prozent), das Biotop- und Artenmanagement (25 Prozent), der Ausbau von Institutionen

Tabelle 21.1: US-Gelder für die tropische Biodiversität im Jahre 1989 (Schätzwerte)*

Land	Summe 1989 (in US-Dollar)	Landfläche (in 1 000 ha)	Dollar pro 1 000 Hektar
Costa Rica	6 214 897	5 106	1217
Mexiko	5 528 809	190 869	29
Brasilien	5 483 535	845 651	6
Ecuador	3 257 943	27 684	118
Madagaskar	2 835 649	58 154	49
Kenia	2 101 170	56 697	37
Peru	1 923 445	128 000	15
Kolumbien	1 450 650	103 870	14
Indonesien	1 394 244	181 157	8
Guatemala	1 240 995	10 843	114
Belize	1 199 342	2 280	526
Jamaika	1 141 076	1 083	1054
Uganda	1 020 701	19 955	51

Quelle: Finanzierungsangaben von der Datenbank für Projekte zur biologischen Vielfalt des World Resources Institute (WRI Biodiversity Projects Database); aus Abramovitz 1991.
* Die Tabelle umfaßt nur jene Länder, die mehr als 1 000 000 Dollar erhielten.

(15 Prozent), die Planung und Analyse von Maßnahmen (elf Prozent) und die Ausbildung (acht Prozent) (Abramovitz 1991). Die Projekte konzentrierten sich überwiegend auf Lateinamerika, das 68 Prozent der Gelder erhielt. Costa Rica, Mexiko und Brasilien erhielten jeweils über fünf Millionen Dollar (Tabelle 21.1). In anderen Regionen der Welt war die finanzielle Unterstützung weitaus geringer: Nur vier Länder in Asien und Afrika – Indonesien, Madagaskar, Uganda und Kenia – bekamen mehr als eine Million Dollar pro Jahr. Zwar nahm das Ausmaß der finanziellen Unterstützung in den Entwicklungsländern beträchtlich zu, doch die dafür aufgebrachte Geldmenge ist immer noch unzureichend, um den gewaltigen Vorrat an biologischem Reichtum zu schützen, der für ein langfristiges Wohlergehen der menschlichen Gesellschaft nötig ist. Im Vergleich zu den riesigen Summen, die für andere große Forschungsprojekte der USA vorgesehen sind und verteilt werden, wie das Human Genome Projekt (die Entschlüsselung des menschlichen Genoms; drei Milliarden Dollar), die Weltraumstation (13 Milliarden Dollar) und den Super-Teilchenbeschleuniger (acht Milliarden Dollar), ist der Aufwand für die biologische Vielfalt geradezu winzig.

Die jährlich von der Regierung der Vereinigten Staaten für die Erhaltung der biologischen Vielfalt ausgegebene Geldmenge von 23 Millionen Dollar entspricht weniger als einem Prozent der neun Milliarden Dollar, die jedes Jahr in die Auslandshilfe fließen. Innerhalb der Regierung der USA ist die führende Behörde für wirtschaftliche und humanitäre Hilfe das Amt für internationale Entwicklungshilfe (AID – Agency for International Development) mit einem Budget von über fünf Milliarden Dollar pro Jahr. Mit Projekten und Aufträgen in etwa 60 Entwicklungsländern ist das AID führend bei den Aktivitäten der Auslandshilfe. Um der wachsenden Besorgnis um die Umwelt Rechnung zu tragen, novellierte der amerikanische Kongreß im Jahre 1983 sein Auslandshilfegesetz (Foreign Assistance Act) und machte die Bewahrung der biologischen Vielfalt und die Erhaltung gefährdeter Arten zu einem integralen Bestandteil der Auslandshilfeaktivitäten des AID (Shaffer und Saterson 1987; Brady 1988). Die Novellierung verlangt, daß das AID jedes Jahr Geld für Projekte zur Erhaltung der biologischen Vielfalt bereitstellt und insbesondere lokale Naturschutzbemühungen, Bildungsmaßnahmen und die Erhaltung von Ökosystemen unterstützt. Um Richtlinien hierfür zu erstellen, berief man ein Gremium aus Regierungs- und Nichtregierungsvertretern ein, das eine offizielle US-Politik bezüglich der biologischen Vielfalt formulieren sollte, die unter dem Namen *U.S. Strategy on the Conservation of Biological Diversity: An Interagency Task Force Report to Congress* (Strategie zur Erhaltung der biologischen Vielfalt: Ein vermittelnder Spezialgruppenbericht an den Kongreß) herausgegeben wurde (AID 1985). Dieser Bericht dient dazu, Programme des AID und anderer Regierungsbehörden zu erstellen und anzuleiten.

Eine bedeutende neue Geldquelle für Naturschutz- und Umweltaktivitäten wird die Global Environmental Facility (GEF) sein, die im Jahre 1990 durch die Weltbank zusammen mit dem Entwicklungsprogramm der Vereinten Nationen (UNDP – United Nations Development Program) und dem Umweltprogramm der Vereinten Nationen (UNEP – United Nations Environmental Program) geschaffen wurde. Die GEF wurde als dreijähriges Pilotprogramm gegründet, mit einem Budget von 1,3 Milliarden Dollar für die Finanzierung von Projekten im Zusammenhang mit der globalen Erwärmung, mit der biologischen Vielfalt, mit internationalen Gewässern und dem Ozonabbau (Haas et al. 1992). Beim Weltgipfel im Juni 1992 wurde vorgeschlagen, die GEF zu erweitern, um die Programme der Agenda 21 zu finanzieren, doch wurden für diesen Zweck keine zusätzlichen Gelder bereitgestellt. Die „Gruppe der 77"-Entwicklungsländer drückten ihr Mißtrauen gegenüber der GEF und der Weltbank aus, die sie als von den wichtigsten Industrienationen beherrscht und als zu anmaßend beim Vorschreiben der Landespolitik der Empfängerländer ansehen. Infolgedessen wurde die GEF neu strukturiert, um den Empfängerländern ein größeres Gewicht bei der Entscheidungsfindung und bei Abstimmungen einzuräumen.

Verbindungen zwischen Naturschutzorganisationen

Wenn die Notwendigkeit für Schutzmaßnahmen festgestellt wird, wie etwa die Erhaltung einer Art oder die Einrichtung eines Naturreservats, setzt dies oftmals einen verwickelten Prozeß der Planung von Projekten, des Schreibens von Anträgen, der Beschaffung von Geldern und der Durchführung des Projekts in Gang, an dem verschiedene Formen von Naturschutzorganisationen beteiligt sind. Naturschutzstiftungen (zum Beispiel die MacArthur Foundation) und Regierungsbehörden (etwa das AID) stellen Geld für Naturschutzprogramme oft durch direkte Zuschüsse an die Institutionen zur Verfügung, welche die Projekte durchführen (beispielsweise die Colorado State University, der Missouri Botanical Garden). In manchen Fällen geben die großen Stiftungen und Regierungsbehörden ihre Gelder an bedeutende nichtstaatliche Naturschutzorganisationen (NGOs – *Non-Governmental Organizations*) (etwa an den WWF, an Wildlife Conservation International), die wiederum Beihilfen an lokale Naturschutzorganisationen leisten. Die großen internationalen Naturschutzorganisationen sind oft aktiv an der Gründung, Stärkung und Finanzierung lokaler Organisationen in den Entwicklungsländern beteiligt, welche die Naturschutzprogramme durchführen können. Aus der Sicht einer internationalen Naturschutzorganisation wie des WWF (World Wide Fund for Nature) ist die Zusammenarbeit mit Organisationen vor Ort in den Entwicklungsländern eine wirkungsvolle Strategie, weil diese dann Gruppen von Einwohnern in solchen Ländern ausbilden und unterstützen, die so für viele Jahre Fürsprecher des Naturschutzes sein können.

Häufig wird ein wirksames lokales Naturschutzprogramm in einem tropischen Land von einer oder mehreren Naturschutzstiftungen und ausländischen Regierungen finanziell unterstützt, hat Verbindung zu internationalen, im Naturschutz tätigen NGOs und auch zu lokalen und überseeischen Forschungsinstitutionen im eigenen Land und in Übersee. Auf diese Weise ist die Gemeinschaft der Naturschützer der Welt über Netzwerke aus Geld, Sachverstand und gegenseitigen Interessen untereinander verknüpft. Das „Programm für Belize" (PFB) ist ein gutes Beispiel für diese Situation. Auf den ersten Blick ist das PFB eine nationale Organisation, mit einheimischem Personal und mit dem Hauptziel des Managements einer Naturschutzeinrichtung in Belize, der Río Bravo Conservation and Management Area. Diese Organisation hat jedoch noch weitere Facetten, die über diesen grundlegenden Zweck hinausgehen: Das PFB verfügt über ein umfangreiches Netzwerk von Forschungs-, Institutions- und Finanzverbindungen zu Regierungsbehörden und Privatorganisationen in anderen Ländern.

Internationale Entwicklungsbanken und die Entwaldung in den Tropen

Die Geschwindigkeit der Entwaldung und Lebensraumzerstörung in den Tropen wurde manchmal durch mangelhaft geplante Projekte beschleunigt, die von den vier größten **multilateralen Entwicklungsbanken (MDBs –** *multilateral development banks*) finanziert wurden: von der Weltbank, die an alle Regionen der Welt Kredite gibt, und den regionalen MDBs, zu denen die Inter-American Development Bank (IDB), die Asian Development Bank (ADB) und die African Development Bank (AFDB) gehören. Die MDBs leihen 151 Ländern jährlich mehr als 25 Milliarden Dollar, um wirtschaftliche Entwicklungsprojekte zu finanzieren (Rich 1990). Sie nehmen aber sogar noch größeren Einfluß, weil ihre finanzielle Unterstützung mit der Finanzierung aus Geldgeberländern, von Privatbanken und anderen Regierungsbehörden in Zusammenhang steht; zu den 25 Milliarden der MDBs kommen noch weitere 50 Milliarden an Anleihen hinzu, was die MDBs zu wichtigen Akteuren in den Entwicklungsländern macht.

Zwar haben die MDBs ausdrücklich die wirtschaftliche Entwicklung zum Ziel, doch viele der von ihnen unterstützten Projekte dienen zur Ausbeutung natürlicher Ressourcen, um Ausfuhrgüter für den internationalen Markt zu erzeugen. In vielen Fällen führten diese von den MDBs finanzierten Projekte zur großflächigen Zerstörung von Ökosystemen (Norse 1987; Rich 1990). Da die MDBs von den Regierungen der wichtigsten Industrieländer – etwa von den Vereinigten Staaten, Japan, Deutschland, Großbritannien und Frankreich – überwacht werden, können ihre Maßnahmen durch gewählte Vertreter ihrer Mitgliedsstaaten, die nationalen Medien und Naturschutzorganisationen genau überprüft werden. Daß einige der Fehlplanungen der Weltbank öffentlich kritisiert wurden, war mit ein Hauptgrund dafür, daß die Weltbank die Erhaltung der biologischen Vielfalt zum Bestandteil ihre Hilfsmaßnahmen machte und die Forderung stellte, daß neue Projekte verantwortungsvoller mit der Umwelt umgehen sollten (Goodland 1987, 1989, 1992; Pearl 1989). Es bleibt jedoch abzuwarten, ob die MDBs tatsächlich ihr Vorgehen ändern werden. Rich (1990) betonte hierzu:

> »Zu wirklichen Reformen in den MDBs wird es nicht ohne ständigen und zunehmenden politischen Druck kommen. Was bisher erreicht wurde, ist ein noch nie dagewesener und unbestreitbarer Raum für Bürgeraktivismus – die einzige Kraft, die erreichen kann, daß die Behörden, die den internationalen Entwicklungsprozeß kontrollieren, Rechenschaft ablegen müssen. Die Tatsache, daß die Weltbank und die IDB einige bürokratische Reformen vorge-

nommen haben, bedeutet jedoch nicht, daß die Umweltschützer davon ausgehen können, ihre Sache sei erfolgreich oder ihre Vorstellungen würden ein verständnisvolles Gehör finden. In der Vergangenheit wurden neue Posten geschaffen, ohne das altgewohnte Vorgehen nach dem Motto „business as usual“ zu unterbrechen. Die Umweltschützer sollten sich daran erinnern, daß für jede Bank oder Bürokratie, ganz zu schweigen von den MDBs, nichts billiger ist als Worte.«

Die am stärksten öffentlich kritisierten Beispiele für Umweltzerstörungen, die auf Krediten der Weltbank beruhen, sind das Umsiedlungsprogramm in Indonesien, Straßenbau-, landwirtschaftliche Erschließungs- und Industrialisierungsprojekte im brasilianischen Amazonasgebiet und der Bau großer Staudämme.

Indonesien

Von den siebziger Jahren an bis Ende der achtziger Jahre lieh die Weltbank der indonesischen Regierung 560 Millionen Dollar, um Millionen von Menschen von den dichtbesiedelten zentralen Inseln Java, Bali und Lombok auf die spärlich bewohnten, stark bewaldeten äußeren Inseln Borneo (Kalimantan), Sulawesi (Celebes) und den Westteil von Neuguinea (Irian Jaya) umzusiedeln (Rich 1990). Diese Bauern sollten sowohl Nutzpflanzen für den eigenen Nahrungsbedarf als auch kommerzielle Pflanzen wie Kautschuk, Ölpalme und Kakao für den Export anbauen, um die Kredite der Weltbank abzuzahlen. Im Hinblick auf die Umwelt und in wirtschaftlicher Hinsicht war dieses Umsiedlungsprogramm ein Fehlschlag, weil sich die verarmten tropischen Böden auf den peripheren Inseln nicht für die intensive Landwirtschaft eigneten, wie sie die Bauern praktizierten (Whitten 1987). Infolgedessen verarmten viele der Bauern und sind nun gezwungen, Wanderfeldbau zu betreiben. Die Produktion von Ausfuhrerzeugnissen zum Abzahlen der Kredite der Weltbank ließ sich nicht verwirklichen. Darüber hinaus wurden mindestens zwei Millionen, möglicherweise jedoch bis zu sechs Millionen Hektar tropischer Regenwald durch die Umsiedler zerstört. Dies ist zwar eine enorme Landfläche, macht aber dennoch weniger als ein Prozent der Waldfläche der peripheren Inseln aus.

Brasilien

Zahlreiche der großen, von der Weltbank und anderen multilateralen Entwicklungsbanken finanzierten brasilianischen Projekte haben den Verlust an biologischer Vielfalt, der sich aus ihren Aktivitäten ergibt, nicht in

Betracht gezogen (Fearnside 1987, 1990; Cavalcanti 1991). Landwirtschaftliche, industrielle und Transportprojekte wurden durchweg ohne Untersuchung der Auswirkungen auf die Umwelt oder Landnutzungsanalysen begonnen, die ihre Durchführbarkeit hätten feststellen können. Die Entscheidungen über diese Projekte werden im Normalfall auf hoher Regierungsebene gefällt, ohne entsprechende Kenntnisse der Realitäten an Ort und Stelle, und nützen der städtischen Oberschicht im allgemeinen mehr als den Armen auf dem Lande. Versprechen, die Natur- und Indianerreservate zu bewahren, wurden nicht gehalten. Oft drücken die Banken ihre Bereitschaft aus, Fehler aus der Vergangenheit anzuerkennen, aber ändern nichts an der Art der Durchführung dieser Projekte. Folglich wiederholen sich die Fehler an anderen Orten.

Mehrere Beispiele verdeutlichen die Auswirkungen solcher Projekte auf die natürlichen Ressourcen Brasiliens. Beispielsweise gaben die Weltbank und die Inter-American Development Bank seit 1981 Hunderte Millionen von Dollar Kredit zur Unterstützung des Northwest Development Program (Polonoroeste) zur Erschließung des brasilianischen Nordwestens (Abbildung 21.2). Das Programm wird letzten Endes über 1,6 Milliarden Dollar kosten (Fearnside 1987, 1990; Anderson 1990). Die meisten dieser Gelder wurden für den Bau eines 1500 Kilometer langen Straßenabschnitts ausgegeben, der Cuiabá, die Hauptstadt des Bundesstaates Mato Grosso, mit Porto Velho, der Hauptstadt von Rondonia, verbindet. Die übrigen Gelder wurden vor allem für den Bau von Neben- und Zubringerstraßen sowie für Siedlungsgebiete verwendet, und nur drei Prozent des Budgets flossen in die Natur- und Indianerreservate und 0,5 Prozent in die Forschung. Als die Hauptverkehrsstraße erst einmal eröffnet war, strömten die Bauern aus Süd- und Nordostbrasilien, vertrieben von ihrem Land durch die zunehmende Mechanisierung und die Grund- und Bodengesetze, welche die Reichen begünstigen, auf der Suche nach unbewohntem Land in Scharen nach Rondonia. Infolgedessen erlebte Rondonia während der achtziger Jahre eine der raschesten Entwaldungsraten der Welt. Auf dem Höhepunkt der Abholzung im Jahre 1987 wurden in einer der weltweit massivsten Episoden der Umweltverwüstung 20 Millionen Hektar niedergebrannt – 2,5 Prozent der gesamten Fläche Brasiliens (Pinto 1990). Ein Großteil der Flächen war für die Landwirtschaft ungeeignet, wurde aber gerodet, um Ansprüche auf Landbesitz zu schaffen. Das führte zu einer Fragmentierung des Waldes (Hecht und Cockburn 1989; Anderson 1990). In ihrem Bemühen, das Gebiet rasch nutzbar zu machen, baute die brasilianische Regierung auch Straßen quer durch Indianer- und Naturreservate, die eigentlich vollkommen geschützt sein sollten, und erschloß somit im Endeffekt sogar diese Gebiete für die Entwaldung. Den Yanomami-Indianern räumte man beispielsweise das gesetzliche Recht auf nur 30 Prozent des von ihnen bewohnten Landes ein, und diesen Besitz zerstückelte man schließlich

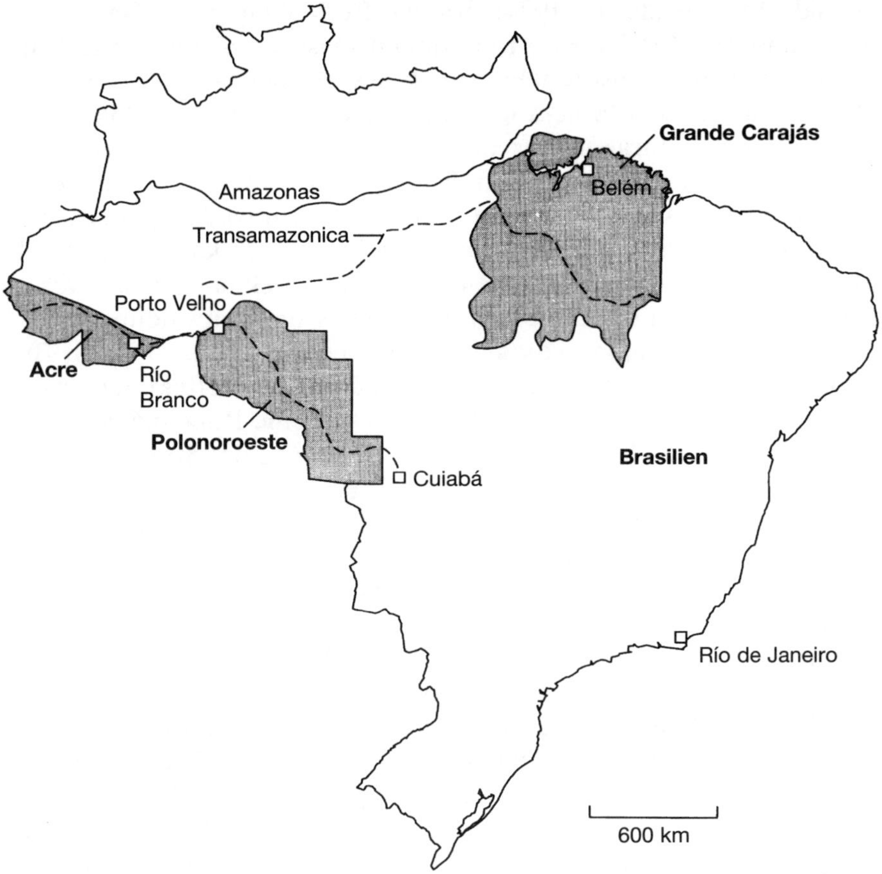

21.2 Die Standorte der Projekte Polonoroeste, Acre und Grande Carajás in Brasilien. Große Straßen sind als gestrichelte Linien dargestellt; die Auswirkungen solcher Straßen wurden bereits in Abbildung 6.8 verdeutlicht. (Aus Fearnside 1987.)

noch durch Straßen und andere Entwicklungen in 19 separate Fragmente (Costa 1989). Die wirtschaftlichen Konzepte der Viehfarmen und Baumplantagen, die eigentlich für die Kredite aufkommen sollten, schlugen im allgemeinen fehl, nachdem die Siedler ihre Grundstücke verließen, was zu einer zunehmenden Verschuldung der brasilianischen Regierung führte (Hecht et al. 1988).

Die Inter-American Development Bank stellte auch 58 Millionen Dollar als Hilfe zum Bau einer Straße von Porto Velho in Rondonia nach Río Branco in Acre zur Verfügung. Die Arbeiten an dieser Straße begannen, bevor man entsprechende Studien darüber vorgenommen hatte, ob man in dieser Region überhaupt Ackerbau betreiben kann und wie sich die Straße auf die natürlichen Lebensgemeinschaften und die Indianer auswirkt

(Fearnside 1987; Anderson 1990). Rasche Besiedlung durch Bauern, Entwaldung und gewalttätige Konfrontationen zwischen Siedlern und Einheimischen waren die logischen Folgen dieses Straßenbaues (Schwartzman 1992). Sowohl bei dem Projekt in Acre als auch bei jenem in Polonoroeste war der Bau von Straßen der entscheidende Punkt; die brasilianische Regierung und die multilateralen Entwicklungsbanken entschieden, ob und wann eine Straße gebaut wird und wie die Entwicklung weitergehen sollte. War die Straße jedoch erst einmal gebaut, dann kam es infolge Tausender unkontrollierbarer Aktionen durch Landspekulanten und verzweifelt armen Bauern zu Wanderungen, Besiedlung und Entwaldung. Weil der Bau der Straßen so rapide voranging, konnten Forschungen durch Biologen, Anthropologen und andere Wissenschaftler kein effektiver Bestandteil des Planungsprozesses sein und spielten nur eine Rolle bei der Auseinandersetzung mit den Problemen nach Fertigstellung der Straße (Fearnside 1987).

Ein drittes großes Projekt in Brasilien ist das Grande Carajás Program im östlichen Amazonien. Dieses Projekt beinhaltet vor allem Bergbaumaßnahmen sowie die Verarbeitung und den Transport der riesigen Erzvorkommen der Region (Oren 1987). Es umfaßt ein Gebiet von rund 900000 Quadratkilometern – etwa soviel wie Deutschland und Frankreich zusammen – und wird unter anderem finanziert durch einen 300-Millionen-Dollar-Kredit der Weltbank. In Verbindung mit diesem Projekt stehen mehrere riesige Roheisenfabriken, die nicht von der Weltbank finanziert wurden, aber eindeutig Teil des Gesamtentwicklungsplanes für die Region sind. Diese Fabriken brauchen mindestens eine Million, möglicherweise jedoch bis zu zwei Millionen Tonnen Holzkohle pro Jahr. Zu dem Zeitpunkt, als man die Roheisenprojekte genehmigte, war immer noch nicht entschieden, von woher diese erheblichen Mengen Holzkohle kommen sollten. Da man keine Baumplantagen in der notwendigen Größe von schätzungsweise 700000 Hektar plante oder anlegte, um den Fabriken so viel Holzkohle bereitzustellen, bleiben als einzige Quelle für Holzkohle die Regenwälder. Letzten Endes werden die Fabriken nach und nach all die Regenwälder in ihrer Umgebung aufbrauchen und somit eine sich immer mehr ausweitende Nachfrage nach Holz schaffen, die zur weiteren Vernichtung der Regenwälder Brasiliens führen wird (Mahar 1988). Schätzungen zufolge werden diese Fabriken, wenn sie erst einmal voll in Betrieb sind, die Zerstörung von 74000 Hektar Wald pro Jahr erfordern (Fearnside 1988; Cavalcanti 1991). Auch wenn die Weltbank die Roheisenfabriken nicht finanzierte und vielleicht sogar versucht hat, ihren Bau zu verhindern, so war sie sicherlich an vielen Phasen des Projekts beteiligt, die zu dieser Entscheidung führten.

21.3 Ein Wasserkraftstaudamm am Volta in Ghana. Die Wassereinzugsgebiete rund um solche Dämme müssen geschützt werden, wenn die Dämme effektiv funktionieren sollen. (Photo: Mit freundlicher Genehmigung der FAO.)

Staudammprojekte

Ironischerweise scheinen neuere Forschungen anzudeuten, daß die Erhaltung der biologischen Vielfalt der Schlüssel für den Erfolg einiger der großen internationalen Projekte sein könnte, welche die tropischen Regenwälder stark geschädigt haben. Eine wichtige Kategorie von Projekten, die durch die multilateralen Entwicklungsbanken finanziert werden, sind Bewässerungssysteme und Dammbauten, die Wasser für die Landwirtschaft liefern und mit Hilfe von Wasserkraft Elektrizität erzeugen (Abbildung 21.3; McNeely 1987; Goodland 1990b). Die Erhaltung von Wäldern und anderer natürlicher Vegetation in den Wassereinzugsgebieten ist heute weitgehend als bedeutende und relativ billige Möglichkeit anerkannt, die Effizienz und Langlebigkeit dieser wasserbaulichen Projekte zu sichern und gleichzeitig große Flächen natürlicher Lebensräume zu erhalten. Der Verlust der Pflanzendecke an den Hängen oberhalb von Wasserbauprojekten verursacht häufig Bodenerosion und Schlammablagerung, was zu Einbußen im Wirkungsgrad, zu höheren Unterhaltungskosten und zu Schäden an den Bewässerungssystemen und Dämmen führt (Vaux und Goldman 1990). Wie eine Studie über Bewässerungssysteme in Indonesien ergab,

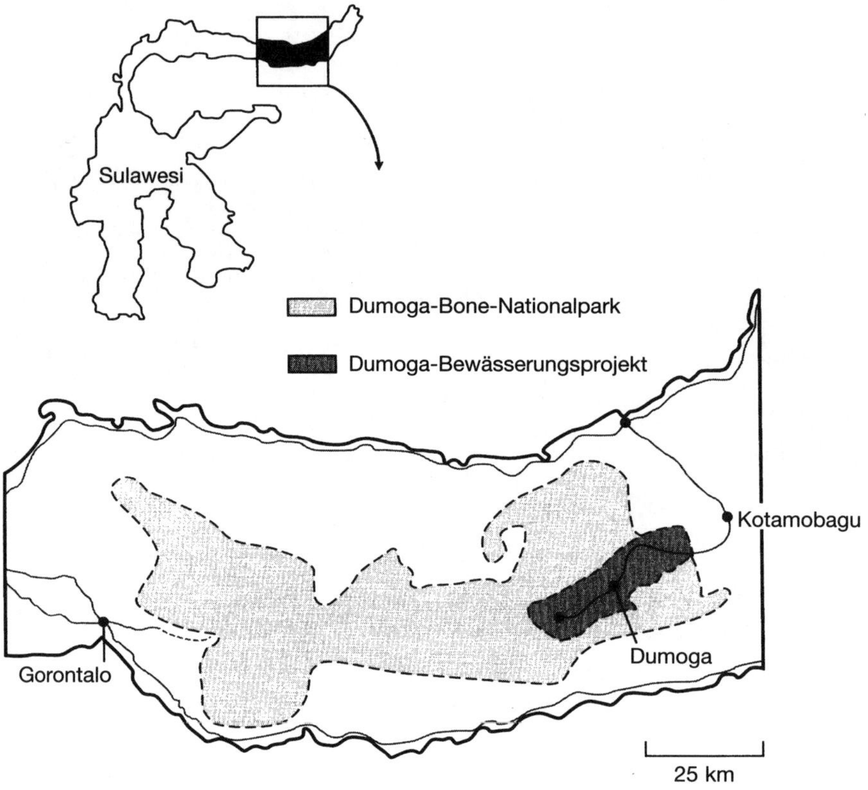

21.4 Der Dumoga-Bone-Nationalpark im Norden der indonesischen Insel Sulawesi (Celebes) schützt das Wassereinzugsgebiet oberhalb des Dumoga-Bewässerungsprojekts. (Aus McNeely 1987.)

machten dort die Kosten für den Schutz der Wassereinzugsgebiete nur ein bis zehn Prozent der Gesamtkosten der Projekte aus, im Gegensatz zu einem geschätzten Rückgang der Effizienz von 30 bis 40 Prozent aufgrund von Schlammablagerung, wenn die Wälder nicht geschützt wurden (MacKinnon 1983). Eines der erfolgreichsten Beispiele für eine effektive Investition in die Umwelt auf dem Bewässerungssektor war der Kredit von 1,2 Millionen Dollar der Weltbank für die Entwicklung und Erhaltung des Dumoga-Bone-Nationalparkes im Norden der indonesischen Insel Sulawesi (Celebes) (McNeely 1987). Ein Primärregenwald von 278700 Hektar Fläche, zu dem auch das Wassereinzugsgebiet an den Hängen oberhalb eines von der Weltbank finanzierten 60-Millionen-Dollar-Bewässerungsprojekts gehörte, wurde hier in einen Nationalpark umgewandelt (Abbildung 21.4). In diesem speziellen Fall konnte die Weltbank ihre ursprüngliche Investition durch Finanzierung eines Umweltprojekts sichern, das weniger als zwei Prozent der Gesamtkosten des Projekts ausmachte, und dabei einen bedeutenden neuen Nationalpark schaffen.

Die Veränderung des Finanzierungsprozesses

Wenn so viele internationale Entwicklungsprojekte in wirtschaftlicher Hinsicht und im Hinblick auf die Umwelt so erfolglos sind, warum wollen die betroffenen Länder sie dann überhaupt, und warum stimmen die multilateralen Entwicklungsbanken ihrer Finanzierung zu? Oft werden die Projekte finanziert, weil die Volkswirtschaftler allzu optimistische Prognosen über die Produktionssysteme und die Preise von Handelswaren machen und die potentiellen Probleme herunterspielen. Übersichtsuntersuchungen und Pilotstudien führt man erst gar nicht durch oder bagatellisiert ihre Ergebnisse; vergleichbare Projekte an anderer Stelle werden nicht beurteilt. Die Kosten der Projekte für die Umwelt werden oft ignoriert oder geringgeschätzt, weil man davon ausgeht, daß diese Variablen mit einer Wirtschaftsanalyse nichts zu tun haben (siehe die Kapitel 8 und 9). Zu einer exakten Analyse eines Projekts würden jedoch all seine Vor- und Nachteile gehören, einschließlich der Auswirkungen der Bodenerosion, des Verlusts der biologischen Vielfalt und des Einflusses der Wasserverschmutzung auf die Gesundheit und die Ernährung der einheimischen Bevölkerung und des mit der Zerstörung erneuerbarer Ressourcen einhergehenden Einkommensverlusts (Repetto 1990a, b; Repetto et al. 1989; El Serafy 1989; Daly und Cobb 1989.)

Die Regierungen der betreffenden Länder möchten aber oft, daß große Projekte trotz ungünstiger Prognosen weiterlaufen, weil die Projekte vorübergehend Arbeitsplätze und wirtschaftlichen Wohlstand schaffen und infolgedessen während der Dauer des Projekts den sozialen Druck vermindern. Führende einheimische Geschäftsleute, insbesondere jene mit engen Verbindungen zur Regierung, billigen die Projekte vielfach, weil sie aus Projektverträgen großen Profit schlagen können (Hecht und Cockburn 1989). Die Industrieländer, welche die Banken unterstützen, fördern möglicherweise diese Kredite, um Regierungen in den Entwicklungsländern zu stabilisieren, die ihren Interessen gegenüber freundlich eingestellt sind, denen aber die öffentliche Unterstützung fehlt. Die Banken selbst vergeben Kredite, weil das ihr definierter Existenzzweck ist, und sie geben auch weiterhin Kredite für Projekte, die – das sollte die Erfahrung sie eigentlich lehren – wirtschaftlich keinen Profit bringen und nicht umweltverträglich sind.

Wie könnten die multilateralen Entwicklungsbanken mit mehr Verantwortung vorgehen? Erstens könnten sie aufhören, Kredite für umweltzerstörende Projekte zu vergeben (Ledec 1989; WRI/IUCN/UNEP 1992).

Dazu müßten die Banken wirtschaftliche Kosten-Nutzen-Modelle zur Analyse von Entwicklungsprojekten zu Rate ziehen, welche die Auswirkungen der Projekte auf die Umwelt und die ökologischen Verhältnisse berücksichtigen. Außerdem müssen die Banken öffentliche Diskussionen zwischen allen Interessengruppen in einem Land fördern, bevor sie Projekte durchführen (Goodland 1992). Insbesondere sollten sie eine genaue Untersuchung, eine unabhängige Beurteilung und Diskussionen von Berichten über die Auswirkungen auf die Umwelt ermöglichen, bevor sie die Finanzierung eines Projekts genehmigen.

Zweitens könnten die multilateralen Entwicklungsbanken den Ländern einen Anreiz bieten, um eine Landreform zu unterstützen, so daß Menschen ohne Landbesitz die Gelegenheit bekämen, gutes Ackerland zu besitzen, statt in den Wanderfeldbau gedrängt zu werden. Gegenwärtig besitzen 4,5 Prozent der brasilianischen Landbesitzer 81 Prozent der landwirtschaftlichen Fläche des Landes, und 70 Prozent der Familien in ländlichen Gebieten haben überhaupt kein Land (Caulfield 1984). Zusätzlich könnten die Banken Forschungsvorhaben fördern, die feststellen, welche lokalen ackerbaulichen Methoden umweltverträglich sind, und dann die Kleinbauern unterstützen, diese anzuwenden. Die MDBs könnten auch zur Einrichtung von Nationalparks zur Erhaltung der biologischen Vielfalt und von Reservaten zur Gewinnung von Naturprodukten beitragen, die man auf tragbare Weise nutzen könnte – ein Ziel, das sich möglicherweise durch den Erwerb internationaler „Naturschutzerleichterungen" erreichen ließe. Außerdem könnten die Banken die Entwicklung von Märkten für Naturprodukte aus diesen Reservaten unterstützen.

Schließlich – und am wichtigsten – könnten die MDBs eine Rolle dabei spielen, internationale Schulden zu verringern oder zu erlassen, welche die Regierungen der armen Länder den Regierungen und Banken der reichen Länder schulden. Dies würde die aus der Verzweiflung geborene Notwendigkeit für viele Länder verringern, ihre natürlichen Ressourcen auszubeuten, nur um ihre Auslandschulden zu bezahlen.

Debt-for-nature swaps – ein Tauschgeschäft von Schulden gegen Natur

Viele Länder der Dritten Welt haben gewaltige internationale Schulden angehäuft. Zusammen schulden diese Länder internationalen Finanzinstitutionen 1,3 Billionen Dollar – das entspricht 44 Prozent ihres gemeinsamen Bruttosozialprodukts (Dogsé und von Droste 1990; Hansen 1989).

Dieses Geld wurde von ihnen in der Hoffnung geliehen, ihre wirtschaftliche Entwicklung anzukurbeln, die das für die Abzahlung der Kredite notwendige Einkommen schaffen sollte. Die Kombination von niedrigen Exportpreisen in den Entwicklungsländern, hohen Treibstoffkosten, Mißwirtschaft bei Projekten und Überbevölkerung machten die Rückzahlung der Kredite jedoch für viele Länder schwierig oder unmöglich. Einige Entwicklungsländer haben ihre Kreditzahlungen neu festgelegt, einseitig reduziert oder ihre Zahlungen sogar eingestellt. Infolgedessen veräußern die Handelsbanken, die diese Schulden tragen, diese mit starkem Verlust auf dem internationalen Sekundärschuldenmarkt. Beispielsweise wurden die brasilianischen Schulden für rund 20 Prozent ihres Nennwertes, die Costa Ricas für 24 bis 18 Prozent und die Perus für nicht mehr als fünf Prozent verkauft. Im Falle von Peru würde dies bedeuten, daß ein Kredit von einer Million Dollar, der einer Bank geschuldet wird, auf dem internationalen Sekundärschuldenmarkt für 50000 Dollar erworben werden könnte.

Daß die Länder ihre Kredite nicht planmäßig zurückzahlen können, hat ernsthafte negative Folgen für alle Beteiligten – und natürlich für die Umwelt. Die Entwicklungsländer sind betroffen, weil sie sich kein neues Geld mehr leihen können, um Regierungsaktivitäten und ausländische Importgüter zu finanzieren und ihre Wirtschaft anzukurbeln. Die Bank erleidet Verluste, weil ihre Schulden nicht vertragsgemäß zurückgezahlt werden. Den Menschen der Entwicklungsländer schadet es, weil ihr Lebensstandard durch die Sparmaßnahmen sinkt, die ihre Regierungen einführen müssen, um benötigte Importwaren bar bezahlen zu können und zumindest einige der Schulden zurückzuzahlen. Diese wirtschaftlichen Probleme und Einschränkungen können zu einem unsicheren finanziellen und politischen Klima im Land führen, das Auslandsinvestitionen in die Industrie des Landes abschreckt. Die Entwicklungsländer der Welt bezahlen derzeit jährlich 50 Milliarden Dollar mehr an Zinsen an die internationalen Banken zurück, als sie an neuen Investitionskrediten erhalten (Abbildung 21.5). Folglich wird den ärmeren Ländern im Endeffekt Kapital entzogen, um den wohlhabenderen Nationen der Welt ein Einkommen zu verschaffen.

Eine Folge der Verschuldung der Dritten Welt ist, daß viele Regierungen versuchen, ihre natürlichen Ressourcen so rasch wie möglich auszubeuten und zu verkaufen, um diese Schulden abzuzahlen. Umweltzerstörerische Praktiken, wie sie mit Abholzung, Bergbau und Viehzucht einhergehen, werden sämtlich damit gerechtfertigt, daß es notwendig sei, Exporteinnahmen zu erzielen (Gullison und Losos 1993). Weil die schwachen Wirtschaften dieser Länder aber nicht in der Lage sind, eine steigende Zahl von Arbeitskräften zu beschäftigen, werden überdies zahlreiche Menschen zu unrentablen wirtschaftlichen Aktivitäten gezwungen, welche die Umwelt zerstören, wie etwa Wanderfeldbau. Um mit dieser Verkettung von

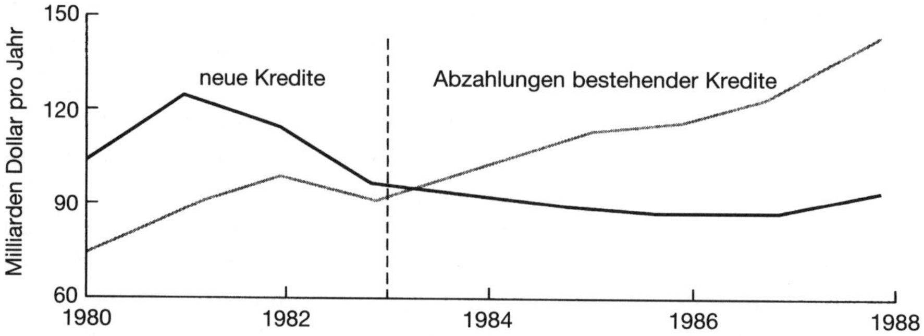

21.5 Vor 1983 wurde mehr Geld in die Entwicklungsländer investiert, als diese an internationalen Schulden abzahlten. Nach 1983 überstiegen die Abzahlungen bestehender Kredite die Menge der Neuinvestitionen, was zu einem Rückfluß von Geldern aus diesen Ländern führte. (Nach Dogsé und von Droste 1990).

Problemen fertig zu werden, wurde als neuartige Idee vorgeschlagen, die Schulden der Dritten Welt als Mittel zu benutzen, um Projekte zur Erhaltung der biologischen Vielfalt zu finanzieren: die sogenannten *debt-for-nature swaps* – Tauschgeschäfte von Schulden gegen Natur (Lovejoy 1984; Hansen 1988). Diese Schuldentauschgeschäfte scheinen große Möglichkeiten zu eröffnen, um allen Beteiligten zu helfen, und sie haben eine erhebliche Werbewirkung (Debt-for-Development Coalition 1990).

Ein solches Tauschgeschäft von Schulden gegen Natur ist theoretisch relativ einfach. Eine nichtstaatliche Naturschutzorganisation, wie etwa Conservation International in Washington, D.C., arbeitet mit der Regierung eines Schuldnerlandes wie Bolivien bei der Entwicklung eines Vorschlags zusammen, der eine Maßnahme zugunsten der Umwelt beinhaltet. Dies könnte der Ankauf von Land für Naturschutzzwecke, das Management eines Nationalparks, der Bau von Nationalparkeinrichtungen, Umweltbildung oder ein umweltverträgliches Entwicklungsprojekt sein. Diese internationale nichtstaatliche Organisation (NGO) verhandelt dann mit einer lokalen NGO oder einer lokalen Regierungsbehörde, die bereit ist, das Umweltprogramm tatsächlich durchzuführen. Dann sucht die international arbeitende NGO eine Bank, die eine Schuldverschreibung des Schuldnerlandes besitzt und die bereit ist, diese der NGO zu schenken oder unter großem Verlust zu verkaufen. Diese Schulden müssen in der Menge und in der Form für das Schuldnerland akzeptabel sein. Nachdem die internationale NGO die Schuldverschreibung erworben hat, wird sie dem Schuldnerland wieder zurückgegeben, so daß von dieser Schuld nichts mehr abzuzahlen ist. Im Austausch dafür stimmt das Schuldnerland zu, eigenes Geld für die vereinbarten Naturschutzmaßnahmen zur Verfügung zu stellen, oft indem es Wertpapiere in Umlauf setzt, die dem Projekt jährlich einen festgelegten Betrag einbringen. Im Endeffekt verläuft das

Tauschgeschäft von Schulden gegen Natur so, daß eine internationale NGO ein Entwicklungsland von seiner Verpflichtung enthebt, eine internationale Schuld zurückzuzahlen, wenn es im Austausch dafür zustimmt, seine finanzielle Unterstützung für den Naturschutz zu erhöhen.

Der erste *dept-for-nature swap* wurde 1987 in Bolivien initiiert, und später kamen noch weitere in Costa Rica, den Philippinen, Madagaskar, Sambia, Ecuador und anderen Ländern zustande (Dogsé und von Droste 1990; WRI 1992). Die wichtigsten daran beteiligten nichtstaatlichen Naturschutzorganisationen waren der WWF, Conservation International und die Nature Conservancy. Die Gesamtmenge der an solchen Austauschgeschäften mit der Natur beteiligten Schulden beträgt ungefähr 200 Millionen Dollar oder etwa 0,01 Prozent der Schulden der Dritten Welt. Die Mehrzahl dieser Gelder wurden in Costa Rica eingesetzt.

Der erste Schuldenaustausch lieferte viele Erkenntnisse über die potentiellen Probleme dieser Methode (Dogsé und von Droste 1990). Bei diesem Tauschgeschäft kaufte die Organisation Conservation International bolivianische Schulden in Höhe von 650000 Dollar für 100000 Dollar. Man übergab der Regierung Boliviens die Schulden im Austausch dafür, daß diese einen Fonds in lokaler Währung im Wert von 250000 Dollar einrichtete. 150000 Dollar aus diesem Fonds wurden vom amerikanischen Amt für Entwicklungshilfe (AID – Agency for International Development) zur Verfügung gestellt, das dazu überzählige, von der US-Regierung angesammelte Pesos verwendete. Den Fonds sollte die bolivianische Regierung für das Management und den Schutz des Beni-Biospärenreservats verwenden. Die Regierung sagte zu, dem Reservat maximalen Schutz zu gewähren und um den Park herum drei große Pufferzonen mit einer Gesamtfläche von über einer Million Hektar einzurichten. Dieser erste Schuldenaustausch erwies sich aufgrund der neuartigen Verhandlungsform, der schwachen Finanzsituation der bolivianischen Regierung und eines schwierigen politischen Klimas als ausgesprochen kompliziert und diffizil auszuhandeln. Insbesondere herrschte in Bolivien die Ansicht, das Land würde mit dieser Vereinbarung seine Souveränität über die von ihm verwalteten Flächen verlieren.

Das Abkommen mit Bolivien sollte 1987 in Kraft treten, wurde jedoch erst 1989 in Gang gesetzt und hat sich von Beginn an aus Gründen als problematisch erwiesen, die mit dem Schuldenaustausch selbst nicht in Zusammenhang stehen. Erstens nahm das legale und illegale Fällen von Mahagonibäumen in der Pufferzone dramatisch zu, mit wenig Rücksicht auf eine tragbare Entnahme oder eine Wiederaufforstung (Collett 1989). Zweitens beanspruchten Indianergruppen, zusammen 25000 Menschen, 200000 Hektar Wald für sich – und ein Teil davon liegt in jenen Gebieten, in denen die Abholzung erfolgt. Die Indianer beteiligten sich nicht an der Schuldenaustauschvereinbarung und widersetzten sich ihr durch einen Protestmarsch nach La Paz (Pearce 1990; Dudley 1992). Drittens haben illegale Kokaplantagen zur Kokainproduktion und für den Drogenhandel in dem Gebiet zugenommen. Der Anbau und die Verarbeitung von Koka verursachen aber nicht nur Umweltschäden an den Wäldern und Wassereinzugsgebieten, sondern schaffen in dem Gebiet auch eine Instabilität, die ein lokales Management schwierig macht. Eine positivere Entwicklung ist die Tatsache, daß beträchtliche Mittel sowohl von der bolivianischen Regierung als auch von Conservation International in den Aufbau eines Managements, von Ausbildungsmöglichkeiten, der Infrastruktur und in den Schutz des Reservats flossen.

Costa Rica hat mittlerweile die Führung bei den Schuldenaustauschgeschäften übernommen (Dogsé und von Droste 1990; WRI 1992). Internationale Naturschutzorganisationen gaben zwölf Millionen Dollar aus, um mehr als 79 Millionen Dollar Auslandsschulden zu erwerben, die gegen costaricanische Wertpapiere in Höhe von 42 Millionen Dollar eingetauscht wurden zur Verwendung für Naturschutzmaßnahmen im Biosphärenreservat La Amistad, im Braulio-Carillo-Nationalpark, im Corcovado-Nationalpark, im Guanacaste-Nationalpark, im Tortuguero-Nationalpark und im Nebelwald von Monteverde, einem privaten Reservat. Die Zinsen der Wertpapiere wurden dazu verwendet, einen Fonds zu gründen, der von der Regierung Costa Ricas und mehreren lokalen NGOs, darunter die Costa Rican Park Foundation, verwaltet wird. Man verwendete dieses Geld, um Land für Reservate anzukaufen, um einen Plan für das Management dieser Reservate zu erstellen und durchzuführen und um umweltverträgliche Entwicklungsprojekte einzurichten. Aber selbst Costa Rica, das die Mehrzahl der bestehenden Vereinbarungen zum Schuldenaustausch unterzeichnet hat, bekam durch diese Vereinbarungen nur fünf Prozent seiner internationalen Schulden erlassen.

Die *debt-for-nature swaps* wurden vornehmlich mit lateinamerikanischen Ländern vorgenommen, die große Schulden haben. Aber auch in afrikanischen und südasiatischen Ländern, die noch ärmer sind und weniger internationale Schulden haben, sind neuartige Naturschutzmaßnahmen notwendig. Mit dem Zusammenbruch der Sowjetunion wurde deutlich, daß ihre ehemaligen Mitgliedsstaaten ebenfalls massive Umweltprobleme haben, deren Lösung internationalen Sachverstand und finanzielle Unterstützung erfordert (Exkurs 35). Die *debt-for-nature swaps* könnten eine Möglichkeit sein, um dies zu erreichen.

Zwar haben solche Tauschgeschäfte von Schulden gegen Natur große potentielle Vorteile, aber sie erlegen sowohl dem Geldgeber als auch dem Empfänger eine Anzahl von Einschränkungen auf (Patterson 1990; Gullison und Losos 1993). Der Schuldenaustausch wird nicht unbedingt die zugrundeliegenden Probleme ändern, die zur Zerstörung der Umwelt führten. Die Bauern werden nach wie vor Land für den Ackerbau brauchen,

Exkurs 35: Der Tod des Aralsees – eine unvorhergesehene Katastrophe in einer „geplanten Wirtschaft“

Der Fall des Aralsees ist ein erstklassiges Beispiel für das massive Ausmaß von Schäden an der Umwelt durch die schlecht geplante Ausbeutung natürlicher Ressourcen in der ehemaligen Sojetunion (Feschbach und Friendly 1992). Der große, von Flüssen gespeiste Aralsee grenzt an die seit einiger Zeit unabhängigen Republiken Kasachstan und Usbekistan im ehemals sowjetischen Zentralasien. Einst einer der größten Seen der Welt, wurde der Aralsee so weit trockengelegt, daß seine Fläche in den letzten dreißig Jahren um 29 000 Quadratkilometer schrumpfte (Ellis 1990). Die Zuflüsse des Aralsees wurden seit Ende der dreißiger Jahre zur Bewässerung angezapft, mit dem Ziel, die landwirtschaftliche Produktivität zu steigern. Als die Wassermenge im See abnahm, begannen sich in den sechziger Jahren negative wirtschaftliche, soziale und Umweltfolgen abzuzeichnen. Erstens stieg der Salzgehalt des Seewassers an, als die Zufuhr von Süßwasser aus den beiden Zuflüssen des Sees, dem Amu Darja und dem Syr Darja, zurückging. Die 24 im See heimischen Fischarten gingen ein, wobei einige Spezies gänzlich ausstarben, während andere in Flüssen und Seen anderenorts überlebten (Birstein, persönliche Mitteilung). Die lokale Fischereiindustrie, abhängig von Hechten, Barschen und anderen Arten, starb mit ihnen (Ellis 1990). Der Aralsee und die umliegenden Flüsse beherbergten zuvor vier Arten des Störs, der als der primitivste lebende Knochenfisch angesehen wird; nach Ansicht von Biologen könnten Untersuchungen dieser Arten einzigartige Einblicke in die Evolution, die Physiologie und die Biogeographie liefern. Drei der vier Störarten sind inzwischen in der Natur ausgestorben, und die vierte ist extrem bedroht. Der Glattdick (*Acipenser nudiventris*) – in der Natur ausgestorben – überlebt heute nur noch in sechs Exemplaren im Aquarium von Moskau.

Die zurückgehenden Wasser des Aralsees ließen ein ausgedehntes, kahles und trockenes Seebecken zurück – zu salzig, um viel Vegetation zu tragen. Staub und auskristallisiertes Salz aus dem Seebecken – schätzungsweise 43 Millionen Tonnen pro Jahr – werden in die Umgebung geblasen und verursachen eine deutliche Zunahme von Atemwegserkrankungen, Augenkrankheiten sowie Kehlkopfkrebs unter den Menschen von Nordusbekistan (Ellis 1990). Das von diesen Staubstürmen mitgeführte Salz lagert sich auf Böden in Regionen weit entfernt vom Aralsee ab, verändert deren Ökologie und verringert ihre landwirschaftliche Produktivität. Darüber hinaus wurden die regionalen Klimaverhältnisse seit den sechziger Jahren extremer: Ohne den mildernden Einfluß des Sees sind die Winter kälter und die Sommer heißer. Die Wasserqualität in der Region südlich des Sees hat sich verschlechtert, als der Wasserspiegel des Aralsees fiel, und setzte die Einwohner in diesem Gebiet Krankheiten aus, die durch verunreinigtes Wasser übertragen werden.

Mehr als 40 Prozent der ursprünglichen Wasserfläche des Aralsees sind verschwunden und ließen Fischkutter gestrandet im ausgetrockneten Seebecken zurück. (Photo: © David C. Turnley/Black Star.)

Das Problem, dem sich die neuen Republiken nach dem Zusammenbruch der Sowjetunion gegenübersehen, ist ausgesprochen schwierig zu lösen: Wie soll man diese Umweltschäden wieder rückgängig machen, für die die sowjetische Agrarpolitik verantwortlich ist, welche die Umleitung des Amu Darja und des Syr Darja vorschrieb, um die Produktion von Nutzpflanzen zu steigern (Ellis 1990). Offiziell anerkannt wurde das Problem erst in den letzten Jahren der Regierung Gorbatschows – über zwei Jahrzehnte, nachdem es offensichtlich geworden war. Maßnahmen zur Stabilisierung oder teilweisen Wiederherstellung des Aralsees standen schon vor der Auflösung der Sowjetunion zur Diskussion. Jedoch selbst die Möglichkeiten für eine partielle Restauration des Sees werden mittlerweile durch die internationale Politik weiter kompliziert, denn jene Republiken, die von dem Bewässerungssystem profitieren, das zur Austrocknung des Aralsees führt, sind nicht bereit, ihre landwirtschaftliche Produktivität zugunsten ihrer Nachbarn zu verringern. Falls der Amu Darja und der Syr Darja jedoch weiterhin im gegenwärtigen Ausmaß genutzt werden, wird der Aralsee weiter schrumpfen – bis auf einen Wasserkörper von nur etwa einem Zehntel seiner gegenwärtigen Größe, mit einem viermal so hohen Salzgehalt wie Meerwasser. Ein solches Szenario wäre katastrophal, denn die durch Staub, Salz und Wasserverlust hervorgerufenen Umweltprobleme würden noch beträchtlich zunehmen. Die Übernutzung des Aralsees hat bereits die dortige Region verwüstet; die Umweltbedingungen, die sich bis zur Jahrhundertwende entwickeln könnten, wenn die gegenwärtige Austrocknung weitergeht, hätten fatale Folgen.

die Holzindustrie wird weiterhin abholzen, und die devisenhungrigen Länder der Dritten Welt werden nach wie vor einen Anreiz haben, ihre Umwelt für kurzfristige Vorteile auszubeuten. Geld für Naturschutzprogramme auszugeben könnte außerdem bedeuten, das Geld von anderen notwendigen Inlandsprogrammen wie der medizinischen Versorgung und Schulen abzuziehen. Außerdem kann der Schutz von Naturreservaten für finanzschwache Regierungen eine große Belastung sein. Wird der Regierungsetat erhöht, um Naturschutzmaßnahmen zu bezahlen, dann könnte das zur Inflation beitragen. Überdies besteht in der Öffentlichkeit vielfach die Empfindung, das Land würde an ausländische Interessen „verkauft". Wenn die Öffentlichkeit das Gefühl hat, daß die Regierung die Kontrolle über das Land ausländischen Regierungen oder Organisationen übergibt, werden die Menschen eher Nationalparkregeln mißachten und in geschützte Gebiete eindringen.

Trotz dieser Besorgnis scheinen die *debt-for-nature swaps* einer der innovativsten Mechanismen zur Förderung von Naturschutzaktiviäten in der Dritten Welt zu sein. Jetzt, da diese Tauschgeschäfte in Ländern wie Costa Rica durchführbar erscheinen, werden auch andere Länder und Organisationen ermutigt, sie zu versuchen. Mittlerweile wird Schuldenaustausch in wichtige Programme zur Auslandshilfe aufgenommen, etwa das Programm Enterprise for the Americas, und beeinflußt die Einrichtung neuer Finanzierungsmechanismen wie der Global Environment Facility.

Zusammenfassung

1. Naturschutzgruppen und Regierungen in den Industrieländern erhöhen die Mittel zum Schutz der biologischen Vielfalt in den Entwicklungsländern der Tropen. Institutionen in den Vereinigten Staaten hoben ihre finanzielle Unterstützung für die Tropen zwischen 1987 und 1989 um 68 Prozent an, wobei private Stiftungen den höchsten Zuwachs aufwiesen. Die Finanzierung von Maßnahmen zur Erhaltung der biologischen Vielfalt durch die USA hat sich auf Lateinamerika konzentriert. Die größere finanzielle Unterstützung ist zwar willkommen, aber das Geld reicht nach wie vor nicht aus, um dem Verlust der biologischen Vielfalt entgegenzuwirken. Die Global Environment Facility könnte hierbei eine bedeutende neue Geldquelle sein.
2. Internationale Entwicklungsbanken, darunter die Weltbank, haben oft große Projekte finanziert, die weitreichende Umweltschäden verursachten. Zu den bemerkenswertesten derartigen Projekten in Brasilien gehörten der Bau von Straßen und die Entwicklung des Bergbaus in entlegenen Gebieten; sie führten zu umfangreicher Entwaldung. Inzwischen versucht die Weltbank bei der Vergabe ihrer Kredite verantwortlicher im Hinblick auf die Umwelt vorzugehen.
3. Während der Planwirtschaft kam es in der ehemaligen Sowjetunion zu massiven Schädigungen der Umwelt. Ein Beispiel ist die Zerstörung des Aralsees durch fehlgeplante Bewässerungsprojekte.
4. Eine innovative Methode zur Erhaltung der biologischen Vielfalt sind Austauschgeschäfte von Schulden gegen Natur, die sogenannten *debt-for-nature swaps*, bei denen die Auslandsschuldverpflichtungen einer Regierung gegen eine erhöhte Finanzierung von Naturschutzmaßnahmen ausgetauscht werden. Im Rahmen solcher Geschäfte wurden bereits 100 Millionen Dollar Auslandsschulden ausgetauscht. Auch wenn diese Menge eindrucksvoll ist, entspricht sie nur 0,01 Prozent der Schulden der Dritten Welt.

Weiterführende Literatur

Abramovitz, J. N. 1991. *Investing in Biological Diversity: U.S. Research and Conservation Efforts in Developing Countries.* WRI, Washington, D.C. [Einzigartige Zusammenstellung der Finanzierung der biologischen Vielfalt mit einer Liste von Projekten, Forschungseinrichtugnen und Geldquellen.]

Anderson, A. B. (Hrsg.) 1990. *Alternatives to Deforestation.* Columbia University Press, Irvington, NY. [Die Ursachen der Entwaldung Amazoniens im Überblick.]

Cavalcanti C. 1991. Government policy and ecological concerns: Some lessons from the Brazilian experience. In: R. Costanza (Hrsg.), *Ecological Economics: The Science and Management of Sustainability,* S. 474–485. Columbia University Press, New York. [Die lange Geschichte der Umweltzerstörung am Amazonas.]

Dogsé, P. und Droste, B. von 1990. *Debt-For-Nature Exchanges and Biosphere Reserves.* UNESCO, Paris. [Ausgezeichnete Zusammenfassung der Austauschgeschäfte von Schulden gegen Natur, einschließlich der Geschichte einzelner Fälle.]

Fearnside, P. M. 1987. Deforestation and international economic development projects in Brazilian Amazonia. *Conservation Biology* 1: 214–221. [Eine böse, aber gut präsentierte Kritik der wichtigen Entwicklungsprojekte im Amamzonasgebiet.]

Goodland, R. J. A. 1992. Environmental priorities for financing institutions. *Environmental Conservation* 19: 9–22. [Erklärt die neue Umweltpolitik der Weltbank.]

Gullison, R. E. und Losos, E. C. 1993. The role of foreign debt in deforestation in Latin America. *Conservation Biology* 7: 140–147. [Die Zusammenhänge zwischen Entwaldung in den Tropen, Armut und Auslandsschulden werden untersucht.]

McNeely, J. A. 1987. How dams and wildlife can coexist: Natural habitats, agriculture and major water resource development projects in tropical Asia. *Conservation Biology* 1: 228–238. [Beispiele aus Asien zeigen, wie die Erhaltung von Lebensräumen Entwicklungsprojekten in der Nähe zugute kommen kann.]

Rich, B. 1990. Multilateral development banks and tropical deforestation. In: S. Head und R. Heinzman (Hrsg.), *Lessons of the Rainforest.* Sierra Club Books, San Francisco. [Eine kritische Betrachtung der Politik internationaler Banken.]

Shaffer, M. L. und Saterson, K. A. 1987. The biological diversity program of the U.S. Agency for International Development. *Conservation Biology* 1: 280–238. [Die Erhaltung der biologischen Vielfalt wird zum Bestandteil der Außenpolitik der USA.]

22

Ein Handlungsplan für die Zukunft

Es ist kein Geheimnis, warum die biologische Vielfalt weltweit einen so rapiden Rückgang verzeichnet. Natürliche Lebensgemeinschaften werden zerstört und Arten an den Rand der Ausrottung gebracht, entweder, weil irgend jemand dadurch Geld verdient, oder weil die Menschen einfach Ressourcen aufbrauchen, um zu überleben. Das Geld können Leute verdienen, die in der Region heimisch sind, oder landbesitzlose Menschen von außerhalb der Region, Banken, ortsansässige Geschäftsleute, große Firmen in städtischen Zentren, Geschäftsleute in anderen Ländern oder Regierungen. Damit die Naturschutzpolitik funktionieren kann, müssen die Menschen auf allen Ebenen der Gesellschaft einsehen, daß es in ihrem eigenen Interesse ist, für den Naturschutz zu arbeiten. Wenn die Naturschützer zeigen können, daß die Erhaltung der biologischen Vielfalt mehr wert ist als ihre Zerstörung, dann sind die Menschen und ihre Regierungen vielleicht eher bereit, sie zu bewahren.

Unter den Naturschutzbiologen herrscht Einigkeit darüber, daß es im Zusammenhang mit der Erhaltung der biologischen Vielfalt eine Reihe wichtiger Probleme gibt und daß bestimmte Änderungen in Politik und Praxis nötig sind.

Problem: Die Erhaltung der biologischen Vielfalt ist schwierig, solange die meisten Arten der Welt noch nicht wissenschaftlich beschrieben sind.

Lösung: Es müssen mehr Wissenschaftler ausgebidet werden, um Arten zu identifizieren und einzuordnen, und die finanzielle Unterstützung für dieses Gebiet sollte zunehmen (Raven und Wilson 1992). Engagierte Nichtwissenschaftler können oft eine bedeutende Rolle bei diesen Bemühungen spielen, wenn sie erst einmal eine gewisse Ausbildung und Anleitung durch Wissenschaftler erfahren haben.

Problem: Viele Naturschutzprobleme sind von globalem Ausmaß und betreffen viele Länder.

Lösung: Wie der Weltgipfel 1992 zeigte, sind die Länder zunehmend bereit, internationale Naturschutzfragen zu diskutieren und auch Verträge zu unterzeichnen, wie die neue Biodiversitäts-Konvention (Convention on Biodiversity) und das Washingtoner Artenschutzübereinkommen (CITES). Internationale Naturschutzanstrengungen werden immer zahlreicher, aber diesen positiven Bemühungen stehen die politische Instabilität und Kriege entgegen, die viele Länder der Welt betreffen. Eine positive Entwicklung ist der Trend hin zur Einrichtung sogenannter binationaler, grenzüberschreitender „Peace Parks" („Friedensparks"); solche Parks sind für die Wildtiere gut und dienen auch als nationale Sicherheitszonen.

Problem: Die Industrienationen der Welt legen einen größeren Schwerpunkt auf die Erhaltung der biologischen Vielfalt als die ärmeren Länder der Dritten Welt, welche die meiste Biodiversität aufweisen.

Lösung: Die Industrieländer und internationale Naturschutzorganisationen sollten bereit sein, jenen Entwicklungsländern finanzielle Unterstützung zu liefern, die Nationalparks und andere Schutzgebiete einrichten und erhalten (Katzman und Cale 1990). Das scheint gerecht und vernünftig, wenn die Industrieländer über die Gelder verfügen, um für diese Parks aufzukommen, und die geschützten biologischen Ressourcen in ihrer Landwirtschaft und Industrie, Forschung und Lehre nutzen können.

Problem: Die Regierungen der Dritten Welt sind gezwungen, ihre natürlichen Ressourcen auszubeuten, um Auslandsschulden und soziale Programme zu bezahlen.

Lösung: Engagierte Bewohner in den Industrieländern sollten auf ihre Regierungen Druck ausüben, damit diese die Rückzahlung von Auslandsschulden verringern oder erlassen. Die Reduktion der Schuldenrückzahlung wird den Druck auf die Entwicklungsländer vermindern, ihre Ressourcen in nicht umweltverträglicher Weise auszubeuten. Auch das Erlassen von Schulden läßt sich direkt in Naturschutzbemühungen einbinden, wie bei den *debt-for-nature swaps* (Dogsé und von Droste 1990).

Problem: Wirtschaftsanalysen zeichnen oft ein positives, aber falsches Bild von Entwicklungsprojekten, welche die Umwelt schädigen.

Lösung: Es müssen neue Formen von Kosten-Nutzen-Analysen zur Anwendung kommen, die auch soziale und Umweltkosten berücksichtigen; diese Kosten entstehen durch Bodenerosion, durch Wasserverschmutzung, durch Verlust von Naturprodukten, durch Verlust traditionellen Wissens von möglicherweise wirtschaftlichem Wert, den Verlust an Tourismuspotential, den Verlust von Arten, die möglicherweise in Zukunft wertvoll werden könnten, und den Verlust von Heimstätten für Menschen (Daly und Cobb 1989). Insbesondere die Auswirkungen großer Projekte auf die lokale Bevölkerung wurden im Normalfall in den Wirtschaftsanalysen ignoriert; ihnen sollte man mehr Aufmerksamkeit schenken. Umweltverträglichkeitsanalysen müssen auch vergleichende Studien ähnlicher Projekte einschließen, die anderenorts fertiggestellt wurden, sowie die Wahrscheinlichkeit und Kosten von Szenarien, wie sie im schlimmsten Fall eintreten könnten.

Problem: „Dienstleistungen" von Ökosystemen erhalten nicht die Anerkennung bei wirtschaftlichen Aktivitäten, die sie verdienen.

Lösung: Wirtschaftliche Aktivitäten sollten mit der Aufrechterhaltung der Leistungen von Ökosystemen (wie Erosionsschutz, Trinkwasserneubildung) über Lizenzen, Geldbußen und Landerwerb verbunden werden. Es ist das Versucherprinzip anzuwenden; hierbei kommen die Verschmutzer für die Reparaturen der Umweltschäden auf, die sie verursacht haben. Fabriken und menschliche Siedlungen müssen moralisch und finanziell für die von ihnen verursachte Verschmutzung verantwortlich gemacht werden. Ein Schritt in diese Richtung ist die jüngste Initiative von Elektrizitätsfirmen, Bäume in den Tropen zu pflanzen, um das überschüssige Kohlendioxid zu absorbieren, das ihre Kraftwerke produzieren. Des weiteren müssen Wasserkraft- und Staudammprojekte mit dem Schutz von Wassereinzugsgebieten und Landerwerb verbunden werden. Die Küstenfischerei muß sich am Schutz von Feuchtbiotopen in Küstengebieten, Mangroven und an Flußmündungen beteiligen, die bedeutende Nahrungssgründe und Aufzuchtorte für kommerziell genutzte Arten sind.

Problem: Einen Großteil der Zerstörung der biologischen Vielfalt der Welt verursachen Menschen, die in tiefer Armut leben und einfach nur zu überleben versuchen.

Lösung: Die Naturschutzbiologen müssen der einheimischen Bevölkerung helfen, umweltverträgliche wirtschaftliche Aktivitäten zu entwickeln und zu organisieren. Da die finanziellen Mittel der Naturschützer begrenzt und die Probleme dringlich sind, sollten sich solche Naturschutzbemühungen auf Menschen konzentrieren, die auf Gebiete von großer biologischer Bedeutung einwirken. Die größte Wirkung erzielen Naturschutzbiologen wahrscheinlich, wenn sie mit wohltätigen und humanitären Organisationen in diesen Regionen zusammenarbeiten.

Problem: Entscheidungen über die Umwandlung von Land und die Einrichtung von Schutzgebieten werden oft von Zentralregierungen getroffen, ohne daß die betroffenen Menschen der Region viel dazu beitragen. Im Extremfall erfahren die Einheimischen erst etwas von einem neuen Nationalpark, wenn sie aus ihren traditionellen Gebieten vertrieben werden. Folglich fühlen sich die Einheimischen manchmal von Naturschutzprojekten enteignet und unterstützen diese nicht.

Lösung: Die Einheimischen müssen darauf vertrauen können, daß sie von dem Projekt profitieren werden und daß ihre Mitarbeit dabei wichtig ist. Um dieses Ziel zu erreichen, sollten Berichte über die Auswirkungen auf die Umwelt und andere Informationen über das Projekt öffentlich zur Verfügung stehen, um eine offene Diskussion anzuregen. Man sollte den

Einheimischen jegliche Hilfe gewähren, die sie vielleicht brauchen, um die Auswirkungen des Projekts, mit dem sie konfrontiert werden, zu verstehen und einzuschätzen (Clay 1991).

Problem: Die Einkünfte, die geschäftlichen Aktivitäten und die wissenschaftliche Forschung im Zusammenhang mit Nationalparks nützen nicht direkt den umgebenden Gemeinden.

Lösung: Wann immer möglich, sollten Einheimische ausgebildet und in den Parks beschäftigt werden, als eine Möglichkeit, lokales Wissen zu nutzen und den Menschen vor Ort ein Einkommen zu verschaffen (Lewis et al. 1990). Ein Teil der Einkünfte aus dem Park kann auch zur Finanzierung von Gemeinschaftsprojekten wie Schulen, Kliniken, Straßen und Gemeindeangelegenheiten benutzt werden – eine Infrastruktur, die dem ganzen Dorf oder der gesamten Region zugute kommt. In Nationalparks arbeitende Biologen sollten den umliegenden Gemeinden und Schulklassen von Zeit zu Zeit den Zweck und die Ergebnisse ihrer Arbeit erklären und hören, was die einheimischen Menschen dazu meinen.

Problem: Nationalparks und Naturschutzgebiete in Entwicklungsländern haben unzureichende Etats, um für die Schutzmaßnahmen aufzukommen. Gelder, die sie einnehmen, fließen oft in die Staatskasse.

Lösung: Die finanziellen Mittel für das Parkmanagement lassen sich oftmals von ausländischen Touristen und Wissenschaftlern eintreiben, indem man sie für den Zugang zum Park, dic Untcrkunft oder die Verpflegung zur Kasse bittet. Es ist wichtig, sicherzustellen, daß diese Einkünfte und Profite im Park und in der Umgebung bleiben. Eine Möglichkeit besteht darin, daß ausländische Besucher einen „internationalen Preis" zahlen, einheimische Bewohner aber einen geringeren, so daß die ortsansässigen Menschen es sich auch leisten können, den Nationalpark zu besuchen. Wenn die Zahl ausländischer Besucher für die Aufnahmekapazität des Parks zu hoch wird, kann man einfach die Gebühren erhöhen, so daß die Einkünfte durch den Park gleich bleiben, aber der Druck durch die Besucher verringert wird. Den Park von Chichén Itzá in Mexiko besuchen Einheimische sonntags bei freiem Eintritt, während unter der Woche, wenn der Eintritt relativ hoch ist, ausländische Besucher vorherrschen. Zoos und Naturschutzorganisationen in den Industrieländern können direkt zu den Naturschutzbemühungen in den Entwicklungsländern beitragen und die bedeutendsten Programme unterstützen.

Problem: Die Menschen holzen tropische Wälder ab und beweiden mit ihrem Vieh Grasländer, um ein Eigentumsrecht auf das Land zu begründen, selbst wenn sich die Flächen nicht für die Landwirtschaft eignen.

Lösung: Man muß die Gesetze dahingehend verändern, daß die Menschen das Recht erhalten, Bäume und Grasland auf selektiver Basis zu nutzen, so lange die Gesundheit der natürlichen Lebensgemeinschaft erhalten bleibt.

Problem: Holzfirmen und Viehzüchter, die Wälder beziehungsweise Grasländer von der Regierung pachten, schädigen oft das Land und verringern für kurzfristige Profite seine Produktionskapazität; sie besitzen diese Gebiete nicht, sondern haben in der Regel nur einen kurzzeitigen Pachtvertrag und somit auch kein Interesse an der Produktivität des Landes auf lange Sicht.

Lösung: Durch den Abschluß langfristiger Pachtverträge, die davon abhängig sind, daß die Produktivität und die biologische Vielfalt erhalten werden, ließe sich dieses Problem lösen.

Problem: In einigen Ländern sind die Regierungen ineffizient, träge und an umfangreiche Regelungen gebunden und können folglich das Land und die natürlichen Lebensgemeinschaften nur unzureichend schützen.

Lösung: In solchen Ländern werden nichtstaatliche Organisationen oft am wirkungsvollsten mit Naturschutzproblemen fertig. Solche lokalen Naturschutzorganisationen sollten politisch, wissenschaftlich und finanziell unterstützt werden. Einzelpersonen, Organisationen und Firmen sollten neue Stiftungen ins Leben rufen, um Naturschutzbemühungen finanziell zu unterstützen.

Problem: Viele Firmen, Banken und Regierungen sind an Naturschutzfragen nicht interessiert und reagieren nicht darauf.

Lösung: Lobbyarbeit kann eine effektive Möglichkeit sein, um das Vorgehen von Institutionen zu ändern, die ein schlechtes Image vermeiden möchten. Petitionen, Kundgebungen, Briefkampagnen, Presseveröffentlichungen und Wirtschaftsboykotte sind angebrachte Maßnahmen, wenn vernünftige Forderungen nach Veränderungen ignoriert werden. Entscheidend ist, daß die Naturschützer realistisch sein und eine langfristige Perspektive haben müssen. Bisweilen sind aber auch unrealistische Forderungen nach einer unmittelbaren Veränderung von Wert, indem sie bei Institutionen, die zuvor nicht reagierten, realistische Gegenvorschläge bewirken. In vielen Fällen beherrschen radikale Umweltgruppen mit dramatischen, publicityträchtigen Aktionen die Aufmerksamkeit der Medien, während gemäßigte Naturschutzorganisationen in deren Gefolge Kompromisse aushandeln.

Die Rolle von Naturschutzbiologen bei der Umsetzung des Handlungsplanes

Die Naturschutzbiologie unterscheidet sich als Disziplin insofern von vielen anderen Wissenschaftsbereichen, als sie eine aktive Rolle bei der Erhaltung der biologischen Vielfalt in allen ihren Formen übernommen hat: bei der Erhaltung von Arten, der genetischen Variabilität innerhalb von Arten, von natürlichen Lebensgemeinschaften und von Ökosystemfunktionen. Die Vertreter all der unterschiedlichen Fachgebiete, die zur Naturschutzbiologie beitragen, verfolgen alle das gemeinsame Ziel, die biologische Vielfalt zu bewahren. Ihre unterschiedlichen Standpunkte und ihr umfangreiches Spektrum an Erfahrung fördern eine Atmosphäre, die es Menschen mit verschiedenartigen Interessen ermöglicht, eine gemeinsame Basis zu finden (Norton 1991).

Die Vorstellungen und Theorien der Naturschutzbiologie werden zunehmend in Entscheidungen über Schutzgebietsmanagement und Artenschutz einbezogen. Gleichzeitig orientieren sich botanische Gärten, Museen, Naturschutzzentren, Zoos, Nationalparks und Aquarien neu, um der Herausforderung der Erhaltung der biologischen Vielfalt gerecht zu werden. Der Bedarf für große Naturreservate und die Notwendigkeit, große Populationen gefährdeter Arten zu erhalten, sind zwei Themen, die sowohl in der wissenschaftlichen als auch in der populären Literatur große Aufmerksamkeit gefunden haben. Die Anfälligkeit kleiner lokaler Populationen, auszusterben, selbst wenn sie sorgfältig geschützt und überwacht werden, und die alarmierende Geschwindigkeit, mit der weltweit Arten aussterben und einzigartige natürliche Lebensgemeinschaften vernichtet werden, wurden ebenfalls in hohem Maße publik gemacht. Als Folge dieser Publizität kam die Notwendigkeit, die biologische Vielfalt zu erhalten, auf die politische Tagesordnung und wurde zu einem vorrangigen Ziel in Regierungsprogrammen.

Eine der größten Herausforderungen, denen die Naturschutzbiologie gegenübersteht, ist es, die Bedürfnisse der Menschen und die Notwendigkeit, die Biodiversität zu bewahren, miteinander in Einklang zu bringen (MacNeil 1989; McKinnon et al. 1992). Wie kann man arme Menschen, insbesondere in der Dritten Welt, davon überzeugen, Naturreservate und die biologische Vielfalt zu respektieren, wenn diese verzweifelt versuchen, ihre Nahrung, Brennstoffe und andere für ihr tagtägliches Überleben notwendige Naturprodukte zu erlangen? Die Verantwortlichen in den Naturreservaten müssen Kompromisse finden, wie etwa das Konzept der Biosphärenreservate, die es den Menschen erlauben, die zur Versorgung ihrer Familien nötigen Naturgüter so zu entnehmen, daß sie dabei den natürlichen

Lebensgemeinschaften des Reservats keinen Schaden zufügen. Auf nationaler und internationaler Ebene müssen die finanziellen Mittel der Welt gerechter verteilt werden, um die derzeit bestehenden Ungleichheiten zu beenden. Außerdem müssen wirkungsvolle Programme zur Stabilisierung der Weltbevölkerung durchgeführt werden. Gleichzeitig muß die Vernichtung natürlicher Ressourcen durch die Industrie überwacht werden, so daß das kurzfristige Streben nach Gewinnen nicht auf lange Sicht zu einer ökologischen Katastrophe führt (Goodland 1992). Sowohl für jene 95 Prozent terrestrischer Gebiete, die außerhalb von Schutzgebieten bleiben werden, als auch für die riesige, großenteils unerforschte marine Umwelt müssen Managementmaßnahmen zur Erhaltung ihrer biologischen Vielfalt entwickelt werden.

Wenn die Naturschutzbiologen all diesen Herausforderungen erfolgreich gerecht werden wollen, müssen sie mehrere aktive Rollen übernehmen. Erstens müssen sie als *Lehrer* effektiver werden – sowohl in der Öffentlichkeit als auch in den Klassenzimmern. Diese Biologen müssen ein so breites Spektrum an Menschen wie möglich über die Probleme unterrichten, die sich aus dem Verlust der biologischen Vielfalt ergeben. Zwar unterrichten solche Biologen oft Studenten und schreiben Fachveröffentlichungen über diese Probleme, doch sie sprechen damit nur ein begrenztes Publikum an; sie müssen aber ein breiteres Spektrum an Menschen erreichen, indem sie in Dörfern, Schulen, Parks und bei Nachbarschaftstreffen referieren. Auch müssen die Themen des Naturschutzes umfassender in öffentliche Diskussionen aufgenommen werden. Naturschutzbiologen müssen einen größeren Prozentsatz ihrer Zeit damit verbringen, Artikel für Zeitungen und Zeitschriften zu schreiben und auch im Radio, im Fernsehen und anderen Massenmedien präsent sein (Crystal 1989). Man erinnere sich daran, daß die meisten wissenschaftlichen Veröffentlichungen nur wenige tausend Menschen lesen. Im Gegensatz dazu sahen Millionen Erwachsener die Filme *Medicine Man* und *The Emerald Forest*, und Zehntausende von Kindern schauten *Ferngully: The Last Rainforest* und *Seabert the Seal*, die alle sehr bedeutende Naturschutzthemen zum Inhalt haben.

Zweitens müssen die Naturschutzbiologen *politisch aktiv* werden. Die Beteiligung an politischen Vorgängen ermöglicht ihnen, die Verabschiedung neuer Gesetze zu beeinflussen, welche die Erhaltung der biologischen Vielfalt unterstützen, oder – alternativ – gegen Gesetzesvorhaben vorzugehen, die nachteilig für Arten oder Ökosysteme wären (Caldwell 1989). Auch wenn das politische Geschäft zeitaufwendig und erschöpfend ist, stellt es oft die einzige Möglichkeit dar, wichtige Naturschutzziele zu erreichen, wie etwa den Ankauf von neuen Flächen für Schutzgebiete oder das Verhindern der Übernutzung einzigartiger Lebensräume. Die Naturschutzbiologen müssen die Sprache und die Praktiken juristischer Vorgänge beherrschen und wirkungsvolle Allianzen mit Umweltanwälten, Bürgergruppen und Politikern bilden.

Drittens müssen Naturschutzbiologen zu *Organisatoren* innerhalb der Gemeinschaft der Biologen werden. Viele berufstätige Biologen an Universitäten, Museen, weiterführenden Schulen und in Regierungsbehörden konzentrieren ihre Energie zumeist auf die speziellen Bedürfnisse ihrer eigenen Berufsnische. Möglicherweise erkennen diese Menschen nicht, daß die biologische Vielfalt der Welt unmittelbar von Vernichtung bedroht ist, und daß ihre Mitwirkung dringend erforderlich ist, um sie zu retten. Indem Naturschutzbiologen bei ihren Kollegen Interesse an diesem Problem wecken, können sie die Zahl der sachkundigen, professionellen Fürsprecher erhöhen, die gegen die Vernichtung der natürlichen Ressourcen kämpfen; diese berufstätigen Biologen werden es unter Umständen auch als persönlich und beruflich von Vorteil ansehen, daran beteiligt zu sein, weil ihre neuen Interessen vielleicht zu einer erhöhten wissenschaftlichen Kreativität und einem stärker inspirierten Unterricht führen.

Viertens müssen die Naturschutzbiologen *motivieren* und verschiedene Menschen davon überzeugen, Naturschutzmaßnahmen zu unterstützen. Auf lokaler Ebene müssen sie Naturschutzprogramme schaffen und so präsentieren, daß sie den ortsansässigen Menschen einen Anreiz bieten, sie zu unterstützen. Dieser Ansatz mag manchmal bedeuten, die lokalen Gemeinden zu befähigen, ihre eigenen Naturschutzprogramme zu entwickeln; zumindest müssen solche Programme der Gemeinschaft einen praktischen Nutzen bringen. Diskussionen, Unterricht und Öffentlichkeitsarbeit müssen wichtige Bestandteile eines jeden solchen Programms sein. Große Aufmerksamkeit sollte man darauf verwenden, führende Geschäftsleute und Politiker davon zu überzeugen, die Naturschutzmaßnahmen mitzutragen. Viele dieser Menschen werden diese Bemühungen unterstützen, wenn sie in der richtigen Weise präsentiert werden; manchmal sehen sie Naturschutz als werbewirksam an, oder sie denken, ihn zu unterstützen sei besser als eine Konfrontation, zu der es ansonsten kommen könnte. Regierungschefs gehören wohl zu den am schwierigsten zu überzeugenden Leuten, da sie auf eine Vielzahl von Interessen Rücksicht nehmen müssen; wenn sie jedoch erst einmal zum Standpunkt der Naturschützer übergegangen sind – ob durch Einsicht, Druck, Demonstrationen oder Petitionen –, könnten diese Staatsführer unter Umständen einen bedeutenden Beitrag zur Sache leisten.

Schließlich – und am wichtigsten – müssen die Naturschutzbiologen effektive *Nutzungsplaner* und *Praktiker* bei Naturschutzprojekten werden. Sie müssen bereit sein, an Ort und Stelle herauszufinden, was wirklich geschieht, sich schmutzig zu machen, mit den Menschen vor Ort zu reden, an Türen zu klopfen und Risiken auf sich zu nehmen. Diese Biologen müssen alles, was sie nur können, über die Arten und die Lebensgemeinschaften in Erfahrung bringen, die sie zu erhalten versuchen, und dieses Wissen dann anderen verfügbar machen. Wenn Naturschutzbiologen gewillt sind, ihre Ideen in die Praxis umzusetzen und mit Leitern von Schutzgebieten, Landnutzungsplanern, Politikern und der einheimischen Bevölkerung zusammenzuarbeiten, werden sich auch Fortschritte einstellen. Die richtige Mischung zu finden zwischen Modellen, neuen Theorien, innovativen Ansätzen und praktischen Beispielen, wird der Schlüssel zum Erfolg der Naturschutzbiologie sein. Wenn dieses Gleichgewicht erst einmal gefunden ist, werden Naturschutzbiologen, die mit einer engagierten Bürgerschaft zusammenarbeiten, in der Lage sein, die biologische Vielfalt der Welt dieser bisher noch nie dagewesenen Zeit des Wandels zu erhalten.

Weiterführende Literatur

Allen, W. 1988. Biocultural restoration of a tropical forest: Architects of Costa Rica's emerging Guanacaste National Park plan to make it an integral part of local culture. *BioScience* 38: 156–161. [Hervorragender Überblick über die Restauration eines tropischen Ökosystems, der die Notwendigkeit für die Information der Öffentlichkeit und einen persönlichen Einsatz verdeutlicht.]

Conservation Biology, veröffentlicht von Blackwell Scientific Publications, Cambridge, MA. [Die entscheidende Zeitschrift auf dem Gebiet des Naturschutzes. Auch die Durchsicht früherer Ausgaben ist lohnenswert. Ausgezeichnete Artikel finden sich auch in den Zeitschriften *BioScience* und *Biological Conservation*.]

Giono, J. 1989. *The Man Who Planted Trees*. Collins Dove, Melbourne, Australien. [Einfache, hübsche Geschichte darüber, wie eine einzelne Person einen Wandel in der Gesellschaft bewirken kann.]

Gore, A. 1992. *Earth in the Balance*. [Der amerikanische Vizepräsident setzt sich engagiert und intelligent für die Notwendigkeit ein, sich mehr um den Schutz der Umwelt zu bemühen.]

Grumbine, R. E. 1993. *Ghost Bears: Exploring the Biodiversity Crisis*. Island Press, Washington, D.C. [Dieses populäre Buch verknüpft Elemente aus Naturschutzbiologie, -recht, -engagement und Politik.]

McNeely J. A., Miller, K., Reid, W., Mittermeier, R. und Werner, T. 1990. *Conserving the World's Biological Diversity*. IUCN, Gland, Schweiz. [Strategien und Prioritäten für den Naturschutz.]

Miller, K. und Tangley, L. 1991. *Trees of Life: Saving Tropical Forests and Their Biological Wealth*. Beacon Press, Boston. [Ausgezeichnete Zusammenfassung von Ideen und Informationsquelle.]

Mishra, H. R. 1984. A delicate balance: Tigers, rhinoceros, tourists, and park management vs. the needs of local people in Royal Chitwan National Park, Nepal. In: J. A. McNeely und K. R. Miller (Hrsg.), *National Parks, Conservation, and Development: The Role of Protected Areas in Sustaining Society*, S. 197–205. Smithsonian Institution Press, Washington, D.C. [Um die biologische Vielfalt zu erhalten, muß ein komplexes System von Interessen befriedigt werden.]

Naess, A. 1989. *Economy, Community, and Lifestyle.* Cambridge University Press, Cambridge. [Ein führender Vertreter der Bewegung der ganzheitlichen Ökologie (*deep ecology*) setzt sich für eine persönliche Verpflichtung zu politischem Aktivismus und einer Änderung des Lebensstiles ein.]

Rolston, H. III. 1988. *Environmental Ethics: Values In and Duties To the Natural World.* Temple University Press, Philadelphia. [Diese und andere Schriften von Rolston beleuchten die ethischen Gründe für eine Wertschätzung und Erhaltung aller Arten und natürlichen Lebensgemeinschaften.]

Wilson, E. O. 1992. *The Diversity of Life.* The Belknap Press of Harvard University Press, Cambridge, MA. [Das beste populäre Buch über die Krise der biologischen Vielfalt, außerordentlich geeignet, um es interessierten Menschen zu empfehlen oder zu schenken.]

WRI/IUCN/UNEP 1992. *Global Biodiversity Strategy: Guidelines for Action to Save, Study and Use Earth's Biotic Wealth Sustainably and Equitably.* World Resources Institute, Washington, D.C. [Stellungnahmen zu den nötigen politischen Veränderungen, mit einer langen Liste entscheidender Personen auf diesem Gebiet.]

Anhang

Ausgewählte Umweltorganisationen und Informationsquellen

Die beste Quelle für Naturschutzaktivitäten ist das *Conservation Directory,* das jedes Jahr von der National Wildlife Federation, 400 Sixteenth Street N.W., Washington, D.C. 20036, USA, auf den neuesten Stand gebracht wird. Dieses Verzeichnis listet Tausende lokaler, nationaler und internationaler Naturschutzorganisationen, führende Personen auf dem Gebiet des Naturschutzes und Veröffentlichungen zu diesem Thema auf. Eine weitere interessante Veröffentlichung ist *The New Complete Guide to Environmental Careers* (1993), herausgegeben von Island Press, 1718 Connecticut Avenue N.W., Washington, D.C. 20009, USA.

Im folgenden sind einige wichtige Organisationen und Informationsquellen aufgelistet.

Center for Marine Conservation
1725 De Sales St. N.W., Suite 500
Washington, D.C. 20036, USA
Konzentriert sich auf das Tierleben im Meer sowie Meeres- und Küstenlebensräume.

Center for Plant Conservation und Missouri Botanical Garden
P.O. Box 299
St. Louis, MO 63166, USA
Wichtige Zentren für weltweite Aktivitäten zur Erhaltung von Pflanzen.

CITES-Sekretariat, UNEP
15 Chemin des Anemones
Case Postale 356
1219 Chatelaine,
Genf, Schweiz
Die offizielle Körperschaft zur Überwachung des internationalen Handels mit gefährdeten Arten.

Conservation International
1015 18th St. N.W., Suite 100
Washington, D.C. 20036, USA
Aktiv in Naturschutzbemühungen; arbeitet für eine nachhaltige Entwicklung, insbesondere in Lateinamerika. Besonderer Schwerpunkt auf der Arbeit mit der einheimischen Bevölkerung.

Earthwatch
P.O. Box 403N
Mt. Auburn St.
Watertown, MA 02272, USA

Schaltstelle für internationale Projekte, bei denen Freiwillige mit Wissenschaftlern zusammenarbeiten können.

Environmental Defense Fonds
257 Park Avenue South
New York, N.Y. 10010, USA
Führende Umweltorganisation; an wissenschaftlichen, juristischen und wirtschaftlichen Fragen beteiligt.

Fauna und Flora Preservation Society
Kensington Gore
London SW7 2AR, Großbritannien

Friends of the Earth
218 „D" St. S.E.
Washington, D.C. 20003, USA
Internationale Umweltorganisation, die an der Verbesserung der Umweltpolitik arbeitet. Der BUND (siehe Seite 636) ist die deutsche Sektion der Friends of the Earth.

Greenpeace U.S.A., Inc.
1436 „U" St. N.W.
Washington, D.C. 20009, USA
Eine Organisation von Umweltaktivisten, bekannt für ihre Bemühungen an der Basis und dramatische Proteste gegen die Zerstörung der Umwelt.

Institute for Economic Botany and New York Botanical Gardens
Bronx, N.Y. 10458, USA
Aktiv bei Forschungs- und Erhaltungsprogrammen für Pflanzen, die für den Menschen nützlich sind.

International Council for Bird Preservation
32 Cambridge Road, Girton
Cambridge CB3 0PJ, Großbritannien
Bestimmt den Erhaltungsstatus und die Schutzprioritäten für Vögel weltweit.

Internationaler Rat für Umweltrecht
Adenauerallee 214
53113 Bonn, Bundesrepublik Deutschland
Ein internationales Zentrum für Umweltgesetzgebung.

International Union for the Conservation of Nature and Natural Resources (IUCN)
Avenue de Mont Blanc
1196 Gland, Schweiz
Auch unter dem Namen World Conservation Union bekannt. Dies ist die wichtigste Körperschaft zur Koordination internationaler Naturschutzbemühungen. Sie gibt Verzeichnisse von Spezialisten heraus, die über Erhaltungszuchtprogramme in Menschenobhut und andere Aspekte des Naturschutzes Bescheid wissen.

International Union of Biological Sciences
51 Boulevard de Montmorency
75016 Paris, Frankreich
Koordiniert internationale wissenschaftliche Forschungen und gibt Veröffentlichungen zu bedeutenden wissenschaftlichen Themen heraus.

Jersey Wildlife Preservation Trust
Les Augrès Manor
Trinity, Jersey
Kanalinseln, Großbritannien

National Audubon Society
950 Third Avenue
New York, N.Y. 10022, USA
Ihr umfassendes Programm beinhaltet die Erhaltung von Wildtieren, die Information der Öffentlichkeit, Forschung und politisches Lobbying.

National Wildlife Federation
1400 Sixteenth St. N.W.
Washington, D.C. 20036, USA
Setzt sich für die Erhaltung von Wildtieren ein. Veröffentlicht das *Conservation Directory,* wie auch so hervorragende Veröffentlichungen für Kinder wie *Ranger Rick* und *My Big Backyard*.

The Nature Conservancy
1815 North Lynn St.
Arlington, VA 22209, USA
Schwerpunkt auf dem Schutz von Flächen. Unterhält umfangreiche Aufzeichnungen über die Verbreitung seltener Arten in ganz Amerika, insbesondere aber in Nordamerika.

Rain Forest Action Network
301 Broadway, Suite „A"
San Francisco, CA 94133, USA
Arbeitet aktiv für die Erhaltung der Regenwälder.

Royal Botanical Garden, Kew
Richmond
Surrey TW9 3AE, Großbritannien
Die berühmten „Kew Gardens" beherbergen eines der führenden botanischen Forschungsinstitute.

Sierra Club
730 Polk St.
San Francisco, CA 94109, USA
Führender Fürsprecher für die Erhaltung von Wildnisgebieten und unbekannten Gebieten.

Smithsonian Institution and National Zoological Park
1000 Jefferson Drive S.W.
Washington, D.C. 20560, USA
Der amerikanische Nationalzoo und das nahegelegene U.S. National Museum of Natural History stellen eine umfangreiche Quelle für Literatur, biologische Materialien und fähige Leute dar.

Society for Conservation Biology
c/o Blackwell Scientific Publications, Inc.
238 Main Street
Cambridge, MA 02142, USA
Führende wissenschaftliche Gesellschaft auf dem Gebiet des Naturschutzes. Entwickelt und veröffentlicht neue Ideen und wissenschaftliche Ergebnisse in ihrer Zeitschrift *Conservation Biology.*

United Nations Development Program (UNDP)
U.N. Plaza
New York, N.Y. 10017, USA
Entwicklungsprogramm der Vereinten Nationen. Finanziert und koordiniert internationale wirtschaftliche Entwicklungsaktivitäten, insbesondere solche, die natürliche Ressourcen auf eine verantwortliche Art und Weise nutzen.

United Nations Environment Program (UNEP)
P.O. Box 30552
Nairobi, Kenia
oder 1899 „F" St. N.W.
Washington, D.C. 20006, USA
Umweltprogramm der Vereinten Nationen. Internationales Forschungs- und Managementprogramm in Verbindung mit wichtigen Umweltproblemen.

United States Fish and Wildlife Service
Washington, D.C. 20240, USA
Die führende amerikanische Regierungsbehörde für die Erhaltung gefährdeter Arten, mit einem umfangreichen Forschungs- und Managementnetzwerk. Auch in anderen Regierungsabteilungen wie dem National Marine Fisheries Service und dem U.S. Forest Service finden wichtige Aktivitäten statt. Das Amt für internationale Entwicklung (Agency of International Development) ist in zahlreichen Entwicklungsländern aktiv. Regierungen einzelner Bundesstaaten haben ähnliche Abteilungen, wobei die Natural-Heritage-Programme besonders bedeutend sind. Das *Conservation Directory* hilft dabei, zu verstehen, wie diese Abteilungen organisiert sind.

Wildlife Conservation International and New York Zoological Society
Bronx Zoo
185th St. & Southern Blvd.
Bronx, N.Y. 10460, USA
Führend in der Erhaltung und Erforschung von Wildtieren.

World Bank (Weltbank)
1818 „H" St. N.W.
Washington, D.C. 20433, USA
Eine multinationale Bank, die an der wirtschaftlichen Entwicklung beteiligt ist; zunehmend mit Umweltfragen befaßt.

World Conservation Monitoring Centre
219 Huntington Road
Cambridge CB3 0DL, Großbritannien
Überwacht den weltweiten Handel mit Wildtieren, den Status gefährdeter Arten, die Nutzung natürlicher Ressourcen sowie Schutzgebiete.

World Resources Institute (WRI)
1709 New York Ave. N.W.
Washington, D.C. 20006, USA
Forschungszentrum, das hervorragende Grundsatzpapiere über Umwelt-, Naturschutz- und Entwicklungsthemen verfaßt. Eine umfangreiche Liste von Projekten, Geldgebern und Institutionen ist in der WRI-Veröffentlichung *Investing in Biological Diversity* von J. Abramovitz (1991) zu finden.

World Wide Fund for Nature (WWF)
1250 24th St. N.W.
Washington, D.C. 20037, USA
Früher unter dem Namen World Wildlife Fund bekannt. Bedeutende Naturschutzorganisation mit Zweigstellen in der ganzen Welt. Aktiv sowohl in der Forschung als auch im Management von Nationalparks.

Xerces Society
10 Ash St. S.W.
Portland, OR 97204, USA
Konzentriert sich auf den Schutz von Insekten und anderen Wirbellosen.

Zoological Society of London
Regent's Park
London NW1 4RY, Großbritannien
Zentrum weltweiter Aktivitäten zur Erhaltung der Natur.

Zusätzliche Adressen aus dem deutschsprachigen Raum:

Akademie für Natur- und Umweltschutz beim Umweltministerium Baden-Württemberg
Postfach 10 34 39
D-70029 Stuttgart

Akademie für Natur und Umwelt des Landes Schleswig-Holstein
Carlstr. 169
D-24537 Neumünster

Aktionsgemeinschaft Artenschutz (AgA)
Römerstr. 2
D-70852 Korntal-Münchingen

Arbeitsgemeinschaft beruflicher und ehrenamtlicher Naturschutz e. V. (ABN)
Konstantinstr. 110
D-53179 Bonn

Bayerische Akademie für Naturschutz und Landschaftspflege (ANL)
Seetalerstr. 6
D-83410 Laufen/Salzach

Bund für Umwelt und Naturschutz Deutschland (BUND)
Im Rheingarten 7
D-53225 Bonn

Bundesamt für Naturschutz
Konstantinstr. 110
D-53179 Bonn

Bundesamt für Umwelt, Wald und Landschaft (BUWAL)
Neufeldstr. 5
CH-3001 Bern

Deutscher Naturschutzring e. V. (DNR)
Am Michaelshof 8–10
D-53177 Bonn

Fachgebiet Fortbildung
Prüssingstr. 25
D-07745 Jena

Gesellschaft für Ökologie
Geschäftsstelle
Institut für Ökologie
Fachgebiet Botanik
TU Berlin
Rothenburgstr. 12
D-12165 Berlin

Greenpeace Deutschland e.V.
Vorsetzen 53
D-20459 Hamburg

Landeslehrstätte für Naturschutz
Am Teufelsbruch 1
D-17192 Waren

Landeslehrstätte für Naturschutz und Landschaftspflege
Oderberge Lebus
D-15326 Lebus

Landeszentrale für Umweltaufklärung
Kaiser-Friedrich-Str. 7
D-55116 Mainz

Naturschutzbund Deutschland (NABU)
Herbert-Rabius-Str. 26
D-53225 Bonn
Ehemals Deutscher Bund für Vogelschutz (DBV).

Naturschutzzentrum Hessen e. V.
Friedenstr. 38
D-35578 Wetzlar

Naturschutzzentrum Nordrhein-Westfalen
Leibnizstr. 10
D-45659 Recklinghausen

Norddeutsche Naturschutzakademie
Hof Möhr
D-29640 Schneverdingen

Schweizerischer Bund für Naturschutz (SBN)
Postfach 73
CH-4020 Basel

Schweizerische Vogelwarte
CH-6204 Sempach

Sächsische Akademie für Natur und Umwelt
Ostra-Allee 23
D-01067 Dresden

Stiftung Europäisches Naturerbe (Euronatur)
Güttinger Str. 19
D-78315 Radolfzell

Umweltbildungszentrum „Saale-Unstrut e. V." Nebra
Schloßstr. 1
D-06642 Nebra

Umweltbundesamt
Bismarckstr. 1
D-14193 Berlin

Umweltstiftung WWF Deutschland
Hedderichstr. 110
D-60596 Frankfurt

Zoologische Gesellschaft für Arten- und Populationsschutz
Lohnrößlerweg 30
D-81829 München

Zoologische Gesellschaft Frankfurt
Alfred-Brehm-Platz 16
D-60316 Frankfurt

Literatur

Zitierte Literatur

Abele, L. G. und E. F. Connor. 1979. Application of island biogeography theory to refuge design: Making the right decision for the wrong reasons. *In:* M. Linn (Hrsg.), *Proceedings of the First Conference on Scientific Research in the National Parks,* New Orleans, Louisiana, November 9–12, 1976. Band I, S. 89–94. National Parks Service, U.S. Department of the Interior, Washington, D.C.

Abramovitz, J. N. 1991. *Investing in Biological Diversity: U.S. Research and Conservation Efforts in Developing Countries.* World Resources Institute, Washington, D.C.

Ackerman, D. 1992. Last refuge of the monk seal. *National Geographic* 181 (Januar): 128–144.

Adams, D. und M. Carwardine. 1990. *Last Chance to See.* Harmony Books, New York. [Deutsche Ausgabe: *Die Letzten ihrer Art.* Heyne, München, 1992.]

Agency for International Development (AID). 1985. *U.S. Strategy on the Conservation of Biological Diversity: An Interagency Task Force Report to Congress.* U.S. Government Printing Office, Washington, D.C.

Akçakaya, H. R. 1990. Bald ibis *Geronticus eremita* population in Turkey: An evaluation of the captive breeding project for reintroduction. *Biological Conservation* 51: 225–237.

Al-Thukair, A. A. und S. Golubic. 1991. Five new *Hyella* species from the Arabian Gulf. *Algologcial Studies* 64: 167–197.

Alcorn, J. B. 1984. Development policy, forests, and peasant farms: Reflections on Huastec-managed forests' contributions to commercial production and resource conservation. *Economic Botany* 38: 389–406.

Alcorn, J. B. 1991. Ethics, economies, and conservation. *In:* M. L. Oldfield und J. B. Alcorn (Hrsg.), *Biodiversity: Culture, Conservation and Ecodevelopment,* S. 317–349. Westview, Press, Boulder, CO.

Alcorn, J. B. 1993. Indigenous peoples and conservation. *Conservation Biology 7:* 424–426.

Allen, W. H. 1988. Biocultural restoration of a tropical forest: Architects of Costa Rica's emerging Guanacaste National Park plan to make it an integral part of local culture. *BioScience* 38: 156–161.

Allendorf, F. W. und R. F. Leary. 1986. Heterozygosity and fitness in natural populations of animals. *In:* M. E. Soulé (Hrsg.), *Conservation Biology: The Science of Scarcity and Diversity,* S. 57–76. Sinauer Associates, Sunderland, MA.

Allendorf, F. W. und C. Servheen. 1986. Genetics and the conservation of grizzly bears. *Trends in Ecology and Evolution* 1: 88–89.

Altaba, C. R. 1990. The last known population of the freshwater mussel *Margaritifera auricularia* (Bivalvia, Unionoida): A conservation priority. *Biological Conservation* 52: 271–286.

Altieri, M. A. und M. K. Anderson. 1992. Peasant farming systems, agricultural modernization, and the conservation of crop genetic resources in Latin America. *In:* P. L. Fiedler und S. K. Jain (Hrsg.), *Conservation Biology: The Theory and Practice of Nature Conservation, Preservation and Management* S. 49–64. Chapman and Hall, New York.

Altieri, M. A. und L. C. Merrick. 1988. Agroecology and *in situ* conservation of native crop diversity in the Third World. *In:* E. O. Wilson and F. M. Peter (Hrsg.), *Biodiversity,* S. 361–369. National Academy Press, Washington D.C. [Deutsche Ausgabe: Agrarökologie und *in situ*-Erhaltung der Vielfalt der in der Dritten Welt heimischen Kulturpflanzen. *In:* E. O. Wilson und F. M. Peter (Hrsg.), *Ende der biologischen Vielfalt?*, S. 387–396. Spektrum Akademischer Verlag, Heidelberg, 1992.]

Altieri, M. A., M. K. Anderson und L. C. Merrick. 1987. Peasant agriculture and the conservation of crop and wild plant resources. *Conservation Biology* 1: 49–58.

Alverson, W. S., D. M. Waller und S. L. Solheim. 1988. Forests too deer: Edge effects in northern Wisconsin. *Conservation Biology* 2: 348–358.

Alyanak, L. 1992. The Road From Rio. *The New Road* 24: 3–5.

Ames, M. H. 1991. Saving some cetaceans may require breeding in captivity. *Bio Science* 41: 746–749.

Anderson, A. B. 1990. Deforestation in Amazonia: Dynamics, causes and alternatives. *In:* A. B. Anderson (Hrsg.), *Alternatives to Deforestation,* S. 3–23. Columbia University Press, New York.

Anderson, A. B. (Hrsg.). 1990. *Alternatives to Deforestation.* Columbia University Press, New York.

Anderson, D. und R. H. Grove. 1987. *Conservation in Africa: Peoples, Policies and Practice.* Cambridge University Press, Cambridge.

Anderson, R. M. 1982. Epidemiology. *In:* F. E. G. Cox (Hrsg.), *Modern Parasitology,* S. 204–251. Blackwell Scientific Publications, Oxford.

Anderson, R. M. und R. M. May. 1980. Infectious diseases and population cycles of forest insects. *Science* 210: 658–661.

Anonym. 1986. How to have your iguanas and eat them too. *Discovert: efährdeten und seltenen Gefäßpflanzenarten der Schweiz („Rote Liste"). Ber. 7.*

Anonym. 1989. 1988 Annual Report on the Status of California's State Listed, Threatened, and Endangered Plants and Animals. State of California Department of Fish and Game.

Anonym. 1990. On to the past. *Scientific American* 262: 18.

Anonymus 1990. Zeittafel zur Geschichte des Naturschutzes in Deutschland. Natur und Landschaft 65: 113–114.

Antonovics, J. 1976. The nature of limits to natural selection. *Annals of the Missouri Botanical Garden* 63: 224–247.

Antonovics, J., A. D. Bradshaw und R. G. Turner. 1971. Heavy metal tolerance in plants. *Advances in Ecological Research* 7: 1–85.

Arita, H. T., J. G. Robinson und K. H. Redford. 1990. Rarity in Neotropical forest mammals and its ecological correlates. *Conservation Biology* 4: 181–192.

Ashley, M. V., D. J. Melnick und D. Western. 1990. Conservation genetics of the black rhinoceros (*Diceros bicornis*). I. Evidence from the mitochondrial DNA of three populations. *Conservation Biology* 4: 71–77.

Ashton, P. S. 1984. Botanic gardens and experimental grounds. *In:* V. H. Heywood und S. M. Moore (Hrsg.), *Current Concepts in Plant Taxonomy,* S. 39–48. Academic Press, London.

Ashton, P. S. 1988. Conservation of biological diversity in botanical gardens. *In:* E. O. Wilson und F. M. Peter (Hrsg.), *Biodiversity,* S. 269–278. National Academy Press, Washington, D.C. [Deutsche Ausgabe: Die Erhaltung biologischer Vielfalt in botanischen Gärten. *In:* E. O. Wilson und F. M. Peter (Hrsg.), *Ende der biologischen Vielfalt?*, S. 294–302. Spektrum Akademischer Verlag, Heidelberg, 1992.]

Ayres, J. M., R. E. Bodmer und R. A. Mittermaier. 1991. Financial considerations of reserve design in countries with high primate density. *Conservation Biology* 5: 109–114.

Babbel, G. R. und R. K. Selander. 1974. Genetic variability in edaphically restricted and widespread plant species. *Evolution* 28: 619–630.

Badiner, A. H. 1990. *Dharma Gaia: A Harvest of Essays in Buddhism and Ecology.* Parallax Press, Berkeley, CA.

Bailey, R. G. und H. C. Hogg. 1986. A world ecoregions map for resource reporting. *Environmental Conservation* 13: 195–202.

Baillie, S. R. 1991. Monitoring terrestrial breeding bird populations. *In:* B. Goldsmith (Hrsg.), *Monitoring for Conservation and Ecology,* S. 112–132. Chapman and Hall, New York.

Balick, M. J. und R. Mendelsohn. 1992. Assessing the economic value of traditional medicines from tropical rain forests. *Conservation Biology* 6: 128–130.

Baltz, D. M. 1991. Introduced fishes in marine systems and inland seas. *Biological Conservation* 56: 151–177.

Barrett, S. C. H. und J. R. Kohn. 1991. Genetic and evolutionary consequences of small population size in plants: Implications for conservation. *In:* D. A. Falk und K. E. Holsinger (Hrsg.), *Genetics and Conservation of Rare Plants,* S. 3–30. Oxford University Press, New York.

Barrie, L. A. und J. M. Hales. 1984. The spatial distributions of precipitation acidity and major ion wet deposition i North America during 1980. *Tellus* 368: 333–355.

Bartley, D., M. Bagley, G. Gall und B. Bentley. 1992. Use of linkage disequilibrium data to estimate effective size of hatchery and natural fish populations. *Conservation Biology* 6: 365–375.

Batisse, M. 1986. Developing and focusing the biosphere reserve concept. *Nature and Resources* 22: 1–10.

Bawa, K. S. 1990. Plant-pollinator interactions in tropical rain forests. *Annual Review of Ecology and Systematics* 21: 399–422.

Bawa, K. S. 1992. Mating systems, genetic differentiation and speciation in tropical rain forest plants. *Biotropica* (Sonderausgabe) 24: 250–255.

Bazzaz, F. A und E. D. Fajer. 1992. Plant life in a CO_2-rich world. *Scientific American* Januar: 68–74. [Deutsche Ausgabe: Mehr Kohlendioxid – wie reagiert die Pflanzenwelt? *Spektrum der Wissenschaft* 3: 64–71.]

Beamish, R. J. et al. 1975. Long-term acidification of a lake and the resulting effect on fishes. *Ambio* 4: 98–102.

Bean, M. J. 1983. *The Evolution of National Wildlife Law,* 2. Aufl., Praeger Publishers, New York.

Beck, B. B., D. G. Kleiman, J. M. Dietz, I. Castro, C. Carvalho, A. Martins und B. Rettberg-Beck. 1991. Losses and reproduction in reintroduced golden lion tamarins *Leontopithecus rosalia. Dodo: Journal of the Hersey Wildlife Preserve Trust* 27: 50–61.

Bedigian, D. 1991. Genetic diversity of traditional sesame cultivars and cultural diversity in Sudan. *In:* M. L. Oldfield und J. B. Alcorn (Hrsg.), *Biodiversity: Culture, Conservation and Ecodevelopment,* S. 25–36. Westview Press, Boulder, CO.

Beebee, T. J. C. et al. 1990. Decline of the Natterjack Toad *Bufo calamita* in Britain: Palaeoecological, documentary and experimental evidence for breeding site acidification. *Biological Conservation* 53: 1–20.

Beehler, B. 1985. Conservation of New Guinea rainforest birds. *In:* J. W. Diamond und T. E. Lovejoy (Hrsg.), *Conservation of Tropical Forest Birds,* S. 233–247. Technical Publication No. 4, International Council for Bird Preservation, Cambridge, England.

Begley, S., L. Wilson, M. Hager und P. Annin. 1991. Return of the wolf. *Newsweek* 118: 44–50.

Begon, M., J. L. Harper und C. R. Townsend. 1990. *Ecology: Individuals, Populations, and Communities,* 2. Aufl. Blackwell Scientific Publications, Oxford. [Deutsche Ausgabe: *Ökologie. Individuen – Populationen – Lebensgemeinschaften.* Birkhäuser, Basel/New York, 1991.]

Beirat für Naturschutz und Landschaftspflege beim BMU. 1995. Naturschutzforschung und -lehre: Situation und Forderungen. Natur und Landschaft 70: 5–10.

Benirschke, K. 1983. The impact of research on the propagation of endangered species in zoos. *In:* C. M. Schonewald-Cox, S. M. Chambers, B. MacBryde und L. Thomas (Hrsg.), *Genetics and Conservation: A Reference for Managing Wild Animal and Plant Populations,* S. 402–413. Benjamin/Cummings, Menlo Park, CA.

Berger, J. 1990. Persistence of different-sized populations: An empirical assessment or rapid extinctions in bighorn sheep. *Conservation Biology* 4: 91–98.

Best, P. B. 1988. Right whales *Eubalaena australis* at Tristan da Cunha: A clue to the 'non-recovery' of depleted stocks? *Biological Conservation* 46: 23–51.

Bibby, C. J., M. J. Crosby, M. F. Heath, T. H. Johnson, T. H. Long, A. J. Sattersfield und S. J. Thirgood. 1992. *Putting Biodiversity on the Map: Global Priorities for Conservation.* International Council for Bird Preservation, Cambridge, England.

Bickford, W. E. 1991. Massachusetts' landscape-level land protection. *In:* D. J. Dekker, M. E. Krasny, G. R. Goff, C. R. Smith und D. W. Gross (Hrsg.), *Challenges in the Conservation of Biological Resources: A Practitioner's Guide,* S. 183–196. Westview Press, Boulder, CO.

Bierregaard, R. O., T. E. Lovejoy, V. Kapos, A. A. Dos Santos und R. W. Hutchings. 1992. The biological dynamics of tropical rainforest fragments. *Bio-Science* 42: 859–866.

Billington, H. L. 1991. Effect of population size on genetic variation in a dioecious conifer. *Conservation Biology* 5: 115–119.

Bishop, R. C. 1987. Economic values defined. *In:* D. J. Decker und G. R. Goff (Hrsg.), *Valuing Wildlife: Economic and Social Perspectives,* S. 24–33. Westview Press, Boulder, CO.

Blab, J. und E. Nowak (Hrsg.) 1976. Rote Liste der in der Bundesrepublik Deutschland gefährdeten Tierarten. Teil I – Wirbeltiere ausgenommen Vögel (1. Fassung). Natur und Landschaft 51: 34–38.

Blab, J. und E. Nowak (Hrsg.) 1989. Zehn Jahre Rote Liste gefährdeter Tierarten in der Bundesrepublik Deutschland. Schriftenreihe für Landschaftspflege und Naturschutz, Heft 29.

Blab, J., E. Nowak, W. Trautmann und H. Sukopp (Hrsg.) 1977. Rote Liste der gefährdeten Tiere und Pflanzen in der Bundesrepublik Deutschland. Kilda, Greven.

Blab, J., E. Nowak, W. Trautmann und H. Sukopp (Hrsg.) 1984. Rote Liste der gefährdeten Tiere und Pflanzen in der Bundesrepublik Deutschland. 4. Aufl. Kilda, Greven.

Bleich, V. C., J. D. Wehausen und S. A. Holl. 1990. Desert-dwelling mountain sheep: Conservation implications of a naturally fragmented distribution. *Conservation Biology* 4: 383–389.

Blockhus, J. M., M. Dillenbeck, J. A. Sayer und P. Wegge (Hrsg.). 1992. *Conserving Biological Diversity in Managed Tropical Forests.* IUCN, Gland, Schweiz.

Blondin, A. R. 1989. The owl complex. *Journal of Forestry* 87(8): 37–40.

Bond, W. 1983. On alpha diversity and the richness of the Cape flora: A study in southern Cape Fynbos. *In:* F. J. Kruger, D. T. Mitchell und J. U. M. Jarvis (Hrsg.), *Mediterranean-type Ecosystems: The Role of Nutrients,* S. 337–356. Springer, Berlin.

Bonnell, M. L und R. K. Selander. 1974. Elephant seals: Genetic variation and near-extinction. *Science* 184: 908–909.

Booth, W. 1987. Combing the earth for cures to cancer, AIDS. *Science* 237: 969–970.

Booth, W. 1988. The otter-urchin-kelp scenario. *Science* 241: 157.

Bormann, F. H. 1976. An inseparable linkage: Conservation of natural ecosystems and conservation of fossil energy. *Bio Science* 26: 759.

Bormann, F. 1982. The effects of air pollution on the New England landscape. *Ambio* 11: 338–346.

Bormann, F. H und S. R. Kellert (Hrsg.). 1991. *Ecology, Economics, Ethics: The Broken Circle.* Yale University Press, New Haven, CT.

Botanic Gardens Conservation Secretariat. 1987. *The International Transfer Format for Botanic Gardens Plant Records.* Hunt Institute for Botanical Documentation, Carnegie Mellon University, Pittsburgh, PA.

Botkin, D. B. 1990. *Discordant Harmonies: A New Ecology for the Twenty-First Century.* Oxford University Press, New York.

Boyce, M. S. 1992. Population viability analysis. *Annual Review of Ecology and Systematics* 23: 481–506.

Boyce, m. S. und R. S. Miller. 1985. Ten-year periodicity in whooping crane census. *Auk* 105: 658–660.

Boyle, K. J. and R. C. Bishop. 1986. The economic valuation of endangered species of wildlife. *Transactions of the North American Wildlife and Natural Resources Conference* 51: 153–161.

Bradshaw, A. D. 1983. The reconstruction of ecosystems. *Journal of Applied Ecology* 20: 1–17.

Bradshaw, A. D. 1990. The reclamation of derelict land and the ecology of ecosystems. *In:* W. R. Jordan III., M. E. Gilpin und J. D. Aber (Hrsg.), *Restoration Ecology. A Synthetic Approach to Ecological Research.* S. 53–74. Cambridge University Press, Cambridge.

Bradshaw, A. D. und M. J. Chadwick. 1980. *The Restoration of Land.* Blackwell Scientific Publications, Oxford.

Brass, D. (ohne Jahresangabe). *The Nature Conservancy letter to investors. The Nature Conservancy.*

Bratton, S. P. 1985. Effects of disturbance by visitors on two woodland orchid species in Great Smoky Mountains National Park, USA. *Biological Conservation* 31: 211–227.

Breman, H. 1992. Desertification control, the West African case: Prevention is better than cure. *Biotropica* (Sonderausgabe) 24: 328–334.

Brenan, J. P. M. 1978. Some aspects of the phytogeography of tropical Africa. *Annals of the Missouri Botanical Garden.* 65: 437–478.

Briggs, J. C. 1974. *Marine Zoogeography.* McGraw-Hill, New York.

Briscoe, D. A., J. M. Malpica, A. Robertson, G. J. Smith, R. Frankham, R. G. Banks und J. S. F. Barker, 1992. Rapid loss of genetic variation in large captive populations of *Drosophila* flies: Implications for the genetic management of captive populations. *Conservation Biology* 6: 416–425.

Brosius, J. P. 1990. Penan hunter-gatherers of Sarawak, East Malaysia. *AnthroQuest* 42: 1–7.

Browder, J. O. 1988. The social cost of rain forest destruction: A critique and economic analysis of the “hamburger debate”. Interciencia 13: 115–120.

Brown, B. E. und J. C. Ogden. 1993. Coral bleaching. *Scientific American* 268: 64–70. [Deutsche Ausgabe: Das Ausbleiben von Korallen. *Spektrum der Wissenschaft* 3: 84–89.]

Brown, G. M. und J. H. Goldstein. 1984. A model for valuing endangered species. *Journal of Environmental Economics and Management* 11: 303–309.

Brown, J. H. und A. C. Gibson. 1983. *Biogeography.* C. V. Mosby Company, St. Louis, MO.

Brown, L. und D. Amadon. 1989. *Eagles, Hawks, and Falcons of the World.* Wellfeet Press, NJ.

Brown, P. J., P. T. Manders, D. P. Bands, F. J. Kruger und R. H. Andrag. 1991. Prescribed burning as a conservation management practice: A case history from the Cederberg Mountains, Cape Province, South Africa. *Biological Conservation* 56: 133–150.

Browning, J. A. 1991. Conserving crop plant-pathogen coevolutionary processes *in situ. In:* M. L. Oldfield und J. B. Alcorn (Hrsg.), *Biodiversity: Culture, Conservation and Ecodevelopment,* S. 59–85. Westview Press, Boulder, CO.

Bruderer, B. und W. Thönen. 1977. Rote Liste der gefährdeten und seltenen Vogelarten der Schweiz. Ornithol. Beob. 74: 1–36.

Brush, S. B. 1989. Rethinking crop genetic resource conservation. *Conservation Biology* 3: 19–29.

Bücking, W. 1994. Ziele und Auswahl von Naturwaldreservaten. AFZ 49: 561–562.

Budd, J. T. C. 1991. Remote sensing techniques for monitoring land-cover. *In:* B. Goldsmith (Hrsg.), *Monitoring for Conservation and Ecology,* S. 33–60. Chapman and Hall, New York.

Burbidge, A. A. und N. L. McKenzie. 1989. Patterns in the modern decline of western Australia's vertebrate fauna: Causes and conservation implications. *Biological Conservation* 50: 143–198.

Burdick, D. M., D. Cushman, R. Hamilton und J. G. Gosselink. 1989. Faunal changes and bottomland hardwood forest loss in the Tensas watershed, Louisiana. *Conservation Biology* 3: 282–292.

Bürger, K., B. Job, H. Kleinert, E. Peters, C. Schell und P. Schwickert. 1993. Erprobungs- und Entwicklungsvorhaben für Naturschutz und Landschaftspflege (E+E-Vorhaben) – ein Förderprogramm der Bundesregierung. Natur und Landschaft 68: 343–349.

Burke, R. L. 1989. Florida gopher tortoise relocation: Overview and case study. *Biological Conservation* 48: 295–309.

Burke, R. L. 1990. Conservation of the world's rarest tortoise. *Conservation Biology* 4: 122–124.

Burley, F. W. 1988. Monitoring biological diversity for setting priorities in conservation. *In:* E. O. Wilson und F. M. Peter (Hrsg.), *Biodiversity,* S. 227–230. National Academy Press, Washington, D.C. [Deutsche Ausgabe: Eine Bestandsaufnahme biologischer Vielfalt mit dem Ziel, Prioritäten für Schutznahmen festzusetzen. *In:* E. O. Wilson und F. M. Peter (Hrsg.), *Ende der biologischen Vielfalt;* S. 251–254. Spektrum Akademischer Verlag, Heidelberg, 1992.]

Burrill, A., I. Douglas-Hamilton und J. Mackinnon. 1986. Protected areas as refuges for elephants. *In:* J. Mackinnon und K. Mackinnon (Hrsg.), *Protected Areas Systems Review of the Afrotropical Realm.* IUCN, Gland, Schweiz.

Bustamante, R. H. und J. C. Castilla. 1990. Impact of human exploitation on populations of the intertidal southern bull-kelp *Durvilaea antarcitica* (Phaeophya, Durvileales) in Central Chile. *Biological Conservation* 52: 205–220.

Buttrick, S. C. 1992. Habitat management: A decisionmaking process. *Rhodora* 94: 258–286.

Buzas, M. A. und S. J. Culver. 1991. Species diversity and dispersal of benthic Foraminifera. *BioScience* 41: 483–489.

Cade, T. J. 1983. Hybridization and gene exchange among birds in relation to conservation. *In:* C. M. Schonewald-Cox, S. M. Chambers, B. MacBryde und L. Thomas (Hrsg.), *Genetics and Conservation: A Reference for Managing Wild Animal and Plant Populations,* S. 288–309. Benjamin/ Cummings, Menlo Park, CA.

Cade, T. J. 1988. Using science and technology to reestablish species lost in nature. *In:* E. O. Wilson und F. M. Peter (Hrsg.), *Biodiversity,* S. 279–288. National Academy Press, Washington, D.C. [Deutsche Ausgabe: Widereinbürgerung von in der Natur verschwundenen Arten durch Einsatz von Wissenschaft und Technologie. *In:* E. O. Wilson und F. M. Peter (Hrsg.), *Ende der biologischen Vielfalt?,* S. 303–312. Spektrum Akademischer Verlag, Heidelberg, 1992.]

Cade, T. J. und D. M. Bird. 1990. Peregrine falcons, *Falco peregrinus,* nesting in an urban environment: A review. *The Canadian Field-Naturalist* 104: 209–218.

Cade, T. J. und C. G. Jones. 1993. Progress in restoration of the Mauritius kestrel. *Conservation Biology* 7: 169–175.

Cade, T. J., J. H. Enderson, C. G. Thelander und C. M. White (Hrsg.). 1988. *Peregrine Falcon Populations: Their Management and Recovery.* The Peregrine Fund, Inc. Boise, ID.

Cahn, R. 1979a. The God committee. *Audubon* 81: 10–12.

Cahn, R. 1979b. The triumph of wrong. *Audubon* 81: 5–6.

Cahn, R. und P. Cahn. 1985. Saved but threatened. *Audubon* 87: 48–51.

Cairns, J. jr. 1986. Restoration, reclamation, and regeneration of degraded or destroyed ecosystems. *In:* M. E. Soulé (Hrsg.), *Conservation Biology: The Science of Scarcity and Diversity,* S. 153–181. Sinauer Associates, Sunderland, MA.

Caldecott, J. 1988. *Hunting and Wildlife Management in Sarawak.* IUCN, Gland, Schweiz.

Caldwell, L. 1985. Science will not save the Biosphere but politics might. *Environmental Conservation* 12: 195–197.

Callicott, J. B. 1986. On the intrinsic value of nonhuman species. *In:* B. G. Norton (Hrsg.), *The Preservation of Species: The Value of Biological Diversity,* S. 138–172. Princeton University Press, Princeton, NJ.

Callicott, J. B. 1989. *In Defense of the Land Ethic: Essays in Environmental Philosophy.* State University of New York Press, Albany.

Callicott, J. B. 1990. Whither conservation ethics? *Conservation Biology* 4: 15–20.

Campbell, S. 1980. Is reintroduction a realistic goal? *In:* M. E. Soulé und B. A. Wilcox (Hrsg.), *Conservation Biology: An Evolutionary-Ecological Perspective,* S. 263–269. Sinauer Associates, Sunderland, MA.

Canby, T. Y. 1991. The Persian Gulf after the storm. *National Geographic* 180 (August): 2–35.

Carlton, J. T. 1989. Man's role in changing the face of the ocean: Biological invasions and implications for conservation of near shore environments. *Conservation Biology* 3: 265–273.

Carrier, J. 1991. The Colorado: A river drained dry. *National Geographic* 179 (Juni): 4–35.

Carroll, C. R. 1992. Ecological management of sensitive natural areas. *In:* P. L. Fiedler und S. K. Jain (Hrsg.), *Conservation Biology: The Theory and Practice of Nature Conservation, Preservation and Management,* S. 347–372. Chapman and Hall, New York.

Carroll, J. B. 1984. The conservation and wild status of the Rodrigues fruit bat *Pteropus rodricenesis. Myotis* 21–22: 148–154.

Carson, H. L. 1983. The genetics of the founder effect. *In:* C. M. Schonewald-Cox, S. M. Chambers, B. Mac-Bryde und L. Thomas (Hrsg.), *Genetics and Conservation: A Reference for Managing Wild Animal and Plant Populations,* S. 189–200. Benjamin/Cummings, Menlo Park, CA.

Carson, H. L. und A. R. Templeton. 1984. Genetic revolutions in relation to speciation phenomena: The founding of new populations. *Annual Review of Ecology and Systematics* 15: 97–131.

Carson, R. 1962. *Silent Spring.* Nachdruck 1982 Penguin, Harmondsworth, Großbritannien.

Carter, J. A. 1988. Survival training for chimps. *Smithsonian* 12: 90–101.

Case, T. J., D. T. Bolger und A. D. Richman. 1992. Reptilian extinctions: The last ten thousand years. *In:* P. L. Fiedler und S. K. Jain (Hrsg.), *Conservation Biology: The Theory and Practice of Nature Conservation, Preservation and Management* S. 91–126. Chapman and Hall, New York.

Caswell, H. 1989. *Matrix Population Models: Construction, Analysis and Interpretation.* Sinauer Associates, Sunderland, MA.

Caufield, G., H. Dublin und I. Parker, 1990. Projected decline of the African elephant. *Biological Conservation* 54: 157–164.

Cavalcanti, C. 1991. Government policy and ecological concerns: Some lessons from the Brazilian experimence: *In:* R. Costanza (Hrsg.), *Ecological Economics: The Science and Management of Sustainability,* S. 474–485. Columbia University Press, New York.

Ceballos-Lascuráin, H. (Hrsg.). 1993. *Tourism and Protected Areas.* IUCN, Gland, Schweiz.

Center for Plant Conservation. 1991. Genetic sampling guidelines for conservation collections of endangered plants. *In:* D. A. Falk und K. E. Holsinger (Hrsg.), *Genetics and Conservation of Rare Plants,* S. 224–238. Oxford University Press, New York.

Chadwick, D. H. 1991. Elephants: Out of time, out of space. *National Geographic* 179 (Mai): 2–49.

Cheney, W. R. und M. Basbous. 1978. The cedars of Lebanon, witnesses of history. *Economic Botany* 32: 118–123.

Charlesworth, D. und B. Charlesworth. 1987. Inbreeding depression and its evolutionary consequences. *Annual Review of Ecology and Systematics* 18: 237–268.

Chase, A. 1986. *Playing God in Yellowstone: The Destruction of America's First National Park.* Atlantic Monthly Press, Boston.

Cheke, A. S und J. F. Dahl. 1981. The status of bats on western Indian Ocean islands, with special reference to *Pteropus. Mammalia* 45: 205–238.

Cherfas, J. 1991. Disappearing mushrooms: Another mass extinction? *Science* 254: 1458.

Cherfas, J. 1993. Backgarden biodiversity. *Conservation Biology* 7: 6–7.

Chernela, J. 1987. Endangered ideologies: Tukano fishing taboos. *Cultural Survival Quarterly* 11: 50–52.

Christensen, N. L. 1985. Shrubland fire regimes and their evolutionary consequences. *In:* S. T. A. Pickett und P. S. White (Hrsg.), *The Ecology of Natural Disturbance and Patch Dynamics,* S. 85–100. Academic Press, New York.

Clark, T. W. 1987. Black-footed ferret recovery: A progress report. *Conservation Biology* 1: 8–13.

Clark, W. C. 1989. Managing planet Earth. *Scientific American* 261: 47–54. [Deutsche Ausgabe: Verantwortliches Gestalten des Lebensraums Erde. *Spektrum der Wissenschaft* 11: 48–56.]

Clay, J. 1991. Cultural survival and conservation: Lessons from the past twenty years. *In:* M. L. Oldfield und J. B. Alcorn (Hrsg.), *Biodiversity: Culture, Conservation and Ecodevelopment,* S. 248–273. Westview Press, Boulder, CO.

Clay, J. 1992. Some general principles and strategies for developing markets in America and Europe for nontimber forest products: Lessons from Cultural Enterprises, 1989–1990. *In:* D. C. Nepstad und S. Schwartzman (Hrsg.), *Non-Timber Produts from Tropical Forests: Evaluation of a Conservation and Development Strategy.* The New York Botanical Garden, Bronx, NY.

Coblentz, B. E. 1990. Exotic organisms: A dilemma for conservation biology. *Conservation Biology* 4: 261–265.

Cody, M. L. 1986. Diversity, rarity, and conservation in Mediterranean-climate regions. *In:* M. E. Soulé (Hrsg.), *Conservation Biology. The Science of Scarcity and Diversity,* S. 123–152. Sinauer Associates, Inc., Sunderland, MA.

Cohn, J. P. 1985. Duke primate center fosters research. *BioScience* 35: 691–695.

Cohn, J. P. 1987. Red wolf in the wilderness. *BioScience* 37: 313–316.

Cohn, J. P. 1988a. Halting the rhino's demise. *BioScience* 38: 740–744.

Cohn, J. P., 1988b. Culture and conservation. *BioScience* 38: 450–453.

Cohn, J. P. 1988c. Captive breeding for conservation. *BioScience* 38: 312–316.

Cohn, J. P. 1989. Iguana conservation and economic development. *BioScience* 39: 359–363.

Cohn, J. P. 1990a. Endangered wolf population increases. *BioScience* 40: 628–632.

Cohn, J. P. 1990b. Elephants: Remarkable and endangered. *BioScience* 40: 10–14.

Cohn, J. P. 1990c. An island for conservation. *BioScience* 40: 342–345.

Cohn, J. P. 1991a. Ferrets return from near-extinction. *BioScience* 41: 448–450.

Collar, N. J. und S. N. Stuart. 1985. *Threatened Birds of Africa and Related Islands,* 3. Aufl. ICBP/IUCN, Cambridge, England.

Collett, M. 1989. Bolivia blazes trail ... to where? *Christian Science Monitor,* 10. Juli 1989.

Colwell, R. K. 1973. Competition and coexistence in a simple tropical community. *American Naturalist* 107: 737–760.

Colwell, R. K. 1986. Community biology and sexual selection: Lessons from hummingbird flower mites. *In:* T. J. Case und J. R. Diamond (Hrsg.), *Ecological Communities,* S. 406–424. Harper and Row, New York.

Colwell, R. K. 1992. Making sense of ecological complexity: A personal and conceptual retrospective. *Biotropica* (Sonderausgabe) 24: 226–232.

Committee of Scientists. 1979. Final report. Federal Register 44 (88): 26599–26657.

Commoner, B. 1971. *The Closing Circle.* Knopf, New York.

Commoner, B. 1990. *Making Peace with the Planet.* Gollancz, London.

Conant, R. 1958. *A Field Guide to Reptiles and Amphibians.* Houghton Mifflin, Boston.

Conant, S. 1988. Saving endangered species by translocation. *BioScience* 38: 254–257.

Condit, R., S. P. Hubbel und R. B. Foster. 1992. Shortterm dynamics of a Neotropical forest. *BioScience* 42: 822–828.

Connell, J. H. und E. Orias. 1964. The ecological regulation of species diversity. *American Naturalist* 98: 399–404.

Connor, E. F. und E. D. McCoy. 1979. The statistics and biology of the species-area relationship. *American Naturalist* 13: 791–833.

Conservation International. 1990. *The Rain Forest Imperative.* Conservation International, Washington, D.C.

Conway, W. G. 1980. An overview of captive propagation. *In:* M. E. Soulé und B. A. Wilcox (Hrsg.), *Conservation Biology: An Evolutionary-Ecological Perspective,* S. 199–208. Sinauer Associates, Sunderland, MA.

Conway, W. 1988. Can technology aid species preservatin? *In:* E. O. Wilson und F. M. Peter (Hrsg.), *Biodiversity,* S. 263–268. National Academy Press, Washington, D.C. [Deutsche Ausgabe: Können Technologien zur Arterhaltung beitragen? *In:* E. O. Wilson und F. M. Peter (Hrsg.), *Ende der biologischen Vielfalt?,* S. 287–292. Spektrum Akademischer Verlag, Heidelberg, 1992.]

Cooley, J. L und J. H. Cooley (Hrsg.). 1984. *Natural Diversity in Forest Ecosystems.* Proceedings of the Workshop, 1982 November 29 – December 1, Athens GA. University of Georgia, Institute of Ecology, Athens.

Costa, V. R. 1989. Xingu: Hidrelétricas coroam quatro séculos de agressões. [Interview mit den Anthropologen Leinad Santos und Lucia Andrade. *Ciencia Hoje* 59: 74–75.

Costanza, R. (Hrsg.). 1991. *Ecological Economics: The Science and Management of Sustainability.* Columbia University Press, New York.

Cottam, G. 1990. Community dynamics on an artifical prairie. *In: W. R. Jordan III, M. E. Gilpin und J. D. Aber (Hrsg.), Restoration Ecology: A Synthetic Approach to Ecological Research.* S. 257–270. Cambridge University Press, Cambridge.

Council on Environmental Quality and the Department of State. 1980–1981. *The Global 2000 Report to the President: Entering the Twenty-First Century.* U.S. Government Printing Office, Washington, D.C. [Deutsche Ausgabe: Global 2000. Der Bericht an den Präsidenten. 2001, Frankfurt, 1980.]

Courtenay, W. R. jr. und J. R. Staufer jr. (Hrsg.). 1984. *Distribution, Biology and Management of Exotic Fishes.* The Johns Hopkins University Press, Baltimore.

Cox, G. W. 1993. *Conservation Ecology.* W. C. Brown, Dubuque, IA.

Cox, P. A., T. Elmquist, E. D. Pierson und W. E. Rainey. 1991. Flying foxes as strong interactors in South Pacific island ecosystems: A conservation hypothesis. *Conservation Biology* 5: 448–454.

Crow. J. F. und N. E. Morton. 1955. Measurement of gene frequency drift in small populations. *Evolution* 9: 202–214.

Crumpacker, D. W., S. W. Hodge, D. Friedley und W. P. Gregg, jr. 1988. A preliminary assessment of the status of major terrestrial and wetland ecosystems on federal and Indian lands in the United States. *Conservation Biology* 2: 103–115.

Crystal, L. 1989. American broadcast journalism: Its coverage of conservation crises. *In:* D. Western und M. Pearl (Hrsg.), *Conservation for the Twenty-First Century,* S. 289–293. Oxford University Press, New York.

Currie, D. J. 1991. Energy and large-scale patterns of animal- and plant-species richness. *American Naturalist* 137: 27–49.

Curtis, J. T. 1956. A prairie continuum in Wisconsin. *Ecology* 36: 558–566.

Dahl, A. L. 1986. *Review of the Protected Areas System in Oceania.* IUCN/UNEP, Gland, Schweiz.

Dallmeier, F. (Hrsg.). 1992. *Long-term Monitoring of Biological Diversity in Tropical Forest Areas.* MAB Digest No. 11. UNESCO, Paris.

Daly, D. 1992. Tree of life. *Audubon* 70: 76–85.

Daly, H. E. und J. B. Cobb jr. 1989. *For the Common Good: Redirecting the Economy Toward Community, the Environment, and a Sustainable Future.* Beacon Press, Boston.

Daniel, J. G. und A. Kulasingam. 1974. Problems arising from large-scale forest clearing for agricultural use. *Malaysian Forester* 37: 152–160.

Danielson, R. M. 1985. Mycorrhizae and reclamation of stressed terrestrial environments. *In:* R. L. Tate und D. A. Klein (Hrsg.), *Soil Reclamation Processes,* S. 173–201. Marcel Dekker, New York.

Darling, J. D. 1988. Working with whales. *National Geographic* 174: 886–908.

Darwin, C. R. 1859. *On the Origin of Species.* John Murray, London. [Deutsche Ausgabe: *Über die Entstehung der Arten durch natürliche Zuchtwahl oder die Erhaltung der begünstigten Rassen im Kampfe ums Dasein.* Nachdr. d. 9. unveränderten Aufl. Wiss. Buchgesellschaft, Darmstadt, 1992.]

Darwin, C. R. 1868. *The Variation of Animals and Plants Under Domestication.* John Murray, London.

Darwin, C. R. 1876. *The Effects of Cross and Self-Fertilization in the Vegetable Kingdom.* John Murray, London.

Dasmann, R. F. 1973. A system for defining and classifying natural regions for purposes of conservation. Occasional Paper 7, S. 1–47. IUCN, Gland, Schweiz.

Dasmann, R. F. 1987. World parks, people, and land use. *In:* R. Hermann und T. B. Craig (Hrsg.), *Conference on Science in National Parks: The Fourth Triennial Conference on Research in National Parks and Equivalent Reserves,* S. 122–127. The George Wright Society and the U.S. National Park Service.

Dasmann, R. F. 1991. The importance of cultural and biological diversity. *In:* M. L. Oldfield und J. B. Alcorn (Hrsg.), *Biodiversity: Culture, Conservation and Ecodevelopment,* S. 7–15. Westview Press, Boulder, CO.

Dasmann, R. F., J. P. Milton und P. H. Freeman. 1973. *Ecological Principles for Economic Development.* John Wiley, London.

Daughery, C. H., A. Cree, J. M. Hay und M. B. Thompson. 1990. Neglected taxonomy and continuing extinctions of tuatara (*Sphenodon*). *Science* 347: 177–179.

Davies, S. (Hrsg.). 1987. *Tree of Life: Buddhism and Protection of Nature: With a Declaration on Environmental Ethics by His Holiness the Dalai Lama.* Buddhist Perception of Nature, Genf.

Davis, M. B. 1990. Climatic change and the survival of forest species. *In:* G. M. Woodwell (Hrsg.), *The Earth in Transition: Patterns and Processes of Biotic Improverishment.* Cambridge University Press, Cambridge.

Davis, M. B. und C. Zabinski. 1992. Changes in geographical range resulting from greenhouse warming: Effects on biodiversity in forests *In:* R. Peters und T. E. Lovejoy (Hrsg.), *Global Warming and Biological Diversity,* S. 297–308. Yale University Press, New Haven, CT.

Davis, S. D. et al. 1986. *Plants in Danger: What Do We Know?* IUCN, Gland, Schweiz.

Davy, A. J. und R. L. Jefferies. 1981. Approaches to monitoring of rare plant populations. *In:* H. Synge (Hrsg.), *The Biological Aspects of Rare Plant Conservation.* John Wiley, Chichester, U.K.

Dawson, W. R., J. D. Ligon, J. R. Murphy, J. P. Myers, D. Simberloff und J. Verner. 1987. Report of the scientific advisory panel on the spotted owl. *Condor* 89: 205–229.

de Klemm, C. 1990. *Wild Plant Conservation and the Law.* IUCN, Gland, Schweiz.

de Klemm, C. 1993. *Guidelines for CITES Implementation Legislation.* IUCN, Gland, Schweiz.

De Mauro, M. 1989. Aspects of the reproductive biology of the endangered *Hymenoxys acaulis* var. *glabra:* Implications for conservation. M.Sc. Thesis, University of Illinois, Chicago.

De Wolf, R., R. Goossens, J. MacKinnon und W. S. Cai. 1988. Remote sensing for widlife managment: Giant panda habitat mapping from Landsat MSS images. *Geocarto International* 1: 41–49.

Debt-for-Development Coalition. 1990. *A Guide for Debt-for-Development: Making the International Debt Crisis Work for Development.* Revised edition, February 1990. Debt-for-development Coalition, U.S. Overseas Cooperative Development

Committee, Volunteers in Overseas Cooperative Assistance, Washington, D.C.

Decker, D. J., M. E. Krasny, G. R. Goff, C. R. Smith und D. W. Gross (Hrsg.). 1991. *Challenges in the Conservation of Biological Resources: A Practitioner's Guide.* Westview Press, Boulder, CO.

Del Tredici, P. 1991. Ginkgos and people: A thousand years of interaction. *Arnoldia* 51: 2–15.

Del Tredici, P., Hsieh Ling und Guang Yang. 1992. The ginkgos of Tian Mu Shan. *Conservation Biology* 6: 202–209.

Dennis, B. 1981. Extinction and waiting times in birth-death processes: Applications to endangered species and insect pest control. *In:* C. Jaillie, G. P. Patil und B. A. Baldessari (Hrsg.), *Statistical Distributions in Scientific Work,* Band 6, S. 298–301. Reidel, Dordrecht.

Dennis, B., P. L. Munholland und J. M. Scott. 1991. Estimation of growth and extinction parameters for endangered species. *Ecological Monographs* 61: 115–143.

Denslow, J. S. und Padoch (Hrsg.). 1988. *People of the Tropical Rain Forest.* University of California Press, Berkeley.

Der Rat der Europäischen Gemeinschaften 1992. Richtlinie 92/43/EWG des Rates vom 21. Mai 1992 zur Erhaltung der natürlichen Lebensräume sowie der wildlebenden Tiere und Pflanzen. Abl. EG Nr. L 206, 7–50.

DeSteven, D. 1991. Experiments on mechanisms of tree establishment in old-field succession: Seedling emergence. *Ecology* 72: 1066–1075.

Devall, B. und G. Sessions. 1985. *Deep Ecology: Living as if Nature Mattered.* Gibbs Smith Publisher, Salt Lake City.

Diamond, A. W. 1985. The selection of critical areas and current conservation efforts in tropical forest birds. *In:* A. W. Diamond und T. E. Lovejoy (Hrsg.), *Conservation of Tropical Forest Birds,* S. 33–48. Technical Publication No. 4, International Council for Bird Preservation, Cambridge, England.

Diamond, J. M. 1975. The island dilemma: Lessons of modern biogeographic studies for the design of natural reserves. *Biological Conservation* 7: 129–146.

Diamond, J. M. 1984. "Normal" extinctions of isolated populations. *In:* M. H. Nitecki (Hrsg.), *Extinctions,* S. 191–245. University of Chicago Press, Chicago.

Diamond, J. M. 1986. The design of a nature reserves system for Indonesian New Guinea. *In:* M. E. Soulé (Hrsg.), *Conservation Biology: The Science of Scarcity and Diversity,* S. 485–503. Sinauer Associates, Sunderland, MA.

Diamond, J. M. 1987. Extant unless proven extinct? Or, extinct unless proven extant? *Conservation Biology* 1: 77–81.

Diamond, J. M. 1988a. Factors controlling species diversity: Overview and synthesis. *Annals of the Missouri Botanical Gardens* 75: 117–129.

Diamond, J. M. 1988b. Red books or green lists? *Nature* 332: 304–305.

Diamond, J. M. 1990. Reflections on goals and on the relationship between theory and practice. *In:* W. R. Jordan III, M. E. Gilpin und J. D. Aber (Hrsg.), *Restoration Ecology: A Synthetic Approach to Ecological Research,* S. 329–336. Cambridge University Press, Cambridge.

Diamond, J. M., K. D. Bishop und S. van Balen. 1987. Bird survival in an isolated Javan woodland: Island or mirror? *Conservation Biology* 1: 132–142.

Dinerstein, E. und G. F. McCracken. 1990. Endangered greater one-horned rhinoceros carry high levels of genetic variation. *Conservation Biology* 4: 417–422.

Dinerstein, E. und E. Wikramanayake. 1992. Beyond 'Hotspots':How to prioritize investments in biodiversity in the Indo-Pacific Region. *Conservation Biology* 7: 39–52.

Dirig, R. 1988. Nabokov's blue snowflakes. *Natural History* 97: 69.

Di Silvestro, R. L. 1987. Saga of AC-9, the last free condor. *Audubon* 89: 12–14.

Doak, D. 1989. Spotted owls and old growth logging in the Pacific Northwest. *Conservation Biology* 3: 389–396.

Dobson, A. P. und A. M. Lyles. 1989. The population dynamics and conservation of primate populations. *Conservation Biology* 3: 362–380.

Dobson, A. P. und J. H. Poole. 1991. Ivory: Why the ban must stay! *Conservation Biology* 6: 149–151.

Docherty, D. E. und R. I. Romaine. 1983. Inclusion body disease of cranes. A serological follow-up to the 1978 die-oof. *Avian Diseases* 27: 830–835.

Dolld, C. K. jr. 1990. Effects of habitat fragmentation on a stream-dwelling species, the flattened musk turtle *Stenotherus depressus. Biological Conservation* 54: 33–45.

Dogsé, P. und B. von Droste. 1990. *Debt-for-Nature Exchanges and Biosphere Reserves.* UNESCO, Paris.

Dolnick, E. 1989. Panda paradox. *Discover* 10: 70–74.

Donázar, J. A. und C. Fernández. 1990. Population trends of the girffon vulture *Gyps fulvus* in northern Spain between 1969 and 1989 in relation to conservation measures. *Biological Conservation* 53: 83–91.

Donovan, G. P. 1986. Thirty-eight annual meeting of the International Whaling Comission, June 1986. *Polar Record* 23: 437–441.

Doughty, R. W. 1989. *Return of the Whooping Crane.* University of Texas Press, Austin.

Dowling, T. E. und M. R. Childs. 1992. Impact of hybridization on a threatened trout of the southwestern United States. *Conservation Biology* 6: 355–364.

Downing, T. E., S. B. Hecht, H. A. Pearson und C. Garcia-Downing. 1992. *Development or Destruction: The Conversion of Tropical Forest to Pasture in Latin America.* Westview Press, Boulder, CO.

Drake, J. A. et al. (Hrsg.). 1989. *Biological Invasions: A Global Perspective.* SCOPE Report No. 37. John Wiley, New York.

Drayton, B. 1993. Changes in the Flora of the Middlessex Fells, 1894–1993. Masters Thesis, Boston University, Boston.

Dregné, H. E. 1983. *Desertification of Arid Lands.* Academic Press, New York.

Dresser, B. L. 1988. Cryobiology, embryo transfer, and artificial insemination in *ex situ* animal conservation programs. *In:* E. O. Wilson und F. M. Peter (Hrsg.), *Biodiversity,* S. 296–308. National Academy Press, Washington, D.C. [Deutsche Ausgabe: Kryobiologie, Embryonentransfer und künstliche Besamung bei Artenschutzprogrammen *ex situ. In:* E. O. Wilson und F. M. Peter (Hrsg.), *Ende der biologischen Vielfalt?* S. 320–332. Spektrum Akademischer Verlag, Heidelberg, 1992.]

DSIRV (Hrsg.) 1971. Die in der Bundesrepublik Deutschland gefährdeten Vogelarten und der Erfolg von Schutzmaßnahmen. Vogelwelt 92: 75–80.

Dudley, L. C. C. 1992. The Chimane conservation program in Beni, Bolivia: An effort for local participation. *In:* K. H. Redford und C. Padoch (Hrsg.), *Conservation of Neotropical Rainforest,* S. 228–255. Columbia University Press, New York.

Duffey, E. 1971. The management of Woodwalton Fen: A multidisciplinary approach. *In:* E. Duffey und A. S. Watts (Hrsg.), *The Scientific Management of Animal and Plant Communities for Conservation,* S. 581–597. Blackwell Scientific Publications, Oxford.

Duffey, E. und A. S. Watts (Hrsg.). 1971. *The Scientific Management of Animal and Plant Communities for Conservation.* Blackwell Scientific Publications, Oxford.

Duffey, E., N. G. Morris, J. Sheail, L. K. Ward, D. A. Wells und T. C. E. Wells. 1974. *Grassland Ecology and Wildlife Management.* Chapman and Hall, London.

Duffus, D. A. und P. Dearden. 1990. Non-consumptive wildlife-oriented recreation: A conceptual framework. *Biological Conservation* 53: 213–231.

Dufour, D. L. 1990. Use of tropical reinforest by native Amazonians. *BioScience* 40: 652–659.

Dwivedi, O. P. und B. Tiwari, 1987. *Environmental Crisis and Hindu Religion.* Gatanjali Publishing House, New Delhi.

Dyer, M. I. und M. M. Holland. 1991. The biosphere reserve concept: Needs for a network design. *BioScience* 41: 319–325.

Eberhardt, L. L. und J. M. Thomas. 1991. Designing environmental field studies. *Ecological Monographs* 61: 53–73.

Economic and Social Commission for Asia and the Pacific. 1985. *Marine Environmental Problems and Issues in the ESCAP Region.* United Nations, ESCAP, Bangkok, Thailand.

Ehrenfeld, D. W. 1970. *Biological Conservation.* Holt, Rinehart and Winston, New York.

Ehrenfeld, D. W. 1981. *The Arrogance of Humanism.* Oxford University Press, New York.

Ehrenfeld, D. W. 1988. Why put a value on biodiversity? *In:* E. O. Wilson und F. M. Peter (Hrsg.), *Biodiversity,* S. 212–216. National Academy Press, Washington, D.C. [Deutsche Ausgabe: Warum soll man der biologischen Vielfalt einen Wert beimessen? *In:* E. O. Wilson und F. M. Peter (Hrsg.), *Ende der biologischen Vielfalt?,* S. 235–239. Spektrum Akademischer Verlag, Heidelberg, 1992]

Ehrenfeld, D. W. 1989. Hard times for diversity. D. Western und M. Pearl (Hrsg.), *Conservation for the Twenty-First Century,* S. 247–250. Oxford University Press, New York.

Ehrenfeld, D. W. und P. J. Bentley. 1985. Judaism and the practice of stewardship. *Judaism* 34: 301–311.

Ehrlich, P. R. 1988. The loss of diversity: Causes and consquences. *In:* E. O. Wilson und F. M. Peter (Hrsg.), *Biodiversity,* S. 21–27. National Academy Press, Washington, D.C. [Deutsche Ausgabe: Der Verlust der Vielfalt: Ursachen und Konsequenzen. *In:* E. O. Wilson und F. M. Peter (Hrsg.), *Ende der biologischen Vielfalt?,* S. 39–45. Spektrum Akademischer Verlag, Heidelberg, 1992.]

Ehrlich, P. R. und A. H. Ehrlich, 1968. *The Population Bomb.* Amereon, Mattituck, NY.

Ehrlich, P. R. und A. H. Ehrlich. 1981. *Extinction: The Causes and Consequences of the Disappearance of Species.* Random House, New York. [Deutsche Ausgabe: *Der lautlose Tod. Das Aussterben der Pflanzen und Tiere.* Krüger, Frankfurt, 1983.]

Ehrlich, P. R. und H. A. Mooney. 1983. Extinction, substitution und ecosystem services. *BioScience* 33: 248–254.

Ehrlich, P. R. und D. D. Murphy. 1987. Conservation lessons from long-term studies of checkerspot butterflies. *Conservation Biology* 1: 122–131.

Ehrlich, P. R. und P. H. Raven. 1964. Butterflies and plants: A study in coevolution. *Evolution* 18: 586–608.

Eisenberg, J. F. und L. D. Harris. 1989. Conservation: A consideration of evolution, population, and life history. *In:* D. Western und M. Pearl (Hrsg.), *Conservation for the Twenty-First Century,* S. 99–107. Oxford University Press, New York.

Eisner, T. 1991. Chemical prospecting: A proposal for action. *In:* F. H. Bormann und S. R. Kellert (Hrsg.), *Ecology, Economics, Ethics: The Broken Circle,* S. 196–202. Yale University Press, New Haven, CT.

El Serafy, S. 1989. The proper calculation of income from depletable natural resources. In: *Environmental Accounting for Sustainable Development.* World Bank/UNEP Symposium. The World Bank, Washington, D.C.

Elfring, C. 1989. Preserving land through local land trusts. *BioScience* 39: 71–74.

Ellenberg, H. 1978. *Vegetation Mitteleuropas mit den Alpen in ökologischer Sicht.* 2. Aufl. Ulmer, Stuttgart.

Ellis, R. 1992. Whale kill begins anew. *Audubon* 94: 20–22.

Ellis, W. S. 1990. A Soviet sea lies dying. *National Geographic* 177 (Februar): 73–93.

Ellstrand, N. C. 1992. Gene flow by pollen: Implications for plant conservation genetics. *Oikos* 63: 77–86.

Elton, C. S. 1958. *The Ecology of Invasions.* John Wiley, New York.

Emerson, R. W. 1836. *Nature.* James Monroe and Co., Boston, MA.

Endangered Species Coalition. 1992. *The Endangered Species Act: A Commitment Worth Keeping.* The Wilderness Society, Washington, D.C.

Erdelon, W. 1988. Forest ecosystems and nature conservation in Sri Lanka. *Biological Conservation* 43: 115–135.

Erdmann, K. H. 1993. Biosphärenreservate – Naturschutzkategorie für Kulturlandschaften. Verh. Ges. Ökol. 22: 475–481.

Erwin, T. L. 1982. Tropical forests: Their richness in Coleoptera and other arthropod species. *Coleopterists Bulletin* 36: 74–75.

Erwin, T. L. 1983. Beetles and other insects of tropical forest canopies at Manaus, Brazil, sampled by insecticidal fogging. *In:* S. L. Sutton, T. C. Whitmore und A. C. Chadwick (Hrsg.), *Tropical Rain Forest: Ecology and Management,* S. 59–75. Blackwell Scientific Publications, Edinburgh.

Erwin, T. L. 1991. How many species are there? Revisited. *Conservation Biology* 5: 330–333.

Erz, W. 1990. Rückblicke und Einblicke in die Naturschutz-Geschichte. Natur und Landschaft 65: 103–106.

Estes, J. A., D. O. Duggins und G. B. Rathbun. 1989. The ecology of extinctions in kelp forest communities. *Conservation Biology* 3: 252–264.

Etter, R. J. und J. F. Grassle. 1992. Patterns of species diversity in the deep sea as a function of sediment particle size diversity. *Nature* 360: 575–578.

Eudey, A. A. 1987. *Action Plan for Asian primate Conservation: 1987–1991.* IUCN Species Survival Commission Primate Specialist Group. IUCN, Gland, Schweiz.

Faanes, C. 1990. Cuban sandhills still declining. *International Crane Foundation Bugle* 16: 2.

Facelli, J. M. und S. T. Pickett. 1991. Plant litter: Light interceptions and effects on an old-field plant community. *Ecology* 72: 1024–1031.

Fackelmann, K. 1984. The zoo ark: Charting a new course. *BioScience* 34: 606–612.

Falconer, D. S. 1981. *Introduction to Quantitative Genetics,* 2. Aufl. Longman, New York.

Falk, D. A. 1991. Joining biological and economic models for conserving plant genetic diversity. *In:* D. A. Falk und K. E. Holsinger (Hrsg.), *Genetics and Conservation of Rare Plants,* S. 209–224. Oxford University Press, New York.

Falk, D. A. 1992. From conservation biology to conservation practice: Strategies for protecting plant diversity. *In:* P. L. Fiedler und S. K. Jain (Hrsg.), *Conservation Biology: The Theory and Practice of Nature Conservation, Preservation and Management,* S. 397–432. Chapman and Hall, New York.

Falk, D. A. und K. E. Holsinger. 1991. *Genetics and Conservation of Rare Plants.* Oxford University Press, New York.

Falk, D. A. und P. Olwell. 1992. Scientific and policy considerations in restoration and reintroduction of endangered species. *Thodora* 94: 287–315.

Farnsworth, N. R. 1988. Screening plants for new medicines. *In:* E. O. Wilson und F. M. Peter (Hrsg.), *Biodiversity,* S. 83–97. National Academy Press, Washington, D.C. [Deutsche Ausgabe: Die Suche nach neuen Arzneistoffen in der Pflanzenwelt. *In:* E. O. Wilson und F. M. Peter (Hrsg.), *Ende der biologischen Vielfalt?,* S. 104–118. Spektrum Akademischer Verlag, Heidelberg, 1992.]

Favre, D. S. 1989. International Trade in Endangered Species: A Guide to CITES. Klumer Academic, Dordrecht.

Fearnside, P. M. 1987. Deforestation and international economic development projects in Brazilian Amazonia. *Conservation Biology* 1: 214–221.

Fearnside, P. M. 1988. O carvão de Carajás. *Ciencia Hoje* 48: 17–21.

Fearnside, P. M. 1989. Extractive reserves in Brazilian Amazonia. *BioScience* 39: 387–393.

Fearnside, P. M. 1990. Predominant land uses in Brazilian Amazonia. *In:* A. Anderson (Hrsg.), *Alternatives to Deforestation: Steps Toward Sustainable Use of the Amazon Rain Forest,* S. 233–251. Columbia University Press, New York.

Feschbach, M. und A. Friendly, jr. 1991. *Ecocide in the USSR: Health and Nature Under Seige.* Basic Books, New York.

Fiedler, P. L. und S. K. Jain (Hrsg.). 1992. *Conservation Biology: The Theory and Practice of Nature Conservation, Preservation and Management.* Chapman and Hall, New York.

Fillon, F. L., A. Jacquemot und R. Reid. 1985. *The Importance of Wildlife to Canadians.* Canadian Wildlife Service, Ottawa.

Fischer, A. G. 1960. Latitudinal variations in organic diversity. *Evolution* 14: 64–81.

Fisher, C. R. jr. 1990. Marine invertebrates and their chemolithoautotrophic symbionts. *Review of Aquatic Sciences* 2: 399–436.

Fitter, R. und M. Fitter. 1987. *The Toad to Extinction.* IUCN, Gland, Schweiz.

Fitzgerald, S. 1989. *International Wildlife Trade: Whose Business Is It?* World Wildlife Fund, Washington, D.C.

Folk, M. J. and T. C. Tacha. 1990. Crane roost sites. *Journal of Wildlife Management* 54: 480–489.

Food and Agriculture Organization of the United Nations. 1982. *Management and Utilization of Mangroves in Asia and the Pacific.* Umweltpapier 3. FAO, Rom.

Food and Agriculture Organization of the United Nations. 1985. *Mangrove Management in Thailand, Malaysia, and Indonesia.* Umweltpapier 4. FAO, Rom.

Food and Agriculture Organization of the United Nations. 1988. *Current Fisheries Statistics.* FAO, Rom.

Foose, T. J. 1983. The relevance of captive populations to the conservation of biotic diversity. *In:* C. M. Schonewald-Cox, S. M. Chambers, B. MacBryde und L. Thomas (Hrsg.), *Genetics and Conservation: A Reference for Managing Wild Animal and Plant Populations,* S. 374–401. Benjamin/Cummings, Menlo Park, CA.

Forman, R. T. und M. Godron. 1981. Patches and structural components for a landscape ecology. *BioScience* 31: 733–740.

Forman, R. T. und M. Godron. 1986. *Landscape Ecology.* John Wiley, New York.

Forrester, D. J. 1971. Bighorn sheep lungworm-pneumonia complex. *In:* J. W. Davis und R. C. Anderson (Hrsg.), *Parasitic Diseases of Wild Mammals,* S. 158–173. Iowa State University Press, Ames.

Fowler, S. V. et al. 1989. Survey and management proposals for a tropical deciduous forest reserve at Ankarana in northern Madagascar. *Biological Conservation* 47: 297–313.

France, R. L. und N. C. Collins. 1993. Extirpation of crayfish in a lake affected by long-range anthropogenic acidification. *Conservation Biology* 7: 184–188.

Frankel, O. H. und M. E. Soulé. 1981. *Conservation and Evolution.* Cambridge University Press, Cambridge.

Franklin, I. R. 1980. Evolutionary change in small populations. *In:* M. E. Soulé and B. A. Wilcox (Hrsg.), *Conservation Biology: An Evolutionary-Ecological Perspective,* S. 135–149. Sinauer Associates, Sunderland, MA.

Franklin, J. F. 1985. Design of natural area preserves in Hawai'i. *In:* C. P. Stone und J. M. Scott (Hrsg.), *Hawai'is Terrestrial Ecosystems: Preservation and Management,* S. 459–474. Cooperative National Park Resources Studies Unit, University of Hawaii, Manoa.

Franklin, J. F. 1989. Towards a new forestry. *American Forester* Nov./Dez.: 37–44.

Franklin, J. F und R. T. T. Forman. 1987. Creating landscape patterns by forest cutting: Ecological consequences and principles. *Landscape Ecology* 1: 5–18.

Frazer, N. B. 1992. Sea turtle conservation and halfway technology. *Conservation Biology* 6: 179–184.

Freeland, W. J. und W. J. Boulton. 1992. Coevolution of food webs: Parasites, predators and plant secondary compounds. *Biotropica* (Sonderausgabe) 24: 309–327.

Fricke, H. 1988. Coelacanths: The fish that time forgot. *National Geographic* 173: 824–838.

Fricke, H. and K. Hissmann. 1990. Natural habitat of the coelacanths. *Nature* 346: 323–4.

Fujita, M. S. und M. D. Tuttle. 1991. Flying foxes (*Chiroptera: Pteropodidae*): Threatened animals of key ecological and economic importance. *Conservation Biology* 5: 455–463.

Futuyma, D. J. 1986. *Evolutionary Biology,* 2. Aufl. Sinauer Associates. Sunderland, MA.

Gadgil, M. und R. Guha. 1992. *This Fissured Land: An Ecological History of India.* Oxford University Press, Oxford.

Gage, J. D. und P. A. Tyler. 1991. *Deep-Sea Biology: A Natural History of Organisms at the Deep Seafloor.* Cambridge University Press, Cambridge.

Gagné, W. C. 1988. Conservation priorities in Hawaiian natural systems. *BioScience* 38: 264–271.

Game, M. und G. F. Peterken. 1984. Nature reserve selection strategies in the woodlands of central Lincolnshire, England. *Biological Conservation* 29: 157–181.

Gaston, K. J. 1991. The magnitude of global insect species richness. *Conservation Biology* 5: 283–296.

Gates, D. M. 1993. *Climate Change and Its Biological Consequences.* Sinauer Associates, Sunderland, MA.

Gavin, T. A. 1991. New approaches in managing biodiversity: A matter of scale. *In:* D. J. Decker, M. E. Krasny, G. R. Goff, C. R. Smith und D. W. Gross (Hrsg.), *Challenges in the Conservation of Biological Resources: A Practitioner's Guide,* S. 97–103. Westview Press, Boulder, CO.

Gentry, A. H. 1982. Neotropical floristic diversity: phytogeographical connections between Central and South America, Pleistocene climatic fluctuations, or an accident of the Andean orogeny? *Annals of the Missouri Botanical Garden* 69: 557–593.

Gentry, A. H. 1986. Endemism in tropical versus temperate plant communities. *In:* M. E. Soulé (Hrsg.), *Conservation Biology: The Science of Scarcity and Diversity,* S. 153–181. Sinauer Associates, Sunderland, MA.

Gepp, J. (Hrsg.) 1983. Rote Listen gefährdeter Tiere Österreichs. Grüne Reihe Bundesmin. Gesundh. Umweltschutz, Wien.

Gerrodette, T. und W. G. Gilmartin. 1990. Demographic consequences of changing pupping and hauling sites of the Hawaiian monk seal. *Conservation Biology* 4: 423–430.

Gersh, J. und R. Pickert, 1991. Land-use modeling: Accommodating growth while conserving biological resources in Dutchess County, New York. *In:* D. J. Decker, M. E. Krasny, G. R. Goff, C. R. Smith und D. W. Gross (Hrsg.), *Challenges in the Conservation of Biological Resources: A Practitioner's Guide,* S. 233–242. Westview Press, Boulder, CO.

Getz, W. M. und R. G. Haight. 1989. *Population Harvesting: Demographic Models of Fish, Forest, and Antimal Resources.* Princeton University Press, Princeton, NJ.

Gibbons, A. 1992. Conservation biology in the fast lane. *Science* 255: 2–220.

Gigon, A., P. M. Frischknecht und B. Scherz. 1993. Umweltnaturwissenschaften – der neue Studiengang an der Eidgenössischen Technischen Hochschule Zürich. Verh. Ges. Ökologie 22: 365–370.

Gilbert, L. E. 1980. Food web organization and the conservation of Neotropical diversity. *In:* M. E. Soulé und B. A. Wilcox (Hrsg.), *Conservation Biology: An Evolutionary-Ecological Perspective,* S. 11–33. Sinauer Associates, Sunderland, MA.

Gillis, A. M. 1990. The new forestry. *Bio Science* 40: 558–562.

Gillis, M. 1986. *Non-wood Forest Products in Indonesia.* Department of Forestry, University of North Carolina, Chapel Hill, NC.

Gillis, M. 1991. Economics, ecology, and ethics: Mending the broken circle for tropical forests. *In:* F. H. Bormann und S. R. Kellert (Hrsg.), *Ecology, Economics, Ethics: The Broken Circle,* S. 155–179. Yale University Press, New Haven, CT.

Gilpin, M. E. 1990. Experimental community assembly: competition, community structure, and the order of species introductions. *In:* W. R. Jordan III., M. E. Gilpin und J. D. Aber (Hrsg.), *Restoration Ecology: A Synthetic Approach to Ecological Research,* S.151–161. Cambridge University Press, Cambridge.

Gilpin, M. E und M. E. Soulé. 1986. Minimum viable populations: Processes of species extinction *In:* M. E. Soulé (Hrsg.), *Conservation Biology: The Science of Scarcity and Diversity,* S. 19–34. Sinauer Associates, Sunderland, MA.

Giono, J. 1989. *The Man Who Planted Trees.* Collins Dove, Melbourne, Australia.

Giovannoni, S. J., T. B. Britschgi, C. L. Moyer und K. G. Field. 1990. Genetic diversity in Sargasso Sea bacterioplankton. *Nature* 345: 60–63.

Gipps, J. H. W. (Hrsg.). 1991. *Beyond Captive Breeding: Reintroducing Endangered Species through Captive Breeding.* Symposium Nr. 62 der Zoological Society of London. Clarendon Press, Oxford.

Girdner, B. 1992. The condor will soar anew: zoo program brings California birds back from the brink of extinction. *The Boston Globe*. 6. Januar 1992.

Gliessman, S. R. 1991. Ecological basis of traditional management of wetlands in tropical Mexico: Learning from agroecosystem models. *In:* M. L. Oldfied und J. B. Alcorn (Hrsg.), *Biodiversity: Culture, Conservation and Ecodevelopment,* S. 211–229. Westview Press, Boulder, CO.

Gold, Thomas. 1992. The deep, hot biosphere. *Proceedings of the National Academy of Science* 89: 6045–6049.

Goldblatt, P. 1978. An analysis of the flora of Southern Africa: Its characteristics, relationships and origins. *Annals of the Missouri Botanical Garden* 65: 369–436.

Goldman, B. und F. H. Talbot. 1976. Aspectes of the ecology of coral reef fishes. *In:* O. A. Jones und R. Endean (Hrsg.), *Biology and Geology of Coral Reefs,* Band 3, S. 125–154. Academic Press, New York.

Goldsmith, B. (Hrsg.). 1991. *Monitoring for Conservation and Ecology.* Chapman and Hall, New York.

Goleman, D. 1991. Shamans and their lore may vanish with fhe forests. *New York Times Vol.* CXL No. 48, 628. 11. Juni 1991, S. C1/C13.

Gomez-Pompa, A. und A. Kaus. 1988. Conservation by traditional cultures in the tropics. *In:* V. Martin (Hrsg.), *For the Conservation of Earth.* Fulcrum Inc., Golden, CO.

Gomez-Pompa, A. und A. Kaus. 1992. Taming the wilderness myth. *BioScience* 42: 271–279.

Goodland, R. J. A. 1987. The World Bank's wildlands policy: A major new means of financing conservation. *Conservation Biology* 1: 210–213.

Goodland, R. J. A. 1989. The environmental implications of major projects in Third World development. *In:* P. Morris (Hrsg.), *Major Projects and the Environment,* S. 9–34. Major Projects Association, Oxford, England.

Goodland, R. J. A. (Hrsg.). 1990a. *Race to Save the Tropics: Ecology and Economics for a Sustainable Future.* Island Press, Washington, C.D.

Goodland, R. J. A. 1990b. The World Bank's new environmental policy for dams and reservoirs. *Water Resources Development* 6: 226–239.

Goodland, R. J. A. 1991. *Tropical Deforestation: Solutions, Ethics, and Religions.* Umweltarbeitspapier Nr. 43. The World Bank, Washington, D.C.

Goodland, R. J. A. 1992. Environmental priorities for financing institutions. *Environmental Conservation* 19: 9–22.

Goodland, R., H. Daly und S. El Serafy. 1992. The urgent need for a rapid transition to global environmental sustainability. Veröffentlichung der Environmental Sustainability Seminar Series von Environment Canada, Hull, Ottawa, Canada, 11. Dezember 1992.

Goodland, R., H. Daly und S. El Serafy (Hrsg.). 1992. *Population, Technology and Lifestyle: The Transition to Sustainability.* Island Press, Washington, D.C.

Goodland, R., A. Juras und R. Pachauri. 1992. Can hydroreservoirs in tropical moist forest be made environmentally aceptble? *Energy Policy* (Juni): 507–515.

Gordon, R. E. 1993. *Conservation Directory.* National Wildlife Federation, Washington, D.C.

Gore, A. 1992. *Earth in the Balance: Ecology and the Human Spirit.* Houghton Mifflin, New York.

Gorr, T., T. Kleinschmidt und H. Fricke. 1991. Close tetrapod relationship of the coelacanth *Latimeria* indicated by haemoglobin sequences. *Nature* 351: 394–396.

Gosselink, J. G. et al. 1990. Landscape conservation in a forested wetland watershed. *BioScience* 40(8): 588–600.

Gradwohl, J. und R. Greenberg, 1988. *Saving the Tropical Forests.* Earthscan Ltd., London.

Graedel, T. E. and P. J. Crutzen. 1989. The changing atmosphere. *Scientific American* 261: 58–68. [Deutsche Ausgabe: Veränderungen der Atmosphäre. *Spektrum der Wissenschaft* 11: 58–68.]

Graham, F. 1990a. Ban bankrupts the Far East's ivory carvers. *Audubon* 92: 64–65.

Graham, F. 1990b. Kite vs. stork. *Audubon* 92: 104–111.

Graham, R. L., M. G. Turner und V. H. Dale. 1990. Howe increasing CO_2 and climate change affect forests. *BioScience* 40(8): 575–587.

Grant, P. R. und B. R. Grant. 1992. Darwin's finches: Genetically effective population sizes. *Ecology* 73: 766–784.

Grassle, J. F. 1985. Hydrothermal vent animals: Distribution and biology. *Science* 229: 713–717.

Grassle, J. F. 1991. Deep-sea benthic biodiversity. *BioScience* 41: 464–469.

Grassle, J. F. und N. J. Maciolek. 1992. Deep-sea species richness: Regional and local diversity estimates from quantitative bottom samples. *American Naturalist* 139: 313–341.

Grassle, J. F., P. Lasserre, A. D. McIntyre and G. C. Ray. 1991. Marine biodiversity and ecosystem function. *Biology International* (Sonderausgabe) 23: I–IV, 1–19.

Green, B. H. 1989. Conservation in cultural landscapes. *In:* D. Western und M. Pearl (Hrsg.), *Conservation for the Twenty-First Century,* S. 182–198. Oxford University Press, New York.

Green, C. H. und S. M. Tunstall. 1991. Is the economic evaluation of environmental resources possible? *Journal of Environmental Management* 33: 123–141.

Greeson, P. E., J. R. Clark und J. E. Clark (Hrsg.). 1979. *Wetland Functions and Values: The State of Our Understanding.* American Water Resources Association, Minneapolis.

Gregg, W. P. jr. 1991. MAB Biosphere Reserves and conservation of traditional land use systems. *In:* M. L. Oldfield und J. B. Alconr (Hrsg.), *Biodiversity: Culture, Conservation and Ecodevelopment,* S. 274–294. Westview Press, Boulder, CO.

Griffith, B., J. M. Scott, J. W. Carpenter und C. Reed. 1989. Translocation as a species conservation tool: Status and strategy. *Science* 245: 477–480.

Grigg, G. 1989. Kangaroo harvesting and the conservation of arid and semi-arid rangelands. *Conservation Biology* 3: 194–197.

Grigg, R. W. und D. Epp. 1989. Critical depth for the survival of coral islands: Effects on the Hawaiian archipelago. *Science* 243: 638–641.

Gross, D. W., B. T. Wilkins, R. R. Quinn und A. E. Zepp. 1991. Local land protection and planning efforts. *In:* D. J. Decker, M. E. Krasny, G. R. Goff, C. R. Smith und D. W. Gross (Hrsg.), *Challenges in the Conservation of Biological Resources: A Practitioner's Guide,* S. 355–366. Westview Press, Boulder, CO.

Grove, N. 1988. Quietly conserving nature. *National Geographic* 174 (Januar): 818–844.

Grove, R. H. 1990. Colonial conservation, ecological hegemony, and popular resistance. Towards a global synthesis. *In:* J. M. MacKenzie (Hrsg.), *Imperialism and the Natural World.* University of Manchester Press, Manchester.

Grove, R. H. 1992. Origins of Western environmentalism. *Scientific American* 267: 42–47. [Deutsche Ausgabe: Die Anfänge des Umweltbewußtseins. *Spektrum der Wissenschaft* 9: 76–81.]

Grove, R. H. und J. J. Burdon (Hrsg.). 1986. *Ecology of Biological Invasions.* Cambridge University Press, Cambridge.

Grumbine, R E. 1993. *Ghost Bears: Exploring the Biodiversity Crisis.* Island Press, Washington, D.C.

Guha, R. 1989a. Radical American environmentalists and wilderness preservation: A third world critique. *Environmental Ethics* 11: 71–83.

Guha, R. 1989b. *The Unquiet Woods: Ecological Change and Peasant Resistance in the Himalaya.* Oxford University Press, Delhi.

Gulick, P., C. Hershey und J. Esquinas Alcazar. 1983. *Genetic Resources of Cassava and Wild Relatives.* International Board for Plant Genetic Resources 82/111, Rom.

Gullison, R. E. und E. C. Losos. 1993. The role of foreign debt in deforestation in Latin America. *Conservation Biology* 7: 140–147.

Gup, T. 1992. The stealth secretary. *Time* 139(21): 57–59.

Gupta, T. A und A. Guleria. 1982. *Non-Wood Forest Products from India.* IBH Publishing Co., New Delhi.

Guzmán, H. M. 1991. Restoration of coral reefs in Pacific Costa Rica. *Conservation Biology* 5: 189–195.

Haarmann, K. und P. Pretscher. 1988. Naturschutzgebiete in der Bundesrepublik Deutschland. Kilda, Greven.

Haarmann, K. und P. Pretscher. 1993. Zustand und Zukunft der Naturschutzgebiete in Deutschland. *Schriftenreihe für Landschaftspflege und Naturschutz* 39.

Haas, P. M., M. A. Levy und E. A. Parson. 1992. Appraising the Earth Summit: How should we judge UNCED's success? *Environment* 34(8): 7–35.

Hafernik, J. E., jr. 1992. Threats to invertebrate biodiversity: Implications for conservation strategies. *In:* P. L. Fiedler und S. K. Jain (Hrsg.), *Conservation Biology: The Theory and Practice of Nature Conservation, Preservation and Management,* S. 171–195. Chapman and Hall, New York.

Hagan, J. (Hrsg.). 1992. *Neotropical Migrants.* Smithsonian Institution Press, Washington, D.C.

Haig, S. M., J. D. Ballou und S. R. Derrickson. 1990. Management options for preserving genetic diversity: Reintroduction of Guam rails to the wild. *Conservation Biology* 4: 290–300.

Hair, J. D. 1988. The economics of conserving wetlands: A widening circle. Veröffentlichung beim Wirtschaftsworkshop der Generalversammlung der IUCN, 4.–5. Februar 1988, Costa Rica.

Hair, J. D. and G. A. Pomerantz. 1987. The educational value of wildlife. *In:* D. J. Decker und G. R. Goff (Hrsg.), *Valuing Wildlife: Economic and Social Perspectives,* S. 197–207. Westview Press, Boulder, CO.

Hales, D. F. 1984. The World Heritage Convention: Status and directions. *In:* J. A. McNeely und K. R. Miler (Hrsg.), *National Parks, Conservation, and Development: The Role of Protected Areas in Sustaining Society,* S. 744–750. Smithsonian Institution Press, Washington, D.C.

Hall, A. V., B. de Winter, S. P. Fourie und T. H. Arnold. 1984. Threatened plants in Southern Africa. *Biological Conservation* 28: 5–20.

Hall, L. A. 1987. Transplantation of sensitive plants as mitigation for environmental impacts. *In:* T. S. Elias (Hrsg.), *Conservation and Management of Rare and Endangered Plants,* S. 413–320. California Native Plant Society, Sacramento, CA.

Hammack, J. and G. M. Brown, jr. 1974. *Waterfowl and Wetlands: Toward Bioeconomic Anaylsis.* Johns Hopkins University Press, Baltimore.

Hampicke, U. 1988. Extensivierung der Landwirtschaft für den Naturschutz – Ziele, Rahmenbedingungen, Maßnahmen. Schriftenr. Bayer. Landesamt für Umweltschutz 84: 9–36.

Hampicke, U. 1991. Naturschutz-Ökonomie. Eugen Ulmer, Stuttgart.

Hamrick, J. L. und M. J. W. Godt. 1989. Allozyme diversity in plant species. *In:* A. H. D. Brown, M. T. Clegg, A. L. Kahler und B. S. Weir (Hrsg.), *Plant Population Genetics, Breeding, and Genetic Resources,* S. 43–63. Sinauer Associates, Sunderland, MA.

Hamrick, J. L., M. J. Godt, D. A. Murawski und M. D. Loveless. 1991. Correlations between species traits and allozyme diversity: Implications for conservation biology. *In:* D. A. Falk und K. E. Holsinger (Hrsg.), *Genetics and Conservation of Rare Plants,* S. 75–86. Oxford University Press, New York.

Hansen, A. J., T. A. Spies, F. J. Swanson und J. L. Ohmann. 1991. Conserving biodiversity in managed forests. *BioScience* 41: 382–392.

Hansen, S. 1989. *Debt for nature swaps*: Overview and discussion of key issues. *Ecological Economics* 1: 77–93.

Hanski, I. 1989. Metapopulation dynamics: Does it help to have more of the same? *Trends in Ecology and Evolution* 4: 113–114.

Hardin, G. 1968. The tragedy of the commons. *Science* 162: 1243–1248.

Hardin, G. 1985. *Filters against Folly: How to Survive Despite Economists, Ecologists, and the Merely Eloquent.* Viking Press, New York.

Harding, P. T. National species distribution surveys. *In:* B. Goldsmith (Hrsg.), *Monitoring for Conservation and Ecology.* Chapman and Hall, New York.

Hargrove, E. C. 1986a. Environmental ethics and Asian and comparative philosophy. *Environmental Professional* 8: 291–292.

Hargrove, E. C. (Hrsg.). 1986b. *Religion and the Environmental Crisis.* University of Georgia Press, Athen.

Hargrove, E. C. 1989. *Foundations of Environmental Ethics.* Prentice-Hall, Englewood Cliffs, NJ.

Harper, J. L. 1977. *Population Biology of Plants.* Academic Press, New York.

Harris, L. D. 1984. *The Fragmented Forest: Island Biogeographic Theory and the Preservation of Biotic Diversity.* University of Chicago Press, Chicago.

Harris, R. B. und F. W. Allendorf. 1989. Genetically effective population size of large mammals: An assessment of estimators. In *Conservation in Tropical Southeast Asia.* IUCN, Morges.

Harrison, S. und J. F. Quinn. 1989. Correlated environments and the persistence of metapopulations. *Oikos* 56: 293–298.

Hart, J. A. 1978. From subsistence to market: a case study of the Mbuti net-hunters. *Human Ecology* 6: 32–53.

Hartell, K. E. 1992. Non-native fishes known from Massachusetts fresh waters. *Occasional Reports of the Museum of Comparative Zoology Fish Department* 2: 1–9.

Harwood, J. 1990. Are scientific quotas needed for the assessment of whale stocks? *Mammal Review* 20: 13–16.

Hawkes, J. G. 1983. *The Diversity of Crop Plants.* Harvard University Press, Cambridge, MA.

Hawkins, A. F. A., P. Chapman, J. U. Ganzhorn, Q. M. C. Bloxham, S. C. Barlow und S. J. Tonge. 1990. Vertebrate conservation in Ankarana Special Reserve, northern Madagascar. *Biological Conservation* 54: 83–110.

Hawksworth, D. L. 1990. The long-term effects of air pollutants on lichen communities in Europe and North America. *In:* G. M. Woodwell (Hrsg.), *The Earth in Transition: Patterns and Processes of Biotic Impoverishment,* S.45–64. Cambridge University Press, Cambridge.

Hawksworth, D. L. 1991a. The fungal dimension of biodiversity: Magnitude, significance, and conservation. *Mycological Research* 95: 641–655.

Hawksworth, D. L. (Hrsg.). 1991b. *The Biodiversity of Microorganisms and Invertebrates: Its Role in Sustainable Agriculture.* CAB International, Wallingford, U.K.

Hawksworth, D. L. 1992. Biodiversity in microorganisms and its role in ecosystem function. *In:* O. T. Solbrig, H. M. van Emden und P. G. W. J. van Oordt (Hrsg.), *Biodiversity and Global Change,* S. 83–94. International Union of Biological Sciences, Paris.

Hayden, B. P., G. C. Ray and R. Dolan. 1984. Classification of coastal and marine environments. *Environmental Conservation* 11: 199–207.

Hecht, S. B. and A. Cockburn. 1989. *The Fate of the Forest: Developers, Destroyers, and Defenders of the Amazon.* Verso, London.

Hecht, S. B., R. B. Norgaard und G. Possio. 1988. The economics of cattle ranching in eastern Amazonia. *Interciencia* 13: 233–240.

Hegg, O., C. Béguin, und H. Zoller. 1992. Atlas schutzwürdiger Vegetationstypen der Schweiz. Eidgenössische Drucksachen- und Materialzentrale, Bern.

Hellawell, J. M. 1986. *Biological Indicators of Freshwater Pollution and Environmental Management.* Elsevier Applied Science Publisher, London.

Hellawell, J. M. 1991. Development of a rationale for monitoring. *In:* B. Goldsmith (Hrsg.), *Monitoring for Conservation and Ecology,* S. 1–14. Chapman and Hall, New York.

Henle, K. und G. Kaule. (Hrsg.) 1993 (Unveränd. Nachdr. der 1. Aufl. 1991). Arten- und Biotopschutzforschung für Deutschland. Forschungszentrum Jülich.

Hinrichsen, D. 1987. The forest decline enigma. *BioScience* 37(8): 542–546.

Hobbs, R. J. 1989. The nature and effects of disturbance relative to invasions. *In:* J. A. Drake und H. A. Mooney (Hrsg.), *Biological Invasions: A Global Perspective,* S. 389–405. Thomson Press, New Delhi, India.

Hodgson, J. G. 1986. Commonness and rarity in plants with special reference to the Sheffield flora Part I. The identity, distribution and habitat characteristics of the common and rare species. Part III. Taxonomic and evolutionary aspects. *Biological Conservation* 36: 199–252, 275–296.

Holdren, C. 1991. Endangered languages. *Science* 251: 159.

Homan, T. (Hrsg.). 1991. *A Yearning Toward Wildness: Environmentalism and Inspiration from Henry David Thoreau.* Peachtree Publishers, Atlanta.

Homer-Dixon, T. F., J. H. Boutwell and G. W. Rathjens. 1993. Environmental change and violent conflict. *Scientific American* 268: 38–45. [Deutsche Ausgabe: Umweltkonflikte. *Spektrum der Wissenschaft* 4: 36–44.]

Hoose, P. M. 1981. *Building an Ark: Tools for the Preservation of Natural Diversity through Land Protection.* Island Press, Covelo, CA.

Horgan, J. 1992. It came from within. *Scientific American* 267: 20.

Hornocker, M. G. 1992. Learning to live with mountain lions. *National Geographic* 182 (Juli:52–65.

Horton, T. 1992. The Endangered Species Act: Too tough, too weak, or too late? *Audubon* (März/April): 68–74.

Hotz, H. und M. F. Broggi. 1982. Rote Liste der gefährdeten und seltenen Amphibien und Reptilien der Schweiz. Schweizerischer Bund für Naturschutz, Basel.

Hourigan, T. E. und E. S. Resse. 1987. Midoccan isolation and the evolution of Hawaiian reef fishes. *Trends in Ecology and Evolution* 2: 187–191.

Houseal, B., C. MacFarland, G. Archibold und A. Chiaria. 1985. Indigenous cultures and protected areas in Central America. *Cultural Survival Quarterly* 9: 10–20.

Howarth, F. G. 1973. The cavericolous fauna of Hawaiian lava tubes. I. Introduction. *Pacific Insects Monographs* 15: 139–151.

Howarth, F. G. 1990. Hawaiian terrestrial arthropods: An overview. *Bishop Museum Occasional Papers* 30: 4–26.

Howarth, F. G. 1991. Environmental impacts of classical biological control. *Annual Review of Entomology* 36: 485–509.

Howarth, F. G. und G. W. Ramsay. 1991. The conservation of island insects and their habitats. *In:* N. M. Colins und J. A. Thomas (Hrsg.), *The Conservation of Insects and Their Habitats,* S. 71–107. Academic Press, New York.

Howarth, F. G., S. H. Sohmer und W. D. Duckworth. 1988. Hawaiian natural history and conservation efforts. *BioScience* 38: 232–253.

Howe, H. F. 1984. Implications of seed dispersal by animals for tropical reserve management. *Biological Conservation* 30: 261–281.

Hoyt, E. 1988. Conserving the Wild Relatives of Crops. IBPGR/IUCN/WWF, Rom.

Hufschmidt, M. M. und R. Srivardhana. 1986. The Nam Pong water resources project in Thailand. *In:* J. A. Dixon und M. Hufschmidt Economic Valuation Techniques for the Environment: A Case Study Workbook, S. 141–162. Johns Hopkins University Press, Baltimore, MD.

Hughes, N. F. 1986. Changes in the feeding biology of the Nile perch (*Lates nilotica* L.) (Pisces: Centropomidae) in Lake Victoria, East Africa, since its introduction in 1960, and its impact on the native fish community of the Nyanza Gulf. *Journal of Fish Biology* 29: 541–548.

Hunt, H. E. und R. D. Slack. 1989. Winter diets of whooping and sandhill cranes in south Texas. *Journal of Wildlife Management* 53: 1150–1154.

Huston, M. A. 1985. Patterns of species diversity in relation to depth at Discovery Bay, Jamaica. *Bulletin of Marine Science* 37: 928–935.

Hutchings, M. J. 1987a. The population biology of the early spider orchid, *Ophrys sphegodes* Mill. I. A demographic study from 1975–1984. *Journal of Ecology* 75: 711–727.

Hutchings, M. J. 1987b. The population biology of the early spider orchid, *Ophrys sphegodes* Mill. II. Temporal patterns in behaviour. *Journal of Ecology* 75: 729–742.

Hutchings, M. J. 1991. Monitoring plant populations: census as an aid to conservation. *In:* Goldsmith (Hrsg.), *Monitoring for Conservation and Ecology,* S. 61–76. Chapman and Hall, New York.

Hutchins, M. und C. Wemmer. 1986. Wildlife conservation and animal rights: Are they compatible? *In:* M. W. Fox und L. D. Mickley (Hrsg.), *Advances in Animal Welfare Science 1986/87,* S. 111–137. Humane Society of the U.S., Washington, D.C.

Hvengaard, G. T., J. R. Butler und D. K. Krystofiak. 1989. Economic values of bird watching at Point Pelee National Park, Canada. *Wildlife Society Bulletin* 17: 526–531.

Iltis, H. H. 1988. Serendipity in the exploration of biodiversity: What good are weedy tomatoes? *In:* E. O. Wilson und F. M. Peter (Hrsg.), *Biodiversity,* S. 98–105. National Academy Press, Washington, D.C. [Deutsche Ausgabe: Glückliche Zufälle bei der Erforschung biologischer Vielfalt Oder: Wozu sind unkrautähnliche Tomaten gut? *In:* E. O. Wilson und F. M. Peter (Hrsg.), *Ende der biologischen Vielfalt?,* S. 119–127. Spektrum Akademischer Verlag, Heidelberg, 1992.]

Isliker, H. und B. Schurch (Hrsg.). 1981. *The Impact of Malnutrition on Immune Defense in Parasitic Infection.* Veröffentlichungsreihe der Nestlé-Stiftung Band 2, Schweiz.

IUCN (International Union for Conservation of Nature and Natural Resources). 1980. *World Conservation Strategy: Living Resource Conservation for Sustainable Development.* IUCN/UNEP/WWF. Gland, Schweiz.

IUCN. 1982. 1982 United Nations List of National Parks and Protected Areas. IUCN, Gland, Schweiz.

IUCN. 1984. Categories, objectives and criteria for protected areas. *In:* J. A. McNeely und K. R. Miller (Hrsg.), *National Parks, Conservation and Development,* S. 47–53. Smithsonian Institution Press, Washington, D.C.

IUCN. 1985. *United Nations List of National Parks and Protected Areas.* IUCN, Gland, Schweiz.

IUCN. 1988. *1988 IUCN Red List of Threatened Animals.* IUCN, Gland, Schweiz.

IUCN. 1990. *Lemurs of Madagascar and the Comoros: The IUCN Red Data Book.* IUCN, Gland, Schweiz.

IUCN/UNEP (IUCN/United Nations Environment Program). 1986a. *Review of the Protected Areas System in the Indo-Malayan Realm.* IUCN, Gland, Schweiz.

IUCN/UNEP. 1986b. *Review of the Protected Areas System in the Afrotropical Realm.* IUCN, Glans, Schweiz.

IUCN/UNEP. 1986c. *Review of the Protected Areas Sytem in the Oceania.* IUCN, Gland, Schweiz.

IUCN/UNEP. 1986d. *Managing Protected Areas in the Tropics.* IUCN, Gland, Schweiz.

IUCN/UNEP. 1988. *Coral Reefs of the World.* 3 Volumes. IUCN, Gland, Schweiz.

IUCN/UNEP/WWF. (IUCN/UNEP/Worldwide Fund for Nature). 1980. *World Conservation Strategy: Living Resource Conservation for Sustainable Development.* IUCN, Gland, Schweiz.

IUCN/UNEP/WWF. 1991. *Caring for the Earth: A Strategy for Sustainable Living.* IUCN, Gland, Schweiz.

IUCN/WWF. 1989. *The Botanic Gardens Conservation Strategy.* IUCN, Gland.

Iverson, G. C., P. A. Vohs and T. C. Tacha. 1987. Habitat use by mid-continent sandhill cranes during spring migration. *Journal of Wildlife Management* 51: 448–458.

Jackson, J. B. C. 1991. Adaptation and diversity of reef corals. *BioScience* 41: 475–482.

Jackson, L. L. 1992. The role of ecological restoration in conservation biology. *In:* P. L. Fiedler und S. K. Jain (Hrsg.), *Conservation Biology: The Theory and Practice of Nature Conservation, Preservation and*

Management, S. 433–462. Chapman and Hall, New York.

Jacobson, G. L. jr., H. Almquist-Jacobson und J. C. Winne. 1991. Conservation of rare plant habitat: Insights from the recent history of vegatation and fire at Crystal Fen, northern Maine, USA. *Biological Conservation* 57: 287–314.

Jacobson, S. K. 1990. Graduate education in conservation biology. *Conservation Biology* 4: 431–440.

Jannasch, H. W. und M. J. Motti. 1985. Geomicrobiology of deep-sea hydrothermal vents. *Science* 229(4715): 717–720.

Janos, D. P. 1980. Vesicular-arbuscular mycorrhizae affect lowland tropical rain forest plant growth. *Ecology* 61: 151–162.

Janson, C. H. und L. H. Emmons. 1990. Ecological structure of the nonflying mammal community at Cocha Cashu Biological Station, Manu National Park, Peru. *In:* A. H. Gentry (Hrsg.), *Four Neotropical Forests,* S. 314–338. Yale University Press, New Haven, CT.

Janzen, D. H. 1983. No park is an island: Increase in interference from outside as park size decreases. *Oikos* 41: 402–410.

Janzen, D. H. 1986. The eternal external threat. *In:* M. E. Soulé (Hrsg.), *Conservation Biology: The Science of Scarcity and Diversity,* S. 286–303. Sinauer Associates, Sunderland, MA.

Janzen, D. H. 1988a. Tropical dry forests: The most endangered major tropical ecosystem. *In:* E. O. Wilson und F. M. Peter (Hrsg.), *Biodiversity,* S. 130–137. National Academy Press, Washington, D.C. [Deutsche Ausgabe: Tropische Trockenwälder: Die am stärksten bedrohten Ökosysteme der Tropen. *In:* E. O. Wilson und F. M. Peter (Hrsg.), *Ende der biologischen Vielfalt?,* S. 152–160. Spektrum Akademischer Verlag, Heidelberg, 1992.]

Janzen, D. H. 1988b. Tropical ecological and biocultural restoration. *Science* 239: 243–244.

Järvinen, O. 1979. Geographical gradients of stability in European land bird communities. *Oecologia* 38: 51–69.

Jeffery, D. 1989. Yellowstone: The great fires of 1988. *National Geographic* 175: 255–273.

Jenkins, M. D. (ed.) 1987. *Madagascar: An Environmental Profile.* IUCN, Gland, Schweiz.

Jenkins, R. E. jr. 1988. Information management for the conservation of biodiversity. *In:* E. O. Wilson und F. M. Peter (Hrsg.), *Biodiversity,* S.231–239. National Academy Press, Washington, D.C. [Deutsche Ausgabe: Die Verwaltung von Informationen zur Erhaltung biologischer Vielfalt. *In:* E. O. Wilson und F. M. Peter (Hrsg.), *Ende der biologischen Vielfalt?,* S. 255–263. Spektrum Akademischer Verlag, Heidelberg, 1992.]

Johannes, R. E. 1978. Traditional marine conservation methods in Oceania and their demise. *Annual Review of Ecology and Systematics* 9: 49–64.

Johannes, R. E. 1982. Traditional conservation methods and protected marine areas in Oceania. *Ambio* 11: 258–261.

Johns, A. D. 1985. Selective logging and wildlife conservation in tropical rain forest: Problems and recommendations. *Biological Conservation* 31: 355–375.

Johns, A. D. 1987. The use of primary and selectively logged rainforest by Malaysian hornbills (Bucerotidae) and implications for their conservation. *Biological Conservation* 40: 179–190.

Johns, A. D. 1988. Economic development and wildlife conservation in Brazilian Amazonia. *Ambio* 17: 302–306.

Johns, D. M. 1990. The relevance of deep ecology to the Third World: Some preliminary comments. *Environmental Ethics* 12: 233–252.

Johnsgard, P. A. 1983. The Platte: A river of birds. *Nature Conservancy News* 33(5): 6–11.

Johnsgard, P. A. 1990. *Hawks, Eagles, and Falcons of North America.* Smithsonian Institution Press, Washington, D.C.

Johnsgard, P. A. 1991. *Crane Music: A Natural History of American Cranes.* Smithsonian Institution Press, Washington, D.C.

Johnson, K., G. Schaller und H. Jinchu. 1988. Responses of giant pandas to a bamboo die-off. *National Geographic Research* 4: 161–177.

Johnson, N. In press. *What to Save First? Setting Biodiversity Conservation Priorities in a Crowded World.* Biodiversity Support Program, Washington, D.C.

Jones, H. L. und J. M. Diamond. 1976. Short-time-base studies of turnover in breeding birds of the California Channel Islands. *Condor* 76: 526–549.

Jones, P. D. und T. M. L. Wigley. 1990. Global warming trends. *Scientific American* 263: 84–91. [Deutsche Ausgabe: Die Erwärmung der Erde seit 1850. *Spektrum der Wissenschaft* 10: 108–116.]

Jones, R. F. 1990. Farewell to Africa. *Audubon* 92: 50–104.

Jordan, W. R. III., 1988. Ecological restoration: Reflections on a half-century of experience at the University of Wisconsin-Madison Arboretum. *In:* E. O. Wilson und F. M. Peter (Hrsg.), *Biodiversity,* S.311–316. National Academy Press, Washington, D.C. [Deutsche Ausgabe: Ökologische Restauration: Ein halbes Jahrhundet Erfahrungen mit dem Arboretum der University of Wisconsin in Madison. *In:* E. O. Wilson und F. M. Peter (Hrsg.), *Ende der biologischen Vielfalt?,* S.335–340. Spektrum Akademischer Verlag, Heidelberg, 1992.]

Jordan, W. R. III., M. E. Gilpin und J. D. Aber (Hrsg.). 1990. *Restoration Ecology: A Synthetic Approach to Ecological Research.* Cambridge University Press, Cambridge.

Jordan, W. R. III., M. E. Gilpin und J. D. Aber. 1990. Restoration ecology: ecological restoration as a technique for basic research. *In:* W. R. Jordan III., M. E. Gilpin and J. D. Aber (Hrsg.), *Restoration Ecology: A Synthetic Approach to Ecological Research,* S. 3–21. Cambridge University Press, Cambridge.

Joyce, C. 1993. Taxol: Search for a cancer drug. *BioScience* 43: 133–136.

Julien, M. H. (Hrsg.). 1987. *Biological Control of Weeds: A World Catalog of Agents and Their Target Weeds.* CAB CIB Contr., Slough, London.

Kapos, V. 1989. Effects of isolation on the water status of forest patches in the Brazilian Amazon. *Journal of Tropical Ecology* 5: 173–185.

Karron, J. D. 1987. A comparison of levels of genetic polymorphisms and self-compatibility in geographically restricted and widespread plant congeners. *Evolutionary Ecology* 1: 47–58.

Katzman, M. T. und W. G. Cale jr. 1990. Tropical forest preservation using economic incentives. *BioScience* 40: 827–832.

Kaufman, L. 1986. Why the ark is sinking. *In:* L. Kaufman und K. Mallory (Hrsg.), *The Last Extinction,* S. 1–41. MIT Press, Cambridge, MA.

Kaufman, L. 1988. Caught between a reef and a hard place. Why aquaria must invest in captive propagation. Bericht des Nationalen Treffens der American Association of Zoological Parks and Aquaria 1988, S. 365–382.

Kaufman, L. 1992. Catastrophic change in a species-rich freshwater ecosystem: Lessons from Lake Victoria. *BioScience* 42: 846–858.

Kaufman, L. und K. Mallory (Hrsg.). 1986. *The Last Extinction.* MIT Press, Cambridge, MA.

Kavanagh, M., A. A. Rahim und C. J. Hails. 1989. *Rainforest Conservation in Sarawak: An International Policy for WWF.* WWF Malaysia, Kuala Lumpur.

Kay, J. 1988. Concepts of nature in the Hebrew bible. *Environmental Ethics* 10: 307–328.

Keen, W. H. und J. Gagliardi. 1981. Effect of brown bullheads on release of phosphorus in sediment and water systems. *Progressive fish-Culturalist* 43: 183–185.

Kenchington, R. A. und M. T. Agardy. 1990. Achieving marine conservation through biosphere reserve laning and management. *Environmental Conservation* 17: 39–44.

Kennedy, D. M. 1987. What's new at the zoo? *Technology Review* 90: 66–73.

Kepler, C. B. und J. M. Scott. 1985. Conservation of island ecosystems. *In:* P. O. Moors (Hrsg.), *Conservation of Island Birds,* S.255–271. International Council for Bird Preservation, Cambridge, England.

Keyfitz, N. 1989. The growing human population. *Scientific American* 261: 119–126. [Deutsche Ausgabe: Probleme des Bevölkerungswachstums. *Spektrum der Wissenschaft* 11: 98–106.]

Khush, G. S. und K. C. Ling. 1974. Inheritance of resistance to grassy stunt virus and its vector in rice. *Journal of Heredity* 65: 134–136.

Kiew, R. 1991. *The State of Nature Conservation in Malaysia.* Malayan Nature Society, Kuala Lumpur.

Kiff, L. 1990. To the brink and back: The battle to save the California condor. *Terra* 28: 6–18.

Kimmins, J. P. 1987. *Forest Ecology.* Macmillan, New York.

Kimura, M. und J. F. Crow. 1963. The measurement of effective population numbers. *Evolution* 17: 279–288.

King, W. B. 1985. Island birds: Will the future repeat the past? *In:* P. J. Moors (Hrsg.), *Conservation of Island Birds,* S.3–15. International Council for Bird Preservation, Cambridge, England.

Kinnaird, M. F. und T. G. O'Brien. 1991. Viable populations for an endangered forest primate, the Tana River crested mangabey (*Cercocebus galeritus galeritus*). *Conservation Biology* 5: 203–213.

Kirkpatrick, R. C. 1992. Roundtable: Ecology, government legitimacy, and a changing world order. *BioScience* 42: 867–869.

Kleiman, D. G. 1989. Reintroduction of captive mammals for conservation. *BioScience* 39: 152–161.

Kleiman, D. G., B. B. Beck, A. J. Baker, J. D. Ballou, L. Dietz und J. M. Dietz. 1990. The conservation program for the golden lion tamarin, *Leontopithecus rosalia. Endangered Species Update* 8: 82–84.

Klein, B. C. 1989. Effects of forest fragmentation on dung and carrion beetle communities in central Amazonia. *Ecology* 70: 1715–1725.

Kline, V. M. und E. A. Howell. 1990. Prairies. *In:* W. R. Jordan III, M. E. Gilpin und J. D. Aber (Hrsg.), *Restoration Ecology: A Synthetic Approach to Ecological Research,* S. 75–84. Cambridge University Press, Cambridge.

Klinowska, M. 1991. *Dolphins, Porpoises, and Whales of the World: The IUCN Red Data Book.* IUCN, Gland, Schweiz.

Kloppenburg, J. und D. L. Kleinman. 1987. The plant germplasm controversy *Bio Science* 37: 190–198.

Knaut, A. 1994. Zurück zur Natur! Die Wurzeln der Ökologiebewegung. Kilda, Greven.

Knight, R. R. und L. L. Eberhardt. 1985. Population dynamics of Yellowstone grizzly bears. *Ecology* 66: 323–334.

Koechlin, J., J. L. Guillaumet und P. Morat. 1974. *Flore et Vegetation of Wetlands: A Legal Analysis of the Adoption and Implementation o the Convention in Denmark.* IUCN, Gland, Schweiz.

Kornfield, I. und K. E. Carpenter. 1984. Cyprinids of Lake Lanao, Philippines: Taxonomic validity, evolutionary rates and speciation scenarios. *In:* A. E. Echelle und I. Kornfield (Hrsg.), *Evolution of Species Flocks,* S. 69–84. University of Maine Press, Orono.

Kraus, S. D. 1990. Rates and potential cause of mortality in North Atlantic right whales (*Eubalaena glacialis*). *Marine Mammal Science* 6: 278–291.

Kriegbaum, H. 1992. Rote Liste gefährdeter Springschrecken (Saltatoria) und Schaben (Blattodea) Bayerns. Schriftenreihe Bayer. Landesamt für Umweltschutz 111: 83–86.

Kristensen, R. M. 1983. Loricifera, a new phylum with *Aschelminthes* characters from the meiobenthos. *Zeitschrift für Zoologische Systematik* 21: 163–180.

Kruger, F. J. 1977. Ecological reserves in the Cape fynbos: Toward a strategy for conservation. *South African Journal of Science* 73: 81–85.

Kruger, F. J. und R. C. Bigalke. 1984. Fire in fynbos. *In:* P. de V. Booysen und N. M. Tainton (Hrsg.), *Ecological Effects of Fire in South African Ecosystems,* S. 67–114. Ecological Studies 48, Springer, Berlin.

Krutilla, J. V. und A. C. Fisher. 1975. *The Economics of Natural Environments: Studies in the Valuation of Commodity and Amenities Resources.* Johns Hopkins University Press, Baltimore, MD.

Küchler, A. W. 1964. Potential natural vegetation of the conterminous United States. Sonderveröffentlichung Nr. 36 (Karte und Handbuch), American Geographical Society, New York.

Kusler, J. A. und M. E. Kentula (Hrsg.). 1990. *Wetland Creation and Restoration: The Status of the Science.* Island Press, Washington, D.C.

Lacy, R. C. 1987. Loss of genetic diversity from managed populations: Interacting effects of drift, mutation, immigration, selection, and population subdivision. *Conservation Biology* 1: 143–158.

Lamberson, R. H., R. McElvey, B. R. Noon und C. Voss. 1992. A dynamic analysis of northern spotted owl viability in a frgmented forest landscape. *Conservation Biology* 6: 505–512.

Lambert, F. 1991. The conservation of fig-eating birds in Malaysia. *Biological Conservation* 58: 31–40.

Lamprey, H. F. 1974. Management of flora and fauna in national parks. *In:* II. Elliott (Hrsg.), *Second World Conference on National Parks,* S. 237–248. IUCN, Morges, Schweiz.

Land Trust Exchange. 1988. *Land Trust Standard Practices.* Land Trust Exchange, Alexandria, VA.

Lande, R. 1988a. Genetics and demography in biological conservation. *Science* 241: 1455–1460.

Lande, R. 1988b. Demographic models of the northern spotted owl (*Stix occidentalis caurina*). *Oecologia* 75: 601–7.

Lande; R. und G. F. Barrowclough. 1987. Effective population size, genetic variation, and their use in population management. *In:* M. E. Soulé (Hrsg.), *Viable Populations for Management,* S. 87–124. Cambridge University Press, Cambridge.

Landolt, E., H.-P. Fuchs, C. Heitz und R. Sutter. 1982. Bericht über die gefährdeten und seltenen Gefäßpflanzenarten der Schweiz („Rote Liste"). Ber. Geobot. Inst. ETH Zürich 49: 195–218.

Lasiak, T. 1991. The susceptibility and/or resilience of rocky littoral molluscs to stock depletion by the indigenous coastal people in Transkei, southern Africa. *Biological Conservation* 56: 245–264.

Lasiak, T. und A. Dye. 1989. The ecology of the brown mussel *Perna perna* in Transkei, southern Africa: Implications for the management of a traditional food resource. *Biological Conservation* 47: 245–257.

Laurance, W. F. 1991a. Ecological correlates of extinction proneness in Australian tropical rain forest mammals. *Conservation Biology* 5: 79–89.

Laurance, W. F. 1991b. Edge effects in tropical forest fragments: Application of a model for the design of nature reserves. *Biological Conservation* 57: 205–219.

Le Houérou, H. N. und H. Gillet. 1986. Desertization in African arid lands. *In:* M. E. Soulé (Hrsg.), *Conservation Biology: The Science of Scarcity and Diversity,* S. 444–461. Sinauer Associates, Sunderland, MA.

Ledec, G. 1989. A proposed strategy for the World Bank to promote increased conservation of biological diversity. World Bank, Washington, D.C. Manuskript.

Ledig, F. T. 1988. The conservation of diversity in forest trees. *BioScience* 38: 471–479.

Lehmkuhl, J. F., R. K. Upreti und U. R. Sharma. 1988. National parks and local development. Grasses and people in Royal Chitwan National Park, Nepal. *Environmental Conservation* 15: 143–148.

Leigh, J. H., J. D. Briggs und W. Hartley. 1982. The conservation status of Australien plants. *In:* R. H. Groves und W. D. L. Ride (Hrsg.), *Species at Risk: Research in Australia,* S. 13–25. Springer, New York.

Leighton, M. und N. Wirawan. 1986. Catastrophic drought and fire in Borneo tropical rain forest associated with the 1982–1983 El Niño southern oscillation event. *In:* G. T. Prance (Hrsg.), Tropical Rain Forest and World Atmosphere, S. *75–102. Westview Press, Boulder, CO.*

Leopold, A. 1933. *Game Management.* Charles Scribners Sons, New York.

Leopold, A. 1939a. A biotic view of land. *Journal of Forestry* 37: 113–116.

Leopold, A. 1939b. The farmer as a conservationist. *American Forests* 45: 294–299, 316, 323.

Leopold, A. 1949. *A Sand County Almanac, and Sketches Here and There.* Oxford University Press, New York.

Leopold, A. 1953. *Round River.* Oxford University Press, Oxford.

Lesica, P. und F. W. Allendorf. 1992. Are small populations of plants worth preserving? *Conservation Biology* 6: 135–139.

Lesica, P., R. F. Leary, F. W. Allendorf und D. E. Bilderback. 1988. Lack of genic diversity within and among populations of an endangered plant, *Howellia aquatilis. Conservation Biology* 2: 275–282.

Levins, R. 1970. Extinction. In *Some Mathematical Questions in Biology,* Band II, S. 75–108. American Mathematical Society, Providence, RI.

Lewis, D., G. B. Kaweche und A. Mwenya. 1990. Wildlife conservation outside protected areas: Lessons from an experiment in Zambia. *Conservation Biology* 4: 171–180.

Lewis, W. H. und M. P. F. Elvin-Lewis. 1977. *Medical Botany.* John Wiley, New York.

Likens, G. E. 1991. Toxic winds: Whose responsibility? *In:* F. H. Bormann und S. R. Kellert (Hrsg.), *Ecology, Economics, Ethics: The Broken Circle,* S. 136–152. Yale University Press, New Haven, CT.

Likens, G. E., F. H. Bormann, R. S. Pierce, J. S. Eaton und N. M. Johnson. 1977. *Biogeochemistry of a Forested Ecosystem.* Springer, New York.

Lin, S. C. und L. P. Yuan. 1980. Hybrid rice breeding in China. S. 35–51 in: *Innovative Approaches to Rice Breeding.* IRRI, Manila, Philippines.

Lindberg, K. 1991. *Policies for Maximizing Nature Tourism's Ecological and Economic Benefits.* World Resources Institute, Washington, D.C.

Line, L. 1993. Silence of the songbirds. *National Geographic* 183 (Juni): 62–91.

Lipske, M. 1991. Big hopes for bold beasts: Can grizzlies and wolves be reintroduced safely into old haunts? *National Wildlife* 29: 44–53.

Locke, J. 1690. Second Treatise on Government. Nachdruck in: J. M. Porter (Hrsg.), *1989. Classics in Political Philosophy.* Scarborough, Ontario.

Lohmann, M. 1995. Rote Karte für die „Roten Listen“. Natur 5/95: 40.

Loiselle, B. A. und J. G. Blake. 1992. Population variation in a tropical bird community. *BioScience* 42: 838–845.

Loope, L. L., O. Hamann und C. P. Stone. 1988. Comparative conservation biology of oceanic archipelagoes: Hawaii and the Galápagos. *BioScience* 38: 272–282.

Lovejoy, T. 1984. Aid debtor nation's ecology. *New York Times* 4 October 1984.

Lovejoy, T. E. et al. 1986. Edge and other effects of isolation on Amazon forest fragments. *In:* M. E. Soulé (Hrsg.), *Conservation Biology: The Science of Scarcity and Diversity,* S. 257–285. Sinauer Associates, Sunderland, MA.

Lovelock, J. 1988. *The Ages of Gaia.* Norton, New York. [Deutsche Ausgabe: *Das GAIA-Prinzip. Die Biographie unseres Planeten.* Artemis and Winkler, Zürich, 1991.]

Lowenthal, D. 1991. Environmental conflict. *National Geographic Research and Exploration 7: 266–275.*

Lubchenco, J. et al. 1991. The sustainable biosphere initiative: An ecological research agenda. *Ecology* 72: 371–412.

Ludwig, D., R. Hilborn und C. Walters. 1993. Uncertainty, resource exploitation, and conservation: Lessons from history. *Science* 260: 17, 36.

Luoma, J. R. 1992. Born to be wild. *Audubon* 94: 50–61.

Lutz, R. A. 1991. The biology of deep-sea vents and seeps. *Oceanus* 34: 75–83.

Lynch, J. F. and D. F. Whigham. 1984. Effects of forest fragmentation on breeding bird communities in Maryland, USA. *Biological Conservation* 28: 287–324.

MacArthur, R. H. 1955. Fluctuations of animal populations, and a measure of community stability. *Ecology* 36: 533–536.

MacArthur, R. H. und E. O. Wilson. 1967. *The Theory of Island Biogeography.* Princeton University Press, Princeton, NJ.

Mace, G. M. und R. Lande. 1991. Assessing extinction threats: Towards a reevaluation of IUCN threatened species categories. *Conservation Biology* 5: 148–157.

Machlis, G. and K. Johnson. 1987. Panda outposts. *National Parks* 61(9–10): 14–16.
Machlis, G. E. und D. L. Tichnell. 1985. *The State of the World's Parks: An International Assessment of Resource Management, Policy, and Research.* Westview Press, Boulder, CO.
MacKenzie, J. J. and M. T. El-Ashry. 1988. *Ill Winds: Airborne Pollutions's Toll on Trees and Crops.* World Resources Institute, Washington, D.C.
MacKinnon, J. 1983. Irrigation and watershed protection in Indonesia. Bericht an das IBRD Regional Office, Djakarta.
MacKinnon, J. und K. MacKinnon. 1986a. *Review of the Protected Areas System in the Indo-Malayan Realm.* IUCN/UNEP, Gland, Schweiz.
MacKinnon, J. and K. MacKinnon. 1986b. *Review of the Protected Areas System in the Afro-tropical Realm.* IUCN/UNEP. Gland, Schweiz.
MacKinnon, J., K. MacKinnon, G. Child und J. Thorsell. 1992. *Managing Protected Areas in the Tropics.* IUCN, Gland, Schweiz.
Mackintosh, G. (Hrsg.). 1990. *Preserving Communities and Corridors.* Defenders of Wildlife, Washington, D.C.
MacNeill, J. 1989. Strategies for sustainable economic development. *Scientific American* 261: 155–165. [Deutsche Ausgabe: Stragegien für die Wirtschaftsentwicklung. *Spektrum der Wissenschaft* 11: S. 136–147.]
Maehr, D. S. 1990. The Florida panther and private lands. *Conservation Biology* 4: 167–170.
Magnuson, J. J. 1990. Long-term ecological research and the invisible present. *Bio Science* 40: 495–501.
Maguire, L. A. und C. Servheen. 1992. Integrating biological and sociological concerns in endangered species management: Augmentation of grizzly bear populations. *Conservation Biology* 6: 426–434.
Mahar, D. 1988. *Government Policies and Deforestation in Brazil's Amazon Region.* World Bank Environment Department Arbeitspapier Nr. 7. Washington, D.C.
Makarewicz, J. C. und P. Bertram. 1991. Evidence for the restoration of the Lake Erie ecosystem. *BioScience* 41: 216–223.
Maltby, E. 1988. Wetland resources and future prospects: an international perspective. *In:* J. Zelazny und J. S. Feierabend (Hrsg.), *Wetlands: Increasing Our Wetland Resources,* S. 3–14. National Wildlife Federation, Washington,D.C.
Manire, C. A. and S. H. Gruber. 1990. Many sharks may be headed toward extinction. *Conservation Biology* 4: 10–11.
Mares, M. A. 1992. Neotropical mammals and the myth of Amazonian biodiversity. *Science* 255: 976–979.
Marsh, G. P. 1864. *Man and Nature; or, Physical Geography as Modified by Human Action.* Nachdrucke 1965, D. Lowenthal (Hrsg.). Harvard University Press, Cambridge, MA.
Martin, P. S. 1973. The discovery of America. *Science* 179: 969–974.
Martin, P. S. 1986. Refuting late Pleistocene extinction models. *In:* D. K. Elliott (Hrsg.), *Dynamics of Extinction,* S. 107–130. John Wiley, New York.
Martin, P. S. and R. G. Klein (Hrsg.). 1984. *Quaternary Extinctions: A Prehistoric Revolution.* University of Arizona Press, Tucson.
Martin, V. (Hrsg.). 1988. *For the Conservation of Earth.* Fulcrum, Golden, CO.
Master, L. L. 1991. Assessing threats and setting priorities for conservation. *Conservation Biology* 5: 559–563.
Mathews. A. 1992. *Where the Buffalo Roam.* Grove Weidenfeld, New York.
Matusek, J. E. und G. L. Beggs. 1988. Fish species richness in relation to lake area, pH, and other abiotic factors in Ontario lakes. *Canadian Journal of fisheries and Aquatic Sciences* 45: 1931–1941.
May, R. M. 1988a. Conservation and disease. *Conservation Biology* 2: 28–30.
May, R. M. 1988b. How many species are there on Earth? *Science* 241: 1441–1449.
May, R. M. 1992. How many species inhabit the Earth? *Scientific American* 267: 42–48. [Deutsche Ausgabe: Wie viele Arten von Lebewesen gibt es? *Spektrum der Wissenschaft* 12: 72–79.]

McCloskey, J. M. und H. Spalding. 1989. A reconnaissance-level inventory of the amount of wilderness remaining in the world. *Ambio* 18: 221–227.

McDonald, K. A. und J. H. Brown. 1992. Using montane mammals to model extinctions due to global change. *Conservation Biology* 6: 409–415.

McGoodwin, J. R. 1990. *Crisis in the World's Fisheries: People, Problems, and Politics.* Stanford University Press, Stanford, CA.

McIntosh, R. P. 1985. *The Background of Ecology: Concept and Theory.* Cambridge University Press, Cambridge.

McNamee, T. 1986. Yellowstone's missing element. *Audubon* 88: 12–19.

McNaughton, S. J. 1989. Ecosystems and conservation in the twenty-first century. *In:* D. Western und M. Pearl (Hrsg.), *Conservation for the Twenty-First Century,* S. 109–120. Oxford University Press, New York.

McNeely, J. A. 1987. How dams and wildlife can coexist: Natural habitats, agriculture, and major water resource development projects in tropical Asia. *Conservation Biology* 1: 228–238.

McNeely, J. A. 1988. *Economics and Biological Diversity: Developing and Using Economic Incentives to Conserve Biological Resources.* IUCN, Gland, Schweiz.

McNeely, J. A. 1989. Protected areas and human ecology: How national parks can contribute to sustaining societies of the twenty-first century. *In:* D. Western und M. Pearl (Hrsg.), *Conservation for the Twenty-First Century,* S. 150–165. Oxford University Press, New York.

McNeely, J. A. 1990. The future of national parks. *Environment* 32: 16–41.

McNeely, J. A. (Hrsg.). 1993a. *Protected Areas and Modern Societies: Regional Reviews of Conservation Issues.* IUCN, Gland, Schweiz.

McNeely, J. A. (Hrsg.). 1993b. *Building Partnerships for Conservation.* IUCN, Gland, Schweiz.

McNeely, J. A. und K. R. Miller (Hrsg.). 1984. *National Parks, Conservation and Development: The Role of Protected Areas in Sustaining Society.* Smithsonian Institution Press, Washington, D.C.

McNeely, J. A. et al. 1990. *Conserving the World's Biological Diversity.* IUCN/WRI/CI/WWF-US/World Bank, Gland, Schweiz.

McPhee, J. 1971. *Encounters with the Archdruid.* Farrar, Straus, and Giroux, New York.

Meagher, T. R., J. Antonovics und R. Primack. 1978. Experimental ecological genetics in *Plantago.* III. Genetic variation and demography in relation to survival of *Plantago cordata,* a rare species. *Biological Conservation* 14: 243–257.

Medina, E. und O. Huber. 1992. The role of biodiversity in the function of savannah ecosystems. *In:* O. T. Solbrig, H. M. van Emden und P. G. W. J. van Oordt (Hrsg.), *Biodiversity and Global Change,* S. 139–158. International Union of Biological Sciences, Paris.

Meffe, G. K., A. H. Ehrlich und D. Ehrenfeld. 1993. Human population control: The missing agenda. *Conservation Biology* 7: 1–3.

Menges, E. S. 1986. Predicting the future of rare plant populations: Demographic monitoring and modeling. *Natural Areas Journal* 6: 13–25.

Menges, E. S. 1990. Population viability analysis for an endangered plant. *Conservation Biology* 4: 52–62.

Menges, E. S. 1991. The application of minimum viable population theory to plants. *In:* D. A Falk und K. E. Holsinger (Hrsg.), *Genetics and Conservation of Rare Plants,* S. 45–61. Oxford University Press, New York.

Menges, E. S. 1992. Stochastic modeling of extinction in plant populations. *In:* P. L. Fiedler und S. K. Jain (Hrsg.), *Conservation Biology: The Theory and Practice of Nature Conservation, Preservation and Management,* S. 253–275. Chapman and Hall, New York.

Merrill, E. D. [1948] 1991. *Metasequoia,* another "living fossil". *Arnoldia* 51: 12–16.

Mickleburgh, S. P., P. A. Racey und A. M. Hutson. 1992. *Old World Fruit Bats.* IUCN, Gland, Schweiz.

Mies, M. 1991. *Consumption Patterns of the North: The Cause of Environmental De-*

struction and Poverty in the South. UNCED/UNICEF/UNFPA, Genf.

Miller, J. A. 1984. Hatching a plan for iguana stew. *Science News* 126: 87.

Miller, K. R. und L. Tangley. 1991. *Trees of Life: Saving Tropical Forests and Their Biological Wealth.* Beacon Press, Boston.

Miller, R. M. 1990. Mycorrhizae and succession. *In:* W. R. Jordan III, M. E. Gilpin und J. D. Aber (Hrsg.), *Restoration Ecology: A Synthetic Approach to Ecological Research,* S. 205–220. Cambridge University Press, Cambridge.

Mills, K. H. und D. W. Schindler. 1986. Biological indicators of lake acidification. *Water, Air, and Soil Pollution* 30: 779–89.

Milner-Gulland, E. J. and R. Mace. 1991. The impact of the ivory trade on the African elephant *Loxodonta africana* population as assessed by data from the trade. *Biological Conservation* 55: 215–229.

Ministry of Population and Environment. 1991. *Biodiversity Action Plan for Indonesia.* Ministry of State for Population and the Environment, Djakarta.

Mishra, H. 1984. A delicate balance: Tigers, rhinoceros, tourists and park management vs. the needs of the local people in Royal Chitwan National Park, Nepal. *In:* J. A. McNeely und K. R. Miller (Hrsg.), *National Parks, Conservation, and Development: The Role of Protected Areas in Sustaining Society,* S. 197–205. Smithsonian Institution Press, Washington, D.C.

Mishra, H., C. Wemmer, J. L., D. Smith und P. Wegge. 1992. Biopolitics of saving Asian mammals in the wild: Balancing conservation with human needs in Nepal. Noragic Technical Series N. 11. NLH, Norway.

Mitchell, J. G. 1992. Our disappearing wetlands. *National Geographic* 182(Oktober): 3–45.

Mittermeier, R. A. 1988. Primate diversity and the tropical forest: Case studies from Brazil and Madagascar and the importance of the megadiversity countries. *In:* E. O. Wilson und F. M. Peter (Hrsg.), *Biodiversity,* S. 145–154. National Academy Press, Washington, D.C. [Deutsche Ausgabe: Die Primatenvielfalt und der Tropenwald: Fallstudien aus Brasilien und Madagaskar und die Bedeutung der Megadiversitätsgebiete. *In:* E. O. Wilson und F. M. Peter (Hrsg.), *Ende der biologischen Vielfalt?,* S. 168–176. Spektrum Akademischer Verlag, Heidelberg, 1992.]

Mittermeier, R. A. und T. B. Werner. 1990. Wealth of plants and animals unites "megadiversity" countries. *BioScience* 39: 68–70.

Mlot, C. 1989b. Blueprint for conserving plant diversity. *BioScience* 39: 364–368.

Mlot, C. 1989c. Global risk assessment. *BioScience* 39: 428–430.

Mlot, C. 1992. Botanists sue Forest Service to preserve biodiversity. *Science* 257: 1618–1619.

Mohsin, A. K. M. und M. A. Ambak. 1983. *Freshwater Fishes of Peninsular Malaysia.* University Pertanian Malaysia Press, Kuala Lumpur, Malaysia.

Mooney, H. A. und M. A. Ambak. 1983. *Freshwater Fishes of Peninsular Malaysia.* University Pertanian Malaysia Press, Kuala Lumpur, Malaysia.

Mooney, H. A. und J. A. Drake (Hrsg.). 1986. *Ecology of Biological Invasions of North America and Hawaii.* Ecological Studies 58. Springer, New York.

Moore, N. 1987. *The Bird of Time: Science and the Politics of Nature Conservation.* Cambridge University Press, New York.

Moorhouse, R. J. and R. G. Powlesland. 1991. Aspects of the ecology of kakapo *Strigops habroptilus* liberated on Little Barrier Island (Hauturu), New Zealand. *Biological Conservation* 56: 349–365.

Morris, M. G. 1971. The management of grassland for the conservation of invertebrate animals. *In:* E. Duffey and A. S. Watt (Hrsg.), *The Scientific Management of Animal and Plant Communities for Conservation,* S. 527–552. Blackwell Scientific, London.

Moyle, P. B. and R. A. Leidy. 1992. Loss of biodiversity in aquatic ecosystems: Evidence from fish faunas. *In:* P. L. Fiedler und S. K. Jain (Hrsg.), *Conservation Biology: The Theory and Practice of Nature Conservation, Preservation and Management,* S. 127–169. Chapman and Hall, New York.

Muir, J. 1901. *Our National Parks*. Houghton Mifflin, Boston, MA.

Muir, J. 1916. *A Thousand Mile Walk to the Gulf., Houghton Mifflin, Boston, MA*

Murphy, D. D. und S. B. Weiss. 1988. Ecological studies and the conservation of the Bay Checkerspot Butterfly, *Euphydryas editha bayensis*. *Biological Conservation* 46: 183–200.

Murphy, D. D., K. E. Freas und S. B. Weiss. 1990. An environment-metapopulation approach to population viability analysis for a threatened invertebrate. *Conservation Biology* 4: 41–51.

Murphy, P. G. und A. E. Lugo, 1986. Ecology of tropical dry forest. *Annual Review of Ecology and Systematics* 17: 67–88.

Mwalyosi, R. B. B. 1991. Ecological evaluation for wildlife corridors and buffer zones for Lake Manyara National Park, Tanzania, and its immediate environment. *Biological Conservation* 57: 171–186.

Myers, F. W. und A. Anderson. 1992. Microbes from 20000 feet under the sea. *Science* 255: 28–29.

Myers, J. G. 1934. The arthropod fauna of a rice-ship, trading from Burma to the West Indies. *Journal of Animal Ecology* 3: 146–149.

Myers, K. 1986. Introduced vertebrates in Australia, with emphasis on the mamals. *In:* R. H. Grove und J. J. Burdon (Hrsg.), *Ecology of Biological Invasions,* S. 120–136. Cambridge University Press, Cambridge.

Myers, N. 1979. *The Sinking Ark: A New Look at the Problem of Disappearing Species*. Pergamon Press, New York.

Myers, N. 1980. *Conservation of Tropical Moist Forests*. National Academy of Sciences, Washington, D.C.

Myers, N. 1983. *A Wealth of Wild Species*. Westview Press, Boulder, CO.

Myers, N. 1984. *The Primary Source: Tropical Forests and Our Future*. Norton, New York.

Myers, N. 1986. Tropical deforestation and a megaextinction spasm. *In:* M. E. Soulé (Hrsg.), *Conservation Biology: The Science of Scarcity and Diversity,* S. 394–409. Sinauer Associates, Sunderland, MA.

Myers, N. 1987. The extinction spasm impending: Synergisms at work. *Conservation Biology* 1: 14–21.

Myers, N. 1988a. Threatened biotas: "Hotspots" in tropical forests. *Environmentalist* 8: 1–20.

Myers, N. 1988b. Tropical forests: Much more than stocks of wood. *Journal of Tropical Ecology* 4: 209–221.

Myers, N. 1991a. The biodiversity challenge: Expanded "hotspots" analysis. *Environmentalist* 10: 243–256.

Myers, N. 1991b. Tropical deforestation: The latest situation. *BioScience* 4: 282.

Nabhan, G. P. 1985. Native crop diversity in Aridoamerica: Conservation of regional gene pools. *Economic Botany* 39: 387–399.

Nabhan, G. P. 1986. Native American crop diversity, genetic resource conservation and the policy of neglect. *Agriculture and Human Values* 2: 14–17.

Nabhan, G. P., A. M. Rea, K. L. Reichardt, E. Mellink und C. F. Hutchinson. 1982. Papago influences on habitat and biotic diversity: Quitovac oasis ethnoecology. *Journal of Ethnobiology* 2: 124–143.

Nabhan, G. P., D. House, H. Suzan A., W Hodgson, L. Hernandez und G. Malda. 1991. Conservation and use of rare plants by traditional cultures of the U.S./Mexico borderlands. *In:* M. L. Oldfield und J. B. Alcorn (Hrsg.), *Biodiversity: Culture, Conservation and Ecodevelopment,* S. 127–146. Westview Press, Boulder, CO.

Naess, A. 1986. Intrinsic value: Will the defenders of nature please rise? *In:* M. E. Soulé (Hrsg.), *Conservation Biology: The Science of Scarcity and Diversity,* S. 153–181. Sinauer Associates, Sunderland, MA.

Naess, A. 1989. *Ecology Community and Lifestyle*. Cambridge University Press, Cambridge.

Nagasaki, F. 1990. The case for scientific whaling. *Nature* 344: 189–90.

Nash, R. 1982. *Wilderness and the American Mind*. Yale University Press, New Haven, CT.

Nash, R. 1989. *The Rights of Nature*. University of Wisconsin Press, Madison.

Nash, S. 1991. What price nature? *BioScience* 41: 677–680.

National Academy of Sciences (NAS). 1980. *Research Priorities in Tropical Biology*. Committee on Research Priorities in Tropical Biology, National Academy of Sciences, Washington, D.C.

National Academy of Sciences/National Research Council (NAS/NRC). 1972. *Genetic Vulnerability of Major Crop Plants*. Washington, D.C.

National Wildlife Federation (NWF). 1992. *Conservation Directory 1992*. National Wildlife Federation, Washington, D.C.

Nations, J. D. 1988. Deep ecology meets the developing world. *In: E. O. Wilson und F. M. Peter (Hrsg.), Biodiversity*, S.79–82. National Academy Press, Washington, D.C. [Deutsche Ausgabe: Ganzheitliche Ökologie in den Entwicklungsländern. *In:* E. O. Wilson und F. M. Peter (Hrsg.), *Ende der biologischen Vielfalt?*, S. 99–103. Spektrum Akademischer Verlag, Heidelberg, 1992.]

Naveh, Z. and A. S. Lieberman. 1984. *Landscape Ecology: Theory and Application*. Springer, New York.

Nedelman, J. und J. A. Thompson. 1987. The statistical demography of whooping cranes. *Ecology* 68: 1401–1411.

Needham, J. 1962. *Science and Civilization in China*. Cambridge University Press, Cambridge.

Nei, M., T. Maruyama und R. Chakraborty. 1975. The bottleneck effect and genetic variability in populations. *Evolution* 29: 1–10.

Nepstad, D. C. und S. Schwartzman (Hrsg.). 1992. *Non-Timber Products from Tropical Forests: Evaluation of a Conservation and Development Strategy*. New York Botanical Gardens, Bronx, NY.

Nepstad, D. C., F. Brown, L. Luz, A. Alechandra und V. Viana. 1992. Biotic impoverishment of Amazonian forests by rubber tappers and cattle ranchers. *In:* D. C. Nepstad und S. Schwartzman (Hrsg.), *Non-Timber Products from Tropical Forests: Evaluation of a Conservation and Development Strategy*. New York Botanical Garden, Bronx, NY.

Netherlands National Committee for IUCN/Steering Group for World Conservation Strategy. 1988. *The Netherlands and the World Ecology: Towards a National Conservation Stragegy in and by the Netherlands*. Nationales Komittee der Niederlande, Amsterdam.

New England Wild Flower Society. 1992. New England plant conservation program *Wild Flower Notes* 7.

Newmark, W. D. 1985. Legal and biotic boundaries of western North American national parks: A problem of congruence. *Biological Conservation* 33: 197–208.

Niklfeld, H. (Hrsg.) 1986. Rote Listen gefährdeter Pflanzen Österreichs. *Grüne Reihe Bundesmin. Gesundh. Umweltschutz, Wien* 5.

Newton, I. 1979. *Population Ecology of Raptors*. Buteo Books, Vermillion, SD.

Nilsson, G. 1983. *The Endangered Species Handbook*. Animal Welfare Institute, Washington, D.C.

Nitsche, S. und L. Nitsche. 1994. Extensive Grünlandnutzung. Neumann Verlag, Radebeul.

Nonnen, J., G. Gollub, C. Herlitze, R. Jähnig, und H.-W. Koeppel. 1994. Das CORINE-Biotop-Projekt in Deutschland. Natur und Landschaft 69: 87–94.

Noonan, P. F. und M. D. Zagata 1982. Wildlife in the marketplace: Using the profit motive to maintain wildlife habitat. *Wildlife Society Bulletin* 10: 46–49.

Norman, C. 1981. Snail darter's status threatened. *Science* 212: 761.

Norris, K. S. 1992. Dolphins in crisis. *National Geographic* 182 (September): 2–35.

Norse, E. A. 1987. International lending and the loss of biological diversity. *Conservation Biology* 1: 259–260.

Norse, E. A. et al. 1986. *Conserving Biological Diversity in Our National Forests*. The Wilderness Society, Washington, D.C.

Norton, B. G. (Hrsg.). 1986a. *The Preservation of Species: The Value of Biological Diversity*. Princeton University Press, Princeton, NJ.

Norton, B. G. 1986b. On the inherent danger of undervaluing species. *In:* B. G. Northon (Hrsg.), *The Preservation of Species: The Value of Biological Diversity,* S. 110–137. Princeton University Press, Princeton, NJ.

Norton, B. G. 1988. Commodity, amenity and morality: the limits of quantification in valuing biodiversity. *In:* E. O. Wilson und F. M. Peter (Hrsg.), *Biodiversity,* S. 200–205. *Biodiversity.* National Academy Press, Washington, D.C. [Deutsche Ausgabe: Waren, Annehmlichkeiten und Moral: Die Grenzen der Quantifizierung bei der Bewertung biologischer Vielfalt. *In:* E. O. Wilson und F. M. Peter (Hrsg.), *Ende der biologischen Vielfalt?,* S. 222–228. Spektrum Akademischer Verlag, Heidelberg, 1992.]

Norton, B. G. 1991. *Toward Unity Among Environmentalists.* Oxford University Press, New York.

Noss, R. F. 1983. A regional landscape approach to maintain diversity. *BioScience* 33: 700–706.

Noss, R. F. 1987. From plant communities to landscapes in conservation inventories: A look at The Nature Conservancy (USA). *Biological Conservation* 41: 11–37.

Noss, R. F. 1992. Essay: Issues of scale in conservation biology. *In:* P. L. Fiedler und S. K. Jain (Hrsg.), *Conservation Biology: The Theory and Practice of Nature Conservation, Preservation and Management,* S. 239–250. Chapman and Hall, New York.

Nowak, E., J. Blab und R. Bless. 1994. Rote Liste der gefährdeten Wirbeltiere in Deutschland. Schriftenreihe für Landschaftspflege und Naturschutz 42.

O'Brien, S. J. und J. F. Evermann. 1988. Interactive influence of infectious disease and genetic diversity in natural populations. *Trends in Ecology and Evolution* 3: 254–259.

O'Brien, S. J. et al. 1985a. The cheetah is depauperate in genetic variation. *Science* 221: 459–462.

O'Brien, S. J. et al. 1985b. Genetic basis for species vulnerability in the cheetah. *Science* 227: 1428–1434.

Ochumba, P. B. O. und D. I. Kibara. 1989. Observations on blue-green algal blooms in the open waters of Lake Victoria, Kenya. *African Journal of Ecology* 27: 23–34.

Odum, E. P. 1993. *Ecology and Our Endangered Life-Support Systems,* 2. Aufl. Sinauer Associates, Sunderland, MA.

Oedekoven, K. 1980. The vanishing forest. *Environmental Policy and Laws* 6: 184–185.

Office of Technology Assessment of the U.S. Congress (OTA). 1987. *Technologies to Maintain Biological Diversity.* OTA-F-330. U.S. Government Printing Office, Washington, D.C.

Ogutu-Ohwayo, R. 1990. The decline of the native fishes of Lakes Victoria and Kyoga (East Africa) and the impact of introduced species, especially the Nile perch, *Lates niloticus* and the Nile tilapia, *Oreochromis niloticus. Environmental Biology of Fishes* 27: 81–90.

Oldfield, M. L. 1984. *The Value of Conserving Genetic Resources.* Sinauer Associates, Sunderland, MA.

Oldfield, M. L. und J. B. Alcorn. 1987. Conservation of traditional agroecosystems. *BioScience* 37: 199–208.

Oldfield, M. L. und J. B. Alcorn. (Hrsg.). 1991. *Biodiversity: Culture, Conservation and Ecodevelopment.* Westview Press, Boulder, CO.

Olivieri, I., D. Couvet und P. H. Gouyon. 1990. The genetics of transient populations: Research at the metapopulation level. *Trends in Ecology and Evolution* 5: 207–210.

Olson, S. L. 1989. Extinction on islands: Man as a catastrophe. *In:* D. Western und M. Pearl (Hrsg.), *Conservation for the Twenty-First Century,* S. 50–53. Oxford University Press, Oxford.

Olson, S. L. und H. F. James. 1982. Fossil birds from the Hawaiian Islands: Evidence for wholesale extinction by man before western contact. *Science* 217: 633–635.

Ono, R. D., J. D. Williams und A. Wagner. 1983. *Vanishing Fishes of North America.* Stone Wall Press, Washington, D.C.

Oren, D. C. 1987. Grande Carajás, international financing agencies, and biological diversity in southeastern Brazilian Amazonia. *Conservation Biology* 1: 222–227.

Orians, G. H. 1980. Habitat selection: General theory and applications to human behavior. *In:* J. S. Lockard (Hrsg.), *The Evolution of human Social Behavior,* S. 49–66. Elsevier/North Holland, New York.

Orians, G. H., G. M. Brown, W. E. Kunin und J. E. Sweirzbinski (Hrsg.). 1990. *The Preservation and Valuation of Biological Resources.* University of Washington Press, Seattle.

Osborn, F. 1948. *Our Plundered Planet.* Little, Brown, Boston.

Ottochilo, W. K. 1987. The causes of the recent heavy elephant mortality in the Tsavo ecosystem, Kenya, 1975–1980. *Biological Conservation* 41: 279–289.

Packer, C. 1992. Captives in the wild. *National Geographic* 181 (April): 122–136.

Packer, C., A. E. Pusey, H. Rowley, D. A. Gilbert, J. Martenson und S. J. O'Brien. 1991. Case study of a population bottleneck: Lions of the Ngorongoro Crater. *Conservation Biology* 5: 219–230.

Pagel, M. D., R. M. May und A. R. Collie. 1991. Ecological aspects of the geographical distribution and diversity of mammalian species. *American Naturalist* 137: 791–815.

Paine, R. T. 1966. Food web complexita and species diversity. *American Naturalist* 100: 65–75.

Palmer, M. E. 1987. A critical look at rare plant monitoring in the United States. *Biological Conservation* 39: 113–127.

Panayotou, T. und P. S. Ashton. 1992. *Not by Timber Alone: Economics and Ecology for Sustaining Tropical Forests.* Island Press, Washington, D.C.

Pandit, A. K. 1991. Conservation of wildlife resources in wetland ecosystems of Kashmir, India. *Journal of Environmental Management* 33: 143–154.

Panek, N. 1989. Ein Laubwald-Nationalpark in Nordhessen? Natur und Landschaft 64: 338–342.

Panwar, H. S. 1987. Project Tiger: The reserves, the tigers, and their future. *In:* R. L. Tilson und U. S. Seal (Hrsg.), *Tigers of the World: The Biology, Biopolitics, Management and Conservation of an Endangered Species,* S. 100–117. Noyes Publications, Park Ridge, NJ.

Parenti, L. 1984. Biogeography of the Andean killifish genus *Orestias* with comments on the species flock concept. *In:* A. A. Echelle und I. Kornfield (Hrsg.), *Evolution of Species Flocks,* S. 85–92. University of Maine Press, Orono.

Parikh, J. und K. Parikh. 1991. *Consumption Patterns: The Driving Force of Environmental Stress.* UNCED, Genf.

Parson, E. A., P. M. Haas und M. A. Levy. 1992. A summary of the major documents signed at the Earth Summit and the Global Forum. *Environment* 34: 12–15, 34–36.

Pascua, M. P. 1991. Ozette: A Makah village in 1491. *National Geographic* 180 (Oktober): 38–53.

Paterson, R. und P. Paterson. 1989. The status of the recovering stock of Humpback whales *Megaptera novaeangliae* in East Australian waters. *Biological Conservation* 47: 33–48.

Patterson, A. 1990. *Debt for nature swaps* and the need for alternatives. *Environment* 32: 5–32.

Pavlik, B. M. und M. G. Barbour. 1988. Demographic monitoring of endemics and dune plants, Eureka Valley, California. *Biological Conservation* 46: 217–42.

Pearce, D. W. 1987. The sustainable use of natural resources in developing countries. *In:* R. K. Turner (Hrsg.), *Sustainable Environmental Management: Principles and Practice,* S. 102–118. F. Pinter, London.

Pearce, D., A. Markandya und E. B. Barbiert. 1989. *Blueprint for a Green Economy.* Earthscan, London.

Pearce, F. 1990. Bolivian Indians march to save their homeland. *New Scientist* 25 (August).

Pearl, M. C. 1989. How the developed world can promote conservation in emerging nations. *In:* D. Western und M. Pearl (Hrsg.), *Conservation for the Twenty-First Century,* S. 274–283. Oxford University Press, New York.

Pearson, D. L. und F. Cassola. 1992. Worldwide species richness patterns of tiger beetles (Coleoptera: Cicindelidae): Indicator taxon for biodiversity and conservation studies. *Conservation Biology* 6: 376–391.

Pechmann, J. H. K., D. E. Scott, R. D. Semlitsch, J. P. Caldwell, L. J. Vitt und J. W. Gibbons, 1991. Declining amphibian populations: The problem of separating human impacts from natural fluctuations. *Science* 253: 892–895.

Peet, R. K. 1974. The measurement of species diversity. *Annual Review of Ecology and Systematics* 5: 285–307.

Peeters, J. P. und J. T. Williams. 1984. Towards better use of gene banks with special reference to information. *Plant Genetic Resource News (FAO)* 60: 22–32.

Peluso, N. L. 1992. The Ironwood problem: (Mis)management and development of an extractive rainforest product. *Conservation Biology* 6: 210–219.

Peres, C. A. 1990. Effects of hunting on western Amazonian primate communities. *Biological Conservation* 54: 47–59.

Perrin, W. F. 1991. Why are there so many kinds of whales and dolphins? *BioScience* 41: 460–461.

Peterken, G. F. 1982. *Woodland Conservation and Management.* Chapman and Hall, New York.

Peters, C. M., A. H. Gentry und R. Mendelsohn. 1989. Valuation of a tropical forest in Peruvian Amazonia. *Nature* 339: 655–656.

Peters, R. L. II. 1988. The effect of global climatic change on natural communities. *In:* E. O. Wilson und F. M. Peter (Hrsg.), *Biodiversity,* S. 450–461. National Academy Press, Washington, D.C. [Deutsche Ausgabe: Die Auswirkungen weltweiter Klimaveränderungen auf natürliche Lebensgemeinschaften. *In:* E. O. Wilson und F. M. Peter (Hrsg.), *Ende der biologischen Vielfalt?,* S. 481–492. Spektrum Akademischer Verlag, Heidelberg, 1992.]

Peters, R. L. und J. D. S. Darling. 1985. The greenhouse effect and nature reserves. *BioScience* 35: 707–717.

Peters, R. L. und T. E. Lovejoy (Hrsg.). 1992. *Global Warming and Biological Diversity.* Yale University Press, New Haven, CT.

Peterson, G. L. und A. Randall. 1984. *Valuation of Wildlife Resource Benefits.* Westview Press, Boulder, CO.

Phillips, B. 1992. Belize nature reserves. *Belize Today* 6(8): 32–33.

Phillips, K. 1990. Where have all the frogs and toads gone? *BioScience* 40: 422–424.

Phillips, M. K. 1990a. The red wolf: Recovery of an endangered species. *Endangered Species Update* 8: 79–81.

Phillips, M. K. 1990b. Measures of the value and success of a reintroduction projects: Red wolf reintroduction in Alligator River National Wildlife Refuge. *Endangered Species Update* 8: 24–26.

Phillips, M. K. und V. G. Henry. 1992. Comments on red wolf taxonomy. *Conservation Biology* 6: 596–599.

Pianka, E. 1966. Latitudinal gradients in species diversity: A review of the concepts. *American Naturalist* 100: 33–46.

Pielou, E. C. 1969. *An Introduction to Mathematical Ecology.* Wiley-Interscience, New York.

Pielou, E. C. 1979. *Biogeography.* John Wiley, New York.

Pimm, S. L. 1982. *Food Webs.* Chapman and Hall, London.

Pimm. S. L. 1984. The complexity and stability of ecosystems. *Nature* 307: 321–326.

Pimm. S. L. 1991. *The Balance of Nature: Ecological Issues in the Conservation of Species and Communities.* University of Chicago Press, Chicago.

Pimm, S. L., H. L. Jones und J. Diamond. 1988. On the risk of extinction. *American Naturalist* 132: 757–785.

Pinchot, G. 1947. *Breaking New Ground.* Harcourt, Brace and Co., New York.

Pinedo-Vasquez, M., D. Zarin und P. Jipp. 1992. Community forest and lake reserves in the [Peruvian Amazon]: A local alternative for sustainable development of tropical forests. *In:* D. C. Nepstad und S. Schwartzman (Hrsg.), *Non-Timber Products from Tropical Forests: Evaluation of a Conservation and Development Strategy.* New York Botanical Gardens,

Bronx, NY. Pinto, L. F. 1990. A Cor do Verde. *Jornal do Commercio,* S. 4 (Caderno Cidades.) Recife, Brazil.

Pister, E. P. 1985. Desert pupfishes: Reflections on reality, desirability, and conscience. *Environmental Biology of Fishes* 12: 3–11.

Plachter, H. 1991a. Naturschutz als neues Hauptfach in der Biologieausbildung. Natur und Landschaft 66: 218–221.

Plachter, H. 1991b. Naturschutz. Gustav Fischer, Stuttgart.

Plachter, H. 1992. Naturschutz in der Bundesrepublik Deutschland – Versuch einer Bilanz. NNA-Berichte 5/1: 67–75.

Plachter, H. 1993. Neue Ausbildungsgänge – Hauptfach Naturschutz. Biologie in unserer Zeit 6/93: 87–88.

Plachter, H. 1994. Methodische Rahmenbedingungen für synoptische Bewertungsverfahren im Naturschutz. Z. Ökologie und Naturschutz 3: 87–106.

Plachter, H. und M. Reich. (1994). Großflächige Schutz- und Vorrangräume: eine neue Strategie des Naturschutzes in Kulturlandschaften. Veröff. PAÖ 8: 17–43.

Plotkin, M. J. 1988. The outlook for new agricultural and industrial products from the tropics. *In:* E. O. Wilson und F. M. Peter (Hrsg.), *Biodiversity,* S. 106–116. National Academy Press, Washington, D.C. [Deutsche Ausgabe: Tropische Länder als Quelle neuer Produkte von Industrie und Landwirtschaft – ein Ausblick. *In:* E. O. Wilson und F. M. Peter (Hrsg.), *Ende der biologischen Vielfalt?,* S. 128–138. Spektrum Akademischer Verlag, Heidelberg, 1992.]

Plotkin, M. J. und L. Famolare. 1992. *Sustainable Harvest and Marketing of Rain Forest Products.* Island Press, Washington, D.C.

Plucknett, D. L., N. J. H. Smith, J. T. Williams und N. M. Anishetty. 1987. *Gene Banks and the World's Food.* Princeton University Press, Princeton, NJ.

Poffenberger, M. (Hrsg.). 1990. *Keepers of the Forest.* Kumarian, West Hartford, CT.

Pollard, E. 1991. Monitoring butterfly numbers. *In:* B. Goldsmith (Hrsg.), *Monitoring for Conservation and Ecology,* S. 87–111. Chapman and Hall, New York.

Poore, D. und J. Sayer. 1991. *The Management of Tropical Moist Forest Lands.* IUCN, Gland, Schweiz.

Poore, D., P. Burgess, J. Palmer, S. Rietbergen und T. Synnott. 1989. *No Timber Without Trees: Sustainability in the Tropical Forest.* Earthscan Publications, London.

Popper, F. J. und D. E. Popper. 1991. The reinvention of the American Frontier. *Amicus Journal* (Sommer): 4–7.

Porteous, P. L. 1992. Eagles on the rise. *National Geographic* 182 (November): 42–55.

Posey, D. A. 1983. Indigenous knowledge and development: An ideological bridge to the future. *Ciencia e Cultura* 35: 877–894.

Posey, D. A. 1992. Traditional knowledge, conservation, and "the rain forest harvest". *In:* M. Plotkin und L. Famolare (Hrsg.), *Sustainable Harvest and Marketing of Rain Forest Products,* S. 46–50. Island Press, Washington, D.C.

Poten, C. J. 1991. A shameful harvest: America's illegal wildlife trade. *National Geographic* 180(September): 106–132.

Powell, A. N. und F. J. Cuthbert. 1993. Augmenting small populations and captive-rearing. *Conservation Biology* 7: 160–168.

Power, T. M. 1991. Ecosystem preservation and the economy in the Greater Yellowstone area. *Conservation Biology* 5: 395–404.

Prance, G. T. 1982. *Biological Diversification in the Tropics.* Columbia University Press, New York.

Prance, G. T., W. Balée, B. M. Boom and R. L. Carneiro. 1987. Quantitative ethnobotany and the case for conservation in Amazonia. *Conservation Biology* 1: 296–310.

Prescott-Allen, C. und R. Prescott-Allen 1986. *The First Resource: Wild Species in the North American Economy.* Yale University Press, New Haven, CT.

Prescott-Allen, R. 1986. *National Conservation Strategies and Biological Diversity.* Report to the IUCN, Gland, Schweiz.

Prescott-Allen, R. und C. Prescott-Allen. 1978. Sourcebook for a world conservation strategy: Threatened vertebrates. Generalversammlungspapier GA. 78/10 Addendum 6. IUCN, Gland, Schweiz.

Prescott-Allen. R. und C. Prescott-Allen. 1982. *What's Wildlife Worth? Economic Contributions of Wild Plants and Animals to Developing Countries.* Earthscan, London.

Price, P. W. 1992. The resource-based organization of communities. *Biotropica* (Sonderausgabe) 24: 273–282.

Primack, R. B. 1988. Forestry in Fujian Province (People's Republic of China) during the Cultural Revolution. *Arnoldia* 48: 26–29.

Primack, R. B. 1991a. Logging, conservation and native rights in Sarawak forests. *Conservation Biology* 5: 126–130.

Primack, R. B. 1991b. Response to Salzman. *Conservation Biology* 5: 266–7.

Primack, R. B. 1992. Tropical community dynamics and conservation biology. *Bio Science* 42: 818–820.

Primack, R. B. und P. Hall. 1992. Biodiversity and forest change in Malaysian Borneo. *BioScience* 42: 829–837.

Primack, R. B. und S. L. Miao. 1992. Dispersal can limit local plant distribution. *Conservation Biology* 6: 513–519.

Primack, R. B., E. Hendry und P. Del Tredici. 1986. Current status of *Magnolia virginiana* in Massachusetts. *Rhodora* 88: 357–365.

Prins, H. H. T. 1987. Nature conservation as an integral part of optimal land use in East Africa: The case of the Masai ecosystem of northern Tanzania. *Biological Conservation* 40: 141–161.

Pritchard, P. C. 1991. "The best idea America ever had". The National Parks Service turns 75. *National Geographic* 180(August): 36–59.

Proceedings of the U.S. Strategy Conference on Biological Diversity, November 16–18, 1981. 1982. Department of State Publication 9262. 0-377-963. U.S. Government Printing Office, Washington, D.C.

Pullin, A. S. und S. R. J. Woodell. 1987. Response of the fen violet, *Viola persicifolia* Schreber, to different management regimes at Woodwalton Fen National Nature Reserve, Cambridgeshire, England. *Biological Conservation* 41: 203–217.

Putwain, P. D. und D. A. Gilham. 1990. The significance of the dormant viable seed bank in the restoration of heathlands. *Biological Conservation* 52: 1–16.

Quinn, J. F. und S. P. Harrison. 1988. Effects of habitat fragmentation and isolation on species richness: Evidence from biogeographic patterns. *Oecologia* 75: 132–140.

Rabinowitz, D., S. Cairnes und T. Dillon. 1986. Seven forms of rarity and their frequency in the flora of the British Isles. *In:* M. E. Soulé (Hrsg.), *Conservation Biology: The Science of Scarcity and Diversity,* S. 182–204. Sinauer Associates, Sunderland, MA.

Ralls, K. und J. Ballou. 1983. Extinction: Lessons from zoos. *In:* C. M. Schonewald-Cox, S. M. Chambers, B. MacBryde und L. Thomas (Hrsg.), *Genetics and Conservation: A Reference for Managing Wild Animal and Plant Populations,* S. 164–184. Benjamin/Cummings, Menlo Park, CA.

Ralls, K. und J. Ballou. 1987. Captive breeding programs for populations with a small number of founders. *Trends in Ecology and Evolution* 1: 19–22.

Ralls, K. und R. L. Brownell. 1989. Protected species: Research permits and the value of basic research. *BioScience* 39: 394–396.

Ralls, K., P. H. Harvey und A. M. Lyles. 1986. Inbreeding in natural populations of birds and mammals. *In:* M. E. Soulé (Hrsg.), *Conservation Biology: The Science of Scarcity and Diversity,* S. 35–56. Sinauer Associates, Sunderland, MA..

Ralls, K., J. D. Ballou und A. Templeton. 1988. Estimates of lethal equivalents and the cost of inbreeding in mammals. *Conservation Biology* 2: 185–193.

Rand, S. A. und H. W. Greene. 1982. Latitude and climate in the phenology of reproduction in the green iguana. *Iguanas of the World: Their Behavior, Ecology, and Conservation.* Noges Publications, Park Ridge, NJ.

Randall, A. 1986. Human preferences, economics and the undervaluing of species. *In:* B. G. Norton (Hrsg.), *The Preservation of Species,* S.79–109. Princeton University Press, Princeton, NJ.

Randall, A 1987. *Resource Economics,* 2. Aufl. John Wiley, New York.

Ratcliffe, D. A. 1984. *Nature Conservation in Great Britain.* Nature Conservancy Council, Shrewsbury.

Rauh, W. 1979. Problems of biological conservation in Madagascar. *In:* D. Bramwell (Hrsg.), *Plants and Islands,* S. 405–421. Academic Press, New York.

Raup, D. M. 1978. Cohort analysis of generic survivorship. *Paleobiology* 4: 1–15.

Raup D. M. 1979. Size of the Permo-Triassic bottleneck and its evolutionary implications. *Science* 206: 217–218.

Raup, D. M. 1988. Diversity crises in the geological past. *In:* E. O. Wilson und F. M. Peter (Hrsg.), *Biodiversity,* S. 51–57. National Academy Press, Washington, D.C. [Deutsche Ausgabe: Krisen der Vielfalt in erdgeschichtlicher Vergangenheit. *In:* E. O. Wilson und F. M. Peter (Hrsg.), *Ende der biologischen Vielfalt?,* S. 69–75. Spektrum Akademischer Verlag, Heidelberg, 1992.]

Raup, D. M. und J. J. Sepkoski jr. 1982. Mass extinctions in the marine fossil record. *Science* 215: 1501–1503.

Raup, D. M. und S. M. Stanley. 1978. *Principles of Paleontology,* 2. Aufl. W. H. Freeman, San Francisco, CA.

Rauschert, S. 1978. Liste der in der Deutschen Demokratischen Republik erloschenen und gefährdeten Farn- und Blütenpflanzen. Kulturbund der DDR, Zentraler Fachausschuß Botanik, Berlin.

Raven, P. H. 1976. Ethics and attitudes. *In:* J. B. Simmons (Hrsg.), *Conservation of Threatened Plants,* S. 155–179. Plenum, New York.

Raven, P. H. 1981. Research in botanical gardens. *Botanische Jahrbücher für Systematik, Pflanzengeschichte und Pflanzengeographie* 102: 53–72.

Raven, P. H. und E. O. Wilson. 1992. A fifty-year plan for biodiversity surveys. *Science* 258: 1099–1100.

Ravenscroft, N. O. M. 1990. The ecology and conservation of the silver-studded blue butterfly *Plejebus argus* L. on the sandlings of East Anglia, England. *Biological Conservation* 53: 21–36.

Ray, G. C. 1991. Coastal-zone biodiversity patterns. *BioScience* 41: 490–498.

Ray G. C. und J. F. Grassle. 1991. Marine biological diversity. *BioScience* 41: 453–457.

Ray, G. C. and W. P. Gregg jr. 1991. Establishing biosphere reserves for coastal barrier ecosystems. *BioScience* 41: 301–309.

Rebelo, A. G. und W. R. Siegfried. 1990. Protection of fynbos vegetation: Ideal and real-world options. *Biological Conservation* 54: 15–31.

Redford, K. H. 1992. The empty forest. *BioScience* 42: 412–422.

Redford, K. H. und C. Padoch (Hrsg.). 1992. *Conservation of Neotropical Rainforests: Working from Traditional Resource Use.* Columbia University Press, New York.

Redford, K. H. and J. G. Robinson. 1991. Subsistence and commercial uses of wildlife in Latin America. *In:* J. G. Robinson und K. H. Redford (Hrsg.), *Neotropical Wildlife Use and Conservation,* S. 6–23. University of Chicago Press, Chicago.

Reich, M. und R. Weid. 1992. Analyse und Bewertung im Arten- und Biotopschutzprogramm Bayern. Schriftenr. Bayer. Landesamt f. Umweltschutz 100: 75–85.

Reid, D. G. et al. 1989. Giant panda *Ailuropoda malanoleuca* behaviour and carrying capacity following a bamboo die-off. *Biological Conservation* 49: 85–104.

Reid, D. G., Ju Jinchu und H. Yan. 1991. Ecology of the red panda *Ailurus fulgens* in the Wolong Reserve, Sichuan, China. *Journal of Applied Ecology* 28: 229–43.

Reid, W. V. 1992. *The United States Needs a National Biodiversity Policy.* Issues and Ideas Brief. World Resources Institute, Washington, D.C.

Reid, W. V. und K. R. Miller. 1989. *Keeping Options Alive: The Scientific Basis for Conserving Biodiversity.* World Resources Institute, Washington, D.C.

Reinthal, P. N. und M. L. J. Stiassny. 1991. The freshwater fishes of Madagascar: A study of endangered fauna with recommendations for a conservation strategy. *Conservation Biology* 5: 231–243.

Remmert, H. 1991. Eine Lanze für den Buchenwald-Nationalpark. Nationalpark 73: 49–51.

Repetto, R. 1990a. Deforestation in the tropics. *Scientific American* 262: 36–42. [Deutsche Ausgabe: Die Entwaldung der Tropen: ein ökonomischer Fehlschlag. *Spektrum der Wissenschaft* 6: 122–129.]

Repetto, R. 1992. Accounting for environmental assets. *Scientific American* 266 (Juni): 94–100.

Repetto, R. et al. 1989. *Wasting Assets: Natural Resources in the National Income Accounts.* World Resources Institute, Washington, D.C.

Rhoades, R. E. 1991. World's food supply at risk. *National Geographic* 179 (April): 74–105.

Rich, B. 1990. Multilateral development banks and tropical deforestation. *In:* S. Heas und R. Heinzman (Hrsg.), *Lessons of the Rainforest.* Sierra Club Books, San Francisco.

Richter-Dyn, N. und N. S. Goe. 1972. On the extinction of a colonizing species. *Population Biology* 3: 406–433.

Ricklefs, R. E. 1993. *The Economy of Nature.* W. H. Freeman and Co., New York.

Riecken, U., U. Ries und A. Ssymank. 1994. Rote Liste der gefährdeten Biotoptypen der Bundesrepublik Deutschland. *Schriftenreihe für Landschaftspflege und Naturschutz,* 41.

Roberts, L. 1988. Conservationists in Pandamonium. *Science* 241: 529–531.

Robins, C. R. 1991. Regional diversity among Caribbean fish species. *BioScience* 41: 458–459.

Robinson, J. G. 1993. The limits of caring: Sustainable living and the loss of biodiversity. *Conservation Biology* 7: 20–28.

Robinson, M. H. 1988. Bioscience education through bioparks. *BioScience* 38: 630–634.

Robinson, M. H. 1992. Global change, the future of biodiversity and the future of zoos. *Biotropica* (Sonderausgabe) 24: 345–352.

Rohlf, D. L. 1989. *The Endangered Species Act: A Guide to its Protections and Implementation.* Stanford Environmental Law Society, Stanford, CA.

Rohlf, D. L. 1991. Six biological reasons why the Endangered Species Act doesn't work – and what to do about it. *Conservation Biology* 5: 273–282.

Rojas, M. 1992. The species problem and conservation: What are we protecting? *Conservation Biology* 6: 170–178.

Rolston, H. III. 1981. Values in nature. *Environmental Ethics* 3: 113–128.

Rolston, H. III. 1985a. Valuing wildlands. *Environmental Ethics* 7: 23–48.

Rolston, H. III. 1985b. Duties to endangered species. *BioScience* 35: 718–726.

Rolston, H. III. 1987. On behalf of bioexuberance. *Garden* 11: 2–4, 31–32.

Rolston, H. III. 1988a. *Enviromental Ethics: Values In and Duties To the Natural World.* Temple University Press, Philadelphia.

Rolston, H. III. 1988b. In defense of ecosystems. *Garden* 12: 2–5, 32.

Rolston, H. III. 1989a. *Philosophy Gone Wild: Essays on Environmental Ethics.* Prometheus Books, Buffalo, NY.

Rolston, H. III. 1989b. Biology without conservation: An environmental misfit and contradiction in terms. *In:* D. Western und M. Pearl (Hrsg.), *Conservation for the Twenty-First Century,* S. 232–240. Oxford University Press, New Yorkl.

Rolston, H. III. 1995. Duties to Endangered Species. *In:* W.A. Nierenberg (Hrsg.), *Encyclopedia of Environmental Biology.* Harcourt/Academic Press, New York.

Rowell, G. 1991. Falcon rescue. *National Geographic* 179 (June): 106–115.

Ruckelshaus, W. D. 1989. Toward a sustainable world. *Scientific American* 261 (September): 166–175.

Safina, C. 1993. Bluefin tuna in the West Atlantic: Negligent management and the making of an endangered species. *Conservation Biology* 7: 229–234.

Salafsky, N., B. L. Dugelby und J. W. Terborgh. 1993. Can extractive reserves save the rain forest? An ecological and socioeconomic comparison of nontimber forest product extraction systems in Petén, Guatemala, and West Kalimantan, Indonesia. *Conservation Biology* 7: 39–52.

Sale, J. B. 1981. *The Importance and Values of Wild Plants and Animals in Africa.* IUCN, Gland, Schweiz.

Salm, R. und J. Clark. 1984. *Marine and Coastal Protected Areas: A Guide for Planners and Managers.* IUCN, Gland, Schweiz.

Salwasser, H. 1991a. Roles for land and resource managers in conserving biological diversity. *In:* D. J. Decker, M. E. Krasny, G. R. Goff, C. R. Smith und D. W. Gross (Hrsg.), *Challenges in the Conservation of Biological Resources: A Practitioner's Guide,* S. 11–31. Westview Press, Boulder, CO.

Salwasser, H. 1991b. New perspectives for sustaining diversity in the U.S. National-forest ecosystems. *Conservation Biology* 5: 567–569.

Salwasser, H., C. M. Schonewald-Cox und R. Baker. 1987. The role of interagency cooperation in managing for viable populations. *In:* M. E. Soulé (Hrsg.), *Viable Populations for Conservation,* S. 159–173. Cambridge University Press, Cambridge.

Samour, H. J., D. M. J. Spratt, M. G. Hart, B. Savage und C. M. Hawkey. 1987. A survey of the Aldabra giant tortoise population introduced on Curieuse Island, Seychelles. *Biological Conservation* 41: 147–158.

Saunders, D., G. Arnold, A. Burbidge und A. Hopkins. 1987. The role of remnants of native vegetation in nature conservation: Future directions. *In:* D. Saunders, G. Arnold, A. Burbidge und A. Hopkins, (Hrsg.), *Nature Conservation: The Role of Remnants of Native Vegetation,* S. 259–268. Surrey Beatty and Sons, Chipping Norton, N.S.W., Australia.

Savidge, J. A., 1987. Extinction of an island forest avifauna by an introduced snake. *Ecology* 68: 660–668.

Sayer, J. A. 1991. *Rainforest Buffer Zones: Guidelines for Protected Area Management.* IUCN, Gland, Schweiz.

Sayer, J. A. und S. Stuart. 1988. Biological diversity and tropical forests. *Environmental Conservation.* 15: 193–194.

Sayer, J. A. und T. C. Whitmore. 1991. Tropical moist forests: Destruction and species extinction. *Biological Conservation* 55: 199–213.

Schaller, G., T. Qitao, P. Wenshi, Q. Zisheng, W. Xiaoming, H. Jinchu und S. Heming. 1989. The feeding ecology of giant panda and asiatic black bear in the Tangijiahe Reserve, China. *In:* J. Gittleman (Hrsg.), *Carnivore Behavior, Ecology, and Evolution,* S. 212–241. Cornell University Press, Ithaca, NY.

Scheffer, V. B. 1991. *The Shaping of Environmentalism in America.* University of Washington Press, Seattle.

Schindler, D. W. 1988. Effects of acid rain on freshwater ecosystems. *Science* 239: 149–157.

Schlesinger, W. H. et al. 1990. Biological feedbacks in global desertification. *Science* 247: 1043–1048.

Schmid, B. und D. Matthies. 1994. Populationsbiologische Grundlagen des Artenschutzes. Naturwissenschaften 81: 283–292.

Schmidt, K. F. 1992. Rebirth in the Prairie State. *U.S. News and World Report* 18. Mai 1992.

Schneider, S. H. 1989. The changing climate. *Scientific American* 261 (September): 70–79. [Deutsche Ausgabe: Veränderungen des Klimas. *Spektrum der Wissenschaft* 11: 70–79.].

Schnittler, M., G. Ludwig, P. Pretscher und P. Boye. 1994. Konzeption der Roten Listen der in Deutschland gefährdeten Tier- und Pflanzenarten – unter Berücksichtigung der neuen internationalen Kategorien. Natur und Landschaft 69: 451–459.

Schoenichen, W. 1942. Naturschutz. Gustav Fischer, Jena.

Schofield, C. L. 1988. Lake acidification in wilderness areas: An evaluation of impacts and options for rehabilitation. *In:* J. K. Agee und D. R. Johnson (Hrsg.), *Ecosystem Management for Parks and Wilderness,* S. 135–144. University of Washington Press, Seattle.

Schofield, E. K. 1989. Effects of introduced plants and animals on island vegetation: Examples from the Galápagos Archipelago. *Conservation Biology* 3: 227–238.

Schonewald-Cox, C. M. 1983. Guidelines to management: A beginning attempt. *In:* C. M. Schonewald-Cox, S. M. Chambers, B. MacBryde und L. Thomas (Hrsg.), *Genetics and Conservation: A Reference for Managing Wild Animal and Plant Populations,* S. 414–445. Benjamin/Cummings, Manlo Park, CA.

Schonewald-Cox, C. M. und M. Buechner. 1992. Park protection and public roads. *In:* P. L. fiedler und S. K. Jain (Hrsg.), *Conservation Biology: The Theory and Practice of Nature Conservation, Preservation and Management,* S. 373–396. Chapman and Hall, New York.

Schonewald-Cox, C. M., S. M. Chambers, B. MacBryde und L. Thomas (Hrsg.). 1983. *Genetics and Conservation: A Reference for Managing Wild Animal and Plant Populations.* Benjamin/Cummings, Menlo Park, CA.

Schultes, R. E. und R. F. Raffaut. 1990. *The Healing Forest: Medicinal and Toxic Plants of the Northwest Amazonia.* Discorides Press, Portland, OR.

Schumacher, E. F. 1973. *Small is Beautiful: Economics as if People Mattered.* Harper and Row, New York.

Schwartzman, S. 1992. Land distribution and the social costs of frontier development in Brazil: Social and historical context of extractive reserves. *In:* D. C. Nepstad und S. Schwartzman (Hrsg.), *Non-Timber Products from Tropical Forests: Evaluation of a Conservation and Development Strategy.* New York Botanical Garden, Bronx, NY.

Scott, J. M., B. Csuti, J. D. Jacobi und J. E. Estes. 1987. Species richness. *BioScience* 73: 782–788.

Scott, J. M., C. B. Kepler, C. van Riper III and S. I. Fefer. 1988. Conservation of Hawaii's vanishing avifauna. *BioScience* 38: 232–253.

Scott, J. M., B. Csuti, J. E. Estes und H. Anderson. 1989. Status assessment of biodiversity protection. *Conservation Biology* 3: 85–87.

Scott, J. M., B. Csuti und S. Ciacco. 1991a. Gap analysis: Assessing protection needs. *In:* W. E. Hudson (Hrsg.), *Landscape Linkages and Biodiversity.* Island Press, Washington, D.C.

Scott, J. M., B. Csuti und F. Davis. 1991b. Gap analysis: An application of Geographic Information Systems for wildlife species. *In:* D. J. Decker, M. E. Krasny, G. R. Goff, C. R. Smith und D. W. Gross (Hrsg.), *Challenges in the Conservation of Biological Resources: A Practitioner's Guide,* S. 167–179. Westview Press, Boulder, CO.

Scott, M. E. 1988. The impact of infection and disease on animal populations: Implications for conservation biology. *Conservation Biology* 2: 40–56.

Seal, U. S. 1988. Intensive technology in the care of *ex situ* populations of vanishing species. *In:* E. O. Wilson und F. M. Peter (Hrsg.), *Biodiversity,* S. 289–295. National Academy Press, Washington, D.C. [Deutsche Ausgabe: Für *ex situ* – Populationen bedrohter Arten förderliche Technologien. *In:* E. O. Wilson and F. M. Peter (Hrsg.), *Ende der biologischen Vielfalt?,* S. 313–319. Spektrum Akademischer Verlag, Heidelberg, 1992.]

Seal, U. S., E. T. Thorne, M. A. Bogan und S. H. Anderson (Hrsg.). 1989. *Conservation Biology and the Black-Footed Ferret.* Yale University Press, New Haven, CT.

Selander, R. K. 1983. Evolutionary consequences of inbreeding. *In:* C. M. Schonewald-Cox, S. M. Chambers, B. MacBryde und L. Thomas (Hrsg.), *Genetics and Conservation: A Reference for Managing Wild Animal and Plant Populations,* S. 201–215. Benjamin/Cummings, Menlo Park, CA.

Sepkoski, J. J. jr. und D. M. Raup. 1986. Periodicity in marine extinction events. *In:* D. K. Elliott (Hrsg.), *Dynamics of Extinction,* S. 3–36. John Wiley, New York.

Sessions, G. 1987. The deep ecology movement: A review. *Environmental Review* 11: 105–125.

Shafer, C. L. 1990. *Nature Reserves: Island Theory and Conservation Practice.* Smithsonian Institution Press, Washington, D.C.

Shaffer, M. L. 1981. Minimum population sizes for species conservation. *BioScience* 31: 131–134.

Shaffer, M. L. 1987. Minimum viable populations: Coping with uncertainty. *In:* M. E. Soulé (Hrsg.), *Viable Populations for Conservation,* S. 69–86. Cambridge University Press, Cambridge.

Shaffer, M. L. 1990. Population viability analysis. *Conservation Biology* 4: 39–40.

Shaffer, M. L. 1991. Population viability analysis. *In:* D. J. Decker, M. E. Krasny, G. R. Goff, C. R. Smith und D. W. Gross (Hrsg.), *Challenges in the Conservation of Biological Resources: A Practitioner's Guide,* S. 107–118. Westview Press, Boulder, CO.

Shaffer, M. L. and F. B. Samson. 1985. Population size and extinction: a note on determining critical population size. *American Naturalist* 125: 144–152.

Schaffer, M. L. und K. A. Saterson. 1987. The biological diversity program of the U.S. Agency for International Development. *Conservation Biology* 1: 280–283.

Shapiro, J., B. Forsberg, V. LaMarra, G. Lindmark, M. Lynch, E. Smeltzer und G. Zoto. 1982. *Experiments and Experiences in Biomanipulation.* Interim Report No. 19. University of Minnesota Press, Minneapolis.

Shaw, W. W. und W. R. Mangun. 1984a. *Nonconsumptive Use of Wildlife in the United States.* U.S. Fish and Wildlife Service Resource Publication 154, Washington, D.C.

Shaw, W. W. und W. R. Mangun. 1984b. Tourism and nonconsumptive uses of wildlife in the western states. *Proceedings of the Western Association of Fish and Wildlife Agencies and the Western Division of the American Fisheries Society* 64: 171–180.

Sherwin, W. B., N. D. Murray, J. M. Graves und P. R. Brown. 1991. Measurement of genetic variation in endangered populations: Bandicoots (Marsupialia: Peramelidae) as an example. *Conservation Biology* 5: 103–108.

Shinn, E. A. 1989. What is really killing the corals. *Sea Frontiers* (März/April): 72–81.

Shulman, S. 1986. Seeds of controversy. *BioScience* 36: 647–651.

Siderits, K. und R. E. Radtke. 1977. Enhancing forest wildlife habitat through diversity. *Transactions of the North American Wildlife and Natural Resources Conference* 42: 425–434.

Silvertown, J. 1991. Dorothy's dilemma and the unification of plant population diology. *Trends in Ecology and Evolution* 6: 346–348.

Simberloff, D. 1986a. Are we on the verge of a mass extinction in tropical rain forest? *In:* D. K. Elliott (Hrsg.), *Dynamics of Extinction,* S. 165–180. John Wiley, New York.

Simberloff, D. 1986b. Introduced insects: A biogeographic and systematic perspective. *In:* H. A. Mooney and J. A. Drake (Hrsg.), *Ecology of Biological Invasions of North America and Hawaii,* S. 3–26. Ecological Studies 58. Springer, New York.

Simberloff, D. 1987. The spotted owl fracas: Mixing academic, applied and political ecology. *Ecology* 68: 766–772.

Simberloff, D. 1988. The contribution of population and community biology to conservation science. *Annual Review of Ecology and Systematics* 19: 473–511.

Simberloff, D. S. und L. G. Abele. 1976. Island biogeography theory and conservation practive. *Science* 191: 285–286.

Simberloff, D. S. und L. G. Abele. 1982. Refuge design and island biogeographic theory: effects of fragmentation. *American Naturalist* 120: 41–50.

Simberloff, D. und J. Cox. 1987. Consequences and costs of conservation corridors. *Conservation Biology* 1: 63–71.

Simberloff, D. und N. Gotelli. 1984. Effects of insularization on plant species richness in the prairie-forest ecotone. *Biological Conservation* 29: 27–46.

Simberloff, D., J. A. Farr, J. Cox und D. W. Mehlmann. 1992. Movement corridors: Conservation bargains or poor investments? *Conservation Biology* 6: 493–505.

Simon, D. J. (Hrsg.). 1988. *Our Common Lands: Defending the National Parks.* Island Press, Washington, D.C.

Simpson, B. B. und M. Conner-Ogorzaly. 1986. *Economic Botany: Plants in Our World.* McGraw-Hill, New York.

Sinden, J. und A. Worrell. 1970. *Unpriced Values: Decisions Without Market Prices.* John Wiley, New York.

Singer, P. 1979. Not for humans only. *In:* K. E. Goodpaster und K. M. Sayre (Hrsg.), *Ethics and Problems of the Twenty-First Century,* S. 191–206. University of Notre Dame, Notre Dame, IN.

Slatyer, R. O. 1983. The origin and evolution of the World Heritage Convention. *Ambio* 12: 138–145.

Smith, J. B. und D. A. Tirpack (Hrsg.). 1988. *The Potential Effects of Global Climate Changes on the United States,* Band 2. U.S. Environmental Protection Agency, Washington, D.C.

Snyder, B., J. Thisted, B. Burgess und M. Richard. 1985. Pegeon herpesvirus mortalities in foster reared Mauritius pink pigeons. *In:* Proceedings of the American Association of Zoo Veterinarians, S. 69–70. Scottsdale, Arizona.

Snyder, H. A. und N. F. Snyder. 1990. The combeback of the California Condor. *Birds International* 2: 10–23.

Society for Ecological Restoration. 1991. Programm und Zusammenformungen der 3. Jahresversammlung, Orlandeo, FL 18.–23. Mai 1991.

Solbrig, O. T., H. M. van Emden und P. G. W. J. van Oordt (Hrsg.). 1992. *Biodiversity and Global Change.* International Union of Biological Sciences, Paris.

Soulé, M. E. 1980. Thresholds vor survival: Maintaining fitness and evolutionary potential. *In:* M. E. Soulé und B. A. Wilcox (Hrsg.), *Conservation Biology: An Evolutionary-Ecological Perspective,* S. 151–170. Sinauer Associates, Sunderland, MA.

Soulé, M. E. 1983. What do we really know about extinction? *In:* C. M. Schonewald-Cox, S. M. Chambers, B. MacBryde und L. thomas (Hrsg.), *Genetics and Conservation: A Reference for Managing Wild Animal and Plant Populations,* S. 111–124. Benjamin/Cummings, Menlo Park, CA.

Soulé, M. E. 1985. What is conservation biology? *BioScience* 35: 727–734.

Soulé, M. E. (Hrsg.). 1986. *Conservation Biology: The Science of Scarcity and Diversity.* Sinauer Associates, Sunderland, MA.

Soulé, M. E. (Hrsg.). 1987. *Viable Populations for Conservation.* Cambridge University Press, Cambridge.

Soulé, M. E. 1990. The onslaught of alien species, and other challenges in the coming decades. *Conservation Biology* 4: 233–239.

Soulé, M. E. und D. Simberloff. 1986. What do genetics and ecology tell us about the design of nature reserves? *Biological Conservation* 35: 19–40.

Soulé, M. E. und B. A. Wilcox (Hrsg.). 1980. *Conservation Biology: An Evolutionary-Ecological Perspective.* Sinauer Associates, Sunderland, MA.

Species Survival Commission. 1990. *Membership Directory.* IUCN, Gland, Schweiz.

Spencer, C. N., B. R. McClelland und J. A. Stanford. 1991. Shrimp stocking, salmon collapse, and eagle displacement. *Bio Science* 41: 14–21.

Ssymank, A. 1994. Neue Anforderungen im europäischen Naturschutz. Das Schutzgebietssystem NATURA 2000 und die „FFH-Richtlinie“ der EU. Natur und Landschaft 69: 395–406.

Standley, L. A. 1992. Taxonomic issues in rare species protection. *Rhodora* 94: 218–242.

Stanley Price, M. R. 1989. *Animal Reintroductions: The Arabian Oryx in Oman.* Cambridge University Press, Cambridge.

Steele, R. C. und R. C. Welch (Hrsg.). 1973. *Monks Wood: A Nature Reserve Record.* The Nature Conservancy, Monks Wood Experimental Station, Huntington, England.

Stehli, F. G. und J. W. Wells. 1971. Diversity and age patterns in hermatypic corals. *Systematic Zoology* 20: 115–125.

Stevens, W. K. 1992. U.S. moves to impose limits on killing of coastal sharks. *New York Times,* December 22, p. C4.

Stevens, T. P. 1988. *California State Mussel Watch Marine Water Quality Monitoring*

Program 1986–1987. California State Water Resource Control board, Sacramento.

Stewart, M. M. und C. Ricci. 1988. Dearth of the blues. *Natural History* 97: 67–71.

St. John, H. 1973. *List and Summary of the Flowering Plants in the Hawaiian Islands*. Pacific Tropical Botanical Garden Memoir No. 1. Cathay Press, Hong Kong.

Stolzenburg, W. 1992. The mussels' message. *Nature Conservancy* 42 (Nov./Dez): 16–23.

Strong, D. H. 1988. *Dreamers and Defenders: American Conservationists*. University of Nebraska Press, Lincoln.

Stuart, S. N. 1987. *Why We Need Action Plans: Species*. Newsletter 8, February. IUCN Species Survival Commission, Gland, Schweiz.

Swanson, F. J. und R. E. Sparks. 1990. Long-term ecological research and the invisible place. *BioScience* 40: 502–508.

Szafer, W. 1968. The ure-ox, extinct in Europe since the seventeenth century: An attempt at conservation that failed. *Biological Conservation* 1: 45–47

Takegawa, J. E. und S. R. Beissinger. 1989. Cyclic drought, dispersal, and the conservation of the snail kite in Florida: Lessons in critical habitat. *Conservation Biology* 3: 302–311.

Tamarin, R. H. 1993. *Principles of Genetics,* 4. Aufl. Wm. C. Brown, Dubuque, IA.

Tangley, L. 1986. Saving tropical forests. *BioScience* 36: 4–15.

Tangley, L. 1988a. Beyond national parks. *BioScience* 38: 146–161.

Tangley, L. 1988b. Studying (and saving) the tropics. *BioScience* 38: 375–385.

Tangley, L. 1988c. Research priorities for conservation. *BioScience* 38: 444–448.

Tangley, L. 1990. Cataloging Costa Rica's diversity. *BioScience* 40: 633–636.

Tansley, S. A. 1988. The status of threatened Proteaceae in the Cape flora, South Africa, and the implications for their conservation. *Biological Conservation* 43: 227–239.

Tattersall, I. 1993. Madagascar's lemurs. *Scientific American* 268: 110–117. [Deutsche Ausgabe: Die Lemuren Madagaskars. *Spektrum der Wissenschaft* 3: 58–65.]

Taylor, P. W. 1986. *Respect for Nature: A Theory of Environmental Ethics*. Princeton University Press, Princeton, NJ.

Temple, S. A. 1990. The nasty necessity: Eradicating exotics. *Conservation Biology* 4: 113–115.

Temple, S. A. 1991. Conservation biology: New goals and new partners for managers of biological resources. *In:* D. J. Decker, M. E. Krasny, G. R. Goff, C. R. Smith und D. W. Gross (Hrsg.), *Challenges in the Conservation of Biological Resources: A Practitioner's Guide,* S. 45–54. Westview Press, Boulder, CO.

Templeton, A. R. 1986. Coadaptation and outbreeding depression. *In:* M. E. Soulé (Hrsg.), *Conservation Biology: The Science of Scarcity and Diversity,* S. 105–116. Sinauer Associates, Sunderland, MA.

Terborgh, J. 1974. Preservation of natural diversity: The problem of extinction-prone species. *BioScience* 24: 715–722.

Terborgh, J. 1976. Island biogeography and conservation: Strategy and limitations. *Science* 193: 1029–1030.

Terborgh, J. 1986. Keystone plant resources in the tropical forest. *In:* M. E. Soulé (Hrsg.), *Conservation Biology: The Science of Scarcity and Diversity,* S. 330–344. Sinauer Associates, Sunderland, MA.

Terborgh, J. 1989. *Where Have All the Birds Gone? Essays on the Biology and Conservation of Birds That Migrate to the American Tropics*. Princeton University Press, Princeton, NJ.

Terborgh, J. 1992a. Why American songbirds are vanishing. *Scientific American* 264: 98–104.

Terborgh, J. 1992b. Maintenance of diversity in tropical forests. *Biotropica* (Sonderausgabe) 24: 283–292.

Terborgh, J. und B. Winter. 1980. Some causes of extinction. *In:* M. E. Soulé und B. A. Wilcox (Hrsg.), *Conservation Biology: An Evolutionary-Ecological Perspective,* S. 119–133. Sinauer Associates, Sunderland, MA.

Terborgh, J. und B. Winter. 1983. A method for siting parks and reserves with special reference to Columbia and Ecuador. *Biological Conservation* 27: 45–58.

Thiollay, J. M. 1986. Structure comparée du peuplement avien dans trois sites de forêt primaire en Guyane. *Revue d'Ecologie et de Biologie du Sol* 41: 59–105.

Thiollay, J. M. 1989. Area requirements for the conservation of rain forest raptors and game birds in French Guiana. *Conservation Biology* 3: 128–137.

Thiollay, J. M. 1992. Influence of selective logging on bird species diversity in a Guianan rain forest. *Conservation Biology* 6: 47–63.

Thiollay, J. und B. U. Meyburg. 1988. Forest fragmentation and the conservation of raptors: A survey on the island of Java. *Biological Conservation* 44: 229–250.

Thomas, C. D. 1990. What do real population dynamics tell us about minimum viable population sizes? *Conservation Biology* 4: 342–327.

Thomas, D. W. 1982. The ecology of an African savanna fruit bat community: Resource partitioning and role in seed dispersal. Ph.D. Dissertation, University of Aberdeen, Scotland.

Thomas, J. W. und H. Salwasser. 1989. Bringing conservation biology into a position of influence in natural resource management. *Conservation Biology* 3: 123–127.

Thomas, J. W. et al. 1990. A conservation strategy for the northern spotted owl: Report of the interagency scientific committee to address the conservation of the northern spotted owl. Portland, OR.

Thomas, K. S. 1991. *Living Fossil: The Story of the Coelacanth.* Norton, New York.

Thoreau, H. D. 1854. *Walden.* Ticknor and Fields, Boston, MA.

Thoreau, H. D. 1863. *Excursions.* Ticknor and Fields, Boston, MA.

Thorne, E. T. und B. Oakleaf. 1991. Species rescue for captive breeding. Black-footed ferret as an example. *Symposia of the Zoological Society of London* 62: 241–261.

Thorne, E. T. und E. S. Williams. 1988. Disease and endangered species: the black-footed forret as a recent example. *Conservation Biology* 2: 66–74.

Thorne, R. F. 1967. A flora of Santa Catalina Island, California. *Aliso* 6: 1–77.

Thorsell, J. und J. Sawyer. 1992. *World Heritage: The First Twenty Years.* IUCN, Gland, Schweiz.

Tobin, R. 1990. *The Expendable Future: U.S. Politics and the Protection of Biological Diversity.* Duke University Press, Durham, NC.

Toledo, V. M. 1988. La diversidad biológica de México. *In:* Ciencia y Desarollo. Conacyt, Mexico City.

Toledo, V. M. 1991. Patzcuaro's lesson: Nature, production, and culture in an indigenous region of Mexico. *In:* M. L. Oldfield und J. B. Alcorn (Hrsg.), *Biodiversity: Culture, Conservation and Ecodevelopment,* S. 147–171. Westview Press, Boulder, CO.

Toufexis, A. 1992. A new endangered species: human protectors of the planet put their lives on the line. *Time* 139 (17): 48–50.

Tremaine, R. 1993. Valuing tropical rainforests. *Conservation Biology* 7: 7–8.

Triggs, S. J., R. G. Powlesland und C. H. Daugherty. 1989. Genetic variation and conservation of kakapo (*Strigops habroptilus:* Psittaciformes). *Conservation Biology* 3: 92–96.

Tunnicliffe, V. 1992. Hydrothermal vent communities of the deep sea. *American Scientist* 80: 336–349.

Turner, B. L. II. 1976. Prehistoric population density in the Maya lowlands: New evidence from old approaches. *Geographical Review* 66: 73–82.

Udvardy, M. D. F. 1975. A classification of the biogographical provinces of the world. Occasional Paper 18. IUCN, Gland, Schweiz.

Umweltbundesamt (Hrsg.) 1994. Daten zur Umwelt 1992/93. Erich Schmidt, Berlin.

United Nations. 1993a *Agenda 21: Rio Declaration and Forest Principles.* Post-Rio Edition. United Nations Publications, New York.

United Nations. 1993b. *The Global Partnership for Environment and Development.* United Nations Publications, New York.

UNESCO (United Nations Educational, Scientific, and Cultural Organization). 1974. *Task Force on Criteria and Guidelines for the Choice and Establishment of Biosphere Reserves.* Final Report. MAB Report Series No. 22. UNESCO, Paris.

UNESCO. 1980. The mighty minnow. *UNESCO Courier* 33: 19.

UNESCO. 1984. Action plan for the biosphere reserves. *Natural Resources* 20: 1–12.

UNESCO. 1985. Action plan for biosphere reserves. *Environmental Conservation* 12: 17–27.

Untermaier, J. 1991. *Legal Aspects of the Conservation of Wetlands.* IUCN, Gland, Schweiz.

Urban, D. L., R. V. O'Neill und H. H. Shugart jr. 1987. Landscape ecology. *Bio Science* 37: 119–127.

U.S. Congress. 1973. Sec. 2(a) in *Endangered Species Act* 87 STAT. 884 (Public Law 93–205).

USAD Forest Service. 1988. Final supplement to the environmental impact statement for an amendment to the Pacific Northwest regional guide, Band 1 und 2. USDA Forest Service, Portland, OR.

Usher, M. B. 1975. *Biological Management and Conservation: Ecological Theory, Application and Planning.* Chapman and Hall, London.

Usher, M. B. 1991. Scientific requirements of a monitoring programme. *In:* B. Goldsmith (Hrsg.), *Monitoring for Conservation and Ecology,* S. 15–32. Chapman and Hall, New York.

Valdéz, J. 1992. Defenders of the reef. *Belize Today* 6(8): 16–18.

Van Riper, C., III, S. G. Van Riper, M. L. Goff und M. Laird. 1986. The epizootiology and ecological significance of malaria in Hawaiian land birds. *Ecological Monographs* 56: 327–344.

Van Swaay, C. A. M. 1990. An assessment of the changes in butterfly abundance in the Netherlands during the twentieth century. *Biological Conservation* 52: 287–302.

Van Tighem, K. V. 1986. Have our national parks failed us? *Park News* 31–33.

Van Waerbeck, K. und J. C. Reyes. 1990. Catch of small cetaceans at Pucusana Port, central Peru, during 1987. *Biological Conservation* 51: 15–22.

Vaughan, D. A. und L. A. Sitch. 1991. Gene flow from the jungle to farmers. *Bio Science* 41: 22–28.

Vaux, P. D. und C. R. Goldman. 1990. Dams and development in the tropics: The role of applied ecology. *In:* R. Goodland (Hrsg.), *Race to Save the Tropics: Ecology and Economics for a Sustainable Future,* S. 101–124. Island Press, Washington, D.C.

Vedder, A. 1989. In the hall of the mountain king. *Animal Kingdom* 92: 31–43.

Verboom, J., A. Schotman, P. Opdam und J. A. J. Metz. 1991. European nuthatch metapopulations in a fragmented agricultural landscape. *Oikos* 61: 149–156.

Vernon, J. E. N. 1986. *Corals of Australia and the Indo-Pacific.* Angus and Robertson, London.

Vessey, S. H. 1964. Effects of grouping on levels of circulating antibodies in mice. *Proceedings of the Society for Experimental Biology and Medicine* 115: 252–255.

Vietmeyer, N. 1989. Iguana mama. *International Wildlife* 19: 24–27.

Vindevogel, H., H. Debruyne und P. P. Patoret. 1985. Observation of pigeon *herpesvirus 1* re-excretion during the reproductive period in conventionally reared homing pigeons. *Journal of Comparative Pathology* 95: 105–112.

Vitousek, P. M., P. R. Ehrlich, A. H. Ehrlich und P. A. Matson. 1986. Human appropriation of the products of photosynthesis. *BioScience* 36: 368–373.

von Furer-Haimendorf, C. 1964. *The Sherpas of Nepal.* John Murray, London.

Waley, A. 1934. *The Way and Its Power: A Study of Tao Te Ching and Its Place in Chinese Thought.* Allen and Unwin, London.

Walkinshaw, L. 1949. The sandhill cranes. Bulletin 29, Cranbrook Institute of Science, Bloomfield Hills, MI.

Waller, D. M., D. M. O'Malley und S. C. Gawler. 1988. Genetic variation in the extreme endemic *Pedicularis furbishiae. Conservation Biology* 1: 335–340.

Walsh, R. G., J. B. Loomis und R. A. Gillman. 1984. Valuing option, existence, and bequest demands for wilderness. *Land Economics* 60: 14–19.

Walsh, R. G., R. D. Bjonback, R. A. Aiken und D. H. Rosenthal. 1990. Estimating the public benefits of protecting forest quality. *Journal of Environmental Management* 30: 175–189.

Waples, R. S. und D. J. Teel. 1990. Conservation genetics of Pacific salmon. I. Temporal changes in allele frequency. *Conservation Biology* 4: 144–156.

Ward, D. M., R. Weller und M. M. Bateson. 1990. 16S rRNA sequences reveal numerous uncultured microorganisms in a natural community. *Nature* 345: 63–65.

Ward, G. C. 1992. India's wildlife dilemma. *National Geographic* 181(Mai): 2–29.

Warford, J. 1987. Nature resource management and economic development. *In:* P. Jacobs und D. Munro (Hrsg.), *Conservation with Equity: Strategies for Sustainable Development,* S. 71–85. IUCN, Gland, Schweiz.

Warren, M. S. 1990. The successful conservation of an endangered species, the heath fritillary butterfly *Mellicta athalia,* in Britain. *Biological Conservation* 55: 37–56.

Waser, N. M. und M. V. Price. 1989. Optimal outcrossing in *Ipomopsis aggregata:* Seed set and offspring fitness. *Evolution* 43: 1097–1109.

Waser, N. M., M. V. Price, A. M. Montalvo und R. N. Gray. 1987. Female mate choice in a perennial herbaceous wildflower, *Delphinium nelsonii. Evolutionary Trends in Plants* 1: 29–33.

Waters, T. 1992. Sympathy for the devil. *Discover* 13: 62.

Wayne, R. K. et al. 1991. Conservation genetics of the endangered Isle Royale gray wolf. *Conservation Biology* 5: 41–51.

Webster, R. E. 1987. Habitat conservation plans under the Endangered Species Act. *San Diego Law Review* 24: 243–271.

Weiss, S. B. et al. 1991. Forest canopy structure at overwintering monarch butterfly sites: Measurements with hemispherical photography. *Conservation Biology* 5: 165–175.

Welch, E. B. und G. D. Cooke. 1990. Lakes. *In:* W. R. Jordan III, M. E. Gilpin und J. D. Aber (Hrsg.), *Restoration Ecology: A Synthetic Approach to Ecological Research,* S. 109–129. Cambridge University Press, Cambridge.

Wells, S. M., C. Shappard und M. D. Jenkins. 1988a. *Coral Reefs of the World, Band 1: Atlantic and Eastern Pacific.* IUCN, Gland, Schweiz.

Wells, S. M., C. Shappard und M. D. Jenkins. 1988b. *Coral Reefs of the World, Band 2: Indian Ocean, Red Sea and Gulf.* IUCN, Gland, Schweiz.

Wells, S. M., C. Shappard und M. D. Jenkins. 1989. *Coral Reefs of the World, Band 3: Central and Western Pacific.* IUCN, Gland, Schweiz.

Werner, D. I. 1991. The rational use of green iguanas. *In:* J. G. Robinson und K. H. Redford (Hrsg.), *Neotropical Wildlife Use and Conservation.* University of Chicago Press, Chicago.

Werner, D. I. und T. J. Miller. 1984. Artificial nests for female green iguanas. *Herpetological Review* 15: 57–58.

Western, D. 1985. Conservation-based rural development. *In:* F. R. Thibodeau und H. Field (Hrsg.), *Sustaining Tomorrow.* University Press of New England, Hanover, NH.

Western, D. 1989. Conservation without parks: Wildlife in the rural landscape. *In:* D. Western und M. Pearl (Hrsg.), *Conservation for the Twenty-First Century,* S. 158–165. Oxford University Press, New York.

Western, D. und W. Henry. 1979. Economics and conservation in Third World national parks. *BioScience* 29: 414–418.

Western, D. and M. Pearl (Hrsg.), *1989. Conservation for the Twenty-First Century.* Oxford University Press, New York.

Western, D. und J. Ssemakula. 1981. The future of the savannah ecosystem. Ecological islands or faunal enclaves? *African Journal of Ecology* 19: 7–19.

Whitcomb, R. F., C. S. Robbins, J. F. Lynch, B. L. Whitcomb, M. K. Klimkiewicz und D. Bystrak. 1981. Effects of forest fragmentation on avifauna of the eastern deciduous fores. *In:* R. L. Burgess und D. M. Sharpe (Hrsg.), *Forest Island Dynamics in Man-Dominated Landscapes,* S. 125–205. Springer, New York.

White, F. 1983. *The Vegetation of Africa: A Descriptive Memoir to Accompany the Unesco/AITFAT/UNSO Vegetation Map of Africa.* UNESCO, Paris.

Whitmore, T. C. 1990. *An Introduction to Tropical Rain Forests.* Clarendon Press, Oxford.

Whittaker, R. H. 1975. *Communities and Ecosystems,* 2. Aufl. Macmillan, New York.

Whitten, A. J. 1987. Indonesia's transmigration program and its role in the loss of tropical rain forests. *Conservation Biology* 1: 239–246.

Whitten, A. J., K. D. Bishop, S. V. Nash und Lynn Clayton. 1987. One or more extinctions from Sulawesi, Indonesia? *Conservation Biology* 1: 42–48.

Wijnstekers, W. 1992. *The Evolution of CITES.* CITES Sekretariat, Genf.

Wikramanayake, E. D. 1990. Conservation of endemic rain forest fishes of Sri Lanka: Results of a translocation experiment. *Conservation Biology* 4: 32–37.

Wilcove, D. S. 1985. Nest predation in forest tracts and the decline of migratory songbirds. *Ecology* 66: 1211–1214.

Wilcove, D. S. und R. M. May. 1986. National park boundaries and ecological realities. *Nature* 324: 206–207.

Wilcove, D. und D. Murphy. 1991. The spotted owl controversy and conservation biology. *Conservation Biology* 5: 261–262.

Wilcove, D. S., C. H. McLellan und A. P. Dobson. 1986. Habitat fragmentation in the temperature zone. *In:* M. E. Soulé (Hrsg.), *Conservation Biology: The Science of Scarcity and Diversity,* S. 237–256. Sinauer Associates, Sunderland, MA.

Wilcove, D. S., M. McMillan und K. C. Winston. 1993. What exactly is an endangered species? An analysis of the U.S. Endangered Species List, 1985–1991. *Conservation Biology* 7: 87–93.

Wildt, D. E. 1992. Genetic resource banks for conserving wildlife species: Justification, examples, and becoming organized on a global scale. *Animal Reproduction Science* 28: 247–257.

Wilkes, G. 1977. The world's crop plant germplasm – an endangered resource. *The Bulletin of the Atomic Scientists* 33: 8–16.

Wilkes, G. 1987. Plant genetic resources: Why privatize a public good? *BioScience* 37: 215–217.

Wilkes, G. 1989. Germplasm preservation: Objectives and needs. *In:* L. Knutson und A. K. Stoner (Hrsg.), *Biotic Diversity and Germplasm Preservation, Global Imperatives,* S. 13–41. Kluwer Academic, Boston.

Wolkes, G. 1991. In situ conservation of agricultural systems. *In:* M. L. Oldfield und J. B. Alcorn (Hrsg.), *Biodiversity: Culture, Conservation and Ecodevelopment,* S. 86–101. Westview Press, Boulder, CO.

Wilkie, D. S., J. G. Sidle und G. C. Boundzanga. 1992. Mechanized logging, market hunting, and a bank loan in the Congo. *Conservation Biology* 6: 570–580.

Williams, J. D. und R. M. Nowak. 1986. Vanishing species in our own backyard: Extinct fish and wildlife of the United States and Canada. *In:* L. Kaufman und K. Mallory (Hrsg.), *The Last Extinction,* S. 107–140. MIT Press, Cambridge, MA.

Williams, M. (Hrsg.). 1990. *Wetlands: A Threatened Landscape.* Basil Blackwell, Oxford.

Williams, S. B. 1984. Protection of plant varieties and parts as intellectual property. *Science* 225: 18–23.

Williams, T. 1986. The final ferret fiasco. *Audubon* 88: 110–119.

Willis, E. O. 1979. The composition of avian communities in remanescent woodlots in southern Brazil. *Papeis Avulsos Zoologicas* 33: 1–25.

Willwerth, J. 1992. The $25 million bird. *Time* Magazine, 27. Januar.

Wilson, E. O. 1984. *Biophilia.* Harvard University Press, Cambridge, MA.

Wilson, E. O. 1985. The biological diversity crisis. *BioScience* 35: 700–705.

Wilson, E. O. 1987. The little things than run the world: The importance and conservation of invertebrates. *Conservation Biology* 1: 344–346.

Wilson, E. O. 1989. Threats to biodiversity. *Scientific American* 261 (September): 108–116. [Deutsche Ausgabe: Bedrohung des Artenreichtums. *Spektrum der Wissenschaft* 11: 88–95.]

Wilson, E. O. 1991. Rain forest canopy: The high frontier. *National Geographic* 180(Dezember): 78–107.

Wilson, E. O. 1992. *The Diversity of Life.* The Belknap Press of Harvard University Press, Cambridge, MA. [Deutsche Ausgabe: *Die Vielfalt des Lebens.* Poper, München, 1995.]

Wilson, E. O. und F. M. Peter (Hrsg.). 1988. *Biodiversity.* National Academy Press, Washington, D.C. [Deutsche Ausgabe: *Ende der biologischen Vielfalt?* Spektrum Akademischer Verlag, Heidelberg, 1992.]

Witte, F., T. Goldschmidt, E. L. M. Wanink, M. J. P. van Oijen, P. C. Goudswaard, E. L. M. Witte-Maas und N. Bouton. 1992. The destruction of an endemic species flock: Quantitative data on the decline of the haplochromine species from the Mzanza Gulf of Lake Victoria. *Environmental Biology of Fishes* 34: 1–28.

Wolf, G. und U. Bohn. 1991. Naturwaldreservate in der Bundesrepublik Deutschland und Vorschläge zu einer bundesweiten Grunddatenerfassung. Schriftenr. Vegetationskunde 21: 9–20.

Wong, M. 1985. Understory birds as indicators of regeneration in a patch of selectively logged west Malaysian rainforest. *In:* A. W. Diamond und T. E. Lovejoy (Hrsg.), *Conservation of Tropical Forest Birds,* S. 249–263. Technical Publication No. 4. International Council for Bird Preservation, Cambridge, England.

Woodwell, G. M. 1990. *The Earth in Transition.* Cambridge University Press, Cambridge.

Woolf, N. B. 1986. New hope for exotic species. *BioScience* 36: 594–597.

Woolf, N. B. 1990. Biotechnologies sow seeds for the future. *BioScience* 40: 346–348.

World Commission on Environment and Development (WCED). 1987. *Our Common Future.* Oxford University Press, Oxford.

World Conservation Monitoring Centre. 1992. *Global Biodiversity: Status of the Earth's Living Resources.* Zusammengestellt von World Conservation Monitoring Centre, Cambridge, UK. Chapman and Hall, London.

World Conservation Monitoring Centre/IUCN. 1992a. *Protected Areas of the World, Band 1: Indomalaya, Oceania, Australia, and Antarctic.* IUCN, Gland, Schweiz.

World Conservation Monitoring Centre/IUCN. 1992b. *Protected Areas of the World, Band 2: Palearctic.* IUCN, Gland, Schweiz.

World Conservation Monitoring Centre/IUCN. 1992c. *Protected Areas of the World, Band 3: Afrotropical.* IUCN, Gland, Schweiz.

World Conservation Monitoring Centre/IUCN. 1992d. *Protected Areas of the World, Band 4: Nearctic and Neotropical.* IUCN, Gland, Schweiz.

World Resources Institute (WRI). 1993. Biodiversity Prospecting: Using Genetic Resources for Sustainable Development. World Resources Institute, Washington, D.C.

World Resources Institute/International Institute for Environment and Development (WRI/IIED). 1986. *World Resources 1986.* Basic Books, New York.

WRI/IIED. 1987. *World Resources 1987.* Basic Books, New York.

WRI/IIED. 1988. *World Resources 1988.* Basic Books, New York.

WRI/UNEP/UNDP. 1992. *World Resources 1992–1993.* Oxford University Press, New York..

[Die zweijährlichen Berichte des World Resources Institute erscheinen auch in deutscher Übersetzung, zuletzt 1994: *Internationaler Umweltatlas. Jahrbuch der Welt-Ressourcen.* Band 6. ecomed, Landsberg.]

WRI/IUCN/UNEP. 1992. *Global Biodiversity Strategy: Guidelines for Action to Save, Study, and Use Earth's Biotic Wealth Sustainably and Equitably.* World Resources Institute, Washington, D.C.

Wright, S. 1931. Evolution in Mendelian populations. *Genetics* 16: 97–159.

Wyman, R. L. 1990. What's happening to the amphibians? *Conservation Biology* 4: 350–352.

Yager, J. 1981. Remipedia, a new class of Crustacea from a marine cave in the Bahamas. *Journal of Crustacean Biology* 1: 328–333.

Yahner, R. H. 1988. Changes in wildlife communities near edges. *Conservation Biology* 2: 333–339.

Yoakum, J. und W. P. Dasmann. 1971. Habitat manipulation practices. *In:* R. H. Giles (Hrsg.), *Wildlife Management Techniques,* S. 173–231. Wildlife Society, Washington, D.C.

Yonzon, P. B. und M. L. Hunter jr. 1991a. Cheese, tourists, and red pandas in the Nepal Himalayas. *Conservation Biology* 5: 196–202.

Yonzon, P. B. und M. L. Hunter, jr. 1991b. Conservation of the red panda *Ailurus fulgens. Biological Conservation* 57: 1–11.

Yost, J. und P. Kelley. 1983. Shotguns, blowguns, and spears: The analysis of technological efficiency. *In:* R. B. Hames und W. T. Vickers (Hrsg.), *Adaptive Responses of Native Amazonians,* S. 189–224. Academic Press, New York.

Young, R. A., D. J. P. Swift, T. L. Clarke, G. R. Harvey und P. R. Betzer. 1985. Dispersal pathways for particleassociated pollutants. *Science* 229: 431–435.

Zaidi, I. H. 1986. On the ethics of man's interaction with the environment: an Islamic approach. *In:* E. C. Hargrove (Hrsg.), *Religion and the Environmental Crisis,* S. 107–126. University of Georgia Press, Athen.

Zimmermann, A. und G. Kniely. 1980. Liste verschollener und gefährdeter Farn- und Blütenpflanzen für die Steiermark. Mitt. Inst. Umweltwiss. Naturschutz Graz 3: 3–29.

Zonneveld, I. and R. T. Forman. 1990. *Changing Landscapes: An Ecological Perspective.* Springer, New York.

Zwank, P. J. und C. D. Wilson. 1987. Survival of captive, parent-reared Mississippi sandhill cranes released on a refuge. *Conservation Biology* 1: 165–168.

Wichtige neuere internationale Literatur*

Akçakaya, H. R. 1994. *RAMAS/GIS: Linking Landscape Data with Population Viability Analysis* (Version 1.0). Applied Biomathematics, Setauket, N.Y. [Software.]

Allan, T. und A. Warren, (Hrsg.) 1993. *Deserts: The Encroaching Wilderness. A World Conservation Atlas.* Oxford University Press, Oxford.

Armbruster, P. und R. Lande, 1993. A population viability analysis for African elephant (*Loxodonta africana*): How big should reserves be? *Conservation Biology* 7: 602–610.

Barbier, E. B., C. J. Burgess und C. Folke, 1994. *Paradise Lost? The Ecological Economics of Biodiversity.* Earthscan Publications, London.

Beck, B. B., Rapport, L. G., Stanley Price, M. R. und Wilson, A. C. 1994. Reintroduction of captive-born animals. In: Olney, P. J., Mace, M. G. und Feistner, A. T. C. (Hrsg.) *Creative Conservation: Interactive Management of Wild and Captive Animals*, 265–286. Chapman and Hall, London.

BioScience. Mai 1994. [Sonderheft zum Thema Landnutzungsveränderungen.]

BioScience. Supplement 1995. *Science and Biodiversity Policy.*

Blaustein, A. R. und Wake, D. B. 1995. The puzzle of declining amphibian populations. *Scientific American* 272 (April): 56–61. [Deutsch: Das Rätsel des weltweiten Amphibiensterbens. *Spektrum der Wissenschaft* 6/95: 58–63.]

Bowles, M. L. und Whelan, C. J. (Hrsg.) 1994. *Restoration of Endangered Species: Conceptual Issues, Planning, and Implementation.* Cambridge University Press, Cambridge.

Burgman, M. A., Ferson, S. und Ackçakaya, H. R. 1993. *Risk Assessment in Conservation Biology.* Chapman and Hall, London.

Callicott, J. B. 1994. *Earth's Insights: A Multicultural Survey of Ecological Ethics from the Mediterranean Basin to the Australian Outback.* University of California Press, Berkeley.

Carlton, J. T. und Geller, J. B. 1993. Ecological roulette: The global transport of nonindigenous marine organisms. *Science* 261: 78–82.

Cleveland, D. A., Soleri, D. und Smith, S. E. 1994. Do folk crop varieties have a role in sustainable agriculture? *BioScience* 44: 740–751.

Cox, P. A. und Balick, M. J. 1994. The ethnobotanical approach to drug discovery. *Scientific American* 270 (Juni): 60–65. [Deutsch: Neue Medikamente durch ethnobotanische Forschung. *Spektrum der Wissenschaft* 8/94: 40–46.]

Cox, P. A. und Elmquist, T. 1991. Indigenous control of tropical rainforest reserves: An alternative strategy for conservation. *Ambio* 20: 317–321.

Dietrich, W. 1992. *The final forest.* Penguin, New York.

Dingwall, P., Harrison, J. und McNeely, J. A. (Hrsg.) 1994. *Protecting Nature: Regional Reviews of Protected Areas.* IUCN Publications, Gland, Schweiz.

Drayton, B. und Primack, R. 1995. Plant species loss from 1894 to 1993 in an isolated conservation area in metropolitan Boston. *Conservation Biology.* In Druck.

Dugan, P. (Hrsg.) 1993. *Wetlands in Danger: A World Conservation Atlas.* Oxford University Press, New York.

Edwards, P. J., May, R. M. und Webb, N. R. (Hrsg.) 1994. *Large-Scale Ecology and Conservation Biology.* Blackwell Scientific Publications, Oxford.

Eisner, T. und Beiring, E. A. 1994. Biotic exploration fund: Protecting biodiversity

* Diese Auswahl ist vom Autor und den Bearbeitern der deutschen Ausgabe zusammengestellt worden und führt Artikel und Bücher vornehmlich aus den Jahren 1993 bis 1995 auf.

through chemical prospecting. *BioScience* 44: 95–98.

Ellstrand, N. C. und Elam, D. R. 1993. Population genetic consequences of small population size: implications for plant conservation. *Ann. Rev. Ecol. Syst.* 24: 217–243.

Farnsworth, E. J. und Rosovsky, J. 1993. The ethics of ecological field experimentation. *Conservation Biology* 74: 463–472.

Fleischner, T. L. 1994. Ecological costs of livestock grazing in western North America. *Conservation Biology* 8: 629–644.

Frankel, O. H., Brown, A. H. D. und Burdon, J. J. 1995. *The Conservation of Plant Biodiversity.* Cambridge University Press, Cambridge.

French, H. F. 1994. Making environmental treaties work. *Scientific American* 271 (Dezember): 62–71. [Deutsch: Wirksame Gestaltung von Umweltschutzabkommen. *Spektrum der Wissenschaft* 2/95: 62–66.]

Gadgil, M. G. R. 1992. *This fissured land. An ecological history of India.* Oxford University Press, Dehli.

Given, D. R. 1994. *Principles and Practice of Plant Conservation.* Chapman and Hall, London/Timber Press, Portland, OR.

Grabherr, G., Dottfried, M. und Pauli, H. 1994. Climate effects on mountain plants. *Nature* 369: 448.

Groombridge, B. (Hrsg.) 1992. *Global Biodiversity: Status of the Earth's Living Resources.* World Conservation Monitoring Centre. Chapman and Hall, London.

Grumbine, E. R. (Hrsg.) 1994. *Environmental Policy and Biodiversity.* Island Press, Washington, D.C.

Grumbine, R. E. 1994. What is ecosystem management? *Conservation Biology* 8: 27–38.

Hansson, L. (Hrsg.) 1992. *Ecological principles of nature conservation.* Elsevier Applied Science, London/New York.

Harcourt, A. H. 1995. Population viability estimates: Theory and practice for a wild gorilla population. *Conservation Biology* 9: 134–142.

Harper, J. L. und Hawksworth, D. L. 1994. Biodiversity: measurement and estimation. *Phil. Trans. R. Soc. Lond. B.* 345: 5–12.

Hawksworth, D. L. (Hrsg.) 1994. *Biodiversity: Measurement and Estimation.* Chapman and Hall, London.

Hedgpeth, J. W. 1993. Foreign invaders. *Science* 261: 34–35.

Hemley, G. (Hrsg.) 1994. *International Wildlife Trade: A CITES Sourcebook.* Island Press, Washington, D.C.

Heyer, W. R., Donnelly, M. A., McDiarmid, R. W., Hayek, L.-A. C. und Foster, M. S. (Hrsg.) 1994. *Measuring and Monitoring Biological Diversity: Standard Methods for Amphibians.* Smithsonian Institution Press, Washington, D.C.

Holloway, M. 1994. Nurturing nature. *Scientific American* 270 (April): 76–84.

Holloway, M. 1993. Sustaining the Amazon. *Scientific American* 269 (Juli): 76–84. [Deutsch: Bewirtschaftung des Regenwaldes. *Spektrum der Wissenschaft* 9/93: 70–77.]

Holsinger, K. E. 1995. Population biology for policy makers. *BioScience*. Supplement 1995: S10–S20.

Hughes, T. P. 1994. Catastrophes, phase shifts, and large-scale degradation of a Caribbean coral reef. *Science* 265: 1547–1551.

Huston, M. A. 1994. *Biological Diversity: The Coexistence of Species on Changing Landscapes.* Cambridge University Press, Cambridge.

IUCN/TNC (The Nature Conservancy)/ WWF (World Wide Fund for Nature). 1994. *Report of the First Global Forum on Environmental Funds.* IUCN, Washington, D.C.

Jacobson, S. K., Vaughan, E. und Miller, S. W. 1995. New directions in conservation biology: Graduate programs. *Conservation Biology* 9: 5–17.

Janzen, D. A. 1992. A south-north perspective on science in the management, use, and economic development of biodiversity. In: Sandlund, O. T., Hindar, K. und Brown, A. H. D. (Hrsg.) *Conservation of biodiversity for sustainable development*, 27–52. Scandinavian University Press, Oslo.

Kellert, S. R. und Wilson, E. O. (Hrsg.) 1993. *The Biophilia Hypothesis*. Island Press, Washington, D.C.

Kremen, C., Merenlender, A. M. und Murphy, D. D. 1994. Ecological monitoring: A vital need for integrated conservation and development programs in the tropics. *Conservation Biology* 8: 338–397.

Lamont, B. B. und Klinkhamer, P. G. 1993. Population size and viability. *Nature* 362: 211.

Lamont, B. B., Klinkhamer, P. G. L. und Witkowski, E. T. F. 1993. Population fragmentation may reduce fertility to zero in *Banksia goodii* – a demonstration of the Allee effect. *Oecologia* 94: 446–450.

Lieth, H. und Lohmann, M. (Hrsg.) 1993. *Restoration of Tropical Rainforest Ecosystems*. Kluwer Academic Publishers, Dordrecht.

Loeschcke, V., Tomiuk, J. und Jain, S. K. (Hrsg.) 1994. *Conservation Genetics*. Birkhäuser, Basel.

McNeely, J. A., Harrison, J. und Dingwall, P. (Hrsg.) 1994. *Protecting Nature: Regional Reviews of Protected Areas*. IUCN, Gland, Schweiz.

Meffe, G. C., Carroll, C. R. et al. 1994. *Principles of Conservation Biology*. Sinauer Associates, Sunderland, MA.

Meyer, W. B., Turner II., B. L. 1994. *Changes in Land Use and Land Cover: A Global Perspective*. Cambridge University Press, New York.

Mills, E. L., Leach, J. H., Carlton, J. T. und Secor, C. L. 1994. Exotic species and the integrity of the Great Lakes. *BioScience* 44: 666–676.

Moffat, M. W. 1994. *The High Frontier: Exploring the Tropical Rainforest Canopy*. Harvard University Press, Cambridge, MA.

Munn, C. A. 1994. Macaws: Winged rainbows. *National Geographic* 185 (Januar): 118–140.

Norse, E. A. (Hrsg.) 1993. *Global Marine Biological Diversity. A Strategy for Building Conservation into Decision Making*. Island Press, Washington, D.C.

Noss, R. F. und Cooperrider, A. Y. 1994. *Saving Nature's Legacy: Restoring and Protecting Biodiversity*. Island Press, Washington, D.C.

Parkes, R. J., Cragg, B. A., Bale, S. J., Getliff, J. M., Goodman, K., Rochelle, P. A., Fry, J. C., Weightman, A. J. und Harvey, S. M. 1994. Deep bacterial biosphere in Pacific Ocean sediments. *Nature* 371: 410–413.

Paton, P. W. C. 1994. The effect of edge on avian nest success: How strong is the evidence? *Conservation Biology* 7: 510–526.

Plotkin, M. J. 1993. *Tales of a Shaman's Apprentice*. Viking/Penguin, New York.

Prendergast, J. R., Quinn, R. M., Lawton, J. H., Eversham, B. C. und Gibbons, D. W. 1993. Rare species, the coincidence of diversity hotspots and conservation strategy. *Nature* 365: 335–337.

Sample, V. A. 1994. *Remote Sensing and GIS in Ecosystem Management*. Island Press, Washington, D.C.

Samways, M. J. 1994. *Insect Conservation Biology*. Chapman and Hall, London.

Sandlund, O. T., Hindar, K. und Brown, A. H. D. (Hrsg.) 1992. *Conservation of biodiversity for sustainable development*. Scandinavian University Press, Oslo.

Schemske, D. W., Husband, B. C., Ruckelshaus, M. H., Goodwillie, C., Parker, I. M. und Bishop, J. G. 1994. Evaluating approaches to the conservation of rare and endangered plants. *Ecology* 75: 584–606.

Schulze, E. D. und Mooney, H. A. (Hrsg.) 1993. *Biodiversity and Ecosystem Function*. Springer, Berlin/New York.

Seitz, A. und Loeschke, V. (Hrsg.) 1991 *Species conservation: a population-biological approach*. Birkhäuser, Basel.

Skole, D. L., Chomentowski, W. H., Salas, W. A. und Nobre, A. D. 1994. Physical and human dimensions of deforestation in Amazonia. *BioScience* 44: 314–322.

Smith, F. D., May, R. M., Pellew, R., Johnson, T. H. und Walter, K. R. 1993. How much do we know about the current extinction rate? *Trends in Ecology and Evolution* 8: 375–378.

Solbrig, O. T., Van Emden, H. M. und Van Oordt, P. G. W. J. 1994. *Biodiversity and global change.* CAB International, Wallingford.

Spellerberg, I. F. 1994. *Evaluation and Assessment for Conservation: Ecological Guidelines for Determining Priorities for Nature Conservation.* Chapman and Hall, London.

Spellerberg, I. F. (Hrsg.) 1994. *Monitoring ecological change.* Cambridge University Press, Cambridge.

Spellerberg, I. F., Goldsmith, F. B. und Morris, M. G. (Hrsg.) 1991. *The scientific management of temperate communities for conservation.* Blackwell, Oxford.

Spellerberg, I. F. und Hardes, S. (Hrsg.) 1992. *Biological conservation.* Cambridge University Press, Cambridge.

Spellerberg, I. und Holdgate, M. W. 1991. *Monitoring ecological change.* Cambridge University Press, Cambridge.

Tilman, D. und Downing, J. A. 1994. Biodiversity and stability in grasslands. *Nature* 367: 363–365.

Tilman, D., May, R. M., Lehmann, C. L. und Nowak, M. A. 1994. Habitat destruction and the extinction dept. *Nature* 371: 65–66.

Vitousek, P. M. 1994. Beyond global warming: Ecology and global change. *Ecology* 75: 1861–1876.

Vogel, J. H. 1994. *Genes for Sale: Privatization as a Conservation Policy.* Oxford University Press, New York.

Wells, M. und Brandon, K. 1992. *People and Parks: Linking Protected Area Management with Local Communities.* World Bank, WWF, U.S. Agency for International Development, Washington, D.C.

Western, D., Wright, M. und Strum, S. C. (Hrsg.) 1994. *Natural Connections: Perspectives in Community-Based Conservation.* Island Press, Washington, D.C.

WRI/UNEP/UNDP. 1994. *World Resources 1994–95.* Oxford University Press, New York. [Deutsch: 1994. *Internationaler Umweltatlas. Jahrbuch der Welt-Ressourcen.* Bd. 6. ecomed, Landsberg.]

Auswahl deutschsprachiger Bücher zum Thema Naturschutz

Arndt, U., W. Nobel und B. Schweizer. 1995. *Bioindikatoren. Möglichkeiten, Grenzen und neue Erkenntnisse.* 2. Aufl. Eugen Ulmer, Stuttgart.

Bader, D. und H. May. 1992. *EG und Naturschutz.* Economica, Bonn.

Barth, W.-E. 1995. *Naturschutz: Das Machbare. Praktischer Umwelt- und Naturschutz für alle. Ein Ratgeber.* 2. Aufl. Paul Parey, Hamburg.

Blab, J. (BFNL) 1993. *Grundlagen des Biotopschutzes für Tiere.* Kilda, Greven.

Hampicke, U. 1991. *Naturschutz-Ökonomie.* Eugen Ulmer, Stuttgart.

Henle, K. und G. Kaule (Hrsg.). (1993 Unveränd. Nachdr. der 1. Aufl. 1991). *Arten- und Biotopschutzforschung für Deutschland.* Forschungszentrum Jülich.

Jedicke, E. 1994. *Biotopverbund.* 2. Aufl. Eugen Ulmer, Stuttgart.

Kaule, G. 1991. *Arten- und Biotopschutz.* 2. Aufl. Eugen Ulmer, Stuttgart.

Leser, H. 1991. *Landschaftsökologie. Ansatz, Modelle, Methodik, Anwendung.* UTB 521. Eugen Ulmer, Stuttgart.

Plachter, H. 1991. *Naturschutz.* UTB 15632. Gustav Fischer, Stuttgart.

Ständige Arbeitsgruppe der Biosphärenreservate in Deutschland (Hrsg.). 1995. *Biosphärenreservate in Deutschland. Leitlinien für Schutz, Pflege und Entwicklung.* Springer, Berlin.

Usher, M. und W. Erz. 1994. *Erfassen und Bewerten im Naturschutz. Probleme, Methoden, Beispiele.* Quelle und Meyer, Wiesbaden.

Wegener, U. (Hrsg.). 1991. *Schutz und Pflege von Lebensräumen. Naturschutzmanagement.* Gustav Fischer, Jena.

Index

B

C

D

H

I

N

O

V

W